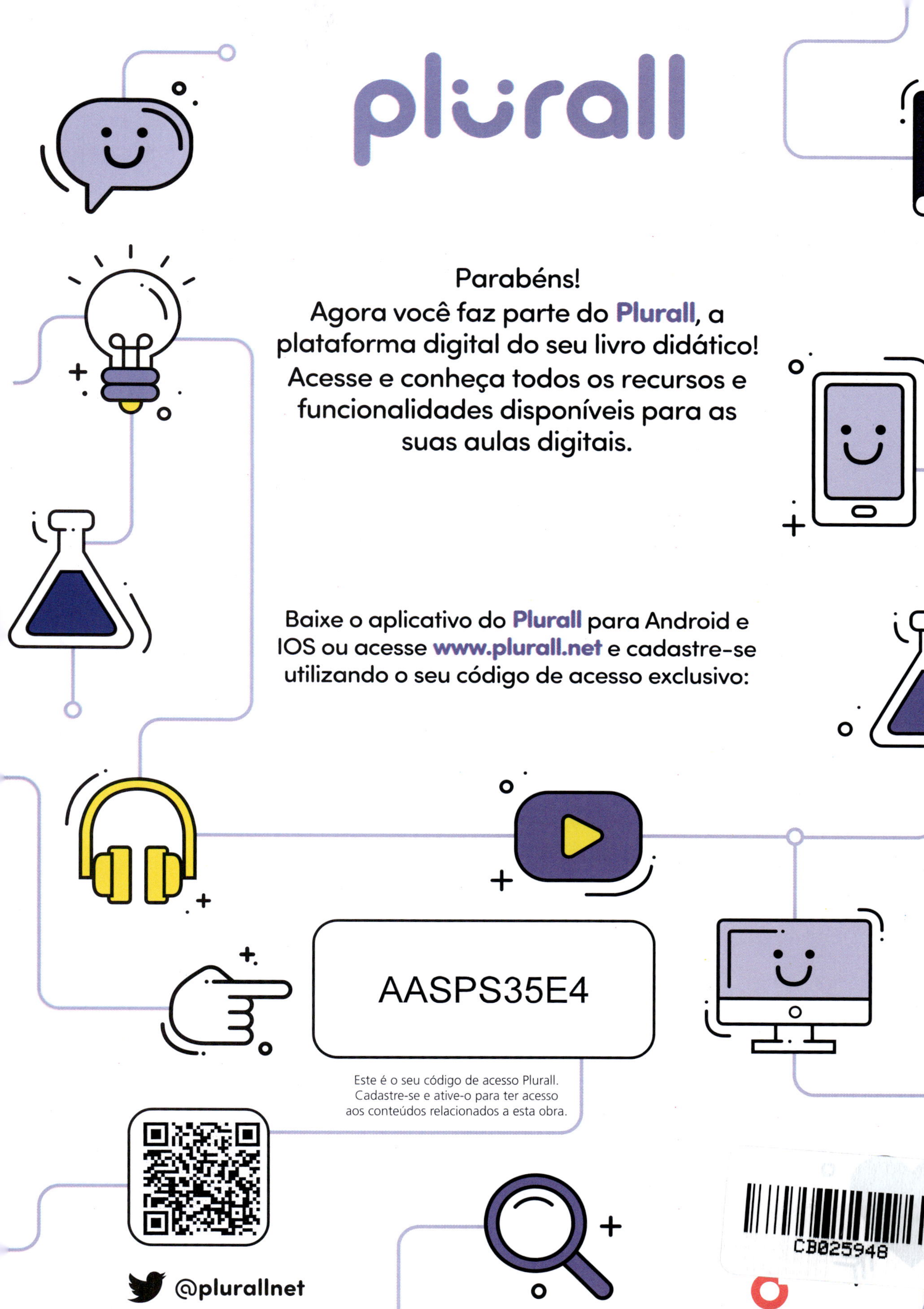
plurall
Parabéns!
Agora você faz parte do Plurall, a plataforma digital do seu livro didático!
Acesse e conheça todos os recursos e funcionalidades disponíveis para as suas aulas digitais.
Baixe o aplicativo do Plurall para Android e IOS ou acesse www.plurall.net e cadastre-se utilizando o seu código de acesso exclusivo:
AASPS35E4
Este é o seu código de acesso Plurall.
Cadastre-se e ative-o para ter acesso aos conteúdos relacionados a esta obra.
@plurallnet
@plurallnetoficial
CB025948
SOMOS
EDUCAÇÃO

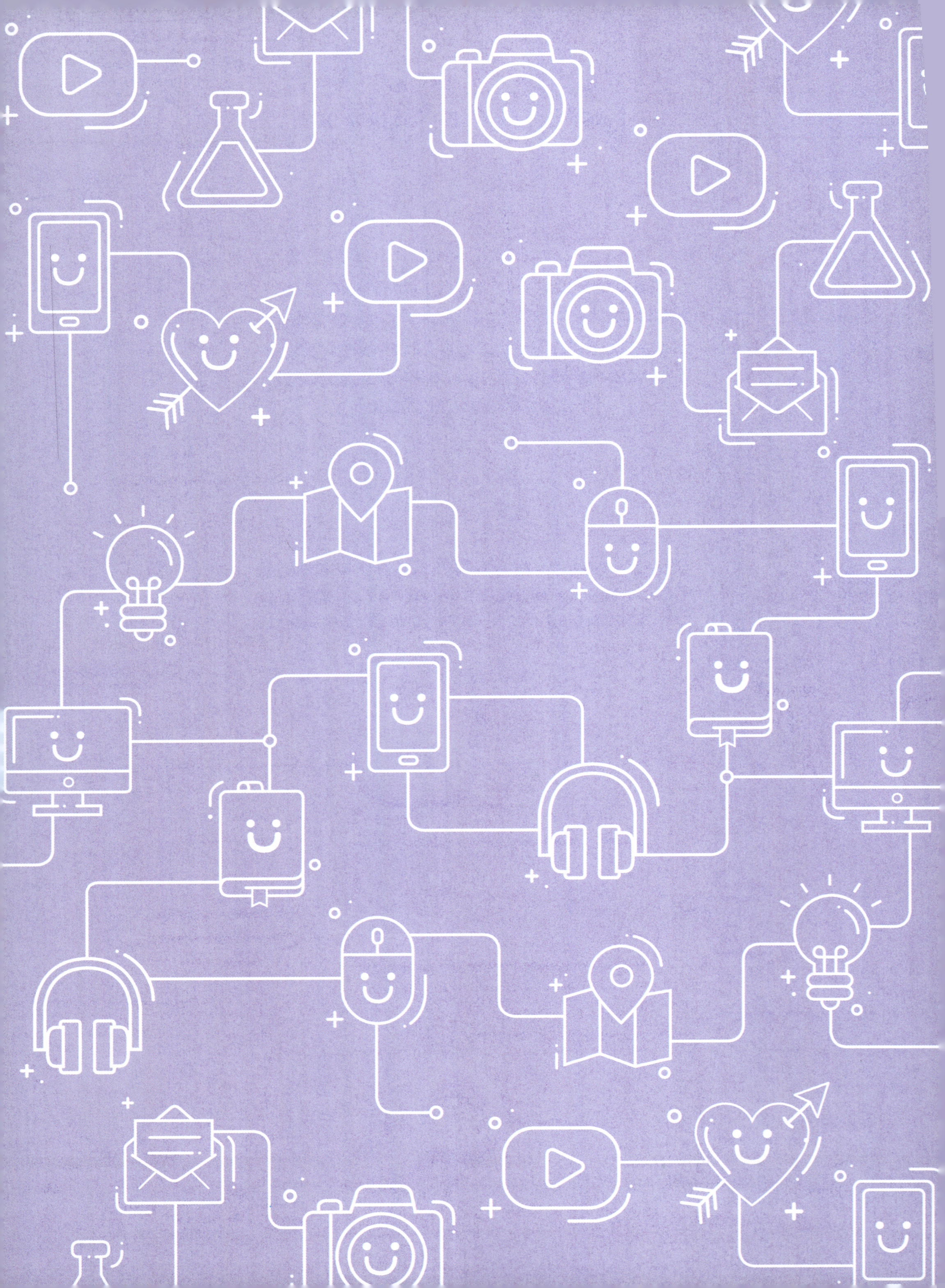

# conecte LIVE

VOLUME ÚNICO

## RICARDO HELOU DOCA

Engenheiro eletricista formado pela Faculdade de Engenharia Industrial (FEI-SP).

Licenciado em Matemática.

Professor de Física na rede particular de ensino de São Paulo.

## NEWTON VILLAS BÔAS

Licenciado em Física pelo Instituto de Física da Universidade de São Paulo (IFUSP).

Professor de Física na rede particular de ensino de São Paulo.

## RONALDO FOGO

Licenciado em Física pelo Instituto de Física da Universidade de São Paulo (IFUSP).

Engenheiro metalurgista pela Escola Politécnica da Universidade de São Paulo (Poli-USP).

Coordenador de turmas olímpicas de Física na rede particular de ensino de São Paulo.

Vice-presidente da International Junior Science Olympiad (IJSO).

PARTE I

# Física

**Presidência:** Mario Ghio Júnior
**Direção de Soluções Educacionais:** Camila Montero Vaz Cardoso
**Direção editorial:** Lidiane Vivaldini Olo
**Gerência editorial:** Viviane Carpegiani
**Gestão de área:** Julio Cesar Augustus de Paula Santos
**Edição:** Carlos Eduardo de Oliveira
**Planejamento e controle de produção:** Flávio Matuguma (ger.), Felipe Nogueira, Juliana Batista, Juliana Gonçalves e Anny Lima
**Revisão:** Kátia Scaff Marques (coord.), Brenda T. M. Morais, Claudia Virgilio, Daniela Lima, Malvina Tomáz e Ricardo Miyake
**Arte:** André Gomes Vitale (ger.), Catherine Saori Ishihara (coord.) e Lisandro Paim Cardoso (edição de arte)
**Diagramação:** Setup
**Iconografia e tratamento de imagem:** André Gomes Vitale (ger.), Claudia Bertolazzi e Denise Kremer (coord.), Tempo Composto (pesquisa iconográfica) e Fernanda Crevin (tratamento de imagens)
**Licenciamento de conteúdos de terceiros:** Roberta Bento (ger.), Jenis Oh (coord.), Liliane Rodrigues, Flávia Zambon e Raísa Maris Reina (analistas de licenciamento)
**Ilustrações:** CJT/Zapt, João Anselmo, Luciano da S. Teixeira, Luis Augusto Ribeiro, Luis Fernando R. Tucillo e Paulo C. Ribeiro
**Cartografia:** Eric Fuzii (coord.) e Robson Rosendo da Rocha
**Design:** Erik Taketa (coord.) e Adilson Casarotti (proj. gráfico e capa)
**Foto de capa:** praetorianphoto/Getty Images / Rafe Swan/Cultura RF/ Getty Images / Viaframe/Getty Images





Avenida Paulista, 901, 6º andar – Bela Vista
São Paulo – SP – CEP 01310-200
http://www.somoseducacao.com.br

**Dados Internacionais de Catalogação na Publicação (CIP)**

Doca, Ricardo Helou
Conecte live : Física : volume único / Ricardo Helou Doca, Newton Villas Bôas e Ronaldo Fogo. -- 1. ed. -- São Paulo : Saraiva, 2020.
(Conecte)

ISBN 978-85-4723-722-6 (aluno)
ISBN 978-85-4723-723-3 (professor)

1. Física (Ensino Médio) I. Título II. Bôas, Newton Villas III. Fogo, Ronaldo IV. Série

20-2104 CDD 530.07

Angélica Ilacqua - CRB-8/7057

**2022**
Código da obra CL 801854
CAE 721913 (AL) / 723957 (PR)
ISBN 9788547237226 (AL)
ISBN 9788547237233 (PR)
1ª edição
10ª impressão
De acordo com a BNCC.

Impressão e acabamento: Bercrom Gráfica e Editora

# Apresentação

Caro estudante,

O novo **Conecte Live Física – volume único** surgiu em um momento de transição em que se pretende migrar de um modelo tradicional do ensino das Ciências da Natureza para algo integrado aos paradigmas da Base Nacional Comum Curricular (BNCC).

Aqui, conciliou-se o olhar didático dos três autores, professores de Física em geral, com as habilidades que balizam a BNCC, tendo-se sempre você, estudante do Ensino Médio, como o grande protagonista da aprendizagem.

Há capítulos estimulantes, como Noções de Astronomia, em que, partindo-se do *big-bang*, chega-se à formação de estrelas, do Sistema Solar, da Terra e da vida em nosso planeta. Discute-se também a sustentabilidade da biosfera e as novas tecnologias que prenunciam uma nova era de interações entre humanos e máquinas.

Trata-se, portanto, de um texto rico e moderno que situa o leitor no centro das principais agendas e debates contemporâneos, com pronunciadas interfaces com Química e Biologia, de acordo com o que preconizam os novos ditames educacionais.

Afinal, nenhuma ciência se encerra em si mesma; o saber desses tempos entrelaça-se com outros saberes e tudo se apresenta em dinâmica evolução.

O cuidado com as atividades e exercícios também foi fundamental, inserindo-se desde questões estilo Enem e principais vestibulares até perguntas abertas que propõem pesquisas e discussões.

Tendo em vista uma educação cada vez mais tecnológica e plural, este volume único espelha essa realidade, constituindo-se em útil e eficaz ferramenta para um ensino completo e consistente.

*Os autores*

# Conheça seu livro

Conheça a seguir as partes que compõem este livro, as seções e os boxes, além do material complementar. Este livro está distribuído em três partes (I, II e III) que podem ser utilizadas ao longo do Ensino Médio de modos variados, conforme a opção de sua escola e de seus professores.

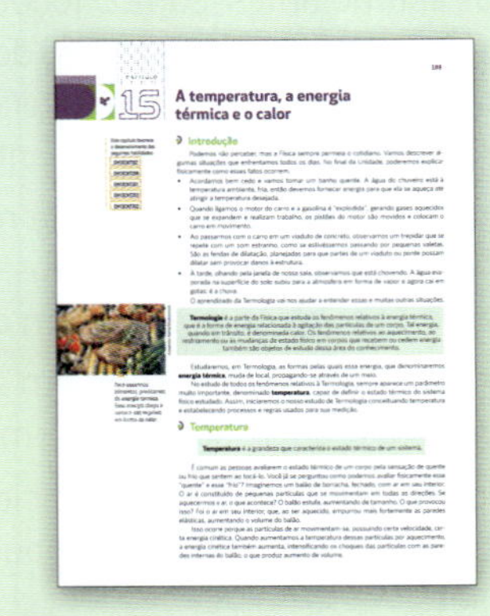

## Abertura de capítulo

No início de cada capítulo você encontra as **habilidades da BNCC** que estão sendo abordadas ou aquelas cujo capítulo serve de base para que sejam desenvolvidas posteriormente.

## Abertura de unidade

A **abertura** de unidade é um convite para as descobertas que você fará ao longo dos capítulos que fazem parte dela.

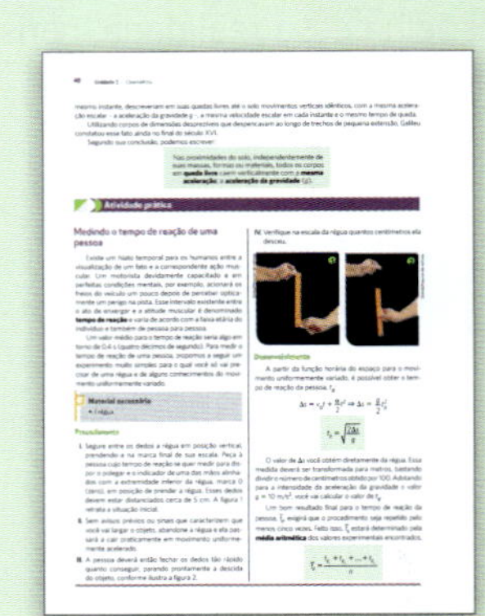

## Atividade prática

Nesta seção, você encontra **atividades práticas** relacionadas aos assuntos abordados no capítulo.

## Exercícios

A seção **Exercícos** apresenta questões resolvidas e uma série de questões propostas de diferentes níveis de dificuldade.

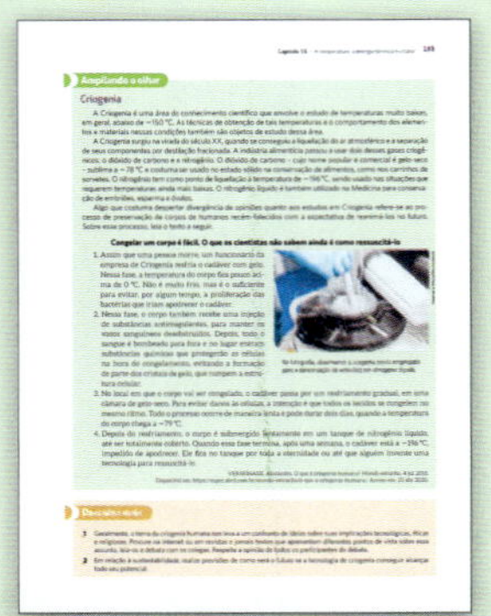

## Ampliando o olhar

Em **Ampliando o olhar**, explore contextos de viés histórico, tecnológico ou de divulgação científica.

## Descubra mais

Descubra mais sobre o que estiver estudando ao realizar as atividades propostas neste boxe.

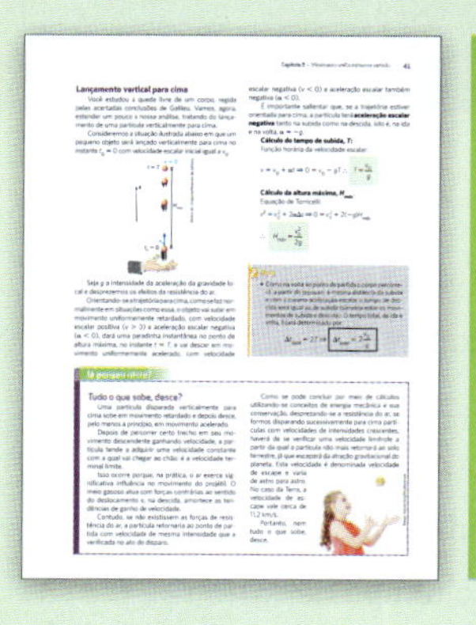

## Notas

Tome **nota** das informações complementares e lembretes que encontrar neste boxe.

## Já pensou nisto?

Encontre respostas para questões do cotidiano com base nos estudos que realizou no capítulo.

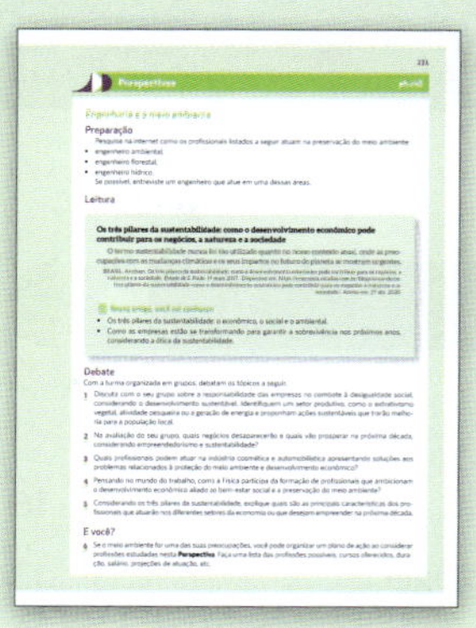

## Perspectivas

A seção **Perspectivas** ajuda você a refletir sobre seu projeto de vida por meio de leituras e atividades que abordam temas contemporâneos importantes para o convívio social e o mundo do trabalho.

plurall

Este ícone indica que há conteúdo adicional no Plurall.

## Conexões

Por meio de textos, recursos visuais diversificados e atividades, a seção **Conexões** traz assuntos pertinentes à Física, relacionando-os a outros campos de saber da área de Ciências da Natureza e suas Tecnologias ou de outras áreas de conhecimento.

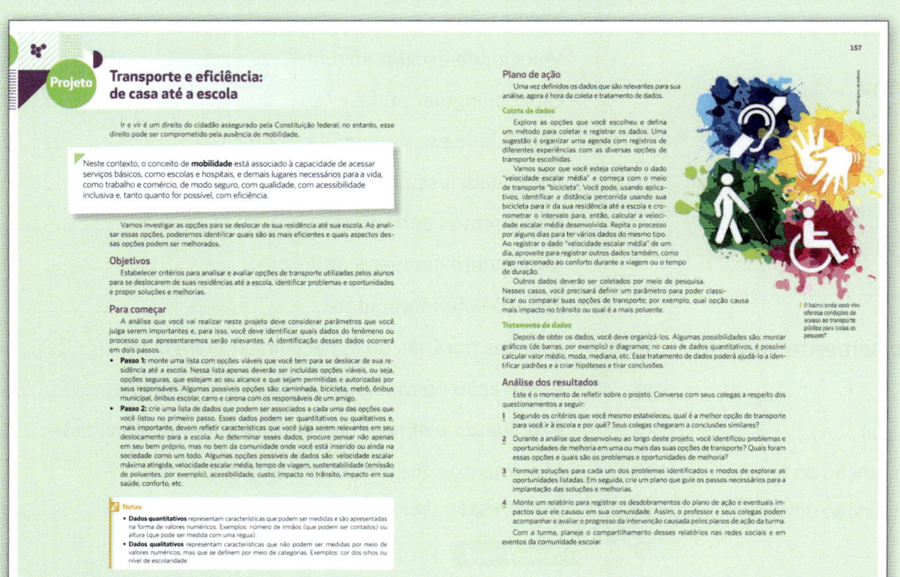

## Projeto

A seção **Projeto**, por meio de questões e situações-problema, oferece a oportunidade de você e os colegas colocarem em prática conhecimentos e habilidades, seguindo um percurso construído coletivamente.

Acompanha o livro do estudante um **Caderno de Atividades**. Você pode utilizar esse material para continuar a desenvolver os conhecimentos e habilidades trabalhados no livro, além de se preparar para o Enem e os principais vestibulares do Brasil.

# Sumário

## PARTE I

## Introdução

## Unidade 2

# Dinâmica

## Unidade 3

## Estática



# PARTE II

## Unidade 4

## Termologia

## Unidade 6

# Óptica geométrica



## PARTE III

## Unidade 7

# Eletrostática

## Unidade 8

## Eletrodinâmica

## Unidade 9

## Eletromagnetismo

# A Física

## A Física na natureza e na tecnologia

Você olha para um prato sobre a mesa, um vaso de flores, seus amigos... Mas qual será o mecanismo que nos permite enxergar?

Por muitos séculos, pensadores como Empédocles, Pitágoras, Platão e Aristóteles criaram diversas teorias sobre o funcionamento da visão.

> Segundo a doutrina de origem pitagórica, a visão é o resultado de alguma coisa que sai do olho – um "fogo ou fluxo visual" – e atinge "fisicamente" os objetos visuais, ou seja, os objetos visíveis serão vistos quando a emissão a partir do olho lhes "tocar".
>
> RODRIGUES NETO, Guilherme. Euclides e a geometria do raio visual. *Scientiae Studia*, São Paulo, v. 11, n. 4, dez. 2013. p. 875.

Hoje sabemos que enxergamos tudo aquilo que, de alguma maneira, envia luz aos nossos olhos. O Sol faz isso de maneira primária, isto é, emite luz própria; já pratos, vasos de flores e pessoas, por exemplo, refletem (difundem) de modo secundário a luz proveniente de outras fontes.

Assim, como tantas outras explicações, a antiga teoria não se manteve diante do confronto com os fatos e caiu por terra. E assim é a ciência, que caminha, se constrói, se reinventa e se modifica dia a dia em novas bases e hipóteses, a depender dos conhecimentos e tecnologias disponíveis em cada época.

Para qualquer lado que você olhar, a Física estará se manifestando de alguma forma.

Você já pensou quanta Física há nos objetos à sua volta, por exemplo, em seu telefone celular? Interações quânticas entre as partículas do semicondutor – geralmente o silício ou o germânio – que constituem os *chips* eletrônicos do aparelho são responsáveis pela transmissão e pela recepção das micro-ondas que carregam desde mensagens de aplicativos de conversa até dados contidos em uma ligação.

Quanta Física há também nos parques de diversões! Nas montanhas-russas, por exemplo, ocorrem intercâmbios de energia – a energia potencial de gravidade se transforma em cinética e vice-versa.

A Física se apresenta também na simples correção visual ou no funcionamento de máquinas fotográficas, microscópios e telescópios; no processo de geração e distribuição de energia elétrica; na propulsão de veículos de toda sorte, incluindo-se foguetes e naves espaciais; na operação dos principais equipamentos da Medicina diagnóstica, como aparelhos de ultrassom e tomógrafos; na compreensão do mundo quântico com suas várias partículas e subpartículas, e no espaço interestelar, essa imensidão que instiga e conduz o raciocínio de astrofísicos (ou não) rumo à elaboração de sofisticadas suposições e até mesmo de teorias efêmeras ou duradoras.

Wiangya/Shutterstock

Nos parques de diversão pode-se experimentar as transformações de energia, como a energia cinética que se transforma em energia potencial de gravidade nos *loopings* da montanha-russa.

Essa fascinante ciência está, enfim, intimamente ligada aos grandes eventos cósmicos, como a colisão de buracos negros, que gera na teia do espaço-tempo intensas ondas gravitacionais, e também às sutilezas das menores estruturas como as atômicas e as nucleares.

E certamente será a Física, que se baseia em conceitos como a conservação da massa-energia, do momento (linear e angular) e da carga elétrica, a porta-voz das respostas às questões primordiais da humanidade.

Fernando Favoretto/Criar Imagem

## O Sistema Métrico Decimal e o Sistema Internacional de Unidades (SI)

Desde a Antiguidade, em razão da necessidade de comparar medidas, vários povos estabeleceram unidades arbitrárias para medir diversas grandezas, compondo sistemas de medições próprios. Por exemplo, para medir comprimentos, a Inglaterra adotava a jarda (91,4 cm); a Espanha, a vara (83,6 cm); e a França, a toesa (195 cm). Em transações comerciais, essa diferença nas unidades de medida acarretava erros, fraudes e discórdias, além de relações complexas entre os múltiplos e os submúltiplos delas.

A França tomou a iniciativa de estabelecer um sistema de pesos e medidas com unidades cômodas, invariáveis e que facilitassem o cálculo de múltiplos e submúltiplos. O novo sistema foi estabelecido por uma comissão de cientistas que elaborou as bases do que viria a ser o **Sistema Métrico Decimal**, fundamentado em uma constante natural, não arbitrária nem subjetiva.

Para o comprimento foi sugerida a unidade de medida metro (do grego, *metron*, que significa "o que mede"), definida como a décima milionésima parte de um quarto de um certo meridiano terrestre. E uma barra metálica de platina e irídio foi confeccionada para representar esse padrão.

Fernando Favoretto/Criar Imagem

Esta barra de platina iridiada, com cerca de 90% de platina, 10% de irídio e seção em forma de X, foi o primeiro padrão físico do metro.

As unidades de área e de volume decorrem imediatamente do metro, estabelecendo-se para isso, respectivamente, o metro quadrado ($m^2$) e metro cúbico ($m^3$).

Contudo, o padrão material definido para o metro não resistiu aos questionamentos científicos que logo se seguiram: como unidade de medida, o metro de arquivo deveria ser imune aos efeitos do clima e ao desgaste do tempo, mas por ser um objeto físico a barra sofria influências da temperatura e se desgasta aos poucos, deixando de ser confiável.

Por isso, a definição do metro deixou de se basear em um objeto físico, estando fundamentada atualmente em uma constante física universal: a velocidade da luz no vácuo.

Um **metro** (m) é o comprimento percorrido pela luz no vácuo, durante um intervalo de tempo igual a $\frac{1}{299\,792\,458}$ de segundo.

Para a medição de massa, por sua vez, estabeleceu-se um padrão baseado na água:

Um **quilograma** (kg) é a massa correspondente a um decímetro cúbico de água pura a 4,4 °C, situação em que esse líquido apresenta sua máxima densidade.

Esse padrão foi substituído pelo chamado quilograma de arquivo (ou quilograma-padrão), um cilindro de platina e irídio mantido no Escritório Internacional de Pesos e Medidas, em Sèvres, na França. Porém, assim como o metro, o quilograma também ganhou uma definição fenomenológica independente de um objeto físico. Desde 2019, a definição do quilograma se baseia na constante de Planck, e um quilograma pode ser medido precisamente por um instrumento denominado balança de Kibble.

O **Sistema Internacional de Unidades** (SI) é uma ampliação do Sistema Métrico Decimal. Com exceção dos Estados Unidos, da Libéria e de Mianmar, todos os demais países do mundo adotam oficialmente o SI, incluindo o Brasil, que incorporou esse sistema desde 1962.

CIÊNCIAS DA NATUREZA E SUAS TECNOLOGIAS

UNIDADE

# Cinemática

Quase todas as nossas ações envolvem escolhas. O simples ato de deslocar-se, por exemplo, exige tomar a decisão de qual meio de transporte iremos utilizar. O estudo de algumas variáveis da Cinemática permite escolher o meio que realiza a viagem no menor intervalo de tempo.
A **Cinemática** é a parte da Física que estuda os movimentos, sem, no entanto, investigar as causas que os produzem e modificam.

Artyom Geodakyan\TASS\Getty Images

Qual meio de transporte você utiliza para ir à escola e voltar dela?

## Nesta unidade:

1 Introdução à Cinemática escalar
2 Movimento uniforme
3 Movimento uniformemente variado
4 Vetores e Cinemática vetorial
5 Movimento circular

CAPÍTULO

1

# Introdução à Cinemática escalar

Este capítulo aborda os conceitos de trajetória, velocidade e aceleração escalares, fornecendo subsídios para o trabalho com a seguinte habilidade:

EM13CNT204

## Introdução

A descrição dos movimentos é o objeto de estudo da Cinemática, área da Física que vamos começar a estudar neste capítulo.

**Cinemática** é a parte da Mecânica que estuda os movimentos de maneira descritiva, sem analisar as causas que produzem e modificam esses movimentos.

Do ponto de vista cinemático, na queda de um pequeno objeto, por exemplo, não se questiona por que esse objeto cai ou por que sua velocidade se intensifica até chegar ao chão. Interessam apenas a trajetória descrita pelo corpo e como variam com o tempo sua posição, velocidade e aceleração.

## Grandezas escalares e vetoriais

Cesar Diniz/Pulsar Imagens

Na Corrida de São Silvestre, em São Paulo, os participantes objetivam concluir o percurso de 15 km estabelecido para a competição. Note que o comprimento fica completamente definido mediante o número 15 seguido da unidade de medida, km.

Sendo assim, esse comprimento é uma grandeza escalar que, como massa, tempo, temperatura, carga elétrica, energia e potência, fica plenamente definido com base em um número seguido de uma unidade de medida.

**Grandezas escalares** ficam completamente caracterizadas mediante o número acompanhado de uma unidade de medida.

Imagine agora que você vá assistir a um campeonato de arco e flecha em que uma competidora fará seu disparo como aparece na imagem ao lado.

CP DC Press/Shutterstock

Nesse caso, a flecha vai adquirir uma intensa velocidade inicial na direção horizontal e no sentido da esquerda para a direita (do leitor).

Você reparou como a definição de velocidade não é tão simples como a de comprimento?

A velocidade é uma grandeza vetorial que, como aceleração, força, impulso e campo elétrico, requer em sua definição um número, seguido de uma unidade de medida, associado a uma direção e um sentido.

**Grandezas vetoriais** ficam completamente caracterizadas mediante o valor numérico – denominado módulo ou intensidade – acompanhado de uma unidade de medida, uma direção e um sentido.

No entanto, ao analisarmos, por exemplo, o movimento de um carro em uma estrada, a trajetória a ser seguida pelo móvel é determinada pela estrada, sendo a direção e o sentido do movimento implícitos, isto é, predeterminados. Nessa análise, portanto, interessam apenas a intensidade da velocidade e da aceleração.

Pie Ball/Moment/Getty Images

Como vimos, velocidade e aceleração são grandezas físicas vetoriais. Em situações em que apenas seus valores numéricos apresentam importância, a velocidade e a aceleração adquirem **caráter escalar**.

Na **Cinemática escalar**, cujo estudo aqui iniciamos, tratamos as grandezas velocidade e aceleração escalarmente, isto é, levamos em conta apenas seus valores numéricos, sem nos preocuparmos com as respectivas direções e sentidos, que estarão previamente determinados em cada situação.

## Ponto material ou partícula

No estudo do movimento de um carro que percorre a BR-116 do Ceará até o Rio Grande do Sul, o comprimento do veículo, bem como sua largura e altura, da ordem de alguns poucos metros, é desprezível em comparação com a extensão do percurso a ser realizado, que tem mais de 4 660 km. Em situações em que as dimensões do corpo podem ser desprezadas em comparação com as demais dimensões envolvidas, dizemos que esse corpo é um ponto material ou partícula.

**Ponto material** ou **partícula** é todo corpo cujas dimensões podem ser desprezadas diante das demais dimensões envolvidas no contexto.

A Terra, em seu movimento de translação em torno do Sol, é um ponto material, assim como um elétron ejetado em um decaimento $\beta$, quando um nêutron se transforma em próton. O "tamanho" desses corpos é insignificante nessas situações.

Nem sempre, porém, um corpo poderá ser admitido como um ponto material ou partícula. Um automóvel sendo manobrado para estacionar em uma garagem, por exemplo, terá dimensões consideráveis e, nesse caso, deverá ser tratado como um **corpo extenso**.

O modelo de ponto material ou partícula é bastante vantajoso no estudo da Mecânica, já que analisar determinados fenômenos sem levar em conta as dimensões dos corpos envolvidos é uma grande simplificação.

## Repouso e movimento

O planeta Terra está em repouso ou movimento? Você, dentro do ônibus ou metrô que o conduz à escola, está em repouso ou em movimento?

Um ponto material está em **repouso** em relação a determinado referencial quando suas coordenadas de posição em relação a esse referencial permanecem invariáveis com o passar do tempo.
Um ponto material está em **movimento** em relação a determinado referencial quando pelo menos uma de suas coordenadas de posição em relação a esse referencial varia com o passar do tempo.

O planeta Terra está em movimento em relação a um referencial associado ao Sol, mas em repouso em relação ao Burj Khalifa (prédio mais alto do mundo, com 828 m, situado em Dubai, nos Emirados Árabes Unidos). Já no seu caso, você estará em movimento em relação a um poste fixo em um ponto do trajeto, mas em repouso em relação a uma das portas da condução.

Um mesmo corpo pode estar, ao mesmo tempo, em repouso em relação a um referencial *A* e em movimento em relação a outro referencial *B*.

Conclui-se, então, que os conceitos de repouso e movimento, que envolvem a noção matemática de posição, são relativos, pois dependem do referencial adotado.

Os conceitos de repouso e movimento são **simétricos**, isto é, se uma partícula *A* está em repouso (ou movimento) em relação a uma partícula *B*, então *B* também estará em repouso (ou movimento) em relação a *A*.

Flying Colours Ltd/ DigitalVision/Getty Images

Nessa imagem, o carro está em movimento em relação ao muro e este está em movimento em relação ao carro. Em situações como essa é possível observar a noção de simetria entre os conceitos de repouso e movimento.

## Conceito de trajetória

Para se deslocar de certo local até um parque ou um teatro, você deve percorrer determinados caminhos, alguns mais curtos, mas às vezes demorados por causa do tráfego, outros mais longos, contudo, mais rápidos devido à existência de vias expressas.

Certamente esses caminhos dependem da adoção de um referencial, já que a cada instante do trajeto você estará em determinado local da cidade, e a sua posição está associada ao referencial escolhido.

De forma geral e rigorosa, define-se trajetória do seguinte modo:

**Trajetória** é a linha constituída, durante certo intervalo de tempo, pelo conjunto das posições sucessivas de uma partícula em relação a um determinado referencial.

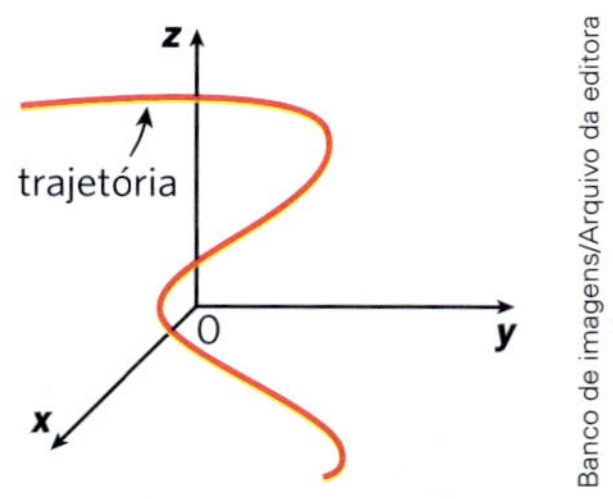


Banco de imagens/Arquivo da editora

Desse conceito decorre que uma mesma partícula pode exibir trajetórias diferentes se observada de referenciais distintos. Por exemplo, considere que um avião em voo retilíneo com velocidade constante paralelamente ao solo, admitido plano e horizontal, larga uma bomba, conforme ilustra a fotografia abaixo.

HIGH-G Productions/ Stocktrek Images/Getty Images

Em relação a um referencial solidário ao avião e desprezando-se a resistência do ar, essa bomba conserva sua velocidade horizontal constante - devido à inércia de movimento -, mantendo-se rigorosamente na mesma vertical da aeronave; ou seja, para os tripulantes, a trajetória da bomba é um segmento de reta vertical.

Já em relação ao solo, a bomba exibe uma trajetória em forma de arco de parábola, fruto da composição do movimento uniforme horizontal para a esquerda, com velocidade igual à do avião, com o movimento vertical acelerado regido pela aceleração da gravidade, conforme mostra a ilustração abaixo.

Banco de imagens/ Arquivo da editora

## Variação de espaço e distância percorrida

Consideremos, a título de exemplo, a rodovia dos Bandeirantes, moderna autoestrada que liga a cidade de São Paulo ao interior do estado, passando pela região de Campinas. Como a maioria das rodovias paulistas, a Bandeirantes tem seu marco zero (origem dos espaços) na praça da Sé, no centro da capital.

Suponhamos que em um domingo ensolarado o jovem Gustavo, que reside no quilômetro 10 da citada via, resolva se divertir em um parque repleto de atrações não muito distante de sua casa, situado no quilômetro 70, nas cercanias de Vinhedo.

No fim da tarde Gustavo regressa a São Paulo para pernoitar na casa de sua avó, localizada na praça da Sé, bem próxima do conhecido monumento do marco zero.

Veja no esquema a seguir, fora de escala, a saga de Gustavo nesse domingo fictício.

Jaboticaba Fotos/ Shutterstock; Fernando Brisolla/ Folhapress

Define-se **variação de espaço**, ou **deslocamento escalar**, $\Delta s$, sobre uma trajetória orientada, como a diferença entre o espaço final ($s_{final}$) e o espaço inicial ($s_{inicial}$). Portanto:

$$\Delta s = s_{final} - s_{inicial}$$

No caso da aventura de Gustavo, tem-se:

$$\Delta s = 0 - 10 \therefore \Delta s = -10 \text{ km}$$

**Nota**

A variação de espaço $\Delta s$ é uma quantidade algébrica, podendo assumir valores positivos, negativos ou nulos.

Já a **distância percorrida**, $D$, é calculada cumulativamente, sem levar em conta o sentido do movimento sobre a trajetória. É, basicamente, o que marca o hodômetro de um veículo (medidor das quilometragens) ou um desses aplicativos para *smartphones* que contam o número de passos dados por uma pessoa.

Ainda em relação ao contexto de Gustavo:

$$D = |70 - 10| + |0 - 70| \therefore D = 130 \text{ km}$$

As unidades de espaço, variação de espaço e distância percorrida são as de comprimento. No SI, a unidade dessas grandezas é o metro (m).

## Velocidade escalar média

Os maiores atletas do mundo se empenham obstinadamente em busca de vitórias, recordes e medalhas olímpicas. Em corridas de 100 m rasos, uma grande referência é o jamaicano Usain Bolt, detentor dos maiores prêmios nessa categoria.

A maioria dos tempos registrados por Bolt nas competições oficiais dessa modalidade ficou abaixo de 10 s, o que é extraordinário se pensarmos em pessoas comuns.

Adotando-se 10 s como um tempo razoável em uma prova de 100 m rasos, podemos determinar a velocidade escalar média de deslocamento do atleta, bastando dividir 100 m por 10 s, o que resulta 10 m/s, ou 36 km/h.

A grandeza física obtida dessa forma é denominada velocidade escalar média e informa qual foi, em média, o deslocamento escalar do corpo ao longo da trajetória por unidade de tempo.

Define-se **velocidade escalar média**, $v_m$, como a razão entre a variação de espaço, $\Delta s$, e o intervalo de tempo correspondente, $\Delta t$.

Algebricamente:

$$v_m = \frac{\Delta s}{\Delta t}$$

No SI, a unidade de medida de velocidade é o **m/s**. Apresenta interesse, contudo, especialmente no Brasil, a unidade **km/h**, utilizada em veículos automotores.

Busquemos uma relação entre km/h e m/s.

$$1\ \frac{\text{km}}{\text{h}} = \frac{1000\ \text{m}}{3600\ \text{s}} = \frac{1\ \text{m}}{3{,}6\ \text{s}}$$

Esquematicamente:

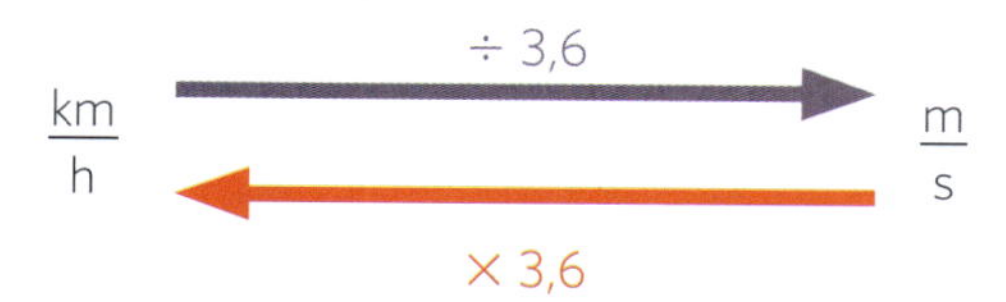


As ondas sonoras se propagam no ar com velocidade escalar média próxima de 340 m/s. Esse valor de velocidade é chamado de Mach 1. Quanto representa isso em km/h?

Vejamos:

$$340\ \frac{\text{m}}{\text{s}} = 340 \cdot 3{,}6\ \frac{\text{km}}{\text{h}} = 1224\ \frac{\text{km}}{\text{h}}$$

Corpos mais velozes que o som no ar são chamados **supersônicos**.

Aero Archive/Alamy/Fotoarena

O McDonnell Douglas F-15 Eagle atinge velocidades superiores a Mach 2 ou 2 448 km/h. Ao romper a barreira do som, essa aeronave produz uma onda de choque de grande potência, percebida em solo como um forte estrondo. (www.nationalmuseum.af.mil. Adaptado)

A luz é o ente físico mais veloz que existe. Sua velocidade no vácuo beira 300 000 km/s, o que é algo impressionante. Para se ter uma ideia, a luz daria em torno da Terra, ao longo da linha do equador, cerca de 7,5 voltas em apenas 1 s! Tente fazer esse cálculo (adote $\pi \cong 3$ e o raio do planeta próximo de 6 400 km).

## Velocidade escalar instantânea

Dentre os muitos instrumentos disponíveis nos carros e motos atuais está o velocímetro, que registra a magnitude da velocidade dos veículos baseando-se no número de giros realizados por suas rodas.

stevemart/Shutterstock

Geralmente os velocímetros dos automóveis vêm graduados em km/h ou mi/h. No Brasil e nos demais países da América Latina, bem como em quase toda a Europa, a unidade mais utilizada é o km/h, informada em placas de trânsito e demais indicações.

Em essência, a indicação instantânea do velocímetro corresponde ao módulo (valor absoluto, sem sinal) da **velocidade escalar instantânea** do automóvel. No geral, a velocidade escalar instantânea *v* de um corpo em um instante *t* corresponde à velocidade escalar média desse corpo em um intervalo de tempo muito pequeno, tendente a zero.

**Nota**

Quando a velocidade escalar instantânea permanece não nula e constante, isto é, não se altera com o tempo, o movimento é denominado **movimento uniforme** (MU).

## Exercícios

**1** De dentro de um carro, você nota elementos fixos na lateral da estrada, como o *guard rail*, plantas e placas de sinalização, que passam muito rapidamente diante da sua janela. Com isso, você consulta o velocímetro do veículo e lá encontra uma indicação praticamente constante de 100 km/h. Diante disso, você não poderá concluir que:

**a)** O carro está em movimento a 100 km/h em relação à estrada.

**b)** A estrada está em movimento a 100 km/h em relação ao carro.

**c)** Se o *guard rail* passa rapidamente diante da sua janela, o carro passa rapidamente diante do *guard rail*.

d) O carro em que você viaja está em movimento em relação a todos os demais carros que trafegam nessa mesma rodovia.

e) O carro em que você viaja está em movimento em relação a um caminhão carregado que viaja a sua frente, no mesmo sentido, a 60 km/h.

**2** Francisco, trafegando em uma autoestrada (de pista dupla), passa pelo quilômetro 68 da via quando seu pai se lembra de que no quilômetro 94 há uma ótima parada, com restaurante e abastecimento, só que na pista oposta, o que vai obrigar a realização de um retorno no quilômetro 101. Desprezando-se o deslocamento do automóvel na alça de retorno, pede-se determinar:

a) a variação de espaço do carro nessa autoestrada do quilômetro 68 até a parada no restaurante/abastecimento;

b) a distância percorrida pelo veículo nesse percurso.

**3** (Unesp-SP) A fotografia mostra um avião bombardeiro norte-americano B52 despejando bombas sobre determinada cidade no Vietnã do Norte, em dezembro de 1972.

Reprodução/UNESP, 2015.

(www.nationalmuseum.af.mil. Adaptado)

Durante essa operação, o avião bombardeiro sobrevoou, horizontalmente e com velocidade vetorial constante, a região atacada, enquanto abandonava as bombas que, na fotografia tirada de outro avião em repouso em relação ao bombardeiro, aparecem alinhadas verticalmente sob ele, durante a queda. Desprezando a resistência do ar e a atuação de forças horizontais sobre as bombas, é correto afirmar que:

a) no referencial em repouso sobre a superfície da Terra, cada bomba percorreu uma trajetória parabólica diferente.

b) no referencial em repouso sobre a superfície da Terra, as bombas estavam em movimento retilíneo acelerado.

c) no referencial do avião bombardeiro, a trajetória de cada bomba é representada por um arco de parábola.

d) enquanto caíam, as bombas estavam todas em repouso, uma em relação às outras.

e) as bombas atingiram um mesmo ponto sobre a superfície da Terra, uma vez que caíram verticalmente.

**4** Na figura, uma formiga vai percorrer em movimento uniforme o raio $\overline{OA}$ de um disco circular rigidamente acoplado ao eixo de um motor, que gira esse disco com frequência constante de 30 rpm (rotações por minuto).

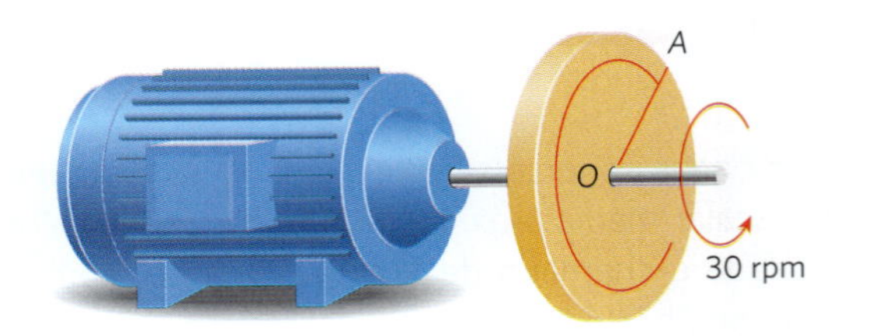


Banco de imagens/Arquivo da editora

a) Quantas voltas por segundo realizará a formiga durante seu deslocamento sobre o raio $\overline{OA}$?

b) Qual a forma da trajetória descrita pela formiga em relação a um referencial ligado ao disco?

c) Qual a forma da trajetória descrita pela formiga em relação a um referencial ligado à bancada em que está fixado o motor?

**5** Os radares controladores de velocidade instalados em estradas e avenidas Brasil afora coletam dados sobre a velocidade escalar instantânea dos veículos por meio de uma incidência e reflexão praticamente instantâneas de ondas eletromagnéticas na faixa das radiofrequências. Como os motoristas devem apresentar velocidade adequada não apenas no momento da passagem diante do radar, mas, sim, durante todo o percurso, estão em teste atualmente na cidade de São Paulo sistemas de radares detectores de velocidade escalar média.

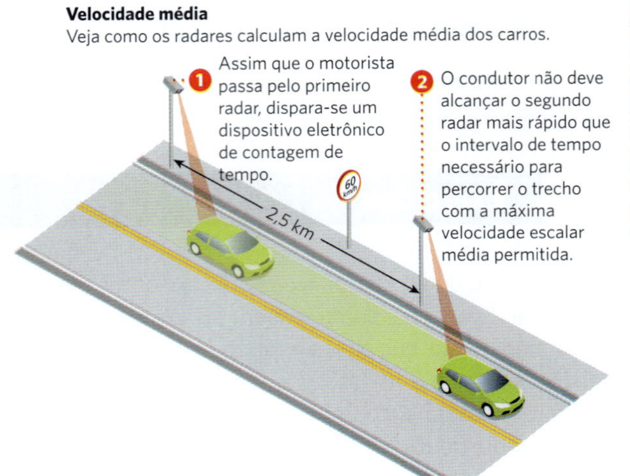

Velocidade média
Veja como os radares calculam a velocidade média dos carros.
1 Assim que o motorista passa pelo primeiro radar, dispara-se um dispositivo eletrônico de contagem de tempo.
2 O condutor não deve alcançar o segundo radar mais rápido que o intervalo de tempo necessário para percorrer o trecho com a máxima velocidade escalar média permitida.
2,5 km


Banco de imagens/Arquivo da editora

Em uma extensão monitorada de 2,5 km em que a velocidade escalar média máxima permitida é de 60 km/h, qual o mínimo intervalo de tempo disponível ao percurso de um veículo para que não seja caracterizada uma infração de trânsito registrada pelo sistema de radares?

**6** Bárbara mora em São Paulo e teve um compromisso às 16 h em São José dos Campos, distante 90 km da capital paulista. Pretendendo fazer uma viagem tranquila, ela saiu de São Paulo às 14 h, planejando chegar ao seu destino pontualmente no horário marcado.

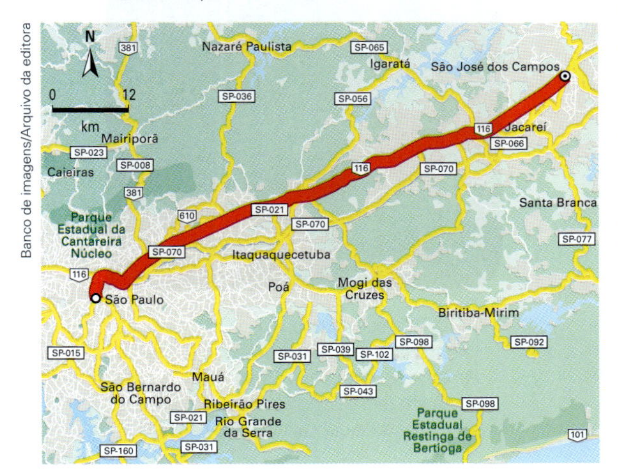

Banco de imagens/Arquivo da editora

Durante o trajeto, porém, depois de ter percorrido um terço do caminho com velocidade escalar média de 45 km/h, Bárbara recebeu uma chamada em seu celular pedindo que estivesse presente meia hora antes do horário combinado. Para chegar ao local do compromisso no novo horário, desprezando-se o tempo de parada para atender à ligação, que velocidade escalar média mínima a moça teve que imprimir ao seu veículo no restante do trajeto?

**7** (UFABC-SP) Na natureza, muitos animais conseguem guiar-se e até mesmo caçar com eficiência, devido à grande sensibilidade que apresentam para detecção de ondas, tanto eletromagnéticas quanto mecânicas. O escorpião é um desses animais. O movimento de um besouro próximo a ele gera tanto pulsos mecânicos longitudinais quanto transversais na superfície da areia. Com suas oito patas espalhadas em forma de círculo, o escorpião intercepta primeiro os longitudinais, que são mais rápidos, e depois os transversais. A pata que primeiro detectar os pulsos determina a direção onde está o besouro.

A seguir, o escorpião avalia o intervalo de tempo entre as duas recepções, e determina a distância *d* entre ele e o besouro. Considere que os pulsos longitudinais se propaguem com velocidade de 150 m/s, e os transversais com velocidade de 50 m/s. Se o intervalo de tempo entre o recebimento dos primeiros pulsos longitudinais e os primeiros transversais for de 0,006 s, determine a distância *d* entre o escorpião e o besouro.

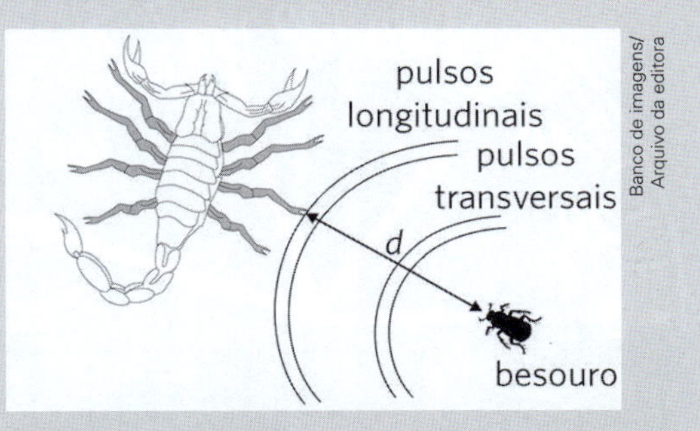

Banco de imagens/Arquivo da editora

**Resolução:**

O intervalo de tempo $\Delta t$ entre a percepção dos dois sinais é calculado por:

$$\Delta t = \Delta t_{transv} - \Delta t_{longit} \Rightarrow \Delta t = \frac{d}{v_{transv}} - \frac{d}{v_{longit}}$$

$$0{,}006 = \frac{d}{50} - \frac{d}{150} \Rightarrow 0{,}006 = \frac{3d - d}{150}$$

$$2d = 0{,}9 \therefore \boxed{d = 0{,}45 \text{ m} = 45 \text{ cm}}$$

**8** O GP Brasil de Fórmula 1 é uma prova de automobilismo realizada no Autódromo de Interlagos, em São Paulo, circuito especial pela dificuldade suplementar imposta aos pilotos que percorrem a pista no sentido anti-horário, o que impõe a todos um esforço físico a mais. Devem-se destacar também o maior número de pontos de ultrapassagem e o desnível de 58 m existente entre a Reta da Largada e a Reta Oposta, o que garante uma dose extra de emoções.

Admita que um determinado piloto, ao completar uma volta no circuito com velocidade escalar média de 180 km/h, seja informado pelo rádio de que deverá correr um pouco mais na volta seguinte, de modo que a velocidade escalar média de seu carro, nessas duas voltas, seja de 200 km/h. Qual deverá ser a velocidade escalar média a ser obtida na segunda volta para que a meta da equipe seja atingida?

## Aceleração escalar média

Suponhamos agora que, ao testar um carro esportivo em uma pista de provas, determinado piloto perceba que em um curto intervalo de tempo as indicações do velocímetro revelam-se sucessivamente crescentes, como sugere a imagem abaixo.

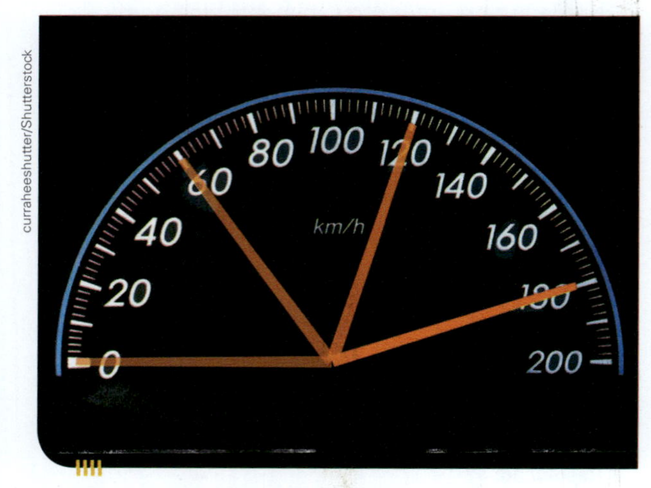


curraheeshutter/Shutterstock

Velocímetro acusando valores sucessivamente crescentes de velocidade. Nesse caso, o veículo está dotado de aceleração.

Bem, provavelmente esse piloto exclamará: *Que máquina! Que motor incrível! Que capacidade de aceleração!*

De forma geral, **aceleração** é a grandeza física que informa a rapidez com que a velocidade varia. Há quem talvez diga, com elevado grau de asserção, que aceleração é a *velocidade da velocidade*.

Define-se **aceleração escalar média**, $\alpha_m$, como a relação entre a variação da velocidade escalar instantânea, $\Delta v$, e o correspondente intervalo de tempo, $\Delta t$.

Algebricamente:

$$\alpha_m = \frac{\Delta v}{\Delta t}$$

A unidade de medida de aceleração fica determinada dividindo-se a unidade de velocidade pela unidade de tempo.

No SI, tem-se:

$$\text{unid. } [\alpha] = \frac{\text{unid. } [v]}{\text{unid. } [t]} = \frac{\frac{\text{m}}{\text{s}}}{\text{s}} = \frac{\text{m}}{\text{s} \cdot \text{s}} \Rightarrow \text{unid. } [\alpha] = \frac{\text{m}}{\text{s}^2}$$

Se você largar no ambiente da sua sala de aula um pequeno objeto, como uma borracha de apagar ou a tampa de uma caneta, este cairá atraído pelo planeta com velocidade de intensidade crescente. Nesse caso, o corpo sofrerá um acréscimo de velocidade próximo de 10 m/s a cada segundo de queda, o que implica uma aceleração escalar média de 10 m/s$^2$, valor aproximado da **aceleração da gravidade terrestre** (***g***).

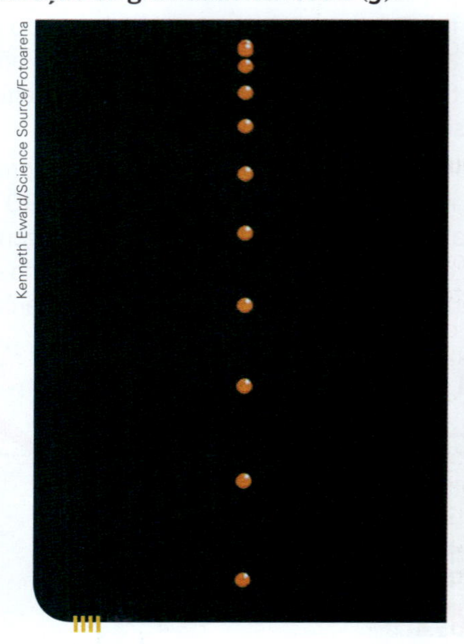

Kenneth Eward/Science Source/Fotoarena

Nesta foto estroboscópica, os intervalos de tempo entre imagens sucessivas são iguais. Percebe-se, então, que a velocidade escalar do objeto tem valor crescente, o que revela a existência de uma aceleração não nula.

## Aceleração escalar instantânea

Assim como na velocidade escalar instantânea, podemos dizer que a **aceleração escalar instantânea** é a aceleração de um corpo em um instante *t*. De modo geral, a aceleração escalar instantânea é a aceleração escalar média em um intervalo de tempo *t* cuja duração tenda a zero.

**Nota**

É interessante registrar que a velocidade escalar instantânea ($v$) e a aceleração escalar instantânea ($\alpha$) são obtidas de forma rigorosa utilizando-se um conceito matemático denominado **limite**. No caso da velocidade escalar instantânea, diz-se que *v é* o limite da velocidade escalar média quando o intervalo de tempo $\Delta t$ tende a zero.

Algebricamente,

$$v = \lim_{\Delta t \to 0} v_m = \lim_{\Delta t = 0} \frac{\Delta s}{\Delta t}$$

E, de modo análogo,

$$\alpha = \lim_{\Delta t \to 0} \alpha_m = \lim_{\Delta t \to 0} \frac{\Delta v}{\Delta t}$$

No entanto, o estudo do conceito de limite não está no escopo da formação geral básica do Ensino Médio, sendo estudado geralmente em cursos de Ensino Superior.

## Classificação dos movimentos

Um movimento é classificado como **progressivo** quando o móvel percorre a trajetória no **sentido positivo**, isto é, de acordo com os **espaços crescentes**. Nesse caso, **a velocidade escalar instantânea é positiva**.

$v > 0$

A rodovia dos Imigrantes, que liga a cidade de São Paulo ao litoral paulista, é orientada no sentido do interior, isto é, da capital para Santos. Por isso, carros que se dirigem por essa via à Baixada Santista realizam **movimento progressivo**.

Um movimento é classificado como **retrógrado** quando o móvel percorre a trajetória no **sentido negativo**, isto é, de acordo com os **espaços decrescentes**. Nesse caso, **a velocidade escalar instantânea é negativa**.

$v < 0$

No retorno de Santos para São Paulo, também pela rodovia dos Imigrantes, os veículos passam por marcos quilométricos sequenciados com indicações decrescentes. Por isso, realizam **movimento retrógrado**.

Qual é a sensação de ir de 0 a 100 km/h em linha reta em apenas 1 s?

É o que ocorre nos *dragsters*, veículos especiais projetados para arrancadas, que alcançam velocidades máximas maiores que as dos carros de Fórmula 1 (500 km/h contra 340 km/h, respectivamente). Os *dragsters*, que mais parecem foguetes sobre rodas, utilizam como combustível o nitrometano (95%) misturado com metanol (5%), sendo dotados de motores que, na categoria *Top Fuel*, podem atingir potências de até 10 000 hp. Durante a arrancada, um *dragster* realiza um **movimento acelerado**.

Action Plus Sports Images/Alamy/FotoArena

*Dragster* em procedimento de arrancada: movimento acelerado.

Um movimento é classificado como **acelerado** quando o módulo da velocidade escalar instantânea é **sucessivamente crescente**. Nesse caso, as grandezas instantâneas velocidade escalar e aceleração escalar **têm o mesmo sinal algébrico**.

$v > 0$ e $\alpha > 0$ ou $v < 0$ e $\alpha < 0$

Como realizar a frenagem de um *dragster* desde 500 km/h até zero em trechos relativamente curtos?

Freios convencionais são insuficientes nessa tarefa, sobretudo porque as rodas dianteiras, sendo muito estreitas e pequenas, não contribuem efetivamente com a frenagem. Por isso, são utilizados paraquedas para ajudar a frear o veículo, que realiza nesse processo um **movimento retardado**.

Marc Sanchez/Icon Sportswire/Getty Images

Para ajudar um *dragster* a frear, são utilizados paraquedas que adicionam uma força aerodinâmica de resistência do ar decisiva para parar o veículo.

Um movimento é classificado como **retardado** quando o módulo da velocidade escalar instantânea é **sucessivamente decrescente**. Nesse caso, as grandezas instantâneas velocidade escalar e aceleração escalar **têm sinais algébricos opostos**.

$v > 0$ e $\alpha < 0$ ou $v < 0$ e $\alpha > 0$

**Notas**

- As grandezas instantâneas velocidade escalar e aceleração escalar são algébricas, assumindo sinais positivos ou negativos.
- Se a velocidade escalar for constante e não nula, a aceleração escalar será nula e o movimento é uniforme, como estudaremos no Capítulo 2 da presente Unidade.

### Descubra mais

1. Qual é a trajetória de uma partícula que está em repouso em relação a determinado referencial?
2. Às vezes, no carro, no ônibus ou no metrô, você fica em dúvida – meio perdido – em relação a que veículo está em repouso ou em movimento: o seu ou o outro emparelhado muito próximo? Por que ocorre esse lapso de definição e como resolvê-lo?
3. Existe movimento acelerado com aceleração escalar negativa?

## Exercícios

**9** O Maglev japonês é atualmente o trem mais veloz do mundo, tendo alcançado recentemente a velocidade recorde de 603 km/h. O Maglev funciona por meio de um sistema de levitação magnética que usa motores lineares para gerar um campo magnético perto dos trilhos. Esse campo, que faz com que o trem seja elevado até 10 cm acima da ferrovia, impulsiona o veículo praticamente sem forças de fricção, a não ser com o ar. Embora atinja altas velocidades, o Maglev acelera de maneira confortável, atingindo 540 km/h somente depois de 75 s a partir do repouso. Considerando-se essas informações, determine a aceleração escalar média do Maglev nessa arrancada.

**10** (Uerj) O cérebro humano demora cerca de 0,50 segundo para responder a um estímulo. Por exemplo, se um motorista decide parar o carro, levará no mínimo esse tempo de resposta para acionar o freio. Determine a distância que um carro a 108 km/h percorre durante o tempo de resposta do motorista e calcule a aceleração escalar média imposta ao carro se a freada durar 5,0 segundos.

**11** Leia o trecho da notícia a seguir sobre o lançamento do automóvel Challenger SRT Demon.

> [...] Com um poderoso motor V8-6.2 litros HEMI Supercharged, de 852 cv e quase 100 kgf · m de torque, o fabricante afirma ter criado o carro de produção em série mais rápido do mundo, capaz de acelerar de 0 a 96 km/h em 2,3 s e de percorrer, a partir do repouso, um quarto de milha (400 m) em apenas 9,65 s. [...]
>
> Disponível em: <www.otempo.com.br/interessa/super-motor/dodge-revela-novo-esportivo-com-a-arrancada-mais-r%C3%A1pida-do-mundo-1.1459827>. Acesso em: 9 abr. 2020.

Considerando-se os dados citados no texto, determine:

a) a aceleração escalar média do veículo, em m/s$^2$, em sua arrancada;

b) a velocidade escalar média do carro no primeiro quarto de milha, em km/h.

**12** Uma partícula se desloca ao longo de uma trajetória orientada de modo que sua velocidade escalar, $v$, varia em função do tempo, $t$, conforme o gráfico abaixo.

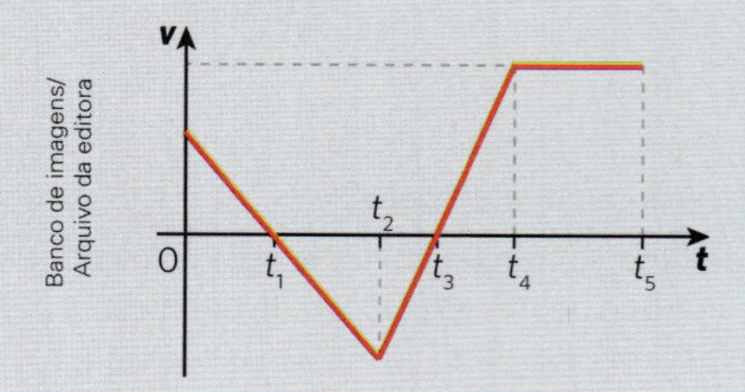


Analisando-se as indicações do diagrama, pede-se:

a) Classificar o movimento da partícula como **progressivo** ou **retrógrado**; **acelerado**, **retardado** ou **uniforme**, respectivamente nos intervalos de 0 a $t_1$, de $t_1$ a $t_2$, de $t_2$ a $t_3$, de $t_3$ a $t_4$ e de $t_4$ a $t_5$.

b) Dizer em que instantes a partícula inverteu o sentido do seu movimento.

**Resolução:**

a) Se a velocidade escalar é positiva, o movimento é progressivo e, se a velocidade escalar é negativa, o movimento é retrógrado. Se o módulo da velocidade escalar é crescente, o movimento é acelerado e, se o módulo da velocidade escalar é decrescente, o movimento é retardado. No caso de o módulo da velocidade escalar ser constante, o movimento é uniforme. Logo:

De 0 a $t_1$: movimento progressivo e retardado.

De $t_1$ a $t_2$: movimento retrógrado e acelerado.

De $t_2$ a $t_3$: movimento retrógrado e retardado.

De $t_3$ a $t_4$: movimento progressivo e acelerado.

De $t_4$ a $t_5$: movimento progressivo e uniforme.

b) Ocorre inversão no sentido do movimento quando a velocidade escalar se anula e troca de sinal. Isso ocorre nos instantes $t_1$ e $t_3$.

**13** O movimento de uma partícula sobre uma trajetória orientada é descrito pelo gráfico da velocidade escalar, $v$, em função do tempo, $t$, abaixo.

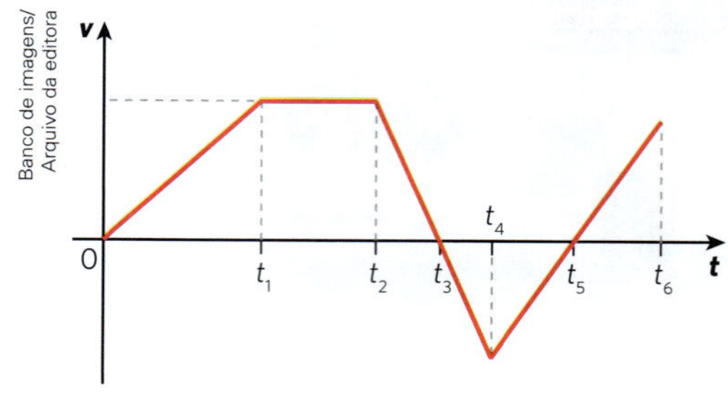


Pede-se:

a) classificar o movimento como **progressivo** ou **retrógrado**; **acelerado**, **retardado** ou **uniforme**, respectivamente nos intervalos de 0 a $t_1$, de $t_1$ a $t_2$, de $t_2$ a $t_3$, de $t_3$ a $t_4$, de $t_4$ a $t_5$ e de $t_5$ a $t_6$;

b) dizer em que instantes a partícula inverteu o sentido do seu movimento.

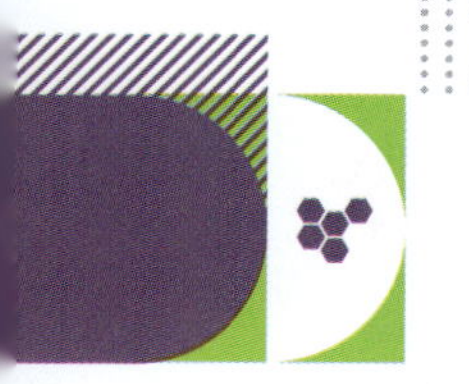

CAPÍTULO

# Movimento uniforme

Este capítulo aborda o conceito de movimento uniforme, fornecendo subsídios para o trabalho com a seguinte habilidade:

EM13CNT204

## Introdução

Neste capítulo, você estudará a cinemática do movimento uniforme, que ocorre com velocidade escalar constante e aceleração escalar nula. Associada à descrição matemática do movimento, será feita a respectiva análise gráfica.

> Denomina-se **movimento uniforme** (MU) (em qualquer trajetória) todo movimento em que a velocidade escalar permanece não nula e constante, isto é, não se altera com o tempo.

Para um corpo em MU, a velocidade escalar é constante, portanto, a sua aceleração escalar é nula.

> Nos movimentos uniformes, **a aceleração escalar é nula**. De fato, como $\alpha = \dfrac{\Delta v}{\Delta t}$, então $\Delta v = 0 \Rightarrow \boxed{\alpha = 0}$.

Decorre também da definição de movimento uniforme que, se a velocidade escalar é constante, **o móvel percorre distâncias iguais em intervalos de tempo iguais**.

Banco de imagens/ Arquivo da editora

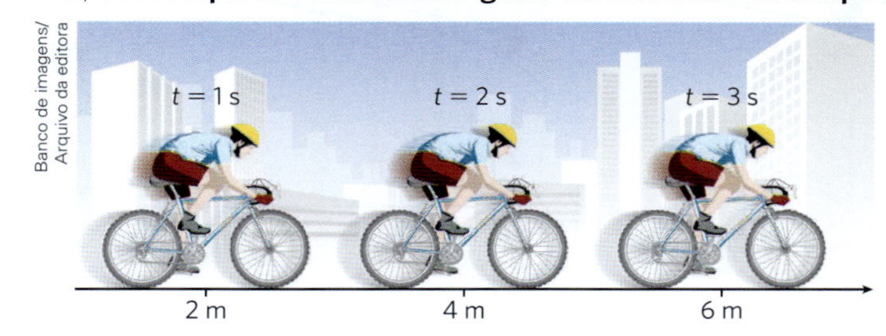


No exemplo ao lado o ciclista segue em movimento uniforme. Sua velocidade escalar é constante, e a bicicleta avança na trajetória supostamente retilínea 2 m a cada segundo. Logo, $v = \dfrac{\Delta s}{\Delta t} = \dfrac{2\,\text{m}}{1\,\text{s}} = 2\,\text{m/s}$.

> Movimentos uniformes podem ocorrer em **qualquer trajetória**.

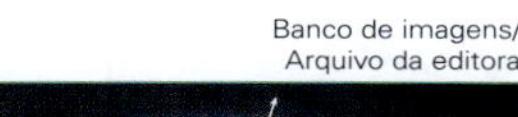
Banco de imagens/ Arquivo da editora

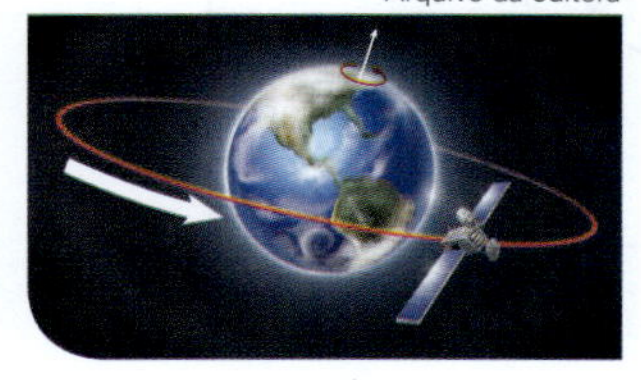

Por exemplo, satélites geoestacionários, como o representado na ilustração ao lado, têm órbita circular, contida no plano do equador, e permanecem em repouso em relação à superfície terrestre. Para que isso ocorra, o movimento desses equipamentos ao longo de suas órbitas deve ser uniforme, com período de revolução igual a um dia, ou 24 h. Esses satélites, hoje existentes em grande número, são utilizados em telecomunicações.

## Função horária do espaço

No movimento uniforme as velocidades escalares média ($v_m$) e instantânea ($v$) são iguais. Por isso, podemos escrever para essas duas grandezas, indistintamente, que:

$$v = \frac{\Delta s}{\Delta t} = \frac{s - s_0}{t - t_0}$$

Fazendo-se $t_0 = 0$, o espaço $s_0$ se torna o espaço inicial, isto é, aquele associado à origem dos tempos. Diante disso:

$$s - s_0 = vt \quad \Rightarrow \quad \boxed{s = s_0 + vt}$$

Em que $s$ é o espaço em um instante $t$, $s_0$ é o espaço em $t_0 = 0$ (espaço inicial) e $v$ é a velocidade escalar. A função horária do espaço não traz informação sobre a forma da trajetória da partícula.

# Diagramas horários no movimento uniforme

Denominamos **diagramas horários** todos os gráficos que representam o comportamento de determinada grandeza em função do tempo.

Em Cinemática, interessam fundamentalmente três diagramas horários: o do espaço ($s \times t$), o da velocidade escalar ($v \times t$) e o da aceleração escalar ($\alpha \times t$).

No caso do movimento uniforme, como a função horária do espaço é uma função afim (função polinomial do 1º grau), o gráfico correspondente é uma reta oblíqua em relação aos eixos coordenados. O que determina se a função é crescente ou decrescente é o sinal da velocidade escalar:

- se positivo ($v > 0$), a função é crescente;
- se negativo ($v < 0$), a função é decrescente.

**Diagrama horário do espaço em MU**

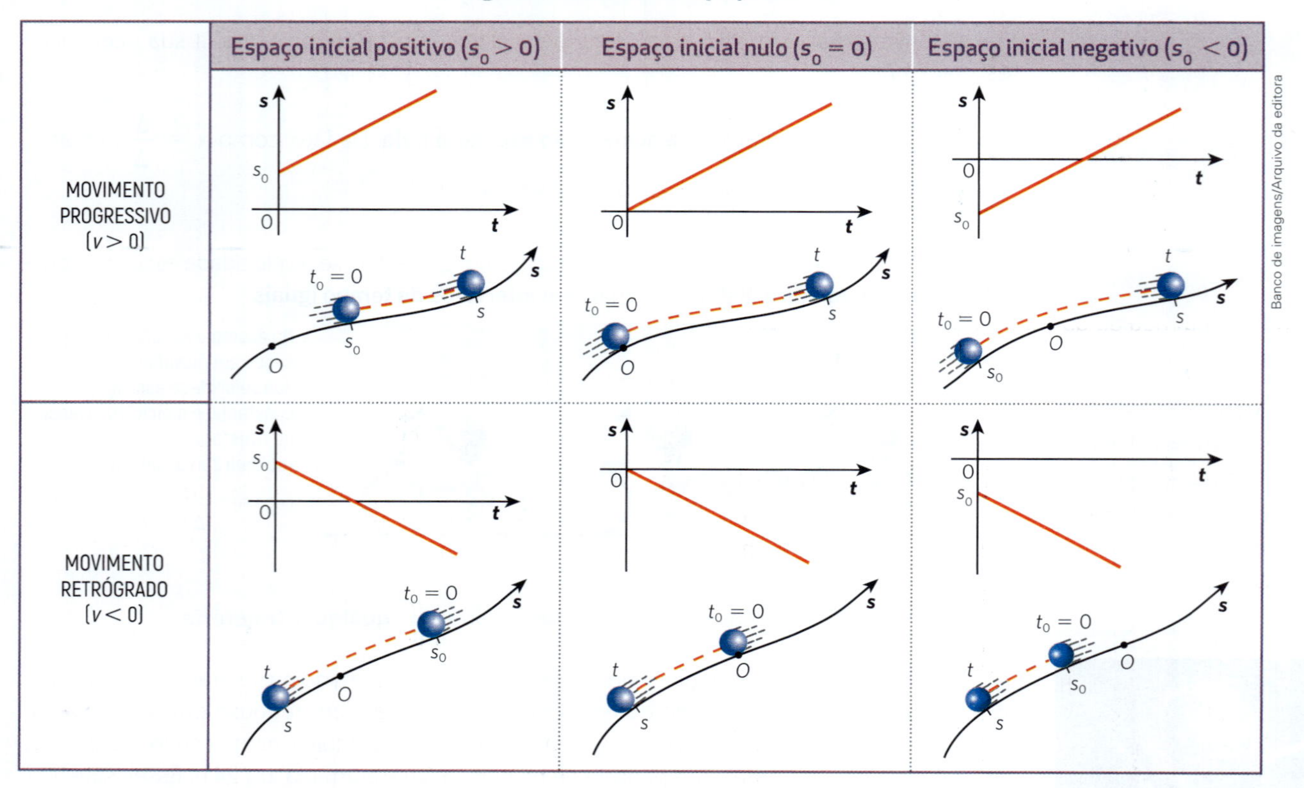


Já o gráfico da velocidade escalar deve traduzir a ideia de constância. Isso se obtém com uma reta paralela ao eixo dos tempos, em patamares positivos ou negativos.

Diagrama horário $v \times t$ no MU se $v > 0$.

Diagrama horário $v \times t$ no MU se $v < 0$.

Por último, o gráfico da aceleração escalar é uma reta coincidente com o eixo dos tempos, indicando a nulidade dessa grandeza durante todo o transcurso do movimento.

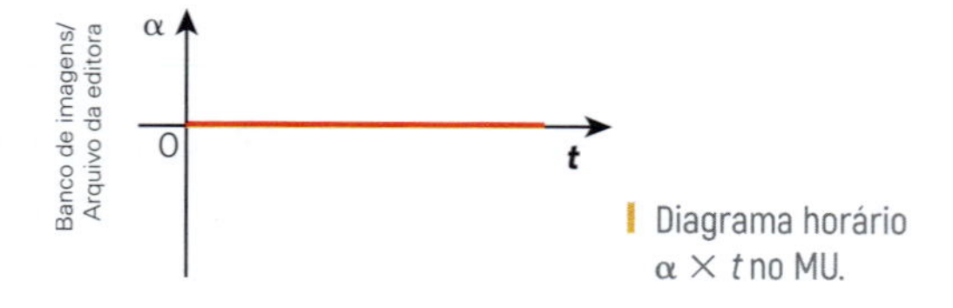


Diagrama horário $\alpha \times t$ no MU.

# Propriedades gráficas

## Propriedade do gráfico do espaço em função do tempo

Vamos considerar o caso particular abaixo, em que está traçado o gráfico do espaço $s$ em função do tempo $t$ para um movimento uniforme.

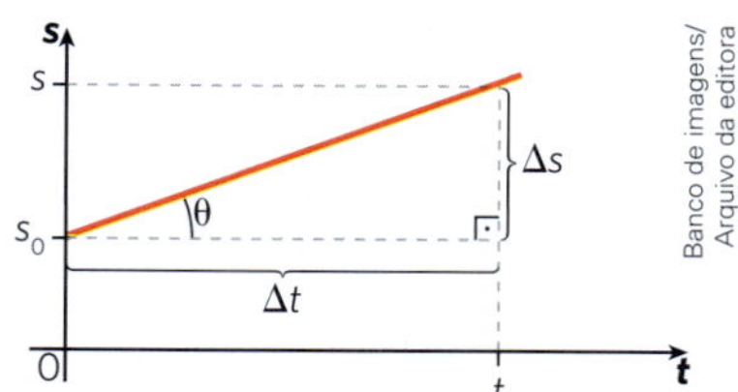


A **declividade** desse gráfico é dada pela razão entre a variação vertical entre dois pontos da reta $(s - s_0)$ e a variação horizontal entre os mesmos dois pontos $(t - t_0)$. Portanto:

$$\text{declividade: } \frac{s - s_0}{t - t_0} = \frac{\Delta s}{\Delta t} = v$$

Dizemos, então, que a declividade do gráfico fornece uma medida da velocidade escalar do movimento uniforme.

## Propriedade do gráfico da velocidade escalar em função do tempo

Consideremos agora o gráfico da velocidade escalar em função do tempo, $v \times t$, para o movimento uniforme esboçado a seguir. Vamos escolher dois instantes quaisquer, $t_1$ e $t_2$, e calcular a "área" $A$ que eles determinam entre o gráfico e o eixo dos tempos.

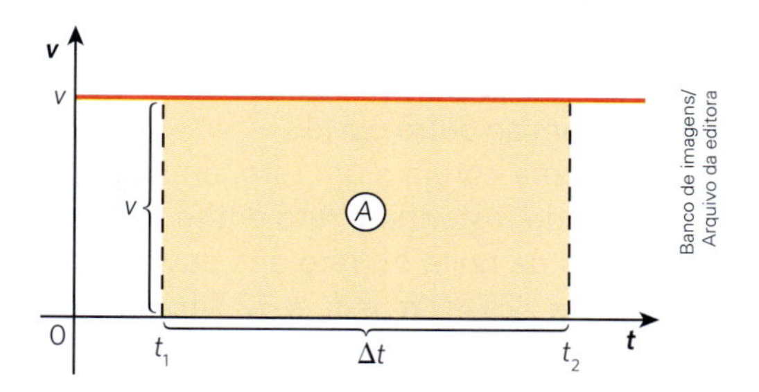


A região destacada na figura é um retângulo cuja base representa o intervalo de tempo $\Delta t$ entre $t_1$ e $t_2$ e a altura representa a velocidade escalar $v$. Tem-se:

$$A = v \cdot \Delta t \qquad \text{(I)}$$

Como $v = \frac{\Delta s}{\Delta t}$, temos que:

$$\Delta s = v \cdot \Delta t \qquad \text{(II)}$$

Comparando-se as expressões (I) e (II), concluímos que:

$$A = \Delta s$$

Dizemos, então, que a "área" compreendida entre o gráfico $v \times t$ e o eixo dos tempos fornece, no intervalo de tempo delimitado entre os instantes $t_1$ e $t_2$, uma medida da variação de espaço ou deslocamento escalar da partícula.

> **Nota**
> A palavra área foi grafada entre aspas porque o que se calculou não foi simplesmente a área geométrica do retângulo, mas o produto daquilo que representa sua base ($\Delta t$) por aquilo que representa sua altura ($v$).

## Exercícios

**1** (Cefet-AL) Dois carros deslocavam-se por duas estradas perpendiculares entre si, dirigindo-se a um ponto onde existe um cruzamento. Num dado momento, o primeiro carro, que estava com uma velocidade escalar de 40 km/h, encontrava-se a uma distância de 400 m do cruzamento, enquanto que o segundo encontrava-se a uma distância de 600 m do mesmo cruzamento.

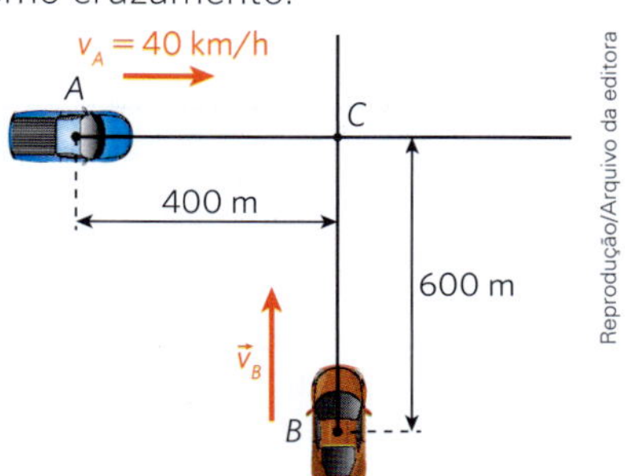


Considerando-se que os dois carros atingiram o cruzamento ao mesmo tempo, calcule a velocidade escalar do segundo carro.

a) 20 km/h
b) 40 km/h
c) 60 km/h
d) 80 km/h
e) 120 km/h

**2** (UFRJ) A coruja é um animal de hábitos noturnos que precisa comer vários ratos por noite.

Um dos dados utilizados pelo cérebro da coruja para localizar um rato com precisão é o

intervalo de tempo entre a chegada de um som emitido pelo rato a um dos ouvidos e a chegada desse mesmo som ao outro ouvido.

Imagine uma coruja e um rato, ambos em repouso; em dado instante, o rato emite um chiado. As distâncias da boca do rato aos ouvidos da coruja valem $d_1 = 12{,}780$ m e $d_2 = 12{,}746$ m.

Sabendo que a velocidade do som no ar é de 340 m/s, calcule o intervalo de tempo entre a chegada do chiado aos dois ouvidos.

**3** Um trem do metrô de comprimento $C = 100$ m, que se dirige para manutenção com velocidade escalar constante $v = 72$ km/h, passa direto pela plataforma de uma estação de comprimento $L = 120$ m. Qual é o intervalo de tempo gasto pela composição para transpor completamente essa plataforma?

**Resolução:**

Nesse contexto, o trem deve ser considerado um corpo extenso, já que suas dimensões influem no cálculo do intervalo de tempo pedido, isto é, quanto maior for o comprimento C, maior será o intervalo de tempo gasto pela composição para transpor completamente a plataforma.

No esquema a seguir, fora de escala, representamos o início e o fim da passagem do trem diante da plataforma da estação.

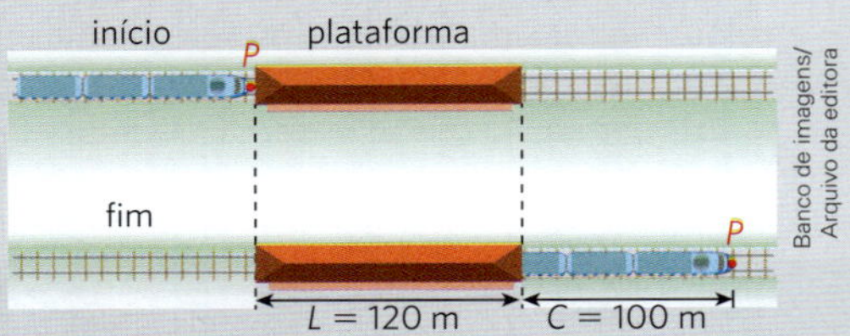


Analisando-se o deslocamento do ponto P indicado no esquema do início ao final do fenômeno cinemático, podemos concluir que:

$$\Delta s = L + C$$

Logo:

$$v = \frac{\Delta s}{\Delta t} \Rightarrow v = \frac{L + C}{\Delta t}$$

Sendo:

$v = 72 \text{ km/h} = \frac{72}{3{,}6} \text{ m/s} = 20 \text{ m/s}$, $L = 100$ m e $C = 120$ m, vem:

$$20 = \frac{100 + 120}{\Delta t} \Rightarrow \Delta t = \frac{220}{20} \therefore \boxed{\Delta t = 11 \text{ s}}$$

**4** (Fatec-SP) O Sambódromo do Anhembi, um dos polos culturais da cidade de São Paulo, tem uma pista de desfile com comprimento aproximado de 530 metros.

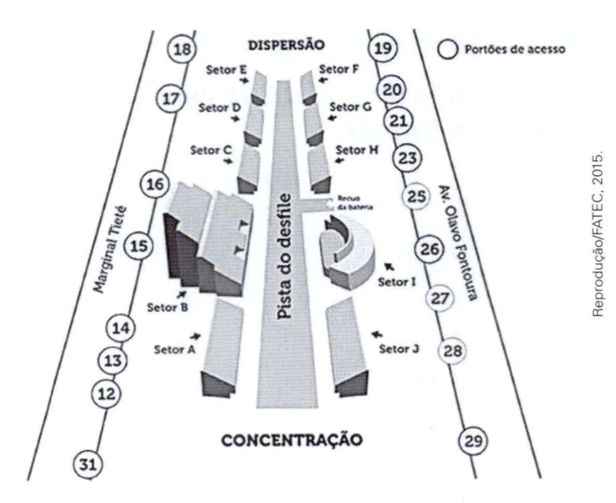


<http://tinyurl.com/omlacq3>. Acesso em: 17 mar. 2015.

No Grupo Especial, cada escola de samba deve percorrer toda extensão dessa pista, desde a entrada do seu primeiro integrante na concentração até a saída do seu último componente na dispersão, em tempo máximo determinado de 65 minutos.

Admita que certa escola de samba, com todas as alas integrantes, ocupe 510 metros de extensão total. Logo, para percorrer a pista no exato tempo máximo permitido, a velocidade escalar, suposta constante, durante o desfile deve ser

a) 0,4 m/s.
b) 8,0 km/s.
c) 8,0 m/min.
d) 16 m/min.
e) 16 km/min.

**5** Nos primeiros momentos de um salto de paraquedas o movimento é acelerado, mas, depois de algum tempo, a velocidade escalar se torna constante em virtude de as forças de resistência do ar equilibrarem o peso do sistema.

Considere um paraquedista em movimento retilíneo e uniforme vertical de modo que sua posição em relação a um eixo vertical com origem no solo obedeça aos dados contidos na tabela abaixo.

| Posição (m) | Tempo (s) |
|---|---|
| 100 | 0 |
| 90 | 2,0 |
| 80 | 4,0 |
| 70 | 6,0 |

Pede-se:

a) determinar a função horária da posição do paraquedista, em unidades do SI;

b) traçar o gráfico da posição do paraquedista desde o instante $t_0 = 0$ até sua chegada ao solo.

**Resolução:**

a) Se o movimento é uniforme, a função horária do espaço é do tipo:

$$s = s_0 + vt$$

Da tabela, pode-se verificar que na origem dos tempos, $t_0 = 0$, o espaço vale $s_0 = 100$ m. Esse é o espaço inicial.

Por outro lado, a velocidade escalar fica determinada fazendo-se:

$$v = \frac{\Delta s}{\Delta t} = \frac{s_2 - s_1}{t_2 - t_1} \Rightarrow v = \frac{90 - 100}{2{,}0 - 0}$$

De onde se obtém:

$$v = -5{,}0 \text{ m/s}$$

O valor negativo da velocidade escalar indica que, no referencial adotado, o movimento é retrógrado. Logo:

$$\boxed{s = 100 - 5{,}0t \text{ (SI)}}$$

b) A função horária obtida é do primeiro grau com o coeficiente do termo em $t$ negativo. Por isso, o gráfico $s \times t$ é uma reta oblíqua decrescente.

O instante em que o paraquedista (admitido um ponto material) atinge o solo é obtido fazendo-se $s = 0$ na função horária do espaço:

$$0 = 100 - 5{,}0t \Rightarrow 5{,}0t = 100 \therefore t = 20 \text{ s}$$

O gráfico pedido está traçado a seguir.

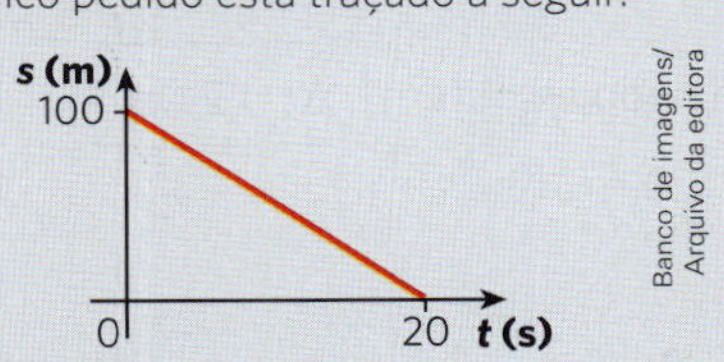


Banco de imagens/Arquivo da editora

**6** Araçatuba e Andradina são duas cidades do Noroeste paulista que têm, dentre outras características, a pecuária de corte como um ponto forte de suas economias. Segundo dados recentes, cerca de dois milhões de cabeças de gado povoam as fazendas de engorda da região.

Os dois municípios são interligados pela SP-300 – rodovia Marechal Rondon –, destacada no mapa abaixo.

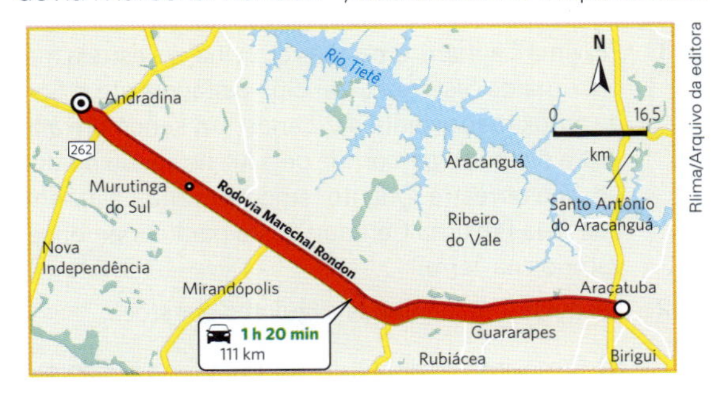


Rlima/Arquivo da editora

Admita que no instante $t_0 = 0$ um automóvel parta de Andradina rumo a Araçatuba e um caminhão saia de Araçatuba com destino a Andradina, ambos em movimento uniforme.

Sabendo-se que a velocidade escalar do caminhão tem módulo igual a 36,75 km/h, orientando-se a SP-300 de Araçatuba para Andradina, com origem dos espaços em Araçatuba, e levando-se em conta as informações contidas no mapa, pede-se determinar:

a) as funções horárias dos espaços para os movimentos do automóvel e do caminhão, com $s$ em quilômetros e $t$ em horas;

b) o instante $t_E$ em que um veículo passa pelo outro;

c) a que distância $D$ de Andradina ocorre o cruzamento entre o automóvel e o caminhão.

**7** (UFG-GO) De duas cidades Alfa e Beta, separadas por 300 km, partem respectivamente dois carros $A$ e $B$ no mesmo instante e na mesma direção, porém em sentidos opostos, conforme a figura fora de escala abaixo. Os dois veículos realizam movimento retilíneo e uniforme com velocidades escalares de módulos 20 m/s e 30 m/s, como se indica no esquema.

Banco de imagens/Arquivo da editora

A que distância da cidade Alfa ocorre o cruzamento entre os dois carros?

**8** (OBF) A estrada que liga duas cidades tem marcos quilométricos cuja contagem se inicia na cidade de Santo Anjo e que terminam, 70 km adiante, na cidade de São Basílio. Antônio ($A$) sai de bicicleta da cidade de Santo Anjo com destino a São Basílio, e Benedito ($B$), um outro ciclista, parte de São Basílio, pela mesma estrada, em sentido oposto. O diagrama foi construído para representar a "quilometragem" de cada um deles para as "horas" de viagem. Com estes elementos, são feitas algumas observações:

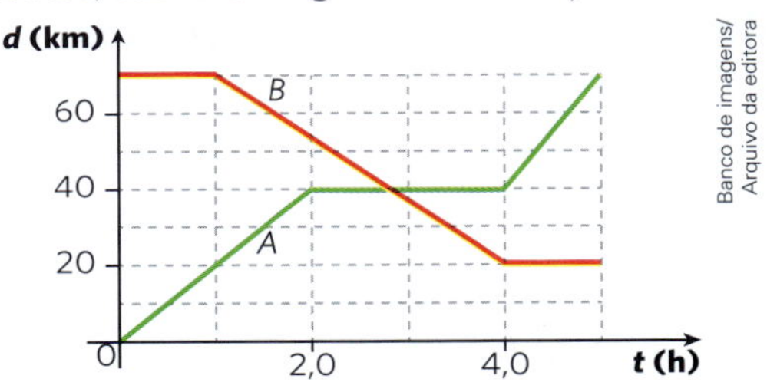


Banco de imagens/Arquivo da editora

I. Benedito parte 1 hora após a partida de Antônio.

II. Benedito não chegou a Santo Anjo.

III. A maior velocidade (em módulo) desenvolvida em algum trecho do percurso foi próxima de 17 km/h, conseguida por Benedito.

IV. Antônio estava parado quando Benedito passou por ele.

Apenas estão corretas as observações:

a) I e IV.
b) II e IV.
c) I e III.
d) II e III.
e) I, II e IV.

## Velocidade escalar relativa

Via de regra, velocidades são medidas em relação ao solo. Esse é o referencial "natural". Assim, quando alguém diz que a velocidade de um automóvel é de 100 km/h, a magnitude dessa grandeza está estimada em relação a um referencial fixo na superfície terrestre.

O conceito de velocidade escalar relativa, porém, estabelece medidas de velocidade escalar de uma partícula em relação a outra.

Temos dois casos a considerar:

### Movimentos no mesmo sentido

No caso de movimentos no mesmo sentido, o módulo da velocidade escalar relativa é calculado por:

$$|v_{rel}| = |v_A - v_B|$$

Veja alguns exemplos:

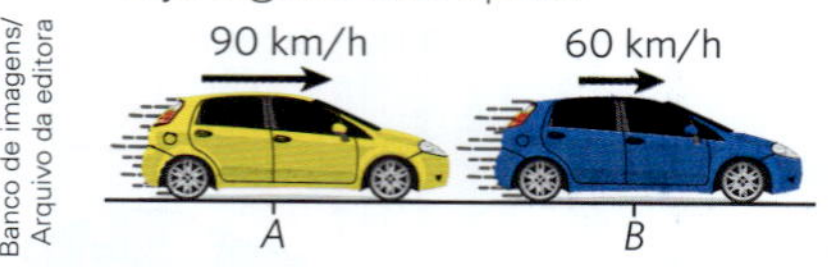


Banco de imagens/Arquivo da editora

$|v_{rel}| = |90 - 60| \therefore |v_{rel}| = 30$ km/h

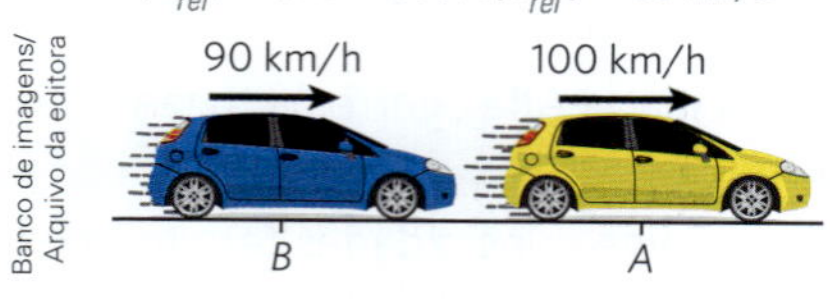


Banco de imagens/Arquivo da editora

$|v_{rel}| = |100 - 90| \therefore |v_{rel}| = 10$ km/h

> **Nota**
>
> Se as partículas que se movimentam no mesmo sentido em determinada trajetória tiverem velocidades escalares iguais em relação ao solo, terão velocidade escalar relativa nula entre si.

### Movimentos em sentidos opostos

No caso de movimentos em sentidos opostos, o módulo da velocidade escalar relativa é calculado por:

$$|v_{rel}| = |v_A| + |v_B|$$

Veja alguns exemplos:

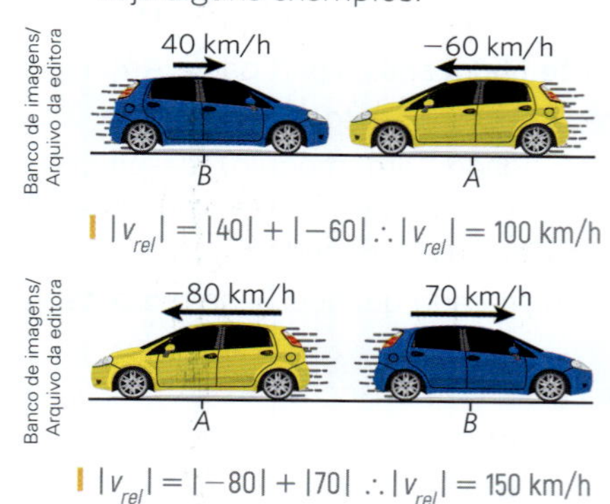


Banco de imagens/Arquivo da editora

$|v_{rel}| = |40| + |-60| \therefore |v_{rel}| = 100$ km/h

$|v_{rel}| = |-80| + |70| \therefore |v_{rel}| = 150$ km/h

Em muitos casos, raciocinar em termos de velocidade escalar relativa pode ser bastante vantajoso, simplificando-se cálculos e gastando-se menos tempo na resolução de muitas questões.

Em exercícios em que se pede o intervalo de tempo até o encontro entre dois móveis, em vez de se trabalhar com as funções horárias do espaço das partículas, convém determinar esse tempo por velocidade escalar relativa.

Veja o exemplo a seguir, em que duas pequenas esferas, 1 e 2, vão colidir. Elas percorrem uma mesma trajetória retilínea, dotadas de movimentos uniformes, com as velocidades escalares indicadas no esquema. Estão apresentadas também as respectivas posições das esferas na origem dos tempos.

Banco de imagens/Arquivo da editora

Qual será o intervalo de tempo $\Delta t$ até a colisão das esferas? Bem, por velocidade escalar relativa, tem-se:

$$|v_{rel}| = \left|\frac{\Delta s_{rel}}{\Delta t}\right| \Rightarrow |10| + |-30| = \frac{|190 - 110|}{\Delta t} \Rightarrow \Delta t = \frac{80}{40}$$

De onde se obtém $\boxed{\Delta t = 2{,}0\ \text{s}}$.

> **Nota**
>
> $\Delta s_{rel}$ traduz o deslocamento escalar relativo, isto é, quanto uma partícula se deslocou em relação a um referencial ligado à outra. Essa grandeza difere do deslocamento escalar de qualquer um dos corpos em relação ao solo.

### Descubra mais

1. Proxima Centauri, uma anã vermelha, é a estrela mais próxima do Sistema Solar. Sua distância até o Sol é de aproximadamente 4,22 anos-luz, sendo um ano-luz a distância percorrida pela luz no vácuo durante um ano terrestre. Quanto tempo, em anos, a luz emitida pela Proxima Centauri gasta para atingir observatórios na Terra?
2. Pesquise a respeito das seguintes questões:
   a) O movimento da Lua em torno da Terra é uniforme?
   b) O movimento da Terra em torno do Sol é uniforme?
   c) O movimento de Mercúrio em torno do Sol é uniforme?

## Exercícios

**9** (Udesc) Um automóvel de passeio, *A*, em uma longa reta de uma rodovia, viaja com velocidade escalar constante de 108 km/h e à sua frente, à distância de 100,0 m, segue um caminhão, *B*, que viaja com velocidade escalar também constante de 72 km/h. O automóvel tem comprimento igual a 5,0 m e o caminhão, comprimento de 25,0 m, conforme ilustra o esquema abaixo, fora de escala, que retrata o instante $t_0 = 0$.

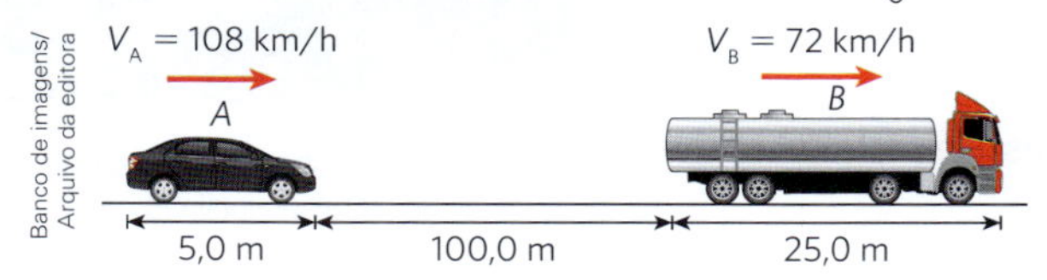


Banco de imagens/Arquivo da editora

Pede-se determinar:

a) o instante *t* em que se consuma a ultrapassagem completa de *A* sobre *B*;

b) a distância percorrida em relação à pista por cada veículo no intervalo de $t_0$ a *t*.

**10** O jamaicano Usain Bolt detém vários recordes mundiais, sendo medalhista olímpico em provas como os 100 e 200 metros rasos, além do revezamento 4 × 100 m por equipes.

Na Olimpíada do Rio de Janeiro - Rio 2016 -, por exemplo, ele agregou às suas conquistas três medalhas de ouro.

Admita que nos 100 m finais da prova de revezamento 4 × 100 m da Rio 2016, ao receber o bastão do companheiro de equipe, Bolt já estivesse com velocidade escalar de intensidade 12,5 m/s, 2,0 m atrás do adversário virtualmente campeão. Suponha, ainda, que o jamaicano tenha vencido a prova com uma vantagem de 2,0 s sobre o segundo colocado. Desprezando-se as dimensões dos atletas, ambos considerados em movimento uniforme ao longo de uma mesma reta, responda:

a) Qual é o intervalo de tempo gasto por Bolt para completar os 100,0 m finais?

b) Qual é a intensidade da velocidade escalar do segundo colocado?

c) Bolt ultrapassou seu adversário quantos metros depois de ter recebido o bastão?

**11** Considere dois atletas *A* e *B* que correm no mesmo sentido ao longo da pista que aparece na fotografia a seguir (pista de atletismo do Estádio Olímpico no Rio de Janeiro-RJ) com velocidades escalares constantes. O atleta *A*, o mais veloz, completa o trajeto em 72 s, enquanto o *B*, o mais lento, completa o trajeto em 81 s.

Shaun Botterill/Getty Images

Com base nessas informações, responda:

a) Se a velocidade escalar de *A* é de 5,0 m/s, qual o comprimento *L* da pista?

b) A velocidade escalar de *B* é que fração da velocidade escalar de *A*?

c) De quanto em quanto tempo *A* adiciona mais uma volta de vantagem sobre *B*?

**12** Juliana adora correr com seu cão, Bolo!

Lunja/Shutterstock

Admita que na imagem acima, que retrata o instante $t_0 = 0$, Juliana e Bolo estejam se deslocando ao longo de trajetórias retas e coincidentes, igualmente escalonadas e orientadas, em movimentos uniformes, de acordo com os gráficos do espaço em função do tempo a seguir.

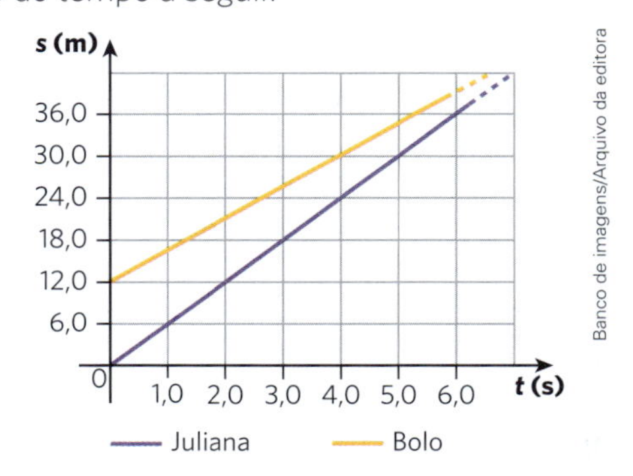


Banco de imagens/Arquivo da editora

Com base nas informações contidas no diagrama, determine:

a) em que instante $t_E$ ocorre o encontro entre Juliana e Bolo;

b) a que distância *D* da posição inicial de Bolo ocorre a interceptação.

CAPÍTULO 3

# Movimento uniformemente variado

Este capítulo favorece o desenvolvimento das seguintes habilidades:

EM13CNT204

EM13CNT301

## Introdução

Observe a imagem ao lado, na qual um carrinho se desloca com aceleração escalar praticamente constante (não nula).

Nesse movimento, a velocidade escalar varia uniformemente, isto é, sofre variações iguais em intervalos de tempo iguais. As distâncias percorridas nesses intervalos variam em progressão aritmética e este é um movimento uniformemente variado.

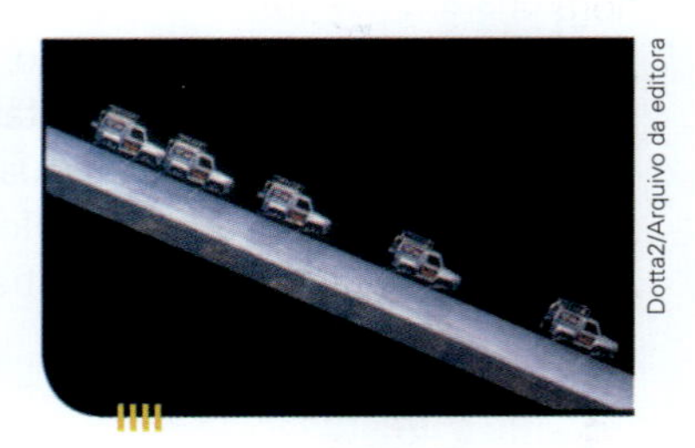
Dotta2/Arquivo da editora

Foto estroboscópica de um carrinho descendo um plano inclinado.

Denomina-se **movimento uniformemente variado** (em qualquer trajetória) todo aquele em que a velocidade escalar varia **uniformemente** com passar do tempo, isto é, sofre variações iguais em intervalos de tempo iguais.

Daí decorre que:

No movimento uniformemente variado, **a aceleração escalar é constante e diferente de zero**.

$$\alpha = \frac{\Delta v}{\Delta t} \neq 0 \text{ e constante}$$

**Nota**

Assim como nos movimentos uniformes, movimentos uniformemente variados podem ocorrer em qualquer trajetória.

Estudaremos neste capítulo a cinemática desse importante movimento, com suas equações e propriedades. Uma análise gráfica será desenvolvida conjuntamente, com vistas a uma noção consistente do assunto.

## Função horária da velocidade escalar

Consideremos uma partícula percorrendo uma trajetória orientada, como representa a figura abaixo, em movimento uniformemente variado. Seja $\alpha$ a aceleração escalar constante dessa partícula. Suponhamos que no instante $t_0 = 0$ (origem dos tempos), a velocidade escalar da partícula tenha valor $v_0$ (velocidade escalar inicial) e que em um instante posterior qualquer, $t$, essa velocidade tenha magnitude $v$.

$t_0 = 0$ ; $t$ ; O ; $v_0$ ; $v$ ; $s$

Banco de imagens/Arquivo da editora

No movimento uniformemente variado, a aceleração escalar instantânea tem valor igual ao da aceleração escalar média. Logo:

$$\alpha = \frac{\Delta v}{\Delta t} \Rightarrow \alpha = \frac{v - v_0}{t - t_0}$$

Considerando $t_0 = 0$, segue-se que:

$$\alpha = \frac{v - v_0}{t} \Rightarrow \alpha t = v - v_0$$

De onde se obtém:

$$v = v_0 + \alpha t$$

**Nota**

Sempre que a dependência matemática entre duas grandezas quaisquer, $X$ e $Y$, for regida por uma função do 1º grau (função afim), poderemos dizer que $X$ varia uniformemente com $Y$.

Veja que a função obtida é do 1º grau (função afim), como era de se esperar, já que a velocidade escalar no movimento uniformemente variado varia **uniformemente com o tempo**.

# Gráfico da velocidade escalar em função do tempo

Como vimos, a velocidade escalar no movimento uniformemente variado pode ser descrita pela função horária $v = v_0 + \alpha t$. Como a aceleração $\alpha$ é não nula, essa função é traduzida graficamente como uma reta oblíqua aos eixos ordenados.

O que determina se a função será crescente ou decrescente é o sinal da aceleração escalar. Se $\alpha > 0$, a função será crescente e, se $\alpha < 0$, a função será decrescente.

Veja os casos a seguir.

**Gráfico $v \times t$ no movimento uniformemente variado**

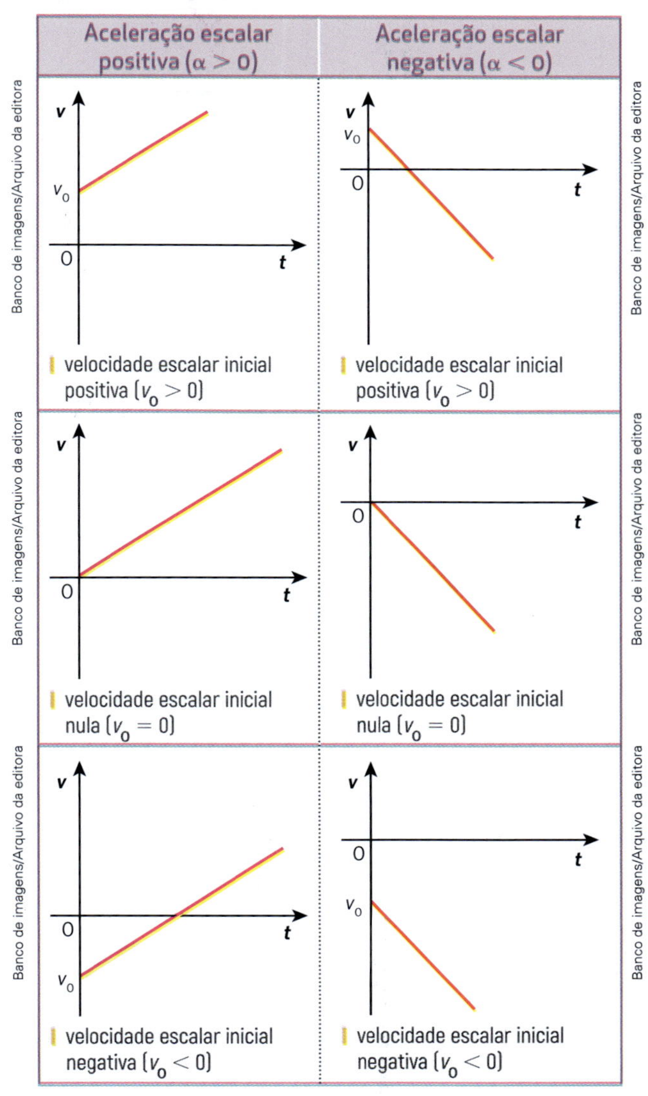


# Gráfico da aceleração escalar em função do tempo

A constância da aceleração escalar nos movimentos uniformemente variados pode ser traduzida em função do tempo por um gráfico paralelo ao eixo dos tempos.

Veja as situações abaixo:

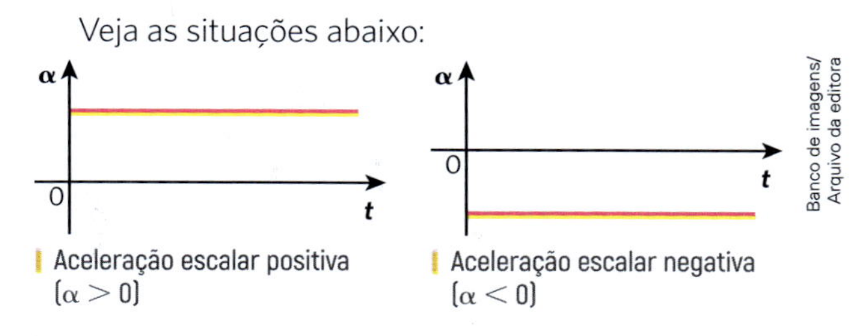


# Propriedades gráficas

As propriedades que apresentamos a seguir podem ser bastante vantajosas na resolução de exercícios.

## Propriedades do gráfico da velocidade escalar em função do tempo

### 1ª propriedade

Vamos considerar o caso particular abaixo, em que está traçado o gráfico da velocidade escalar $v$ em função do tempo $t$ para um movimento uniformemente variado.

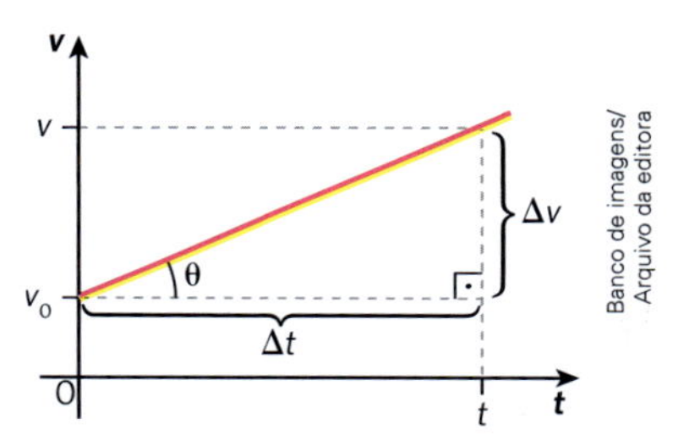


Com base no triângulo retângulo da figura acima, podemos constatar que a declividade da reta expressa a relação entre a variação de velocidade escalar sofrida pelo móvel, $v - v_0$, e o intervalo de tempo correspondente, $t - t_0$.

Portanto:

$$\text{declividade: } \frac{v - v_0}{t - t_0} = \frac{\Delta v}{\Delta t} = \alpha$$

Dizemos, então, que a declividade do gráfico fornece uma medida da aceleração escalar do movimento uniformemente variado.

### 2ª propriedade

Como foi apresentado no capítulo anterior, a "área" compreendida entre o gráfico $v \times t$ e o eixo dos tempos fornece, no intervalo de tempo delimitado por dois instantes quaisquer, uma medida da variação de espaço ou deslocamento escalar da partícula nesse intervalo.

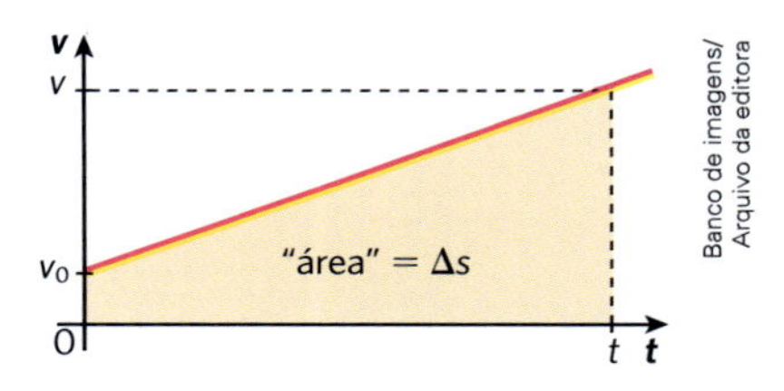

## Propriedade do gráfico da aceleração escalar em função do tempo

Consideremos o gráfico da aceleração escalar em função do tempo, $\alpha \times t$, de um movimento uniformemente variado. Vamos escolher dois instantes quaisquer, $t_1$ e $t_2$, e calcular a "área" $A$ que eles determinam entre o gráfico e o eixo dos tempos.

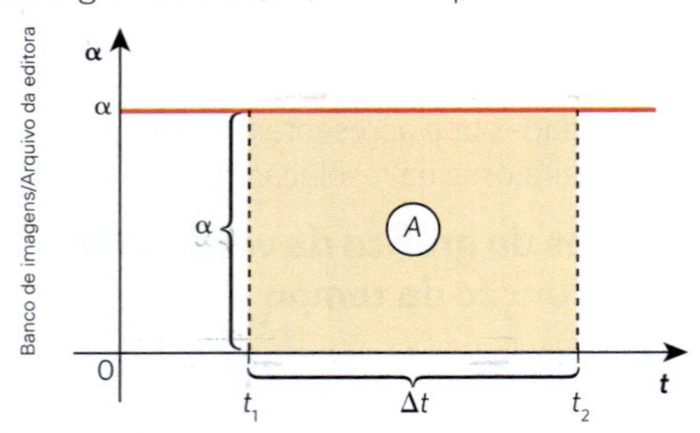


A região destacada na figura é um retângulo, cuja base representa o intervalo de tempo $\Delta t$ entre $t_1$ e $t_2$ e a altura representa a aceleração escalar, $\alpha$. Portanto, tem-se:

$$A = \Delta t\, \alpha \quad \text{(I)}$$

Como $\alpha = \dfrac{\Delta v}{\Delta t}$, temos que:

$$\Delta v = \Delta t\, \alpha \quad \text{(II)}$$

Comparando-se as expressões (I) e (II), concluímos que:

$$A = \Delta v$$

Dizemos, então, que a "área" compreendida entre o gráfico $\alpha \times t$ e o eixo dos tempos fornece, no intervalo de tempo delimitado pelos instantes $t_1$ e $t_2$, uma medida da variação de velocidade escalar da partícula.

**Nota**

A palavra área foi grafada entre aspas porque o que se calculou não foi simplesmente a área geométrica do retângulo, mas o produto daquilo que representa sua base ($\Delta t$) por aquilo que representa sua altura ($\alpha$).

## Propriedade da velocidade escalar média

Consideremos uma partícula em movimento uniformemente variado conforme o gráfico da velocidade escalar em função do tempo esboçado abaixo. A área $A$ destacada traduz a variação de espaço da partícula (deslocamento escalar), $\Delta s = s_2 - s_1$, no intervalo de tempo considerado, $\Delta t = t_2 - t_1$.

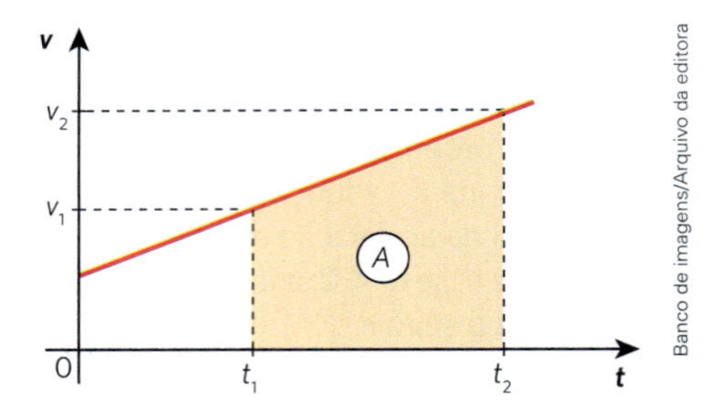


Do gráfico tem-se que:

$$\Delta s = \text{"área"} \Rightarrow \Delta s = \frac{(v_2 + v_1)(t_2 - t_1)}{2} \quad \text{(I)}$$

A velocidade escalar média da partícula no intervalo de tempo considerado, porém, pode ser expressa por:

$$v_m = \frac{\Delta s}{\Delta t} \Rightarrow v_m = \frac{\Delta s}{t_2 - t_1} \quad \text{(II)}$$

Substituindo-se (I) em (II), segue-se que:

$$v_m = \frac{(v_2 + v_1)(t_2 - t_1)}{2(t_2 - t_1)}$$

De onde se conclui:

No movimento uniformemente variado, a **velocidade escalar média** entre dois instantes quaisquer é a **média aritmética** das velocidades escalares determinadas nesses dois instantes.

$$v_m = \frac{v_2 + v_1}{2}$$

No exemplo esquematizado abaixo, o carro realiza um movimento uniformemente acelerado.

Nesse intervalo de tempo, sua velocidade escalar média pode ser determinada fazendo-se:

$$v_m = \frac{v_2 + v_1}{2} \Rightarrow v_m = \frac{90 + 60}{2} \therefore v_m = 75 \text{ km/h}$$

## Exercícios

**1** Acerca de uma partícula em movimento uniformemente acelerado, analise as afirmações a seguir e identifique as corretas:

**(01)** A velocidade escalar da partícula é constante.

**(02)** A aceleração escalar da partícula é constante (não nula).

**(04)** A velocidade escalar da partícula é crescente com o tempo de acordo com uma função do 1º grau.

**(08)** A velocidade escalar da partícula é crescente com o tempo de acordo com uma função do 2º grau.

**(16)** A velocidade escalar média da partícula entre dois instantes é a média aritmética das velocidades escalares nesses instantes.

**(32)** A trajetória descrita pela partícula é retilínea.

Dê como resposta a soma dos códigos associados às proposições corretas.

**2** José Ribamar adorava visitar o movimentado aeroporto de sua cidade para assistir a sucessivos pousos e decolagens de aeronaves diversas. Certo dia, ele estimou que determinado avião, ao partir do repouso para decolar, percorreu 800 m na pista até alçar voo, decorridos 20,0 s do início do procedimento.

Admitindo-se que a aeronave tenha acelerado com intensidade constante, pede-se determinar:

**a)** a velocidade escalar do avião no instante correspondente ao fim da corrida na pista, em km/h;

**b)** a aceleração escalar da aeronave, em $m/s^2$.

**3** Admita que um funcionário, desejando subir a um andar superior do prédio onde trabalha, tenha tomado o elevador no instante $t_0 = 0$, e que esse rapaz tenha desembarcado do equipamento no instante $t = 20,0$ s. A velocidade escalar do elevador variou com o tempo ao longo desse trajeto conforme o gráfico abaixo.

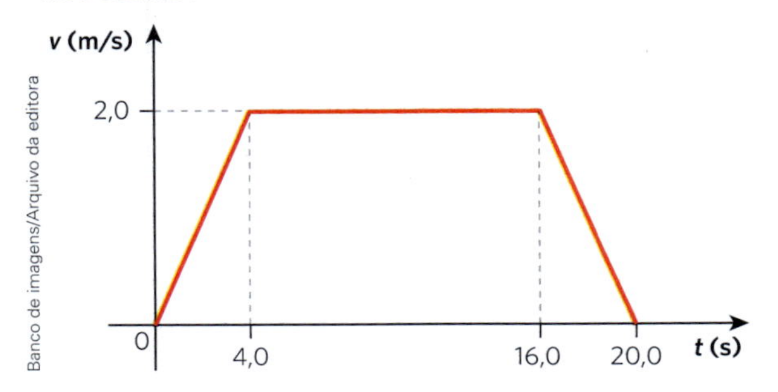


Sabendo-se que o funcionário embarcou no elevador no 3º andar e que a distância vertical entre os pisos de dois andares consecutivos é constante e igual a 4,0 m, responda:

**a)** Quais são os módulos das acelerações escalares do elevador na arrancada e na freada?

**b)** Em que andar o funcionário desembarcou?

**c)** Qual é a velocidade escalar média do elevador no percurso considerado?

**4** (Ufscar-SP) Em um filme, para explodir a parede da cadeia a fim de que seus comparsas pudessem escapar, o "bandido" ateia fogo a um pavio de 0,60 m de comprimento, que tem sua outra extremidade presa a um barril contendo pólvora. Enquanto o pavio queima, o "bandido" se põe a correr em sentido oposto e, no momento em que salta sobre uma rocha, o barril explode.

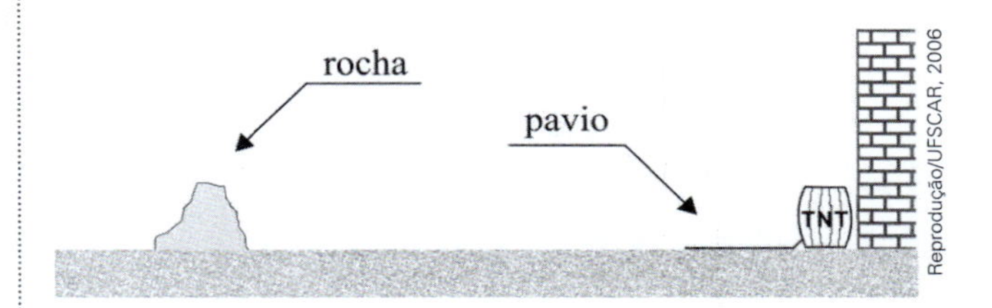


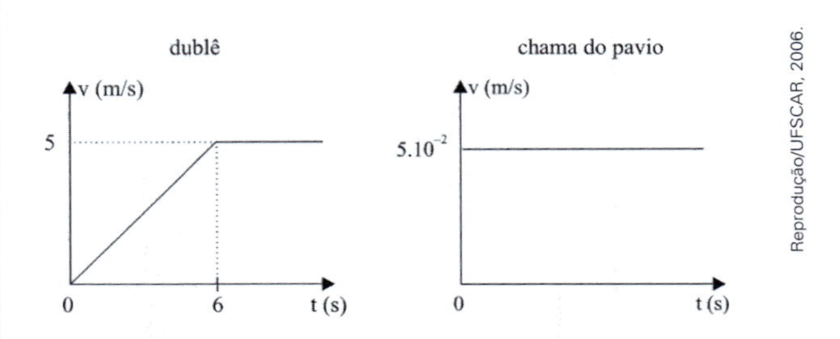


Ao planejar essa cena, o piroplasta utilizou os dados gráficos obtidos cuidadosamente da análise das velocidades do dublê (que representa o bandido) e da chama no pavio, o que permitiu determinar que a rocha deveria estar a uma distância, relativamente ao ponto em que o pavio foi aceso, em m, de:

**a)** 20,0

**b)** 25,0

**c)** 30,0

**d)** 40,0

**e)** 45,0

**5** Um carro parte do repouso no instante $t_0 = 0$ em movimento uniformemente acelerado, conforme o gráfico da aceleração escalar em função do tempo esboçado a seguir. Subitamente, notando que esqueceu seu telefone celular, o motorista é obrigado a frear, o que ocorre em movimento uniformemente retardado.

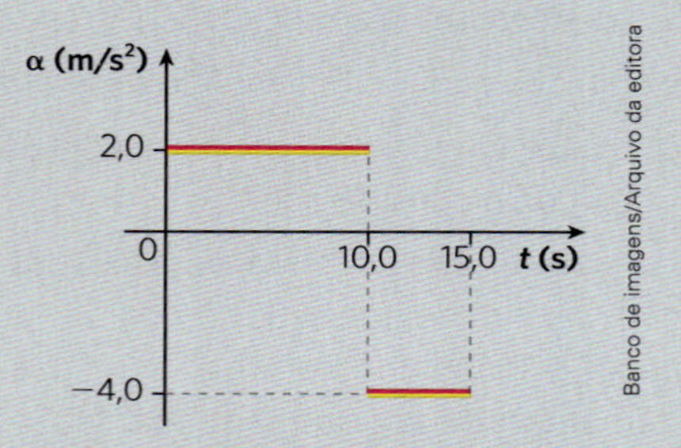


Com base nas informações do diagrama, pede-se:

**a)** traçar o gráfico da velocidade escalar do carro em função do tempo no intervalo de $t_0 = 0$ a $t = 15{,}0$ s;

**b)** calcular a velocidade escalar média do veículo no intervalo de $t_0 = 0$ a $t = 15{,}0$ s.

**Resolução:**

**a)** Pela área entre os segmentos de gráfico e o eixo dos tempos no diagrama $\alpha \times t$, podemos calcular a variação de velocidade escalar do carro:

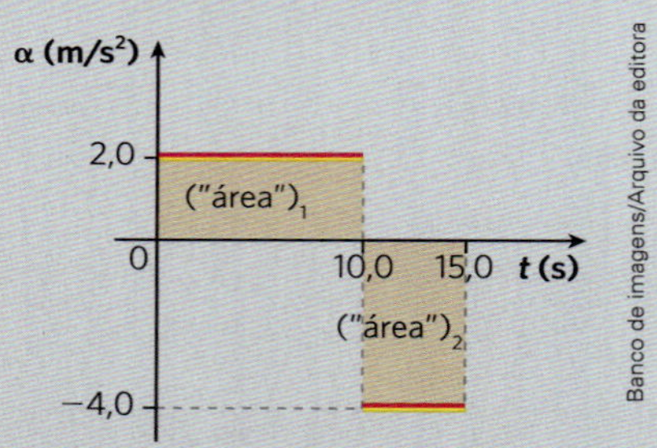


$\Delta v_1 = (\text{área})_1 = 10{,}0 \cdot 2{,}0 \therefore \Delta v_1 = 20{,}0$ m/s

$\Delta v_2 = (\text{área})_2 = 5{,}0 \cdot (-4{,}0) \therefore \Delta v_2 = -20{,}0$ m/s

Toda a velocidade que o carro ganhou na fase de arrancada ele perdeu na fase de freada, o que significa que o veículo volta ao repouso no instante $t = 15{,}0$ s, conforme representa o gráfico $v \times t$ a seguir.

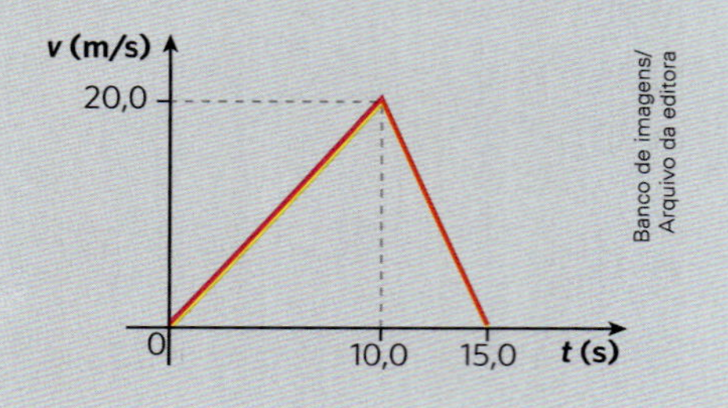


**b)** (I) O deslocamento escalar do carro, $\Delta s$, pode ser obtido pela área entre o gráfico $v \times t$ e o eixo dos tempos (triângulo):

$$\Delta s = (\text{área})_{v \times t} = \frac{15{,}0 \cdot 20{,}0}{2} \therefore \boxed{\Delta s = 150 \text{ m}}$$

(II) A velocidade escalar média fica determinada pela definição:

$$v_m = \frac{\Delta s}{\Delta t} \Rightarrow v_m = \frac{150}{15{,}0} \therefore \boxed{v_m = 10{,}0 \text{ m/s}}$$

**6** **Se beber, não dirija!**

A ingestão de álcool, a depender da dose, pode levar o indivíduo de um estado de euforia e sociabilidade até uma situação comatosa e de óbito. Isso porque a substância atua como um depressor progressivo do sistema nervoso central.

A taxa de álcool no sangue de uma pessoa depende da quantidade de álcool ingerida, da massa da pessoa e do momento em que ela bebe (em jejum ou durante as refeições).

A equação a seguir permite calcular a taxa de álcool no sangue (*TAS*), medida em gramas por litro (g/L).

$$TAS = \frac{Q}{mk}$$

- *Q*: quantidade de álcool ingerido, em gramas.
- *m*: massa da pessoa, em kg.
- *k* é uma constante que vale 1,1 se o consumo de álcool é feito durante as refeições, ou 0,7 se o consumo é feito fora das refeições.

Admita ainda que o tempo de reação $t_R$ de um motorista varia com a taxa de álcool no sangue (*TAS*) de acordo com a relação:

$$t_R = 0{,}5 + 1{,}0\,(TAS)^2$$

(*TAS* medida em g/L e $t_R$ medido em segundos).

Um motorista está dirigindo um carro com velocidade de módulo $v_0 = 72{,}0$ km/h quando avista uma pessoa atravessando a rua imprudentemente à sua frente. Após o seu tempo de reação, o motorista aciona o freio, imprimindo ao carro uma aceleração de módulo constante até a imobilização do veículo. O gráfico a seguir mostra a velocidade escalar do carro em função do tempo. Sabe-se que a distância percorrida pelo carro desde a visão do pedestre ($t_0 = 0$) até a sua imobilização ($t = 5{,}5$ s) foi de 70,0 m.

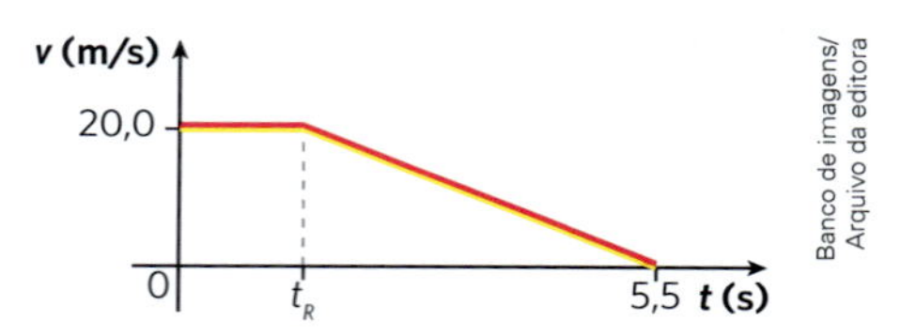

Determine:

a) o tempo $t_R$ de reação do motorista e o módulo a da aceleração do carro durante a freada;

b) a taxa de álcool no sangue do motorista (*TAS*) e a quantidade de álcool ingerida *Q*, sabendo-se que o motorista tem massa $m = 70$ kg e ingeriu bebida alcoólica durante o almoço.

## Função horária do espaço

Consideremos uma partícula percorrendo um eixo orientado, como o representado abaixo, em movimento uniformemente variado, com aceleração escalar igual a $\alpha$.

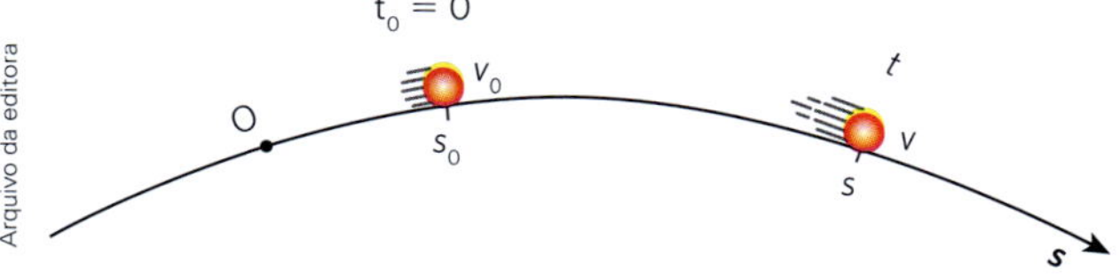


Banco de imagens/Arquivo da editora

Sejam $s_0$ e $v_0$ o espaço inicial e a velocidade escalar inicial, respectivamente, definidos no instante $t_0 = 0$ (origem dos tempos), e chamemos de *s* o espaço da partícula em um instante qualquer, *t*, em que a velocidade escalar vale *v*.

Tracemos o gráfico $v \times t$ correspondente a essa situação.

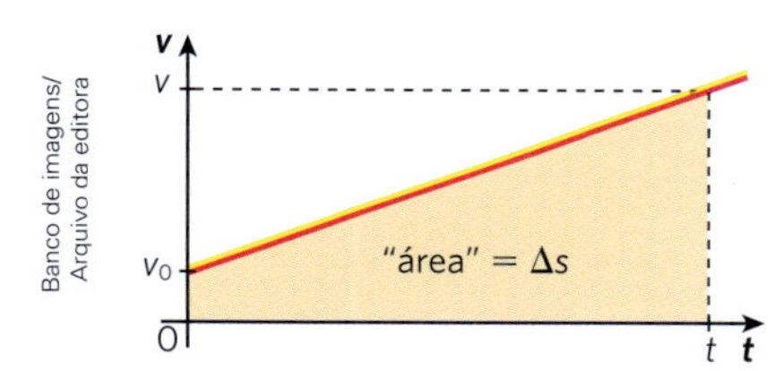


Banco de imagens/Arquivo da editora

Para obter uma expressão matemática de *s* em função de *t*, denominada **função horária do espaço**, calculemos a área *A* destacada no diagrama. Essa "área" fornece a variação de espaço ou deslocamento escalar da partícula.

$$\Delta s = A \Rightarrow \Delta s = \frac{(v + v_0)t}{2} \quad \text{(I)}$$

Da função horária da velocidade, temos:

$$v = v_0 + at \quad \text{(II)}$$

Substituindo-se (II) em (I), vem:

$$\Delta s = \frac{(v_0 + at + v_0)t}{2} \Rightarrow \Delta s = v_0 t + \frac{\alpha}{2} t^2$$

Observando-se que $s - s_0 = \Delta s$, também podemos escrever:

$$s - s_0 = v_0 t + \frac{\alpha}{2} t^2 \quad \text{ou} \quad s = s_0 + v_0 t + \frac{\alpha}{2} t^2$$

Veja que a função horária do espaço do movimento uniformemente variado é do 2º grau, o que estabelece, no caso de $v_0$ ser nulo, uma variação quadrática entre $\Delta s$ e *t*. Por isso, dobrando-se o valor de *t*, o correspondente valor de $\Delta s$ quadruplica; triplicando-se o valor de *t*, o correspondente valor de $\Delta s$ nonuplica (aumenta nove vezes), e assim por diante.

## Gráfico do espaço em função do tempo

Os gráficos de funções do 2º grau são **arcos de parábola**.

É o que ocorre com a função horária do espaço, do 2º grau, do movimento uniformemente variado.

$$s = s_0 + v_0 t + \frac{\alpha}{2} t^2$$

Quem determina se o arco de parábola terá concavidade voltada para cima ou para baixo é o sinal do coeficiente do termo de 2º grau, no nosso caso, o sinal da aceleração escalar $\alpha$.

Se $\alpha > 0$, a parábola terá concavidade **voltada para cima**.

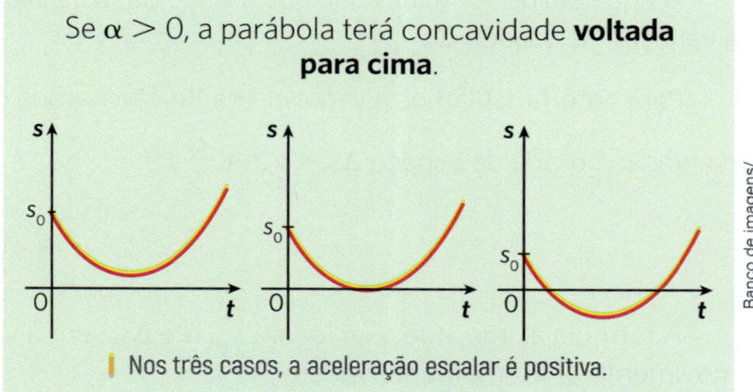


Nos três casos, a aceleração escalar é positiva.

Se $\alpha < 0$, a parábola terá concavidade **voltada para baixo**.

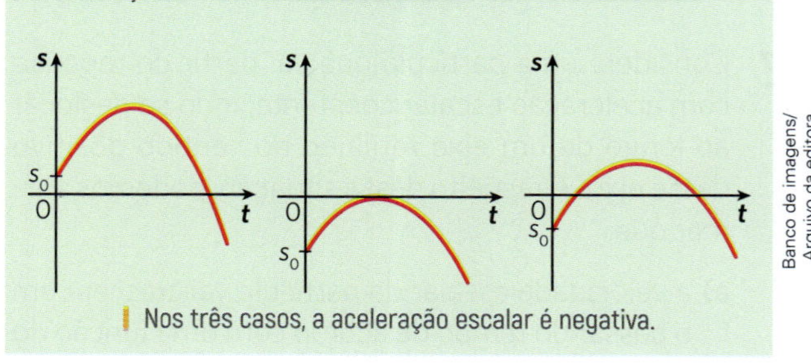


Nos três casos, a aceleração escalar é negativa.

Banco de imagens/Arquivo da editora

Em todas essas situações, nos instantes associados aos vértices das parábolas, a **velocidade escalar é nula**. Em nossos exemplos, nesses instantes estaria ocorrendo **inversão** no sentido do movimento.

Para uma melhor compreensão desse estudo gráfico, apresentamos a seguir, para o movimento uniformemente variado, dois grupos com os três diagramas horários fundamentais: $s \times t$, $v \times t$ e $\alpha \times t$. Logo em seguida a cada grupo de gráficos, classificamos os movimentos como **progressivos** ou **retrógrados**; **acelerados** ou **retardados**.

**Aceleração escalar positiva ($\alpha > 0$)**

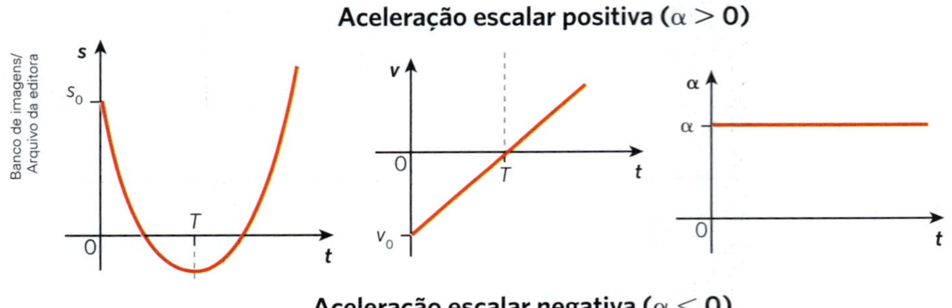


Banco de imagens/ Arquivo da editora

(I) Para $0 \leq t < T$:

O espaço é decrescente e o movimento é **retrógrado**. O módulo da velocidade escalar é decrescente e o movimento é **retardado**.

(II) Para $t > T$:

O espaço é crescente e o movimento é **progressivo**. O módulo da velocidade escalar é crescente e o movimento é **acelerado**.

**Aceleração escalar negativa ($\alpha < 0$)**

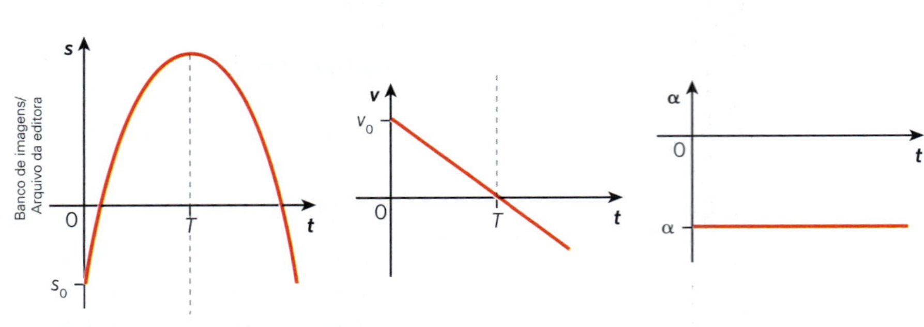


Banco de imagens/ Arquivo da editora

(I) Para $0 \leq t < T$:

O espaço é crescente e o movimento é **progressivo**. O módulo da velocidade escalar é decrescente e o movimento é **retardado**.

(II) Para $t > T$:

O espaço é decrescente e o movimento é **retrógrado**. O módulo da velocidade escalar é crescente e o movimento é **acelerado**.

## A equação de Torricelli

A equação de Torricelli relaciona a velocidade escalar $v$ de um corpo em movimento uniformemente variado com a variação de espaço $\Delta s$.

Para obtê-la, isolamos a variável $t$ na função horária de velocidade $v = v_0 + \alpha t$ e substituímos a expressão obtida na função horária de espaço $\Delta s = v_0 t + \frac{\alpha}{2} t^2$:

$$v^2 = v_0^2 + 2\,\alpha\,\Delta s$$

A fórmula acima, que relaciona $v$, $v_0$, $\alpha$ e $\Delta s$, sem a variável tempo, é muito útil na resolução de questões sobre o movimento uniformemente variado.

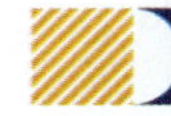

## Exercícios

**7** Considere uma partícula que vai partir do repouso com aceleração escalar constante, indo se deslocar ao longo de um eixo retilíneo no sentido positivo desse eixo. A respeito dessa situação, podemos afirmar que:

**a)** a velocidade escalar da partícula vai crescer com o passar do tempo de acordo com uma função do 2º grau.

**b)** a distância percorrida pela partícula vai crescer com o passar do tempo de acordo com uma função do 1º grau.

**c)** se durante 1,0 s a partícula se deslocar 5,0 m, então durante 2,0 s ela vai se deslocar 10,0 m.

**d)** se durante 1,0 s a velocidade escalar da partícula crescer 2,0 m/s, então durante 2,0 s a velocidade escalar da partícula vai crescer 4,0 m/s.

**e)** a partícula vai descrever um movimento retrógrado.

**8** [...] A melhor primeira volta de todos os tempos da história da Fórmula 1 foi um verdadeiro *show* de ultrapassagens de Ayrton Senna. Com uma pilotagem impecável, Senna parecia ser o único que estava pilotando na pista seca, enquanto os adversários sequer ofereciam resistência a ele no traçado molhado. A ultrapassagem sobre o austríaco Karl Wendlinger, por fora e em uma área onde somente Senna encontrou aderência, foi uma das mais inesquecíveis do brasileiro na F-1. [...]

Disponível em: <www.ayrtonsenna.com.br/confira-seis-ultrapassagens-de-ayrton-senna-que-sao-dignas-de-cinema/>. Acesso em: 6 jun. 2018.

Como de praxe, depois de suas muitas vitórias na Fórmula 1, o inesquecível Ayrton Senna celebrava suas conquistas dando uma volta no circuito empunhando uma bandeira do Brasil.

Patrick Behar/Corbis/ Getty Images

Admitamos que logo após a ultrapassagem sobre Wendlinger, mencionada no texto, Senna, estando a 252 km/h, tenha imprimido ao seu carro uma aceleração escalar constante de 4,0 m/s$^2$ durante os 5,0 s subsequentes. Com base nessas suposições, responda:

**a)** Qual a distância percorrida pelo carro de Senna, em metros, durante esse intervalo de tempo?

**b)** Qual a velocidade escalar do veículo, em km/h, ao fim desse percurso?

**9** Na aula de Robótica, as alunas Bruna e Rosária programaram um carrinho para se deslocar ao longo de um trilho retilíneo e orientado com aceleração escalar constante $\alpha = 2,0$ m/s$^2$. Num determinado instante, que chamaremos de origem dos tempos ($t_0 = 0$), a velocidade escalar do carrinho era $v_0 = -8,0$ m/s e a posição do pequeno veículo sobre a trajetória era $s_0 = 15,0$ m. Com base nessas informações, responda:

**a)** Qual o intervalo de tempo que intercalou as duas passagens do carrinho pela origem dos espaços ($s = 0$)?

**b)** Qual o valor algébrico das velocidades escalares do carrinho nessas duas passagens pela origem dos espaços?

**10** A demanda por trens de alta velocidade - trens-bala - tem crescido em todo o mundo. Uma preocupação importante no projeto desses trens, no entanto, é o conforto dos passageiros durante as arrancadas e freadas do comboio. Tanto em um processo como no outro, a intensidade da aceleração máxima, $a_{máx}$, não deve exceder a 0,1$g$, em que $g$ é o módulo da aceleração da gravidade ($g = 10$ m/s$^2$).

Evgeny Prokofyev/Shutterstock

Admitindo-se que certo trem-bala, a partir do repouso, atinja ao fim de um procedimento de arrancada velocidade escalar de intensidade igual a 432 km/h, com a máxima aceleração escalar possível, suposta constante, pede-se determinar:

**a)** a distância percorrida pelo trem, em km, nesse procedimento;

**b)** o intervalo de tempo transcorrido, em min, durante essa arrancada.

**11** Considere dois carros, $A$ e $B$, em uma mesma trajetória retilínea orientada. No instante $t_0 = 0$, $B$ passa pela origem dos espaços em movimento uniforme, com velocidade escalar igual a 20,0 m/s. Nesse mesmo instante, $A$ parte do repouso do ponto de espaço 48,0 m, movendo-se no mesmo sentido de $B$, em movimento uniformemente acelerado, com aceleração escalar de intensidade 4,0 m/s$^2$. No instante $t = T_1$, $B$ ultrapassa $A$, mas, posteriormente, no instante $t = T_2$, $A$ ultrapassa $B$. Pede-se determinar o intervalo de tempo $\Delta t = T_2 - T_1$.

## Movimentos livres na vertical sob a ação exclusiva da gravidade

### Queda livre

Suponha que você abandone a partir do repouso uma pequena bola e uma folha de papel aberta. Esses dois corpos vão certamente cair rumo ao chão, mas a folha de papel sofrerá sobremaneira os efeitos da resistência do ar, descrevendo uma trajetória irregular e gastando mais tempo para atingir o solo.

Repetindo-se o experimento, agora com a folha de papel amassada, você vai notar que esta cairá aproximadamente na vertical, do mesmo modo que a bola, atingindo o chão praticamente no mesmo instante que esta. Isso acontece porque sobre o papel embolado as ações de resistência do ar são menores que no caso anterior.

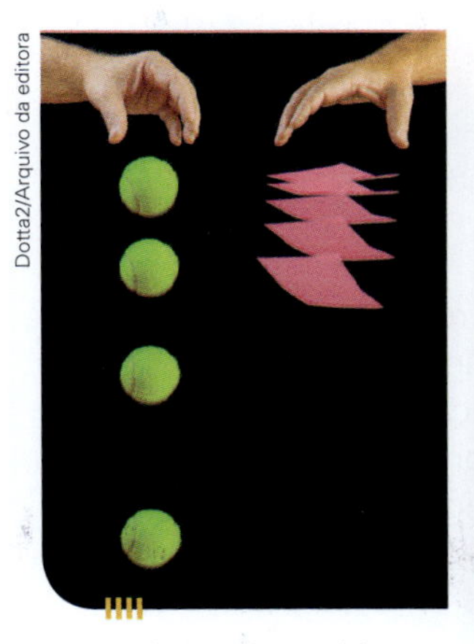
Dotta2/Arquivo da editora

O movimento do papel é bastante afetado pelo ar, fazendo com que seu tempo de queda seja maior que o da bola.

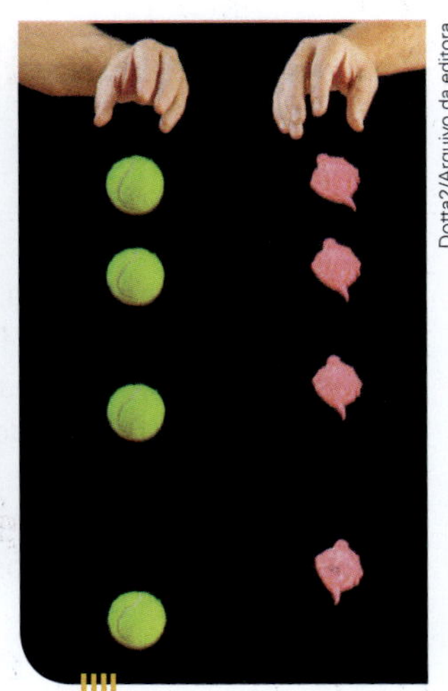
Dotta2/Arquivo da editora

Movimentos praticamente iguais.

Em uma situação ideal, sem nenhuma resistência do ar, o papel e a bola, abandonados do repouso em um mesmo instante, descreveriam em suas quedas livres até o solo movimentos verticais idênticos, com a mesma aceleração escalar - a aceleração da gravidade $g$ -, a mesma velocidade escalar em cada instante e o mesmo tempo de queda.

Utilizando corpos de dimensões desprezíveis que despencavam ao longo de trechos de pequena extensão, Galileu constatou esse fato ainda no final do século XVI.

Segundo sua conclusão, podemos escrever:

Nas proximidades do solo, independentemente de suas massas, formas ou materiais, todos os corpos em **queda livre** caem verticalmente com a **mesma aceleração**; a **aceleração da gravidade** ($g$).

## Atividade prática

### Medindo o tempo de reação de uma pessoa

Existe um hiato temporal para os humanos entre a visualização de um fato e a correspondente ação muscular. Um motorista devidamente capacitado e em perfeitas condições mentais, por exemplo, acionará os freios do veículo um pouco depois de perceber opticamente um perigo na pista. Esse intervalo existente entre o ato de enxergar e a atitude muscular é denominado **tempo de reação** e varia de acordo com a faixa etária do indivíduo e também de pessoa para pessoa.

Um valor médio para o tempo de reação seria algo em torno de 0,4 s (quatro décimos de segundo). Para medir o tempo de reação de uma pessoa, propomos a seguir um experimento muito simples para o qual você só vai precisar de uma régua e de alguns conhecimentos do movimento uniformemente variado.

**Material necessário**

- 1 régua

#### Procedimento

I. Segure entre os dedos a régua em posição vertical, prendendo-a na marca final de sua escala. Peça à pessoa cujo tempo de reação se quer medir para dispor o polegar e o indicador de uma das mãos alinhados com a extremidade inferior da régua, marca 0 (zero), em posição de prender a régua. Esses dedos devem estar distanciados cerca de 5 cm. A figura 1 retrata a situação inicial.

II. Sem avisos prévios ou sinais que caracterizem que você vai largar o objeto, abandone a régua e ela passará a cair praticamente em movimento uniformemente acelerado.

III. A pessoa deverá então fechar os dedos tão rápido quanto conseguir, parando prontamente a descida do objeto, conforme ilustra a figura 2.

IV. Verifique na escala da régua quantos centímetros ela desceu.

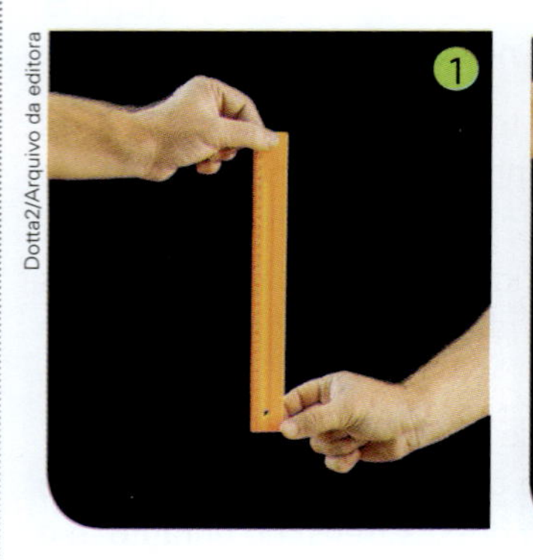

Dotta2/Arquivo da editora

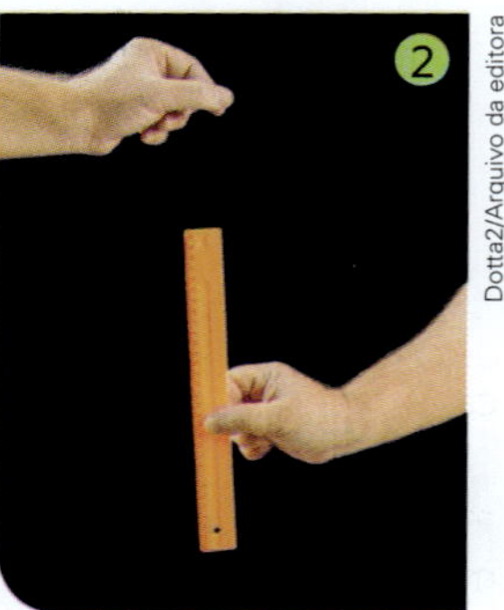

Dotta2/Arquivo da editora

#### Desenvolvimento

A partir da função horária do espaço para o movimento uniformemente variado, é possível obter o tempo de reação da pessoa, $t_R$:

$$\Delta s = v_0 t + \frac{\alpha}{2}t^2 \Rightarrow \Delta s = \frac{g}{2}t_R^2$$

$$t_R = \sqrt{\frac{2\Delta s}{g}}$$

O valor de $\Delta s$ você obtém diretamente da régua. Essa medida deverá ser transformada para metros, bastando dividir o número de centímetros obtido por 100. Adotando para a intensidade da aceleração da gravidade o valor $g = 10$ m/s$^2$, você vai calcular o valor de $t_R$.

Um bom resultado final para o tempo de reação da pessoa, $\overline{t_R}$, exigirá que o procedimento seja repetido pelo menos cinco vezes. Feito isso, $\overline{t_R}$ estará determinado pela **média aritmética** dos valores experimentais encontrados.

$$\overline{t_R} = \frac{t_{R_1} + t_{R_2} + \ldots + t_{R_n}}{n}$$

## Lançamento vertical para cima

Você estudou a queda livre de um corpo, regida pelas acertadas conclusões de Galileu. Vamos, agora, estender um pouco a nossa análise, tratando do lançamento de uma partícula verticalmente para cima.

Consideremos a situação ilustrada abaixo em que um pequeno objeto será lançado verticalmente para cima no instante $t_0 = 0$ com velocidade escalar inicial igual a $v_0$.

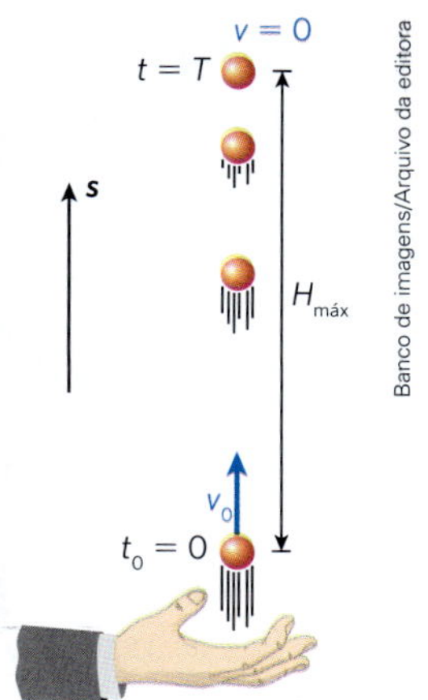


Seja $g$ a intensidade da aceleração da gravidade local e desprezemos os efeitos da resistência do ar.

Orientando-se a trajetória para cima, como se faz normalmente em situações como essa, o objeto vai subir em movimento uniformemente retardado, com velocidade escalar positiva ($v > 0$) e aceleração escalar negativa ($\alpha < 0$), dará uma paradinha instantânea no ponto de altura máxima, no instante $t = T$, e vai descer em movimento uniformemente acelerado, com velocidade escalar negativa ($v < 0$) e aceleração escalar também negativa ($\alpha < 0$).

É importante salientar que, se a trajetória estiver orientada para cima, a partícula terá **aceleração escalar negativa** tanto na subida como na descida, isto é, na ida e na volta, $\alpha = -g$.

**Cálculo do tempo de subida, *T*:**

Função horária da velocidade escalar:

$$v = v_0 + \alpha t \Rightarrow 0 = v_0 - gT \therefore \quad T = \frac{v_0}{g}$$

**Cálculo da altura máxima, $H_{máx}$:**

Equação de Torricelli:

$$v^2 = v_0^2 + 2\alpha\Delta s \Rightarrow 0 = v_0^2 + 2(-g)H_{máx}$$

$$\therefore \quad H_{máx} = \frac{v_0^2}{2g}$$

**Nota**

- Como na volta ao ponto de partida o corpo percorrerá, a partir do repouso, a mesma distância da subida e com a mesma aceleração escalar, o tempo de descida será igual ao de subida (simetria entre os movimentos de subida e descida). O tempo total, de ida e volta, ficará determinado por:

$$\Delta t_{total} = 2T \Rightarrow \boxed{\Delta t_{total} = 2\frac{v_0}{g}}$$

### Já pensou nisto?

## Tudo o que sobe, desce?

Uma partícula disparada verticalmente para cima sobe em movimento retardado e depois desce, pelo menos a princípio, em movimento acelerado.

Depois de percorrer certo trecho em seu movimento descendente ganhando velocidade, a partícula tende a adquirir uma velocidade constante com a qual vai chegar ao chão: é a velocidade terminal limite.

Isso ocorre porque, na prática, o ar exerce significativa influência no movimento do projétil. O meio gasoso atua com forças contrárias ao sentido do deslocamento e, na descida, amortece as tendências de ganho de velocidade.

Contudo, se não existissem as forças de resistência do ar, a partícula retornaria ao ponto de partida com velocidade de mesma intensidade que a verificada no ato do disparo.

Como se pode concluir por meio de cálculos utilizando-se conceitos de energia mecânica e sua conservação, desprezando-se a resistência do ar, se formos disparando sucessivamente para cima partículas com velocidades de intensidades crescentes, haverá de se verificar uma velocidade limítrofe a partir da qual a partícula não mais retornará ao solo terrestre, já que escapará da atração gravitacional do planeta. Esta velocidade é denominada velocidade de escape e varia de astro para astro. No caso da Terra, a velocidade de escape vale cerca de 11,2 km/s.

Portanto, nem tudo o que sobe, desce.

Sergei Kolesnikov/Shutterstock

## Descubra mais

**1** Em 1971, um dos tripulantes da missão Apollo 15, o astronauta David Scott, realizou na Lua um experimento que consistia em deixar cair, da mesma altura e a partir do repouso, uma pena de águia e um martelo de aço. Scott notou que esses dois corpos atingiram o solo lunar simultaneamente. Atualmente, esse experimento pode ser realizado em um centro de pesquisas da Nasa (Administração Nacional da Aeronáutica e do Espaço, agência do governo federal dos Estados Unidos), o Space Power Facility, em Ohio, nos Estados Unidos. Quais são as condições dessa instalação que possibilitam a realização desse experimento? Por que o astronauta David Scott conseguiu realizar com sucesso o experimento na Lua?

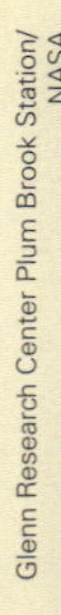

Reprodução/NASA

No interior do Space Power Facility, bolas de boliche e plumas caem emparelhadas, independentemente de suas massas, atingindo o solo ao mesmo tempo.

## Exercícios

**12** Uma pequena esfera é abandonada do repouso a partir de uma altura igual a 20,0 m em relação ao solo, despencando sob a ação exclusiva da gravidade em uma trajetória retilínea e vertical. Sendo $g = 10,0\ m/s^2$ a intensidade da aceleração da gravidade, responda:

**a)** Quanto tempo a esfera gasta em seu trânsito até o solo?

**b)** Qual a intensidade da velocidade da esfera logo antes de atingir o solo?

**c)** A massa da esfera teve influência nos resultados dos itens **a** e **b**?

**Resolução:**

**a)** O movimento é uniformemente acelerado pela ação da gravidade, logo:

$$\Delta s = v_0 t + \frac{\alpha}{2} t^2 \Rightarrow H = \frac{g}{2} T^2 \Rightarrow T = \sqrt{\frac{2H}{g}}$$

Sendo $H = 20,0$ m e $g = 10,0\ m/s^2$, vem:

$$T = \sqrt{\frac{2 \cdot 20,0}{10,0}} \therefore \boxed{T = 2,0\ s}$$

**b)** $v = v_0 + \alpha t \Rightarrow v = 10,0 \cdot 2,0 \therefore \boxed{v = 20,0\ m/s}$

**c)** A massa da esfera não teve influência nos resultados dos itens **a** e **b**.

**13** Atualmente, o edifício mais alto do mundo é o Burj Khalifa, situado em Dubai, Emirados Árabes Unidos, com 828 metros e 160 andares.

Tomasz Czajkowski/Shutterstock

É possível avistar a antena existente no topo do Burj Khalifa desde 90 km de distância e, do mirante mais alto do prédio, vê-se toda Dubai, notando-se com clareza a curvatura da Terra ao se mirar o horizonte em dias de pouca nebulosidade.

Imagine uma situação hipotética em que um pequeno objeto vai ser abandonado do repouso a partir de uma janela do Burj Khalifa situada a 720 m de altura em relação ao solo. Admitindo-se que o objeto descreva uma trajetória retilínea e vertical sob a ação exclusiva da gravidade, adotando-se $g = 10,0\ m/s^2$, pede-se determinar:

**a)** o tempo de queda do objeto até o chão;

**b)** a velocidade escalar do objeto, em km/h, logo antes de colidir contra o solo.

**14** Um paraquedista se deixa cair a partir do repouso do estribo de um helicóptero estacionado a grande altitude em relação ao solo, despencando praticamente sem sofrer a resistência do ar. Com o paraquedas ainda fechado, esse paraquedista percorre verticalmente 20,0 m durante um primeiro intervalo de tempo de duração $T$ e 60,0 m durante o intervalo de tempo subsequente, também de duração $T$. Adotando-se $g = 10,0\ m/s^2$, pede-se determinar:

a) o valor de $T$;

b) a distância percorrida pelo paraquedista durante o terceiro intervalo consecutivo de duração $T$.

**15** Gabriel, brincando de lançar sua borracha de apagar verticalmente para cima a partir do solo, dispara esse objeto com velocidade escalar inicial igual a 6,0 m/s. Desprezando-se a resistência do ar e adotando-se $g = 10,0\ m/s^2$, pede-se calcular:

a) o intervalo de tempo gasto pela borracha para atingir a altura máxima;

b) a altura máxima atingida pelo objeto.

**Resolução:**

a) Do local do lançamento até o ponto de altura máxima, a borracha realiza um movimento uniformemente retardado pela ação da gravidade.

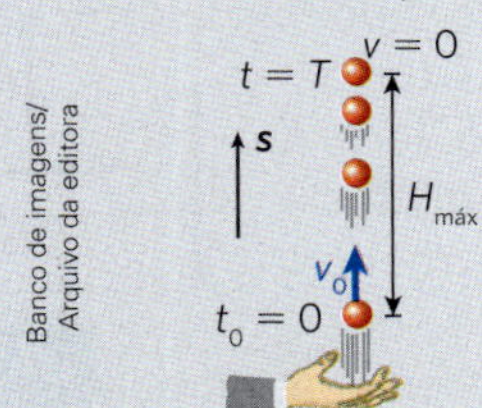


Orientando-se a trajetória verticalmente para cima, e lembrando-se de que no ponto de altura máxima $v = 0$, vem:

$$v = v_0 + \alpha t \Rightarrow 0 = 6,0 - 10,0t$$

De onde se obtém: $\boxed{t = 0,60\ s}$

b) Aplicando-se a equação de Torricelli, temos:

$$v^2 = v_0^2 + 2\alpha\Delta s$$

$$0 = (6,0)^2 + 2(-10,0)H_{máx}$$

$$20,0H_{máx} = 36,0 \therefore \boxed{H_{máx} = 1,8\ m}$$

**16** João e Antônio são dois operários bastante entrosados que cuidam da parte hidráulica de construções civis. Certo dia, João lança uma trena verticalmente para cima com a intenção de que Antônio a capture no topo de um andaime de altura igual a 7,2 m no exato instante em que a velocidade escalar do objeto se anula. Desprezando-se as dimensões dos operários, bem como a resistência do ar, e adotando-se $g = 10,0\ m/s^2$, pede-se calcular:

a) a intensidade da velocidade com que João deve lançar a trena de modo que Antônio a capture de acordo com as condições especificadas;

b) o tempo de subida da trena.

**17** Um pequeno vaso cai do topo de um prédio (posição $A$), a partir do repouso no instante $t_0 = 0$, e passa verticalmente diante de uma janela $BC$, de extensão $L = 2,2$ m, gastando um intervalo de tempo $T = 0,2$ s no trânsito diante dessa janela. O esquema abaixo ilustra a situação proposta.

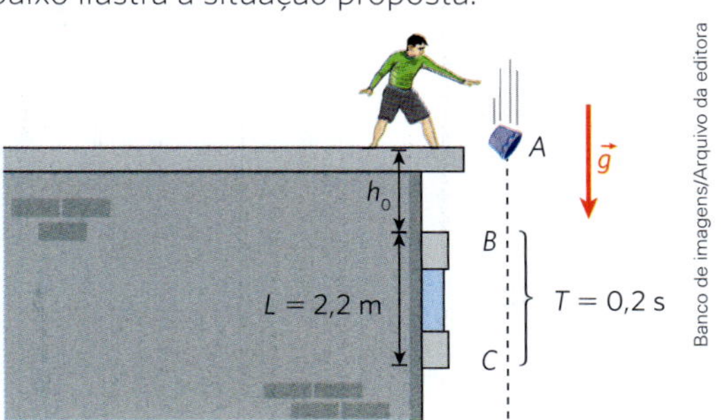


Desprezando-se a resistência do ar e adotando-se $g = 10,0\ m/s^2$, pede-se calcular:

a) o valor de $h_0$, indicado na figura;

b) os módulos das velocidades escalares do vaso, $v_B$ e $v_C$, respectivamente nas posições $B$ e $C$.

**18** Na realização de um filme, um corajoso dublê deverá despencar de uma altura igual a 20,0 m, a partir do repouso, sobre um espesso colchão de espuma que reveste completamente a carroceria de um caminhão que se desloca em linha reta com velocidade escalar constante. O comprimento da carroceria é igual a 10,0 m e o início dela está, no princípio da queda do dublê, a 40,0 m de distância da vertical do salto, conforme ilustra, fora de escala, a figura abaixo.

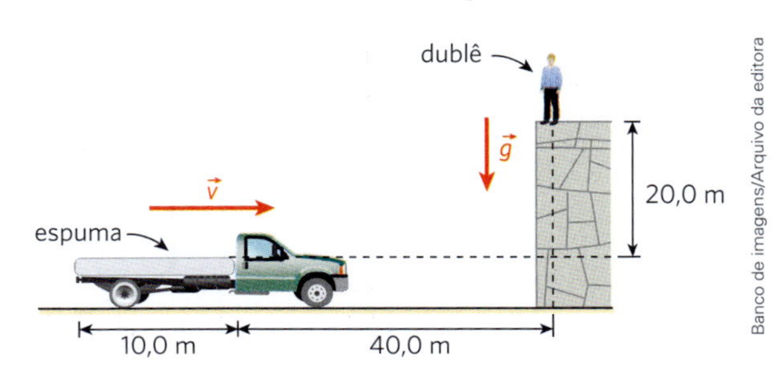


Os elementos ilustrados não estão na mesma escala.

Desprezando-se a resistência do ar e adotando-se $g = 10,0\ m/s^2$, pede-se determinar, em km/h, as possíveis velocidades escalares $v$ do caminhão para que o dublê caia dentro da carroceria do veículo. Despreze as dimensões do dublê e admita que a trajetória do caminhão intercepta a vertical da queda do intrépido artista.

CAPÍTULO 4

# Vetores e Cinemática vetorial

Este capítulo aborda os conceitos de velocidade e aceleração vetoriais, fornecendo subsídios para o trabalho com a seguinte habilidade:

EM13CNT204

## Introdução

Até este momento, velocidade e aceleração foram tratadas como grandezas de caráter escalar, pois não nos preocupamos com sua natureza vetorial, mas apenas com seus valores algébricos. Note que essa é uma simplificação conveniente e permitida quando as trajetórias são previamente conhecidas. Insistimos, entretanto, que ambas são grandezas vetoriais, cabendo-lhes, além do módulo ou intensidade, uma direção e um sentido.

Para prosseguirmos com o estudo de Cinemática, é necessário compreendermos como são descritas e analisadas as grandezas vetoriais e, para isso, precisamos estudar o que são vetores.

**Vetor** é um ente matemático constituído de um módulo, uma direção e um sentido, utilizado em Física para representar as grandezas vetoriais.

Um vetor pode ser esboçado graficamente por um segmento de reta orientado (seta):

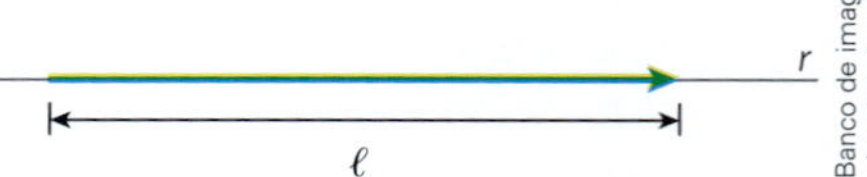


Banco de imagens/Arquivo da editora

O comprimento ℓ do segmento orientado está associado ao módulo do vetor, a reta suporte *r* fornece a direção, e a orientação (ponta aguçada do segmento) evidencia o sentido.

A notação de um vetor geralmente é feita utilizando-se uma letra sobreposta por uma pequena seta, por exemplo, $\vec{a}$, $\vec{b}$, $\vec{V}$, $\vec{F}$.

## Adição de vetores

Considere os vetores $\vec{a}$, $\vec{b}$, $\vec{c}$ e $\vec{d}$ representados ao lado. Como podemos obter o vetor-soma (ou resultante) $\vec{s}$ dado por $\vec{s} = \vec{a} + \vec{b} + \vec{c} + \vec{d}$? Para responder a essa questão, faremos outra figura associando sequencialmente os segmentos orientados, representativos dos vetores-parcelas, de modo que a "origem" de um coincida com a ponta aguçada do que lhe antecede. Na construção dessa figura, devemos preservar as características de cada vetor: **módulo**, **direção** e **sentido**.

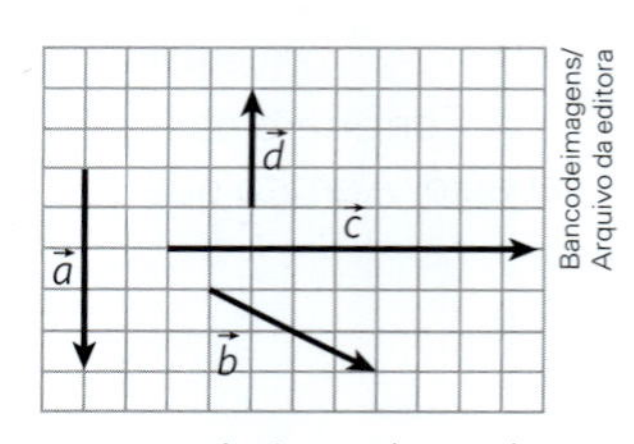


Bancodeimagens/Arquivo da editora

De acordo com a figura 1 a seguir, o que se obtém é uma linha segmentada, denominada linha poligonal.

O segmento orientado que representa $\vec{s}$ sempre fecha o polígono e sua ponta aguçada coincide com a ponta aguçada do segmento orientado que representa o último vetor-parcela. Na figura 2 está ilustrado o vetor resultante $\vec{s}$.

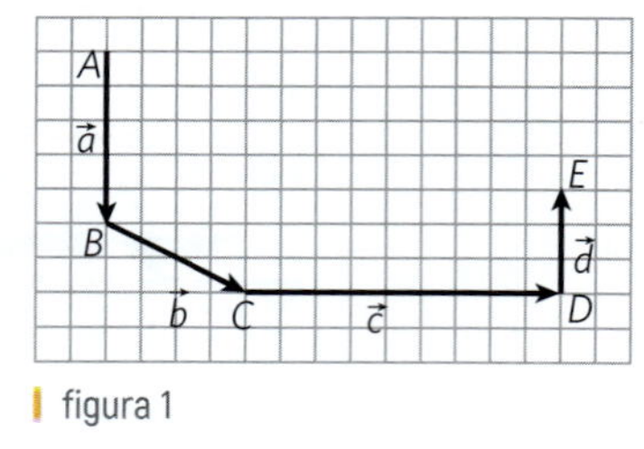


figura 1

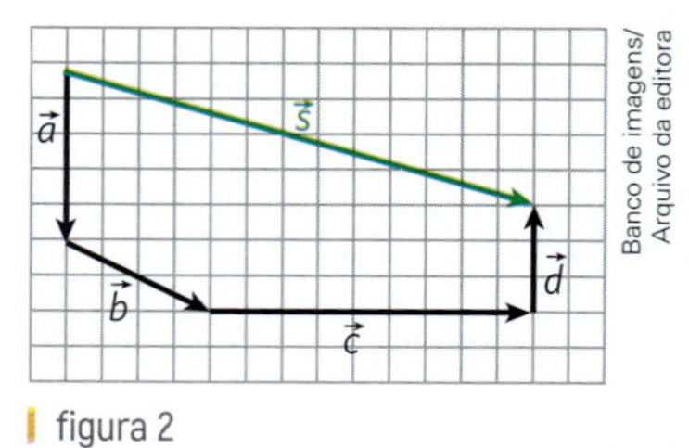


figura 2

Banco de imagens/Arquivo da editora

A esse método de adição de vetores damos o nome de **regra do polígono**.

## Adição de dois vetores

Considere os vetores $\vec{a}$ e $\vec{b}$ na figura 1. Admitamos que seus segmentos orientados representativos tenham "origens" coincidentes no ponto *O* e que o ângulo formado entre eles seja θ.

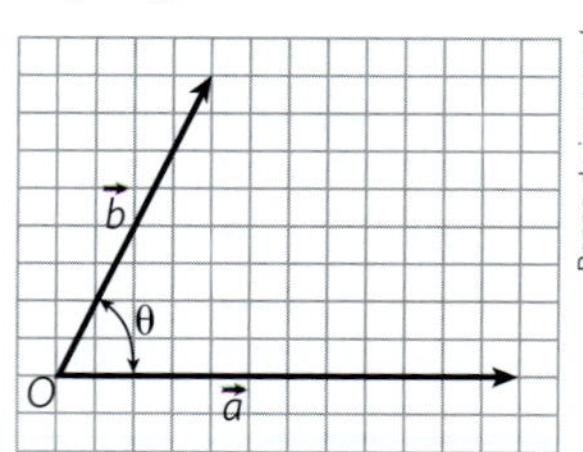


figura 1

Banco de imagens/Arquivo da editora

Na figura 2 foi feita a adição $\vec{a} + \vec{b}$, pela regra do polígono:

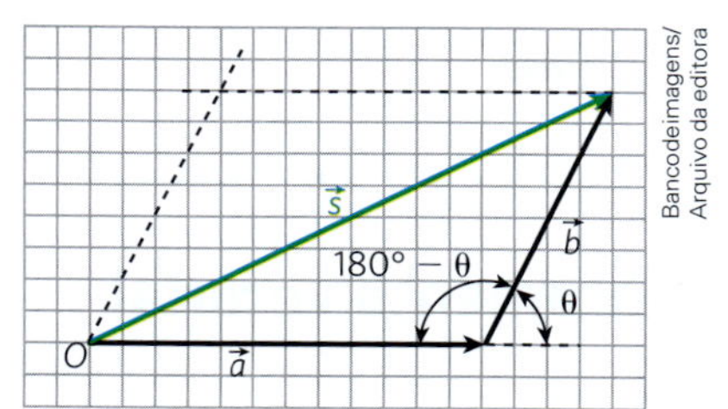


figura 2

Observe que o segmento orientado representativo do vetor resultante $\vec{s}$ nada mais é que a **diagonal do paralelogramo** formado ao traçarmos linhas paralelas aos vetores.

Nota-se que o módulo do vetor-soma (resultante) $\vec{s}$ pode ser obtido aplicando-se uma importante relação matemática denominada **teorema dos cossenos** ao triângulo formado pelos segmentos orientados representativos de $\vec{a}$, $\vec{b}$ e $\vec{s}$.

Sendo $a$ o módulo de $\vec{a}$, $b$ o módulo de $\vec{b}$ e $s$ o módulo de $\vec{s}$, temos:

$$s^2 = a^2 + b^2 + 2ab \cdot \cos\theta$$

## Subtração de dois vetores

Considere os vetores $\vec{a}$ e $\vec{b}$ representados na figura abaixo. Admita que os segmentos orientados representativos de $\vec{a}$ e $\vec{b}$ tenham "origens" coincidentes no ponto $O$ e que o ângulo formado entre eles seja $\theta$.

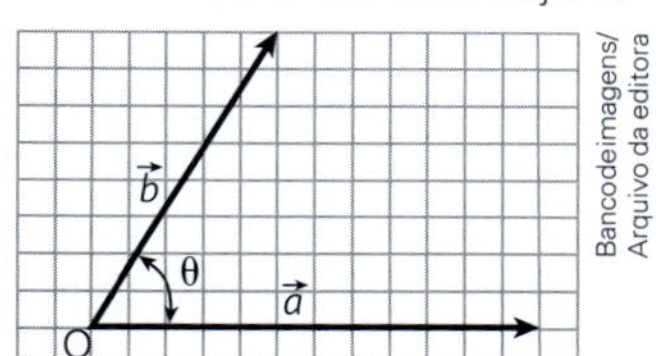


figura 1

O vetor diferença entre $\vec{a}$ e $\vec{b}$ $(\vec{d} = \vec{a} - \vec{b})$ pode ser obtido pela soma do vetor $\vec{a}$ com o oposto de $\vec{b}$:

$$\vec{d} = \vec{a} - \vec{b} \Rightarrow \vec{d} = \vec{a} + (-\vec{b})$$

O oposto do vetor $\vec{b}$, ou seja, o vetor $-\vec{b}$ tem mesmo módulo e mesma direção de $\vec{b}$ porém sentido contrário, o que será justificado um pouco mais à frente.

Graficamente, temos:

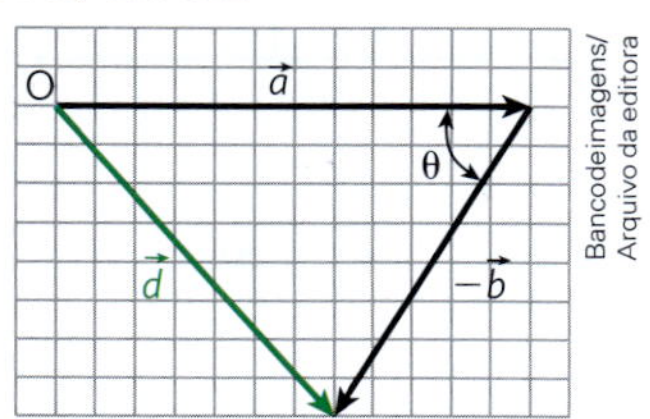


figura 2

O vetor $\vec{d}$ fica então representado na figura 1 como aparece a seguir.

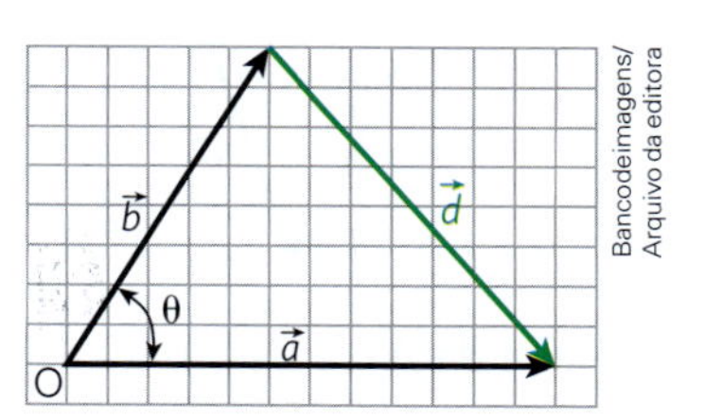


O módulo de $\vec{d}$ também fica determinado pelo **teorema dos cossenos**.

$$d^2 = a^2 + b^2 - 2ab \cdot \cos\theta$$

## Variação de uma grandeza vetorial

A subtração de dois vetores tem caráter fundamental no estudo da Física.

A variação de uma grandeza vetorial qualquer ($\Delta\vec{G}$, por exemplo) é obtida subtraindo-se a grandeza inicial ($\vec{G}_i$) da grandeza final ($\vec{G}_f$):

$$\Delta\vec{G} = \vec{G}_f - \vec{G}_i$$

Na ilustração a seguir, vê-se de cima um carro que percorre uma curva passando pelo ponto $A$ com velocidade $\vec{v}_A$ de intensidade 60 km/h e pelo ponto $B$ com velocidade $\vec{v}_B$ de intensidade 80 km/h. Podemos concluir que a variação da velocidade escalar desse carro tem módulo igual a 20 km/h.

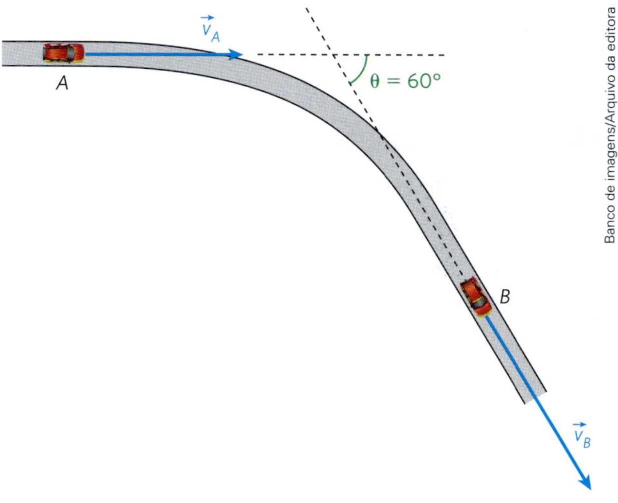


Determinemos agora as características da variação $\Delta\vec{v} = \vec{v}_B - \vec{v}_A$ da velocidade vetorial do veículo no percurso de $A$ até $B$.

A direção e o sentido de $\Delta\vec{v}$ estão caracterizados na figura abaixo.

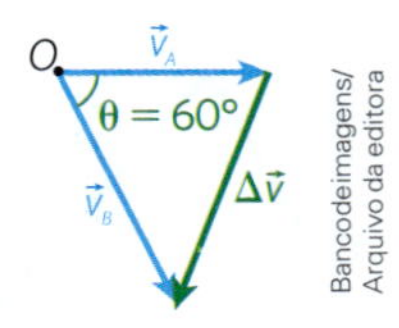


A intensidade de $\Delta\vec{v}$ é determinada pelo teorema dos cossenos: $\Delta v^2 = v_A^2 + v_B^2 - 2v_A v_B \cos\theta$.

$$\Delta v^2 = (60)^2 + (80)^2 - 2 \cdot 60 \cdot 80 \cos 60°$$

$$\Delta v^2 = 5200 \quad \therefore \quad \Delta v \cong 72\,\text{km/h}$$

## Decomposição de um vetor

Considere o vetor $\vec{a}$ representado na figura a seguir, e as retas perpendiculares $x$ e $y$ que se intersectam no ponto $O$, "origem" de $\vec{a}$.

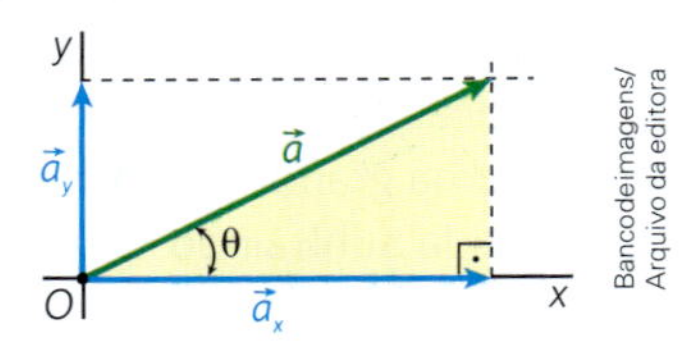


Conforme a regra do paralelogramo, podemos imaginar que o vetor $\vec{a}$ é o resultante da soma de dois vetores, $\vec{a}_x$ e $\vec{a}_y$, contidos, respectivamente, nas retas $x$ e $y$: $\vec{a} = \vec{a}_x + \vec{a}_y$. Os vetores $\vec{a}_x$ e $\vec{a}_y$ são, portanto, componentes do vetor $\vec{a}$ nas direções $x$ e $y$.

Observando o triângulo retângulo destacado na figura e sendo $a_x$ o módulo de $\vec{a}_x$, $a_y$ o módulo de $\vec{a}_y$, $a$ o módulo de $\vec{a}$ e $\theta$ o ângulo formado entre $a$ e a reta $x$, são aplicáveis as seguintes relações:

$a_x = a \cos\theta$ $\quad$ $a_y = a \operatorname{sen}\theta$ $\quad$ $a^2 = a_x^2 + a_y^2$

## Multiplicação de um número real por um vetor

O produto de um número real $n$, não nulo, por um vetor $\vec{A}$ é um vetor $\vec{B}$ tal que seu módulo é dado pelo produto do módulo de $n$ pelo módulo de $\vec{A}$, ou seja, $|\vec{B}| = |n| \cdot |\vec{A}|$. Sua direção é a mesma de $\vec{A}$; seu sentido, no entanto, é o mesmo de $\vec{A}$ se $n$ for positivo, mas oposto ao de $\vec{A}$ se $n$ for negativo.

**Exemplo 1:**

Admitamos, por exemplo, $n = 3$. Sendo $\vec{A}$ o vetor representado na figura, determinamos o vetor $\vec{B} = 3\vec{A}$.

$\vec{A}$ $\quad$ $\vec{B} = 3\vec{A}$

Banco de imagens/ Arquivo da editora

**Exemplo 2:**

Façamos $n = -1$. Sendo $\vec{E}$ o vetor representado na figura, determinamos o vetor $\vec{F} = n\,\vec{E} = -\vec{E}$ chamado **vetor oposto** de $\vec{E}$.

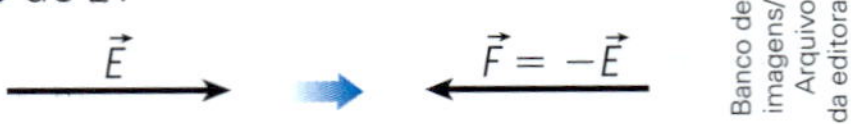


## Deslocamento vetorial

Considere uma partícula em movimento com relação a um referencial cartesiano $Oxyz$. Na figura a seguir está indicada a trajetória descrita pela partícula, bem como as posições $P_1$ e $P_2$ ocupadas por ela, respectivamente, nos instantes $t_1$ e $t_2$. Os vetores $\vec{r}_1$ e $\vec{r}_2$ são os vetores-posição correspondentes a $P_1$ e $P_2$. Os vetores-posição "apontam" a posição da partícula em cada ponto da trajetória. Sua "origem" está sempre na origem $O$ do referencial e sua extremidade (ou ponta) aguçada coincide com o ponto em que a partícula se encontra no instante considerado.

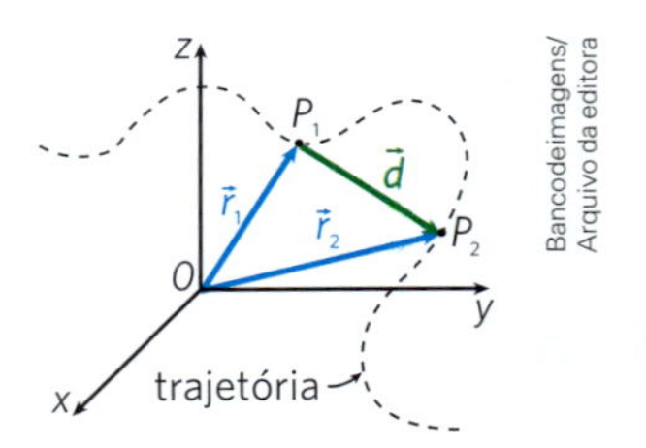


Definimos o deslocamento vetorial ($\vec{d}$) no percurso de $P_1$ a $P_2$ por meio da subtração vetorial: $\vec{d} = \vec{r}_2 - \vec{r}_1$.

O **deslocamento vetorial** sempre conecta duas posições na trajetória. Sua "origem" coincide com o ponto de partida da partícula e sua extremidade (ou ponta) aguçada, com o ponto de chegada.

Na situação esquematizada na figura a seguir, um carro parte do ponto $A$ e percorre a rodovia até atingir o ponto $B$. Nessa figura estão indicados o deslocamento vetorial $\vec{d}$ e o deslocamento escalar $\Delta s$.

Observe que o módulo de $\vec{d}$ nunca excede o módulo de $\Delta s$.

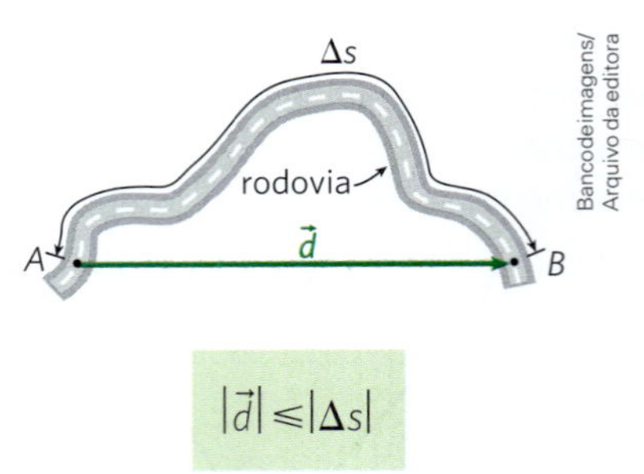


$$|\vec{d}| \leq |\Delta s|$$

Ocorrerá o caso da igualdade $|\vec{d}| = |\Delta s|$ quando a trajetória for retilínea.

## Velocidade vetorial média

É definida como o quociente do deslocamento vetorial $\vec{d}$ pelo respectivo intervalo de tempo $\Delta t$.

$$\vec{v}_m = \frac{\vec{d}}{\Delta t} = \frac{\vec{r}_2 - \vec{r}_1}{t_2 - t_1}$$

Como $\Delta t$ é um escalar positivo, a velocidade vetorial média tem sempre a mesma direção e o mesmo sentido que o deslocamento vetorial (ambos são secantes à trajetória), como representa a figura:

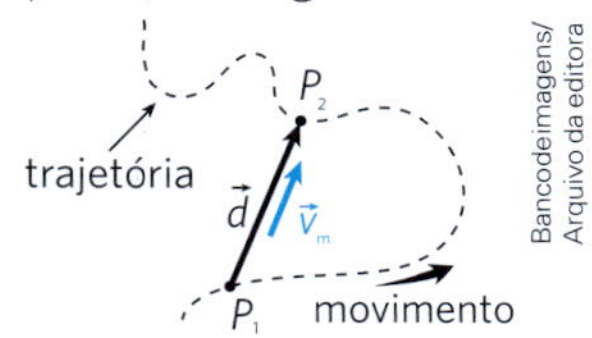

Bancodeimagens/Arquivo da editora

Vamos comparar agora o módulo da velocidade vetorial média com o módulo da velocidade escalar média. Sabemos que:

$$|\vec{v}_m| = \frac{|\vec{d}|}{\Delta t} \quad \text{e} \quad |v_m| = \frac{|\Delta s|}{\Delta t}$$

Lembrando que $|\vec{d}| \leqslant |\Delta s|$, podemos concluir que o módulo da velocidade vetorial média nunca excede o módulo da velocidade escalar média: $|\vec{v}_m| \leqslant |v_m|$. Ocorrerá também o caso da igualdade $|\vec{v}_m| = |v_m|$ quando a trajetória for retilínea.

## Velocidade vetorial (instantânea)

Frequentemente denominada apenas velocidade vetorial, a velocidade vetorial instantânea é dada algebricamente por:

$$v = \lim_{\Delta t \to 0} \frac{\vec{d}}{\Delta t} = \lim_{\Delta t \to 0} \vec{v}_m$$

Como vimos, a velocidade vetorial média é secante à trajetória, apresentando mesma direção e mesmo sentido do deslocamento vetorial no intervalo de tempo considerado.

A velocidade vetorial instantânea, entretanto, pelo fato de ser definida em intervalos de tempo tendentes a zero, é tangente à trajetória em cada ponto e orientada no sentido do movimento.

**Exemplo:**

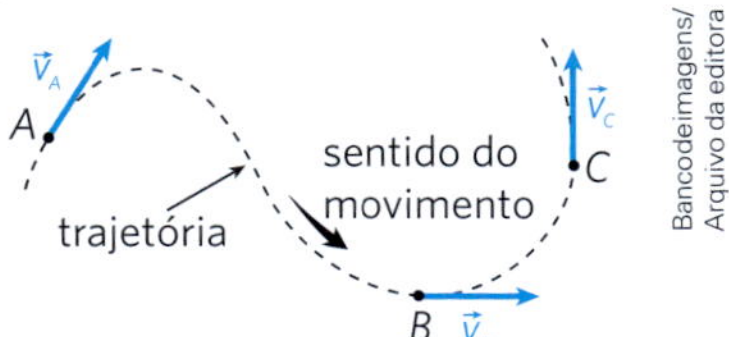

Bancodeimagens/Arquivo da editora

Nessa situação, uma partícula percorre de *A* para *C*, em movimento uniforme, a trajetória esquematizada. Estão representadas nos pontos *A*, *B* e *C* as velocidades vetoriais da partícula, todas tangentes à trajetória e orientadas no sentido do movimento.

Observe que, embora as três velocidades vetoriais representadas tenham módulos iguais (movimento uniforme), $\vec{v}_A \neq \vec{v}_B \neq \vec{v}_C$. Isso ocorre porque os vetores representativos dessas velocidades têm direções diferentes.

## Aceleração vetorial média

Considere agora uma partícula que, percorrendo uma trajetória como a esquematizada na figura a seguir, passa pela posição $P_1$ no instante $t_1$ com velocidade vetorial $\vec{v}_1$ e pela posição $P_2$ no instante $t_2$ com velocidade vetorial $\vec{v}_2$.

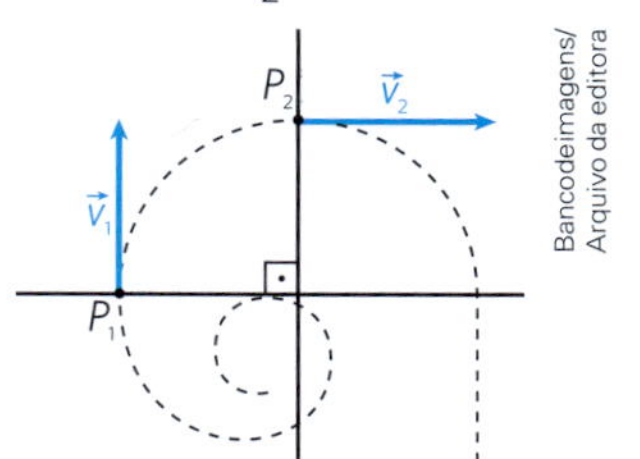

Bancodeimagens/Arquivo da editora

De $P_1$ para $P_2$, a partícula experimenta uma variação de velocidade vetorial $\Delta\vec{v}$, dada por: $\Delta\vec{v} = \vec{v}_2 - \vec{v}_1$.

Graficamente temos:

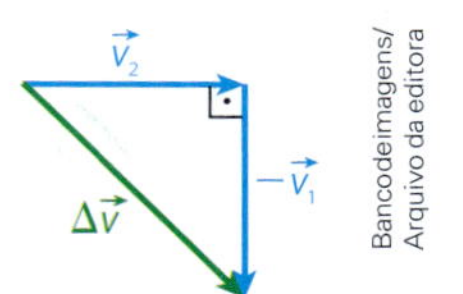

Bancodeimagens/Arquivo da editora

A aceleração vetorial média da partícula no intervalo de $t_1$ a $t_2$ é definida por:

$$\vec{a}_m = \frac{\Delta\vec{v}}{\Delta t} = \frac{\vec{v}_2 - \vec{v}_1}{t_2 - t_1}$$

Como $\Delta t$ é um escalar positivo, a aceleração vetorial média ($\vec{a}_m$) tem sempre a mesma direção e o mesmo sentido que a variação da velocidade vetorial ($\Delta\vec{v}$).

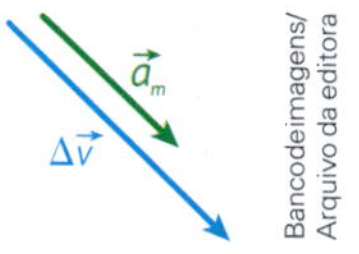

Bancodeimagens/Arquivo da editora

## Aceleração vetorial (instantânea)

Em muitos casos simplesmente denominada aceleração vetorial, a aceleração vetorial instantânea é definida por:

$$\vec{a} = \lim_{\Delta t \to 0} \frac{\Delta\vec{v}}{\Delta t} = \lim_{\Delta t \to 0} \vec{a}_m$$

Admita que, ao percorrer a trajetória esboçada na figura a seguir, uma partícula tenha no ponto $P$ uma aceleração vetorial $\vec{a}$. As retas $t$ e $n$ são, respectivamente, **tangente** e **normal** à trajetória no ponto $P$. Decompondo $\vec{a}$ segundo as retas $t$ e $n$, obtemos, respectivamente, as componentes $\vec{a}_t$ (tangencial) e $\vec{a}_n$ (normal).

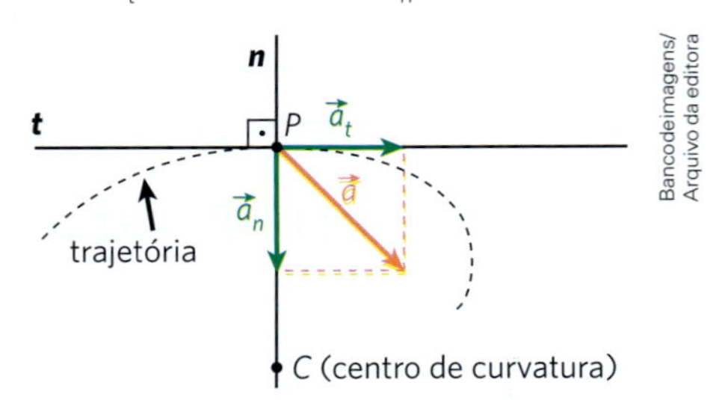


A componente normal de $\vec{a}$ ($\vec{a}_n$), pelo fato de estar dirigida para o centro de curvatura da trajetória em cada instante, recebe a denominação **componente centrípeta** ($\vec{a}_{cp}$). Preferiremos essa última denominação.

Relacionando vetorialmente $\vec{a}$, $\vec{a}_t$ e $\vec{a}_{cp}$, temos:

$$\vec{a} = \vec{a}_t + \vec{a}_{cp}$$

Aplicando o **teorema de Pitágoras** e considerando $a$ o módulo de $\vec{a}$, $a_t$ o módulo de $\vec{a}_t$ e $a_{cp}$ o módulo de $\vec{a}_{cp}$, podemos escrever que:

$$a^2 = a_t^2 + a_{cp}^2$$

Por ter a direção do raio de curvatura da trajetória em cada ponto, a aceleração centrípeta também é denominada **aceleração radial**.

## Componente tangencial ou aceleração tangencial ($\vec{a}_t$)

A **aceleração tangencial** está relacionada com as **variações de intensidade** da velocidade vetorial.

- Nos **movimentos variados**, isto é, naqueles em que a intensidade da velocidade vetorial é variável (movimentos acelerados ou retardados), **a aceleração tangencial é não nula**.
- Nos **movimentos uniformes**, isto é, naqueles em que a intensidade da velocidade vetorial é constante, **a aceleração tangencial é nula**.

Pode-se verificar que o módulo da aceleração tangencial é igual ao módulo da aceleração escalar.

$$|\vec{a}_t| = |\alpha|$$

A direção da aceleração tangencial é sempre a mesma da tangente à trajetória no ponto considerado, e seu sentido depende de o movimento ser acelerado ou retardado, como representado a seguir.

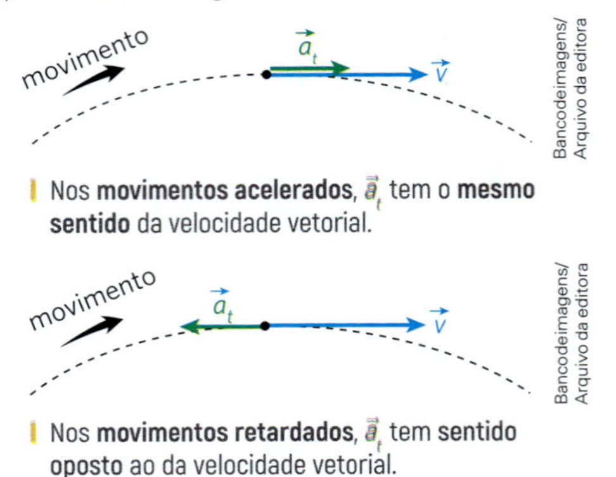


**Nos movimentos acelerados**, $\vec{a}_t$ tem o **mesmo sentido** da velocidade vetorial.

**Nos movimentos retardados**, $\vec{a}_t$ tem sentido oposto ao da velocidade vetorial.

## Componente centrípeta ou aceleração centrípeta ($\vec{a}_{cp}$)

A **aceleração centrípeta** está relacionada com as **variações de direção** da velocidade vetorial.

- Nos **movimentos curvilíneos**, isto é, naqueles em que a direção da velocidade vetorial é variável, **a aceleração centrípeta é não nula**.
- Nos **movimentos retilíneos**, isto é, naqueles em que a direção da velocidade vetorial é constante, **a aceleração centrípeta é nula**.

Pode-se demonstrar que o módulo da aceleração centrípeta é calculado por:

$$|\vec{a}_{cp}| = \frac{v^2}{R}$$

em que $v$ é a velocidade escalar instantânea e $R$ é o raio de curvatura da trajetória.

A direção da aceleração centrípeta ($\vec{a}_{cp}$) é sempre normal à trajetória e o sentido é sempre para o centro de curvatura.

Note que a aceleração centrípeta ($\vec{a}_{cp}$) e a velocidade vetorial ($\vec{v}$) são perpendiculares entre si.

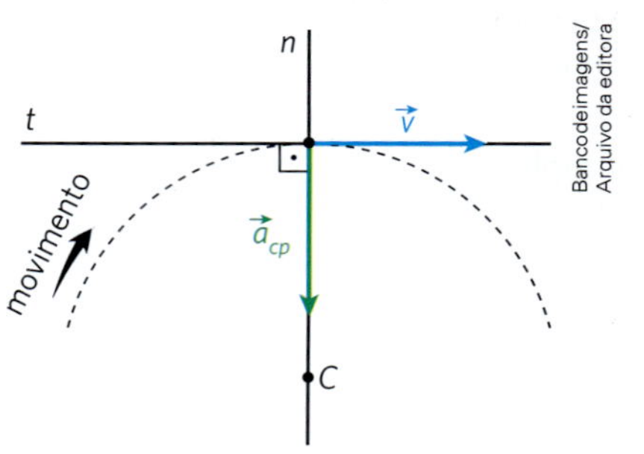

## Ampliando o olhar

### Aeronaves em voo sob a ação de ventos

Apesar de todos os equipamentos que auxiliam na pilotagem em aviões modernos, condições meteorológicas adversas podem surgir durante um voo, exigindo eficiência de todos esses aparelhos e perícia do comandante.

Suponha que, logo após uma decolagem, a cabine de comando de um grande avião de passageiros receba a informação de que um forte vento com velocidade de arrastamento ($\vec{v}_{arr}$) com intensidade constante igual a 72 km/h soprará horizontalmente durante toda a viagem no sentido de oeste para leste.

Admita que a velocidade do avião em relação ao ar sem vento ($\vec{v}_{rel}$) seja horizontal e tenha intensidade constante de 650 km/h e que o voo tenha sido planejado para ocorrer horizontalmente no sentido de sul para norte ao longo de 1292 km.

Para seguir a rota planejada, o piloto deverá aproar o avião entre oeste e norte de modo que a velocidade resultante da aeronave, medida em relação ao solo, seja horizontal com sentido de sul para norte. Isso significa que a equipe de comando terá que providenciar uma composição entre o movimento relativo da aeronave e o movimento de arrastamento imposto pelo vento. Veja o esquema abaixo:

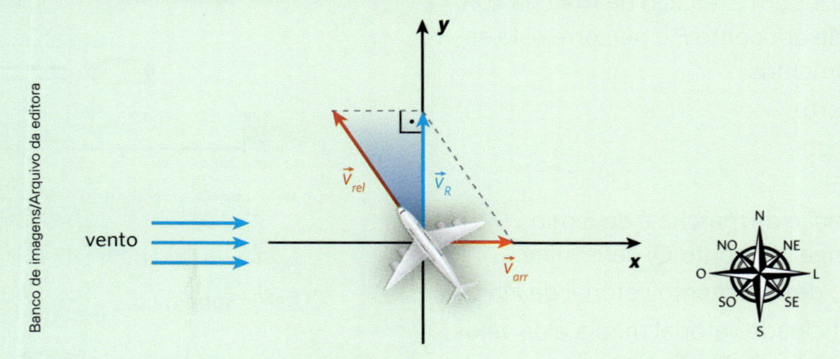


A partir da situação proposta, desprezando-se os intervalos de tempo gastos no taxiamento em solo, decolagem e pouso, como seria feito o cálculo da duração total do voo?

Aplicando-se o teorema de Pitágoras, deve-se calcular de início a intensidade da velocidade resultante ($\vec{v}_R$) do avião:

$$v_{rel}^2 = v_R^2 + v_{arr}^2 \Rightarrow (650)^2 = v_R^2 + (72)^2 \therefore v_R = 646 \text{ km/h}$$

Agora, tendo-se em conta que o movimento resultante é uniforme, calcula-se a duração total do voo:

$$v_R = \frac{\Delta s}{\Delta t} \Rightarrow 646 = \frac{1292}{\Delta t} \therefore \Delta t = 2{,}0 \text{ h}$$

## Descubra mais

**1** Admita que o ponteiro dos minutos e o das horas de um determinado relógio tenham o formato de setas com pontas aguçadas e que suas dimensões lineares estejam na proporção de 4/3, com o ponteiro das horas apresentando um comprimento igual a $L$. Esses ponteiros giram em torno do centro $O$ do relógio a partir da situação correspondente ao meio-dia. Se eles caracterizassem dois vetores com origens coincidentes em $O$, passíveis de serem somados vetorialmente, como seria o gráfico do módulo da soma desses vetores em função do ângulo $\theta$, expresso em radianos, formado entre os dois? Esboce o gráfico para, pelo menos, um intervalo de tempo igual a 1 h a partir do horário inicial.

**2** Suponha que exista uma longa ferrovia retilínea denominada Norte-Sul superposta a um dos meridianos terrestres e que intercepte a linha do equador. Um trem-bala trafega regularmente nessa ferrovia com velocidade constante de intensidade igual a 500 km/h em relação ao solo. Considere o movimento de rotação da Terra com período de 24 h e suponha que o planeta seja esférico com raio igual a $6{,}4 \cdot 10^6$ m. Em relação a um referencial fixo no centro da Terra, qual é a intensidade da velocidade do trem, em km/h, no instante em que ele cruza a linha do equador?

## Exercícios

**1** Dados os vetores $\vec{a}$ e $\vec{b}$ representados na figura, determine o módulo de:

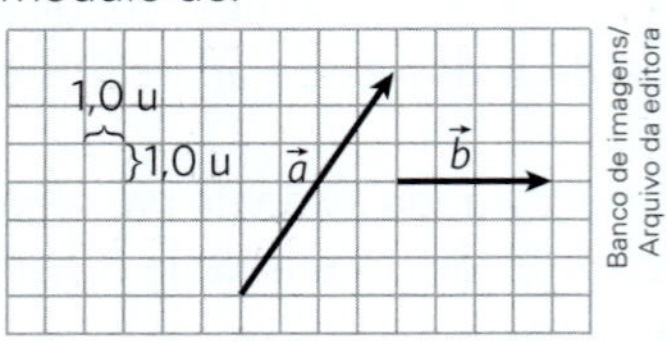


a) $\vec{s} = \vec{a} + \vec{b}$ b) $\vec{d} = \vec{a} - \vec{b}$

**2** Determine em cada caso a expressão vetorial que relaciona os vetores $\vec{a}$, $\vec{b}$ e $\vec{c}$.

a) 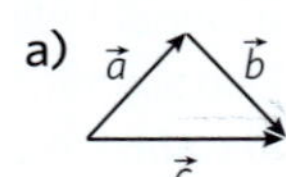 b) 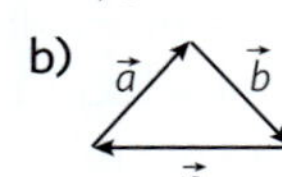 c) 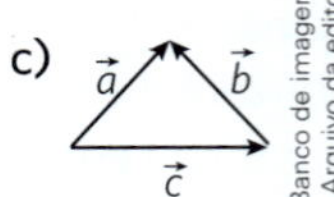

Banco de imagens/ Arquivo da editora

**3** Um escoteiro, ao fazer um exercício de marcha com seu pelotão, parte de um ponto $P$ e percorre esta sequência de deslocamentos:

I. 600 m para o norte;

II. 300 m para o oeste;

III. 200 m para o sul.

Sabendo que a duração da marcha é de 8 min 20 s e que o escoteiro atinge um ponto $Q$, determine:

a) o módulo do seu deslocamento vetorial de $P$ a $Q$;

b) o módulo da velocidade vetorial média e da velocidade escalar média de $P$ a $Q$. (Dê suas respostas em m/s.)

**4** Uma partícula se desloca sobre o plano cartesiano $Oxy$ tal que suas coordenadas de posição, $x$ e $y$, variam em função do tempo $t$, conforme as expressões:

$$x = 1{,}0t^2 + 1{,}0t \quad (SI) \quad e \quad y = 1{,}0t^3 + 5{,}0 \quad (SI)$$

Sabendo-se que em $t_0 = 0$ a partícula se encontra em um ponto $A$ e que no instante $t_1 = 2{,}0$ s ela se encontra em um ponto $B$, pede-se determinar:

a) o seno do ângulo $\theta$ formado entre o deslocamento vetorial da partícula de $A$ até $B$ e o eixo $Ox$;

b) a intensidade da velocidade vetorial média da partícula no trânsito de $A$ até $B$.

**5** Uma partícula parte do repouso e dá uma volta completa numa circunferência de raio $R$, gastando um intervalo de tempo de 2,7 s. A variação da sua velocidade escalar com o tempo pode ser observada no gráfico abaixo.

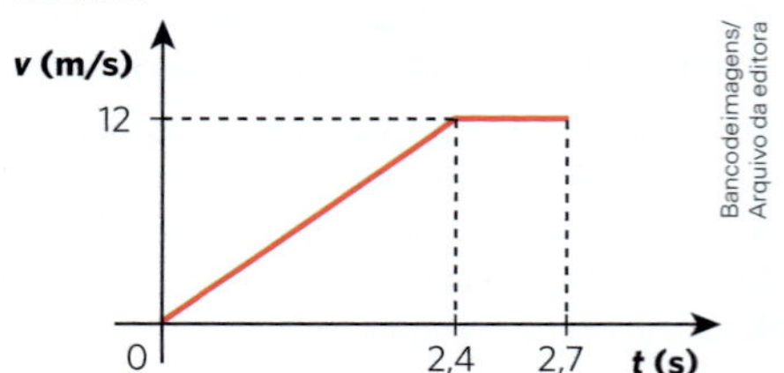


Adotando $\pi \cong 3{,}0$, calcule:

a) o valor de $R$;

b) a intensidade da aceleração vetorial da partícula no instante $t = 1{,}2$ s.

**6** Um barco motorizado desce um rio deslocando-se de um porto $A$ até um porto $B$, distante 36 km, em 0,90 h. Em seguida, esse mesmo barco sobe o rio deslocando-se do porto $B$ até o porto $A$ em 1,2 h. Sendo $v_B$ a intensidade da velocidade do barco em relação às águas e $v_C$ a intensidade da velocidade das águas em relação às margens, calcule $v_B$ e $v_C$.

**Resolução:**

O barco **desce** o rio:

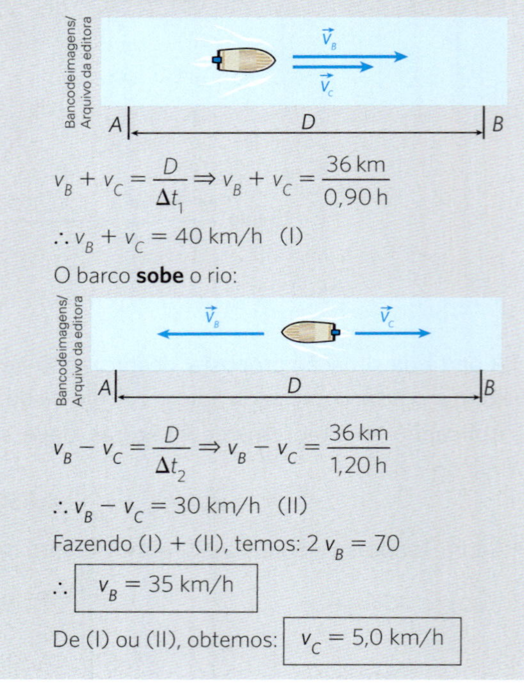


$$v_B + v_C = \frac{D}{\Delta t_1} \Rightarrow v_B + v_C = \frac{36\text{ km}}{0{,}90\text{ h}}$$

$\therefore v_B + v_C = 40$ km/h (I)

O barco **sobe** o rio:

$$v_B - v_C = \frac{D}{\Delta t_2} \Rightarrow v_B - v_C = \frac{36\text{ km}}{1{,}20\text{ h}}$$

$\therefore v_B - v_C = 30$ km/h (II)

Fazendo (I) + (II), temos: $2\,v_B = 70$

$\therefore$ $\boxed{v_B = 35\text{ km/h}}$

De (I) ou (II), obtemos: $\boxed{v_C = 5{,}0\text{ km/h}}$

**7** Um rio de margens retilíneas e largura constante igual a 5,0 km tem águas que correm paralelamente às margens, com velocidade de intensidade 30 km/h. Um barco, cujo motor lhe imprime velocidade de intensidade sempre igual a 50 km/h em relação às águas, faz a travessia do rio.

a) Qual é o mínimo intervalo de tempo possível para que o barco atravesse o rio?

b) Para atravessar o rio no intervalo de tempo mínimo, que distância o barco percorre paralelamente às margens?

c) Qual é o intervalo de tempo necessário para que o barco atravesse o rio percorrendo a menor distância possível?

CAPÍTULO 5

# Movimento circular

Este capítulo aborda os conceitos de velocidade e aceleração escalares angulares, fornecendo subsídios para o trabalho com a seguinte habilidade:

EM13CNT204

## Introdução

O funcionamento de diversos utensílios domésticos envolve movimentos circulares, como ventiladores, enceradeiras, liquidificadores, batedeiras, furadeiras, ou mesmo tocadores de CDs e DVDs. Se pensarmos nas máquinas que fazem parte do nosso dia a dia, também se manifestam vários movimentos circulares. É o que se verifica em rodas de veículos, volantes, ponteiros de relógios, polias, engrenagens, entre outros.

Assim, devido à sua grande abrangência prática, os movimentos circulares requerem um olhar atento e detalhada compreensão, especialmente nesse momento em que encerramos a Cinemática para nos lançarmos aos estudos da Dinâmica.

## Velocidade escalar angular

Tratamos até aqui de grandezas lineares, que envolvem a noção de comprimento, medido no SI em metros (m). É o caso do espaço, da velocidade escalar e da aceleração escalar. Para uma melhor especificação neste tópico, utilizaremos para essas grandezas os termos espaço linear ($s$), velocidade escalar linear ($v$) e aceleração escalar linear ($\alpha$).

Nos movimentos circulares, no entanto, convém raciocinar também em termos de **grandezas angulares**, que envolvem medidas de ângulos.

Recordemos, inicialmente, as duas principais medidas de ângulo:

- Grau: um grau (1°) é a medida do ângulo central correspondente a $\frac{1}{360}$ de uma volta completa em uma circunferência.

- Radiano: um radiano (1 rad) é a medida do ângulo central determinado por um arco de comprimento igual ao comprimento do raio da circunferência.

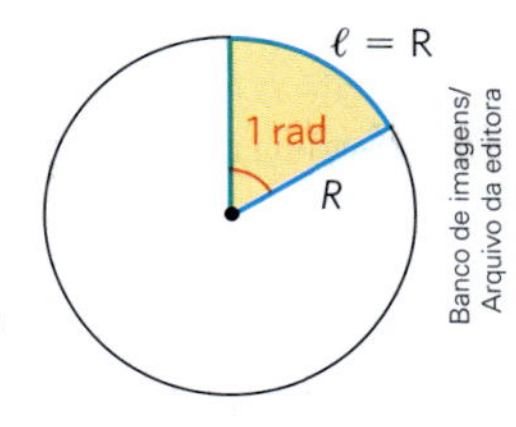

Banco de imagens/ Arquivo da editora

Decorre da definição acima que um ângulo central $\theta$ qualquer fica expresso em rad dividindo-se o comprimento do arco de circunferência que ele "enxerga" pelo correspondente raio.

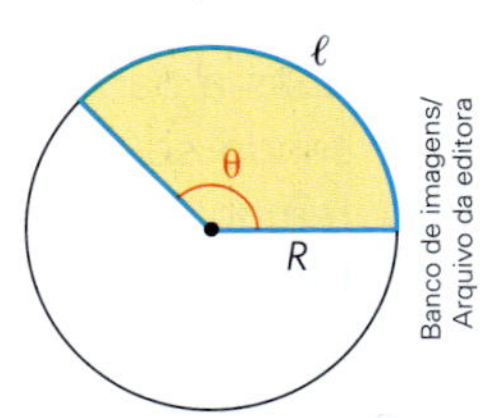

Banco de imagens/ Arquivo da editora

$$\theta = \frac{\ell}{R} \quad (\theta \text{ em rad})$$

A medida do ângulo correspondente a uma volta numa circunferência equivale a $2\pi$ rad ou 360°. Lembrando que $\pi \cong 3{,}14$, segue-se que:

$$2\pi \text{ rad} \cong 2 \cdot 3{,}14 \text{ rad} \cong 6{,}28 \text{ rad}$$

$$\begin{matrix} 6{,}28 \text{ rad} & — & 360° \\ 1 \text{ rad} & — & x \end{matrix}$$

De onde decorre que:

$$1 \text{ rad} \cong 57°$$

**Nota**

- O radiano (rad) não tem dimensão física, já que é definido pelo quociente entre dois comprimentos. É, portanto, uma unidade de medida adimensional.

## Espaço angular ou fase ($\varphi$)

Consideremos o esquema a seguir, em que uma partícula percorre uma circunferência de raio $R$ no sentido identificado - anti-horário -, apresentando-se na posição indicada em um instante $t$.

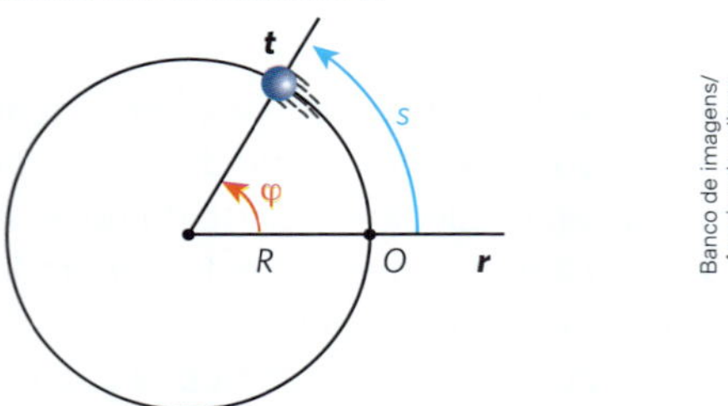


Adotando-se a semirreta radial $r$ como referência e o ponto $O$ como origem dos espaços, a partícula poderá ser posicionada na circunferência pelo espaço linear ($s$), já conhecido, indicado na figura.

Por outro lado, podemos também, nesse caso, localizar a partícula na circunferência por meio de um ângulo $\varphi$, com vértice no centro da circunferência (ângulo central) e medido a partir da semirreta $r$, no sentido do movimento, até o raio que contém a partícula no instante $t$.

A esse ângulo $\varphi$ damos o nome de **espaço angular** ou **fase**.

> **Espaço angular** ou **fase** é uma coordenada de posição na trajetória circular dada por um ângulo $\varphi$ com vértice no centro da circunferência, medido no sentido do movimento a partir de uma semirreta de referência $r$ até o raio que contém a partícula em um instante $t$.
> A medida de $\varphi$ é geralmente dada em **radianos** (rad).

A relação entre o espaço linear ($s$) e o espaço angular ($\varphi$) decorre em analogia ao que foi dito anteriormente:

$$\varphi = \frac{s}{R} \Rightarrow s = \varphi R \quad (\varphi \text{ em radianos})$$

## Velocidade escalar angular média ($\omega_m$)

Consideremos o esquema abaixo, em que uma partícula percorre uma circunferência de raio $R$ de modo que seus espaços angulares nos instantes $t_1$ e $t_2$ valem, respectivamente, $\varphi_1$ e $\varphi_2$.

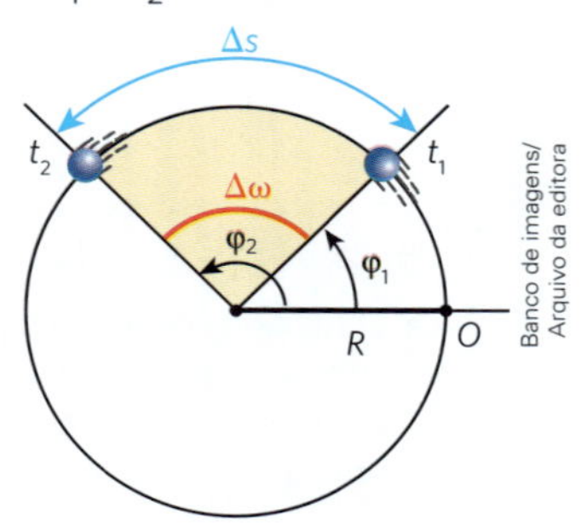


Seja $\Delta\varphi = \varphi_2 - \varphi_1$ a variação do espaço angular da partícula no intervalo de tempo $\Delta t = t_2 - t_1$.

> Define-se **velocidade escalar angular média**, $\omega_m$, como sendo o quociente entre a variação do espaço angular, $\Delta\varphi$, e o correspondente intervalo de tempo, $\Delta t$.
> Algebricamente:
> $$\omega_m = \frac{\Delta\varphi}{\Delta t} = \frac{\varphi_2 - \varphi_1}{t_2 - t_1}$$

Com $\Delta\varphi$ expresso em radianos (rad) e $\Delta t$ medido em segundos (s), $\omega_m$ é dada em **radianos por segundo (rad/s)**.

### Relação entre as velocidades escalares linear e angular médias

A variação de espaço linear ($\Delta s$) relaciona-se com a variação de espaço angular pela expressão: $\Delta s = \Delta\varphi R$; logo, $\Delta\varphi = \frac{\Delta s}{R}$. Vimos, porém, que $\omega_m = \frac{\Delta\varphi}{\Delta t}$; portanto, $\omega_m = \frac{\Delta s}{R\Delta t}$.

Recordando-se que a relação $\frac{\Delta s}{\Delta t}$ traduz a velocidade escalar linear média ($v_m$), decorre que:

$$\omega_m = \frac{v_m}{R} \Rightarrow v_m = \omega_m R$$

## Velocidade escalar angular instantânea ($\omega$)

Sabemos que as grandezas instantâneas são obtidas a partir das respectivas grandezas médias passando-se estas últimas ao limite para o intervalo de tempo tendente a zero. Então, podemos definir a **velocidade escalar angular instantânea**, $\omega$, como o limite da velocidade escalar angular média, $\omega_m$, quando o intervalo de tempo $\Delta t$ tende a zero. Com base nessa definição e sendo $v$ a velocidade escalar linear instantânea, tem-se que:

$$v = \omega R$$

## Movimentos periódicos

No movimento de vaivém de um pêndulo simples ideal, isento de atritos e da resistência do ar, a posição - linear e angular -, bem como as intensidades da velocidade e da aceleração se repetem identicamente em intervalos de tempo sucessivos e iguais. Isso caracteriza um **movimento periódico**.

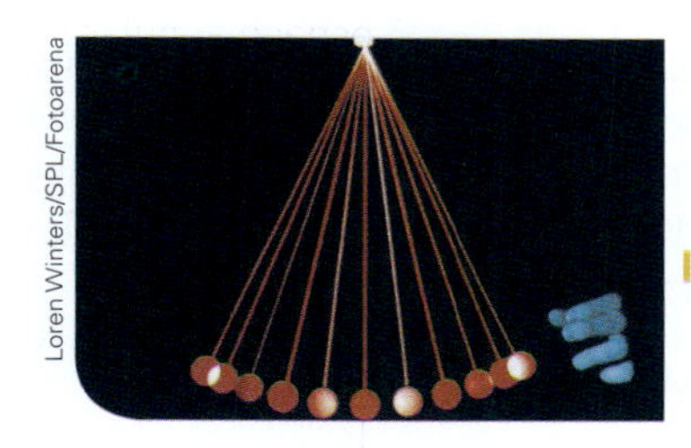

Oscilando em condições ideais, um pêndulo simples realiza um **movimento periódico**.

São também periódicos os movimentos dos ponteiros de relógios, bem como os movimentos de translação dos planetas em torno do Sol.

A Terra, por exemplo, descreve uma órbita quase circular de raio próximo de 150 000 000 km, realizando um ciclo completo em cerca de 365,25 dias.

A Lua também executa um movimento periódico ao redor da Terra. O raio de sua órbita é de aproximadamente 384 400 km e o intervalo de tempo gasto em cada revolução é de cerca de 27 dias.

A Lua, único satélite natural da Terra, descreve ao redor do planeta um movimento periódico, circular e uniforme.

## Período ($T$)

Chamamos de **período** ($T$) em um movimento periódico o intervalo de tempo correspondente à realização de um ciclo completo: oscilação, revolução, rotação, etc.

O período pode ser medido em qualquer unidade de tempo. Por exemplo, o período de rotação da Terra é de 1 dia, ou 24 h; o de giro dos ponteiros das horas, minutos e segundos em um relógio é de 12 h, 60 min e 60 s, respectivamente.

No SI o período é medido em segundos (s).

## Frequência ($f$)

Chamamos de frequência ($f$) o número de ciclos ($N$) que ocorrem em um movimento – ou fenômeno – periódico durante certo intervalo de tempo ($\Delta t$). Algebricamente:

$$f = \frac{N}{\Delta t}$$

É fundamental destacar que, se o intervalo de tempo considerado for de um período ($\Delta t = T$), teremos a realização de um ciclo, de onde se obtém:

$$f = \frac{1}{T}$$

Costuma-se dizer que a frequência é o inverso do período ou que o período é o inverso da frequência.

A unidade de frequência é o inverso da unidade de tempo. No SI, a frequência é medida em **hertz**:

$$\frac{1}{s} = s^{-1} = \text{hertz (Hz)}$$

Uma unidade muito utilizada na expressão de frequências é **rpm** (rotações por minuto). A relação entre rpm e Hz está deduzida abaixo.

$$1 \text{ rpm} = 1 \frac{\text{rotação}}{\text{min}} = 1 \frac{\text{rotação}}{60 \text{ s}}$$

$$1 \text{ rpm} = \frac{1}{60} \text{ rps} = \frac{1}{60} \text{ Hz}$$

## Movimento circular e uniforme

Rodas-gigantes em franco funcionamento fazem com que as pessoas que ocupam seus bancos, gôndolas ou cabines realizem movimento circular e aproximadamente uniforme em relação a um referencial fixo no solo.

A High Roller, em Las Vegas, Estados Unidos, é uma das maiores rodas-gigantes em operação no mundo. Ocupantes de suas cabines experimentam um movimento circular aproximadamente uniforme.

**Movimento circular e uniforme** (MCU) é todo aquele que ocorre em trajetória circular com velocidades escalares, linear ($v$) e angular ($\omega$), constantes.

O MCU é periódico. Por isso, atribuem-se a este movimento os conceitos de período ($T$) e frequência ($f$).

As mesmas propriedades e regras estudadas no movimento uniforme também se aplicam a este caso. Recordando:

- O móvel percorre distâncias iguais em intervalos de tempo iguais.
- A aceleração escalar ($\alpha$) é nula.

## Equações fundamentais

As expressões a seguir são muito úteis no estudo do MCU.

Chamando de $R$ o raio da circunferência, $T$ o período e $f$ a frequência e observando que, no percurso de uma volta completa, o deslocamento escalar linear é $\Delta s = 2\pi R$, o deslocamento escalar angular é $\Delta\varphi = 2\pi$ rad e o intervalo de tempo correspondente é $\Delta t = T$, tem-se:

| Velocidade escalar linear ($v$). Medida em m/s, no SI: | Velocidade escalar angular ($\omega$). Medida em rad/s, no SI: |
|---|---|
| $v = \frac{\Delta s}{\Delta t} \Rightarrow v = \frac{2\pi R}{T} = 2\pi R f$ | $\omega = \frac{\Delta\varphi}{\Delta t} \Rightarrow \omega = \frac{2\pi}{T} = 2\pi f$ |

Embora já tenhamos apresentado essa expressão, vale a pena reforçar a relação entre $v$ e $\omega$:

$$v = \omega R$$

## Funções horárias dos espaços linear ($s$) e angular ($\varphi$)

No MCU, como em qualquer movimento uniforme, a velocidade escalar linear ($v$) é constante e o espaço linear ($s$) varia uniformemente com o passar do tempo ($t$).

Isso é caracterizado por uma função afim, função do 1º grau, do tipo:

$$s = s_0 + vt$$

em que $s_0$ é o espaço linear inicial, definido no instante $t_0 = 0$.

Dividindo todos os termos da última expressão por $R$, sendo $R$ o raio da circunferência, segue-se que:

$$\frac{s}{R} = \frac{s_0}{R} + \frac{v}{R}t$$

Observando que $\frac{s}{R} = \varphi$ (espaço angular, ou fase, no instante $t$), $\frac{s_0}{R} = \varphi_0$ (espaço angular inicial ou fase inicial no instante $t_0 = 0$) e que $\frac{v}{R} = \omega$ (velocidade escalar angular), podemos escrever a função horária do espaço angular (ou fase), também do 1º grau, própria ao MCU:

$$\varphi = \varphi_0 + \omega t$$

## Aceleração no movimento circular e uniforme

Como foi visto anteriormente, a aceleração vetorial ($\vec{a}$) é dada pela soma de duas componentes: a **tangencial** ($\vec{a}_t$) e a **centrípeta** ($\vec{a}_{cp}$).

$$\vec{a} = \vec{a}_t + \vec{a}_{cp}$$

A aceleração tangencial é não nula nos movimentos variados - acelerados ou retardados - e nula nos movimentos uniformes, em que a velocidade escalar é constante. Com isso, no MCU a aceleração tangencial é nula, como também é nula a aceleração escalar.

$$\text{No MCU: } \vec{a}_t = \vec{0} \Rightarrow \alpha = 0$$

Já a aceleração centrípeta é não nula nos movimentos curvilíneos. Logo, no movimento circular e uniforme, a componente centrípeta da aceleração vetorial deve ser diferente de zero.

$$\text{No MCU: } \vec{a}_{cp} \neq \vec{0}$$

Tem-se, em resumo, portanto:

No **movimento circular e uniforme**, a aceleração vetorial é **centrípeta**: radial à circunferência em cada instante, perpendicular à velocidade vetorial e dirigida para o centro da trajetória.

No MCU: $\vec{a} = \vec{a}_{cp}$

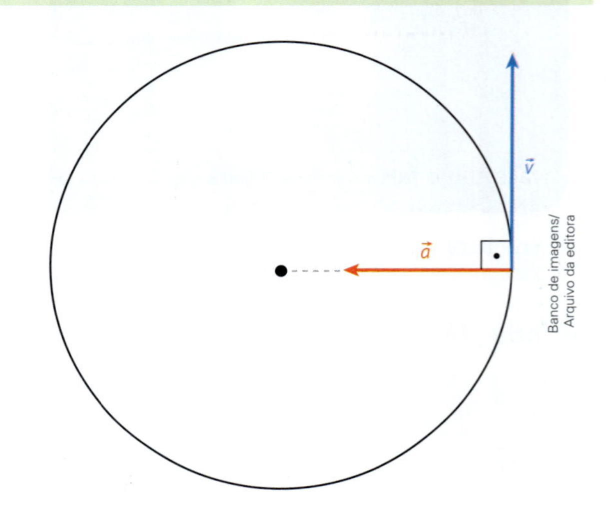


Recordemos que, sendo $v$ o módulo da velocidade escalar linear e $R$ o raio da circunferência, a intensidade $a_{cp}$ da aceleração centrípeta é calculada por:

$$a_{cp} = \frac{v^2}{R}$$

Raciocinando em termos do módulo da velocidade escalar angular, $\omega$, a intensidade de $a_{cp}$ também fica determinada fazendo-se:

$$a_{cp} = \frac{(\omega R)^2}{R} \Rightarrow a_{cp} = \frac{\omega^2 R^2}{R}$$

De onde se conclui:

$$a_{cp} = \omega^2 R$$

## Ampliando o olhar

### Satélites para muitas finalidades

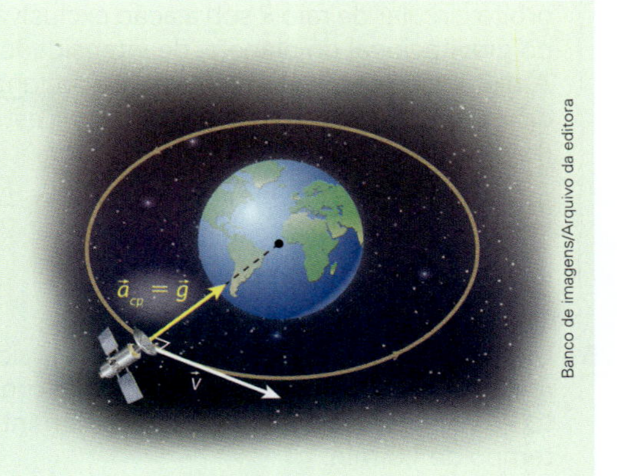


Do artefato russo Sputnik (primeiro satélite artificial a orbitar a Terra, colocado no espaço em 1957) pra cá, um número incalculável de objetos foi posto em movimento ao redor do planeta, muitos deles hoje constituindo sucata espacial. Há satélites com finalidades diversas, como os geoestacionários, utilizados em telecomunicações, dotados de período igual a 24 h, em órbita equatorial e em repouso em relação a determinado ponto da superfície da Terra, e os polares, para mapeamento geográfico e análises climáticas e ambientais, em órbitas que contêm os polos norte e sul da Terra.

Satélites que percorrem órbitas circulares movimentam-se em sua maioria sem nenhuma autopropulsão. Descrevem MCU em torno do planeta, mantendo constantes suas velocidades escalares linear e angular. A aceleração vetorial desses corpos é centrípeta e quem faz esse papel é a aceleração da gravidade nos pontos das respectivas órbitas.

## Exercícios

**1** Uma moto percorre uma pista circular em movimento rigorosamente uniforme. A respeito dessa situação, avalie como **falsa** ou **verdadeira** cada uma das proposições abaixo:

(01) A velocidade escalar linear é constante.

(02) A velocidade escalar angular é constante.

(04) A velocidade vetorial é constante.

(08) A aceleração escalar é constante e igual a zero.

(16) A aceleração vetorial é constante.

Dê como resposta a soma dos códigos associados às proposições verdadeiras.

**2** O **aeromodelismo** – por cabos ou controle remoto – é um *hobby* muito envolvente, que engloba delicada tecnologia e a intervenção direta do praticante.

Admitamos que um pequeno avião aeromodelo, controlado por cabos de aço de comprimento igual a 15 m, esteja equipado com um motor de alta potência, que confere à aeronave uma velocidade de intensidade constante igual a 108 km/h. Sabendo que o avião percorre uma trajetória circular contida em um plano horizontal, adotando $\pi \cong 3$, calcule:

a) o intervalo de tempo, $\Delta t$, gasto pelo avião para realizar 20 voltas em sua trajetória;

b) a velocidade escalar angular, $\omega$, do avião;

c) a intensidade, $a$, da aceleração vetorial da aeronave.

**Resolução:**

a) A velocidade do aeromodelo é:

$$v = 108\ \frac{\text{km}}{\text{h}} = \frac{108}{3,6}\frac{\text{m}}{\text{s}} = 30\ \text{m/s}$$

Portanto, para 20 voltas, temos:

$$v = \frac{\Delta s}{\Delta t} \Rightarrow v = \frac{20 \cdot 2\pi R}{\Delta t}$$

$$30 = \frac{20 \cdot 2 \cdot 3 \cdot 15}{\Delta t} \therefore \boxed{\Delta t = 60\ \text{s} = 1\ \text{min}}$$

b) Temos:

$$v = \omega R \Rightarrow 30 = \omega \cdot 15 \therefore \boxed{\omega = 2\ \text{rad/s}}$$

c) No movimento circular e uniforme, a aceleração vetorial é centrípeta, logo:

$$a = a_{cp} \Rightarrow a = \omega^2 R$$

$$a = 4 \cdot 15 \therefore \boxed{a = 60\ \text{m/s}^2}$$

**3** (UFJF-MG) Maria brinca em um carrossel, que gira com velocidade angular constante. A distância entre Maria e o centro do carrossel é de 4,0 m. Sua mãe está do lado de fora do brinquedo e contou 20 voltas nos 10 min em que Maria esteve no carrossel. Considerando-se essas informações, calcule:

a) a distância total percorrida por Maria;

b) a velocidade angular de Maria, em rad/s;

c) o módulo da aceleração centrípeta de Maria. Adote $\pi = 3$.

**4** Um satélite artificial percorre em torno da Terra uma órbita circular de raio $R$ sob a ação exclusiva do campo gravitacional do planeta, de intensidade igual a $g$. A distância percorrida pelo satélite ao longo de sua órbita durante um intervalo de tempo $T$ está corretamente expressa na alternativa:

a) $2T\sqrt{gR}$.
b) $T\sqrt{2gR}$.
c) $T\sqrt{gR}$.
d) $T\sqrt{\frac{gR}{2}}$.
e) $\frac{T}{2}\sqrt{gR}$.

**5** Um carro percorre uma pista circular de raio $R$. O carro parte do repouso de um ponto $A$ e retorna ao ponto $A$, completando uma volta após um intervalo de tempo de 1,0 min.

O gráfico a seguir representa a velocidade escalar do carro em função do tempo.

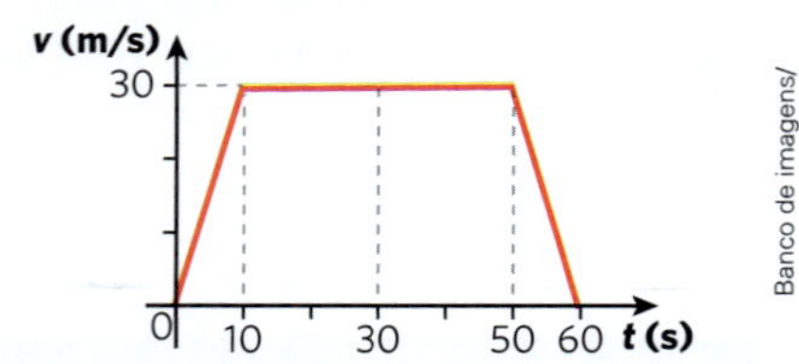


Banco de imagens/Arquivo da editora

Determine:

a) o raio $R$ da circunferência descrita, adotando-se $\pi = 3$;
b) o módulo $a$ da aceleração vetorial do carro no instante $t = 30$ s;
c) a razão $r$ entre os módulos da aceleração centrípeta e da aceleração tangencial do carro no instante $t = 5$ s.

**6** (Unicamp-SP) Anemômetros são instrumentos usados para medir a velocidade do vento. A sua construção mais conhecida é a proposta por Robinson em 1846, que consiste em um rotor com quatro conchas hemisféricas presas por hastes, conforme figura ao lado. Em um anemômetro de Robinson ideal, a velocidade do vento é dada pela velocidade linear das conchas. Um anemômetro em que a distância entre as conchas e o centro de rotação é $r = 25$ cm, em um dia cuja velocidade do vento é $v = 18$ km/h, teria uma frequência de rotação de:

Reprodução/UNICAMP, 2016.

a) 3 rpm.
b) 200 rpm.
c) 720 rpm.
d) 1200 rpm.

Se necessário, considere $\pi \cong 3$.

**7** Um carro arranca a partir do repouso em uma pista retilínea, acelerando com intensidade constante igual a 1,5 m/s² durante um intervalo de tempo $T$. Verifica-se que ao fim desse intervalo a velocidade escalar do carro é igual a 108 km/h.

Adotando-se $\pi \cong 3$, responda:

a) Qual o valor de $T$?
b) Qual o valor da velocidade angular constante, $\omega$, do ponteiro do velocímetro nesse intervalo de tempo?
c) Por que $\omega$ é constante?

**8** Dois ciclistas $A$ e $B$ percorrem determinada pista circular de raio $R = 100$ m, no mesmo sentido, com velocidades escalares constantes, respectivamente iguais a $v_A = 8{,}0$ m/s e $v_B = 5{,}0$ m/s. Num determinado instante, o ciclista $A$ ultrapassa o ciclista $B$ diante de um marco $M$ fixo na pista. Adotando-se $\pi = 3$, pergunta-se:

a) De quanto em quanto tempo $A$ acrescentará uma volta a mais de vantagem em relação a $B$?
b) De quanto em quanto tempo $A$ ultrapassará $B$ diante do marco $M$?

**Resolução:**

a) Recomendamos raciocinar em termos de velocidade escalar relativa:

$$v_{rel} = \frac{\Delta s_{rel}}{\Delta t} \Rightarrow v_A - v_B = \frac{\Delta s_{rel}}{\Delta t_1}$$

Nesse caso, tudo se passa como se o ciclista $B$ permanecesse em repouso e só o ciclista $A$ se movimentasse com a velocidade escalar relativa. Dessa forma, $A$ acrescentará uma volta a mais de vantagem em relação a $B$ quando o deslocamento escalar relativo for $\Delta s_{rel} = 2\pi R$. Logo:

$$v_A - v_B = \frac{2\pi R}{\Delta t_1}$$

$$8{,}0 - 5{,}0 = \frac{2 \cdot 3 \cdot 100}{\Delta t_1} \Rightarrow 3{,}0 = \frac{600}{\Delta t_1}$$

Da qual:

$$\boxed{\Delta t_1 = 200 \text{ s} = 3 \text{ min } 20 \text{ s}}$$

b) Cálculo dos períodos $T_A$ e $T_B$ dos movimentos circulares e uniformes dos ciclistas $A$ e $B$:

$$v = \frac{\Delta s}{\Delta t} \Rightarrow v = \frac{2\pi R}{T} \Rightarrow T = \frac{2\pi R}{v}$$

$$T_A = \frac{2 \cdot 3 \cdot 100}{8{,}0} \therefore \boxed{T_A = 75 \text{ s}}$$

$$T_B = \frac{2 \cdot 3 \cdot 100}{5{,}0} \therefore \boxed{T_B = 120 \text{ s}}$$

Para que $A$ ultrapasse $B$ diante do marco $M$, os dois ciclistas deverão dar números inteiros de voltas. Isso significa que o intervalo de tempo procurado, $\Delta t_2$, será um múltiplo (inteiro) de $T_A$ e $T_B$. O mínimo múltiplo comum (m.m.c.) entre $T_A = 75$ s e $T_B = 120$ s é $\Delta t_2 = 600$ s $= 10$ min. Nesse caso, $A$ dá oito voltas na pista, enquanto $B$ dá apenas cinco voltas.

## Movimentos giratórios concêntricos e transmissão de movimentos circulares

Polias e engrenagens comparecem isoladas ou associadas em inúmeros mecanismos. É o que se verifica em relógios mecânicos, molinetes e carretilhas de pesca, moendas, trituradores, bicicletas, motocicletas, motores de veículos automotivos, caixas de câmbio, etc.

### Mesmo eixo

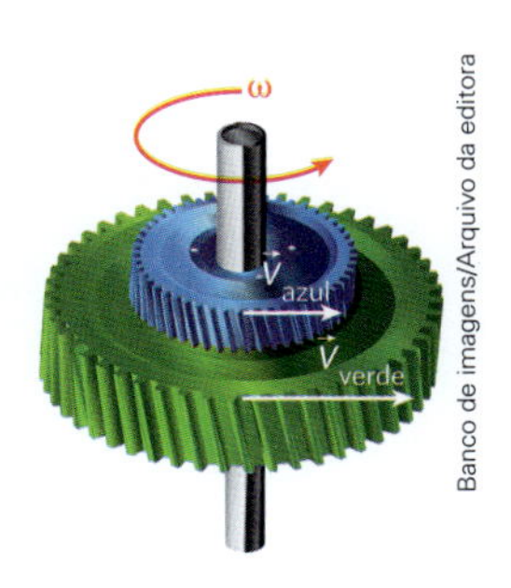


Na situação esquematizada ao lado, têm-se duas engrenagens - uma verde e uma azul - rigidamente fixadas a um mesmo eixo, que provoca rotação uniforme no sistema.

Nesse caso, é importante notar que cada giro do eixo também imprime um giro completo a cada uma das engrenagens. Isso significa que os intervalos de tempo gastos pelas engrenagens em uma revolução é o mesmo, o que implica o **mesmo período de rotação**:

$$\boxed{T_{verde} = T_{azul}}$$

Essa conclusão abrange também a frequência, $f$, e a velocidade escalar angular, $\omega$.

$$f = \frac{1}{T} \Rightarrow \boxed{f_{verde} = f_{azul}}$$

$$\omega = \frac{2\pi}{T} \Rightarrow \boxed{\omega_{verde} = \omega_{azul}}$$

As velocidades escalares lineares dos pontos periféricos das engrenagens, $v$, no entanto, **são diferentes**. Sendo a velocidade escalar angular constante, os valores de $v$ crescem na proporção direta dos respectivos raios das trajetórias, segundo a expressão $v = \omega R$.

No caso do esquema, tem-se que $R_{verde} > R_{azul}$, logo:

$$\boxed{v_{verde} > v_{azul}}$$

### Contato direto ou conexão por correias ou correntes

Nas associações representadas a seguir, há duas polias (ou engrenagens) $A$ e $B$, de raios $R_A$ e $R_B$, que operam em rotação uniforme, sem escorregamento, com velocidades escalares lineares em seus pontos periféricos de módulos $v_A$ e $v_B$, frequências $f_A$ e $f_B$, períodos $T_A$ e $T_B$ e velocidades escalares angulares de módulos $\omega_A$ e $\omega_B$, respectivamente.

Na figura 1, as polias giram em contato direto, apresentando rotações em sentidos opostos.

Já na figura 2, as polias giram no mesmo sentido, acionadas por uma correia devidamente tracionada.

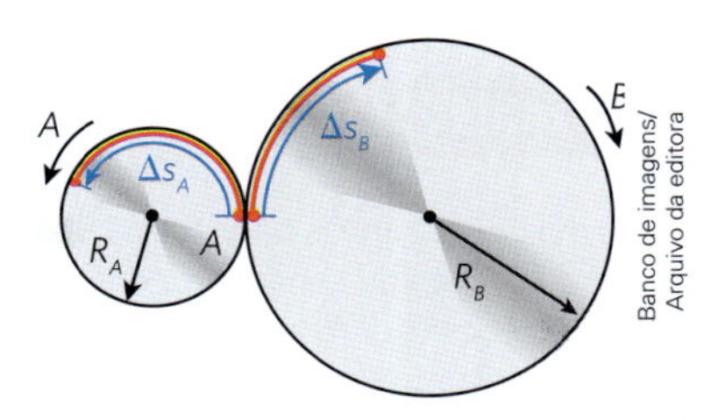


Figura 1: polias em contato direto.

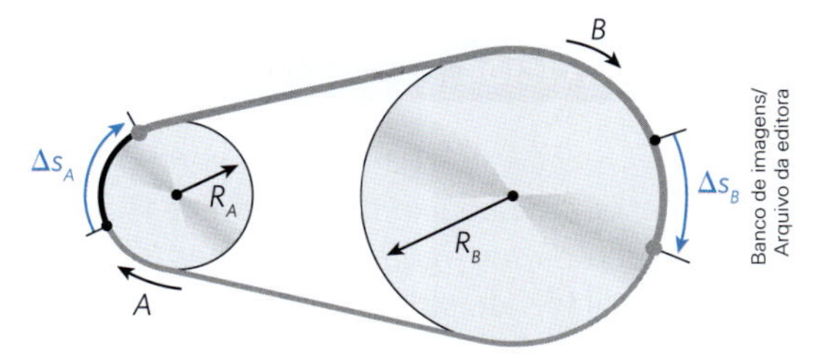


Figura 2: polias acopladas por correias.

Essas duas situações têm grande equivalência conceitual.

Veja que, em ambos os casos, durante um mesmo intervalo de tempo, um ponto periférico na polia $A$ sofre um deslocamento escalar linear de mesmo módulo que o sofrido por um ponto periférico na polia $B$. Afinal, na figura 1, um ponto (ou dente) "empurra" o outro sem escorregamento, e, na figura 2, a correia imprime o mesmo módulo de variação de espaço linear a todos os pontos (ou dentes) periféricos com os quais estabelece contato.

Isso significa que:

$$\frac{\Delta s_A}{\Delta t} = \frac{\Delta s_B}{\Delta t} \Rightarrow \boxed{v_A = v_B}$$

As **velocidades escalares lineares** dos pontos periféricos das polias têm o **mesmo módulo**.

Depreende-se dessa conclusão que:

$$v_A = v_B \Rightarrow 2\pi R_A f_A = 2\pi R_B f_B \Rightarrow \boxed{\frac{f_A}{f_B} = \frac{R_B}{R_A}}$$

As **frequências** guardam **proporção inversa** em relação aos respectivos raios.

Decorre também desse estudo que:

$$\frac{f_A}{f_B} = \frac{R_B}{R_A} \Rightarrow \frac{\frac{1}{T_A}}{\frac{1}{T_B}} = \frac{R_B}{R_A} \Rightarrow \boxed{\frac{T_B}{T_A} = \frac{R_B}{R_A}}$$

Os **períodos** guardam **proporção direta** em relação aos respectivos raios.

$$v_A = v_B \Rightarrow \omega_A R_A = \omega_B R_B \Rightarrow \boxed{\frac{\omega_A}{\omega_B} = \frac{R_B}{R_A}}$$

As **velocidades escalares angulares** guardam **proporção inversa** em relação aos respectivos raios.

## Descubra mais

**1** Uma das maiores façanhas da Matemática em todos os tempos foi, sem dúvida, a medição do comprimento da circunferência da Terra ao longo do equador e, consequentemente, do raio do planeta, realizada pelo grego de Sirene (território atual da Líbia), Eratóstenes (c. 276 a.C.-194 a.C.). Pesquise sobre o método utilizado pelo matemático e como ele obteve seu resultado. O valor encontrado por Eratóstenes foi muito destoante do valor atual do raio da Terra, estimado em 6 371 km?

## Exercícios

**9** No esquema abaixo as engrenagens *A*, *B* e *C* têm dentes com iguais dimensões e giram solidárias fazendo parte de um mecanismo multiplicador de velocidades. Os números de dentes em *A*, *B* e *C* são, respectivamente, 16, 12 e 8. Ao eixo da engrenagem *A* está ligada uma manivela que é girada, no sentido horário, por um operador externo, com frequência constante $f_{operador} = 60$ rpm. Não há qualquer deslizamento entre as peças do sistema.

Banco de imagens/Arquivo da editora

Com base nessas informações, responda:

a) Em que sentido giram as engrenagens *B* e *C*?

b) Quais as frequências de rotação das engrenagens *A*, *B* e *C*, em rpm?

**Resolução:**

a) A engrenagem *A* - engrenagem motriz - gira no **sentido horário**, igual ao da manivela fixada a ela, e com a mesma frequência que esta, isto é:

$$\boxed{f_A = f_{operador} = 60 \text{ rpm}}$$

Banco de imagens/Arquivo da editora

**Engrenagem *B***: sentido anti-horário. **Engrenagem *C***: sentido horário.

b) Sendo *d* a largura dos dentes de iguais dimensões das engrenagens, os comprimentos das circunferências periféricas dessas peças ficam expressos por:

$$C_A = 2 \cdot 16d \Rightarrow 2\pi R_A = 2 \cdot 16d \Rightarrow R_A = 16\frac{d}{\pi}$$

$$C_B = 2 \cdot 12d \Rightarrow 2\pi R_B = 2 \cdot 12d \Rightarrow R_B = 12\frac{d}{\pi}$$

$$C_C = 2 \cdot 8d \Rightarrow 2\pi R_C = 2 \cdot 8d \Rightarrow R_C = 8\frac{d}{\pi}$$

Os raios das engrenagens são **diretamente proporcionais** aos respectivos números de dentes.

Por outro lado, em situações como essa, em que as engrenagens giram em contato sem escorregamento, os pontos periféricos de todas elas percorrem distâncias iguais em intervalos de tempo iguais. Isso significa que esses pontos se deslocam com igual **velocidade escalar linear**.

Para as engrenagens *A* e *B*:

$$v_B = v_A \Rightarrow 2\pi R_B f_B = 2\pi R_A f_A$$

De onde se obtém:

$$\frac{f_B}{f_A} = \frac{R_A}{R_B} \Rightarrow \frac{f_B}{60} = \frac{16\frac{d}{\pi}}{12\frac{d}{\pi}} \therefore \boxed{f_B = 80 \text{ rpm}}$$

Para as engrenagens *B* e *C*:

$$v_C = v_B \Rightarrow 2\pi R_C f_C = 2\pi R_B f_B$$

De onde se obtém:

$$\frac{f_C}{f_B} = \frac{R_B}{R_C} \Rightarrow \frac{f_C}{80} = \frac{12\frac{d}{\pi}}{8\frac{d}{\pi}} \therefore \boxed{f_C = 120 \text{ rpm}}$$

É importante destacar que nesse tipo de acoplamento direto - e em similares - as frequências de rotação das engrenagens e os respectivos raios variam na **proporção inversa**.

**10** As engrenagens *A* e *B* da figura abaixo, de raios respectivamente iguais a 10 cm e 24 cm, operam acopladas, sendo que a engrenagem *A* está conectada a um motor que lhe confere uma frequência de rotação constante, igual a 120 rotações por minuto (rpm).

Pede-se determinar o intervalo de tempo, em segundos, gasto pela engrenagem *B* para realizar uma volta completa.

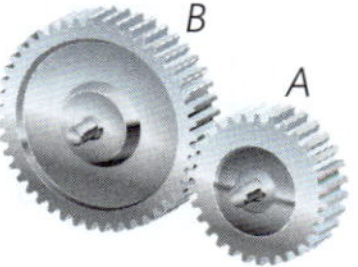


Banco de imagens/Arquivo da editora

**11** (Enem) A invenção e o acoplamento entre engrenagens revolucionaram a ciência na época e propiciaram a invenção de várias tecnologias, como os relógios. Ao construir um pequeno cronômetro, um relojoeiro usa o sistema de engrenagens mostrado. De acordo com a figura, um motor é ligado ao eixo e movimenta as engrenagens fazendo o ponteiro girar. A frequência do motor é de 18 rpm, e o número de dentes das engrenagens está apresentado no quadro.

| Engrenagem | Dentes |
|---|---|
| A | 24 |
| B | 72 |
| C | 36 |
| D | 108 |

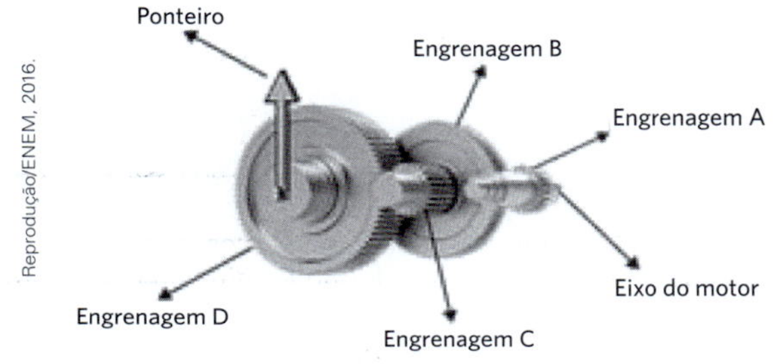


A frequência de giro do ponteiro, em rpm, é:

a) 1.
b) 2.
c) 4.
d) 81.
e) 162.

**12** Em uma bicicleta, a propulsão é provocada pela ação muscular do ciclista e se dá por meio de um par de pedais rigidamente acoplados a uma engrenagem denominada coroa. Esta, por meio de uma corrente, é conectada a outra engrenagem, chamada de catraca, que gira solidária à roda traseira do veículo, conforme representa o esquema.

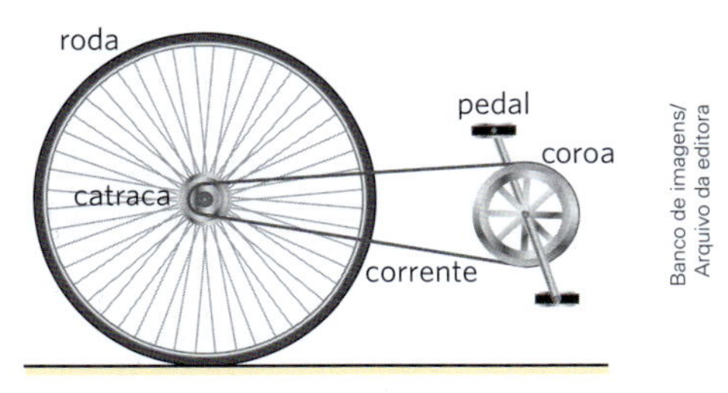


Admitamos que em determinada bicicleta, os raios da coroa e da catraca sejam, respectivamente, 15 cm e 5 cm, que o raio da roda traseira seja 30 cm e que o mecanismo coroa-corrente-catraca opere sem deslizamentos. Adotando-se $\pi \cong 3$ e supondo-se que as rodas da bicicleta não derrapem em relação ao solo, pede-se calcular quantos metros a bicicleta se desloca pela ação exclusiva de uma volta completa no pedal.

**13** A figura ilustra, de forma esquematizada, um sistema de transmissão coroa-catraca de uma bicicleta. Na figura, $r_a$, $r_b$, $r_c$ e $\omega_a$, $\omega_b$, $\omega_c$ identificam, respectivamente, os raios e as velocidades angulares da coroa, da catraca e da roda da bicicleta. Considere a situação em que um ciclista, pedalando em um modelo de bicicleta com $r_a = 10$ cm, $r_b = 5$ cm e $r_c = 40$ cm, mantém velocidade escalar constante em uma bicicleta cujo pedal leva 0,1 segundo para ser deslocado da posição 1 para a posição 2, na horizontal. Considere, ainda, que a bicicleta não sofre deslizamentos. Adote $\pi = 3$.

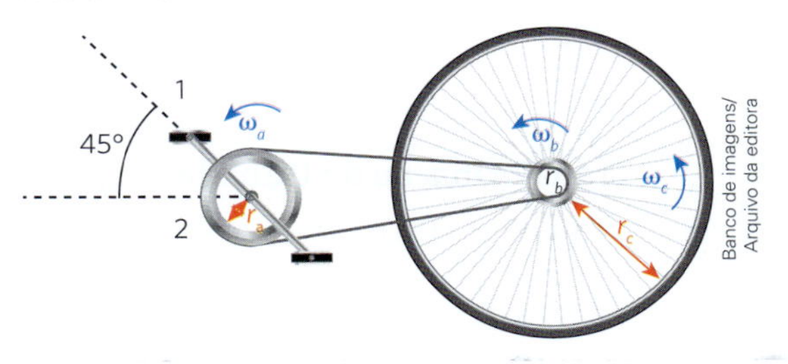


A velocidade escalar da bicicleta é mais próxima de:

a) 2,0 m/s.
b) 4,0 m/s.
c) 5,0 m/s.
d) 6,0 m/s.
e) 7,0 m/s.

**14** (Unesp-SP) Um pequeno motor a pilha é utilizado para movimentar um carrinho de brinquedo. Um sistema de engrenagens transforma a velocidade de rotação desse motor na velocidade de rotação adequada às rodas do carrinho. Esse sistema é formado por quatro engrenagens, *A*, *B*, *C* e *D*, sendo que *A* está presa ao eixo do motor, *B* e *C* estão presas a um segundo eixo e *D* a um terceiro eixo, no qual também estão presas duas das quatro rodas do carrinho.

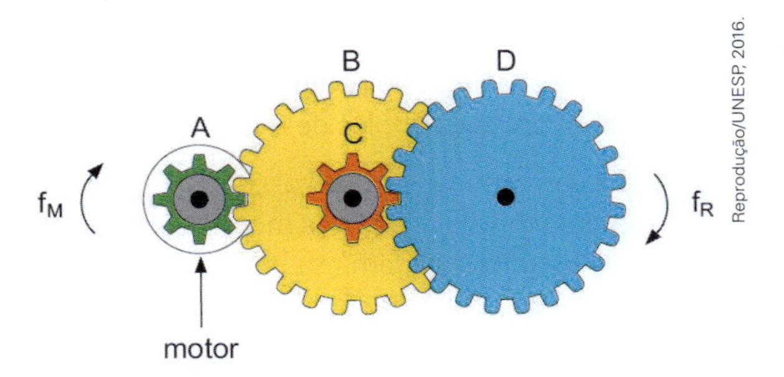


(www.mecatronicaatual.com.br. Adaptado.)

Nessas condições, quando o motor girar com frequência $f_M$, as duas rodas do carrinho girarão com frequência $f_R$. Sabendo que as engrenagens *A* e *C* possuem 8 dentes, que as engrenagens *B* e *D* possuem 24 dentes, que os dentes das engrenagens são todos iguais, que não há escorregamento entre as engrenagens e que $f_M = 13{,}5$ Hz, é correto afirmar que $f_R$, em Hz, é igual a:

a) 1,5.
b) 3,0.
c) 2,0.
d) 1,0.
e) 2,5.

## Profissões na Quarta Revolução Industrial

### Preparação

Você conhece profissões relacionadas às novas tecnologias? Pesquise na internet como e onde esses profissionais atuam e, se possível, converse com os seguintes profissionais:

- desenvolvedor de *software;*
- gerente de produto;
- gerente de *big data.*

### Leitura

**Transformação do trabalho exigirá novas habilidades**

Está em curso uma grande transformação na organização do trabalho.

Disponível em: http://agencia.fapesp.br/transformacao-do-trabalho-exigira-novas-habilidades/29149/. Acesso em: 10 abr. 2020.

**Nesse artigo, você vai conhecer:**

- Projeções pessimistas e otimistas para o mercado de trabalho diante da revolução 4.0.
- Como as mudanças tecnológicas impactam o mercado de trabalho e a educação.

### Debate

1 Após a pesquisa e a leitura do texto, faça uma lista de projeções pessimistas e uma de otimistas para o mercado de trabalho no século XXI. Qual das projeções parece estar correta para o seu grupo? Justifique sua resposta elencando mais argumentos a favor da escolha feita.

2 A impressão 3D tem revolucionado vários setores do mundo do trabalho. Discuta com o seu grupo como essa tecnologia tem mudado a realidade profissional de médicos e engenheiros.

3 Como o seu grupo entende a colaboração da realidade virtual para as áreas de programação e arquitetura? Procure exemplos de situações nas quais a realidade virtual tem colaborado com tais áreas.

4 Novas carreiras em Física, como Física médica, Biofísica e Física nuclear são exemplos de profissões que agregam valor a equipes médicas, de arquitetura, de engenharia, etc. Avalie com o seu grupo como esses profissionais podem atuar nas equipes multidisciplinares citadas, considerando as transformações em curso da revolução 4.0.

5 Na avaliação do seu grupo, o avanço tecnológico poderá ampliar a lacuna social no Brasil? Cursos técnicos de curta duração seriam uma alternativa para diminuir tal lacuna?

6 Considerando as mudanças que estão ocorrendo no mundo do trabalho em função da implantação das novas tecnologias, avaliem quais serão as habilidades necessárias para o trabalhador sobreviver nesse novo contexto.

### E você?

7 Agora, pense nas suas habilidades e aspirações futuras para avaliar se alguma das profissões citadas poderia fazer parte do seu projeto de vida.

UNIDADE

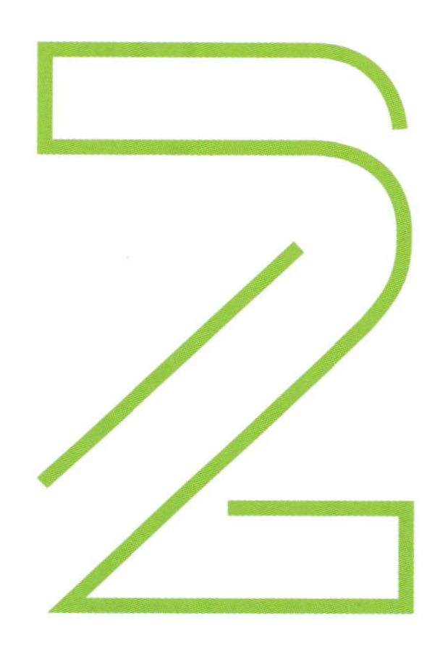

# Dinâmica

As missões espaciais, como as que levam astronautas até a Estação Espacial Internacional, precisam ser muito bem estudadas. Para tanto, são usados os conhecimentos da Dinâmica a fim de que os sistemas propulsores acelerem e desacelerem com segurança.

Em **Dinâmica**, estudam-se os movimentos junto com as causas que os produzem e modificam. Nesse estudo veremos as grandezas físicas massa, força, trabalho, energia, impulso e quantidade de movimento, entre outras.

Chris O'Meara/AP Photo/Glow Images

Para acelerar, foguetes utilizam sistemas de propulsão que aplicam forças para expelir gases - e, por ação e reação, os gases aplicam forças impulsoras sobre os foguetes. Na foto, lançamento do foguete Falcon 9 em maio de 2020, na Flórida, Estados Unidos.

## Nesta unidade:

CAPÍTULO 6

# Princípios da Dinâmica

Este capítulo aborda conceitos como massa e força para que possamos entender as causas dos movimentos, fornecendo subsídios para o trabalho com as seguintes habilidades:

EM13CNT204

EM13CNT205

EM13CNT301

## Introdução

Hoje, temos à nossa disposição muito mais tecnologia do que tinham as pessoas dos séculos passados. Dispomos atualmente de telefones celulares, *laptops*, *tablets*, TVs de LED (sigla do inglês para *Light-Emitting Diod*), entre outros itens que proporcionam nossa conectividade e conforto.

Mas de onde veio esse conhecimento que culminou em todos esses dispositivos que não param de evoluir? Ele surgiu com os primeiros humanos, seres inteligentes, que nunca pararam de inovar e aprimorar seus inventos.

Devemos, então, contemplar as eras passadas com respeito, gratidão e admiração, uma vez que a evolução do conhecimento ocorre de maneira interligada, com uma descoberta fomentando a aparição das próximas.

Os movimentos fascinam o espírito indagador humano desde os mais remotos tempos. Muitos pensadores formularam hipóteses na tentativa de explicá-los. O filósofo grego Aristóteles (385 a.C.-323 a.C.) apresentou teorias que vigoraram por muitos séculos, pois se adequavam ao senso comum e ao pensamento religioso da época. Posteriormente, entretanto, suas ideias foram em grande parte refutadas por Galileu Galilei (1564-1642). Depois deste, seguiram-se Isaac Newton (1643-1727) e Albert Einstein (1879-1955), que deram sustentação matemática às teorias já existentes e ampliaram o conhecimento sobre os movimentos.

A **Dinâmica** é a parte da Mecânica que estuda os movimentos, considerando os fatores que os produzem e modificam.

Nessa parte da Física, aparecem as leis que regem os movimentos, envolvendo os conceitos de massa, força e energia, entre outros. Em nosso estudo, abordaremos pensamentos de Galileu e Newton, associados à Mecânica clássica, e apresentaremos alguns fundamentos da Mecânica relativística de Einstein, associados à Física moderna.

## O efeito dinâmico de uma força

Na Cinemática, estudamos diversas situações em que a aceleração vetorial não é nula, ou seja, as partículas movimentam-se com velocidade vetorial variável. É o que acontece, por exemplo, nos movimentos acelerados, em que há aumento do módulo da velocidade no decorrer do tempo. Entretanto, esses movimentos de aceleração não nula foram apresentados sem que fosse feita uma pergunta fundamental: quem é o agente físico causador da aceleração? E a resposta aqui está: é a **força**.

Somente sob a ação de uma força é que uma partícula pode ser acelerada, isto é, pode experimentar variações de velocidade vetorial ao longo do tempo.

**Força** é o agente físico cujo efeito dinâmico é a aceleração.

Os *dragsters* são veículos capazes de arrancar com acelerações muito elevadas, se comparadas às dos carros comuns, conseguindo atingir 500 km/h em apenas 8 s, depois de partirem do repouso. Isso se deve a um motor especial, de grande potência, instalado em uma estrutura leve e de aerodinâmica adequada. Para obter essa aceleração, os *dragsters* requerem uma força propulsora externa que é aplicada pelo solo sobre as rodas motrizes traseiras.

Josh Holmberg/ZUMAPRESS/Fotoarena

*Dragster* em sessão de teste em pista de corrida. Las Vegas, 2012.

**Dica**

**Formiga, falcão, guepardo... afinal, qual é o animal mais rápido do mundo?**
*https://www.uol.com.br/tilt/colunas/pergunta-pro-jokura/2019/10/28/qual-e-o-animal-mais-rapido-do-mundo.htm*
Os animais mais rápidos considerando a velocidade relativa ao tamanho de seus próprios corpos.

## Conceito de força resultante

Consideremos o arranjo experimental representado na figura ao lado, em que um bloco, apoiado em uma mesa horizontal e lisa, é puxado horizontalmente pelos garotos *A* e *B*.

O garoto *A* puxa o bloco para a direita, aplicando-lhe uma força $\vec{F}_A$. O garoto *B*, por sua vez, puxa o bloco para a esquerda, exercendo uma força $\vec{F}_B$.

Esquematicamente, temos:

Se apenas *A* puxasse o bloco, este seria acelerado para a direita, com aceleração $\vec{a}_A$. Se, entretanto, apenas *B* puxasse o bloco, este seria acelerado para a esquerda, com aceleração $\vec{a}_B$.

Supondo que *A* e *B* puxem o bloco conjuntamente, observaremos como produto final uma aceleração $\vec{a}$, que poderá ter características diversas. Tudo dependerá da intensidade de $\vec{F}_A$ comparada à de $\vec{F}_B$:

- se $|\vec{F}_A| > |\vec{F}_B|$, notaremos $\vec{a}$ dirigida para a direita;
- se $|\vec{F}_A| = |\vec{F}_B|$, teremos $\vec{a} = \vec{0}$;
- se $|\vec{F}_A| < |\vec{F}_B|$, $\vec{a}$ será orientada para a esquerda.

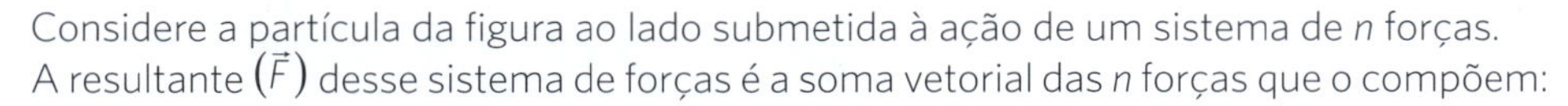

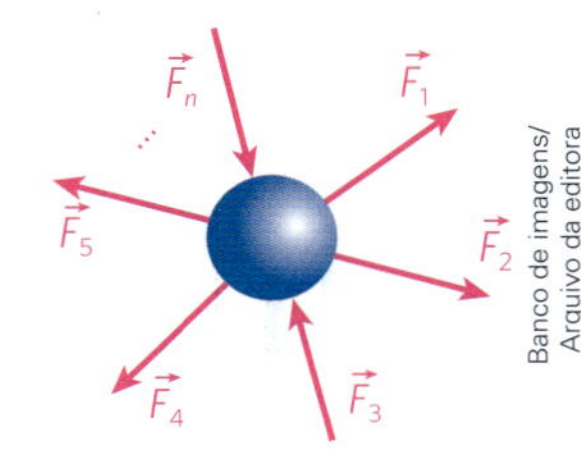


A **força resultante** de $\vec{F}_A$ e $\vec{F}_B$ equivale a uma força única que, atuando sozinha, imprime ao bloco a mesma aceleração $\vec{a}$ que $\vec{F}_A$ e $\vec{F}_B$ imprimiriam se agissem em conjunto.

Considere a partícula da figura ao lado submetida à ação de um sistema de *n* forças.

A resultante $(\vec{F})$ desse sistema de forças é a soma vetorial das *n* forças que o compõem:

$$\vec{F} = \vec{F}_1 + \vec{F}_2 + ... + \vec{F}_n$$

É fundamental destacar, porém, que a resultante $\vec{F}$ não é uma força a mais a agir na partícula; $\vec{F}$ é apenas o resultado de uma adição vetorial.

## Equilíbrio de uma partícula

Dizemos que uma partícula está em **equilíbrio** em relação a um dado referencial quando a resultante das forças que nela agem é nula.

Distinguem-se dois tipos de equilíbrio para uma partícula: **equilíbrio estático** e **equilíbrio dinâmico**.

### Equilíbrio estático

Dizemos que uma partícula está em **equilíbrio estático** quando se apresenta em repouso em relação a um dado referencial.

Estando em equilíbrio estático, uma partícula tem velocidade vetorial constante e nula $(\vec{v} = \text{constante} = \vec{0})$.

Considere, por exemplo, a situação da figura abaixo, em que um homem pendurou no teto de uma sala uma pequena esfera, utilizando um cordão. Suponha que ele tenha associado a um dos cantos da sala um referencial cartesiano, formado pelos eixos *x* (abscissas), *y* (ordenadas) e *z* (cotas).

Se a posição da esfera é invariável em relação ao referencial adotado, temos uma situação de equilíbrio estático. A esfera está em repouso (velocidade vetorial nula) e a resultante das forças que nela agem é nula.

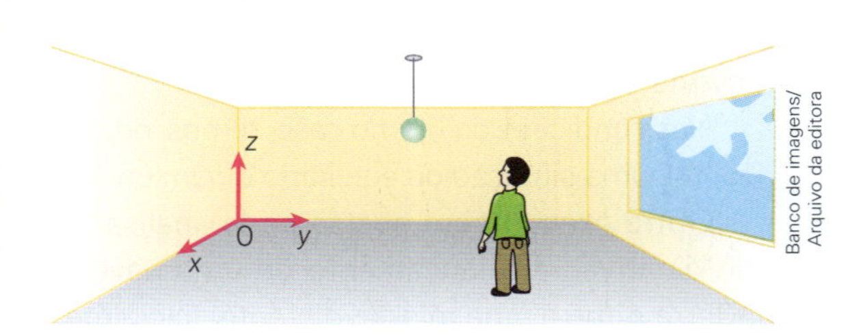

## Equilíbrio dinâmico

Dizemos que uma partícula está em **equilíbrio dinâmico** quando se apresenta em movimento retilíneo e uniforme (MRU) em relação a um dado referencial.

Estando em equilíbrio dinâmico, uma partícula tem velocidade vetorial constante e não nula $(\vec{v} = \text{constante} \neq \vec{0})$.

Considere, por exemplo, uma rampa seguida de uma plataforma plana, horizontal e infinitamente longa. Uma partícula parte do repouso no ponto *A*, desce a rampa em movimento acelerado e atinge a plataforma horizontal.

Por algum tempo, a partícula percorre a plataforma até parar. Por que a partícula para? Isso se deve às forças resistentes que se opõem ao seu movimento: a força de atrito, entre a partícula e a superfície da plataforma, e a força de resistência exercida pelo ar.

Suponha, agora, que seja feito um bom polimento na superfície, de modo que se reduza a intensidade do atrito atuante na partícula. Repetindo o experimento, o que observamos? Nesse caso, a partícula desce a rampa e percorre, na plataforma horizontal, um espaço maior que no caso anterior. Isso se deve à menor resistência ao movimento.

Se fosse possível eliminar completamente o atrito e a resistência do ar, o que ocorreria se, mais uma vez, a partícula fosse abandonada no ponto *A*? Agora ela desceria a rampa aceleradamente e, na plataforma horizontal, se moveria indefinidamente, já que a plataforma é suposta infinita. Durante o movimento na plataforma, a partícula estaria livre da ação de uma força resultante. Assim, não haveria força alguma favorecendo o movimento ou opondo-se a ele. Sob resultante nula, a partícula seguiria com velocidade vetorial constante e não nula, isto é, seguiria em movimento retilíneo e uniforme.

Nas condições do último caso, temos, no trecho horizontal, uma situação de equilíbrio dinâmico.

Outro exemplo em que se pode analisar o equilíbrio dinâmico é o lançamento de uma nave espacial da Terra rumo a uma missão distante. Inicialmente seu movimento é acelerado sob a ação dos sistemas propulsores em franco funcionamento.

Representação artística de nave espacial em **movimento acelerado** (elementos sem proporção entre si e em cores fantasia).

Ao atingir regiões do espaço onde as influências gravitacionais são desprezíveis, entretanto, os sistemas propulsores podem ser desligados. Com esses sistemas desligados a nave não para; segue em movimento retilíneo e uniforme, mantendo constante a velocidade que tinha no instante do desligamento. Livre de ações gravitacionais significativas e com os sistemas propulsores desligados, a nave está em equilíbrio dinâmico.

Representação artística de nave espacial em MRU – **equilíbrio dinâmico** (elementos sem proporção entre si e em cores fantasia).

## Conceito de inércia

**Inércia** é a tendência dos corpos em conservar sua velocidade vetorial.

Exemplifiquemos o conceito de inércia abordando uma situação conhecida de todos: trata-se do corriqueiro caso do passageiro que viaja de pé no corredor de um ônibus.

Suponhamos que o ônibus esteja parado diante de um semáforo. Quanto valem as velocidades do ônibus e do passageiro em relação à Terra? Zero! Então, o ônibus arranca e, como se diz na linguagem cotidiana, o passageiro é "jogado para trás". Nesse momento, ele está manifestando **inércia de repouso**, pois tende a continuar, em relação à Terra, parado no mesmo lugar. É importante frisar que, em relação à Terra, o passageiro não foi "jogado para trás": na realidade, seu corpo apenas manifestou uma tendência de manter a velocidade nula.

Vamos supor ainda que o ônibus esteja viajando por uma estrada retilínea, plana e horizontal, com velocidade de 60 km/h. Quanto vale a velocidade do passageiro, nesse caso, em relação à Terra? Também 60 km/h. Então, o ônibus freia bruscamente e o passageiro é "atirado para a frente". Nessa situação, ele está manifestando **inércia de movimento**, pois tende a continuar, em relação à Terra, com a mesma velocidade (60 km/h), em movimento retilíneo e uniforme. É importante destacar que, em relação à Terra, o passageiro não foi "atirado para a frente": na realidade, seu corpo apenas manifestou uma tendência de manter a velocidade anterior à freada.

Considerando as situações apresentadas, o passageiro entrará em movimento a partir do repouso ou será freado a partir de 60 km/h se receber, do meio que o cerca, uma **força**. Só com a aplicação de uma força externa adequada é que suas tendências inerciais serão vencidas e, consequentemente, sua velocidade vetorial será alterada. Assim, podemos concluir:

Tudo o que possui matéria tem inércia.
A inércia é uma característica própria da matéria.

Para que as tendências inerciais de um corpo sejam vencidas, é necessária a intervenção de força externa.

## O princípio da inércia (1ª lei de Newton)

Este princípio está implícito nas seções anteriores. Vamos agora formalizá-lo por meio de dois enunciados equivalentes.

### Primeiro enunciado

Se a força resultante sobre uma partícula é nula, ela permanece em repouso ou em movimento retilíneo e uniforme, por inércia.

Como exemplo, admitamos a situação hipotética de um lago congelado, cuja superfície é perfeitamente lisa, plana e horizontal. No local, não há presença de ventos e a influência do ar é desprezível. Em um caminhão parado no meio do lago, a força resultante é nula. Se o motorista tentar arrancar com o veículo, não conseguirá, pois, por causa da inexistência de atrito, o caminhão permanecerá "patinando", sem sair do lugar.

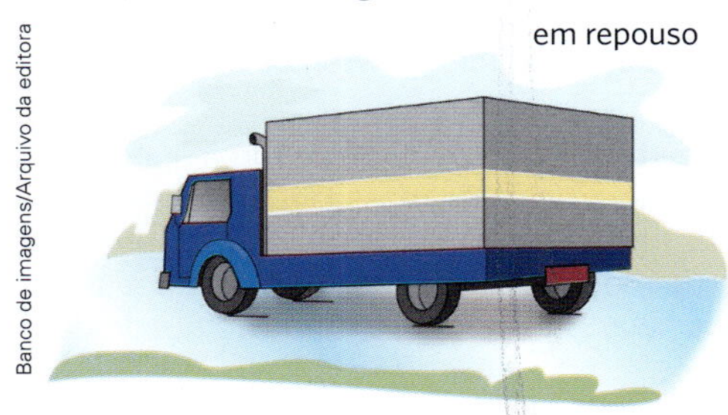


Enquanto a força resultante for nula, o caminhão, que já estava parado, permanecerá em repouso por inércia.

Vamos supor, no entanto, que alguma força externa coloque o caminhão em movimento e, imediatamente, pare de atuar sobre ele. Após isso, a velocidade do veículo será constante, ou seja, ele seguirá em linha reta, em movimento uniforme. Se o motorista virar o volante para qualquer lado ou acionar os freios, nada ocorrerá. Pelo fato de a força resultante ser nula, o movimento do caminhão não será afetado.

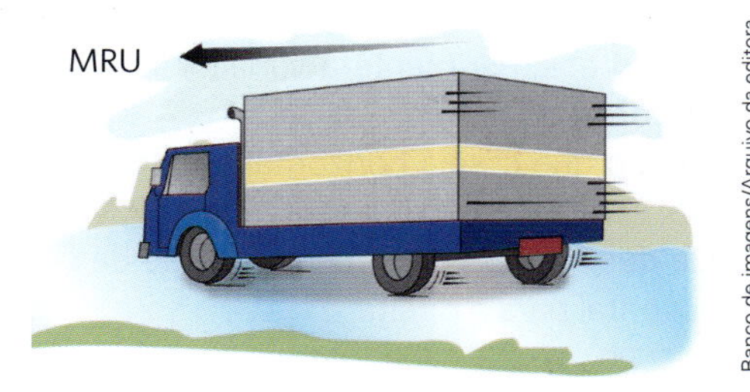


Quando em movimento, enquanto a força resultante for nula, o caminhão seguirá em movimento retilíneo e uniforme, por inércia.

### Segundo enunciado

Um corpo livre de uma força externa resultante é incapaz de variar sua própria velocidade vetorial.

Para entender o **princípio da inércia** sob esse ponto de vista, analisemos o próximo exemplo.

Na figura a seguir, está representada uma superfície plana, horizontal e perfeitamente lisa, sobre a qual um bloco, ligado à superfície por um fio inextensível, realiza um movimento circular e uniforme (MCU) em torno do centro *O*.

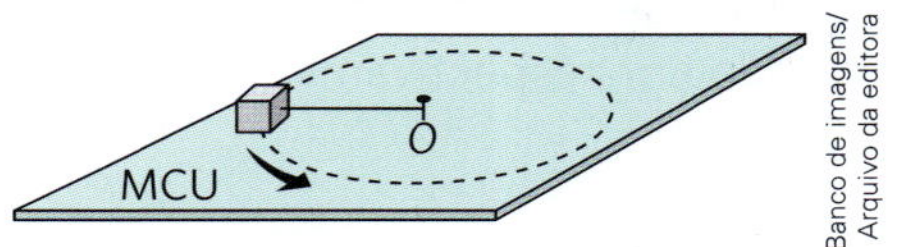


Nesse caso, embora tenha módulo constante, a velocidade vetorial do bloco varia em direção de um ponto para outro ponto da trajetória. Quem provoca essa variação na direção da velocidade do bloco? É a força aplicada pelo fio que, em cada instante, tem a direção do raio da circunferência e está dirigida para o centro *O*. É ela que mantém o bloco em movimento circular.

Suponha que, em dado instante, o fio se rompa. O bloco "escapará pela tangente", passando a descrever, sobre a superfície, um movimento retilíneo e uniforme (MRU).

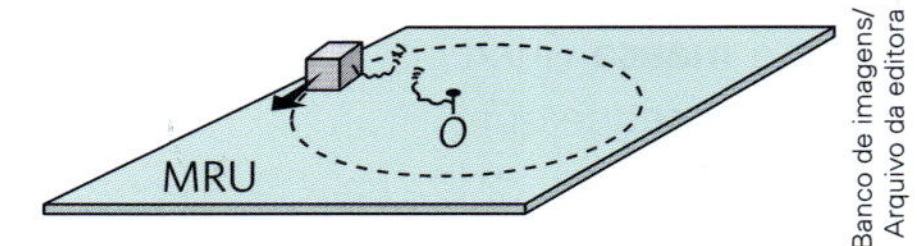


Pode-se concluir, então, que, eliminada a força exercida pelo fio, o bloco se torna incapaz de, por si só, variar sua velocidade vetorial. Ele segue, por inércia, em trajetória reta com velocidade constante.

Note que, para variar a velocidade vetorial de um corpo, é necessária a intervenção de uma força resultante, fruto das ações de agentes externos ao corpo. Sozinho (livre de força resultante externa), um corpo em movimento mantém, por inércia, velocidade vetorial constante.

## O princípio fundamental da Dinâmica (2ª lei de Newton)

Consideremos uma partícula submetida à ação de uma força resultante $\vec{F}$. O que devemos esperar que aconteça com essa partícula? Ela adquirirá uma aceleração $\vec{a}$, isto é, experimentará variações de velocidade com o decorrer do tempo.

Supondo que $\vec{F}$ seja horizontal e dirigida para a direita, qual será a direção e o sentido de $\vec{a}$? Mostra a experiência que $\vec{a}$ terá a mesma orientação de $\vec{F}$, ou seja, será horizontal para a direita.

Banco de imagens/Arquivo da editora

Se $\vec{F}$ é a resultante das forças que agem em uma partícula, esta adquire uma aceleração $\vec{a}$ de mesma orientação que $\vec{F}$, isto é, $\vec{a}$ tem a mesma direção e o mesmo sentido que $\vec{F}$.

Se aumentarmos a intensidade de $\vec{F}$, o que ocorrerá? Verifica-se que esse aumento provoca um aumento diretamente proporcional no módulo de $\vec{a}$. A partícula experimenta variações de velocidade cada vez maiores, para um mesmo intervalo de tempo.

Considere que uma mesma partícula é submetida, sucessivamente, à ação das forças resultantes $\vec{F}_1$, $\vec{F}_2$ e $\vec{F}_3$. Consequentemente, como já dissemos, a partícula vai adquirir, respectivamente, as acelerações $\vec{a}_1$, $\vec{a}_2$ e $\vec{a}_3$.

Assim, se $F_3 > F_2 > F_1$, devemos ter $a_3 > a_2 > a_1$. Lembrando que o módulo da aceleração é diretamente proporcional à intensidade da força, podemos escrever:

$$\frac{F_3}{a_3} = \frac{F_2}{a_2} = \frac{F_1}{a_1} = k$$

em que $k$ é a constante da proporcionalidade.

A constante $k$ está ligada à dificuldade de se produzir, na partícula, determinada aceleração, isto é, refere-se a uma medida da inércia da partícula. Essa constante denomina-se **massa** (inercial) da partícula e é simbolizada por $m$. Daí segue que:

$$\frac{F_3}{a_3} = \frac{F_2}{a_2} = \frac{F_1}{a_1} = m$$

Ou, de forma genérica: $\frac{F}{a} = m \Rightarrow F = ma$

Escrevendo essa expressão na forma vetorial, temos:

$$\vec{F} = m\vec{a}$$

Tendo em vista o exposto, cabe ao **princípio fundamental da Dinâmica (2ª lei de Newton)** o seguinte enunciado:

Se $\vec{F}$ é a resultante das forças que agem em uma partícula, então, em consequência de $\vec{F}$, a partícula adquire, na mesma direção e no mesmo sentido da força, uma aceleração $\vec{a}$, cujo módulo é diretamente proporcional à intensidade da força.

A expressão matemática da **2ª lei de Newton** é:

$$\vec{F} = m\vec{a}$$

No SI, a unidade de massa é o quilograma (kg), que é definido em termos de constantes físicas fundamentais. Até 2019, o quilograma correspondia à massa de um protótipo cilíndrico de platina iridiada, conservado no Bureau Internacional de Pesos e Medidas, em Sèvres, na França.

Fernando Favoretto/Criar Imagem

Um litro de leite tipo C, que tem uma grande porcentagem de água, apresenta massa muito próxima de 1 kg.

Para se ter uma noção simplificada da unidade **quilograma**, basta considerar 1 litro de água pura, que, a 4 °C, tem massa de 1 quilograma.

Conforme vimos em Cinemática, a unidade SI de aceleração é o metro por segundo ao quadrado $\left(\frac{m}{s^2}\right)$.

Considerando que $\vec{F} = m\vec{a}$, podemos deduzir a unidade de força:

$$\text{unid.}\,[F] = \text{unid.}\,[m] \cdot \text{unid.}\,[a]$$

No SI, temos:

$$\text{unid.}\,[F] = \text{kg}\,\frac{\text{m}}{\text{s}^2} = \text{newton (N)}$$

Costuma-se definir 1 newton da seguinte maneira:

**Um newton** é a intensidade da força que, aplicada em uma partícula de massa igual a 1 quilograma, produz na sua direção e no seu sentido uma aceleração de módulo 1 metro por segundo, por segundo, ou seja, 1 metro por segundo ao quadrado.

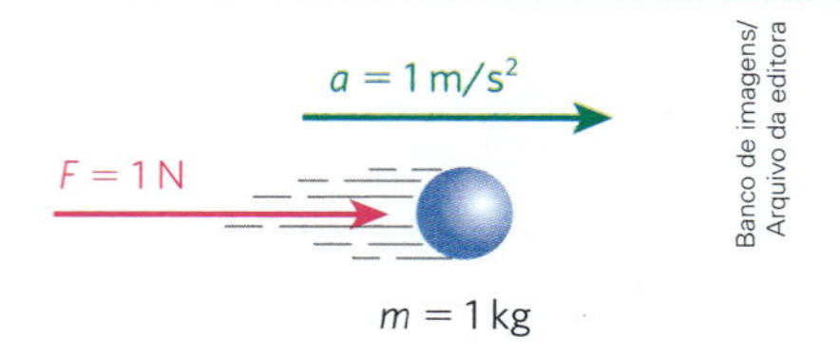


Banco de imagens/Arquivo da editora

## Exercícios

**1** Uma partícula está sujeita à ação de três forças, $\vec{F}_1$, $\vec{F}_2$ e $\vec{F}_3$, cuja resultante é nula. Sabendo que $\vec{F}_1$ e $\vec{F}_2$ são perpendiculares entre si e que suas intensidades valem, respectivamente, 6,0 N e 8,0 N, determine as características de $\vec{F}_3$.

**Resolução:**

Inicialmente, temos que:

> Se a resultante de três forças aplicadas em uma partícula é nula, então as três forças devem estar contidas no mesmo plano.

No caso, $\vec{F}_1$ e $\vec{F}_2$ determinam um plano. A força $\vec{F}_3$ (equilibrante da soma de $\vec{F}_1$ e $\vec{F}_2$) deve pertencer ao plano de $\vec{F}_1$ e de $\vec{F}_2$ e, além disso, ser oposta em relação à resultante de $\vec{F}_1$ e $\vec{F}_2$.

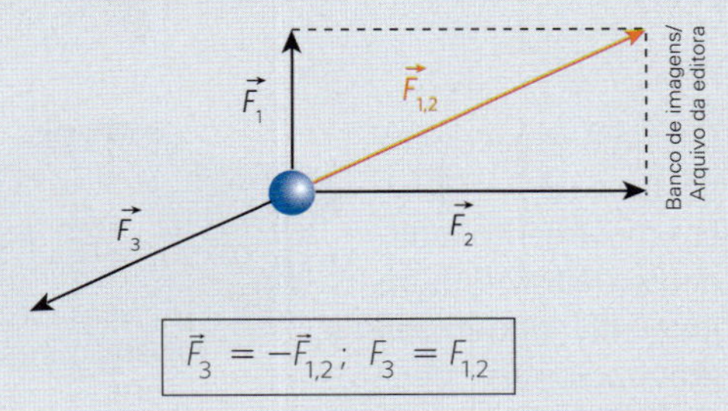


$$\boxed{\vec{F}_3 = -\vec{F}_{1,2};\ F_3 = F_{1,2}}$$

A intensidade de $\vec{F}_3$ pode ser calculada pelo **teorema de Pitágoras**:

$$F_3^2 = F_1^2 + F_2^2 \Rightarrow F_3^2 = (6,0)^2 + (8,0)^2$$

$$\boxed{F_3 = 10 \text{ N}}$$

Respondemos, finalmente, que as características de $\vec{F}_3$ são:

- **intensidade**: 10 N;
- **direção**: a mesma da resultante de $\vec{F}_1$ e $\vec{F}_2$;
- **sentido**: contrário ao da resultante de $\vec{F}_1$ e $\vec{F}_2$.

**2** Um ponto material está sob a ação das forças coplanares $\vec{F}_1$, $\vec{F}_2$ e $\vec{F}_3$ indicadas na figura abaixo.

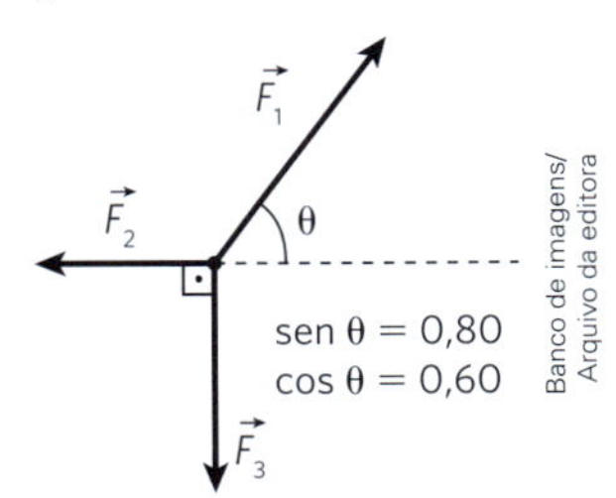


Sabendo que as intensidades de $\vec{F}_1$, $\vec{F}_2$ e $\vec{F}_3$ valem, respectivamente, 100 N, 66 N e 88 N, calcule a intensidade da força resultante do sistema.

**3** (PUC-SP) Os esquemas seguintes mostram um barco sendo retirado de um rio por dois homens. Em (a), são usadas cordas que transmitem ao barco forças paralelas de intensidades $F_1$ e $F_2$. Em (b), são usadas cordas inclinadas de 90° que transmitem ao barco forças de intensidades iguais às anteriores.

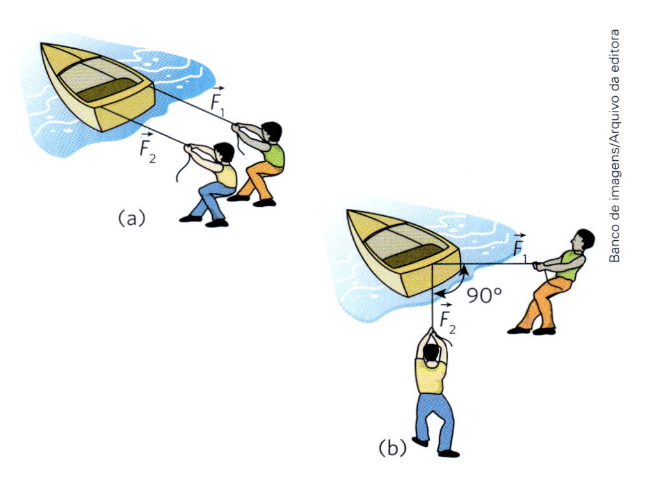


Sabe-se que, no caso (a), a força resultante transmitida ao barco tem valor 700 N e, no caso (b), 500 N. Nessas condições, calcule $F_1$ e $F_2$.

**4** Indique a alternativa que está em desacordo com o princípio da inércia.

a) A velocidade vetorial de uma partícula só pode ser variada se esta estiver sob a ação de uma força resultante não nula.

b) Se a resultante das forças que agem em uma partícula é nula, dois estados cinemáticos são possíveis: repouso ou movimento retilíneo e uniforme.

c) Uma partícula livre da ação de uma força externa resultante é incapaz de vencer suas tendências inerciais.

d) Numa partícula em movimento circular e uniforme, a resultante das forças externas não pode ser nula.

e) Uma partícula pode ter movimento acelerado sob força resultante nula.

**5** (Cesgranrio-RJ) Uma bolinha descreve uma trajetória circular sobre uma mesa horizontal sem atrito, presa a um prego por um cordão (figura seguinte).

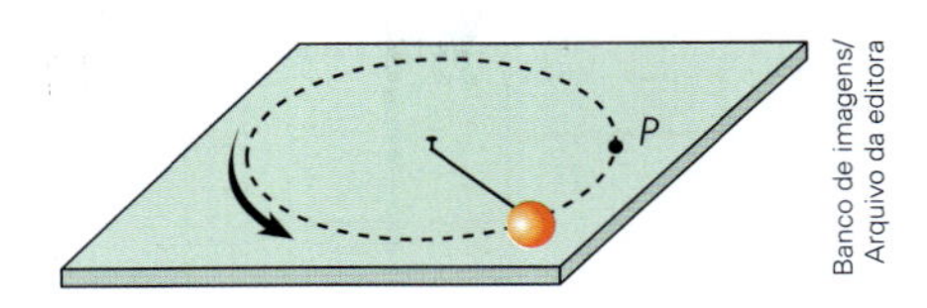

Quando a bolinha passa pelo ponto $P$, o cordão que a prende ao prego arrebenta. A trajetória que a bolinha então descreve sobre a mesa é:

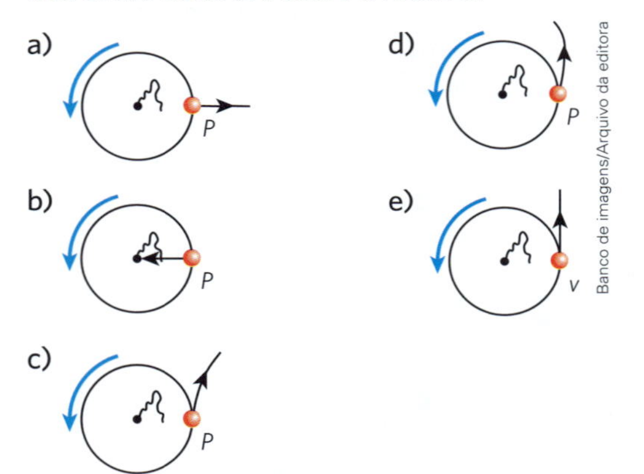


**6** Super-Homem, famoso herói das histórias em quadrinhos e do cinema, acelera seu próprio corpo, freia e faz curvas sem utilizar sistemas propulsores, como asas e foguetes. É possível a existência de um herói como o Super-Homem? Fundamente sua resposta em leis físicas.

**7** Nas situações 1 e 2 esquematizadas a seguir, um mesmo bloco de peso $\vec{P}$ é apoiado sobre a superfície plana de uma mesa, que é mantida em repouso em relação ao solo horizontal. No caso 1, o bloco permanece parado e, no caso 2, ele desce a mesa inclinada, deslizando com velocidade vetorial constante.

Sendo $\vec{F}_1$ e $\vec{F}_2$ as forças totais de contato que a mesa aplica sobre o bloco nos casos 1 e 2, respectivamente, aponte a alternativa **incorreta**:

a) $|\vec{F}_1| = |\vec{P}|$.

b) $\vec{F}_1 = -\vec{P}$.

c) $\vec{F}_2$ é perpendicular ao solo.

d) $\vec{F}_1 = \vec{F}_2$.

e) $|\vec{F}_2| > |\vec{P}|$.

**8** O bloco da figura tem massa igual a 4,0 kg e está sujeito à ação exclusiva das forças horizontais $\vec{F}_1$ e $\vec{F}_2$:

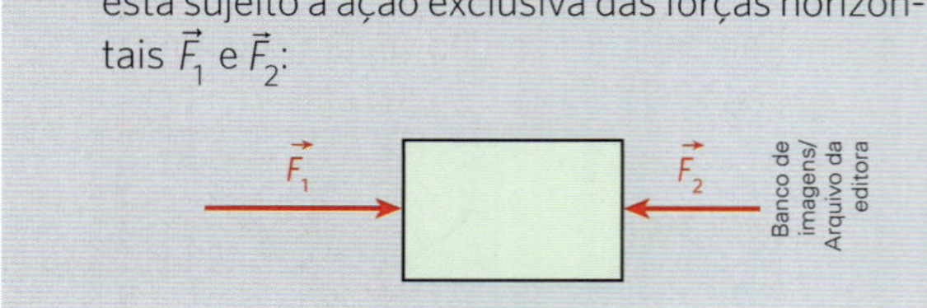


Sabendo que as intensidades de $\vec{F}_1$ e de $\vec{F}_2$ valem, respectivamente, 30 N e 20 N, determine o módulo da aceleração do bloco.

**Resolução**:

Como $|\vec{F}_1| > |\vec{F}_2|$, o bloco é acelerado horizontalmente para a direita por uma força resultante $\vec{F}$, cuja intensidade é dada por:

$$F = F_1 - F_2 \Rightarrow F = 30 - 20$$

$$\boxed{F = 10\ \text{N}}$$

A aceleração $\vec{a}$ do bloco pode ter seu módulo calculado pelo **princípio fundamental da Dinâmica**:

$$F = ma \Rightarrow a = \frac{F}{m}$$

$$a = \frac{10\ \text{N}}{4{,}0\ \text{kg}} \Rightarrow \boxed{a = 2{,}5\ \text{m/s}^2}$$

**9** Em uma espaçonave de massa $8{,}0 \cdot 10^2$ kg, em movimento retilíneo e uniforme num local de influências gravitacionais desprezíveis, são ativados simultaneamente dois propulsores que a deixam sob a ação de duas forças $\vec{F}_1$ e $\vec{F}_2$ de mesma direção e sentidos opostos, conforme está representado no esquema acima.

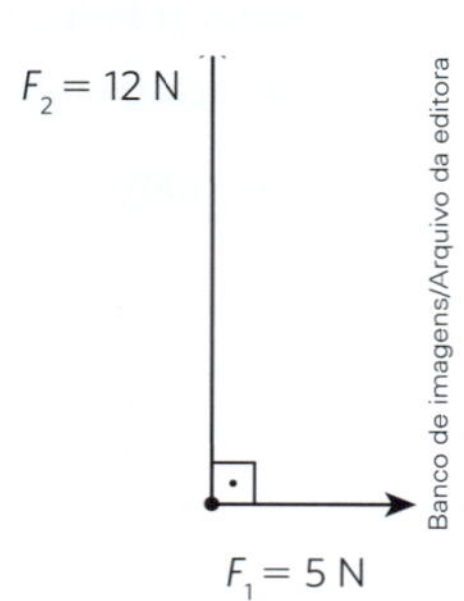


Sendo as intensidades de $\vec{F}_1$ e $\vec{F}_2$ respectivamente iguais a 4,0 kN e 1,6 kN, determine o módulo, a direção e o sentido da aceleração vetorial adquirida pela espaçonave.

**10** (PUCC-SP) Submetida à ação de três forças constantes, uma partícula se move em linha reta com movimento uniforme. A figura ao lado representa duas dessas forças:

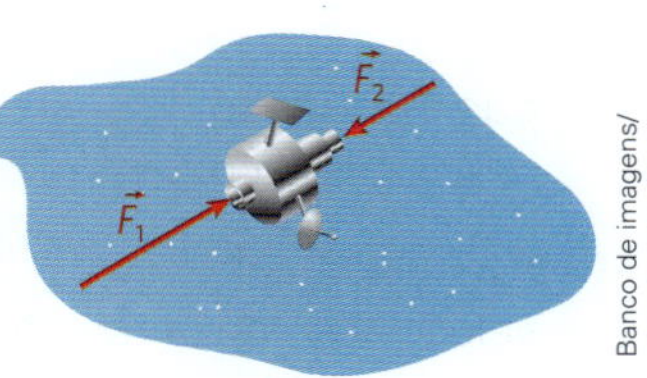


A terceira força tem módulo:

a) 5.

b) 7.

c) 12.

d) 13.

e) 17.

**11** (PUC-PR) Dois corpos, $A$ e $B$, de massas $M_A$ e $M_B$, estão apoiados em uma superfície horizontal sem atrito. Sobre eles são aplicadas forças iguais. A variação de suas velocidades é dada pelo gráfico.

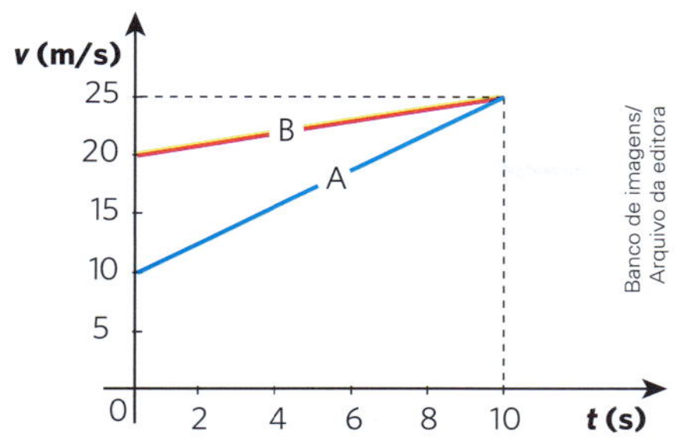


Para esses corpos, é correto afirmar que:

a) $\frac{M_A}{M_B} = 4$

b) $\frac{M_A}{M_B} = 3$

c) $\frac{M_A}{M_B} = \frac{1}{3}$

d) $\frac{M_A}{M_B} = \frac{1}{2}$

e) $\frac{M_A}{M_B} = 2$

**12** Uma força resultante $\vec{F}$ produz num corpo de massa $m$ uma aceleração de intensidade 2,0 m/s$^2$ e num corpo de massa $M$, uma aceleração de intensidade 6,0 m/s$^2$. Qual a intensidade da aceleração que essa mesma força produziria se fosse aplicada nesses dois corpos unidos?

**13** Na imagem abaixo, um barco de pesca reboca com velocidade constante um pequeno bote por meio de uma corda ideal inclinada 30° em relação à superfície da água, considerada plana e horizontal.

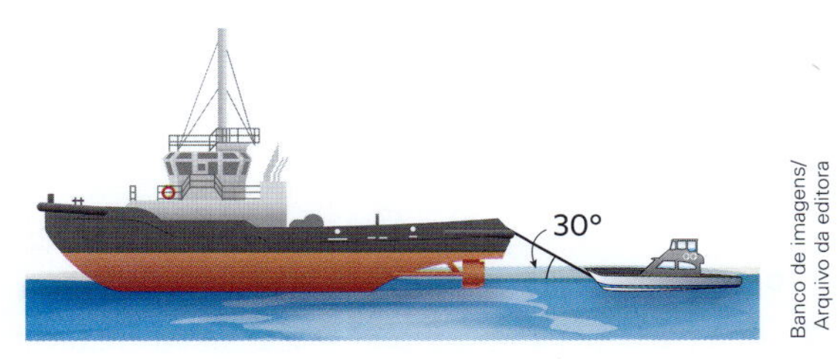


Adotando-se sen 30° = 0,50 e cos 30° = 0,87 e sabendo-se que a intensidade da força de tração na corda é igual a 200 N, pede-se determinar:

**a)** a intensidade da força horizontal de resistência que a água opõe ao movimento do bote;

**b)** a intensidade da componente vertical da força que a corda exerce no barco de pesca.

**14** O avião esquematizado na figura a seguir está em voo ascendente, de modo que sua trajetória é uma reta $x$, inclinada de um ângulo $\theta$ em relação ao solo, admitido plano e horizontal. Nessa situação, o avião recebe a ação de quatro forças:

$\vec{P}$: força da gravidade ou peso (perpendicular ao solo);

$\vec{S}$: força de sustentação do ar (perpendicular a $x$);

$\vec{F}$: força propulsora (na direção de $x$);

$\vec{R}$: força de resistência do ar (na direção de $x$).

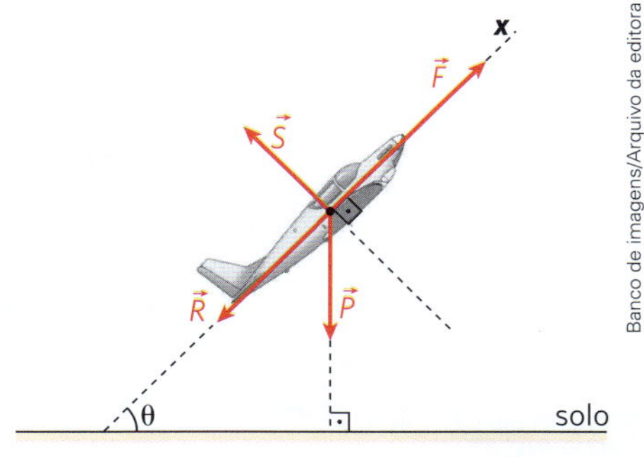


Supondo que o movimento do avião seja uniforme, analise as proposições a seguir e identifique as corretas:

**(01)** O avião está em equilíbrio dinâmico.

**(02)** $\vec{P} + \vec{S} + \vec{F} + \vec{R} = \vec{0}$

**(04)** $|\vec{F}| = |\vec{R}| + |\vec{P}| \operatorname{sen} \theta$

**(08)** $|\vec{S}| = |\vec{P}|$

**(16)** O avião está em movimento, por inércia.

Dê como resposta a soma dos números associados às proposições corretas.

**15** Um bloco de massa $m_1$, inicialmente em repouso, recebe a ação exclusiva de uma força $\vec{F}$ constante que o leva a percorrer uma distância $d$ durante um intervalo de tempo $T$. Um outro bloco, de massa $m_2$, também inicialmente em repouso, recebe a ação da mesma força $\vec{F}$ constante, de modo a percorrer a mesma distância $d$ durante um intervalo de tempo $2T$. Pede-se determinar a relação de massas $\frac{m_2}{m_1}$.

**16** A velocidade escalar de um carrinho de massa 6,0 kg que percorre uma pista retilínea varia em função do tempo, conforme o gráfico abaixo.

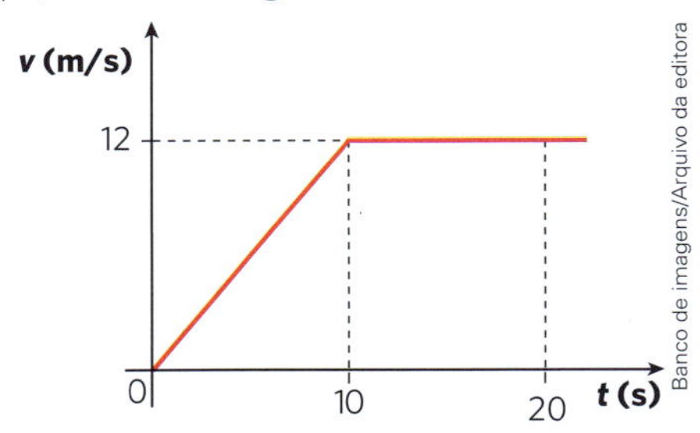


Determine:

**a)** a velocidade escalar média do carrinho no intervalo de 0 a 20 s;

**b)** a intensidade da força resultante no carrinho nos intervalos de 0 a 10 s e de 10 s a 20 s.

**17** No Monumento às Bandeiras, verdadeiro cartão postal da cidade de São Paulo, situado no lado oeste do Parque Ibirapuera, o escultor ítalo-brasileiro Victor Brecheret

(1894-1955) representou a ação de portugueses, escravos e índios empenhados em transportar uma enorme canoa, arrastando-a pela mata.

windwalk/Shutterstock

Admita que numa situação real, todos os homens que estão a pé exerçam forças de iguais intensidades e que as forças aplicadas pelos cavalos também tenham intensidades iguais entre si.

Na malha quadriculada a seguir, estão representadas a direção e o sentido das forças de um homem, de um cavalo e de atrito que a canoa recebe do chão, admitido plano e horizontal. Como a malha é constituída de quadrículas, também é possível verificar que as intensidades da força de um cavalo e a da força de atrito são múltiplos inteiros da intensidade da força de um homem.

**Legenda**

$\vec{h}$: vetor que representa a força de um único homem.

$\vec{c}$: vetor que representa a força de um único cavalo.

$\vec{a}$: vetor que representa a força de atrito que a canoa recebe do chão.

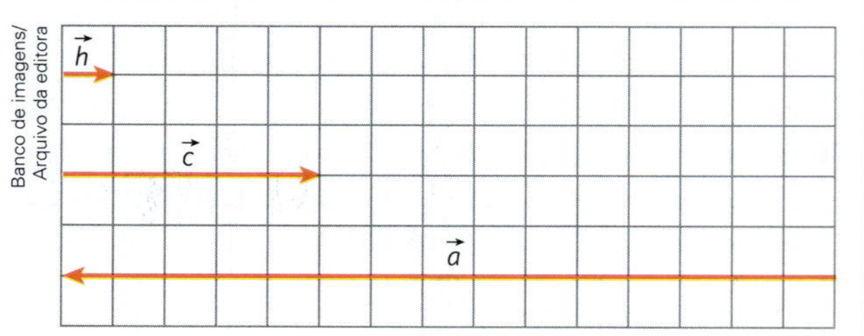


Banco de imagens/Arquivo da editora

Admita que a massa da canoa seja $M = 1200$ kg e que em determinado instante $t_1$, as forças horizontais aplicadas na embarcação sejam unicamente as de sete homens, de dois cavalos e a de atrito, todas imaginadas constantes. Suponha que nesse instante $t_1$ a embarcação se movimente em linha reta com aceleração de módulo $\alpha_1 = 0{,}40$ m/s$^2$. Já em um instante subsequente $t_2$, os homens param de agir sobre a canoa e esta, em movimento pela ação anterior, fique sujeita apenas às forças dos dois cavalos, além da força atrito. Com base nessas informações, determine:

**a)** a intensidade $h$ da força aplicada por um único homem;

**b)** o módulo $\alpha_2$ da aceleração da canoa no instante $t_2$.

**18** Numa regata, as massas dos dois remadores, da embarcação e dos quatro remos somam 220 kg. Quando acionam seus remos sincronizadamente, os remadores imprimem ao barco quatro forças de mesma intensidade $F$ durante 2,0 s na direção e sentido do movimento e, em seguida, os remos são mantidos fora da água por 1,0 s, preparando a próxima remada. Durante esses 3,0 s, o barco fica o tempo todo sujeito a uma força de resistência ao avanço $F_R$, constante, exercida pela água, conforme a figura 1. Dessa forma, a cada 3,0 s o barco descreve um movimento retilíneo acelerado seguido de um retilíneo retardado, como mostrado no gráfico da figura 2.

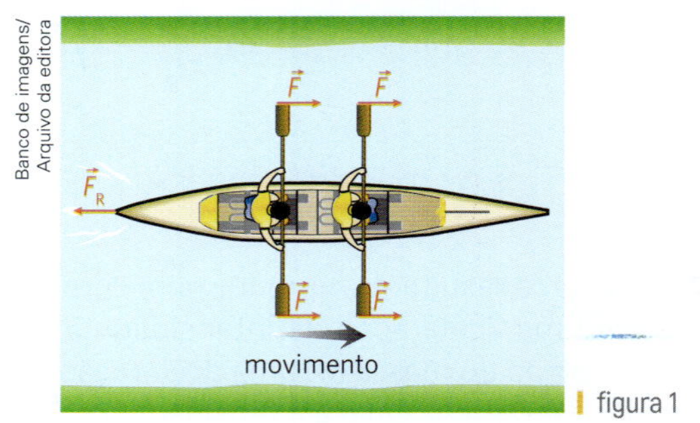


Banco de imagens/Arquivo da editora

figura 1

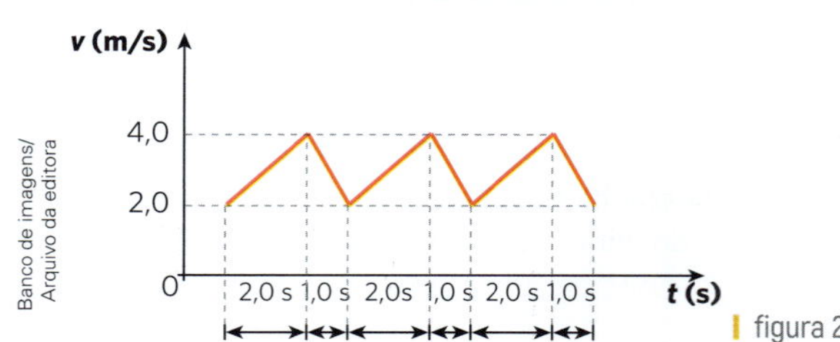


Banco de imagens/Arquivo da editora

figura 2

Considerando-se desprezível a força de resistência do ar, pode-se afirmar que a intensidade de cada força $F$ vale, em N,

**a)** 55.
**b)** 165.
**c)** 225.
**d)** 440.
**e)** 600.

**19** Uma partícula de massa $m = 2{,}0$ kg vai se deslocar sobre uma superfície plana e horizontal na qual está associado um referencial cartesiano $Oxy$. Essa partícula passa pelo ponto de coordenadas $x_0 = 0$; $y_0 = 0$ no instante $t_0 = 0$ com uma velocidade $v_0 = 3{,}0$ m/s, no sentido do eixo $Ox$. Nesse mesmo instante, passa a atuar na partícula uma força resultante constante, $\vec{F}$, no sentido do eixo $Oy$, de intensidade igual a 4,0 N. Com base nessas informações, pede-se:

**a)** a partir de $t_0 = 0$, determinar no SI a equação da trajetória descrita pela partícula em relação ao referencial adotado;

**b)** no intervalo de $t_0 = 0$ a $t_1 = 4{,}0$ s, esboçar no sistema cartesiano $Oxy$ a trajetória descrita pela partícula;

**c)** em $t_1 = 4{,}0$ s, calcular o módulo do vetor posição da partícula.

# Peso de um corpo

Uma caixa de isopor vazia é leve ou pesada? As noções de leve ou pesado fazem parte de nosso dia a dia e nos possibilitam responder de imediato a perguntas como essa.

Um corpo é tanto mais pesado quanto mais intensa for a **força de atração gravitacional** exercida pelo planeta sobre ele.

Também sabemos que, se largarmos uma laranja ou outros corpos nas proximidades da Terra, eles cairão verticalmente, indo ao encontro da superfície do planeta. Isso se deve também a uma interação de natureza gravitacional que ocorre entre a Terra e o corpo, que recebe uma força atrativa dirigida para o centro de massa do planeta. Essa força é o que, na ausência de atritos, faz o corpo despencar em movimento acelerado até colidir com o solo.

IMAGEM FORA DE PROPORÇÃO CORES FANTASIA

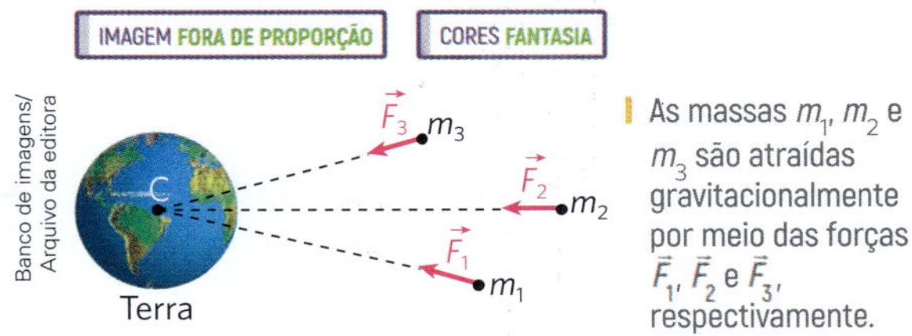


As massas $m_1$, $m_2$ e $m_3$ são atraídas gravitacionalmente por meio das forças $\vec{F}_1$, $\vec{F}_2$ e $\vec{F}_3$, respectivamente.

Desprezando os efeitos ligados à rotação da Terra, podemos dizer em primeira aproximação que:

> O **peso** de um corpo é a força de atração gravitacional exercida sobre ele.

É importante destacar que a aceleração produzida pela força gravitacional (peso) é a **aceleração da gravidade** ($\vec{g}$), que constitui o vetor característico da interação de campo entre a Terra e o corpo.

Para pontos situados fora da Terra, o vetor $\vec{g}$ e a força peso têm a mesma orientação: são radiais à "esfera" terrestre e dirigidos para o seu centro.

A intensidade de $\vec{g}$, por sua vez, depende do local em que é feita a avaliação. Quanto maior for a distância do ponto considerado ao centro da Terra, menor será a magnitude da aceleração da gravidade, o que significa que $|\vec{g}|$ decresce com a altitude. Além disso, e em razão principalmente da rotação da Terra, verifica-se que, sobre a superfície terrestre, do equador para os polos, $|\vec{g}|$ cresce, mostrando que o valor dessa aceleração varia com a latitude.

IMAGEM FORA DE PROPORÇÃO CORES FANTASIA

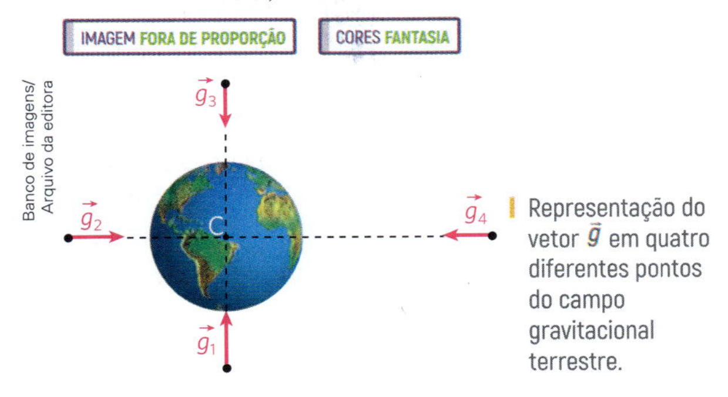


Representação do vetor $\vec{g}$ em quatro diferentes pontos do campo gravitacional terrestre.

Por meio de diversos experimentos, pôde-se constatar que, ao nível do mar e em um local de latitude 45°, o módulo de $\vec{g}$ (denominado normal) vale:

$$g_n = 9{,}80665 \text{ m/s}^2$$

Como podemos, porém, calcular o peso de um corpo? Para responder a essa pergunta, vamos considerar a situação a seguir.

Sejam três corpos de pesos $\vec{P}_1$, $\vec{P}_2$, $\vec{P}_3$, com massas respectivamente iguais a $m_1$, $m_2$ e $m_3$, situados em um mesmo local.

Através de experimentos, verifica-se que a intensidade do peso é diretamente proporcional à massa do corpo considerado. À maior massa corresponde o peso de maior intensidade.

corpo 1

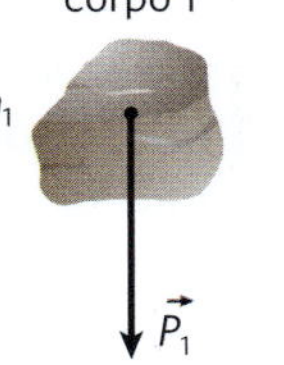


Levando em conta a proporcionalidade mencionada, podemos escrever que:

$$\frac{|\vec{P}_1|}{m_1} = \frac{|\vec{P}_2|}{m_2} = \frac{|\vec{P}_3|}{m_3} = k \text{ (constante)}$$

corpo 2

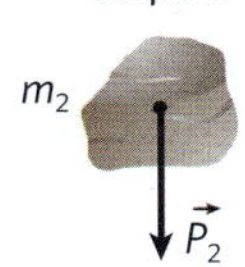


A constante da proporcionalidade ($k$) é o módulo da aceleração da gravidade do local, o que nos permite escrever que: $\dfrac{|\vec{P}|}{m} = |\vec{g}| \Rightarrow |\vec{P}| = m\,|\vec{g}|$

corpo 3

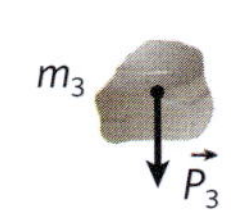


Ou, vetorialmente: $\vec{P} = m\vec{g}$

Note que a massa $m$ é uma grandeza escalar e o peso $\vec{P}$ é uma grandeza vetorial. Assim, o peso tem direção (da vertical do lugar) e sentido (para baixo).

De acordo com os preceitos da Mecânica clássica, a massa de um corpo é uma característica sua, sendo constante em qualquer ponto do Universo. No entanto, o mesmo não ocorre com o peso, que é função do local, já que depende de $g$. Na Lua, por exemplo, uma pessoa pesa cerca de $\frac{1}{6}$ do que pesa na Terra, pois o módulo da aceleração da gravidade na superfície lunar é cerca de 1,67 m/s$^2$.

## O quilograma-força (kgf)

> **Um quilograma-força** é uma unidade de força usada na medição da intensidade de pesos e é definida pela intensidade do peso de um corpo de 1 quilograma de massa, situado em um local onde a gravidade é normal (aceleração da gravidade com módulo $g_n \simeq 9{,}8$ m/s$^2$).

Destaquemos que, em um ponto onde a gravidade é normal ($g_n \cong 9{,}8$ m/s$^2$), o peso de um corpo em kgf é numericamente igual à sua massa em kg.

Como 1 kgf = 9,8 kg m/s$^2$ e 1 N = 1 kg m/s$^2$, temos:

$$1 \text{ kgf} = 9{,}8 \text{ N}$$

## Ampliando o olhar

### Elevadores e a sensação da ausência de peso

sahua d/Shutterstock

Simulação de queda livre em parques de diversões: adrenalina e "frio na barriga".

Uma das grandes invenções do milênio passado foi, sem dúvida, o elevador. Apresentado originalmente pelo mecânico estadunidense Elisha Graves Otis (1811-1861), em 1854, na Feira Mundial de Nova York, esse engenho modificou o cenário urbano do planeta, uma vez que, a partir dele, foram viabilizados os arranha-céus, que proporcionaram às grandes cidades a possibilidade de crescimento vertical.

O elevador permite o içamento e o abaixamento de cargas em condições seguras e confortáveis. Para tanto, utiliza um sistema de contrapesos conectados por cabos de aço à cabina. Esses cabos passam por roldanas e são tracionados por um motor elétrico.

Elevadores podem se comportar como verdadeiras câmaras de produção de gravidade artificial diferente da gravidade normal ($g \cong 9{,}8\ m/s^2$ ). Isso ocorre quando se deslocam verticalmente, para cima ou para baixo, com acelerações diferentes de zero.

Se o elevador subir ou descer com aceleração dirigida para cima, tudo o que estiver em seu interior aparentará um peso maior que o real, ocorrendo o contrário se subir ou descer com aceleração orientada para baixo.

Uma situação intrigante é a do elevador que se desloca com aceleração igual à da gravidade ($\vec{g}$). Nesse caso, os corpos em seu interior aparentam peso nulo, permanecendo imponderáveis, em levitação.

Alguns parques de diversões têm brinquedos que simulam elevadores em queda livre. Durante o despencamento vertical do sistema, os ocupantes sofrem grandes descargas de adrenalina e sentem um "frio na barriga", que se justifica pela levitação das vísceras dentro do abdome.

## Componentes da força resultante

Vida de piloto de Fórmula 1 não é nada fácil! Nas arrancadas, o corpo do piloto tende a ficar em repouso, por inércia, e para que seja acelerado junto com o carro deve receber do encosto do banco, predominantemente, uma força no mesmo sentido do movimento. Já nas freadas, seu corpo tende a manter a velocidade anterior a este ato, também por inércia, e para que ocorra a frenagem adequada os cintos de segurança devem entrar em ação, aplicando as forças necessárias ao movimento retardado, em sentido oposto ao da velocidade. Em uma curva qualquer, o corpo do piloto tende a seguir em frente, por inércia, e, para que ele acompanhe a trajetória do carro, os cintos de segurança e a parte lateral do *cockpit* (termo em inglês para a cabine, o espaço do veículo onde fica o piloto) devem exercer uma força total dirigida para dentro da curva, sem a qual o piloto "sairia pela tangente".

Speedpix/Alamy/Fotoarena

Observe nesta fotografia que o *cockpit* de um carro de Fórmula 1 é bastante apertado, oferecendo apenas o espaço necessário para alojar o corpo do piloto.

A lei da inércia é mesmo implacável!

Consideremos a figura a seguir, na qual está representada uma partícula em dado instante de seu movimento curvilíneo e variado. Nesse instante, $\vec{F}$ é a resultante de todas as forças que atuam na partícula.

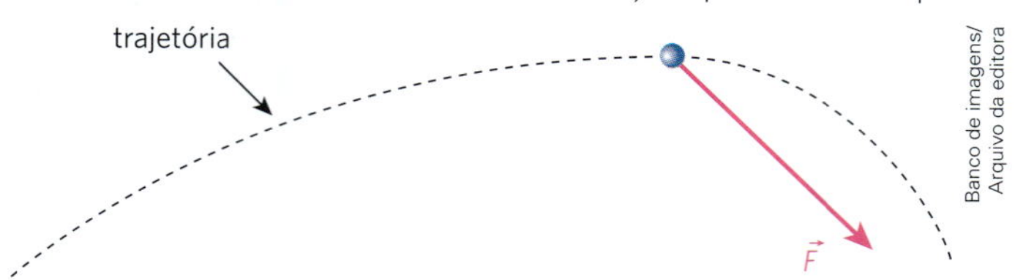

Banco de imagens/Arquivo da editora

A resultante $\vec{F}$ pode ser decomposta em duas direções perpendiculares entre si: uma tangencial, representada por *t*, e outra normal à trajetória, indicada por *n*. Essa decomposição é usualmente feita quando conveniente.

Decompondo $\vec{F}$, obtemos a configuração a seguir:

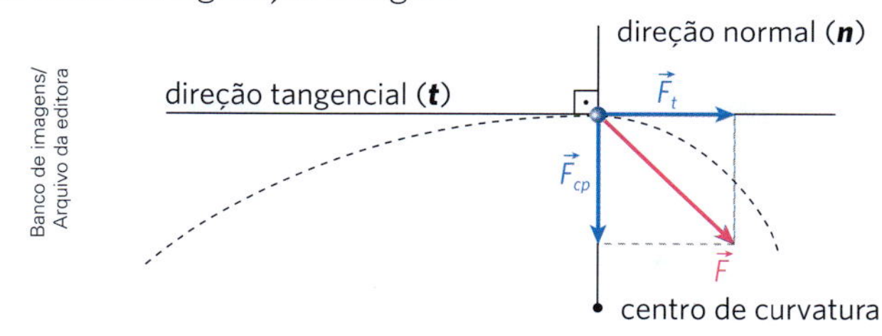


Para $\vec{F}_t$ e $\vec{F}_{cp}$ atribuímos as denominações **componente tangencial** e **componente centrípeta**, respectivamente. O termo "centrípeta" advém do fato de a componente $\vec{F}_{cp}$ estar, a cada instante, dirigida para o centro de curvatura da trajetória.

Como as componentes $\vec{F}_t$ e $\vec{F}_{cp}$ são perpendiculares entre si, podemos relacionar suas intensidades com a intensidade de $\vec{F}$, aplicando o **teorema de Pitágoras**:

$$|\vec{F}|^2 = |\vec{F}_t|^2 + |\vec{F}_{cp}|^2$$

A componente centrípeta da força resultante, por ter a direção do raio de curvatura da trajetória em cada ponto, é também denominada **radial** ou **normal**.

# A componente tangencial ($\vec{F}_t$)

## Intensidade

Na figura ao lado, seja $m$ a massa da partícula e $\vec{a}_t$ a aceleração produzida por $\vec{F}_t$:

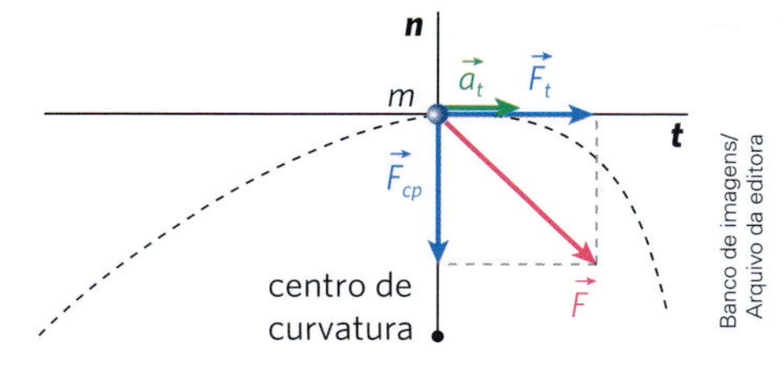


Aplicando a **2ª lei de Newton**, podemos escrever a igualdade: $\vec{F}_t = m\vec{a}_t$.

Conforme sabemos, o módulo de $\vec{a}_t$ é igual ao módulo da aceleração escalar $\alpha$: $|\vec{a}_t| = |\alpha|$.

Assim, a intensidade da componente tangencial da força resultante pode ser expressa por:

$$|\vec{F}_t| = m|\alpha|$$

## Direção e sentido de $\vec{F}_t$

A direção de $\vec{F}_t$ é sempre a da reta **tangente** à trajetória em cada instante. Por isso, é a mesma da velocidade vetorial, que também é tangente à trajetória em cada instante.

O sentido de $\vec{F}_t$, por sua vez, depende do fato de o movimento ser acelerado ou retardado. No caso de **movimento acelerado**, $\vec{F}_t$ tem o **mesmo sentido** da velocidade vetorial $\vec{v}$ (figura 1).

No caso de **movimento retardado**, $\vec{F}_t$ tem **sentido contrário** ao da velocidade vetorial $\vec{v}$ (figura 2).

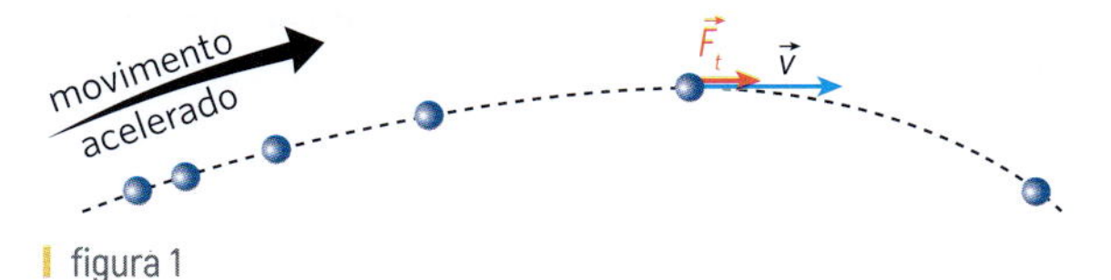


figura 1

movimento retardado
$\vec{F}_t$
$\vec{v}$
Banco de imagens/Arquivo da editora

figura 2

Admitamos, por exemplo, o pêndulo da figura ao lado, cujo fio é fixo no ponto $O$. Supondo desprezível a influência do ar, a esfera pendular, abandonada no ponto $A$, entra em movimento, passa pelo ponto $B$, no qual sua velocidade tem intensidade máxima, e vai parar no ponto $C$.

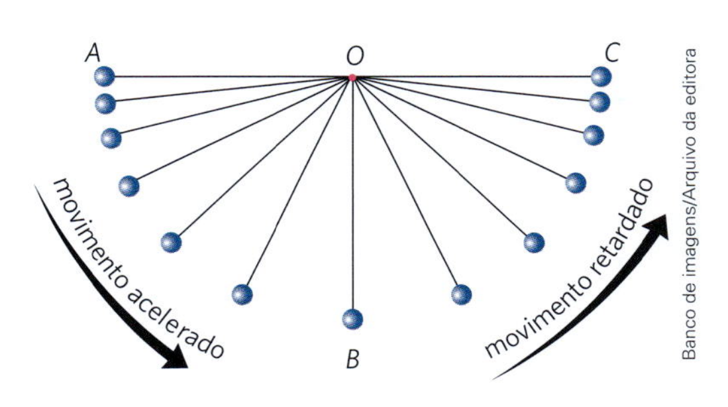


Entre os pontos $A$ e $B$, o movimento é acelerado: a componente tangencial da força resultante tem a mesma direção e o mesmo sentido da velocidade vetorial. Já entre os pontos $B$ e $C$, o movimento é retardado: a componente tangencial da força resultante tem mesma direção, porém sentido oposto ao da velocidade vetorial.

## Função

A componente tangencial da força resultante ($\vec{F}_t$) tem por função **variar a intensidade da velocidade vetorial** ($\vec{v}$) da partícula móvel. Isso se explica pelo fato de $\vec{F}_t$ e $\vec{v}$ terem mesma direção.

Nos movimentos variados (acelerados ou retardados), $\vec{v}$ varia em intensidade, e o que provoca essa variação é a componente $\vec{F}_t$, que, nesses casos, é não nula. Já nos movimentos uniformes, $\vec{v}$ não varia em intensidade, isto é, o módulo de $\vec{v}$ é constante, o que implica, em tais situações, que a componente $\vec{F}_t$ é nula.

Consideremos a figura abaixo, em que aparece um jogador de futebol chutando uma bola, à qual ele imprime uma velocidade inicial oblíqua em relação ao gramado. Desprezando os efeitos do ar, a bola fica sob a ação exclusiva do campo gravitacional, e, por isso, a força resultante que atua sobre ela ao longo de toda a trajetória parabólica é seu peso $\vec{P}$.

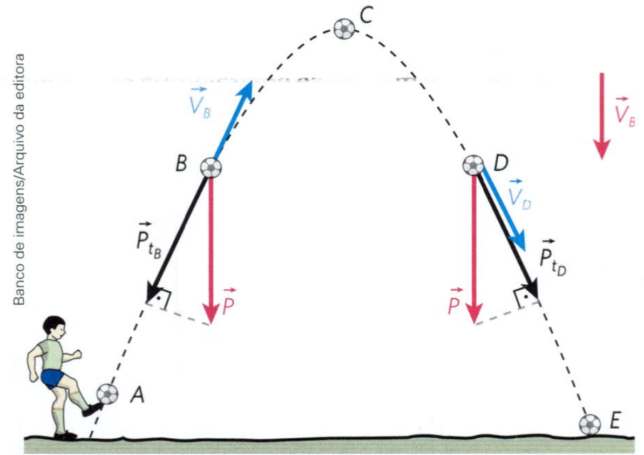


Entre $A$ e $C$ (ponto mais alto), o movimento é retardado: a intensidade da velocidade vetorial da bola decresce. A causa disso é a componente tangencial de $\vec{P}$, que, na subida da bola, tem sentido oposto ao de $\vec{v}$. Entre $C$ e $E$, o movimento é acelerado: a intensidade da velocidade vetorial da bola cresce. A causa disso é também a componente tangencial de $\vec{P}$, que, na descida da bola, tem o mesmo sentido de $\vec{v}$.

# A componente centrípeta ($\vec{F}_{cp}$)

## Intensidade

Na figura seguinte, representamos uma partícula de massa $m$, considerada em um instante em que sua velocidade vetorial é $\vec{v}$.

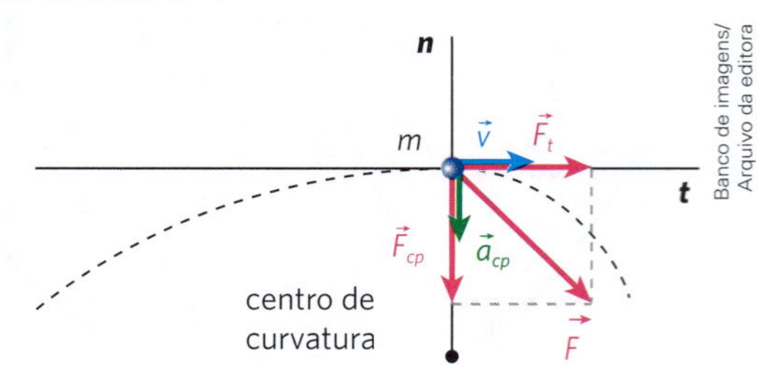


A trajetória descrita por essa partícula é uma curva que, para a posição destacada no esquema, tem raio de curvatura $R$. Seja, ainda, $\vec{a}_{cp}$ a aceleração centrípeta comunicada por $\vec{F}_{cp}$.

Aplicando a **2ª lei de Newton**, podemos escrever:

$$\vec{F}_{cp} = m\vec{a}_{cp}$$

O módulo de $\vec{a}_{cp}$ é dado pelo quociente do quadrado do módulo de $\vec{v}$ por $R$, isto é: $a_{cp} = \dfrac{v^2}{R}$.

Assim, a intensidade da componente centrípeta da força resultante fica determinada por: $|\vec{F}_{cp}| = \dfrac{mv^2}{R}$

Para $m$ e $v$ constantes, $|\vec{F}_{cp}|$ é inversamente proporcional a $R$. Isso significa que, quanto mais "fechada" for a curva (menor raio de curvatura), maior será a intensidade da força centrípeta requerida pelo móvel.

Para $m$ e $R$ constantes, $|\vec{F}_{cp}|$ é diretamente proporcional ao quadrado de $v$. Assim, para uma mesma curva (raio constante), quanto maior for a magnitude de $v$, maior será a intensidade da força centrípeta requerida pelo móvel.

Sendo $\omega$ a velocidade angular, e lembrando que $v = \omega R$, expressemos $|\vec{F}_{cp}|$ em função de $m$, $\omega$ e $R$:

$$|\vec{F}_{cp}| = \frac{mv^2}{R} = \frac{m(\omega R)^2}{R} = \frac{m\omega^2 R^2}{R}$$

Portanto: $|\vec{F}_{cp}| = m\omega^2 R$

## Direção e sentido de $\vec{F}_{cp}$

Conforme definimos, a componente centrípeta $\vec{F}_{cp}$ tem, a cada instante, direção normal à trajetória e sentido para o centro de curvatura.

Note que $\vec{F}_{cp}$ é perpendicular à velocidade vetorial em cada ponto da trajetória. A figura abaixo ilustra a orientação de $\vec{F}_{cp}$.

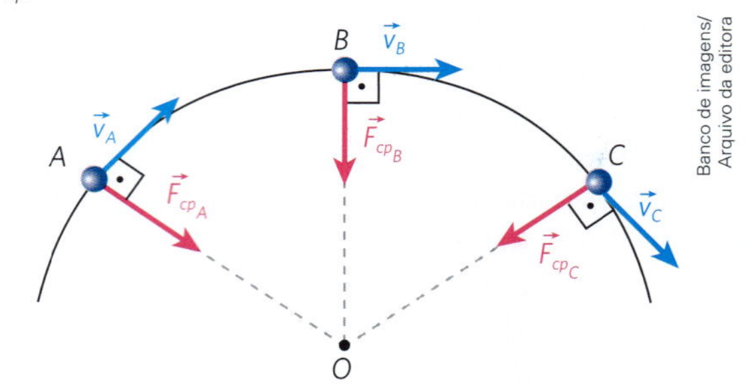

## Função

A componente centrípeta ($\vec{F}_{cp}$) da força resultante tem por **função variar a direção da velocidade vetorial** ($\vec{v}$) da partícula móvel. Isso se explica pelo fato de $\vec{F}_{cp}$ e $\vec{v}$ serem perpendiculares entre si. Nos movimentos curvilíneos, $\vec{v}$ varia quanto à direção ao longo da trajetória, e o que provoca essa variação é a componente $\vec{F}_{cp}$, que, nesses casos, é não nula. Já nos movimentos retilíneos, $\vec{v}$ não varia quanto à direção: nessas situações, a componente $\vec{F}_{cp}$ é nula.

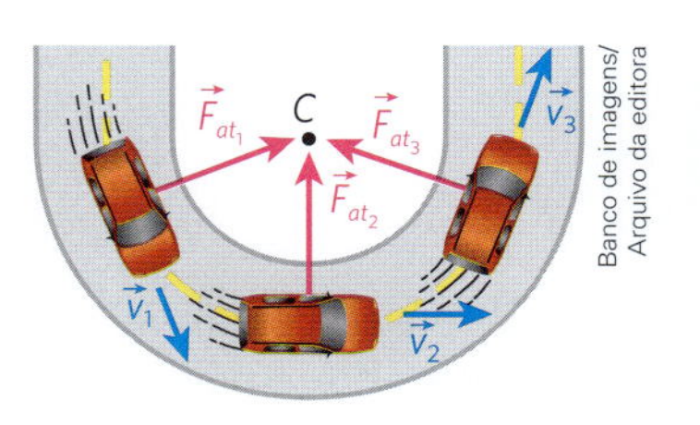


Banco de imagens/Arquivo da editora

Observe esse exemplo: a figura ao lado representa a vista aérea de uma pista plana e horizontal, em que existe uma curva circular.

Um carro, ao percorrer o trecho curvo em movimento uniforme, tem sua velocidade vetorial variando quanto à direção de ponto para ponto. Desprezando a influência do ar, tem-se que a força responsável por esse fato é a força de atrito, que o carro recebe do asfalto por intermédio de seus pneus. A força de atrito ($\vec{F}_{at}$), dirigida em cada instante para o centro da trajetória, é a resultante centrípeta que mantém o carro em movimento circular e uniforme.

$$\vec{F}_{at} = \vec{F}_{cp}$$

O que ocorreria se, a partir de certo ponto da curva, a pista deixasse de oferecer atrito? Sem a força de atrito (resultante centrípeta), o carro "escaparia pela tangente" à trajetória, já que um corpo, por si só, é incapaz de variar sua velocidade vetorial (**princípio da inércia**).

Queremos, com isso, enfatizar que, **sem força centrípeta, corpo nenhum pode manter-se em trajetória curvilínea**.

## As componentes tangencial e centrípeta nos principais movimentos

Comentaremos a seguir a presença ou não das componentes tangencial e centrípeta da força resultante em diferentes tipos de movimento.

| Movimento retilíneo e uniforme | Movimento retilíneo e variado |
|---|---|
| Considere um avião voando em linha reta com velocidade escalar constante em relação ao solo.<br>Pelo fato de o movimento ser uniforme, temos:<br>$\lvert\vec{v}\rvert = \text{constante} \neq 0 \Rightarrow \vec{F}_t = \vec{0}$<br>Pelo fato de o movimento ser retilíneo, temos:<br>$\vec{v}$ tem direção constante $\Rightarrow \vec{F}_{cp} = \vec{0}$<br>A resultante total é nula. | Considere um pequeno pedaço de giz em queda livre até o solo.<br>Pelo fato de o movimento ser acelerado, temos:<br>$\lvert\vec{v}\rvert$ é variável $\Rightarrow \vec{F}_t \neq \vec{0}$<br>Pelo fato de o movimento ser retilíneo, temos:<br>$\vec{v}$ tem direção constante $\Rightarrow \vec{F}_{cp} = \vec{0}$<br>A resultante total é tangencial. |

| Movimento circular e uniforme | Movimento curvilíneo e variado |
|---|---|
| Considere uma bicicleta percorrendo uma pista circular com velocidade escalar constante.<br>Pelo fato de o movimento ser uniforme, temos:<br>$\lvert\vec{v}\rvert = \text{constante} \neq 0 \Rightarrow \vec{F}_t = \vec{0}$<br>Pelo fato de o movimento ser circular, temos:<br>$\vec{v}$ tem direção variável $\Rightarrow \vec{F}_{cp} \neq \vec{0}$<br>A resultante total é centrípeta. | Considere uma bola de basquete depois de ser arremessada à cesta.<br>Pelo fato de o movimento ser variado, temos:<br>$\lvert\vec{v}\rvert$ é variável $\Rightarrow \vec{F}_t \neq \vec{0}$<br>Pelo fato de o movimento ser curvilíneo, temos:<br>$\vec{v}$ tem direção variável $\Rightarrow \vec{F}_{cp} \neq \vec{0}$<br>A resultante total admite duas componentes: a tangencial e a centrípeta. |

## Força centrífuga

Consideremos um conjunto moto-piloto descrevendo uma curva circular em movimento uniforme. Nesse caso, em relação a um referencial ligado ao solo (referencial inercial), a resultante das forças no corpo do piloto é radial e dirigida para o centro da curva, sendo denominada **centrípeta** ($\vec{F}_{cp}$).

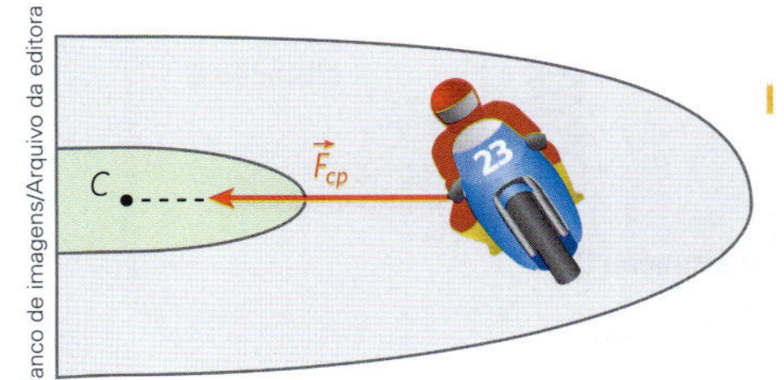


Banco de imagens/Arquivo da editora

Em relação a um referencial no solo, a resultante das forças no corpo do piloto é **centrípeta**.

Considerando $m$ a massa do piloto, $v$ a intensidade da velocidade e $R$ o raio de curvatura da trajetória, temos:

$$\left|\vec{F}_{cp}\right| = \frac{mv^2}{R}$$

Em relação a um referencial ligado à moto (referencial acelerado), entretanto, o piloto está em repouso e, por isso, a resultante das forças que agem em seu corpo deve ser nula. Isso significa que, em relação a esse referencial, deve ser considerada uma força que equilibra a resultante centrípeta. A equilibrante da força centrípeta é, portanto, uma força também radial, porém dirigida para fora da trajetória, sendo denominada **centrífuga** ($\vec{F}_{cf}$).

Destaquemos que a intensidade da força centrífuga é igual à da força centrípeta:

$$\left|\vec{F}_{cf}\right| = \left|\vec{F}_{cp}\right| \Rightarrow \left|\vec{F}_{cf}\right| = \frac{mv^2}{R}$$

A força centrífuga é uma **força de inércia** que é introduzida para justificar o equilíbrio de um corpo em relação a um referencial acelerado quando esse corpo descreve trajetórias curvilíneas em relação a um referencial inercial. Trata-se de uma força fictícia, já que não é consequência de nenhuma interação: é um artifício criado para que as duas primeiras leis de Newton possam ser usadas em referenciais em que elas não valem.

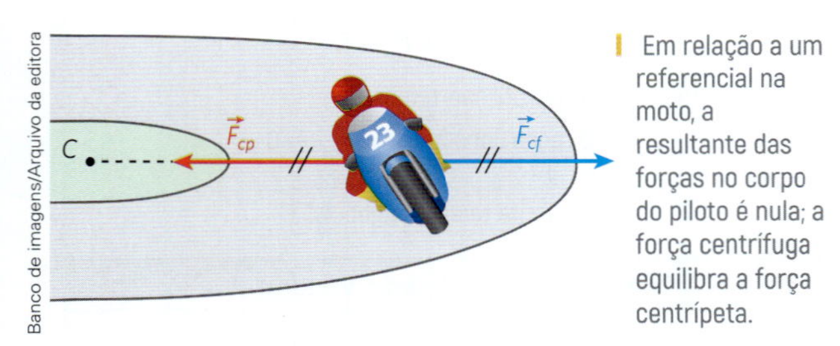


Banco de imagens/Arquivo da editora

Em relação a um referencial na moto, a resultante das forças no corpo do piloto é nula; a força centrífuga equilibra a força centrípeta.

## Deformações em sistemas elásticos

### Lei de Hooke

Consideremos a figura a seguir, em que uma mola de massa desprezível tem uma de suas extremidades fixa.

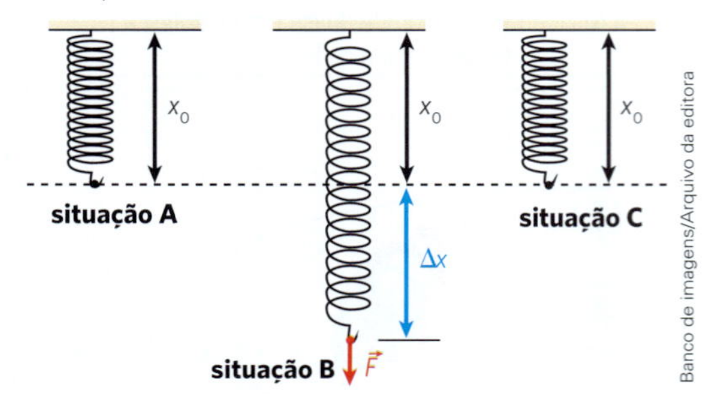


Banco de imagens/Arquivo da editora

O comprimento da mola na situação *A* é seu comprimento natural ($x_0$). Portanto, a mola não está deformada.

Na situação *B*, uma força $\vec{F}$ foi aplicada à extremidade livre da mola, provocando nela uma deformação (alongamento) $\Delta x$.

Na situação *C*, $\vec{F}$ foi suprimida e a mola recobrou seu comprimento natural ($x_0$). Pelo fato de a mola ter recobrado seu comprimento natural ($x_0$) depois de cessada a ação da força, dizemos que ela experimentou uma **deformação elástica**.

Em seus estudos sobre deformações elásticas, Robert Hooke chegou à seguinte conclusão, que ficou conhecida por **lei de Hooke**:

> Em regime elástico, a deformação sofrida por uma mola é **diretamente proporcional** à intensidade da força que a provoca.

Esta é a expressão matemática da lei de Hooke:

$$F = K\,\Delta x$$

em que $F$ é a intensidade da força deformadora;
$K$ é a constante de proporcionalidade;
$\Delta x$ é a deformação (alongamento ou encurtamento sofrido pela mola).

A constante de proporcionalidade $K$ é uma qualidade da mola considerada que depende do material de que é feita essa mola e das dimensões que ela possui. A constante $K$ é comumente chamada de **constante elástica** e tem por unidade, no SI, o N/m.

Admitindo-se que a mola esteja em regime de deformação elástica, o gráfico da intensidade da força $\vec{F}$ em função da deformação é representado a seguir.

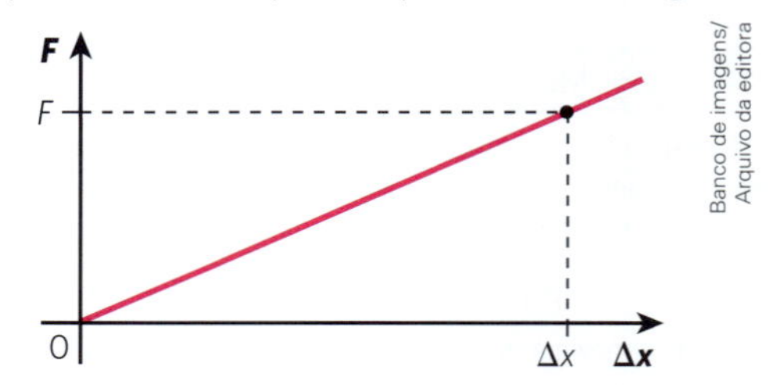


Banco de imagens/Arquivo da editora

Esse comportamento linear dura até o limite de elasticidade da mola. A partir daí, o formato do gráfico se modifica.

Embora na apresentação da **lei de Hooke** tenhamos nos baseado na deformação de uma mola, a conclusão a que chegamos estende-se a quaisquer sistemas elásticos de comportamento similar. Como exemplo, podemos destacar uma tira de borracha ou um elástico que, ao serem tracionados, também podem obedecer a essa lei.

## O dinamômetro

O **dinamômetro** (ou "balança de mola") é um dispositivo destinado a indicar intensidade de forças.

Dimedrol68/Thinkstock/ Getty Images

O funcionamento desse aparelho baseia-se nas deformações elásticas sofridas por uma mola que tem ligado a si um cursor. À medida que a mola é deformada, o cursor corre ao longo de uma escala impressa no aparato de suporte.

A calibração da escala, que pode ser graduada em newtons ou em qualquer outra unidade de força, é feita utilizando-se corpos-padrão de pesos conhecidos.

A força resultante no dinamômetro, suposto de massa desprezível - dinamômetro ideal -, é nula. Isso significa que suas extremidades são puxadas por forças opostas, isto é, de mesma intensidade e direção, mas de sentidos contrários.

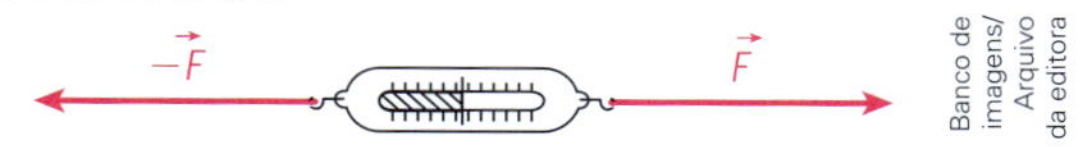


Banco de imagens/ Arquivo da editora

Uma importante característica funcional de um dinamômetro é o fato de ele indicar a intensidade da força aplicada **em uma de suas extremidades**. No caso da figura anterior, o dinamômetro indica a intensidade de $\vec{F}$ (ou de $-\vec{F}$) e não o dobro desse valor, como poderia ser imaginado.

No caso de ambas as extremidades estarem interligadas a um fio tracionado, o dinamômetro indica a intensidade da força de tração estabelecida no fio.

Veja o exemplo a seguir, em que dois rapazes tracionam uma corda que tem intercalado em si um dinamômetro ideal:

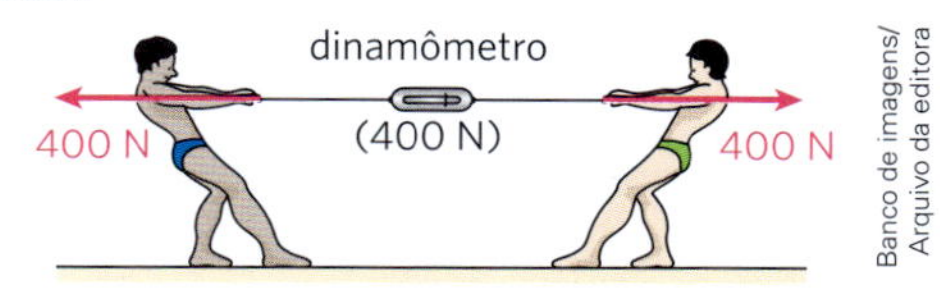


Banco de imagens/ Arquivo da editora

Como ambos puxam as extremidades da corda em sentidos opostos com 400 N, o dinamômetro registra 400 N, que é o valor da tração estabelecida no fio.

## Atividade prática

### Obtendo a constante elástica de uma mola

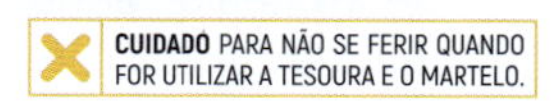

CUIDADO PARA NÃO SE FERIR QUANDO FOR UTILIZAR A TESOURA E O MARTELO.


O experimento que vamos propor a seguir é uma forma de se determinar a constante elástica $K$ de uma mola que, operando em regime elástico, obedeça à **lei de Hooke**.

#### Material necessário

- 1 balança de precisão, de preferência eletrônica (digital);
- 1 mola leve e elástica com aproximadamente 20 cm de comprimento natural;
- 1 garrafa PET de 2 L com a respectiva tampa;
- 1 panela ou vasilha com capacidade aproximada de 1,5 L;
- 1 régua, trena ou fita métrica;
- pedaços de barbante para amarração;
- fita adesiva;
- tesoura;
- prego e martelo.

#### Procedimento

I. Fixe a mola em um suporte por uma de suas extremidades de modo que seu eixo longitudinal permaneça na vertical.

ELEMENTOS FORA DE ESCALA

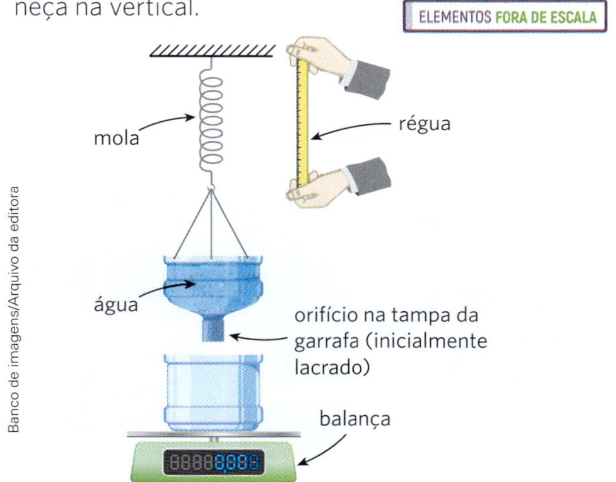


Banco de imagens/Arquivo da editora

II. Corte a garrafa PET ao meio, transversalmente, cuidando atentamente para não se machucar. Com auxílio do prego e do martelo, faça três ou mais furos na parte da garrafa dotada do gargalo para fixá-la na extremidade livre da mola. Utilize os barbantes para fazer a amarração com a mola, de modo que o gargalo, fechado com a tampa, fique voltado para baixo. Faça também um pequeno furo no centro da tampa da garrafa por onde possa escoar água em vazão praticamente constante. Lacre inicialmente esse furo com a fita adesiva.

III. Coloque a outra metade da garrafa PET sobre a balança, já devidamente ligada, de modo que o centro de sua base fique alinhado com o eixo da mola.

- **Elaborando hipóteses, previsões e estimativas**: No próximo passo vamos despejar líquido na parte da garrafa presa à mola. O que você acha que vai acontecer?

IV. Encha a panela com água e despeje gradualmente o líquido na parte da garrafa presa à mola até quase o seu preenchimento total. Meça com a régua, nessas condições, o comprimento $L_i$ atingido pela mola e anote esse valor. Anote também o valor $M_i$ indicado pela balança nesse momento para a pequena massa do recipiente vazio.

- **Elaborando hipóteses, previsões e estimativas**: A previsão que você fez se realizou? Ela se realizaria se mudássemos a quantidade de água despejada ou se trocássemos a mola?

No próximo passo, vamos escoar a água da garrafa. O que você acha que vai acontecer com a mola? Por quê?

V. Montado o aparato, retire o lacre de fita adesiva da tampa da garrafa e observe a água escoar lentamente, em vazão praticamente constante, para a parte da garrafa PET apoiada no prato da balança. Observe atentamente a evolução das indicações do aparelho e o encurtamento da mola.

VI. Depois de escoada toda a água do recipiente de cima para o de baixo, meça com a régua o comprimento final $L_f$ adquirido pela mola e verifique também a massa $M_f$ indicada na balança. Anote esses dois valores.

- **Elaborando hipóteses, previsões e estimativas**: Estime qual seria a variação do comprimento da mola caso tivéssemos usado apenas metade do volume de água.

## Analisando o experimento

A constante elástica da mola, $K$, fica determinada observando-se que a redução na intensidade da força elástica sofrida pela mola ($\Delta F$) é igual ao acréscimo de peso verificado na balança ($\Delta P$); isto é:

$$\Delta F = \Delta P \Rightarrow K\Delta L = \Delta Mg$$

Assim, temos o seguinte:

$$K(L_i - L_f) = (M_f - M_i)g \Rightarrow K = \frac{(M_f - M_i)}{L_i - L_f}g$$

Determinados experimentalmente os valores numéricos de $M_f$ e $M_i$, em quilogramas, de $L_i$ e $L_f$, em metros, e considerando $g \simeq 10$ m/s$^2$, podemos calcular a constante elástica da mola, em N/m.

Realize o mesmo experimento mais de uma vez e compare os resultados obtidos. Em seguida, faça o que se pede.

1. Após realizar o experimento algumas vezes, você deve ter percebido que os resultados obtidos não são rigorosamente iguais. Considerando a precisão e a incerteza associadas às limitações dos instrumentos de medida utilizados, dê a sua opinião sobre a causa dos resultados diferirem.

2. Qual é a sua previsão para os resultados desse experimento se o repetíssemos milhares de vezes? É possível definir um resultado absolutamente correto? Se sim, de que forma?

3. Utilize um cronômetro para medir o intervalo de tempo gasto pela água para escoar do recipiente de cima para o de baixo (pode ser o cronômetro talvez existente em seu telefone celular) e esboce graficamente:

a) a variação do comprimento apresentado pela mola em função do tempo;

b) a variação da massa, indicada na balança em função do tempo.

4. Molas "duras", como as utilizadas em suspensões de veículos, têm constante elástica grande ou pequena? E molas "moles", como as utilizadas em alguns modelos de canetas esferográficas, têm constante elástica grande ou pequena?

5. Imagine que você disponha de duas molas de constantes elásticas respectivamente iguais a $K_1$ e $K_2$. Se essas molas forem associadas sequencialmente em série, como na figura 1, de que forma será calculada a constante elástica equivalente à associação? E se elas forem associadas em paralelo, como na figura 2, de que maneira será feito esse cálculo? Converse com um colega para resolver esta questão. Se necessário, peça orientação ao professor.

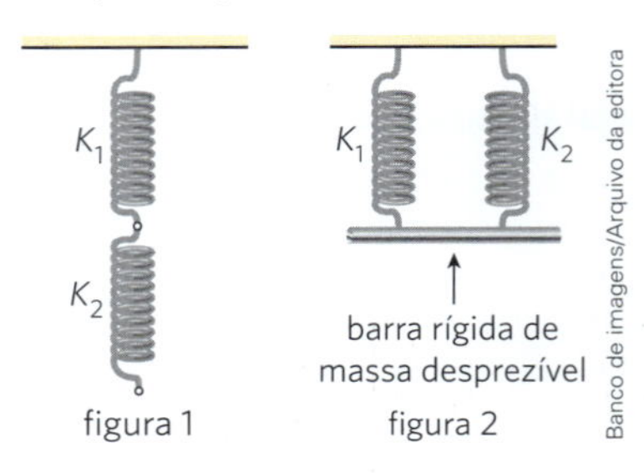

Banco de imagens/Arquivo da editora

6. Observe o selim de uma bicicleta apoiado sobre duas molas verticais idênticas de constantes elásticas iguais a $K$.

Se você apoiasse esse selim em apenas uma mola central que apresentasse desempenho igual ao das duas molas citadas operando conjuntamente, qual seria a constante elástica dessa mola?

Remi Benali/Gamma-Rapho/Getty Images

## O princípio da ação e reação (3ª lei de Newton)

Analisemos a situação a seguir, em que um homem empurra horizontalmente para a direita um pesado bloco.

Banco de imagens/Arquivo da editora

Ao empurrar o bloco, o homem aplica sobre ele uma força $\vec{F}_{HB}$, que convencionaremos chamar de **força de ação**.

Será que o bloco também "empurra" o homem? Sim! Fatos experimentais mostram que, se o homem exerce força no bloco, este faz o mesmo em relação ao homem. O bloco aplica no homem uma força $\vec{F}_{BH}$, dirigida para a esquerda, que convencionaremos chamar de **força de reação**.

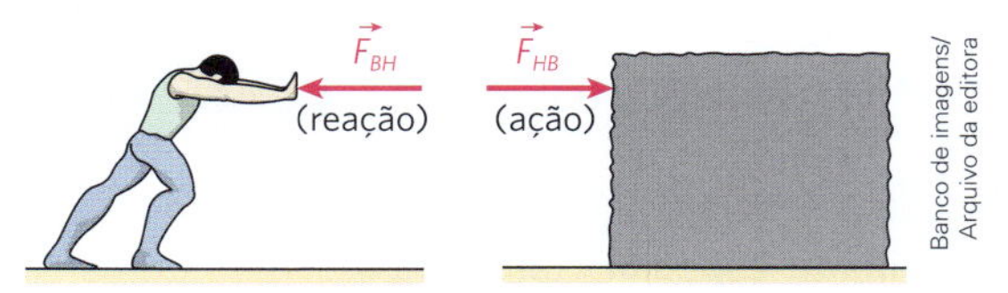

Banco de imagens/Arquivo da editora

O homem e o bloco trocam entre si forças de ação e reação.

Pode-se verificar que $\vec{F}_{HB}$ e $\vec{F}_{BH}$ têm mesma intensidade, mesma direção e sentidos opostos.

Outro detalhe importante é o fato de as forças de ação e reação estarem aplicadas em **corpos diferentes**. No caso da situação descrita, a ação ($\vec{F}_{HB}$) está aplicada no bloco, enquanto a reação ($\vec{F}_{BH}$) está aplicada no homem.

O **princípio da ação e reação** pode ser enunciado da seguinte maneira:

> A toda força de ação corresponde uma de reação, de modo que essas forças têm sempre mesma intensidade, mesma direção e sentidos opostos, estando aplicadas em corpos diferentes.

É importante destacar que as forças de ação e reação, por estarem aplicadas em corpos diferentes, nunca se equilibram mutuamente, isto é, nunca se anulam.

Em nossa vida prática, várias são as situações relacionadas com o **princípio da ação e reação**. Vejamos algumas delas.

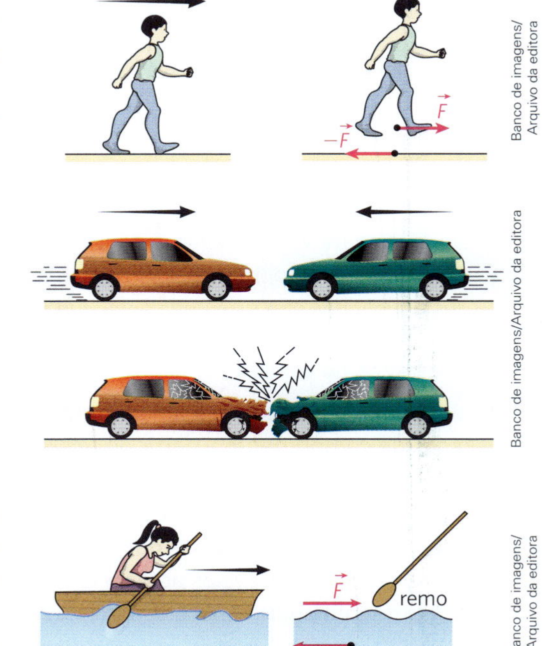

Banco de imagens/Arquivo da editora

**Exemplo 1**: Ao caminhar, uma pessoa age no chão, empurrando-o "para trás". Este, por sua vez, reage na pessoa, empurrando-a "para a frente".

Observemos, nesse caso, que a ação está aplicada no solo, enquanto a reação está aplicada na pessoa.

**Exemplo 2**: Na colisão entre dois automóveis, ambos se deformam. Isso prova que, se um deles age, o outro reage em sentido contrário. Os automóveis trocam forças de ação e reação que têm mesma intensidade, mesma direção e sentidos opostos.

Embora os carros troquem forças de intensidades iguais, ficará menos deformado aquele que receber a pancada em uma região de estrutura mais resistente.

**Exemplo 3**: Ao remar em um barco, uma pessoa põe em prática a **lei da ação e reação**. O remo age na água, empurrando-a com uma força $-\vec{F}$. Esta, por sua vez, reage no remo, empurrando-o em sentido oposto com uma força $\vec{F}$.

É importante notar que a ação $-\vec{F}$ está aplicada na água, enquanto a reação $\vec{F}$ está aplicada no remo. Ação e reação aplicam-se em **corpos diferentes**.

## Ampliando o olhar

# Relatividade especial

Albert **Einstein** (1879-1955) foi o responsável por uma revisão profunda dos conceitos de espaço e tempo. Para Einstein, a velocidade da luz no vácuo $c$ ($c \cong 3{,}0 \cdot 10^8$ m/s), em relação a qualquer sistema inercial, independe do movimento desse sistema.

Portanto, não existe nenhum fenômeno físico que possa dar informação sobre o tipo de movimento de um sistema de referência, isto é, não existe um sistema inercial privilegiado. Somente é possível observar na natureza os movimentos relativos de um sistema em relação a outros.

Essa conclusão levou Einstein a enunciar seu primeiro postulado da **teoria da relatividade especial** (também conhecida como teoria da relatividade restrita, por ter validade restrita a observadores inerciais).

Ulli Steltzer/Emilio Segre Visual Archives/American Institute of Physics/SPL/Fotoarena

Albert Einstein, físico teórico alemão, responsável pela elaboração das teorias da relatividade restrita e da relatividade geral. Além disso, suas contribuições foram fundamentais para a explicação do efeito fotoelétrico e do movimento browniano.

### 1º postulado da teoria da relatividade especial - princípio da equivalência

> Todas as leis da Física, e não somente as da Mecânica, são invariáveis em relação às transformações entre sistemas de referência inerciais.

Isso significa que as leis da Física têm a mesma expressão qualquer que seja o sistema de referência inercial em que se observa o fenômeno.

### 2º postulado da teoria da relatividade especial - princípio da constância da velocidade da luz

O segundo postulado está implícito nas razões que levaram ao primeiro:

> A velocidade da luz no vácuo tem o mesmo valor em todos os sistemas de referência inerciais.

Isso implica que o valor $c$ da velocidade da luz no vácuo independe do movimento do observador ou da fonte.

### Dilatação do tempo

Uma das consequências da constância da velocidade da luz é que o tempo não é absoluto e depende do sistema de referência. Pode-se mostrar matematicamente que o intervalo de tempo medido para um referencial que se move é maior que o intervalo de tempo medido para um outro referencial em repouso em relação ao local do evento medido. Essa diferença entre os tempos medidos se torna significativa quando as velocidades envolvidas são próximas à velocidade da luz.

### Contração do espaço

Não é apenas o intervalo de tempo entre dois eventos que é relativo, dependendo do referencial. As medidas de comprimento a partir de referenciais que se movem com velocidades distintas também apresentam diferenças.

A invariância na velocidade da luz nos leva ao fato de que o comprimento de um objeto $L$, medido em relação a um referencial ao qual está em movimento, é menor do que o comprimento $L_0$ do objeto medido em relação ao referencial ao qual está em repouso ($L < L_0$). Esse fenômeno é conhecido como contração do comprimento ou do espaço. É comum denominarmos o comprimento $L_0$, medido em relação ao referencial ao qual o objeto está em repouso, de **comprimento próprio**. Vale ressaltar que os efeitos relativísticos de contração do comprimento só se verificam na direção do movimento.

## Utilizando polias

Polias ou roldanas fazem parte das máquinas simples da Mecânica, sendo empregadas em inúmeros sistemas desde tempos ancestrais. Esses dispositivos já estavam presentes em geniais projetos do grego Arquimedes (287 a.C.-212 a.C.) e do italiano Leonardo da Vinci (1452-1519).

Em todas as situações abordadas a seguir, vamos considerar desprezíveis as massas das polias, conectores e cordas. Desprezaremos também todos os atritos e admitiremos as cordas flexíveis e inextensíveis.

Em sua utilização mais simples, uma polia fixa serve para elevar com comodidade uma carga. Nesse caso, se o movimento for uniforme, a força exercida pelo operador, $\vec{F}$, terá intensidade igual à da força de tração, $\vec{T}$, estabelecida na corda que, por sua vez, tem módulo igual ao do peso, $\vec{P}$, da carga.

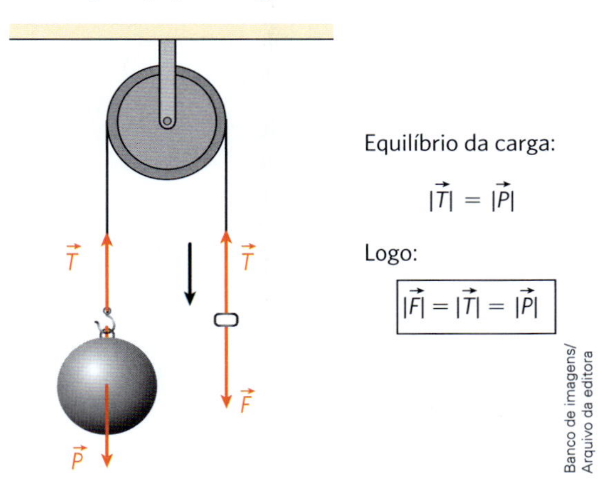


Equilíbrio da carga:

$$|\vec{T}| = |\vec{P}|$$

Logo:

$$\boxed{|\vec{F}| = |\vec{T}| = |\vec{P}|}$$

Se houver uma polia móvel, as coisas ficarão mais fáceis, já que a força $\vec{F}$ aplicada pelo operador ao erguer a carga em movimento uniforme terá a metade do módulo do peso $\vec{P}$ dessa carga. Isso porque o equilíbrio da polia móvel exige que a intensidade da força de tração na corda que a enlaça, que é a mesma corda que é manipulada pelo operador, seja a metade do módulo de $\vec{P}$.

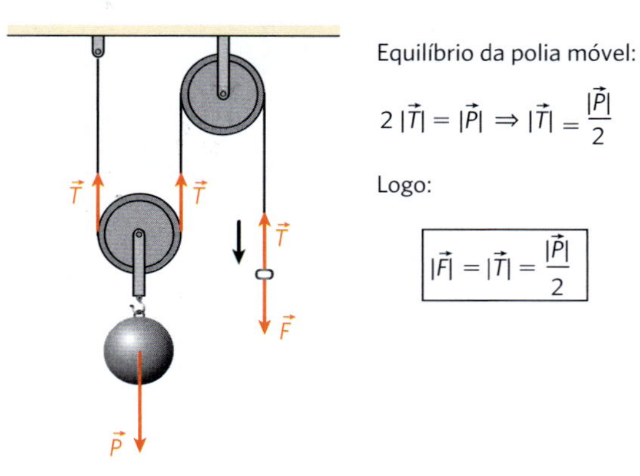


Equilíbrio da polia móvel:

$$2\,|\vec{T}| = |\vec{P}| \Rightarrow |\vec{T}| = \frac{|\vec{P}|}{2}$$

Logo:

$$\boxed{|\vec{F}| = |\vec{T}| = \frac{|\vec{P}|}{2}}$$

Determine você, agora, a relação entre a intensidade da força $\vec{F}$ aplicada pelo operador no sistema abaixo para erguer a carga de peso $\vec{P}$ em movimento uniforme e em condições ideais. Essa associação de polias é denominada **talha exponencial**.

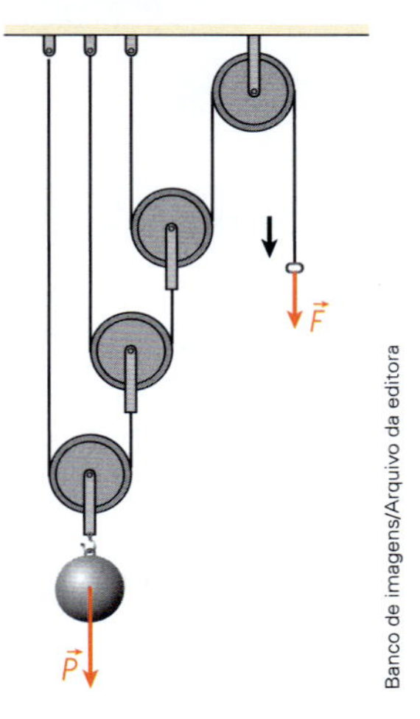


Verifique no exemplo acima que $|\vec{F}| = \frac{|\vec{P}|}{8}$.

Genericamente, sendo $n$ o número de polias móveis em uma talha exponencial:

$$|\vec{F}| = \frac{|\vec{P}|}{2^n}$$

### Descubra mais

**1** Qual é a melhor maneira de deslocar um copo de água completamente cheio sem que nenhuma gota seja derramada? Fundamente sua resposta em princípios físicos.

**2** Suponha que, ao perceber a iminente colisão frontal entre seu barco e uma rocha, um homem desligue imediatamente o motor de popa e puxe vigorosamente uma corda amarrada na proa da embarcação em sentido oposto ao do movimento, que ocorre com alta velocidade. O homem consegue frear o barco dessa maneira? Justifique sua resposta.

**3** Você lança uma pedra para cima e ela sobe e desce por um mesmo segmento de reta vertical, retornando, ao final, à sua mão. Levando-se em conta a resistência do ar, que intervalo de tempo é maior: o de subida ou o de descida?

## Exercícios

**20** A Hidrovia Paraná-Tietê, com uma extensão próxima de 2 400 km, interliga a região Centro-Oeste ao porto de Santos. Por essa extraordinária estrada aquática são escoados alguns milhões de toneladas de grãos com destino a diversos portos mundo afora. Rebocadores equipados com potentes motores empurram balsas sem propulsão abarrotadas com produtos do agronegócio brasileiro.

Thomaz Vita Neto/Pulsar Imagens

Admita que na imagem acima as três balsas sejam idênticas. Essas embarcações estão sendo empurradas pelo rebocador com uma simplesmente encostada à outra. O comboio se desloca com velocidade constante $v = 4{,}0$ m/s ao longo de um trecho retilíneo do rio Paraná, com extensão de 3,0 km. Seja $F$ a intensidade da força aplicada pelo rebocador à primeira balsa e $f$ a intensidade da força de atrito verificada em cada balsa. Desprezando-se os efeitos da correnteza, bem como os do ar, e sendo $\frac{f}{2}$ a intensidade da força de atrito no rebocador, determine:

**a)** o intervalo de tempo, $T$, que o comboio gasta para percorrer o referido trecho do rio;

**b)** em função de $F$, a intensidade, $C$, da força de contato entre a balsa do meio e a balsa posicionada à frente do comboio;

**c)** em função de $F$, a intensidade, $P$, da força propulsora que os motores do rebocador disponibilizam ao sistema.

**21** (Cesgranrio-RJ) Um pedaço de giz é lançado horizontalmente de uma altura $H$. Desprezando-se a influência do ar, a figura que melhor representa a(s) força(s) que age(m) sobre o giz é:

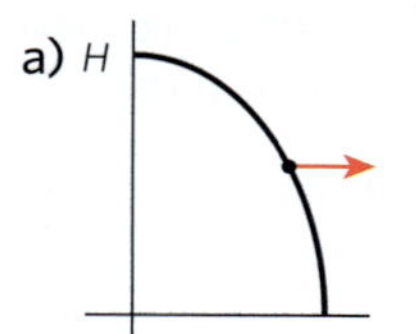


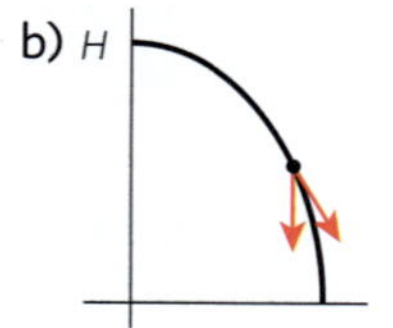


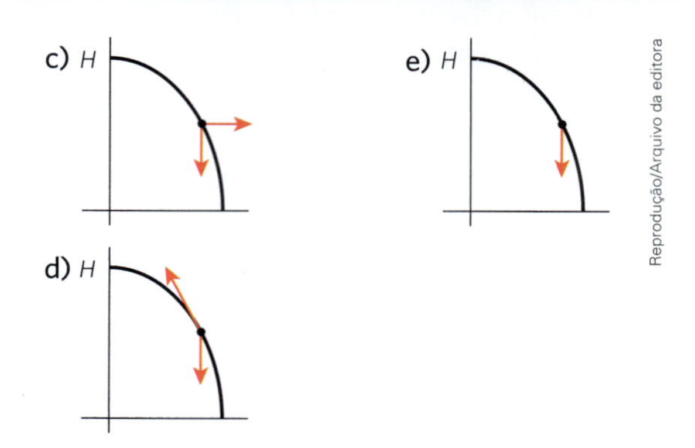


**22** Na Terra, um astronauta de massa $M$ tem peso $P$. Supondo que na Lua a aceleração da gravidade seja $\frac{1}{6}$ da verificada na Terra, obtenha:

**a)** a massa do astronauta na Lua;

**b)** o peso do astronauta na Lua.

**Resolução:**

**a)** A massa de um corpo independe do local, sendo a mesma em qualquer ponto do Universo. Assim, na Lua, a massa do astronauta também será igual a $M$.

**b)** O peso $P$ do astronauta na Terra é dado por:

$$P = Mg$$

O peso ($P'$) do astronauta na Lua será dado por:

$$P' = Mg'$$

Sendo $g' = \frac{1}{6}g$, segue que:

$$P' = M\frac{1}{6}g = \frac{1}{6}Mg$$

$$\boxed{P' = \frac{1}{6}P}$$

**23** (UFMG) Na Terra, um fio de cobre é capaz de suportar, em uma de suas extremidades, massas suspensas de até 60 kg sem se romper. Considere a aceleração da gravidade, na Terra, igual a 10 m/s$^2$ e, na Lua, igual a 1,5 m/s$^2$.

**a)** Qual a intensidade da força máxima que o fio poderia suportar na Lua?

**b)** Qual a maior massa de um corpo suspenso por esse fio, na Lua, sem que ele se rompa?

**24** Um bloco de massa 2,0 kg é acelerado verticalmente para cima com 4,0 m/s$^2$, numa região em que a influência do ar é desprezível. Sabendo que, no local, a aceleração da gravidade tem módulo 10 m/s$^2$, calcule:

a) a intensidade do peso do bloco;

b) a intensidade da força vertical ascendente que age sobre ele.

**Resolução:**

a) O peso do bloco é calculado por: $P = mg$. Com $m = 2{,}0$ kg e $g = 10$ m/s², vem:

$$P = 2{,}0 \cdot 10 \therefore P = 20 \text{ N}$$

b) O esquema abaixo mostra as forças que agem no bloco:

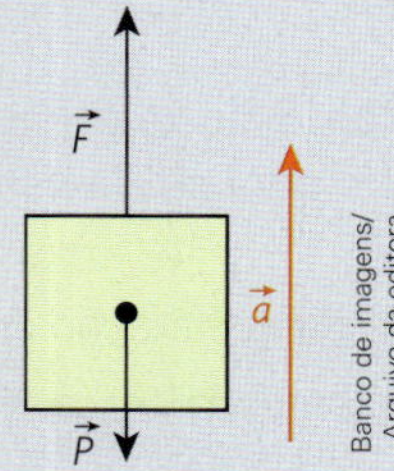


Aplicando ao bloco o **princípio fundamental da Dinâmica**, calculemos a intensidade de $\vec{F}$:

$F - P = ma \Rightarrow F - 20 = 2{,}0 \cdot 4{,}0$

$$F = 28 \text{ N}$$

**25** No esquema abaixo, os blocos $A$ e $B$ têm massas $m_A = 2{,}0$ kg e $m_B = 3{,}0$ kg. Desprezam-se o peso do fio e a influência do ar. Sendo $|\vec{F}| = 80$ N e adotando $|\vec{g}| = 10$ m/s², determine:

a) o módulo da aceleração do sistema;

b) a intensidade da força que traciona o fio.

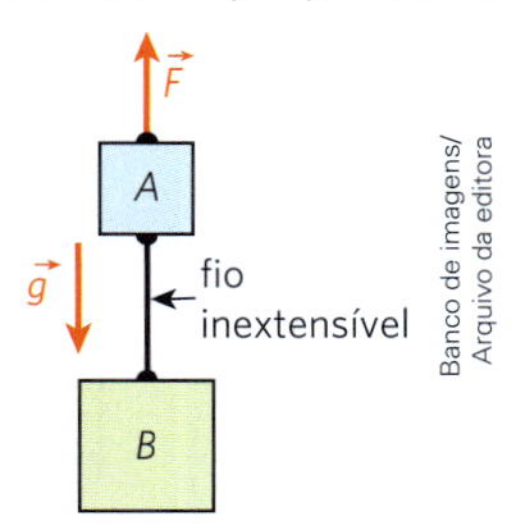


**26** Na situação esquematizada na figura abaixo, os blocos $A$ e $B$ encontram-se em equilíbrio, presos a fios ideais iguais, que suportam uma tração máxima de 90 N.

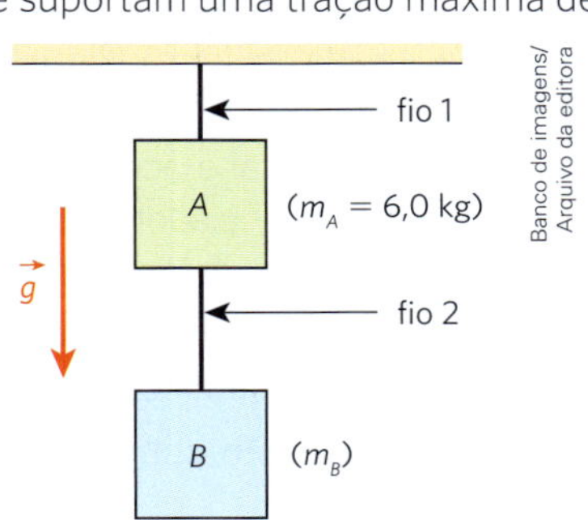


Sabendo que $|\vec{g}| = 10$ m/s², determine:

a) a maior massa $m_B$ admissível ao bloco $B$, de modo que nenhum dos fios arrebente;

b) a intensidade da força de tração no fio 2, supondo que o fio 1 se rompeu e que os blocos estão em queda livre na vertical.

**27** O gráfico abaixo mostra como varia a intensidade da força de tração aplicada em uma mola em função da deformação estabelecida:

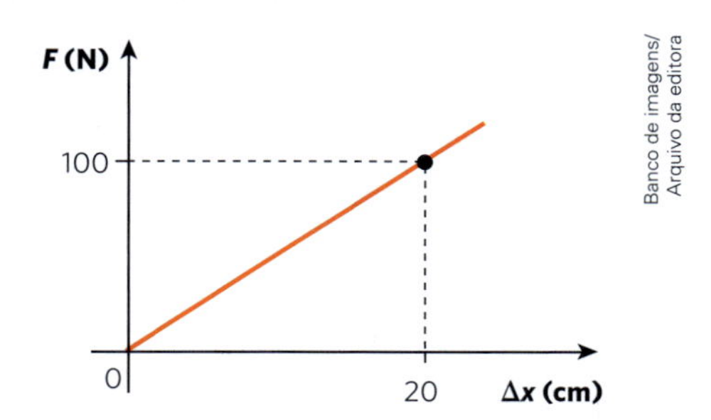


Determine:

a) a constante elástica da mola (em N/m);

b) a intensidade da força de tração para a deformação de 5,0 cm.

**28** (UFRGS-RS) Um dinamômetro fornece uma leitura de 15 N quando os corpos $x$ e $y$ estão pendurados nele, conforme mostra a figura ao lado. Sendo a massa de $y$ igual ao dobro da de $x$, qual a tração na corda que une os dois corpos?

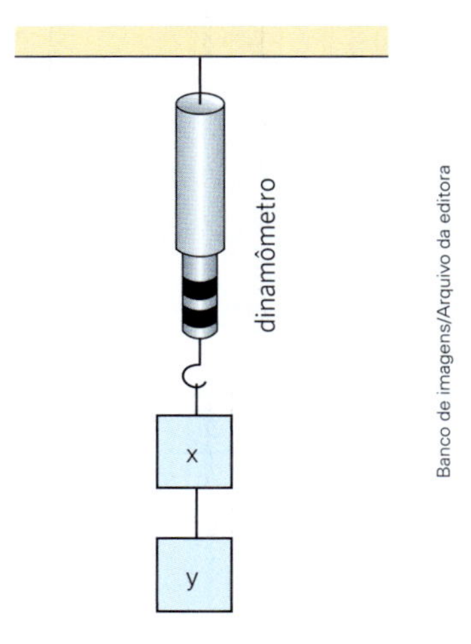


**29** Na montagem representada na figura a seguir, o fio é inextensível e de massa desprezível; a polia pode girar sem atrito em torno de seu eixo, tendo inércia de rotação desprezível; as massas dos blocos $A$ e $B$ valem, respectivamente, $m_A$ e $m_B$; inexiste atrito entre o bloco $A$ e o plano horizontal em que se apoia e a resistência do ar é insignificante:

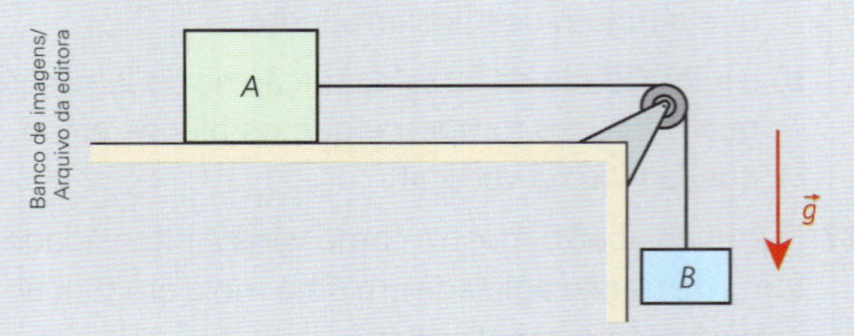


Em determinado instante, o sistema é abandonado à ação da gravidade. Assumindo para o módulo da aceleração da gravidade o valor $g$, determine:

**a)** o módulo da aceleração do sistema;

**b)** a intensidade da força que traciona o fio.

**Resolução:**

Façamos, inicialmente, o esquema das forças que agem em cada bloco:

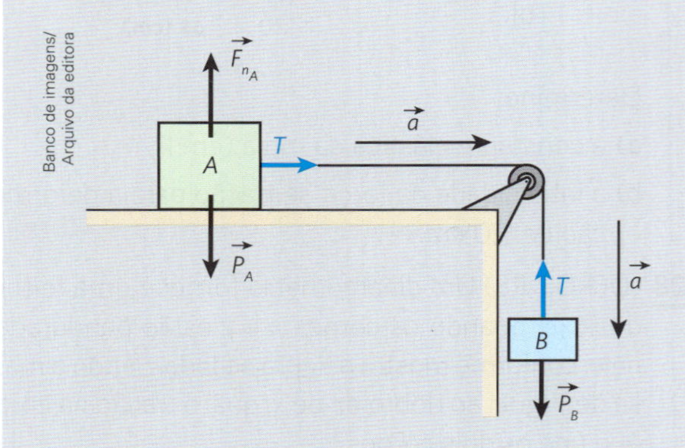


Apliquemos o princípio fundamental da Dinâmica a cada um deles:

Bloco $B$: $P_B - T = m_B a$ (I)

Bloco $A$: $T = m_A a$ (II)

**a)** Somando (I) e (II), calculamos o módulo da aceleração do sistema:

$$P_B = (m_A + m_B)a \Rightarrow a = \frac{P_B}{m_A + m_B}$$

$$\boxed{a = \frac{m_B}{m_A + m_B} g}$$

**Nota:**

- A força resultante que acelera o conjunto $A + B$ é o peso de $B$.

**b)** Substituindo o valor de a em (II), obtemos a intensidade da força que traciona o fio:

$$T = m_A a \Rightarrow \boxed{T = \frac{m_A m_B}{m_A + m_B} g}$$

**30** No arranjo experimental esquematizado a seguir, os blocos $A$ e $B$ têm massas respectivamente iguais a 4,0 kg e 1,0 kg (desprezam-se os atritos, a resistência do ar e a inércia da polia).

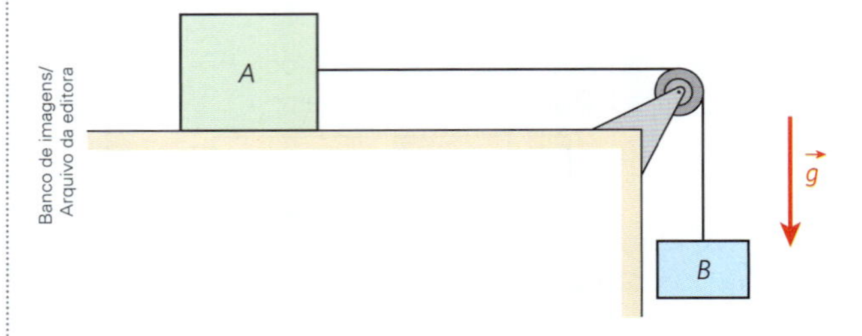


Considerando o fio que interliga os blocos leve e inextensível e adotando nos cálculos $|\vec{g}| = 10\ m/s^2$, determine:

**a)** o módulo da aceleração dos blocos;

**b)** a intensidade da força de tração estabelecida no fio.

**31** Incêndios florestais constituem um grave problema ambiental que tem fustigado diversos países no mundo, especialmente o Brasil. Conforme dados do Ministério do Meio Ambiente, 2007 foi um ano atípico, que registrou um número recorde de focos de mata ardente, algo em torno de 38 mil ocorrências, bem acima da média histórica nacional.

No esquema a seguir, um helicóptero desloca-se horizontalmente com velocidade constante transportando um contêiner cheio de água que vai ser despejada sobre as chamas de um incêndio em uma reserva florestal. O cabo que sustenta o contêiner, cuja massa total, incluída a da água, é 400 kg, está inclinado de um ângulo $\theta = 37°$ em relação à vertical.

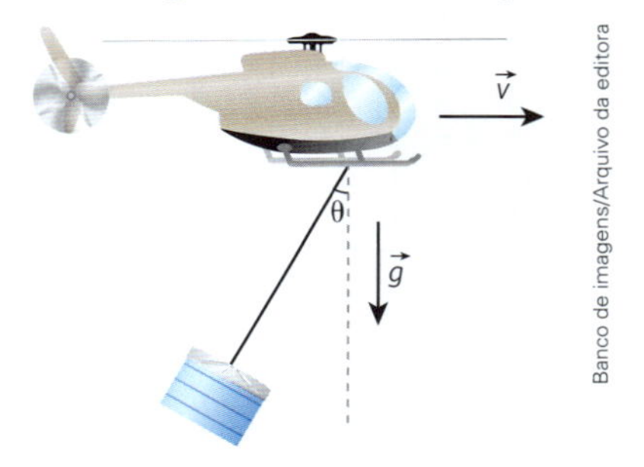


Essa inclinação se deve à força de resistência do ar, que tem intensidade dada em função da velocidade do sistema por $F_{ar} = 1{,}2v^2$, com $F_{ar}$ em newtons e $v$ em m/s. Supondo-se que no local a aceleração da gravidade tem módulo $g = 10\ m/s^2$ e adotando-se $\text{sen}\ \theta = 0{,}60$ e $\cos\theta = 0{,}80$, pede-se determinar:

**a)** a intensidade da força de tração no cabo de sustentação do contêiner, admitido de massa desprezível;

**b)** a velocidade, em km/h, com que se desloca o helicóptero.

**32** O dispositivo esquematizado na figura é uma máquina de Atwood. No caso, não há atritos, o fio é inextensível e desprezam-se sua massa e a da polia.

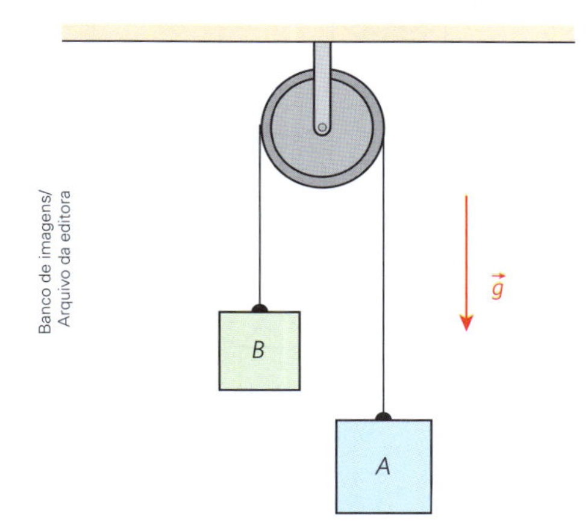


Supondo que os blocos $A$ e $B$ tenham massas respectivamente iguais a 3,0 kg e 2,0 kg e que $|\vec{g}| = 10$ m/s², determine:

a) o módulo da aceleração dos blocos;

b) a intensidade da força de tração estabelecida no fio;

c) a intensidade da força de tração estabelecida na haste de sustentação da polia.

**33** Um homem de massa 60 kg acha-se de pé sobre uma balança graduada em newtons. Ele e a balança situam-se dentro da cabine de um elevador que tem, em relação à Terra, uma aceleração vertical de módulo 1,0 m/s². Adotando $|\vec{g}| = 10$ m/s², calcule:

a) a indicação da balança no caso de o elevador estar acelerado para cima;

b) a indicação da balança no caso de o elevador estar acelerado para baixo.

**34** Uma partícula de massa $m$ é abandonada no topo do plano inclinado da figura, de onde desce em movimento acelerado com aceleração $\vec{a}$.

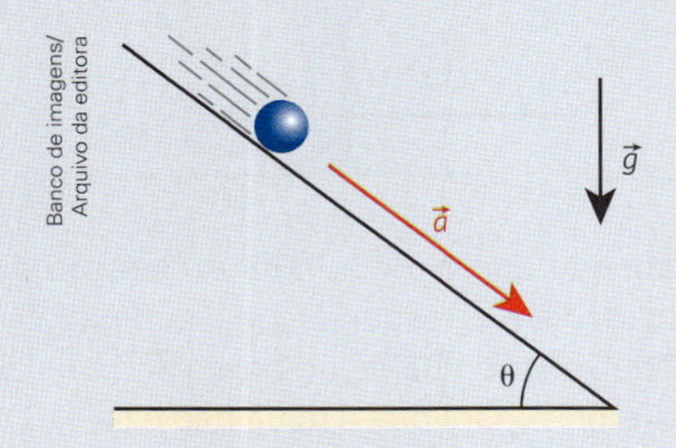


O ângulo de inclinação do plano em relação à horizontal é $\theta$, e o módulo da aceleração da gravidade é $g$. Desprezando os atritos e a influência do ar:

a) calcule o módulo de $\vec{a}$;

b) trace os seguintes gráficos: módulo de $\vec{a}$ em função de $\theta$ e módulo de $\vec{a}$ em função de $m$.

**Resolução:**

a) Nas condições citadas, apenas duas forças atuam na partícula: seu peso ($\vec{P}$) e a reação normal do plano inclinado ($\vec{F}_n$):

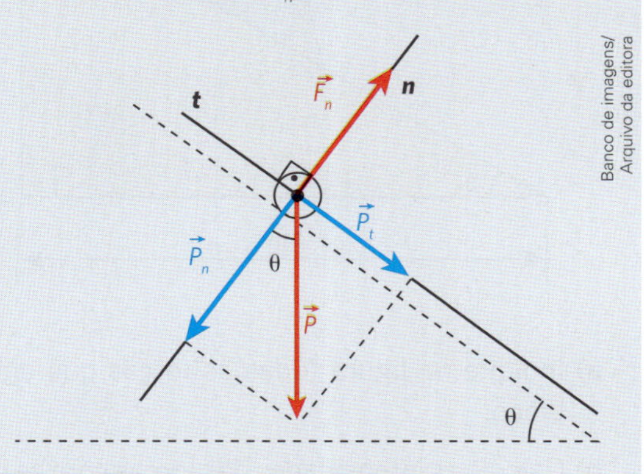


$\vec{P}_n$ = componente normal do peso

$(P_n = P \cos \theta)$

Como, na direção $n$, a aceleração da partícula é nula, deve ocorrer:

$$P_n = F_n$$

$\vec{P}_t$ = componente tangencial do peso

$(P_t = P \operatorname{sen} \theta)$

A resultante externa que acelera a partícula na direção $t$ é $\vec{P}_t$. Logo, aplicando o princípio fundamental da Dinâmica, vem:

$P_t = ma \Rightarrow P \operatorname{sen} \theta = ma$

$mg \operatorname{sen} \theta = ma \Rightarrow \boxed{a = g \operatorname{sen} \theta}$

b)

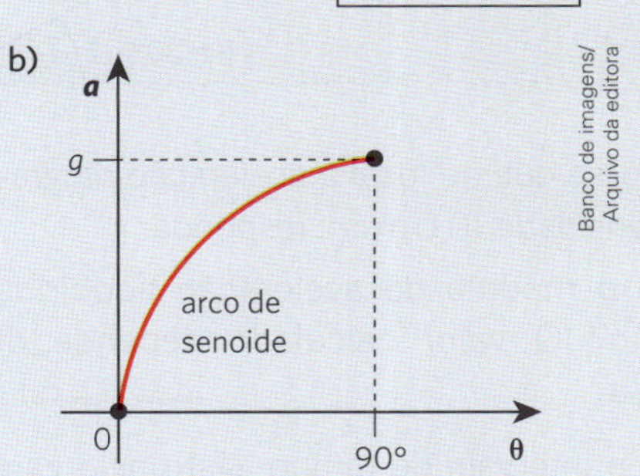


Como $a$ independe de $m$, obtemos:

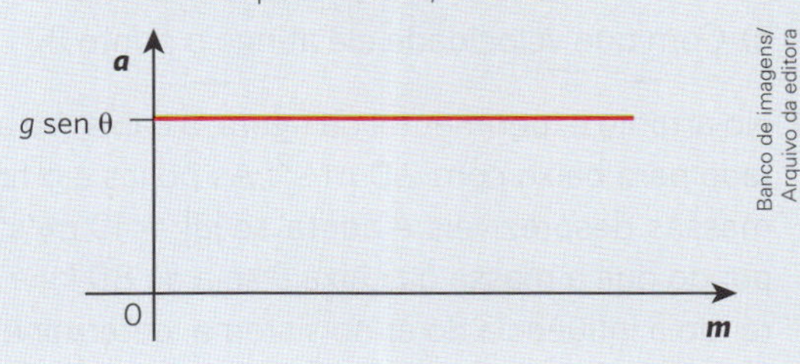

**35** No plano inclinado representado a seguir, o bloco encontra-se impedido de se movimentar devido ao calço no qual está apoiado. Os atritos são desprezíveis, a massa do bloco vale 5,0 kg e $g = 10\ m/s^2$.

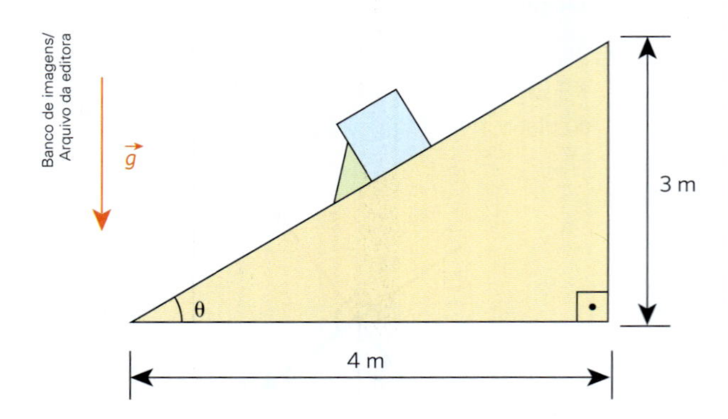


a) Indique na figura todas as forças que agem no bloco.

b) Calcule as intensidades das forças com as quais o bloco comprime o calço e o plano de apoio.

**36** Um garoto de massa igual a 40,0 kg parte do repouso do ponto *A* do escorregador esquematizado abaixo e desce sem sofrer a ação de atritos ou da resistência do ar.

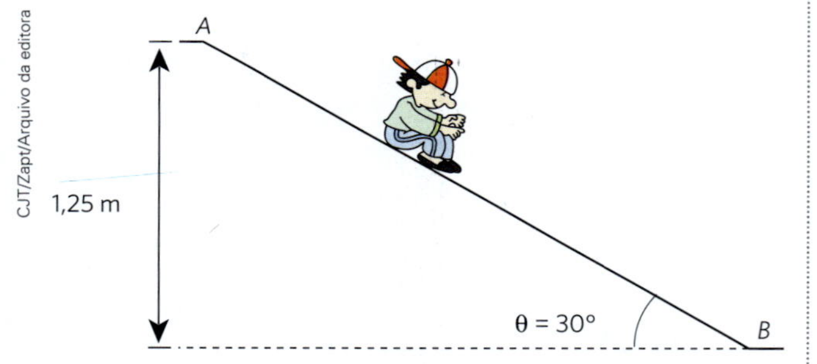


Sabendo-se que no local a aceleração da gravidade tem intensidade $10,0\ m/s^2$, responda:

a) Qual o módulo da aceleração adquirida pelo garoto? O valor calculado depende de sua massa?

b) Qual o intervalo de tempo gasto pelo garoto no percurso de *A* até *B*?

c) Com que velocidade ele atinge o ponto B?

**37** No arranjo experimental da figura, a caixa *A* é acelerada para baixo com $2,0\ m/s^2$. As polias e o fio têm massas desprezíveis e adota-se $|\vec{g}| = 10\ m/s^2$. Supondo que a massa da caixa *B* seja de 80 kg e ignorando a influência do ar no sistema, determine:

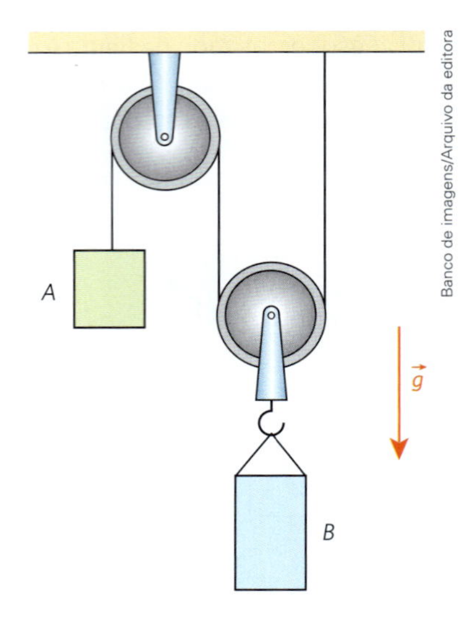


a) o módulo da aceleração de subida da caixa *B*;

b) a intensidade da força de tração no fio;

c) a massa da caixa *A*.

**38** Uma partícula de massa 3,0 kg parte do repouso no instante $t_0 = 0$, adquirindo movimento circular uniformemente acelerado. Sua aceleração escalar é de $4,0\ m/s^2$ e o raio da circunferência suporte do movimento vale 3,0 m. Para o instante $t_1 = 1,0\ s$, calcule a intensidade da força resultante sobre a partícula.

**39** No esquema abaixo, um homem faz com que um balde cheio de água, dotado de uma alça fixa em relação ao recipiente, realize uma volta circular de raio *R* num plano vertical.

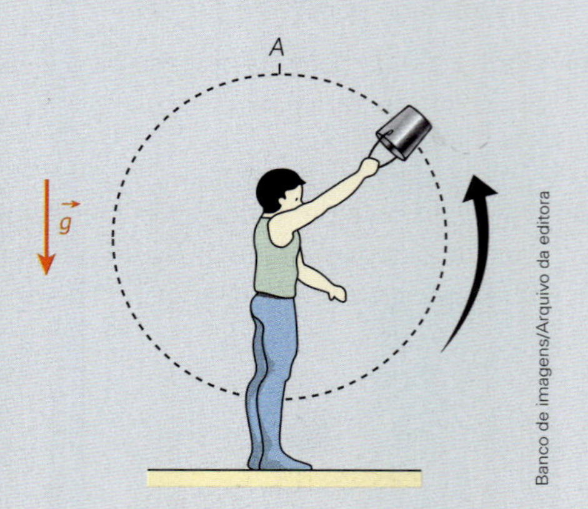


Sabendo que o módulo da aceleração da gravidade vale *g*, responda: qual a mínima velocidade linear do balde no ponto *A* (mais alto da trajetória) para que a água não caia?

**Resolução:**
Ao passar em *A* com a mínima velocidade admissível, a água não troca forças verticais com o balde.

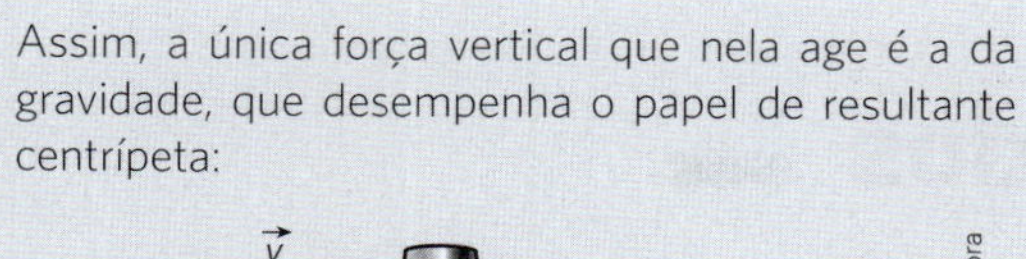

Assim, a única força vertical que nela age é a da gravidade, que desempenha o papel de resultante centrípeta:

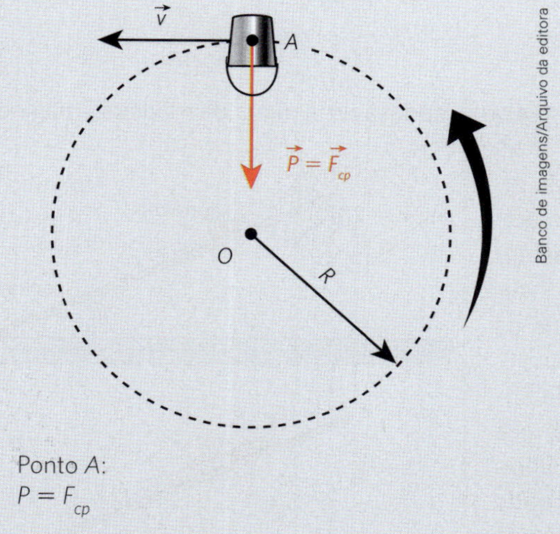


Ponto *A*:

$P = F_{cp}$

$$mg = \frac{mv_{mín}^2}{R}$$

$$\boxed{v_{mín} = \sqrt{gR}}$$

**Nota:**

- $v_{mín}$ independe da massa de água no balde.

**40** (Famerp-SP) Em uma exibição de acrobacias aéreas, um avião pilotado por uma pessoa de 80 kg faz manobras e deixa no ar um rastro de fumaça indicando sua trajetória. Na figura, está representado um *looping* circular de raio 50 m contido em um plano vertical, descrito por esse avião.

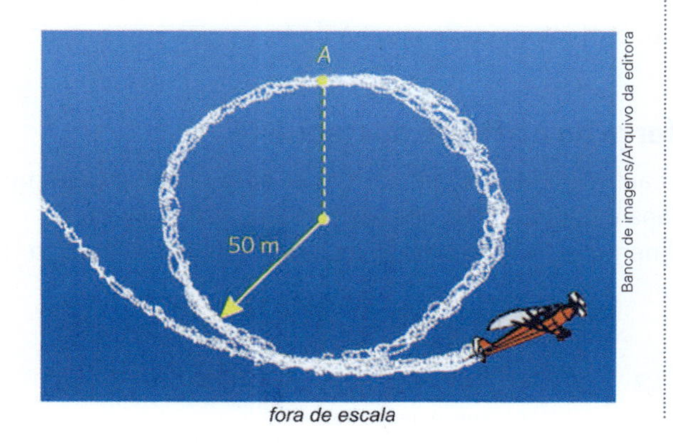


*fora de escala*

Adotando $g = 10$ m/s$^2$ e considerando que ao passar pelo ponto *A*, ponto mais alto da trajetória circular, a velocidade do avião é 180 km/h, a intensidade da força exercida pelo assento sobre o piloto, nesse ponto, é igual a

a) 3 000 N.

b) 2 800 N.

c) 3 200 N.

d) 2 600 N.

e) 2 400 N.

**41** O pêndulo da figura oscila em condições ideais, invertendo sucessivamente o sentido do seu movimento nos pontos *A* e *C*:

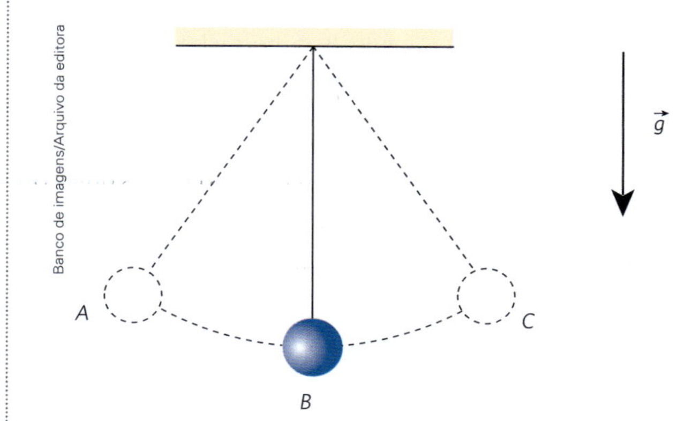


A esfera tem massa 1,0 kg e o comprimento do fio, leve e inextensível, vale 2,0 m. Sabendo que no ponto *B* (mais baixo da trajetória) a esfera tem velocidade de módulo 2,0 m/s e que $|\vec{g}| = 10$ m/s$^2$, determine:

a) a intensidade da força resultante sobre a esfera quando ela passa pelo ponto *B*;

b) a intensidade da força que traciona o fio quando a esfera passa pelo ponto *B*.

**42** (UFRGS-RS) Dilatação temporal e contração espacial são conceitos que decorrem da

a) Teoria Especial da Relatividade.

b) Termodinâmica.

c) Mecânica Newtoniana.

d) Teoria Atômica de Bohr.

e) Mecânica Quântica.

CAPÍTULO

7

# Atrito entre sólidos

Este capítulo aborda o conceito força de atrito, fornecendo subsídios para o trabalho com a seguinte habilidade:

EM13CNT204

## Atrito estático

Considere uma mesa horizontal sobre a qual repousa uma régua de madeira. Imagine uma borracha escolar apoiada sobre a face mais larga da régua. Inicialmente a borracha não recebe forças de atrito, uma vez que não manifesta nenhuma tendência de escorregamento.

Suponha agora que a régua seja inclinada lentamente em relação à superfície da mesa, conforme sugere a figura ao lado.

No início, para pequenos valores do ângulo $\theta$, a borracha permanece parada, e a força de atrito que a mantém em equilíbrio é do tipo estático. Tal força tem intensidade crescente a partir de zero e equilibra a força que solicita a borracha a descer (componente tangencial do peso da borracha).

Continuando a inclinar a régua de modo que aumente o ângulo $\theta$, chega-se a um ponto em que a borracha se apresenta na iminência de movimento, isto é, está prestes a descer. Nesse caso, a força de atrito estático que ainda mantém a borracha em equilíbrio terá atingido sua máxima intensidade.

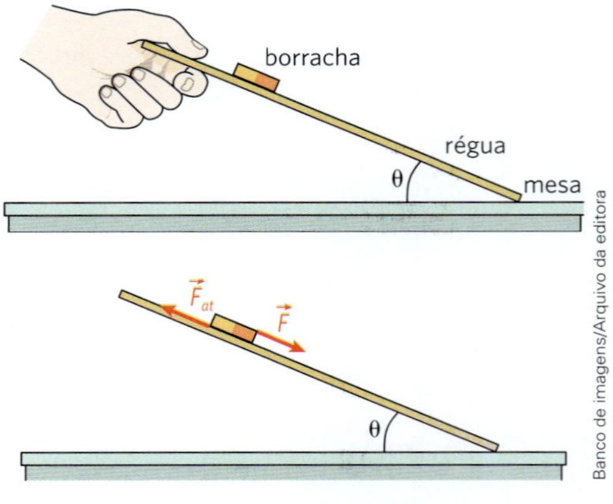


Enquanto a borracha está em equilíbrio, $\vec{F}$ e $\vec{F}_{at}$ têm intensidades crescentes com o ângulo $\theta$, valendo a relação $\vec{F}_{at} = -\vec{F}$.

Essa máxima força de atrito estático, que se manifesta quando o escorregamento é iminente, é denominada **força de atrito de destaque ($\vec{F}_{at_d}$)**.

Resumindo, vimos que a força de atrito estático ($\vec{F}_{at}$) tem intensidade variável desde zero, quando não há tendência de escorregamento, até um valor máximo ou de destaque, quando o corpo fica na iminência de escorregar.

Assim, podemos dizer que $0 \leq |\vec{F}_{at}| \leq |\vec{F}_{at_d}|$.

A intensidade da força de atrito estático, que se manifesta enquanto as superfícies atritantes não escorregam entre si, tem intensidade igual à da força que visa provocar o escorregamento.

### Cálculo da intensidade da força de atrito de destaque ($\vec{F}_{at_d}$)

Vamos considerar agora uma caixa de papelão, como uma caixa de sapatos, destampada e apoiada sobre a superfície plana e horizontal de um piso de concreto.

Empurrando-se a caixa inicialmente vazia com uma força horizontal, ela será posta "facilmente" em movimento.

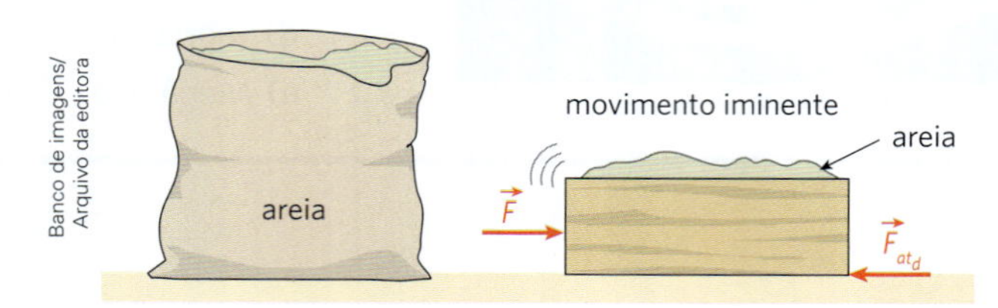


Aumentando-se a quantidade de areia na caixa, aumenta-se a intensidade da força de atrito de destaque e, consequentemente, mais intensa deve ser a força exercida pelo operador para iniciar o movimento.

Colocando-se gradativamente, porém, areia na caixa, notaremos que, quanto mais areia introduzirmos, maior será a intensidade da força horizontal a ser aplicada para que o movimento seja iniciado.

Isso mostra que, à medida que se preenche a caixa com areia, maior se torna a força de atrito de destaque entre ela e o plano de apoio.

Ocorre que a introdução de areia contribui para o aumento do peso do sistema e, por isso, este exerce sobre o plano de apoio uma força normal de compressão cada vez mais intensa.

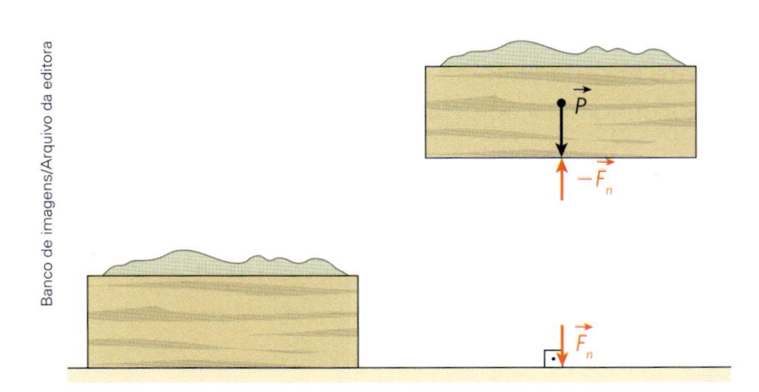


Quanto mais areia é depositada na caixa, maior é o peso do sistema e mais intensa é a força normal de compressão ($\vec{F}_n$) exercida contra o piso.

Verifica-se que a intensidade da força de atrito de destaque ($\vec{F}_{at_d}$) é diretamente proporcional à intensidade da força normal ($\vec{F}_n$) trocada entre superfícies atritantes na região de contato.

Algebricamente temos o seguinte:

$$F_{at_d} = \mu_e F_n$$

A constante de proporcionalidade $\mu_e$ é denominada **coeficiente de atrito estático**, e seu valor depende dos materiais atritantes e do grau de polimento deles.

## ... e a força de atrito inverte seu sentido

Vamos estudar a seguir uma situação teórica em que um pequeno bloco de massa *m*, apoiado sobre o plano inclinado de um ângulo $\theta$ em relação à horizontal, vai ser empurrado paralelamente ao plano sem, no entanto, se deslocar. O coeficiente de atrito estático entre as superfícies atritantes será admitido igual a $\mu_e$, e para a intensidade da aceleração da gravidade adotaremos o valor *g*.

O esquema abaixo ilustra a situação proposta.

As componentes do peso do bloco nas direções tangencial e normal ao plano inclinado têm intensidades respectivamente iguais a $P_t$ e $P_n$, dadas por:

$P_t = mg \text{ sen } \theta$ e $P_n = mg \cos \theta$

A força de atrito estático recebida pelo bloco em situações de escorregamento iminente (força de atrito de destaque), por sua vez, tem intensidade $F_{at_d}$, calculada por:

$$F_{at_d} = \mu_e F_n \quad \Rightarrow \quad F_{at_d} = \mu_e P_n$$

Da qual: $F_{at_d} = \mu_e mg \cos \theta$.

Agora, vamos determinar as intensidades $F_{mín}$ e $F_{máx}$ da força $\vec{F}$ aplicada pelo agente externo para deixar o bloco na iminência de escorregar, respectivamente, para baixo e para cima.

### (I) A intensidade de $\vec{F}$ é mínima

Nesse caso, o bloco fica na iminência de escorregar para baixo e a força de atrito estático (de destaque) atuante sobre ele é dirigida no sentido de impedir sua descida.

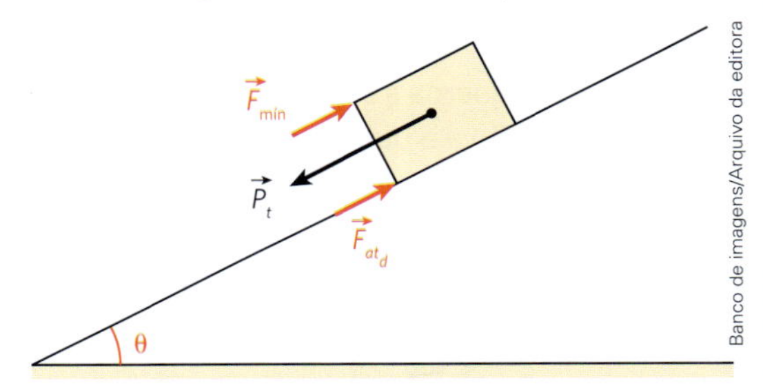


Condição de equilíbrio:

$F_{mín} + F_{at_d} = P_t$

$F_{mín} + \mu_e mg \cos \theta = mg \text{ sen } \theta$

Portanto: $F_{mín} = mg(\text{sen } \theta - \mu_e \cos \theta)$

### (II) A intensidade de $\vec{F}$ é máxima

Nesse caso, o bloco fica na iminência de escorregar para cima, e a força de atrito estático (de destaque) atuante sobre ele é dirigida para baixo, no sentido de impedir sua subida.

Observe que **a força de atrito inverte seu sentido** em relação à situação anterior.

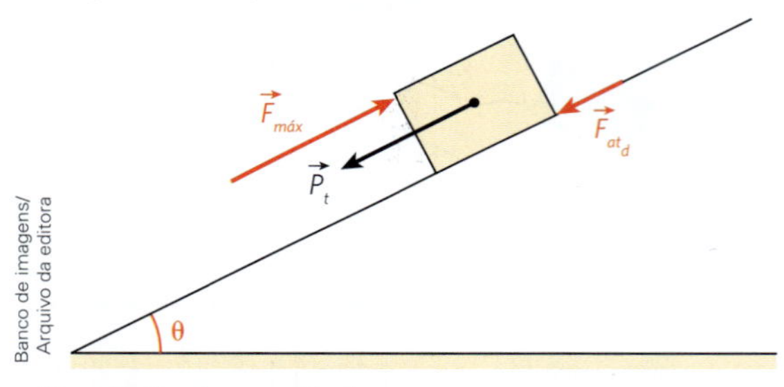


Condição de equilíbrio:

$F_{máx} = P_t + F_{at_d}$

$F_{máx} = mg \text{ sen } \theta + \mu_e mg \cos \theta$

Portanto: $F_{máx} = mg(\text{sen } \theta + \mu_e \cos \theta)$

É importante ressaltar que valores de $\vec{F}$ compreendidos entre $F_{mín}$ e $F_{máx}$, incluídos estes dois valores extremos, fazem o bloco permanecer em repouso, sem descer ou subir o plano inclinado.

## Já pensou nisto?

### Sem atrito, seria possível caminhar?

No caminhar, o pé de uma pessoa empurra o chão para trás e este reage no pé da pessoa, empurrando-o para a frente. Pé e solo trocam entre si forças de atrito do tipo **ação e reação** (mesma intensidade, mesma direção e sentidos opostos). Observe no esquema a seguir que uma força está aplicada no chão e a outra, no pé da pessoa.

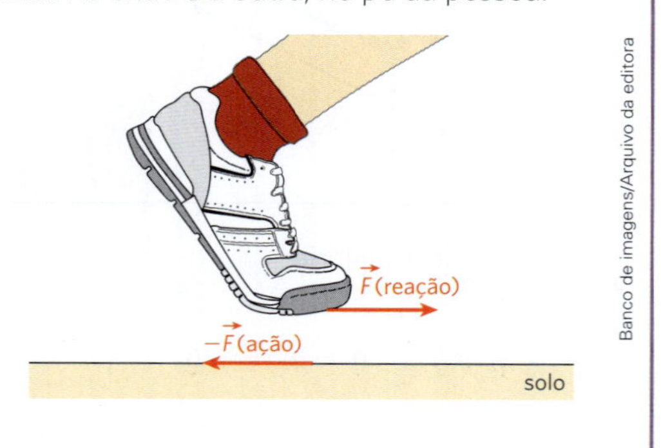


## Atrito cinético

Admita que o bloco da figura a seguir esteja em repouso sobre um plano horizontal real. Suponha que sobre ele seja aplicada uma força $\vec{F}$, paralela ao plano de apoio. Com a atuação de $\vec{F}$, o bloco recebe do plano a força de atrito $\vec{F}_{at}$.

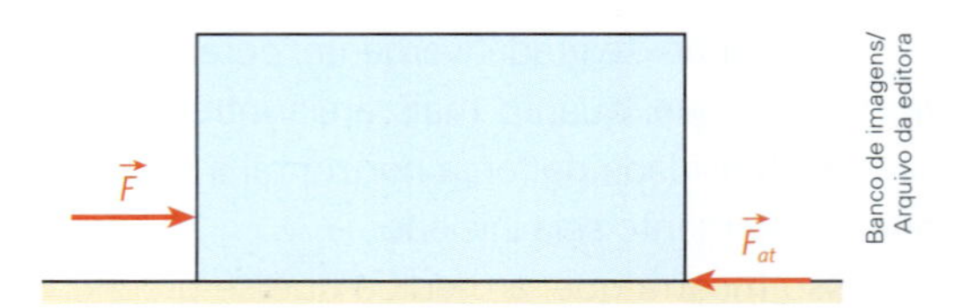


Qual é a condição a ser satisfeita para que o bloco seja colocado em movimento? A resposta é simples: o movimento será iniciado se a intensidade de $\vec{F}$ superar a intensidade da força de atrito de destaque.

Supondo que essa condição tenha sido cumprida, observaremos uma situação dinâmica, com o bloco em movimento. Enquanto o bloco estava em repouso, o atrito era chamado de estático. Agora, porém, receberá a denominação de **atrito cinético** (ou **dinâmico**).

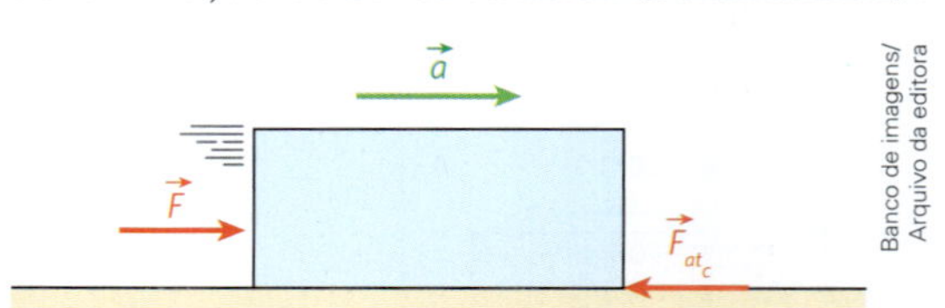


Sendo $|\vec{F}| > |\vec{F}_{at_d}|$, o bloco entra em movimento e, nessa situação, o atrito recebido do plano de apoio é cinético.

O cofre da figura, inicialmente em repouso, entrará em movimento se a força aplicada pela pessoa vencer a força de atrito de destaque.

### Cálculo da intensidade da força de atrito cinético ($\vec{F}_{at_c}$)

Verifica-se que a intensidade da força de atrito cinético, $F_{at_c}$, é diretamente proporcional à intensidade da força normal trocada entre as superfícies atritantes.

Algebricamente, temos o seguinte:

$$F_{at_c} = \mu_c F_n$$

A constante de proporcionalidade $\mu_c$ é denominada **coeficiente de atrito cinético** (ou **dinâmico**), e seu valor também depende dos materiais atritantes e do grau de polimento deles.

Surge, então, outra pergunta: a força de atrito cinético tem a mesma intensidade que a força de atrito de destaque? A resposta é: essas forças **não** possuem a mesma intensidade, pois $\mu_c \neq \mu_e$. É de observação experimental que $\mu_c < \mu_e$, o que implica $F_{at_c} < F_{at_d}$.

De fato, podemos constatar que é mais fácil manter um armário escorregando sobre o chão do que iniciar seu movimento a partir do repouso.

Em muitos casos, porém, para simplificar os cálculos, a diferença entre $\mu_c$ e $\mu_e$ é ignorada, possibilitando-nos escrever que $F_{at_c} = F_{at_d} = \mu F_n$, em que $\mu$ é chamado apenas de **coeficiente de atrito**.

Veja, no quadro a seguir, os valores de coeficientes de atrito entre alguns materiais.

| Materiais atritantes | $\mu_e$ | $\mu_c$ |
|---|---|---|
| Metal com metal | 0,15 | 0,06 |
| Borracha com concreto | 1,0 | 0,8 |
| Aço com aço | 0,74 | 0,57 |
| Madeira com madeira | 0,5 | 0,2 |
| Gelo com gelo | 0,1 | 0,03 |
| Juntas sinoviais humanas | 0,01 | 0,003 |

Fonte: http://engineering.nyu.edu/gk12/Information/Vault_of_Labs/Physics_Labs/static%20and%20kinetic%20friction.doc. Acesso em: 25 maio 2020.

Os sulcos dos pneus dos carros têm por finalidade favorecer o escoamento da água que se interpõe entre a borracha e o asfalto. Isso evita as reduções bruscas do coeficiente de atrito que geralmente provocam o fenômeno da aquaplanagem, causador de derrapagens do veículo. Pneus "carecas", com sulcos pouco profundos, são responsáveis por muitos acidentes de trânsito, pois favorecem a aquaplanagem.

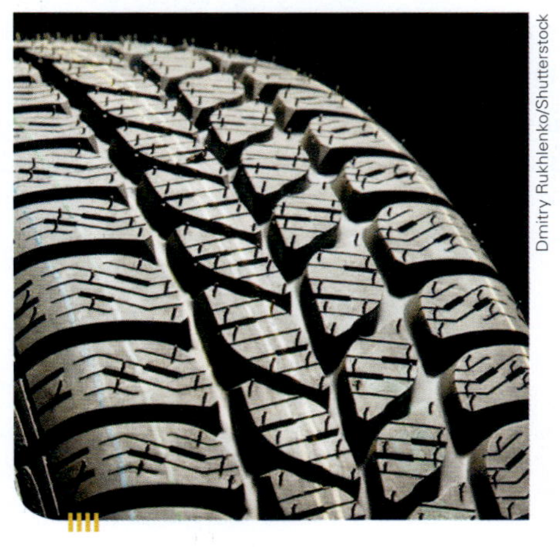
Dmitry Rukhlenko/Shutterstock

Parte da superfície de um pneu onde podem ser observados os sulcos.

Graficamente, a intensidade da força de atrito recebida por um corpo em função da intensidade da força que o solicita ao escorregamento, desde o repouso até escorregar, é dada conforme a seguinte representação:

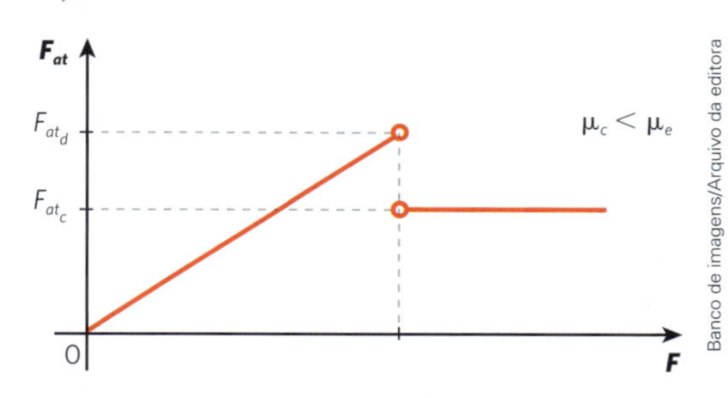

Banco de imagens/Arquivo da editora

Note, de acordo com o gráfico apresentado, que a força de atrito cinético permanece constante, pelo menos dentro de certos limites de velocidade.

## Lei do atrito

Os experimentos revelam que: As forças de atrito de destaque e cinético são praticamente independentes da área de contato entre as superfícies atritantes.

Disso decorre, por exemplo, que uma mesma caixa de madeira empurrada sobre uma mesma superfície horizontal de concreto recebe, para uma mesma solicitação, forças de atrito de intensidades iguais, independentemente de ela estar apoiada conforme a situação 1 ou a situação 2, ilustradas a seguir.

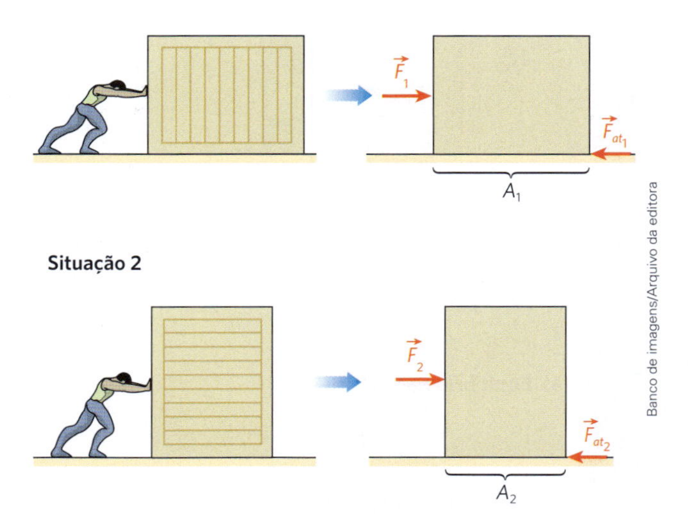

Banco de imagens/Arquivo da editora

No caso da situação 1, a área de contato da caixa com o plano de apoio é $A_1$; no caso da situação 2, é $A_2$, de modo que $A_1 > A_2$. Se $F_1 = F_2$, então, $F_{at_1} = F_{at_2}$, independentemente de $A_1 > A_2$.

## Descubra mais

1. Considere a situação ideal de um plano inclinado perfeitamente liso instalado em um ambiente sem ar. Elabore previsões a respeito do movimento que ocorreria se uma esfera homogênea fosse abandonada do alto desse plano inclinado, sem velocidade inicial (ela descerá rolando ou deslizando sem rolar?).
2. A aceleração do centro da esfera teria intensidade diferente se houvesse atrito entre ela e o plano inclinado?
3. Elabore explicações para justificar o fato de que a presença de lubrificantes geralmente atenua a intensidade das forças de atrito trocadas entre duas superfícies sólidas.
4. Elabore hipóteses para o fato de lagartixas poderem subir paredes, deslocando-se na vertical, sem cair.

## Exercícios

**1** Na figura abaixo, Roberval está empurrando um fogão de massa 40 kg, aplicando sobre ele uma força $\vec{F}$, paralela ao solo plano e horizontal. O coeficiente de atrito estático entre o fogão e o solo é igual a 0,75 e, no local, adota-se $g = 10\ m/s^2$.

Banco de imagens/Arquivo da editora

Supondo que o fogão está na iminência de escorregar, calcule:

a) a intensidade de $\vec{F}$;

b) a intensidade da força $\vec{C}$ de contato que o fogão recebe do solo.

**Resolução:**
No esquema a seguir, representamos as forças que agem no fogão:

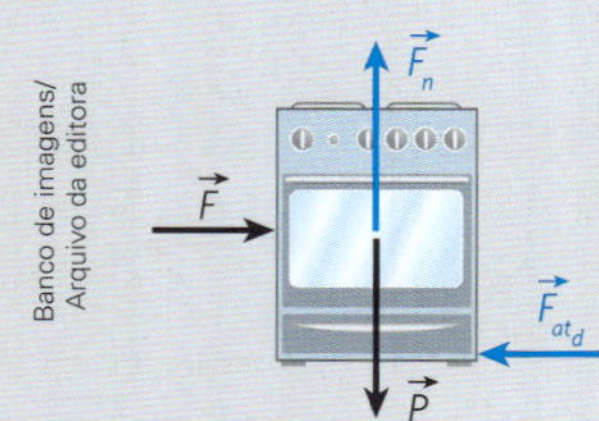


Banco de imagens/Arquivo da editora

$\vec{F}$: força aplicada por Roberval;

$\vec{F}_{at_d}$: força de atrito de destaque (movimento iminente);

$\vec{P}$: força da gravidade (peso);

$\vec{F}_n$: força normal.

a) **Equilíbrio na vertical**: $F_n = P$

$$F_n = mg \Rightarrow F_n = 40 \cdot 10 \therefore F_n = 400\ N$$

**Equilíbrio na horizontal**: $F = F_{at_d}$

$$F = \mu_e \cdot F_n \Rightarrow F = 0{,}75 \cdot 400 \therefore \boxed{F = 300\ N}$$

b) A força $\vec{C}$ é a resultante da soma vetorial de $\vec{F}_{at_d}$ com $\vec{F}_n$.

Aplicando o teorema de Pitágoras, vem:

$$C^2 = F_n^2 + F_{at_d}^2$$

$$C^2 = (400)^2 + (300)^2$$

$$\boxed{C = 500\ N}$$

Banco de imagens/Arquivo da editora

**2** (FGV-SP) O sistema indicado está em repouso devido à força de atrito entre o bloco de massa de 10 kg e o plano horizontal de apoio. Os fios e as polias são ideais e adota-se $g = 10\ m/s^2$.

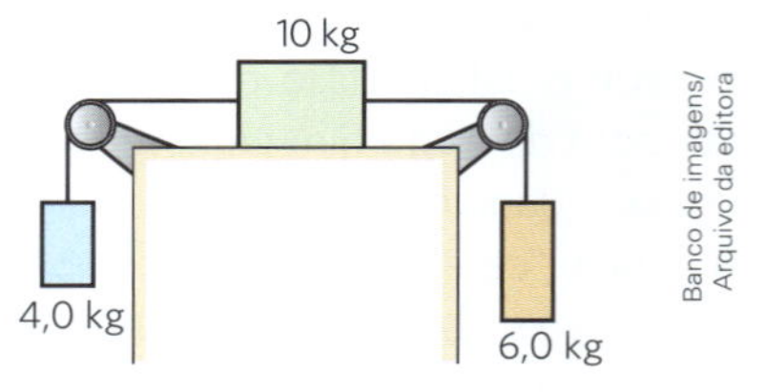


Banco de imagens/Arquivo da editora

a) Qual o sentido da força de atrito no bloco de massa de 10 kg, para a esquerda ou para a direita?

b) Qual a intensidade dessa força?

**3** O instante de largada – momento de pura explosão muscular – é decisivo em uma corrida de pedestrianismo, especialmente em provas disputadas em curtas distâncias, de cem ou duzentos metros.

MinDof/Shutterstock

Admita que o atleta que aparece nessa imagem tenha massa igual a 60 kg e que, partindo do repouso, adquira movimento horizontal. A força $\vec{F}$ indicada é a reação total de contato que o apoio de pés, rigidamente fixado ao solo, exerce no corpo do atleta.

Sendo $g = 10\ m/s^2$, sen 37° = 0,60 e cos 37° = 0,80, pede-se determinar:

**a)** a intensidade da componente horizontal de atrito aplicada pelo apoio de pés no corpo do atleta;

**b)** o valor aproximado do módulo da aceleração de largada adquirida por ele.

**4** Na figura seguinte, a superfície $S$ é horizontal, a intensidade de $\vec{F}$ é 40 N, o coeficiente de atrito de arrastamento entre o bloco $A$ e a superfície $S$ vale 0,50 e $g = 10\ m/s^2$.

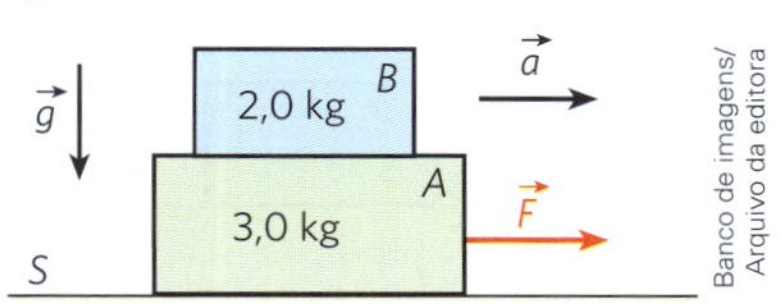


Banco de imagens/Arquivo da editora

Sob a ação da força $\vec{F}$, o sistema é acelerado horizontalmente e, nessas condições, o bloco $B$ apresenta-se na iminência de escorregar em relação ao bloco $A$. Desprezando a influência do ar:

**a)** determine o módulo da aceleração do sistema;

**b)** calcule o coeficiente do atrito estático entre os blocos $A$ e $B$.

**5** Considere duas caixas, $A$ e $B$, de massas respectivamente iguais a 10 kg e 40 kg, apoiadas sobre a carroceria de um caminhão que trafega em uma estrada reta, plana e horizontal. No local, a influência do ar é desprezível. Os coeficientes de atrito estático entre $A$ e $B$ e a carroceria valem $\mu_A = 0,35$ e $\mu_B = 0,30$ e, no local, $g = 10\ m/s^2$.

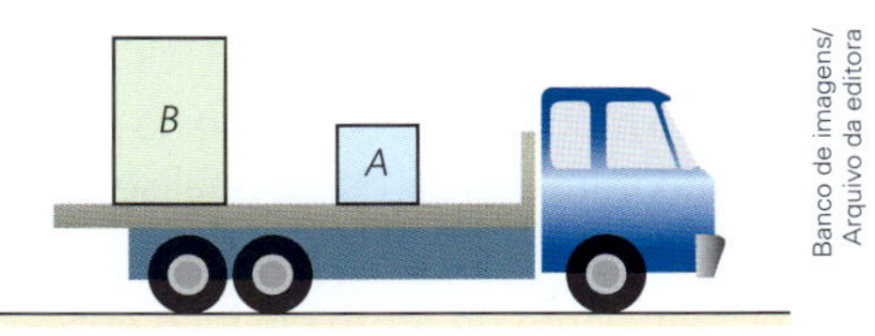


Banco de imagens/Arquivo da editora

Para que nenhuma das caixas escorregue, a maior aceleração (ou desaceleração) permitida ao caminhão tem intensidade igual a:

**a)** $3,5\ m/s^2$.
**b)** $3,0\ m/s^2$.
**c)** $2,5\ m/s^2$.
**d)** $2,0\ m/s^2$.
**e)** $1,5\ m/s^2$.

**6** Um bloco de 2,0 kg de massa repousa sobre um plano horizontal quando lhe é aplicada uma força $\vec{F}$, paralela ao plano, conforme representa a figura abaixo:

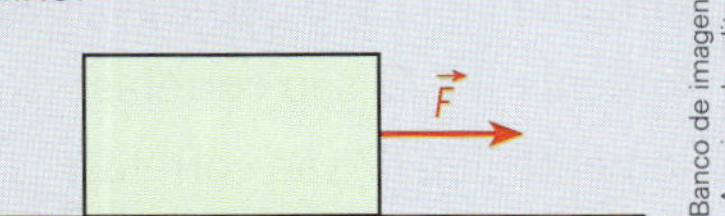


Banco de imagens/Arquivo da editora

Os coeficientes de atrito estático e cinético entre o bloco e o plano de apoio valem, respectivamente, 0,50 e 0,40 e, no local, a aceleração da gravidade tem módulo $10\ m/s^2$. Calcule:

**a)** a intensidade da força de atrito recebida pelo bloco quando $|\vec{F}| = 9,0$ N;

**b)** o módulo da aceleração do bloco quando $|\vec{F}| = 16$ N.

Despreze o efeito do ar.

**Resolução:**

Devemos, inicialmente, calcular a intensidade da força de atrito de destaque entre o bloco e o plano de apoio:

$F_{at_d} = \mu_e F_n \Rightarrow F_{at_d} = \mu_e P = \mu_e mg$

Sendo $\mu_e = 0,50$, $m = 2,0$ kg e $g = 10\ m/s^2$, vem:

$F_{at_d} = 0,50 \cdot 2,0 \cdot 10 \therefore \boxed{F_{at_d} = 10\ N}$

**a)** A força $\vec{F}$, apresentando intensidade 9,0 N, é insuficiente para vencer a força de atrito de destaque (10 N). Por isso, o bloco permanece em repouso e, nesse caso, a força de atrito que ele recebe equilibra a força $\vec{F}$, tendo intensidade 9,0 N:

$\boxed{F_{at} = 9,0\ N}$

**b)** Com $|\vec{F}| = 16$ N, supera-se a força de atrito de destaque e o bloco adquire movimento, sendo acelerado para a direita. Nesse caso, o atrito é cinético e sua intensidade é dada por:

$F_{at_c} = \mu_c F_n = \mu_c mg$

$F_{at_c} = 0,40 \cdot 2,0 \cdot 10 \therefore \boxed{F_{at_c} = 8,0\ N}$

Banco de imagens/Arquivo da editora

A 2ª lei de Newton, aplicada ao bloco, permite escrever que:

$F - F_{at_c} = ma \Rightarrow 16 - 8,0 = 2,0 \cdot a$

$\boxed{a = 4,0\ m/s^2}$

**7** Na situação esquematizada abaixo, um bloco de peso igual a 40 N está inicialmente em repouso sobre uma mesa horizontal. Os coeficientes de atrito estático e dinâmico entre a base do bloco e a superfície da mesa valem, respectivamente, 0,30 e 0,25. Admita que seja aplicada ao bloco uma força horizontal $\vec{F}$.

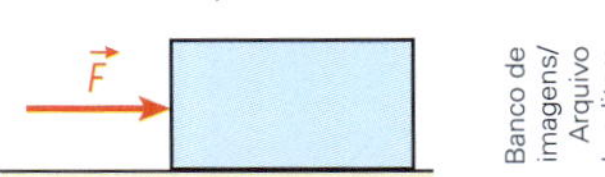


Banco de imagens/Arquivo da editora

Adotando $g = 10\ m/s^2$, indique os valores que preenchem as lacunas da tabela a seguir com as intensidades da força de atrito e da aceleração do bloco correspondentes às intensidades definidas para a força $\vec{F}$.

| F (N) | 10 | 12 | 30 |
|---|---|---|---|
| $F_{at}$ (N) | | | |
| $a$ (m/s²) | | | |

**8** Na figura, o esquiador parte do repouso do ponto *A*, passa por *B* com velocidade de 20 m/s e para no ponto *C*.

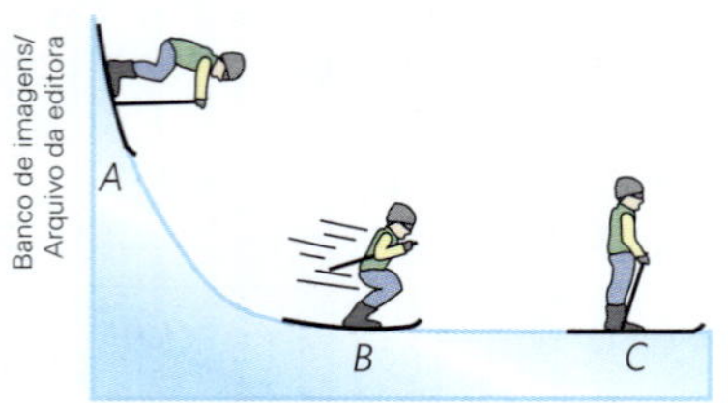


O trecho *BC* é plano, reto e horizontal e oferece aos esquis um coeficiente de atrito cinético de valor 0,20. Admitindo desprezível a influência do ar e adotando $g = 10$ m/s², determine:

**a)** a intensidade da aceleração de retardamento do esquiador no trecho *BC*;

**b)** a distância percorrida por ele de *B* até *C* e o intervalo de tempo gasto nesse percurso.

**9** (Unesp-SP) A figura ilustra um bloco *A*, de massa $m_A = 2{,}0$ kg, atado a um bloco *B*, de massa $m_B = 1{,}0$ kg, por um fio inextensível de massa desprezível. O coeficiente de atrito cinético entre cada bloco e a mesa é $\mu_c$. Uma força de intensidade $F = 18{,}0$ N é aplicada ao bloco *B*, fazendo com que os dois blocos se desloquem com velocidade constante.

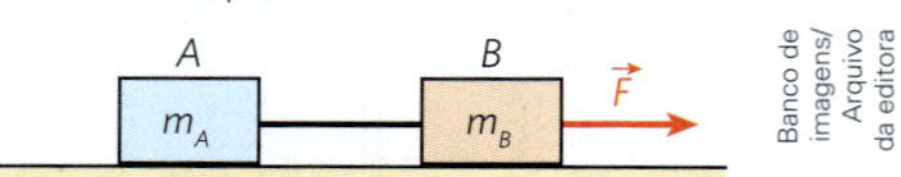


Considerando-se $g = 10{,}0$ m/s², calcule:

**a)** o coeficiente de atrito $\mu_c$;

**b)** a intensidade da tração *T* no fio.

**10** O corpo *A*, de 5,0 kg de massa, está apoiado em um plano horizontal, preso a uma corda que passa por uma roldana de massa e atrito desprezíveis e que sustenta em sua extremidade o corpo *B*, de 3,0 kg de massa. Nessas condições, o sistema apresenta movimento uniforme. Adotando $g = 10$ m/s² e desprezando a influência do ar, determine:

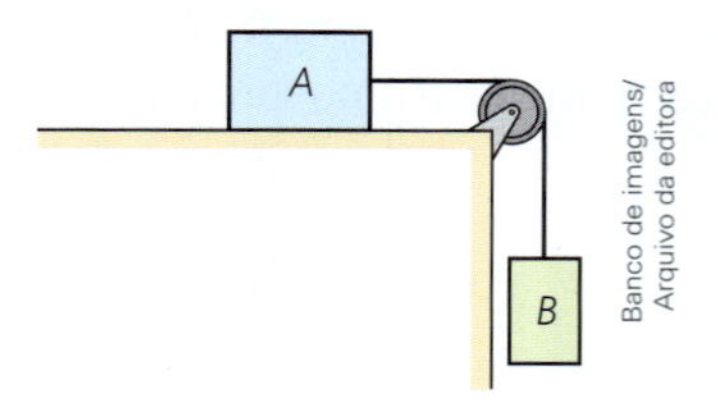


**a)** o coeficiente de atrito cinético entre o corpo *A* e o plano de apoio;

**b)** a intensidade da aceleração do sistema se colocarmos sobre o corpo *B* uma massa de 2,0 kg.

**11** Considere o esquema seguinte, em que se representa um bloco de 1,0 kg de massa apoiado sobre um plano horizontal. O coeficiente de atrito de arrastamento entre a base do bloco e a superfície de apoio vale 0,25 e a aceleração da gravidade, no local, tem módulo 10 m/s².

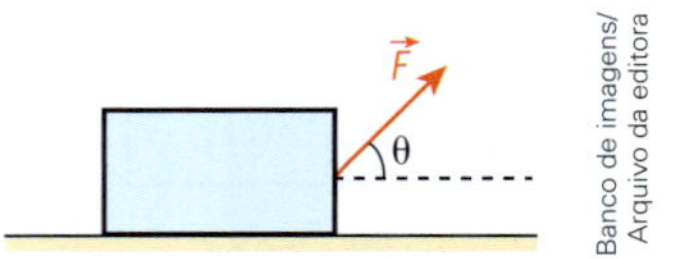


A força $\vec{F}$, cuja intensidade é de 10 N, forma com a direção horizontal um ângulo θ constante, tal que sen θ = 0,60 e cos θ = 0,80. Desprezando a influência do ar, aponte a alternativa que traz o valor correto da aceleração do bloco.

**a)** 7,0 m/s²
**b)** 5,5 m/s²
**c)** 4,0 m/s²
**d)** 2,5 m/s²
**e)** 1,5 m/s²

**12** Um pequeno bloco é lançado para baixo ao longo de um plano com inclinação de um ângulo θ com a horizontal, passando a descer com velocidade constante.

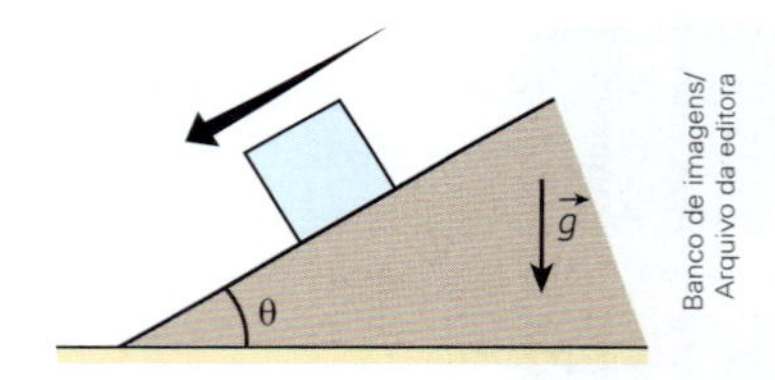


Sendo *g* o módulo da aceleração da gravidade e desprezando a influência do ar, analise as proposições seguintes:

**I.** O coeficiente de atrito cinético entre o bloco e o plano de apoio depende da área de contato entre as superfícies atritantes.

**II.** O coeficiente de atrito cinético entre o bloco e o plano de apoio é proporcional a *g*.

**III.** O coeficiente de atrito cinético entre o bloco e o plano de apoio vale tg θ.

**IV.** A força de reação do plano de apoio sobre o bloco é vertical e dirigida para cima.

Responda mediante o código:

**a)** Somente I e III são corretas.

**b)** Somente II e IV são corretas.

**c)** Somente III e IV são corretas.

**d)** Somente III é correta.

**e)** Todas são incorretas.

CAPÍTULO

# Gravitação

Este capítulo favorece o desenvolvimento das seguintes habilidades:

EM13CNT204

EM13CNT302

EM13CNT303

## Introdução

Ao soltarmos uma bola de determinada altura, sabemos que ela cairá verticalmente rumo ao chão; mais especificamente, em direção ao centro da Terra. Por que, então, o mesmo não acontece com a Lua? Como os satélites de telecomunicação permanecem em órbita? Neste capítulo estudaremos a gravitação, que rege o comportamento da atração entre massas.

**Gravitação** é o estudo das forças de atração entre massas (forças de campo gravitacional) e dos movimentos de corpos submetidos a essas forças.

O movimento dos corpos celestes foi a primeira ciência a ser estudada, fazendo da Astronomia o ramo mais antigo das ciências atuais. Desde os antigos egípcios (3000 a.C.) até os incas (século XVI), praticamente todas as civilizações antigas tinham algum grau de conhecimento sobre o comportamento celeste.

Esse conhecimento era essencial para as civilizações antigas, pois permitia a criação de calendários, tornando possível a previsão das estações do ano para o controle da agricultura local.

O misticismo, contudo, ainda dominava nessas épocas, e as explicações sobre fenômenos meteorológicos e astronômicos costumavam ser atribuídas à vontade de diferentes deuses. Apenas com o desenvolvimento do método científico, entre os séculos XVI e XVII, é que houve um desvencilhamento entre religião e misticismo e Astronomia.

Reprodução/Museu da Universidade Jagiellonian, Cracóvia, Polônia.

*Copérnico em conversa com Deus*, óleo sobre tela do artista polonês Jan Matejko (221 cm × 315 cm, Jagiellonian University Museum, Cracóvia), retrata o astrônomo perplexo diante das descobertas que fundamentariam o heliocentrismo.

## A Inquisição e a discriminação de ideias

Do século XV ao século XVII, discriminados, acusados, julgados e frequentemente mortos eram aqueles que contradiziam os preceitos e os dogmas da Igreja Católica Romana. A Inquisição – um sistema de tribunais instituídos pelo Santo Ofício – era responsável por avaliar e julgar tanto correntes de ideias quanto pessoas durante essa época.

Muitos foram queimados publicamente, como a francesa Joana d'Arc (1412-1431) e o italiano Giordano Bruno (1548-1600). Este foi morto por acreditar na possibilidade de outros mundos, além da Terra, e defender um conceito heliocêntrico, em que o Sol seria o centro de um sistema planetário em torno do qual gravitariam a Terra e os demais astros.

O cônego polonês Nicolau Copérnico (1473-1543), que também era matemático e astrônomo, é considerado o pai da hipótese heliocêntrica. No ano de sua morte, foi publicada em latim sua importante obra – *De revolutionibus orbioum coelestium* –, com as bases de sua teoria, que constitui a mais importante ruptura com as ideias vigentes na época, especialmente com a concepção geocêntrica do grego Ptolomeu, segundo a qual a Terra seria o centro do Universo e todos os demais corpos celestes girariam ao seu redor.

Monumento Stonehenge, localizado em Wiltshire, Inglaterra. Sua construção teve início por volta de 3000 a.C. e não se sabe ao certo qual civilização foi responsável por sua criação ou o seu propósito. Stonehenge foi arquitetado de modo que, no pôr do sol do solstício de inverno, ocorra um alinhamento do Sol com a estrutura de pedras.

Steven Sandner/Shutterstock

O italiano Galileu Galilei (1554-1642) inaugurou a Astronomia Observacional por meio de instrumentos ópticos. Desenvolveu a luneta recém-criada na Holanda e pôde observar as crateras da Lua, as manchas solares, os satélites de Júpiter e os anéis de Saturno. Formulou o método científico pelo qual os fenômenos estudados requerem assídua observação e fundamentação matemática. Por suas ideias heliocêntricas, Galileu foi perseguido, preso e julgado pela Inquisição, e só não foi condenado à morte porque abjurou (negou suas verdades) perante um tribunal do Santo Ofício. Ainda assim, ele foi forçado a passar boa parte de sua vida em prisão domiciliar, e um de seus trabalhos mais importantes, *Duas novas ciências*, foi publicado na Holanda para evitar problemas com a censura romana da época. Galileu é considerado o pai da Ciência moderna.

Reprodução/Coleção particular

*Galileu frente ao tribunal do Santo Ofício* (Inquisição romana) – pintura de Cristiano Banti de 1857 – coleção particular.

Johannes Kepler (1571-1630), por sua vez, herdou um grande acervo de observações e medidas astronômicas de seu mestre dinamarquês, Tycho Brahe (1546-1601), o que lhe permitiu formular três leis que apresentaremos nas seções seguintes. As leis de Kepler foram aprimoradas por outros astrônomos e demonstradas matematicamente pelo inglês Isaac Newton (1642-1727). Kepler, contemporâneo de Galileu, também não era adepto das ideias geocêntricas da época, mas livrou-se da censura da Inquisição romana por ter nascido e desenvolvido seu trabalho na Alemanha.

## As leis de Kepler

Kepler foi o primeiro astrônomo a descrever com relativa precisão o movimento dos planetas. Baseando seus estudos na visão heliocentrista de Copérnico e com acesso a medições precisas do movimento de Marte feitas pelo astrônomo e excelente observador Tycho Brahe, ele conseguiu modelar a órbita desse planeta a olho nu e desenvolver os três princípios matemáticos conhecidos como **leis de Kepler**.

### 1ª lei de Kepler: lei das órbitas

Em relação a um referencial no Sol, os planetas movimentam-se descrevendo **órbitas elípticas**, ocupando o Sol um dos focos da elipse.

Observe a figura a seguir.

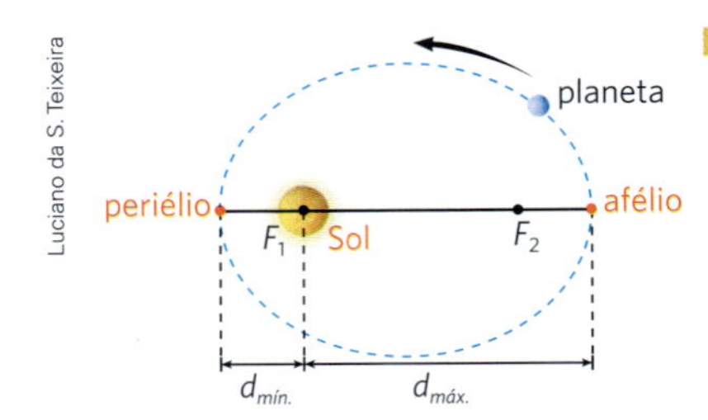


Ilustração com elementos sem proporção entre si e em cores fantasia. A excentricidade da elipse está exagerada para fins ilustrativos.

O ponto da órbita mais próximo do Sol é denominado periélio; e o mais afastado, afélio. O raio médio da órbita ($R$) é dado pela média aritmética entre as distâncias mínima ($d_{mín.}$) e máxima ($d_{máx.}$) do planeta ao Sol quando ele se encontra no periélio e no afélio, respectivamente.

Essa variação de distâncias entre o afélio e o periélio em relação ao Sol, em se tratando da Terra, é, contudo, extremamente pequena, fazendo com que a órbita terrestre seja praticamente circular. Uma evidência desse fato é que, quando observamos o Sol, ele nos aparenta ter o mesmo "tamanho" em qualquer época do ano. Se a órbita terrestre fosse uma elipse de grande excentricidade, visualizaríamos o Sol muito grande quando o planeta percorresse a região do periélio e muito pequeno quando o planeta percorresse a região do afélio. Além disso, na passagem da Terra pela região do periélio, sentiríamos um calor insuportável, e a Terra ficaria sujeita a marés devastadoras. Na passagem de nosso planeta pela região do afélio, porém, seriamos submetidos a fenômenos opostos: sentiríamos um frio glacial e as marés seriam mais amenas, pois o efeito do Sol seria praticamente desprezível comparado ao efeito da Lua.

A excentricidade das órbitas dos planetas do Sistema Solar varia, mas todas têm valores relativamente baixos, sendo Mercúrio o planeta com a órbita mais excêntrica. Em geral, cometas e meteoros possuem órbitas bastante excêntricas ao redor do Sol.

### 2ª lei de Kepler: lei das áreas

As áreas varridas pelo vetor-posição de um planeta em relação ao centro do Sol são **diretamente proporcionais** aos respectivos intervalos de tempo gastos.

Também podemos enunciar a lei das áreas da seguinte maneira:

O vetor-posição de um planeta em relação ao centro do Sol varre **áreas iguais em intervalos de tempo iguais**.

Considere a figura a seguir, que ilustra um planeta em quatro instantes consecutivos de seu movimento orbital em torno do Sol. Nela, estão representados os vetores-posição $\vec{r}_A$, $\vec{r}_B$, $\vec{r}_C$ e $\vec{r}_D$ associados aos instantes $t_A$, $t_B$, $t_C$ e $t_D$, respectivamente.

Representamos por $A_1$ e $A_2$ as áreas varridas pelo vetor-posição do planeta nos intervalos $\Delta t_1 = t_B - t_A$ e $\Delta t_2 = t_D - t_C$.

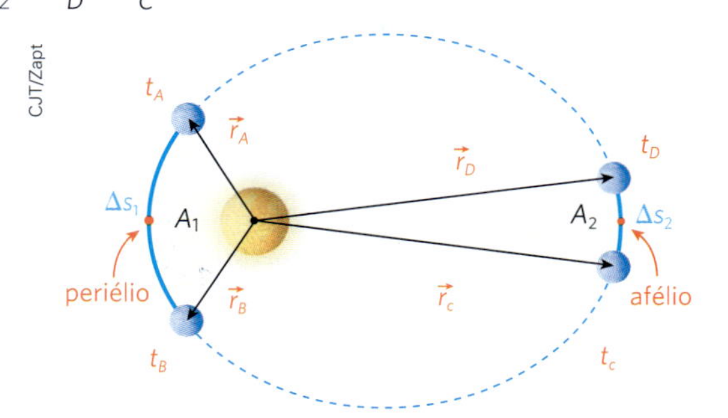


Ilustração com elementos sem proporção entre si e em cores fantasia.

Conforme propõe a **2ª lei de Kepler**, temos:

Se $\Delta t_1 = \Delta t_2$, então $A_1 = A_2$.

É possível notar também que o espaço percorrido $\Delta s_1$ é muito maior que o espaço $\Delta s_2$. No periélio, o planeta tem velocidade de translação com intensidade máxima, enquanto no afélio ele tem velocidade de translação com intensidade mínima. Isso nos mostra que o movimento de um planeta que descreve órbita elíptica em torno do Sol **não é uniforme**. Do afélio para o periélio o movimento é acelerado, e do periélio para o afélio o movimento é retardado.

A explicação para esse mecanismo está na força de atração gravitacional que o Sol exerce no planeta, que será detalhada adiante.

## 3ª lei de Kepler: lei dos períodos

Para qualquer planeta do Sistema Solar, quando dividimos o valor do cubo do raio médio da órbita ($R^3$) pelo quadrado do período de revolução ($T^2$), a razão é **constante**.

$$\frac{R^3}{T^2} = K_p$$

A constante $K_p$ denomina-se **constante de Kepler** e seu valor depende apenas da massa do Sol e das unidades de medida.

Na tabela a seguir, estão relacionados os oito planetas do Sistema Solar com seus respectivos raios médios de órbita ($R$) e períodos de revolução ($T$), em valores aproximados.

### Cálculo de $K_p$ (valor aproximado)

| Planeta | Raio médio da órbita (UA) | Período de revolução (dias) | $\frac{R^3}{T^2}$ (UA³/dias²) |
|---|---|---|---|
| Mercúrio | 0,387 | 88,0 | $7{,}48 \cdot 10^{-6}$ |
| Vênus | 0,723 | 224,70 | $7{,}48 \cdot 10^{-6}$ |
| Terra | 1,000 | 365,25 | $7{,}49 \cdot 10^{-6}$ |
| Marte | 1,524 | 687 | $7{,}50 \cdot 10^{-6}$ |
| Júpiter | 5,200 | 4 331 | $7{,}49 \cdot 10^{-6}$ |
| Saturno | 9,580 | 10 747 | $7{,}61 \cdot 10^{-6}$ |
| Urano | 19,195 | 30 589 | $7{,}55 \cdot 10^{-6}$ |
| Netuno | 30,055 | 59 800 | $7{,}59 \cdot 10^{-6}$ |

Fonte: HALLIDAY, David *et al. Fundamentos de Física*: gravitação, ondas e termodinâmica. v. 2. Rio de Janeiro: LTC, 2012.

Note que o período de revolução aumenta à medida que aumenta o raio médio da órbita descrita pelo planeta em torno do Sol. Mercúrio é o planeta mais próximo do Sol e, por isso, é o que tem o menor ano (aproximadamente 88 dias terrestres). Netuno é o planeta mais afastado do Sol e, por isso, é o que tem maior ano (aproximadamente 165 anos terrestres).

## Universalidade das leis de Kepler

As três leis de Kepler apresentadas até aqui são **universais**, isto é, valem para o Sistema Solar a que pertencemos e também para qualquer outro sistema similar do Universo, em grande ou pequena escala. Ou seja, valem para outras estrelas, orbitadas por outros planetas, e valem também para descrever as órbitas de satélites, aritificiais ou naturais, como os quatro principais satélites de Júpiter - as chamadas "luas de Galileu" (Io, Europa, Ganimedes e Calisto).

# Lei de Newton da atração das massas

Considere a figura seguinte, em que os corpos $A$ e $B$, de massas $m_A$ e $m_B$, respectivamente, têm seus centros de gravidade separados por uma distância $d$.

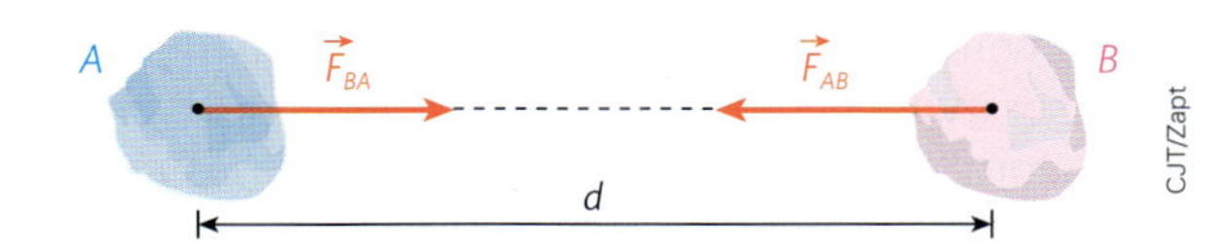


Newton verificou que os dois corpos se atraem mutuamente, trocando forças de **ação** e **reação**. O corpo $A$ age no corpo $B$ com uma força $\vec{F}_{AB}$, enquanto $B$ reage em $A$ com uma força $\vec{F}_{BA}$, de mesma intensidade que $\vec{F}_{AB}$.

Disso se conclui que:

$$\vec{F}_{AB} = -\vec{F}_{BA} \text{ ou } |F_{AB}| = |F_{BA}|$$

As forças trocadas por $A$ e $B$ têm a mesma natureza daquela responsável pela manutenção da Lua em sua órbita em torno da Terra e também daquela responsável pela queda de corpos nas vizinhanças de um astro: são forças atrativas de **origem gravitacional**.

As intensidades de $\vec{F}_{AB}$ e $\vec{F}_{BA}$ são diretamente proporcionais ao produto das massas $m_A$ e $m_B$, mas inversamente proporcionais ao quadrado da distância $d$.

Representando por $F$ a intensidade de $\vec{F}_{AB}$ ou de $\vec{F}_{BA}$, podemos escrever que:

$$F = G\frac{m_A m_B}{d^2}$$

A constante $G$ é denominada **constante da gravitação** e seu valor numérico, num mesmo sistema de unidades, **independe do meio** em que os corpos se encontram. Atualmente, o valor aceito para $G$ é:

$G = 6{,}67 \cdot 10^{-11}\ \text{N m}^2/\text{kg}^2$

Vamos agora estudar como varia a intensidade ($F$) da força de atração gravitacional entre dois corpos de massas $M$ e $m$ em função da distância $d$ entre seus centros de gravidade. Levando em consideração que $F$ é inversamente proporcional ao quadrado de $d$, a variação de $F$ em função de $d$ pode ser observada no gráfico a seguir.

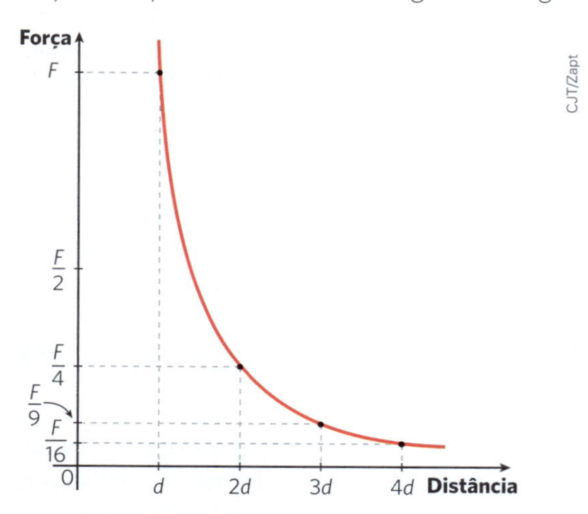


Dois corpos quaisquer sempre interagem gravitacionalmente, atraindo-se. Entretanto, pelo fato de o valor de $G$ ser muito pequeno, a intensidade da força atrativa só se torna apreciável se pelo menos uma das massas for consideravelmente grande. É por isso que duas pessoas se atraem gravitacionalmente, mas com forças de intensidade tão pequena que seus efeitos passam despercebidos, especialmente quando comparados com a intensidade da força gravitacional terrestre à qual as pessoas estão sujeitas. A força de atração gravitacional adquire intensidade considerável quando um dos corpos é, por exemplo, um planeta e, além disso, a distância envolvida é relativamente pequena.

# Satélites

## Estudo do movimento de um satélite em órbita circular

Considere a figura a seguir, em que um satélite genérico de massa $m$ gravita em órbita circular em torno de um planeta de massa $M$. Representemos por $r$ o raio da órbita e por $G$ a constante da gravitação.

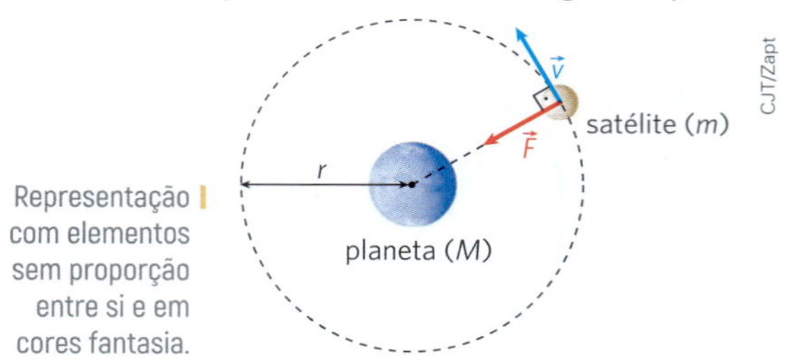


Representação com elementos sem proporção entre si e em cores fantasia.

## Determinação do módulo da velocidade orbital ($v$)

A força gravitacional que o satélite recebe do planeta é a **resultante centrípeta** em seu movimento circular e uniforme.

Sabemos que: $F = F_{cp}$.

$$F = G\frac{Mm}{r^2} \text{ e } F_{cp} = \frac{mv^2}{r} \Rightarrow v = \sqrt{\frac{GM}{r}}$$

Observe que $v$ **independe da massa** do satélite, sendo inversamente proporcional à raiz quadrada de $r$.

## Determinação do período de revolução ($T$)

Como o satélite realiza movimento circular e uniforme, e sabendo que $v = \frac{2\pi R}{T}$, igualando esse valor de velocidade ao valor encontrado de velocidade orbital e isolando o período $T$, temos:

$$T = 2\pi\sqrt{\frac{r^3}{GM}}$$

Note que $T$ também independe da massa do satélite, sendo proporcional à raiz quadrada do cubo de $r$. Se outro satélite, com massa diferente do primeiro, descrevesse a mesma órbita, esta seria percorrida com o mesmo período de revolução.

Os satélites geoestacionários – parados em relação ao solo terrestre –, por exemplo, descrevem a mesma órbita, a pouco mais de 35 000 km de altitude sem, no entanto, colidirem entre si. Isso ocorre porque seu período de revolução é o mesmo e igual ao período de rotação da Terra – 24 h –, independentemente da massa ou das características de cada um.

## O ser humano pousou na Lua?

A despeito de correntes conspiratórias que insistem em reconduzir a humanidade à idade das trevas, propondo que a Terra é plana ou que o aquecimento global não é real, sim, o ser humano pousou na Lua!

E isso aconteceu em 20 de julho de 1969, quando o astronauta estadunidense Neil Armstrong (1930-2012) deixou no solo lunar sua indelével pegada, tendo proferido uma frase histórica: "Esse é um pequeno passo para um homem, mas um grande salto para a humanidade".

Talvez esse tenha sido o momento mais relevante da guerra fria travada entre Estados Unidos e a então União Soviética, em que as duas superpotências rivalizavam na busca de conquistas militares e tecnológicas mais e mais contundentes.

O pouso do homem na Lua foi uma das maiores aventuras de todos os tempos, que proporcionou avanços tecnocientíficos sem precedentes.

Depois da memorável viagem da Apollo 11, que conduziu pela primeira vez três astronautas ao satélite natural da Terra, equipados com computadores extremamente rudimentares para os padrões atuais, muitas missões tripuladas ao espaço se sucederam.

Cogita-se hoje a construção de uma base na Lua e outra em Marte, o que tornará o "*pequeno passo*" ainda maior.

Até o momento, doze astronautas pisaram o solo lunar, porém estuda-se para os próximos anos a construção de uma base no satélite, que servirá de estação de abastecimento e suprimentos para viagens espaciais mais ousadas.

### Descubra mais

**1** Investigue um texto publicado em algum tipo de mídia digital que apresente argumentos contrários ao pouso do homem na Lua. Elabore e comunique, para públicos variados, um relatório refutando esses argumentos com base em argumentos científicos que você aprendeu aqui, ou através de pesquisas, listando suas fontes.

## Exercícios

**1** Adotando o Sol como referencial, aponte a alternativa que condiz com a 1ª lei de Kepler da gravitação (lei das órbitas):

**a)** As órbitas planetárias são quaisquer curvas, desde que fechadas.

**b)** As órbitas planetárias são espiraladas.

**c)** As órbitas planetárias não podem ser circulares.

**d)** As órbitas planetárias são elípticas, com o Sol ocupando o centro da elipse.

**e)** As órbitas planetárias são elípticas, com o Sol ocupando um dos focos da elipse.

**2** Na figura a seguir, está representada a órbita elíptica de um planeta em torno de uma estrela fictícia, supostamente na galáxia de Andrômeda:



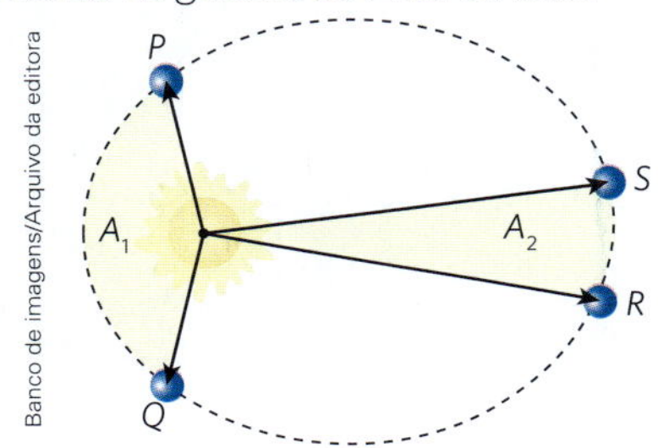


**a)** Se os arcos de órbita $PQ$ e $RS$ são percorridos em intervalos de tempo iguais, qual é a relação entre as áreas $A_1$ e $A_2$?

**b)** Em que lei física você se baseou para responder ao item **a**?

**3** (Unicamp-SP) A figura a seguir representa a órbita descrita por um planeta em torno do Sol. O sentido de percurso está indicado pela seta. Os pontos $A$ e $C$ são colineares com a estrela, o mesmo ocorrendo com os pontos $B$ e $D$. O ponto $A$ indica o local de maior aproximação do planeta em relação ao Sol e o ponto $C$, o local de maior afastamento.

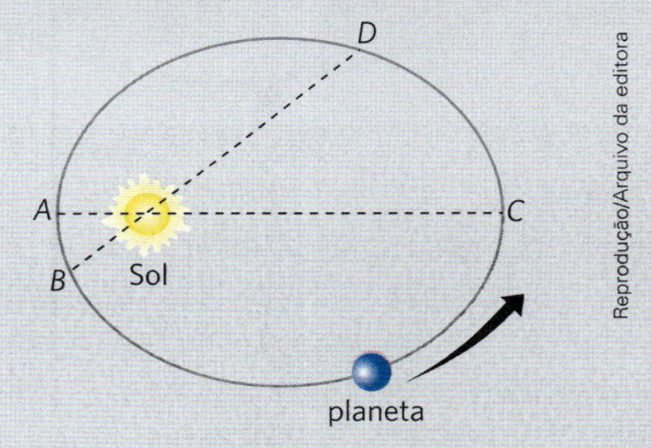

a) Em que ponto da órbita o planeta tem velocidade de translação com intensidade máxima? E em que ponto sua velocidade de translação tem intensidade mínima?

b) Segundo Kepler, a linha imaginária que liga o planeta ao centro da estrela "varre" áreas iguais em intervalos de tempo iguais. Fundamentado nessa informação, coloque em **ordem crescente** os intervalos de tempo necessários para o planeta realizar os seguintes percursos: *ABC*, *BCD*, *CDA* e *DAB*.

**Resolução:**

a) A velocidade de transformação do planeta em torno do Sol tem intensidade máxima no periélio (ponto *A*) e mínima no afélio (ponto *C*).

b) $(\text{área})_{DAB} < (\text{área})_{ABC} = (\text{área})_{CDA} < (\text{área})_{BCD}$
Logo: $\Delta t_{DAB} < \Delta t_{ABC} = \Delta t_{CDA} < \Delta t_{BCD}$

**Respostas:** a) Velocidade máxima: ponto *A*; velocidade mínina: ponto *C*; b) $\Delta t_{DAB} < \Delta t_{ABC} = \Delta t_{CDA} < \Delta t_{BCD}$.

**4** (UFRGS-RS) A elipse, na figura abaixo, representa a órbita de um planeta em torno de uma estrela *S*. Os pontos ao longo da elipse representam posições sucessivas do planeta, separadas por intervalos de tempo iguais. As regiões alternadamente coloridas representam as áreas varridas pelo raio vetor da trajetória nesses intervalos de tempo. Na figura, em que as dimensões dos astros e o tamanho da órbita não estão em escala, o segmento de reta $\overline{SH}$, de comprimento *p*, representa a distância do afélio ao foco da elipse.

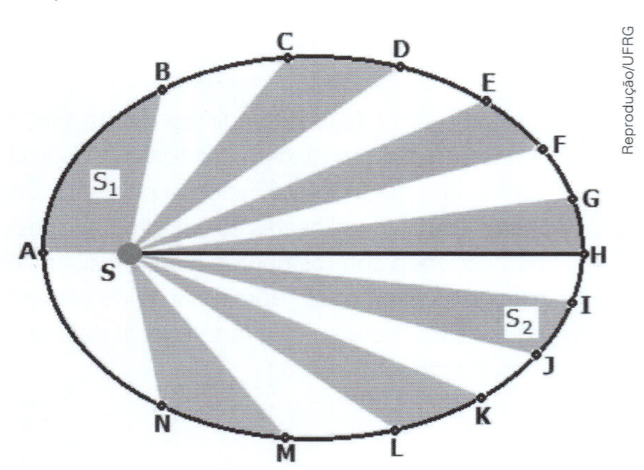


Considerando-se que a única força atuante no sistema estrela-planeta seja a força gravitacional, são feitas as seguintes afirmações.

I. As áreas $S_1$ e $S_2$, varridas pelo raio vetor da trajetória, são iguais.

II. O período da órbita é proporcional a $p^3$.

III. As velocidades tangenciais do planeta nos pontos *A* e *H*, $V_A$ e $V_H$, são tais que $V_A > V_H$

Quais estão corretas?

a) Apenas I.
b) Apenas I e II
c) Apenas I e III.
d) Apenas II e III.
e) I, II e III.

**5** O astrônomo alemão Johannes Kepler apresentou três generalizações a respeito dos movimentos planetários em torno do Sol, conhecidas como leis de Kepler. Fundamentado nessas leis, analise as proposições a seguir:

(01) O quociente do cubo do raio médio da órbita pelo quadrado do período de revolução é constante para qualquer planeta do Sistema Solar.

(02) Quadruplicando-se o raio médio da órbita, o período de revolução de um planeta em torno do Sol octuplica.

(04) Quanto mais próximo do Sol (menor raio médio de órbita) gravitar um planeta, maior será seu período de revolução.

(08) No Sistema Solar, o período de revolução dos planetas em torno do Sol cresce de Mercúrio para Netuno.

(16) Quando a Terra está mais próxima do Sol (região do periélio), a estação predominante no planeta é o verão.

Dê como resposta a soma dos números associados às proposições corretas.

**6** A **Estação Espacial Internacional** (EEI), ou em inglês International Space Station (ISS), é um laboratório espacial cuja montagem em órbita começou em 1998 e acabou oficialmente em 8 de junho de 2011. A estação encontra-se em órbita baixa, em altitude aproximada de 345 km, o que possibilita ser vista da Terra a olho nu. A espaçonave viaja a uma velocidade escalar média de 27 700 km/h, completando 15,77 órbitas por dia, o que significa um período de translação em torno da Terra de aproximadamente 1 h 31 min 18 s.

Representação artística da EEI orbitando a Terra.

À medida que foi sendo montada em pleno espaço por meio de sucessivas missões americanas, russas e europeias, a EEI foi adquirindo maior massa. Supondo-se que o raio de órbita do laboratório não tenha sido alterado, que modificação no período de translação dessa base sua montagem acarretou?

**7** Considere um satélite de massa $m$ em órbita circular de raio $R$ ao redor de um astro de massa $M$. Sendo $G$ a constante da gravitação, determine:

**a)** a intensidade da velocidade orbital, $v$, do satélite, bem como sua velocidade angular, $\omega$.

**b)** seu período de revolução, $T$, em torno do astro.

**8** Saturno é o sexto planeta do Sistema Solar, em ordem de distâncias crescentes ao Sol, e o segundo maior em dimensões, perdendo apenas para Júpiter. Hoje, são conhecidos mais de oitenta satélites naturais de Saturno – luas –, sendo que o maior deles, Titã, está a uma distância média de 1 200 000 km de Saturno e tem um período de translação de aproximadamente 16 dias terrestres ao redor do planeta.

Imagem de Saturno e uma de suas luas, Titã, obtida pela sonda Cassini em 2012.

Tétis é outro dos maiores satélites naturais de Saturno, apresentando-se a uma distância média de 300 000 km do planeta.

Considerando-se os dados contidos no texto, responda às duas questões a seguir:

**a)** Qual é o período de translação aproximado de Tétis ao redor de Saturno, em dias terrestres?

**b)** Sendo $v_{Te}$ o módulo da velocidade tangencial de Tétis ao longo de sua órbita em torno de Saturno e $v_{Ti}$ o módulo da velocidade tangencial de Titã, qual é o valor da relação $\frac{v_{Te}}{v_{Ti}}$?

# Estudo do campo gravitacional de um astro

## Linhas de força do campo gravitacional

De acordo com os preceitos da Física clássica, toda massa tem em torno de si um campo de forças, denominado **campo gravitacional**. Uma estrela, por exemplo, tem ao seu redor um campo gravitacional, o mesmo ocorrendo com um simples grão de poeira do meio interestelar.

A intensidade do campo gravitacional em determinado ponto aumenta com a massa geradora do campo e diminui com a distância até essa massa, como verificaremos adiante em nosso estudo.

O campo gravitacional é sempre **atrativo**, já que partículas submetidas exclusivamente aos seus efeitos são "puxadas" para junto da massa geradora. Podemos assimilar o conceito de campo como um artifício matemático para ajudar a entender forças que agem a distância. O campo gravitacional terrestre, por exemplo, age sobre corpos na superfície da Terra, sobre corpos lançados para cima ou obliquamente, sobre aviões em altitude de cruzeiro, sobre os satélites de telecomunicação, e até mesmo sobre o próprio Sol.

**Linhas de força** de um campo gravitacional são linhas que representam, em cada ponto, a orientação da força que atua em uma partícula (massa de prova) submetida exclusivamente aos efeitos desse campo.

Se o astro considerado for esférico e homogêneo, as linhas de força do seu campo gravitacional terão a direção do raio da esfera em cada ponto (linhas radiais), sendo orientadas para o centro do corpo, como representa a figura a seguir.

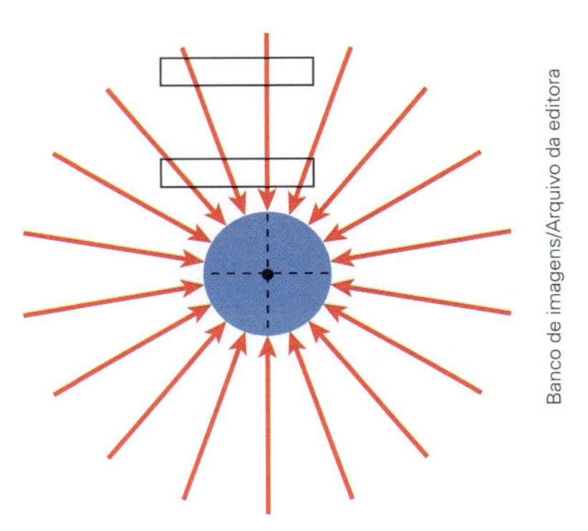

Banco de imagens/Arquivo da editora

Por meio dos dois retângulos idênticos, podemos observar que, próximo ao corpo, temos uma densidade de linhas de campo maior do que quando nos afastamos dele; isso quer dizer que a intensidade do campo cresce quando nos aproximamos e diminui quando nos afastamos.

A grandeza física que caracteriza um campo gravitacional é o **vetor campo gravitacional** ou **vetor aceleração da gravidade** ($\vec{g}$), que é a aceleração adquirida por uma partícula deixada exclusivamente aos efeitos do campo.

A aceleração da gravidade tem a mesma direção e o mesmo sentido das linhas de força, ou seja, é radial ao corpo e dirigida para o seu centro.

## Cálculo da intensidade da aceleração da gravidade em um ponto externo a um astro

Vamos admitir um astro esférico e homogêneo de raio $R$ e massa $M$. Nesse caso, podemos considerar toda a sua massa concentrada em seu centro geométrico. Um segundo corpo, de massa muito menor que $M$, situado a uma altura $h$ em relação à sua superfície, receberá uma força de atração gravitacional $\vec{F}$, conforme representa a figura ao lado.

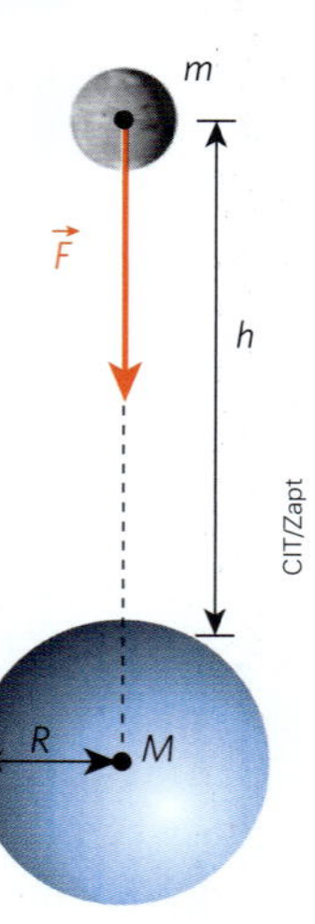


Sendo $G$ a constante da gravitação, podemos expressar a intensidade de $\vec{F}$ pela **lei de Newton da atração das massas**:

$$F = G\frac{Mm}{d^2} \Rightarrow F = G\frac{Mm}{(R+h)^2} \quad \text{(I)}$$

Representando, porém, por $g$ a intensidade da aceleração da gravidade no ponto em que o corpo de prova se encontra, também podemos expressar a intensidade de $\vec{F}$ por:

$$F = mg \quad \text{(II)}$$

Comparando (I) e (II), temos:

$$mg = G\frac{Mm}{(R+h)^2} \Rightarrow g = G\frac{M}{(R+h)^2}$$

Esse resultado evidencia que $g$ independe da massa de prova ($m$), dependendo apenas da massa geradora do campo ($M$) e da distância $d = R + h$.

## Cálculo da intensidade da aceleração da gravidade na superfície do astro

Considere a expressão:

$$g = G\frac{M}{(R+h)^2}$$

Desprezando os efeitos ligados à rotação e observando que na superfície do astro, $h = 0$, a intensidade da aceleração da gravidade ($g_0$) nesse local é dada por:

$$g_0 = G\frac{M}{R^2}$$

Na superfície do Sol, $g_0$ vale cerca de 274,6 m/s² (em torno de 27 vezes o valor terrestre!), e na superfície da Lua, aproximadamente 1,7 m/s².

## Cálculo da intensidade da aceleração da gravidade em um ponto interno ao astro

A intensidade da aceleração da gravidade em um ponto interno ao astro (de raio $R$), distante $r$ de seu centro, tal que $r < R$, é calculada admitindo-se que esse ponto pertença a uma superfície esférica de raio $r$. Essa superfície envolve uma massa $m$, evidentemente, menor que a massa $M$ do astro.

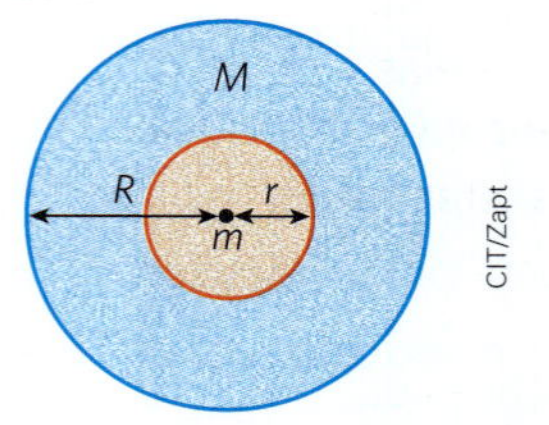


Sobre a superfície de raio $r$, temos:

$$g = G\frac{m}{r^2} \quad \text{(I)}$$

Suponha que o astro tenha massa específica (massa por unidade de volume) uniforme e igual a $\mu$. Sendo $V$ volume da esfera de raio $r$, temos $\mu = \frac{m}{V}$; em que $V = \frac{4}{3}\pi r^3$.

$$\text{Logo: } \mu = \frac{m}{\frac{4}{3}\pi r^3} \Rightarrow m = \frac{4}{3}\pi\mu r^3 \quad \text{(II)}$$

Substituindo (II) em (I), obtemos:

$$g = \frac{G}{r^2} \cdot \frac{4}{3}\pi\mu r^3 \Rightarrow g = \frac{4}{3}\pi\mu G r$$

Fazendo $\frac{4}{3}\pi\mu G = K$, em que $K$ é uma constante para o astro em questão, chega-se a:

$$g = Kr$$

Concluímos então que, para pontos internos ao corpo, o valor de $g$ é **diretamente proporcional** à distância do ponto considerado ao centro dele.

## Gráfico de *g* em função de x

A intensidade da aceleração da gravidade varia em função da distância $r$ ao centro do astro, conforme mostra o gráfico abaixo.

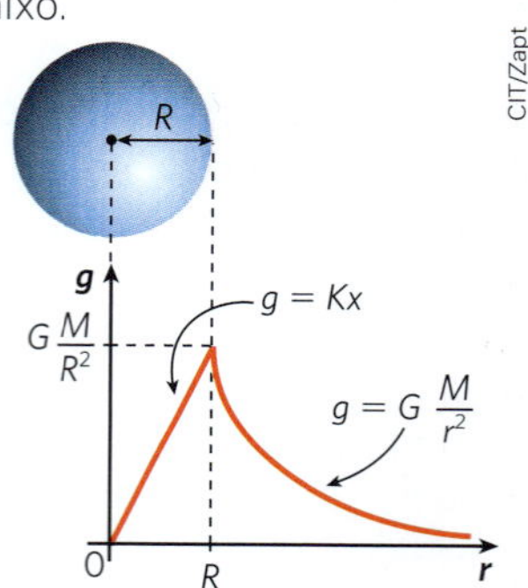

## Ampliando o olhar

### Por que estrelas e planetas são praticamente esféricos?

Imagine uma situação na qual você utilize um pouco de massa de modelar, que geralmente é embalada em forma de bastões cilíndricos, para fazer uma bola maciça. Provavelmente você vai comprimir o material em todas as direções, sempre exercendo esforços radiais no sentido do centro do objeto em forma de esfera que pretende compor. Serão essas forças de pressão que tornarão a massa de modelar, com formato razoavelmente esférico.

Com estrelas e planetas, ocorre um efeito análogo, chamado de equilíbrio hidrostático. A diferença é que as forças que tornam esses corpos praticamente esféricos têm origem gravitacional. Os astros de grande porte - estrelas, planetas, satélites naturais, etc. - são muito massivos e criam ao seu redor campos gravitacionais intensos, capazes de reter qualquer incremento de massa. A massa incorporada é atraída em direção ao centro gravitacional. Quando as forças gravitacionais entram em equilíbrio com as forças de pressão advindas das interações eletromagnéticas das eletrosferas dos átomos (que não deixam a matéria se colapsar toda em um único ponto, como em um buraco negro), e o equilíbrio hidrostático é atingido, o astro adquire sua forma esférica.

Observe na imagem ao lado um eclipse total ou anular do Sol, situação em que a Lua se coloca entre o Sol e a Terra, obstruindo completamente a visualização da superfície da estrela. O halo luminoso em torno do círculo negro é a coroa solar que se estende muito além da superfície do Sol. A forma esférica manifestada pela Lua é fruto da ação de forças gravitacionais do próprio astro que atraem toda a sua massa radialmente no sentido de compactá-la no centro de gravidade.

Chen Haiying/Xinhua/Agência France-Presse

Eclipse total do Sol. Longyearbyen, Noruega. Março de 2015.

### Buracos negros

Existem diferentes tipos de estrelas no Universo. A principal diferença que define cada tipo é a massa que a estrela possuía no seu processo de formação.

A massa de uma estrela define muitas das suas propriedades mais importantes, como o seu raio, sua cor, sua temperatura, sua luminosidade, seu processo evolutivo, seu tempo de vida e, por fim, sua morte. Enquanto as estrelas pequenas e de tamanho mediano, como o Sol, terminam seu ciclo de vida (ou seja, param de produzir energia) na forma de **anãs brancas** (um resto de estrela na forma de um caroço composto de carbono e oxigênio), e estrelas maiores tornam-se os chamados **pulsares** (também conhecidas por estrelas de nêutrons), as estrelas mais massivas terminam suas vidas na forma de **buracos negros**.

Um buraco negro é um colapso gravitacional extremo, quando a gravidade vence perante todas as outras forças da natureza (eletromagnética, nuclear fraca e nuclear forte), e colapsa toda a massa que a estrela possuía em um único ponto (sem dimensão), chamado de **singularidade**. A atração gravitacional de um buraco negro é tão intensa que nem a radiação é capaz de escapar dele; toda a luz que chega perto o suficiente é engolida, e por isso ele recebe esse nome. Na verdade, a atração gravitacional de um buraco negro é tão poderosa que, de acordo com a teoria da relatividade geral, ela engole o próprio tecido sideral - o chamado espaço-tempo.

A grande maioria das galáxias, incluindo a nossa, possui buracos negros supermassivos em suas regiões centrais.

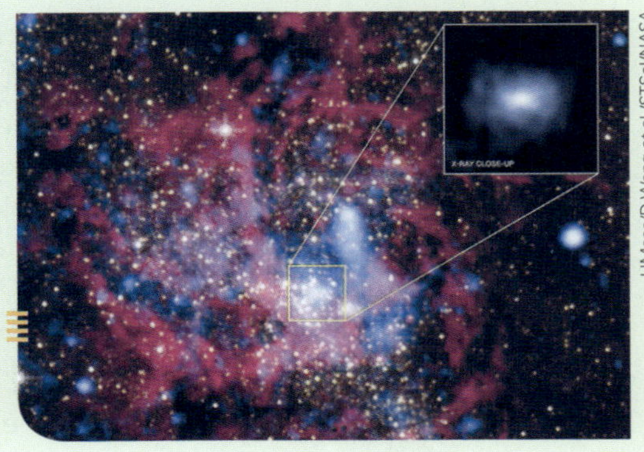
UMass/D.Wang et al./STScI/NASA

Imagem obtida pelo Observatório de Raios-X Chandra em 2012, com destaque para o buraco negro Sagittarius A*, localizado no centro da Via Láctea.

## Descubra mais

**1** O experimento realizado por Henry Cavendish (1731-1810) em 1798 utilizando uma balança de torção foi capaz de estimar a densidade da Terra e o valor da constante de gravitação ($G$), presente na **lei de Newton da atração das massas** $\left(F = G\dfrac{Mm}{d^2}\text{, com } G = 6{,}67 \cdot 10^{-11}\ \text{N m}^2/\text{kg}^2\right)$. Ele é considerado um dos dez mais importantes da Física. Pesquise sobre esse experimento e explique o método e principais equações utilizadas por Cavendish.

**2** Há vários satélites estacionários, de diversas nacionalidades, até mesmo brasileira, em órbita ao redor da Terra servindo às telecomunicações. Todos eles percorrem uma mesma órbita, aproximadamente circular, em um mesmo sentido. Como se justifica o fato de não ocorrerem colisões entre esses satélites?

**3** As marés são eventos corriqueiros e que fazem parte do cotidiano da população que mora em regiões costeiras, em especial aquelas próximas à linha do equador. Realize uma pesquisa e elabore uma explicação baseada em conceitos físicos para definir o que provoca as marés. Sabendo que boa parte do corpo humano é composta de moléculas de água, faz sentido pensarmos no efeito de maré na escala de tamanho de um ser humano? Justifique sua resposta utilizando a linguagem cientifica apropriada.

**4** A galáxia de Andrômeda é a galáxia espiral mais próxima de nós e está em rota de colisão com nossa galáxia. Qual é a força física que explica o movimento de aproximação entre Andrômeda e a Via Láctea? Pesquise artigos de divulgação científica que tratem desse assunto e elabore uma explicação quanto a essa colisão, detalhando a distância entre os dois "objetos", a velocidade de aproximação de Andrômeda e os efeitos esperados dessa colisão para as estrelas de ambas galáxias.

## Exercícios

**9** Sabemos que a constante da gravitação vale, aproximadamente, $6{,}7 \cdot 10^{-11}\ \text{Nm}^2/\text{kg}^2$. Nessas condições, qual é a ordem de grandeza, em newtons, da força de atração gravitacional entre dois navios de 200 toneladas de massa cada um, separados por uma distância de 1,0 km?

a) $10^{-11}$
b) $10^{-6}$
c) $10^{-1}$
d) $10^{5}$
e) $10^{10}$

**10** Duas partículas de massas respectivamente iguais a $M$ e $m$ estão no vácuo, separadas por uma distância $d$. A respeito das forças de interação gravitacional entre as partículas, podemos afirmar que:

a) têm intensidade inversamente proporcional a $d$.
b) têm intensidade diretamente proporcional ao produto $Mm$.
c) não constituem entre si um par ação-reação.
d) podem ser atrativas ou repulsivas, dependendo da sua posição dentro ou fora do Sistema Solar.
e) teriam intensidade menor se estivessem na galáxia anã da Pequena Nuvem de Magalhães.

**11** (Unifor-CE) A força de atração gravitacional entre dois corpos de massas $M$ e $m$, separados de uma distância $d$, tem intensidade $F$. Então, a força de atração gravitacional entre dois outros corpos de massas $\dfrac{M}{2}$ e $\dfrac{m}{2}$, separados de uma distância $\dfrac{d}{2}$, terá intensidade:

a) $\dfrac{F}{4}$.
b) $\dfrac{F}{2}$.
c) $F$.
d) $2F$.
e) $4F$.

**12** Em determinado instante, três corpos celestes $A$, $B$ e $C$ têm seus centros de massa alinhados e distanciados, conforme mostra o esquema abaixo:

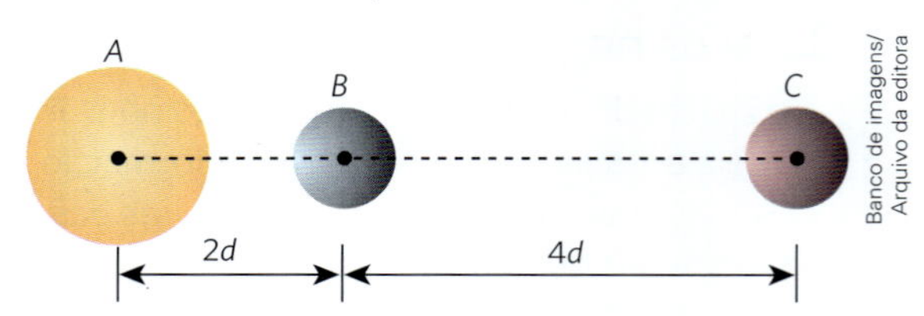


Banco de imagens/Arquivo da editora

Sabendo que as massas de $A$, $B$ e $C$ valem, respectivamente, $5M$, $2M$ e $M$, determine a relação entre as intensidades das forças gravitacionais que $B$ recebe de $A$ e de $C$.

**13** Na situação esquematizada na figura, os corpos $P_1$ e $P_2$ estão fixos nas posições indicadas e suas massas valem $8M$ e $2M$ respectivamente.

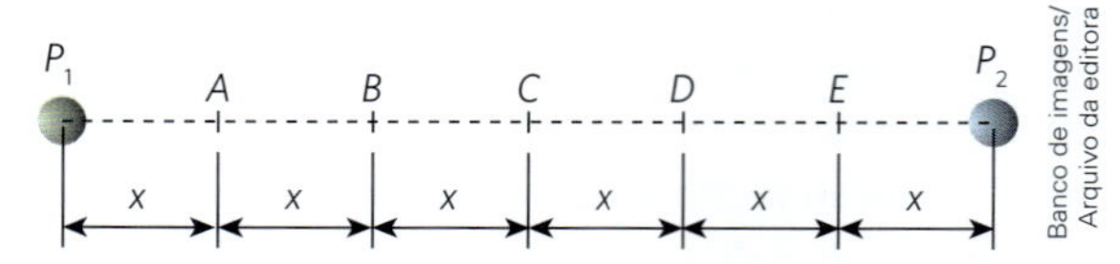


Banco de imagens/Arquivo da editora

Deve-se fixar no segmento que une $P_1$ a $P_2$ um terceiro corpo $P_3$, de massa $M$, de modo que a força resultante das ações gravitacionais dos dois primeiros sobre este último seja nula. Em que posição deve-se fixar $P_3$?

a) $A$
b) $B$
c) $C$
d) $D$
e) $E$

**14** Sabe-se que a massa da Terra é cerca de 81 vezes a massa da Lua e que o raio da Terra é aproximadamente 3,7 vezes o da Lua. Desprezando os efeitos ligados à rotação, calcule o módulo da aceleração da gravidade na superfície da Lua ($g_L$) em função do módulo da aceleração da gravidade na superfície da Terra ($g_T$).

**15** Admita que, na superfície terrestre, desprezados os efeitos ligados à rotação do planeta, a aceleração da gravidade tenha intensidade $g_0$. Sendo $R$ o raio da Terra, a que altitude a aceleração da gravidade terá intensidade $\frac{g_0}{16}$?

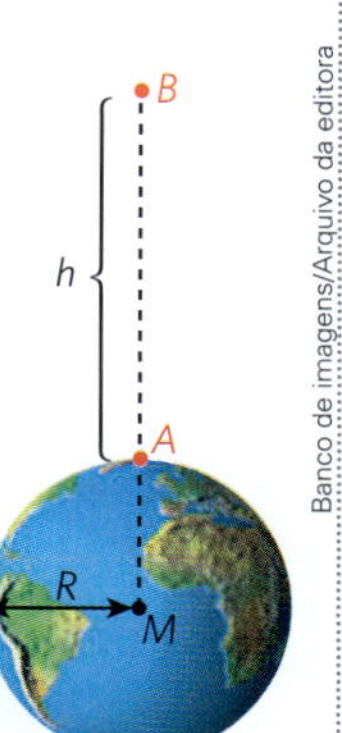


Banco de imagens/Arquivo da editora

**16** Um planeta hipotético tem massa um décimo da terrestre e raio um quarto do da Terra. Se a aceleração da gravidade nas proximidades da superfície terrestre vale 10 m/s$^2$, a aceleração da gravidade nas proximidades da superfície do planeta hipotético é de:

a) 20 m/s$^2$.
b) 16 m/s$^2$.
c) 10 m/s$^2$.
d) 6,0 m/s$^2$.
e) 4,0 m/s$^2$.

**Resolução:**

$$\frac{g_H}{g_T} = \frac{G\frac{M_T}{10(0{,}25R_T)^2}}{G\frac{M_T}{R^2_T}} = \frac{16}{10}$$

$$\frac{g_H}{10} = \frac{16}{10} \therefore \boxed{g_H = 16 \text{ m/s}^2}$$

**Resposta:** alternativa **b**

**17** (Ufal) Para que a aceleração da gravidade num ponto tenha intensidade de 1,1 m/s$^2$ (cerca de um nono da registrada na superfície da Terra), a distância desse ponto à superfície terrestre deve ser:

a) igual ao raio terrestre.
b) o dobro do raio terrestre.
c) o triplo do raio terrestre.
d) o sêxtuplo do raio terrestre.
e) nove vezes o raio terrestre.

**18** Admita que, na superfície terrestre, desprezados os efeitos ligados à rotação do planeta, a aceleração da gravidade tenha intensidade 10 m/s$^2$. Sendo o raio da Terra aproximadamente igual a 6 400 km, a que altitude a aceleração da gravidade terá intensidade 0,40 m/s$^2$?

**19** (UFF-RJ) Antoine de Saint-Exupéry gostaria de ter começado a história do Pequeno Príncipe dizendo: "Era uma vez um pequeno príncipe que habitava um planeta pouco maior que ele, e que tinha necessidade de um amigo...".

Reprodução/Editora Agir

Considerando-se que o raio médio da Terra é um milhão de vezes o raio médio do planeta do Pequeno Príncipe, assinale a opção que indica a razão entre a densidade do planeta do Pequeno Príncipe, $\rho_P$, e a densidade da Terra, $\rho_T$, de modo que as acelerações da gravidade nas superfícies dos dois planetas sejam iguais.

a) $\frac{\rho_P}{\rho_T} = 10^{12}$
b) $\frac{\rho_P}{\rho_T} = 10^{6}$
c) $\frac{\rho_P}{\rho_T} = 10^{18}$
d) $\frac{\rho_P}{\rho_T} = 10^{3}$
e) $\frac{\rho_P}{\rho_T} = 10^{2}$

**20** Em ordem crescente de distâncias ao Sol, Marte é o quarto planeta do Sistema Solar. Esse astro se notabiliza pelo codinome Planeta Vermelho, justificado pelo tom ocre que manifesta quando observado da Terra. Isso se deve, principalmente, à abundância de óxido de ferro em sua superfície e às severas tempestades de areia, provocadas por fortes ventos que podem chegar a 170 km/h. Dessa forma, a fina atmosfera marciana, constituída, sobretudo, por dióxido de carbono, nitrogênio e argônio, fica impregnada de partículas sólidas em suspensão, o que corrobora com essa característica avermelhada.

JPL/NASA

Imagem de Marte obtida pelo telescópio Hubble em 1997.

Ignorando o movimento de rotação dos planetas e sabendo-se que a massa da Terra é cerca de dez vezes a de Marte e o raio terrestre corresponde aproximadamente ao dobro do marciano e considerando-se, ainda, que a intensidade da aceleração da gravidade na superfície da Terra seja de 10,0 m/s$^2$, responda:

a) Qual é a intensidade da aceleração da gravidade na superfície de Marte?

b) Se na Terra um pequeno objeto lançado verticalmente para cima atinge uma altura máxima de 2,0 m, que altura máxima atingiria um outro objeto se fosse lançado verticalmente para cima em Marte, em idênticas condições? Despreze o efeito atmosférico sobre os movimentos.

**21** (IME-RJ) Um astronauta com seu traje espacial e completamente equipado pode dar pulos verticais e atingir, na Terra, alturas máximas de 0,50 m. Determine as alturas máximas que esse mesmo astronauta poderá atingir pulando num outro planeta de diâmetro igual a um quarto do da Terra e massa específica equivalente a dois terços da terrestre. Admita que nos dois planetas o astronauta imprima aos saltos a mesma velocidade inicial.

**22** Um meteorito adentra o campo gravitacional terrestre e, sob sua ação exclusiva, passa a se mover de encontro à Terra, em cuja superfície a aceleração da gravidade tem módulo 10 m/s$^2$. Calcule o módulo da aceleração do meteorito quando ele estiver a uma altitude de nove raios terrestres.

**23** (Fuvest-SP) O gráfico da figura a seguir representa a aceleração da gravidade *g* da Terra em função da distância *d* ao seu centro.

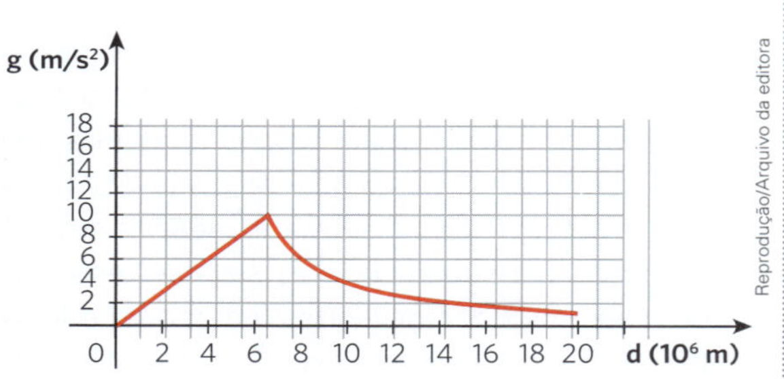


Reprodução/Arquivo da editora

Considere uma situação hipotética em que o valor do raio $R_T$ da Terra seja diminuído para $R'$, sendo $R' = 0{,}8R_T$, e em que seja mantida (uniformemente) sua massa total. Nessas condições, os valores aproximados das acelerações da gravidade $g_1$ à distância $R'$ e $g_2$ a uma distância igual a $R_T$ do centro da "Terra Hipotética" são, respectivamente:

| | $g_1$ (m/s$^2$) | $g_2$ (m/s$^2$) |
|---|---|---|
| a) | 10 | 10 |
| b) | 8 | 6,4 |
| c) | 6,4 | 4,1 |
| d) | 12,5 | 10 |
| e) | 15,6 | 10 |

**24** Uma espaçonave não tripulada descreve uma órbita circular rasante em torno de um planeta esférico e homogêneo, isento de atmosfera, com período de translação igual a *T*. Sendo *G* a constante da gravitação universal, pede-se determinar a densidade absoluta do planeta, $\rho$, em função de *T* e de *G*.

**25** Dois planetas esféricos $P_1$ e $P_2$ têm raios respectivamente iguais a *R* e 5*R*. Desprezados os efeitos ligados às rotações, verifica-se que a intensidade da aceleração da gravidade na superfície de $P_1$ é $g_0$ e na superfície de $P_2$ é $10g_0$. Qual é a relação entre as densidades absolutas de $P_1$ e $P_2$?

**26** Em 2019, a imagem abaixo ficou famosa por ser a primeira imagem obtida de um buraco negro, observado no centro da galáxia Messier 87.

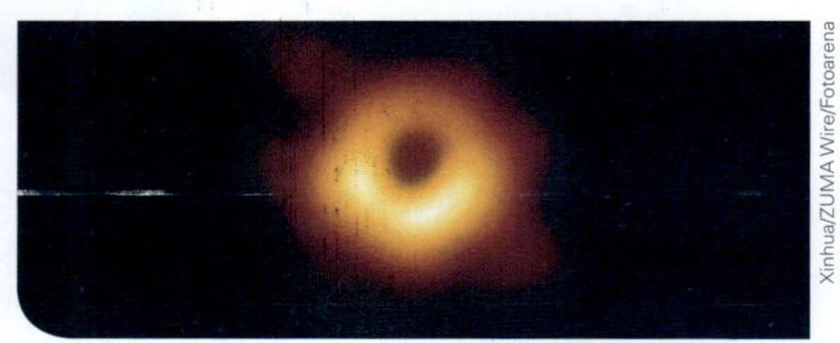

Xinhua/ZUMA Wire/Fotoarena

Leia a seguir o trecho de uma reportagem a respeito dele:

> Na última semana, uma equipe de cientistas divulgou a primeira imagem de um **buraco negro** da história. A notícia comoveu fãs de astronomia no mundo todo, e não demorou para o fenômeno ser batizado.
>
> [...]
>
> Como o buraco negro é uma zona onde a gravidade é tão forte que até a luz não escapa, registrá-lo não foi nada fácil. Os pesquisadores tiveram de sincronizar informações de oito telescópios operando em várias partes do mundo – na Antártica, Chile, México, Espanha e Havaí e Arizona, estados norte-americanos.
>
> A sincronização ocorreu por meio de relógios atômicos, utilizados para calcular bilionésimos de segundo e saber o momento preciso do registro de informações de cada telescópio. O resultado foi não só a chance de ver a silhueta do buraco negro, mas também mais uma confirmação da Teoria da Relatividade Geral de Albert Einstein.

Revista *Galileu*. "Powehi": primeiro buraco negro fotografado ganha nome havaiano. Disponível em: https://revistagalileu.globo.com/Ciencia/Espaco/noticia/2019/04/powehi-primeiro-buraco-negro-fotografado-ganha-nome-havaiano.html. Acesso em: 25 maio 2019.

Mas, se um buraco negro engole toda a radiação que se aproxima dele, como conseguimos observá-lo? O texto da reportagem, portanto, está cientificamente correto?

CAPÍTULO

# Movimentos em campo gravitacional uniforme

Este capítulo favorece o desenvolvimento da seguinte habilidade:

EM13CNT204

## Campo gravitacional uniforme

Corpos que possuem massa, em especial aqueles dotados de grande massa como planetas ou estrelas, têm ao seu redor uma região de influências - teoricamente infinita - capaz de impor a massas de prova aí insertas forças de atração de natureza gravitacional. Essa região é denominada **campo gravitacional** do corpo.

A Terra tem em torno de si seu campo gravitacional - o campo gravitacional terrestre -, caracterizado pelo vetor de campo $\vec{g}$, chamado **aceleração da gravidade**. Como foi visto, nas vizinhanças do nosso planeta e em pequenas altitudes, o vetor $\vec{g}$ tem intensidade próxima de 10 m/s$^2$.

O vetor $\vec{g}$, contudo, é **variável**. Sua direção se modifica à medida que se circunda a Terra, já que $\vec{g}$ é radial à "esfera" terrestre (a Terra na verdade tem o formato de um geoide, levemente achatada na região dos polos). A intensidade de $\vec{g}$ também se altera, decrescendo com a distância à superfície do planeta.

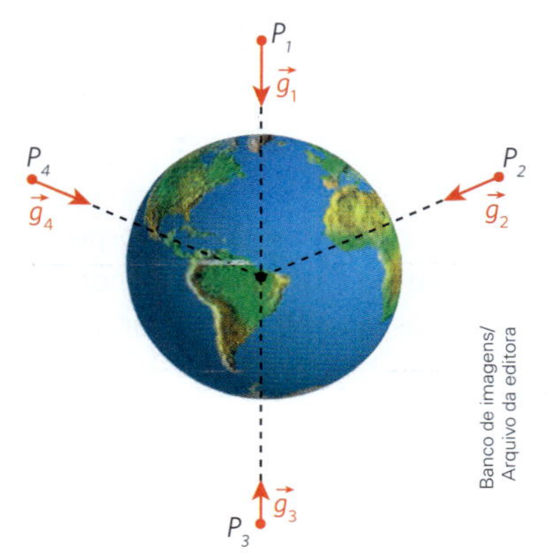


Observe a ilustração ao lado.

Sendo $G$ a constante da gravitação, $M$ e $R$, respectivamente, a massa e o raio da Terra, e $h$ a altitude, pela expressão $g = G\dfrac{M}{(R+h)^2}$ podemos verificar que, aumentando-se $h$, a intensidade $g$ da aceleração da gravidade diminui.

Chamamos de **campo gravitacional uniforme** todo aquele em que o vetor $\vec{g}$ (aceleração da gravidade) tem, em cada instante, as mesmas características - mesmo módulo, direção e sentido - em toda a extensão analisada.

Em ambientes de pequenas dimensões, como o interior de uma sala de aula ou um campo de futebol, ou até mesmo em grandes cidades, o campo gravitacional pode ser considerado uniforme e também constante. Isso significa que em qualquer ponto desses locais, e em qualquer instante, o vetor $\vec{g}$ será vertical, dirigido perpendicularmente ao solo (admitido horizontal), orientado para baixo e com intensidade próxima de 10 m/s$^2$.

### Descubra mais

1 Admitindo-se interações exclusivamente gravitacionais, elabore hipóteses, previsões e explicações de como são os movimentos de uma partícula lançada a partir do solo terrestre. Quais diferenças seriam notadas nesses movimentos se o lançamento ocorresse em idênticas condições a partir das superfícies da Lua e de Júpiter?

## Lançamento vertical

Um ato bastante corriqueiro consiste em lançarmos pequenos objetos verticalmente para cima. Nesses casos, o corpo lançado sobe e depois desce, percorrendo praticamente um mesmo segmento de reta vertical.

Se não levarmos em conta as forças de resistência do ar, depois de deixar o agente lançador - a nossa mão, por exemplo -, o corpo jogado para cima ficará sob a ação exclusiva de seu peso, que vai impor como aceleração a aceleração da gravidade, praticamente constante e traduzida pelo vetor $\vec{g}$, vertical e dirigido para baixo.

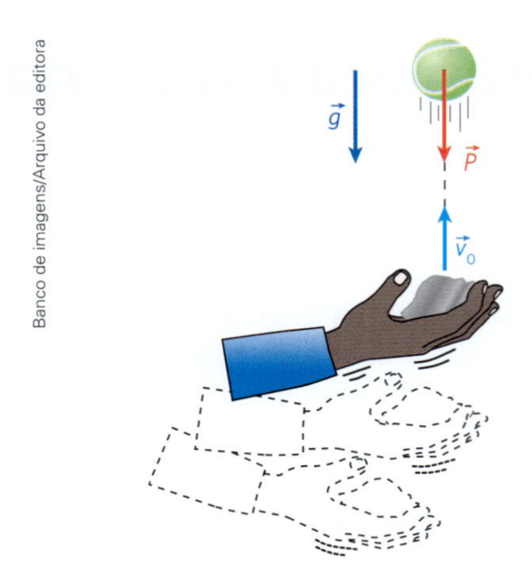


Desprezada a influência do ar, ao deixar a mão da pessoa, a pedra ficará sujeita à ação exclusiva do seu peso $\vec{P}$ e, independentemente de sua massa, a aceleração adquirida por esse corpo será a da gravidade, $\vec{g}$.

Lembremos que corpos sujeitos exclusivamente à ação do campo gravitacional (suposto uniforme) terão, todos, aceleração $\vec{g}$, não importando suas massas, materiais ou formas.

Na subida, o corpo descreverá um movimento uniformemente retardado, parando instantaneamente no ponto de altura máxima. Já na descida - em queda livre -, realizará um movimento uniformemente acelerado. Tanto na subida quanto na descida, a aceleração do corpo será a da gravidade, $\vec{g}$, com intensidade próxima de 10 m/s$^2$.

## Ampliando o olhar

### Levando-se em conta a resistência do ar

E se levarmos em conta a presença da atmosfera? Afinal, ela é um meio fluido essencial e corpos em movimento através desse fluido ficam sujeitos a forças de oposição ao avanço, que determinam um efeito resultante denominado simplesmente **força de resistência do ar**.

A força de resistência do ar depende de características do corpo, como material e forma, bem como de parâmetros da própria atmosfera. Sua intensidade cresce com a velocidade, já que se intensificam as colisões de moléculas de ar contra partes do corpo expostas a esse bombardeio.

Em geral, a intensidade da força de resistência do ar, $F_{ar}$, é diretamente proporcional ao quadrado do módulo da velocidade, $v$, conforme uma expressão do tipo:

$$F_{ar} = kv^2$$

em que $k$ é uma constante que depende da forma do corpo (aerodinâmica), da densidade do ar e da maior área de uma seção do objeto perpendicular à direção do movimento.

Consideremos a situação ilustrada abaixo, em que uma pessoa vai arremessar, verticalmente para cima, uma peteca de massa $m$.

A peteca vai subir do ponto $A$ até o ponto $B$ de altura máxima e vai retornar ao ponto de partida, $A$.

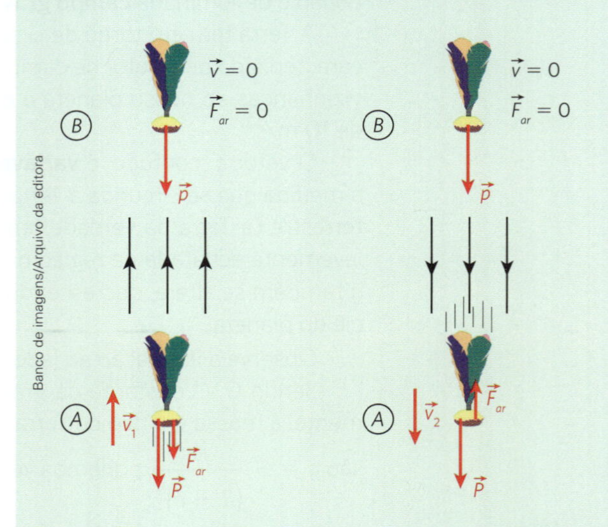


Seja $g$ a intensidade da aceleração da gravidade local.

No movimento de subida, aplicando-se a 2ª lei de Newton, tem-se, em cada instante:

$$P + F_{ar} = ma_{subida} \Rightarrow a_{subida} = g + \frac{F_{ar}}{m}$$

Dessa expressão depreende-se que $a_{subida} > g$. Isso ocorre mesmo com $F_{ar}$ decrescendo na subida.

Já no movimento de descida, aplicando-se também a 2ª lei de Newton, tem-se, em cada instante:

$$P - F_{ar} = ma_{descida} \Rightarrow a_{descida} = g - \frac{F_{ar}}{m}$$

Dessa expressão conclui-se que, $a_{descida} < g$. Isso ocorre mesmo com $F_{ar}$ crescendo - pelo menos a princípio - na descida.

Afinal, deve-se ter em conta que, se a peteca atingir uma grande altura no lançamento, poderá ocorrer, na descida, a nulidade da aceleração. Nesse caso, $F_{ar}$ deixa de crescer, assumindo um valor constante. Isso acontecerá a partir do instante em que $\frac{F_{ar}}{m} = g$ e, nessa situação, a peteca percorrerá o trecho final do seu caminho de volta em movimento retilíneo e uniforme, com uma velocidade denominada **terminal limite**.

## Lançamento oblíquo

Muitos esportes, como futebol, basquete, vôlei, tênis, golfe, salto em distância, etc. constituem excelentes cenários em que são observados lançamentos oblíquos. No nosso estudo desse assunto, ignoraremos os efeitos do ar.

Lançando-se obliquamente um objeto qualquer, este vai descrever uma trajetória em forma de arco de parábola em relação a um referencial fixo no solo terrestre.

Na subida, o movimento será retardado e na descida, acelerado, sob a ação exclusiva da aceleração da gravidade, isto é, ao longo de todo o voo, a força resultante no objeto será seu peso $\vec{P}$ e a aceleração vetorial será igual a $\vec{g}$.

Na subida, o vetor $\vec{g}$ admite uma componente tangencial com magnitude **decrescente** até zero, de sentido contrário ao da velocidade vetorial. Já na descida, o vetor $\vec{g}$ admite uma componente tangencial com magnitude **crescente** a partir de zero, no mesmo sentido da velocidade vetorial.

A aceleração escalar do objeto é, portanto, variável, tanto na subida como na descida, o que torna o lançamento oblíquo variado, mas **não uniformemente**.

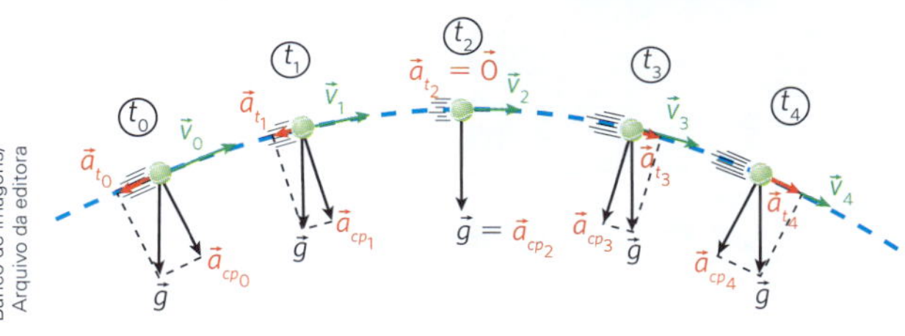


A aceleração vetorial do projétil é $\vec{g}$ em todos os pontos da trajetória. Como a trajetória é curvilínea (parabólica), a aceleração vetorial $\vec{g}$ deve admitir também uma componente centrípeta em cada ponto, de modo que $\vec{a}_t + \vec{a}_{cp} = \vec{g}$.

Considerando-se um referencial cartesiano Oxy, como nos esquemas a seguir, pode-se notar que a aceleração vetorial $\vec{g}$ projetada no eixo horizontal Ox é um ponto. Isso significa que nessa direção a aceleração vetorial (e escalar) é nula, o que implica **movimento uniforme**.

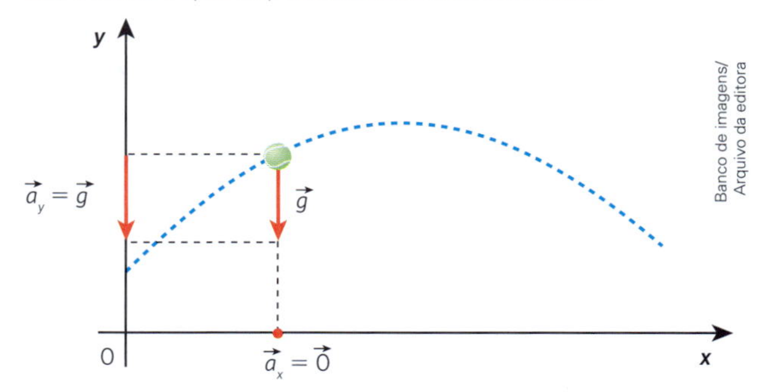


Por outro lado, a aceleração vetorial $\vec{g}$ projetada no eixo vertical Oy aparece em verdadeira grandeza, isto é, surge como o próprio vetor $\vec{g}$. Por isso, nessa direção, a aceleração vetorial (e escalar) é constante e não nula, o que implica **movimento uniformemente variado**.

Diante do exposto, podemos inferir que o movimento parabólico sob a ação exclusiva do campo gravitacional é a **composição de dois movimentos** parciais mais simples: um horizontal, **retilíneo e uniforme**, e outro vertical, **retilíneo e uniformemente variado**, retardado na subida e acelerado na descida.

A ilustração abaixo descreve o voo parabólico de uma bolinha em relação ao referencial cartesiano Oxy, fixo no solo, sob a ação exclusiva da aceleração da gravidade, suposta constante, com intensidade $g$.

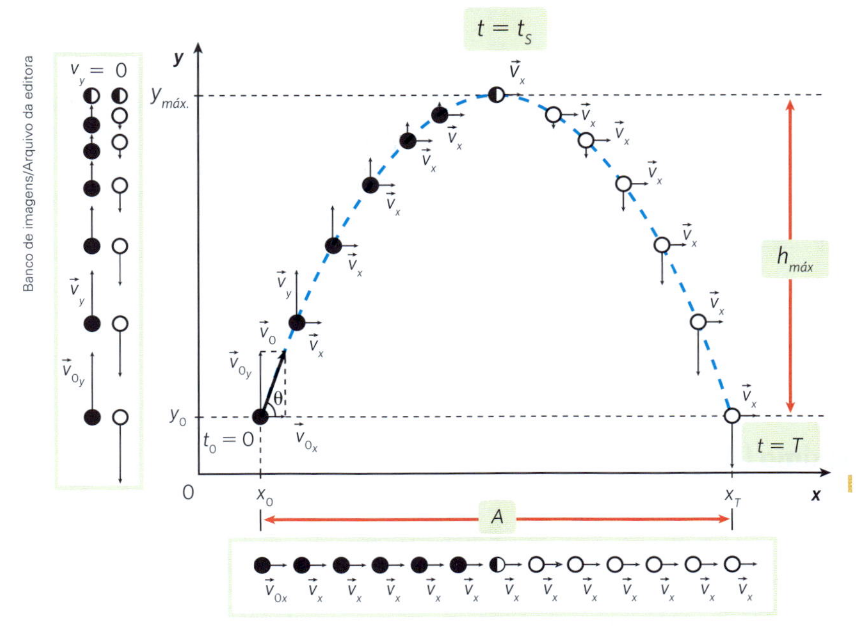


Durante todo o voo da bolinha, a velocidade vetorial horizontal permanece constante (movimento retilíneo e uniforme nessa direção), o que implica $\vec{v}_x = \vec{v}_{0x}$.

### Cálculo do tempo de voo ($T$)

No caso da bolinha do esquema anterior, analisando-se o movimento uniformemente retardado de subida vertical, tem-se:

$$v_y = v_{0y} + \alpha_y t$$

Lembrando-se de que $v_{0y} = v_0 \text{ sen } \theta$ e que no instante $t = t_s$ a bolinha atinge a altura máxima, com $v_y = 0$, vem:

$$0 = v_0 \text{ sen } \theta - g t_s \Rightarrow g t_s = v_0 \text{ sen } \theta$$

Da qual:

$$t_s = \frac{v_0 \text{ sen } \theta}{g}$$

Devido à simetria entre as situações, podemos dizer que o tempo de descida é igual ao de subida. Assim, o tempo de voo, $T$, é o dobro do tempo $t_s$, isto é:

$$T = 2t_s \Rightarrow T = \frac{2v_0 \text{ sen } \theta}{g}$$

### Cálculo da altura máxima atingida ($h_{máx.}$)

Apliquemos, agora, a equação de Torricelli ao movimento uniformemente retardado de subida vertical.

$$v_y^2 = v_{0y}^2 + 2\alpha_y \Delta y$$

Observando-se que $v_{0y} = v_0 \text{ sen } \theta$ e que, no ponto em que $\Delta y = h_{máx.}$, tem-se $v_y = 0$, segue-se que:

$$0 = (v_0 \text{ sen } \theta)^2 + 2(-g)h_{máx.} \Rightarrow 2gh_{máx.} = v_0^2 \text{ sen}^2 \theta$$

De onde se obtém:

$$h_{máx.} = \frac{v_0^2 \text{ sen}^2 \theta}{2g}$$

### Cálculo do alcance horizontal ($A$)

Do movimento uniforme da bolinha na horizontal, tem-se $\Delta x = v_{0x} t$. Lembrando-se de que $v_{0x} = v_0 \cos \theta$ e que ocorre $\Delta x = A$ no instante $t = T$, isto é, em $t = \frac{2v_0 \text{ sen } \theta}{g}$, vem:

$$A = v_0 \cos \theta \frac{2v_0 \text{ sen } \theta}{g}$$

Da qual:

$$A = \frac{v_0^2}{g} 2 \text{ sen } \theta \cos \theta \Rightarrow A = \frac{v_0^2}{g} \cdot \text{sen } 2\theta$$

### Alcance horizontal máximo ($A_{máx.}$)

Em muitos lançamentos oblíquos, como nos esportes – nas modalidades de lançamento de disco, dardo ou martelo, ou mesmo em salto em distância –, há uma grande preocupação com o alcance horizontal do corpo lançado, que deve ser o maior possível.

Qual deve ser o ângulo de lançamento para que o objeto sob a ação exclusiva da gravidade obtenha o máximo alcance horizontal? Teremos $A_{máx.}$ quando sen $2\theta$ for máximo. Como o maior seno existente é igual a 1, segue-se que:

$$A_{máx.} \Leftrightarrow (\text{sen } 2\theta)_{máx.} = 1$$

Daí, decorre que:

$$2\theta_{máx.} = 90° \Rightarrow \theta_{máx.} = 45°$$

Para uma mesma intensidade de velocidade inicial e em um mesmo local, o ângulo de lançamento que proporciona o **alcance horizontal máximo** é 45°.

Julian Finney/Getty Images

O atleta brasileiro Ronaldo Julião é medalhista no arremesso de disco. Essa modalidade olímpica é provavelmente uma das mais antigas. Supõe-se que tenha sido originada na Grécia, no ano 708 a.C. Nesse esporte, um disco de aço com massa próxima de 2 kg deve ver lançado o mais longe possível. Admitindo-se que o arremesso seja feito com a mesma intensidade da velocidade inicial e em um mesmo local, será obtido o alcance horizontal máximo quando o disco for disparado com um ângulo de tiro igual a 45°.

### Equação da trajetória

Desejamos obter aqui uma função $y = f(x)$ relacionando a abscissa $x$ com a ordenada $y$ da bolinha no referencial $0xy$. Essa função é denominada **equação da trajetória** e serve, entre outras coisas, para comprovar que a trajetória de um objeto lançado obliquamente em condições ideais é um arco de parábola.

Para simplificar, consideraremos que a bolinha tenha sido lançada da origem do referencial. Diante disso, $x_0 = 0$ e $y_0 = 0$.

(I) Analisando-se o movimento uniforme na direção $0x$:

$$x = v_{0x} t \Rightarrow x = v_0 \cos \theta \, t \Rightarrow t = \frac{x}{v_0 \cos \theta} \quad (1)$$

(II) Estudando-se, agora, o movimento uniformemente variado na direção $0y$:

$$y = v_{0y} t - \frac{g}{2} t^2 \Rightarrow y = v_0 \text{ sen } \theta \, t - \frac{g}{2} t^2 \quad (2)$$

Substituindo-se a equação (1) na equação (2), segue-se que:

$$y = v_0 \text{ sen } \theta \frac{x}{v_0 \cos \theta} - \frac{g}{2} \left( \frac{x}{v_0 \cos \theta} \right)^2$$

De onde se obtém:

$$y = \text{tg}\,\theta \cdot x - \frac{g}{2v_0^2 \cos^2 \theta} \cdot x^2$$

Trata-se de uma função do 2º grau em que o coeficiente do termo em $x^2$ é um número negativo. Isso significa, portanto, que a trajetória é um **arco de parábola** com concavidade voltada para baixo, como mostra os jatos de água do chafariz da imagem ao lado.

Paolo Costa/Shutterstock

Parque da Reserva, Lima, Peru.

## Descubra mais

**1** Considere uma partícula abandonada a partir do repouso que vai descrever uma trajetória vertical sob a ação exclusiva da aceleração da gravidade de intensidade $g$ - queda livre. Demonstre que as distâncias percorridas em intervalos de tempo sucessivos de duração constante, $T$, crescem em **progressão aritmética** (P.A.). Em função de $g$ e $T$, determine a razão dessa P.A.

**2** Considere duas partículas lançadas obliquamente de um mesmo ponto com ângulos de lançamento $\theta_1$ e $\theta_2$, tais que $\theta_1 + \theta_2 = 90°$ (ângulo complementares). Esses objetos vão descrever trajetórias parabólicas sob a ação exclusiva da aceleração da gravidade, cuja intensidade vale $g$. Sendo $v_0$ o módulo da velocidade de lançamento dessas partículas, demonstre que seus alcances horizontais serão iguais.

## Exercícios

**1** O esquema abaixo representa em um determinado instante uma torneira mal fechada que goteja periodicamente água sobre uma pia. A altura da boca da torneira em relação à superfície da pia é $H = 0{,}20$ m.

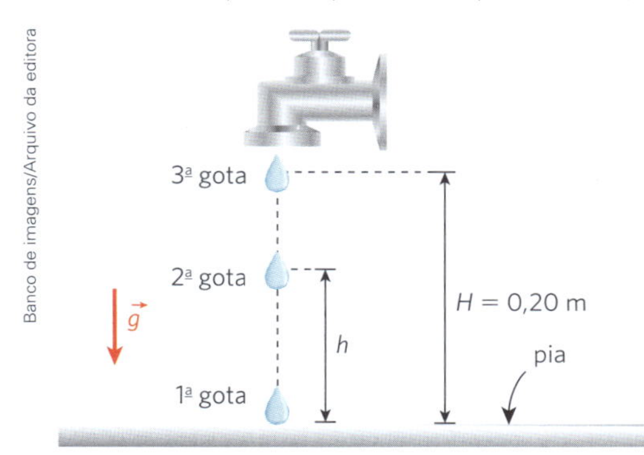


Banco de imagens/Arquivo da editora

Observando-se que, no momento em que a 3ª gota se desprende, a 1ª gota atinge a pia e adotando-se $g = 10{,}0$ m/s$^2$, pede-se calcular:

a) o intervalo de tempo $T$ que intercala o desprendimento de duas gotas consecutivas;

b) a distância $h$ entre a 1ª e a 2ª gotas no instante considerado.

**2** O tênis de mesa - às vezes chamado de pingue-pongue para desespero de muitos jogadores - é um esporte de lances super-rápidos, que exigem dos praticantes bastante agilidade, com tempos de reação extremamente curtos.

Koki Nagahama/Getty Images

Admita que na fotografia acima a jogadora na imagem golpeie a bolinha no exato momento em que esta atinge a altura máxima logo depois de haver quicado na mesa de jogo. Nesse instante, a velocidade da bolinha tem intensidade 1,5 m/s e este corpo está elevado 20 cm em relação à superfície horizontal da mesa. Sendo $\vec{v}_0$ a velocidade vetorial da bolinha imediatamente depois de quicar na mesa para receber a raquetada e $\theta$ o ângulo de inclinação dessa velocidade em relação à direção horizontal, desprezando-se a resistência do ar e adotando-se $g = 10$ m/s$^2$, pede-se determinar:

a) o módulo de $\vec{v}_0$;

b) o seno do ângulo $\theta$.

**3** Uma equipe de futebol ensaia um lance que consiste em uma cobrança de falta com dois jogadores, *A* e *B*, posicionados lado a lado. O jogador *A* chuta a bola obliquamente sem muita força e, nesse mesmo instante, o jogador *B* se põe a correr em movimento retilíneo e uniforme de modo a interceptar a bola exatamente no instante em que esta atinge o gramado, admitido plano e horizontal. Supondo-se que numa determinada partida essa jogada tenha sido praticada com êxito, com o jogador *A* disparando a bola com velocidade vetorial $\vec{v}_0$ de intensidade 5,0 m/s, inclinada $\theta = 53°$ em relação ao solo, adotando-se $g = 10$ m/s², sen 53° = 0,8 e cos 53° = 0,6 e desprezando-se a influência do ar, pede-se determinar:

**a)** a intensidade da velocidade vetorial desenvolvida pelo jogador *B*;

**b)** a altura máxima atingida pela bola em relação ao campo de jogo.

**Resolução:**

**a)** A velocidade vetorial constante desenvolvida pelo jogador *B*, $\vec{v}_B$, foi igual à componente horizontal, $\vec{v}_{0x}$, da velocidade inicial $\vec{v}_0$ da bola.

$v_B = v_{0x} \Rightarrow v_B = v_0 \cdot \cos\theta$

$v_B = 5{,}0 \cdot \cos 53° \Rightarrow v_b = 5{,}0 \cdot 0{,}6$

Da qual: $\boxed{v_B = 3{,}0 \text{ m/s}}$

**b)** A altura máxima atingida pela bola em relação ao campo de jogo, *H*, fica determinada estudando-se o movimento vertical uniformemente variado da bola.

Equação de Torricelli:

$$v_y^2 = v_{0_y}^2 + 2\alpha_y \Delta y$$

Lembrando que $v_{0y} = v_0 \cdot \text{sen}\,\theta = 5{,}0 \cdot \text{sen}\,53° = 5{,}0 \cdot 0{,}8 = 4{,}0$ m/s e que $\alpha_y = -g = -10$ m/s² (a trajetória foi orientada para cima) e que no ponto de altura máxima $v_y = 0$, determina-se o valor de *H*.

$0 = (4{,}0)^2 + 2(-10)H \Rightarrow 20H = 16$

De onde se obtém:

$\boxed{H = 0{,}8 \text{ m} = 80 \text{ cm}}$

**Respostas:** $v_B = 3{,}0$ m/s e $H = 0{,}8$ m

**4** O líbero, no vôlei, é um atleta especializado nos fundamentos que são realizados com mais frequência no fundo da quadra, isto é, na recepção e na defesa. Essa função foi introduzida pela Federação Internacional de Voleibol (FIVB) em 1998 com o propósito de permitir disputas mais longas de pontos e tornar o jogo mais atraente para o público. Esse jogador deve ser muito bom nas "manchetes", ilustradas no esquema a seguir, muito utilizadas na recepção de saques e jogadas de ataque do time adversário.

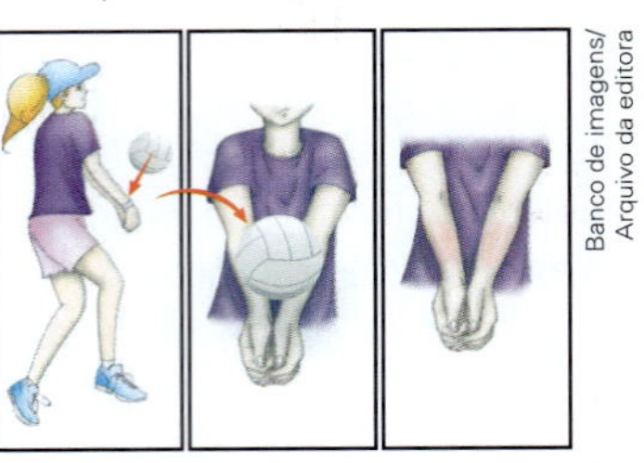


Suponha que, na defesa de um violento saque, o líbero de uma equipe tenha devolvido a bola, praticamente do nível do solo, quase da linha de fundo, para o outro lado da rede, utilizando uma manchete espetacular. Admita que a bola tenha sido rebatida com velocidade $\vec{v}_0$ de intensidade 10 m/s, inclinada 53° em relação à superfície da quadra. Desprezando-se os efeitos do ar, considerando-se $g = 10$ m/s², sen 53° = 0,8 e cos 53° = 0,6, pede-se determinar:

**a)** a altura máxima, *H*, atingida pela bola;

**b)** a distância horizontal, *A*, percorrida pela bola até tocar o piso da quadra adversária, caracterizando um precioso ponto.

**5** Indignado com uma tampinha de garrafa PET jogada na calçada plana e horizontal, Felipe dá um chute nesse objeto, levando-o diretamente ao interior de uma caçamba estacionada na rua, rente ao meio-fio. A tampinha é disparada com velocidade inicial $\vec{v}_0$ de intensidade 7,5 m/s, inclinada de $\theta = 53°$ em relação à superfície da calçada e atinge o contêiner já em seu movimento descendente. Desprezando-se a resistência do ar e adotando-se sen 53° = 0,8, cos 53° = 0,6 e $g = 10$ m/s², pede-se determinar:

**a)** a intensidade da velocidade da tampinha no ponto de altura máxima de sua trajetória;

**b)** a altura máxima atingida pela tampinha em relação à superfície da calçada.

**6** Uma jogadora de voleibol salta no bloqueio e rebate uma bola na linha da rede, a uma altura $H = 2{,}60$ m, com velocidade inicial $\vec{v}_0$ formando um ângulo $\theta$ com a direção vertical, como representa o esquema. Nesse contexto, a influência do ar pode ser desprezada e adota-se $g = 10{,}0$ m/s².

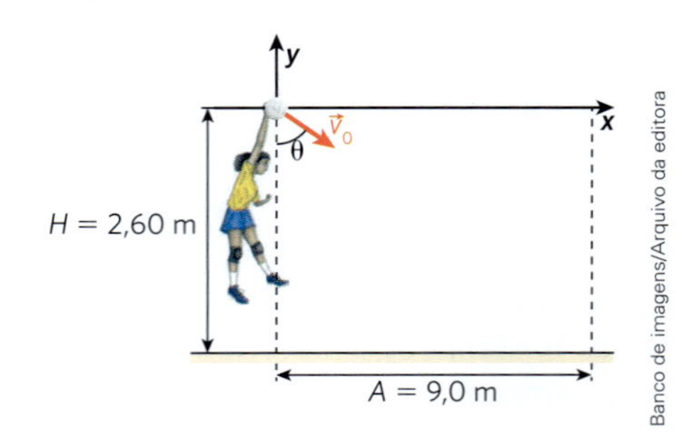

Sabendo-se que a distância horizontal entre a linha da rede e a linha de fundo da quadra é $A = 9,0$ m e considerando-se que a bola leva exato 0,20 s para voar no plano da figura e atingir esta marca, pede-se determinar a tangente do ângulo $\theta$.

**7** (PUC-SP) Considere a figura a seguir, na qual um jogador chuta a bola com velocidade de módulo 72 km/h em um ângulo de 20° em relação à horizontal. A distância inicial entre a bola e a barreira é de 9,5 m e entre a bola e a linha do gol, 19 m. A trave superior do gol encontra-se a 2,4 m do solo. Considere desprezível o trabalho de forças dissipativas sobre a bola.

**Dados:** $g = 10$ m/s$^2$; sen 20° = 0,35 e cos 20° = 0,95.

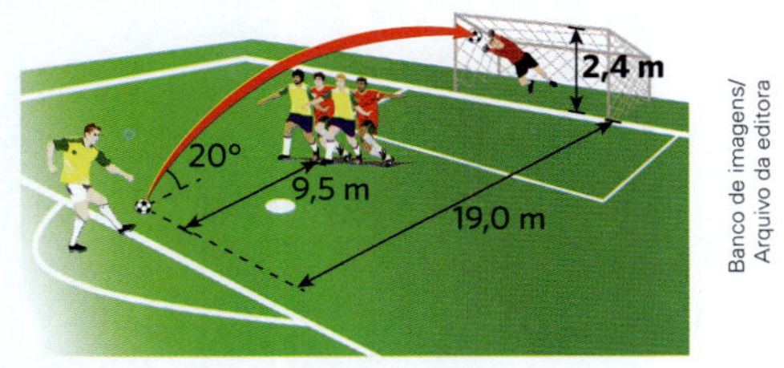


**a)** Determine qual é a máxima altura que a barreira pode ter para que a bola a ultrapasse.

**b)** Determine a distância entre a trave superior e a bola, no instante em que ela entra no gol.

**8** (OBC) Uma pequena esfera é lançada obliquamente do solo horizontal com velocidade vetorial de módulo $v_0 = 10$ m/s. O ângulo de tiro em relação ao solo é $\theta$, tal que sen $\theta = 0,6$ e cos $\theta = 0,8$. Despreze os atritos e considere $g = 10$ m/s$^2$. Nos instantes em que as alturas atingidas pela esfera em relação ao plano de lançamento são iguais a 1,6 m, quais as distâncias desse corpo à vertical do ponto de lançamento?

**9** Em uma partida de basquete, o jogador arremessou a bola com velocidade inicial $\vec{v}_0$ formando um ângulo $\theta = 37°$ em relação à horizontal, conforme ilustra o esquema a seguir. Consideremos desprezível a resistência do ar e adotemos para a intensidade da aceleração da gravidade o valor $g = 10$ m/s$^2$.

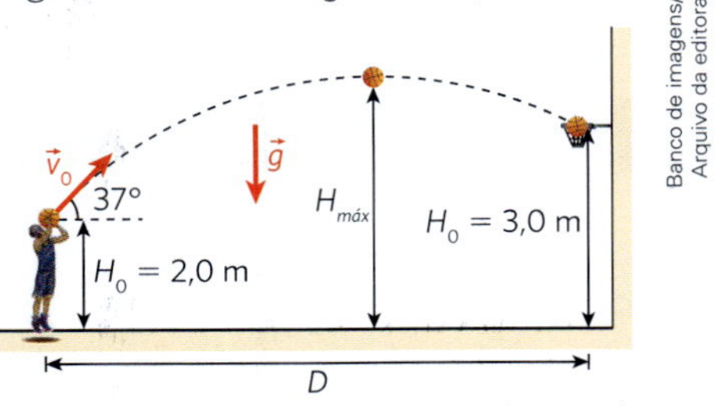


Sabendo-se que a bola atingiu a cesta decorrido, a partir do lançamento, um intervalo de tempo $T = 1,0$ s, adotando-se sen $\theta = 0,6$ e cos $\theta = 0,8$ e levando-se em conta os dados indicados no esquema, pede-se determinar:

**a)** o módulo de $\vec{v}_0$;

**b)** a distância horizontal $D$;

**c)** a altura máxima, $H_{máx.}$, atingida pela bola em relação ao piso da quadra.

**10** Admita que em uma batalha ao estilo medieval duas catapultas $A$ e $B$ disparem simultaneamente enormes pedras, uma contra a outra, com velocidades vetoriais $\vec{v}_A$ e $\vec{v}_B$, ambas com igual intensidade $v_0 = 50$ m/s, mas inclinadas $\theta_A = 37°$ e $\theta_B = 53°$, respectivamente, em relação ao solo plano e horizontal. As armas estão distanciadas de $D = 180$ m e as pedras, lançadas por $A$ e $B$, ultrapassam seus respectivos alvos, atingindo o solo a uma distância $d_B$ da catapulta $B$ e a uma distância $d_A$ da catapulta $A$, como representa, fora de escala, o esquema a seguir.

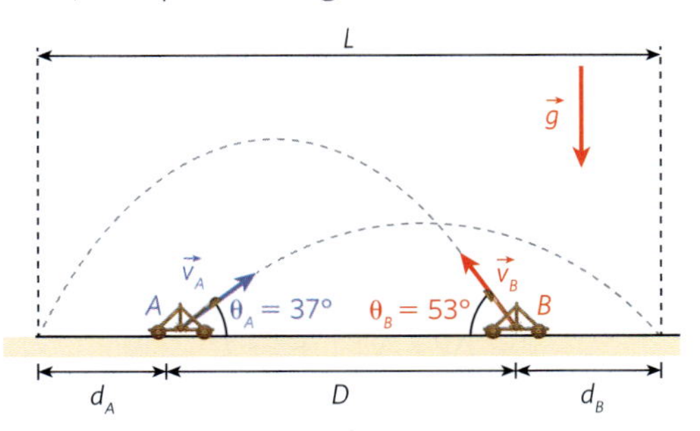


Desprezando-se os efeitos do ar, adotando-se para a aceleração da gravidade o valor $g = 10$ m/s$^2$ e fazendo-se sen 37° = cos 53° = 0,6 e sen 53° = cos 37° = = 0,8, pede-se determinar:

**a)** a distância $L$ entre os pontos de impacto contra o solo das pedras disparadas por $A$ e $B$;

**b)** o intervalo de tempo $T$ decorrido entre esses impactos.

**11** Inconformado com o fato de o árbitro haver marcado uma falta violenta sua contra um atacante da equipe adversária em uma partida de futebol, o zagueiro Pedreira chutou a bola obliquamente para cima no instante $t_0 = 44$ min do segundo tempo de jogo, o que lhe rendeu um cartão amarelo mais uma advertência verbal. Admita que a bola tenha sido disparada do nível do gramado com velocidade inicial $\vec{v}_0$ de intensidade 72 km/h, inclinada de 53° em relação ao solo. Desprezando-se a resistência do ar, adotando-se para a aceleração da gravidade módulo $g = 10$ m/s$^2$ e considerando-se sen 53° = 0,8 e cos 53° = 0,6, pede-se determinar:

**a)** a altura $h_1$ da bola em relação ao gramado no instante $t_1 = 44$ min 2,0 s;

**b)** a intensidade $v_2$ da velocidade da bola no instante $t_2 = 44$ min 2,1 s.

## Lançamento horizontal

Admitamos a situação a seguir em que um objeto será lançado horizontalmente com velocidade de intensidade $v_0$ de uma altura $H$ em relação ao solo, plano e horizontal.

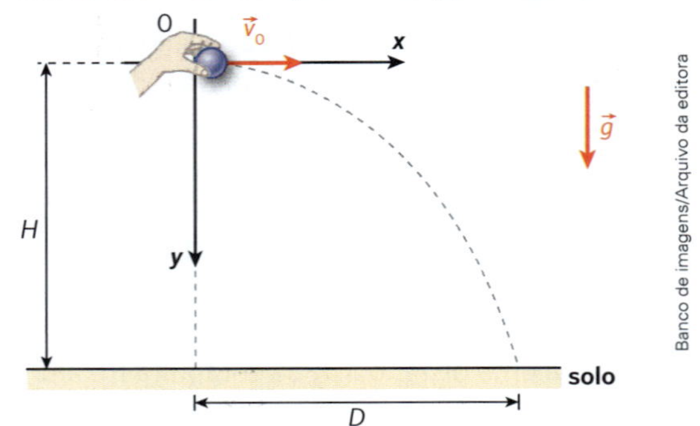


Desprezando-se os efeitos ao ar, o objeto vai descrever um arco de parábola em movimento acelerado, mas não uniformemente.

### Cálculo do tempo de queda ($t_q$)

Analisando-se o movimento uniformemente acelerado na vertical, vem:

$$\Delta y = v_{0y}t + \frac{a_y}{2}t^2$$

Observando-se que no ato do lançamento a velocidade do objeto é horizontal e, consequentemente, $v_{0y} = 0$ e que, para $t = t_q$, tem-se $\Delta y = H$, segue-se:

$$H = \frac{g}{2}t_q^2 \Rightarrow t_q^2 = \frac{2H}{g}$$

Da qual:

$$t_q = \sqrt{\frac{2H}{g}}$$

É importante destacar que:

O tempo de queda **independe** da velocidade horizontal de lançamento.

Isso quer dizer que, com pequeno $v_0$ ou grande $v_0$, o tempo de voo do objeto até o solo será sempre o mesmo. Tal fato pode ser explicado com base no **princípio da independência dos movimentos**, de Galileu: o movimento vertical ocorre independentemente, como se o movimento horizontal não existisse.

Na imagem abaixo, temos uma fotografia estroboscópica em que uma partícula foi lançada horizontalmente para a direita no mesmo instante em que outra foi largada do repouso da mesma altura em relação ao solo.

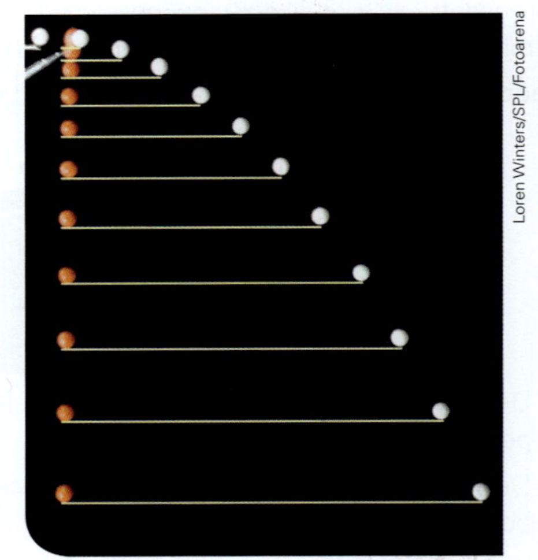


Acompanhe os fotogramas e observe que as duas partículas atingem o nível mais baixo juntas, depois do mesmo tempo de queda.

### Cálculo do alcance horizontal ($D$)

Deveremos examinar agora o movimento uniforme na horizontal:

$\Delta x = v_0 t$

Com $t = t_q$ ou seja, $t = \sqrt{\frac{2H}{g}}$, obtém-se $\Delta x = D$.

Assim:

$$D = v_0\sqrt{\frac{2H}{g}}$$

## Exercícios

**12** Na fotografia estroboscópica ao lado, uma bolinha foi lançada horizontalmente com velocidade de módulo igual a 60 cm/s, voando sob a ação exclusiva da gravidade de intensidade igual a 10 m/s$^2$. Sabendo-se que o intervalo

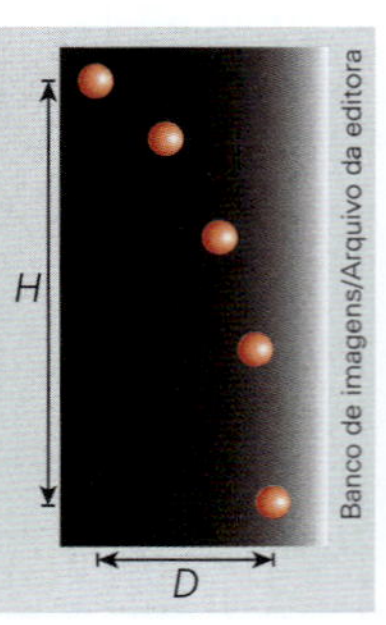


de tempo entre dois fotogramas consecutivos observados na imagem foi $T = 0,10$ s, pede-se determinar, em centímetros:

**a)** o desnível $H$ entre a primeira e a última imagem da bolinha;

**b)** a distância horizontal $D$ entre a primeira e a última imagem da bolinha.

**Resolução:**

a) Movimento uniformemente acelerado na vertical:

$$\Delta y = v_{0_y}t + \frac{a_y}{2}t^2 \Rightarrow H = \frac{g}{2}t^2$$

Impondo-se $t = 4T = 4 \cdot 0{,}10\ s = 0{,}40\ s$, segue-se que:

$$H = \frac{10}{2}(0{,}4)^2$$

De onde se obtém:

$$\boxed{H = 0{,}80\ m = 80\ cm}$$

b) Movimento uniforme na horizontal:

$$\Delta x = v_{0_x}t \Rightarrow D = v_{0_x}T \Rightarrow D = 60 \cdot 0{,}40$$

Da qual:

$$\boxed{D = 24\ cm}$$

**Respostas:** a) 80 cm; b) 24 cm.

**13** Um garoto lança uma bolinha de papel horizontalmente da janela de sua casa, a 3,2 m de altura em relação ao solo do terreno externo, plano e horizontal, com velocidade de intensidade igual a 2,5 m/s. Desprezando-se a resistência do ar e adotando-se $g = 10\ m/s^2$, pede-se determinar a que distância do pé da vertical da janela a bolinha atinge o solo.

**14** Depois de localizar um grupo de náufragos à deriva em um pequeno bote em alto-mar, o piloto de um avião em voo horizontal, à altitude $H = 500$ m e com velocidade de módulo $v_0 = 288$ km/h, ordena a um tripulante que seja largado da escotilha da aeronave um pacote flutuante contendo suprimentos e insumos básicos de sobrevivência de modo que este caia o mais próximo possível do bote. Sabendo-se que $g = 10\ m/s^2$ e desprezando-se a resistência do ar, que distância será percorrida horizontalmente pelo pacote até cair na água?

**15** Uma esteira transportadora lança minério horizontalmente com velocidade $\vec{v}_0$. Considere desprezível a influência do ar e adote $g = 10\ m/s^2$.

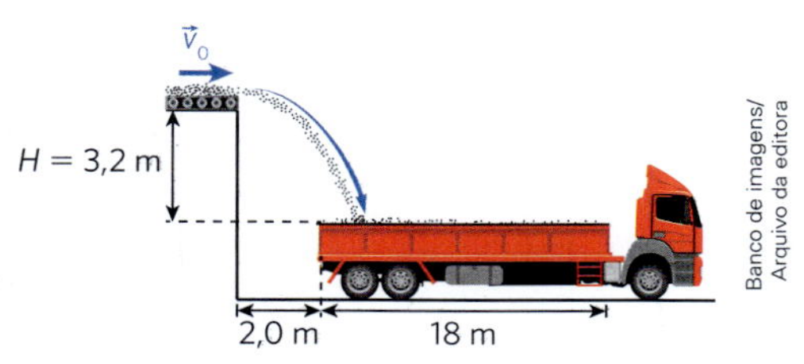


Banco de imagens/Arquivo da editora

a) Determine o intervalo das intensidades de $\vec{v}_0$ para que o minério caia dentro da carroceria do caminhão.

b) Se o desnível $H$ fosse maior, o intervalo citado no item anterior aumentaria, diminuiria ou permaneceria o mesmo?

**16** (Olimpíada Peruana de Física) Um avião de treinamento militar voa horizontalmente, em linha reta, a uma altitude relativa ao solo de 500 m, com velocidade escalar constante de módulo 180 km/h. Seu piloto solta um artefato no instante em que está exatamente na vertical de um jipe que trafega no solo plano e horizontal, em linha reta e no mesmo sentido do avião, em movimento uniformemente acelerado, mas com velocidade escalar de módulo 72 km/h no instante da soltura do artefato. Desprezando-se a resistência do ar e adotando-se $g = 10\ m/s^2$, qual deverá ser a aceleração escalar do veículo para que este seja atingido no solo pelo artefato?

**17** (Famerp-SP) Uma bola rola sobre uma bancada horizontal e a abandona com velocidade $\vec{v}_0$, caindo até o chão. As figuras representam a visão de cima e a visão de frente desse movimento, mostrando a bola em instantes diferentes durante sua queda, até o momento em que ela toca o solo.

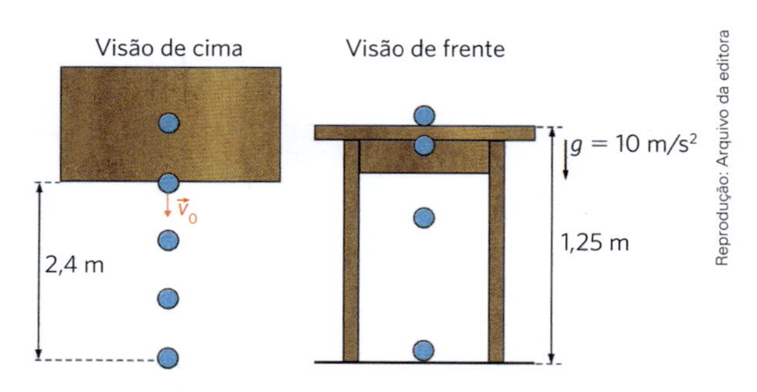


Reprodução: Arquivo da editora

Desprezando a resistência do ar e considerando-se as informações das figuras, o módulo de $\vec{v}_0$ é igual a

a) 2,4 m/s.

b) 0,6 m/s.

c) 1,2 m/s.

d) 4,8 m/s.

e) 3,6 m/s.

# Trabalho e potência

Este capítulo favorece o desenvolvimento das seguintes habilidades:

EM13CNT105

EM13CNT106

## Trabalho de uma força constante

Consideremos a figura ao lado, em que uma partícula é deslocada de $A$ até $B$, ao longo da trajetória indicada.

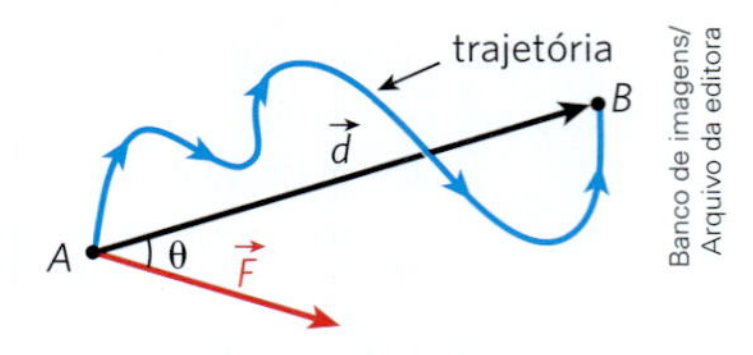


Banco de imagens/ Arquivo da editora

Várias forças, não representadas, estão atuando na partícula, incluindo $\vec{F}$, que é constante, isto é, tem intensidade, direção e sentido invariáveis.

Sejam $\vec{d}$ o deslocamento vetorial da partícula de $A$ até $B$ e $\theta$ o ângulo formado por $\vec{F}$ e $\vec{d}$. O trabalho ($\tau$) da força $\vec{F}$ no deslocamento de $A$ a $B$ é a grandeza escalar dada por:

$$\tau = |\vec{F}|\ |\vec{d}|\ \cos\theta \quad \text{ou} \quad \tau = F d \cos\theta$$

No Sistema Internacional (SI), o trabalho é medido em **joule** (J), em homenagem a James Prescott Joule.

## Sinais do trabalho

O trabalho é uma grandeza algébrica, isto é, admite valores positivos e negativos. O que impõe o sinal do trabalho é o $\cos\theta$, já que $|\vec{F}|$ e $|\vec{d}|$ são quantidades sem sinal.

### Trabalho motor

Para $0 \leqslant \theta < 90°$, temos $\cos\theta > 0$ e, por isso, $\tau > 0$. Nesse caso, o trabalho é denominado **motor**.

O trabalho de uma força é motor quando esta é "favorável" ao deslocamento.

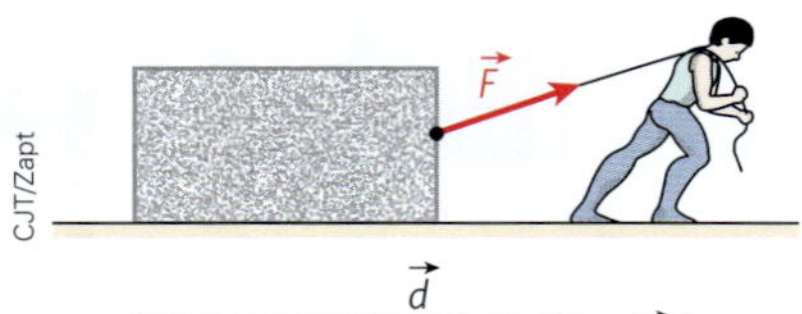


CJT/Zapt

No exemplo ao lado, a força $\vec{F}$ que o homem exerce na caixa por meio da corda realiza trabalho motor (positivo). Isso ocorre pelo fato de $\vec{F}$ ser "favorável" ao deslocamento $\vec{d}$.

Se $\vec{F}$ e $\vec{d}$ apresentarem a mesma direção e sentido ($\theta = 0°$), então o trabalho realizado pela força é **máximo** e é dado por $\tau = Fd$.

### Trabalho resistente

Para $90° < \theta \leqslant 180°$, temos $\cos\theta < 0$ e, por isso, $\tau < 0$. Nesse caso, o trabalho é denominado **resistente**.

O trabalho de uma força é resistente quando esta é "desfavorável" ao deslocamento.

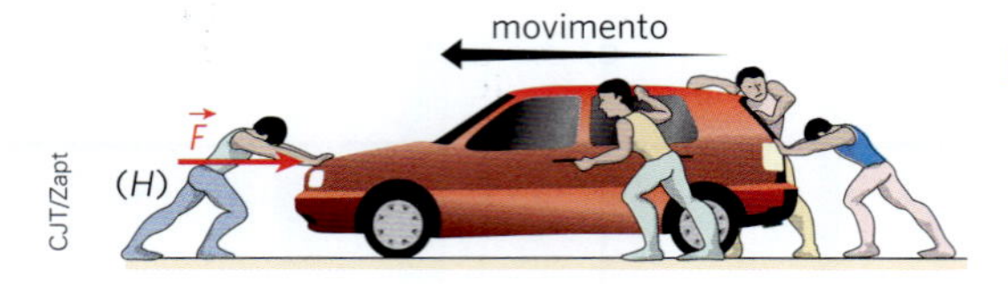


CJT/Zapt

Na situação hipotética representada ao lado, o trabalho da força exercida pelo homem *H* sobre o carro é resistente (negativo). Isso ocorre pelo fato de a referida força ser "desfavorável" ao deslocamento do carro (para a esquerda).

Se $\vec{F}$ e $\vec{d}$ apresentarem a mesma direção, mas sentidos opostos ($\theta = 180°$), então o trabalho realizado pela força é dado por $\tau = -Fd$.

### Trabalho nulo

Se $\vec{F}$ e $\vec{d}$ apresentarem direções perpendiculares entre si ($\theta = 90°$), então o trabalho da força será **nulo**, pois $\cos 90° = 0$ e $\tau = Fd \cdot 0 \Rightarrow \tau = 0$.

## Cálculo gráfico do trabalho

No esquema a seguir temos um bloco percorrendo o eixo $Ox$. Ele se desloca sob a ação exclusiva da força $\vec{F}$, paralela ao eixo.

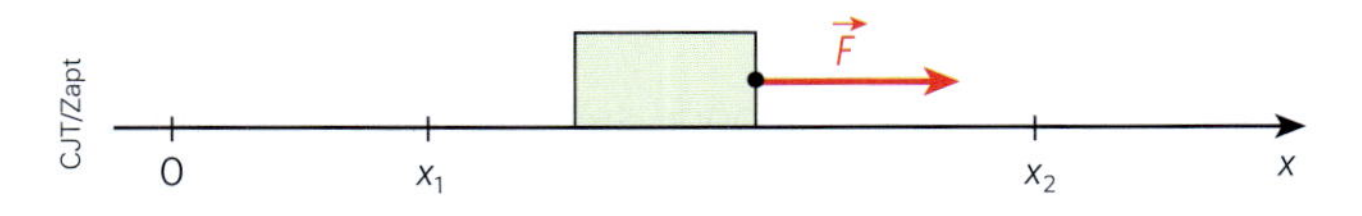


Façamos o gráfico do valor algébrico de $\vec{F}$ em função de $x$. O **valor algébrico** de $\vec{F}$ é o valor dessa força com relação ao eixo $Ox$. Esse valor é **positivo** quando $\vec{F}$ atua no sentido do eixo e **negativo** quando $\vec{F}$ atua em sentido oposto ao do eixo.

Considerando que $\vec{F}$ é constante, obtemos:

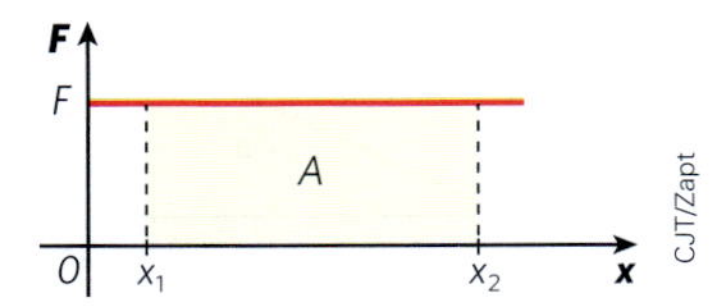


A área $A$ da região destacada no diagrama fornece uma medida do valor algébrico do trabalho da força $\vec{F}$ ao longo do deslocamento do bloco, do ponto de abscissa $x_1$ ao ponto de abscissa $x_2$.

De fato, isso pode ser verificado fazendo-se:

$$A = F(x_2 - x_1)$$

Veja que $x_2 - x_1 = d$, em que $d$ é o módulo do deslocamento vetorial do bloco. Logo: $A = Fd$

Recordando que o produto $Fd$ corresponde ao trabalho de $\vec{F}$, obtemos:

$$A \overset{N}{=} \tau$$

Em termos gerais, podemos enunciar que:

> Dado um diagrama qualquer do valor algébrico da força atuante em uma partícula em função de sua posição, a "área" compreendida entre o gráfico e o eixo das posições expressa o valor algébrico do trabalho da força.
> No entanto, a força considerada deve ser paralela ao deslocamento da partícula.

## Trabalho da força peso

Consideremos a partícula da figura a seguir, inicialmente situada no ponto $A$. Sob a ação de diversas forças, incluindo-se seu peso $\vec{P}$, ela sofre o deslocamento $\vec{d}$, atingindo o ponto $B$. De $A$ até $B$, a partícula percorre a trajetória indicada:

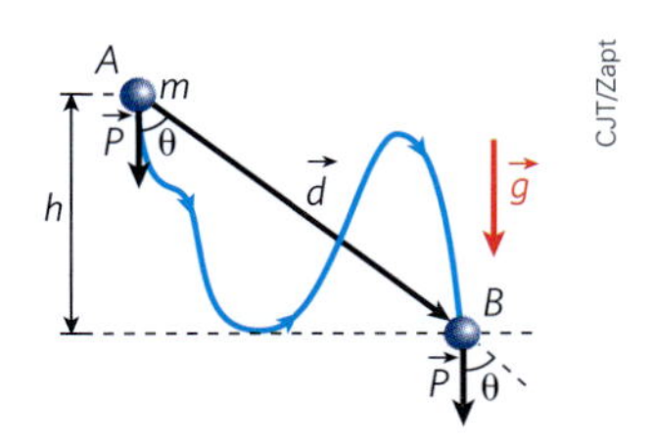


em que:

$\theta$ é o ângulo entre $\vec{P}$ e $\vec{d}$;
$m$ é a massa da partícula;
$g$ é a intensidade da aceleração da gravidade;
$h$ é o desnível (diferença de alturas) entre $A$ e $B$.

Admitindo que, de $A$ até $B$, $\vec{g}$ seja constante, temos, como consequência, $\vec{P}$ constante. Diante disso, o trabalho de $\vec{P}$ pode ser calculado por:

$$\tau_{\vec{P}} = |\vec{P}|\,|\vec{d}| \cos\theta \qquad \text{(I)}$$

Observando a geometria da figura, notamos:

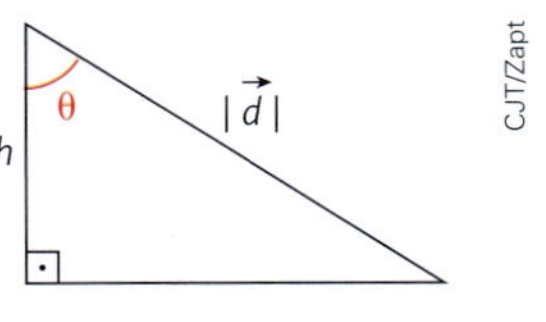


$$h = |\vec{d}| \cos\theta \qquad \text{(II)}$$

Substituindo (II) em (I), obtemos:

$$\tau_{\vec{P}} = |\vec{P}|\, h \Rightarrow \tau_{\vec{P}} = Ph = mgh$$

Como $\tau_{\vec{P}}$ só depende de $P$ e $h$, concluímos que:

> O trabalho da força peso é **independente** da trajetória descrita pela partícula.

Isso significa que, no caso da figura abaixo, qualquer que seja a trajetória descrita pela partícula ao se deslocar do ponto $R$ ao ponto $S$, o trabalho de seu peso será o mesmo.

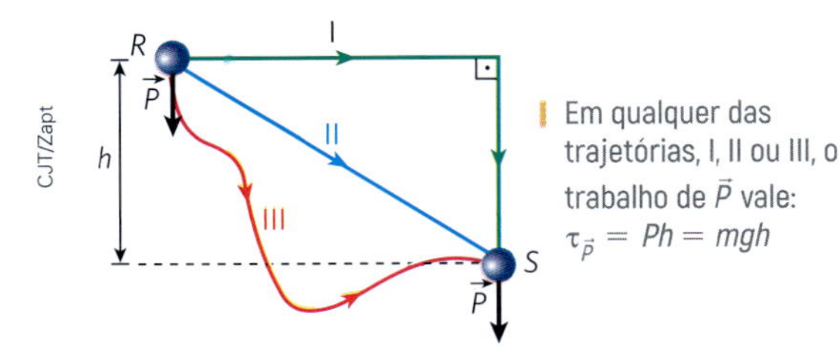


Em qualquer das trajetórias, I, II ou III, o trabalho de $\vec{P}$ vale: $\tau_{\vec{P}} = Ph = mgh$

Suponhamos agora que a partícula faça o deslocamento oposto, isto é, saia de $B$ e atinja $A$. O trabalho de $\vec{P}$ fica determinado ao se fazer:

$$\tau_{\vec{P}} = |\vec{F}|\,|\vec{d}| \cos(180° - \theta)$$

Observando que $\cos(180° - \theta) = -\cos\theta$ (ângulos suplementares têm cossenos simétricos), temos:

$$\tau_{\vec{P}} = -|\vec{P}|\,|\vec{d}| \cos\theta$$

Como $h = |\vec{d}| \cos\theta$, obtém-se: $\tau_{\vec{P}} = -|\vec{P}|\, h$

Logo:

$$\tau_{\vec{P}} = -Ph = -mgh$$

Generalizando:

$$\tau_{\vec{P}} = \pm Ph = \pm mgh$$

Consideremos a situação em que um garoto joga a bola para outro, como mostra a figura a seguir.

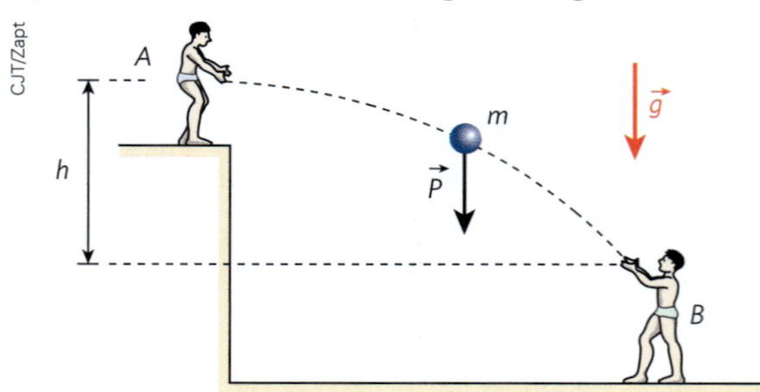


Quando o garoto *A* joga a bola para o garoto *B* (descida), o trabalho do peso da bola é **motor** (**positivo**):

$$\tau_{\vec{P}} = +mgh$$

O trabalho do peso é **positivo** na descida.

Quando o garoto *B* joga a bola para o garoto *A* (na subida), o trabalho do peso da bola é **resistente** (**negativo**):

$$\tau_{\vec{P}} = -mgh$$

O trabalho do peso é **negativo** na subida.

## Trabalho da força elástica

Admitamos uma mola sendo deformada em regime elástico pela mão de um operador. Nesse caso, a mola e a mão trocam, na região de contato, forças de ação e reação.

Chamemos de **força elástica** ($\vec{F}_e$) a força aplicada pela mola na mão do operador. Essa força sempre "aponta" para a posição em que estaria a extremidade livre da mola, caso esta não estivesse deformada. Por isso, é denominada **força de restituição**.

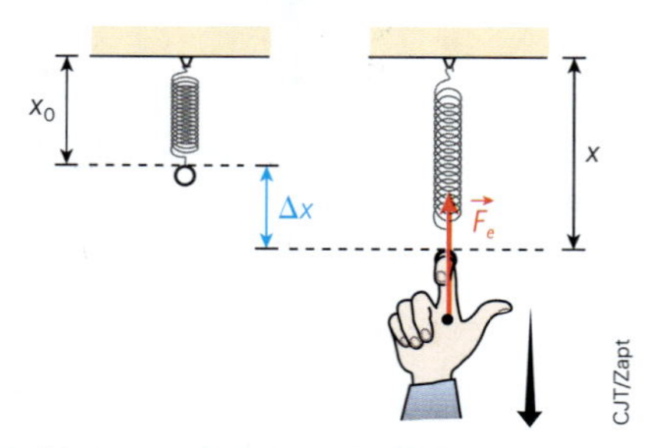


À medida que a mão do operador é deslocada verticalmente para baixo, provocando alongamento na mola, ela recebe a força elástica ($\vec{F}_e$) dirigida verticalmente para cima.

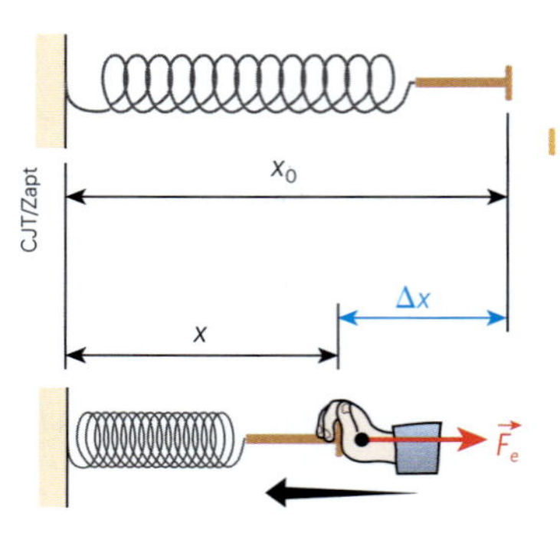


À medida que a mão do operador é deslocada horizontalmente para a esquerda, provocando compressão na mola, ela recebe a força elástica ($\vec{F}_e$) dirigida horizontalmente para a direita.

A intensidade de $\vec{F}_e$ pode ser calculada pela **lei de Hooke**: $F_e = K\,\Delta x$, em que $K$ é a constante elástica da mola e $\Delta x$ é a deformação da mola (alongamento ou compressão).

Calculemos o trabalho de $\vec{F}_e$, traçando, inicialmente, o gráfico da intensidade $F_e$ em função de $\Delta x$ (o módulo do trabalho de $\vec{F}_e$ é numericamente igual à área $A$, destacada no diagrama).

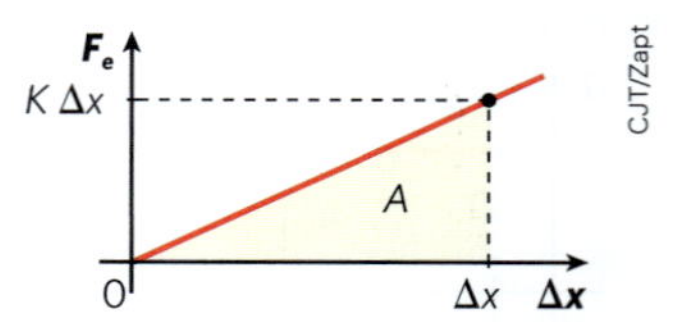


$$\left|\tau_{\vec{F}_e}\right| \overset{N}{=} A \Rightarrow \left|\tau_{\vec{F}_e}\right| = \frac{K\Delta x \cdot \Delta x}{2} \Rightarrow \left|\tau_{\vec{F}_e}\right| = \frac{K(\Delta x)^2}{2}$$

Levando em conta que $\tau_{\vec{F}_e}$ pode ser **motor** (+) ou **resistente** (−), escrevemos:

$$\left|\tau_{\vec{F}_e}\right| = \pm\frac{K(\Delta x)^2}{2}$$

O trabalho da força elástica é **motor** (+) na fase em que a mola está **retornando ao seu comprimento natural** e é **resistente** (−) na fase em que ela é **deformada** (alongada ou comprimida).

O trabalho da força elástica **independe** da trajetória de seu ponto de aplicação.

Definimos, portanto:

Uma força é denominada **conservativa** quando seu trabalho, entre duas posições, independe da trajetória descrita por seu ponto de aplicação.

Diante disso, temos que a força peso e a força elástica são conservativas. Entretanto, nem toda força satisfaz à definição anterior. A força de atrito, a força de resistência do ar e a força de resistência viscosa exercida pelos fluidos, por exemplo, têm trabalhos dependentes da trajetória, o que as torna não conservativas.

## O teorema da energia cinética

Consideremos uma partícula de massa $m$ que, em dado instante, tem, em relação a um determinado referencial, velocidade escalar $v$. Pelo fato de estar em movimento, dizemos que a partícula está energizada, ou seja, dizemos que ela está dotada de uma forma de energia denominada cinética.

A **energia cinética** ($E_c$) é a modalidade de energia associada aos movimentos, sendo quantificada pela expressão: $E_c = \dfrac{mv^2}{2}$

O enunciado do teorema da energia cinética é:

> O trabalho total, das forças internas e externas, realizado sobre um corpo é igual à variação de sua energia cinética.
>
> $$\boxed{\tau_{total} = \Delta E_c = E_{c_{final}} - E_{c_{inicial}}}$$

**Demonstração (caso particular):**

Na figura a seguir, temos uma pequena esfera maciça sujeita à ação da força resultante constante $\vec{F}$, paralela ao deslocamento. Sejam $\vec{a}$ a aceleração causada por $\vec{F}$, $\vec{v}_0$ a velocidade da esfera no ponto $A$ e $\vec{v}$ sua velocidade no ponto $B$.

Seja, ainda, $\vec{d}$ o deslocamento da esfera de $A$ até $B$.

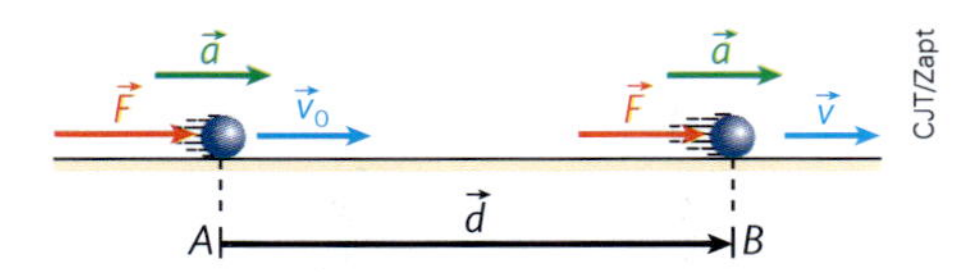


O trabalho de $\vec{F}$ no deslocamento de $A$ até $B$ ($\tau_{total}$) é dado por: $\tau_{total} = Fd$ (I)

Do princípio fundamental da Dinâmica, podemos escrever: $F = ma$ (II)

Nas condições descritas, a esfera realiza um movimento uniformemente variado.

Aplicando a equação de Torricelli, temos:

$$v^2 = v_0^2 + 2ad \Rightarrow d = \frac{v^2 - v_0^2}{2a} \quad \text{(III)}$$

Substituindo (II) e (III) em (I), segue:

$$\tau_{total} = ma\frac{\left(v^2 - v_0^2\right)}{2a} = \frac{mv^2}{2} - \frac{mv_0^2}{2}$$

Sabendo que $\dfrac{mv^2}{2} = E_{c_{final}}$ e $\dfrac{mv_0^2}{2} = E_{c_{inicial}}$, temos:

$$\tau_{total} = \Delta E_c = E_{c_{final}} - E_{c_{inicial}}$$

Embora tenhamos demonstrado o teorema da energia cinética com base em uma situação simples e particular, sua aplicação é geral, estendendo-se ao cálculo do trabalho total de forças de toda espécie. A unidade de energia no Sistema Internacional (SI) também é o **joule** (J).

## Exercícios

**1** Um homem empurra um carrinho ao longo de uma estrada plana, comunicando a ele uma força constante, paralela ao deslocamento, e de intensidade $3{,}0 \cdot 10^2$ N. Determine o trabalho realizado pela força aplicada pelo homem sobre o carrinho, considerando um deslocamento de 15 m.

**Resolução:**

A situação descrita está representada a seguir:

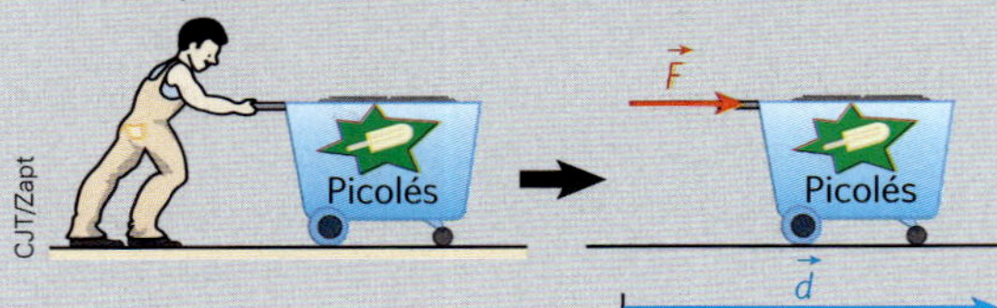


Sendo $\vec{F}$ e $\vec{d}$ de mesma direção e mesmo sentido, o trabalho de $\vec{F}$ fica dado por:

$\tau_{(\vec{F})} = Fd$

Como $F = 3{,}0 \cdot 10^2$ N e $d = 15$ m, vem:

$\tau_{(\vec{F})} = 3{,}0 \cdot 10^2 \cdot 15 \therefore \boxed{\tau_{(\vec{F})} = 4{,}5 \cdot 10^3 \text{ J}}$

**2** (Fuvest-SP) Um carregador em um depósito empurra, sobre o solo horizontal, uma caixa de massa 20 kg, que inicialmente estava em repouso. Para colocar a caixa em movimento, é necessária uma força horizontal de intensidade 30 N. Uma vez iniciado o deslizamento, são necessários 20 N para manter a caixa movendo-se com velocidade constante. Considere $g = 10$ m/s².

**a)** Determine os coeficientes de atrito estático e cinético entre a caixa e o solo.

**b)** Determine o trabalho realizado pelo carregador ao arrastar a caixa por 5 m.

**c)** Qual seria o trabalho realizado pelo carregador se a força horizontal aplicada inicialmente fosse de 20 N? Justifique sua resposta.

**3** (Vunesp) Uma parcela significativa da população residente nas cidades do ABC paulista gosta de passar os finais de semana e feriados no litoral, porque se trata de um passeio agradável e de curto deslocamento. Entre as duas regiões, há um desnível médio de 800 m, que pode ser realizado basicamente por duas rodovias: a Anchieta, com uma extensão maior no trecho de serra, e a Imigrantes que, por ser dotada de uma série de túneis, constitui um caminho mais curto no mesmo trecho.

Considere um carro lotado de 4 passageiros, com 1400 kg de massa total, descendo no sentido do litoral, e a aceleração da gravidade com módulo igual a 10 m/s². Os trabalhos realizados pela força peso e pela força normal na descida da serra valem, em J, respectivamente,

a) $1{,}12 \cdot 10^7$ e zero, qualquer que seja a rodovia escolhida para a viagem.

b) $1{,}12 \cdot 10^7$ e zero, apenas se a estrada escolhida for a mais curta.

c) $1{,}12 \cdot 10^7$ e zero, apenas se a estrada escolhida for a mais comprida.

d) $1{,}12 \cdot 10^6$ e $1{,}12 \cdot 10^6$, qualquer que seja a estrada escolhida para a viagem.

e) zero e $1{,}12 \cdot 10^6$, qualquer que seja a estrada escolhida para a viagem.

**4** Um projétil de 10 g de massa atinge horizontalmente uma parede de alvenaria com velocidade de 120 m/s, nela penetrando 20 cm até parar.

Determine, em newtons, a intensidade média da força resistente que a parede opõe à penetração do projétil.

**5** Uma partícula de massa 900 g, inicialmente em repouso na posição $x_0 = 0$ de um eixo O$x$, submete-se à ação de uma força resultante paralela ao eixo. O gráfico abaixo mostra a variação da intensidade da força em função da abscissa da partícula:

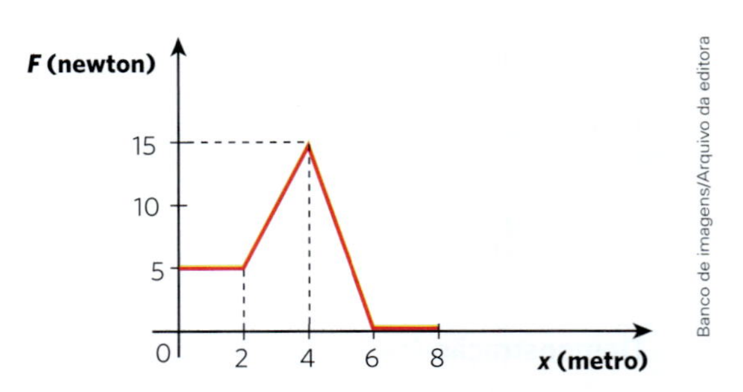


Determine:

a) o trabalho da força de $x_0 = 0$ a $x_1 = 6$ m;

b) a velocidade escalar da partícula na posição $x_2 = 8$ m.

## Trabalho e energia

O conceito de trabalho que estamos desenvolvendo difere da noção de ocupação, ofício ou profissão. Realizar trabalho em Física implica a transferência de energia de um sistema para outro e, para que isso ocorra, são necessários uma **força** e um **deslocamento** adequados.

Na situação ilustrada abaixo, um halterofilista ergue um "peso" de massa $m$, inicialmente em repouso sobre o solo, mantendo-o também em repouso sobre a sua cabeça, com a barra de sustentação a uma altura $h$ em relação à posição inicial. No local, o módulo da aceleração da gravidade vale $g$.

Nesse caso, as forças exercidas pelo atleta realizam um trabalho motor, $\tau_{\vec{F}}$, que pode ser calculado pelo teorema da energia cinética. Sendo $\tau_{\vec{F}}$ o trabalho resistente da força da gravidade, segue-se que:

$$\tau_{total} = E_{c_{final}} - E_{c_{inicial}}$$

$$\tau_{\vec{F}} + \tau_{\vec{P}} = 0 \Rightarrow \tau_{\vec{F}} - mgh = 0$$

De onde se obtém:

$$\boxed{\tau_{\vec{F}} = mgh}$$

A realização do trabalho $mgh$ sobre o haltere dotou esse "peso" de uma forma de energia denominada potencial de gravidade. As forças exercidas pelo atleta serviram de veículo para que uma "dose" de sua energia interna fosse transferida ao haltere. A presença dessa energia no sistema elevado fica evidente uma vez que, soltando-se o haltere, este cai em direção ao solo, transformando a energia potencial de gravidade adquirida em energia de movimento - cinética.

A energia pode se manifestar sob diversas formas. Algumas modalidades são: energia mecânica (potencial e cinética), luminosa, elétrica, térmica, química, atômica e nuclear.

Em um ventilador, por exemplo, energia elétrica se transforma em energia mecânica e térmica, principalmente. As pás da hélice se movimentam - giram - e o aparelho esquenta.

## Energia e trabalho

No planeta Terra, a fonte de energia mais importante é o Sol de onde provém energia radiante produzida a partir de reações de fusão nuclear. A energia solar recebida em nosso planeta (cerca de 1200 joules por segundo por metro quadrado) é a modalidade primária de onde provêm matrizes secundárias, como o petróleo, as chuvas, o vento, etc.

Com isso, a natureza e todos os engenhos humanos operam em um processo permanente, em que trabalho e energia se intercambiam continuamente.

Na situação ilustrada a seguir, água de uma represa despenca praticamente sem velocidade inicial através de um conduto, impactando as pás de uma turbina, fazendo-a girar. Nesse processo, durante determinado intervalo de tempo, pela ação da gravidade (aceleração da gravidade com intensidade $g$), certa massa $m$ de água transforma energia potencial de gravidade, $mgh$ (trabalho da força peso), em energia cinética.

Ao atingir a base do conduto em alta velocidade, a água aplica sobre as pás da turbina forças de impacto de grande intensidade, deslocando-as, havendo, portanto, realização de trabalho.

Com a turbina em rotação e com o seu eixo acoplado a um gerador, por processos eletromagnéticos, energia mecânica é convertida em energia elétrica que é disponibilizada para consumo.

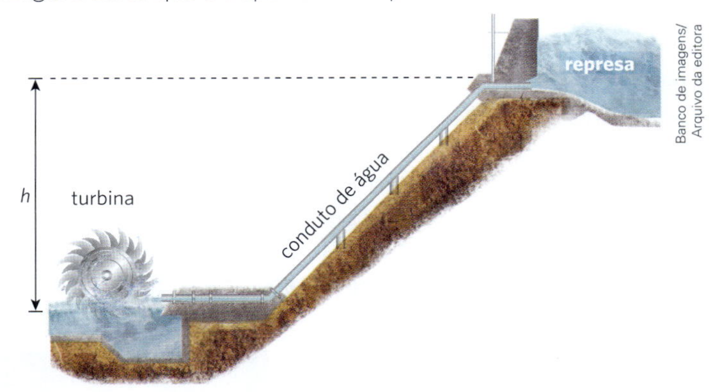


Banco de imagens/Arquivo da editora

Este é o princípio básico do funcionamento de uma usina hidrelétrica.

No mundo atual, a energia é um insumo de primeira necessidade com demanda cada vez maior. Precisamos de energia para acionar todos os meios de transporte, máquinas operatrizes de todo porte, bem como para alimentar nossos eletroeletrônicos. Um *tablet* ou um telefone celular, por exemplo, requerem baterias devidamente carregadas para funcionar, ou seja, precisam de energia.

Em um motor de combustão interna, por ocasião da explosão da mistura combustível mais ar, trabalho é realizado por enormes forças de pressão que agem em cada ciclo nas cabeças dos pistões, empurrando-as. Isso permite a transformação de energia térmica em energia mecânica. Por fim, o carro é posto em movimento!

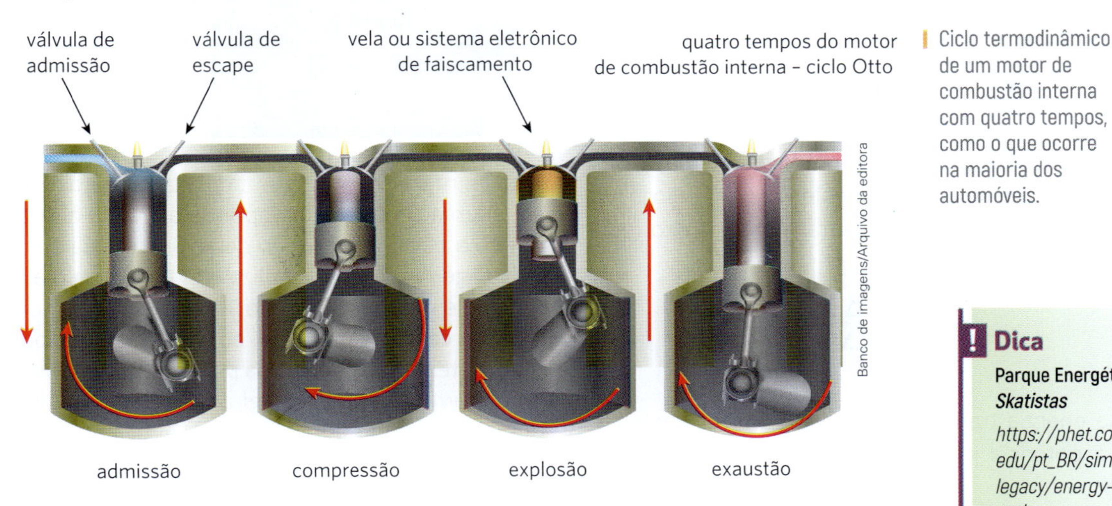


Banco de imagens/Arquivo da editora

Ciclo termodinâmico de um motor de combustão interna com quatro tempos, como o que ocorre na maioria dos automóveis.

Na busca por motores mais silenciosos e menos poluidores, encontram-se em franco aprimoramento veículos elétricos, cujo trabalho mecânico realizado sobre os diversos mecanismos ocorre a partir de energia elétrica retida em baterias, hoje em dia, cada vez mais eficientes no que diz respeito à quantidade de carga que conseguem armazenar.

**! Dica**

**Parque Energético para *Skatistas***

*https://phet.colorado.edu/pt_BR/simulation/legacy/energy-skate-park*

Simulador interativo do Phet para observar a conservação de energia.

# Potência

Na maioria das situações práticas, não basta dizer apenas que certo dispositivo é capaz de cumprir determinada função. Às vezes é importante definir em quanto tempo ele executa essa função.

Tomemos, por exemplo, o caso de um guindaste. Suponhamos que ele erga uma viga de 1 tonelada a uma altura de 10 metros. Uma pergunta importante que deve ser feita nessa situação é: em quanto tempo o guindaste ergue a viga?

Do ponto de vista geral, a **potência** de um sistema consiste na rapidez com que ele realiza suas atribuições. A potência é tanto maior quanto menor é o intervalo de tempo utilizado na execução de uma mesma tarefa.

Dependendo do sistema em estudo, a potência recebe especificações diferentes. Falamos, por exemplo, de potência elétrica nos geradores, de potência térmica nos aquecedores e de potência mecânica quando estudamos a viabilidade de uma cachoeira para a instalação de um sistema de conversão hidrelétrico.

Quanto maior for a velocidade de rotação das lâminas de um liquidificador, menor será o intervalo de tempo que ele levará para triturar uma mesma quantidade de certo tipo de alimento. Assim, aumentando a velocidade de rotação das lâminas, estaremos aumentando a potência do sistema.

## Potência média

Vamos considerar, agora, um sistema mecânico $S_1$ que, durante um intervalo de tempo $\Delta t$, transfere para um sistema mecânico $S_2$ uma quantidade de energia $\Delta E$.

CJT/Zapt

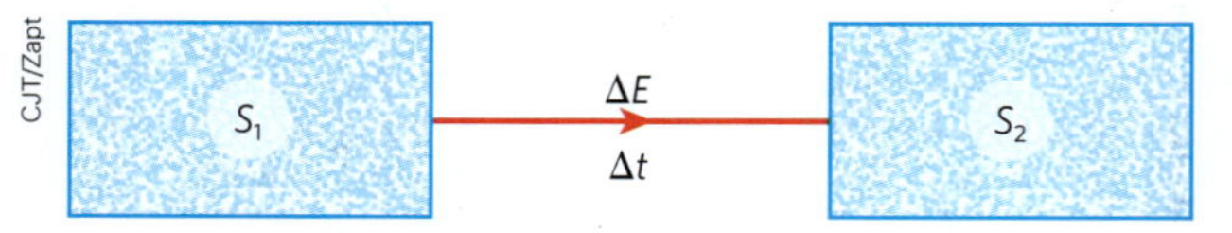


Nesse processo, define-se **potência média** ($Pot_m$) como o quociente da energia transferida ($\Delta E$) pelo intervalo de tempo ($\Delta t$) em que essa transferência ocorreu:

$$Pot_m = \frac{\Delta E}{\Delta t}$$

Essa energia transferida equivale a um trabalho $\tau$. Assim, a potência mecânica média também pode ser dada por:

$$Pot_m = \frac{\tau}{\Delta t}$$

A unidade de potência é obtida pelo quociente da unidade de trabalho (ou energia) pela unidade de tempo:

$$\text{unid. } [Pot] = \frac{\text{unid. } [\tau]}{\text{unid. } [t]}$$

No Sistema Internacional (SI): unid. $[\tau]$ = joule (J); unid. $[t]$ = segundo (s)

$$\text{Logo: } \text{unid. } [Pot] = \frac{J}{s} = \text{watt (W)}$$

Um múltiplo muito usado do watt é o **quilowatt (kW)**: $1 \text{ kW} = 10^3 \text{ W}$.

Outro múltiplo também usado frequentemente é o **megawatt (MW)**: $1 \text{ MW} = 10^6 \text{ W}$.

Embora não pertencentes ao Sistema Internacional (SI), são também muito empregadas as seguintes unidades de potência:

- cavalo-vapor (cv): 1 cv ≅ 735,5 W
- *horse-power* (HP): 1 HP ≅ 745,7 W

James Watt (1736-1819) foi um engenheiro escocês de fundamental importância no desenvolvimento e aprimoramento de máquinas térmicas, que constituíram a essência tecnológica de um dos períodos mais notáveis da história: a Revolução Industrial.

Reprodução/Galeria Nacional de Retratos, Londres, Inglaterra.

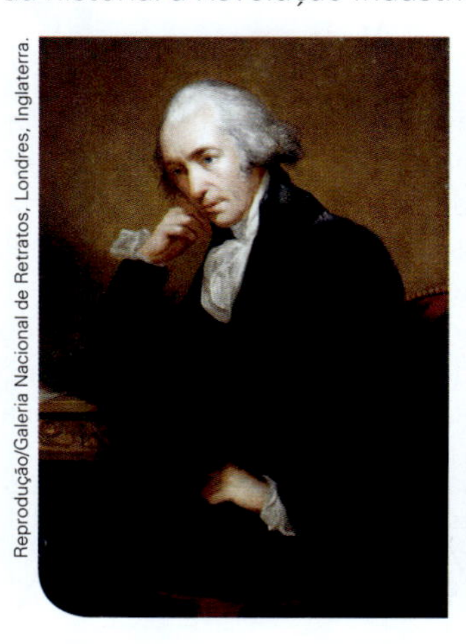

Retrato de James Watt, pintado por Carl Frederik von Breda em 1792. Science Museum, Londres.

Os mecanismos mais importantes projetados por ele eram acionados por vapor de água em alta pressão, obtido a partir da ebulição do líquido em caldeiras. Outros engenhos, porém, utilizavam tração animal, rodas-d'água e moinhos de vento.

Um **cavalo-vapor** (cv), como foi definido por Watt, era a potência empreendida por um cavalo robusto para erguer uma carga de 75 kgf a uma altura de um metro durante um segundo.

**Nota**

O quilograma-força é uma unidade de força que não pertence ao SI. Seu símbolo é o kgf e 1,0 kgf equivale a aproximadamente 9,81 N.

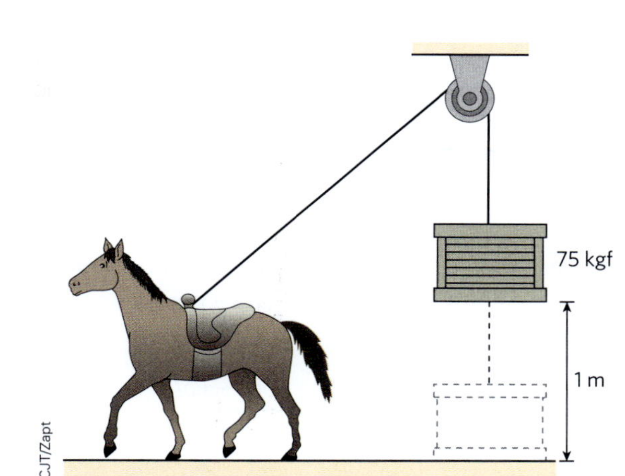


$$Pot_m = \frac{\tau}{\Delta t} = \frac{mgh}{\Delta t} = \frac{75 \cdot 9{,}807\ m/s^2 \cdot 1\ m}{1\ s}$$

Logo: $Pot_m \cong 735{,}5$ W

### Potência instantânea

Definimos a potência média em um intervalo de tempo $\Delta t$. Se fizermos esse intervalo de tempo tender a zero, teremos, no limite, a **potência instantânea**, que pode ser expressa algebricamente por:

$$Pot = \lim_{\Delta t \to 0} Pot_m = \lim_{\Delta t \to 0} \frac{\tau}{\Delta t}$$

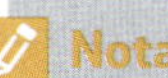

**Nota**

Em uma situação em que a potência é constante, o valor instantâneo iguala-se ao médio.

### Relação entre potência instantânea e velocidade

Em vários problemas de Mecânica, há interesse em se relacionar a potência com a velocidade. Conhecendo, por exemplo, a intensidade da velocidade de um veículo, podemos determinar a potência útil fornecida por seu motor.

Estudemos a situação em que uma partícula é deslocada de $A$ para $B$ ao longo da trajetória indicada, sob a ação da força $\vec{F}$ (constante), entre outras forças:

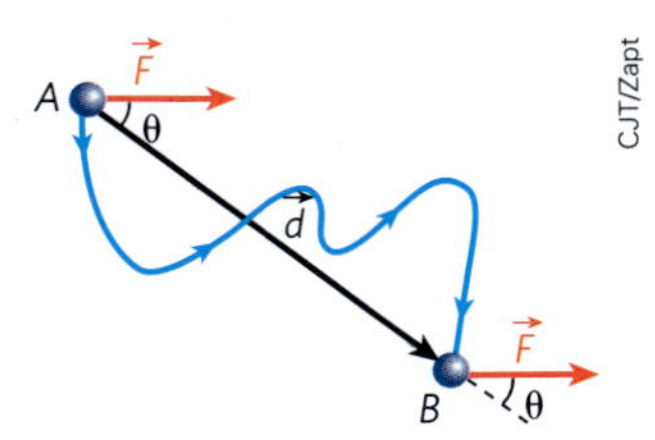


Sejam $\vec{d}$ o deslocamento vetorial de $A$ até $B$ e $\theta$ o ângulo entre $\vec{F}$ e $\vec{d}$. O trabalho de $\vec{F}$ de $A$ até $B$ pode ser calculado por: $\tau = |\vec{F}|\ |\vec{d}| \cos\theta$ (I)

A potência média de $\vec{F}$ nesse deslocamento é:

$$Pot_m = \frac{\tau}{\Delta t} \text{ (II)}$$

Substituindo (I) em (II), segue:

$$Pot_m = \frac{|\vec{F}|\ |\vec{d}| \cos\theta}{\Delta t}$$

O quociente $\frac{|\vec{d}|}{\Delta t}$, entretanto, é o módulo da velocidade vetorial média ($\vec{v}_m$) da partícula.

Assim: $Pot_m = |\vec{F}|\ |\vec{v}_m| \cos\theta$

A potência instantânea de $\vec{F}$ é obtida passando-se o último resultado ao limite, para o intervalo de tempo tendendo a zero ($\Delta t \to 0$):

$$Pot = \lim_{\Delta t \to 0} Pot_m = \lim_{\Delta t \to 0} \left(|\vec{F}|\ |\vec{v}_m| \cos\theta\right)$$

Diante desse limite, os valores médios transformam-se em instantâneos e obtemos:

$$Pot = \vec{F}\ \vec{v} \cos\theta$$

Em notação mais simples:

$Pot = F\ v \cos\theta$

em que $\theta$ é o ângulo formado entre $\vec{F}$ e $\vec{v}$:

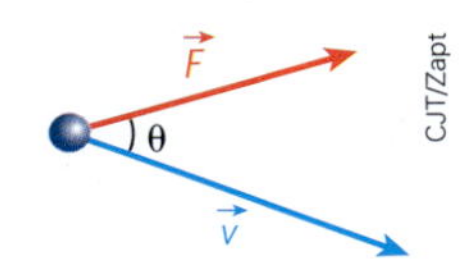


#### Caso particular importante: $\theta = 0°$

Nesse caso, $\vec{F}$ e $\vec{v}$ têm a mesma orientação, isto é, mesma direção e sentido.

Se $\theta = 0°$, então $\cos\theta = 1$.

Portanto: $Pot = F\ v$

## Rendimento

A noção de rendimento é largamente utilizada em diversos segmentos da atividade humana, sobretudo nas áreas técnicas. Fala-se, por exemplo, que o rendimento de um carro não está bom. Até nos esportes é comum mencionar que um determinado atleta não está rendendo como de costume.

Tome como exemplo a figura abaixo, em que uma locomotiva elétrica se acha em movimento para a direita.

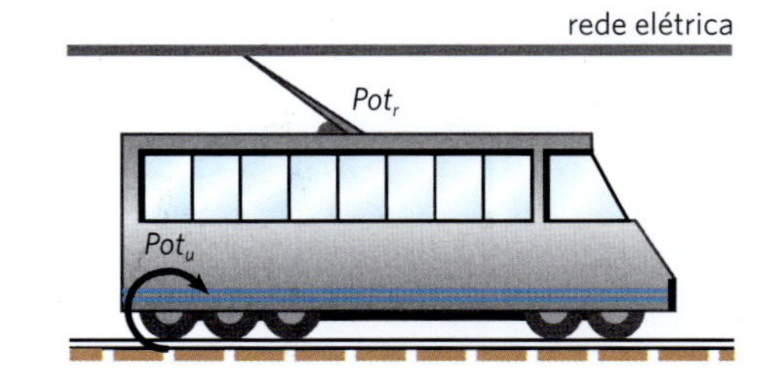

Suponhamos que ela receba da rede uma potência $Pot_r$. Será que toda a potência recebida é utilizada no movimento? Claro que não! Uma parte é dissipada, perdendo-se por efeito de atritos: aquecimento e ruídos, entre outros.

Sendo $Pot_u$ a potência útil (utilizada no movimento) e $Pot_d$ a potência dissipada, temos:

$$Pot_u = Pot_r - Pot_d$$

O rendimento ($\eta$) da locomotiva, por sua vez, é calculado pelo quociente da potência útil ($Pot_u$) pela potência recebida ($Pot_r$).

$$\eta = \frac{Pot_u}{Pot_r}$$

Esse exemplo pode ser estendido a outros casos. Em termos gerais, diz-se que:

O **rendimento** ($\eta$) de um sistema físico qualquer é dado pelo quociente da potência útil ($Pot_u$) pela potência recebida ($Pot_r$).

O rendimento é adimensional (não tem unidades) por ser definido pelo quociente de duas grandezas medidas nas mesmas unidades. É expresso geralmente em porcentagem, bastando, para isso, multiplicar seu valor por 100%.

O rendimento de um sistema físico real é sempre inferior a 1 ou a 100%, pois, em razão das dissipações sempre existentes, a potência útil é sempre menor que a recebida.

De fato, $\eta = \frac{Pot_u}{Pot_r} \Rightarrow \eta = \frac{Pot_r - Pot_d}{Pot_r}$

Portanto, $\eta = 1 - \frac{Pot_d}{Pot_r}$

A ocorrência de $\eta = 1$ ou 100% implica $Pot_d = 0$, o que é inviável em termos reais. Dizemos que o rendimento de um sistema é baixo quando a potência útil é bem menor que a recebida e que o rendimento de um sistema é alto quando a potência útil é pouco menor que a recebida.

## Já pensou nisto?

### Gerar energia elétrica com menos impacto ambiental?

Uma modalidade de energia que vem sendo utilizada cada vez em maior escala é a **eólica**, proveniente das correntes de ar (ventos). O aproveitamento desse tipo de energia, considerada energia limpa por não causar poluição, é uma opção em regiões áridas ou desérticas, como o Nordeste brasileiro. No Brasil, um país com potencial eólico estimado em 500 GW, a energia eólica corresponde a 14,2 GW da geração de energia elétrica.

O vento age nas pás dos rotores, fazendo-as girar. Esse movimento é transmitido aos eixos de geradores, que disponibilizam em seus terminais tensão elétrica. A potência útil disponível em cada ventoinha é sempre menor que a potência recebida do vento, já que sempre ocorrem dissipações. Isso indica que o rendimento de cada sistema captador é menor que 100%.

Cesar Diniz/Pulsar Imagens

O Parque Eólico de Gargaú, em São Francisco de Itabapuana, no Rio de Janeiro, tem potência útil de 28 MW.

## Descubra mais

1. Pesquise regiões que apresentem problemas de demanda de energia elétrica, envolvendo, por consequência, geração, transmissão e distribuição desse insumo. Avalie, considerando as características geográficas e ambientais de cada região, se a matriz energética eólica pode ser uma solução.

## Ampliando o olhar

### Árvores laboriosas: trabalho no erguimento de água e os rios voadores da Amazônia

Quem disse que existem apenas rios líquidos escoando ao longo de calhas bem definidas, esculpidas pela água durante anos a fio, e que esses rios serpenteiam rumo a rios maiores ou mesmo em direção ao mar?

Pois bem, a Floresta Amazônica despeja na atmosfera através de suas muitas árvores - estimadas em cerca de 600 bilhões de unidades, sabidamente, um verdadeiro manto verde equatorial - uma quantidade enorme de vapor de água, que supera em massa o que o rio Amazonas verte diariamente em sua foz no oceano Atlântico (cerca de 17 bilhões de toneladas de água). Calcula-se que cada árvore de grande porte transfira sozinha do subsolo para o ar aproximadamente 1000 L de água a cada 24 horas.

Marcos Amend/Pulsar Imagens

Sumaúma. Iranduba (AM). Dezembro de 2018. As árvores puxam água existente no subsolo permitindo que ela evapore através de suas folhas.

Convém lembrar que ao elevar uma massa $m$ de água a uma altura $h$ sem variação de energia cinética em um local onde o módulo da aceleração da gravidade vale $g$, cada árvore realiza um trabalho motor $\tau$, dado por:

$$\tau = mgh$$

A água é transportada da raiz até as folhas por meio do xilema, um tecido condutor. Quando chega à copa, a água sai dos elementos condutores e passa para o mesófilo das folhas. Nesse local, o líquido pode ser eliminado do corpo da planta na forma de vapor. Ocorre uma espécie de transpiração.

Existe sobre nós, por conseguinte, um imenso rio voador!

E essa enorme massa de $H_2O$ viaja transversalmente pelo céu do Brasil, do noroeste para o sudeste, irrigando o solo e possibilitando condições favoráveis e controladas de vida.

A floresta lança sobre um quadrilátero imaginário com vértices aproximadamente em São Paulo, Buenos Aires, cordilheira dos Andes e Cuiabá um grande rio aéreo que faz chover regularmente em toda essa região. É importante notar que esse quadrilátero situa-se em uma latitude - a implacável latitude 30° Sul - na qual ocorrem desertos em outras partes do mundo, como o Atacama, no Chile, o Kalahari, na África, e o Outback, na Austrália. Sendo irrigada pelas chuvas amazônicas, essa área da América do Sul escapa sorrateira da cruel estatística dos desertos.

Lucas Lacaz Ruiz/Futura Press

Represa do Jaguari, São José dos Campos (SP), em 2018, com volume baixo, semelhante aos índices de 2013.

Essa poderosíssima usina ambiental, equivalente a 50 mil Itaipus, depende, porém, de sutilezas para continuar funcionando e a principal delas é a preservação da floresta. Agressões, como queimadas e desmatamentos, podem ser fatais, impactando imediatamente essa fantástica engrenagem e conduzindo regiões brasileiras a situações de escassez de chuvas - secas - e desabastecimento de água, como temos vivenciado nos dias atuais.

Com um olhar para os malefícios da abertura indiscriminada de áreas agrícolas na Amazônia, cabe, portanto, uma maior reflexão da sociedade no que se refere a legislações ambientais, especialmente em pontos que deliberam sobre queimadas e desmatamentos.

Sem as florestas, o meio ambiente caminhará para um colapso e o homem, cujo conforto e estabilidade dependem sobremaneira da harmonia e sustentabilidade ambientais, sucumbirá, padecendo com severas crises de oferta de insumos básicos, a começar por falta de água.

Fonte de pesquisa: DONATO, Antônio Nobre. *O futuro climático da Amazônia*: relatório de avaliação científica. São José dos Campos, SP: ARA: CCST-INPE: INPA, 2014. Disponível em: http://www.ccst.inpe.br/wp-content/uploads/2014/11/Futuro-Climatico-da-Amazonia.pdf. Acesso em: 17 abr. 2020.

## Descubra mais

1. Na sua análise, há evidências ou riscos de desequilíbrio nos ciclos de chuva?
2. Como você interpreta os efeitos de fenômenos naturais e da interferência humana nos ciclos biogeoquímicos?
3. Quais ações individuais e/ou coletivas podemos adotar para minimizar consequências nocivas à vida que podem ser causadas por desequilíbrios nos ciclos de chuva.

## Exercícios

**6** Jobson, de massa 40 kg, partiu do repouso no ponto $A$ do tobogã da figura a seguir, atingindo o ponto $B$ com velocidade de 10 m/s.

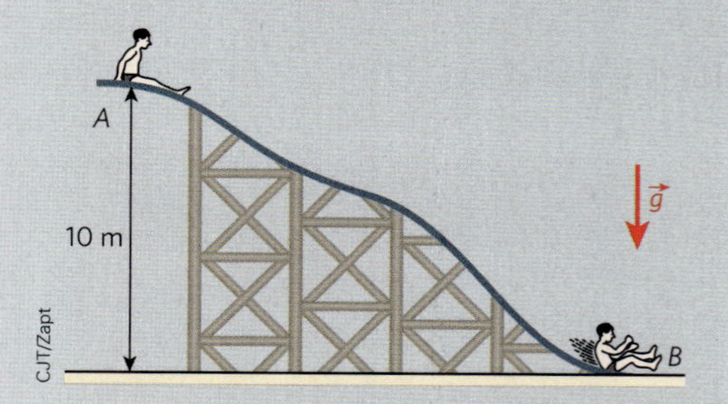


CJT/Zapt

Admitindo $|\vec{g}| = 10$ m/s² e desprezando o efeito do ar, calcule o trabalho das forças de atrito que agiram no corpo de Jobson de $A$ até $B$.

**Resolução:**

Durante a descida, três forças agem no corpo de Jobson:

$\vec{P}$ = força da gravidade (peso);

$\vec{F}_n$ = reação normal do tobogã;

$\vec{F}_{at}$ = força de atrito.

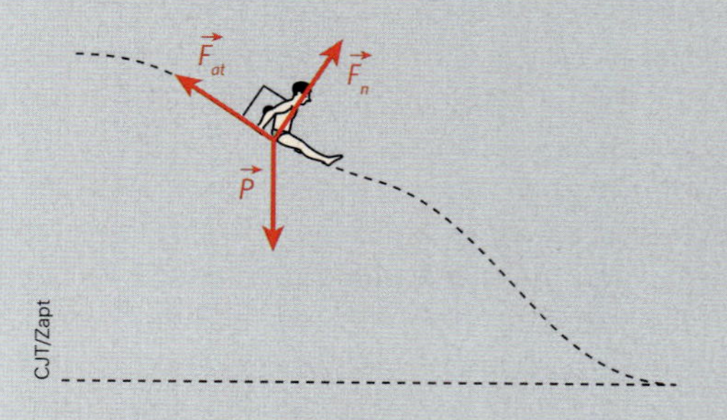

CJT/Zapt

O trabalho total, de todas as forças, é dado por:

$$\tau_{total} = \tau_{\vec{P}} + \tau_{\vec{F}_{at}} + \tau_{\vec{F}_n}$$

A parcela $\tau_{\vec{F}_n}$ é nula, pois $\vec{F}_n$ é, a cada instante, perpendicular à trajetória. Assim:

$$\tau_{total} = \tau_{\vec{P}} + \tau_{\vec{F}_{at}} \quad \text{(I)}$$

Conforme o teorema da energia cinética, temos:

$$\tau_{total} = E_{C_B} - E_{C_A}$$

$$\tau_{total} = \frac{mv_B^2}{2} - \frac{mv_A^2}{2}$$

Como $v_A = 0$ (Jobson partiu do repouso), vem:

$$\tau_{total} = \frac{mv_B^2}{2} \quad \text{(II)}$$

Comparando (I) e (II), obtém-se:

$$\tau_{\vec{P}} + \tau_{\vec{F}_{at}} = \frac{mv_B^2}{2} \Rightarrow mgh + \tau_{\vec{F}_{at}} = \frac{mv_B^2}{2}$$

$$\tau_{\vec{F}_{at}} = \frac{mv_B^2}{2} - mgh$$

Sendo $m = 40$ kg, $v_B = 10$ m/s e $g = 10$ m/s², calculemos $\tau_{\vec{F}_{at}}$:

$$\tau_{\vec{F}_{at}} = \frac{40 \cdot (10)^2}{2} - 40 \cdot 10 \cdot 10$$

$$\boxed{\tau_{\vec{F}_{at}} = -2{,}0 \cdot 10^3 \text{ J}}$$

**7** Em situações de emergência, bombeiros se dirigem muito rapidamente às viaturas de combate a incêndios deslocando-se, a princípio, de um andar ao outro, utilizando um cano vertical. Eles descem por esse tradicional utensílio, sob a ação de seu peso e da força de atrito, que é ajustada ao longo do percurso visando evitar colisões traumáticas contra o solo.

FORGET Patrick/SAGAPHOTO.COM/Alamy/Fotoarena

Admita que um bombeiro de massa $m = 70$ kg parta do repouso e escorregue verticalmente para baixo ao longo de um cano que interliga dois andares, cujos pisos são desnivelados por 5,0 m. Adotando-se $g = 10$ m/s² e sabendo-se que o bombeiro atinge o andar inferior com velocidade de intensidade 2,0 m/s, determine o valor algébrico do trabalho das forças de atrito sobre seu corpo.

**8** (OBF) Um servente de pedreiro, empregando uma pá, atira um tijolo verticalmente para cima para o mestre de obras, que está em cima da construção. Veja a figura. Inicialmente, utilizando a ferramenta, ele acelera o tijolo uniformemente de *A* para *B*; a partir de *B*, o tijolo se desliga da pá e prossegue em ascensão vertical, sendo recebido pelo mestre de obras com velocidade praticamente nula em *C*.

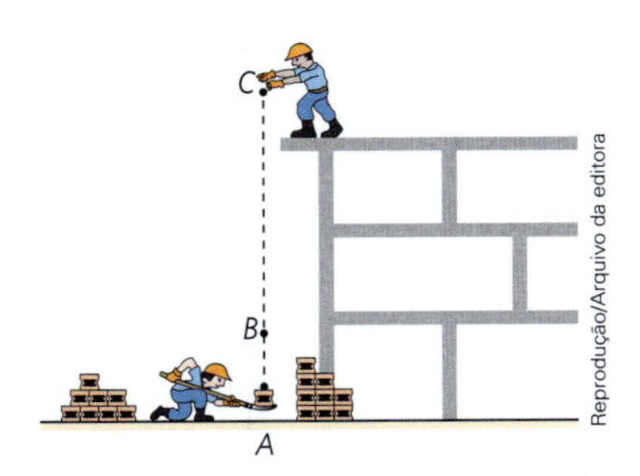


Considerando-se como dados o módulo da aceleração da gravidade, *g*, a massa do tijolo, *M*, e os comprimentos, $AB = h$ e $AC = H$, e desprezando-se a influência do ar, determine:

**a)** a intensidade *F* da força com a qual a pá impulsiona o tijolo;

**b)** o módulo a da aceleração do tijolo ao longo do percurso *AB*.

**9** Nas duas situações representadas abaixo, uma mesma carga de peso *P* é elevada a uma mesma altura *h*:

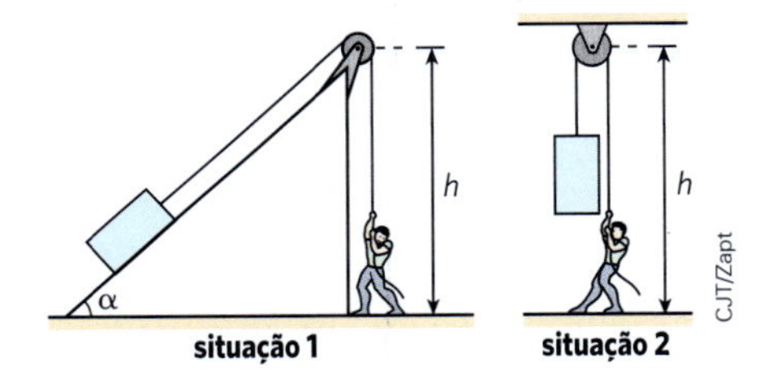


Nos dois casos, o bloco parte do repouso, parando ao atingir a altura *h*. Desprezando todas as forças passivas, analise as proposições seguintes:

**I.** Na situação 1, a força média exercida pelo homem é menos intensa que na situação 2.

**II.** Na situação 1, o trabalho realizado pela força do homem é menor que na situação 2.

**III.** Em ambas as situações, o trabalho do peso da carga é calculado por $-Ph$.

**IV.** Na situação 1, o trabalho realizado pela força do homem é calculado por $Ph$.

Responda mediante o código:

**a)** Todas são corretas.

**b)** Todas são incorretas.

**c)** Somente II e III são corretas.

**d)** Somente I, III e IV são corretas.

**e)** Somente III é correta.

**10** Na figura, um operário ergue um balde cheio de concreto, de 20 kg de massa, com velocidade constante. A corda e a polia são ideais e, no local, $g = 10$ m/s². Considerando um deslocamento vertical de 4,0 m, que ocorre em 25 s, determine:

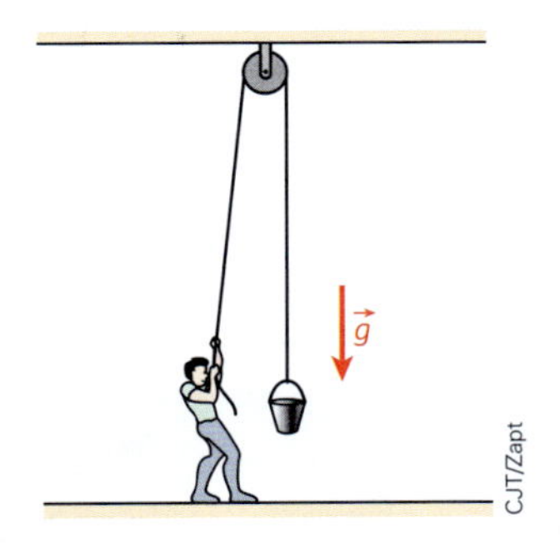


**a)** o trabalho realizado pela força do operário;

**b)** a potência média útil na operação.

**11** (Fuvest-SP) Dispõe-se de um motor com potência útil de 200 W para erguer um fardo de massa de 20 kg à altura de 100 m em um local onde $g = 10$ m/s². Supondo que o fardo parte do repouso e volta ao repouso, calcule:

**a)** o trabalho desenvolvido pela força aplicada pelo motor;

**b)** o intervalo de tempo gasto nessa operação.

**12** (UFRGS-RS) O resgate de trabalhadores presos em uma mina subterrânea no norte do Chile foi realizado através de uma cápsula introduzida numa perfuração do solo até o local em que se encontravam os mineiros, a uma profundidade da ordem de 600 m. Um motor com potência total aproximadamente igual a 200 kW puxava a cápsula de 250 kg contendo um mineiro de cada vez.

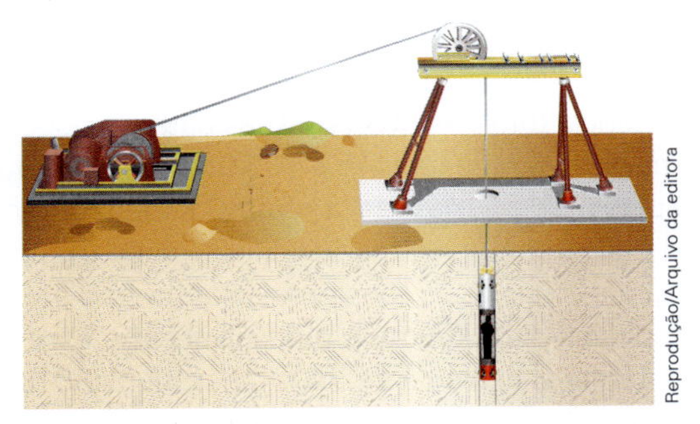


Considere que, para o resgate de um mineiro de 70 kg de massa a cápsula gastou 10 minutos para completar o percurso e suponha que a aceleração da gravidade local tenha módulo igual a 10 m/s².
Não se computando a potência necessária para compensar as perdas por atrito, a potência efetivamente fornecida pelo motor para içar a cápsula foi de:

**a)** 686 W.

**b)** 2 450 W.

**c)** 3 200 W.

**d)** 18 816 W.

**e)** 41 160 W.

**13 Avião movido a energia solar?**

Sim, é o Solar Impulse 2, de tecnologia suíça (École Polytechnique Fédérale, de Lousanne), que conseguiu a façanha de dar uma volta ao mundo graças exclusivamente à energia proveniente do Sol. A aeronave partiu de Abu Dhabi, nos Emirados Árabes Unidos, e retornou a essa mesma localidade dezesseis meses depois. Nesse período, intermeado por paradas para manutenção e acertos, foram percorridos cerca de 40 000 km durante aproximadamente 500 h efetivas de voo.

Jean Revillard/Solar Impulse/Getty Images

Solar Impulse 2 sobrevoa a baía de São Francisco, na Califórnia, Estados Unidos.

Embora muito menos veloz em comparação com os jatos convencionais, o Solar Impulse 2 é extremamente mais leve e não polui a atmosfera, já que utiliza energia limpa.

| | Massa | Envergadura |
|---|---|---|
| Airbus 380 | 560 t | 80 m |
| Solar Impulse 2 | 2 t | 80 m |

Os motores do Solar Impulse 2 disponibilizam uma potência total $P = 50$ kW e suas baterias podem armazenar uma energia $E = 164{,}0$ kWh. Objetivando aproveitar ao máximo a radiação solar, durante o dia, a aeronave voa mais alto, ocorrendo o contrário durante a noite. A constante solar nas maiores altitudes é $I = 1{,}2$ kW/m$^2$ e o desnível entre esses dois patamares de voo é de 10 000 pés ou 3 480 m.

Sabendo-se que a área total de placas fotovoltaicas instaladas nas asas e na fuselagem do avião é $A = 270$ m$^2$ e que essa instalação aproveita apenas 25% da radiação incidente:

a) determine, em km/h, a velocidade escalar média $v_m$ do Solar Impulse 2 durante o voo;

b) calcule a relação $R$ entre a energia consumida por um Airbus 380 (ver tabela comparativa) e pelo Solar Impulse 2 para ascender, sem variação de energia cinética, a 10 000 pés;

c) obtenha, em horas, o intervalo de tempo $\Delta t$ para carregar completamente as baterias do Solar Impulse 2, levando-se em conta que a aeronave está em voo com seus motores operando a uma potência igual a 80% de $P$ e com as baterias inicialmente descarregadas.

**14** A usina hidrelétrica de Itaipu é uma obra conjunta do Brasil e do Paraguai que envolve números gigantescos. A potência média teórica chega a 12 600 MW quando 18 unidades geradoras operam conjuntamente, cada qual com uma vazão próxima de 700 m$^3$ por segundo. Suponha que a água da represa adentre as tubulações que conduzem o líquido às turbinas com velocidade praticamente nula e admita que os geradores aproveitem 100% da energia hídrica disponível. Adotando-se para a aceleração da gravidade o valor 10 m/s$^2$ e sabendo-se que a densidade da água é igual a $1{,}0 \cdot 10^3$ kg/m$^3$, determine o desnível entre as bocas das tubulações e suas bases, onde estão instaladas as turbinas das unidades geradoras.

**Resolução:**

A potência elétrica disponibilizada em cada unidade geradora é calculada fazendo-se:

$$Pot_m = \frac{12\,600}{18}$$

$$Pot_m = 700 \text{ MW} = 7{,}0 \cdot 10^8 \text{ W}$$

Sendo $\mu = 1{,}0 \cdot 10^3$ km/m$^3$; $Z = 7{,}0 \cdot 10^2$ m$^3$/s e $g = 10$ m/s$^2$, calculamos o desnível $h$:

$$Pot_m = \frac{\tau}{\Delta t} = \frac{mgh}{\Delta t} = \frac{\mu V g h}{\Delta t} = \mu \cdot \frac{V}{\Delta t} \cdot gh = \mu Z g h$$

$$7{,}0 \cdot 10^8 = 1{,}0 \cdot 10^3 \cdot 7{,}0 \cdot 10^2 \cdot 10 \cdot h$$

Logo: $\boxed{h = 100 \text{ m}}$

**15** (USF-SP) A altura da superfície livre da água (densidade absoluta igual a $1{,}0 \cdot 10^3$ kg/m$^3$) no lago de uma usina hidroelétrica em relação ao nível das turbinas é de 40 m e a vazão total do líquido nos equipamentos conversores de energia mecânica em elétrica corresponde a $4{,}0 \cdot 10^3$ litros por segundo. Sendo $g = 10$ m/s$^2$ e sabendo-se que o rendimento da instalação é de 80% e que esta abastece uma comunidade com famílias que consomem em média, por mês (30 dias), 150 kWh, calcule:

a) a potência total gerada pela usina, em MW;

b) a potência útil fornecida pela usina, em MW;

c) o número $N$ de famílias que a usina pode atender.

**16** O rendimento de um motor é de 90%. Sabendo que ele oferece ao usuário uma potência de 36 hp, calcule:

a) a potência total que o motor recebe para operar;

b) a potência que ele dissipa durante a operação.

# Energia mecânica e sua conservação

Este capítulo favorece o desenvolvimento das seguintes habilidades:

EM13CNT101

EM13CNT104

EM13CNT106

EM13CNT302

EM13CNT207

## Princípio da conservação – intercâmbios energéticos

A **energia** desempenha um papel essencial em todos os setores da vida, sendo a grandeza mais importante da Física.

O Sol, a água, o vento, o petróleo, o carvão e o átomo são fontes que suprem o consumo atual de energia no mundo, mas, à medida que a população do planeta cresce e os itens de conforto à disposição da espécie humana se multiplicam, aumenta também a demanda por energia, exigindo novas alternativas e técnicas de obtenção.

A energia é uma grandeza única, mas, dependendo de como se manifesta, recebe diferentes denominações: energia térmica, luminosa, elétrica, química, mecânica, energias atômica e nuclear, entre outras.

Um dos preceitos mais amplos e fundamentais da Física é o **princípio da conservação da energia**, segundo o qual se pode afirmar que:

> A energia total do Universo é **constante**, podendo haver apenas transformações de uma modalidade em outras.

Ernesto Reghran/Pulsar Imagens

O equipamento usado pelo operário nesta imagem é dotado de uma lâmina em forma de disco que gira em alta velocidade. Na operação, a energia elétrica que alimenta a máquina se transforma essencialmente em energia mecânica (a lâmina e as fagulhas produzidas pelo atrito estão em movimento), térmica (as partes que se atritam se aquecem) e acústica (há produção de ruído).

Uma lâmpada incandescente, por exemplo, transforma energia elétrica em energia térmica. Seu filamento se aquece a tal ponto que se torna luminoso, transformando parte da energia térmica proveniente da corrente elétrica (efeito Joule) em energia luminosa.

Antoine Laurent Lavoisier (1743-1794), considerado por muitos o criador da Química moderna, escreveu em 1789:

> [...] Devemos tomar como axioma incontestável que, em todas as operações da arte e da natureza, nada é criado; a mesma quantidade de matéria existe antes e após um experimento... e nada ocorre além de mudanças e modificações nas combinações dos elementos envolvidos [...].

O princípio de Lavoisier, denominado depois **princípio da conservação da massa**, mostrou-se extremamente fértil no desenvolvimento da Química e da Física.

O físico e médico alemão Julius Robert von Mayer (1814-1878) foi o primeiro a formular o conceito de conservação da energia.

Em um ensaio de 1842, Mayer defendeu que:

> Quando uma quantidade de energia de qualquer natureza desaparece numa transformação, então se produz uma quantidade igual em grandeza de uma energia de outra natureza.

Estava lançada a semente da **lei da conservação da energia**.

Reprodução/Acervo particular

Julius Robert von Mayer é o precursor da **lei da conservação da energia**. Aplicando esse princípio à Termodinâmica, ele estabeleceu relações de igualdade entre trabalho mecânico e energia térmica, o que suscitou o surgimento da primeira lei dessa área.

O físico inglês James Prescott Joule (1818-1889) obteve em 1843, um ano depois da publicação de Mayer, com experimentos que se tornaram históricos, a relação quantitativa entre as unidades de calor e trabalho, verificando que 1 caloria = 4,1855 joules. Com isso, a noção de conservação da energia anexava-se também à Termodinâmica prática.

De forma mais abrangente, se considerarmos que o Universo é um sistema físico isolado, a **lei da conservação da energia** estabelece que a energia total contida nesse sistema tem se mantido invariável desde os primórdios de sua formulação.

O físico alemão Max Planck (1858-1947), considerado um dos mentores da Mecânica quântica, campo fundamental da Física moderna que estuda o comportamento de partículas elementares e exóticas, foi o primeiro a exprimir matematicamente, em 1887, em termos rigorosos e gerais, essa lei fundamental da natureza. Assim ele se referiu ao conceito:

> A energia total (mecânica e não mecânica) de um sistema isolado, isto é, um sistema que não troca matéria nem energia com o exterior, mantém-se constante.

## Unidades de energia

As unidades de energia são as mesmas do trabalho. No SI:

unid. [energia] = unid. [trabalho] = joule (J)

Entretanto, há outras unidades de energia que, embora não pertençam a nenhum sistema oficial, foram consagradas pelo uso. Temos, por exemplo:

- **Caloria** (**cal**): utilizada nos fenômenos térmicos.
  $$1 \text{ cal} \cong 4{,}19 \text{ J}$$
- **Quilowatt-hora** (**kWh**): utilizada em geração e distribuição de energia elétrica.
  $$1 \text{ kWh} = 3{,}6 \cdot 10^6 \text{ J}$$
- **Elétron-volt** (**eV**): utilizada nos estudos do átomo.
  $$1 \text{ eV} = 1{,}602 \cdot 10^{-19} \text{ J}$$

## Energia cinética

Na figura a seguir, um carrinho de massa $m$ está em repouso no ponto $A$ do plano horizontal sem atrito. Alguém empurra o carrinho, aplicando a força $\vec{F}$ indicada, constante e paralela ao plano de apoio.

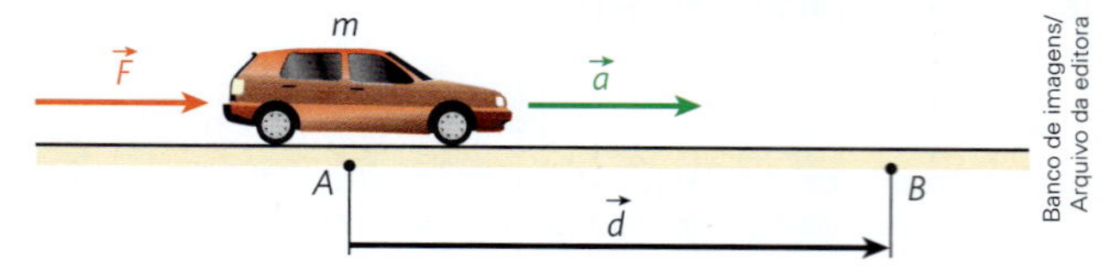


Pela ação de $\vec{F}$, o carrinho adquire a aceleração $\vec{a}$ e atinge um ponto genérico $B$ com velocidade $\vec{v}$. De $A$ até $B$, o deslocamento é $\vec{d}$. Por estar em movimento, dizemos que o carrinho se encontra energizado, apresentando o que chamamos de **energia cinética** ($E_c$).

Entretanto, de onde vem essa energia? Ocorre que a partir do ponto $A$ a força exercida pela pessoa passa a realizar trabalho sobre o carrinho. Esse trabalho é assimilado sob a forma de energia cinética.

Calculemos a energia cinética do carrinho em $B$:

$$E_c = \tau \Rightarrow E_c = Fd \qquad \text{(I)}$$

Como $\vec{F}$ é a força resultante, a aplicação da 2ª lei de Newton leva-nos a:

$$F = ma \qquad \text{(II)}$$

De $A$ até $B$, o carrinho descreve movimento uniformemente variado, em que o módulo do deslocamento ($d$) pode ser calculado pela equação de Torricelli:

$$v^2 = (v_0)^2 + 2ad \Rightarrow d = \frac{v^2 - (v_0)^2}{2a}$$

Sendo $v_0 = 0$ (o carrinho partiu do repouso em $A$), temos:

$$d = \frac{v^2}{2a} \qquad \text{(III)}$$

Substituindo (II) e (III) em (I), obtemos:

$$E_c = ma\frac{v^2}{2a} \Rightarrow \boxed{E_c = \frac{mv^2}{2}}$$

Veja que a energia cinética jamais é negativa: é **positiva** ou **nula**. Veja, ainda, que ela é uma grandeza relativa, pois é função da velocidade que depende do referencial. Assim, uma única partícula pode ter, ao mesmo tempo, energia cinética nula para um referencial e não nula para outro.

Na fotografia, um ônibus espacial é conduzido acoplado a um avião adaptado especialmente para esse fim. Estando em repouso em relação ao avião, a espaçonave apresenta energia cinética nula em relação a ele. No entanto, em relação ao solo, ela está em movimento. Isso torna sua energia cinética não nula do ponto de vista desse outro referencial. Os ônibus espaciais foram utilizados pela Nasa entre 1981 e 2011 como veículos tripulados reutilizáveis, capazes de colocar satélites em órbita, abastecerem a Estação Espacial Internacional, dentre outras missões. Atualmente, encontram-se aposentados, tendo sido substituídos por foguetes mais modernos.

## Ampliando o olhar

# Um luxo de lixo

A sociedade de consumo está produzindo cada vez mais lixo. Os depósitos e aterros sanitários estão abarrotados e multiplicam-se rapidamente por todo o mundo, já que a população cresce sem parar e os produtos de consumo, que em épocas passadas eram acondicionados de maneira simples, agora recebem camadas e mais camadas de embalagens de vidro e lata, papel e matérias plásticas.

Uma pessoa sozinha produz em média 583 g de lixo por dia. Isso significa 15 toneladas de dejetos ao longo de sua vida, estimada em 70 anos. A humanidade inteira, por sua vez - hoje, em número superior a 7 bilhões de habitantes -, joga fora mais de 4 bilhões de toneladas entre um raiar de sol e o próximo.

Toda essa matéria acumulada não vai sumir. A quantidade de matéria, nesse contexto, se conserva. E há lixo de toda espécie e em toda parte: lixo orgânico, lixo reciclável, lixo hospitalar... Há também lixo químico e lixo radioativo, ambos uma ameaça constante ao meio ambiente. E o que fazer com tanto lixo? Onde pôr todos esses rejeitos que diariamente colocamos do lado de fora de nossas casas em quantidades cada vez maiores?

É fundamental que exista, acima de tudo, uma consciência ambiental que leve as pessoas a descartar o lixo de maneira seletiva para que cada item siga o caminho mais adequado. Papel, garrafas de vidro e de plástico, latas, pilhas, baterias, telefones celulares obsoletos e sucata eletrônica, em geral, devem ser direcionados a coletas específicas para reciclagem.

Mas o lixo também pode ter um retorno produtivo à sociedade, sendo empregado atualmente como importante fonte de energia. As bactérias que se proliferam em lixões se alimentam da matéria orgânica lá existente e produzem o chamado biogás, uma mistura de metano e gás carbônico, principalmente.

É justamente o metano, um gás estufa que contribui bastante para o agravamento do aquecimento global, que pode ser utilizado para a produção energética. O biogás desprendido do lixo é captado por meio de drenos especiais e passa por um sistema de filtragem que separa o metano do gás carbônico. O metano é, então, direcionado para o acionamento de motores, semelhantes aos utilizados nos carros movidos a gás, que entram em operação e fazem girar eixos de geradores capazes de disponibilizar tensão suficiente para abastecer de eletricidade cidades inteiras.

Veja no esquema a seguir as etapas de captação da energia do lixo.

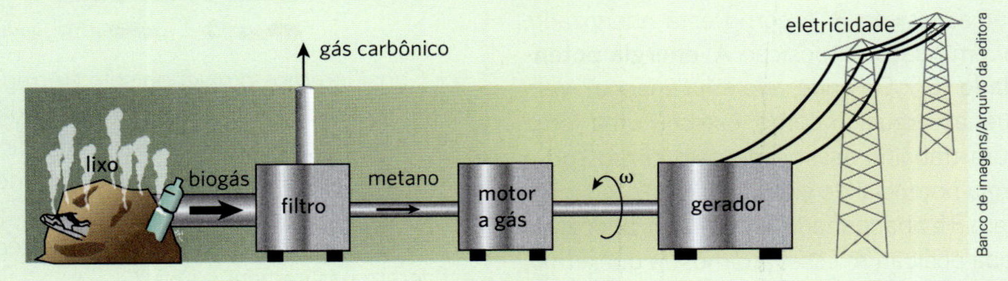


O biogás obtido em usinas de lixo pode suprir 15% da demanda energética brasileira. Há vários projetos para o aproveitamento dessa matéria-prima, e a transformação do lixo em energia ainda traria duas consequências benéficas: a primeira é de natureza ambiental, já que haveria melhor seleção e armazenagem dos resíduos que são a base de todo o processo; a segunda é de ordem política, uma vez que o não lançamento do metano diretamente na atmosfera geraria **créditos de carbono**, recurso que poderia favorecer o Brasil em negociações internacionais sobre mudanças climáticas, meio ambiente e sustentabilidade.

## Descubra mais

1. Usando diagramas ou mapas conceituais, represente a trajetória dos produtos que consumimos, considerando transformações e conservações em sistemas que envolvam quantidade de matéria.
2. Faça uma pesquisa sobre o biogás indicando como seu uso pode favorecer soluções, individuais e/ou coletivas, para descartes responsáveis (avaliando risco para a saúde e o ambiente).
3. Você acha adequados os atuais processos de reciclagem dos materiais descartados? O que fazer para torná-los mais eficientes?

# Energia potencial

É uma forma de energia latente, isto é, está sempre prestes a se converter em energia cinética.

Na Mecânica, há dois tipos de energia potencial: **energia potencial de gravidade** e **energia potencial elástica**.

## Energia potencial de gravidade ($E_p$)

É função da posição de um corpo em um campo gravitacional (por exemplo, o terrestre) e depende da intensidade do peso do corpo no local onde se encontra e da altura do seu centro de massa em relação a um plano horizontal de referência.

Na situação da figura a seguir, uma pessoa ergue um corpo de massa $m$ da posição $A$ à posição $B$. Seja $h$ a altura de $B$ em relação ao nível horizontal da posição $A$ e $g$ o módulo da aceleração da gravidade.

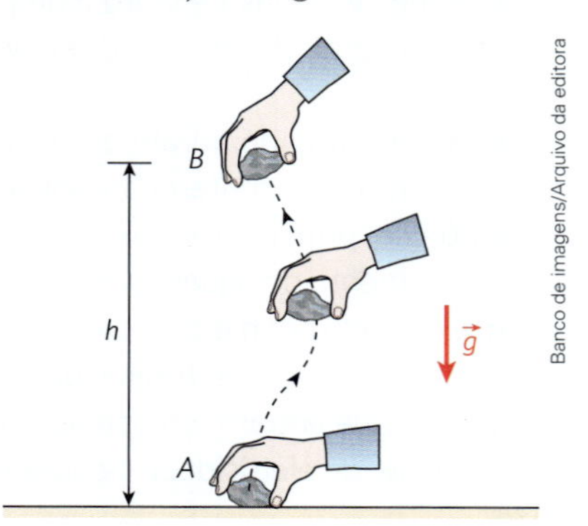


Por ocupar a posição $B$, o corpo está energizado, apresentando, em relação à posição $A$, **energia potencial de gravidade** ($E_p$). De onde veio essa energia? Veio da pessoa, que, ao erguer o corpo, exerceu uma força que realizou um trabalho assimilado pelo corpo sob a forma de energia potencial de gravidade.

Uma vez em $B$ e abandonado, o corpo cai, buscando atingir o nível da posição $A$. Esse fato mostra que, em $B$, o corpo está realmente energizado, pois cai quando largado à ação da gravidade. Assim, ocorre transformação de energia potencial de gravidade em energia cinética. Calculando a energia potencial de gravidade do corpo na posição $B$, temos:

$$E_p = \tau \quad \text{(I)}$$

Pode-se verificar que o trabalho motor realizado no erguimento de um corpo sem variação de energia cinética é calculado por:

$$\tau = Ph \Rightarrow \tau = mgh \quad \text{(II)}$$

De (I) e (II), obtemos:

$$E_p = Ph \text{ ou } E_p = mgh$$

Devemos destacar que a energia potencial de gravidade deve ser definida em relação a um determinado **plano horizontal de referência (PHR)**, a partir do qual são medidas as alturas. Um mesmo corpo pode ter energia potencial de gravidade positiva, nula ou negativa, dependendo do PHR adotado.

Veja a seguir a representação gráfica da variação da $E_p$ em função de $h$. Convém observar que valores negativos de $h$ implicam valores negativos de $E_p$, que estão associados a posições abaixo do PHR.

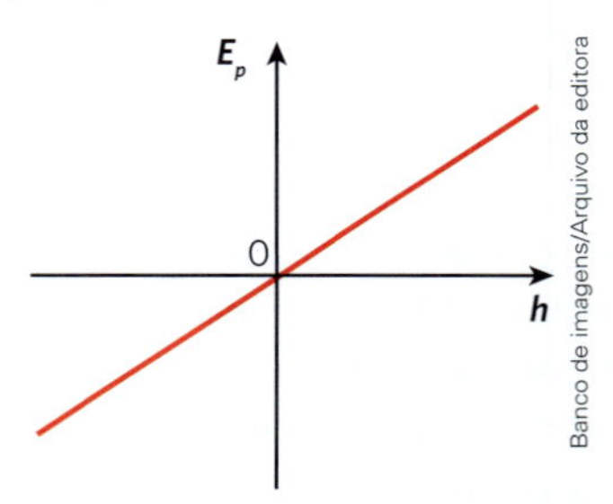


Vamos, agora, analisar outro exemplo, em que representamos um edifício cujo elevador serve para transportar pessoas das garagens ao oitavo andar.

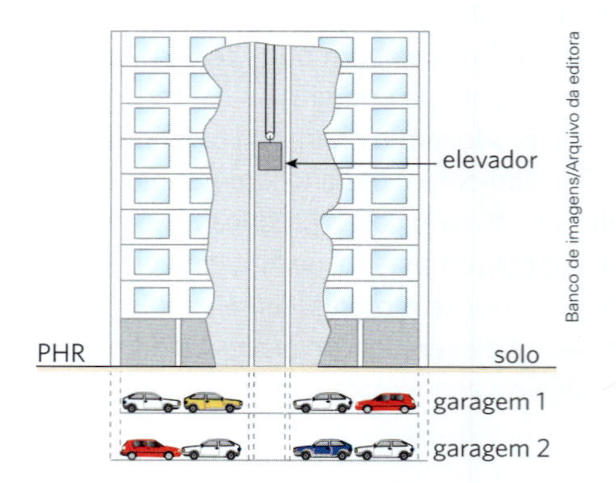


Consideremos o nível do solo (térreo) o plano horizontal de referência (PHR). Em relação a esse referencial, os passageiros do elevador, cujas dimensões serão admitidas desprezíveis, apresentarão energia potencial de gravidade positiva se estiverem em qualquer andar acima do solo, nula se estiverem no térreo e negativa se estiverem nas garagens 1 ou 2.

Veja o significado físico de uma energia potencial de gravidade negativa: se a energia potencial de gravidade de um corpo vale $-mgh$, deve-se realizar sobre ele um trabalho equivalente a $+mgh$ para que esse corpo chegue ao nível zero de energia potencial, isto é, ao PHR adotado.

### Notas

- A variação de energia potencial de gravidade ($\Delta E_p$) é a diferença entre as energias potenciais final ($E_{pf}$) e inicial ($E_{pi}$): $\Delta E_p = E_{pf} - E_{pi}$
- Se o centro de massa de um corpo sobe, então $E_{pf} > E_{pi}$ e $\Delta E_p > 0$.
- Se o centro de massa de um corpo desce, então $E_{pf} < E_{pi}$ e $\Delta E_p < 0$.
- $\Delta E_p$ **independe** do PHR adotado.

## Ampliando o olhar

### *Skate* radical: o Big Air – Segundos de pura adrenalina

Acompanhemos uma "volta" na pista de *skate* Big Air (ou Megarrampa), a mais desafiadora e perigosa de todas as pistas, destacando as ocorrências físicas nos principais momentos. Grandes intercâmbios de energia podem ser notados no Big Air. Nas descidas, o *skatista* acelera, havendo conversão de energia potencial de gravidade em energia cinética. Nas subidas ocorre o inverso, ou seja, a energia cinética transforma-se em energia potencial de gravidade. Há, porém, durante todo o percurso, a dissipação de parte da energia mecânica, que se degrada principalmente em forma de energia térmica e acústica.

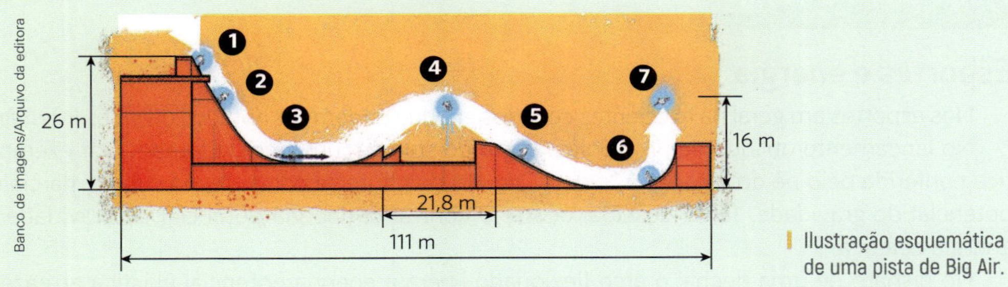


Ilustração esquemática de uma pista de Big Air.

1. O *skatista* parte do repouso após um pequeno período de concentração.
2. Ele ganha velocidade ao longo da rampa. Nessa fase, o atleta deve posicionar seu corpo adequadamente sobre o *skate* para não se desequilibrar pela ação das forças de resistência do ar.
3. O atleta atinge a base da rampa com velocidade da ordem de 80 km/h.
4. O *skatista* lança-se, então, em um voo balístico de grande risco, mas de impressionante beleza plástica. O alcance horizontal equivalente a cerca de 12 automóveis estacionados lado a lado (21,8 m).
5. Ao retomar o contato com a pista, o atleta recebe uma força de impacto de grande intensidade, cerca de duas vezes seu peso, que é transferida principalmente aos joelhos, além de outras articulações do corpo.
6. Na curva de acesso à rampa vertical, o *skatista* está sujeito a uma gravidade aparente da ordem de 7*g*.
7. O *skatista* é projetado verticalmente e atinge alturas de mais de 16 m, contados do nível do chão.

## Energia potencial elástica ($E_e$)

É a forma de energia que encontramos armazenada em sistemas elásticos deformados. É o caso, por exemplo, de uma mola alongada ou comprimida ou de uma tira de borracha alongada.

Vamos analisar a situação das figuras a seguir, em que temos uma mola, admitida ideal, de constante elástica $K$, fixa em uma parede e inicialmente livre de deformações (figura 1). Um operador puxa a extremidade livre da mola, alongando-a de modo que sofra uma deformação $\Delta x$, tal que $\Delta x = x - x_0$ (figura 2).

Por estar deformada, dizemos que a mola está energizada, tendo armazenada em si **energia potencial elástica** ($E_e$).

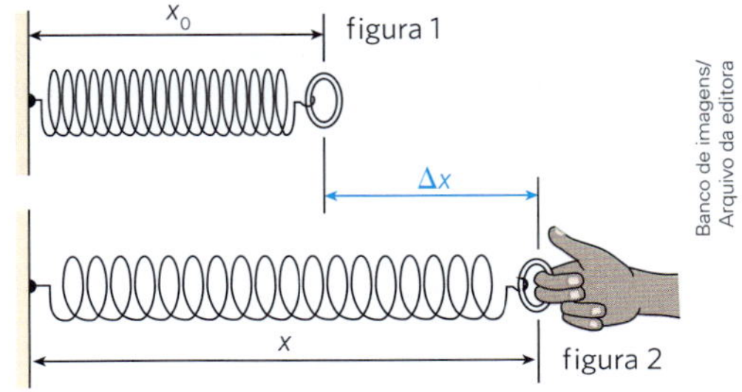


De onde vem, no entanto, essa energia? Vem do operador que, ao deformar a mola, exerce sobre ela uma força que realiza um trabalho, assimilado sob a forma de energia potencial elástica.

O trabalho realizado pela força do operador ao deformar a mola é dado por:

$$\tau = \frac{K(\Delta x)^2}{2}$$

Como $E_e = \tau$, obtemos: $$E_e = \frac{K(\Delta x)^2}{2}$$

Observe que a energia potencial elástica ($E_e$) nunca é negativa: é **positiva** ou **nula**. Ela é diretamente proporcional ao quadrado da deformação ($\Delta x$). Assim, o gráfico $E_e$ *versus* $\Delta x$ é um arco de parábola, como representamos ao lado.

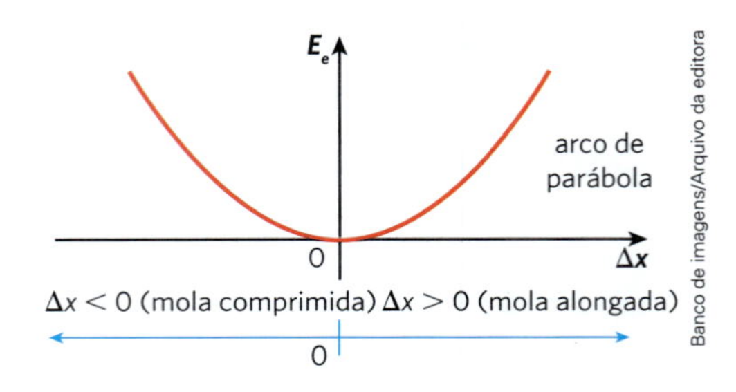


## Ampliando o olhar

### Esportes e energia

Nos esportes em geral há excelentes cenários em que podem ser notados diversos intercâmbios energéticos.

No lançamento oblíquo de uma bola a partir do solo em um jogo de futebol, por exemplo, a energia cinética conferida pelo pé do jogador à "pelota" no ato do chute se converte, na subida, parcialmente em energia potencial de gravidade. Já na descida, ocorre o contrário: energia potencial de gravidade se reconverte em energia cinética.

No disparo de uma flecha, o arco flexionado libera a energia potencial elástica armazenada que é quase toda assimilada pelo dardo em forma de energia cinética.

Qualquer esporte requer uma iniciação gradual, muita perseverança e dedicação, além de equipamento adequado, especialmente no que tange à segurança. Afinal, perigos são inerentes a todas as modalidades, e, em cada caso, as devidas precauções devem ser sempre tomadas.

Mas, apesar de uma queda aqui e outra acolá, a prática desportiva é sempre recomendável.

Por meio dos esportes, o jovem pode desenvolver a motricidade, além de aspectos psicológicos e sociais. Foco e disciplina fazem parte do mundo esportivo, como também responsabilidade e trabalho em equipe.

Enseja-se que ocorram cada vez mais políticas públicas no sentido de dotar áreas centrais e periféricas de espaços de convivência e lazer adequados à prática desportiva, o que propiciará, principalmente à juventude, oportunidades de um desenvolvimento harmonioso e significativo.

Indígenas brasileiros utilizam arco e flecha em várias atividades, como na caça e na pesca, além de participarem de torneios. No ato de flexionar o arco, realiza-se trabalho, e energia química converte-se em potencial elástica. No momento do disparo, essa energia é assimilada como energia cinética quase integralmente pela flecha. Indígena da etnia Pataxó praticando arco e flecha na Reserva da Jaqueira, Bahia, em julho de 2019.

## Descubra mais

**1** Você acha que esportes contribuem para prevenir doenças e promover a saúde e o bem-estar dos jovens?

## Exercícios

**1** Apesar das tragédias ocorridas com os ônibus espaciais norte-americanos Challenger e Columbia, que puseram fim à vida de catorze astronautas, esses veículos reutilizáveis foram fundamentais na exploração do cosmo. Admita que um ônibus espacial com massa igual a 100 t esteja em procedimento de reentrada na atmosfera, apresentando velocidade de intensidade de 10 800 km/h em relação à superfície terrestre. Qual é a energia cinética desse veículo?

**2** **Vidro: Quanto é reciclado?**

46% das embalagens de vidro são recicladas no Brasil, somando 390 mil toneladas/ano. Desse total, 40% é oriundo da indústria de envaze, 40% do mercado difuso, 10% do "canal frio" (bares, restaurantes, hotéis etc.) e 10 % do refugo da indústria.

Sete razões para reciclar o seu lixo. Disponível em: https://vidrado.com/noticias/meio-ambiente/numeros-da-reciclagem-de-vidro-no-brasil. Acesso em: mar. 2020.

Admita que sobre a esteira transportadora de uma usina para reciclagem de vidro sejam conduzidos sem escorregamento para derretimento em um alto forno cacos de vidro com velocidade de intensidade 1,5 m/s em relação ao solo. Considerando-se uma porção de cacos com massa igual a 4,0 kg, determine:

**a)** sua energia cinética em relação à superfície da esteira;

**b)** sua energia cinética em relação ao solo.

**3** (Fuvest-SP) A equação da velocidade de um móvel de 20 quilogramas é dada por $v = 3{,}0 + 0{,}20t$ (SI). Podemos afirmar que a energia cinética desse móvel, no instante $t = 10$ s, vale:

**a)** 45 J
**b)** $1{,}0 \cdot 10^2$ J
**c)** $2{,}0 \cdot 10^2$ J
**d)** $2{,}5 \cdot 10^2$ J
**e)** $2{,}0 \cdot 10^3$ J

**4** Uma partícula $A$ tem massa $M$ e desloca-se verticalmente para cima com velocidade de módulo $v$. Uma outra partícula $B$ tem massa $2M$ e desloca-se horizontalmente para a esquerda com velocidade de módulo $\frac{v}{2}$. Qual é a relação entre as energias cinéticas das partículas $A$ e $B$?

**Resolução:**

A energia é uma grandeza física escalar. Por isso, não importam as orientações dos movimentos das partículas $A$ e $B$.

A energia cinética de uma partícula é calculada por:

$$E_c = \frac{mv^2}{2}$$

Para a partícula $A$, temos: $E_{c_A} = \frac{Mv^2}{2}$ (I)

Para a partícula $B$:

$$E_{c_B} = \frac{2M\left(\frac{v}{2}\right)^2}{2} \Rightarrow E_{c_B} = \frac{2Mv^2}{8} \quad \text{(II)}$$

Dividindo (I) por (II), obtemos:

$$\frac{E_{c_A}}{E_{c_B}} = \frac{\frac{Mv^2}{2}}{\frac{2Mv^2}{8}} \Rightarrow \boxed{\frac{E_{c_A}}{E_{c_B}} = 2}$$

**5** Três corpos, $A$, $B$ e $C$, têm as características indicadas na tabela a seguir. Sendo $E_A$, $E_B$ e $E_C$, respectivamente, as energias cinéticas de $A$, $B$ e $C$, aponte a alternativa correta:

| | A | B | C |
|---|---|---|---|
| **Massa** | $M$ | $\frac{M}{2}$ | $2M$ |
| **Velocidade escalar** | $v$ | $2v$ | $\frac{v}{2}$ |

**a)** $E_A = E_B = E_C$
**b)** $E_A = 2E_B = 4E_C$
**c)** $E_B = 2E_A = 4E_C$
**d)** $E_C = 2E_A = 4E_B$
**e)** $E_A = E_B = 8E_C$

**6** Tracionada com 800 N, certa mola helicoidal sofre distensão elástica de 10 cm. Qual é a energia potencial elástica armazenada na mola quando deformada de 4,0 cm?

**7** Um garoto chuta uma bola de massa 400 g que, em determinado instante, tem velocidade de 72 km/h e altura igual a 10 m em relação ao solo. Adotando $|\vec{g}| = 10$ m/s² e considerando um referencial no solo, aponte a alternativa que traz os valores corretos da energia cinética e da energia potencial de gravidade da bola no instante considerado.

| | Energia cinética (joule) | Energia potencial (joule) |
|---|---|---|
| **a)** | 40 | 40 |
| **b)** | 80 | 40 |
| **c)** | 40 | 80 |
| **d)** | 80 | 80 |
| **e)** | 20 | 60 |

**8** (Unip-SP) Uma partícula de massa 2,0 kg, em trajetória retilínea, tem energia cinética ($E_c$) variando com o quadrado do tempo ($t^2$) de acordo com o gráfico abaixo.

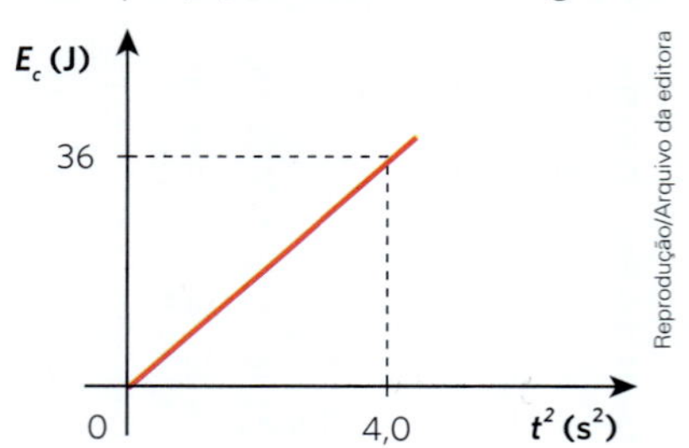


A força resultante na partícula:

**a)** é variável.

**b)** tem intensidade igual a 3,0 N.

**c)** tem intensidade igual a 6,0 N.

**d)** tem intensidade igual a 9,0 N.

**e)** tem intensidade igual a 72 N.

**9** A jovem Dani é uma exímia *skatista*, capaz de realizar manobras radicais. Certo dia, porém, quando percorria um trecho horizontal com velocidade de intensidade 36 km/h, ela se desiquilibrou e caiu, percorrendo em linha reta 10 m até parar. Felizmente, Dani não se machucou, já que estava equipada com capacete, luvas e joelheiras.

Admitindo-se que a garota tenha sido freada pela ação exclusiva das forças de atrito aplicas pelo solo (coeficiente de atrito cinético constante e igual a $\mu$), que $g = 10$ m/s$^2$ e que a massa da jovem vale 58 kg, determine:

**a)** o valor de $\mu$;

**b)** a quantidade de calor, $Q$, produzida pela fricção entre Dani e o solo.

**10** (UPM-SP) Uma bola de borracha de massa 1,0 kg é abandonada da altura de 10 m. A energia perdida por essa bola ao se chocar com o solo é 28 J. Supondo $g = 10$ m/s$^2$, a altura máxima atingida pela bola após o choque com o solo será de:

**a)** 7,2 m.

**b)** 6,8 m.

**c)** 5,6 m.

**d)** 4,2 m.

**e)** 2,8 m.

**11** A deformação em uma mola varia com a intensidade da força que a traciona, conforme o gráfico abaixo.

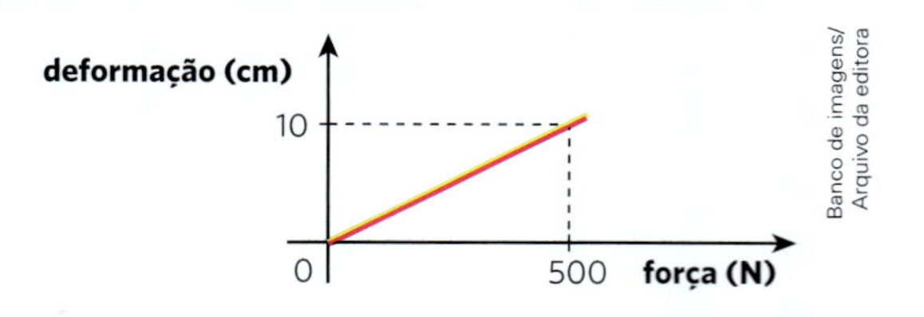


Determine:

**a)** a constante elástica da mola, dada em N/m;

**b)** a intensidade da força de tração quando a deformação da mola for de 6,0 cm;

**c)** a energia potencial elástica armazenada na mola quando ela estiver deformada 4,0 cm.

**12** Um atleta de massa igual a 60 kg realiza um salto com vara, transpondo o sarrafo colocado a 6,0 m de altura. Calcule o valor aproximado do acréscimo da energia potencial de gravidade do atleta nesse salto. Adote $g = 10$ m/s$^2$.

**13** (UFPE) Duas massas, $m_1 = 2,0$ kg e $m_2 = 4,0$ kg, são suspensas sucessivamente em uma mesma mola vertical. Se $U_1$ e $U_2$ são, respectivamente, as energias elásticas armazenadas na mola quando as massas $m_1$ e $m_2$ foram penduradas e $U_1 = 2,0$ J, qual é o valor de $U_2$?

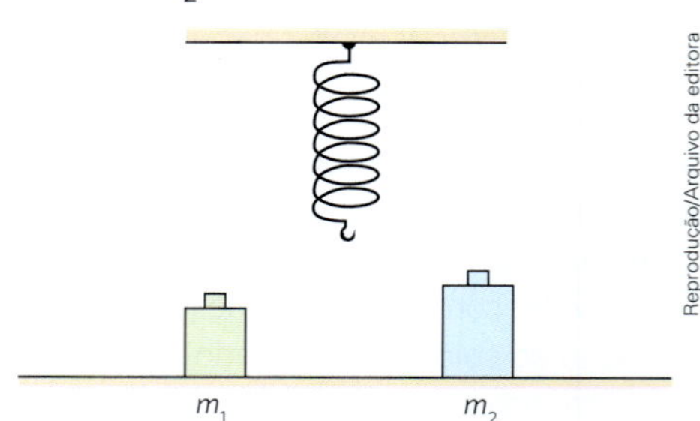


**14** (UFRGS-RS) O uso de arco e flecha remonta a tempos anteriores à história escrita. Em um arco, a força da corda sobre a flecha é proporcional ao deslocamento $x$, ilustrado na figura abaixo, a qual representa o arco nas suas formas relaxada I e distendida II.

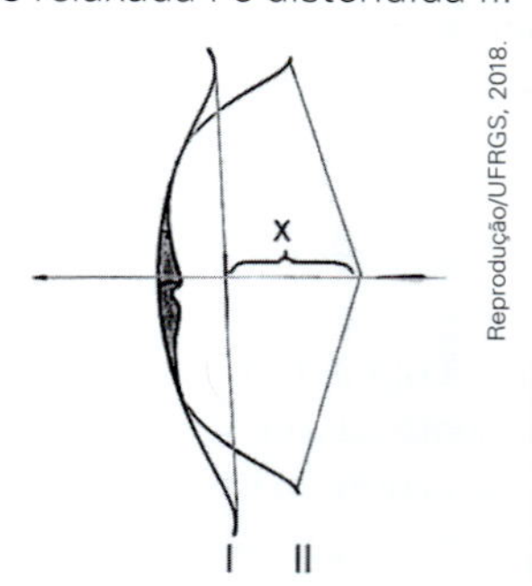


Uma força horizontal de 200 N, aplicada na corda com uma flecha de massa $m = 40$ g, provoca um deslocamento $x = 0,5$ m. Supondo que toda a energia armazenada no arco seja transferida para a flecha, qual a velocidade que a flecha atingiria, em m/s, ao abandonar a corda?

**a)** $5,0 \cdot 10^3$

**b)** 100

**c)** 50

**d)** 5

**e)** $10^{\frac{1}{2}}$

## Cálculo da energia mecânica

Calculamos a energia mecânica ($E_m$) de um sistema adicionando a energia cinética à energia potencial, que pode ser de gravidade ou elástica:

$$E_m = E_{cinética} + E_{potencial}$$

Observe os exemplos a seguir, em que mostramos o cálculo em cada caso.

**Exemplo 1:**

Um jogador chuta uma bola de massa *m*, que descreve a trajetória indicada. No instante da figura, a velocidade da bola é $\vec{v}$ e sua altura em relação ao solo (PHR) é *h*.

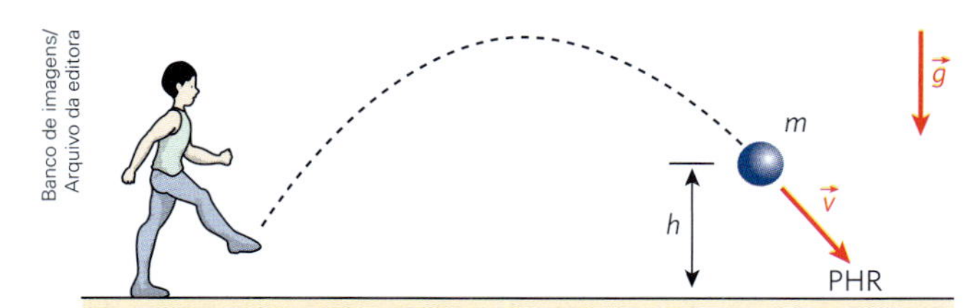


Sendo *g* o módulo da aceleração da gravidade, a energia mecânica da bola no instante considerado é calculada por:

$$E_m = \frac{mv^2}{2} + mgh$$

**Exemplo 2:**

Uma partícula de massa *m* oscila horizontalmente, em condições ideais, ligada a uma mola leve, de constante elástica *K*.

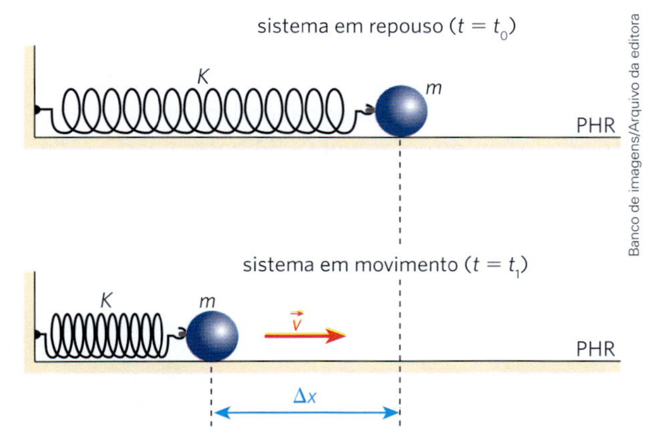


No instante $t = t_1$ indicado na figura, a velocidade da partícula é $\vec{v}$, e a energia mecânica do sistema massa-mola é calculada por:

$$E_m = \frac{mv^2}{2} + \frac{K(\Delta x)^2}{2}$$

## Sistema mecânico conservativo

**Sistema mecânico conservativo** é todo aquele em que as forças que realizam trabalho transformam **exclusivamente** energia potencial em energia cinética e vice-versa.

É o que ocorre com as forças de gravidade, elásticas e eletrostáticas que, por sua vez, são denominadas **forças conservativas**.

As forças de atrito cinético, de resistência viscosa - exercidas pelos líquidos em corpos movendo-se em seu interior - e de resistência do ar, transformam energia mecânica em outras formas de energia, principalmente térmica. Essas forças são denominadas **forças dissipativas**.

Podemos dizer, então, que um sistema mecânico só é conservativo quando o trabalho é realizado **exclusivamente por forças conservativas**.

Vejamos alguns exemplos:

**Exemplo 1:**

Uma partícula cai em movimento vertical sob a ação exclusiva do campo gravitacional terrestre, como podemos ver na figura a seguir. Nesse caso, a única força que realiza trabalho sobre a partícula é a da gravidade, que é uma força conservativa.

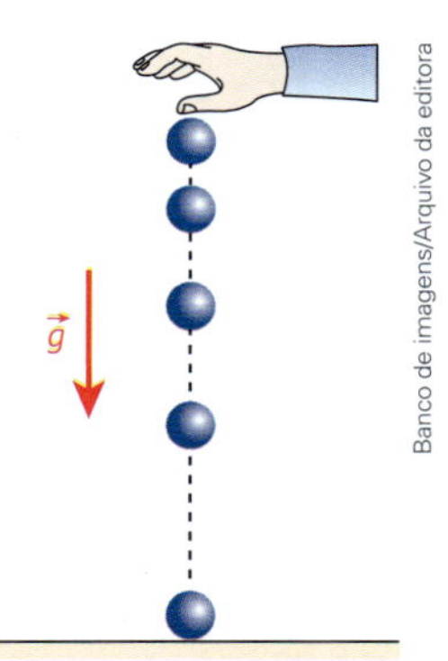


**Exemplo 2:**

Um garoto desce por um tobogã praticamente sem atrito, movimentando-se sem sofrer a influência do ar.

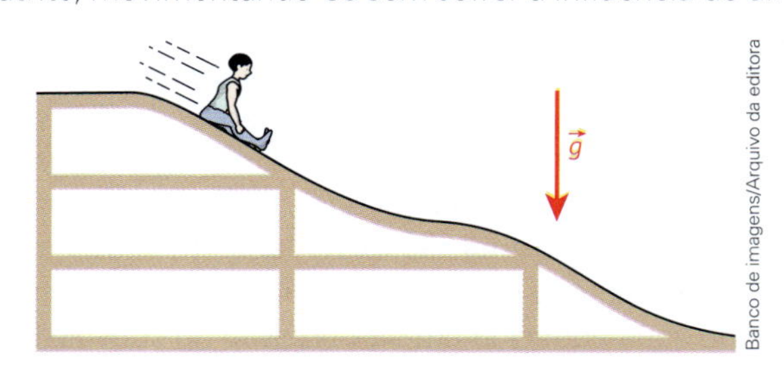


Como o atrito e a influência do ar foram desprezados e a força normal não realiza trabalho, o único trabalho a considerar é o da força peso, que é uma força conservativa.

**Exemplo 3:**

Uma partícula, presa a uma mola leve e elástica, oscila sem sofrer a ação de atritos ou da resistência do ar.

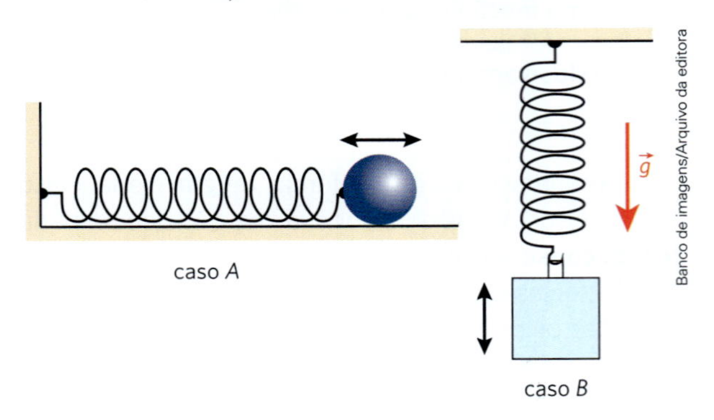


No caso *A*, somente a força elástica (conservativa) realiza trabalho. Em *B*, são duas forças conservativas realizando trabalho: a força elástica e a força peso.

Um esporte radical que exige do praticante muita técnica e precaução é o *bungee-jump*. Alguém devidamente atado à extremidade de uma corda elástica específica para esse fim, sob os cuidados de monitores especializados, projeta-se a partir de uma plataforma elevada, despencando em um voo que termina em grandes oscilações. Desprezando-se a influência do ar, apenas a força peso e a força elástica realizam trabalho, o que caracteriza o conjunto pessoa-corda como um sistema conservativo.

Salto de *bunguee-jump*.

## Princípio da conservação da energia mecânica

Trata-se de uma aplicação particular do **princípio da conservação da energia** em sistemas mecânicos:

> Em um sistema mecânico conservativo, a energia mecânica total é sempre **constante**.
>
> $E_m = E_{cinética} + E_{potencial} \rightarrow \text{constante}$

Concluímos, então, que qualquer aumento de energia cinética observado nesse sistema ocorre a partir de uma redução igual de energia potencial (de gravidade ou elástica) e vice-versa.

### Já pensou nisto?

#### Energia do interior da Terra

O carvão mineral e o petróleo, bem como seus derivados, são considerados fontes não renováveis de energia, já que sua extração terá duração finita. Além disso, o uso em larga escala dessas matrizes energéticas contribui sobremaneira para o aumento do efeito estufa, já que sua combustão lança na atmosfera grandes quantidades de gás carbônico ($CO_2$).

Sustentabilidade é um termo amplo, muito em voga atualmente, que envolve meios de produção continuada a partir de energia limpa e mínimo impacto ambiental. Nesse sentido, tem-se utilizado de maneira crescente a **energia geotérmica** (ou geotermal) proveniente do interior da Terra. A crosta do planeta abriga sob si o magma, que se constitui de material rochoso fundido. As temperaturas do magma são extremamente altas, aquecendo lençóis freáticos. A evidência da presença de água aquecida em alta pressão no subsolo são os **gêiseres**, encontrados em diversas partes do mundo. Por meio de dutos verticais, que se estendem a profundidades de centenas (e até milhares) de metros, usinas como a da fotografia abaixo - localizada na Islândia, onde mais de um quarto da energia elétrica do país é de origem geotérmica - colhem vapor de água em altíssima pressão, capaz de se expandir e girar turbinas conectadas a geradores de eletricidade.

A despeito do seu baixo rendimento, as usinas movidas a energia geotermal podem produzir eletricidade ininterruptamente - 24 horas por dia -, de forma limpa, sustentável e com mínima agressão ao meio ambiente.

Usina geotérmica de Nesjavellir, Islândia.

## Intercâmbios energéticos em esportes

Para enriquecer ainda mais o conceito de transmutações energéticas, vamos recorrer a seguir a alguns infográficos que tratam de esportes muito prestigiados em torneios internacionais e olimpíadas.

**Salto em distância**
Nesse esporte, a estratégia é, após uma forte corrida inicial, atingir uma grande velocidade horizontal e, no momento do salto, interagir vigorosamente com o chão para obter um intenso impulso oblíquo.

Com o impulso, o atleta consegue projetar-se segundo uma velocidade vetorial que forma um ângulo próximo de 22 graus em relação ao solo.

Quanto mais intenso for o impulso, maior será a velocidade adquirida pelo atleta ao saltar.

Quanto maior a velocidade vertical, mais tempo ele ficará em voo e mais longe cairá.

Considerando o centro de massa do atleta a cerca de 80 cm acima do solo antes do salto, quando toca o chão, pode-se estimar a distância do salto.

Um empurrão bem aplicado por uma das pernas contra o solo pode adicionar algo em torno de 550 J à energia cinética da corrida inicial do atleta.

A velocidade dos ventos e a densidade do ar influenciam a *performance* dos saltos em distância.

Banco de imagens/Arquivo da editora

**Salto em altura**
A atleta corre e transforma parte da energia cinética da corrida em energia potencial de gravidade.

Para que ela consiga transformar sua velocidade horizontal em uma velocidade que tenha expressivo componente vertical, no instante da decolagem ela deve interagir intensamente com o solo, empurrando-o para trás com uma grande força oblíqua.

O empurrão dado pela atleta contra o solo adiciona cerca de 550 J à sua energia cinética inicial.

Antes do salto, a atleta faz uma curva fechada e seu corpo se inclina para dentro dela (efeito regido pelo princípio de conservação do momento angular).

A atleta eleva o peito e as pernas para não tocar o sarrafo antes de aterrisar de ombros.

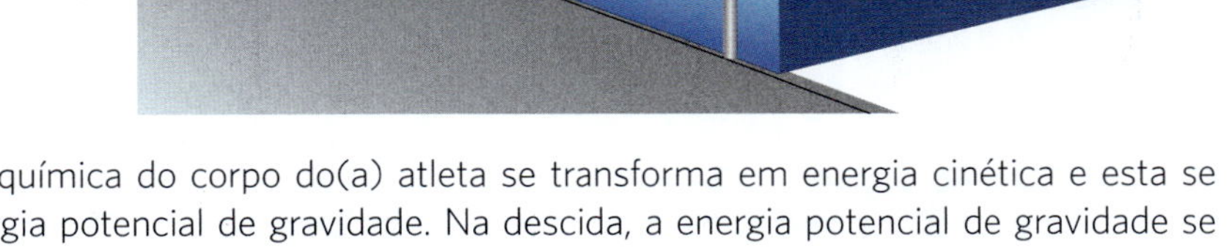

O salto **Fosbury**, quando os saltadores correm até a barra e projetam o corpo para cima, é o mais popular porque, com arranque mais rápido, fica possível saltar mais alto.

Banco de imagens/Arquivo da editora

Nos dois casos acima, a energia química do corpo do(a) atleta se transforma em energia cinética e esta se converte em parte na subida em energia potencial de gravidade. Na descida, a energia potencial de gravidade se retransforma em energia cinética.

**Salto com vara**
O atleta corre carregando uma longa vara de material flexível.

Ele produz energia cinética que vai se acumular parcialmente na vara em forma de energia potencial elástica.

Quanto maior for a velocidade da corrida, maior será a altura máxima atingida.

No final da corrida, o atleta encosta a vara em um encaixe no solo e, pelo "embalo" que tem, "entorta" a vara que o projeta para cima.

Energia cinética se transforma em energia potencial elástica na vara, que é usada para "lançar" o atleta para cima. Essa energia potencial elástica é praticamente transformada nas energias potencial de gravidade e cinética.

Ao atingir a altura máxima, a velocidade vertical do atleta se anula e quase toda a sua energia mecânica estará na forma de energia potencial de gravidade.

Considerando-se as transformações da energia de cinética (no final da corrida) até potencial de gravidade quando a altura máxima é atingida, pode-se estimar aproximadamente a altura obtida pelo atleta em seu salto.

Aqui, a energia química do corpo do atleta se transforma em energia cinética e esta se converte, em parte, na subida, em energia potencial elástica na vara flexionada e energia potencial de gravidade. Na descida, energia potencial de gravidade se retransforma em energia cinética.

Banco de imagens/Arquivo da editora

Infográficos adaptados de: https://jornal.usp.br/ciencias/cientistas-desvendam-a-fisica-por-tras-da-performance-dos-atletas/. Acesso em: 17 ago. 2020.

## Intercâmbios energéticos em processos produtivos

Você já pensou no que está por trás do processo de carga da bateria do seu telefone celular ou mesmo no movimento das palhetas do limpador de para-brisas de um carro?

Em ambos os casos, há diversas transformações energéticas.

A energia disponível em tomadas elétricas vem geralmente de usinas diversas, como as hidrelétricas, termelétricas e eólicas. Nessas instalações, outras modalidades de energia - potencial de gravidade, térmica da combustão de vários produtos e do vento, respectivamente - acionam grandes geradores que convertem a energia de rotação de suas turbinas e rotores (energia cinética) em energia elétrica.

Essa energia é então distribuída aos centros consumidores.

Já nos automóveis, a bateria é carregada pelo alternador que, por sua vez, é acionado pelo movimento de partes do motor. A energia química armazenada na bateria se converte em elétrica, que faz funcionar o limpador de para-brisas, além dos demais sistemas elétricos do veículo.

Marcos Amend/Pulsar Imagens

Usinas termelétricas obtêm a energia primária queimando derivados de petróleo, carvão ou outros insumos. A combustão desses produtos aquece água em uma caldeira que, ao ferver, produz vapores em profusão. Esses vapores são pressurizados e "sopram" as pás de turbinas, que convertem energia mecânica em elétrica.
A usina da imagem, localizada em Itacoatiara, no Amazonas, utiliza resíduos de madeira serrada proveniente do manejo florestal sustentável como combustível.

### Ampliando o olhar

## Massa e energia

Apesar de não ter sido o primeiro cientista a relacionar em uma mesma expressão as grandezas massa e energia, certamente foi Albert Einstein quem deu contornos mais consistentes à mais famosa equação da Física.

$$E = mc^2$$

Essa relação aparece em um artigo publicado pelo cientista no começo do século XX. Nele, Einstein apresentava o conceito de que a massa de um corpo é uma medida de sua energia.

Todavia, sabemos que massa também é uma medida da inércia de um corpo; assim, toda energia é possuidora de inércia.

Nas palavras de Einstein: "Massa e energia são manifestações diferentes de uma mesma coisa, ou ainda duas propriedades diversas de um mesmo ente físico".

Essa expressão apresenta uma maneira nova de se analisar a natureza. Infelizmente, entre as suas aplicações figura uma das invenções mais devastadoras do ser humano: a bomba atômica.

Essa equação aparece em alguns dos relatórios apresentados por cientistas ao governo estadunidense durante os esforços do Projeto Manhattan para a construção das bombas que acabariam por destruir as cidades japonesas de Hiroshima e Nagasaki.

O outro lado da moeda é que essa mesma equação está ligada ao surgimento das usinas nucleares. É no processo de fissão nuclear, no interior dos reatores, que a natureza consegue liberar a gigantesca quantidade de energia concentrada na matéria.

Essa mesma equação é suporte nas pesquisas da Física nuclear e nas inúmeras aplicações à Medicina.

Charles Levy/Departamento de Energia - DOE, Washington, EUA.

Em 9 de agosto de 1945, os Estados Unidos bombardearam a cidade de Nagasaki, no Japão.

Resta-nos então cautela ao lidar com novas descobertas ou avanços científicos, tendo sempre em vista que eles devem contribuir para a construção de uma sociedade mais justa e sustentável.

### Descubra mais

1. O cientista deve ter ética ou buscar o conhecimento a qualquer custo?
2. Por que a sociedade experimenta significativos avanços tecnológicos em épocas de conflitos generalizados, como nas guerras mundiais?
3. Você acha que há conservação de massa e energia no fenômeno da fissão nuclear?

## Exercícios

**15** O bloco da figura oscila preso a uma mola de massa desprezível, executando movimento harmônico simples:

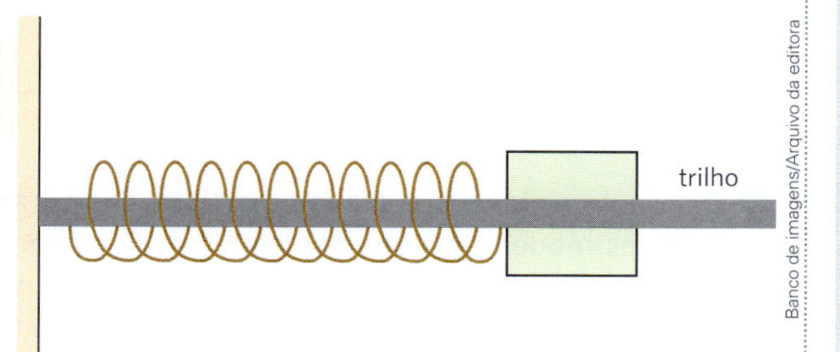


Banco de imagens/Arquivo da editora

A massa do bloco é de 1,0 kg, a constante elástica da mola vale $2{,}0 \cdot 10^3$ N/m e o trilho que suporta o sistema é reto e horizontal.

Se no instante da figura o bloco tem velocidade de 2,0 m/s e a mola está distendida de 10 cm, qual é a energia mecânica (total) do conjunto bloco-mola em relação ao trilho?

**16** (PUC-SP) O gráfico representa a energia cinética de uma partícula de massa 10 g, sujeita somente a forças conservativas, em função da abscissa *x*. A energia mecânica do sistema é de 400 J.

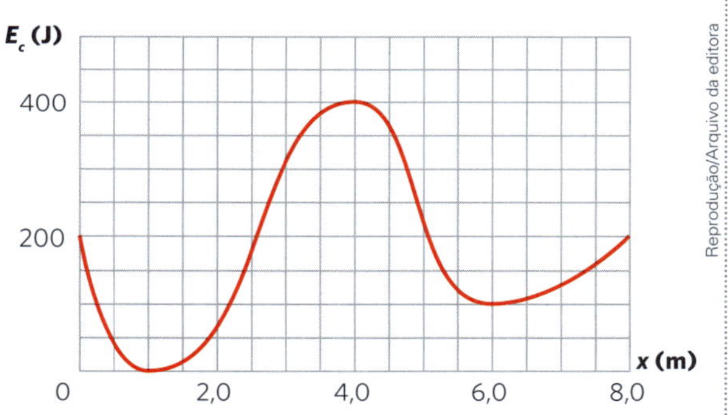


Reprodução/Arquivo da editora

a) Qual a energia potencial para $x = 1{,}0$ m e para $x = 4{,}0$ m?

b) Calcule a velocidade da partícula para $x = 8{,}0$ m.

**17** (UFRN) Indique a opção que representa a altura da qual devemos abandonar um corpo de massa $m = 2{,}0$ kg para que sua energia cinética, ao atingir o solo, tenha aumentado de 150 J. O valor da aceleração da gravidade no local da queda é $g = 10$ m/s² e a influência do ar é desprezível.

a) 150 m

b) 75 m

c) 50 m

d) 15 m

e) 7,5 m

**18** Um garoto de massa *m* parte do repouso no ponto *A* do tobogã da figura a seguir e desce sem sofrer a ação de atritos ou da resistência do ar.

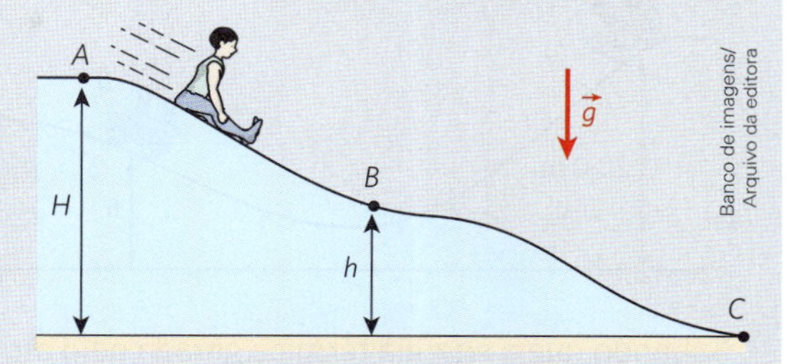


Banco de imagens/Arquivo da editora

Sendo dadas as alturas *H* e *h* e o valor da aceleração da gravidade (*g*), calcule o módulo da velocidade do garoto:

a) no ponto *B*;

b) no ponto *C*.

**Resolução:**

O sistema é conservativo, o que nos permite aplicar o princípio de conservação da energia mecânica.

a) $E_{m_B} = E_{m_A} \Rightarrow E_{c_B} + E_{p_B} = E_{c_A} + E_{p_A}$

$$\frac{mv_B^2}{2} + mgh = \frac{mv_A^2}{2} + mgH$$

Sendo $v_A = 0$, calculemos $v_B$:

$$\boxed{v_B = \sqrt{2g(H - h)}}$$

b) $E_{m_C} = E_{m_A} \Rightarrow E_{c_C} + E_{p_C} = E_{c_A} + E_{p_A}$

$$\frac{mv_C^2}{2} + mgh_C = \frac{mv_A^2}{2} + mgH$$

Como $h_C = 0$ e $v_A = 0$, vem:

$$\boxed{v_C = \sqrt{2gH}}$$

**Nota**

As velocidades calculadas **independem** da massa do garoto e do formato da trajetória descrita por ele.

**19** (Cesgranrio-RJ) O Beach Park, localizado em Fortaleza-CE, é o maior parque aquático da América Latina situado na beira do mar. Uma de suas principais atrações é um toboágua chamado "Insano". Descendo esse toboágua, uma pessoa atinge sua parte mais baixa com velocidade de módulo 28 m/s. Considerando-se a aceleração da gravidade com módulo $g = 9{,}8$ m/s² e desprezando-se os atritos, conclui-se que a altura do toboágua, em metros, é de:

a) 40. b) 38. c) 37. d) 32. e) 28.

**20** O carrinho de montanha-russa da figura seguinte pesa $6{,}50 \cdot 10^3$ N e está em repouso no ponto *A*, numa posição de equilíbrio instável. Em dado instante, começa a descer o trilho, indo atingir o ponto *B* com velocidade nula:

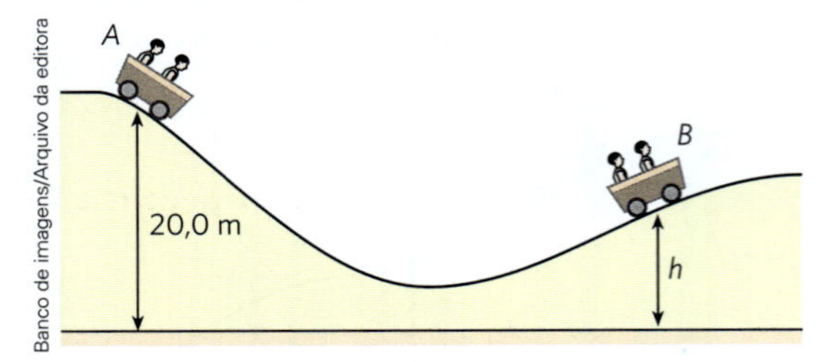


Sabendo que a energia térmica gerada pelo atrito de *A* até *B* equivale a $4{,}55 \cdot 10^4$ J, determine o valor da altura *h*.

**21** Um jogador de voleibol, ao dar um saque, comunica à bola uma velocidade inicial de 10 m/s. A bola, cuja massa é de 400 g, passa a se mover sob a ação exclusiva do campo gravitacional ($|\vec{g}| = 10$ m/s$^2$), descrevendo a trajetória indicada na figura:

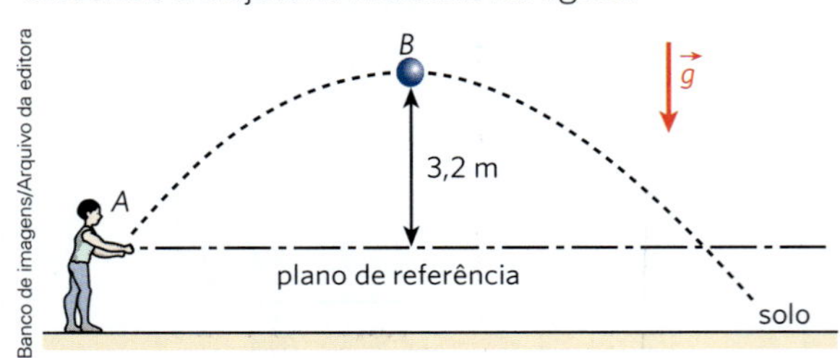


Calcule:

**a)** a energia mecânica da bola no ponto *A* em relação ao plano de referência indicado;

**b)** o módulo da velocidade da bola ao passar pelo ponto *B* (mais alto da trajetória).

**22** Um carrinho de dimensões desprezíveis, com massa igual a *m*, parte do repouso no ponto *A* e percorre o trilho *ABC* da figura, contido em um plano vertical, sem sofrer a ação de forças dissipativas:

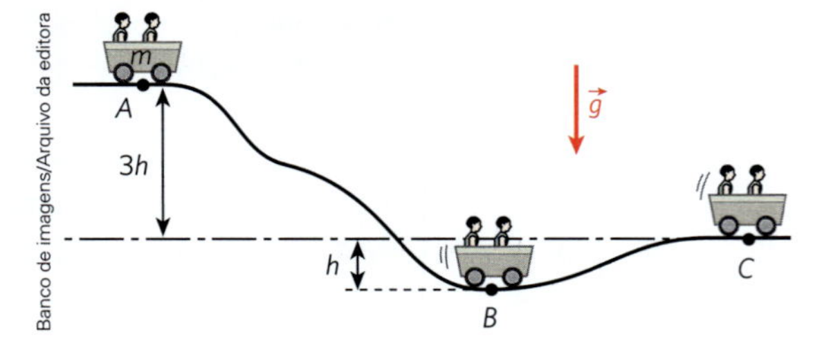


Supõe-se conhecida a altura *h* e adota-se para a aceleração da gravidade o valor *g*. Considerando como plano horizontal de referência aquele que passa pelo ponto *C*, determine:

**a)** a energia potencial de gravidade do carrinho no ponto *B*;

**b)** a relação $\frac{v_B}{v_C}$ entre os módulos da velocidade do carrinho nos pontos *B* e *C*.

**23** O assento ejetável que equipa a maioria dos caças militares modernos é um dispositivo de segurança que, em caso de desastre iminente, lança o piloto para cima e este deixa o *cockpit* da aeronave em alta velocidade. Em seguida, já distante do avião, o piloto desce rumo ao solo, fazendo uso de um paraquedas. O assento ejetável, uma vez acionado, é disparado com o auxílio de catapultas mecânicas ou sistemas explosivos comandados por foguetes.

Consideremos a situação hipotética de um caça avariado em voo paralelo à superfície terrestre, com velocidade de intensidade igual a 648 km/h, a uma altitude de 118,75 m em relação ao solo horizontal. Percebendo o inevitável colapso da aeronave, o piloto aciona o assento ejetável, cujo sistema propulsor deverá ser assimilado a uma mola ideal de eixo vertical, constante elástica $K = 2{,}7 \cdot 10^6$ N/m, comprimida inicialmente de $x = 50$ cm. A massa do piloto juntamente com seu assento é $M = 120$ kg e o conjunto é disparado verticalmente para cima em relação ao caça. No local, $g = 10$ m/s$^2$. Sabendo-se que o piloto só aciona seu paraquedas depois de iniciado o movimento de descida, adotando-se um referencial fixo no solo e ignorando-se nos cálculos a resistência do ar, pede-se determinar:

**a)** a energia cinética *E* do piloto juntamente com seu assento ao deixar a aeronave;

**b)** a altura máxima *H* atingida pelo conjunto.

# Quantidade de movimento e sua conservação

Este capítulo favorece o desenvolvimento das seguintes habilidades:

EM13CNT101

EM13CNT306

## Impulso de uma força constante

Os impulsos mecânicos estão presentes em uma série de fenômenos do dia a dia, como nas situações em que há empurrões, puxões, impactos e explosões.

Em nosso estudo vamos nos restringir à definição do **impulso de uma força constante** (intensidade, direção e sentido invariáveis).

Para isso, considere o esquema ao lado, em que uma força $\vec{F}$ constante age sobre uma partícula do instante $t_1$ ao instante $t_2$.

Banco de imagens/Arquivo da editora

O impulso de uma força $\vec{F}$ no intervalo de tempo $\Delta t = t_2 - t_1$ é a grandeza vetorial $\vec{I}$, definida por:

$$\vec{I} = \vec{F}\,\Delta t$$

Sendo $\Delta t$ um escalar positivo, $\vec{I}$ tem sempre a mesma orientação de $\vec{F}$.

As unidades de impulso decorrem da própria definição:

unid. $[I]$ = unid. $[F]$ · unid. $[\Delta t]$

No Sistema Internacional (SI), temos:

unid. $[I]$ = newton · segundo = N · s

### Cálculo gráfico do valor algébrico do impulso

Considere o esquema ao lado, em que uma partícula se movimenta ao longo do eixo $0x$ sob a ação da força $\vec{F}$ constante.

Tracemos o gráfico do valor algébrico de $\vec{F}$ (dado em relação ao eixo $0x$) em função do tempo:

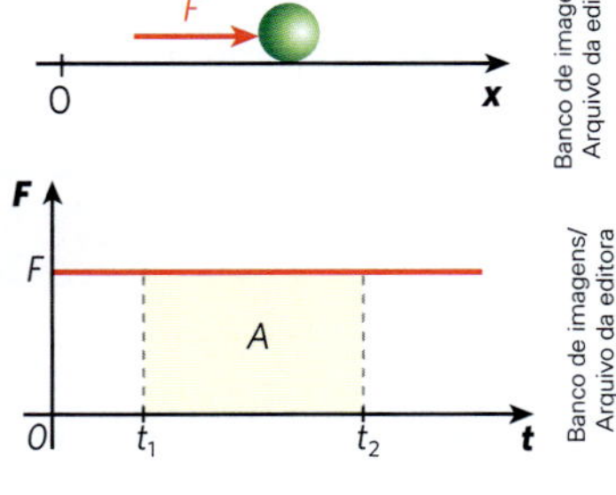


Banco de imagens/Arquivo da editora

A "área" $A$ destacada no gráfico fornece uma medida do valor algébrico do impulso da força $\vec{F}$, desde o instante $t_1$ até o instante $t_2$.

Como $t_2 - t_1$ é o intervalo de tempo $\Delta t$, tem-se que $A \overset{N}{=} F\,\Delta t$.

Como o produto $F \cdot \Delta t$ corresponde ao valor algébrico do impulso de $\vec{F}$, segue que:

$$A \overset{N}{=} I$$

Embora a última propriedade tenha sido apresentada com base em um caso simples e particular, sua validade estende-se também a situações em que a força envolvida tem direção constante, porém valor algébrico variável, como mostra a figura abaixo.

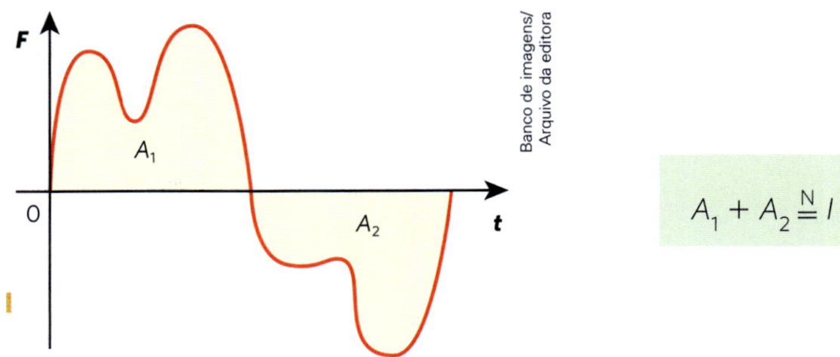


Banco de imagens/Arquivo da editora

$F$ é o valor algébrico da força responsável pelo impulso.

$$A_1 + A_2 \overset{N}{=} I$$

## Quantidade de movimento

Em diversos fenômenos físicos, é necessário agrupar os conceitos de massa e de velocidade vetorial. Isso ocorre, por exemplo, nas colisões mecânicas e nas explosões.

Nesses casos, torna-se conveniente a definição de **quantidade de movimento** (ou momento linear), que é uma grandeza de suma importância em Física.

Considere uma partícula de massa *m* que, em certo instante, tem velocidade vetorial igual a $\vec{v}$. Por definição, a quantidade de movimento da partícula nesse instante é a grandeza vetorial $\vec{Q}$, expressa por:

$$\vec{Q} = m\vec{v}$$

A quantidade de movimento é uma grandeza vetorial instantânea, já que sua definição envolve o conceito de velocidade vetorial instantânea. Sendo *m* um escalar positivo, $\vec{Q}$ tem sempre a mesma direção e o mesmo sentido de $\vec{v}$, isto é, em cada instante é tangente à trajetória e dirigida no sentido do movimento.

Na figura a seguir estamos admitindo que o carro e a moto se movimentam lado a lado, com velocidades iguais. Supondo que a massa do carro seja o triplo da massa da moto, teremos para o carro uma quantidade de movimento de intensidade igual ao triplo da definida para a moto. É interessante ressaltar que, quanto maior for a intensidade da quantidade de movimento de um corpo, maior será seu "poder de impacto".

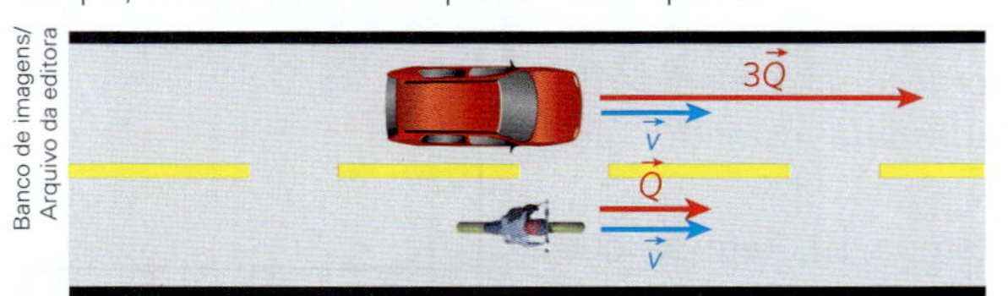


Banco de imagens/Arquivo da editora

Por exemplo, um caminhão a 60 km/h vai colidir frontalmente com um poste. Esse veículo provocará um dano muito maior ao poste do que aquele que seria observado no impacto frontal de um carro popular igualmente rígido à mesma velocidade.

Para *m* constante, $\vec{Q}$ tem módulo diretamente proporcional ao módulo de $\vec{v}$. O gráfico a seguir representa tal proporcionalidade.

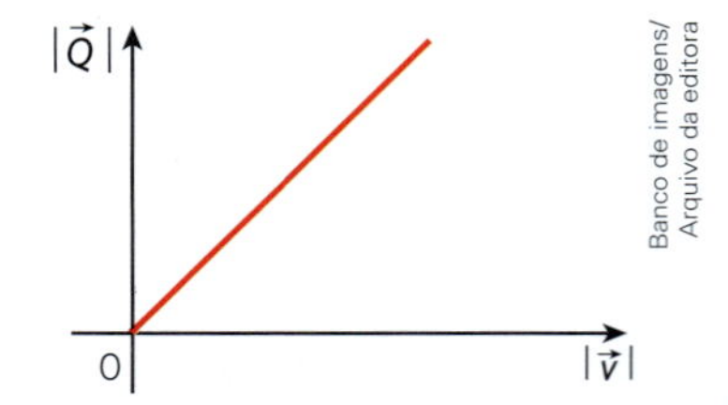


Banco de imagens/Arquivo da editora

Declividade da reta:

$$\frac{|\vec{Q}|}{|\vec{v}|} = m$$

A energia cinética ($E_c$) pode ser relacionada com o módulo da quantidade de movimento $|Q|$, fazendo-se:

$$E_c = \frac{m|\vec{v}|^2}{2} \quad \text{(I)}$$

$$|\vec{Q}| = m|\vec{v}| \Rightarrow |\vec{v}| = \frac{|\vec{Q}|}{m} \quad \text{(II)}$$

Substituindo (II) em (I), temos:

$$E_c = \frac{m}{2}\left(\frac{|\vec{Q}|}{m}\right)^2 \Rightarrow E_c = \frac{|\vec{Q}|^2}{2m}$$

As unidades de quantidade de movmento decorrem da própria definição:

unid. [$Q$] = unid. [$m$] · unid. [$v$]

No Sistema Internacional (SI), temos:

unid. [$Q$] = kg · $\frac{\text{m}}{\text{s}}$

## Teorema do impulso

Um arco dispara uma flecha conferindo-lhe um impulso, que provoca nela certa variação de quantidade de movimento. Um jogador de futebol cobra uma falta, imprimindo à bola no momento do chute um forte impulso. Este, por sua vez, determina expressiva variação de quantidade de movimento na bola. Você lança uma pedra e o impulso exercido no ato do lançamento provoca no objeto uma dada variação de quantidade de movimento.

Haveria alguma conexão entre as noções de impulso e variação de quantidade de movimento? Certamente sim! O **teorema do impulso**, apresentado a seguir, estabelece uma relação matemática entre essas grandezas.

O impulso da resultante (impulso total) das forças sobre uma partícula é igual à variação de sua quantidade de movimento.

$$\vec{I}_{total} = \Delta\vec{Q} \Rightarrow \vec{I}_{total} = \vec{Q}_{final} - \vec{Q}_{inicial}$$

**Demonstração (caso particular):**

Na figura a seguir, temos uma partícula de massa *m* sujeita à ação da força resultante $\vec{F}$, constante e de mesma orientação que o movimento. Sejam $\vec{a}$ a aceleração comunicada por $\vec{F}$, $\vec{v}_1$, a velocidade inicial da partícula no instante $t_1$, e $\vec{v}_2$, sua velocidade final no instante $t_2$.

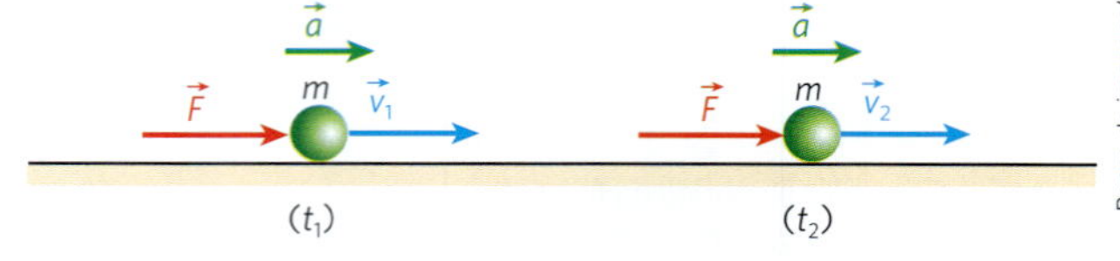


Banco de imagens/Arquivo da editora

O impulso da força $\vec{F}$ no intervalo de tempo $\Delta t = t_2 - t_1$ é $\vec{I}_{total}$, tal que $\vec{I}_{total} = \vec{F}\,\Delta t$ (I)

Como $\vec{F}$ é a resultante, a aplicação do **princípio fundamental da Dinâmica** conduz a:

$$\vec{F} = m\vec{a} \qquad \text{(II)}$$

Sendo $\vec{F}$ e $m$ constantes, $\vec{a}$ será constante. Logo,

$$\vec{a} = \frac{\Delta \vec{v}}{\Delta t} \Rightarrow \vec{a} = \frac{\vec{v}_2 - \vec{v}_1}{\Delta t} \qquad \text{(III)}$$

Substituindo (III) em (II), temos:

$$\vec{F} = m\frac{(\vec{v}_2 - \vec{v}_1)}{\Delta t} \qquad \text{(IV)}$$

Substituindo agora (IV) em (I), segue que:

$$\vec{I}_{total} = m\frac{(\vec{v}_2 - \vec{v}_1)}{\Delta t}\Delta t \Rightarrow \vec{I}_{total} = m\vec{v}_2 - m\vec{v}_1$$

Como os produtos $m\vec{v}_2$ e $m\vec{v}_1$ são as respectivas quantidades de movimento da partícula nos instantes final ($t_2$) e inicial ($t_1$), temos:

$$\vec{I}_{total} = \Delta\vec{Q} \Rightarrow \vec{I}_{total} = \vec{Q}_{final} - \vec{Q}_{inicial}$$

Embora tenhamos demonstrado o teorema do impulso a partir de uma situação simples e particular, sua aplicação é geral, estendendo-se ao cálculo do impulso de forças constantes ou variáveis. Devemos observar apenas que a força, cujo impulso é igual à variação da quantidade de movimento, deve ser a resultante. Podemos dizer, ainda, que o impulso da força resultante é equivalente à soma vetorial dos impulsos de todas as forças que atuam na partícula.

O teorema do impulso permite concluir que as unidades N · s e kg · m/s, respectivamente de impulso e de quantidade de movimento, são equivalentes. Isso ocorre porque essas grandezas têm as mesmas dimensões físicas.

O teorema do impulso aplicado a uma partícula solitária equivale à 2ª lei de Newton (princípio fundamental da Dinâmica).

## Exercícios

**1** Um ciclista, junto com sua bicicleta, tem massa de 80 kg. Partindo do repouso de um ponto do velódromo, ele desloca-se com aceleração escalar constante de 1,0 m/s$^2$. Qual o módulo da quantidade de movimento do sistema ciclista-bicicleta após 20 s da partida?

**2** Considere duas partículas *A* e *B* em movimento com quantidades de movimento constantes e iguais. É necessariamente correto que:

**a)** as trajetórias de *A* e *B* são retas divergentes.

**b)** as velocidades de *A* e *B* são iguais.

**c)** as energias cinéticas de *A* e *B* são iguais.

**d)** se a massa de *A* for o dobro da de *B*, então o módulo da velocidade de *A* será metade do módulo da de *B*.

**e)** se a massa de *A* for o dobro da de *B*, então o módulo da velocidade de *A* será o dobro da de *B*.

**3** (Vunesp-SP) Em cada ciclo cardíaco, o coração bombeia em média 80 g de sangue com uma velocidade próxima de 30 cm/s. Considerando-se que o sangue esteja inicialmente em repouso, o impulso da força exercida pelo músculo cardíaco sobre o sangue, em cada ciclo, tem módulo, em N · s, igual a:

**a)** $2,4 \cdot 10^{-4}$ **b)** $3,6 \cdot 10^{-3}$ **c)** $2,4 \cdot 10^{-2}$ **d)** $2,4 \cdot 10^{3}$ **e)** $3,6 \cdot 10^{4}$

**4** Uma partícula de massa 8,0 kg desloca-se em trajetória retilínea, quando lhe é aplicada, no sentido do movimento, uma força resultante de intensidade 20 N. Sabendo que no instante de aplicação da força a velocidade da partícula valia 5,0 m/s, determine:

**a)** o módulo do impulso comunicado à partícula, durante 10 s de aplicação da força;

**b)** o módulo da velocidade da partícula ao fim do intervalo de tempo referido no item anterior.

**5** Uma bola de bilhar de massa 0,15 kg, inicialmente em repouso, recebeu uma tacada numa direção paralela ao plano da mesa, o que lhe imprimiu uma velocidade de módulo 4,0 m/s. Sabendo que a interação do taco com a bola durou $1{,}0 \cdot 10^{-2}$ s, calcule:

**a)** a intensidade média da força comunicada pelo taco à bola;

**b)** a distância percorrida pela bola, enquanto em contato com o taco.

**Resolução:**

**a)** Teorema do impulso: $\vec{I} = \Delta\vec{Q}$

$$\vec{F}_m \Delta t = m\vec{v} - m\vec{v}_0 \Rightarrow |\vec{F}_m| \cdot 1{,}0 \cdot 1{,}0^{-2} = 0{,}15 \cdot 4{,}0$$

$$\boxed{|\vec{F}_m| = 60\ \text{N}}$$

**b)** Teorema da energia cinética:

$$\tau = \Delta E_c \Rightarrow F_m\, d \cdot \cos 0° = \frac{mv^2}{2} - \frac{mv_0^2}{2}$$

$$60\, d = \frac{0{,}15(4{,}0)^2}{2} \therefore \boxed{d = 0{,}02\ \text{m} = 2{,}0\ \text{cm}}$$

**Respostas: a)** 60 N; **b)** 2,0 cm.

**6** (Cefet-MG) Um corpo de massa $m = 10$ kg se movimenta sobre uma superfície horizontal perfeitamente polida, com velocidade escalar $v_0 = 4{,}0$ m/s, quando uma força constante de intensidade igual a 10 N passa a agir sobre ele na mesma direção do movimento, porém em sentido oposto. Sabendo que a influência do ar é desprezível e que quando a força deixa de atuar a velocidade escalar do corpo é $v = -10$ m/s, determine o intervalo de tempo de atuação da força.

**7** Um corpo de massa 38 kg percorre um eixo orientado com velocidade escalar igual a 15 m/s. No instante $t_0 = 0$, aplica-se sobre ele uma força resultante cujo valor algébrico varia em função do tempo, conforme o gráfico seguinte:

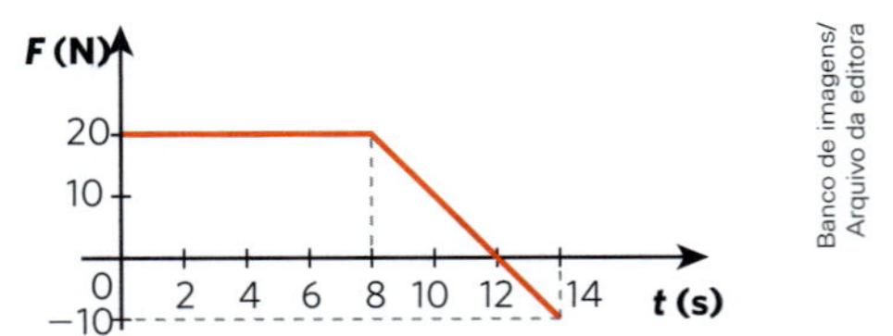


Banco de imagens/Arquivo da editora

Admitindo que a força seja paralela ao eixo, calcule a velocidade escalar do corpo no instante $t = 14$ s.

**8** Uma partícula percorre certa trajetória em movimento uniforme.

**a)** Podemos afirmar que a energia cinética da partícula é constante?

**b)** Podemos afirmar que a quantidade de movimento da partícula é constante?

**9** Em um pequeno bloco que se encontra inicialmente em repouso sobre uma mesa horizontal e lisa aplica-se uma força constante, paralela à mesa, que lhe comunica uma aceleração de 5,0 m/s². Observa-se, então, que, 4,0 s após a aplicação da força, a quantidade de movimento do bloco vale 40 m/s. Calcule, desprezando o efeito do ar, o trabalho da força referida desde sua aplicação até o instante $t = 4{,}0$ s.

**10** Uma partícula de massa igual a 2,0 kg, inicialmente em repouso sobre o solo, é puxada verticalmente para cima por uma força constante $\vec{F}$, de intensidade 30 N, durante 3,0 s. Adotando $g = 10$ m/s² e desprezando a resistência do ar, calcule a intensidade da velocidade da partícula no fim do citado intervalo de tempo.

**11** Com a mochila da imagem ao lado, uma pessoa pode pairar no ar, como se pudesse voar. Ela deixa o usuário a cerca de 8,5 m de altura mediante um jato de água que circula pela mochila, produzindo uma força vertical dirigida para cima que equilibra o peso total. A água é introduzida em uma mangueira gigante por meio de uma bomba existente em um pequeno barco conectado ao equipamento. Essa injeção de água ocorre em grande vazão: algo em torno de 20,0 L/s. Depois de fazer uma curva de 180° na mochila com mudança de intensidade da velocidade, mas com conservação da vazão, o líquido provoca a sustentação da pessoa, que se mantém elevada sobre um lago ou o mar. Considerando-se a vazão de 20,0 L/s, citada no texto, levando-se em conta que a densidade da água vale $d = 1{,}0$ g/L, que $g = 10{,}0$ m/s² e que a água é introduzida na mochila verticalmente para cima a 20,0 m/s e ejetada verticalmente para baixo a 30,0 m/s, que massa ficaria suspensa em equilíbrio nessas condições?

Perry van Munster/Alamy/Fotoarena

**12** Uma bola de sinuca de massa $m$ é lançada contra a borda da mesa de jogo, com a qual interage, refletindo-se em seguida sem perdas de energia cinética. O esquema abaixo representa o evento.

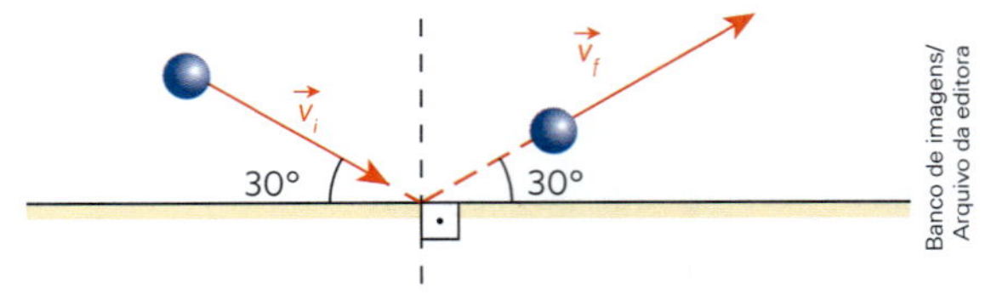


Banco de imagens/Arquivo da editora

Sabendo que $|\vec{v}_i| = V$ e que a interação tem duração $\Delta t$, calcule a intensidade média da força que a borda da mesa exerce na bola.

## Ampliando o olhar

### *Air bags*: frenagens menos traumáticas

Na fotografia ao lado, observa-se um teste de colisão em que um carro equipado com *air bags* se choca contra um obstáculo fixo. No ato do impacto, os *air bags* são prontamente inflados, minimizando os efeitos da inércia de movimento inerente aos corpos situados dentro do veículo.

Vale destacar que o *air bag* de um carro é constituído por um sensor que detecta súbitas diminuições de velocidade, uma bolsa inflável e um dispositivo contendo azida de sódio ($NaN_3$), além de outras substâncias secundárias. O sensor, ao constatar uma intensa redução na intensidade da velocidade, produz uma descarga elétrica que provoca o aquecimento e a decomposição da azida de sódio. O nitrogênio ($N_2$) liberado na reação enche rapidamente a bolsa do acessório.

A proteção proporcionada pelo dispositivo ocorre porque, em contato com ele, a frenagem do passageiro fica suavizada, ocorrendo em um intervalo de tempo maior do que aquele no qual ocorreria sem o equipamento. Com isso, uma mesma variação de quantidade de movimento, obtida em um intervalo de tempo maior, requer uma força de intensidade menor, o que reduz os possíveis danos.

Com os gráficos ao lado, você poderá assimilar melhor o que foi dito até aqui. As escalas utilizadas para intensidade de força ($F$) e valores de tempo ($t$) são as mesmas, respectivamente, e, nas duas situações, uma mesma pessoa dentro de um carro vai sofrer uma freada súbita, provocada por uma colisão frontal do veículo. Em ambos os casos a velocidade inicial é a mesma, o que impõe ao corpo da pessoa uma mesma variação de quantidade de movimento até sua completa imobilização. Assim, será exigido, nas duas frenagens, o mesmo impulso de retardamento, o que implica a igualdade entre as áreas $A_1$ e $A_2$ destacadas nos dois gráficos.

Com a utilização do *air bag*, o intervalo de tempo de frenagem é maior, isto é, $\Delta t_2 > \Delta t_1$. Sendo assim, como $A_1 = A_2$, conclui-se que $F_2 < F_1$, indicando que, com o *air bag*, os possíveis traumas no corpo da pessoa são menores, já que as forças impactantes exercidas sobre ele são de intensidade menor. É importante ressaltar que a segurança extra provida pelo *air bag* não anula a necessidade do cinto de segurança.

Marka/Getty Images

Carro em teste de colisão.

**Carro não equipado com *air bag***

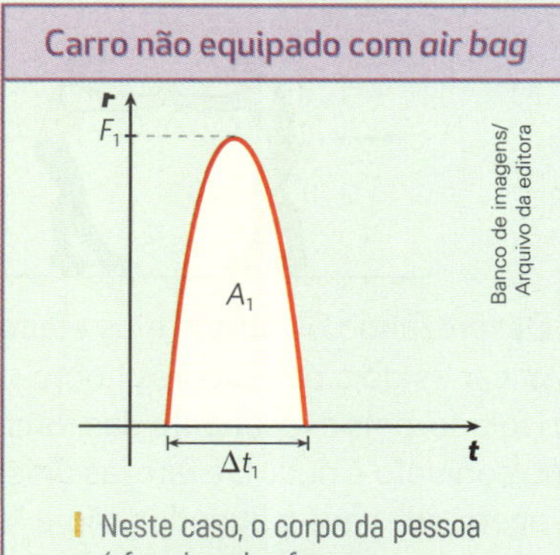

Banco de imagens/Arquivo da editora

Neste caso, o corpo da pessoa é freado pelas forças exercidas pelas partes internas rígidas do veículo.

**Carro equipado com *air bag***

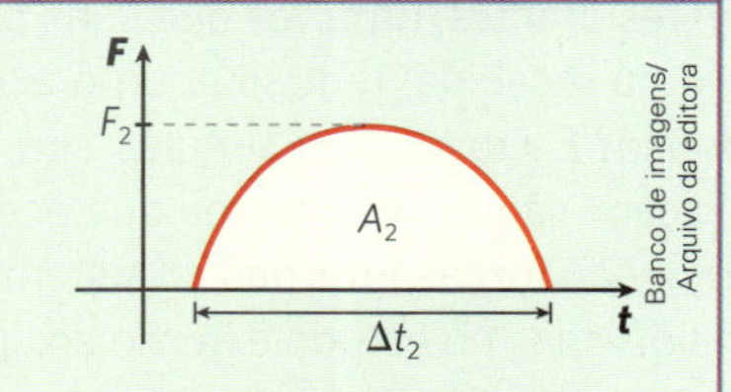

Banco de imagens/Arquivo da editora

Neste caso, o corpo da pessoa é freado pelas forças aplicadas pelo acessório.

## Descubra mais

1. A presença de *air bags* e freios ABS tornou-se obrigatória em todos os automóveis novos vendidos a partir de 2014 no Brasil. Pesquise os índices de redução de mortes pelo uso desses equipamentos e avalie se os números justificam a nova lei.
2. Uma vez que o *air bag* é acionado em um acidente, existe algum risco de ele sufocar uma pessoa que esteja desacordada dentro do veículo? Esse *air bag* que foi acionado poderá ser reutilizado?
3. Quais tipos de cuidados especiais motoristas e passageiros transportados em veículos equipados com *air bags* devem tomar?
4. Analise o tipo de impacto que o uso de equipamentos de segurança em veículos motores (cintos de segurança, *air bags*, cadeirinhas especiais para crianças, entre outros) têm socialmente, incluindo, mas não se limitando a, investimentos públicos com equipes de resgates, Serviço Único de Saúde (SUS) e previdência social.

## Sistema mecânico isolado

Um sistema mecânico é denominado **isolado de forças externas** quando a resultante das forças externas atuantes sobre ele for nula.

Uma partícula em equilíbrio é o caso mais elementar de sistema mecânico isolado. Estando em repouso ou em movimento retilíneo e uniforme em relação a um dado referencial, a resultante das forças que agem sobre ela é nula.

Vejamos outro exemplo: admita que dois patinadores, inicialmente em repouso sobre uma plataforma plana e horizontal, empurrem-se mutuamente, conforme representa a figura.

Banco de imagens/Arquivo da editora

Desprezando os atritos e os efeitos do ar, podemos classificar os dois patinadores como um sistema mecânico isolado, pois a resultante das forças externas atuantes no conjunto é nula. De fato, as únicas forças externas que agem em cada patinador são a força da gravidade (peso) e a força de sustentação da plataforma (normal), que se equilibram.

Entretanto, uma pergunta surge naturalmente: as forças trocadas entre eles no ato do empurrão não seriam resultantes, uma vez que cada patinador, pela ação da força recebida, tem seu corpo acelerado a partir do repouso? E a resposta é simples: sim, essas forças (ação e reação) são as resultantes que aceleram **cada corpo**, porém são **forças internas** ao sistema, não devendo ser consideradas no estudo externo aos patinadores.

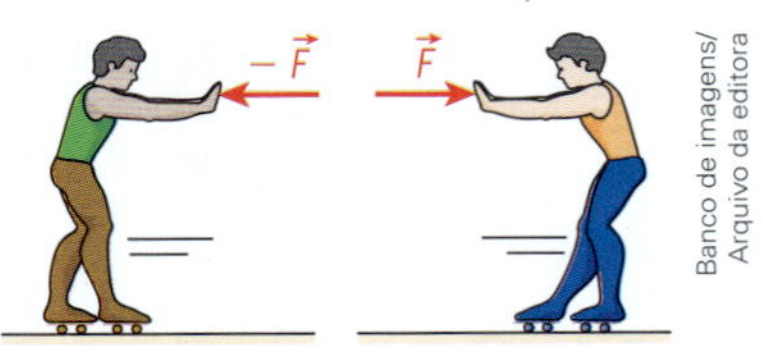


Banco de imagens/Arquivo da editora

De fato, a soma dos impulsos das forças internas $\vec{F}$ e $-\vec{F}$ (forças de ação e reação trocadas pelos patinadores no ato do mútuo empurrão) é **nula** e, por isso, essas forças não participam da composição do impulso total externo exercido sobre o sistema.

## Princípio da conservação da quantidade de movimento

As leis mais importantes e gerais da Física são os **princípios de conservação**, ou princípios de simetria, dentre os quais destacamos o da conservação da energia, o da conservação da quantidade de movimento (ou momento linear), o da conservação do momento angular e o da conservação da carga elétrica.

Veremos, agora, o **princípio da conservação da quantidade de movimento**.

A conservação da quantidade de movimento pode ser notada, por exemplo, no mundo atômico, como acontece no decaimento radioativo $\alpha$, em que o núcleo de um dos isótopos radioativos do urânio ($^{232}U$) inicialmente em repouso, divide-se em um núcleo de tório e uma partícula $\alpha$ (núcleo de hélio), que adquirem movimento em sentidos opostos, de modo que a quantidade de movimento total do sistema se mantém igual a zero.

A validade desse princípio fundamental ainda pode ser verificada nas imensidões cósmicas, por ocasião de explosões estelares ou de colisões entre asteroides e astros maiores, como planetas e satélites.

Em um sistema mecânico isolado de forças externas, conserva-se a quantidade de movimento total.

$$\Delta\vec{Q} = 0, \text{ ou } \vec{Q}_{final} = \vec{Q}_{inicial}$$

Façamos a verificação desse enunciado.

Segundo o teorema do impulso, temos:

$\vec{I}_{total} = \Delta\vec{Q}$

Entretanto, em um sistema mecânico isolado, a resultante das forças externas é nula, o que permite dizer que o impulso total (da força resultante externa) também é nulo. Então: $\vec{I}_{total} = 0$

Assim, temos $\Delta\vec{Q} = 0$ e, portanto:

$$\vec{Q}_{final} = \vec{Q}_{inicial}$$

Vejamos alguns exemplos típicos em que se aplica o princípio da conservação da quantidade de movimento.

**Exemplo 1:**

Considere o esquema a seguir, em que dois blocos, *A* e *B*, amarrados pelo fio *CD*, repousam sobre uma superfície horizontal e sem atrito.

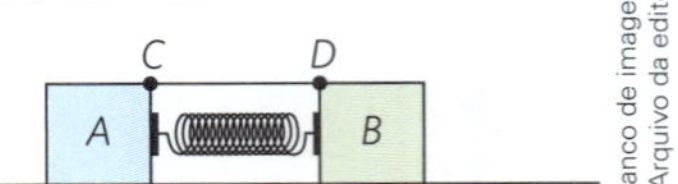


Banco de imagens/Arquivo da editora

Admita que, em determinado instante, o fio *CD* seja cortado. O que ocorre? A mola distende-se bruscamente, impulsionando um bloco para cada lado.

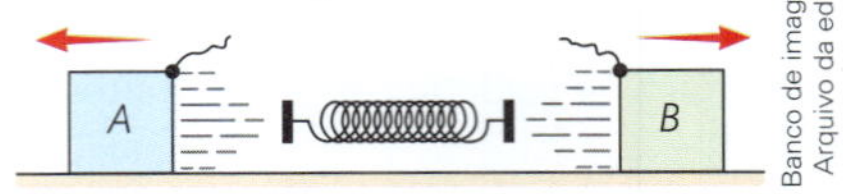


Banco de imagens/Arquivo da editora

Desprezando o atrito e a influência do ar, temos, nesse caso, um sistema isolado de forças externas (as forças que os blocos recebem da mola são internas ao sistema), o que possibilita dizer que, nele, a quantidade de movimento total permanece constante. Assim:

$\vec{Q}_{final} = \vec{Q}_{inicial}$

Como os blocos estavam inicialmente em repouso, temos $\vec{Q}_{inicial} = \vec{0}$.

Logo: $\vec{Q}_{final} = \vec{0} \Rightarrow \vec{Q}_A + \vec{Q}_B = \vec{0}$

Portanto: $\vec{Q}_A = -\vec{Q}_B$ (movimentos em sentidos opostos).

Em módulo, temos: $Q_A = Q_B$

Sendo $m_A$ e $v_A$, $m_B$ e $v_B$, respectivamente, a massa e o módulo da velocidade de A e B, temos:

$$m_A v_A = m_B v_B \Rightarrow \frac{v_A}{v_B} = \frac{m_B}{m_A}$$

Observe que, se $m_B > m_A$, teremos $v_B < v_A$. Na situação estudada, as velocidades e as respectivas massas são inversamente proporcionais.

**Exemplo 2:**

Na fotografia seguinte, duas bolas de bilhar realizam uma colisão mecânica.

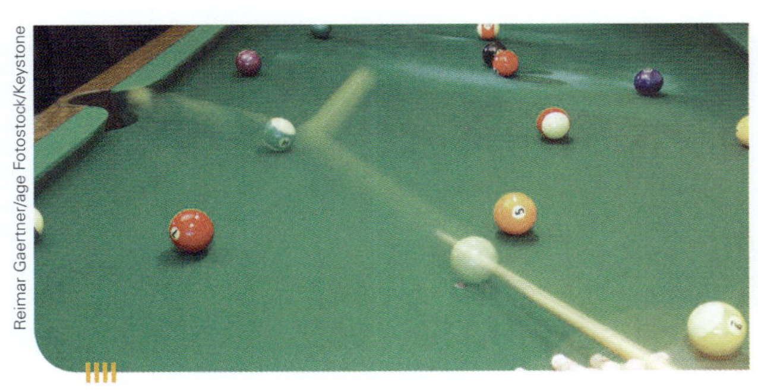

Reimar Gaertner/age Fotostock/Keystone

Fotografia estroboscópica mostrando bolas de bilhar ao realizarem uma colisão mecânica.

Por causa da breve duração da interação (da ordem de $10^{-2}$ s) entre as duas bolas, os impulsos de eventuais forças externas - atritos, por exemplo - sobre cada bola são desprezíveis.

Portanto, é correto afirmar que, nessa colisão, o sistema é isolado de forças externas, valendo o princípio da conservação da quantidade de movimento:

$\vec{Q}_{final} = \vec{Q}_{inicial}$

De modo geral, os corpos que participam de uma colisão mecânica podem ser considerados um sistema isolado de forças externas, o que possibilita aplicar o princípio da conservação da quantidade de movimento.

**Nota**

Não se deve confundir sistema isolado com sistema conservativo. Observe que nem todo sistema isolado é conservativo e nem todo sistema conservativo é isolado.

## Estudo das colisões mecânicas

Um jogo de sinuca é um excelente cenário para observarmos um bom número de colisões mecânicas. As bolas, lançadas umas contra as outras, interagem, alterando as suas situações cinemáticas iniciais.

As colisões mecânicas têm, em geral, breve duração. Quando batemos um prego usando um martelo, por exemplo, o intervalo de tempo médio de contato entre o martelo e o prego em cada impacto é da ordem de $10^{-2}$ s.

Duas fases podem ser distinguidas em uma colisão mecânica: a de **deformação** e a de **restituição**. A primeira tem início no instante em que os corpos entram em contato, passando a se deformar mutuamente, e termina quando um corpo para **em relação ao outro**. Nesse instante começa a segunda fase, que tem seu fim no momento em que os corpos se separam. A fase de restituição, entretanto, não ocorre em todas as colisões. Em uma batida entre dois automóveis que não se separam após o choque, por exemplo, praticamente não há restituição.

Ted Foxx/Alamy/Fotoarena

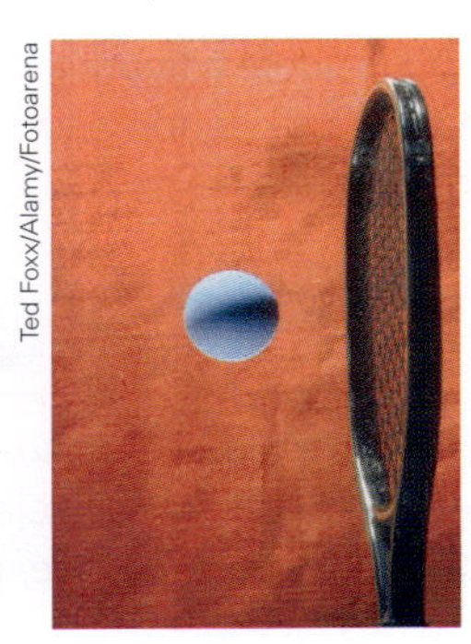

Ted Foxx/Alamy/Fotoarena

Deformação temporária e restituição de uma bola de tênis ao ser atingida por uma raquete.

### Quantidade de movimento e energia mecânica nas colisões

Conforme comentamos na seção anterior, os corpos que participam de uma colisão mecânica podem ser considerados um **sistema isolado de forças externas**. De fato, recordemos que, em razão da fraca intensidade e da breve duração da interação, os impulsos das eventuais forças externas sobre o sistema são praticamente desprezíveis, não modificando de modo sensível a quantidade de movimento total.

Portanto, para qualquer colisão, podemos aplicar o princípio da conservação da quantidade de movimento, que significa o seguinte:

Em qualquer tipo de colisão mecânica, a quantidade de movimento total do sistema mantem-se constante. A quantidade de movimento imediatamente após a interação é igual à quantidade de movimento imediatamente antes.

$$\boxed{\vec{Q}_{final} = \vec{Q}_{inicial}}$$

É importante observar, entretanto, que, embora a quantidade de movimento total se conserve nas colisões, o mesmo não ocorre, necessariamente, com a energia mecânica (cinética) total do sistema. Quando dois corpos colidem, há, geralmente, degradação de energia mecânica (cinética) em energia térmica, acústica e trabalho de deformação permanente, entre outras dissipações. Por isso, na maior parte das situações, os corpos que participam de uma colisão mecânica constituem um **sistema dissipativo**.

Excepcionalmente, porém, no caso de as perdas de energia mecânica serem desprezíveis - e somente nesse caso -, os corpos que participam da colisão constituem um **sistema conservativo**. Ratificando, pois, frisemos que os corpos que participam de colisões mecânicas constituem normalmente sistemas isolados, sendo sistemas conservativos apenas excepcionalmente.

## Velocidade escalar relativa entre duas partículas que percorrem uma mesma reta

Considere a figura a seguir, em que um carro trafega em uma rua, tendo seu velocímetro indicando permanentemente 30 km/h.

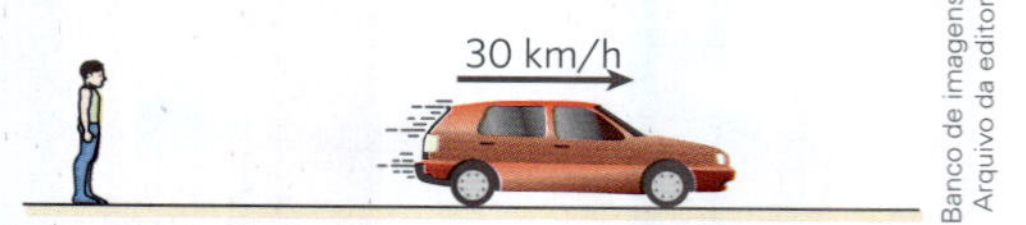


Banco de imagens/ Arquivo da editora

A velocidade acusada pelo velocímetro do veículo é referente ao solo, ou seja, é dada, por exemplo, em relação a uma pessoa que, parada na calçada, observa o carro passar.

### Movimentos no mesmo sentido

Considere, agora, o caso em que dois carros, *A* e *B*, trafegam por uma mesma avenida, no mesmo sentido. Admita que os módulos das velocidades escalares de *A* e *B* em relação ao solo sejam, respectivamente, 60 km/h e 40 km/h, com *A* à frente de *B*.

Banco de imagens/ Arquivo da editora

Se o motorista do carro *B* observar o carro da frente, verá este se afastar dele com uma velocidade escalar de módulo 20 km/h, tudo se passando como se ele próprio estivesse parado e apenas o carro *A* se movesse a 20 km/h. Diz-se, então, que a velocidade escalar relativa entre os dois carros tem módulo 20 km/h.

Assim:

> Se duas partículas percorrem uma mesma reta no **mesmo sentido**, o módulo da **velocidade escalar relativa** entre elas é dado pelo módulo da diferença entre as velocidades escalares das duas, medidas em relação ao solo.

### Movimentos em sentidos opostos

Imagine agora uma outra situação, em que os carros *A* e *B* trafegam por uma mesma estrada, em sentidos opostos. Sejam 60 km/h e 40 km/h, respectivamente, os módulos das velocidades escalares de *A* e de *B* em relação ao solo.

Banco de imagens/ Arquivo da editora

Se o motorista do carro *B* observar o carro *A*, verá este se aproximar dele com uma velocidade escalar de módulo 100 km/h, tudo se passando como se ele próprio estivesse parado e apenas o carro *A* se movesse ao seu encontro a 100 km/h. Diz-se, então, que a velocidade escalar relativa entre os dois carros tem módulo 100 km/h.

Assim:

> Se duas partículas percorrem uma mesma reta em **sentidos opostos**, o módulo da **velocidade escalar relativa** entre elas é dado pela soma dos módulos das velocidades escalares das duas medidas em relação ao solo.

**Nota**

Os critérios apresentados para o cálculo da velocidade escalar relativa são aplicáveis somente aos casos em que as partículas têm velocidades muito menores que a da luz no vácuo $(c \cong 3,0 \cdot 10^8 \text{ m/s})$. Para partículas dotadas de grandes velocidades, os efeitos relativísticos não podem ser desprezados e os critérios de cálculo sofrem alterações, como se estuda em Física moderna.

## Coeficiente de restituição ou de elasticidade (*e*)

Sejam $|v_{r_{af}}|$ e $|v_{r_{ap}}|$, respectivamente, os módulos das velocidades escalares relativas de afastamento (após a colisão) e de aproximação (antes da colisão) de duas partículas que realizam uma colisão unidimensional. O coeficiente de restituição ou de elasticidade (*e*) para a referida colisão é definido pelo quociente:

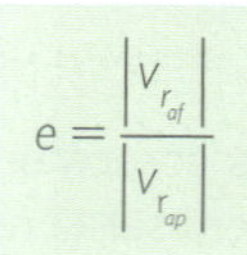

$$e = \frac{|v_{r_{af}}|}{|v_{r_{ap}}|}$$

**Notas**

- O coeficiente de restituição (*e*) não depende da massa, mas dos materiais dos corpos que participam da colisão.
- O coeficiente de restituição (*e*) é adimensional por ser calculado pelo quociente de duas grandezas medidas nas mesmas unidades.
- Pode-se demonstrar que: $0 \leq e \leq 1$.

## Classificação das colisões quanto ao valor de *e*

De acordo com o valor assumido pelo coeficiente de restituição *e*, as colisões mecânicas unidimensionais classificam-se em duas categorias: **elásticas** e **inelásticas**.

### Colisões elásticas (ou perfeitamente elásticas)

Constituem uma situação ideal em que o coeficiente de restituição é máximo, isto é: $e = 1$

$$\text{Sendo } e = \frac{|v_{r_{af}}|}{|v_{r_{ap}}|}\text{, decorre que: } |v_{r_{af}}| = |v_{r_{ap}}|$$

Em uma colisão elástica, as partículas aproximam-se (antes da colisão) e afastam-se (depois da colisão) com a mesma velocidade escalar relativa, em módulo.

**Exemplo:**

Antes da colisão:

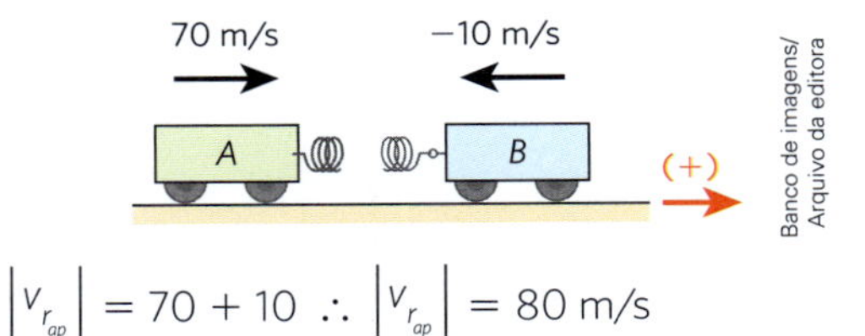


Banco de imagens/ Arquivo da editora

$$|v_{r_{ap}}| = 70 + 10 \therefore |v_{r_{ap}}| = 80 \text{ m/s}$$

Depois da colisão:

−50 m/s 30 m/s A B (+)

Banco de imagens/ Arquivo da editora

$$|v_{r_{af}}| = 50 + 30 \therefore |v_{r_{af}}| = 80 \text{ m/s}$$

$$e = \frac{|v_{r_{af}}|}{|v_{r_{ap}}|} = \frac{80}{80} \Rightarrow e = 1$$

Nas colisões elásticas, o sistema, além de isolado, também é conservativo. A energia mecânica (cinética) total do sistema, imediatamente após a interação, é **igual** à energia mecânica (cinética) total do sistema imediatamente antes da interação.

> Colisão elástica ⇒ Sistema conservativo
>
> $E_{c_{final}} = E_{c_{inicial}}$

Nas colisões elásticas, não há degradação da energia mecânica do sistema. Durante a fase de deformação há transformação de energia cinética em energia potencial elástica. Durante a fase de restituição ocorre o processo inverso, isto é, a energia potencial elástica armazenada é totalmente reconvertida em energia cinética.

### Colisões inelásticas

**I. Colisões totalmente inelásticas**

São aquelas em que o coeficiente de restituição é nulo: $e = 0$

$$\text{Sendo } e = \frac{|v_{r_{af}}|}{|v_{r_{ap}}|}\text{, decorre que: } |v_{r_{af}}| = 0$$

Nas colisões totalmente inelásticas, como a velocidade escalar relativa de afastamento tem módulo nulo, concluímos que, após a interação, os corpos envolvidos **não se separam**.

**Tomando como exemplo, um teste de colisão:**

Antes da colisão:

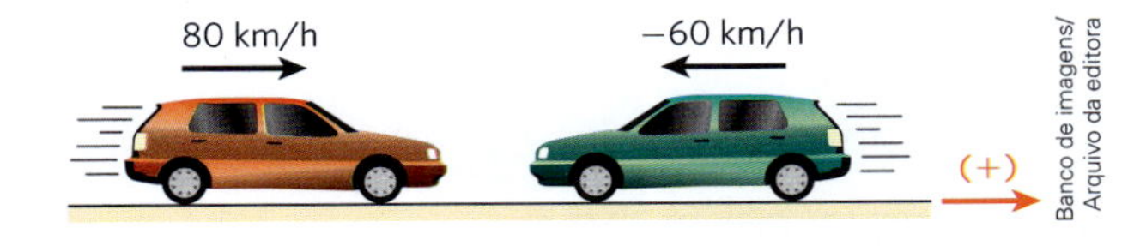


Banco de imagens/ Arquivo da editora

$$|v_{r_{ap}}| = 80 + 60 \therefore |v_{r_{ap}}| = 140 \text{ km/h}$$

Depois da colisão:

Banco de imagens/ Arquivo da editora

$$|v_{r_{af}}| = 0$$

Assim:

$$e = \frac{|v_{r_{af}}|}{|v_{r_{ap}}|} = \frac{0}{140} \Rightarrow e = 0$$

Pelo fato de os corpos permanecerem unidos (juntos) após uma colisão totalmente inelástica, inexiste a fase de restituição, ocorrendo apenas a fase de deformação. Os corpos que participam de colisões totalmente inelásticas constituem sistemas dissipativos. A energia mecânica (cinética) total imediatamente após a interação é **menor** que a energia mecânica (cinética) total imediatamente antes da interação.

> Colisão totalmente inelástica ⇒ Sistema dissipativo
>
> $E_{c_{final}} < E_{c_{inicial}}$

**II. Colisões parcialmente elásticas**

São aquelas em que o coeficiente de restituição se situa entre zero e um: $0 < e < 1$

Sendo $e = \dfrac{|v_{r_{af}}|}{|v_{r_{ap}}|}$, decorre que: $0 < |v_{r_{af}}| < |v_{r_{ap}}|$

Nas colisões parcialmente elásticas, os corpos envolvidos separam-se após a interação, existindo, assim, a fase de restituição. Os corpos afastam-se, entretanto, com velocidade escalar relativa de módulo **menor** que o da aproximação.

**Exemplo:**

Antes da colisão:

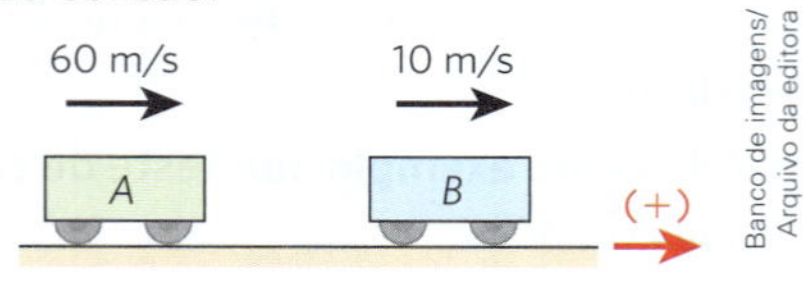


Banco de imagens/Arquivo da editora

$$|v_{r_{ap}}| = 60 - 10 \therefore |v_{r_{ap}}| = 50 \text{ m/s}$$

Depois da colisão:

−8,0 m/s 32 m/s A B (+)

Banco de imagens/Arquivo da editora

$$|v_{r_{af}}| = 32 + 8{,}0 \therefore |v_{r_{af}}| = 40 \text{ m/s}$$

$$e = \frac{|v_{r_{af}}|}{|v_{r_{ap}}|} = \frac{40}{50} \Rightarrow e = 0{,}8$$

Os corpos que participam de colisões parcialmente elásticas também constituem sistemas dissipativos. A energia mecânica (cinética) total imediatamente após a interação é **menor** que a energia mecânica (cinética) total imediatamente antes da interação.

Colisão parcialmente elástica ⇒ Sistema dissipativo

$$E_{c_{final}} < E_{c_{inicial}}$$

## Ampliando o olhar

### Estilingues gravitacionais

As naves terrestres que vagam pelo espaço, algumas delas destinadas aos confins do Sistema Solar ou até para fora dele, não encontram, obviamente, modos de abastecer no caminho.

Sendo assim, depois da propulsão inicial dada por foguetes ou outros módulos de impulsão, seguem sem autopropulsão, em movimento praticamente retilíneo e uniforme. Essa situação inercial só é alterada quando essas naves se submetem a influências gravitacionais significativas, que podem determinar, a depender de sua posição em relação aos respectivos astros, movimentos acelerados ou retardados.

A sonda Galileu, por exemplo, lançada rumo a Júpiter em 1989 pelo ônibus espacial estadunidense Atlantis, ganhou velocidade ao utilizar os "estilingues gravitacionais" proporcionados pela Terra e por Vênus.

Mantida depois disso com velocidade escalar praticamente constante (movimento uniforme), essa sonda seguiu com suas antenas de alto ganho abertas com destino ao maior planeta do Sistema Solar e suas luas, Io, Europa, Ganimedes e Calisto.

Depois de enviar à Nasa (Administração Nacional da Aeronáutica e do Espaço) uma infinidade de dados científicos e imagens exclusivas colhidas ao longo do caminho, a sonda Galileu foi deliberadamente destruída em 2003, quando adentrou o campo gravitacional de Júpiter.

antes planeta sonda espacial $V$ $-v$ depois $U = v + 2V$

Banco de imagens/Arquivo da editora

Ilustração com tamanhos e distâncias fora de escala e em cores fantasia.

Esse procedimento foi necessário para que a nave Galileu não contaminasse as luas de Júpiter, especialmente Europa, com possíveis bactérias terrestres.

Na ilustração acima, representa-se um estilingue gravitacional em que uma sonda espacial sofre um significativo ganho de velocidade ao circundar um astro.

Como a massa do corpo celeste é muito grande em comparação com a da sonda, tudo se passa como se ocorresse uma **colisão perfeitamente elástica** entre esses dois corpos, com coeficiente de restituição praticamente igual a 1.

## Massa relativística

Vimos que a teoria da relatividade especial determina que a velocidade da luz no vácuo é um limite da natureza. Disso decorre que um corpo de massa $m_0$ não pode ser acelerado indefinidamente.

Denominemos $m_0$ a **massa de repouso** do corpo em questão. Massa de repouso é definida, como bem sugere o nome, como a massa de um corpo que está em repouso em relação a um determinado referencial. A relação entre $m$ e $m_0$ é dada por:

$$m = \frac{m_0}{\sqrt{1 - \frac{v^2}{c^2}}}$$

em que $m$ é denominada massa relativística, $m_0$ é a massa de repouso, $c$ é velocidade da luz no vácuo e $v$ é a intensidade da velocidade do corpo em determinado instante.

Ao analisarmos essa relação percebemos que, à medida que a velocidade aumenta e se aproxima da velocidade da luz, a massa do corpo tende ao infinito, o que não tem sentido físico. Assim, concluímos que corpos com massa não podem ter velocidades que excedam a da luz no vácuo.

## Quantidade de movimento relativística

Sabemos que, em um sistema isolado de forças externas, qualquer interação entre dois corpos obedece ao **princípio de conservação da quantidade de movimento**. Esse princípio deve ser verificado em qualquer referencial inercial.

Se um observador *A* parado na calçada assistir à colisão entre dois veículos, enquanto outro observador, *B*, assistir à mesma colisão passando pelo local com velocidade constante, o primeiro postulado da relatividade especial ou restrita assegura que esses dois observadores medirão uma quantidade de movimento total constante para o sistema formado pelos dois veículos, isto é, igual antes, durante e após a colisão entre eles.

Para preservarmos a conservação da quantidade de movimento quando temos velocidades comparáveis à velocidade da luz $c$, o módulo da quantidade de movimento relativística $Q$ deve ser dado pela relação:

$$Q = \frac{m_0 v}{\sqrt{1 - \frac{v^2}{c^2}}}$$

Ao analisarmos velocidades cotidianas de carros, aviões e animais, é indiferente usarmos o conceito clássico ou relativístico da quantidade de movimento para descrevermos uma colisão; porém, quando estudamos uma partícula ou uma colisão de partículas com velocidades próximas à velocidade da luz, é imprescindível que analisemos o sistema do ponto de vista relativístico. O gráfico ao lado mostra o aumento muito rápido da razão entre o módulo da quantidade de movimento relativístico e não relativístico quando se aproxima da velocidade da luz.

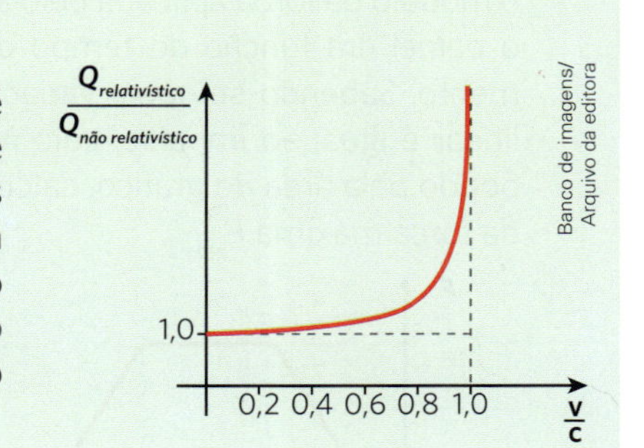


## Descubra mais

1. O momento linear (ou quantidade de movimento), definido pelo produto da massa pela velocidade vetorial, é uma grandeza física de grande importância, essencial no estudo de explosões e colisões. Outra grandeza física importante é o **momento angular**. Pesquise sobre ela, as situações nas quais ela é importante e se há conservação de momento angular.
2. Imaginemos que a Terra sofra, por alguma razão, um significativo "encolhimento" (redução de raio), sendo mantidas, porém, sua massa e sua forma esférica. Isso provocaria alguma alteração no período de rotação do planeta? Os dias terrestres ficariam mais curtos, mais longos ou manteriam a duração atual de 24 h?

## Exercícios

**13** Sobre um plano horizontal e perfeitamente liso, repousam, frente a frente, um homem e uma caixa de massas respectivamente iguais a 80 kg e 40 kg. Em dado instante, o homem empurra a caixa, que se desloca com velocidade de módulo 10 m/s. Desprezando a influência do ar, calcule o módulo da velocidade do homem após o empurrão.

**14** Um astronauta de massa 70 kg encontra-se em repouso numa região do espaço em que as ações gravitacionais são desprezíveis. Ele está fora de sua nave, a 120 m dela, mas consegue mover-se com o auxílio de dispositivo de propulsão que a cada acionamento desprende 100 g de matéria na forma gasosa, os quais são expelidos com velocidade de $5{,}6 \cdot 10^2$ m/s. Dando um único tiro, qual o menor intervalo de tempo que o astronauta leva para atingir sua nave, suposta em repouso?

**15** (Unicamp-SP) O lixo espacial é composto de partes de naves espaciais e satélites fora de operação abandonados em órbita ao redor da Terra. Esses objetos podem colidir com satélites, além de pôr em risco astronautas em atividades extraveiculares. Considere que, durante um reparo na estação espacial, um astronauta substitui um painel solar, de massa $m_p = 80$ kg, cuja estrutura foi danificada. O astronauta estava inicialmente em repouso em relação à estação e ao abandonar o painel no espaço, lança o com uma velocidade de módulo $v_p =$ $= 0{,}15$ m/s.

a) Sabendo-se que a massa do astronauta é $m_a =$ $= 60$ kg, calcule o módulo de sua velocidade de recuo.

b) O gráfico a seguir mostra, de forma simplificada, o módulo da força aplicada pelo astronauta sobre o painel em função do tempo durante o lançamento. Sabendo-se que a variação de momento linear é igual ao impulso, cujo módulo pode ser obtido pela área do gráfico, calcule a intensidade da força máxima $F_{máx}$.

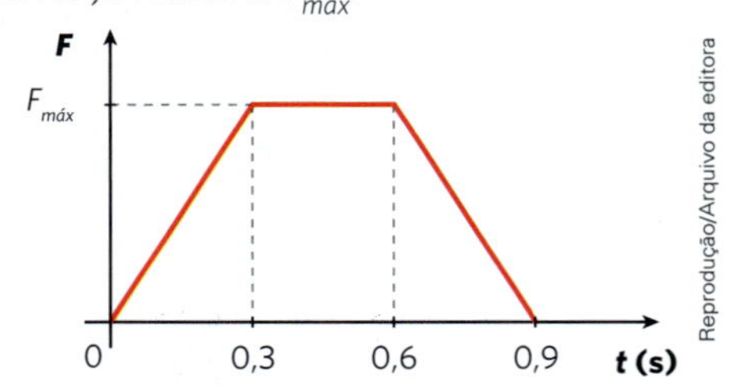


**16** Na situação do esquema seguinte, um míssil move-se no sentido do eixo $Ox$ com velocidade $\vec{v}_0$, de módulo 40 m/s. Em dado instante, ele explode, fragmentando-se em três partes, $A$, $B$ e $C$, de massas $M$, $2M$ e $2M$, respectivamente:

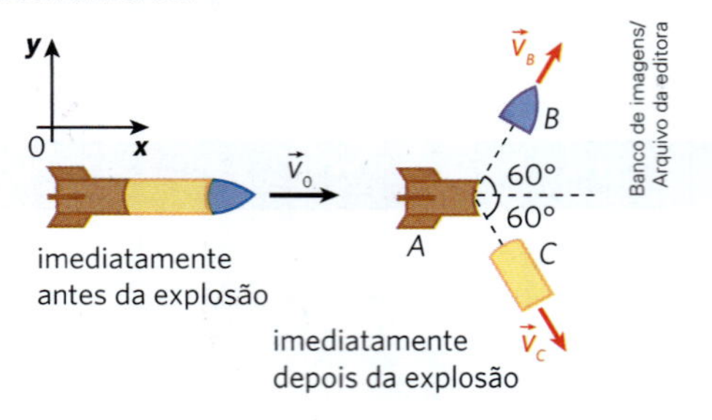


Sabendo que, imediatamente após a explosão, as velocidades das partes $B$ e $C$ valem $v_B = v_C = 110$ m/s, determine as características da velocidade vetorial da parte $A$, levando em conta o referencial $Oxy$.

**17** Nas situações representadas nas figuras seguintes, as partículas realizam colisões unidimensionais. Os módulos de suas velocidades escalares estão indicados. Determine, em cada caso, o coeficiente de restituição da colisão, dizendo, ainda, se a interação ocorrida foi elástica, totalmente inelástica ou parcialmente elástica.

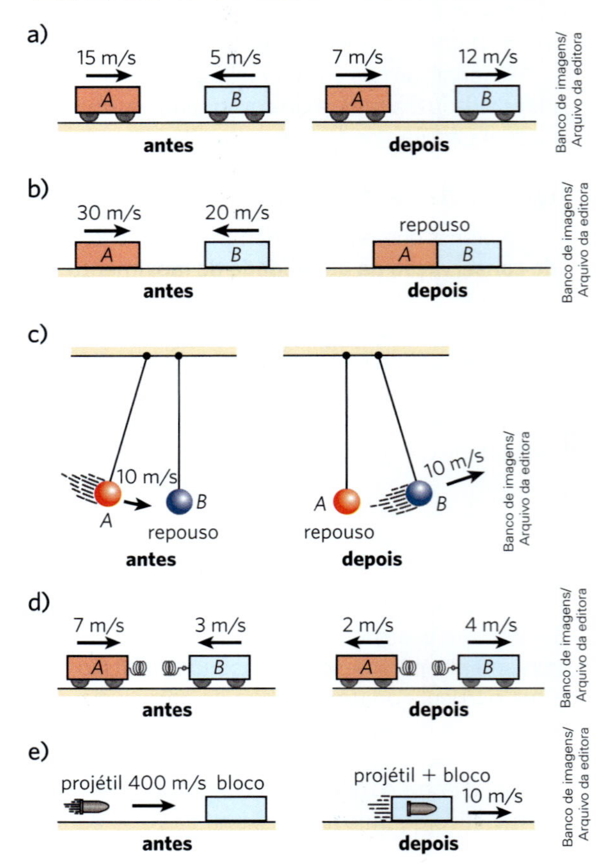


**18** Ao perceber que dois carrinhos vazios $A$ e $B$ se deslocam acoplados ao seu encontro com uma velocidade escalar de $-5{,}0$ cm/s, o funcionário de um supermercado lança contra eles um terceiro carrinho, $C$, também vazio, com velocidade escalar de 40 cm/s, como representa a figura a seguir.

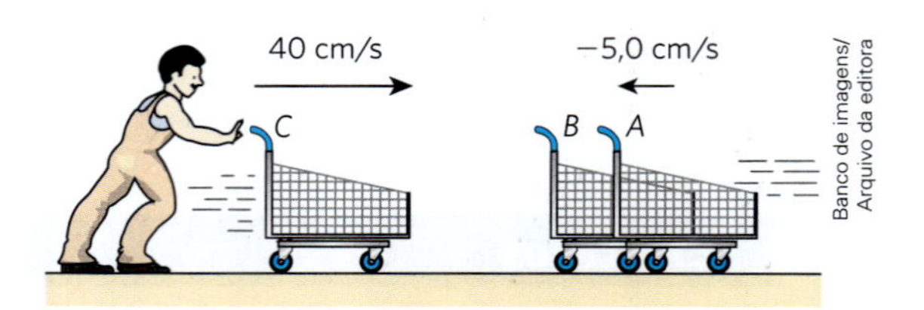


Ao colidir com o conjunto $A$-$B$, $C$ nele se encaixa e os três carrinhos seguem unidos com velocidade escalar $v$. Admitindo que os carrinhos sejam iguais e que se movimentem ao longo de uma mesma reta horizontal sem a ação de atritos nos eixos das rodas, tanto antes como depois da interação, pede-se determinar:

**a)** o valor de $v$;

**b)** a intensidade do impulso que $C$ exerce no conjunto $A$-$B$ no ato da colisão. Considere que cada carrinho tenha massa igual a 15 kg.

**19** (UFPB) A figura a seguir apresenta os gráficos da velocidade *versus* tempo para a colisão unidimensional ocorrida entre dois carrinhos $A$ e $B$:

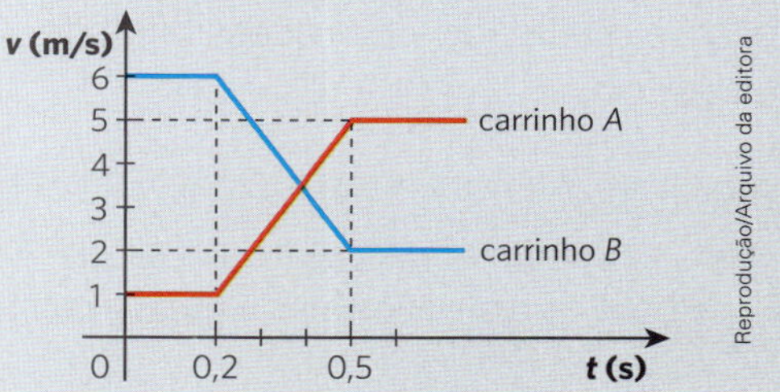


Reprodução/Arquivo da editora

Supondo que não existam forças externas resultantes e que a massa do carrinho $A$ valha 0,2 kg, calcule:

**a)** o coeficiente de restituição da colisão;

**b)** a massa do carrinho $B$.

**Resolução:**

**a)**

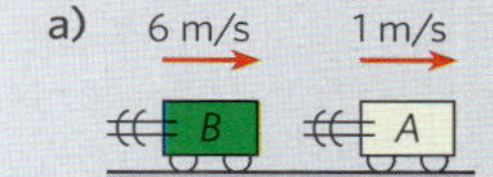


2 m/s 5 m/s B A

**depois**

Banco de imagens/Arquivo da editora

$$e = \frac{|v_{r_{af}}|}{|v_{r_{ap}}|} = \frac{5-2}{6-1} = \frac{3}{5} \Rightarrow \boxed{e = 0{,}6}$$

**b)** $Q_f = Q_i \Rightarrow m_B \cdot 2 + 0{,}2 \cdot 5 = m_B \cdot 6 + 0{,}2 \cdot 1$

$0{,}8 = 4m_B \therefore \boxed{m_B = 0{,}2\ \text{kg}}$

**Respostas: a)** 0,6; **b)** 0,2 kg.

**20** No diagrama seguinte, estão representadas as variações das velocidades escalares de duas partículas $A$ e $B$, que realizam um choque unidimensional sobre uma mesa horizontal e sem atrito.

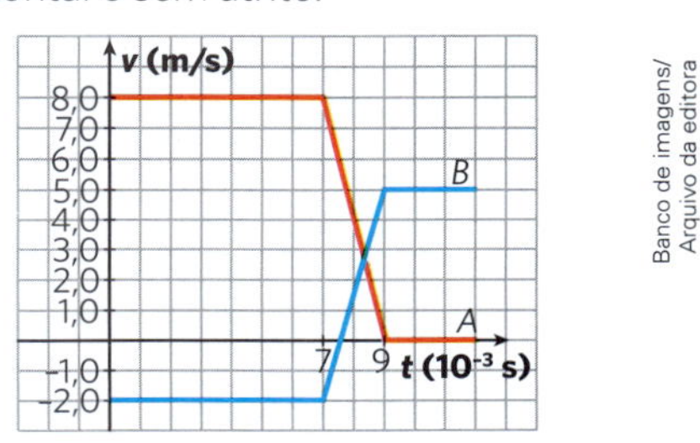


Banco de imagens/Arquivo da editora

Com base no gráfico:

**a)** classifique o choque como elástico, totalmente inelástico ou parcialmente elástico;

**b)** calcule a massa de $B$, se a de $A$ vale 7,0 kg;

**c)** determine a intensidade média da força trocada pelas partículas por ocasião do choque.

**21** Uma esfera $A$, de massa 200 g, colidiu frontalmente com outra, $B$, de massa 300 g, inicialmente em repouso. Sabendo que $A$ atingiu $B$ com velocidade escalar de 5,0 cm/s e que esta última adquiriu, imediatamente após a colisão, velocidade escalar de 3,0 cm/s, determine:

**a)** o coeficiente de restituição para a colisão ocorrida;

**b)** o percentual de energia cinética dissipada por efeito do impacto.

**22** Uma bola é abandonada, a partir do repouso, de um ponto situado a uma altura $H$ em relação ao solo, admitido plano e horizontal. A bola cai livremente e, após chocar-se contra o solo, consegue atingir uma altura máxima $h$.

**a)** Calcule o coeficiente de restituição do choque em função de $H$ e de $h$.

**b)** Classifique o choque como elástico, totalmente inelástico ou parcialmente elástico, nos seguintes casos: $h = H$, $0 < h < H$ e $h = 0$.

**23** A figura abaixo representa um homem de massa 60 kg, de pé sobre uma prancha de madeira, de massa 120 kg, em repouso na água de uma piscina. Inicialmente, o homem ocupa o ponto $A$, oposto de $B$, onde a prancha está em contato com a escada.

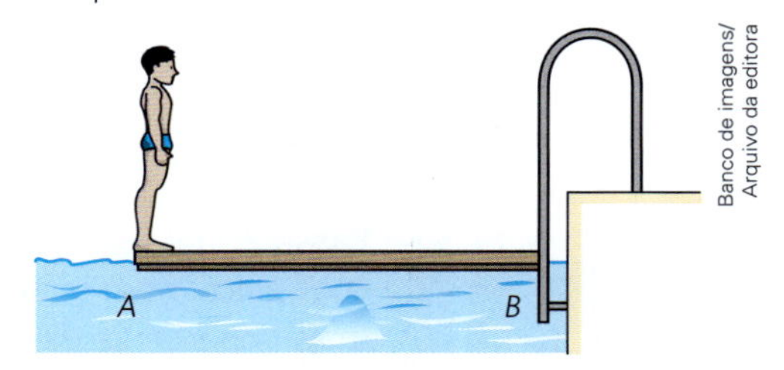


Banco de imagens/Arquivo da editora

Em determinado instante, o homem começa a andar, objetivando alcançar a escada. Não levando em conta os atritos entre a prancha e a água, ventos ou correntezas, e considerando para a prancha comprimento de 1,5 m, calcule:

**a)** a relação entre os módulos das quantidades de movimento do homem e da prancha, enquanto o homem não alcança o ponto $B$;

**b)** a distância $x$ do homem à escada, depois de ter atingido o ponto $B$;

**c)** o módulo da velocidade escalar média do homem em relação à escada e em relação à prancha, se, ao se deslocar de $A$ até $B$, ele gasta 2,0 s.

Projeto

# Transporte e eficiência: de casa até a escola

Ir e vir é um direito do cidadão assegurado pela Constituição federal; no entanto, esse direito pode ser comprometido pela ausência de mobilidade.

Neste contexto, o conceito de **mobilidade** está associado à capacidade de acessar serviços básicos, como escolas e hospitais, e demais lugares necessários para a vida, como trabalho e comércio, de modo seguro, com qualidade, com acessibilidade inclusiva e, tanto quanto for possível, com eficiência.

Vamos investigar as opções para se deslocar de sua residência até sua escola. Ao analisar essas opções, poderemos identificar quais são as mais eficientes e quais aspectos dessas opções podem ser melhorados.

## Objetivos

Estabelecer critérios para analisar e avaliar opções de transporte utilizadas pelos alunos para se deslocarem de suas residências até a escola, identificar problemas e oportunidades e propor soluções e melhorias.

## Para começar

A análise que você vai realizar neste projeto deve considerar parâmetros que você julga serem importantes e, para isso, você deve identificar quais dados do fenômeno ou processo que apresentaremos serão relevantes. A identificação desses dados ocorrerá em dois passos.

- **Passo 1:** monte uma lista com opções viáveis que você tem para se deslocar de sua residência até a escola. Nessa lista apenas deverão ser incluídas opções viáveis, ou seja, opções seguras, que estejam ao seu alcance e que sejam permitidas e autorizadas por seus responsáveis. Algumas possíveis opções são: caminhada, bicicleta, metrô, ônibus municipal, ônibus escolar, carro e carona com os responsáveis de um amigo.
- **Passo 2:** crie uma lista de dados que podem ser associados a cada uma das opções que você listou no primeiro passo. Esses dados podem ser quantitativos ou qualitativos e, mais importante, devem refletir características que você julga serem relevantes em seu deslocamento para a escola. Ao determinar esses dados, procure pensar não apenas em seu bem próprio, mas no bem da comunidade onde você está inserido ou ainda na sociedade como um todo. Algumas opções possíveis de dados são: velocidade escalar máxima atingida, velocidade escalar média, tempo de viagem, sustentabilidade (emissão de poluentes, por exemplo), acessibilidade, custo, impacto no trânsito, impacto em sua saúde, conforto, etc.

**Notas**

- **Dados quantitativos** representam características que podem ser medidas e são apresentadas na forma de valores numéricos. Exemplos: número de irmãos (que podem ser contados) ou altura (que pode ser medida com uma régua).
- **Dados qualitativos** representam características que não podem ser medidas por meio de valores numéricos, mas que se definem por meio de categorias. Exemplos: cor dos olhos ou nível de escolaridade.

## Plano de ação

Uma vez definidos os dados que são relevantes para sua análise, agora é hora da coleta e tratamento de dados.

### Coleta de dados

Explore as opções que você escolheu e defina um método para coletar e registrar os dados. Uma sugestão é organizar uma agenda com registros de diferentes experiências com as diversas opções de transporte escolhidas.

Vamos supor que você esteja coletando o dado "velocidade escalar média" e começa com o meio de transporte "bicicleta". Você pode, usando aplicativos, identificar a distância percorrida usando sua bicicleta para ir da sua residência até a escola e cronometrar o intervalo para, então, calcular a velocidade escalar média desenvolvida. Repita o processo por alguns dias para ter vários dados do mesmo tipo. Ao registrar o dado "velocidade escalar média" de um dia, aproveite para registrar outros dados também, como algo relacionado ao conforto durante a viagem ou o tempo de duração.

Outros dados deverão ser coletados por meio de pesquisa. Nesses casos, você precisará definir um parâmetro para poder classificar ou comparar suas opções de transporte; por exemplo, qual opção causa mais impacto no trânsito ou qual é a mais poluente.

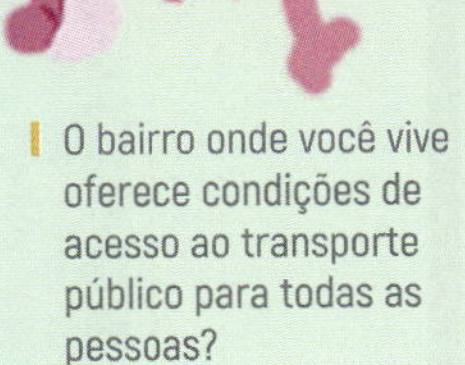

Rlima/Arquivo da editora

O bairro onde você vive oferece condições de acesso ao transporte público para todas as pessoas?

### Tratamento de dados

Depois de obter os dados, você deve organizá-los. Algumas possibilidades são: montar gráficos (de barras, por exemplo) e diagramas; no caso de dados quantitativos, é possível calcular valor médio, moda, mediana, etc. Esse tratamento de dados poderá ajudá-lo a identificar padrões e a criar hipóteses e tirar conclusões.

## Análise dos resultados

Este é o momento de refletir sobre o projeto. Converse com seus colegas a respeito dos questionamentos a seguir:

1. Segundo os critérios que você mesmo estabeleceu, qual é a melhor opção de transporte para você ir à escola e por quê? Seus colegas chegaram a conclusões similares?
2. Durante a análise que desenvolveu ao longo deste projeto, você identificou problemas e oportunidades de melhoria em uma ou mais das suas opções de transporte? Quais foram essas opções e quais são os problemas e oportunidades de melhoria?
3. Formule soluções para cada um dos problemas identificados e modos de explorar as oportunidades listadas. Em seguida, crie um plano que guie os passos necessários para a implantação das soluções e melhorias.
4. Monte um relatório para registrar os desdobramentos do plano de ação e eventuais impactos que ele causou em sua comunidade. Assim, o professor e seus colegas podem acompanhar e avaliar o progresso da intervenção causada pelos planos de ação da turma.

Com a turma, planeje o compartilhamento desses relatórios nas redes sociais e em eventos da comunidade escolar.

UNIDADE

# Estática

A **Estática** é a parte da Física que estuda o equilíbrio dos corpos. A palavra "equilíbrio" é encontrada nos dicionários com o sentido de estabilidade, harmonia, constância, solidez, firmeza, etc. Em sentido figurado, pode significar prudência, moderação e comedimento. Na Física, no entanto, seu significado é simples e direto: força resultante nula!

Paolo Bona/Shutterstock

O equilíbrio dos corpos dentro e fora da água é fundamental para a prática do nado sincronizado.

## Nesta unidade:

# Estática dos sólidos

Este capítulo favorece o desenvolvimento da seguinte habilidade:
EM13CNT307

## Introdução

**Estática** é a parte da Física dedicada ao estudo das forças e do equilíbrio dos corpos.

Esse é um vasto campo de atuação que é utilizado por diversos profissionais: pelo engenheiro, na elaboração de projetos de prédios, pontes e monumentos; pelo médico ortopedista, na colocação de pinos e placas para imobilização de partes do corpo de um paciente; pelo profissional da Ortodontia, na prática de reposicionamento da arcada dentária e na aplicação de aparelhos ortodônticos.

## Conceitos fundamentais

### Resultante de forças aplicadas a um ponto material

Consideremos um ponto material, conforme indica a figura abaixo, sujeito à ação de $n$ forças: $\vec{F}_1, \vec{F}_2, ..., \vec{F}_n$. É sempre possível determinar uma força única que, aplicada ao ponto material, lhe proporcione a mesma aceleração vetorial que o conjunto das $n$ forças. Essa força é a soma vetorial de $\vec{F}_1, \vec{F}_2, ..., \vec{F}_n$ e é denominada **resultante** ($\vec{F}_{res}$) das $n$ forças.

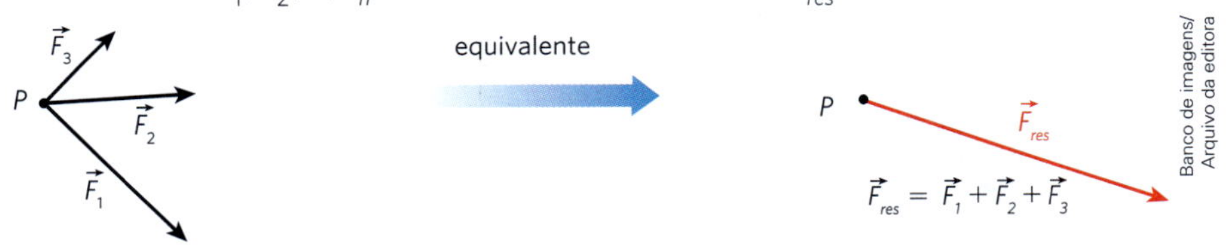


Banco de imagens/Arquivo da editora

Para uma partícula de massa $m$, sabemos que ela adquire uma aceleração resultante ($\vec{a}_{res}$) quando submetida a uma força resultante $\vec{F}_{res}$.

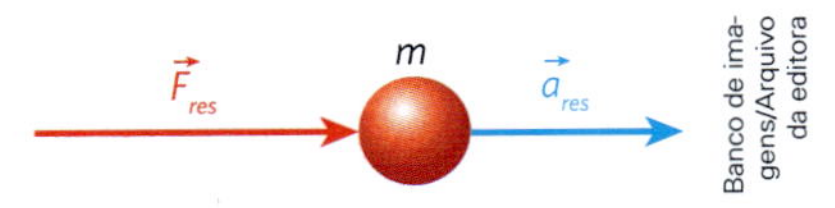


Banco de imagens/Arquivo da editora

No Capítulo 6, Princípios da Dinâmica, afirmamos que uma partícula está em **equilíbrio** em relação a um dado referencial quando **a resultante das forças que nela agem é nula**. Da segunda lei de Newton, vem que: $\vec{F}_{res} = m\vec{a}_{res}$. Portanto, é condição necessária para o equilíbrio da partícula que a aceleração resultante nela seja nula, pois:

$$\vec{F}_{res} = \vec{0} \Rightarrow \vec{a}_{res} = \vec{0}$$

Surgem, então, duas possibilidades: a partícula estará em repouso ou em movimento retilíneo e uniforme.

As duas possibilidades levam-nos a situações de equilíbrio: a situação I nos remete ao equilíbrio estático da partícula, e a situação II estabelece o equilíbrio dinâmico.

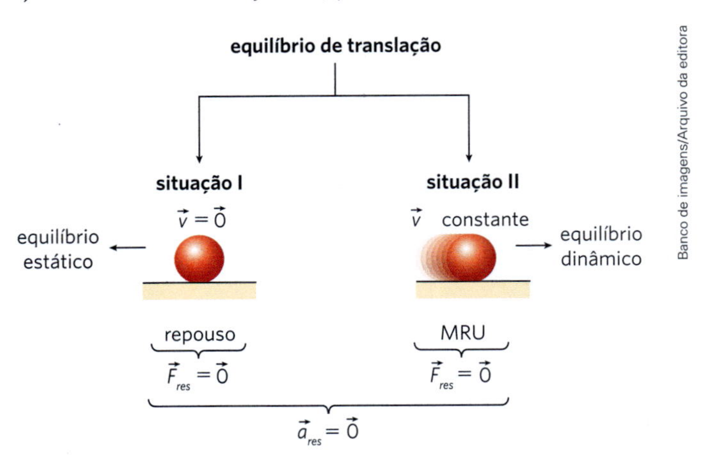


Banco de imagens/Arquivo da editora

## Resultante de duas forças

Seja uma partícula de massa $m$ sob ação simultânea de duas forças coplanares, $\vec{F}_1$ e $\vec{F}_2$, que formam entre si um ângulo $\theta$ qualquer, como mostra o esquema abaixo.

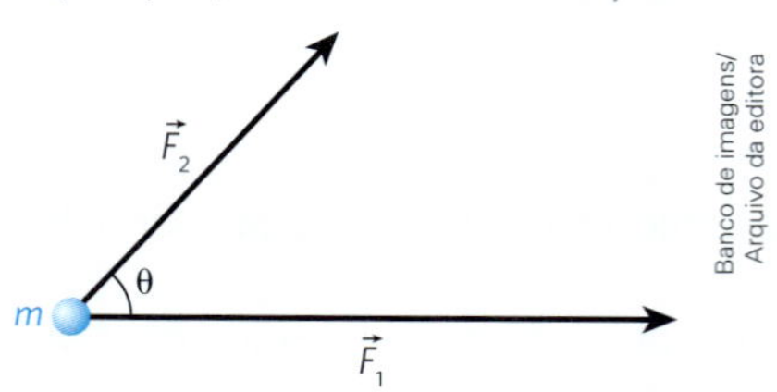


Banco de imagens/Arquivo da editora

Podemos determinar a resultante dessas duas forças, $\vec{F}_1$ e $\vec{F}_2$, tanto graficamente como analiticamente. No Capítulo 4, Vetores e Cinemática vetorial, da Unidade 1, estudamos em detalhes as operações envolvendo vetores.

**1º modo (graficamente):** regra do paralelogramo.

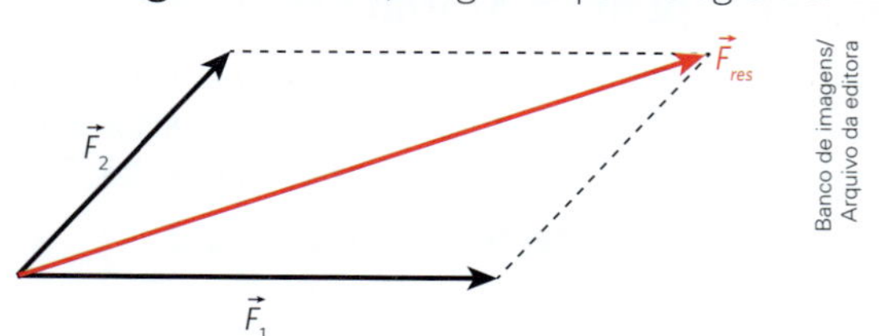


Banco de imagens/Arquivo da editora

**2º modo (analiticamente):** lei dos cossenos.

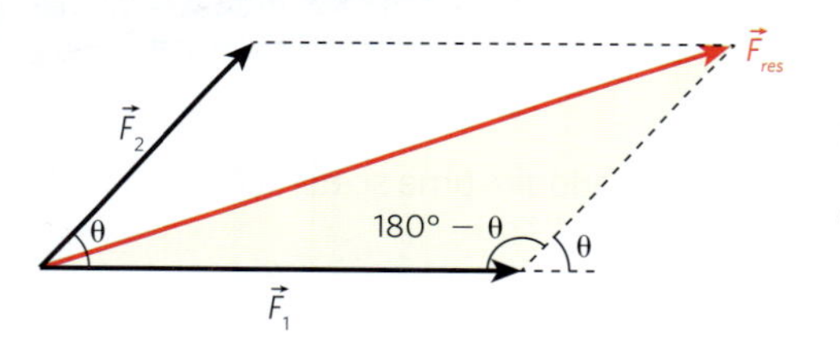


Banco de imagens/Arquivo da editora

$$F_{res}^2 = F_1^2 + F_2^2 + 2F_1F_2\cos\theta$$

**Notas**

- Quando as forças são perpendiculares entre si ($\theta = 90°$), temos:
$$F_{res}^2 = F_1^2 + F_2^2$$
- Quando as forças são paralelas entre si e com mesmo sentido ($\theta = 0°$), a intensidade da resultante é dada por:
$$F_{res} = F_1 + F_2$$
- Quando as forças são paralelas entre si, porém com sentidos opostos ($\theta = 180°$), a intensidade da resultante é dada por:
$$F_{res} = |F_1 - F_2|$$

Podemos também analisar a situação inicial proposta sob o ponto de vista das **leis dos senos**. No triângulo *ABC* destacado na imagem a seguir, vale:

$$\frac{F_{res}}{\text{sen}\,\theta} = \frac{F_1}{\text{sen}\,\alpha} = \frac{F_2}{\text{sen}\,\beta}$$

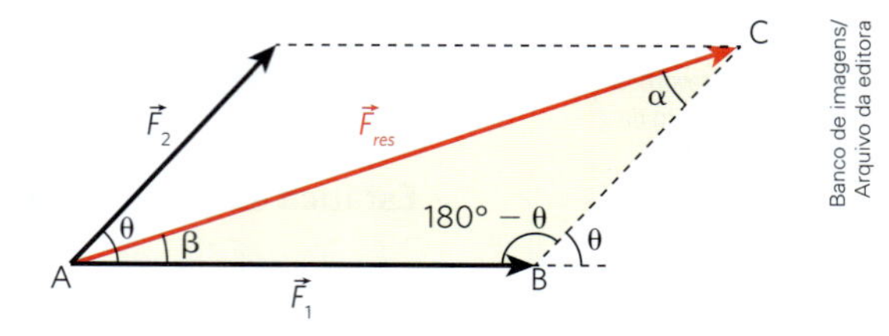


Banco de imagens/Arquivo da editora

## Cálculo da resultante para *n* forças

### Método do polígono

Vamos agora analisar um caso mais geral quando há várias forças atuando em uma partícula, esquematizada abaixo.

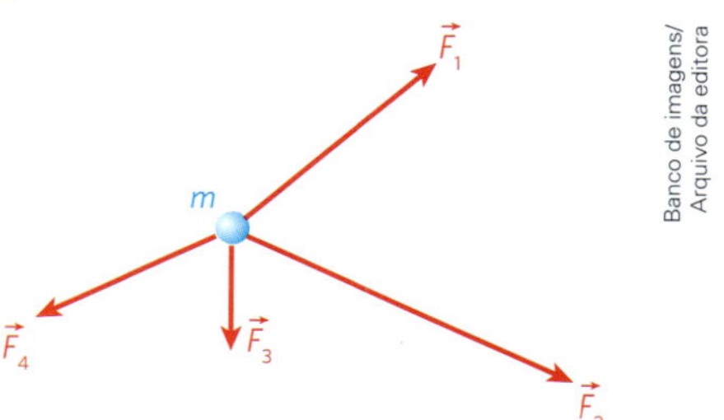


Banco de imagens/Arquivo da editora

Nessa situação, a partícula de massa $m$ está submetida à ação de quatro forças: $\vec{F}_1$, $\vec{F}_2$, $\vec{F}_3$ e $\vec{F}_4$.

Conforme vimos no Capítulo 4, Vetores e Cinemática vetorial, da Unidade 1, podemos obter a força resultante sobre a partícula pelo método do polígono, como mostra a imagem abaixo.

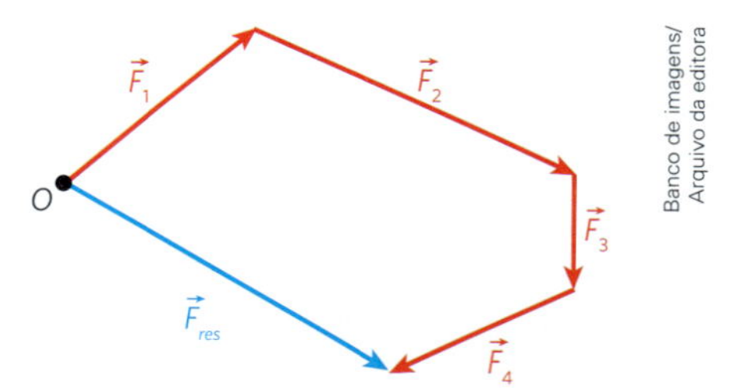


Banco de imagens/Arquivo da editora

### Método das projeções

Sejam $\vec{F}_1$, $\vec{F}_2$ e $\vec{F}_3$ três forças coplanares e concorrentes em $O$.

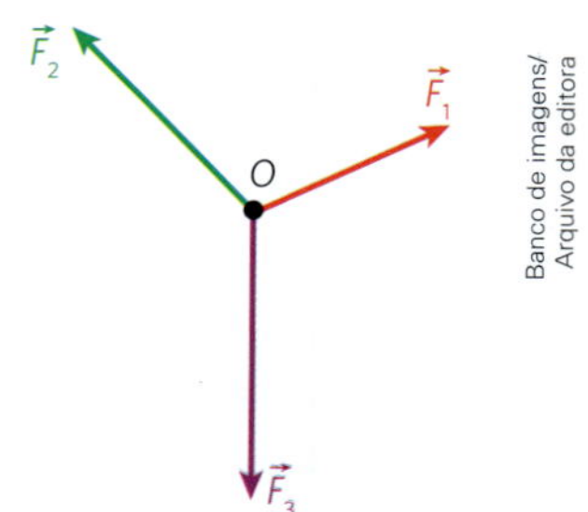


Banco de imagens/Arquivo da editora

Escolhe-se, inicialmente, um sistema de eixos cartesianos de referência no mesmo plano das forças. Se a força resultante desse sistema é nula, decorre que as projeções dessas forças nos eixos O*x* e O*y* também terão resultantes nulas.

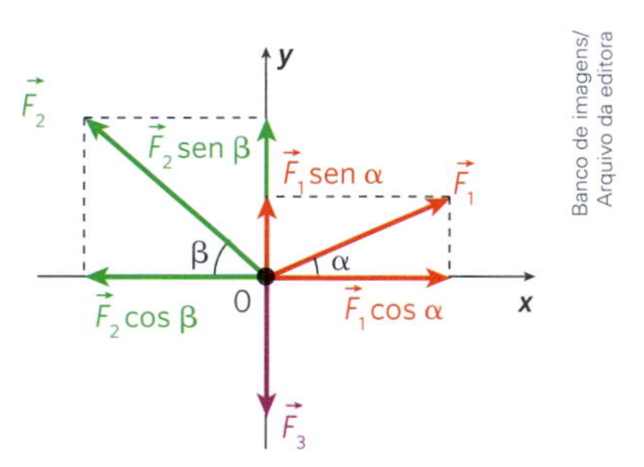


Banco de imagens/Arquivo da editora

Equilíbrio no eixo *x*:

$$\vec{F}_{res_x} = 0 \Rightarrow F_1 \cos\alpha = F_2 \cos\beta$$

Equilíbrio no eixo *y*:

$$\vec{F}_{res_y} = 0 \Rightarrow F_1 \operatorname{sen}\alpha + F_2 \operatorname{sen}\beta = F_3$$

De modo geral:

$$\vec{F}_{res} = \vec{0} \Rightarrow \begin{cases} \vec{F}_{res_x} = \vec{0} \\ \vec{F}_{res_y} = \vec{0} \end{cases}$$

## Exercícios

**1** Analise as proposições e classifique-as como verdadeiras ou falsas.

I. Uma partícula sujeita à ação de uma única força pode estar em equilíbrio.

II. Se uma partícula está em equilíbrio sob ação de apenas duas forças, elas devem ter mesmo módulo, mesma direção e sentidos opostos.

III. Quando a soma vetorial de todas as forças atuantes em uma partícula é zero, ela pode estar em movimento.

a) Somente I é verdadeira.

b) Somente II é verdadeira.

c) Somente III é verdadeira.

d) I e II são verdadeiras.

e) II e III são verdadeiras.

**2** (Vunesp-SP) Um bloco de peso 6 N está suspenso por um fio, que se junta a dois outros num ponto *P*, como mostra a figura 1.

Dois estudantes, tentando representar as forças que atuam em *P* e que o mantêm em equilíbrio, fizeram os seguintes diagramas vetoriais, usando a escala indicada na figura 2.

**Figura 1**

y
90°
90°
90°
45°
P
x
6 N

Reprodução/Arquivo da editora

**Figura 2**

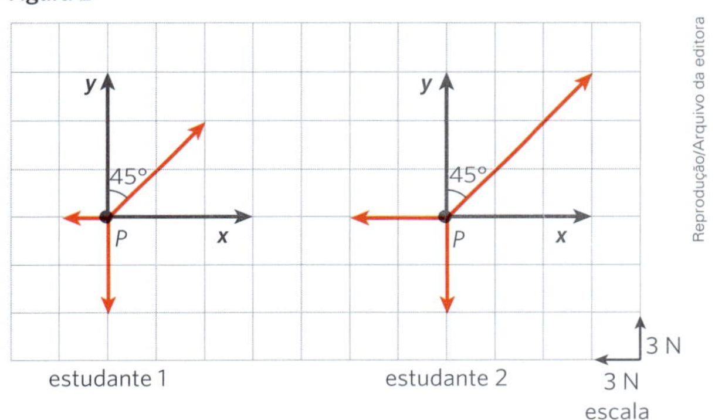


Reprodução/Arquivo da editora

a) Algum dos diagramas está correto?

b) Justifique sua resposta.

**3** Bastante comum nas academias de ginástica, o aparelho denominado *leg press* é indicado pelos especialistas para treinamento e exercício de vários músculos das pernas. Existem vários modelos desse tipo de aparelho. Nas fotos, vemos uma atleta exercitando-se em um modelo em que o conjunto de pesos possui massa total de 40 kg e pode deslizar sobre trilhos sem atrito. Na execução desse exercício, as pernas da atleta formam um ângulo de 45° com a horizontal quando totalmente estendidas. Para a situação em que os pesos se encontram em equilíbrio estático, qual é a força correspondente ao esforço muscular suportado pelas pernas da atleta?

Syda Productions/Shutterstock

**Dados:** $g = 10\ m/s^2$ e $\sqrt{2} = 1{,}4$.

**4** (Unesp-SP) Em uma operação de resgate, um helicóptero sobrevoa horizontalmente uma região levando pendurado um recipiente de 200 kg com mantimentos e materiais de primeiros socorros. O recipiente é transportado em movimento retilíneo e uniforme, sujeito às forças peso ($\vec{P}$), de resistência do ar horizontal ($\vec{F}$) e tração ($\vec{T}$), exercida pelo cabo inextensível que o prende ao helicóptero.

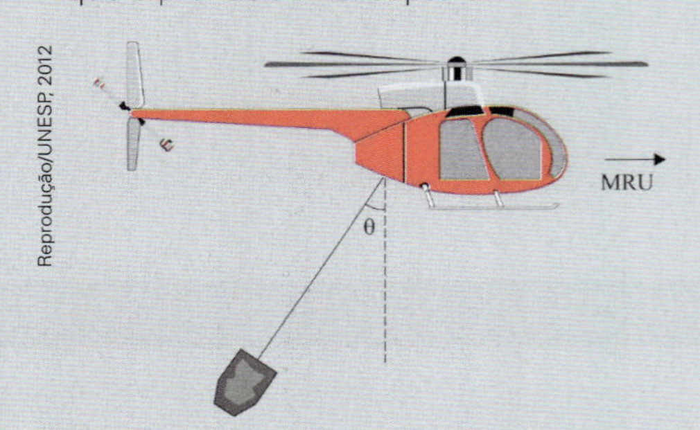

Reprodução/UNESP, 2012

Sabendo-se que o ângulo entre o cabo e a vertical vale θ, que sen θ = 0,6, cos θ = 0,8 e $g = 10\ m/s^2$, a intensidade da força de resistência do ar que atua sobre o recipiente vale, em N:

a) 500
b) 1250
c) 1500
d) 1750
e) 2000

**Resolução**:
Na imagem abaixo, temos o diagrama de forças:

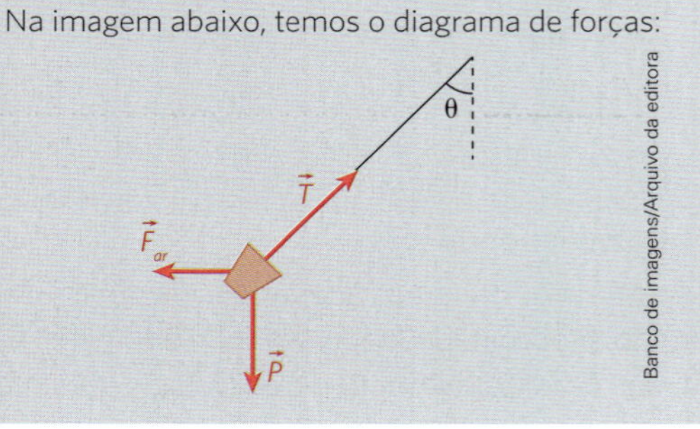

Banco de imagens/Arquivo da editora

Para o equilíbrio do recipiente, a força resultante é nula e o polígono de forças é fechado.

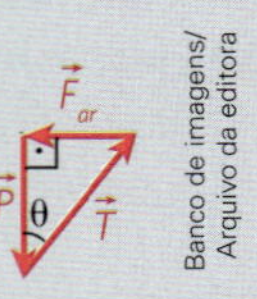

Banco de imagens/Arquivo da editora

$$\text{tg}\,\theta = \frac{F_{ar}}{P} \Rightarrow F_{ar} = P\,\text{tg}\,\theta \Rightarrow F_{ar} = 2000 \cdot \frac{0,6}{0,8}$$

$$\boxed{F_{ar} = 1500\ N}$$

**Resposta:** alternativa **c**.

**5** (Uerj) Uma luminária com peso de 76 N está suspensa por um aro e por dois fios ideais. No esquema, as retas $\overline{AB}$ e $\overline{BC}$ representam os fios, cada um medindo 3 m, e *D* corresponde ao ponto médio entre *A* e *C*.

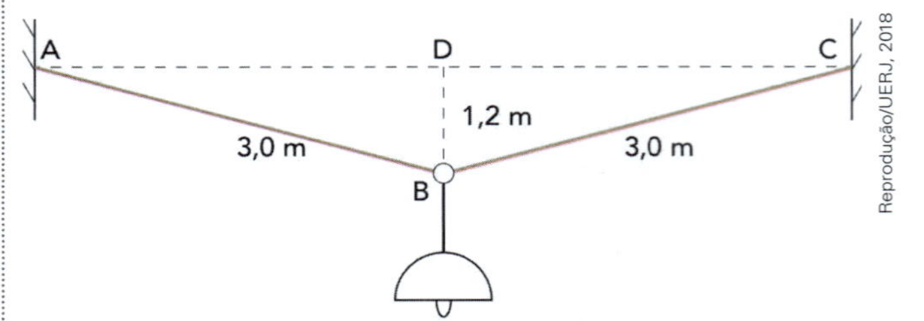

Reprodução/UERJ, 2018

Sendo *BD* = 1,2 m e *A*, *C* e *D* pontos situados na mesma horizontal, a tração no fio $\overline{AB}$, em newtons, equivale a:

a) 47,5
b) 68,0
c) 95,0
d) 102,5

## Momento escalar de uma força

Se temos dificuldade na retirada de um parafuso ou de uma porca, tentamos utilizar uma ferramenta que tenha um braço maior ou um extensor, como mostra a imagem ao lado.

Sabemos por experiência cotidiana que é mais fácil abrir um grande portão aplicando a força em um ponto distante do eixo de rotação (dobradiça) do que em um ponto próximo ao eixo de rotação.

Matva/Shutterstock

Determinadas ferramentas, como a chave de boca da imagem ao lado, permitem um ajuste preciso de porcas e parafusos, assegurando o bom funcionamento de equipamentos.

Nas situações apresentadas, ao aplicarmos uma força, a consequência imediata é uma rotação ou uma tendência de rotação.

Para caracterizar essa capacidade de imprimir rotação, apresentada por uma força, define-se uma grandeza chamada **momento da força em relação a um polo**.

Sejam $\vec{F}$ a força aplicada no ponto *A* do corpo rígido, *O* o **polo** em torno do qual o corpo rígido pode girar e *d* a distância do polo *O* à linha de ação da força (*d* é denominado **braço** de alavanca e é sempre medido na perpendicular baixada do polo à linha de ação da força).

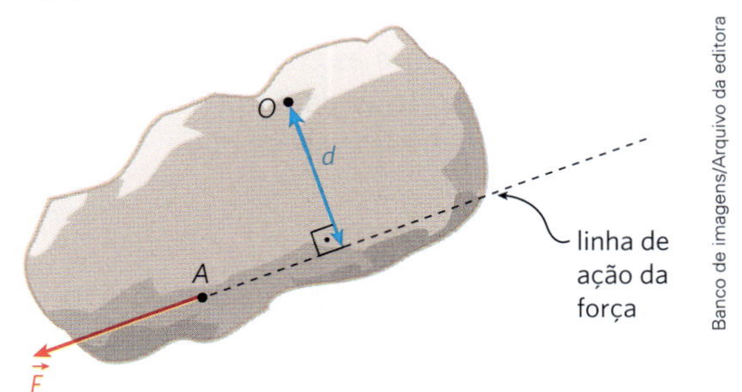


O momento da força $\vec{F}$ em relação ao polo *O* pode ser assim definido:

O **momento escalar da força** $\vec{F}$ em relação ao polo *O* é o produto do módulo da força pelo braço de alavanca *d*, sendo esse produto precedido do sinal + ou −, conforme o sentido da rotação produzida pela força seja anti-horário ou horário.

$$M_F^O = \pm Fd$$

No Sistema Internacional (SI), a unidade de momento escalar da força é o produto da unidade de força (N) e da unidade de distância (m): N · m.

Convencionalmente:

| Rotação em sentido horário | Momento negativo |
|---|---|
| Rotação em sentido anti-horário | Momento positivo |

Essa convenção é arbitrária e pode ser adotada de maneira oposta sem nenhum prejuízo. Na imagem a seguir, podemos observar a relação entre o sentido de rotação da chave inglesa e o sinal do momento escalar, conforme a convenção usual.

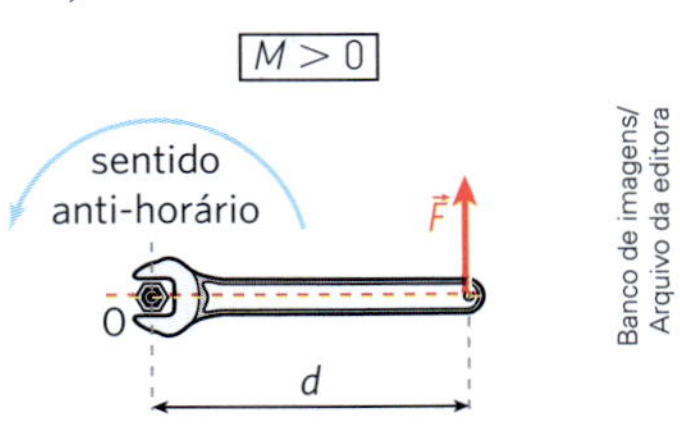


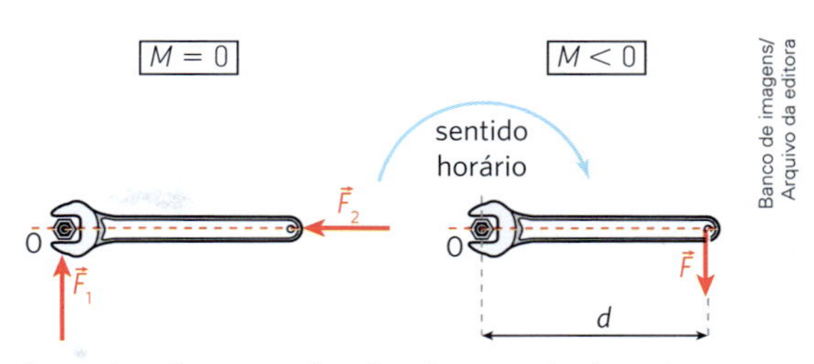


Quando a força está aplicada no próprio polo ou tem sua linha de ação passando pelo polo, como na segunda imagem apresentada ($M = 0$), o momento escalar é nulo, pois o braço da alavanca também é nulo ($d = 0$). Nessa situação, a força $\vec{F}_2$ promove uma compressão da chave, mas não imprime tendência de rotação, assim:

$$M_{F_1}^O = 0 \text{ e } M_{F_2}^O = 0$$

**Nota**

O momento da força ou torque é, de fato, uma grandeza física vetorial; porém, trabalharemos neste tópico exclusivamente com o momento escalar da força.

## Equilíbrio estático de um corpo extenso

A seguir, apresentaremos as condições necessárias e suficientes para que um corpo extenso se mantenha em equilíbrio.

### 1ª condição

A **resultante** ($\vec{F}_{res}$) de todas as forças que nele agem é **nula**.

$$\vec{F}_{res} = \vec{0}$$

Essa condição implica que o corpo não terá movimento de translação.

### 2ª condição

A **soma algébrica dos momentos** de todas as forças que nele atuam é **nula**.

$$\Sigma M = 0$$

Essa condição implica que o corpo não terá movimento de rotação e é equivalente a:

$$\underbrace{\Sigma M_{(horário)}}_{\text{somatório dos momentos no sentido horário}} = \underbrace{\Sigma M_{(anti\text{-}horário)}}_{\text{somatório dos momentos no sentido anti-horário}}$$

Nesse caso, não há a necessidade de convencionar um sinal, positivo ou negativo, para os momentos escalares das forças atuantes. Nessa situação, trabalharemos exclusivamente com seus módulos.

## Centro de gravidade

**Centro de gravidade** (*CG*) de um sistema de partículas é o ponto onde se pode **supor** que o peso total desse sistema esteja aplicado.

Isso facilita o estudo de problemas com corpos extensos ou de um sistema de muitas partículas.

Imaginemos um sistema simples formado por duas partículas de pesos $\vec{P}_1$ e $\vec{P}_2$ posicionadas no eixo 0*x*.

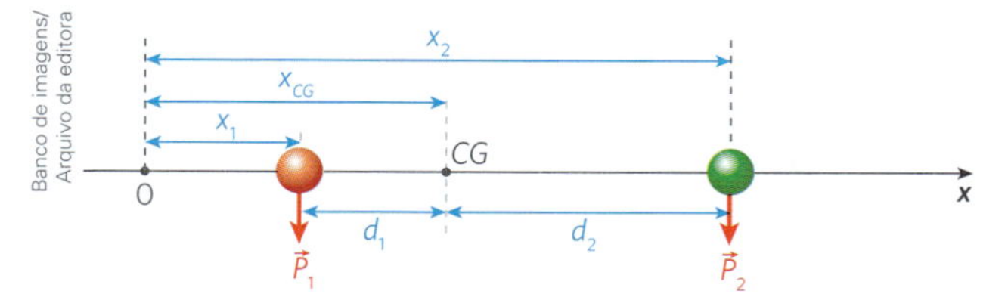


Para localizarmos a abscissa ($x_{CG}$) do centro de gravidade, vamos impor que o somatório dos momentos em relação a ele seja nulo; assim:

$$M_{P_1} = M_{P_2} \Rightarrow P_1\, d_1 = P_2\, d_2$$

$$P_1(x_{CG} - x_1) = P_2(x_2 - x_{CG})$$

$$x_{CG}(P_1 + P_2) = P_1\, x_1 + P_2\, x_2$$

$$x_{CG} = \frac{P_1\, x_1 + P_2\, x_2}{P_1 + P_2}$$

Imaginemos, agora, um corpo formado por *n* partículas de pesos $\vec{P}_1, \vec{P}_2, ..., \vec{P}_n$. Sabemos que cada partícula desse corpo é atraída pela Terra segundo uma força de natureza gravitacional denominada peso da partícula. A resultante de todas essas *n* forças atrativas é o peso total do corpo. A direção da força exercida sobre cada partícula é a de uma reta que passa pelo centro da Terra, ou seja, todos esses *n* pesos convergem para o centro. Entretanto, como a distância até o centro da Terra é muito grande, tais forças podem ser consideradas praticamente paralelas entre si sem que se cometa algum erro significativo.

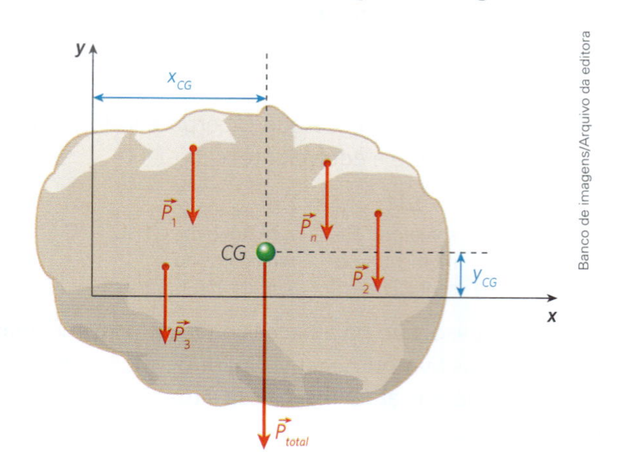


Desse modo, o resultado anterior obtido para apenas duas partículas pode ser generalizado. Assim:

$$x_{CG} = \frac{P_1\, x_1 + P_2\, x_2 + ... + P_n\, x_n}{P_1 + P_2 + ... + P_n} \quad \text{e}$$

$$y_{CG} = \frac{P_1\, y_1 + P_2\, y_2 + ... + P_n\, y_n}{P_1 + P_2 + ... + P_n}$$

em que:

- $\vec{P}_1, \vec{P}_2, ..., \vec{P}_n$ representam os pesos das partículas;
- $x_1, x_2, ..., y_n$ e $y_1, y_2, ..., y_n$ representam as coordenadas de $\vec{P}_1, \vec{P}_2, ..., \vec{P}_n$;
- $x_{CG}$ e $y_{CG}$ representam as coordenadas do ponto de aplicação do peso total do corpo, chamado centro de gravidade e representado por *CG*.

## Centro de massa

Quando um corpo tem distribuição homogênea de sua massa e seu formato geométrico apresenta simetria, é possível identificar nesse corpo um ponto, um eixo ou plano sobre o qual estará, necessariamente, seu centro de gravidade (*CG*) ou baricentro.

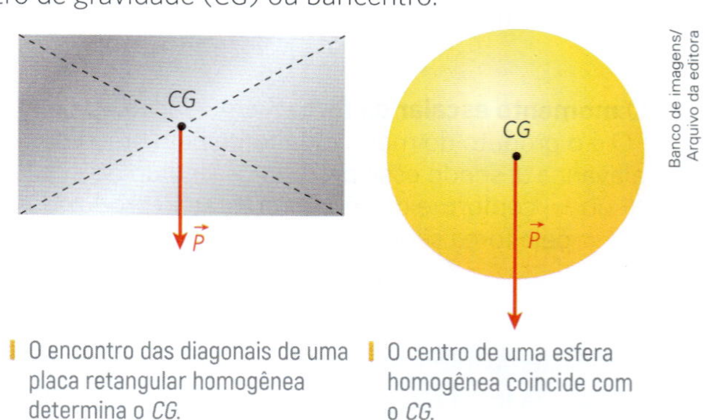


O encontro das diagonais de uma placa retangular homogênea determina o *CG*.

O centro de uma esfera homogênea coincide com o *CG*.

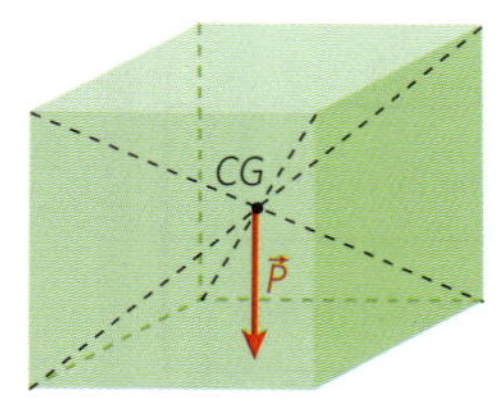


O centro de gravidade de um cubo homogêneo está no encontro de suas diagonais.

CG

P

Banco de imagens/
Arquivo da editora

O centro de gravidade de uma chapa triangular homogênea encontra-se na interseção das medianas.

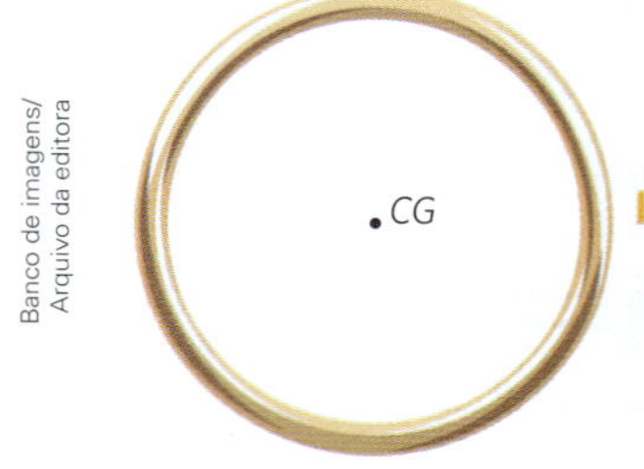


O *CG* pode estar fora do corpo, como é o caso de uma aliança homogênea, cujo centro do anel corresponde ao *CG*.

Em uma região onde a aceleração da gravidade $\vec{g}$ possa ser considerada constante, o centro de gravidade ($CG$) é coincidente com o **centro de massa do corpo** (***CM***).

## Já pensou nisto?

### Como o centro de gravidade afeta nossa postura?

Quando uma pessoa carrega uma mala ou mochila com muito peso, há um deslocamento do centro de gravidade. Para que o corpo possa restabelecer o equilíbrio, algumas musculaturas são solicitadas e o organismo, como um todo, busca se reestruturar espacialmente. Essas solicitações persistentes em alguns músculos podem, com o tempo, acarretar problemas de postura e desconfortos musculares.

Ao carregar mochilas muito pesadas. o centro de gravidade é deslocado, resultando em dores musculares e danos à coluna.

## Ampliando o olhar

### Propriedades dos materiais e suas aplicações

Até aqui, utilizando os conceitos estudados em Estática, conseguimos determinar forças e esforços em estruturas, estabelecer equilíbrio de colunas, hastes e vigas, entre outros.

Porém, além dos conceitos de Estática, dominar as propriedades dos mais variados tipos de materiais utilizados em engenharia e arquitetura pode estabelecer diferenciais e ganhos relevantes para a sociedade. O material adequado, utilizado na função correta, é certeza de projeto eficiente e duradouro.

As **propriedades** mais importantes que devemos observar nos materiais são:

- físicas;
- químicas;
- magnéticas;
- mecânicas.
- térmicas;
- ópticas;
- elétricas;

Algumas dessas propriedades podem se tornar mais importantes do que outras, dependendo da finalidade com que determinado material será utilizado.

#### Você já imaginou uma parede de concreto semitransparente?

Quando você pensa em concreto, logo vem à cabeça areia, cimento e pedras. O concreto é sem dúvida o carro-chefe da engenharia civil, porém, essa imagem antiga que temos do concreto está mudando sensivelmente com as pesquisas mais recentes. A inserção de camadas de **fibra óptica** ao concreto tem possibilitado novos e variados usos. Só a economia com a iluminação de ambientes tem empolgado engenheiros e construtores. O novo concreto é mais leve e sua semitransparência permite economia de energia, que, a longo prazo, gera um custo-benefício que poderá fazer seu uso cada vez mais atraente. Escolas, casas, prédios, etc., cada construção com sua perfeita arquitetura para o máximo de aproveitamento da luz natural.

As fibras de vidro inseridas na fabricação do material permitem a passagem de mais de 70% da intensidade da luz, sem influenciar de modo significativo suas outras propriedades, como dureza, resistência e compressibilidade, entre outras.

## Já pensou nisto?

### Os prédios tortos de Santos

Roberto Strauss/Fotoarena

Prédios inclinados na avenida da Praia, em Santos, São Paulo. Fevereiro de 2016.

Entre as diversas atrações turísticas da cidade de Santos (SP) estão os prédios tortos de sua orla. Esses prédios, construídos entre os anos 1950 e 1960, começaram a se inclinar na década de 1970. A inclinação é resultado da construção dessas edificações sobre fundações muito rasas. O solo de Santos é composto de uma camada de areia (de 8 m a 12 m), uma camada de argila marinha (de 20 m a 40 m) e, por fim, uma camada rochosa. As construtoras utilizaram fundações com profundidade de 4 m a 7 m; porém, em virtude das características do solo do local, as fundações deveriam ter no mínimo 40 m. Com isso, o peso das estruturas comprime a camada de argila, resultando na inclinação observada. Além disso, a proximidade entre os prédios também contribui para a inclinação deles.

A inclinação do topo dos prédios em relação ao solo varia entre 50 cm e 1,8 m. O edifício Núncio Malzoni corrigiu sua inclinação de 2,1 m utilizando macacos hidráulicos para erguer a estrutura do prédio, ao mesmo tempo que novas fundações foram instaladas.

De acordo com medições realizadas pela Prefeitura Municipal de Santos a partir de 2013, cerca de 3% da população da cidade mora em prédios com inclinações maiores que 1 m. Apesar disso, a prefeitura concluiu que nenhum dos prédios inclinados corre risco de tombamento.

## Descubra mais

**1** Onde se situa, aproximadamente, o centro de gravidade do corpo humano de uma pessoa de pé, ereta e com os braços ao lado do corpo? Em quais situações o centro de gravidade de uma pessoa pode se situar fora de seu corpo?

**2** Mochilas pesadas e mal posicionadas podem gerar deslocamento do centro de gravidade, o que é especialmente grave em crianças e adolescentes. Com base nos seus conhecimentos sobre centro de gravidade, pesquise sobre como cargas excessivas em malas e mochilas alteram esse centro e os problemas de saúde que esse hábito pode causar.

**3** Pesquise diferentes aplicações arquitetônicas do concreto semitransparente e apresente os seus principais usos atuais.

## Exercícios

**6** (FEI-SP) Duas crianças, de massa 20,0 kg e 30,0 kg, encontram-se sobre uma gangorra de massa 4,00 kg, com apoio no ponto médio *G*, conforme a figura. Sendo $g = 10,0 \text{ m/s}^2$, a distância *d*, em metros, para que a gangorra fique em equilíbrio, deve ser:

a) 1,00.
b) 0,56.
c) 1,25.
d) 2,50.
e) 1,50.

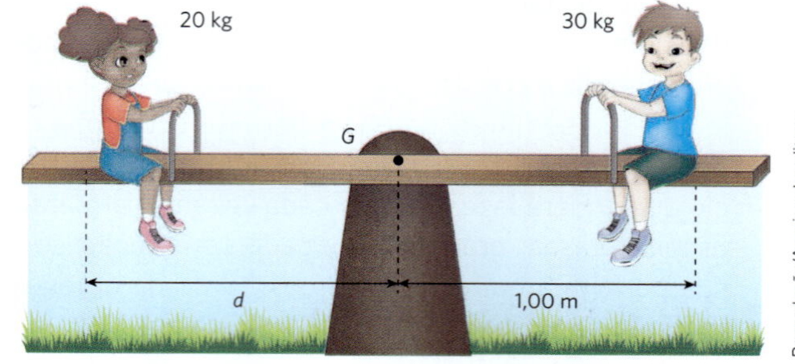

Reprodução/Arquivo da editora

**7** (Etec-SP) A *Op Art* ou "arte óptica" é um segmento do Cubismo abstrato que valoriza a ideia de mais visualização e menos expressão. É por esse motivo que alguns artistas dessa vertente do Cubismo escolheram o móbile como base da sua arte. No móbile representado, considere que os "passarinhos" tenham a mesma massa e que as barras horizontais e os fios tenham massas desprezíveis.

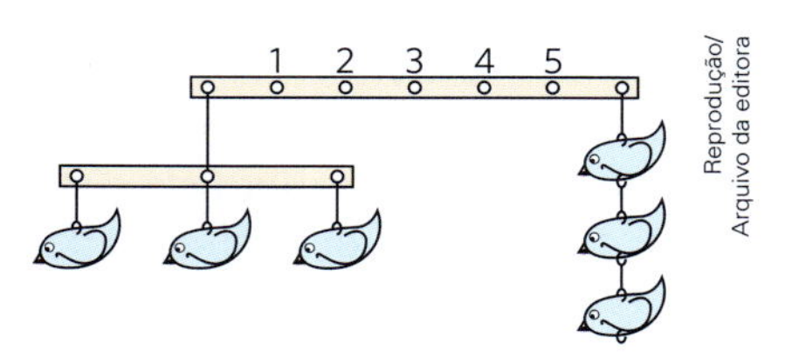

Reprodução/Arquivo da editora

Para que o móbile permaneça equilibrado, conforme a figura, a barra maior que sustenta todo conjunto deve receber um fio que a pendure, atado ao ponto numerado por

**a)** 1. **b)** 2. **c)** 3. **d)** 4. **e)** 5.

**8** (Vunesp-SP) Uma ginasta de 40 kg se apresenta numa prova de trave horizontal, cujo comprimento é igual a 6,0 metros. A ginasta está apoiada exatamente em uma das extremidades da trave, como mostra a figura.

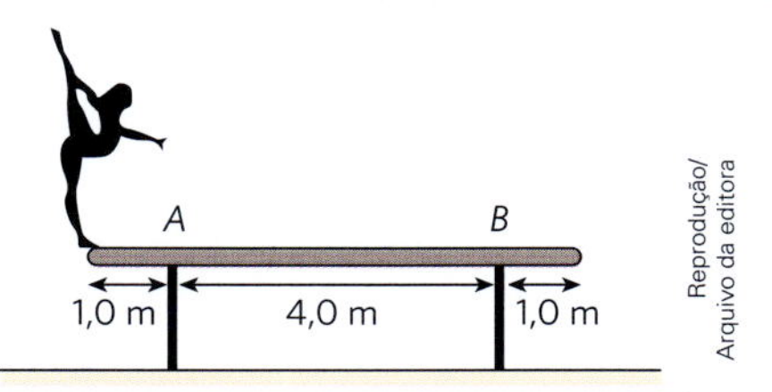

Reprodução/Arquivo da editora

As barras de apoio da trave têm espessuras desprezíveis e a aceleração da gravidade tem módulo igual a 10 m/s$^2$. Estando o conjunto em equilíbrio, os momentos da força de contato da ginasta com a trave, relativamente aos pontos de apoio *A* e *B* com as barras verticais, têm módulos iguais a:

**a)** 20 Nm e 600 Nm.

**b)** 40 Nm e 600 Nm.

**c)** 40 Nm e 200 Nm.

**d)** 400 Nm e 6 000 Nm.

**e)** 400 Nm e 2 000 Nm.

**9** (FMTM-MG) O monjolo é um engenho rudimentar movido a água que foi muito utilizado para descascar o café, moer o milho ou mesmo fazer a paçoca. Esculpido a partir de um tronco inteiriço de madeira, o monjolo tem, em uma extremidade, o socador do pilão, e, na outra extremidade, uma cavidade que capta a água desviada de um rio. Conforme a cavidade se enche com água, o engenho eleva o socador até o ponto em que, devido à inclinação do conjunto, a água é derramada, permitindo que o socador desça e golpeie o pilão.

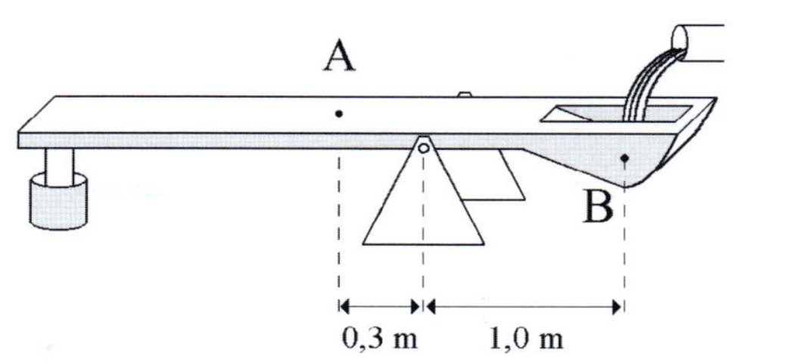

Reprodução/FMTM, 2004.

O centro de massa de um monjolo de 80 kg, sem água, encontra-se no ponto *A*, deslocado 0,30 m do eixo do mecanismo, enquanto o centro de massa da água armazenada na cavidade está localizado no ponto *B*, a 1,0 m do mesmo eixo. A menor massa de água a partir da qual o monjolo inicia sua inclinação é, em kg,

**a)** 12. **b)** 15. **c)** 20. **d)** 24. **e)** 26.

**10** (UMC-SP) Foi Arquimedes, há mais de 2 000 anos, na Grécia, quem descobriu o princípio de transmissão da força por uma alavanca. Diz-se em Física que uma alavanca permite a transferência do momento de uma força, definido como o produto da intensidade da força pelo braço da alavanca: $M = Fb$.

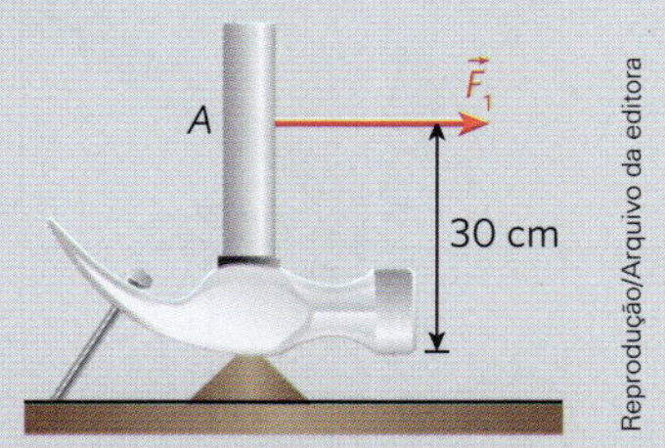

Reprodução/Arquivo da editora

Para retirar um prego, como mostra a figura, seria necessária uma força de intensidade $F_1 = 120$ N aplicada em *A*. Um operário quer reduzir o esforço aplicando uma força de intensidade $F_2 = 80$ N para retirar o prego. Nessas condições, de acordo com o princípio da alavanca, ele deverá aplicar $\vec{F}_2$

**a)** 10 cm abaixo de *A*.

**b)** 15 cm acima de *A*.

**c)** 60 cm acima de *A*.

**d)** no próprio ponto *A*, mas inclinado de 30° para baixo.

**e)** 10 cm acima de *A*.

**Resolução**:

Para que o prego possa ser retirado, as intensidades dos momentos aplicados nas duas situações devem ser iguais, assim, em relação ao ponto de apoio:

$$M_1 = M_2$$

$$F_1 b_1 = F_2 b_2$$

$$120 \cdot 30 = 80 \cdot b_2$$

$$b_2 = 45 \text{ cm} \therefore \boxed{\text{15 cm acima de } A}$$

**Resposta:** alternativa **b**.

**11** (Ufes) Para um corpo rígido estar em equilíbrio, é necessário que a soma das forças que sobre ele agem seja nula (equilíbrio de translação) e que a soma dos torques (momentos de força), em relação a algum ponto especificado, também se anule (equilíbrio de rotação). Abaixo, tem-se uma simplificação da atuação de um martelo ao ser utilizado para extrair um prego afixado em uma superfície horizontal. O martelo pode ser considerado uma alavanca, à qual se aplicam as condições de equilíbrio, desde que o movimento de extração seja bem lento. *C* é o centro de gravidade do martelo de peso $\vec{P}$, $\vec{F}_m$ é a força exercida pela mão de uma pessoa e $\vec{F}_p$ é a força exercida pelo prego no martelo; $d$, $d_m$ e $d_p$ são, respectivamente, as distâncias entre o ponto de equilíbrio *O* e as linhas de ação de $\vec{P}$, $\vec{F}_m$ e de $\vec{F}_p$.

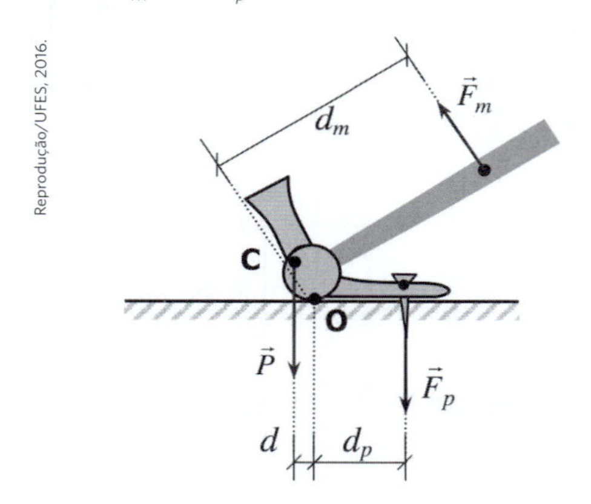

Reprodução/UFES, 2016.

a) Se $d$ for muito pequena, pode-se desprezar o torque do peso. Nesse caso, use a condição de equilíbrio que você julgar adequada e determine a relação entre os módulos das forças $\vec{F}_m$ e $\vec{F}_p$, sabendo-se que, na situação indicada, o prego está na iminência de se mover.

b) Na condição do item anterior **a**, sabe-se que é necessário um torque de módulo 30,0 Nm, em relação ao ponto *O*, para se extrair o prego. Considerando-se que $d_m$ = 0,20 m, determine o módulo $\left(\left|\vec{F}_m\right|\right)$ da força que a pessoa deve exercer no cabo do martelo.

**12** (Etec-SP) Você já deve ter visto em seu bairro pessoas que vieram diretamente da roça e, munidas de carrinhos de mão e de uma simples balança, vendem mandiocas de casa em casa.

A balança mais usada nessas condições é a apresentada na figura a seguir.

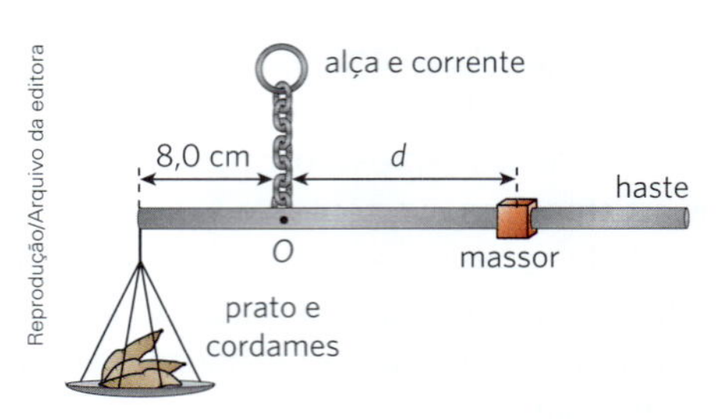

Reprodução/Arquivo da editora

Considere desprezíveis a massa do prato com seus cordames e a massa da haste por onde corre o massor.
A balança representada está em equilíbrio, pois o produto da massa do massor pela distância que o separa do ponto *O* é igual ao produto da massa que se deseja medir pela distância que separa o ponto em que os cordames do prato são amarrados na haste até o ponto *O*.
Considere que no prato dessa balança haja 3,0 kg de mandiocas e que essa balança tenha um massor de 0,60 kg.
Para que se atinja o equilíbrio, a distância *d* do massor em relação ao ponto *O* deverá ser, em cm,

a) 16,0.
b) 20,0.
c) 24,0.
d) 36,0.
e) 40,0.

**13** (Acafe-SC) Em uma loja três peças de roupas estão em uma arara (suporte para pendurar roupas), conforme mostra a figura. A arara é constituída por três partes, duas verticais (parte *A* e *B*) e uma na horizontal (parte *C*), todas de mesma massa ($m$ = 1,00 kg). Cada peça de roupa e seu cabide formam um conjunto, então temos o conjunto 1 ($m$ = 1,00 kg) que está 0,10 m da parte *A*, o conjunto 2 ($m$ = 0,50 kg) que está a 0,20 m do conjunto 1 e o conjunto 3 ($m$ = 1,50 kg) que está a 0,20 m da parte *B*.
Considerando todas as partes da arara homogêneas e o módulo da aceleração da gravidade igual a 10 m/s$^2$, assinale a alternativa correta que apresenta os módulos das forças, em newtons, que a parte *C* aplica sobre a parte *A* e *B*, respectivamente.

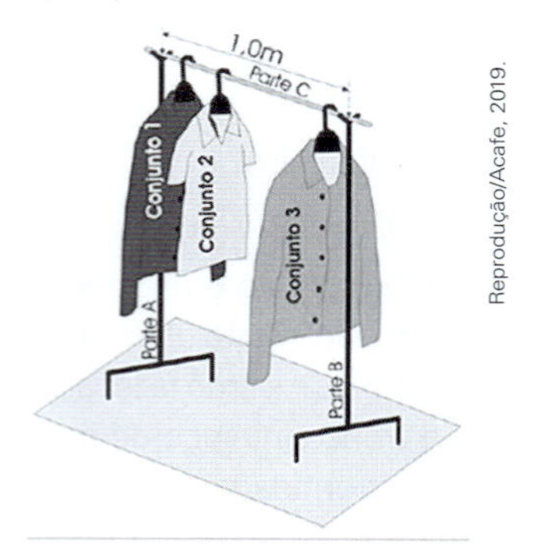

Reprodução/Acafe, 2019.

a) 20,5 e 19,5.
b) 20,0 e 20,0.
c) 24,5 e 15,5.
d) 29,5 e 10,5.

# Estática dos fluidos

Este capítulo favorece o desenvolvimento da seguinte habilidade:

EM13CNT105

## Introdução

A Estática dos fluidos ou Hidrostática é a parte da Mecânica que estuda os fluidos em equilíbrio. Classificamos como fluidos, indistintamente, os líquidos e os gases. Em uma primeira abordagem, os líquidos não têm forma própria, embora possuam volume definido. Já os gases, por sua vez, não têm forma nem volume próprios.

Por apresentar maior utilidade prática, daremos mais ênfase ao equilíbrio dos líquidos. Nesse estado, as substâncias têm, de modo geral, uma configuração estrutural em que as moléculas se mostram notadamente reunidas. Por causa dessa característica microscópica, os líquidos oferecem grande resistência à compressão. Em nosso estudo, a pequena compressibilidade dos líquidos será negligenciada e os consideraremos incompressíveis.

## Massa específica ou densidade absoluta ($\mu$)

Fixadas a temperatura e a pressão, uma substância pura tem a propriedade fundamental de apresentar massa diretamente proporcional ao respectivo volume.

Sejam $m_1$, $m_2$, ..., $m_n$ as massas de porções de uma substância pura em uma mesma temperatura e submetida à mesma pressão. Sendo $V_1$, $V_2$, ..., $V_n$ os respectivos volumes, podemos verificar que:

$$\frac{m_1}{V_1} = \frac{m_2}{V_2} = \ldots = \frac{m_n}{V_n} = \mu \text{ (constante)}$$

Por definição, a constante $\mu$ é a **massa específica** ou **densidade absoluta** da substância. Do exposto, concluímos que:

> Em pressão e temperatura constantes, uma substância pura tem **massa específica** ($\mu$) constante e calculada pelo quociente da massa considerada ($m$) pelo volume correspondente ($V$).
>
> $$\boxed{\mu = \frac{m}{V}}$$

As unidades de massa específica são obtidas pela divisão da unidade de massa pela unidade de volume:

No Sistema Internacional de Unidades (SI), a massa é medida em kg e o volume, em m³.

Assim: unid. $[\mu] = \frac{\text{kg}}{\text{m}^3}$.

Outras unidades usuais:

$$1\ \frac{\text{g}}{\text{cm}^3} = 1\ \frac{\text{kg}}{\text{L}} \quad \text{e} \quad 1\ \frac{\text{g}}{\text{cm}^3} = 1 \cdot 10^3\ \frac{\text{kg}}{\text{m}^3}$$

Na tabela a seguir fornecemos os valores usuais das massas específicas de algumas substâncias.

**Massa específica ($\mu$)**

| Substância | Ar (20 °C e 1 atm) | Isopor | Gelo | Água | Glicerina | Concreto | Alumínio |
|---|---|---|---|---|---|---|---|
| $\mu$ (g/cm³) | 0,001 | 0,1 | 0,92 | 1 | 1,26 | 2 | 2,7 |
| **Substância** | Ferro | Cobre | Prata | Chumbo | Mercúrio | Ouro | Platina |
| $\mu$ (g/cm³) | 7,87 | 8,96 | 10,49 | 11,35 | 13,55 | 19,32 | 21,45 |

Fonte: HALLIDAY, D. et al. *Fundamentos da Física*: gravitação, ondas, termodinâmica. Rio de Janeiro: LTC, 2012. v. 2.

A água, à qual está subordinada a vida na Terra, é o líquido mais abundante do planeta, cobrindo praticamente $\frac{2}{3}$ da superfície terrestre. Por isso, o estudo da Estática dos fluidos dá ênfase especial a essa substância.

## Densidade de um corpo (*d*)

Será que um corpo de ferro ($\mu_{Fe} \cong 7{,}9\ g/cm^3$) pode ser menos denso que a água ($\mu_{H_2O} = 1{,}0\ g/cm^3$)? A resposta é sim. Para isso, esse corpo deverá ser provido de descontinuidades internas (regiões ocas), de modo que sua massa total seja medida por um número, em gramas, menor que aquele que mede, em $cm^3$, o volume delimitado por sua superfície externa.

Por definição, a **densidade** de um corpo (*d*) é o quociente de sua massa (*m*) pelo volume delimitado por sua superfície externa ($V_{ext}$).

$$d = \frac{m}{V_{ext}}$$

Os navios modernos são metálicos, basicamente construídos em aço. Por ser um material de elevada densidade, o aço afunda rapidamente na água quando considerado em porções maciças. No entanto, os navios flutuam na água porque, sendo dotados de descontinuidades internas (partes ocas), apresentam densidade menor que a desse líquido.

Soualexandrerocha/Shutterstock

Navio em Balneário Camboriú, em Santa Catarina. Junho de 2018.

### Ciclo das águas

A água, fundamental para a vida, pode ser encontrada em biomas terrestres nos estados sólido, líquido e gasoso, podendo ser notada em oceanos, mares, lagos, rios etc. A água sólida é própria de regiões polares, geleiras e montanhas de grande altitude. O vapor d'água, por sua vez, é abundante na camada mais baixa da atmosfera, a troposfera.

Um gigantesco motor inerente à Terra, que se nutre de energia emanada pelo Sol, é o responsável por um processo contínuo em que vapor d'água é elevado, precipitando em seguida sob a forma de chuvas, neve ou granizo. Esse padrão da natureza constitui o **ciclo das águas** ou **ciclo hidrológico**.

Essencialmente, ocorre o seguinte: energia radiante proveniente do Sol atinge a Terra – **radiação** –, fazendo com que água no estado líquido sofra intensa evaporação. O vapor d'água, quente e menos denso que o ar, sobe, se expande e se esfria, atingindo altitudes onde se condensa, formando microgotas. Essas minúsculas porções líquidas dão origem às nuvens. A depender das condições locais de pressão e temperatura, as gotículas se aglutinam, formando gotas mais volumosas e pesadas que caem, constituindo a chuva. Mediante temperaturas ainda mais baixas essas pequenas gotas em suspensão também podem se solidificar, despencando em forma de neve ou granizo.

Então, a água precipitada vai abastecer oceanos, mares, lagos e rios, bem como geleiras, infiltrando-se também no subsolo para formar lençóis freáticos ou mesmo grandes aquíferos.

E o ciclo se repete continuamente...

As florestas também têm sua contribuição no ciclo das águas. Por meio da transpiração das árvores, água líquida é elevada do subsolo às copas, passando, na folhagem, para o estado gasoso quando em contato com o ar.

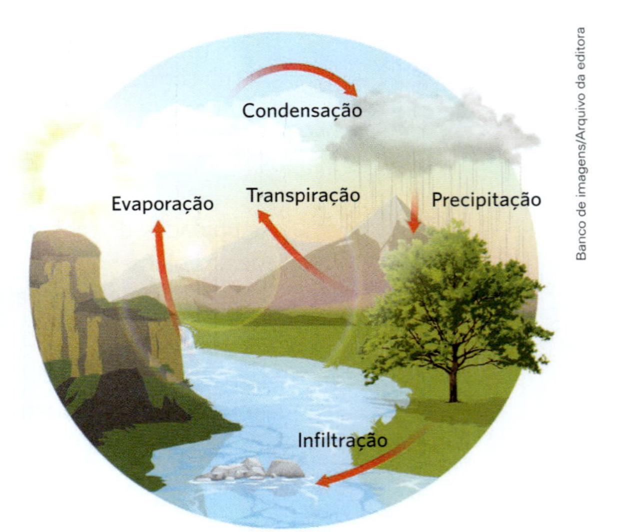


Banco de imagens/Arquivo da editora

Todo esse mecanismo, no entanto, depende da sustentabilidade de cada peça da sofisticada engrenagem.

O desmatamento indiscriminado, por exemplo, impacta a transpiração das florestas, tornando o sistema de chuvas irregular, o que compromete todo o ciclo. Entretanto, a experiência revela que o replantio de matas em áreas degradadas tem provocado o ressurgimento de nascentes e cursos d'água, o que é um alento.

Conexões

## Ciclos biogeoquímicos

O ciclo das águas é decisivo na determinação dos diversos padrões de clima, no abastecimento de mananciais, na geração de energia elétrica em matrizes hídricas e, principalmente, na própria manutenção da vida.

A perpetuação das condições vitais no planeta, entretanto, exige também a presença de elementos químicos extremamente relevantes, como o carbono, o oxigênio, o nitrogênio e o fósforo, sendo que átomos desses elementos podem ser encontrados na atmosfera, na litosfera e na hidrosfera da Terra. Porém, sem um permanente processo de circulação, esses elementos tenderiam a uma situação de estagnação em certos locais. Por isso, os **ciclos biogeoquímicos** - como são chamados os ciclos dessas e de outras substâncias químicas - são de fundamental importância para a vida na Terra.

Para que ocorram os ciclos biogeoquímicos, são necessários reservatórios dos elementos químicos referidos, além de seres vivos que possam movimentar esses elementos. Em alguns desses ciclos, por exemplo, a morte de seres vivos faz com que a matéria degradada seja assimilada pelos organismos decompositores (fungos e bactérias) para posterior reencorporação em outros seres vivos para produção de suas substâncias orgânicas funcionais.

## Ciclo do oxigênio e ciclo do carbono

Átomos de carbono e de oxigênio, cuja movimentação ocorre entre quatro reservatórios principais: a atmosfera, a biosfera, a litosfera e a hidrosfera, estão presentes em moléculas orgânicas e são produtos dos processos de respiração e de fotossíntese, respectivamente, sendo esses partes fundamentais nos ciclos desses elementos.

O processo de **fotossíntese** - que produz açúcares e gás oxigênio ($O_2$) a partir de dióxido de carbono ($CO_2$) e água - é uma das mais relevantes fontes de gás oxigênio, essencial à respiração aeróbica. O fitoplâncton presente em águas superficiais oceânicas, base da cadeia alimentar marinha, bem como biomas constituídos por florestas, são as matrizes principais de $O_2$.

Durante o processo de **respiração**, o oxigênio e o carbono consumidos pelos seres vivos são liberados sob a forma de $CO_2$ e $H_2O$.

blew_s/Shutterstock

A fotossíntese é uma forma de as plantas transformarem a energia solar em energia química, que é então armazenada em carboidratos.

No entanto, é importante destacar que os ciclos desses dois elementos não são acionados apenas pela fotossíntese e pela respiração. Gás carbônico e gás oxigênio também são lançados na atmosfera pela decomposição de matéria orgânica. Há também o desprendimento do $CO_2$ na queima de florestas e combustíveis fósseis, como o carvão mineral e derivados do petróleo.

## Ciclo do nitrogênio

Hugh Spencer/Science Source/Fotoarena

Nódulos em raiz de ervilheira. Nesses nódulos, habitam bactérias do gênero *Rhizobium*, chamadas de fixadores de nitrogênio por converterem gás nitrogênio ($N_2$) em amônia ($NH_3$).

O gás nitrogênio ($N_2$) é o mais abundante na atmosfera, abrangendo cerca de 78% da massa total. Seres vivos, no entanto, não assimilam diretamente o nitrogênio do ar, por isso, necessitam de bactérias fixadoras. Elas absorvem o elemento químico da atmosfera, transformando-o em amônia ($NH_3$). Já bactérias nitrificantes oxidam a amônia, transformando-a em nitrito e depois em nitrato, forma que pode ser absorvida por plantas e animais.

Bactérias decompositoras atuam na matéria orgânica em decomposição, liberando amônia para o meio ambiente.

## Ciclo do fósforo

Esse elemento químico comparece nas moléculas de RNA e DNA, sendo também encontrado em ossos e dentes. O fósforo é geralmente encontrado sólido na natureza, especialmente em rochas. Quando essas estruturas se degradam, átomos de fósforo migram para o solo e a água, sendo incorporados por vegetais e animais.

O fósforo é devolvido ao meio ambiente pelos organismos decompositores como resultado da deterioração de matéria orgânica.

Pelo que vimos, essas simbioses naturais são fundamentais para a consecução de toda sorte de vida terrestre. Desequilíbrios nesses ciclos podem acarretar distorções drásticas com reflexos catastróficos.

- A combustão em larga escala de carvão mineral e derivados do petróleo verificada atualmente em muitos países tem aumentado sobremaneira o lançamento de gás carbônico ($CO_2$) na atmosfera. Que problemas ambientais isso pode acarretar? Que alternativas o mundo tem para mitigar essa questão?

## Ampliando o olhar

### Reciclagem de alumínio

Assim como os ciclos biogeoquímicos, o processo de reciclagem promove a circulação de substâncias. O Brasil, por exemplo, é o primeiro país do mundo em reciclagem de alumínio, metal derivado da bauxita, que é um mineral que contém óxido de alumínio.

Estima-se que 97,8% do alumínio utilizado no país seja reciclado. Latas de bebidas, esquadrias e caixilhos utilizados na construção civil, folhas de alumínio empregadas na cozinha, peças e componentes de máquinas e circuitos, embalagens de remédios e mesmo aparas do produto, tudo volta para o forno com vistas a uma posterior reutilização.

pryzmat/Shutterstock

No Brasil, uma lata de alumínio realiza o trânsito entre a fabricação e o próximo reúso em cerca de 60 dias.

## O conceito de pressão

Suponha que você esteja comprimindo na palma de uma de suas mãos uma pequena bola de borracha com movimentos sucessivos de compressão e relaxamento. Cada vez que você aperta a bola, seus dedos exercem sobre ela certa **pressão**. A pressão é uma importante grandeza física que se destaca sobremaneira no estudo da Estática dos Fluidos.

Considere a figura a seguir, em que a superfície $\phi$, de área $A$, está sujeita a uma distribuição de forças cuja resultante é $\vec{F}$. A componente de $\vec{F}$ tangente a $\phi$ é $\vec{F}_t$, e a componente de $\vec{F}$ normal a $\phi$ é $\vec{F}_n$.

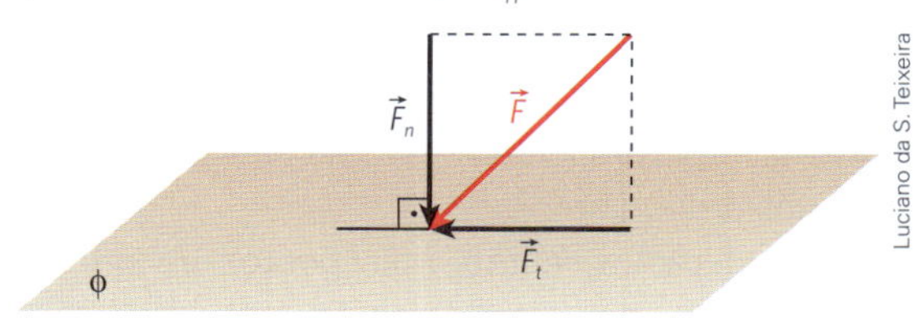


Por definição, a **pressão média** ($p_m$) que $\vec{F}$ exerce na superfície $\phi$ é obtida dividindo-se o módulo da componente normal de $\vec{F}$ em relação a $\phi$ ($\vec{F}_n$) pela correspondente área $A$.

$$p_m = \frac{|\vec{F}_n|}{A}$$

Convém destacar que somente a componente normal da força exerce pressão na superfície. A componente tangencial exerce outro efeito, denominado **cisalhamento**.

As unidades de pressão decorrem da própria definição, isto é, são obtidas da divisão da unidade de força pela unidade de área. No SI, a força é medida em newton (N) e a área, em metro quadrado ($m^2$). Assim:

$$\text{unid. } [p] = \frac{\text{unid. } [F]}{\text{unid. } [A]} = \frac{N}{m^2} = \text{pascal (Pa)}$$

Uma unidade inglesa de pressão bastante difundida no Brasil é o **psi**.

$$1 \text{ psi} = 1 \frac{\text{libra-força}}{(\text{polegada})^2} = \frac{\text{lbf}}{\text{pol}^2}$$

Nos calibradores de pneus encontrados em postos de gasolina, a pressão é geralmente expressa em psi.

$$1 \text{ psi} \cong 6{,}9 \cdot 10^3 \text{ Pa}$$

Outra unidade usual é a atmosfera técnica métrica (atm), dada pela razão $\frac{\text{kgf}}{\text{cm}^2}$. Logo:

$$1 \text{ atm} = 1 \frac{\text{kgf}}{\text{cm}^2} = 9{,}8 \cdot 10^4 \frac{N}{m^2} \cong 1 \cdot 10^5 \text{ Pa}$$

Por causa da atração gravitacional, a atmosfera terrestre pressiona a superfície da Terra. Verifica-se que, ao nível do mar, a pressão atmosférica é praticamente igual a 1 atm ou $1 \cdot 10^5$ Pa.

Representamos na ilustração a seguir a Terra e sua atmosfera. Observe as setas em laranja. Elas indicam as forças radiais de natureza gravitacional que a atmosfera exerce sobre a superfície do planeta. São essas forças que produzem a pressão atmosférica.

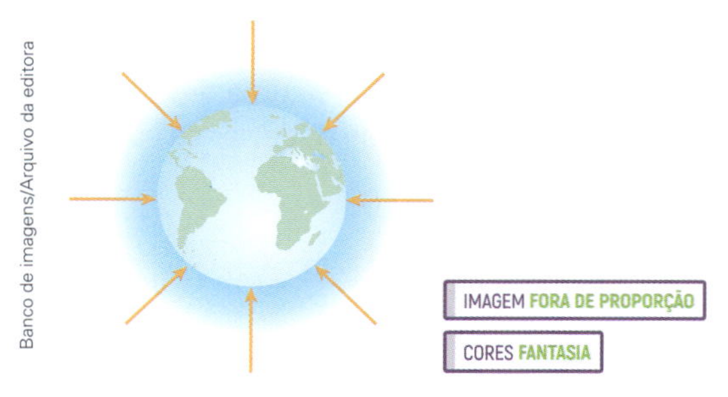


A pressão é uma grandeza que não tem orientação privilegiada. Uma evidência disso é o fato de ela ser a mesma, **em qualquer direção**, em um ponto situado no interior de um fluido em equilíbrio. Por isso, a pressão é uma **grandeza escalar**, ficando plenamente definida pelo valor numérico acompanhado da respectiva unidade de medida.

Para uma mesma força normal, a pressão média exercida sobre uma superfície é inversamente proporcional à área considerada. Isso significa que um prego, por exemplo, comprimido sempre perpendicularmente a uma parede e com a mesma intensidade, poderá exercer pressões diferentes. Tudo dependerá do modo como ele entrar em contato com a superfície, pela ponta ou pela cabeça. No primeiro caso, a força estará distribuída em uma área menor, o que provocará maior pressão.

O *buggy* é um veículo utilizado em passeios por praias. Seus pneus, de largura maior que o de automóveis convencionais, exercem menor pressão sobre a areia, dificultando o atolamento. Natal, Rio Grande do Norte. Agosto de 2017.

## Pressão exercida por uma coluna líquida

Considere a figura a seguir, que representa um reservatório contendo um líquido homogêneo de massa específica $\mu$, em equilíbrio sob a ação da gravidade (de intensidade $g$). Seja $h$ a altura do nível do líquido no reservatório. Isolemos, no meio fluido, uma coluna cilíndrica imaginária do próprio líquido, com peso de módulo $P$ e área da base $A$.

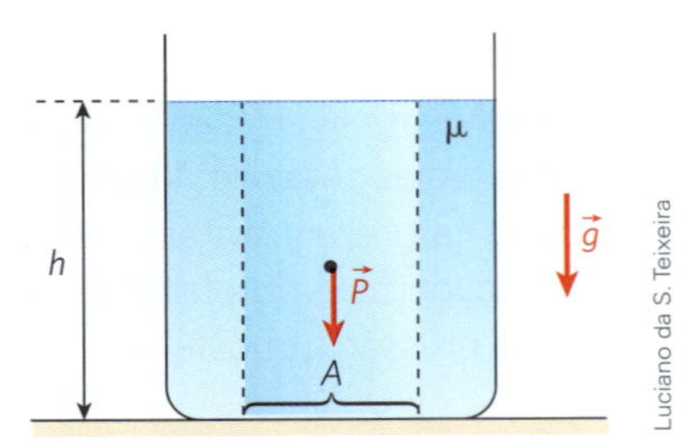


A referida coluna exerce uma pressão média ($p$) na base do reservatório, que pode ser calculada por:

$$p = \frac{P}{A} \qquad \text{(I)}$$

Como $P = mg$ e $\mu = \frac{m}{V} \Rightarrow m = \mu V$, temos:

$$P = \mu V g \qquad \text{(II)}$$

Além disso, como a coluna é cilíndrica, seu volume é dado por:

$$V = Ah \qquad \text{(III)}$$

Substituindo (III) em (II), temos:

$$P = \mu A h g \qquad \text{(IV)}$$

Substituindo (IV) em (I), obtemos:

$$p = \frac{\mu A h g}{A} \Rightarrow \boxed{p = \mu h g}$$

Note que a pressão $p$ independe da área $A$ e, com $\mu$ e $g$ constantes, $p$ é diretamente proporcional a $h$.

Visando obter um dado importante para a análise de situações hidrostáticas, vamos calcular o acréscimo de pressão $\Delta p$ registrado por um mergulhador que se aprofunda verticalmente $\Delta h = 10$ m na água de um lago, admitida homogênea e com massa específica $\mu = 1{,}0 \cdot 10^3$ kg/m$^3$.

Supondo que a aceleração da gravidade local seja $g = 10$ m/s$^2$, temos:

$$\Delta p = \mu g \Delta h$$

$$\Delta p = 1{,}0 \cdot 10^3 \cdot 10 \cdot 10 \text{ (Pa)}$$

$$\boxed{\Delta p = 1{,}0 \cdot 10^5 \text{ Pa} \cong 1{,}0 \text{ atm}}$$

Assim, concluímos que, a cada 10 m acrescentados à profundidade de um mergulhador na água, há um aumento de $1{,}0 \cdot 10^5$ Pa ou 1,0 atm na pressão exercida sobre ele.

## O teorema de Stevin

Simon Stevin (1548-1620) nasceu em Bruges, na região dos Países Baixos (hoje, Bélgica), e notabilizou-se como engenheiro militar. Estudou os números fracionários e a queda livre de corpos com diferentes massas, constatando a igualdade de suas acelerações, e propôs alguns inventos, como a carroça movida a vela. Uma de suas funções era inspecionar as condições de segurança dos diques holandeses, o que o levou a importantes conclusões sobre Hidrostática.

Vimos que, quanto mais se aprofunda em um líquido em equilíbrio, maior é a pressão observada. Como foi mostrado anteriormente, acréscimos de profundidade de 10 m na água límpida e tranquila de um lago, por exemplo, implicam incrementos de pressão hidrostática próximos de 1,0 atm.

Consideremos, então, dois pontos de um líquido em equilíbrio, com um deles mais ao fundo que o outro. Existe, portanto, um desnível (diferença de alturas) entre esses pontos. Em quanto a pressão verificada no ponto mais ao fundo supera a pressão notada no ponto mais ao raso?

O **teorema de Stevin**, enunciado a seguir, propõe uma expressão matemática para o cálculo da diferença de pressão entre dois pontos quaisquer de um líquido em equilíbrio sob a ação da gravidade. Esse teorema, também chamado de **lei fundamental da Hidrostática**, estabelece o seguinte:

A diferença de pressões entre dois pontos de um líquido homogêneo em equilíbrio sob a ação da gravidade é calculada pelo produto da massa específica do líquido pelo módulo da aceleração da gravidade no local e pelo desnível (diferença de cotas) entre os pontos considerados:

$$\boxed{p_2 - p_1 = \mu g h}$$

### Consequências do teorema de Stevin

#### Primeira consequência:

Todos os pontos de um líquido em equilíbrio sob a ação da gravidade, situados em um mesmo nível horizontal, suportam a **mesma pressão**, constituindo uma **região isobárica**.

Consideremos a figura a seguir, na qual os pontos 1 e 2 pertencem a um mesmo nível (mesma horizontal). O líquido considerado é homogêneo e encontra-se em equilíbrio.

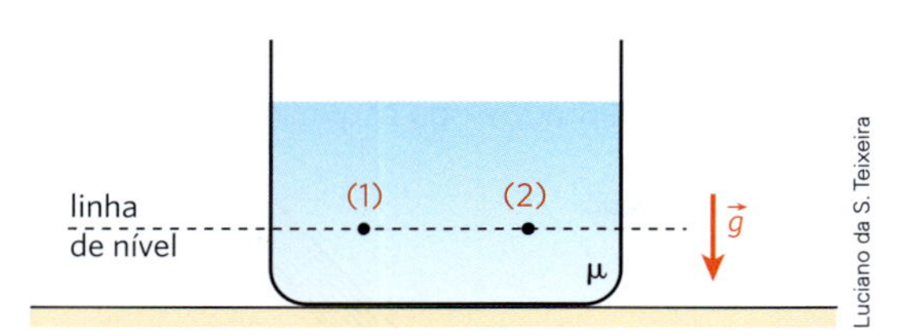


Aplicando o teorema de Stevin aos pontos 1 e 2, temos: $p_2 - p_1 = \mu g h$.

Entretanto, se os pontos estão no mesmo nível, o desnível entre eles ($h$) é nulo, levando-nos a escrever:

$$p_2 - p_1 = 0 \Rightarrow \boxed{p_2 = p_1}$$

## Segunda consequência:

> Desprezando fenômenos relativos à tensão superficial, a superfície livre de um líquido em equilíbrio sob a ação da gravidade é plana e horizontal.

Suponhamos que no recipiente da figura a seguir exista um líquido em equilíbrio, sob a ação da gravidade. Sejam 1 e 2 pontos da superfície livre do líquido, desnivelados de uma altura $h$.

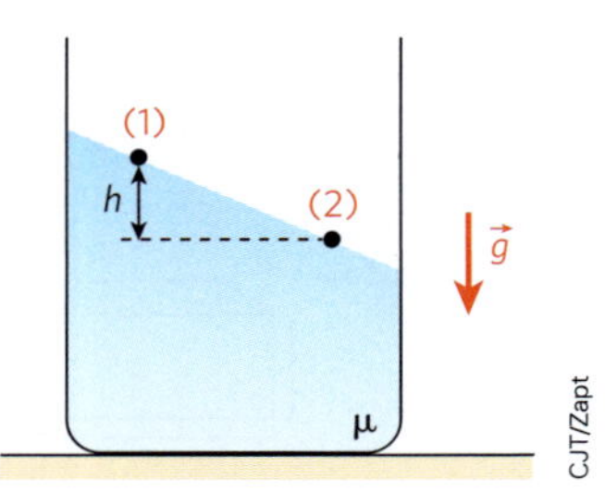


Aplicando a esses pontos o teorema de Stevin, obtemos: $p_2 - p_1 = \mu g h$. Como os pontos 1 e 2 estão expostos diretamente ao ar, a pressão que se exerce sobre ambos é a pressão atmosférica ($p_0$). Então, temos: $p_2 = p_1 = p_0$. Assim: $p_0 - p_0 = \mu g h \Rightarrow \mu h g = 0$.

Como o produto $\mu g h$ é nulo e sendo $\mu \neq 0$ e $g \neq 0$, concluímos que: $h = 0$. Do exposto, observamos que os pontos 1 e 2 não podem estar desnivelados, sendo, portanto, impossível a figura proposta.

## Exercícios

**1** (UEL-PR) As densidades de dois líquidos $A$ e $B$, que não reagem quimicamente entre si, são $d_A = 0{,}80$ g/cm$^3$ e $d_B = 1{,}2$ g/cm$^3$, respectivamente. Fazendo-se a adição de volumes iguais dos dois líquidos, obtém-se uma mistura cuja densidade é $x$. Adicionando-se massas iguais de $A$ e de $B$, a mistura obtida tem densidade $y$. Os valores de $x$ e $y$, em g/cm$^3$, são, respectivamente, mais próximos de:

**a)** 1,1 e 1,1.
**b)** 1,0 e 1,1.
**c)** 1,0 e 0,96.
**d)** 0,96 e 1,0.
**e)** 0,96 e 0,96.

**2** (UnB-DF)

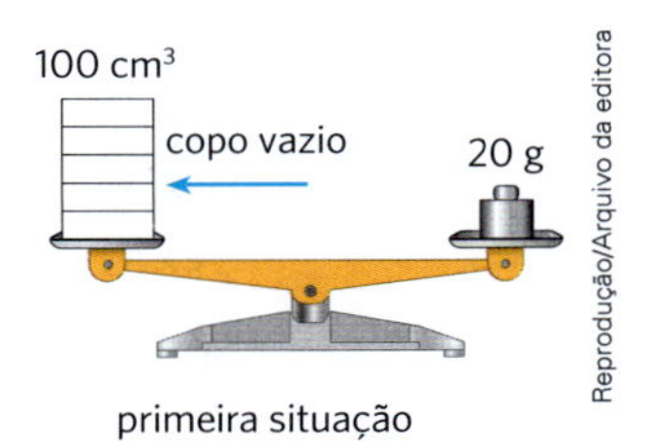


primeira situação

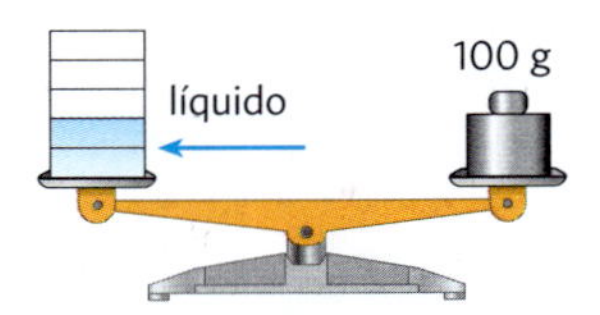


segunda situação

Na figura acima, está esquematizado um processo que pode ser usado para determinar a densidade de um líquido, por meio de uma balança de braços iguais e um béquer graduado. Nas duas situações retratadas, a balança está perfeitamente equilibrada. Nesse contexto, a densidade do líquido é igual a:

**a)** 10,0 g/cm$^3$
**b)** 8,0 g/cm$^3$
**c)** 4,0 g/cm$^3$
**d)** 2,0 g/cm$^3$
**e)** 0,25 g/cm$^3$

**3** (Fuvest-SP) Os chamados buracos negros, de elevada densidade, seriam regiões do Universo capazes de absorver matéria, que passaria a ter a densidade desses buracos. Se a Terra, com massa da ordem de $10^{27}$ g, fosse absorvida por um buraco negro de densidade igual a $10^{24}$ g/cm$^3$, ocuparia um volume comparável ao:

**a)** de um nêutron.
**b)** de uma gota d'água.
**c)** de uma bola de futebol.
**d)** da Lua.
**e)** do Sol.

**4** (PUC-RS) As nações do mundo têm discutido a possibilidade de os países ricos e poluidores pagarem impostos aos países em desenvolvimento que mantiverem e/ou plantarem florestas. Esta seria uma maneira de amenizar a contribuição dos países poluidores para o "efeito estufa" (fenômeno responsável pelo aquecimento da Terra), pois as plantas, ao crescerem, retiram da atmosfera o principal elemento responsável por esse efeito.

O elemento ao qual o texto acima se refere faz parte do ciclo:

**a)** do nitrogênio
**b)** do carbono
**c)** do fósforo
**d)** da água
**e)** do ozônio

**5** Um paralelepípedo de dimensões lineares, respectivamente, iguais a $a$, $b$ e $c$ ($a > c$) é apoiado sobre uma superfície horizontal, conforme representam as figuras 1 e 2.

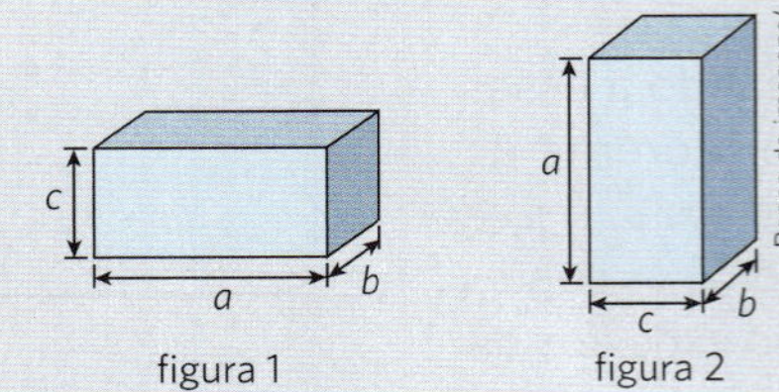


figura 1 figura 2

Sendo $M$ a massa do paralelepípedo e $g$ a intensidade da aceleração da gravidade, determine a pressão exercida por esse corpo sobre a superfície de apoio:

**a)** no caso da figura 1;

**b)** no caso da figura 2.

**Resolução**:

Em ambos os casos, a força normal de compressão exercida pelo paralelepípedo sobre a superfície horizontal de apoio tem intensidade igual à do seu peso.

$$|\vec{F}_n| = |\vec{P}| \Rightarrow |\vec{F}_n| = Mg$$

a) $p_1 = \dfrac{|\vec{F}_n|}{A_1} \Rightarrow \boxed{p_1 = \dfrac{Mg}{ab}}$

b) $p_2 = \dfrac{|\vec{F}_n|}{A_2} \Rightarrow \boxed{p_2 = \dfrac{Mg}{bc}}$

**Nota**:

Como $ab > bc$, temos $p_1 < p_2$.

**6** Uma bailarina de massa 60 kg dança num palco plano e horizontal. Na situação representada na figura 1, a área de contato entre seus pés e o solo vale $3{,}0 \cdot 10^2$ cm$^2$, enquanto na situação representada na figura 2 essa mesma área vale apenas 15 cm$^2$.

Adotando $g = 10$ m/s$^2$, calcule a pressão exercida pelo corpo da bailarina sobre o solo:

**a)** na situação da figura 1;

**b)** na situação da figura 2.

**figura 1**

**figura 2**

**7** Um mesmo livro é mantido em repouso apoiado nos planos representados nos esquemas seguintes:

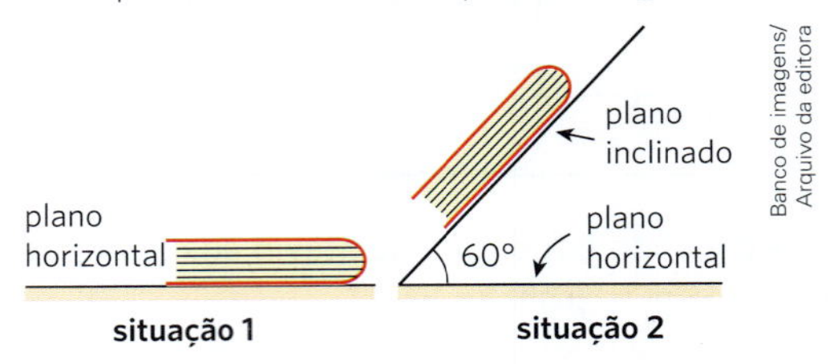


**situação 1** **situação 2**

Sendo $p_1$ a pressão exercida pelo livro sobre o plano de apoio na situação 1 e $p_2$ a pressão exercida pelo livro sobre o plano de apoio na situação 2, qual será o valor da relação $\dfrac{p_2}{p_1}$?

**8** (Unicamp-SP) Ao se usar um saca-rolhas, a força mínima que deve ser aplicada para que a rolha de uma garrafa comece a sair é igual a 360 N.

**a)** Sendo $\mu_e = 0{,}2$ o coeficiente de atrito estático entre a rolha e o bocal da garrafa, encontre a força normal que a rolha exerce no bocal da garrafa. Despreze o peso da rolha.

**b)** Calcule a pressão da rolha sobre o bocal da garrafa. Considere o raio interno do bocal da garrafa igual a 0,75 cm e o comprimento da rolha igual a 4,0 cm. Adote $\pi \cong 3$.

**9** (Unesp-SP) Um vaso de flores, cuja forma está representada na figura, está cheio de água. Três posições, $A$, $B$ e $C$, estão indicadas na figura.

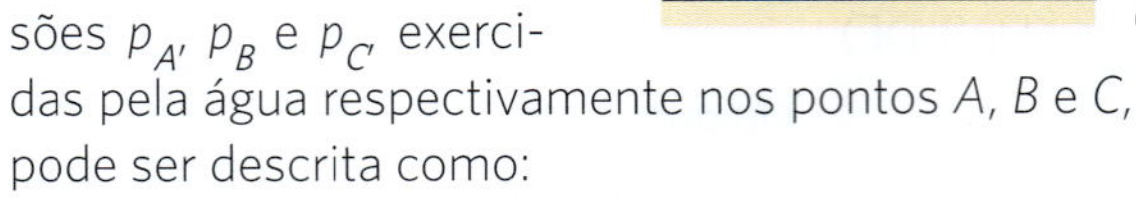


A relação entre as pressões $p_A$, $p_B$ e $p_C$, exercidas pela água respectivamente nos pontos $A$, $B$ e $C$, pode ser descrita como:

**a)** $p_A > p_B > p_C$

**b)** $p_A > p_B = p_C$

**c)** $p_A = p_B > p_C$

**d)** $p_A = p_B < p_C$

**e)** $p_A < p_B = p_C$

**10** O tanque representado na figura seguinte contém água ($\mu = 1{,}0$ g/cm$^3$) em equilíbrio sob a ação da gravidade ($g = 10$ m/s$^2$):

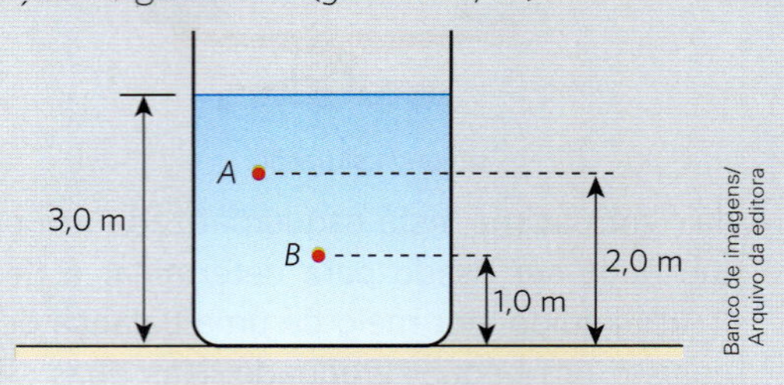

Determine, em unidades do Sistema Internacional:

a) a diferença de pressão entre os pontos $B$ e $A$ indicados;

b) a intensidade da força resultante devido à água na parede do fundo do tanque, cuja área vale $2,0\ m^2$.

**Resolução:**

a) A diferença de pressão entre os pontos $B$ e $A$ pode ser calculada pelo teorema de Stevin:

$p_B - p_A = \mu g h$

Fazendo $p_B - p_A = \Delta p$, vem:

$\Delta p = \mu g h$

Sendo $\mu = 1,0\ g/cm^3 = 1,0 \cdot 10^3\ kg/m^3$, $g = 10\ m/s^2$ e $h = 2,0\ m - 1,0\ m = 1,0\ m$, calculemos $\Delta p$:

$\Delta p = 1,0 \cdot 10^3 \cdot 10 \cdot 1,0$

$\boxed{\Delta p = 1,0 \cdot 10^4\ N/m^2}$

b) A intensidade $F$ da força resultante que a água exerce na parede do fundo do tanque é dada por:

$F = p_{fundo} A = \mu g H A$

Sendo $H = 3,0$ m e $A = 2,0\ m^2$, vem:

$F = 1,0 \cdot 10^3 \cdot 10 \cdot 3,0 \cdot 2,0 \therefore \boxed{F = 6,0 \cdot 10^4\ N}$

**11** (PUC-RJ) Em um vaso em forma de cone truncado, são colocados três líquidos imiscíveis. O menos denso ocupa um volume cuja altura vale 2,0 cm; o de densidade intermediária ocupa um volume de altura igual a 4,0 cm, e o mais denso ocupa um volume de altura igual a 6,0 cm. Supondo que as densidades dos líquidos sejam $1,5\ g/cm^3$, $2,0\ g/cm^3$ e $4,0\ g/cm^3$, respectivamente, responda: Qual é a força extra exercida sobre o fundo do vaso devido à presença dos líquidos? A área da superfície inferior do vaso é $20\ cm^2$ e a área da superfície livre do líquido que está na primeira camada superior vale $40\ cm^2$. A aceleração gravitacional local é $10\ m/s^2$.

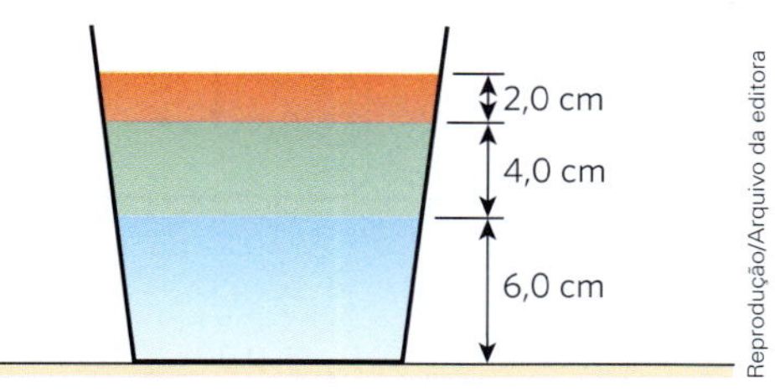


Reprodução/Arquivo da editora

**12** Um longo tubo de vidro, fechado em sua extremidade superior, é cuidadosamente mergulhado nas águas de um lago (com massa específica de $1,0 \cdot 10^3\ kg/m^3$) com seu eixo longitudinal coincidente com a direção vertical, conforme representa a figura.

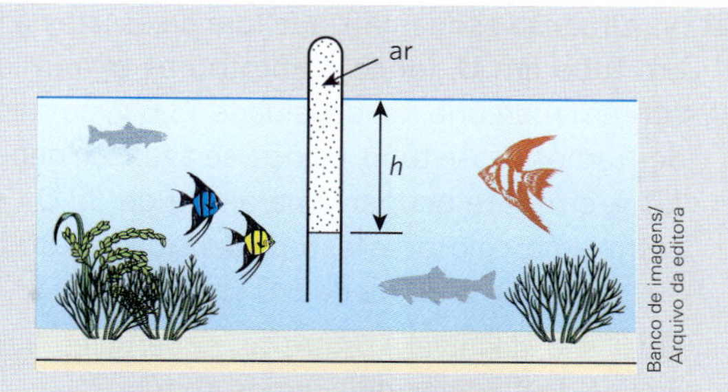


Banco de imagens/Arquivo da editora

No local, a pressão atmosférica vale $p_0 = 1,0$ atm e adota-se $g = 10\ m/s^2$.

Se o nível da água no interior do tubo sobe até uma profundidade $h = 5,0$ m, medida em relação à superfície livre do lago, qual é a pressão do ar contido no interior do tubo?

**Resolução:**

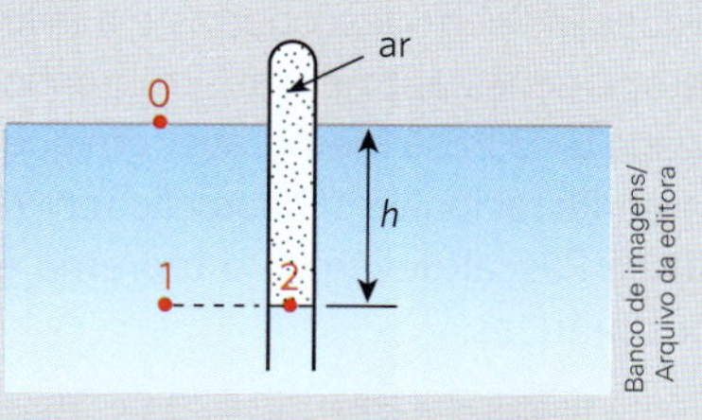


Banco de imagens/Arquivo da editora

Aplicando o teorema de Stevin aos pontos 0 e 1, temos:

$p_1 - p_0 = \mu_{água} g h \Rightarrow p_1 = \mu_{água} g h + p_0$

Concluímos, então, que a pressão total no ponto 1 é constituída por duas parcelas: $\mu_{água} g h$, que é a pressão efetiva exercida pela água, e $p_0$, que é a pressão atmosférica.

É importante notar que a pressão atmosférica manifesta-se não apenas na superfície livre da água, mas também em todos os pontos do seu interior, como será demonstrado adiante. No ponto 2, temos: $p_2 = p_{ar}$.

Como os pontos 1 e 2 pertencem à água e estão situados no mesmo nível horizontal (mesma região isobárica), suportam pressões iguais. Assim:

$p_2 = p_1 \Rightarrow p_{ar} = \mu_{água} g h + p_0$

Sendo $\mu_{água} = 1,0 \cdot 10^3\ kg/m^3$, $g = 10\ m/s^2$, $h = 5,0$ m e $p_0 = 1,0\ atm \cong 1,0 \cdot 10^5$ Pa, calculemos $p_{ar}$:

$p_{ar} = (1,0 \cdot 10^3 \cdot 10 \cdot 5,0 + 1,0 \cdot 10^5)$ Pa

$\boxed{p_{ar} = 1,5 \cdot 10^5\ Pa \cong 1,5\ atm}$

**13** (Unesp-SP) Emborca-se um tubo de ensaio em uma vasilha com água, conforme a figura. Com respeito à pressão nos pontos 1, 2, 3, 4, 5 e 6, qual das opções abaixo é válida?

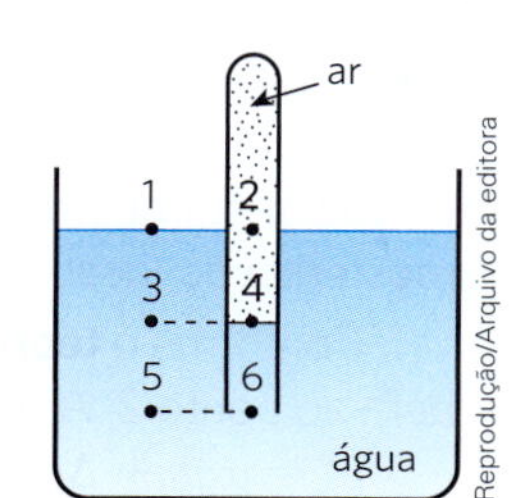


Reprodução/Arquivo da editora

a) $p_1 = p_4$

b) $p_1 = p_2$

c) $p_5 = p_4$

d) $p_3 = p_2$

**14** Na situação esquematizada fora de escala na figura, um tubo em **U**, longo e aberto nas extremidades, contém mercúrio, de densidade 13,6 g/cm$^3$. Em um dos ramos desse tubo, coloca-se água, de densidade 1,0 g/cm$^3$, até ocupar uma altura de 32,0 cm. No outro ramo, coloca-se óleo, de densidade 0,80 g/cm$^3$, que ocupa uma altura de 6,0 cm.

Qual é o desnível $x$ entre as superfícies livres da água e do óleo nos dois ramos do tubo?

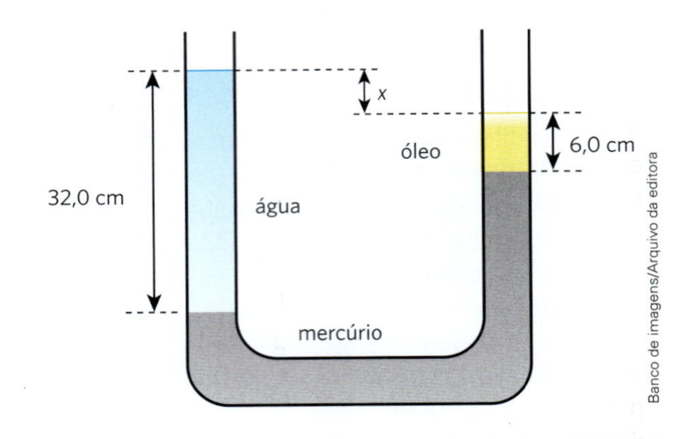


# O teorema de Pascal

Blaise Pascal (1623-1662) nasceu em Clermont-Ferrand, França. Estudou Geometria, Probabilidade e Física. Suas contribuições incluem descobertas e a invenção de dispositivos, como uma calculadora mecânica que permitia a realização de operações aritméticas. Embrenhou-se também na Filosofia e na Teologia, tendo legado uma frase memorável, em que deixou clara sua insatisfação com as coisas meramente racionais: "O coração tem razões que a própria razão desconhece".

A Blaise Pascal devemos o teorema enunciado a seguir, que encontra várias aplicações práticas.

Blaise **Pascal**. Retrato feito por Philippe de Champaigne em óleo sobre tela. Coleção particular.

> Um incremento de pressão comunicado a um ponto qualquer de um líquido incompressível em equilíbrio **transmite-se integralmente** a todos os demais pontos do líquido, bem como às paredes do recipiente.

Nos sistemas de freios utilizados na maioria dos veículos automotores, por exemplo, ao se pisar no pedal do freio, exerce-se um acréscimo de pressão sobre um líquido especial existente logo depois da estrutura do pedal. Esse incremento de pressão transmite-se a todos os pontos do fluido, sendo notado nos mecanismos de frenagem instalados juntos às rodas, fazendo-os entrar em operação.

## Consequência do teorema de Pascal

> Todos os pontos de um líquido em equilíbrio exposto à atmosfera ficam submetidos à pressão atmosférica.

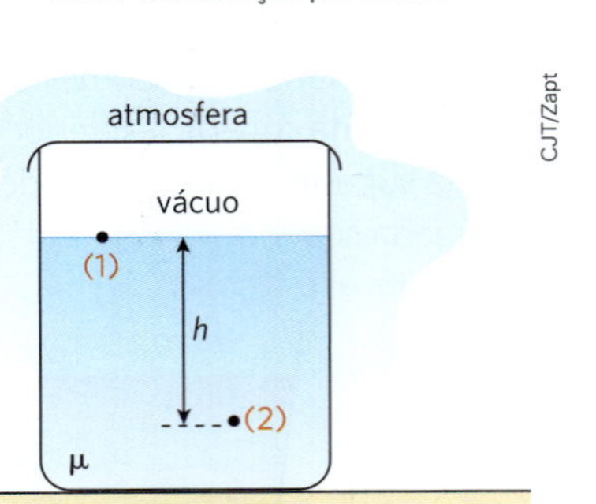


No esquema ao lado, temos um líquido em equilíbrio dentro de um recipiente fechado por uma tampa.

Admitamos, por hipótese, que entre a base da tampa e a superfície livre do líquido foi feito vácuo. Sejam os pontos 1 e 2 pertencentes ao líquido, tal que 1 se encontre na superfície livre e 2, a uma profundidade $h$.

Nas condições descritas, a pressão no ponto 1 é nula, pois a esse ponto sobrepõe-se o vácuo. Assim: $p_1 = 0$.

No ponto 2, a pressão deve-se exclusivamente à camada líquida de altura $h$, então: $p_2 = \mu g h$.

Se destamparmos o recipiente, a pressão no ponto 1 ficará incrementada de $\Delta p = p_0$, em que $p_0$ é a pressão atmosférica do local. Dessa maneira, a nova pressão $p_1'$ no ponto 1 será dada por: $p_1' = \Delta p \Rightarrow p_1' = p_0$.

Conforme o **teorema de Pascal**, entretanto, esse incremento de pressão deverá transmitir-se integralmente também ao ponto 2. A nova pressão $p_2'$ no ponto 2 será dada por:

$$p_2' = \mu g h + \Delta p \Rightarrow p_2' = \mu g h + p_0$$

Vimos que uma camada (ou coluna) de água de espessura (ou altura) 10 m exerce em sua base uma pressão equivalente a $1{,}0 \cdot 10^5$ Pa ou 1,0 atm. Assim, a uma profundidade de 30 m, por exemplo, um mergulhador submerso em um lago detectará uma pressão total de 4,0 atm, sendo 3,0 atm exercidas pela água e 1,0 atm exercida pelo ar externo.

## Prensa hidráulica

É um dispositivo largamente utilizado, cuja finalidade principal é a multiplicação de forças. Em sua versão mais elementar, a prensa hidráulica é um tubo em **U**, cujos ramos têm áreas da seção transversal diferentes. Normalmente, esse tubo é preenchido com um líquido viscoso (em geral, óleo) aprisionado por dois pistões, conforme indica a figura ao lado.

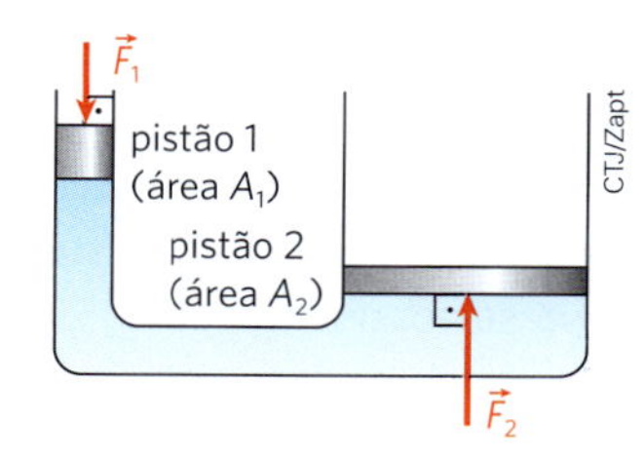


Ao exercermos uma força $\vec{F}_1$ no pistão 1, provocamos um incremento de pressão $\Delta p$ nos pontos do líquido vizinhos da base desse pistão.

Esse acréscimo de pressão é transmitido integralmente aos demais pontos do líquido, o que é justificado pelo teorema de Pascal. Isso significa que os pontos vizinhos da base do pistão 2 também recebem o acréscimo de pressão $\Delta p$ e, por isso, exercem uma força $\vec{F}_2$ na base desse pistão.

Temos, então:

pistão 1: $\Delta p = \dfrac{F_1}{A_1}$ e pistão 2: $\Delta p = \dfrac{F_2}{A_2}$

Logo: $\dfrac{F_2}{A_2} = \dfrac{F_1}{A_1} \Rightarrow \boxed{\dfrac{F_2}{F_1} = \dfrac{A_2}{A_1}}$

Supondo que os pistões 1 e 2 sejam circulares, com raios respectivamente iguais a $R_1$ e $R_2$, temos:

$A_2 = \pi(R_2)^2$ e $A_1 = \pi(R_1)^2$

Logo: $\dfrac{F_2}{F_1} = \dfrac{\pi(R_2)^2}{\pi(R_1)^2} \Rightarrow \boxed{\dfrac{F_2}{F_1} = \left(\dfrac{R_2}{R_1}\right)^2}$

As forças aplicadas nos pistões da prensa hidráulica têm intensidades diretamente proporcionais aos quadrados dos respectivos raios desses pistões. Se, por exemplo, $R_2 = 10R_1$, teremos $F_2 = 100F_1$.

### Notas

- Embora a prensa hidráulica multiplique forças, não multiplica trabalho (princípio da conservação de energia). Desprezando dissipações, os trabalhos realizados sobre os dois êmbolos têm valores absolutos iguais.
- O número $\dfrac{A_2}{A_1}$ ou $\left(\dfrac{R_2}{R_1}\right)^2$ define a vantagem mecânica da prensa hidráulica, que é o fator de multiplicação de força oferecido pela máquina.

## O teorema de Arquimedes

Qual é a força vertical e dirigida para cima que equilibra o peso de um navio permitindo que ele flutue? Que força arrebatadora vertical e dirigida para cima colabora para que uma bola de plástico, mergulhada totalmente na água de uma piscina, quando largada, aflore rapidamente à superfície?

Arquimedes. Gravura do século XVII. Biblioteca Nacional de Paris.

Essa força que os corpos recebem quando imersos na água, no ar ou em outros líquidos ou gases tem fundamental importância na compreensão de fenômenos hidrostáticos. Seu nome é **empuxo**, tendo sido descrita por Arquimedes de Siracusa no século III a.C.

Arquimedes (287 a.C.-212 a.C.) nasceu em Siracusa, na ilha da Sicília, cidade que na época pertencia à Magna Grécia. Em viagem de estudos a Alexandria (Egito), conheceu Euclides e seus discípulos, tornando-se entusiasta de sua obra. Determinou a área da superfície esférica, obteve com precisão o centro de gravidade de várias figuras planas, construiu engenhos bélicos de notável eficiência e também um parafuso capaz de elevar a água de poços e estudou o mecanismo das alavancas. O que realmente o celebrizou, no entanto, foi a formulação da lei do empuxo. Morreu em plena atividade, na Primeira Guerra Púnica, durante o massacre realizado pelos romanos por ocasião da tomada de Siracusa.

Leia o enunciado do **teorema de Arquimedes**:

> Quando um corpo é imerso total ou parcialmente em um fluido em equilíbrio sob a ação da gravidade, ele recebe do fluido uma força denominada **empuxo** (ou impulsão de Arquimedes). Tal força tem sempre direção vertical, sentido de baixo para cima e intensidade igual à do peso do fluido deslocado pelo corpo.

Vamos admitir um líquido homogêneo, de massa específica $\mu_f$, contido em um recipiente, formando um sistema em equilíbrio sob a ação da gravidade ($\vec{g}$). Suponha que um corpo é submerso nesse líquido e nesse processo um volume $V$ de líquido é deslocado pelo corpo. Como o líquido tem massa específica $\mu_f$, a massa de líquido deslocada é igual a $\mu_f V$ e seu peso é igual a $\mu_f Vg$. Portanto, pelo teorema de Arquimedes, o empuxo sob o corpo é dado por:

$$\boxed{E = \mu_f Vg}$$

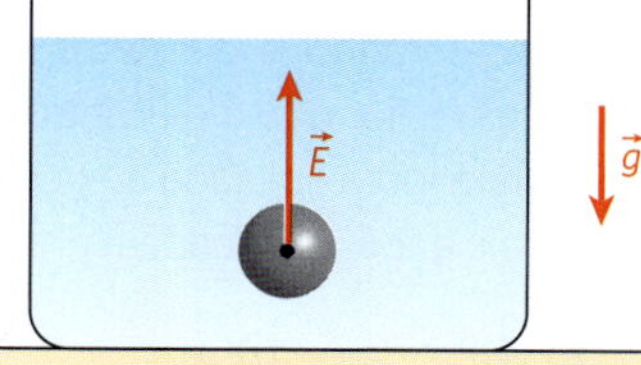

Na situação representada na figura anterior, temos uma esfera em repouso totalmente imersa na água. A resultante das ações da água sobre a esfera é o empuxo $\vec{E}$, força vertical e dirigida para cima. A intensidade de $\vec{E}$ é igual à do peso do fluido deslocado pela esfera.

**Notas**

- O empuxo só pode ser considerado a resultante das ações do fluido sobre o corpo se este estiver em repouso.
- A linha de ação do empuxo passa sempre pelo centro de gravidade da porção fluida que ocupava o local em que está o corpo.
- O empuxo não tem nenhuma relação geral com o peso do corpo imerso, cuja intensidade pode ser maior que a do empuxo, menor que ela ou igual à do empuxo.

**Exemplo 1**:

Na figura, temos uma bola de pingue-pongue ($A$) e uma esfera maciça de aço ($B$), de mesmo volume externo. Esses dois corpos estão totalmente imersos na água.

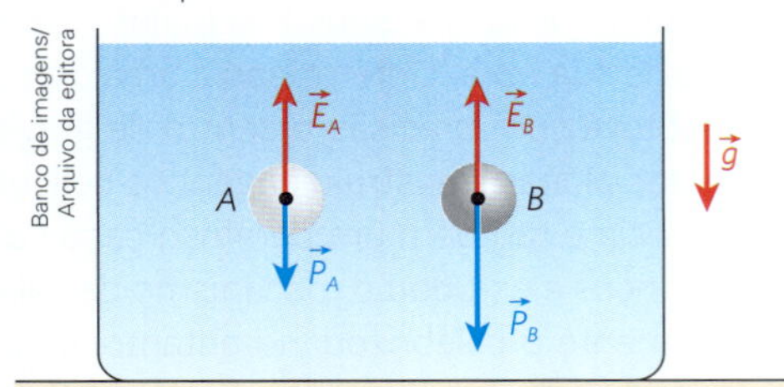


Banco de imagens/Arquivo da editora

É claro que a esfera $B$ é mais pesada que a bola $A$, porém, por terem o mesmo volume externo, $A$ e $B$ deslocam volumes iguais de água e, por isso, recebem empuxos de mesma intensidade:

$$|\vec{P}_A| < |\vec{P}_B|, \text{ mas } |\vec{E}_A| = |\vec{E}_B|$$

**Exemplo 2**:

Na fotografia a seguir, um balão inflado com um gás menos denso que o ar sustenta, em repouso, uma pedra presa por um barbante.

Dotta2/The Next

Nesse caso, o sistema apresenta-se em equilíbrio e a intensidade do seu peso total é igual à intensidade do empuxo exercido pelo ar.

É interessante observar que, como a densidade do ar é bem menor que a da água ($\mu_{ar} \cong 1{,}2\ kg/m^3$ e $\mu_{água} \cong 1000\ kg/m^3$), para se obter no ar empuxos equivalentes aos obtidos na água é necessário utilizar, no meio gasoso, corpos de grandes volumes. É por isso que os balões atmosféricos são tão grandes.

## Descubra mais

**1** Uma das consequências do aquecimento global é o derretimento dos gelos polares, em grande parte flutuante nos oceanos – *icebergs*. E isso é acentuado pelo excesso de gases estufa lançados na atmosfera, principalmente o $CO_2$ e o $CH_4$. A fusão dessa imensa massa gelada provocaria aumento no nível livre dos mares? Justifique sua resposta, levando em conta que o gelo é menos denso que a água e que a água doce é menos densa que a água salgada.

## Exercícios

**15** (Unicamp-SP) A figura ao lado mostra, de forma simplificada, o sistema de freios a disco de um automóvel. Ao se pressionar o pedal do freio, este empurra o êmbolo de um primeiro pistão que, por sua vez, através do óleo do circuito hidráulico, empurra um segundo pistão. O segundo pistão pressiona uma pastilha de freio contra um disco metálico preso à roda, fazendo com que ela diminua sua velocidade angular.

Considerando o diâmetro $d_2$ do segundo pistão duas vezes maior que o diâmetro $d_1$ do primeiro, qual a razão entre a força aplicada ao pedal de freio pelo pé do motorista e a força aplicada à pastilha de freio?

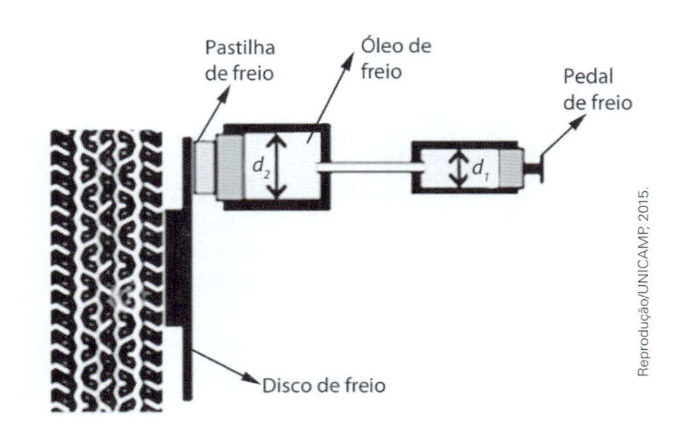


Reprodução/UNICAMP, 2015.

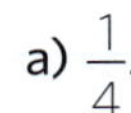

a) $\frac{1}{4}$. b) $\frac{1}{2}$. c) 2. d) 4.

**16** Por meio do dispositivo da figura, pretende-se elevar um carro de massa $1,0 \cdot 10^3$ kg a uma altura de 3,0 m em relação à sua posição inicial. Para isso, aplica-se sobre o êmbolo 1 a força $\vec{F}_1$ indicada e o carro sobe muito lentamente, em movimento uniforme.

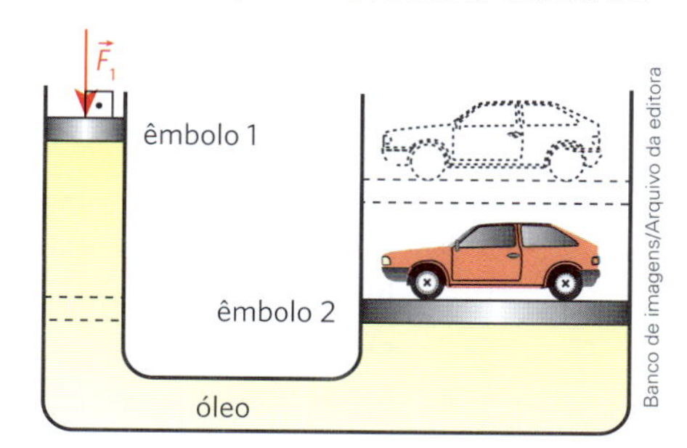


As áreas dos êmbolos 1 e 2 valem, respectivamente, $1,0\ m^2$ e $10\ m^2$. No local, $g = 10\ m/s^2$. Desprezando a ação da gravidade sobre os êmbolos e sobre o óleo e também os atritos e a compressibilidade do óleo, determine:

a) a intensidade de $\vec{F}_1$;

b) o trabalho da força que o dispositivo aplica no carro, bem como o trabalho de $\vec{F}_1$.

**17** Um bloco de madeira flutua inicialmente na água com metade do seu volume imerso. Colocado a flutuar no óleo, o bloco apresenta $\frac{1}{4}$ do seu volume emerso. Determine a relação entre as massas específicas da água ($\mu_a$) e do óleo ($\mu_o$).

**Resolução**:

Analisemos, inicialmente, o equilíbrio do bloco parcialmente imerso em um fluido de massa específica $\mu_f$:

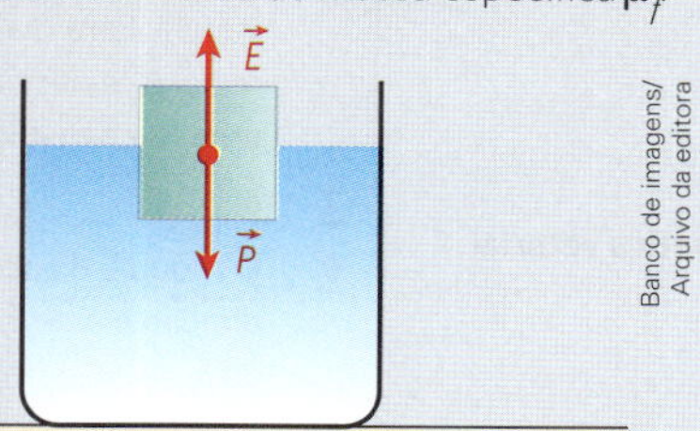


Para que se verifique o equilíbrio, o empuxo recebido pelo volume imerso do bloco ($\vec{E}$) deve equilibrar a força da gravidade ($\vec{P}$):

$\vec{E} + \vec{P} = 0$

Ou, em módulo:

$E = P$

Lembrando que $E = \mu_f V_i g$, vem:

$\mu_f V_{ig} = P$

Para a flutuação na água, temos:

$\mu_a \frac{1}{2} Vg = P \quad (I)$

Para a flutuação no óleo, temos:

$\mu_o \frac{3}{4} Vg = P \quad (II)$

Comparando (I) e (II), vem:

$$\mu_a \frac{1}{2} Vg = \mu_o \frac{3}{4} Vg \Rightarrow \mu_a = \frac{3}{2} \mu_o \Rightarrow \boxed{\frac{\mu_a}{\mu_o} = \frac{3}{2}}$$

**18** Um bloco de gelo (densidade de $0,90\ g/cm^3$) flutua na água (densidade de $1,0\ g/cm^3$). Que porcentagem do volume total do bloco permanece imersa?

**19** **No mar Morto, todas as pessoas flutuam!**

De fato, nesse imenso lago de $650\ km^2$ de área superficial a água é tão salgada, e com densidade absoluta tão elevada, que qualquer pessoa pode se manter boiando confortavelmente, sem esforço algum, mesmo sem saber nadar.

irisphoto1/Shutterstock

O mar Morto é uma das maiores depressões do mundo, estando cerca de 430 m abaixo do nível médio dos oceanos. A salinidade de suas águas é tão elevada que nenhuma espécie de peixe ou alga sobrevive aos 30 g de sal e outros minerais diluídos por 100 mL de solução. Daí a denominação: mar Morto. Rochas e cristalizações de sal mineral são comuns nas bordas desse imenso reservatório.

a) Admita que uma pessoa de densidade $1,05\ g/cm^3$ esteja flutuando nas águas do mar Morto, de densidade $1,16\ g/cm^3$. Que porcentagem do volume do corpo dessa pessoa permanecerá emersa?

b) Suponha que uma balsa em forma de paralelepípedo retângulo, cujas dimensões são $10,0\ m \times 20,0\ m \times 0,4\ m$, esteja navegando nas águas do rio Jordão (densidade $1,00\ g/cm^3$) com calado (comprimento submerso) igual a 23,2 cm. Qual será o calado dessa balsa se passar a navegar nas águas do mar Morto?

c) Para retomar o calado verificado no rio Jordão, a balsa deverá, no mar Morto, receber ou descartar carga? De quantos kN será essa variação de carga? Adote $g = 10,0\ m/s^2$.

# Respostas

Unidade 1

## Cinemática

### Capítulo 1 Introdução à Cinemática escalar

1 d

2 **a)** 26 km
**b)** 40 km

3 a

4 **a)** 0,50 rps
**b)** Segmento de reta
**c)** Espiral

5 2 min 30 s

6 72 km/h

8 225 km/h

9 2,0 m/s$^2$

10 15,0 m e −6,0 m/s$^2$.

11 **a)** Aproximadamente 11,6 m/s$^2$.
**b)** Aproximadamente 149,2 km/h.

13 **a)** De 0 a $t_1$: movimento progressivo e acelerado.
De $t_1$ a $t_2$: movimento progressivo e uniforme.
De $t_2$ a $t_3$: movimento progressivo e retardado.
De $t_3$ a $t_4$: movimento retrógrado e acelerado.
De $t_4$ a $t_5$: movimento retrógrado e retardado.
De $t_5$ a $t_6$: movimento progressivo e acelerado.
**b)** $t_3$ e $t_5$.

### Capítulo 2 Movimento uniforme

1 c

2 Aproximadamente 100 μs.

4 d

6 **a)** $s_A = 111 - 83{,}25t$ e $s_C = 36{,}75t$
**b)** 55 min 30 s
**c)** 77 km

7 120 km

8 e

9 **a)** 13 s
**b)** *A*: 390 m
*B*: 260 m

10 **a)** 8,0 s
**b)** 9,8 m/s
**c)** Aproximadamente 9,3 m.

11 **a)** 360 m
**b)** $\frac{8}{9}$
**c)** 648 s ou 10 min e 48 s

12 **a)** 8,0 s
**b)** 36,0 m

### Capítulo 3 Movimento uniformemente variado

1 02 + 04 + 16 = 22

2 **a)** 288 km/h
**b)** 4,0 m/s$^2$

3 **a)** 0,50 m/s$^2$
**b)** 11º andar
**c)** 1,6 m/s

4 e

6 **a)** 1,5 s e 5,0 m/s$^2$
**b)** 1,0 g/L e 77 g

7 d

8 **a)** 400,0 m
**b)** 324 km/h

9 **a)** 2,0 s
**b)** Respectivamente: −2 m/s e 2 m/s.

10 **a)** 7,2 km
**b)** 2,0 min

11 2,0 s

13 **a)** 12,0 s
**b)** 432 km/h

14 **a)** 2,0 s
**b)** 100 m

16 **a)** 12,0 m/s
**b)** 1,2 s

17 **a)** 5,0 m
**b)** 10,0 m/s e 12 m/s.

18 $72\ \text{km/h} \leq v \leq 90{,}0\ \text{km/h}$

### Capítulo 4 Vetores e Cinemática vetorial

1 **a)** 10,0 u
**b)** 6,0 u

2 **a)** $\vec{a} + \vec{b} = \vec{c}$
**b)** $\vec{a} + \vec{b} + \vec{c} = \vec{0}$
**c)** $\vec{a} - \vec{c} = \vec{b}$

3 **a)** 500 m
**b)** $v_P = 1{,}0$ m/s e $v_Q = 2{,}2$ m/s.

4 **a)** 0,80
**b)** 5,0 m/s

5 **a)** 3,0 m
**b)** 13 m/s$^2$

7 **a)** 6,0 min
**b)** 3,0 km
**c)** 7,5 min

### Capítulo 5 Movimento circular

1 01 + 02 + 08 = 11

3 **a)** 480 m
**b)** 0,20 rad/s
**c)** 0,16 m/s$^2$

4 c

5 **a)** 250 m
**b)** 3,6 m/s$^2$
**c)** 0,3

6 b

7 **a)** 20 s
**b)** 0,10 rad/s
**c)** A velocidade escalar do carro sofre variações iguais em intervalos de tempo iguais.

10 1,2 s

11 b

12 5,4 m

13 d

14 a

Unidade 2

## Dinâmica

### Capítulo 6 Princípios da Dinâmica

2 10 N

3 $F_1 = 400$ N e $F_2 = 300$ N ou $F'_1 = 300$ N e $F'_2 = 400$ N.

4 e

5 e

6 Não, pois ele contraria o princípio da inércia. Para realizar suas manobras radicais, é necessária a situação de uma força resultante externa.

7 e

9 O módulo da aceleração é 3,0 m/s$^2$, a direção é a de $\vec{F}_1$ ou $\vec{F}_2$ e o sentido é o de $\vec{F}_1$.

10 d

11 c

12 1,5 m/s$^2$

13 **a)** 174 N
**b)** 100 N

14 01 + 02 + 04 + 16 = 23

15 4

16 **a)** 9,0 m/s
**b)** 7,2 N e zero

17 **a)** 240 N
**b)** −1 m/s$^2$

18 b

**19** **a)** $y = \frac{1,0}{9,0} \cdot x^2$ (SI)

**b)**

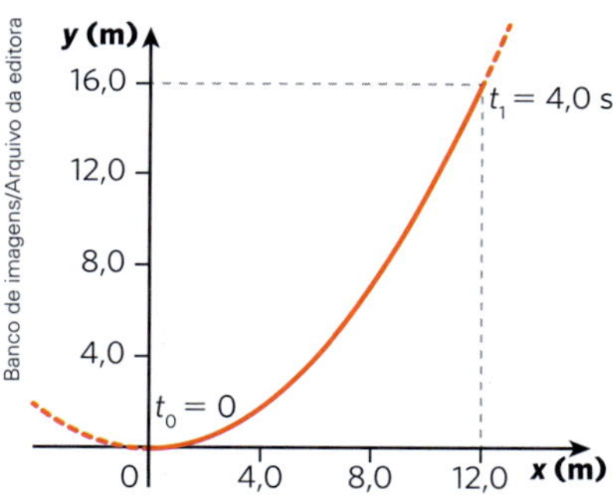


Banco de imagens/Arquivo da editora

**c)** 20,0 m

**20** **a)** 750 s ou 12 min e 30 s.

**b)** $\frac{F}{3}$

**c)** $\frac{7F}{6}$

**21** e

**23** **a)** $6,0 \cdot 10^2$ N

**b)** $4,0 \cdot 10^2$ kg

**25** **a)** 6,0 m/s$^2$

**b)** 48 N

**26** **a)** 3,0 kg

**b)** Tração nula.

**27** **a)** 500 N/m

**b)** 25 N

**28** 10 N

**30** **a)** 2,0 m/s$^2$

**b)** 8,0 N

**31** **a)** 5,0 kN

**b)** 180 km/h

**32** **a)** 2,0 m/s$^2$

**b)** 24 N

**c)** 48 N

**33** **a)** 660 N

**b)** 540 N

**35** **a)**

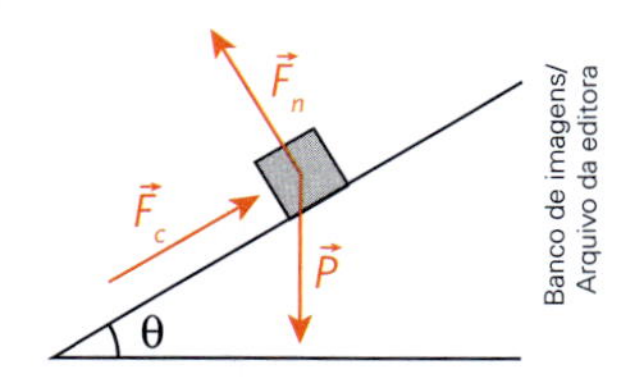


Banco de imagens/Arquivo da editora

**b)** 30 N e 40 N.

**36** **a)** 5,0 m/s$^2$ e a aceleração independe da massa.

**b)** 1,0 s

**c)** 5,0 m/s

**37** **a)** 1,0 m/s$^2$

**b)** $4,4 \cdot 10^2$ N

**c)** 55 kg

**38** 20 N

**40** c

**41** **a)** 2,0 N

**b)** 12 N

**42.** a

## Capítulo 7 Atrito entre sólidos

**2** **a)** Para a esquerda.

**b)** 20 N

**3** **a)** 800 N

**b)** Aproximadamente 13,3 m/s$^2$.

**4** **a)** 3,0 m/s$^2$

**b)** 0,30

**5** b

**7**

| $F$ (N) | 10 | 12 | 30 |
|---|---|---|---|
| $F_{at}$ (N) | 10 | 12 | 10 |
| $a$ (m/s$^2$) | 0 | 0 | 5,0 |

**8** **a)** 2,0 m/s$^2$

**b)** 100 m e 10 s.

**9** **a)** 0,60

**b)** 12,0 N

**10** **a)** 0,60

**b)** 2,0 m/s$^2$

**11** a

**12** c

## Capítulo 8 Gravitação

**1** e

**2** **a)** $\frac{A_1}{A_2} = 1$

**b)** 2ª lei de Kepler.

**4** c

**5** 01 + 02 + 08 = 11

**6** Nenhuma modificação ($T$ = 1 h 31 min 18 s), pois o período de translação da EEI independe de sua massa.

**7** **a)** $V = \sqrt{\frac{GM}{R}}$ e $\omega = \sqrt{\frac{GM}{R^3}}$

**b)** $2\pi\sqrt{\frac{R^3}{GM}}$

**8** **a)** 2 dias.

**b)** 2

**9** b

**10** b

**11** c

**12** 20

**13** d

**14** $\frac{1}{6} g_T$

**15** $3R$

**17** b

**18** $2,56 \cdot 10^4$ km

**19** b

**20** **a)** 4,0 m/s$^2$

**b)** 5,0 m

**21** 3,0 m

**22** 0,10 m/s$^2$

**23** e

**24** $\frac{3\pi}{GT^2}$

**25** $\frac{1}{2}$

**26** A imagem mostra a radiação emitida por corpos que orbitam o buraco negro. O texto da notícia poderia ficar mais preciso ao indicar que foi obtida uma imagem indireta de um buraco negro.

## Capítulo 9 Movimentos em campo gravitacional uniforme

**1** **a)** 0,10 s

**b)** 0,15 m

**2** **a)** 2,5 m/s

**b)** 0,8

**4** **a)** 3,2 m

**b)** 9,6 m

**5** **a)** 4,5 m/s

**b)** 1,8 m

**6** 3,75

**7** **a)** 2,25 m

**b)** 0,4 m

**8** 3,2 m e 6,4 m.

**9** **a)** 10 m/s

**b)** 8,0 m

**c)** 3,8 m

**10** **a)** 300 m

**b)** 2,0 s

**11** **a)** 12 m

**b)** 13 m/s

**13** 2,0 m

**14** 800 m

**15** **a)** 2,5 m/s $< v_0 <$ 25 m/s

**b)** Reduziria para um intervalo de velocidades menor que 22,5 m/s.

**16** 6,0 m/s$^2$

**17** d

## Capítulo 10 Trabalho e potência

**2** **a)** 0,15 e 0,10.

**b)** 100 J

**c)** Trabalho nulo.

**3** a

**4** $3,6 \cdot 10^2$ N

**5** a) 45 J
b) 10 m/s

**7** −3360 J

**8** a) $\frac{MgH}{h}$
b) $\left(\frac{H}{h} - 1\right)g$

**9** d

**10** a) $8{,}0 \cdot 10^2$ J
b) 32 W

**11** a) $2{,}0 \cdot 10^4$ J
b) 1 min 40 s

**12** c

**13** a) 80 km/h
b) 280
c) 4,0 h

**15** a) 1,6 MW
b) 1,28 MW
c) 6144 famílias.

**16** a) 40 hp
b) 4 hp

## Capítulo 11 Energia mecânica e sua conservação

**1** $4{,}5 \cdot 10^{11}$ J

**2** a) Energia cinética nula.
b) 4,5 J

**3** d

**5** c

**6** 6,4 J

**7** b

**8** c

**9** a) 0,5
b) 2900 J

**10** a

**11** a) $5{,}0 \cdot 10^3$ N/m
b) 300 N
c) 4,0 J

**12** $3{,}0 \cdot 10^3$ J

**13** 8,0 J

**14** c

**15** 12,0 J

**16** a) 400 J e zero
b) 200 m/s

**17** e

**19** a

**20** 13,0 m

**21** a) 20 J
b) 6,0 m/s

**22** a) $-mgh$
b) $\frac{2\sqrt{3}}{3}$

**23** a) 2281500 J
b) 400,00 m

## Capitulo 12 Quantidade de movimento e sua conservação

**1** $1{,}6 \cdot 10^3$ kg · m/s

**2** d

**3** c

**4** a) $2{,}0 \cdot 10^2$ N · s
b) 30 m/s

**6** 14 s

**7** 20 m/s

**8** a) Sim.
b) Não.

**9** $4{,}0 \cdot 10^2$ J

**10** 15 m/s

**11** 100 kg

**12** $\frac{mV}{\Delta t}$

**13** 5,0 m/s

**14** 2 min 30 s

**15** a) 0,20 m/s
b) 20 N

**16** A velocidade de $A$ tem módulo 20 m/s, na direção do eixo $Ox$ e sentido oposto ao do referido eixo.

**17** a) 0,25, parcialmente elástica.
b) 0, totalmente inelástica.
c) 1, elástica.
d) 0,6, parcialmente elástica.
e) 0, totalmente inelástica.

**18** a) 10 cm/s
b) 4,5 N · s

**20** a) Choque parcialmente elástico.
b) 8,0 kg
c) $2{,}8 \cdot 10^4$ N

**21** a) 0,5
b) 45%

**22** a) $\sqrt{\frac{h}{H}}$
b) $h = H$, elástico.
$0 < h < H$, parcialmente elástico e
$h = 0$, totalmente inelástico.

**23** a) 1
b) 50 cm
c) 0,50 m/s e 0,75 m/s.

Unidade 3

# Estática

## Capítulo 13 Estática dos sólidos

**1** e

**2** a) Não.
b) Em nenhum dos dois diagramas a origem do primeiro vetor coincide com a extremidade do último, logo os diagramas apresentados não estabelecem situações de equilíbrio A linha poligonal formada pelos três vetores não é fechada.

**3** 280 N

**5** c

**6** e

**7** c

**8** e

**9** d

**11** a) $\frac{F_m}{F_p} = \frac{d_p}{d_m}$
b) 150 N

**12** e

**13** a

## Capítulo 14 Estática dos fluidos

**1** c

**2** d

**3** c

**4** b

**6** a) $2{,}0 \cdot 10^4$ N/m²
b) $4{,}0 \cdot 10^5$ N/m²

**7** $\frac{1}{2}$

**8** a) $1{,}8 \cdot 10^3$ N
b) $1{,}0 \cdot 10^6$ Pa

**9** e

**11** 7,0 N

**13** d

**14** 24,0 cm

**15** a

**16** a) $1{,}0 \cdot 10^3$ N
b) $3{,}0 \cdot 10^4$ J e $3{,}0 \cdot 10^4$ J

**18** 90%

**19** a) 9,5%
b) 20,0 cm
c) Receber 74,24 kN.

VOLUME ÚNICO

RICARDO HELOU DOCA

Engenheiro eletricista formado pela Faculdade de Engenharia Industrial (FEI-SP).

Licenciado em Matemática.

Professor de Física na rede particular de ensino de São Paulo.

NEWTON VILLAS BÔAS

Licenciado em Física pelo Instituto de Física da Universidade de São Paulo (IFUSP).

Professor de Física na rede particular de ensino de São Paulo.

RONALDO FOGO

Licenciado em Física pelo Instituto de Física da Universidade de São Paulo (IFUSP).

Engenheiro metalurgista pela Escola Politécnica da Universidade de São Paulo (Poli-USP).

Coordenador de turmas olímpicas de Física na rede particular de ensino de São Paulo.

Vice-presidente da International Junior Science Olympiad (IJSO).

PARTE III

# Física

# Sumário - Parte III

## Unidade 7

## Eletrostática



## Unidade 8

## Eletrodinâmica

UNIDADE

# Eletrostática

A **Eletrostática** é a parte da Física que estuda as diversas situações de cargas elétricas em equilíbrio e os fenômenos que advêm dessas situações. Há muito tempo o ser humano vivencia e observa fenômenos relacionados à eletricidade. Entre esses diversos fenômenos, podemos destacar alguns relacionados à eletrostática, desde o acúmulo de cargas elétricas na superfície de corpos devido ao atrito até o funcionamento de máquinas copiadoras.

Nicolaus Czarnecki/ Wikimedia Commons 3.0/Museu da Ciência de Boston

Moderno gerador eletrostático do tipo Van de Graaff, que pode produzir milhões de volts. Museu de Ciências de Boston, Estados Unidos, 2012.

## Nesta unidade:

CAPÍTULO 27

# Cargas elétricas

Este capítulo favorece o desenvolvimento das seguintes habilidades:

- EM13CNT201
- EM13CNT205
- EM13CNT302
- EM13CNT306
- EM13CNT307

## Introdução

A história da eletricidade inicia-se no século VI a.C. com uma descoberta feita pelo matemático e filósofo grego **Tales de Mileto**, um dos sete sábios da Grécia antiga. Ele observou que o atrito entre uma resina fóssil (o âmbar) e um tecido ou pele de animal produzia na resina a propriedade de atrair pequenos pedaços de palha e pequenas penas de aves. Como em grego a palavra usada para designar âmbar é *élektron*, dela vieram as palavras **elétron** e **eletricidade**.

Bjoern Wylezich/ Shutterstock

O âmbar é uma espécie de seiva vegetal petrificada, material fóssil cujo nome em grego é *élektron*.

Por mais de vinte séculos, nada foi acrescentado à descoberta de Tales de Mileto. No final do século XVI, **William Gilbert** (1544-1603), médico da rainha Elizabeth I da Inglaterra, repetiu a experiência com o âmbar e descobriu que é possível realizá-la com outros materiais. Nessa época, fervilhavam novas ideias, e o **método científico** criado por Galileu Galilei começava a ser utilizado. Gilbert realizou outros experimentos e publicou o livro *De magnete*, que trazia também um estudo sobre ímãs. Nele, Gilbert fazia clara distinção entre a atração exercida por materiais eletrizados por atrito e a atração exercida por ímãs. Propunha também um modelo segundo o qual a Terra se comporta como um grande ímã, fazendo as agulhas das bússolas se orientar na direção norte-sul.

Granger, NYC./Alamy/Fotoarena

Retrato de William Gilbert, médico inglês, autor do livro *De magnete*.

Por volta de 1729, o inglês **Stephen Gray** (1666-1736) descobriu que a propriedade de atrair ou repelir poderia ser transferida de um corpo para outro por meio de contato. Até então, acreditava-se que somente por meio de atrito conseguia-se tal propriedade. Nessa época, **Charles François Du Fay** (1698-1739) realizou um experimento em que atraía uma fina folha de ouro com um bastão de vidro atritado. Porém, ao encostar o bastão na folha, esta era repelida. Du Fay sugeriu a existência de duas espécies de "eletricidade", que denominou eletricidade **vítrea** e eletricidade **resinosa**.

Em 1747, o grande político e cientista norte-americano **Benjamin Franklin** (1706-1790), o inventor do para-raios, propôs uma teoria que considerava a carga elétrica um único fluido elétrico que podia ser transferido de um corpo para outro: o corpo que perdia esse fluido ficava com falta de carga elétrica (negativo); e o que recebia, com excesso de carga elétrica (positivo). Hoje sabemos que os elétrons é que são transferidos. Um corpo com "excesso" de elétrons está eletrizado negativamente e um corpo com "falta" de elétrons encontra-se eletrizado positivamente.

Reprodução/Arquivo da editora

Reprodução de gravura do século XVIII que mostra um experimento de eletricidade estática realizado pelo físico **Stephen Gray**. O garoto suspenso por fios isolantes foi eletrizado, passando a atrair pequenos pedaços de papel.

## Ampliando o olhar

### Benjamin Franklin

Benjamin Franklin nasceu em 1706, em Boston, situada em Massachusetts, uma das 13 colônias que, após a independência, se constituíram nos Estados Unidos da América. Aos 12 anos, guiado por um de seus irmãos, aprendeu a profissão de tipógrafo em um jornal. Ainda jovem, brigou com esse irmão e mudou-se para a Inglaterra. Ao voltar para os Estados Unidos, fundou a primeira biblioteca pública da Filadélfia (1731). Em 1732, iniciou a publicação do livro *Poor Richard's Almanack*, que o tornaria muito popular. Esse ato provocou um aumento de novas bibliotecas por toda a colônia, sendo considerado um dos fatores que ajudaram na independência. Em 1748, vendeu seus negócios para se dedicar mais à vida pública e a seus estudos.

Granger/Glow Images

Retrato de Benjamin Franklin.

Benjamin participou da fundação da Universidade de Nova York, criando a sociedade filosófica americana com o intuito de divulgar o conhecimento científico. Nessa época iniciou seus contatos com a Royal Society de Londres. Organizou a criação do corpo de bombeiros e do primeiro hospital de Massachusetts e reformou o serviço de correios.

Além de ser um homem público, Benjamin Franklin se destacou no estudo da eletricidade, realizando o famoso experimento da pipa, quando provou que o relâmpago era uma manifestação de cargas elétricas na natureza. Foi ele quem construiu o primeiro para-raios e, com o intuito de fazer a previsão do tempo, iniciou o estudo da meteorologia.

Em 1776, Benjamin participou ativamente do movimento pela independência, fazendo parte do grupo de homens que fundaram os Estados Unidos da América. Tornou-se embaixador na França, onde, paralelamente, participou da depuração e da unificação da maçonaria. Em 1785 voltou à América e tornou-se abolicionista, sendo escolhido como presidente da sociedade promotora da abolição da escravatura. Benjamin Franklin morreu em 1790 aos 84 anos de idade.

## Modelos atômicos

Por volta de 450 a.C., os filósofos gregos Leucipo (c. VI a.C.) e Demócrito (c. 460 a.C.-370 a.C.) defendiam a teoria da matéria descontínua, que afirmava que tudo era constituído de pequenas partículas invisíveis. Essa unidade básica que formava a matéria foi chamada de **átomo**, palavra que em grego significa indivisível. No entanto, o modelo que vigorou até o século XVII foi a teoria, defendida por Aristóteles, da matéria contínua.

Banco de imagens/Arquivo da editora

Representação do modelo atômico de Dalton: uma esfera impenetrável, maciça e indivisível.

No início do século XVIII, com o avanço da Química, o inglês John Dalton (1788-1844) propôs uma teoria que estabelecia o primeiro modelo atômico, segundo a qual o átomo seria uma esfera maciça extremamente pequena, impenetrável, indestrutível, indivisível e de carga elétrica nula. Para o mesmo elemento químico as esferas seriam idênticas.

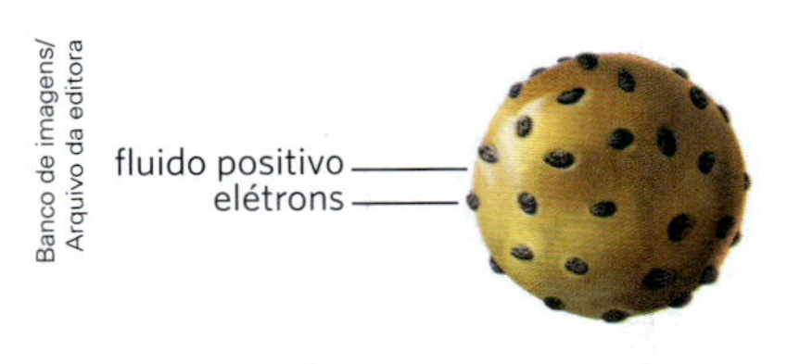

Banco de imagens/Arquivo da editora

A representação do modelo atômico de Thomsom, como um pudim de passas, tornou-se icônica.

Em 1897, o inglês Joseph John Thomson (1856-1940) descobriu uma partícula menor do que o átomo, o elétron. Devido a essa descoberta, Thomsom foi laureado com o prêmio Nobel de Química em 1906. Segundo ele, o átomo era neutro, constituído por uma nuvem esférica positiva e elétrons negativos. A representação desse átomo era comparada a um pudim de passas, como diziam na época.

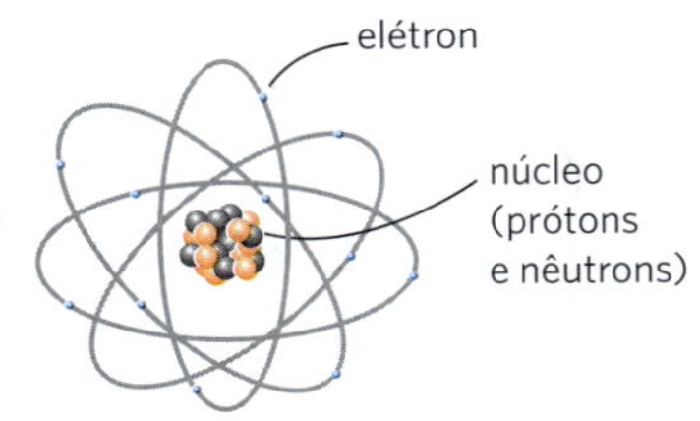

Banco de imagens/Arquivo da editora

Representação do modelo atômico planetário.

No entanto, o modelo de Thomsom não conseguia explicar os resultados do experimento realizado pelo grupo do físico neozelandês Ernest Rutherford (1871-1937), em 1911, ao estudar emissões radioativas do elemento urânio. O experimentou mostrou que a carga positiva do átomo estava concentrada em uma pequena região. Dessa maneira, Rutherford propôs o modelo planetário, no qual o núcleo pequeno, denso e de carga positiva, era orbitado por vários elétrons, como os planetas girando em torno do Sol. Além disso, Rutherford propôs que o núcleo era formado por partículas de carga positiva e de carga neutra.

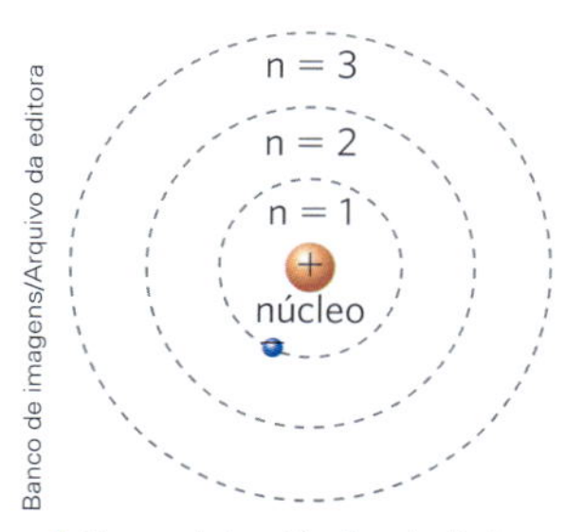



No modelo atômico de Bohr, a posição que o elétron ocupa depende do seu nível de energia.

Sabia-se, da teoria do Eletromagnetismo, que cargas em movimento emitem radiação. Portanto, um elétron (negativo) em movimento ao redor do núcleo (positivo) perde energia devido às radiações emitidas, fazendo com que, eventualmente, ele colida sobre o núcleo. A resposta para essa inconsistência foi o modelo proposto pelo físico dinamarquês Niels Henrik David Bohr (1885-1962). De acordo com a sua teoria, os elétrons movimentavam-se em orbitais específicos, definidos pelo seu nível de energia.

Finalmente, no primeiro quarto do século XX, Louis de Broglie (1892-1987) estabeleceu a hipótese de que a matéria pode se comportar como partícula ou como onda. Na década de 1920, o físico alemão Erwin Schrödinger (1887-1961) propôs o conceito de função de onda, substituindo os orbitais por regiões de probabilidade nas quais o elétron pode ser encontrado.

## O início da Mecânica quântica

Até o início do século XX, as ideias a respeito do átomo eram bastante concretas. As partículas atômicas e subatômicas eram consideradas "esféricas" e com massa, com representações bem definidas: o núcleo era formado por prótons e nêutrons, e os elétrons orbitavam o núcleo. No entanto, a hipótese de De Broglie acerca do comportamento ondulatório da matéria mudou radicalmente a concepção de matéria. A sua hipótese é resumida pelo chamado princípio de De Broglie:

Toda partícula material em movimento, com quantidade de movimento ($Q$), tem associada a ela uma onda cujo comprimento de onda ($\lambda$) pode ser determinado por:

$$\lambda = \frac{h}{Q}$$

em que $h$ é a constante de Planck ($h = 6{,}63 \cdot 10^{-34}\ \text{J} \cdot \text{s}$).

Este princípio foi confirmado experimentalmente em 1927 para elétrons. Posteriormente, outros experimentos foram realizados com aparatos mais avançados, e também mostraram resultados que corroboraram a hipótese de que as partículas podem apresentar comportamento ondulatório.

Em 1927, o físico alemão Werner Karl Heisenberg (1901-1976) elaborou o princípio da incerteza, segundo o qual certos pares de propriedades, como localização e velocidade, de uma partícula não poderiam ser determinados com precisão infinita. De acordo com o princípio, se a localização é determinada com grande precisão, a velocidade apresenta uma grande incerteza.

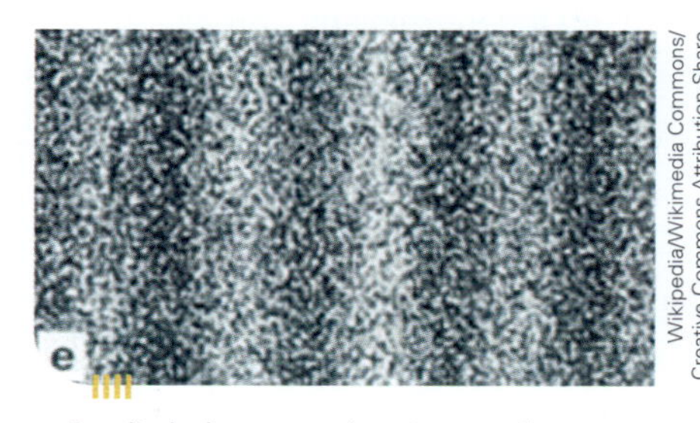


Resultado de um experimento no qual os elétrons atravessam uma fenda dupla. O padrão de interferência observado corresponde ao de ondas que atravessam a fenda.

O princípio da incerteza de Heisenberg é um dos marcos da Física moderna. Teoricamente, na Física clássica, poderíamos determinar todas as propriedades do sistema físico com acurácia infinita, dependente apenas do aparato experimental. Porém, o princípio da incerteza introduz a noção de indeterminismo em relação ao conhecimento de sistemas físicos, ou seja, não importa o quão avançado seja o aparato utilizado, é impossível determinar o valor da posição e da velocidade com precisão infinita, por exemplo.

A partir desses conceitos, Schrödinger propõe a sua equação, que descreve sistemas físicos por uma função, denominada **função de onda**, a partir da qual podemos obter as informações sobre o seu estado quântico. Podemos saber, por exemplo, a velocidade, posição ou energia da partícula em determinado instante. Assim como, na Física clássica, a dinâmica dos sistemas é descrita pela 2ª lei de Newton, a dinâmica dos sistemas quânticos é descrita pela equação de Schrödinger.

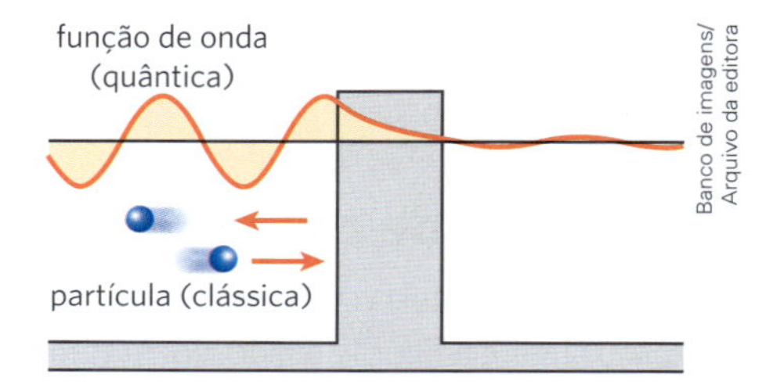



Ao encontrar uma barreira, a partícula clássica "bate e volta". Já ao descrever o mesmo fenômeno a partir da equação de Schrödinger, existe uma possibilidade de que a partícula "atravesse" a barreira, representada pela função de onda não nula após a barreira.

As consequências dos princípios da Mecânica quântica são várias. Entre elas, podemos citar o **efeito túnel** ou **tunelamento**. Na Física clássica, quando uma partícula que vem da esquerda para a direita encontra uma barreira, ela inverte o sentido do movimento, passando a se deslocar da direita para a esquerda. Na Mecânica quântica, essa partícula será representada por uma função de onda, existindo então uma probabilidade não nula de que a mesma atravesse a barreira.

## Ampliando o olhar

### Tecnologia e probabilidade

Atualmente, os efeitos quânticos da matéria são muito usados no nosso dia a dia. Até 1981 existia apenas o microscópio tradicional, o de refração. No entanto, os ganhadores do Nobel de Física de 1986, Gerd Binning (1947-) e Heinrich Rohrer (1933-2013), inventaram o microscópio de corrente de tunelamento (STM), que permite obter imagens de átomos e moléculas. Com resolução lateral de 0,1 nm (nanometro) e de 0,01 nm na resolução de profundidade, átomos individuais dentro dos materiais são visualizados e manipulados com frequência. Esse aparelho pode ser usado no vácuo, no ar, na água e em outros líquidos, em temperaturas próximas do zero absoluto até a algumas centenas de graus Celsius.

Javier Larrea/AGEFotostock/AGB Photo Library

Visão externa de um microscópio de tunelamento.

Outra aplicação do tunelamento é na construção de dispositivos eletroeletrônicos, como nas memórias *flash*. Por exemplo, temos memórias *flash* com dimensões de cerca de 10 nm, consideradas inalcançáveis até pouco tempo. Esse componente possui uma camada de tunelamento duplo, constituindo uma estrutura de memória que mantém os elétrons em uma parte específica da célula.

Outro componente eletrônico muito utilizado é o **diodo túnel** ou **diodo Esaki**, desenvolvido por Leo Esaki (1925-) e utilizado em circuitos eletroeletrônicos para permitir a passagem de corrente elétrica apenas em um sentido.

É importante notar que a natureza probabilística da Mecânica quântica é diferente de teorias como a teoria do caos. Segundo essa teoria, pequenas alterações nos parâmetros iniciais do sistema podem representar resultados muito divergentes. Essa sensibilidade às condições iniciais dos sistemas descritos pela teoria do caos faz a previsão a longo prazo do sistema impossível. Porém, a teoria do caos é essencialmente determinística, enquanto a Mecânica quântica apresenta um indeterminismo intrínseco.

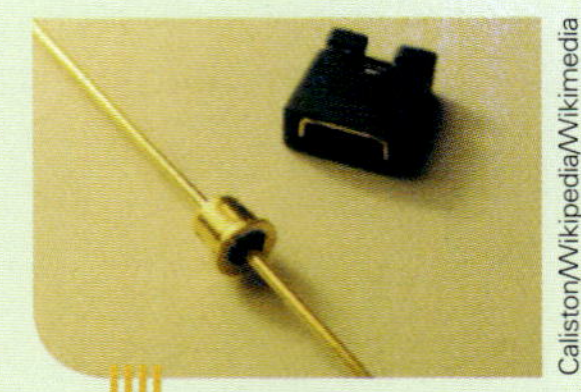

Caliston/Wikipedia/Wikimedia Commons Public Domain

Utilizar um diodo túnel em circuitos equivale a introduzir uma resistência negativa.

## Descubra mais

1. Com base nas noções de probabilidade e incerteza, imagine - e registre suas ideias - possíveis tecnologias que podem surgir no futuro.
2. Você acredita que as tecnologias e modelos científicos atuais sobre probabilidade e incerteza são dessa maneira devido a um limite explicativo das ciências ou porque nosso conhecimento científico ainda precisa amadurecer? Você acredita que seria possível, no futuro, construir modelos de previsão absolutamente precisos, sem ter de usar recursos como probabilidade e incerteza?

## Noção de carga elétrica

Se um próton e um elétron passarem entre os polos de um ímã em forma de **U**, como sugere a figura ao lado, constataremos que o próton desviará para cima e o elétron desviará para baixo (esse efeito será estudado com maiores detalhes no Capítulo 35).

Esse resultado experimental revela que os prótons e os elétrons têm alguma propriedade que os diferencia. Essa propriedade foi denominada **carga elétrica**, e convencionou-se considerar positiva a carga elétrica do próton e negativa a carga elétrica do elétron. Entretanto, o valor absoluto dessas duas cargas é o mesmo e recebe o nome de **carga elétrica elementar** ($e$), pois é a menor carga elétrica encontrada isolada na natureza.

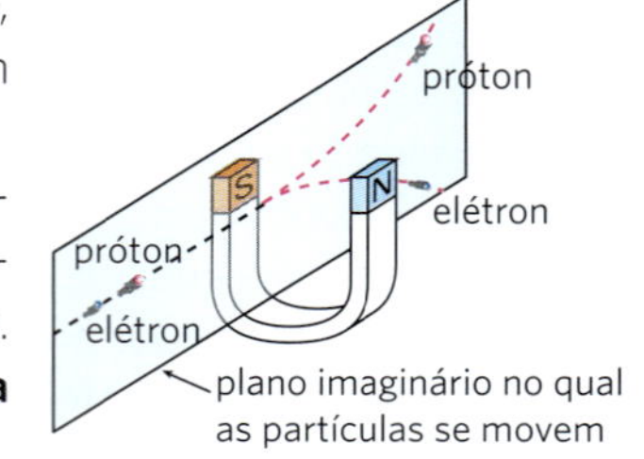


Banco de imagens/Arquivo da editora

IMAGEM FORA DE PROPORÇÃO

A unidade de medida de carga elétrica no SI é o **coulomb** (C): $e = 1{,}6 \cdot 10^{-19}$ C

Temos então:
Carga elétrica do próton: $+e = +1{,}6 \cdot 10^{-19}$ C
Carga elétrica do elétron: $-e = -1{,}6 \cdot 10^{-19}$ C
Carga elétrica do nêutron = 0

## Uma convenção bem pensada

A convenção de sinais feita para as cargas elétricas do próton e do elétron é conveniente por dois motivos:

- Ela leva em conta a existência de dois tipos de carga elétrica (positiva e negativa). De fato, prótons e elétrons sempre apresentam comportamentos opostos nas experiências, como naquela que descrevemos usando um ímã.
- A presença de prótons e elétrons em igual quantidade em um mesmo corpo faz com que ele não exiba a propriedade da carga elétrica: as cargas dos prótons e dos elétrons neutralizam-se e a carga total do corpo é igual a zero.

### Uma breve abordagem dos *quarks*

Até o início da década de 1960, os prótons e os nêutrons eram considerados partículas indivisíveis. Alguns experimentos, porém, levaram a acreditar que eles possuem uma estrutura interna e são constituídos por unidades mais elementares, denominadas *quarks*.

O modelo padrão da Física de partículas propõe a existência de seis tipos de *quarks*: *u* (*up*), *d* (*down*), *s* (*strange*), *t* (*top*), *b* (*bottom*) e *c* (*charm*), sendo que os *quarks up* e *down* são os que compõem os prótons e nêutrons. A carga elétrica do *quark up* é $\left(+\frac{2}{3}e\right)$ e do *quark down* é $\left(-\frac{1}{3}e\right)$.

## Corpo eletricamente neutro e corpo eletrizado

Um corpo apresenta-se eletricamente **neutro** quando a quantidade de prótons e elétrons é igual, ou seja, a soma algébrica de todas as cargas que o compõem é igual a zero.

Quando, porém, o número de prótons é diferente do número de elétrons, dizemos que o corpo está eletrizado positivamente se o número de prótons for maior que o de elétrons, e negativamente se o número de elétrons for maior que o de prótons. É o caso, por exemplo, de um íon, isto é, um átomo que perdeu ou ganhou elétrons.

Podemos pensar em corpos eletricamente neutros, positivos e negativos conforme o modelo a seguir.

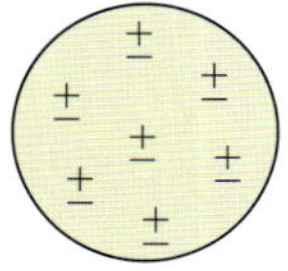
**Corpo eletricamente neutro:** mesma quantidade de prótons e elétrons

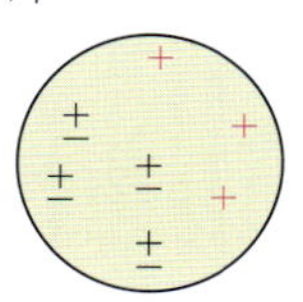
**Corpo eletrizado positivamente:** mais prótons que elétrons.

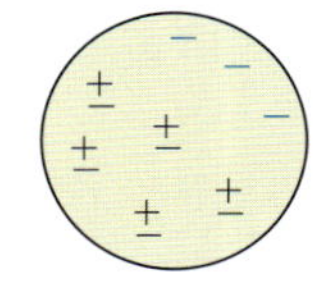
**Corpo eletrizado negativamente:** mais elétrons que prótons.

Banco de imagens/ Arquivo da editora

Na prática cotidiana, eletrizamos um corpo fornecendo ou extraindo elétrons, uma vez que alterar o número de prótons no núcleo de um átomo requer processos extremamente energéticos, que acontecem em reatores nucleares ou no núcleo de estrelas, por exemplo.

Para simplificar a linguagem, falamos frequentemente em "carga" quando deveríamos dizer "corpo eletrizado com determinada carga". Assim, quando um texto informar que existe uma **carga** de, por exemplo, 5 μC em determinado local, devemos entender que nesse local existe um **corpo eletrizado** com carga de 5 μC. Quando se fala "carga puntiforme" ou "partícula eletrizada", entende-se que se trata de corpo eletrizado cujas dimensões são desprezíveis em comparação com as distâncias consideradas na situação em estudo.

## Quantização da carga elétrica

A carga elétrica de um corpo é **quantizada**, isto é, a sua quantidade sempre corresponde a um múltiplo **inteiro** da carga elétrica elementar. Isso é verdade porque um corpo, ao ser eletrizado, recebe ou perde um número inteiro de elétrons (e um átomo sempre possui um número inteiro de prótons). Assim, um corpo pode ter, por exemplo, uma carga igual a $9{,}6 \cdot 10^{-19}$ C, pois corresponde a um número inteiro (6) de cargas elementares (observe que $6 \cdot 1{,}6 \cdot 10^{-19}$ C $= 9{,}6 \cdot 10^{-19}$ C). Entretanto, sua carga não pode ser, por exemplo, igual a $7{,}1 \cdot 10^{-19}$ C, pois esse valor não é um múltiplo inteiro da carga elementar.

Representando por $Q$ a carga elétrica de um corpo eletrizado qualquer, temos:

$$Q = \pm ne \qquad (n = 1, 2, 3, \ldots)$$

## Determinação da carga elementar

Em 1911, em uma de suas experiências iniciais, o físico norte-americano Robert Andrews Millikan (1868-1953) encontrou os seguintes valores para a carga elétrica de várias gotículas de óleo previamente eletrizadas:

$Q_1 = 6{,}563 \cdot 10^{-19}$ C

$Q_2 = 8{,}204 \cdot 10^{-19}$ C

$Q_3 = 11{,}50 \cdot 10^{-19}$ C

$Q_4 = 13{,}13 \cdot 10^{-19}$ C

$Q_5 = 16{,}48 \cdot 10^{-19}$ C

$Q_6 = 18{,}08 \cdot 10^{-19}$ C

$Q_7 = 19{,}71 \cdot 10^{-19}$ C

$Q_8 = 22{,}89 \cdot 10^{-19}$ C

$Q_9 = 26{,}13 \cdot 10^{-19}$ C

Com base nesses valores, podemos obter um resultado razoável para a carga elementar *e*.

Para isso, vamos tomar a carga $Q_1$, que é a menor de todas, e escrever:

$Q_1 = ne$

Dividindo $Q_2$ por $Q_1$, obtemos 1,25 ($8{,}204 : 6{,}563 \cong 1{,}25$).

Logo: $Q_2 = 1{,}25 \cdot Q_1 = 1{,}25\, ne$.

O menor valor inteiro de *n* que torna 1,25*n* também inteiro é 4: $n = 4$.

Dividindo as demais cargas por $Q_1$, constatamos que $n = 4$ torna todas elas iguais a um número inteiro de *e*:

$Q_3 = 1{,}75 \cdot Q_1 = 1{,}75\, ne = 7e$

$Q_4 = 2{,}00 \cdot Q_1 = 2{,}00\, ne = 8e$

$Q_5 = 2{,}51 \cdot Q_1 = 2{,}51\, ne = 10e$

$Q_6 = 2{,}75 \cdot Q_1 = 2{,}75\, ne = 11e$

$Q_7 = 3{,}00 \cdot Q_1 = 3{,}00\, ne = 12e$

$Q_8 = 3{,}49 \cdot Q_1 = 3{,}49\, ne = 14e$

$Q_9 = 3{,}98 \cdot Q_1 = 3{,}98\, ne = 16e$

Considerando $n = 4$ na expressão de $Q_1$, obtemos:

$$Q_1 = ne \Rightarrow 6{,}563 \cdot 10^{-19} = 4e$$

Portanto:

$$e = 1{,}64 \cdot 10^{-19}\ \text{C}$$

Posteriormente, outros experimentos foram realizados e chegou-se ao melhor valor experimental para a carga elementar *e*, que é:

$$e = 1{,}60217738 \cdot 10^{-19}\ \text{C}$$

### Já pensou nisso?

#### Matéria e antimatéria se aniquilam?

Na cabeça de muita gente, a antimatéria é apenas um elemento da ficção científica. Entretanto, ela existe.

De modo simplificado, podemos pensar que a antimatéria é constituída de átomos formados por antielétrons ou pósitrons (elétrons com carga positiva) que orbitam um núcleo atômico girando com rotação (*spin*) em sentido contrário ao do elétron. No núcleo, encontramos os antiprótons (prótons com carga negativa) e os antinêutrons (com carga nula, como os nêutrons). Quando a antimatéria se encontra com a matéria, ambas se aniquilam transformando-se em energia, que é emitida em forma de um pulso de raios gama.

A antimatéria, quando aparece em nosso mundo, dura uma fração ínfima de tempo, pois é aniquilada rapidamente. Para mantermos a antimatéria, precisamos construir um recipiente no qual suas paredes sejam campos magnéticos que evitem o contato desse material com a matéria existente.

Acredita-se que no *big bang*, na origem, o número de partículas de matéria gerada tenha sido um pouco maior do que o número de partículas de antimatéria. Assim, supõe-se que, após o aniquilamento inicial, que gerou uma quantidade imensa de energia, tenha sobrado um pouco de matéria para iniciar o nosso Universo.

A atmosfera é bombardeada constantemente com pequenas quantidades de antimatéria proveniente dos raios cósmicos que atingem o nosso planeta.

## Exercícios

**1** Determine o número de elétrons que deverá ser fornecido a um condutor metálico, inicialmente neutro, para que fique eletrizado com carga elétrica igual a $-1,0$ C.

Dado: carga elementar $e = 1,6 \cdot 10^{-19}$ C.

**Resolução:**

A carga elétrica de qualquer corpo pode ser expressa sempre da seguinte forma:

$$Q = \pm ne$$

em que: $n = 1, 2, 3...$ e $e$ é a carga elementar.

Assim:

$$-1,0 = -n \cdot 1,6 \cdot 10^{-19}$$

$$n = \frac{1,0}{1,6 \cdot 10^{-19}} = 0,625 \cdot 10^{19}$$

$$\boxed{n = 6,25 \cdot 10^{18} \text{ elétrons}}$$

**2** Considere os materiais a seguir:

a) madeira;
b) vidro;
c) algodão;
d) alumínio;
e) ouro;
f) porcelana;
g) platina;
h) náilon.

Quais deles são bons condutores de eletricidade?

**3** Um átomo de cálcio perde dois elétrons para dois átomos de cloro; um elétron para cada átomo de cloro. Forma-se, assim, o composto iônico $Ca^{++}\,C\ell_2^-$ (cloreto de cálcio). Calcule, em coulomb, a carga de cada íon:

a) $Ca^{++}$
b) $C\ell_2^-$

Dado: $e = 1,6 \cdot 10^{-19}$ C.

**4** Em um experimento realizado em sala de aula, um professor de Física mostrou duas pequenas esferas metálicas idênticas, suspensas por fios isolantes, em uma situação de atração.

Na tentativa de explicar esse fenômeno, cinco alunos fizeram os seguintes comentários:

Maria — Uma das esferas pode estar eletrizada positivamente e a outra, negativamente.
José — Uma esfera pode estar eletrizada positivamente e a outra, neutra.
Roberto — O que estamos observando é simplesmente uma atração gravitacional entre as esferas.
Marisa — Essas esferas só podem estar funcionando como ímãs.
Celine — Uma esfera pode estar eletrizada negativamente e a outra, neutra.

Fizeram comentários corretos os alunos:

a) Marisa, Celine e Roberto.
b) Roberto, Maria e José.
c) Celine, José e Maria.
d) José, Roberto e Maria.
e) Marisa e Roberto.

**5** (UFPI) O comprimento de onda de De Broglie para uma partícula $\alpha$ com velocidade $v_\alpha = 6,0 \cdot 10^6$ m/s é dado aproximadamente por: (massa do próton $=$ $= 1,6 \cdot 10^{-27}$ kg; $h = 6,63 \cdot 10^{-34}$ Js)

a) $6,8 \cdot 10^{-14}$ m
b) $3,4 \cdot 10^{-14}$ m
c) $1,7 \cdot 10^{-14}$ m
d) $8,0 \cdot 10^{-15}$ m
e) $4,0 \cdot 10^{-15}$ m

**6** (UPE) O Princípio da Incerteza de Heisenberg trata da

a) incerteza do conhecimento da Física de que tudo é sempre relativo e nunca definitivo.
b) imprecisão de definir as coordenadas de posição e o momento linear de uma partícula quântica simultaneamente, ao longo de uma direção.
c) dificuldade de encontrar um elétron nas camadas de valência do átomo.
d) dilatação do tempo e contração dos objetos ao atingirem velocidade próxima à da luz.
e) variação de entropia e o sentido da seta do tempo.

## Princípios da Eletrostática

A Eletrostática baseia-se em dois princípios fundamentais: o **princípio da atração e da repulsão** e o **princípio da conservação das cargas elétricas**.

### Princípio da atração e da repulsão

Resultados experimentais mostram que, ao aproximarmos duas partículas eletrizadas com **cargas elétricas de mesmo sinal**, verificamos que elas se repelem. Porém, se essas partículas tiverem cargas de sinais opostos, elas se atraem.

Partindo desse fato, pode-se enunciar o **princípio da atração e da repulsão** da seguinte forma:

> Partículas eletrizadas com cargas de sinais iguais se repelem, enquanto as eletrizadas com cargas de sinais opostos se atraem.

### Princípio da conservação das cargas elétricas

Sabemos, da Física moderna, que a massa pode ser convertida em energia e vice-versa. Assim, o princípio da conservação de massa é uma versão diferente do princípio da conservação da energia. Cargas elétricas seguem um princípio semelhante. No entanto, a soma algébrica das cargas, em um sistema eletricamente fechado, nunca se altera. Assim, podemos definir que:

**Sistema eletricamente isolado** é aquele que não troca cargas elétricas com o meio exterior.

Podemos enunciar o **princípio da conservação das cargas elétricas**:

A soma algébrica das cargas elétricas existentes em um sistema eletricamente isolado é constante.

Se, em um sistema eletricamente isolado, houver *n* corpos com pelo menos um deles eletrizado, poderão ocorrer trocas de cargas elétricas entre eles, mas a soma algébrica dessas cargas será a mesma antes, durante e depois de qualquer processo de transferência ou transformação.

Assim, para um sistema eletricamente isolado, pode-se escrever:

$$(\Sigma Q)_{antes} = (\Sigma Q')_{após}$$

## Condutores e isolantes elétricos

Em alguns corpos, podemos encontrar portadores de cargas elétricas com grande liberdade de movimentação. Nos demais, essa liberdade de movimentação praticamente não existe.

Um material é chamado **condutor elétrico** quando há nele grandes quantidades de portadores de carga elétrica que podem se movimentar com grande facilidade. Caso contrário, ele será denominado **isolante elétrico**.

Tanto um condutor como um isolante podem ser eletrizados. É importante observar, porém, que, no isolante, a carga elétrica em excesso permanece exclusivamente no local onde se deu o processo de eletrização, enquanto no condutor essa carga busca uma situação de equilíbrio, distribuindo-se em sua superfície externa.

Os metais, a grafita, os gases ionizados e as soluções eletrolíticas são exemplos de **condutores elétricos**.

O ar, o vidro, a borracha, a porcelana, os plásticos, o algodão, a lã, as resinas, a água destilada e o enxofre são exemplos de **isolantes elétricos**. Esses materiais são bastante utilizados em equipamentos de segurança; por exemplo, nas luvas grossas de borracha utilizadas por eletricistas (para evitar choques elétricos, caso eles entrem em contato com um fio desencapado) e no cabo de plástico de algumas ferramentas metálicas, como chaves de fenda e alicates (se a ferramenta entrar em contato com alguma corrente elétrica, a transferência dessa corrente para o usuário será mínima).

Francescomoufotografo/Shutterstock

Tanto as luvas (feitas com materiais compostos de borracha e algodão) quanto o cabo de plástico do alicate ajudam a proteger o eletricista de possíveis choques elétricos, por serem materiais isolantes elétricos.

### Condutores de primeira espécie

São aqueles nos quais os portadores móveis são os **elétrons livres**. Embora esses elétrons não sejam realmente livres, já que compõem a eletrosfera dos átomos dos quais fazem parte, a ligação deles com os núcleos atômicos é fraca.

São classificados como condutores de primeira espécie os **metais** e a **grafita**.

### Condutores de segunda espécie

Nos condutores de segunda espécie, os portadores móveis são **íons positivos** e **íons negativos**, isto é, átomos (ou grupos de átomos) que, por terem perdido ou recebido elétrons, passam a ter o número de prótons diferente do número de elétrons.

Íons são encontrados em soluções eletrolíticas, como soluções aquosas de **ácidos**, **bases** ou **sais**.

### Condutores de terceira espécie

Nos condutores de terceira espécie, os portadores de carga podem ser **íons positivos**, **íons negativos** e **elétrons livres**. Isso ocorre nos **gases ionizados**.

## Condutores e isolantes elétricos (diferentes aplicações)

Estudamos diversos tipos de condutores e isolantes elétricos. Entre os condutores, podemos citar os metais, a grafita, os gases ionizados e as soluções eletrolíticas. Entre os isolantes, temos, por exemplo, o ar, o vidro, a borracha, a porcelana, os plásticos, o algodão, a seda, a lã, as resinas, a água pura, o enxofre e a ebonite. É importante destacar que a água pura é isolante elétrico, no entanto, a água da torneira é uma solução eletrolítica, portanto condutora.

O conhecimento acerca do comportamento condutor ou isolante dos materiais é fundamental para a manutenção das residências. Os fios da rede elétrica, por exemplo, são condutores elétricos. Ao manipulá-los, durante a instalação de um chuveiro elétrico, por exemplo, é importante utilizar materiais isolantes e desligar a chave geral da residência, a fim de evitar a exposição aos efeitos da corrente elétrica no corpo humano. Conhecer os efeitos da corrente elétrica nos materiais também é importante. Novamente, no caso do chuveiro elétrico, compreender que o efeito Joule, resultante da passagem de corrente elétrica na resistência, é o responsável por aquecer a água, possibilita entender o funcionamento do aparelho e buscar soluções quando ele não está funcionando adequadamente. Além disso, dispositivos elétricos nos quais há passagem de água requerem cuidados adicionais, uma vez que a água da rede de distribuição é uma solução iônica, condutora de eletricidade. A fuga de corrente elétrica que possa atingir a água pode provocar danos físicos às pessoas.

Além da condutividade dos materiais, fala-se em **supercondutividade**. Ela é uma propriedade física de certos materiais que, ao serem resfriados a temperaturas extremamente baixas, passam a conduzir a corrente elétrica sem resistência. Esse fenômeno foi descoberto pelo físico holandês Heike Kamerlingh Onnes (1853-1926), em 1911. Heike trabalhava com a fabricação do hélio líquido e, para isso, estudava materiais a baixas temperaturas, chegando a alcançar temperaturas próximas a 1 K (um kelvin). Ele notou que o mercúrio, quando resfriado a 4 K, apresentava o comportamento da supercondutividade. As aplicações da supercondutividade são várias, como a sua utilização nas redes elétricas de distribuição e transmissão, a construção de circuitos eletroeletrônicos e em imãs, para a construção e operação de trens-bala.

Patrick Gaillardin/look At Sciences/SPL/Fotoarena

Entre as propriedades dos supercondutores, está a expulsão de campos magnéticos existentes em seu interior, resultando na levitação do material. Os trens-bala funcionam utilizando essa propriedade.

## Descubra mais

1. Por medida de segurança, que tipo de material deve revestir fios elétricos?

## Processos de eletrização

Vimos que a maneira mais fácil de alterar a carga elétrica de um corpo é alterando o número de elétrons que ele possui.

Denomina-se eletrização o fenômeno pelo qual um corpo neutro torna-se eletrizado devido à alteração no número de seus elétrons.

Os processos mais comuns de eletrização são descritos a seguir.

## Eletrização por atrito de materiais diferentes

Ao se atritar, por exemplo, seda com um bastão de vidro, constata-se que o vidro passa a apresentar carga positiva, enquanto a seda passa a ter carga negativa. Entretanto, quando a seda é atritada com um bastão de ebonite, ela torna-se positiva, ficando a ebonite com carga negativa.

Os corpos atritados adquirem cargas de **mesmo módulo** e **sinais opostos**.

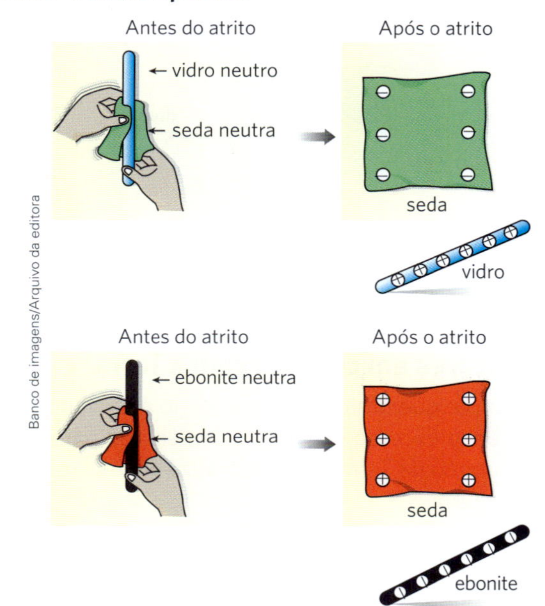

Banco de imagens/Arquivo da editora

**Nota**

A ebonite é um material isolante elétrico e térmico, obtida pela vulcanização da borracha com excesso de enxofre. Ela é usada na confecção de cabos de panelas e invólucros de interruptores e tomadas.

A partir do experimento descrito, surgiu a conveniência de se ordenarem os materiais em uma lista chamada **série triboelétrica**. A elaboração dessa lista obedece a um critério bem definido: um elemento da relação, ao ser atritado com outro que o segue, fica eletrizado com carga elétrica positiva, e ao ser atritado com o que o precede, fica eletrizado com carga elétrica negativa.

**Série triboelétrica**

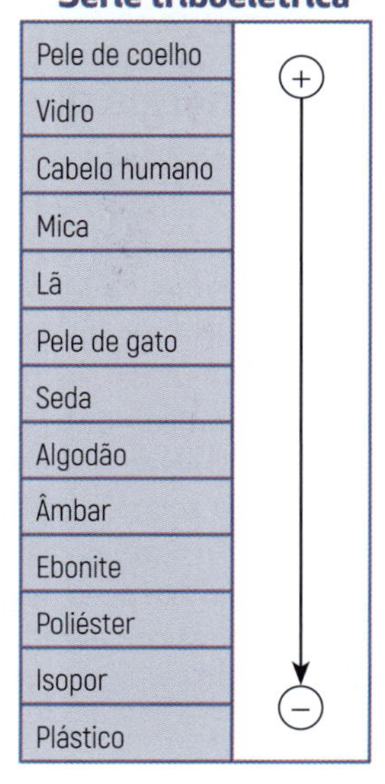

| | |
|---|---|
| Pele de coelho | (+) |
| Vidro | |
| Cabelo humano | |
| Mica | |
| Lã | |
| Pele de gato | |
| Seda | |
| Algodão | |
| Âmbar | |
| Ebonite | |
| Poliéster | |
| Isopor | |
| Plástico | (−) |

## Eletrização por contato

Quando dois ou mais corpos condutores são colocados em contato, estando pelo menos um deles eletrizado, observa-se que ocorre uma redistribuição da carga elétrica pelas superfícies externas desses corpos.

Considere, por exemplo, dois condutores *A* e *B*, estando *A* eletrizado negativamente e *B* neutro. Ao colocar os dois condutores em contato, a carga elétrica de *A* é então redistribuída sobre a nova superfície total formada pelos dois corpos.

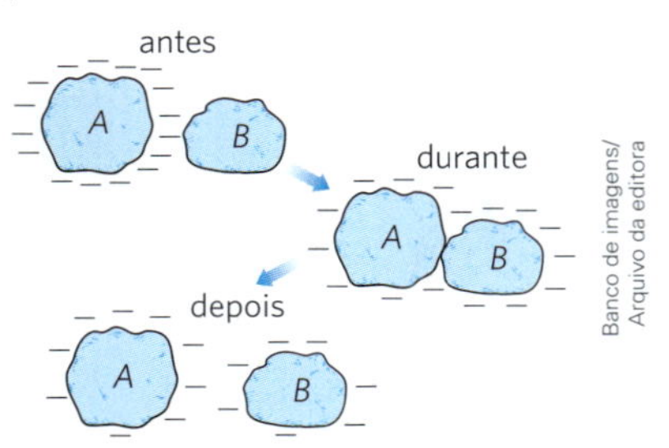


Se voltarmos a separar os dois corpos, a quantidade de carga elétrica existente em cada um dos condutores, no final do processo, dependerá da forma e das dimensões de cada um deles.

Considere o caso particular de esferas condutoras de mesmo raio.

Nessas esferas, a redistribuição é feita de tal forma que temos, no final, cargas iguais em cada uma delas.

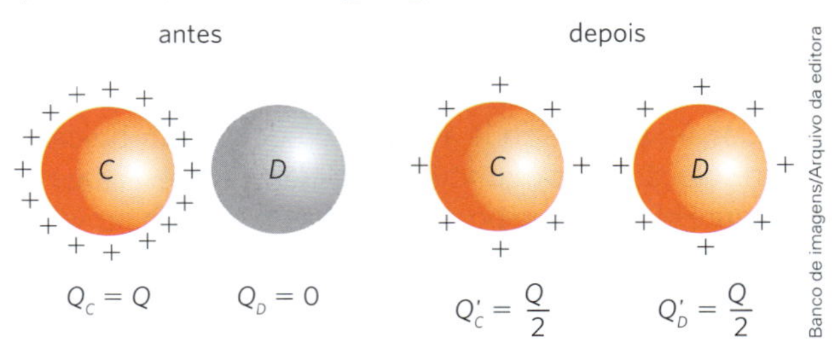


*C* e *D* são condutores esféricos de raios iguais, estando *C* carregado positivamente com carga igual a *Q*, e *D*, neutro. Depois do contato, cada um deles fica carregado com carga $\frac{Q}{2}$, metade da carga total.

## Condutores em contato com a Terra

Sempre que um condutor solitário eletrizado é colocado em contato com a Terra, ele se neutraliza. Caso o condutor tenha excesso de elétrons, estes irão para a Terra. No caso de excesso de prótons, ou seja, falta de elétrons, estes subirão da Terra para **neutralizá-lo**. Assim, pode-se dizer que todo condutor eletrizado se "**descarrega**" ao ser ligado à Terra.

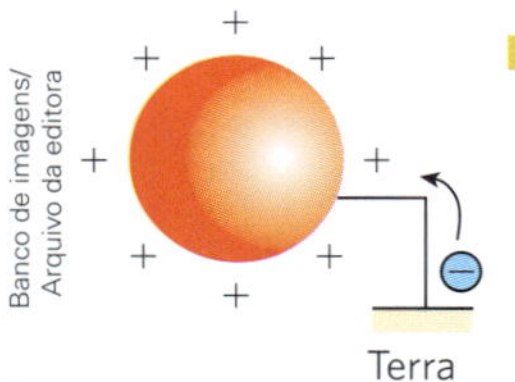


Quando a carga do condutor é **positiva**, ele será "descarregado" pelos elétrons que subirão da Terra.

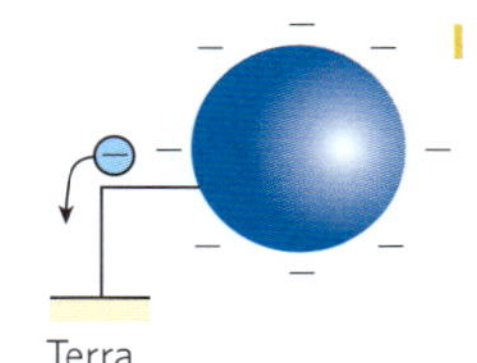


Quando a carga do condutor é **negativa**, ele será "descarregado", porque seus elétrons em excesso descerão para a Terra.

### Já pensou nisto?

## A energia que vem do lixo

Localizada no Paraná, a primeira termoelétrica de biogás brasileira gera energia diretamente a partir de esgoto e lixo orgânico comum.

Recebe o nome de biogás o gás rico em metano, gerado por bactérias presentes no lodo provindo do esgoto comum, quando elas se alimentam da parte orgânica do lixo que chega à estação de tratamento.

Além de ser um excelente aliado na redução de dejetos – um recurso praticamente "inesgotável", – sendo capaz de consumir diariamente 215 toneladas de resíduos orgânicos, esse projeto tem um importante impacto socioeconômico, pois amplia as possibilidades de geração de energia em regiões distantes das outras unidades geradoras.

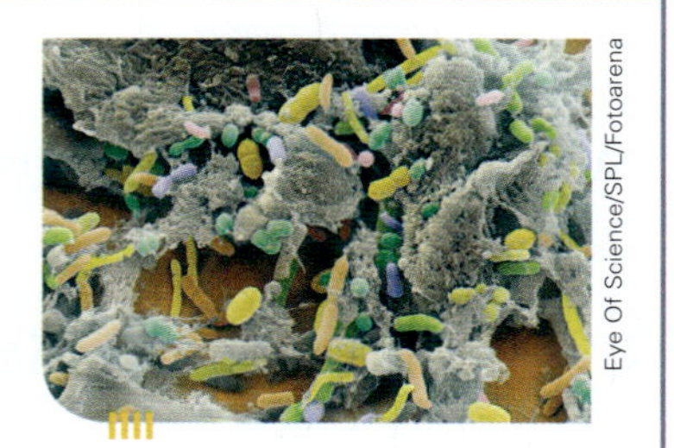


Imagem de bactérias comuns na digestão de compostos orgânicos e consequente produção de biogás metano. Aumento de 2100 vezes.

Do lixo que chega à usina, praticamente tudo é aproveitado. Sobras orgânicas são convertidas em fertilizantes, e o plástico, retirado do lixo, terá como destino a produção de sacolas.

Fonte de pesquisa: <https://www.greenme.com.br/informar-se/energia-renovavel/7522-biogas-brasil-lixo-organico-esgoto-geram-energia>. Acesso em: 13 maio 2020.

## Descubra mais

1. Elabore um texto de divulgação sobre o uso de biogás, destacando a região em que essa tecnologia está sendo desenvolvida.
2. Debata com a turma a situação da geração de energia considerada limpa no Brasil em relação à sua utilização no restante do mundo. Quais ações poderiam ser tomadas para aprimorar esse sistema tanto em território nacional quanto em âmbito global? Faça uma apresentação com suas conclusões e compartilhe com os colegas.

## Eletrização por indução eletrostática

Quando aproximamos um condutor eletrizado de um neutro, sem que eles se toquem, provocamos no condutor neutro uma redistribuição de seus elétrons livres. Esse fenômeno, denominado indução eletrostática, ocorre porque as cargas existentes no condutor eletrizado podem atrair ou repelir os elétrons livres do condutor neutro. O condutor eletrizado é chamado de indutor, e o condutor neutro, de induzido.

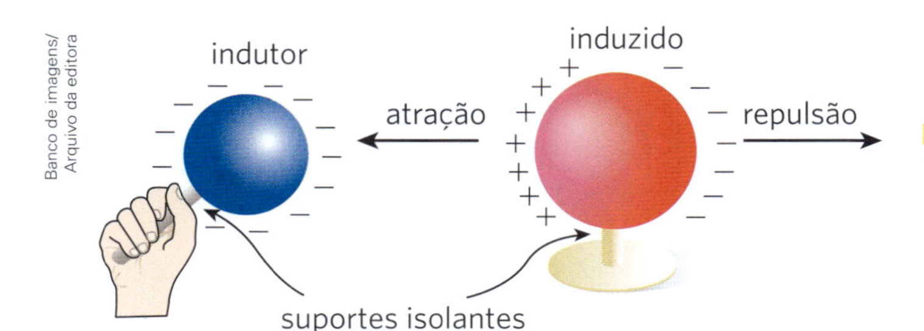


Quando o indutor possui carga negativa, elétrons livres do induzido procuram ficar o mais longe possível do indutor. Observe que as cargas positivas do induzido estão mais próximas do indutor, o que faz a atração ser maior do que a repulsão. Por isso, devido à indução, um condutor neutro é atraído por outro eletrizado.

Usando a indução eletrostática, podemos eletrizar um condutor. Para isso, devemos seguir o procedimento:

**1.** Aproximar o indutor (condutor eletrizado) do induzido (condutor neutro).

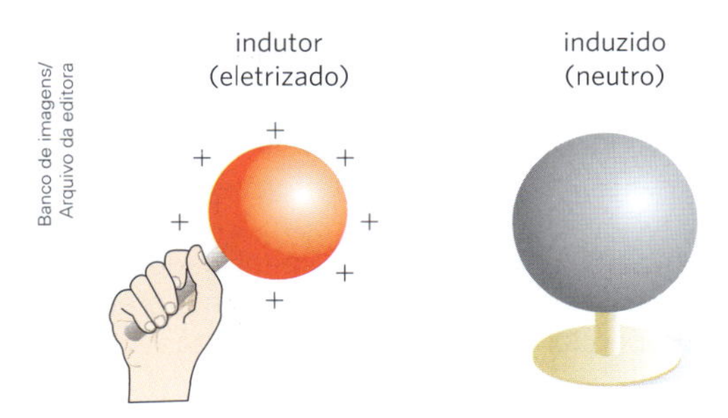


**2.** Na presença do indutor, ligar o induzido à Terra.

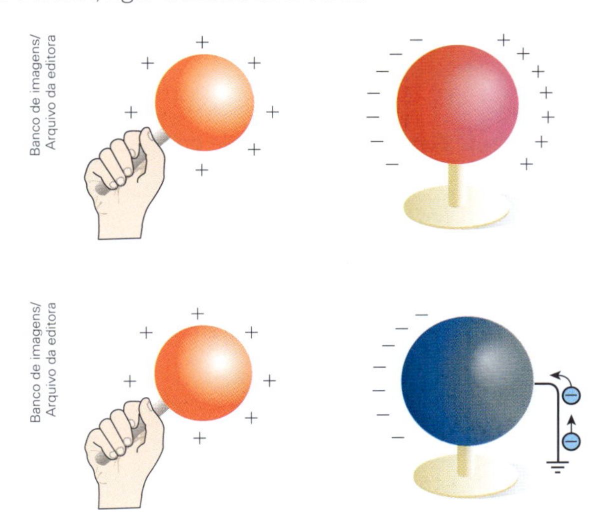

**3.** Desligar o induzido da Terra.

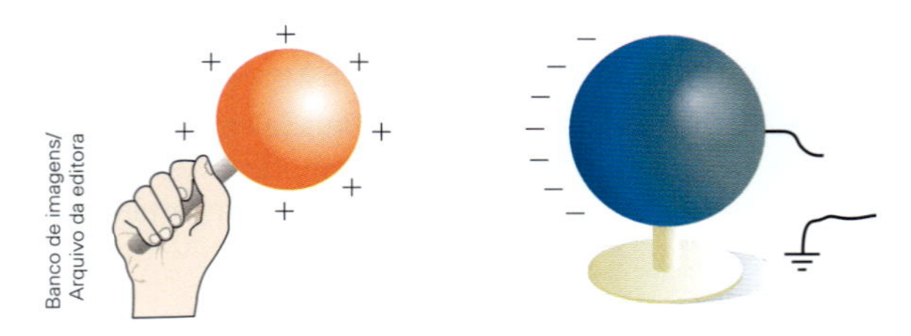


**4.** Por fim, afastar o indutor do induzido.

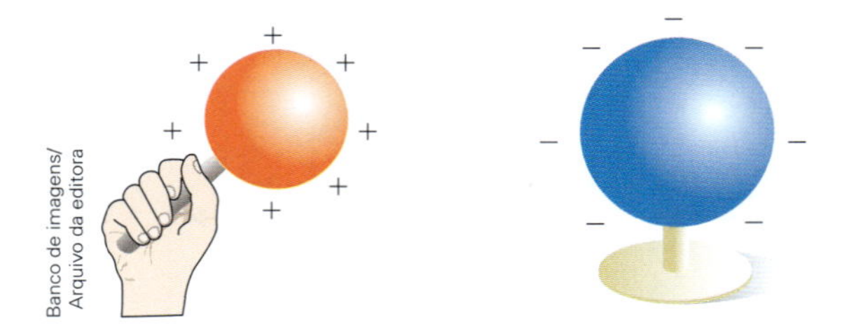


Observe que, após afastar o indutor, as cargas existentes no induzido se redistribuem por toda a sua superfície externa. Essa carga adquirida pelo induzido tem **sinal contrário** ao da carga do indutor. Note que a carga do indutor não se altera. Se o indutor estivesse eletrizado com carga negativa, após o procedimento descrito, a carga adquirida pelo induzido seria positiva.

## Lei de Coulomb

Sabendo que corpos eletrizados com cargas de sinais opostos sofrem uma força de atração, e corpos eletrizados com cargas de mesmo sinal sofrem uma força de repulsão, o francês Charles-Augustin de Coulomb (1736-1806) formulou, em 1785, uma lei que rege essas ações. Essa lei recebeu posteriormente o nome de **lei de Coulomb**:

> As forças de interação entre duas partículas eletrizadas possuem intensidades iguais e estão sempre na direção do segmento de reta que as une. Suas intensidades são diretamente proporcionais ao módulo do produto das cargas e inversamente proporcionais ao quadrado da distância entre as partículas.

Considere duas partículas eletrizadas com cargas $Q$ e $q$, a uma distância $d$ uma da outra. De acordo com a lei de Coulomb, a intensidade da força de interação eletrostática (atração ou repulsão) entre as cargas é calculada por:

$$F_e = K\frac{|Qq|}{d^2}$$

em que $K$ é uma constante de proporcionalidade.

O valor da constante $K$, denominada constante eletrostática, depende do meio em que as cargas se encontram. Essa constante $K$ é definida, no SI, por

$$K = \frac{1}{4\pi\epsilon},$$

sendo $\epsilon$ a **permissividade absoluta** do meio onde as cargas estão.

Como em nosso estudo, geralmente, o meio considerado é o vácuo, temos no SI:

$$\epsilon_0 = 8{,}85 \cdot 10^{-12}\ N^{-1}\ m^{-2}\ C^2$$

E portanto:

$$K_0 \cong 9{,}0 \cdot 10^9\ N\ m^2\ C^{-2}$$

**Ampliando o olhar**

## Alguns exemplos de manifestações da eletricidade estática

A eletricidade estática, obtida principalmente por atrito, pode manifestar-se em vários fenômenos do nosso cotidiano, às vezes de forma inofensiva, mas eventualmente de forma perigosa.

Uma dessas manifestações inofensivas pode ser observada em locais muito secos, de índices de umidade do ar muito baixos. Ao manusear um agasalho de lã sintética, podemos ouvir estalidos, devido a pequenas descargas elétricas entre seus fios. Se estivermos no escuro, poderemos observar pequenas faíscas entre os fios que foram eletrizados por atrito. Veja mais alguns exemplos.

**Exemplo 1:**

Nas tecelagens e nas fábricas de papel-jornal, onde o tecido e o papel são enrolados em grandes bobinas, ocorre o atritamento desses materiais com as partes metálicas das máquinas e, em consequência, aparecem cargas elétricas que podem produzir faíscas quando um operário encosta um objeto - uma chave de fenda, por exemplo. Essas faíscas podem iniciar a combustão do tecido ou do papel. Para evitar que isso ocorra, o local deve ser fechado e mantido com umidade controlada, pois as gotículas de água que são borrifadas nas peças que se atritam descarregam-nas, evitando os perigos de incêndio.

**Exemplo 2:**

Faíscas indesejáveis podem também ocorrer onde existe material inflamável, como nas refinarias de petróleo, indústrias de certos produtos químicos e salas de cirurgia dos hospitais (onde a maioria dos anestésicos gera vapores altamente explosivos). Por isso, nesses locais, é necessário um controle para evitar que a eletricidade estática possa causar acidentes.

Mark Burnett/Science Source/Fotoarena

Na fotografia, podemos observar a aparência estranha dos cabelos da menina. A explicação é que a garota, ao manter suas mãos em contato com um gerador eletrostático, torna-se eletrizada, e seus fios de cabelo se repelem, buscando o máximo distanciamento entre si, já que suas cargas estão com mesmo sinal.

**Exemplo 3:**

O atrito da superfície externa de um avião com o ar produz a eletrização dessa superfície. Para o escoamento das cargas elétricas acumuladas durante o voo existem nas asas pequenos fios metálicos.

Durante o abastecimento de aviões, eles são conectados à Terra para que possíveis cargas elétricas existentes na superfície externa sejam escoadas, evitando pequenas descargas elétricas que poderiam explodir o combustível que está sendo introduzido nos tanques.

A conexão com a Terra (fio terra) pode ser feita por meio da escada ou do túnel por onde transitam os passageiros.

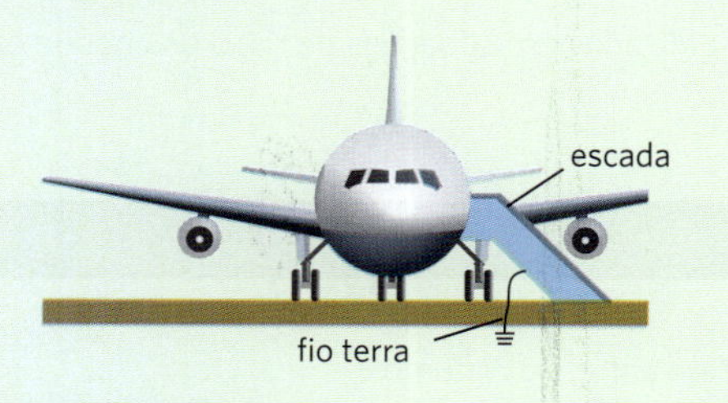


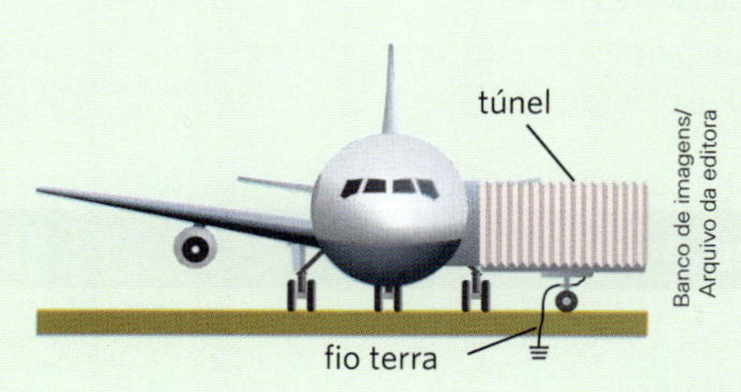


Banco de imagens/Arquivo da editora

**Exemplo 4:**

Os caminhões que transportam combustíveis também se eletrizam devido ao atrito com o ar. Assim, antes de iniciar o descarregamento, o terminal da mangueira é encaixado na boca do tanque. Essa boca possui um aterramento, isto é, uma conexão condutora com a Terra. Um cabo metálico faz a ligação entre o tanque do caminhão e o terminal da mangueira, para o descarregamento de possíveis cargas elétricas existentes no caminhão. Só após essa operação, o abastecimento é efetuado.

Lourens Smak/Alamy/Fotoarena

Os caminhões que transportam combustíveis precisam ter o tanque aterrado.

**Exemplo 5:**

A eletricidade estática tem, em alguns casos, caráter útil. As máquinas copiadoras, por exemplo, usam cargas eletrostáticas na reprodução de textos ou ilustrações de um original. A imagem desse original é projetada em um cilindro condutor revestido de selênio (fotocondutor - isolante nos locais não iluminados e condutor nos locais expostos à luz). Esse cilindro, inicialmente eletrizado, é descarregado na razão direta da intensidade da luz que nele incide a partir do original, permanecendo eletrizado nos locais das imagens projetadas. Em seguida, partículas de *toner* (tinta em pó) são atraídas pelas regiões ainda eletrizadas do cilindro. A tinta é, então, transferida para o papel da cópia e fundida por aquecimento, obtendo-se uma reprodução duradoura.

Veja, a seguir, um corte de uma máquina copiadora e os cinco passos para a reprodução de um original.

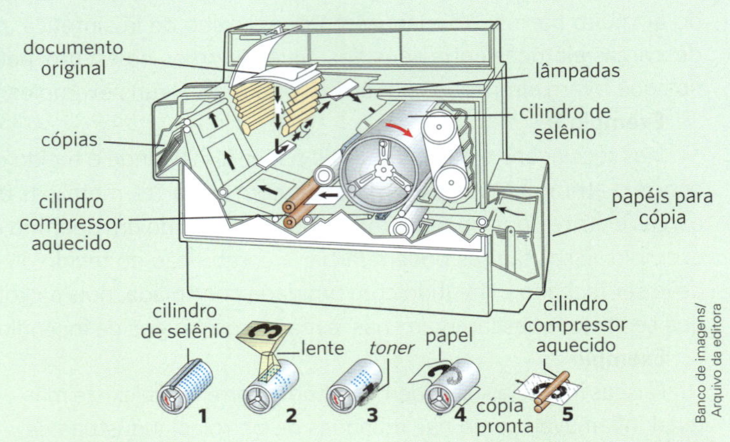


1. Eletrizando o cilindro.
2. Projetando a imagem no cilindro.
3. O *toner* sendo atraído para as regiões eletrizadas do cilindro.
4. Transferindo o *toner* para o papel.
5. Fixando o *toner* no papel.

Pessoa utilizando uma máquina copiadora.

## Descubra mais

1. Pesquise sobre a força nuclear forte. Qual é a diferença entre essa força e a força nuclear fraca?
2. Faça uma pesquisa sobre a força eletromagnética. Podemos encontrá-la em um átomo ou em uma molécula?
3. É comum uma pessoa, ao fechar a porta de um automóvel após tê-lo dirigido, receber um choque no contato com o puxador. Como você explica esse fato?
4. Você talvez já tenha visto na TV ou no cinema alguma cena em que uma pessoa se encontra em uma banheira e cai na água, por exemplo, um secador de cabelo ligado. Se a água é um isolante elétrico, por que essa situação é tão perigosa, podendo levar a pessoa à morte?
5. Pesquise sobre equipamentos e recursos de segurança que devem ser utilizados em situações de risco de choque elétrico e justifique o uso desses itens.

## Exercícios

**7** Três pequenas esferas condutoras, $M$, $N$ e $P$, idênticas, estão eletrizadas com cargas $+6q$, $+q$ e $-4q$, respectivamente. Uma quarta esfera, $Z$, igual às anteriores, encontra-se neutra. Determine a carga elétrica adquirida pela esfera $Z$, após contatos sucessivos com $M$, $N$ e $P$, nessa ordem.

**Resolução:**

Como os condutores são idênticos, após o contato entre dois deles cada um fica com metade da soma algébrica das suas cargas iniciais. Assim, no contato entre $Z$ e $M$, temos:

$$\text{antes}\begin{cases} Q_Z = 0 \\ Q_M = +6q \end{cases} \quad \text{após}\begin{cases} Q'_Z = +3q \\ Q'_M = +3q \end{cases}$$

No contato entre $Z$ e $N$, temos:

$$\text{antes}\begin{cases} Q'_Z = +3q \\ Q'_N = +q \end{cases} \quad \text{após}\begin{cases} Q''_Z = +2q \\ Q''_N = +2q \end{cases}$$

Finalmente, no contato entre $Z$ e $P$, temos:

$$\text{antes}\begin{cases} Q''_Z = +2q \\ Q''_P = -4q \end{cases} \quad \text{após}\begin{cases} Q'''_Z = -q \\ Q'''_P = -q \end{cases}$$

Portanto, após os contatos sucessivos de $Z$ com $M$, $N$ e $P$, sua carga elétrica $Q'''_Z$ é dada por:

$Q'''_Z = -q$

**8** Durante uma aula de Física, uma aluna de longos cabelos começa a penteá-los usando pente de plástico. Após passar o pente pelos cabelos, nota que ele atrai pequenos pedaços de papel que se encontram sobre sua carteira. Admirada, ela pergunta ao professor qual a explicação para tal fato.

O professor pede que os demais alunos se manifestem. Sabendo que cinco deles deram respostas diferentes, qual acertou a explicação?
Aluno A — O pente é um bom condutor elétrico.
Aluna B — O papel é um bom condutor elétrico.
Aluno C — Os pedaços de papel já estavam eletrizados.
Aluna D — O pente ficou eletrizado por atrito no cabelo.
Aluno E — Entre o pente e os pedaços de papel ocorre atração gravitacional.

**9** Três pequenas esferas metálicas *A*, *B* e *C* idênticas estão eletrizadas com cargas $+3q$, $-2q$ e $+5q$, respectivamente. Determine a carga de cada uma após um contato simultâneo entre as três.

**10** (Unifor-CE) Dois corpos *x* e *y* são eletrizados por atrito, tendo o corpo *x* cedido elétrons a *y*. Em seguida, outro corpo, *z*, inicialmente neutro, é eletrizado por contato com o corpo *x*. No final dos processos citados, as cargas elétricas de *x*, *y* e *z* são, respectivamente:

**a)** negativa, negativa e positiva.
**b)** positiva, positiva e negativa.
**c)** positiva, negativa e positiva.
**d)** negativa, positiva e negativa.
**e)** positiva, positiva e positiva.

**11** (UEL-PR) Três esferas condutoras, *A*, *B* e *C*, têm o mesmo diâmetro. A esfera *A* está inicialmente neutra e as outras duas estão carregadas com cargas $Q_B = 1,2\ \mu C$ e $Q_C = 1,8\ \mu C$. Com a esfera *A*, toca-se primeiro a esfera *B* e depois a *C*. As cargas elétricas de *A*, *B* e *C*, depois desses contatos, são, respectivamente:

**a)** 0,60 μC, 0,60 μC e 1,8 μC.
**b)** 0,60 μC, 1,2 μC e 1,2 μC.
**c)** 1,0 μC, 1,0 μC e 1,0 μC.
**d)** 1,2 μC, 0,60 μC e 1,2 μC.
**e)** 1,2 μC, 0,8 μC e 1,0 μC.

**12** (Vunesp-SP) Objetos eletricamente neutros podem ser eletrizados por vários processos. Considere:

**I.** Na eletrização por contato, os objetos que se tocam assumem, no final do processo, cargas elétricas de mesmo sinal.
**II.** Na eletrização por indução, os elétrons do objeto induzido procuram se afastar o máximo possível dos elétrons do corpo indutor.
**III.** Na eletrização por atrito, há transferência de elétrons de um objeto para outro e, por conta disso, os objetos adquirem cargas de sinais opostos.

É correto o contido em:

**a)** I, apenas.
**b)** III, apenas.
**c)** I e II, apenas.
**d)** II e III, apenas.
**e)** I, II e III.

**13** Três pequenas esferas condutoras, *M*, *N* e *P*, idênticas, estão eletrizadas com cargas $+6q$, $+q$ e $-4q$, respectivamente. Uma quarta esfera, *Z*, igual às anteriores, encontra-se neutra.
Determine a carga elétrica adquirida pela esfera *Z*, após contatos sucessivos com *M*, *N* e *P*, nessa ordem.

**14** Em uma esfera metálica oca, carregada positivamente, são encostadas esferas metálicas menores, presas a cabos isolantes e inicialmente descarregadas.

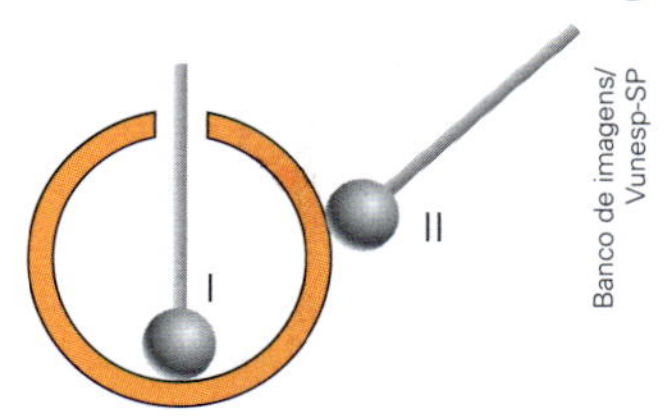


As cargas que passam para as esferas menores, I e II, são, respectivamente:

**a)** zero e negativa;
**b)** zero e positiva;
**c)** positiva e negativa;
**d)** positiva e zero;
**e)** negativa e positiva.

**15** (UPM-SP) Três pequenas esferas de cobre, idênticas, são utilizadas em um experimento de Eletrostática. A primeira, denominada *A*, está inicialmente eletrizada com carga $Q_A = +2,40$ nC; a segunda, denominada *B*, não está eletrizada; e a terceira, denominada *C*, está inicialmente eletrizada com carga $Q_C = -4,80$ nC. Em um dado instante, são colocadas em contato entre si as esferas *A* e *B*. Após atingido o equilíbrio eletrostático, *A* e *B* são separadas uma da outra e, então, são postas em contato as esferas *B* e *C*. Ao se atingir o equilíbrio eletrostático entre *B* e *C*, a esfera *C*:

**a)** perdeu a carga elétrica equivalente a $1,125 \cdot 10^{10}$ elétrons.
**b)** perdeu a carga elétrica equivalente a $1,875 \cdot 10^{10}$ elétrons.
**c)** ganhou a carga elétrica equivalente a $1,125 \cdot 10^{10}$ elétrons.
**d)** ganhou a carga elétrica equivalente a $1,875 \cdot 10^{10}$ elétrons.
**e)** manteve sua carga elétrica inalterada.
Dado: carga do elétron $= -1,60 \cdot 10^{-19}$ C.

**16** (Unicastelo/MED-SP) Três condutores elétricos idênticos, *A*, *B* e *C*, estão inicialmente carregados com cargas elétricas $x$, $-2x$ e $3x$, respectivamente. É feita a seguinte sequência de contatos: *A* com *B*; *C* com *B*; e *A* com *C*. O valor de *x* para que *A* e *C* terminem com carga igual a 3 unidades de carga elétrica é

**a)** 1. **b)** 2. **c)** 8. **d)** 4. **e)** 6.

**17** (PUC-SP) Suponha duas pequenas esferas *A* e *B* eletrizadas com cargas de sinais opostos e separadas por certa distância. A esfera *A* tem uma quantidade de carga duas vezes maior que a esfera *B* e ambas estão fixas num plano horizontal. Supondo que as esferas troquem entre si as forças de atração $\vec{F}_{AB}$ e $\vec{F}_{BA}$, podemos afirmar que a figura que representa corretamente essas forças é:

a) A $\vec{F}_{BA}$ $\vec{F}_{AB}$ B

b) A $\vec{F}_{BA}$ $\vec{F}_{AB}$ B

c) A $\vec{F}_{BA}$ $\vec{F}_{AB}$ B

d) A $\vec{F}_{BA}$ B

e) A $\vec{F}_{AB}$ B



**18** Determine o módulo da força de interação entre duas partículas eletrizadas com $+4{,}0\ \mu C$ e $-3{,}0\ \mu C$, estando elas no vácuo à distância de 6,0 cm uma da outra.

Dado: constante eletrostática do vácuo $K =$
$= 9{,}0 \cdot 10^9\ N\ m^2\ C^{-2}$.

**19** (UEA/SIS-AM) Duas cargas elétricas, $q_1$ e $q_2$, apresentam, quando separadas a uma distância *r* uma da outra, uma intensidade da força de interação entre elas igual a *F*. Se as duas cargas forem duplicadas e a distância entre elas for reduzida à metade, a intensidade da força de interação entre essas duas cargas será igual a

a) $\frac{1}{2}F$.
b) $\frac{1}{4}F$.
c) $4F$.
d) $8F$.
e) $16F$.

**20** (UEA/SIS-AM) Conhecer a constante eletrostática de uma substância nos possibilita selecionar qual melhor meio para envolvermos corpos eletricamente carregados. Para uma forte interação entre esses corpos, pode-se utilizar o vácuo, que apresenta a maior constante eletrostática. Assim, para que houvesse uma menor interação entre duas cargas elétricas, $q_1 = 2\ \mu C$ e $q_2 = 4\ \mu C$, colocadas a 40 cm uma da outra, foi utilizado o etanol e a medida da força de interação entre elas apresentou intensidade igual a $18 \cdot 10^{-3}$ N. Nessa interação a constante eletrostática *k* no etanol tem valor, em $N \cdot m^2/C^2$, igual a

a) $3{,}6 \cdot 10^8$.
b) $5{,}2 \cdot 10^8$.
c) $7{,}4 \cdot 10^8$.
d) $8{,}6 \cdot 10^8$.
e) $9{,}0 \cdot 10^8$.

**21** No interior do núcleo de um átomo, dois prótons encontram-se a uma distância de um ângstrom, isto é, $1 \cdot 10^{-10}$ m. Sabendo-se que a carga de um próton vale $1{,}6 \cdot 10^{-19}$ C e que a constante eletrostática é de $9 \cdot 10^9\ N \cdot m^2/C^2$, a ordem de grandeza da força, em newtons, que age entre esses prótons, é de:

a) $10^{-2}$.
b) $10^{-4}$.
c) $10^{-6}$.
d) $10^{-8}$.
e) $10^{-10}$.

**22** (Fuvest-SP) Duas pequenas esferas, $E_1$ e $E_2$, feitas de materiais isolantes diferentes, inicialmente neutras, são atritadas uma na outra durante 5 s e ficam eletrizadas. Em seguida, as esferas são afastadas e mantidas a uma distância de 30 cm, muito maior que seus raios. A esfera $E_1$ ficou com carga elétrica positiva de 0,8 nC. Determine

a) a diferença *N* entre o número de prótons e o de elétrons da esfera $E_1$, após o atrito;
b) o sinal e o valor da carga elétrica *Q* de $E_2$, após o atrito;
c) a corrente elétrica média entre as esferas durante o atrito;
d) o módulo da força elétrica *F* que atua entre as esferas depois de afastadas.

**Note e adote:**
$1\ nC = 10^{-9}$ C
Carga do elétron $= 1{,}6 \cdot 10^{-19}$ C

**23** (Vunesp-SP) Ao retirar o copinho de um porta-copos, um jovem deixa-o escapar de suas mãos quando ele já se encontrava a 3 cm da borda do porta-copos. Misteriosamente, o copo permanece por alguns instantes pairando no ar. Analisando o fato, concluiu que o atrito entre o copo extraído e o que ficara exposto havia gerado uma força de atração de origem eletrostática. Suponha que:

- a massa de um copo seja de 1 g;
- a interação eletrostática ocorra apenas entre o copo extraído e o que ficou exposto, sendo que os demais copos não participam da interação;
- os copos, o extraído e o que ficou exposto, possam ser associados a cargas pontuais, de mesma intensidade.

Nessas condições, dados $g = 10\ m/s^2$ e $k = 9 \cdot 10^9\ N \cdot m^2/C^2$, o módulo da carga elétrica excedente no copinho, momentos após sua retirada do porta-copos, foi, em coulombs, aproximadamente:

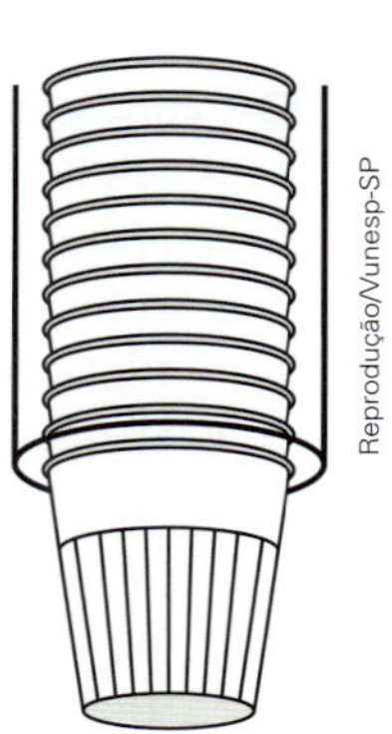


a) $6 \cdot 10^{-5}$.
b) $5 \cdot 10^{-6}$.
c) $4 \cdot 10^{-7}$.
d) $3 \cdot 10^{-8}$.
e) $2 \cdot 10^{-9}$.

# Campo elétrico

Este capítulo favorece o desenvolvimento das seguintes habilidades:

EM13CNT306

EM13CNT308

## Conceito e descrição de campo elétrico

Você já aprendeu que cargas elétricas de sinais opostos se atraem e cargas elétricas de sinais iguais se repelem. Essa interação a distância entre corpos eletrizados pode ser explicada usando-se o conceito de **campo elétrico**.

> **Campo elétrico** é uma propriedade física estabelecida em todos os pontos do espaço que estão sob a influência de uma carga elétrica (carga fonte), tal que uma outra carga (carga de prova), ao ser colocada em um desses pontos, fica sujeita a uma força de atração ou de repulsão exercida pela carga fonte.

> **Carga de prova** é uma carga elétrica de valor conhecido utilizada para detectar a existência de um campo elétrico. Ela é posicionada em um determinado local e, pelo efeito observado, pode-se saber se nele existe ou não um campo elétrico. Se confirmada a existência do campo elétrico, a carga de prova também auxilia a determinar sua intensidade.

Para tentarmos visualizar melhor, vamos comparar a seguir duas representações esquemáticas. Na primeira, uma carga elétrica $Q$ gera uma influência na região que a cerca e, na segunda, a Terra, com sua massa, também gera uma influência no espaço que a circunda. Os conceitos de campo elétrico e de campo gravitacional explicam a atração e a repulsão (no caso de cargas elétricas) observadas nas situações representadas.

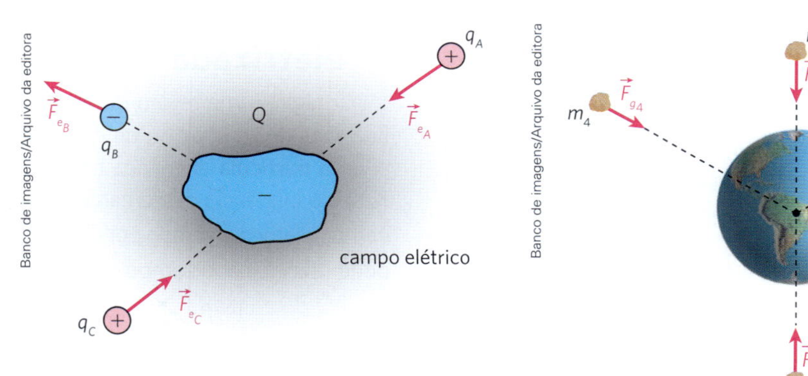


Representação esquemática do **campo elétrico**. A carga elétrica $Q$ gera um campo elétrico no espaço que a envolve. Quando uma outra carga elétrica, $q$ (carga de prova), é colocada em um ponto dessa região, ela recebe uma força $\vec{F}_e$, que pode ser de atração ou de repulsão em relação à carga fonte $Q$.

Representação esquemática do **campo gravitacional**, com elementos sem proporção entre si e em cores fantasia. O campo gravitacional é exclusivamente atrativo, como indicam as forças gravitacionais ($\vec{F}_g$) representadas no esquema.

Como podemos observar nos esquemas, existe uma notável analogia entre os campos elétrico e gravitacional. Apesar disso, é importante notar que, no campo elétrico, as forças manifestadas podem ser de atração ou de repulsão, enquanto no campo gravitacional essas forças são exclusivamente de atração.

Assim como campo gravitacional é descrito pelo vetor aceleração da gravidade $\vec{g}$, o campo elétrico também é descrito por um vetor; o vetor campo elétrico $\vec{E}$, que definiremos a seguir.

## Definição do vetor campo elétrico

Consideremos uma região do espaço inicialmente livre da influência de qualquer carga elétrica e coloquemos nessa região um corpo eletrizado com carga elétrica $Q$. A presença desse corpo produz nos pontos da região uma propriedade física a mais: o **campo elétrico** gerado por $Q$.

Se uma carga de prova $q$ for colocada em um ponto $P$ desse campo, uma força elétrica $\vec{F}_e$ atuará sobre ela, com intensidade diretamente proporcional à carga $q$. Isso significa que para um mesmo ponto $P$, o quociente $\frac{\vec{F}_e}{q}$ é **constante** para qualquer valor de $q$.

O **vetor campo elétrico** estabelecido no ponto $P$ pela carga $Q$ é então definido por esse quociente:

$$\vec{E} = \frac{\vec{F}_e}{q}$$

Da definição, obtêm-se as características do vetor $\vec{E}$:

- **intensidade**: $E = \frac{F_e}{|q|}$;
- **direção**: a mesma da força $\vec{F}_e$;
- **sentido**: o mesmo da força $\vec{F}_e$, se $q$ for positiva; contrário ao da força $\vec{F}_e$, se $q$ for negativa.

Observe, com base na definição, que a unidade de campo elétrico é o quociente da unidade de força pela unidade de carga elétrica. No SI, a intensidade de força é expressa em newton (N) e a carga elétrica em coulomb (C). Por isso, tem-se como unidade de campo elétrico:

$$\text{unid. } [E] = \frac{\text{unid. } [F]}{\text{unid. } [q]} = \frac{\text{newton}}{\text{coulomb}} = \frac{\text{N}}{\text{C}}$$

A intensidade do vetor campo elétrico fornece o valor da força elétrica atuante **por unidade de carga** da carga de prova $q$ colocada no ponto $P$, não dependendo dessa carga de prova.

**Nota**

Por ser uma quantidade de carga extremamente grande, é impossível encontrarmos 1 C armazenado em corpos de pequenas dimensões. Apesar disso, por motivos didáticos, muitas vezes falamos até em partículas eletrizadas com carga de 1 C ou mais.

### Orientação do vetor campo elétrico

A seguir estão representadas as orientações do vetor campo elétrico $\vec{E}$ devido a uma carga fonte $Q$.

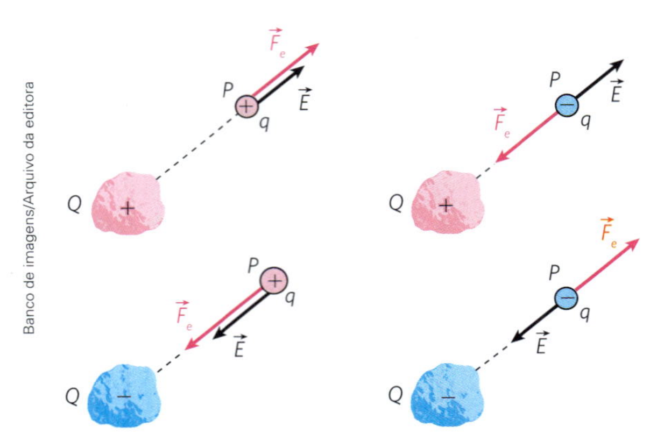


Observe, nas figuras acima, que:

Quando a carga de prova $q$ é **positiva**, os vetores força elétrica ($\vec{F}_e$) e campo elétrico ($\vec{E}$) têm a mesma direção e o mesmo sentido. Quando a carga de prova $q$ é **negativa**, os vetores $\vec{F}_e$ e $\vec{E}$ têm a mesma direção, mas sentidos opostos.

O vetor campo elétrico em um ponto $P$ devido a uma carga $Q$ **positiva** sempre tem sentido de **afastamento** em relação a ela, enquanto o vetor campo elétrico devido a uma carga $Q$ **negativa** sempre tem sentido de **aproximação** em relação a ela, independentemente do sinal da carga de prova $q$.

## Campo elétrico de uma partícula eletrizada

Imagine uma região do espaço onde não existam influências de massas ou de cargas elétricas. Colocando-se aí uma **partícula** eletrizada com carga $Q$, essa região ficará sob a influência dessa carga elétrica, existindo agora um campo elétrico $\vec{E}$ gerado por $Q$. Em cada ponto dessa região podemos indicar o campo elétrico por meio do vetor $\vec{E}$.

Para calcularmos a intensidade do vetor campo elétrico em um ponto $P$ situado a uma distância $d$ da carga fonte $Q$, imagine uma carga de prova $q$ nesse ponto. Nessa carga de prova atua uma força, cuja intensidade é dada pela **lei de Coulomb**: $F_e = K\frac{|Qq|}{d^2}$. Já o módulo do vetor campo elétrico no ponto $P$ é dado por $E = \frac{F_e}{|q|} \Rightarrow F_e = |q|E$.
Substituindo uma equação na outra, obtemos:

$$|q|E = K\frac{|Qq|}{d^2} \Rightarrow E = K\frac{|Q|}{d^2}$$

Observe, nessa expressão, que o módulo do vetor campo elétrico $\vec{E}$ depende de três fatores:

- da carga elétrica $Q$, fonte do campo;
- da distância $d$ do ponto considerado à carga fonte $Q$;
- do meio (recorde-se de que $K$ é a constante eletrostática, que depende do meio).

Note que a intensidade do vetor $\vec{E}$ não depende da carga de prova $q$.

A representação gráfica da intensidade do vetor campo $\vec{E}$, em função da distância entre o ponto considerado e a carga fonte $Q$, é a curva observada no diagrama a seguir.

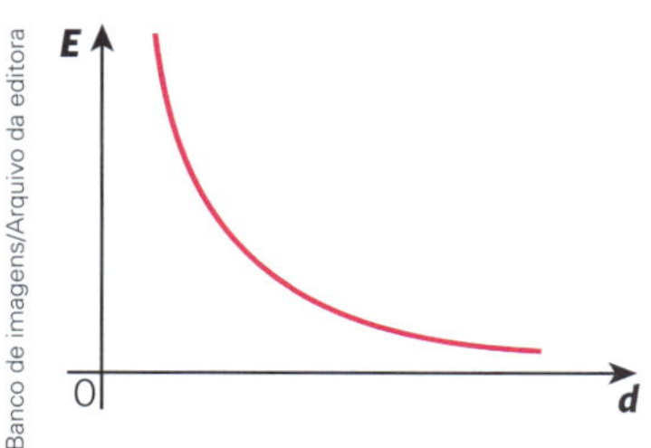


O gráfico representa a intensidade do vetor campo $\vec{E}$, criado por uma partícula eletrizada com carga $Q$, em função da distância $d$.

A carga $Q$ gera campo no espaço que a envolve, mas **não gera campo no ponto onde se encontra**. Se isso não fosse verdade, $Q$ poderia acelerar a si mesma sob a ação do seu próprio campo, o que seria absurdo: um corpo não pode, por si só, alterar sua velocidade vetorial (princípio da inércia).

Essa afirmativa leva-nos a concluir que uma carga de prova, ao ser colocada num ponto qualquer sob a ação de um campo elétrico, não altera o campo existente nesse ponto. Assim, o vetor campo elétrico, num ponto, independe da carga de prova que possa existir ali.

## Campo elétrico devido a duas ou mais partículas eletrizadas

Imagine que em dois pontos, $A$ e $B$, são colocadas duas partículas eletrizadas com cargas $Q_A$ e $Q_B$, respectivamente. Um ponto $P$, distinto de $A$ e de $B$, fica sob a influência simultânea de dois campos elétricos, um devido a $Q_A$ e outro devido a $Q_B$.

O vetor campo elétrico resultante nesse ponto $P$ é dado pela **soma dos vetores** $\vec{E}_A$ e $\vec{E}_B$, devido a $Q_A$ e $Q_B$, respectivamente, como ilustram as figuras a seguir:

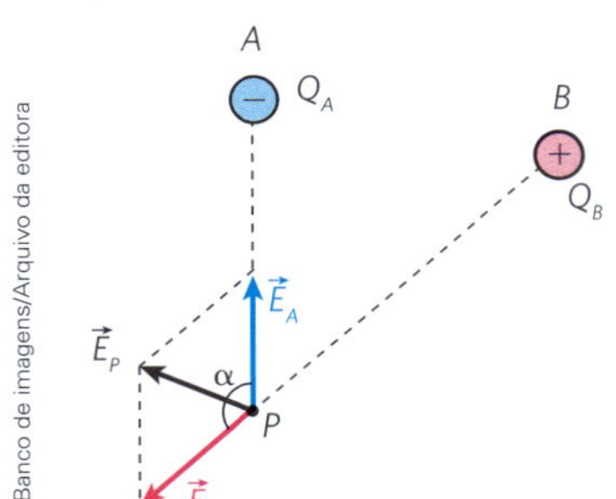


$$\vec{E}_p = \vec{E}_A + \vec{E}_B$$

Perceba que, se tivermos $n$ partículas eletrizadas, em cada ponto do espaço que estiver sob a influência dessas cargas teremos $n$ vetores, cada um representando o campo criado por uma das cargas. O vetor campo elétrico resultante será a soma desses $n$ vetores:

$$\vec{E} = \vec{E}_1 + \vec{E}_2 + ... + \vec{E}_n$$

## Linhas de força

Com a finalidade de indicar a presença de campo elétrico em certas regiões do espaço, criou-se uma forma geométrica de representação, denominada **linha de força**.

**Linha de força** de um campo elétrico é uma linha que tangencia, em cada ponto, o vetor campo elétrico resultante associado a esse ponto.

Por convenção, as linhas de força são orientadas no sentido do vetor campo. Assim, como o vetor campo tem sentido de **afastamento** em relação às cargas fontes positivas e de **aproximação** em relação às negativas, o mesmo acontece com as linhas de força. Além disso, as linhas de força **nunca se cruzam**.

Para partículas pontuais (de dimensões desprezíveis), solitárias e eletrizadas, as linhas de força são radiais, como representam as figuras seguintes:

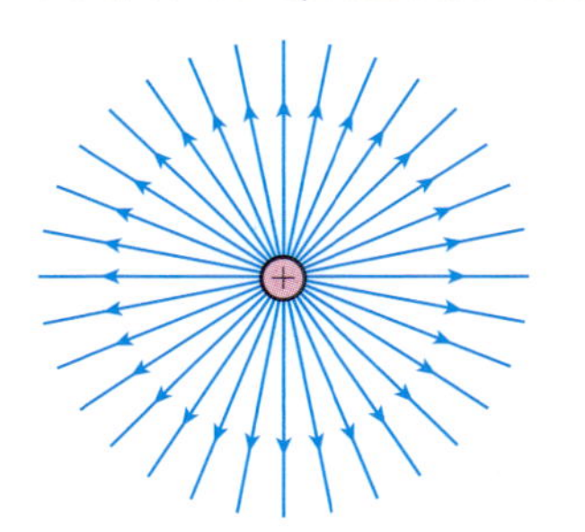

Linhas de força de **afastamento** representativas do campo elétrico criado por uma partícula eletrizada com carga **positiva**.

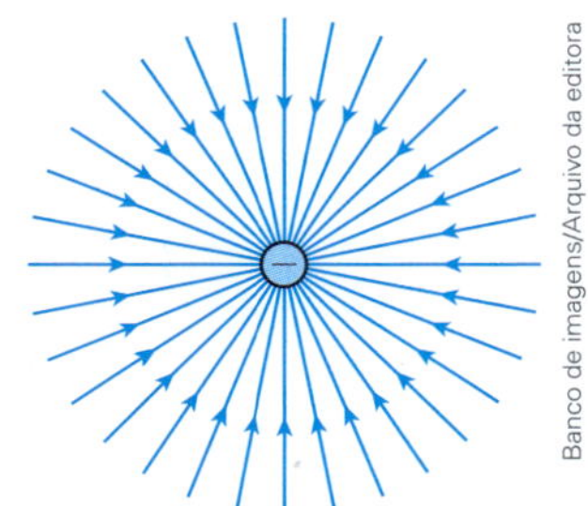


Linhas de força de **aproximação** representativas do campo elétrico criado por uma partícula eletrizada com carga **negativa**.

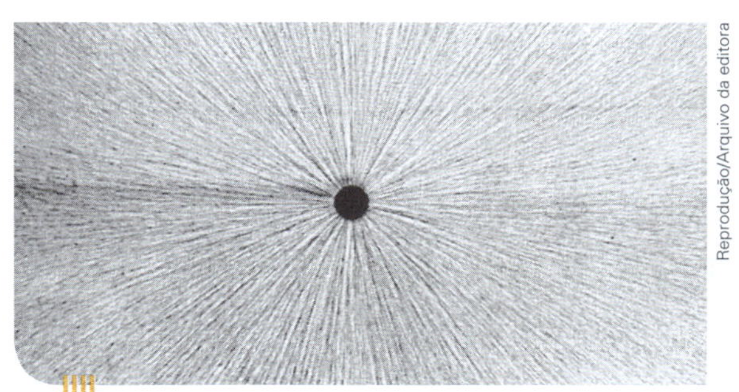


Pequenas fibras de tecido suspensas em óleo e submetidas ao campo elétrico criado por uma partícula eletrizada mostram a forma das linhas de força representativas desse campo.

A imagem a seguir representa duas partículas eletrizadas com cargas de sinais opostos, tendo a carga positiva o dobro do módulo da negativa. As linhas de força tomam o aspecto da figura seguinte.

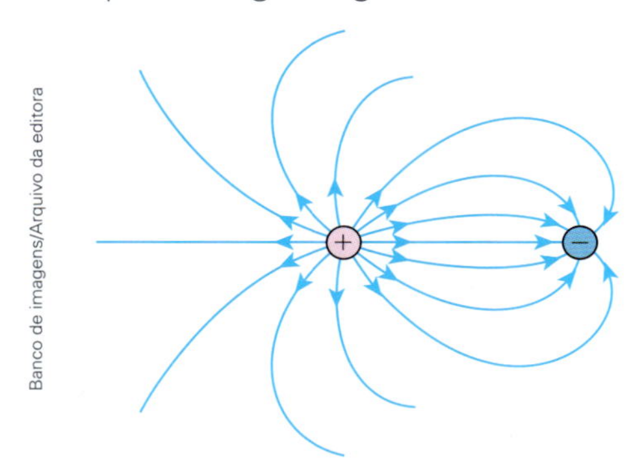


Observe que o número de linhas de força que saem da carga positiva é o dobro do número que chega à negativa. Isso ocorre porque o número de linhas de força em cada partícula deve ser proporcional à sua carga.

Note que, em todas as configurações observadas anteriormente, a concentração das linhas de força (densidade de linhas de força) é maior nas vizinhanças das cargas, em que, evidentemente, a intensidade do campo elétrico é maior. A seguir, vamos comparar a intensidade do vetor campo elétrico com base nas densidades de linhas de força em diferentes regiões desse campo.

### Densidade de linhas de forças

Observe a figura a seguir, que representa, por meio de linhas de força, uma região onde existe um campo elétrico.

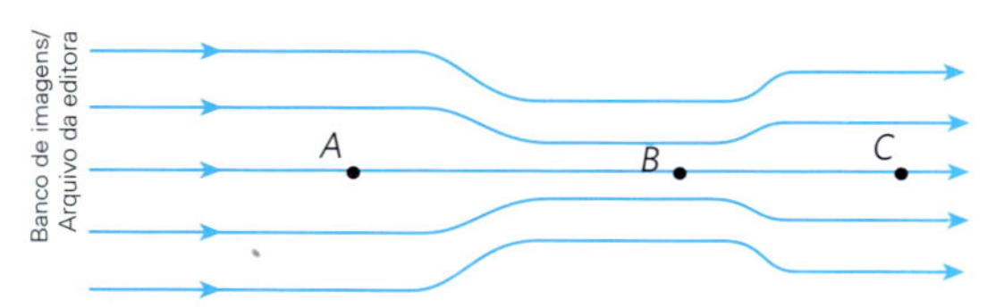


Partindo do exposto anteriormente, podemos concluir que a intensidade do vetor campo elétrico é maior no ponto *B* e menor no ponto *A*:

$$E_B > E_C > E_A$$

A intensidade do campo elétrico é maior na região de maior densidade de linhas de força e menor na região de menor densidade de linhas de força.

## Densidade superficial de cargas

No processo de eletrização de um condutor, ocorre uma movimentação de portadores de carga elétrica até que o corpo atinja o chamado **equilíbrio eletrostático**, situação em que todos os portadores responsáveis pela eletrização se acomodam na superfície externa do condutor.

Considere, então, um condutor de superfície externa de área total *A*, em equilíbrio eletrostático, eletrizado com carga *Q*.

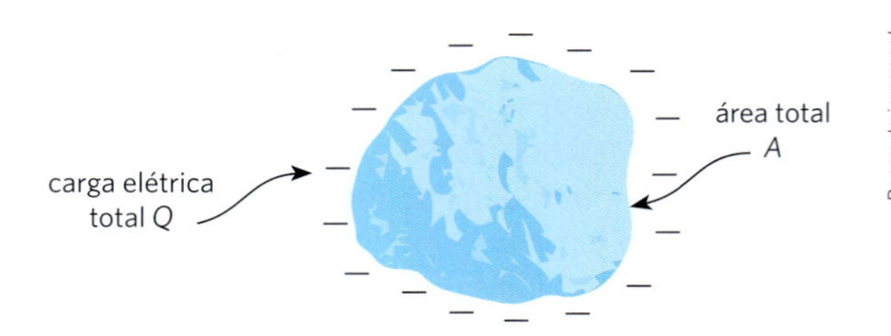


Por definição, a **densidade superficial média de cargas** ($\sigma_m$) desse condutor é dada pelo quociente da carga elétrica *Q* pela área *A*:

$$\sigma_m = \frac{Q}{A}$$

A densidade superficial de cargas é uma grandeza física escalar algébrica, dotada do mesmo sinal da carga *Q*, tendo por unidade, no SI, $C/m^2$. Nesse exemplo, a densidade superficial média de cargas é **negativa**.

É usado o termo **média**, na densidade superficial de cargas, porque, em geral, as cargas elétricas não se distribuem de maneira uniforme sobre a superfície externa do condutor, já que isso depende da geometria do corpo.

## O poder das pontas

Experimentalmente, constata-se que o módulo da densidade superficial de cargas em um condutor eletrizado é **maior** nas regiões em que ele possui **menor** raio de curvatura (regiões de maior curvatura), como ilustra a figura a seguir.

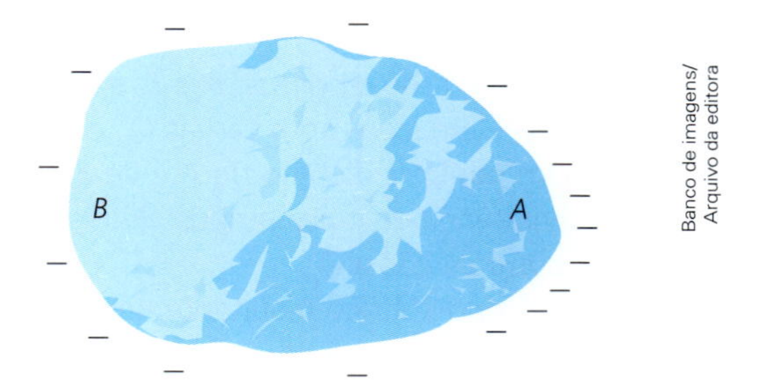


Nesse condutor eletrizado negativamente, a concentração de elétrons é maior na região *A* do que na região *B*.

Essa densidade tem módulo ainda maior em regiões pontiagudas, o que lhes confere um comportamento conhecido por **poder das pontas**.

Assim, devido à maior concentração de cargas, o campo elétrico é mais intenso nas vizinhanças das regiões pontiagudas que nas vizinhanças das outras regiões do condutor.

## Ampliando o olhar

### Raios e para-raios

Em um condutor eletrizado, a maior concentração de cargas elétricas é encontrada nas regiões de maior curvatura, nas pontas. Assim, quando eletrizamos um condutor que exibe regiões pontiagudas, o campo elétrico é maior nessas pontas. Se a intensidade desse campo ultrapassar o ponto de ruptura do dielétrico (do meio, no caso o ar), cargas elétricas serão lançadas em forma de faíscas para o meio. Na fotografia a seguir observamos descargas elétricas entre as pontas de dois pregos que estão altamente eletrizados.

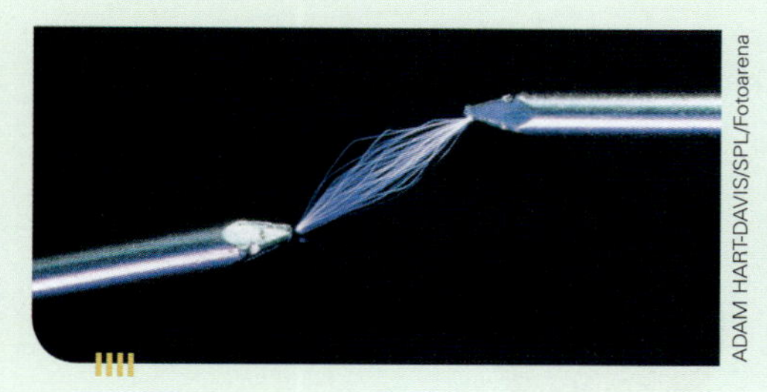
ADAM HART-DAVIS/SPL/Fotoarena

Descarga elétrica entre dois pregos.

Esse fenômeno é análogo ao processo de interação entre **raios** e **para-raios** durante uma tempestade.

Os raios ocorrem quando o campo elétrico entre uma nuvem e a terra (ou entre duas nuvens) supera o limite da capacidade dielétrica do ar atmosférico. Nessas condições, é comum as descargas começarem com cargas elétricas negativas, liberadas pela nuvem em direção ao solo. O intenso campo elétrico dessas descargas iniciais produz outra descarga elétrica, bem mais intensa, do solo para a nuvem.

A partir do encontro das duas descargas, ficam estabelecidos caminhos ionizados através do ar. Na sequência, cargas elétricas negativas saem das nuvens e dirigem-se para o solo, utilizando esses caminhos. Isso pode ocorrer várias vezes em um curto intervalo de tempo, enquanto essas condições perdurarem.

Em razão do poder das pontas, as descargas elétricas entre uma nuvem e a terra ocorrem, geralmente, por meio de uma saliência condutora existente no solo, como uma árvore.

Em regiões habitadas, costuma-se criar um caminho seguro para essas descargas a fim de se evitarem danos. Trata-se de um dispositivo criado originalmente por Benjamin Franklin, denominado para-raios. Esse dispositivo é formado por uma haste metálica de aproximadamente 1 metro de comprimento, com ápice em 4 pontas. A haste costuma ser fixada na parte superior das edificações ou de postes e ligada à terra por um cabo condutor isolado da construção. No entanto, um para-raios não proporciona segurança total contra possíveis descargas elétricas. Seu grau de proteção depende de suas especificações; por exemplo, a condutividade do material utilizado em sua construção. Para alturas superiores a 30 metros, o para-raios de Franklin tem sua eficiência reduzida, sendo necessário combiná-lo com outros dispositivos de segurança

Mike Hollingshead/Science Source/Fotoarena

Para-raios durante tempestade.

## Descubra mais

1. Em dias de tempestade, somos instruídos a não ficar sob árvores ou mesmo próximo de postes e a não ficar em pé em locais descampados. Com base em seu conhecimento sobre condutores e campos elétricos, justifique tais comportamentos de segurança.
2. Pesquise sobre como a adição de sal em uma solução aquosa altera o comportamento condutor dela e explique por que, durante tempestades, também somos instruídos a não ficar em piscinas abertas ou na água do mar.
3. Para proteger prédios maiores do que 30 metros contra raios, são necessárias outras tecnologias além do para-raios de Franklin. Pesquise sobre outros sistemas de proteção contra descargas atmosféricas, como eles funcionam e em quais casos eles são utilizados.

## Campo elétrico criado por um condutor eletrizado

Para um condutor eletrizado em **equilíbrio eletrostático**, são válidas as seguintes observações:

O vetor campo elétrico é nulo nos **pontos internos** do condutor:

$$\vec{E}_{int} = \vec{0}$$

Se o campo no interior do condutor não fosse nulo, surgiriam forças nos portadores de cargas elétricas livres existentes nessa região, provocando seu deslocamento de um local para outro, fato este que contraria a hipótese inicial de termos o condutor em equilíbrio eletrostático.

O vetor campo elétrico em **pontos próximos da superfície externa do condutor** é perpendicular a ela, possuindo intensidade proporcional ao módulo da densidade superficial de cargas ($\sigma$) da região considerada.

É importante notar que, assim como o campo elétrico criado por uma carga puntiforme não está definido na posição da carga, o campo elétrico criado por um condutor eletrizado também não está definido na superfície do condutor. Dizemos que, nestes pontos, o campo elétrico é indefinido.

Nas ilustrações a seguir podemos observar a orientação do vetor campo elétrico em um ponto próximo da superfície do condutor.

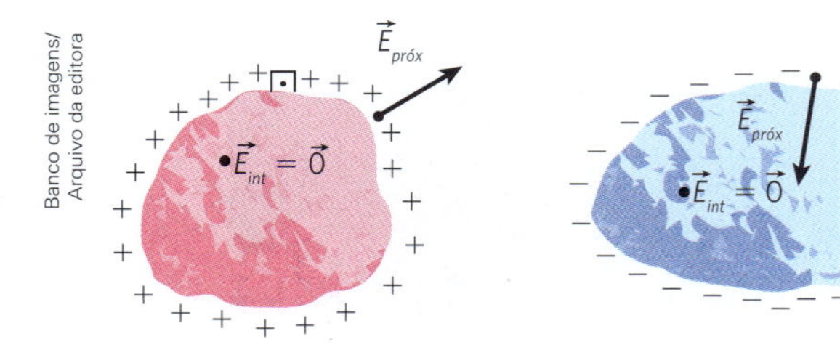


Banco de imagens/Arquivo da editora

O vetor campo elétrico em pontos externos e próximos do condutor é perpendicular à superfície dele.

## Campo elétrico criado por um condutor esférico eletrizado

Uma superfície esférica tem a mesma curvatura em todos os seus pontos. Por isso, em um condutor esférico solitário e eletrizado, a densidade superficial de cargas é a mesma em todas as regiões de sua superfície externa, que se apresenta, portanto, uniformemente eletrizada.

As observações a respeito de campo elétrico feitas no item anterior também são válidas para condutores esféricos em equilíbrio eletrostático. Entre elas, interessa-nos destacar o fato de o campo elétrico ser nulo nos pontos internos:

$$\vec{E}_{int} = \vec{0}$$

Devido à simetria da esfera e à distribuição uniforme de cargas em sua superfície, para se calcular a intensidade do vetor campo elétrico em pontos externos, tudo se passa como se toda a carga estivesse concentrada no centro da esfera.

Portanto, para uma esfera condutora de raio $r$ eletrizada com carga $Q$, a intensidade do campo elétrico em um ponto $P$ situado a uma distância $d$ ($d > r$) do seu centro fica determinada por:

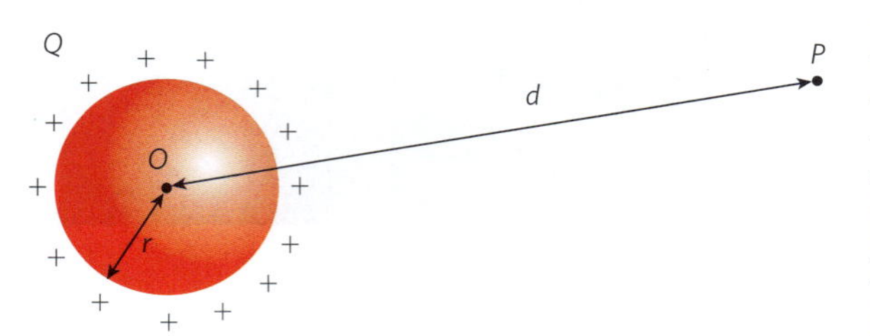


Banco de imagens/Arquivo da editora

$$E_{ext} = K\frac{|Q|}{d^2}$$

Em um ponto muito próximo da superfície da esfera, a distância $d$ torna-se praticamente igual ao raio $r$ da esfera. Assim, fazendo $d = (r + \Delta r)$, com $\Delta r$ tendendo a zero, a intensidade do vetor campo elétrico fica determinada por:

$$E_{próx} = K\frac{|Q|}{(r + \Delta r)^2} \cong K\frac{|Q|}{r^2}$$

Veja a seguir a representação gráfica da intensidade $E$ do campo elétrico em função da distância $d$, medida a partir do centro da esfera. O aspecto desse gráfico independe do sinal da carga da esfera.

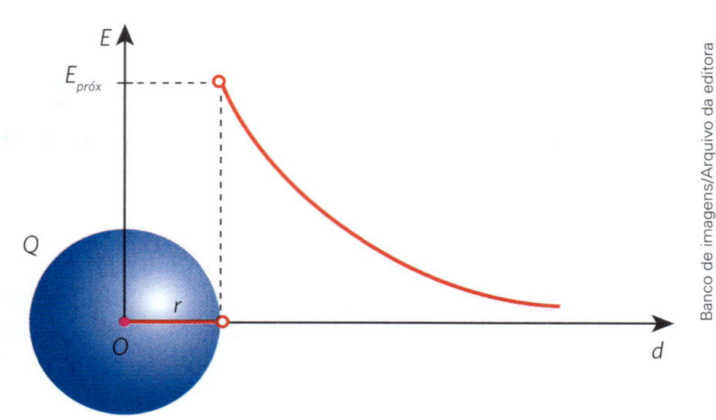


Banco de imagens/Arquivo da editora

Tudo o que foi descrito vale para um condutor esférico eletrizado maciço ou oco. Em ambos os casos, os portadores de cargas elétricas em excesso se distribuem apenas na superfície externa desse condutor, produzindo os mesmos efeitos nas duas situações.

## Campo elétrico uniforme

**Campo elétrico uniforme** é uma região do espaço onde o vetor representativo do campo elétrico ($\vec{E}$) tem, em todos os pontos, a mesma intensidade, a mesma direção e o mesmo sentido.

Em um campo elétrico uniforme, as linhas de força são representadas por segmentos de reta paralelos entre si, igualmente orientados e igualmente espaçados, como representa a figura a seguir.

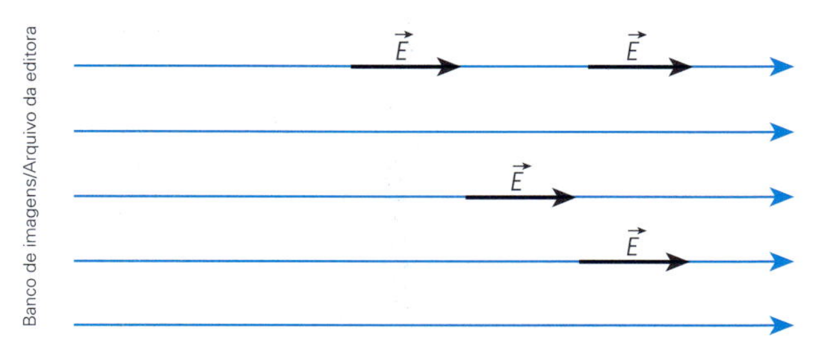


Banco de imagens/Arquivo da editora

Imagine uma superfície plana, ilimitada e uniformemente eletrizada. Sua densidade superficial de cargas é $\sigma$, e a permissividade absoluta do meio em que se encontra é $\epsilon$.

Pode-se demonstrar que essa superfície gera, em todos os pontos de cada semiespaço determinado por ela, um campo elétrico com as seguintes características:

- **intensidade**: $E = \frac{|\sigma|}{2\epsilon}$
- **direção**: perpendicular à superfície;
- **sentido**: de afastamento ou de aproximação em relação à superfície, dependendo do sinal de sua carga elétrica.

Esse é, portanto, um exemplo de campo elétrico uniforme.

Banco de imagens/Arquivo da editora

Superfície $\alpha$ plana, ilimitada, posicionada horizontalmente e eletrizada uniformemente com carga positiva.

Embora não exista, na prática, uma superfície ilimitada, o campo elétrico gerado por uma superfície plana, **limitada** e uniformemente eletrizada é praticamente uniforme, com intensidade $E = \frac{|\sigma|}{2\epsilon}$ nos pontos situados nas proximidades de sua região central. Junto às bordas e nas regiões mais distantes, o campo sofre variações que não podem ser desprezadas.

A maneira mais comum de se conseguir um campo elétrico uniforme é fazendo uso de duas placas condutoras planas e iguais, paralelas entre si e eletrizadas com cargas de **mesmo módulo** e **sinais opostos**.

Colocando uma placa muito próximo da outra, como representado na figura a seguir, ficam determinadas três regiões: uma entre as placas, onde o campo elétrico é praticamente uniforme, e duas externas a elas, onde o campo é praticamente nulo.

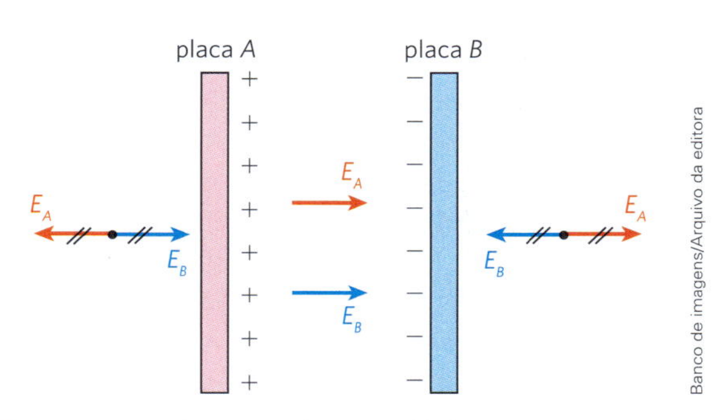


Banco de imagens/Arquivo da editora

Representação dos vetores de campo elétrico e suas intensidades nas regiões delimitadas pelas placas condutoras.

Como a densidade superficial de cargas tem o mesmo valor absoluto $\sigma$ para as duas superfícies eletrizadas e, além disso, essas superfícies estão em um mesmo meio, os campos elétricos gerados por elas têm intensidades iguais, dadas pela seguinte expressão já vista:

$$E_A = E_B = \frac{|\sigma|}{2\epsilon}$$

Então, observando a figura anterior, podemos perceber que o campo elétrico resultante é praticamente nulo nas regiões externas às placas e que, entre elas, tem intensidade dada por:

$$E = E_A + E_B = \frac{|\sigma|}{2\epsilon} + \frac{|\sigma|}{2\epsilon} \Rightarrow E = \frac{|\sigma|}{\epsilon}$$

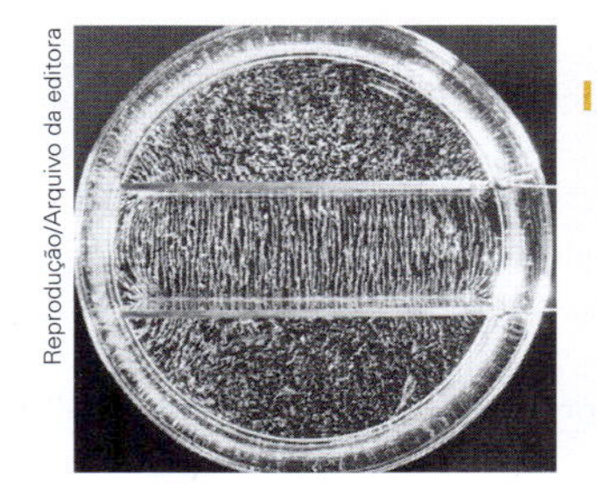

Reprodução/Arquivo da editora

Na foto ao lado, as placas estão eletrizadas com cargas de mesmo módulo, de sinais opostos. Podemos notar linhas de força de um campo elétrico praticamente uniforme na região entre elas. Nas regiões externas, entretanto, não há linhas de força porque o campo é praticamente nulo.

## Ampliando o olhar

# A blindagem eletrostática e a gaiola de Faraday

Michael Faraday, cientista e físico inglês, em retrato pintado por Thomas Phillips em 1841-1842 (óleo sobre tela, 90,8 cm × 71,1 cm). National Portrait Gallery, Londres.

Michael Faraday (1791-1867) nasceu na Inglaterra, nos arredores de Londres, em 22 de setembro. Filho de um ferreiro, teve uma infância pobre, precisando trabalhar logo cedo, aos 13 anos. Começou como entregador de jornais e, mais tarde, assistente de encadernação de livros. Nos momentos vagos lia os livros que passavam pelas suas mãos, descobrindo um mundo que o cativava cada vez mais. Em 1812, fascinado por uma palestra sobre Física, assistida na Royal Institution, passou a se dedicar ao estudo da Ciência. Ele descobriu, inventou e desenvolveu aparatos que propiciaram um grande avanço nas tecnologias que utilizavam eletricidade. É dele a invenção da **bobina de indução**, que produz corrente elétrica contínua a partir da variação de campo magnético.

Em 1836, desejando demonstrar na prática que o campo elétrico é nulo no interior de um condutor eletrizado, Faraday construiu uma grande caixa usando telas metálicas condutoras e isolou-a da terra. Ele entrou na caixa, levando consigo vários dispositivos de detecção da presença de campos elétricos, e solicitou a seus assistentes que eletrizassem intensamente a caixa. Feito isso, observou que nenhum dos dispositivos acusava a existência de campo elétrico no interior da caixa. Faraday nada sentiu, apesar de a caixa estar altamente eletrizada, com grandes eflúvios elétricos saltando por vários pontos de sua superfície externa (eflúvios são descargas elétricas através de um gás).

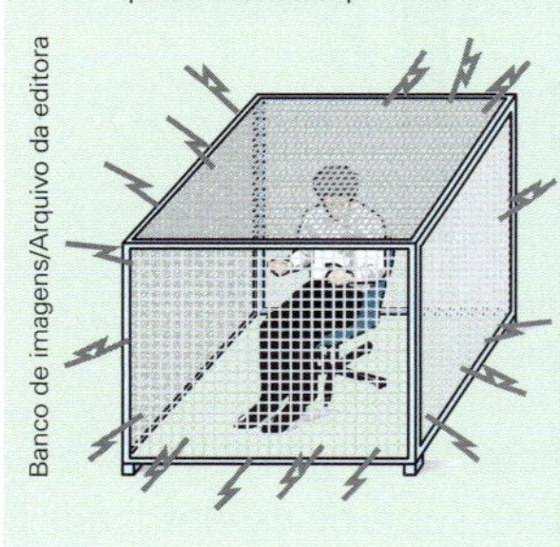


A caixa recebeu o nome de **gaiola de Faraday** e é utilizada nos dias de hoje para isolar uma região de campos elétricos indesejáveis, como em transformadores, em geradores eletrostáticos e em sistemas eletrônicos muito sensíveis a campos elétricos. Em regiões de muitas tempestades com raios, as edificações são construídas de modo a isolar o seu interior da ação dessas descargas elétricas usando a concepção de Faraday.

Apesar dos intensos eflúvios elétricos, Faraday não detectou a existência de campo elétrico no interior da caixa. Ele havia descoberto a blindagem eletrostática.

Podemos concluir que uma região do espaço, quando totalmente envolta por um condutor, torna-se livre da ação de campos elétricos que possam ser criados por cargas estacionárias externas.


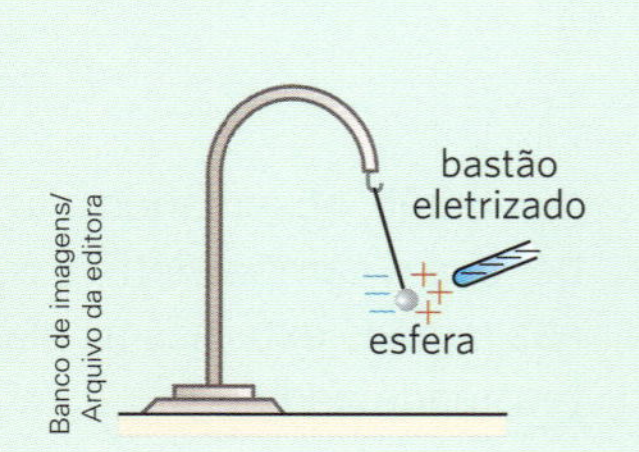


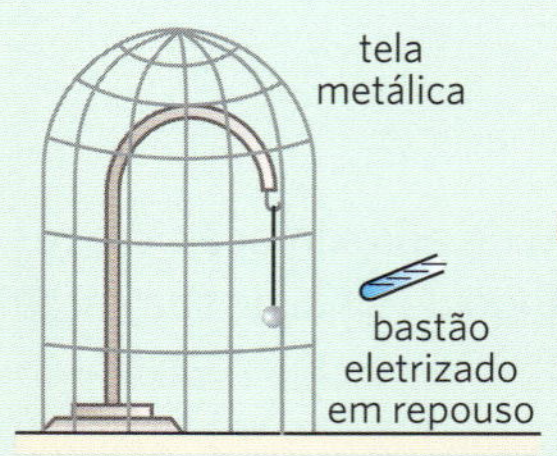


A gaiola metálica produz uma blindagem impedindo que a esfera sofra influências do campo elétrico criado pelas cargas existentes no bastão.

## Descubra mais

1. Pegue um rádio portátil pequeno, ligado e sintonizado em uma estação. Embrulhe esse rádio em uma folha de jornal. Depois, desembrulhe e volte a embrulhá-lo em papel-alumínio, com várias voltas. O que ocorre de diferente? Como explicar os resultados desses dois experimentos?
2. Imagine que você está dentro de um carro e um cabo da rede elétrica cai sobre o carro. A recomendação é ficar dentro do carro e não abrir as portas. Com base no que você aprendeu sobre campo elétrico em condutores, justifique essa recomendação.
3. Pesquise e compartilhe com os seus colegas uma aplicação da gaiola de Faraday em dispositivos modernos.

## Exercícios

**1** Considere as afirmativas a seguir:

I. A direção do vetor campo elétrico, em determinado ponto do espaço, coincide sempre com a direção da força que atua sobre uma carga de prova colocada no mesmo ponto.

II. Cargas negativas, inicialmente em repouso, colocadas em um campo elétrico, tenderão a se mover em sentido contrário ao do campo.

III. A intensidade do campo elétrico criado por uma carga pontual é, em cada ponto, diretamente proporcional ao quadrado da carga que o criou e inversamente proporcional à distância do ponto à carga.

IV. A intensidade do campo elétrico pode ser expressa em newton/coulomb.

São verdadeiras:

**a)** somente I e II.
**b)** somente III e IV.
**c)** somente I, II e IV.
**d)** todas.
**e)** nenhuma.

**2** A figura abaixo representa os vetores campo elétrico $\vec{E}_A$ e $\vec{E}_B$, gerados nos pontos $A$ e $B$ por uma partícula eletrizada com carga $Q$, e as forças elétricas $\vec{F}$ e $\vec{F}'$ que $Q$ exerce nas cargas de prova $q$ e $q'$ colocadas nesses pontos.

Determine os sinais de $Q$, $q$ e $q'$.

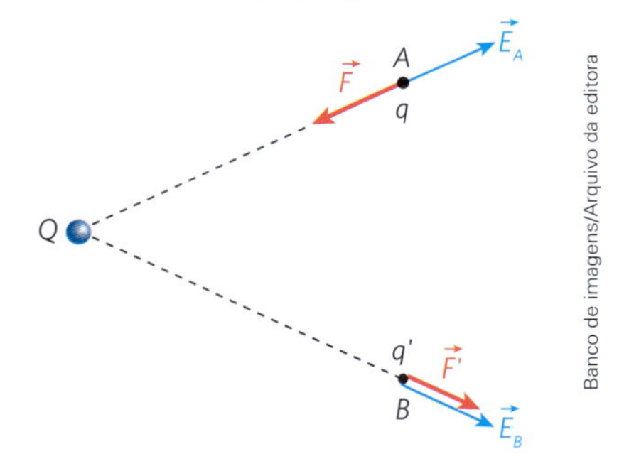


Banco de imagens/Arquivo da editora

**3** Determine a intensidade do campo elétrico criado por uma carga pontual $Q$ de $-8{,}0\ \mu C$, em um ponto $A$ situado a 6,0 cm dessa carga. O meio é o vácuo, cuja constante eletrostática é igual a $9{,}0 \cdot 10^9\ N\ m^2\ C^{-2}$.

**Resolução:**

A intensidade do campo elétrico criado por uma partícula eletrizada é determinada pela relação:

$$E = k\frac{|Q|}{d^2}$$

Para o ponto $A$, a distância é $d = 6{,}0$ cm $= 6{,}0 \cdot 10^{-2}$ m.

Assim:

$$E_A = 9{,}0 \cdot 10^9 \cdot \frac{8{,}0 \cdot 10^{-6}}{(6{,}0 \cdot 10^{-2})^2}$$

$$\boxed{E_A = 2{,}0 \cdot 10^7\ N/C}$$

**Nota**

Para o cálculo da intensidade do vetor campo elétrico, usamos o módulo da carga fonte do campo. Assim, se a carga $Q$ fosse igual a $+8{,}0\ \mu C$, o resultado seria igual ao encontrado.

**4** Os pontos de uma determinada região do espaço estão sob a influência única de uma carga positiva pontual $Q$. Sabe-se que em um ponto $A$, distante 2 m da carga $Q$, a intensidade do campo elétrico é igual a $1{,}8 \cdot 10^4$ N/C. Determine:

**a)** o valor da carga elétrica $Q$;

**b)** a intensidade do campo elétrico num ponto $B$, situado a 30 cm da carga fonte $Q$.

Dado:
constante eletrostática do meio $= 9 \cdot 10^9\ N\ m^2\ C^{-2}$.

**5** Uma carga puntiforme positiva $Q_1 = 18 \cdot 10^{-6}$ C dista no vácuo 20 cm de outra $Q_2 = -8 \cdot 10^{-6}$ C conforme a figura abaixo.

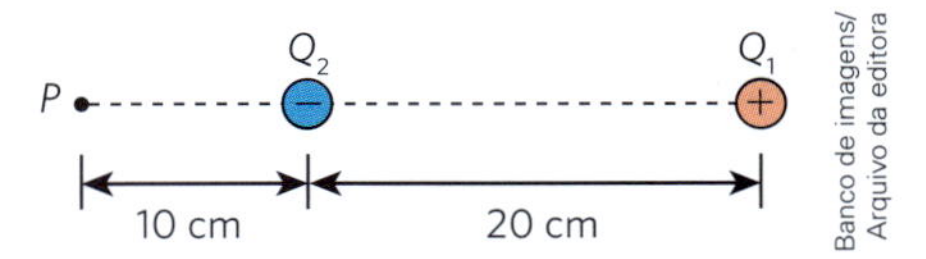


Banco de imagens/Arquivo da editora

Dado: $k_0 = 9 \cdot 10^9\ N\ m^2\ C^{-2}$.

Determine a intensidade do campo elétrico $\vec{E}$ gerado por essas duas cargas no ponto $P$. Descreva também a direção e o sentido desse vetor $\vec{E}$.

**6** (UPM-SP) Nos vértices $A$ e $C$ do quadrado a seguir, colocam-se cargas elétricas de valor $+q$. Para que no vértice $D$ do quadrado o campo elétrico tenha intensidade nula, a carga elétrica que deve ser colocada no vértice $B$ deve ter o valor:

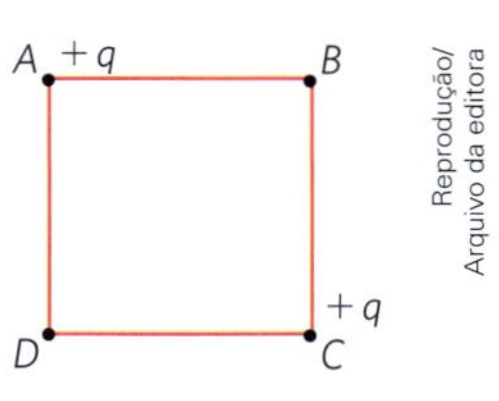


Reprodução/Arquivo da editora

**a)** $\sqrt{2}q$.
**b)** $-\sqrt{2}q$.
**c)** $\frac{3\sqrt{2}}{2}q$.
**d)** $2\sqrt{2}q$.
**e)** $-2\sqrt{2}q$.

**7** (UFRRJ) A figura abaixo mostra duas cargas $q_1$ e $q_2$, afastadas a uma distância *d*, e as linhas de campo do campo eletrostático criado.

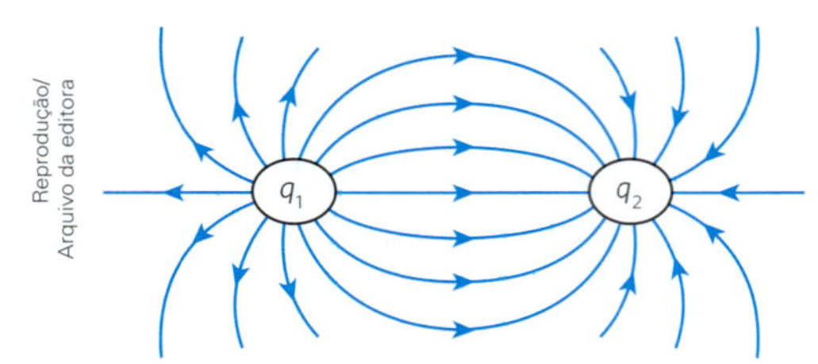




Observando a figura acima, responda:

a) Quais os sinais das cargas $q_1$ e $q_2$?

b) A força eletrostática entre as cargas é de repulsão? Justifique.

**8** A figura mostra, em corte longitudinal, um objeto metálico oco eletrizado.

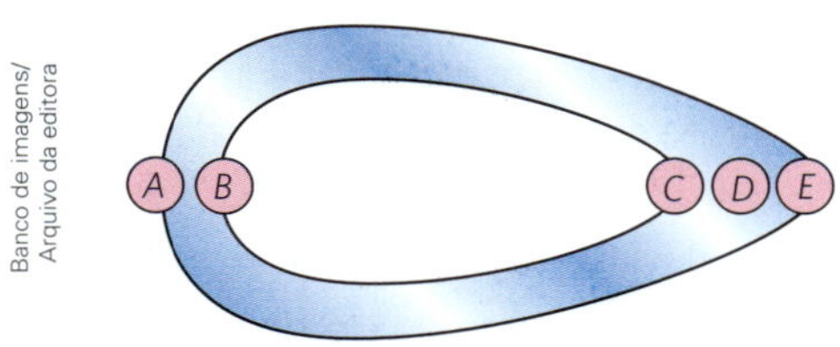




Em qual das regiões assinaladas há maior concentração de cargas?

**9** Uma esfera metálica, de raio igual a 20,0 cm, é eletrizada com uma carga de $+6{,}28\ \mu C$. Determine a densidade superficial média de cargas na superfície da esfera (adotar $\pi = 3{,}14$).

**Resolução:**

A densidade superficial média de cargas é dada pela relação:

$$\sigma_m = \frac{Q}{A}$$

sendo que *A* é a área da superfície em que a carga elétrica *Q* está distribuída. Assim, sabendo-se que a superfície externa, para a esfera, tem área dada por $A = 4\pi r^2$, em que *r* é o raio, segue-se:

$$\sigma_m = \frac{+6{,}28\ \mu C}{4\pi(0{,}2)^2\ m^2} = \frac{+6{,}28\ \mu C}{4 \cdot 3{,}14 \cdot 0{,}04\ m^2}$$

$$\boxed{\sigma_m = +12{,}5\ \mu C/m^2}$$

**10** Uma esfera condutora possui uma densidade superficial de cargas uniforme de $-5{,}00\ \mu C/m^2$. Determine a carga existente nessa esfera, sabendo que seu raio é igual a 50,0 cm (adote $\pi = 3{,}14$).

**11** (IMT-SP) Um balão de borracha de forma esférica, de raio *R*, é eletrizado de tal forma que a carga elétrica $Q > 0$ seja distribuída uniformemente em sua superfície. O balão é inflado até que o raio passe a ser $2R$.

a) Qual é a intensidade do campo elétrico em pontos do interior do balão?

b) Qual é a razão entre as intensidades do campo elétrico em um ponto à distância de $4R$ do centro do balão, antes e depois de ele ter sido inflado?

**12** (PUC-RS) A quantização da carga elétrica foi observada por Millikan em 1909. Nas suas experiências, Millikan mantinha pequenas gotas de óleo eletrizadas em equilíbrio vertical entre duas placas paralelas também eletrizadas, como mostra a figura a seguir. Para conseguir isso, regulava a diferença de potencial entre essas placas alterando, consequentemente, a intensidade do campo elétrico entre elas, de modo a equilibrar a força da gravidade.

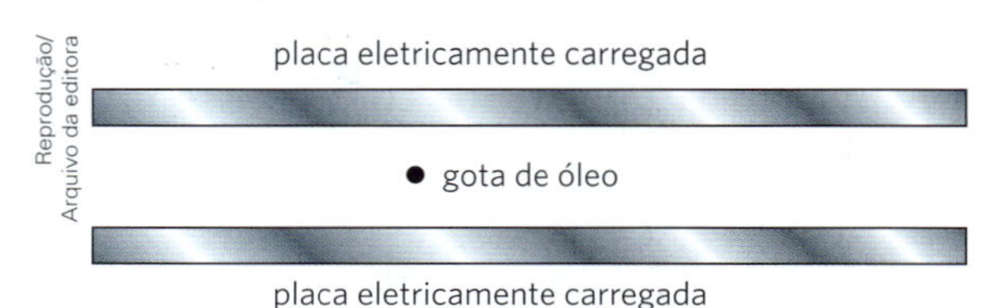




Suponha que, em uma das suas medidas, a gota tivesse um peso de $2{,}4 \cdot 10^{-13}$ N e uma carga elétrica positiva de $4{,}8 \cdot 10^{-19}$ C. Desconsiderando os efeitos do ar existente entre as placas, qual deveria ser a intensidade e o sentido do campo elétrico entre elas para que a gota ficasse em equilíbrio vertical?

a) $5{,}0 \cdot 10^5$ N/C, para cima.

b) $5{,}0 \cdot 10^4$ N/C, para cima.

c) $4{,}8 \cdot 10^{-5}$ N/C, para cima.

d) $2{,}0 \cdot 10^{-5}$ N/C, para baixo.

e) $2{,}0 \cdot 10^{-6}$ N/C, para baixo.

**13** (PUC-MG) Em abril de 1997 comemoraram-se 100 anos da descoberta do elétron por J. J. Thomson. Anos mais tarde, foram descobertos o próton e o nêutron. De um ponto *A* situado entre duas placas paralelas, uma delas carregada positivamente e a outra, negativamente, um elétron, um próton e um nêutron são lançados com velocidades horizontais iguais. Escolha a opção que representa as trajetórias das partículas, nesta ordem: elétron, próton e nêutron.

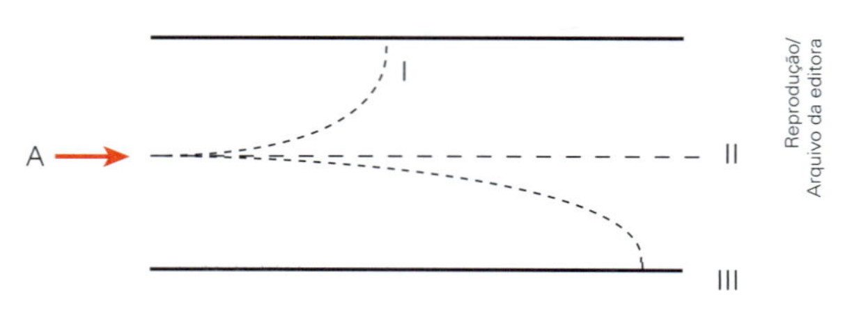




a) I, II e III.

b) II, III e I.

c) III, I e II.

d) I, III e II.

e) III, II e I.

**14** (Unesp-SP) Uma carga elétrica $q > 0$ de massa $m$ penetra em uma região entre duas grandes placas planas, paralelas e horizontais, eletrizadas com cargas de sinais opostos. Nessa região, a carga percorre a trajetória representada na figura, sujeita apenas ao campo elétrico uniforme $\vec{E}$ representado por suas linhas de campo, e ao campo gravitacional terrestre $\vec{g}$.

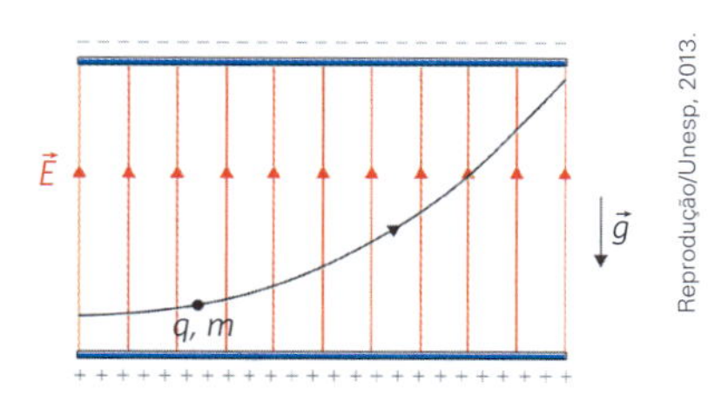


Reprodução/Unesp, 2013.

É correto afirmar que, enquanto se move na região indicada entre as placas, a carga fica sujeita a uma força resultante de módulo

a) $qE + mg$.
b) $q(E - g)$.
c) $qE - mg$.
d) $mq(E - g)$.
e) $m(E - g)$.

**15** (PUC-MG) Uma partícula de massa $m$ e carga $q$, positiva, é abandonada em repouso em um campo elétrico uniforme $\vec{E}$ produzido por duas placas metálicas $P_1$ e $P_2$, movendo-se então unicamente sob a ação desse campo. Dado: $g = 10\ m/s^2$.

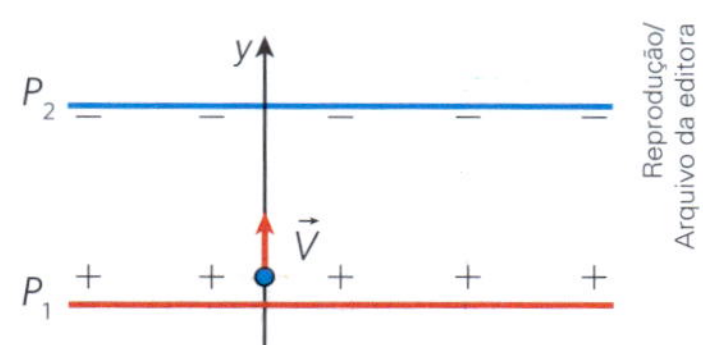


Reprodução/Arquivo da editora

Indique a opção correta:

a) A aceleração da partícula é $a = qEm$.
b) A partícula será desviada para a direita, descrevendo uma trajetória parabólica.
c) A energia cinética, após a partícula ter percorrido uma distância $d$, é $E_c = qEd$.
d) A partícula executará um movimento uniforme.
e) A força que atua sobre a partícula é perpendicular ao campo.

**16** (UFRN) Uma das aplicações tecnológicas modernas da Eletrostática foi a invenção da impressora a jato de tinta. Esse tipo de impressora utiliza pequenas gotas de tinta que podem ser eletricamente neutras ou eletrizadas positiva ou negativamente. Essas gotas são jogadas entre as placas defletoras da impressora, região onde existe um campo elétrico uniforme $\vec{E}$ atingindo, então, o papel para formar as letras. A figura a seguir mostra três gotas de tinta, que são lançadas para baixo, a partir do emissor. Após atravessar a região entre as placas, essas gotas vão impregnar o papel. (O campo elétrico uniforme está representado por apenas uma linha de força.)

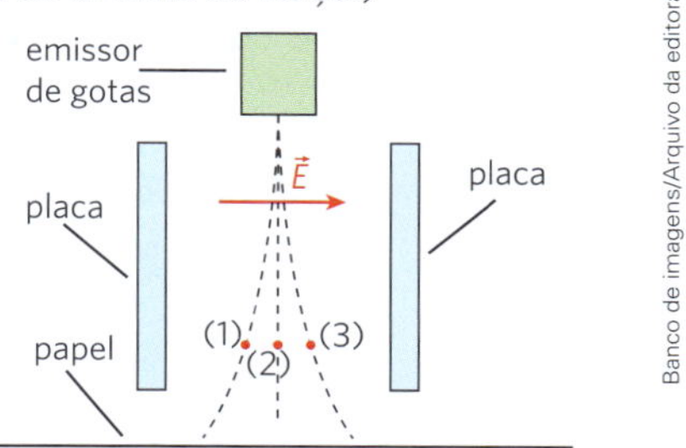


Banco de imagens/Arquivo da editora

Pelos desvios sofridos, pode-se dizer que as gotas 1, 2 e 3 estão, respectivamente:

a) carregada negativamente, neutra e carregada positivamente.
b) neutra, carregada positivamente e carregada negativamente.
c) carregada positivamente, neutra e carregada negativamente.
d) carregada positivamente, carregada negativamente e neutra.

**17** A Zona de Convergência Intertropical (ZCIT) é uma linha contínua, paralela ao equador, com aproximadamente mil quilômetros de extensão. No oceano Atlântico, as massas de ar mais quentes do hemisfério sul encontram as massas de ar mais frias vindas do hemisfério norte. Esse fato pode provocar grandes tempestades em alto-mar e muita chuva na região Nordeste do Brasil.

Banco de imagens/Arquivo da editora

Quando um avião de passageiros é atingido por um raio em pleno voo, a tripulação e os passageiros:

a) não serão atingidos, pois os aviões são obrigados a portar para-raios nas extremidades de sua fuselagem.
b) serão atingidos, pois a fuselagem metálica é boa condutora de eletricidade.
c) serão parcialmente atingidos, pois as cargas elétricas do raio ficarão distribuídas de maneira uniforme em todo o interior do avião, mesmo ele sendo oco.
d) não sofrerão danos físicos, pois a fuselagem metálica atua como blindagem para o interior do avião.
e) podem ser atingidos se o avião não for muito grande.

# Potencial elétrico

Este capítulo favorece o desenvolvimento das seguintes habilidades:

EM13CNT205

EM13CNT306

## Energia potencial eletrostática e o conceito de potencial em um campo elétrico

Considere um condutor eletrizado positivamente, por exemplo, com carga $Q$, fixo em determinado local, livre da influência de outras cargas elétricas. Já sabemos que, na região do espaço que envolve esse corpo, existe um campo elétrico gerado pelas cargas nele existentes. Agora, vamos abandonar em um ponto $P$ uma carga de prova $q$, também positiva, a uma distância $d$ do condutor. Devido ao campo elétrico, a carga de prova será repelida e se afastará do condutor, ganhando velocidade e, consequentemente, adquirindo energia cinética (energia de movimento). Observe que a carga $q$, se fosse negativa, seria atraída, e não repelida.

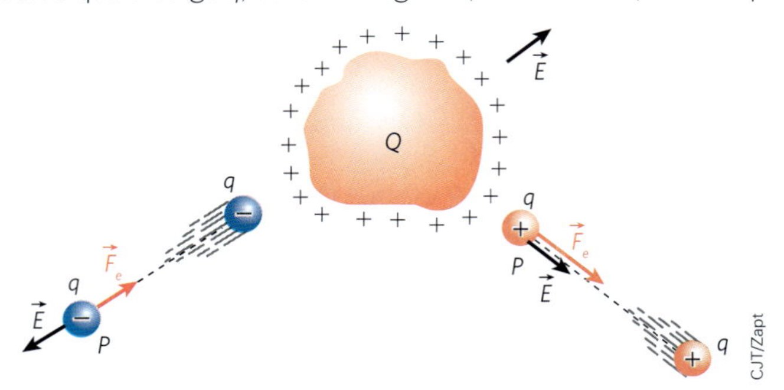


Por adquirir energia cinética, podemos concluir que, no ponto $P$, a carga de prova $q$ armazena uma energia potencial denominada **energia potencial eletrostática** ou **elétrica**, que vamos simbolizar por $E_p$. Essa energia potencial se transforma, na sequência, em energia cinética. Assim, podemos dizer que a carga $Q$ do condutor produz um campo elétrico que também pode ser descrito por uma grandeza escalar denominada **potencial eletrostático** (ou **elétrico**).

Esse potencial eletrostático no ponto $P$ traduz a energia potencial elétrica armazenada por unidade de carga posicionada nesse local.

O potencial, simbolizado por $V$, é definido pela expressão:

$$V = \frac{E_p}{q} \Rightarrow E_p = qV$$

A energia potencial eletrostática e o potencial elétrico são grandezas escalares algébricas, podendo ser positivos, negativos ou nulos.

No SI, a unidade de potencial elétrico é o **volt**, de símbolo V, assim denominado em homenagem a Alessandro Volta (1745-1827).

Como vimos:

$$V = \frac{E_p}{q}$$

Então:

$$\text{volt} = \frac{\text{joule}}{\text{coulomb}}$$

Um ponto de um campo elétrico tem potencial elétrico igual a 1 volt quando uma partícula hipoteticamente eletrizada com carga de 1 coulomb adquire uma energia potencial igual a 1 joule ao ser colocada nele. Se esse ponto tiver potencial igual a 100 volts, por exemplo, cada coulomb de carga nele colocada adquirirá uma energia potencial igual a 100 joules.

## Potencial em um campo elétrico criado por uma partícula eletrizada

Considere o campo elétrico gerado por uma partícula eletrizada com carga $Q$. Vamos colocar uma carga de prova $q$ em um ponto $P$ desse campo, a uma distância $d$ de $Q$.

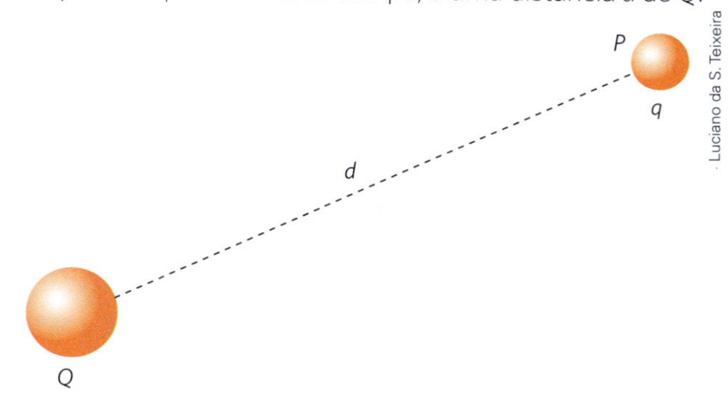


A energia potencial elétrica armazenada no sistema constituído pelas duas cargas é dada por:

$$E_p = K\frac{Q_q}{d}$$

em que $K$ é a constante eletrostática do meio.

Uma forma simplificada para demonstrar essa expressão é imaginarmos que a carga $Q$ se encontra fixa e a carga de prova $q$, ao se deslocar até o ponto $P$, estará sujeita a uma força elétrica de intensidade variável $F$, deslocando-se uma distância $d$. Considerando o valor médio da intensidade da força ($F$) como constante ($F_m$), o trabalho realizado por ela é responsável pela energia potencial adquirida pelo sistema.

Assim, vale:

$E_p = \tau = F_m \cdot d \cdot \cos\theta$

Como a carga $q$ vai mover-se na direção e no sentido da força elétrica $\vec{F}$, teremos $\theta = 0°$ e $\cos\theta = 1$. Portanto:

$$E_p = F_m \cdot d = K\frac{|Qq|}{d^2} \cdot d$$

$$E_p = K\frac{Qq}{d}$$

Sendo $E_p = qV$, obtemos a expressão do potencial elétrico no ponto $P$:

$$qV = K\frac{Qq}{d} \Rightarrow V = K\frac{Q}{d}$$

O gráfico representativo do potencial em função da distância à carga puntiforme geradora do campo elétrico é uma curva denominada **hipérbole equilátera**.

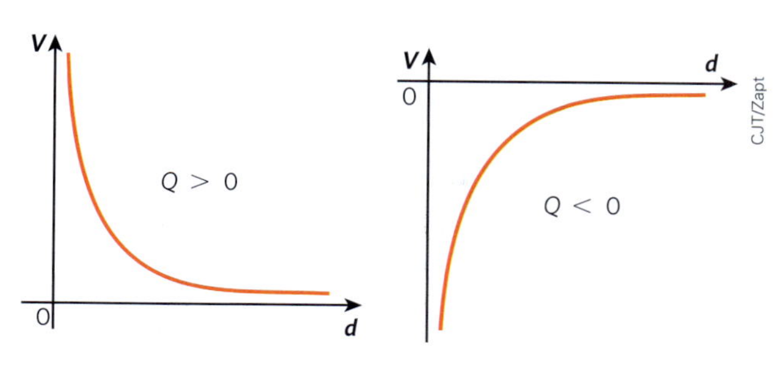


Potencial elétrico em função da distância para carga positiva. (à esquerda) e para carga negativa (à direita).

Observando os gráficos, percebe-se que o potencial tende a zero quando a distância tende ao infinito. Isso acontece tanto para a carga positiva como para a negativa. Assim:

> O nível zero do potencial criado por uma carga puntiforme está, geralmente, no "infinito".

Devemos entender por "infinito" um local suficientemente afastado da carga $Q$, de modo que suas influências em outras cargas sejam desprezíveis.

## Potencial em um campo elétrico criado por duas ou mais partículas eletrizadas

Suponha um local do espaço onde se encontram $n$ partículas eletrizadas. Considere, agora, um ponto $A$, sujeito aos $n$ campos elétricos criados pelas cargas. Uma vez que o potencial elétrico é uma grandeza escalar, teremos, no ponto $A$, um potencial resultante de valor igual à **soma algébrica** dos $n$ potenciais criados individualmente pelas cargas.

Assim, vale a relação:

$$V_A = V_1 + V_2 + ... + V_n$$

## Equipotenciais

> **Equipotenciais** são linhas (no plano) ou superfícies (no espaço) nas quais o potencial, em todos os pontos, assume o mesmo valor algébrico.

As equipotenciais, em um campo elétrico criado por uma partícula eletrizada e solitária, são circunferências (no plano) ou superfícies esféricas (no espaço). Tal afirmativa é facilmente constatável, bastando, para isso, analisar a expressão do potencial. Note que, para os mesmos $Q$ e $K$, o potencial assumirá valores iguais nos pontos do espaço equidistantes da carga fonte:

$$V = K\frac{Q}{d}$$

Tendo $K$ e $Q$ valores fixos, para distâncias $d$ iguais temos o mesmo potencial $V$.

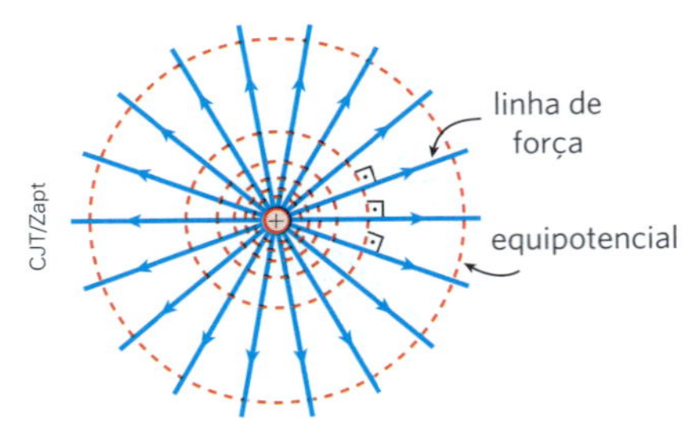


Na ilustração, vemos a representação de equipotenciais em um campo elétrico criado por uma carga puntiforme positiva. Observe que, se a carga fosse negativa, mudaria apenas o sentido das linhas de força, que passariam a ser de aproximação. Com relação às equipotenciais, nada se alteraria. No espaço, em vez de circunferências concêntricas, teríamos superfícies esféricas concêntricas.

Em um dipolo elétrico, isto é, no caso de duas partículas eletrizadas com cargas de mesmo módulo, porém de sinais opostos, as equipotenciais assumem o aspecto da figura a seguir.

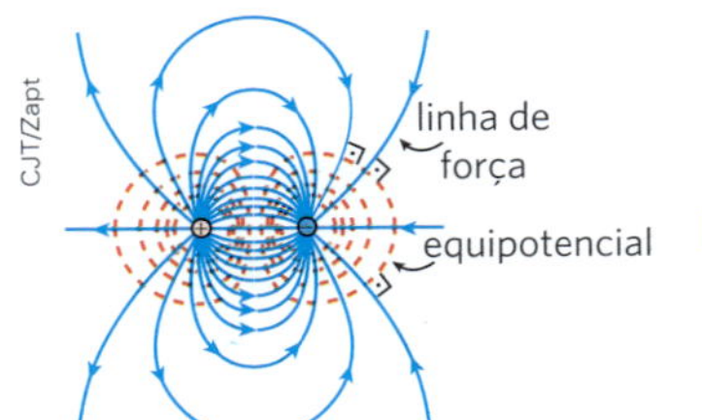


Representação de equipotenciais do campo criado por um dipolo elétrico.

É importante observar o seguinte fato:

As equipotenciais (linhas ou superfícies) são **perpendiculares** às linhas de força.

Como já vimos, o vetor campo elétrico $\vec{E}$ é sempre tangente à linha de força, com sentido coincidindo com a orientação da linha. Assim, quando temos uma superfície equipotencial, tanto a linha de força como o vetor campo elétrico são perpendiculares a ela, em todos os seus pontos, como ilustra a figura abaixo.

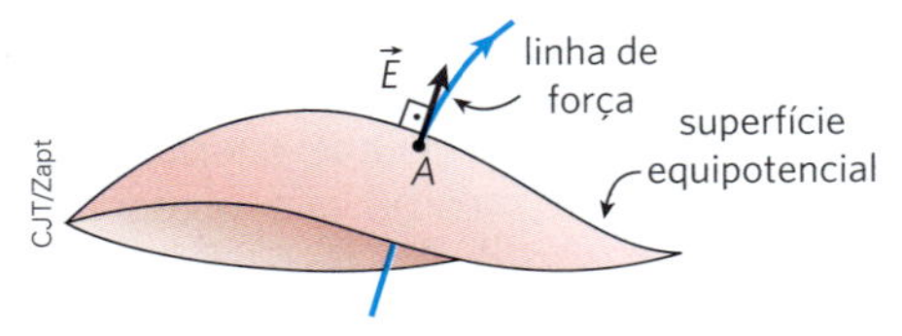


Em um campo elétrico uniforme, as equipotenciais são retas (no plano) ou superfícies planas (no espaço), também perpendiculares às linhas de força, como representa a figura:

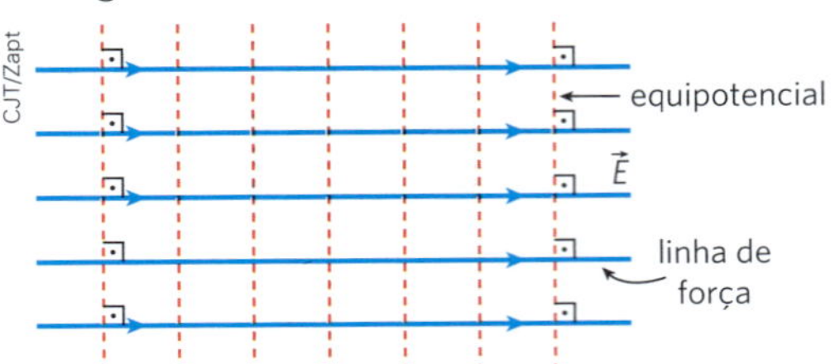


## Trabalho da força elétrica

Na situação em que um corpo é abandonado em um campo gravitacional uniforme, o trabalho realizado pela força gravitacional sobre o corpo é igual à diferença entre a energia potencial inicial e a energia potencial final.

Analogamente, ao se deslocar uma carga puntiforme $q$, em um campo elétrico, de um ponto $A$ até um ponto $B$, o trabalho que a força elétrica, também conservativa, realiza sobre a partícula é $\tau_{AB}$, dado por:

$$\tau_{AB} = E_{p_A} - E_{p_B}$$

A energia potencial eletrostática, porém, é calculada por $E_p = qV$. Assim, temos:

$$\tau_{AB} = qV_A - qV_B \Rightarrow \tau_{AB} = q(V_A - V_B)$$

em que $V_A$ é o potencial na posição inicial da carga $q$ e $V_B$, o potencial na posição final.

A grandeza $V_A - V_B$ é a diferença de potencial (ddp) ou tensão elétrica entre os pontos $A$ e $B$.

Representando essa diferença por $U$, o trabalho da força elétrica entre $A$ e $B$ também pode ser expresso por:

$$\tau_{AB} = qU$$

É importante destacar que o trabalho realizado pela força elétrica sobre uma partícula eletrizada com carga $q$, quando esta se desloca do ponto $A$ para o ponto $B$ desse campo, **não depende** da trajetória seguida por ela.

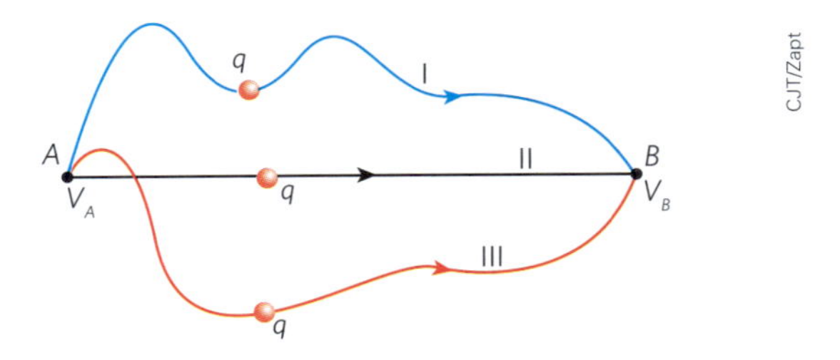


Para as trajetórias I, II e III descritas pela partícula de $A$ até $B$, vale a mesma relação anterior:

$$\tau_{AB} = q(V_A - V_B)$$

Isso porque:

A força eletrostática é **conservativa**.

Entre dois pontos de uma mesma equipotencial, a diferença de potencial é nula. Assim, o trabalho que a força elétrica realiza sobre uma partícula eletrizada $q$, quando esta se desloca de um ponto a outro da **mesma** equipotencial, também é nulo, independentemente da trajetória seguida por essa partícula.

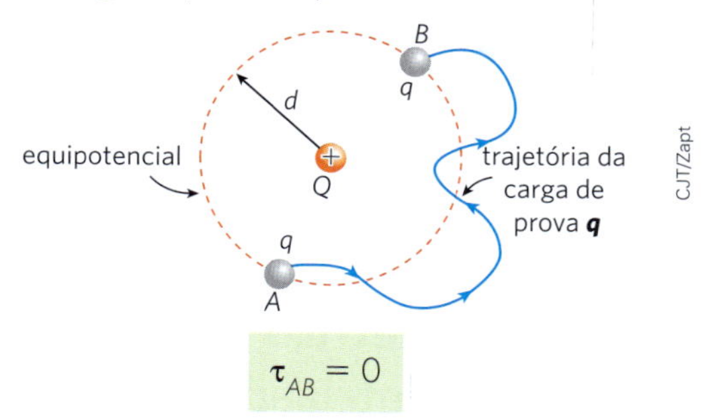


$\tau_{AB} = 0$

# Propriedades do campo elétrico

## Variação do potencial em um campo elétrico

### Carga fonte positiva

Observe, a seguir, uma partícula eletrizada com carga positiva $Q$ e uma das linhas de força do campo elétrico criado por ela:

Usando a expressão do potencial elétrico, dada por $V = k\frac{Q}{d}$, vamos verificar, ao longo da linha de força, o que ocorre com o valor do potencial.

Note que, sendo a carga $Q$ positiva, quando a distância $d$ cresce, o potencial elétrico $V$ decresce. Do mesmo modo, quando $d$ decresce, $V$ cresce.

Portanto, no sentido da linha de força de um campo elétrico gerado por carga positiva, o potencial decresce.

### Carga fonte negativa

Considere, agora, uma partícula eletrizada com carga negativa $Q$ e uma das linhas de força do campo elétrico criado por ela:

Utilizando a expressão do potencial elétrico, dada por $V = K\frac{Q}{d}$, vamos verificar o que ocorre com o valor do potencial ao longo da linha de força.

Note que, sendo a carga $Q$ negativa, quando a distância $d$ cresce, o potencial elétrico $V$ também cresce, pois o termo negativo torna-se mais próximo de zero. Do mesmo modo, quando $d$ decresce, $V$ também decresce.

Assim, tanto para o campo elétrico gerado por uma carga positiva como para o gerado por uma carga negativa, temos que:

> Ao longo de uma linha de força, e no sentido dela, o **potencial elétrico é decrescente**.

## Partícula eletrizada abandonada em um campo elétrico

### Carga de prova positiva

> Quando uma partícula eletrizada com **carga positiva** é abandonada sob a ação exclusiva de um campo elétrico, ela movimenta-se **no sentido da linha de força**, dirigindo-se para pontos de menor potencial.

Note que a carga positiva busca pontos de menor potencial para ficar com a mínima energia potencial possível, que é a tendência natural de qualquer sistema físico. Lembrando que $E_p = qV$ e sendo $q$ positivo, se $V$ diminuir, $E_p$ também diminuirá.

Observe ainda que, se a carga positiva, abandonada sob a influência exclusiva do campo elétrico, movimentar-se de um ponto $A$ para um ponto $B$, sempre teremos $V_A > V_B$. Desse modo, tanto a diferença de potencial $U = V_A - V_B$ quanto o trabalho realizado pela força elétrica serão positivos:

$$\underset{(+)(+)}{\tau_{AB} = qU} \Rightarrow \boxed{\tau_{AB} > 0}$$

### Carga de prova negativa

> Quando uma partícula eletrizada com **carga negativa** é abandonada sob ação exclusiva de um campo elétrico, ela movimenta-se no **sentido oposto ao da linha de força**, dirigindo-se para pontos de **maior potencial**.

Note que a carga negativa busca pontos de maior potencial para também ficar com a mínima energia potencial possível.

Observe ainda que, nesse caso, a diferença de potencial $U$ é negativa, resultando em um trabalho também positivo realizado pela força elétrica:

$$\underset{(-)(-)}{\tau_{AB} = qU} \Rightarrow \boxed{\tau_{AB} > 0}$$

Resumindo:

- Quando abandonadas sob a ação exclusiva de um campo elétrico, as cargas positivas dirigem-se para potenciais menores, enquanto as negativas dirigem-se para potenciais maiores.
- Tanto as cargas positivas como as negativas buscam uma situação de energia potencial mínima.
- Quando partículas eletrizadas são abandonadas sob a ação exclusiva de um campo elétrico, o trabalho realizado pela força elétrica é sempre positivo.

## Diferença de potencial entre dois pontos de um campo elétrico uniforme

Considere um campo elétrico uniforme, representado por suas linhas de força – retilíneas, paralelas e espaçadas igualmente – e duas equipotenciais $A$ e $B$, sendo o potencial elétrico em $A$ maior que em $B$ ($V_A > V_B$). Uma partícula eletrizada com carga positiva $q$ é abandonada em $A$.

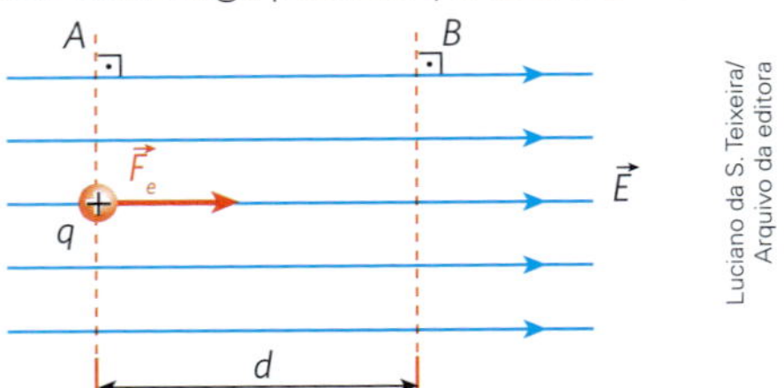


Supondo que essa partícula se submeta apenas ao campo elétrico existente na região, a força elétrica $\vec{F}_e$ fará com que ela se desloque ao longo de uma linha de força e no sentido desta.

Uma vez que o campo elétrico é uniforme, a força $\vec{F}_e$ é constante, pois $\vec{F}_e = q\,\vec{E}$. Assim, o trabalho realizado pela força elétrica, no deslocamento da carga $q$ entre as equipotenciais $A$ e $B$, pode ser calculado por:

$\tau_{AB} = F_e\,d$ (I)

Também pode ser usada, a expressão:

$\tau_{AB} = q(V_A - V_B)$ (II)

Sendo $V_A - V_B = U$ e comparando-se (I) e (II), tem-se:

$F_e\,d = qU$ (III)

Mas $F_e = qE$. Substituindo em (III), obtemos:

$q\,Ed = qU \Rightarrow \boxed{Ed = U}$

Em um campo elétrico uniforme, a diferença de potencial (ddp) entre duas equipotenciais é igual ao produto da intensidade do campo $E$ pela distância **entre as equipotenciais**.

É importante destacar, nessa expressão, que o valor de $U$ deve sempre ser usado **em módulo**.

Da relação encontrada, percebe-se que, no SI, a unidade de campo elétrico é $\frac{\text{volt}}{\text{metro}}$ (V/m), que equivale a $\frac{\text{newton}}{\text{coulomb}}$ (N/C), já definida anteriormente.

De fato:

$$\frac{V}{m} = \frac{J/C}{m} = \frac{Nm/C}{m} = \frac{N}{C}$$

Então, podemos usar como unidade de campo elétrico N/C ou V/m.

Assim, um campo elétrico uniforme de 20 V/m, por exemplo, indica que, ao percorrermos uma linha de força, no sentido dela, o potencial elétrico diminui 20 V a cada metro percorrido.

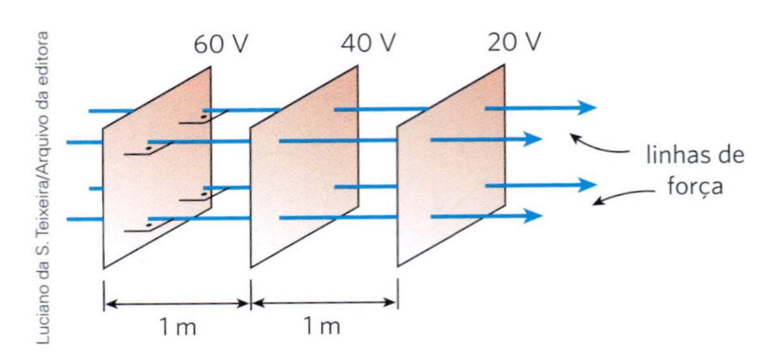


## Potencial elétrico criado por um condutor eletrizado

É importante lembrar que:

> Partículas eletrizadas, abandonadas sob a influência exclusiva de um campo elétrico, movimentam-se espontaneamente entre dois pontos quaisquer somente se entre eles houver uma diferença de potencial (ddp) não nula.

Quando fornecemos elétrons a um condutor, em geral, eletrizamos inicialmente apenas uma região dele. Nessa região, as cargas negativas produzem uma diminuição no potencial, mais acentuada que a que ocorre no potencial de regiões mais distantes. A diferença de potencial estabelecida é responsável pela movimentação dos elétrons para regiões mais distantes, o que provoca um aumento no potencial do local onde se encontravam e uma diminuição no potencial do local para onde foram.

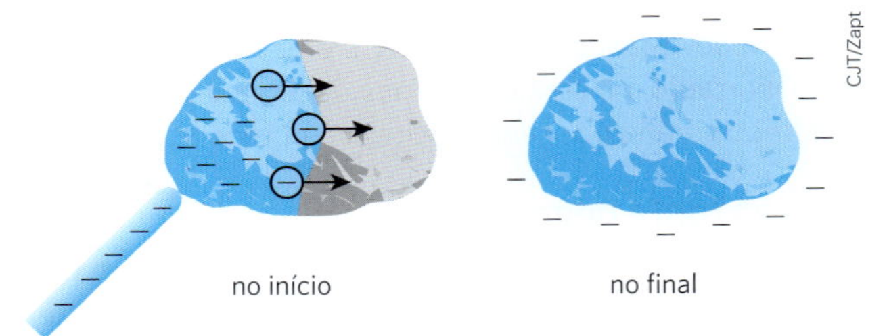


Na eletrização positiva, são tirados elétrons de uma região, o que provoca um aumento no potencial desse local. Como consequência, elétrons livres das regiões mais distantes movimentam-se para o local inicialmente eletrizado. Tal fato faz surgir cargas positivas nas regiões que estavam neutras, diminuindo a quantidade de cargas positivas na região eletrizada inicialmente. Tudo acontece como se as cargas positivas se movimentassem ao longo do condutor.

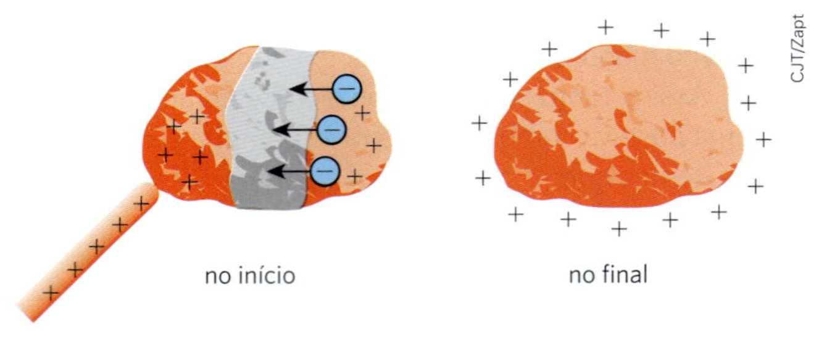

A movimentação das cargas no condutor ocorre durante um breve intervalo de tempo. Após isso, as partículas elementares atingem posições tais que a diferença de potencial entre dois pontos quaisquer do corpo torna-se nula. Dizemos, então, que o condutor atingiu o **equilíbrio eletrostático**.

Convém lembrar que a carga de um condutor eletrizado e em equilíbrio eletrostático permanece distribuída em sua superfície externa.

A diferença de potencial (ddp) entre dois pontos quaisquer de um condutor em equilíbrio eletrostático é sempre nula.

Do exposto, conclui-se que, tanto nos pontos internos como nos pontos da superfície de um condutor eletrizado em equilíbrio eletrostático, o potencial elétrico assume o mesmo valor. O potencial assume valores diferentes apenas nos pontos externos ao condutor.

$$V_{interno} = V_{superfície}$$

## Potencial elétrico criado por um condutor esférico eletrizado

Suponha uma esfera condutora de raio $r$ eletrizada com carga $Q$, solitária e em equilíbrio eletrostático.

Para pontos externos à esfera condutora, o potencial varia com a distância $d$ do ponto considerado ao centro $O$ da esfera.

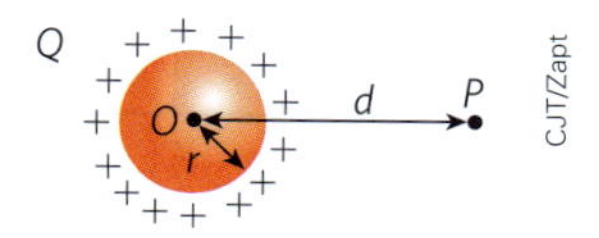


Para efeito de cálculo desse potencial, considera-se que toda a carga elétrica da esfera estivesse concentrada em seu centro. Isso, entretanto, só é possível devido à simetria que ela apresenta.

Assim, sendo $K$ a constante eletrostática do meio, temos, para um ponto externo $P$:

$$V_{externo} = K\frac{Q}{d}$$

Fazendo $d = r$ nessa expressão, obtemos o potencial na superfície da esfera que, como vimos, é igual ao potencial de seus pontos internos:

$$V_{interno} = V_{superfície} = K\frac{Q}{r}$$

Veja, a seguir, gráficos do potencial em função da distância ao centro da esfera eletrizada.

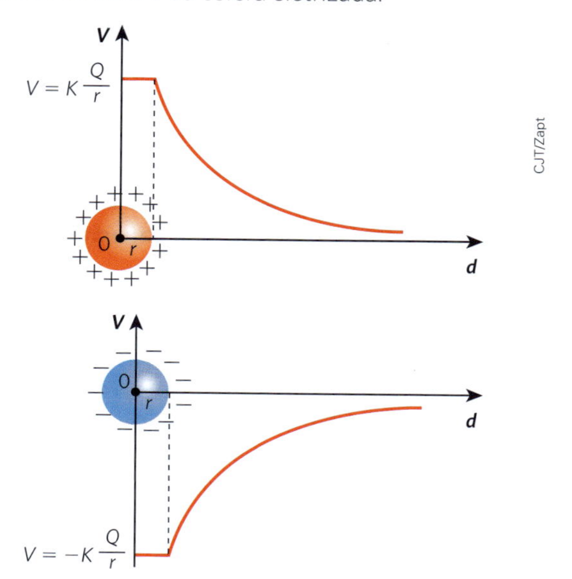


### Casca esférica

Considere uma casca esférica (uma esfera oca) de raio $r$ uniformemente eletrizada com carga $Q$ (positiva ou negativa).

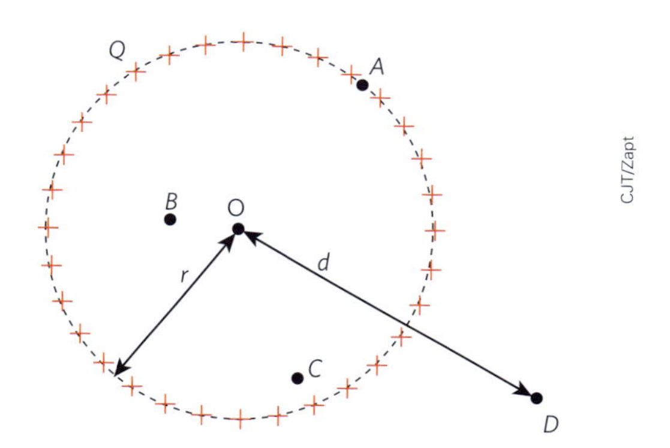


Com relação ao potencial elétrico e ao vetor campo elétrico devidos a essa casca, é importante destacar que:

- o potencial é igual a $\frac{KQ}{r}$ tanto nos pontos da própria casca como nos pontos envolvidos por ela. Assim:
  $V_A = V_B = V_C = \frac{KQ}{r}$
- a intensidade do vetor campo elétrico é nula nos pontos envolvidos pela casca. Assim:
  $E_B = E_C = 0$
- o potencial e a intensidade do vetor campo elétrico em um ponto externo $D$ são calculados considerando-se toda a carga $Q$ concentrada no centro $O$ da esfera. Portanto:

$$V_D = K\frac{Q}{d} \text{ e } E_D = K\frac{|Q|}{d^2}$$

## Capacitância

É de verificação experimental que o potencial adquirido por um condutor eletrizado é diretamente proporcional à sua carga elétrica. Assim, se um condutor eletrizado com carga $Q$ apresenta um potencial $V$, ao adquirir uma carga $2Q$, apresentará um potencial $2V$.

Dessa forma, a razão entre a carga elétrica $Q$ recebida por um condutor e o potencial $V$ atingido por ele é uma constante, denominada **capacitância** $C$ do condutor.

$$C = \frac{Q}{V}$$

A capacitância fornece uma indicação da capacidade do condutor de armazenar cargas. Assim, quando dois condutores isolados e inicialmente neutros atingem o mesmo potencial, o de maior capacitância armazena uma carga elétrica maior.

A capacitância de um condutor depende de suas características físicas, geométricas (forma e dimensão) e do meio em que se encontra.

No SI, a unidade de capacitância é o **farad** (F), nome dado em homenagem ao cientista inglês Michael Faraday (1791-1867).

$$1 \text{ farad} = 1 \frac{\text{coloumb}}{\text{volt}}$$

Assim, para cada farad de capacitância, o condutor terá de receber ou perder 1 coulomb de carga para ter seu potencial alterado de 1 volt. Para uma capacitância de 10 F, por exemplo, o condutor terá de receber ou perder 10 C de carga elétrica para variar de 1 V o seu potencial. Lembre-se de que a carga de 1 C é muito grande. Portanto, a capacitância de 1 F também é muito grande. Por isso, costumamos usar submúltiplos do farad, como, por exemplo, o microfarad ($\mu$F).

## Capacitância de um condutor esférico

Para um condutor esférico de raio $r$, valem as relações:

$$\begin{cases} V = K\dfrac{Q}{r} & \text{(I)} \\ C = \dfrac{Q}{V} \Rightarrow Q = C\,V & \text{(II)} \end{cases}$$

Substituindo (II) em (I), temos: $C = \dfrac{r}{K}$

Observe que, uma vez estabelecida a forma esférica, a capacitância do condutor depende de sua dimensão e do meio que o envolve, sendo diretamente proporcional ao raio $r$.

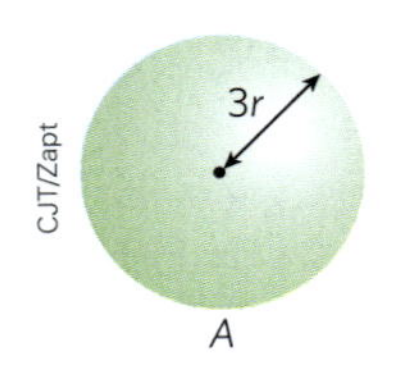


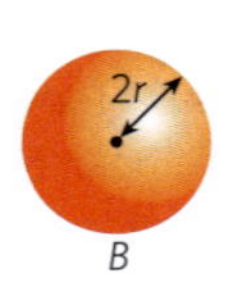


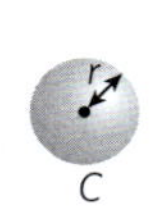


Num mesmo meio, a capacitância da esfera $A$ é a maior e a da esfera $C$ é a menor: $C_A = 3C_C$; $C_B = 2C_C$.

## Energia potencial eletrostática de um condutor

Considere um condutor inicialmente neutro. Para eletrizá-lo negativamente, por exemplo, devemos adicionar elétrons a ele. Para que um novo elétron seja colocado no condutor, entretanto, precisaremos vencer as forças repulsivas exercidas pelos elétrons já adicionados. Em outras palavras, será preciso realizar um trabalho contra as forças de repulsão, e essa energia ficará armazenada no condutor sob a forma latente de energia potencial eletrostática (ou elétrica).

Seja um condutor neutro de capacitância $C$, ao qual fornecemos uma carga elétrica $Q$. Sendo $V$ o potencial atingido pelo condutor, a energia potencial elétrica adquirida por ele é dada por:

$$E_p = \frac{QV}{2}$$

Utilizando a expressão da capacitância, temos:

$$C = \frac{Q}{V} \text{ ou } |V| = \frac{1}{C} \cdot |Q|$$

Fazendo-se a representação gráfica dos valores absolutos da variação de potencial ($V$) e da carga ($Q$), temos:

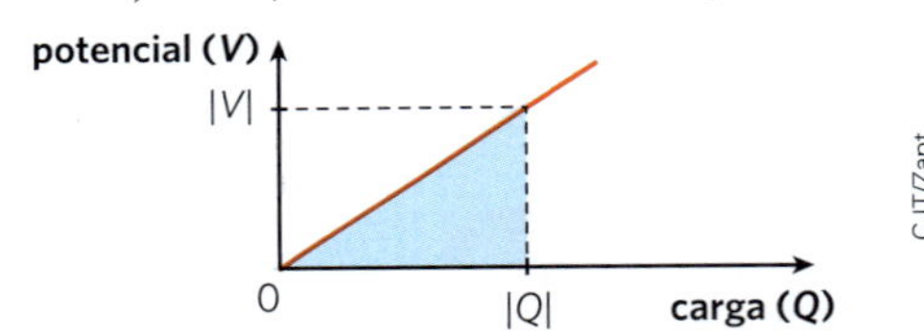


Sendo a energia potencial armazenada numericamente igual à área sombreada (triângulo), temos:

$$E_p \overset{N}{=} \frac{|Q| \cdot |V|}{2}$$

Como essa expressão é válida tanto para cargas positivas como negativas, temos:

$$E_p = \frac{QV}{2}$$

Note que para $Q > 0$ temos $V > 0$, e para $Q < 0$ temos $V < 0$. Assim, o produto $Q \cdot V$ é sempre positivo ($E_p > 0$).

Sendo $Q = CV$, também podemos escrever:

$$E_p = \frac{CV^2}{2} = \frac{Q^2}{2C}$$

## Condutores em equilíbrio eletrostático

Considere $n$ condutores eletrizados e isolados.

A capacitância ($C$), a carga ($Q$) e o potencial ($V$) de cada um dos condutores estão indicados na figura:

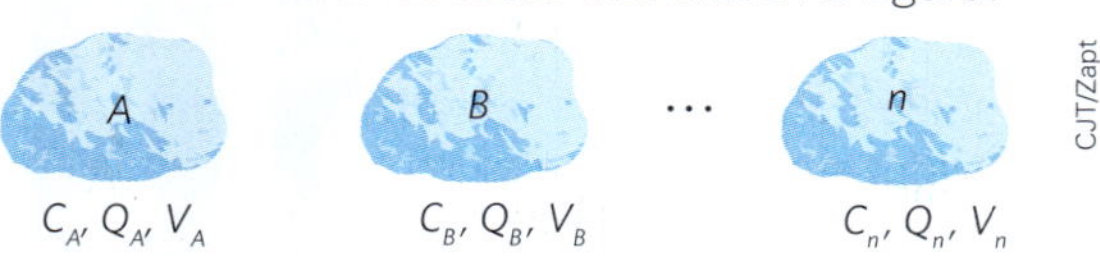

CJT/Zapt

Valem as relações:

$Q_A = C_A V_A; Q_B = C_B V_B; ... Q_n = C_n V_n$

Por meio de fios de capacitâncias desprezíveis, podemos fazer a interligação desses condutores.

Devido às diferenças de potencial existentes entre eles, há um deslocamento de cargas até que os potenciais se tornem iguais. Quando isso ocorre, os condutores atingem o equilíbrio eletrostático.

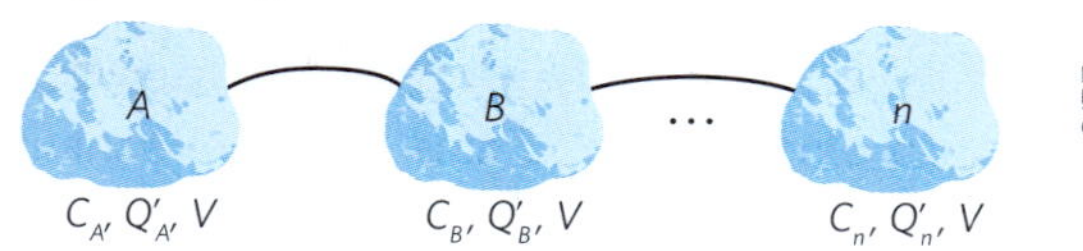

CJT/Zapt

A nova carga ($Q'$) e o potencial comum ($V$) dos condutores estão indicados na figura anterior, valendo, agora, as relações:

$Q'_A = C_A V; Q'_B = C_B V; ... Q'_n = C_n V$

Somando membro a membro as expressões, temos:

$Q'_A + Q'_B + ... + Q'_n = C_A V + C_B V + ... + C_n V$

Pelo **princípio da conservação das cargas elétricas**, entretanto, a soma das cargas antes e depois dos contatos é a mesma:

$Q_A + Q_B + ... + Q_n = Q'_A + Q'_B + ... + Q'_n$

Assim: $Q_A + Q_B + ... + Q_n = (C_A + C_B + ... + C_n)V$

$$V = \frac{Q_A + Q_B + ... + Q_n}{C_A + C_B + ... + C_n}$$

Portanto, o potencial de equilíbrio é o quociente do somatório das cargas elétricas existentes nos condutores pelo somatório das respectivas capacitâncias.

### Já pensou nisto?

#### Efeito piezoelétrico

Para acender a chama da boca do fogão, pode-se utilizar um acendedor que emite uma faísca ao se pressionar uma tecla. Dizem que esse aparelho pode durar mais de cem anos. Como será que ele funciona?

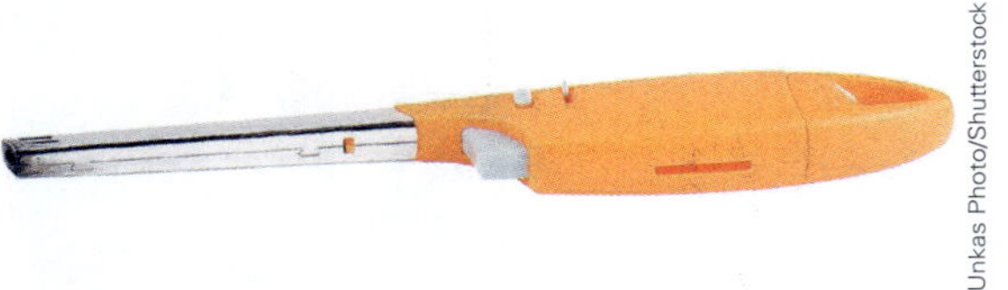
Unkas Photo/Shutterstock

Acendedor elétrico que funciona pelo efeito piezoelétrico.

O princípio de funcionamento desse tipo de acendedor é o fenômeno físico denominado **efeito piezoelétrico**. A palavra *piezo* vem do grego e significa apertar, exercer pressão. Alguns cristais, como o quartzo, a turmalina e o sal de Rochelle, ao receberem uma força mecânica de pressão, têm seu volume diminuído, o que provoca uma densidade de cargas elétricas maior em seu interior. Como essa densidade de cargas não é homogênea, diferentes locais do cristal apresentarão potenciais diferentes. Se um fio condutor estiver ligando esses pontos, podemos observar um fluxo de elétrons entre eles, buscando igualar os potenciais. Esse fluxo de elétrons provoca a faísca que acende a chama da boca do fogão.

Alguns microfones também funcionam a partir da pressão exercida em cristais piezoelétricos.

Na Universidade Estadual Paulista (Unesp), no Departamento de Física e Química da Faculdade de Engenharia de Ilha Solteira, estão sendo realizadas pesquisas, envolvendo esse material piezoelétrico, para transformar em energia elétrica a pressão (energia mecânica) que carros, ônibus e caminhões exercem sobre a superfície da estrada.

Imagine uma estrada muito movimentada, centenas de veículos passando por uma superfície que tem, logo abaixo da manta asfáltica, pequenos cubos de cristais piezoelétricos que, ao serem pressionados, liberam elétrons que poderão ser utilizados para a iluminação da estrada, por exemplo.

## Ampliando o olhar

# Gerador eletrostático de Van de Graaff

O gerador eletrostático foi imaginado originalmente em 1890 por Lorde Kelvin (William Thomson - 1824-1907). Entretanto, apenas em 1929 o físico estadunidense Robert Jemison van de Graaff (1901-1967) construiu o primeiro modelo desse aparelho. Era bastante simples e usava como correia de transporte de cargas uma fita de seda comprada em uma loja com poucos centavos de dólar. Em 1931, voltando a trabalhar no MIT (Instituto Tecnológico de Massachusetts), ele construiu um exemplar que podia produzir 1 milhão de volts. Nos aceleradores de partículas, usados em universidades e institutos de pesquisa, o potencial produzido é da ordem de 10 milhões de volts.

Bettmann/Getty Images

Um dos primeiros modelos de gerador eletrostático construídos por Van de Graaff no MIT (Instituto Tecnológico de Massachusetts). New Bedford, Massachusetts, EUA. Novembro de 1935.

Geradores de Van de Graaff de grande porte podem produzir diferenças de potencial da ordem de milhões de volts. Em pesquisas na área da Física, eles são utilizados em especial para acelerar partículas eletrizadas, elevando consideravelmente sua energia. Após o processo de aceleração, essas partículas são aproveitadas em várias experiências de bombardeamento de átomos e partículas, e os resultados obtidos são usados pelos físicos para desvendar os mistérios da Física Nuclear.

Modelos simplificados do gerador de Van de Graaff são muito utilizados nos laboratórios de divulgação científica.

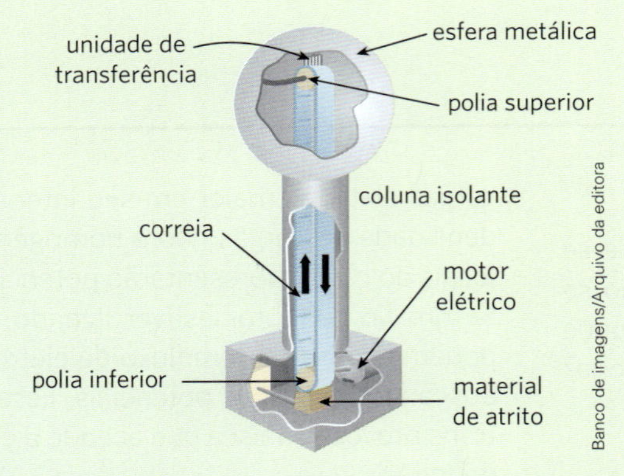


Banco de imagens/Arquivo da editora

Representação esquemática de um gerador eletrostático de Van de Graaff. A correia, que é acionada em alta velocidade por um motor, fica eletrizada ao ser atritada no material existente na base do aparelho.

Basicamente, eles possuem uma esfera metálica condutora oca com suportes isolantes. Uma correia de material isolante, borracha, por exemplo, é movimentada por um pequeno motor entre duas polias: uma colocada no interior da esfera condutora e outra, na base do aparelho. A correia é eletrizada por atrito na parte inferior do aparelho. Quando a correia eletrizada atinge a polia superior, um pente metálico de pontas bem finas retira as cargas elétricas obtidas na eletrização e faz a transferência para a superfície externa da esfera.

Quando em funcionamento, a aproximação do dedo de uma pessoa pode provocar descargas elétricas entre o condutor esférico e o dedo, já que existe uma diferença de potencial entre eles.

David R. Frazier/Photo Researchers/Fotoarena

Estudante toca na cúpula de um gerador de Van de Graaff, usado em laboratórios escolares. Por causa do potencial da esfera metálica, a jovem é eletrizada e os fios de seus cabelos se repelem, procurando o máximo distanciamento.

## Exercícios

**1** Uma região isolada da ação de cargas elétricas recebe uma partícula eletrizada com carga de $-2,0$ nC. Considere um ponto $A$, a 20 cm dessa partícula. Calcule:

a) o potencial elétrico em A;

b) a energia potencial adquirida por uma carga puntiforme de $+3,0$ μC, colocada em $A$.

**Dado**: constante eletrostática do meio: $K = 9,0 \cdot 10^9$ N m² C⁻².

**Resolução:**

a) No ponto $A$, o potencial é dado por:

$$V_A = K\frac{Q}{d_A}$$

Substituindo os valores fornecidos, temos:

$$V_A = 9 \cdot 10^9 \cdot \frac{(-2,0 \cdot 10^{-9})}{0,20}$$

$$\boxed{V_A = -90 \text{ V}}$$

b) A energia potencial adquirida pela carga colocada em $A$ é dada por:

$$E_{p_A} = qV_A = 3,0 \cdot 10^{-6} \cdot (-90)$$

$$\boxed{E_{p_A} = -2,7 \cdot 10^{-6} \text{ J}}$$

**2** Em um meio de constante eletrostática igual a $9,0 \cdot 10^9$ N m² C⁻², encontra-se uma partícula solitária eletrizada com carga de $+5,0$ μC. Qual o valor do potencial elétrico em um ponto $P$ situado a 3,0 m dessa partícula?

**3** (Ufla-MG) O diagrama potencial elétrico *versus* distância de uma carga elétrica puntiforme $Q$ no vácuo é mostrado a seguir. Considere a constante eletrostática do vácuo $K_d = 9 \cdot 10^9 \frac{\text{N} \cdot \text{m}^2}{\text{C}^2}$.

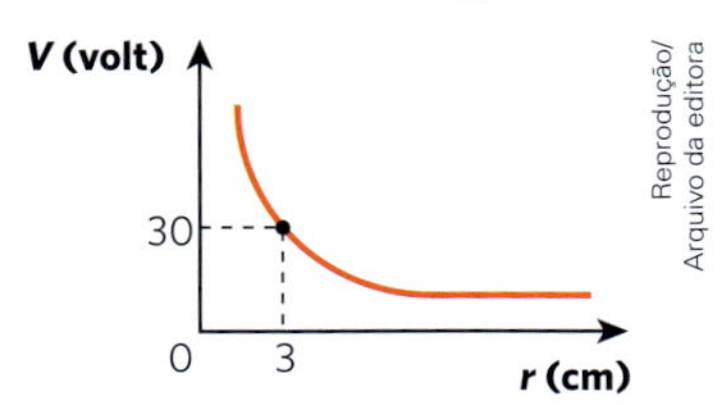


Pode-se afirmar que o valor de $Q$ é:

a) $+3,0 \cdot 10^{-12}$ C.

b) $+0,1 \cdot 10^{-12}$ C.

c) $+3,0 \cdot 10^{-9}$ C.

d) $+0,1 \cdot 10^{-9}$ C.

e) $-3,0 \cdot 10^{-12}$ C.

**4** Nos vértices $A$ e $B$ do triângulo equilátero representado a seguir, foram fixadas duas partículas eletrizadas com cargas $Q_A = 16,0$ μC e $Q_B = -4,0$ μC:

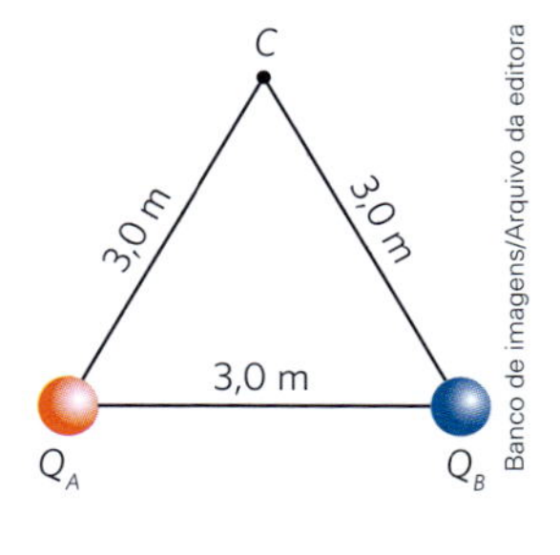


Considerando a constante eletrostática do meio igual a $9,0 \cdot 10^9$ N m² C⁻², determine:

a) a energia potencial elétrica armazenada no sistema;

b) o potencial elétrico resultante no vértice $C$;

c) a energia potencial adquirida por uma carga de prova $q = +2,0$ μC, ao ser colocada no vértice $C$.

**5** (UFPE) Duas cargas elétricas $-Q$ e $+q$ são mantidas nos pontos $A$ e $B$, que distam 82 cm um do outro (ver figura). Ao se medir o potencial elétrico no ponto $C$, à direita de $B$ e situado sobre a reta que une as cargas, encontra-se um valor nulo. Se $|Q| = 3|q|$, qual o valor em centímetros da distância $BC$?

**6** Considere as superfícies equipotenciais abaixo, $S_1$, $S_2$ e $S_3$, com seus respectivos potenciais elétricos indicados, e determine o trabalho realizado pela força elétrica que atua em uma carga de 2 C quando ela se desloca do ponto $A$ ao ponto $E$, percorrendo a trajetória indicada:

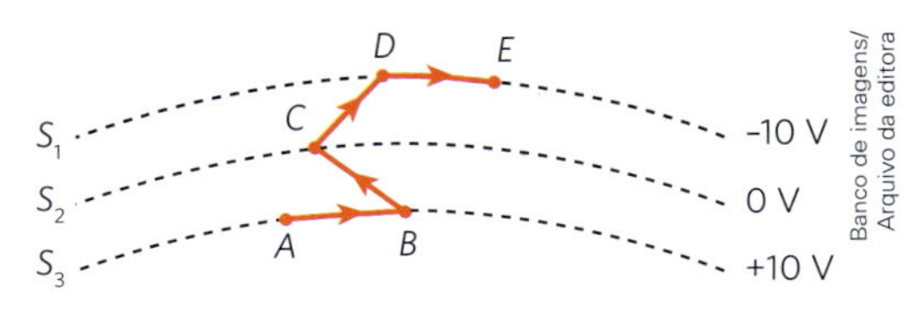


**7** (UEA-AM) Frequentemente observamos pássaros pousarem sobre os fios de alta tensão sem que sejam eletrocutados ou que sofram qualquer outro dano físico.

Reprodução/UEA, 2016.

Isso ocorre porque

**a)** os pássaros são aves perfeitamente isolantes.

**b)** os pássaros identificam fios de baixa potência elétrica para pousarem.

**c)** os pés dos pássaros não proporcionam resistência à corrente elétrica.

**d)** a diferença de potencial produzida entre os pés dos pássaros é baixa.

**e)** os pássaros, ao tocarem os pés no fio, tornam-se resistores ôhmicos.

**8** (Unirio-RJ)

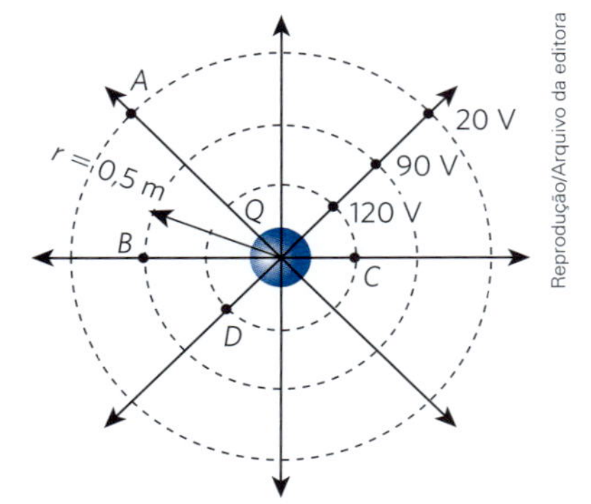


No esquema, apresentam-se as superfícies equipotenciais e as linhas de força no campo de uma carga elétrica puntiforme $Q$ fixa.

Considere que o meio é o vácuo ($K_0 = 9 \cdot 10^9$ Nm²/C²) e determine:

**a)** o valor de $Q$;

**b)** o valor do campo elétrico em $B$;

**c)** o trabalho realizado pela força elétrica sobre a carga $q = -2{,}0 \cdot 10^{-10}$ C para levá-la de $A$ a $C$.

**9** Determine a intensidade de um campo elétrico uniforme sabendo que a diferença de potencial entre duas de suas equipotenciais, separadas por 20 cm, é de 300 V.

**10** Entre duas placas condutoras, eletrizadas com cargas de mesmo módulo, mas de sinais opostos, existe um campo elétrico uniforme de intensidade 500 V/m.

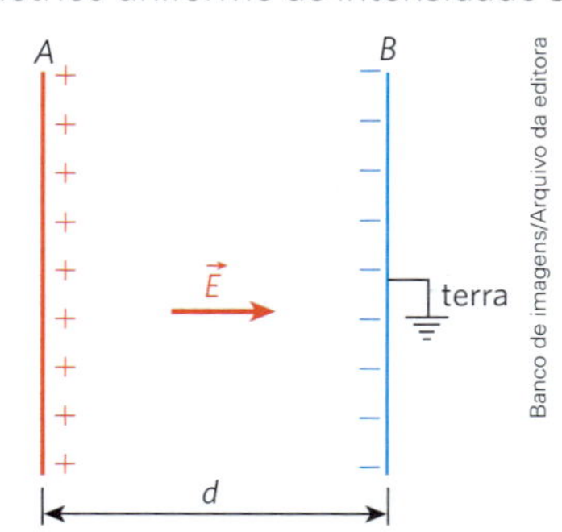


Sabendo que a distância entre as placas $A$ e $B$ vale $d = 5{,}0$ cm e que $B$ está ligada à terra, calcule o potencial elétrico da placa $A$.

**11** Uma partícula fixa, eletrizada com carga $+5{,}0\ \mu$C, é responsável pelo campo elétrico existente em determinada região do espaço. Uma carga de prova de $+2{,}0\ \mu$C e 0,25 g de massa é abandonada a 10 cm da cargafonte, recebendo desta uma força de repulsão. Determine:

**a)** o trabalho que o campo elétrico realiza para levar a carga de prova a 50 cm da cargafonte;

**b)** a velocidade escalar da carga de prova, submetida exclusivamente ao campo citado, quando ela estiver a 50 cm da cargafonte.

Dado: constante eletrostática do meio: $K = 1{,}0 \cdot 10^{10}$ N m² C⁻².

**12** Um próton é acelerado no vácuo por uma diferença de potencial de 1 MV. Qual é o aumento da sua energia cinética?

Dado: carga do próton $= 1{,}6 \cdot 10^{-19}$ C.

**13** (Fuvest-SP) Um raio proveniente de uma nuvem transportou para o solo uma carga de 10 C sob uma diferença de potencial de 100 milhões de volts. A energia liberada por esse raio é

**a)** 30 MWh.
**b)** 3 MWh.
**c)** 300 kWh.
**d)** 30 kWh.
**e)** 3 kWh.

Note e adote:

$1\ \text{J} = 3 \cdot 10^{-7}$ kWh

**14** (Unicamp-SP) Quando um rolo de fita adesiva é desenrolado, ocorre uma transferência de cargas negativas da fita para o rolo, conforme ilustrado na figura a seguir. Quando o campo elétrico criado pela distribuição de cargas é maior que o campo elétrico de ruptura do meio, ocorre uma descarga elétrica. Foi demonstrado recentemente que essa descarga pode ser utilizada como uma fonte econômica de raios X.

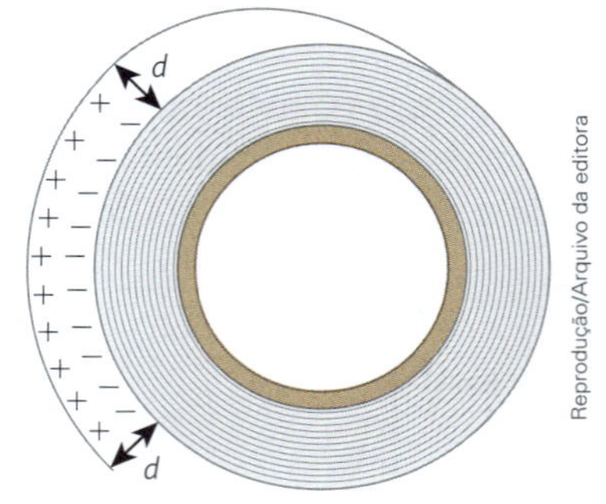


No ar, a ruptura dielétrica ocorre para campos elétricos a partir de $E = 3{,}0 \cdot 10^6$ V/m. Suponha que ocorra uma descarga elétrica entre a fita e o rolo para uma diferença de potencial $V = 9$ kV. Nessa situação, pode-se afirmar que a distância máxima entre a fita e o rolo vale:

**a)** 3 mm.
**b)** 27 mm.
**c)** 2 mm.
**d)** 37 nm.

**15** Que carga elétrica deve possuir uma esfera condutora de 60 cm de raio para que, no vácuo, adquira um potencial igual a $-120$ kV?

Dado: constante eletrostática do vácuo = $= 9{,}0 \cdot 10^9$ N m² C⁻².

**16** Considere um condutor esférico eletrizado negativamente e em equilíbrio eletrostático. Sejam $V_A$, $V_B$ e $V_C$ os potenciais elétricos nos pontos *A*, *B* e *C* indicados na figura a seguir.

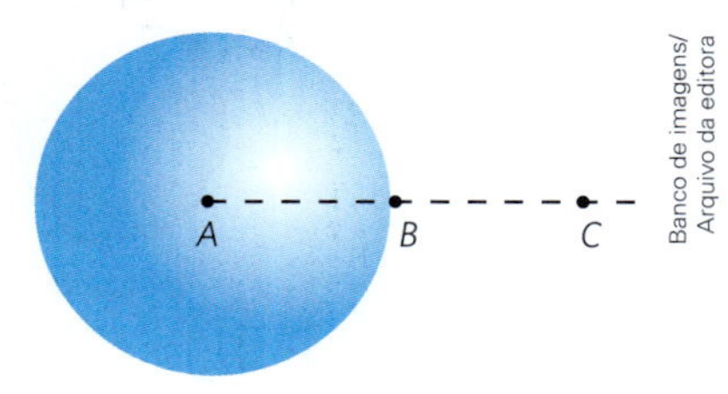


Pode-se afirmar que:

**a)** $V_A > V_B > V_C$

**b)** $V_A = V_B < V_C$

**c)** $V_A = V_B = V_C$

**d)** $V_A = V_B > V_C$

**e)** $V_A > V_B = V_C$

**17** Uma esfera condutora de 30 cm de raio é eletrizada com uma carga de 8,0 μC. Supondo atingido o equilíbrio eletrostático, determine:

**a)** o potencial da esfera;

**b)** o potencial de um ponto externo localizado a 60 cm da superfície da esfera.

Dado: constante eletrostática do meio: $K = 9{,}0 \cdot 10^9$ N m² C⁻².

**18** O gráfico a seguir representa o potencial criado por uma esfera condutora eletrizada em função da distância ao seu centro:

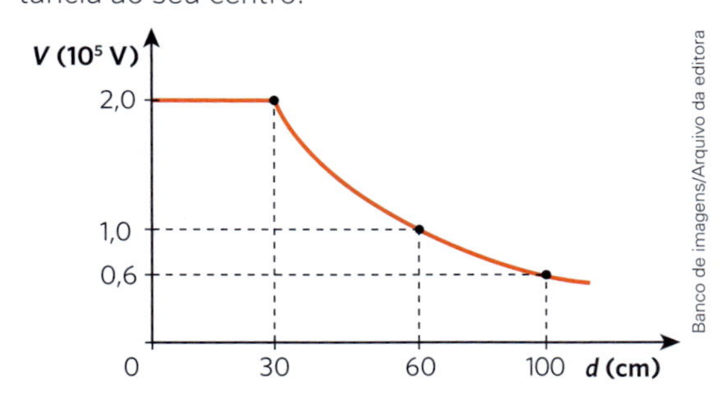


Considerando a constante eletrostática do meio igual a $1{,}0 \cdot 10^{10}$ N m² C⁻², determine:

**a)** o raio da esfera;

**b)** a carga elétrica existente na esfera.

**19** Analise as proposições seguintes:

**I.** A capacitância de um condutor depende do material de que ele é feito.

**II.** Num condutor esférico, a capacitância é tanto maior quanto maior é o seu raio.

**III.** Dois condutores esféricos, um de cobre e outro de alumínio, de mesmo raio e em um mesmo meio, possuem capacitâncias iguais.

Responda de acordo com o código.

**a)** Se todas estiverem corretas.

**b)** Se apenas I estiver correta.

**c)** Se apenas II e III estiverem corretas.

**d)** Se apenas III estiver correta.

**e)** Se todas estiverem incorretas.

**20** (PUC-MG) Uma carga positiva *Q* está distribuída sobre uma esfera de raio *R* fabricada com um material condutor que pode ser inflado. A esfera é inflada até que o novo raio seja o dobro do anterior. Nessa condição final, é correto dizer que:

**a)** o potencial e a capacitância dobram de valor.

**b)** o potencial fica reduzido à metade e a capacitância dobra de valor.

**c)** o potencial e a capacitância ficam reduzidos à metade do valor inicial.

**d)** o potencial e a capacitância não mudam.

**e)** o potencial não muda e a capacitância fica reduzida à metade.

**21** Uma esfera condutora neutra de 7,2 cm de raio encontra-se no vácuo, onde a constante eletrostática vale $9{,}0 \cdot 10^9$ N m² C⁻². Determine:

**a)** a capacitância da esfera;

**b)** o potencial atingido pela esfera, quando recebe uma carga igual a 1,6 μC.

**22** Um condutor esférico, ao ser eletrizado com uma carga de 3,0 μC, adquire um potencial de 5,0 kV. Determine:

**a)** a capacitância do condutor;

**b)** o seu raio.

Dado: constante eletrostática do meio vale $9{,}0 \cdot 10^9$ N m² C⁻².

**23** (OBF) Duas esferas de raio $R_1 \neq R_2$ estão carregadas com cargas $Q_1$ e $Q_2$, respectivamente. Ao conectá-las, por um fio condutor fino, é correto afirmar que:

**a)** suas cargas serão iguais.

**b)** a esfera de menor raio terá maior carga.

**c)** as cargas nas esferas serão proporcionais ao inverso de seus raios.

**d)** a diferença de potencial entre as esferas será nula.

**e)** o potencial é maior na esfera de raio menor.

**24** Qual a capacitância de um condutor que, quando eletrizado com uma carga de 4,0 μC, adquire $1{,}0 \cdot 10^{-3}$ J de energia potencial eletrostática?

# Indução eletrostática

## Apresentação do fenômeno

Considere o condutor *A*, neutro, representado a seguir.

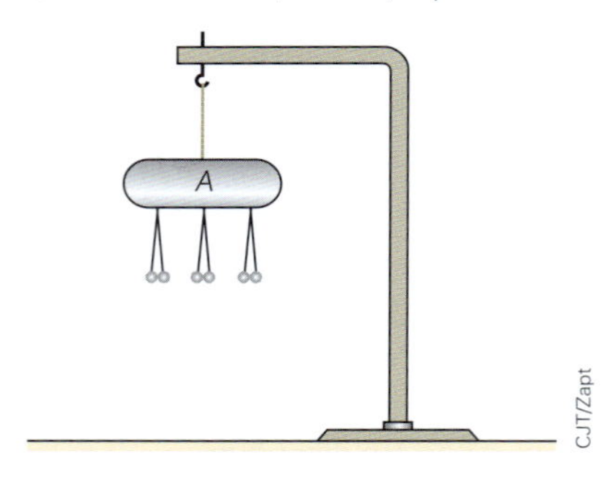


As bolinhas e os fios que as mantêm presas ao corpo *A* são condutores. O fio que prende o corpo *A* ao suporte é isolante.

Agora, aproximamos de *A* um bastão *B*, eletrizado com carga negativa, sem que haja contato entre eles.

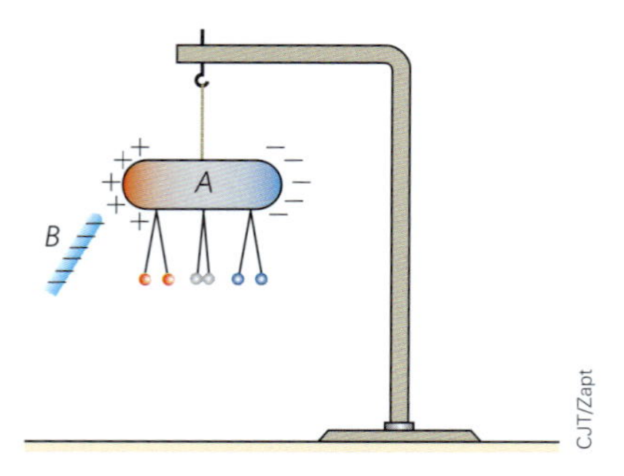


O condutor *A* passa, então, a apresentar características de eletrização em suas extremidades. É importante observar que, na região central, não existem indícios de eletrização.

O bastão *B*, cujas cargas criaram o campo elétrico que influenciou a separação de cargas no condutor *A*, recebe o nome de **indutor**. O condutor *A*, que foi influenciado, é denominado **induzido**.

Denomina-se **indução** ou **influência eletrostática** o fenômeno que consiste na separação ou redistribuição de cargas em um corpo provocada por um campo elétrico criado por cargas existentes em outro corpo.

A indução eletrostática em um condutor neutro, como o condutor *A*, provoca o surgimento de cargas de mesmo módulo e de sinais opostos nas extremidades desse condutor. Lembremos que, em um condutor neutro, o número de prótons é igual ao de elétrons. Assim, para cada elétron que surge em uma das extremidades eletrizadas, existe, na outra, um próton correspondente a ele.

## Eletrização por indução

Como vimos anteriormente, o processo de eletrização por indução é realizado em três etapas:

**1ª etapa:**

Aproxima-se do condutor neutro que se quer eletrizar (induzido) um outro corpo eletrizado (indutor).

O sinal da carga do indutor deve ser oposto ao da carga que se deseja obter no induzido.

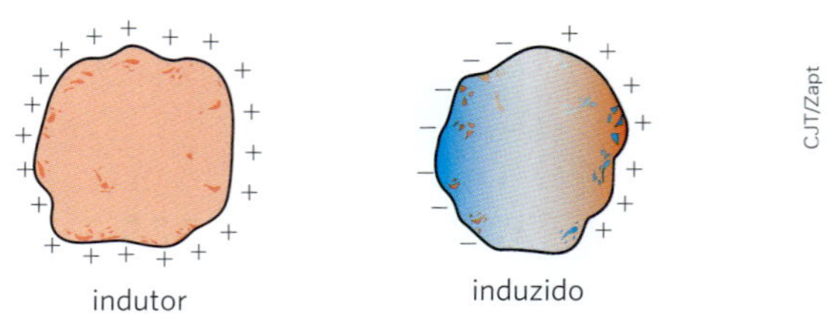


**2ª etapa:**

Liga-se o induzido à terra ou a outro condutor neutro. A ligação pode ser feita em qualquer ponto do induzido.

Com a ligação, aparecerão no induzido cargas de sinal contrário ao da carga do indutor.

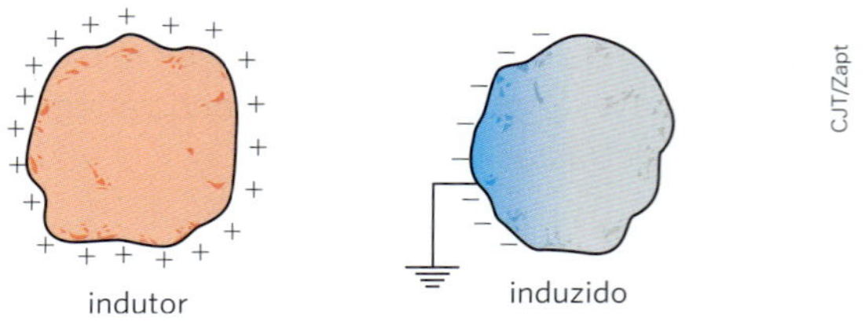


**3ª etapa:**

Na presença do indutor, desliga-se o induzido da terra.

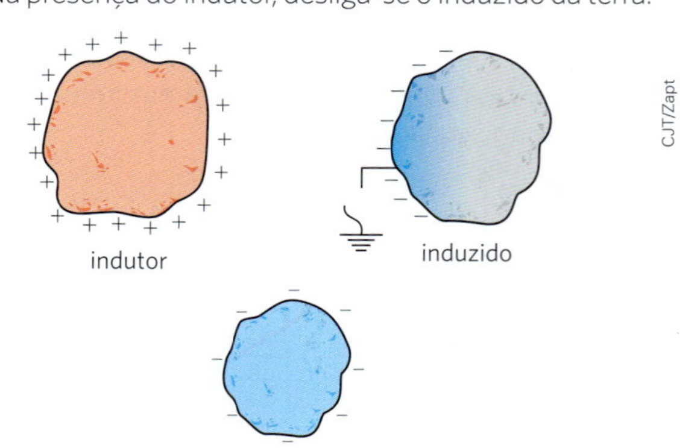


Levando o indutor para longe do induzido, já eletrizado, as cargas deste se distribuem pela sua superfície externa.

Se na 2ª etapa o induzido fosse ligado a outro condutor neutro, e não à terra, teríamos dois condutores eletrizados com cargas de igual módulo, porém de sinais opostos.

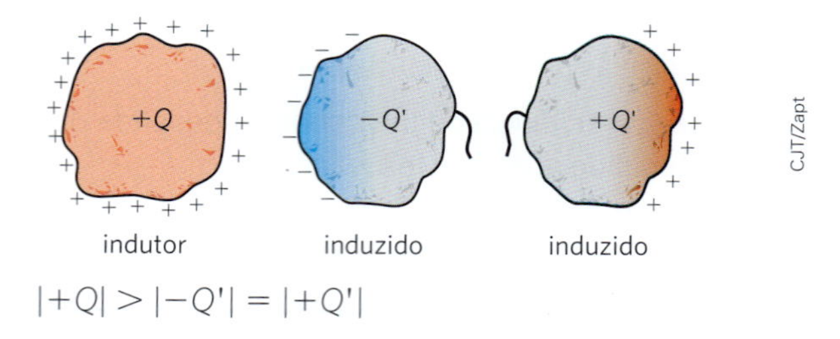


$|+Q| > |-Q'| = |+Q'|$

## Eletroscópio

Para saber se determinado corpo está ou não eletrizado, sem alterar sua possível carga, podemos usar um aparelho denominado **eletroscópio**.

Existem vários tipos de eletroscópio, porém os mais usados são o **pêndulo eletrostático** e o **eletroscópio de folhas**.

### Pêndulo eletrostático

O pêndulo eletrostático é constituído de uma pequena esfera de material leve, como cortiça ou isopor, suspensa por um fio leve, flexível e isolante. Essa esfera costuma ser envolvida por uma folha fina de alumínio.

O ideal seria usar uma folha fina de ouro.

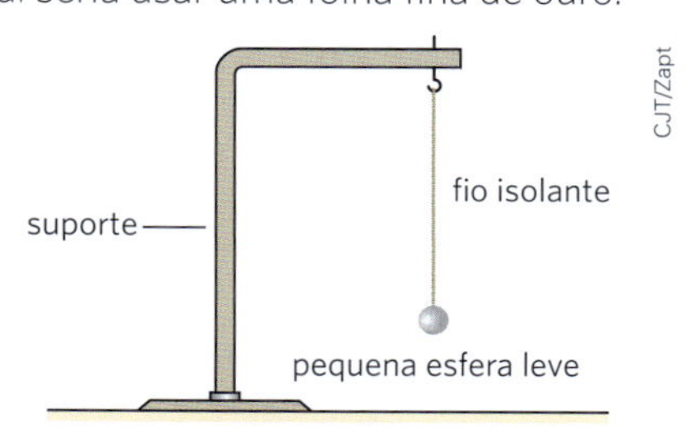


Estando inicialmente neutra, essa pequena esfera não interage eletricamente com um corpo neutro, mas será atraída por indução se aproximarmos dela um corpo eletrizado, como mostrado a seguir.

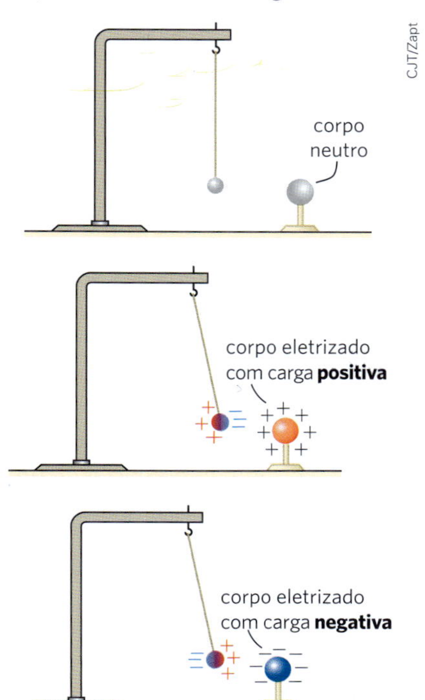


Esse simples procedimento é capaz de detectar a existência ou não de carga no corpo, mas ainda não é capaz de especificar o sinal dessa carga.

Suponhamos que tenha sido constatado, por meio do método descrito, que determinado corpo está eletrizado. Queremos, agora, identificar o sinal de sua carga. Para tanto, realizamos o procedimento esquematizado a seguir.

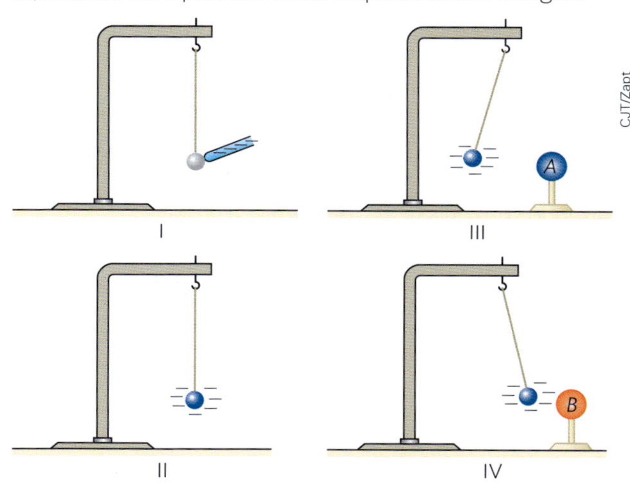


A sequência mostra o procedimento do uso do pêndulo eletrostático para se descobrir o sinal da carga elétrica de um corpo eletrizado.
I. Eletriza-se a esfera do pêndulo com carga de sinal conhecido. No exemplo, foi usada carga negativa.
II. A esfera do pêndulo já está eletrizada.
III. Se a esfera é repelida quando aproximamos dela um corpo eletrizado, podemos concluir que esse corpo está eletrizado com carga de sinal igual ao da esfera. Na figura III, o corpo *A* possui carga elétrica negativa.
IV. Se a esfera é atraída quando aproximamos dela um corpo eletrizado, podemos concluir que esse corpo está eletrizado com carga de sinal oposto ao da esfera. Na figura IV, o corpo *B* possui carga elétrica positiva.

### Eletroscópio de folhas

Esse dispositivo consiste em um recipiente transparente (vidro ou plástico), que permita ver seu interior (*a*), e provido de uma abertura na qual é fixado um tampão de material isolante (*b*) (borracha ou cortiça). No centro do tampão, existe um orifício pelo qual passa uma haste metálica (*c*). Na extremidade externa dessa haste, é fixada uma esfera condutora (*d*) e, na interna, são suspensas, lado a lado, duas folhas metálicas (*e*) extremamente finas. Essas folhas devem ser, de preferência, de ouro, pois com esse material pode-se obter lâminas de até $10^{-3}$ mm de espessura. Na falta de ouro, entretanto, pode-se usar alumínio.

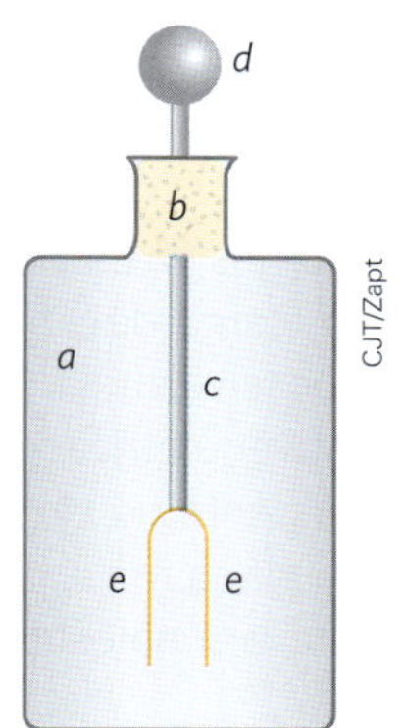

Para verificar se um corpo está ou não eletrizado, basta aproximá-lo da esfera do eletroscópio sem que haja contato entre eles. Se o corpo estiver neutro, nada ocorrerá no eletroscópio, mas, se estiver eletrizado, a esfera ficará, por indução, carregada com carga de sinal oposto ao da carga desse corpo. As lâminas localizadas na outra extremidade, por sua vez, se eletrizarão com cargas de mesmo sinal que a do corpo. Isso provocará repulsão entre elas, fazendo com que se afastem uma da outra.

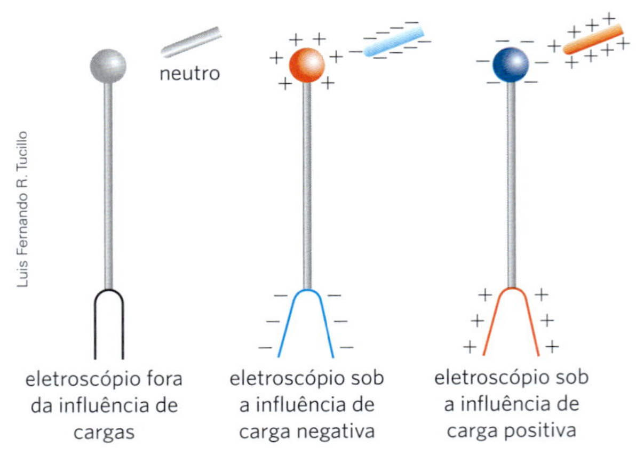


Note que, por meio do processo descrito, saberemos apenas se o corpo está ou não eletrizado, mas não identificaremos o sinal de sua carga. Para essa identificação, devemos ligar a esfera do eletroscópio à terra e aproximar, dessa esfera, um corpo com carga de sinal conhecido. Devido à ligação com a terra, a esfera fica eletrizada com carga de sinal oposto ao da carga do corpo. Em seguida, desligamos a esfera da terra e afastamos o corpo.

Sabemos, agora, que o eletroscópio está eletrizado com carga de sinal conhecido, que, no caso do exemplo ilustrado a seguir, é **negativo**.

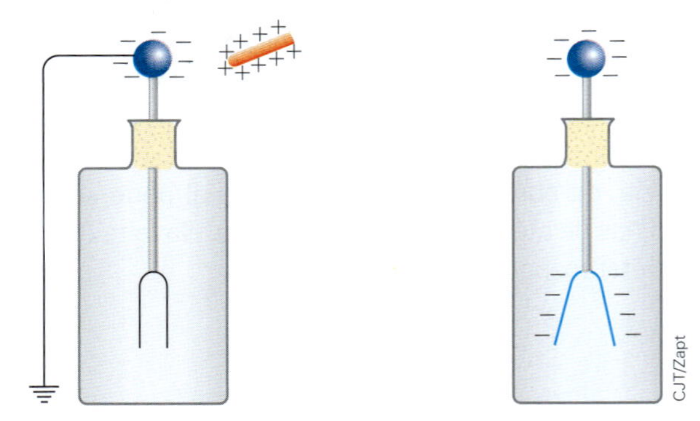


Quando aproximamos da esfera do eletroscópio um corpo eletrizado com carga de sinal desconhecido, temos duas situações possíveis:

1ª) Se o corpo estiver eletrizado com carga de mesmo sinal que o da existente no eletroscópio (negativo), as folhas se afastarão ainda mais, já que outros elétrons livres, que se encontravam na esfera, serão deslocados para as lâminas.

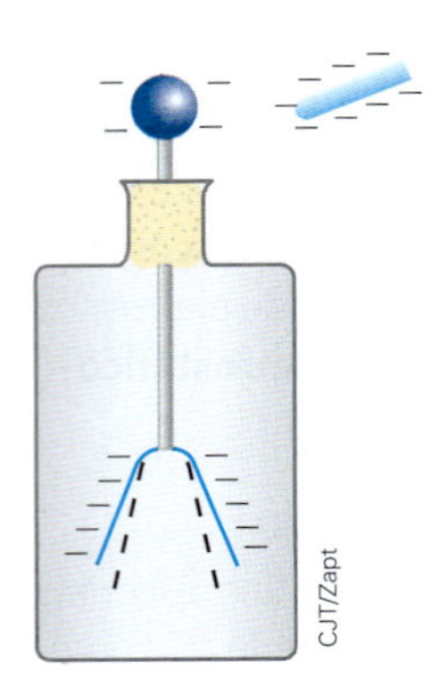


2ª) Se o corpo estiver eletrizado com carga de sinal oposto ao da existente no eletroscópio (positivo), as folhas se aproximarão, já que durante sua aproximação alguns de seus elétrons subirão para a esfera do eletroscópio.

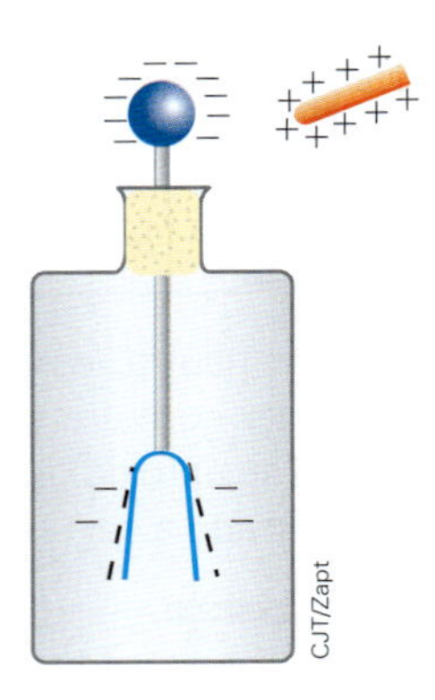


## O potencial da Terra

A atmosfera terrestre é permanentemente ionizada por raios cósmicos, radiações ultravioleta, chamas de fogos e materiais radioativos existentes na crosta. A predominância, na atmosfera terrestre, é de íons de carga positiva, e, na crosta, de íons de carga negativa.

Essas duas distribuições de carga – a da crosta e a da atmosfera – determinam, num ponto da Terra, um potencial que, a rigor, é negativo. Como, no entanto, esse potencial é utilizado como referência, atribui-se a ele o valor zero. Portanto, o potencial de um corpo em relação à Terra é a diferença de potencial (ddp) entre ele e a terra.

A seguir, temos a representação simbólica de um corpo ligado à terra:

Por convenção: $V_{terra} = 0$

## Ampliando o olhar

### Cuidado, os raios podem "cair" mais de uma vez no mesmo local

O Cristo Redentor (no Rio de Janeiro, Brasil) é atingido, em média, por seis raios ao ano; o edifício Empire State Building (em Nova York, EUA), por dez; e a Torre Eiffel (em Paris, França), por quarenta. O número médio de raios no planeta Terra é de 8 milhões/dia.

Os raios são descargas elétricas que ocorrem entre o solo e as nuvens. Essa movimentação de cargas elétricas é proporcionada pela diferença de potencial (ddp) existente, naquele momento, entre uma nuvem e um local no solo (de 100 milhões a 1 bilhão de volts).

Nas nuvens que se formam, precedendo uma tempestade, minúsculos cristais de gelo ficam à deriva, colidindo entre si, ocorrendo sua ionização. As partículas, então eletrizadas, são deslocadas por grandes movimentações de massas de ar ascendentes e descendentes. Essas cargas se espalham em três camadas. Na parte superior, encontramos muitas cargas positivas (quase 90% das positivas); na parte intermediária, muitas cargas negativas; e, na parte inferior, poucas cargas positivas (quase 10% das positivas). Geralmente, o raio inicia-se entre a região intermediária e a inferior. Um conjunto de faíscas entre essas regiões realiza uma ionização do ar, tornando-o condutor. Como o solo se torna eletrizado por indução, provocando a tensão citada acima, uma corrente de elétrons busca o solo. A descarga inicial ocorre entre a nuvem e o solo porque a distância entre essas regiões (aproximadamente 3 000 m) é muito menor que a distância entre a parte inferior e a superior da nuvem (aproximadamente 20 000 m). Aberto o caminho, as descargas ocorrem entre solo e nuvem.

Estima-se que, anualmente, 60 milhões de descargas elétricas ocorram no Brasil. A grande maioria, na Amazônia. Nas cidades, a poluição, que mantém muitas partículas em suspensão no ar, pode facilitar essas descargas. Por isso, é sempre conveniente que exista um para-raios nas proximidades do local onde se mora ou trabalha. Os para-raios são caminhos seguros para as descargas elétricas, evitando que possam colocar as nossas vidas em perigo.

A luz emitida pela ionização das partículas do ar por onde as descargas elétricas (raios) passam é denominada **relâmpago**. Já o som emitido pela brusca expansão do ar ionizado é chamado de **trovão**.

rafaelernanidelima43/Shutterstock

Raio iluminando o céu noturno da cidade de Jundiaí, São Paulo. Outubro de 2018.

## Descubra mais

1. Pesquise e descubra como surgem cargas elétricas nas nuvens.
2. Por que ocorre descarga elétrica entre nuvens e entre as nuvens e a Terra?
3. Cite pelo menos dois sistemas que podem proteger as pessoas e os animais de descargas elétricas que ocorrem durante as tempestades.
4. Quais são as limitações dos para-raios? Discuta com seus colegas as maneiras de tornar os para-raios mais eficientes.
5. Pesquise e forme um grupo de colegas para discutir os cuidados que devemos ter para não ficarmos expostos a possíveis descargas elétricas em dias de tempestade.
6. Por que um raio pode levar uma pessoa à morte? Pesquise e discuta com seus colegas.

## Exercícios

**25** Uma pequena esfera de isopor *B*, recoberta por uma fina lâmina de alumínio, é atraída por outra esfera condutora *A*. Tanto *A* como *B* estão eletricamente isoladas.

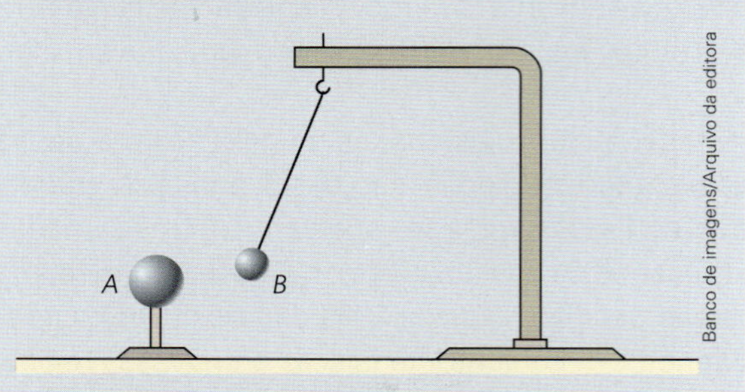


Tal experimento permite afirmar que:

**a)** a esfera *A* possui carga positiva.
**b)** a esfera *B* possui carga negativa.
**c)** a esfera *A* não pode estar neutra.
**d)** as cargas elétricas existentes em *A* e *B* têm sinais opostos.
**e)** a esfera *B* pode estar neutra.

**Resolução:**

Para ocorrer o representado na figura devemos ter:

1) Ambas as esferas (*A* e *B*) eletrizadas com cargas de sinais opostos. Esfera *A* positiva e esfera *B* negativa ou *A* negativa e *B* positiva.
2) Esfera *A* neutra e esfera *B* eletrizada (positiva ou negativa).
3) Esfera *A* eletrizada (positiva ou negativa) e esfera *B* neutra.

**Resposta:** alternativa e.

**26** Na figura a seguir, *A* é uma esfera condutora e *B* é uma pequena esfera de isopor, ligada a um fio flexível.

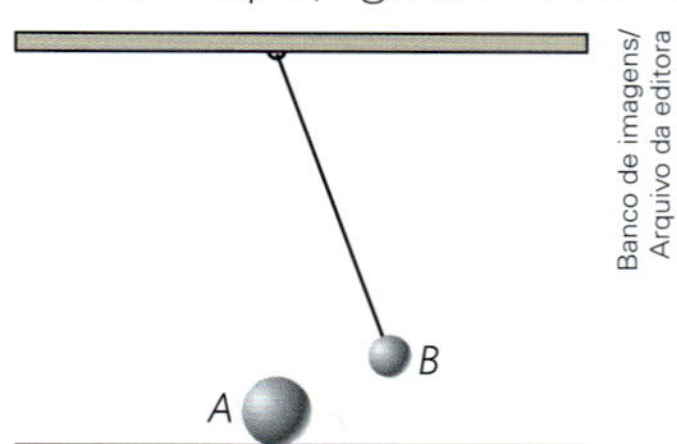


Supondo que a situação indicada seja de equilíbrio, analise as afirmativas a seguir:

**I.** É possível que somente a esfera *B* esteja eletrizada.
**II.** As esferas *A* e *B* devem estar eletrizadas.
**III.** A esfera *B* pode estar neutra, mas a esfera *A* certamente está eletrizada.

Para a resposta, utilize o código:

**a)** A afirmação I está correta.
**b)** Somente a afirmação II está correta.
**c)** As afirmações II e III estão corretas.
**d)** Somente a afirmação III está correta.
**e)** Todas as afirmações estão corretas.

**27** Em um experimento de eletrização por indução, dispõe-se de duas esferas condutoras iguais e neutras, montadas sobre bases isolantes, e de um bastão de vidro carregado negativamente. Os itens de I a IV referem-se a operações que visam eletrizar as esferas por indução.

**I.** Aproximar o bastão de uma das esferas.
**II.** Colocar as esferas em contato.
**III.** Separar as esferas.
**IV.** Afastar o bastão.

Qual é a opção que melhor ordena as operações?

**a)** I, II, IV, III.
**b)** III, I, IV, II.
**c)** IV, II, III, I.
**d)** II, I, IV, III.
**e)** II, I, III, IV.

**28** (Fuvest-SP) Duas esferas metálicas *A* e *B* estão próximas uma da outra. A esfera *A* está ligada à terra, cujo potencial é nulo, por um fio condutor. A esfera *B* está isolada e carregada com carga $+Q$. Considere as seguintes afirmações:

**I.** O potencial da esfera *A* é nulo.
**II.** A carga total da esfera *A* é nula.
**III.** A força elétrica total sobre a esfera *A* é nula.

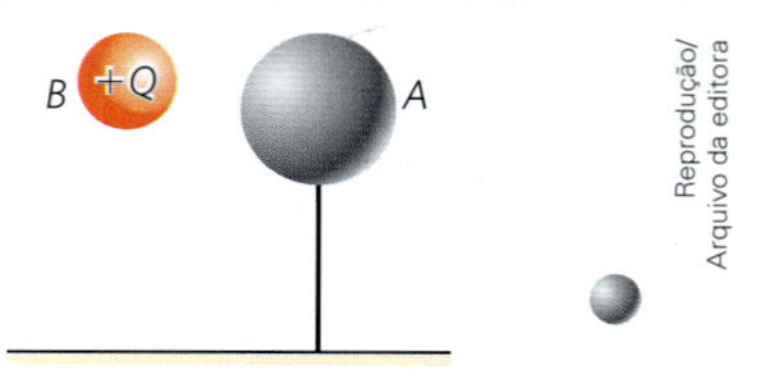


Está correto apenas o que se afirma em:

**a)** I.
**b)** I e II.
**c)** I e III.
**d)** II e III.
**e)** I, II e III.

Instruções para as questões de números **29** e **30**.

A figura a seguir representa um eletroscópio de folhas, inicialmente descarregado. A esfera *E*, o suporte *S* e as folhas *F* são metálicos.

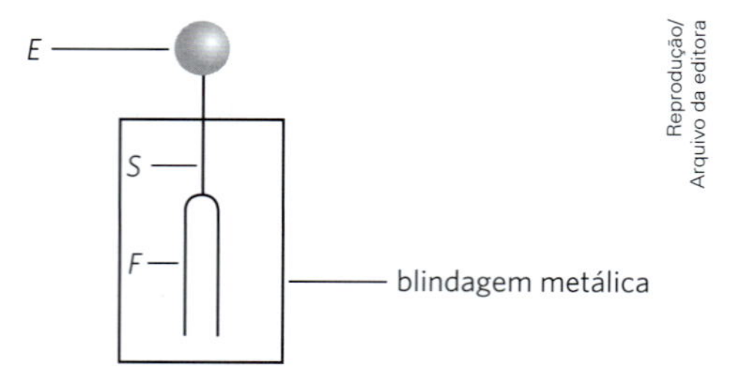

**29** (FCMSC-SP) Uma esfera metálica positivamente carregada é aproximada, sem encostar, da esfera do eletroscópio. Em qual das seguintes alternativas melhor se representa a configuração das folhas do eletroscópio e suas cargas enquanto a esfera positiva estiver perto de sua esfera?

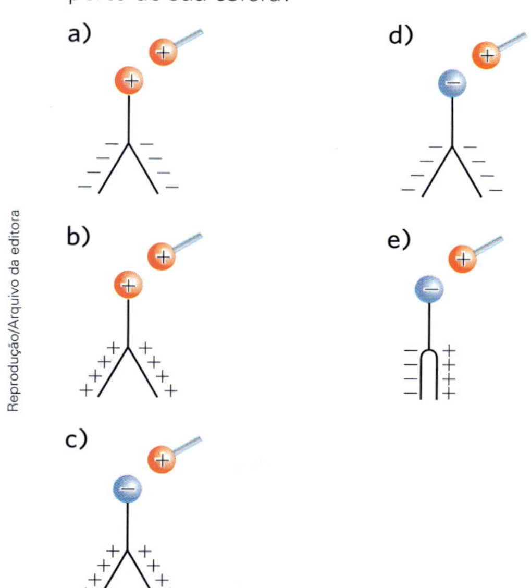



**30** (FCMSC-SP) Uma esfera metálica, positivamente carregada, encosta na esfera do eletroscópio e, em seguida, é afastada. Qual das seguintes alternativas melhor representa a configuração das folhas do eletroscópio e suas cargas depois que isso acontece?

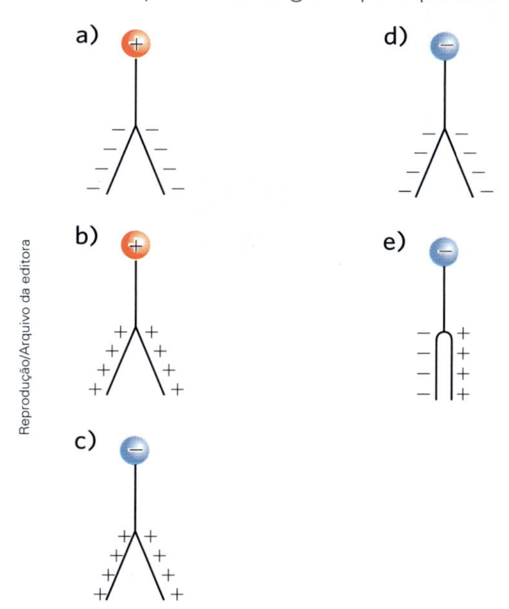



**31** (Vunesp-SP) A figura mostra uma representação de um eletroscópio de folhas e o que ocorre com elas quando um corpo eletrizado negativamente é aproximado da esfera metálica.

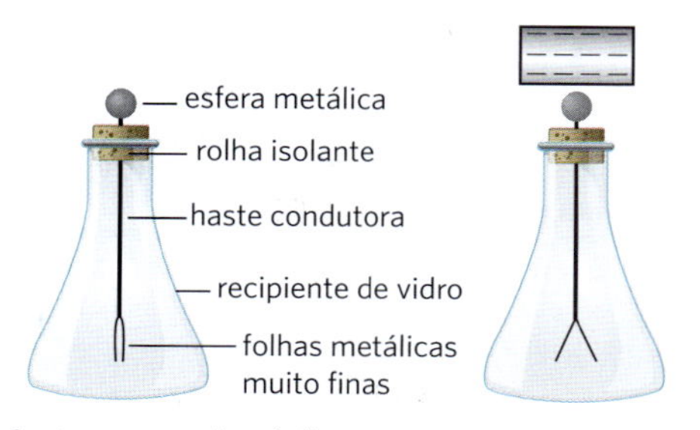




O afastamento das folhas ocorre porque

**a)** elétrons das folhas e da haste condutora foram atraídos para a esfera metálica, carregando as folhas positivamente.

**b)** íons positivos foram transferidos, por indução, do eletroscópio para o corpo eletrizado, carregando as folhas negativamente.

**c)** elétrons foram transferidos, por indução, do corpo eletrizado para a esfera, carregando as folhas positivamente.

**d)** elétrons foram transferidos, por indução, do corpo eletrizado para as folhas, carregando-as negativamente.

**e)** elétrons da esfera e da haste condutora foram repelidos para as folhas metálicas, carregando-as negativamente.

**32** O professor de Física descreveu um interessante experimento para os alunos do último ano do Ensino Médio. Ele disse que, se atritarmos um bastão de vidro com lã, o bastão vai eletrizar-se com carga positiva. Ao aproximar o bastão eletrizado de uma esfera metálica, inicialmente neutra, vamos observar o fenômeno da indução eletrostática. Alguns "pares" elétron-próton se separam, ocorrendo um excesso de elétrons na face próxima do bastão e um excesso de prótons na face oposta da esfera. A situação final é mostrada na figura a seguir.

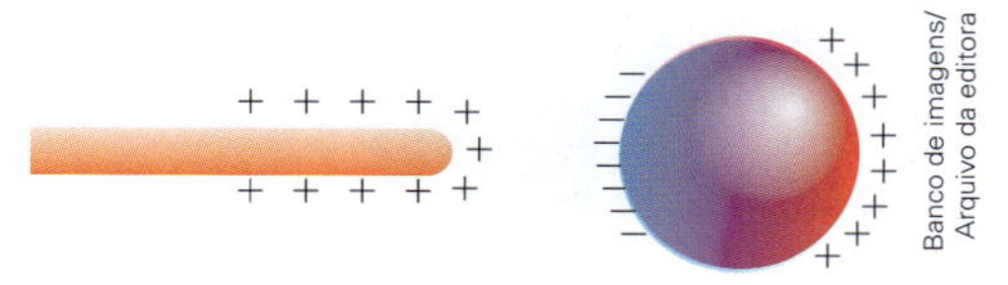



A partir dessa explanação, o professor fez algumas perguntas aos alunos. Responda a elas.

**1)** No atrito, o bastão de vidro fica mesmo eletrizado positivamente? Explique.

**2)** O que provoca a separação dos "pares" elétron-próton? Explique.

**3)** Como fica a intensidade do vetor campo elétrico no interior da esfera após a indução?

**4)** Como fica o valor do potencial elétrico no interior da esfera após a indução?

# Eletrodinâmica

A AIE (Agência Internacional de Energia) concluiu um estudo em 2017 no qual foi estimado que 14% da população mundial ainda não possuía acesso à energia elétrica. Ainda assim, para a maioria da população que já nasceu e cresceu fazendo uso de equipamentos elétricos em seu cotidiano, é difícil imaginar a vida sem essa comodidade.

A **Eletrodinâmica** é a parte da Física que estuda a corrente elétrica – movimento ordenado de cargas elétricas – e suas manifestações ao percorrer circuitos e aparelhos elétricos em geral.

Alf Ribeiro/Shutterstock

Os conhecimentos de Eletrodinâmica são fundamentais para a instalação e manutenção da rede elétrica. Manutenção dos fios da rede de transmissão de energia elétrica, em Marília, SP. Maio de 2019.

## Nesta unidade:

# Corrente elétrica

Este capítulo favorece o desenvolvimento das seguintes habilidades:

EM13CNT103

EM13CNT308

## Introdução

A eletricidade está tão incorporada na vida de alguns que estes nem percebem quão mais fácil torna-se o mundo ao seu redor com sua utilização. Contudo, há muitos que ainda não têm acesso a esse recurso. A fim de desenvolvermos práticas sustentáveis e políticas que ampliem o acesso à energia elétrica, é necessário entender os princípios físicos associados aos fenômenos elétricos e refletir sobre como a energia elétrica é gerada, transmitida e consumida.

## Corrente elétrica

Em relação a um sistema de referência especificado, definimos **corrente elétrica** como um conjunto de portadores de carga elétrica em movimento ordenado.

Na Eletrodinâmica clássica, o sistema de referência escolhido é quase sempre o próprio condutor através do qual flui a corrente elétrica. Assim, quando não especificamos o referencial, subentende-se que este seja o próprio condutor.

Para especificar quem são os portadores de carga elétrica, temos de estabelecer que tipo de condutor elétrico será analisado. Como já vimos anteriormente, há condutores **metálicos**, **eletrolíticos** e **gasosos**.

### Notas

- De um modo geral, os gases são isolantes; porém, quando submetidos a intenso campo elétrico, sofrem ionização e tornam-se condutores.
- Materiais como madeira, borracha e papel são comumente citados como **isolantes**. Porém, deve-se destacar que, para diferenças de potencial elevadas, até mesmo esses materiais podem tornar-se condutores. Portanto, de maneira mais precisa, podemos denominar esses materiais isolantes ou condutores quando se encontram submetidos a determinada faixa de diferenças de potencial elétrico. Um bom solado de borracha pode evitar choques elétricos dentro de uma residência, porém é ineficiente quando se está lidando com fios de alta-tensão da rede pública.

## Já pensou nisto?

### Qual o material utilizado em instalações elétricas?

Zhengzaishuru/Shutterstock

Em linhas de transmissão com cabos aéreos, usualmente se utiliza o alumínio.

Há vários tipos de materiais capazes de conduzir energia elétrica. Porém, para a utilização em sistemas elétricos, consideram-se as seguintes características do material: condutividade elétrica, custo e peso. Levando-se a condutividade elétrica em consideração, destacam-se quatro metais: o ouro, a prata, o cobre e o alumínio. Devido ao custo elevado do ouro e da prata, o cobre e o alumínio são as principais escolhas para a utilização em sistemas elétricos.

Em termos de condutividade, o cobre é mais eficiente que o alumínio. No entanto, o alumínio é mais leve e mais barato que o cobre. Dessas duas características, decorre a usual utilização do cobre em instalações elétricas domésticas e do alumínio em instalações com cabos aéreos, nas quais o peso dos cabos é um fator determinante. Vale dizer ainda que o cobre é altamente maleável, favorecendo o uso em instalações em que fios flexíveis são necessários.

## A boa condutividade dos metais

Metais são feitos de átomos que, para se unirem, fazem um tipo de ligação denominada **ligação metálica**. Nessa ligação, cada átomo doa alguns dos seus elétrons mais externos para a estrutura da liga metálica, transformando-se em um íon positivo, como mostra a imagem abaixo.

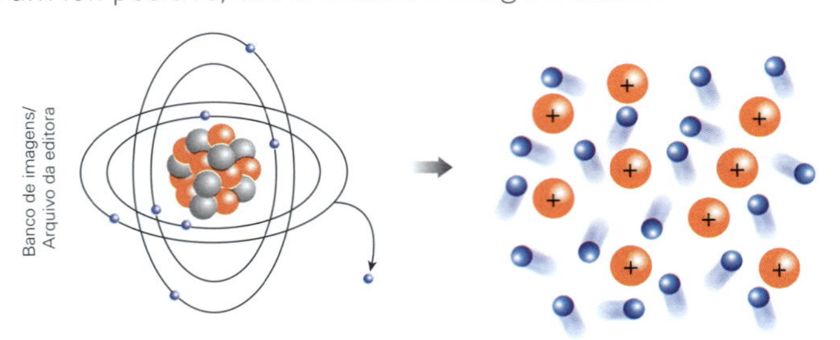


A imagem mais à esquerda representa um átomo (representação de Rutherford-Bohr) doando um elétron para a estrutura em uma ligação metálica. Com isso, ele transforma-se em um íon positivo. A estrutura na ligação metálica é representada na imagem da direita, em que os íons positivos são as esferas vermelhas e os elétrons livres, as esferas azuis.

Após transformarem-se em íons positivos, repelem-se. Mas o material não se desfaz por causa dessa repulsão, pois os elétrons que cada átomo doou para a estrutura formam uma espécie de nuvem negativa em torno dos átomos positivamente ionizados. Essa nuvem de elétrons mantém os átomos unidos, formando a estrutura sólida e coesa, típica dos metais.

Os elétrons que são doados para a estrutura ficam livres da eletrosfera do átomo, podendo movimentar-se livremente por dentro do metal. É bastante razoável supor que esses elétrons sejam os responsáveis pela boa condutividade elétrica dessas substâncias. Vemos assim que a mesma estrutura que faz com que os metais sejam bons condutores térmicos também dá a eles a característica de boa condutividade elétrica.

A madeira, o ar e o vidro não têm elétrons livres, pois os átomos nessas substâncias fazem ligações do tipo covalente. Os elétrons que participam dessa ligação química são compartilhados apenas entre dois átomos. Para arrancar um elétron desse tipo de substância, é preciso muita energia - isso faz com que, em condições cotidianas, esses materiais sejam maus condutores de eletricidade.

### Ampliando o olhar

## Semicondutores: de celulares a foguetes

Os semicondutores são materiais que não são bons nem maus condutores de eletricidade; na verdade, a sua capacidade de conduzir eletricidade depende da temperatura à qual estão submetidos. O que acontece neles é que seus elétrons precisam de determinada energia para ser libertados dos átomos e poder fluir livremente. Essa energia está relacionada à temperatura. A baixas temperaturas, portanto, tais materiais são muito bons isolantes elétricos. A altas temperaturas, tornam-se bons condutores.

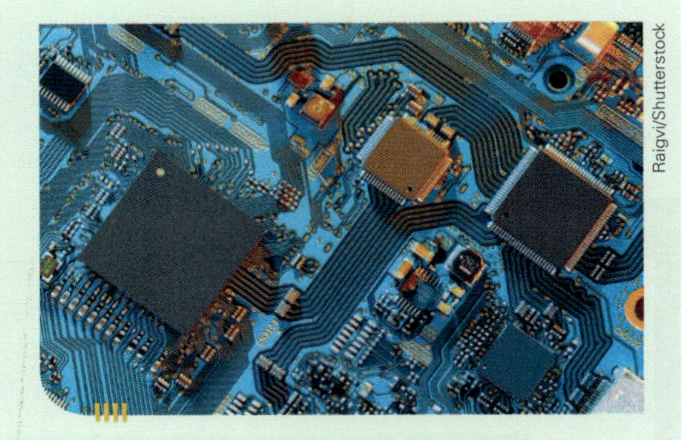


Placa de circuito eletrônico que utiliza como material principal semicondutores dopados.

Os semicondutores geralmente utilizados nos circuitos eletrônicos são dopados, ou seja, misturados com pequenas quantidades de algum outro elemento químico. Por exemplo, toma-se uma estrutura de silício e adicionam-se alguns átomos de arsênio ao longo dela. Os átomos de arsênio têm mais elétrons na camada de valência do que os de silício. Esses elétrons extras ficam "soltos" no material, porque não participam de ligações químicas. Assim, os semicondutores dopados se tornam bons condutores à temperatura ambiente, tal como os metais.

Em uma configuração adequada, os semicondutores permitem a passagem de corrente elétrica apenas em um sentido. Essa é uma propriedade excelente para a fabricação de *chips*! Um *chip* nada mais é do que um circuito eletrônico em miniatura.

A base do funcionamento de praticamente todo aparelho eletrônico, desde meados do século XX, depende diretamente da manipulação dos semicondutores. Eles provocaram uma verdadeira revolução na indústria eletrônica e são utilizados em inúmeras aplicações, incluindo relógios digitais, modernos aparelhos de televisão, equipamentos médicos e até circuitos em foguetes.

## Descubra mais

1. Pesquise sobre as tecnologias utilizadas em circuitos eletrônicos nos primeiros computadores. Quais eram elas? Sob quais condições os aparelhos precisavam ser mantidos?
2. Avalie o impacto social, cultural e ambiental da descoberta e aplicação de materiais semicondutores em dispositivos eletrônicos no último século. Liste todos os aparelhos eletrônicos que você usa diariamente e, em seguida, pondere sobre os aparelhos eletrônicos que indiretamente impactam no seu cotidiano (por exemplo: servidores de internet, satélites, semáforos...).

## O sentido da corrente elétrica

Cargas de sinais contrários e mesmo valor absoluto, movimentando-se em sentidos contrários, apresentam efeitos equivalentes. Portanto, é necessário escolher o sentido de movimento de uma dessas cargas para representar o da corrente elétrica. Convencionalmente adotamos como **sentido da corrente elétrica o sentido de movimento que teria, ou que tem, a carga elétrica positiva**.

Assim, no **condutor metálico** o sentido convencional da corrente elétrica é contrário ao sentido do movimento dos elétrons livres, como mostra a imagem abaixo.

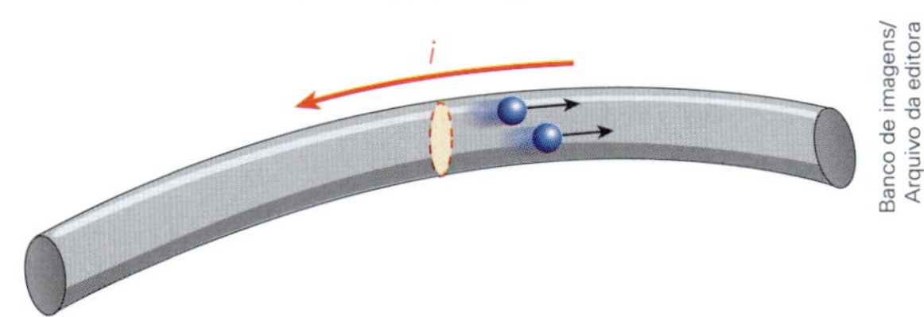


Como os portadores de carga elétrica em condutores metálicos são os elétrons livres, o sentido da corrente elétrica real é o contrário do sentido da corrente elétrica convencional.

## Intensidade da corrente elétrica

Consideremos um condutor elétrico de qualquer tipo (metálico, eletrolítico ou gasoso), como o representado na imagem abaixo. Sejam $q$ e $q'$ as cargas negativa e positiva, respectivamente, que atravessam a secção transversal $S$ do condutor, entre os instantes $t$ e $(t + \Delta t)$.

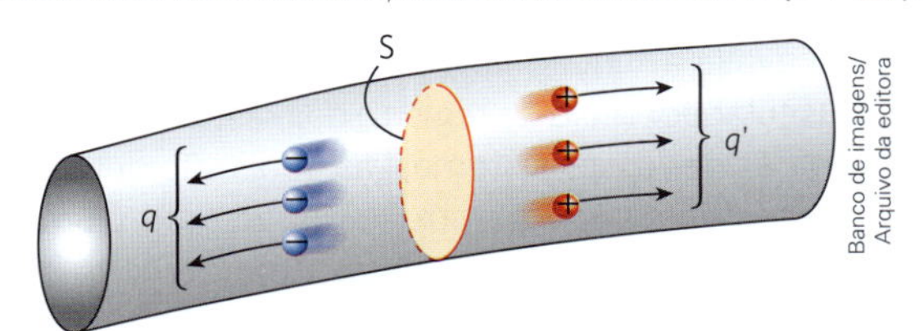


Definimos **intensidade média de corrente elétrica** entre esses instantes como sendo a grandeza escalar $i_m$, tal que:

$$i_m = \frac{|q| + |q'|}{\Delta t}$$

Decorre da definição que $i_m$ será sempre um valor não negativo.

Nos condutores metálicos, os elétrons são os portadores de carga elétrica formadores da corrente elétrica. A quantidade total de carga elétrica $\Delta Q$ que atravessa a secção transversal do condutor é:

$$\Delta Q = n\,e$$

Ou seja, em um intervalo de tempo $\Delta t$, $n$ elétrons, com carga elementar $e = 1{,}6 \cdot 10^{-19}$ C, atravessam a secção transversal indicada.

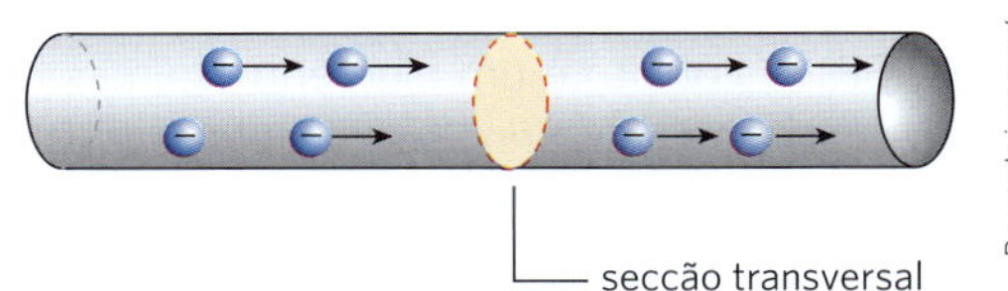


A intensidade média da corrente elétrica é a razão entre a quantidade de carga elétrica que atravessa a secção transversal do condutor e o intervalo de tempo considerado.

Podemos definir novamente a intensidade média de corrente elétrica da seguinte maneira:

Define-se a **intensidade média de corrente elétrica** ($i_m$) como a razão entre o módulo da quantidade de carga $\Delta Q$ que atravessa a secção transversal considerada e o intervalo de tempo $\Delta t$:

$$i_m = \frac{\Delta Q}{\Delta t}$$

em que $\Delta Q$ é o produto entre o número de partículas (elétrons) $n$ e o valor da carga elétrica elementar $e$, $|\Delta Q| = n\,e$.

No Sistema Internacional de unidades, a intensidade de corrente elétrica é uma grandeza fundamental e sua unidade é o **ampere** (A), em homenagem ao físico francês André-Marie Ampère (1775-1836).

Para uma corrente elétrica de intensidade constante, teremos: $i = i_m = \frac{\Delta Q}{\Delta t}$. Por meio dessa expressão, é possível definir **1 coulomb** (C) como a carga que atravessa, em um segundo, a secção transversal de um condutor percorrido por uma corrente elétrica de intensidade constante e igual a 1 ampere (A). Dessa maneira, podemos escrever:

$$1\text{ C} = 1\text{ A} \cdot 1\text{ s ou } 1\text{ A} = 1\ \frac{\text{C}}{\text{s}}$$

**Nota**

Alguns submúltiplos importantes do ampere:

1 mA = 1 miliampere = $1 \cdot 10^{-3}$ A

1 $\mu$A = 1 microampere = $1 \cdot 10^{-6}$ A

## Exercícios

**1** Em relação às cargas em movimento, que diferença existe entre uma corrente elétrica que se estabelece num condutor de cobre e a que se estabelece numa solução de cloreto de sódio?

**Resolução:**

A corrente elétrica que se estabelece num condutor de cobre é formada de elétrons livres em movimento ordenado. Numa solução de cloreto de sódio, a corrente elétrica é constituída de íons sódio ($Na^+$) e cloro ($C\ell^-$) que se movem em sentidos opostos.

**2** (FMJ-SP) O cobalto é um elemento químico muito utilizado na medicina, principalmente em radioterapia. Seu número atômico é 27 e cada elétron tem carga elétrica de $-1,6 \cdot 10^{-19}$ C. A carga elétrica total dos elétrons de um átomo de cobalto é, em valor absoluto e em C, igual a

a) $1,68 \cdot 10^{-18}$.

b) $4,32 \cdot 10^{-19}$.

c) $4,32 \cdot 10^{-20}$.

d) $4,32 \cdot 10^{-18}$.

e) $1,68 \cdot 10^{-19}$.

**3** Os neurônios que constituem o sistema nervoso formam uma intrincada rede, comparável, em certos aspectos, a um circuito elétrico. A rede nervosa é formada pelos axônios e dendritos, que atuam como cabos de transmissão de impulsos nervosos.

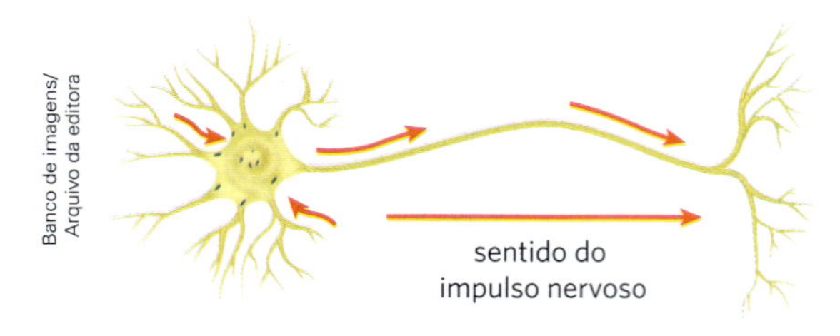


Banco de imagens/ Arquivo da editora

Cerca de $2 \cdot 10^6$ íons de $Na^+$ penetram em uma célula nervosa excitada em um intervalo de tempo de $10^{-3}$ s. Sabendo-se que a carga elementar é de $1,6 \cdot 10^{-19}$ C, a intensidade de corrente elétrica, em amperes, que passa pela célula é

a) $1,6 \cdot 10^{-10}$.

b) $2,4 \cdot 10^{-10}$.

c) $3,2 \cdot 10^{-10}$.

d) $3,8 \cdot 10^{-10}$.

e) $4,4 \cdot 10^{-10}$.

**4** (Uerj) A maioria dos relógios digitais é formada por um conjunto de quatro *displays*, composto de sete filetes luminosos. Para acender cada filete, é necessária uma corrente elétrica de 10 miliamperes. O primeiro e o segundo *displays* do relógio ilustrado a seguir indicam as horas, e o terceiro e o quarto indicam os minutos.

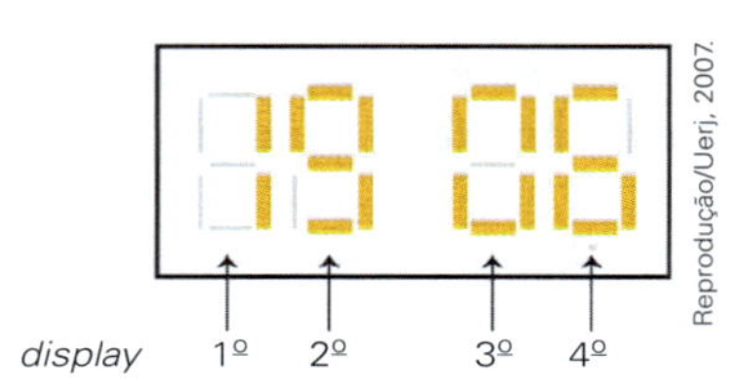


Reprodução/Uerj, 2007.

Admita que esse relógio apresente um defeito, passando a indicar, permanentemente, 19 horas e 06 minutos. A pilha que o alimenta está totalmente carregada e é capaz de fornecer uma carga elétrica total de 720 coulombs, consumida apenas pelos *displays*. O tempo, em horas, para a pilha descarregar totalmente é igual a:

a) 0,2 b) 0,5 c) 1,0 d) 2,0

**5** (CPAEN-RJ) A maior parte da luz emitida por descargas atmosféricas é devida ao encontro de cargas negativas descendentes com cargas positivas ascendentes (raio de retorno). Supondo que, durante um raio desse tipo, uma corrente eletrônica constante de 30 kA transfere da nuvem para a terra uma carga negativa total de 15 C, a duração desse raio, em milissegundos, será:

a) 3,0 b) 2,0 c) 1,5 d) 1,0 e) 0,5

**6** A Eletroneuromiografia (ENMG) é um procedimento que avalia a função do sistema nervoso periférico e muscular por meio do registro das respostas elétricas geradas por esses sistemas, as quais são detectadas graficamente por um eletroneuromiógrafo. Durante a primeira etapa, breves choques elétricos, toleráveis e inofensivos, são aplicados no braço ou na perna do paciente, para determinar como seus nervos estão conduzindo a corrente elétrica. Considerando um pulso de corrente elétrica de 200 mA aplicado durante 300 $\mu$s, qual a quantidade de carga que atravessa o músculo, em C? Se a carga que atravessa o músculo é composta de íons $Na^+$, quantos íons o atravessam?

**7** (UEL-PR) As baterias de íon-lítio equipam atualmente vários aparelhos eletrônicos portáteis como *laptops*, máquinas fotográficas, celulares, entre outros. As baterias desses aparelhos são capazes de fornecer 1 000 mAh (mil miliampere-hora) de carga.

Sabendo-se que a carga de um elétron é de $1{,}60 \cdot 10^{-19}$ C, determine o número de elétrons que fluirão entre os eletrodos até que uma bateria com essa capacidade de carga se descarregue totalmente.

a) $0{,}62 \cdot 10^{-18}$
b) $1{,}60 \cdot 10^{-16}$
c) $5{,}76 \cdot 10^{13}$
d) $3{,}60 \cdot 10^{21}$
e) $2{,}25 \cdot 10^{22}$

**8** (Enem) A figura mostra a bateria de um computador portátil, a qual necessita de uma corrente elétrica de 2 A para funcionar corretamente.

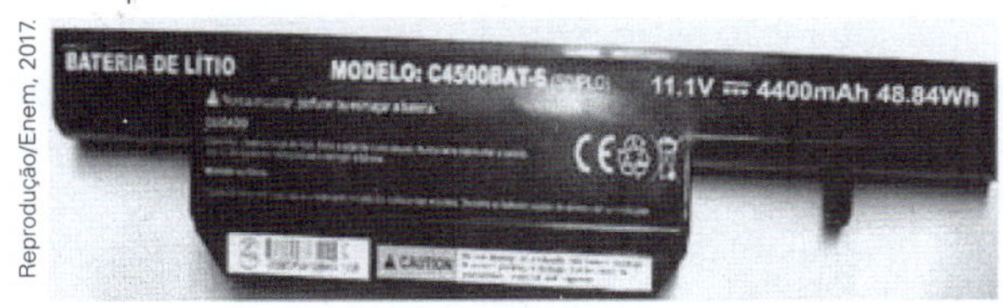


Reprodução/Enem, 2017.

Quando a bateria está completamente carregada, o tempo máximo, em minutos, que esse *notebook* pode ser usado antes que ela "descarregue" completamente é

a) 24,4
b) 36,7
c) 132
d) 333
e) 528

**9** (Efomm) Por uma seção transversal de um fio cilíndrico de cobre passam, a cada hora, $9{,}00 \cdot 10^{22}$ elétrons. O valor aproximado da corrente elétrica média no fio, em amperes, é

Dado: carga elementar $e = 1{,}60 \cdot 10^{-19}$ C.

a) 14,4
b) 12,0
c) 9,00
d) 4,00
e) 1,20

**10** (Unicamp-SP) Um carro elétrico é uma alternativa aos veículos com motor a combustão interna. Qual é a autonomia de um carro elétrico que se desloca a 60 km/h, se a corrente elétrica empregada nesta velocidade é igual a 50 A e a carga máxima armazenada em suas baterias é $q = 75$ Ah?

a) 40,0 km
b) 62,5 km
c) 90,0 km
d) 160,0 km

## Física moderna: o efeito fotoelétrico

No final do século XIX, havia um campo da Física que ainda apresentava grandes desafios: a interação das ondas eletromagnéticas com a matéria.

No ano de 1887, o físico alemão Heinrich Hertz (1857-1894) observou que, estabelecendo-se uma tensão elétrica entre dois eletrodos metálicos, produzia-se uma centelha elétrica, ou seja, produzia-se uma corrente elétrica, quando estes eram iluminados com luz ultravioleta. Hertz não tinha uma explicação conclusiva para o fenômeno, mas sabia que partículas carregadas estavam sendo extraídas do metal e gerando uma corrente elétrica.

O físico alemão Wilhelm Hallwachs (1859-1922), praticamente na mesma época, constatou que uma placa metálica de zinco, carregada negativamente, descarregava-se quando iluminada com luz ultravioleta; o mesmo não ocorria se a placa fosse iluminada com luz visível. Do mesmo modo, Hallwachs sabia que de alguma forma a carga elétrica estava sendo arrancada do metal e a responsável por isso era a luz.

A luz incidente em uma placa metálica pode, sob determinadas condições, extrair elétrons pertencentes a esta: esse fenômeno é conhecido como **efeito fotoelétrico**.

### A experiência de Lenard

A partir do ano de 1888, o físico alemão Philipp Lenard (1862-1947) realizou uma série de experiências na tentativa de elucidar o fenômeno do efeito fotoelétrico.

Parte do aparato experimental usado por Lenard está esquematizado a seguir. Ao incidir na placa da esquerda, a luz provoca o efeito fotoelétrico, os elétrons emitidos são acelerados na região das placas, atingindo a placa da direita e formando uma corrente elétrica. Já na placa da direita o campo elétrico está invertido. Devido a isso, existe um valor mínimo de ddp para o qual os elétrons emitidos não alcançam a placa da direita e nenhuma corrente elétrica é gerada.

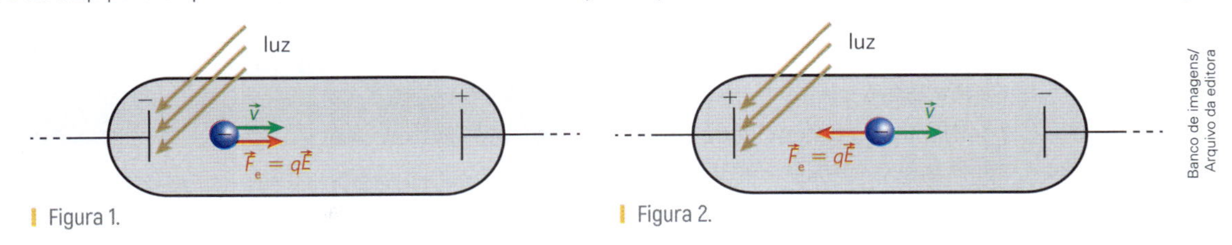


Figura 1.

Figura 2.

Banco de imagens/Arquivo da editora

## Quais foram os resultados experimentais obtidos?

Na experiência proposta por Lenard (figura 1), quando o eletrodo negativo era iluminado por luz ultravioleta, observava-se que o amperímetro (aparelho responsável por medir a intensidade de corrente elétrica) acusava a passagem de corrente elétrica.

Essa experiência indica que a luz incidente consegue arrancar elétrons da placa, os quais são acelerados pela tensão elétrica estabelecida entre os eletrodos, formando a corrente elétrica. Pelo fato de os elétrons terem sido arrancados do metal pela luz, recebem o nome de **fotoelétrons**.

Porém, alguns fatos extremamente importantes, descritos a seguir, foram detectados por Lenard quando da realização de várias experiências utilizando fontes de luz de frequências e intensidades diferentes.

Em primeiro lugar, o fenômeno do efeito fotoelétrico só era verificado - ou seja, os elétrons somente eram arrancados do metal - quando se incidia luz de uma determinada frequência, superior a uma frequência mínima ($f_{mín}$), também chamada de frequência de corte. Essa frequência mínima é denotada por muitos autores por $f_0$.

Assim:

> O efeito fotoelétrico não dependia da intensidade da radiação incidente, mas de uma frequência específica, denominada **frequência de corte**.

Quando a frequência da luz incidente era maior que a frequência mínima, aumentando-se a intensidade da radiação, aumentava-se o número de fotoelétrons ejetados e, consequentemente, aumentava-se a corrente elétrica medida.

Já quando a frequência da luz incidente era menor que a frequência mínima exigida para um determinado metal, de nada adiantava o aumento na intensidade da radiação, o fenômeno simplesmente não acontecia. Não eram ejetadas partículas carregadas daquele específico metal.

Uma última conclusão a respeito do efeito fotoelétrico era o fato de que a energia cinética com que os elétrons eram ejetados do metal não dependia da intensidade da radiação incidente.

Analisemos, agora, a experiência proposta por Lenard na Figura 2, com o campo elétrico invertido. Inicialmente, com a frequência adequada, também se constata a passagem de corrente elétrica pelo amperímetro. No entanto, se aumentamos o valor da ddp até um determinado valor ($-U_0$), a corrente elétrica detectada cai para zero. Esse valor de $U_0$ é denominado **potencial de corte**.

Essa experiência indica que o campo elétrico estabelecido entre os eletrodos gera uma força elétrica que freia os elétrons. Podemos, dessa maneira, determinar a energia cinética máxima $E_{c_{máx}}$ dos elétrons que são ejetados do metal, a qual será igual ao trabalho da força elétrica $\tau_{F_{el}}$ para freá-los. Assim, como:

$$\tau_{F_{el}} = eU_0 \text{ e } E_{c_{máx}} = \frac{1}{2} m_e v_{máx}^2$$

Temos:

$$E_{c_{máx}} = \tau_{F_{el}} \Rightarrow \frac{1}{2} m_e v_{máx}^2 = eU_0$$

em que $m_e$ e $e$ são respectivamente a massa do elétron e a carga elementar, e $v_{máx}$ é a velocidade máxima dos elétrons.

## Efeito fotoelétrico e seu uso na geração de energia

A interação entre radiação e matéria é fundamental em diversos fenômenos cotidianos. Uma de suas aplicações mais interessantes é o painel solar fotovoltaico, cujo princípio de funcionamento é a conversão da energia proveniente do Sol, que chega à Terra na forma de luz (fótons), em energia elétrica.

O painel fotovoltaico é constituído de células solares. Elas são compostas de materiais semicondutores, como o silício cristalino ou o arsenieto de gálio. Ao serem atingidos por fótons de determinada energia, esses materiais geram elétrons livres, que poderão ser deslocados devido à diferença de potencial elétrico do próprio material. Esse deslocamento gera corrente elétrica que pode ser utilizada para a geração de energia elétrica. Portanto, o princípio de funcionamento do painel fotovoltaico é semelhante ao que ocorre no efeito fotoelétrico. A diferença é que os elétrons do material não são ejetados - como no efeito fotoelétrico -, mas ficam na banda de condução, gerando corrente elétrica.

Com uma irradiação média anual entre 1200 e 2400 kWh/m² ano, o Brasil apresenta um grande potencial para a geração de energia solar. O investimento em energia solar pode significa a inclusão de comunidades afastadas na rede de distribuição de energia elétrica.

Renato Soares/Pulsar Imagens

Placas fotovoltaicas utilizadas no sistema de rádio e comunicação na Aldeia Bona da etnia Aparai-Wayana, no Amapá, em julho de 2015.

## O mecanismo do efeito fotoelétrico em metais

Entre o núcleo positivo do átomo e o elétron existe uma força de atração elétrica, que depende do número atômico do elemento e do tamanho do átomo. Como o número atômico equivale ao número de prótons do átomo – e, portanto, à carga elétrica presente no núcleo –, quanto maior o número atômico, maior a carga elétrica e mais intensa é essa força.

Se o átomo é pequeno, os elétrons ficam mais perto do núcleo e a força é mais intensa. Em consequência dessa força, existe entre o elétron e o núcleo uma energia de ligação que impede o elétron de escapar do átomo. Essa energia de ligação $\phi$, denominada função trabalho, é diferente para os diversos elétrons e é mínima para os elétrons da periferia do átomo.

A **função trabalho** ($\phi$) do elétron corresponde à energia necessária para a sua extração do material.

Quando um pulso de luz monocromática de frequência *f* incide em determinado metal, o fóton interage com um único elétron, que recebe sua energia. A energia de um fóton é dada por:

$$E = hf$$

em que *h* é a Constante de Planck, que no SI vale $h = 6{,}6 \cdot 10^{-34}$ Js.

Essa energia será usada para vencer a função trabalho $\phi$, e o excedente será conservado na forma de energia cinética ($E_c$) do elétron.

De um modo geral, temos:

$$E_c = hf - \phi$$

A imagem abaixo esquematiza as energias envolvidas no efeito fotoelétrico.

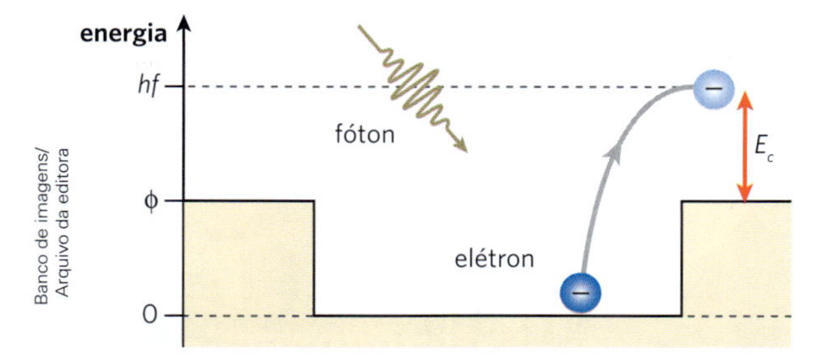


## O elétron mais veloz

Vamos, agora, particularizar o efeito fotoelétrico analisando exclusivamente o elétron mais veloz, ou seja, o elétron que pode mais facilmente ser extraído do material.

Note que, quando falamos em elétron mais veloz, referimo-nos ao elétron da periferia que, de fato, precisa de menos energia para ser extraído do átomo. Por esse motivo, sua função trabalho tem **valor mínimo** ($\phi_0$).

Chama-se de **função trabalho** ($\phi_0$) do metal a energia mínima que devem ter os fótons incidentes para produzir o efeito fotoelétrico, ou seja, para arrancar os elétrons periféricos do metal.

Quando a função trabalho tem valor mínimo ($\phi_0$), a energia cinética do elétron emitido tem valor máximo ($E_{c_{máx}}$), assim:

$$E_{c_{máx}} = hf - \phi_0$$

## Condição para a ocorrência do efeito fotoelétrico

Para cada metal, existe uma frequência mínima abaixo da qual não há efeito fotoelétrico, qualquer que seja a intensidade da luz.

Para haver efeito fotoelétrico, devemos ter uma radiação incidente cuja energia seja maior do que a função trabalho, ou seja:

$$hf \geqslant \phi_0 \Rightarrow f \geqslant \frac{\phi_0}{h}$$

Assim, a frequência mínima ou frequência de corte será dada por:

$$f_{mín} = \frac{\phi_0}{h}$$

A imagem abaixo representa a energia cinética dos elétrons emitidos em função da frequência da luz incidente para um dado metal *M*. Observamos ainda que a Constante de Planck pode ser obtida pela declividade da reta no gráfico $E_c \times f$.

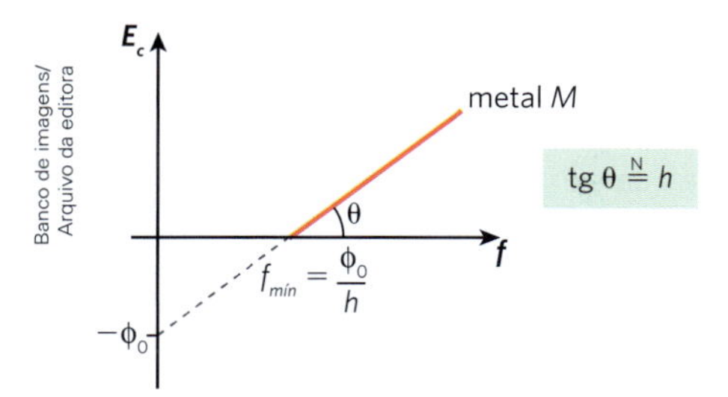


Se existe então uma frequência mínima para a ocorrência do efeito fotoelétrico, uma superfície metálica iluminada por uma luz ultravioleta fraca poderá emitir elétrons, enquanto a mesma superfície iluminada com luz vermelha forte poderá não apresentar emissão de elétrons.

Em outros termos, na emissão fotoelétrica o que influi é a **frequência** da radiação e a natureza do metal, e **não a intensidade** da radiação incidente.

Em alguns casos, podem ser emitidos elétrons de camadas mais internas, porém com menor energia cinética, como ilustrado a seguir.

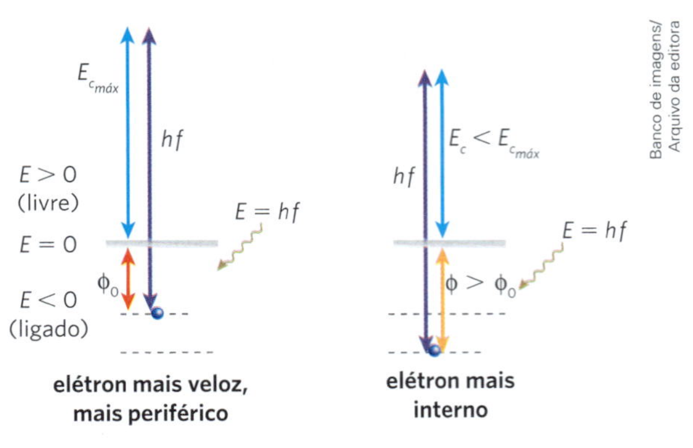


Tanto o elétron mais periférico quanto o mais interno recebem a mesma energia ($hf$) de um fóton incidente (seta roxa), porém o mais periférico utiliza menor quantidade dessa energia para superar a ligação com o metal (indicado pela seta vermelha, que é menor que a seta laranja), sendo extraído com maior energia cinética que o elétron mais interno (compare os comprimentos das setas azuis).

Na tabela seguinte temos os valores da função trabalho ($\phi_0$ ) para alguns metais.

| Metal | $\phi_0$ (eV) |
|---|---|
| Alumínio | 4,08 |
| Chumbo | 4,14 |
| Cobre | 4,7 |
| Ferro | 4,5 |
| Platina | 6,35 |
| Prata | 4,73 |
| Sódio | 2,28 |
| Zinco | 4,3 |

Fonte: RUMBLE, John R. CRC *Handbook of Chemistry and Physics*. 98. ed. Florida: CRC Press, 2017.

De todo o exposto, concluímos que a energia cinética de saída do elétron mais veloz não depende da intensidade da luz porque cada elétron só pode absorver um único fóton. A intensidade da luz apenas vai influir no número de elétrons que são emitidos.

Quanto mais intensa for a luz, maior será a quantidade de elétrons emitidos, isto é, maior a corrente fotoelétrica. A energia cinética do elétron mais veloz vai depender da frequência da radiação incidente, como mostrado no gráfico abaixo.

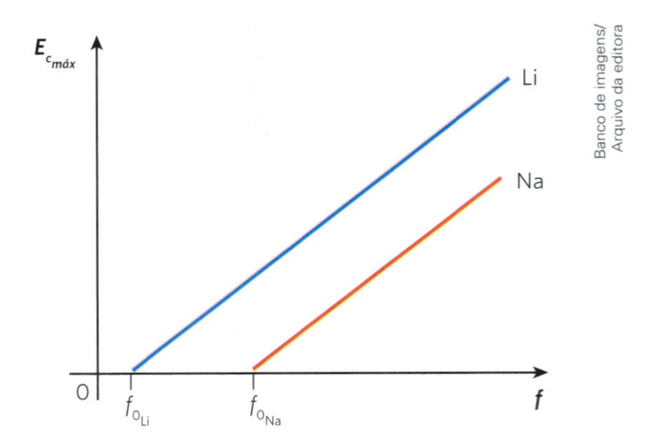


A energia cinética de saída do elétron mais veloz é função crescente da frequência da luz.

A explicação resulta da análise da expressão $E_{c_{máx}} = hf - \phi_0$, que mostra que a energia cinética máxima é uma função linear da frequência $f$ da radiação incidente - e, como tal, seu gráfico segue uma reta, como apresentado na figura acima para o lítio (Li) e o sódio (Na). O deslocamento entre as retas desses dois elementos é devido aos diferentes valores de suas funções trabalho.

## Descubra mais

**1** Antes da existência das modernas máquinas fotográficas digitais, as máquinas fotográficas eram completamente analógicas. Nessas, quando o filme fotográfico era exposto à projeção da imagem através do obturador, sofria um processo fotoquímico, registrando-a, para posteriormente ser revelada. Já nas máquinas digitais, o registro da imagem é feito por um detector CCD (*charge-coupled device*, ou dispositivo de carga acoplada), que funciona baseado no efeito fotoelétrico. Pesquise como ocorre o registro da imagem no filme fotográfico e no CCD. A partir desse registro, como a fotografia é obtida? Hoje em dia, quais são as outras aplicações dos CCDs, além das câmeras fotográficas? Qual a sua importância na pesquisa científica?

**2** O princípio de funcionamento de painéis solares é o efeito fotovoltaico. Pesquise a relação entre o efeito fotovoltaico e o efeito fotoelétrico. Pesquise e discuta com colegas ou profissionais da área o porquê de essa tecnologia não ser amplamente utilizada nas casas e prédios do Brasil.

À esquerda, uma câmera digital. À direita, uma câmera analógica com a tampa aberta, exibindo o filme fotográfico

## Exercícios

**11** (UEG-GO) Em que situação os elétrons são ejetados da superfície de um metal?

a) Com o ajuste de uma frequência moderada e alta intensidade da radiação.

b) Através de controle de baixas frequências para altas intensidades de radiação.

c) A partir de uma frequência mínima da radiação eletromagnética incidente.

d) Com o aumento crescente da intensidade da radiação eletromagnética no metal.

**Resolução:**
O efeito fotoelétrico consiste na ejeção de elétrons de um metal devido à incidência de *quanta* de luz com energia maior que a energia de ligação dos elétrons aos núcleos de seus átomos. Como a energia dos *quanta* é diretamente proporcional à frequência da radiação ($E = hf$, da Equação de Planck), existe uma frequência abaixo da qual os *quanta* não possuem energia suficiente para romper as ligações dos elétrons e, por conseguinte, extraí-los do metal. Portanto, os elétrons são ejetados a partir de uma frequência mínima de radiação incidente.
**Resposta:** alternativa **c**.

**12** (UPE) Considere as afirmações a seguir com relação ao efeito fotoelétrico.

I. A energia cinética do elétron emitido pelo material depende da intensidade da radiação incidente.

II. Somente ocorre quando há incidência de elétrons sobre uma superfície metálica.

III. A quantidade de elétrons emitidos pelo material depende da intensidade da luz incidente.

IV. A menor energia cinética do elétron emitido pelo material é igual a zero.

Estão corretas apenas:

a) I, II e IV.

b) II e III.

c) III e IV.

d) I e III.

e) II e IV.

**13** É estabelecido como marco da descoberta do efeito fotoelétrico o ano de 1887. Nesse ano Heinrich Hertz conseguiu realizar experiências que comprovavam a emissão de partículas carregadas por metais expostos à radiação luminosa.

Um aparato experimental que possibilita a experimentação do efeito fotoelétrico está representado a seguir.

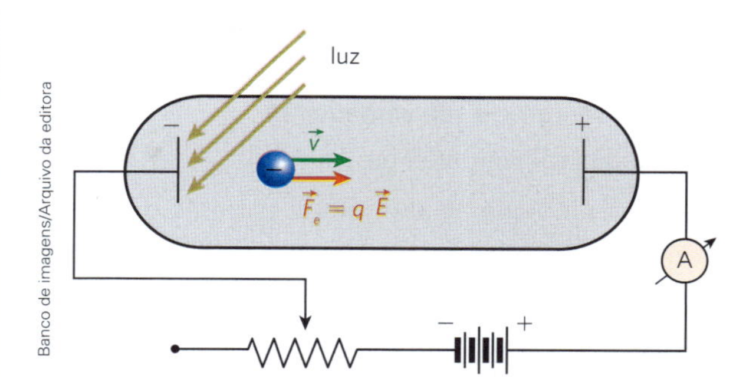


Em 1905, Albert Einstein publicou um trabalho explicando o fenômeno do efeito fotoelétrico, utilizando as ideias de Planck sobre o *quantum* de luz. Por esse trabalho, anos mais tarde, Einstein seria laureado com o Prêmio Nobel de Física.

a) Qual grandeza física é fundamental para o efeito fotoelétrico: a intensidade da radiação incidente ou a frequência da radiação incidente? Explique.

b) Defina o que é a função trabalho de um metal.

**14** Ao contrário do que muitos imaginam, Albert Einstein não ganhou seu prêmio Nobel pela Teoria da Relatividade. Na verdade, foi sua explicação sobre o efeito fotoelétrico que possibilitou que em 1921 ele fosse agraciado com o prêmio.

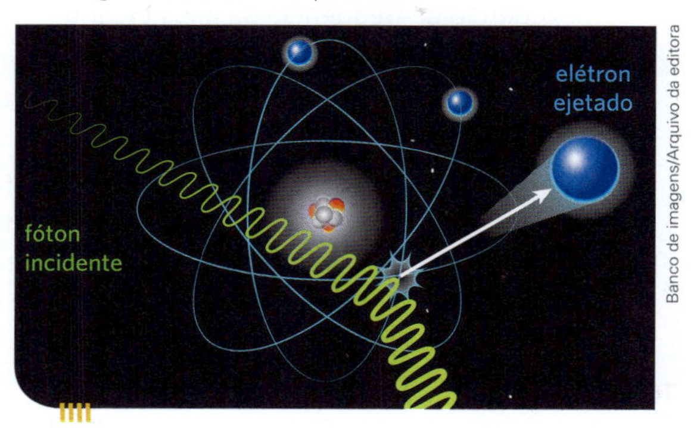


Representação, fora de escala, de um átomo com um de seus elétrons sendo ejetado após a incidência de um fóton.

Sobre o efeito fotoelétrico, são feitas as seguintes afirmações.

I. O efeito fotoelétrico é explicado de maneira conveniente ao se utilizar o modelo corpuscular para a luz.

II. A ocorrência do efeito fotoelétrico exige que a radiação incidente no metal tenha uma frequência mínima.

III. A intensidade da radiação incidente não determina a ocorrência do efeito fotoelétrico. A intensidade da luz incidente está relacionada ao número de elétrons emitidos.

Assinale a alternativa correta:

a) Somente I é verdadeira.

b) Somente II é verdadeira.

c) Somente III é verdadeira.

d) Somente I e II são verdadeiras.

e) Todas são verdadeiras.

**15** (UFSC) Indique as afirmativas corretas e some os valores respectivos para dar a resposta. Com relação ao efeito fotoelétrico é correto afirmar que:

(01) em uma célula fotoelétrica, a velocidade dos fotoelétrons emitidos aumenta, quando diminuímos o comprimento de onda da radiação luminosa utilizada para provocar o fenômeno.

(02) em uma célula fotoelétrica, a velocidade dos fotoelétrons emitidos aumenta, quando aumentamos o comprimento de onda da radiação luminosa utilizada para provocar o fenômeno.

(04) em uma célula fotoelétrica, a velocidade dos fotoelétrons emitidos será maior, se utilizarmos, para provocar o fenômeno, luz vermelha forte, em vez de luz violeta fraca.

(08) em uma célula fotoelétrica, a energia cinética dos elétrons arrancados da superfície do metal depende da frequência da luz incidente.

(16) em uma célula fotoelétrica, a energia cinética dos elétrons arrancados da superfície do metal depende da intensidade da luz incidente.

(32) emissão de fotoelétrons por uma placa fotossensível só pode ocorrer quando a luz incidente tem comprimento de onda igual ou menor que certo comprimento de onda crítico e característico para cada metal.

**16** (FGV-SP) A função trabalho de certo metal é $9{,}94 \cdot 10^{-19}$ J. Considere a constante de Planck com o valor $6{,}63 \cdot 10^{-34}$ Js. A frequência mínima a partir da qual haverá efeito fotoelétrico sobre esse metal é, em $10^{15}$ Hz, de

a) 1,1

b) 1,2

c) 1,5

d) 1,7

e) 1,9

**17** (UFG-GO) Para explicar o efeito fotoelétrico, Einstein, em 1905, apoiou-se na hipótese de que:

a) a energia das ondas eletromagnéticas é quantizada.

b) o tempo não é absoluto, mas depende do referencial em relação ao qual é medido.

c) os corpos contraem-se na direção de seu movimento.

d) os elétrons em um átomo somente podem ocupar determinados níveis discretos de energia.

e) a velocidade da luz no vácuo corresponde à máxima velocidade com que se pode transmitir informações.

**18** (UFRGS-RS) Assinale a alternativa que preenche corretamente as lacunas do enunciado abaixo, na ordem em que aparecem.

A incidência de radiação eletromagnética sobre uma superfície metálica pode arrancar elétrons dessa superfície.
O fenômeno é conhecido como ____________ e só pode ser explicado satisfatoriamente invocando a natureza ____________ da luz.

a) efeito fotoelétrico - ondulatória

b) Efeito Coulomb - corpuscular

c) Efeito Joule - corpuscular

d) efeito fotoelétrico - corpuscular

e) Efeito Coulomb - ondulatória

**19** (Ulbra-RS) Uma lâmpada de potência 200 W emite um feixe de luz de comprimento de onda de 600 nm. Esse feixe de luz incide sobre uma superfície metálica, excitando e arrancando da mesma um número *n* de elétrons. Sendo $h = 6{,}6 \cdot 10^{-34}$ Js velocidade da luz $c = 3 \cdot 10^{8}$ m/s e $1\ eV = 1{,}6 \cdot 10^{-19}$ J e a função trabalho do metal 1,2 eV, é correto afirmar que

a) a energia cinética dos elétrons excitados é de aproximadamente 0,9 eV.

b) a energia dos fótons é de 1,6 eV.

c) a função trabalho do metal aumenta com o aumento da potência da lâmpada.

d) se aumentarmos a frequência da luz, diminui a velocidade dos elétrons excitados.

e) a energia cinética dos elétrons excitados é de aproximadamente 2 eV.

# Tensão elétrica e resistência elétrica

Este capítulo favorece o desenvolvimento das seguintes habilidades:

EM13CNT107

EM13CNT306

EM13CNT308

## Noções intuitivas da diferença de potencial (ddp)

Corrente elétrica é, por definição, o movimento ordenado de portadores de carga elétrica. Porém, como fazer com que essa movimentação seja ordenada?

Podemos começar a investigar essas questões realizando um experimento simples, usando uma mangueira transparente com água em seu interior.

Se as extremidades da mangueira estiverem em posições a uma mesma altura em relação ao chão, como observamos na figura 1, não haverá fluxo de água.

Para que tenhamos um fluxo de água, é necessário que, entre as extremidades da mangueira, exista uma diferença de altura, conforme ilustrado nas figuras 2 e 3 a seguir.

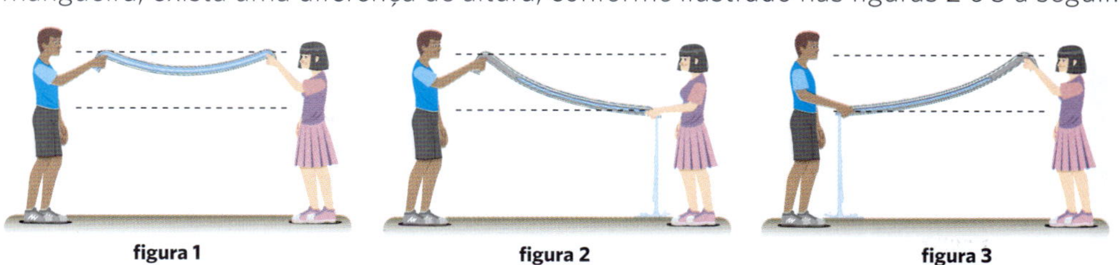


Banco de imagens/Arquivo da editora

Assim, para que haja fluxo de água na mangueira, é fundamental que uma das extremidades esteja em uma altura mais elevada que a outra. Nos nossos estudos de Mecânica, associamos essa diferença de altura a uma diferença de potencial gravitacional. É essa diferença de potencial gravitacional que promove, por exemplo, o fluxo de água da correnteza de um rio.

Analogamente, em um condutor elétrico, qual seria a grandeza responsável por proporcionar esse fluxo de elétrons? Qual é o dispositivo necessário para que se estabeleça uma corrente elétrica no condutor?

A resposta a essas perguntas está em um elemento de circuito bastante comum: uma pilha ou bateria.

Reações químicas no interior da pilha promovem o acúmulo de cargas positivas em uma de suas extremidades (polo positivo) e de cargas negativas na outra extremidade (polo negativo), o que estabelece uma diferença de potencial elétrico (ddp), ou simplesmente tensão elétrica.

A **diferença de potencial elétrico** ou **tensão elétrica** ($U$) é a diferença de energia potencial elétrica ($E_{el}$) por unidade de carga ($q$), criada pela separação entre cargas elétricas e que pode promover corrente elétrica em um circuito.

$$U = \frac{E_{el}}{q}$$

A unidade de medida de potencial elétrico no Sistema Internacional de unidades (SI) é o volt, de símbolo V. Portanto, a unidade de medida da diferença de potencial também é o volt.

Yeti Studio/Shutterstock

A tensão nominal de pilhas, isto é, a tensão determinada pelo fabricante quando o dispositivo está em plenas condições de funcionamento, é usualmente de 1,2 V a 9 V, sendo as de 1,5 V as mais comuns.

Uma outra maneira de se analisar o conceito de potencial elétrico (ddp) ou tensão elétrica é entender que a separação de cargas no gerador provoca um campo elétrico no interior do condutor.

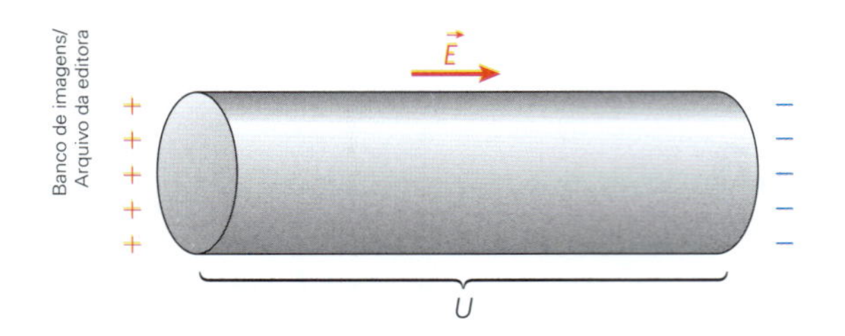


O campo elétrico assim criado propaga-se no condutor com velocidades altíssimas (próximas à da luz).

Os portadores de carga presentes no interior desse condutor ficarão submetidos a uma força de natureza elétrica ($\vec{F}_e = q\vec{E}$).

De modo particular, nos portadores de carga elétrica que possuem mobilidade, a presença do campo elétrico vai organizar e orientar essa movimentação. Estabelece-se então no interior desse condutor um fluxo de portadores de carga elétrica em um sentido preferencial, formando a corrente elétrica.

## Já pensou nisto?

### Como explicar o acendimento instantâneo de uma lâmpada?

Quando acionamos um interruptor, aos nossos olhos, a lâmpada se acende de modo praticamente instantâneo, por mais distantes que lâmpada e interruptor estejam.

Ao analisar essa situação, muitos ficam propensos a responder que os elétrons se movimentam do interruptor até o filamento da lâmpada em uma fração de segundo, com velocidade próxima à da luz.

Porém, esse raciocínio não está correto. A nuvem eletrônica se desloca no interior do condutor com velocidades típicas muito baixas, da ordem de milímetros por segundo.

Devemos observar, porém, que os elétrons livres responsáveis pela condução elétrica já estão presentes ao longo de todo o fio, inclusive no filamento da lâmpada.

Quando o circuito é fechado, estabelece-se uma diferença de potencial e, consequentemente, um campo elétrico $\vec{E}$ se propaga dentro do condutor, este sim, com velocidade próxima à da luz. Dessa maneira, as partículas portadoras de carga elétrica ficarão submetidas à ação de uma força elétrica de modo praticamente instantâneo e simultâneo ao longo de todo o fio.

Perceba que não será necessário que um elétron nas proximidades do interruptor viaje até o filamento da lâmpada, pois todos os elétrons livres se movimentarão ordenadamente e ao mesmo tempo.

## Resistor

Consideremos um condutor ligado a uma bateria, conforme a figura ao lado. Vimos que a diferença de potencial elétrico estabelecida pela bateria pode gerar um movimento dos portadores de carga elétrica. Ao passar pelo condutor posicionado entre os pontos *A* e *B*, essa corrente elétrica enfrentará certa oposição devido às propriedades do material que constitui o condutor.

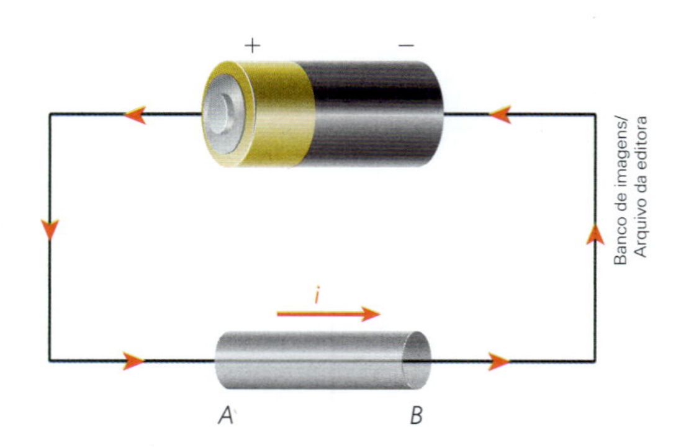


A grandeza física que caracteriza a oposição que um condutor oferece à passagem de corrente elétrica através dele é chamada de resistência elétrica.

Denominamos **resistor** todo elemento de circuito que tenha como propriedade principal a sua **resistência elétrica**. Poderemos dizer ainda que o resistor é aquele elemento de circuito cuja principal função é converter energia elétrica em energia térmica.

Um dos efeitos da utilização de um resistor é a alteração da corrente elétrica no circuito, podendo ser utilizado quando se deseja limitar a corrente ou ajustar a tensão elétrica do circuito.

Um resistor é capaz de converter energia elétrica em energia térmica. A maioria deles é constituída de condutores metálicos (metais e ligas metálicas).

Um corpo metálico, sólido, é formado de átomos que ocupam posições médias bem definidas, constituindo uma rede cristalina. Os elétrons periféricos desses átomos praticamente não estão mais ligados aos seus respectivos núcleos. Eles constituem os chamados elétrons livres; são eles os responsáveis pela condução elétrica nos metais. Quando não há corrente elétrica, os elétrons livres apresentam movimentos ao acaso, colidindo entre si ou com os átomos "fixos" da rede cristalina.

Submetendo um condutor metálico a uma tensão elétrica *U*, estabelece-se no seu interior um campo elétrico, segundo uma direção bem definida. Nessas condições, os elétrons livres, além do seu movimento caótico, serão acelerados entre colisões sucessivas com os átomos "fixos". Em cada colisão, admite-se que parte da energia ganha durante a aceleração seja transmitida ao átomo, que, como consequência, terá a sua energia de vibração aumentada. Isto significará aumento da energia térmica do corpo.

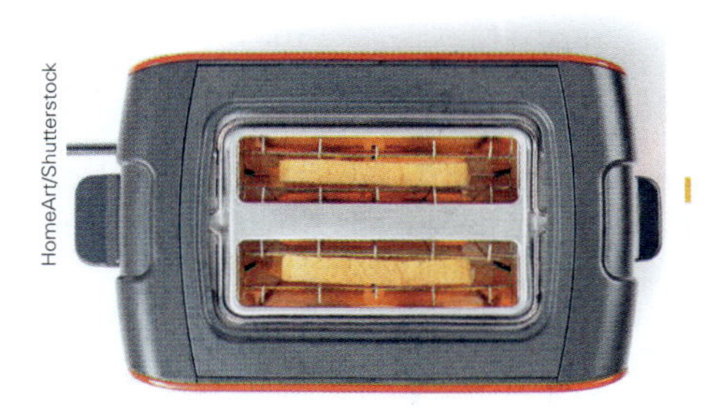
HomeArt/Shutterstock

Nas torradeiras, a energia elétrica é convertida em energia térmica pelos resistores que integram o aparelho.

Há várias maneiras de simbolizar um resistor. As usuais são as seguintes:

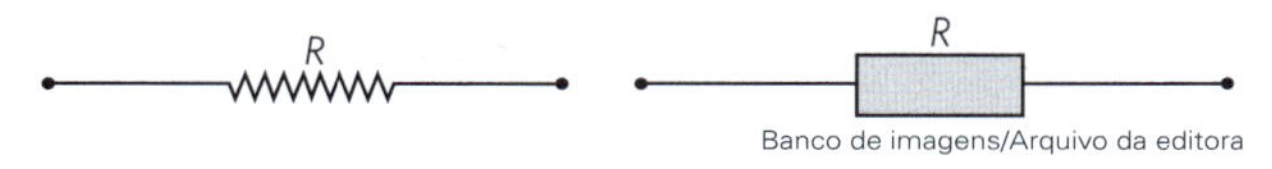

Banco de imagens/Arquivo da editora

## Efeito Joule

Em um resistor percorrido por uma corrente elétrica, a conversão da energia elétrica em energia térmica é conhecida por efeito Joule. Em qualquer elemento de circuito no qual exista alguma resistência elétrica (desejável ou não), essa conversão fatalmente ocorrerá, sempre que houver corrente elétrica atravessando o referido elemento. Esse é o motivo do aquecimento dos fios.

O efeito Joule é o princípio de funcionamento de muitos dispositivos, como o chuveiro elétrico, o ferro elétrico e as antigas lâmpadas incandescentes; em outros casos, ele é inconveniente e procura-se atenuá-lo ao máximo, como acontece nos circuitos internos de *smartphones* e nos fios de transmissão de energia elétrica a grandes distâncias (como das usinas até os centros consumidores).

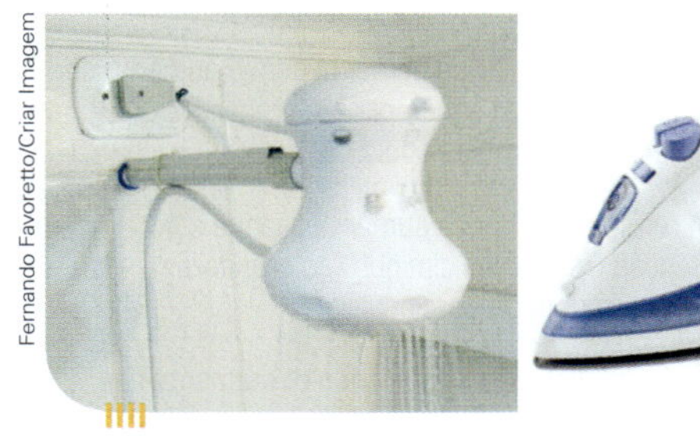
Fernando Favoretto/Criar Imagem

Stillfx/Shutterstock

Em dispositivos como o chuveiro elétrico e o ferro elétrico, o efeito Joule é fator fundamental para o bom funcionamento do aparelho. Imagens fora de escala.

Sina Ettmer Photography/Shutterstock

Em linhas de transmissão o efeito Joule é indesejável.

## 1ª lei de Ohm

Seja um condutor metálico submetido, sucessivamente, a tensões elétricas diferentes e constantes (em relação ao tempo), $U_1$, $U_2$, ..., $U_n$; sejam $i_1$, $i_2$, ..., $i_n$ as intensidades de corrente elétrica correspondentes. Desde que todas essas medidas sejam obtidas sob uma mesma temperatura, verifica-se que:

$$\frac{U_1}{i_1} = \frac{U_2}{i_2} = \ldots = \frac{U_n}{i_n} = \text{constante}$$

Esta razão constante entre a tensão (*U*) e a intensidade de corrente elétrica (*i*) é a resistência elétrica (*R*) do condutor metálico.

$$\frac{U}{i} = R \Rightarrow U = Ri$$

**Nota**

É comum que, em situações reais, um resistor metálico seja aquecido enquanto conduz corrente elétrica e, devido a essa variação de temperatura, deixe de apresentar resistência elétrica constante.

Na verdade, essa razão constante acontece apenas com uma classe de resistores, os denominados condutores lineares, que são resistores formados a partir de metais, carvão e condutores eletrolíticos.

Para a classe dos condutores lineares, é, portanto, verdadeira a proposição seguinte, conhecida como 1ª lei de Ohm:

> A razão entre a tensão elétrica e a intensidade de corrente elétrica num trecho de circuito de fio condutor, para uma mesma temperatura, é constante.

Os resistores que satisfazem a 1ª lei de Ohm também são chamados de **resistores ôhmicos**.

No Sistema Internacional de unidades, a unidade de resistência elétrica é o **ohm**, cujo símbolo é **Ω**, e é definida como sendo a resistência elétrica de um condutor que, suportando uma tensão de 1 V, é atravessado por uma corrente elétrica de intensidade 1 A:

$$1\,\Omega = 1\,\frac{V}{A}$$

## Curva característica de um condutor linear

A curva característica de um condutor é a curva que representa graficamente a função que relaciona a tensão elétrica aplicada nos extremos do condutor com a intensidade da corrente elétrica que o atravessa.

Para um condutor linear, à temperatura constante, vimos que vale a 1ª lei de Ohm, $U = Ri$, em que $R$ é constante. Nesse caso, obteremos uma reta, de coeficiente angular positivo, passando pela origem do sistema.

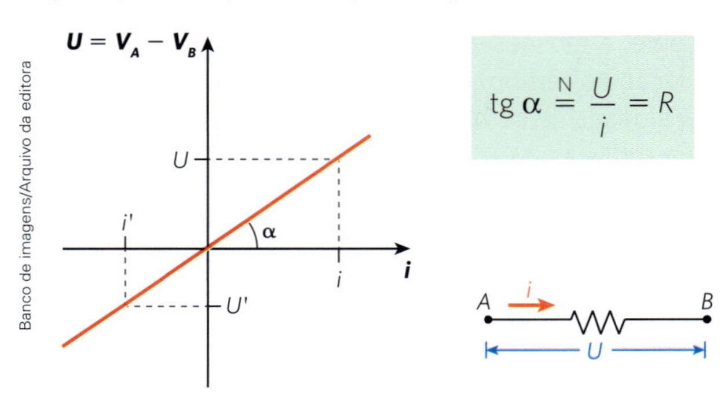


$$\text{tg}\,\alpha \overset{N}{=} \frac{U}{i} = R$$

Curva característica de um condutor linear.

O coeficiente angular da reta $U = Ri$ representa, numericamente, a resistência elétrica $R$ constante do condutor. A parte negativa ilustra o seguinte fato: invertendo-se a tensão aplicada ($U' = V_A - V_{B'}$ com $V_A < V_B$), inverte-se também o sentido da corrente ($i > 0 \Rightarrow i' < 0$).

## 2ª lei de Ohm

Passaremos agora a analisar quais são os fatores e as grandezas que podem influenciar a resistência elétrica de um condutor. Seja um fio condutor de comprimento $\ell$ e secção transversal constante de área $A$.

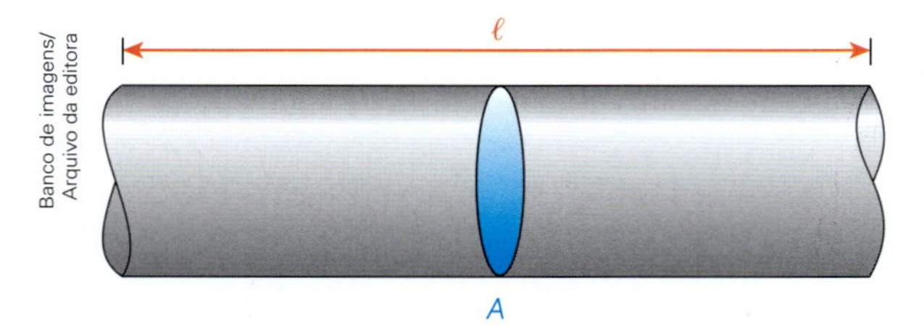


Demonstra-se experimentalmente que a **resistência elétrica** $R$ desse fio pode ser escrita pela expressão seguinte:

$$R = \rho\frac{\ell}{A}$$

em que $\rho$ é a resistividade elétrica do material, constante a uma mesma temperatura. Essa equação traduz a **2ª lei de Ohm**.

A grandeza $\rho$, que depende do material e da temperatura, denomina-se resistividade elétrica.

A resistência elétrica $R$ de um condutor, a uma dada temperatura, depende não só do material como também do comprimento e da área da secção transversal $A$ do fio. Por outro lado, a resistividade elétrica é uma grandeza que não depende das dimensões do condutor.

A partir da expressão da 2ª lei de Ohm, temos:

$$R = \rho\frac{\ell}{A} \Rightarrow \rho = \frac{RA}{\ell}$$

Utilizando as unidades do SI para as grandezas da expressão acima, temos:

$$\text{unid. } [\rho] = \frac{\text{unid. } [R] \text{ unid. } [A]}{\text{unid. } [\ell]} = \frac{\Omega\,\text{m}^2}{\text{m}}$$

$$\text{unid. } [\rho] = \Omega\,\text{m}$$

No SI, a unidade de resistividade elétrica é $\Omega$ m. Na prática, contudo, a unidade mais usada é mista; toma-se a área em mm$^2$ e o comprimento em m:

$$\frac{\Omega\,\text{mm}^2}{\text{m}} \text{ (unidade usual de resistividade)}$$

### Notas

- O inverso da resistividade elétrica ($\rho$) é conhecido como **condutividade elétrica** ($\sigma$), assim:

$$\sigma = \frac{1}{\rho}$$

No Sistema Internacional de unidades, a unidade de condutividade elétrica é a recíproca do $\Omega$ m, ou seja, $(\Omega\,\text{m})^{-1}$.

- O inverso da resistência elétrica ($R$) é conhecido como **condutância elétrica** ($G$):

$$G = \frac{1}{R}$$

No Sistema Internacional de unidades, a unidade de condutância elétrica é a recíproca do $\Omega$, ou seja, $\Omega^{-1}$, também chamado de **siemens** (S).

Na tabela a seguir procuramos resumir a dependência da resistência elétrica ($R$) com os fatores comprimento ($\ell$), área de secção transversal ($A$), material de que é feito o condutor ($\rho$) e temperatura ($T$).

| Fator | Como a resistência elétrica varia |
|---|---|
| Comprimento ($\ell$) | A resistência elétrica aumenta com o aumento do comprimento do condutor. São grandezas diretamente proporcionais. |
| Área de secção transversal ($A$) | A resistência elétrica aumenta quando a área de secção transversal diminui. São grandezas inversamente proporcionais. |
| Material ($\rho$) | A resistência elétrica depende diretamente da resistividade ($\rho$) do condutor. |
| Temperatura ($T$) | Para os condutores metálicos puros, a resistência elétrica aumenta com a temperatura. |

## Variação da resistência elétrica com a temperatura

Quando um condutor é submetido a um aumento de temperatura, as colisões entre as partículas podem aumentar ou a quantidade de elétrons livres pode aumentar. O fenômeno dependerá do tipo de material, cuja resistência é dada por:

$$R = R_0 [1 + \alpha(T - T_0)]$$

em que:

$R$ = resistência elétrica na temperatura $T$;

$R_0$ = resistência elétrica na temperatura de referência $T_0$;

$\alpha$ = coeficiente de temperatura do material.

Para os metais, temos $\alpha > 0$; para as ligas metálicas especiais, $\alpha = 0$; e para a grafita e soluções eletrolíticas, temos $\alpha < 0$. Assim, os gráficos $R = f(T)$ assumem as formas que se seguem:

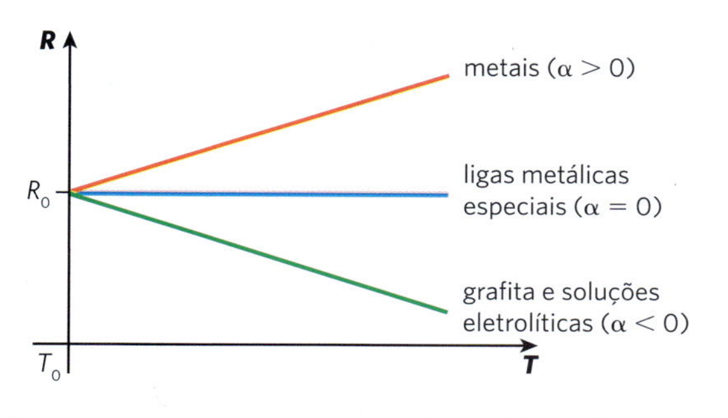


Banco de imagens/Arquivo da editora

## Exercícios

**1** (OBF) Foram feitas algumas medidas experimentais no laboratório de Física, observando como a corrente elétrica e a diferença de potencial se comportavam nos terminais de um resistor fabricado com um fio de níquel-cromo. A tabela mostra o registro destas medidas.

| $I$ (A) | $V_{ab}$ (V) |
|---|---|
| 0,50 | 1,94 |
| 1,00 | 3,88 |
| 2,00 | 7,76 |
| 4,00 | 15,52 |

De acordo com os resultados experimentais, qual a resistência elétrica do resistor, em ohms?

a) 9,78 Ω
b) 7,75 Ω
c) 6,48 Ω
d) 4,85 Ω
e) 3,88 Ω

**2** (Enem-libras) O manual de utilização de um computador portátil informa que a fonte de alimentação utilizada para carregar a bateria do aparelho apresenta as características:

**Fonte de alimentação**
**Entrada: 100-240 V ∿ 1,5 A 50-60 Hz**
**Saída: 19 V ⎓ 3,16 A**

Reprodução/ENEM, 2017.

Qual é a quantidade de energia fornecida por unidade de carga, em J/C, disponibilizada à bateria?

a) 6
b) 19
c) 60
d) 100
e) 240

**3** De acordo com a lei de Ohm para condutores elétricos, existe uma relação entre o tipo de material, o comprimento do condutor e a área de sua secção transversal. Para um mesmo material, de resistividade conhecida, ao dobrarmos a espessura do condutor cilíndrico, desejando manter a resistência elétrica, devemos

a) reduzir seu comprimento à metade.
b) reduzir seu comprimento à quarta parte.
c) dobrar seu comprimento.
d) quadruplicar seu comprimento.
e) manter seu comprimento.

**4** (EEAR-SP) Em um determinado resistor, ao se aplicar a diferença de potencial de 2,0 volts, observa-se uma intensidade de corrente elétrica de 50 miliamperes.

Sabendo-se que este resistor obedece às leis de Ohm, qual deve ser a intensidade de corrente elétrica medida, se no mesmo resistor for aplicada a diferença de potencial de 10 volts?

Obs.: 1 mA = $10^{-3}$ A

a) 1,0 A
b) 0,25 A
c) 150 mA
d) 500 mA

**5** (Enem) Recentemente foram obtidos os fios de cobre mais finos possíveis, contendo apenas um átomo de espessura, que podem, futuramente, ser utilizados em microprocessadores. O chamado nanofio, representado na figura, pode ser aproximado por um pequeno cilindro de comprimento 0,5 nm (1 nm = $10^{-9}$ m). A seção reta de um átomo de cobre é de 0,05 $nm^2$ e a resistividade do cobre é 17 Ω nm. Um engenheiro precisa estimar se seria possível introduzir esses nanofios nos microprocessadores atuais.

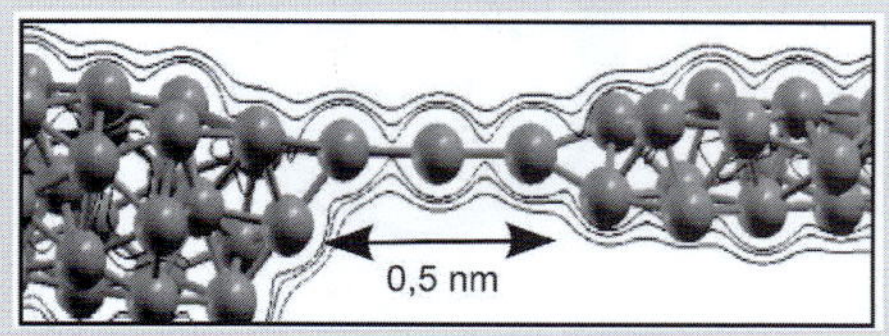


Reprodução/ENEM, 2014.

AMORIM, E. P. M.; SILVA, E. Z. Ab initio study of linear atomic chains in copper nanowires. **Physical Review B**, V. 81, 2010 (adaptado).

Um nanofio, utilizando as aproximações propostas, possui resistência elétrica de:

a) 170 nΩ
b) 0,17 Ω
c) 1,7 Ω
d) 17 Ω
e) 170 Ω

**Resolução:**
Da 2ª lei de Ohm, temos:

$$R = \rho \frac{\ell}{A} = 17\ \Omega\text{nm} \cdot \frac{0,5\ \text{nm}}{0,05\ \text{nm}^2} \Rightarrow \boxed{R = 170\ \Omega}$$

**Resposta:** alternativa **e**.

**6** (FICSAE-SP) O axônio é a parte da célula nervosa responsável pela condução do impulso nervoso, que transmite informações para outras células.

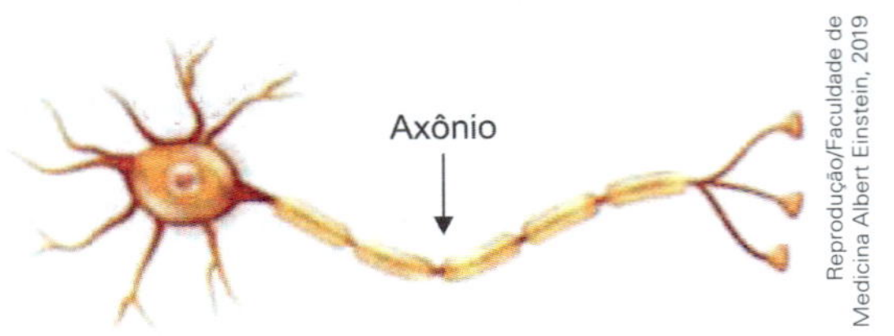




Várias propriedades elétricas dos axônios são regidas por canais iônicos, que são moléculas de proteínas que se estendem ao longo de sua membrana celular. Quando aberto, um canal iônico possui um poro preenchido por um fluido de baixa resistividade. Pode-se modelar cada canal iônico como um cilindro de comprimento $L = 12$ nm com raio da base medindo $r = 0,3$ nm.

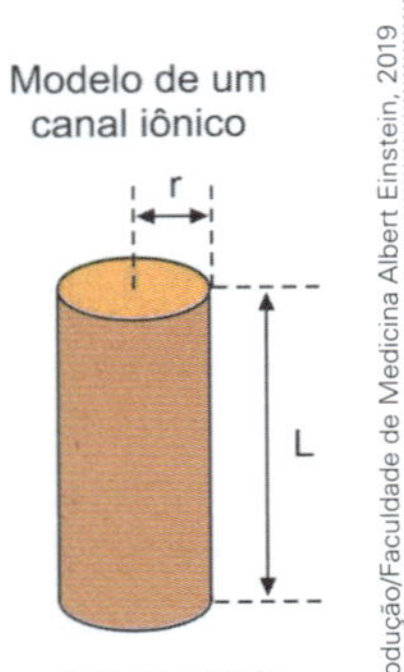




Adotando $\pi = 3$, sabendo que 1 nm = $10^{-9}$ m e que a resistência elétrica de um canal iônico típico é $10^{11}\ \Omega$, a resistividade do fluido que o preenche é

a) 2,25 Ω · m
b) 0,66 Ω · m
c) 4,50 Ω · m
d) 9,00 Ω · m
e) 1,12 Ω · m

**7** (UPM-SP) Para a transmissão de energia elétrica, constrói-se um cabo composto por 7 fios de uma liga de cobre de área de secção transversal 10 mm² cada um, como mostra a figura.

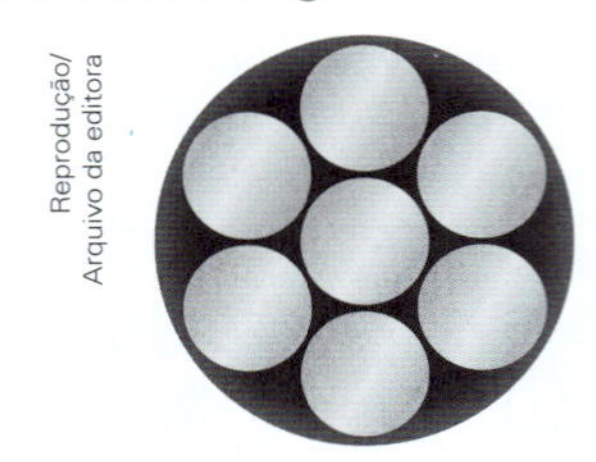



Dado: resistividade da liga de cobre = $2,1 \cdot 10^{-2}\ \Omega \frac{\text{mm}^2}{\text{m}}$

A resistência elétrica desse cabo, a cada quilômetro, é:

a) 2,1 Ω
b) 1,8 Ω
c) 1,2 Ω
d) 0,6 Ω
e) 0,3 Ω

**8** (OPF) Um pássaro pousa em um dos fios de uma linha de transmissão de energia elétrica. O fio conduz uma corrente elétrica $i = 1000$ A e sua resistência, por unidade de comprimento, é de $5,0 \cdot 10^{-5}\ \Omega/\text{m}$. A distância que separa os pés do pássaro, ao longo do fio, é de 6,0 cm. A diferença de potencial, em milivolts (mV), entre os seus pés, é:

a) 1,0
b) 2,0
c) 3,0
d) 4,0
e) 5,0

**9** A estrutura interna do dedo médio tem resistividade elétrica média de 0,15 Ω m. Sabe-se que a musculatura na região dos dedos é contraída quando submetida a intensidades de corrente elétrica maiores que 15 mA.

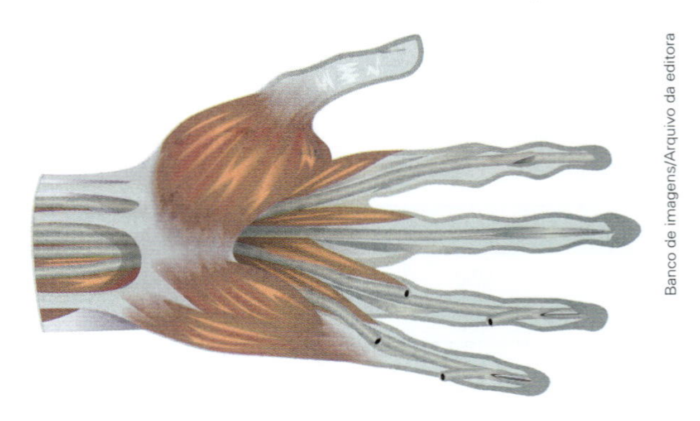



a) Estime a resistência elétrica de seu dedo médio.

b) Qual a tensão elétrica mínima que pode produzir a contração do dedo médio?

Adote $\pi = 3$.

**10** (OBF) Na esgrima, são utilizados floretes (espadas) de material metálico. Como as lutas podem ser muito rápidas, utiliza-se um equipamento elétrico para indicar que um atleta conseguiu atingir o outro com um toque.

Suponha que a lâmina do florete tenha cerca de 90 cm e que o material tenha condutividade elétrica $\sigma = 1,0 \cdot 10^7$ S/m e área de seção transversal 3,0 mm². Sabendo que durante um toque de 10 ms, haja uma descarga de 15 mC, qual a ddp entre as extremidades da lâmina do florete?

a) 12 mV
b) 13,5 mV
c) 5 mV
d) 16,5 mV
e) 45 mV

**Notas:** $\sigma = \frac{1}{\rho}$

$\rho$ = resistividade elétrica

$\sigma$ = condutividade elétrica

# Associação de resistores

Resistores podem ser associados **em série** e **em paralelo**. Muitas vezes, esses dois tipos de associação comparecem simultaneamente em um circuito, constituindo uma associação **mista**.

Na associação de resistores, é de grande interesse determinar a chamada resistência equivalente da associação.

> A **resistência equivalente** é a resistência que um único resistor deveria ter, para que, suportando a mesma tensão (da associação), seja percorrido pela mesma intensidade de corrente elétrica. Em termos de consumo de energia, o circuito original e o equivalente são idênticos.

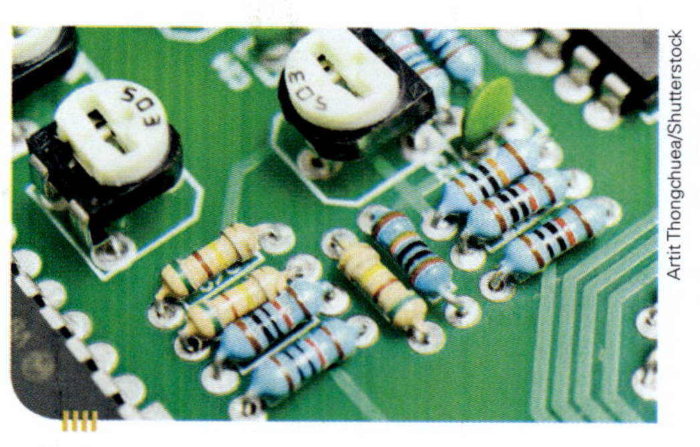
Artit Thongchuea/Shutterstock

Resistores associados em uma placa de circuito eletrônico.

## Associação em série

Apresentamos uma sequência mostrando três lâmpadas (que podem ser consideradas resistores) associadas em série, a representação esquemática do circuito e o circuito final equivalente.

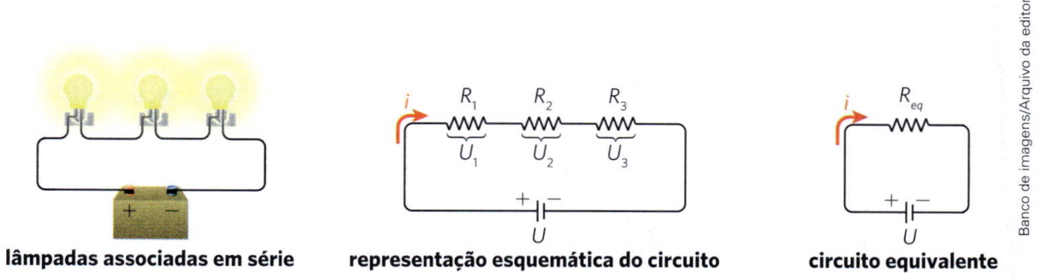


Nesse tipo de associação, devemos observar algumas características importantes:

- Todos os elementos do circuito são percorridos pela mesma corrente elétrica. Na associação em série, estabelece-se um único caminho para a corrente elétrica, ou seja, não existem ramificações.
- A tensão elétrica total fornecida pela bateria subdivide-se em tensões elétricas parciais de modo que:

$$U = U_1 + U_2 + U_3$$

Vamos, agora, demonstrar como calcular a resistência elétrica equivalente desse tipo de associação.

> Dizemos que *n* resistores estão **associados em série** quando são ligados de modo que o fim de cada um coincida com o início do seguinte e são percorridos por uma corrente elétrica de mesma intensidade.

A resistência elétrica equivalente, $R_{eq}$, como sabemos, é a de um resistor único que, sob a mesma tensão elétrica, seria percorrido por uma corrente de mesma intensidade.

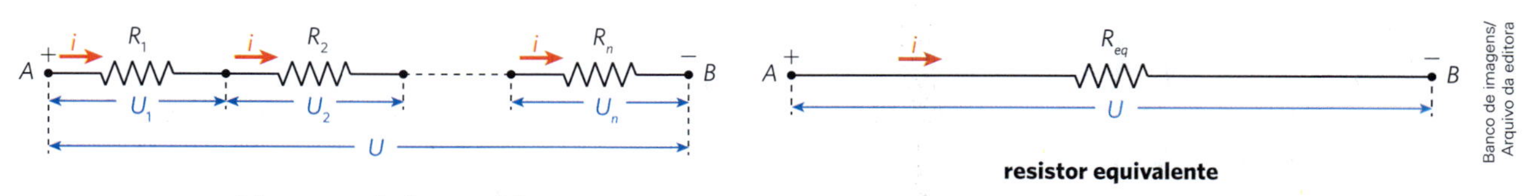


A resistência equivalente nesse tipo de circuito é dada por:

$$R_{eq} = R_1 + R_2 + ... + R_n \quad \text{ou} \quad R_{eq} = \sum_{i=1}^{n} R_i$$

Logo:

> O **resistor equivalente** aos resistores **associados em série** possui resistência igual à soma das resistências elétricas desses resistores.

## Associação em paralelo

Na sequência, apresentamos três lâmpadas associadas em paralelo, a representação esquemática e o circuito final equivalente.

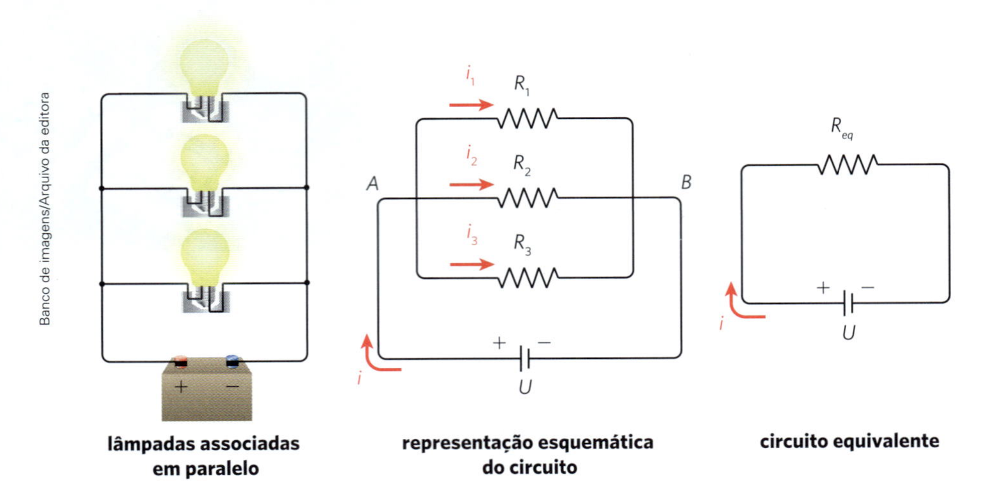


**lâmpadas associadas em paralelo** **representação esquemática do circuito** **circuito equivalente**

As características importantes desse tipo de associação são:

- todos os elementos do circuito estão submetidos a uma mesma diferença de potencial elétrico;
- a intensidade total da corrente elétrica fornecida pela bateria subdivide-se em intensidades de corrente elétrica parciais de modo que:

$$i = i_1 + i_2 + i_3$$

Demonstraremos, agora, o cálculo da resistência elétrica equivalente para esse tipo de associação.

Dizemos que *n* resistores estão **associados em paralelo** quando são ligados entre dois pontos, de modo a suportarem a mesma tensão elétrica.

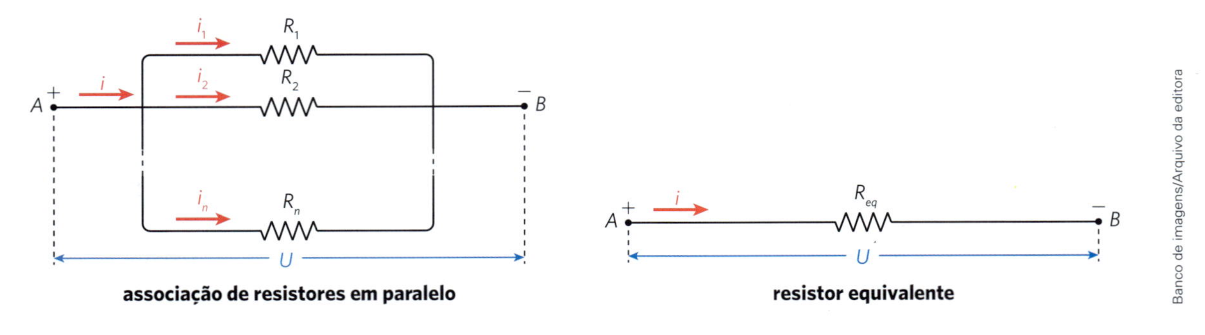


**associação de resistores em paralelo** **resistor equivalente**

Para esse tipo de circuito, podemos encontrar o valor da resistência equivalente fazendo-se:

$$\frac{1}{R_{eq}} = \frac{1}{R_1} + \frac{1}{R_2} + \ldots + \frac{1}{R_n} \quad \text{ou} \quad \frac{1}{R_{eq}} = \sum_{i=1}^{n} \frac{1}{R_i}$$

Portanto:

O inverso da **resistência elétrica equivalente** aos resistores **associados em paralelo** é igual à soma dos inversos das resistências desses resistores.

## Curto-circuito

Vamos analisar o circuito seguinte, no qual temos três lâmpadas, cuja intensidade dos brilhos depende da corrente elétrica, associadas em série.

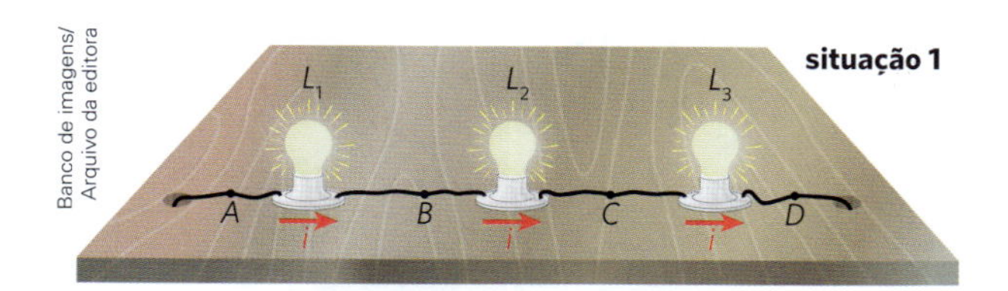


Se, entre os pontos $B$ e $C$, conectarmos um pedaço de condutor com resistência elétrica desprezível, a lâmpada entre esses pontos vai apagar. Por quê?

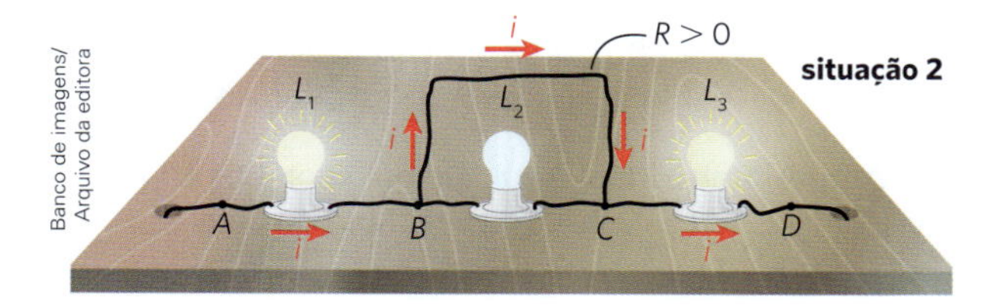


Se aplicarmos a 1ª lei de Ohm ao pedaço de condutor $BC$, teremos:

$V_B - V_C = Ri$

Sendo $R \cong 0$, vem:

$V_B - V_C = 0$

ou seja:

$V_B = V_C$

Não há diferença de potencial entre os pontos $B$ e $C$ e, consequentemente, a lâmpada $L_2$ apaga-se. Nessa situação, dizemos que a lâmpada entre os pontos $B$ e $C$ está em curto-circuito.

Dizemos que dois pontos estão em **curto-circuito** quando não há diferença de potencial entre eles.

Na prática, o que acontece é que a resistência elétrica de um pedaço de fio condutor, feito de cobre, por exemplo, é muitas vezes menor que a resistência interna da lâmpada.

Voltando a analisar o circuito, quando a lâmpada $L_2$ apaga-se, as lâmpadas $L_1$ e $L_3$ apresentarão um brilho mais intenso. De fato, como a resistência elétrica total do circuito diminui, a intensidade da corrente elétrica aumenta, mantida a ddp constante. Dependendo dos valores envolvidos, as lâmpadas $L_1$ e $L_2$ podem não suportar tal intensidade e "queimar".

# Reostatos

São denominados **reostatos** os resistores cuja resistência elétrica pode adotar valores variados.

Reostatos são de grande utilidade quando é necessário regular a corrente elétrica de um circuito ou para controlar o processo de carga de um capacitor. Os tipos mais comuns de reostatos são os de pontos e os de cursor.

- **Reostato de pontos:** Recebe este nome, pois para cada ponto do reostato a resistência elétrica assume um valor predeterminado. Exemplos de reostato de pontos são as resistências da maioria dos chuveiros elétricos, nos quais as posições do cursor definem a temperatura da água.
- **Reostato de cursor:** Chamado também de reostato de variação contínua. Esse nome deve-se ao fato de que sua resistência elétrica pode variar continuamente.

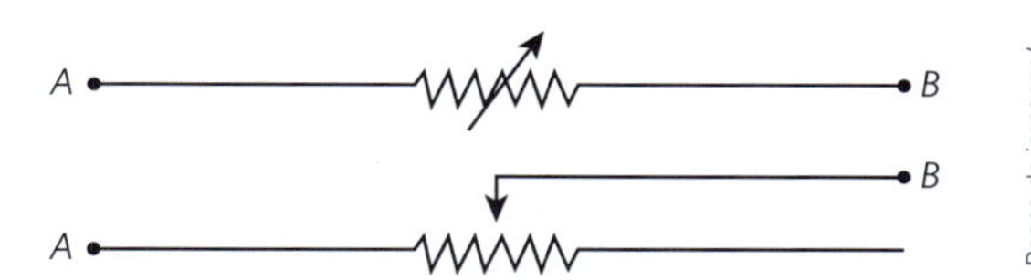


Símbolos utilizados para reostatos na representação gráfica de circuitos.

# Medidores elétricos

## Galvanômetro

O **galvanômetro** é um dispositivo básico, utilizado em circuitos elétricos para realizar a detecção de corrente elétrica ou tensão elétrica.

De modo geral, os galvanômetros são aparelhos bem sensíveis com resistência elétrica pequena e conseguem acusar passagem de corrente elétrica da ordem de microamperes.

A máxima corrente elétrica que pode ser detectada pelo galvanômetro é denominada **corrente de fundo de escala**. Quando ajustado para medições de tensão elétrica, esse valor máximo é denominado **tensão de fundo de escala**.

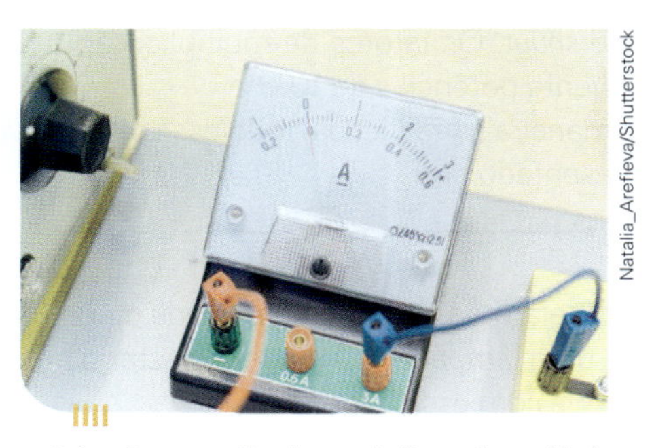


Galvanômetro utilizado para indicar a intensidade de correntes elétricas.

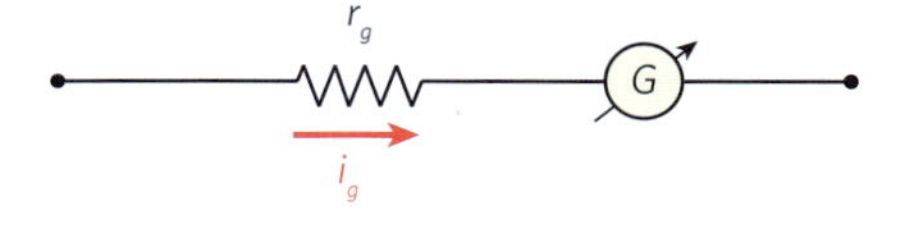


Representação esquemática de um galvanômetro.

## Transformação de um galvanômetro em um amperímetro

Para transformar um galvanômetro em um aparelho com a qualidade de medir correntes elétricas mais intensas, devemos associar à resistência interna $r_g$ do galvanômetro uma outra resistência, $r_s$, com valor muito menor do que $r_g$.

Essa resistência deve ser associada em paralelo, como mostra o esquema abaixo, e é denominada *shunt*.

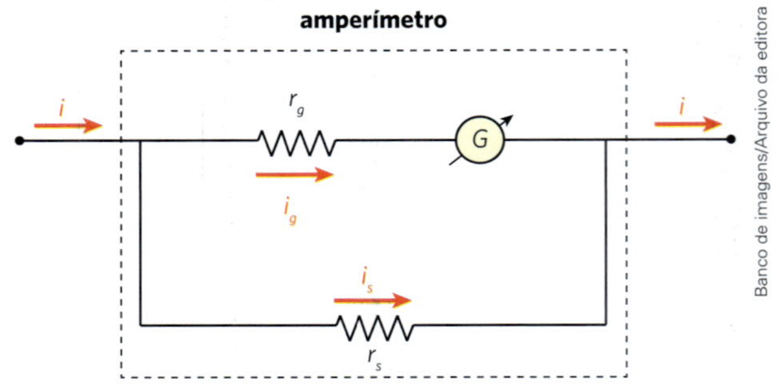

Banco de imagens/Arquivo da editora

Com essa nova configuração, temos agora um dispositivo com capacidade de medir correntes elétricas mais intensas.

A nova intensidade de corrente elétrica ($i$) que pode ser medida é dada por:

$$i = i_g + i_s$$

Utilizando a 1ª lei de Ohm, podemos mostrar que:

$$i = \left(1 + \frac{r_g}{r_s}\right) i_g$$

O fator $\left(1 + \frac{r_g}{r_s}\right)$ é uma constante que vai caracterizar cada amperímetro e é denominado fator de multiplicação do *shunt*. Os fatores de multiplicação usuais são normalmente potências de 10.

De maneira simplificada, todo esse dispositivo pode ser representado por:

Banco de imagens/Arquivo da editora

Se desejarmos medir a intensidade de corrente elétrica em uma lâmpada, devemos conectar o amperímetro em série com essa lâmpada.

Banco de imagens/Arquivo da editora

Quando inserimos o amperímetro para detectar a intensidade de corrente elétrica que percorre a lâmpada, alteramos a resistência elétrica total desse trecho de circuito e, consequentemente, a corrente elétrica não será mais a mesma, anterior à introdução do amperímetro.

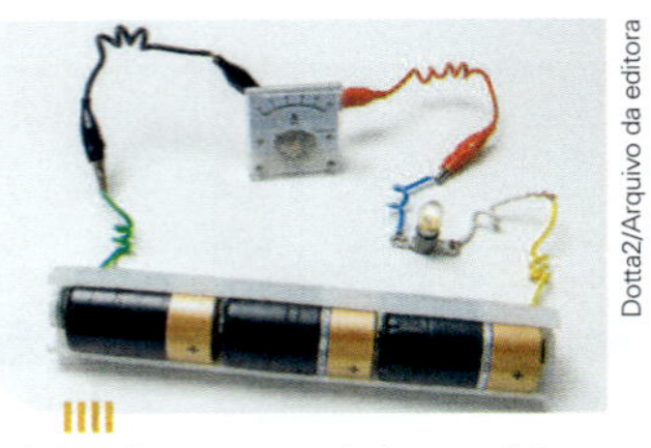
Dotta2/Arquivo da editora

Galvanômetro associado em série a uma lâmpada para a medição da corrente elétrica do circuito.

Para interferir minimamente na medida, utiliza-se um amperímetro com uma resistência elétrica muito pequena, no caso ideal, nula. Assim, podemos definir:

**Amperímetro ideal** é o aparelho hipotético cuja resistência elétrica é nula, ou seja, suas características não interferem na medida da corrente elétrica.

Resumindo, um amperímetro possui as seguintes características:

- medidor de corrente elétrica ($i$);
- deve ser associado em série;
- amperímetro ideal: $R_A = 0$.

## Transformação de um galvanômetro em um voltímetro

Para utilizar o galvanômetro como um medidor de tensão elétrica com mais aplicações, devemos associar à resistência interna $r_g$ do galvanômetro uma outra resistência, $r_m$, com valor maior do que $r_g$. Essa resistência deve ser associada em série e é denominada **multiplicadora**.

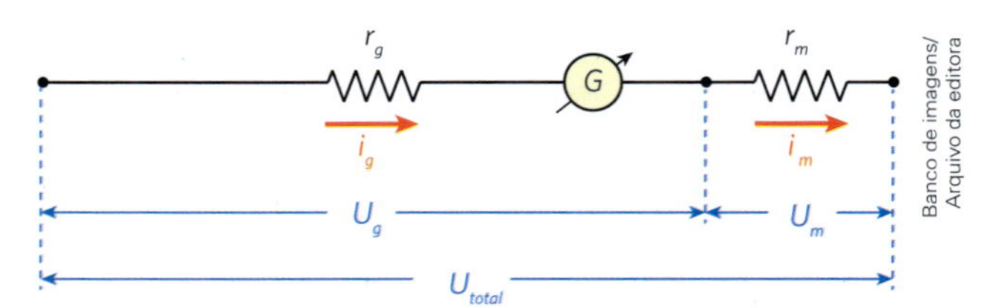

Banco de imagens/Arquivo da editora

A resistência elétrica $r_g$ e a resistência elétrica $r_m$ estão em série; assim, utilizando a 1ª lei de Ohm, é possível mostrar que:

$$U_{total} = U_g \left(1 + \frac{r_m}{r_g}\right)$$

O fator $\left(1 + \frac{r_m}{r_g}\right)$ é uma constante para cada voltímetro e é denominado **fator de multiplicação**.

De maneira simplificada, todo esse dispositivo pode ser representado esquematicamente em um circuito por:

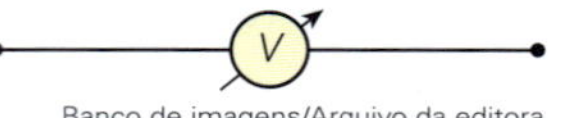

Banco de imagens/Arquivo da editora

Se desejarmos medir a tensão elétrica em uma lâmpada, devemos conectar o voltímetro em **paralelo** com a lâmpada.

Banco de imagens/ Arquivo da editora

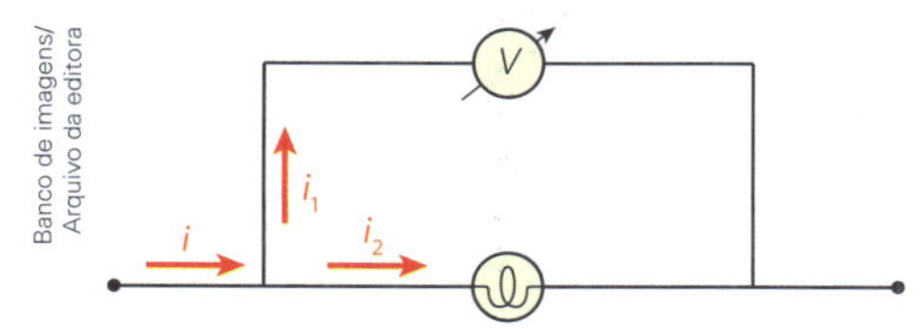


Porém, nos deparamos novamente com o mesmo problema. Ao inserir o voltímetro para a medida da ddp na lâmpada, alteramos o valor que desejávamos medir.

De fato, a corrente elétrica que anteriormente percorria exclusivamente a lâmpada, agora, ramifica-se em duas partes. Como contornar esse problema de modo a minimizar o erro de leitura do voltímetro?

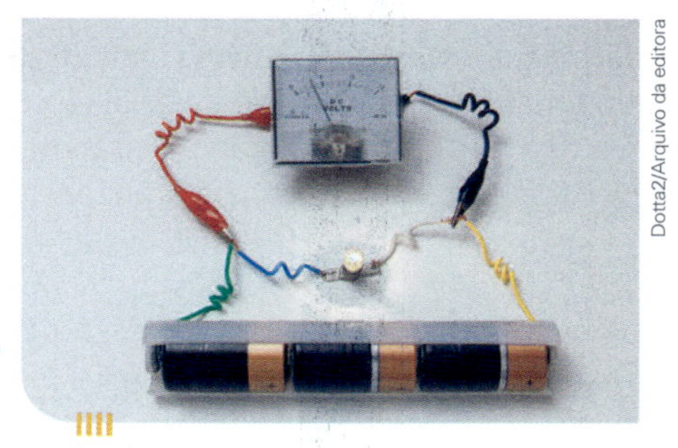

Dotta2/Arquivo da editora

Galvanômetro associado em paralelo a uma lâmpada para a medição da tensão elétrica do circuito.

É desejável, nesse caso, que a intensidade de corrente elétrica que se desvia de seu caminho original ($i_1$) seja a menor possível. Para isso, a resistência elétrica do voltímetro deve ter um valor muito grande quando comparada à resistência elétrica da lâmpada, no caso ideal, infinita. Assim, podemos definir:

**Voltímetro ideal** é o aparelho hipotético cuja resistência elétrica tende a um valor infinito.

Resumindo, um voltímetro possui as seguintes características:

- medidor de tensão elétrica ($U$);
- deve ser associado em paralelo;
- voltímetro ideal: $R_V \to \infty$

## Fusíveis e disjuntores

Os fusíveis são dispositivos fundamentais para garantir a proteção e a segurança no funcionamento de circuitos elétricos. O fusível é constituído normalmente de um filamento ou lâmina de um metal, ou liga metálica, que tenha baixo ponto de fusão. Durante um evento de sobrecarga do circuito, o filamento do fusível se funde, abrindo o circuito e interrompendo a passagem de corrente elétrica. De modo geral, os fusíveis têm baixo custo financeiro e podem proteger componentes eletrônicos de altíssimo valor.

Os fusíveis devem ser inseridos em série com o trecho ou dispositivo de circuito que se deseja proteger.

Banco de imagens/ Arquivo da editora

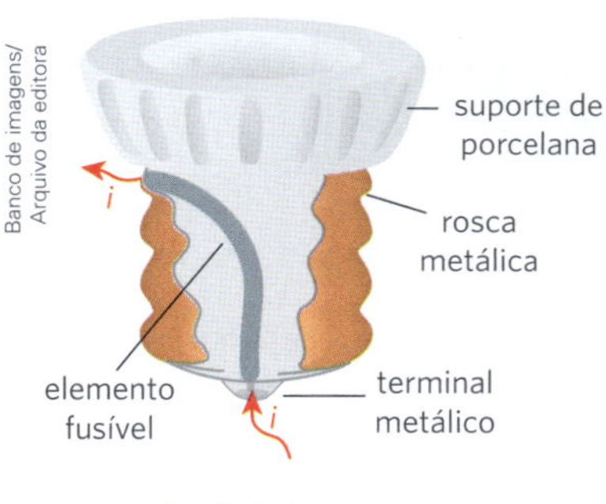


**fusível de rosca**

Em instalações elétricas domiciliares eram utilizados fusíveis de rosca. No entanto, esses fusíveis foram substituídos por disjuntores.

Jiradet Ponari/Shutterstock

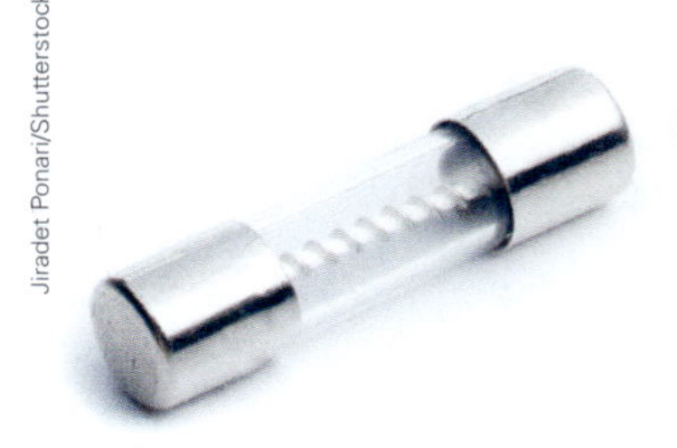

O fusível de cilindro de vidro é muito utilizado para a proteção de circuitos eletroeletrônicos, filtros de linha, estabilizadores de tensão e no quadro de fusíveis em automóveis antigos.

Nas instalações elétricas mais antigas, as residências eram protegidas por fusíveis de rosca. O filamento, geralmente de chumbo, derretia quando ocorria uma sobrecorrente. Esse tipo de fusível tem de ser trocado por um novo após verificado o motivo da sobrecorrente. O mesmo ocorre com fusíveis de lâmina. Suas cores estão relacionadas às suas características.

Phodopus/Depositphotos/Fotoarena

Fusíveis de lâmina.

Banco de imagens/Arquivo da editora

Representação dos fusíveis nos circuitos elétricos.

Na maioria das residências, os fusíveis foram substituídos por disjuntores nos quadros de distribuição. A função é exatamente a mesma, a de proteger o circuito elétrico, porém o princípio de funcionamento é outro.

Marija Nedovic/Shutterstock

O quadro de distribuição, ou quadro de luz, recebe os fios que vêm do medidor e os distribui para a alimentação da rede elétrica da residência. Na maioria das casas brasileiras, os dispositivos de proteção utilizados são os disjuntores.

Os disjuntores mais usados no mercado são os térmicos, os eletromagnéticos e os termomagnéticos.

Os disjuntores térmicos têm como princípio de funcionamento uma lâmina bimetálica. A deformação da lâmina desencadeia, de modo mecânico, a interrupção de um contato que abre o circuito elétrico protegido e interrompe a passagem da corrente elétrica. Dizemos, na prática, que o disjuntor foi "desarmado".

Os disjuntores eletromagnéticos têm como princípio de funcionamento o fato de uma corrente elétrica gerar o aparecimento de um campo magnético. O campo magnético gerado por uma intensa corrente elétrica que eventualmente percorra o circuito provoca a movimentação de um núcleo de ferro que, mecanicamente, abre o circuito de modo a protegê-lo.

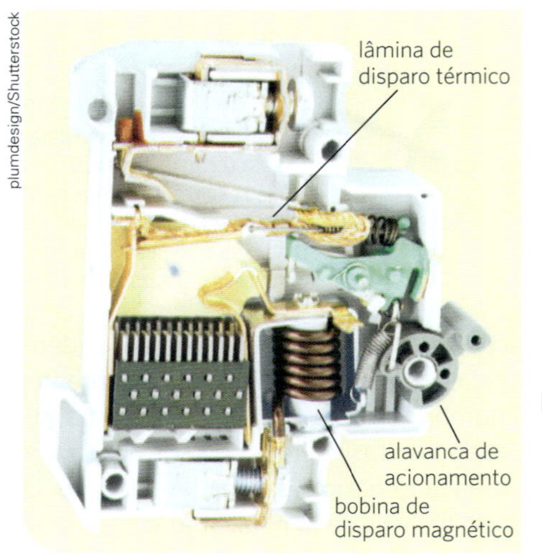

plumdesign/Shutterstock

Os disjuntores termomagnéticos, como o da imagem ao lado, utilizam o princípio de funcionamento dos outros dois disjuntores, atuando de uma ou outra maneira, dependendo da faixa de correntes elétricas. Os disjuntores têm a vantagem de não precisarem ser trocados. Uma vez solucionado o problema na instalação, basta serem armados novamente.

Parte interna de um disjuntor termomagnético. O dispositivo de proteção térmica (lâmina bimetálica) protege o circuito de sobrecargas de pequena intensidade e longa duração. Já o dispositivo de proteção magnética (bobina) interrompe sobrecargas de grande intensidade e longa duração.

## Já pensou nisto?

### Por que chuveiros elétricos "queimam"?

Os chuveiros elétricos funcionam com base em um resistor elétrico (popularmente chamado de resistência) e em um reostato que determina a temperatura da água do chuveiro. Ao entrar em contato com o resistor quente, a água é aquecida e sai do chuveiro na temperatura desejada.

Porém, do mesmo modo que precisamos que o resistor se aqueça o suficiente para amornar a água, essa temperatura não pode ultrapassar o limite que o material do resistor suporta antes de entrar em fusão. Quando o volume de água passando pelo resistor não é o suficiente para absorver todo o calor gerado por ele, o resistor pode superaquecer e fundir-se, num processo semelhante ao de um fusível, gerando o barulho do estouro e o cheiro de queimado, fazendo com que o chuveiro pare de funcionar.

Embora a pouca vazão de água seja um motivo comum para a queima dos resistores de chuveiros elétricos, outros fatores podem levar ao mesmo processo, como o desgaste natural do material do resistor devido ao pH (alcalino ou ácido) da água provinda do sistema de distribuição, um pico de tensão (instabilidade) na rede elétrica, má instalação ou mesmo má qualidade do material do resistor.

Luis Carlos Torres/Shutterstock

Resistor de chuveiro queimado. Provavelmente ele se quebrou devido ao excesso de calor, ao desgaste natural, a um pico de tensão ou mesmo à má qualidade do material.

## Descubra mais

**1** Alguns aparelhos de ar condicionado, secadores de cabelo e *freezers* são conhecidos por gerar um alto consumo de energia. Por que não é indicado o uso de extensões para ligá-los em uma tomada?

**2** Explique a razão pela qual computadores precisam de ventilação para não superaquecer. Por que quando o superaquecimento ocorre, a velocidade de processamento de informações fica mais lenta?

**3** Quais medidas de segurança devem ser tomadas ao substituir um resistor queimado em um chuveiro elétrico?

## Exercícios

**11** Na associação de resistores ilustrada, determine:

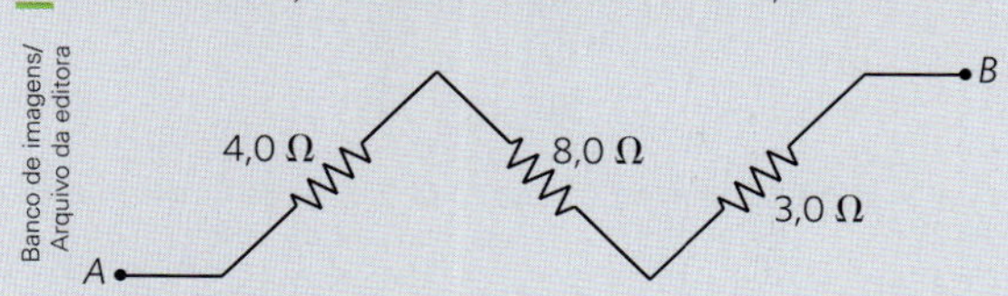


Banco de imagens/Arquivo da editora

a) o tipo de associação;

b) uma característica fundamental desse tipo de associação;

c) o valor da resistência elétrica equivalente.

**Resolução:**

a) Entre os extremos *A* e *B* da associação, existe uma única trajetória condutora de eletricidade. Isso caracteriza uma associação em série.

b) Todos os resistores pertencentes a essa associação são percorridos pela mesma corrente elétrica.

c) $R_{eq} = 4,0 + 8,0 + 3,0 (\Omega)$

$\boxed{R_{eq} = 15\ \Omega}$

**12** (Fema-SP) Três resistores, cujas resistências guardam a proporção 1 : 2 : 3, foram dados a um aluno para que ele construa um circuito resistivo. O aluno deverá usar, obrigatoriamente, os três resistores, de modo que o circuito tenha o maior valor de resistência equivalente possível. Para que sua tarefa seja corretamente executada, o aluno deverá associar

a) os três resistores em paralelo.

b) o resistor de menor resistência elétrica em série com os outros dois resistores, associados entre si, em paralelo.

c) o resistor de resistência elétrica intermediária em série com os outros dois resistores, associados entre si, em paralelo.

d) os três resistores em série.

e) o resistor de maior resistência elétrica em série com os outros dois resistores, associados entre si, em paralelo.

**13** (Ufam) A associação dos eletrodomésticos e das lâmpadas da figura a seguir é do tipo:

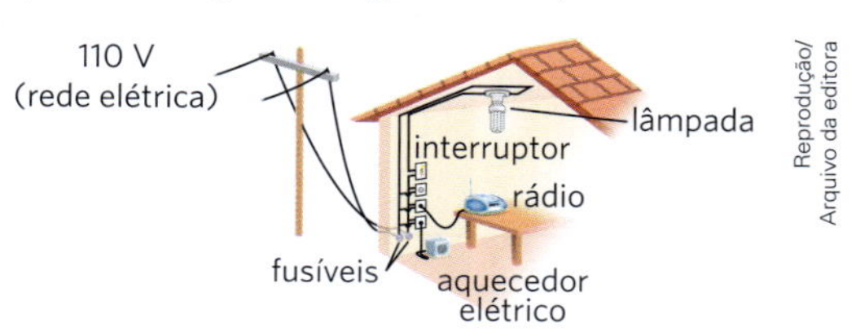


Reprodução/Arquivo da editora

a) série

b) paralelo

c) série - paralelo

d) misto

e) paralelo - série

**14** A diferença de potencial *U* em função da intensidade da corrente *i*, para dois resistores ôhmicos, de resistências $R_1$ e $R_2$, está representada no gráfico a seguir.

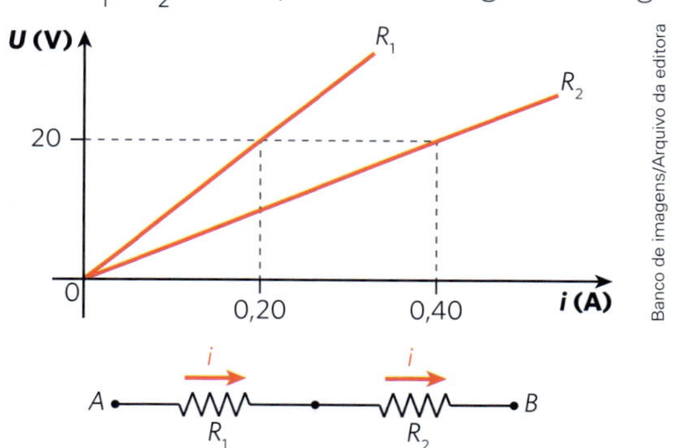


Banco de imagens/Arquivo da editora

Os resistores são associados em série e a associação é submetida a uma tensão de 120 V. A intensidade da corrente que percorre os resistores é igual a:

a) 0,20 A

b) 0,40 A

c) 0,60 A

d) 0,80 A

e) 1,0 A

**15** (Funcab-RJ) O aparelho abaixo é um multímetro analógico. Ele pode medir valores de corrente, tensão e resistência elétrica.

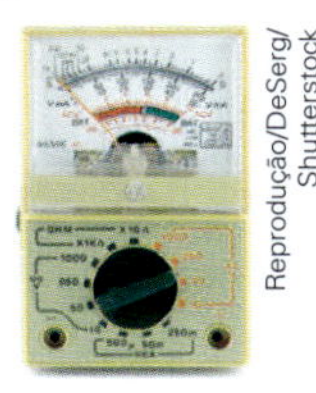

Reprodução/DeSerg/Shutterstock

Para as medições de corrente elétrica e tensão elétrica mais precisamente, deve-se posicionar as pontas de prova na região a qual se deseja medir em:

a) paralelo e série, respectivamente.

b) série e paralelo, respectivamente.

c) série e série, respectivamente.

d) paralelo e paralelo, respectivamente.

e) diagonal e continuamente.

**16** (FMABD-SP) A figura mostra um circuito elétrico constituído por três lâmpadas idênticas, um resistor ôhmico e uma bateria ideal de força eletromotriz igual a 12 V. O gráfico mostra a relação entre a diferença de potencial aplicado aos terminais de cada lâmpada e a intensidade da corrente elétrica que a atravessa.

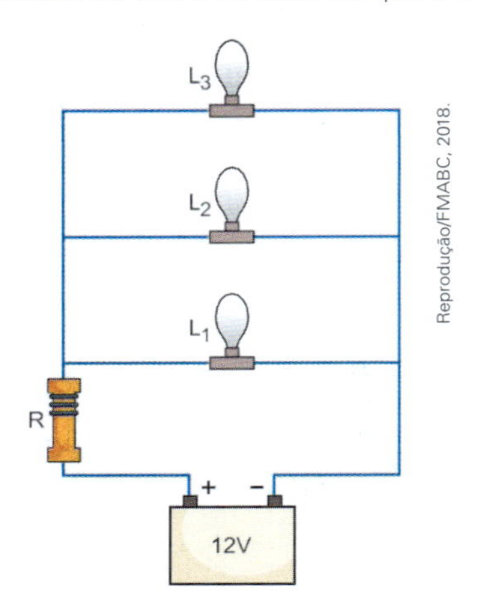


Reprodução/FMABC, 2018.

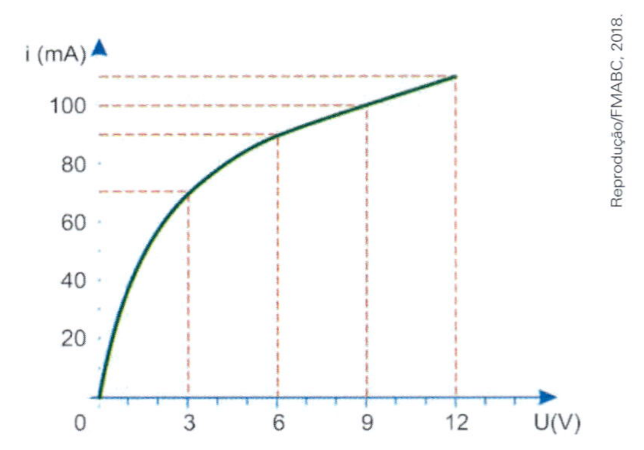


Reprodução/FMABC, 2018.

Sabendo que a diferença de potencial entre os terminais do resistor é de 3,0 V, sua resistência elétrica é

a) 10,0 Ω.

b) 14,3 Ω.

c) 1,4 Ω.

d) 3,0 Ω.

e) 9,0 Ω.

**17** (UFG-GO) Na figura, são apresentadas as resistências elétricas, em ohms, do tecido conjuntivo em cada região do corpo humano. Uma pessoa descalça apoiada sobre os dois pés na terra toca acidentalmente, com uma das mãos, num cabo elétrico de tensão 220 V em relação à terra.

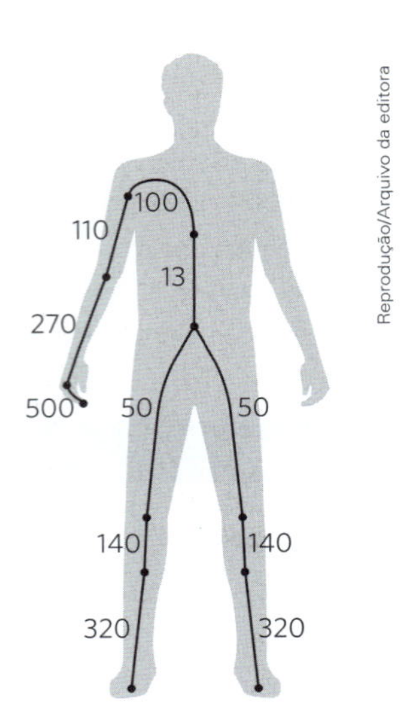


Reprodução/Arquivo da editora

GRIMNES S.; MARTINSEN O. G. *Bioimpedance and bioelectricity basics*. 2nd edition. Elsevier, 2008. p. 121.

Considerando o exposto e que a corrente flui apenas pelo tecido mencionado, calcule:

a) a resistência imposta pelo corpo à passagem da corrente elétrica;

b) a corrente elétrica total.

**18** (FMJ-SP) A figura representa as resistências elétricas ôhmicas de partes do corpo de uma pessoa: 500 Ω para cada braço, 100 Ω para cabeça e pescoço, 500 Ω para o abdome e 1000 Ω para cada perna. O coração, representado em vermelho, permite a passagem de corrente elétrica.

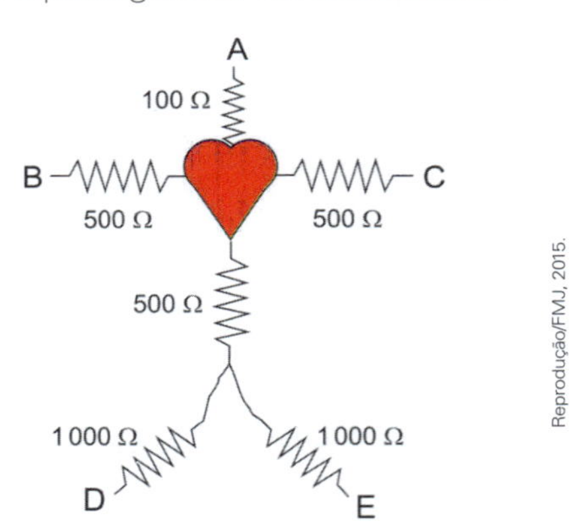


Reprodução/FMJ, 2015.

a) Indique o par de pontos que, ao ser conectado a uma tensão elétrica, não provoque o risco de a corrente elétrica afetar o batimento cardíaco. Justifique sua resposta.

b) Suponha que a pessoa da figura esteja com os dois pés aterrados (sem isolantes elétricos entre os pés e a Terra) e segure com uma das mãos um fio elétrico de potencial 300 volts. Calcule, para essa situação, a corrente elétrica, em amperes, que atravessa o coração dessa pessoa.

## Informações e desinformações

### Preparação

Pesquise na internet a atuação dos seguintes profissionais:

- jornalista científico;
- profissional de *marketing* digital;
- analista de redes sociais.

### Leitura

**Reflexão sobre a "desordem da informação"**: formatos da informação incorreta, desinformação e má-informação

DERAKHSHAN, Claire. W. H. *Jornalismo, fake news & desinformação*: Manual para educação e treinamento em jornalismo, p. 46-58. Disponível em: https://unesdoc.unesco.org/ark:/48223/pf0000368647. Acesso em: 2 jun. 2020.

**Nesse artigo, você vai conhecer:**

- O que são informações falsas.
- Os tipos de informação falsa.
- Como combater a desinformação.

### Debate

1. Após a leitura do texto, converse com o seu grupo para elaborar uma lista indicando os aspectos positivos e os negativos das mídias sociais.
2. Considerando a rapidez na divulgação de notícias nas redes sociais e as *fake news*, avalie com o seu grupo como os profissionais pesquisados poderiam evitar a desinformação. Procurem exemplificar com a indicação de um caso real.
3. Qual é a importância do conhecimento científico na verificação da veracidade de notícias veiculadas pelas mídias sociais? Citem exemplos que justifiquem a sua resposta.
4. Como jornalistas e publicitários podem promover a ciência, fornecendo à sociedade ferramentas que auxiliem na tomada de decisões fundamentadas?
5. Diante da desinformação contemporânea, o que é possível fazer para não ser enganado? Como orientar as pessoas a não acreditarem em tudo o que chega pelas redes sociais?

### E você?

6. As mídias sociais impactam a sua vida? Você pensa em transformá-las? Gostaria de aliar conhecimento científico com a habilidade em escrever? Então comece a elaborar um fluxograma pensando em seu projeto de vida. Pesquise outras profissões relacionadas à comunicação, onde estudar, possibilidades de emprego; enfim, trace uma rota para atingir seu objetivo.

# Geradores elétricos e circuitos elétricos

Este capítulo favorece o desenvolvimento das seguintes habilidades:

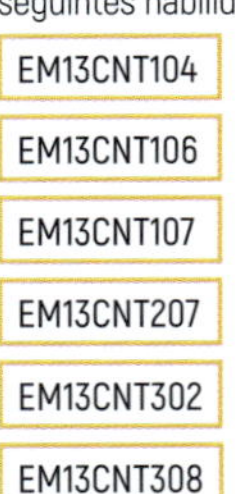


## Geradores elétricos

**Gerador elétrico** é um elemento de circuito capaz de transformar em elétrica uma outra modalidade de energia.

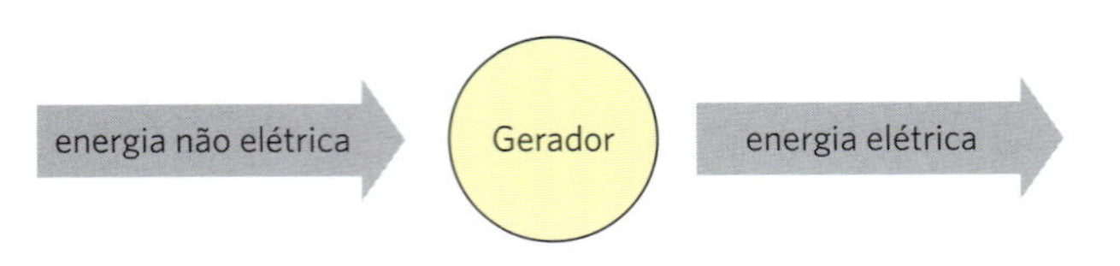


Os geradores são classificados conforme a modalidade de energia que é transformada em elétrica.

- **Geradores mecânicos**: transformam energia mecânica em elétrica. Exemplos: dínamos, alternadores e turbinas de usinas hidroelétricas.
- **Geradores químicos**: transformam energia química em elétrica. Exemplos: pilhas e baterias.
- **Geradores luminosos**: transformam energia radiante (geralmente luminosa) em elétrica. Exemplo: fotocélulas.

Patrick Daxenbichler/Shutterstock

Alguns modelos de bicicleta são equipados com um dínamo (em destaque acima), que converte a energia mecânica gerada pelas pedaladas em energia elétrica, usada para acender os faróis, por exemplo.

## Já pensou nisto?

### Como funcionam as turbinas eólicas?

A energia eólica, energia cinética contida nas massas de ar em movimento (vento), é utilizada há milhares de anos para diversas finalidades, como moagem de grãos e bombeamento de água. O aproveitamento dessa forma de energia para a geração de eletricidade ocorre por meio das turbinas eólicas ou aerogeradores.

Em 1976, na Dinamarca, foi instalada a primeira turbina eólica ligada à rede elétrica pública. Desde então, muitas outras turbinas foram instaladas e, atualmente, há aproximadamente 30 mil turbinas em operação no mundo.

As turbinas são constituídas de fundação, conexão com a rede elétrica, pás, rotor, gerador e outros componentes que asseguram o funcionamento do equipamento. Ao interagir com a turbina, o vento move as pás, e essa energia cinética de rotação é transformada, pelo gerador, em energia elétrica.

Existem diversos tipos de turbinas, como as de eixo vertical e as de eixo horizontal, sendo esta última a mais comum. Além disso, as turbinas podem ter uma quantidade variada de pás. As turbinas com duas pás são as mais eficientes, porém, apresentam grande instabilidade. Por isso, a maioria das usinas eólicas utilizam turbinas com três pás, cuja eficiência é um pouco menor, mas são mais estáveis.

A energia dos ventos é considerada uma fonte de energia limpa e renovável, pois não emite gases de efeito estufa e não produz resíduos. A energia eólica ocupa o quarto lugar na matriz elétrica brasileira, abastecendo cerca de 22 milhões de residências em 2018. Porém, ainda é possível ampliar o aproveitamento dessa forma de energia, pois o potencial eólico nacional é de cerca de 500 GW, quase três vezes a capacidade de geração instalada, 162,5 GW.

Luis Salvatore/Pulsar Imagens

Aerogeradores do Parque Eólico Bereribe, no Ceará. Maio de 2017.

## Força eletromotriz (f.e.m.) e resistência interna (*r*) do gerador

Os parâmetros característicos de um gerador elétrico são: a **força eletromotriz**, abreviada f.e.m., e a resistência elétrica ôhmica que ele oferece à passagem da corrente elétrica, isto é, a sua **resistência interna** (***r***). A imagem abaixo mostra a representação de um gerador em um circuito elétrico.

Banco de imagens/ Arquivo da editora

O elemento *AB* da figura simboliza um **gerador**, caracterizado pela f.e.m. $\epsilon$ e a resistência interna *r*.

O gerador realiza trabalho sobre a carga elétrica que o atravessa, fazendo com que a energia potencial elétrica da carga aumente, portanto, no interior do gerador, o sentido convencional da corrente elétrica é do polo negativo para o positivo. Dizemos que esta quantidade de carga dentro do gerador não se movimenta espontaneamente, mas é **forçada** para uma posição de maior potencial elétrico pelo gerador.

Seja $\tau$ o trabalho realizado pelo gerador para transportar uma quantidade de carga $q$ de um ponto de menor potencial elétrico para outro de maior potencial elétrico. Define-se a força eletromotriz como:

$$\epsilon = \frac{\tau}{q}$$

Portanto:

A **força eletromotriz** ($\epsilon$) é numericamente igual ao trabalho realizado pelo gerador para transportar uma unidade de carga da corrente elétrica do seu polo negativo para o seu polo positivo.

Por exemplo, $\epsilon = 10$ V significa que o gerador realiza 10 J de trabalho sobre cada 1 C de carga que o atravessa.

A função do gerador, como se vê, é a de aumentar a energia potencial elétrica da carga que o atravessa, e não a de "criar" carga elétrica. É claro, se a energia total do sistema aumenta, é porque uma outra modalidade de energia (mecânica, química, luminosa, etc.) está suprindo esse aumento. Importante observar também que o termo força eletromotriz é, no mínimo, inadequado, pois não se trata de uma força, e sim de uma tensão elétrica; no entanto, o termo já está consagrado pelo uso.

## Equação do gerador

Na imagem a seguir temos o circuito interno de um gerador, de f.e.m. $\epsilon$ e resistência interna $r$, sendo atravessado por uma corrente elétrica de intensidade $i$ em que os pontos $A$ e $B$ são os seus terminais ou polos. Tudo que se ligue entre $A$ e $B$, por fora do gerador, não representado na figura abaixo, constitui o circuito externo do referido gerador.

Banco de imagens/ Arquivo da editora

**Nota**

No nosso estudo de geradores, consideraremos aqueles que fornecem corrente contínua constante ao circuito, como pilhas e baterias.

Sabemos que parte da energia fornecida às cargas no gerador é dissipada no próprio circuito interno. Esse fato fica bem claro quando se determina a diferença de potencial entre os terminais $A$ e $B$, em função da f.e.m. $\epsilon$, da resistência interna $r$ e da intensidade de corrente $i$.

Seja $V_A$ o potencial elétrico em $A$. Ao passar de $A$ para $M$, o gerador impõe uma elevação de potencial $\epsilon$. Em outros termos, entre $M$ e $A$ o gerador mantém uma tensão dada por:

$$V_M - V_A = \epsilon$$

Essa é a máxima tensão que o gerador é capaz de aplicar; esta tensão elétrica máxima (ou total) é a sua f.e.m.

Ao passar, agora, do ponto $M$ para o $B$, a resistência elétrica do próprio gerador, chamada de resistência interna $r$, impõe uma queda de potencial, que pode ser calculada pela 1ª lei de Ohm:

$V_B = V_M - ri$

Logo:

$V_B - V_A = \epsilon - ri$

A ddp, $V_B - V_A$, é a tensão elétrica $U$ entre os terminais do gerador, assim:

$$U = V_B - V_A = \epsilon - ri$$

Essa expressão é chamada de **equação do gerador**. As grandezas $\epsilon$ e $r$ são consideradas constantes para um mesmo gerador.

A imagem abaixo esquematiza a relação entre os pontos do circuito e seus respectivos valores de potencial elétrico.

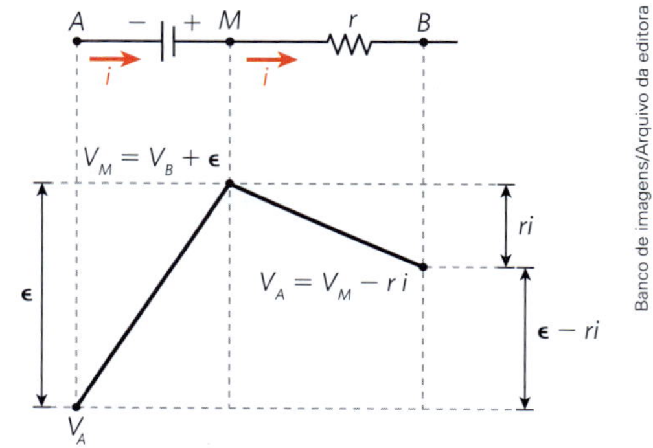


A figura mostra uma "curva de potencial" ao se atravessar o gerador de *A* para *B*.

Gerador ideal é aquele cuja resistência interna $r$ é nula. Neste caso, teremos $U = \epsilon$, qualquer que seja $i$. Na prática, não existe gerador ideal; mas há situações em que se pode considerá-lo como tal, sem que isso chegue a prejudicar sensivelmente o resultado que se procura.

## Gerador em curto-circuito ($i_{cc}$)

Como vimos anteriormente, dizemos que um elemento de circuito está em curto quando está ligado em paralelo a um condutor de resistência nula. Na imagem abaixo, o elemento $X$ está em curto e, portanto, a diferença de potencial entre $A$ e $B$ é nula.

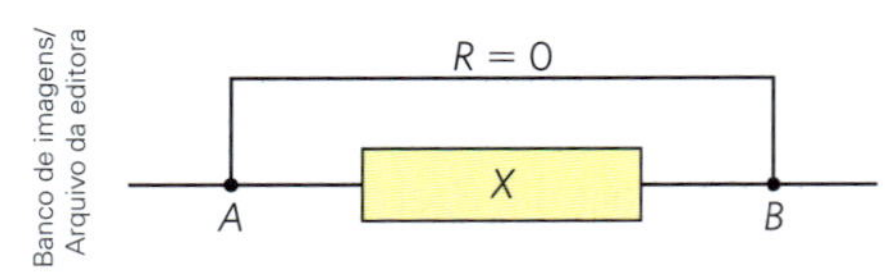


Consideremos o caso de um gerador que está inicialmente com os seus terminais livres. Curto-circuitar este gerador consiste em ligar os seus terminais por um fio de resistência elétrica nula, ou seja, o seu circuito externo é um condutor de resistência nula.

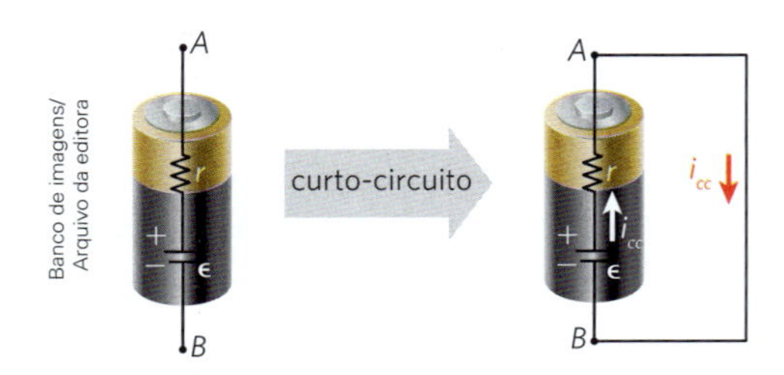


Aplicando a 1ª lei de Ohm no circuito externo, entre $A$ e $B$, vem:

$$V_A - V_B = i_{cc} R_e$$

em que $R_e$ é a resistência externa que, nesse caso, é nula:

$$V_A - V_B = i_{cc} \cdot 0 \Rightarrow V_A - V_B = 0 \Rightarrow V_A = V_B$$

Logo, a tensão $U$ entre os terminais do gerador será obrigatoriamente nula.

$$U = 0 \Rightarrow 0 = \epsilon - ri_{cc} \Rightarrow i_{cc} = \frac{\epsilon}{r}$$

Esta corrente elétrica denomina-se **corrente elétrica de curto-circuito**. Neste caso, toda a energia elétrica que a carga recebe do gerador é dissipada por efeito Joule, no resistor interno, gerando, portanto, calor.

## Gerador em circuito aberto

Dizemos que um gerador está em circuito aberto quando os seus terminais se encontram livres, ou se comportam como tal. Nessa situação o gerador não "alimenta" qualquer outro elemento de circuito.

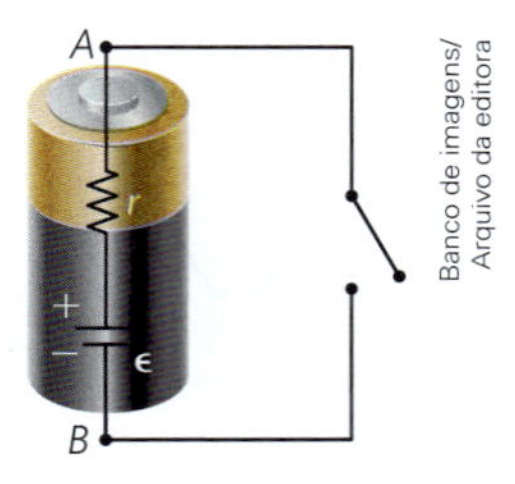


Claro está que, neste caso, não haverá corrente elétrica e, portanto, $i = 0$. Como $U = \epsilon - ri$, em circuito aberto teremos:

$$U = \epsilon$$

Ou seja, a tensão elétrica entre os terminais livres $A$ e $B$ é a sua própria f.e.m.

> **Nota**
>
> Muitas vezes, em lugar da expressão "gerador em circuito aberto", encontramos gerador sem "carga". A palavra "carga", aqui, não significa carga elétrica; ela tem o significado de gerador sem circuito externo. Outra denominação para essa mesma situação é "gerador em vazio".

## Curva característica do gerador

A seguir, vamos analisar o gráfico da equação do gerador, $U = \epsilon - ri$, em que $U$ é a tensão entre os terminais do gerador e a f.e.m. $\epsilon$ e a resistência interna $r$ são supostas constantes. Essa equação é de 1º grau em $i$, portanto, o gráfico de $U$ em função de $i$ é uma reta. Podemos considerar alguns valores de $U$ e $i$ já discutidos anteriormente.

- Para $i = 0$, temos $U = \epsilon$; o gerador está em circuito aberto.
- Para $U = 0$, temos $i = i_{cc}$; o gerador está curto-circuitado. O gráfico da tensão $U$ entre os terminais do gerador em função da corrente elétrica $i$ que o atravessa, representado na imagem abaixo, é denominado **curva característica do gerador**.

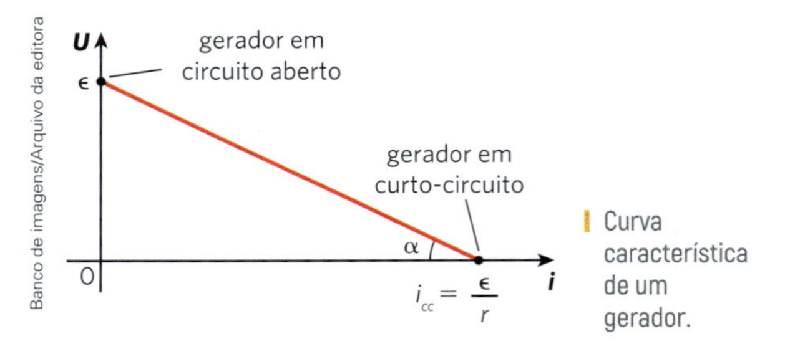


Curva característica de um gerador.

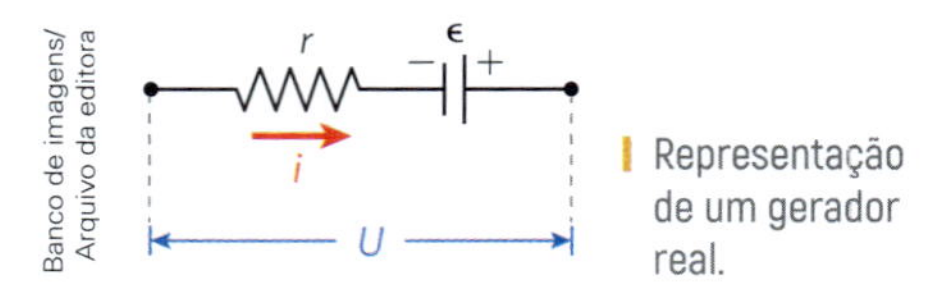


Representação de um gerador real.

Da curva característica do gerador é possível concluir que:

$$\text{tg}\,\alpha = \frac{\epsilon}{i_{cc}} \Rightarrow \text{tg}\,\alpha = \frac{\epsilon}{\frac{\epsilon}{r}} \Rightarrow \text{tg}\,\alpha \overset{N}{=} r$$

No caso do gerador ideal, teremos $r = 0$, e portanto $U = \epsilon$. A sua curva característica, representada na imagem a seguir, será uma reta paralela ao eixo das abscissas.

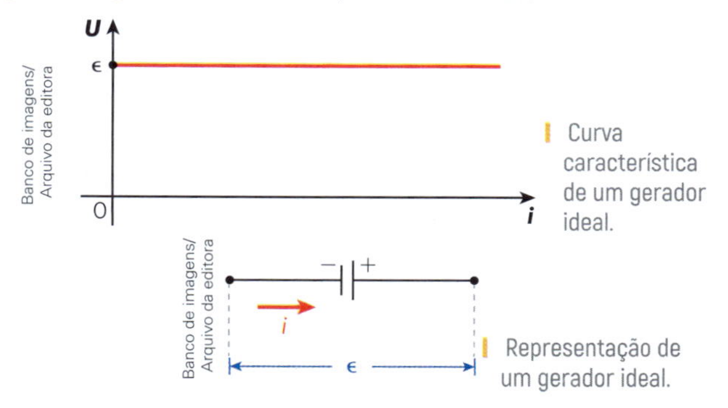


Curva característica de um gerador ideal.

Representação de um gerador ideal.

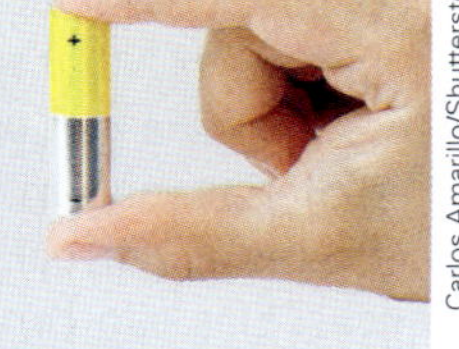

**Nota**

Pilhas, por serem geradores químicos, estabelecem tensão entre seus terminais a partir de reações químicas de seus componentes. No entanto, essas reações são finitas. Por isso, evite segurar uma pilha como mostra a imagem, pois os dedos fecham o circuito e a pilha tem sua vida útil reduzida.

Carlos Amarillo/Shutterstock

## Associação de geradores

Do mesmo modo que os resistores, os geradores elétricos de um circuito podem ser associados em **série**, em **paralelo** ou de **forma mista**. É chamado de gerador equivalente aquele que substitui os geradores da associação.

### Associação em série

Neste tipo de associação o polo positivo de um gerador deve ser ligado ao polo negativo do outro, e assim por diante de forma sequencial. Na associação em série todos os geradores são percorridos pela mesma corrente elétrica.

Associação de três pilhas em série.

Na ilustração a seguir, temos a esquematização de $n$ geradores associados em série de f.e.m. $\epsilon_1, \epsilon_2, ..., \epsilon_n$ e resistência interna $r_1, r_2, ..., r_n$, respectivamente. O circuito é percorrido por uma corrente elétrica de intensidade $i$.

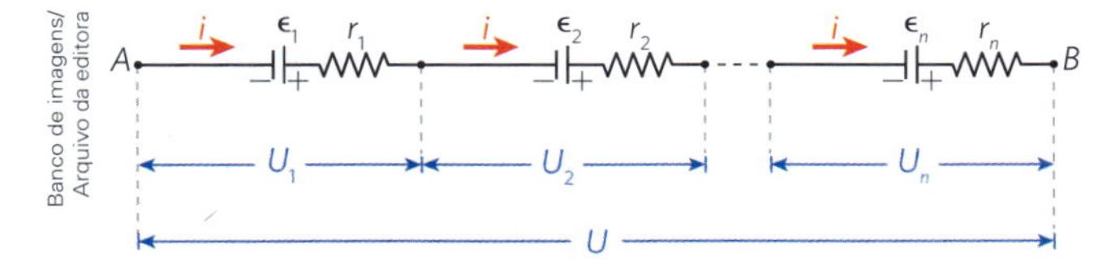


Consideremos agora um **gerador equivalente** à associação acima. Esse gerador, conforme mostra a imagem a seguir, também é percorrido por uma corrente elétrica de intensidade $i$, a tensão entre seus terminais é $U$ e sua f.e.m. e resistência interna são, respectivamente, $\epsilon_{eq}$ e $r_{eq}$.

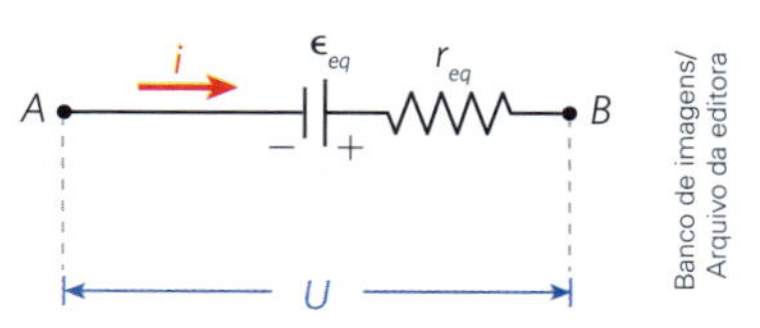


Temos que a tensão elétrica total $U$ é a soma das tensões elétricas parciais de cada gerador associado:

$$U = U_1 + U_2 + ... + U_n \qquad \text{(I)}$$

Escrevendo a equação de cada gerador da associação, obtemos:

$$U_1 = \epsilon_1 - r_1 i$$
$$U_2 = \epsilon_2 - r_2 i$$
$$\vdots$$
$$U_n = \epsilon_n - r_n i$$

Somando as equações acima membro a membro, temos:

$$U_1 + U_2 + ... + U_n = $$
$$= (\epsilon_1 + \epsilon_2 + ... + \epsilon_n) - (r_1 + r_2 + ... + r_n) i \qquad \text{(II)}$$

Usando (I) em (II), vem:

$$U = (\epsilon_1 + \epsilon_2 + ... + \epsilon_n) - (r_1 + r_2 + ... + r_n) i \qquad \text{(III)}$$

A equação do gerador equivalente é:

$$U = \epsilon_{eq} - r_{eq} i$$

Comparando-se esta expressão com (III), obtemos:

$$\epsilon_{eq} = \epsilon_1 + \epsilon_2 + ... + \epsilon_n$$
$$r_{eq} = r_1 + r_2 + ... + r_n$$

No caso particular de $n$ geradores iguais, de f.e.m. $\epsilon$ e resistência interna $r$ cada, associados em série, tem-se:

$$\epsilon_{eq} = n\epsilon \quad \text{e} \quad r_{eq} = nr$$

## Associação em paralelo

Neste tipo de associação, todos os geradores estão sob a mesma tensão elétrica, ou seja, os polos de mesmo sinal devem ser ligados entre si (positivo com positivo e negativo com negativo). Consideraremos o caso particular de geradores idênticos associados em paralelo.

Na ilustração abaixo, $n$ geradores iguais, de f.e.m. $\epsilon$ e resistência interna $r$, estão associados em paralelo.

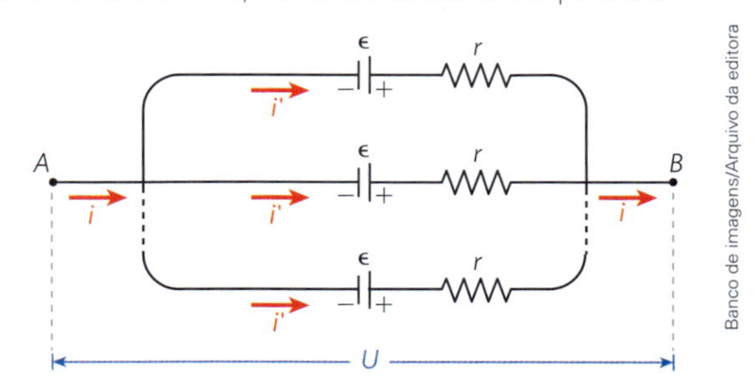

**Nota**

Na prática não se associam em paralelo geradores que tenham características diferentes, pois este elemento pode desviar energia do circuito, atuando como um receptor.

Para $n$ geradores iguais em paralelo, a intensidade total $i$ da corrente elétrica ramifica-se em $n$ correntes elétricas de intensidade $i'$. Assim:

$$i' = \frac{i}{n}$$

Escrevendo a equação de cada gerador da associação, temos:

$$U = \epsilon - r\,i'$$
$$U = \epsilon - r\,i'$$
$$\vdots$$
$$U = \epsilon - r\,i'$$

Somando as expressões acima membro a membro, obtemos:

$$nU = n(\epsilon - r\,i') \Rightarrow U = \epsilon - r\,i'$$

Mas $i' = \frac{i}{n}$, assim:

$$U = \epsilon - \frac{r}{n}i \qquad \text{(I)}$$

Consideremos agora o gerador equivalente, representado na imagem abaixo, com f.e.m. $\epsilon_{eq}$ e resistência interna $r_{eq}$, com tensão $U$ entre seus terminais.

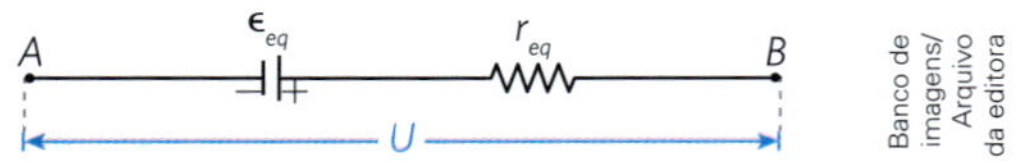


Banco de imagens/ Arquivo da editora

A equação do gerador equivalente é:

$$U = \epsilon_{eq} - r_{eq}\,i \qquad \text{(II)}$$

Portanto, comparando (I) e (II), temos:

$$\epsilon_{eq} = \epsilon \quad \text{e} \quad r_{eq} = \frac{r}{n}$$

## Associação mista de geradores iguais

Neste tipo de associação, combinam-se $p$ ramos em paralelo, cada um contendo $s$ geradores iguais associados em série, de f.e.m. $\epsilon$ e resistência interna $r$, como mostra a imagem abaixo.

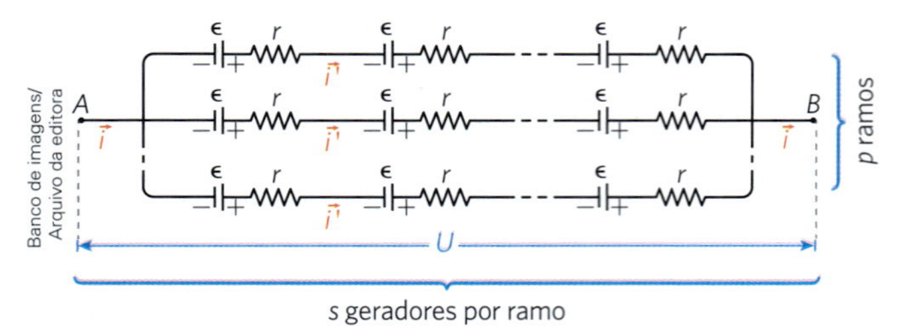


Banco de imagens/ Arquivo da editora

Nesse caso, podemos mostrar que

$$\epsilon_{eq} = s\,\epsilon \quad \text{e} \quad r_{eq} = \frac{s}{p}r$$

## Baterias

As baterias são geradores que transformam energia química em energia elétrica. No contexto do desenvolvimento de novos dispositivos eletrônicos, é fundamental que as baterias sejam duráveis e eficientes.

Existem diversas tecnologias de baterias. A bateria de carro convencional, por exemplo, é baseada nas reações eletroquímicas, sendo que eletrodos de chumbo metálico e eletrodos de óxido de chumbo IV ($PbO_2$) mergulhados em uma solução aquosa de ácido sulfúrico ($H_2SO_4$) geram a diferença de potencial necessária para o fluxo de corrente elétrica. Entretanto, as baterias mais modernas, encontradas em aparelhos celulares e *notebooks*, utilizam outras reações eletroquímicas. Elas são conhecidas como baterias de íon-lítio. Quando comparadas à tradicional bateria de chumbo, as baterias de íon-lítio apresentam diversas vantagens. Elas possuem uma alta densidade de energia, são mais leves, não "viciam" e causam menos dano ambiental quando descartadas.

As baterias podem ser subdivididas em dois grupos, as primárias e as secundárias. As baterias denominadas **primárias** não podem ser recarregadas, ou seja, as reações químicas envolvidas no processo de obtenção de energia são irreversíveis. Esgotada a reação química que produz a transferência de elétrons, a pilha deixa de ter fins práticos e deve ser **descartada** adequadamente, a fim de não prejudicar o meio ambiente. As baterias denominadas **secundárias** são do tipo **recarregável**. Nelas, as reações químicas de descarga da bateria são reversíveis, ou seja, podem ocorrer no sentido inverso. Esse processo não é espontâneo, sendo necessário o fornecimento de uma corrente elétrica contínua, fornecida pelos recarregadores. Os impactos ambientais associados a essas baterias são menores se comparados aos impactos das baterias do tipo primária, pois elas têm ciclos de utilização mais longos antes do seu descarte.

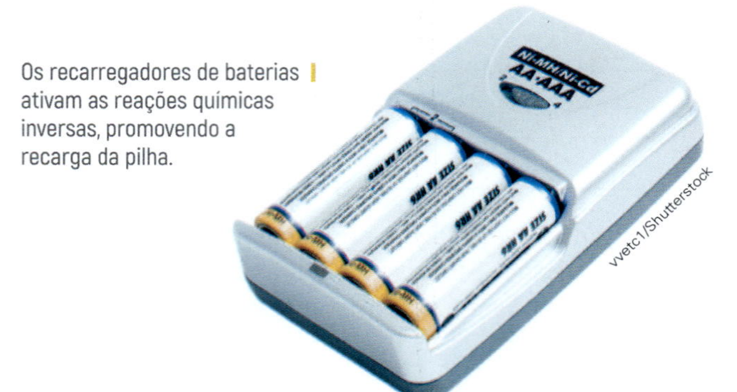


Os recarregadores de baterias ativam as reações químicas inversas, promovendo a recarga da pilha.

vvetc1/Shutterstock

## Atividade prática

# Construindo uma pilha com limões

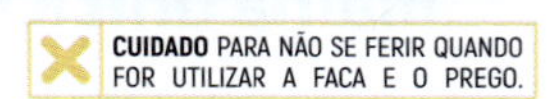
CUIDADO PARA NÃO SE FERIR QUANDO FOR UTILIZAR A FACA E O PREGO.

Quando dois metais diferentes são colocados em um meio condutor de cargas elétricas, podem formar uma pilha. Esse meio, por onde as cargas (íons) podem movimentar-se, é denominado pelos químicos como ponte salina. Os dois metais usados são chamados de eletrodos.

O suco do limão pode ser entendido como uma solução aquosa de ácido cítrico, que vai reagir com o metal dos eletrodos. Teremos nesses eletrodos reações químicas denominadas reações de oxirredução. Quanto maior for a medida do potencial de oxidação de um metal, maior é a tendência de o metal ceder elétrons. Quanto maior for a medida do potencial de redução, maior é a tendência do metal em ganhar elétrons. Percebemos, desse modo, que poderemos ter, devido a essas reações químicas, a formação de polos positivos e negativos. Ao fecharmos o circuito com um fio condutor, essa diferença de potencial promoverá o aparecimento de uma corrente elétrica, que pode, por exemplo, acender um LED ou ser detectada por um multímetro.

Que tal colocarmos a mão na massa e construirmos um gerador simples?

### Material necessário

- alguns limões (ponte salina);
- 1 faca;
- 1 clipe de metal ou prego (eletrodo de ferro);
- 1 moeda (eletrodo de cobre);
- 1 lâmpada LED, lampadazinha de árvore de natal;
- multímetro;
- fios condutores com garras jacaré.

### Procedimento

I. Com a ajuda da faca, faça dois pequenos cortes no limão, não muito próximos um do outro, e insira o clipe (eletrodo de ferro) em um corte e a moeda (eletrodo de cobre) no outro.

Banco de imagens/Arquivo da editora

Limão com os dois eletrodos inseridos.

II. Conecte os fios condutores em cada um dos eletrodos e a lâmpada no outro extremo dos fios. Observe se a lâmpada ficará acesa.

Banco de imagens/Arquivo da editora

III. Para que você tenha uma ideia da diferença de potencial que está obtendo com sua pilha de limão, faça a seguinte ligação.

- Calibre o multímetro para leituras na faixa de 1 volt, em seguida conecte seus terminais nos eletrodos da pilha (clipe e moeda) e veja que valores está obtendo.
- É possível que os valores que esteja obtendo com uma única pilha não sejam suficientes para acender a lampadazinha ou o LED; você precisará então fazer uma associação de pilhas.
- Que tipo de ligação você deve fazer para conseguir maiores valores de tensão elétrica?

### Desenvolvimento

1 As figuras 1 e 2 apresentam arranjos correspondentes a associações dos geradores de limão. Qual delas representa uma associação em série e qual representa uma associação em paralelo?

Banco de imagens/Arquivo da editora

Figura 1

2 Utilizando o multímetro, teste e veja qual associação resulta em um aumento de tensão. Qual foi a tensão elétrica medida no multímetro em cada caso? Esses valores estão de acordo com a teoria desenvolvida? Discuta com os seus colegas quais fatores podem influenciar as características do limão como gerador.

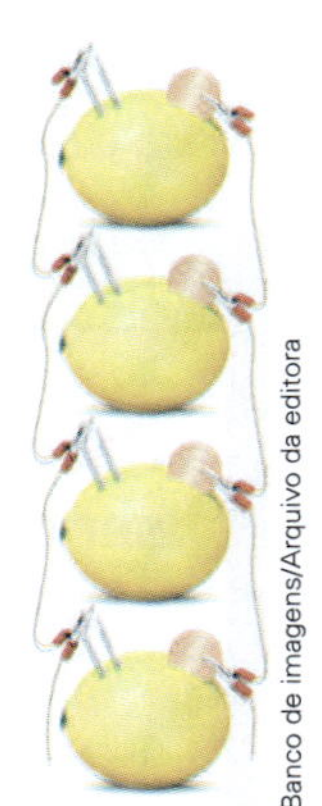

Banco de imagens/Arquivo da editora

Figura 2

3 Quantos limões foram necessários para acender o LED?

# Circuito simples ou circuito de malha única (lei de Pouillet)

Denomina-se **circuito simples** aquele em que uma única corrente elétrica percorre todos os elementos do circuito.

O circuito elétrico mais simples é constituído de um gerador e um resistor, como o representado no esquema abaixo.

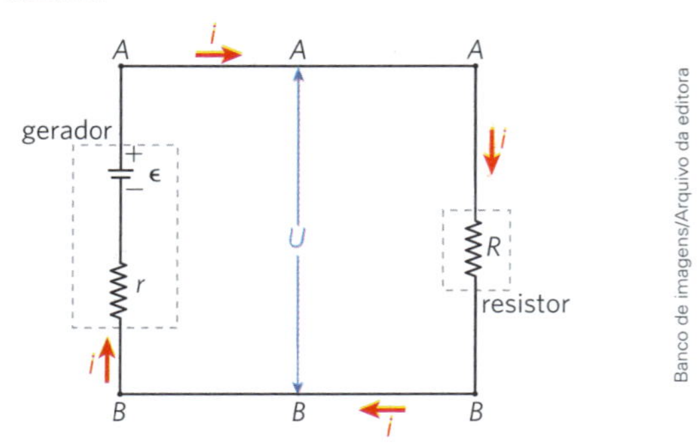

**Nota**

Se tivermos mais resistores associados em série com o resistor $R$, o circuito ainda será denominado circuito simples. O que caracteriza o circuito simples é o fato de ser percorrido por uma única corrente elétrica.

A tensão $U$ é a mesma para o gerador e o resistor, além de ambos serem percorridos pela mesma corrente elétrica $i$. Assim:

$U = \epsilon - ri$ (equação do gerador)

$U = ri$ (equação do resistor)

Igualando os membros das expressões acima, temos:

$$Ri = \epsilon - ri \Rightarrow (R + r)i = \epsilon \Rightarrow \boxed{i = \frac{\epsilon}{R + r}}$$

A imagem a seguir representa, num mesmo par de eixos ordenados, o gráfico da tensão elétrica $U$ em função da intensidade de corrente elétrica $i$ para o gerador e para o resistor.

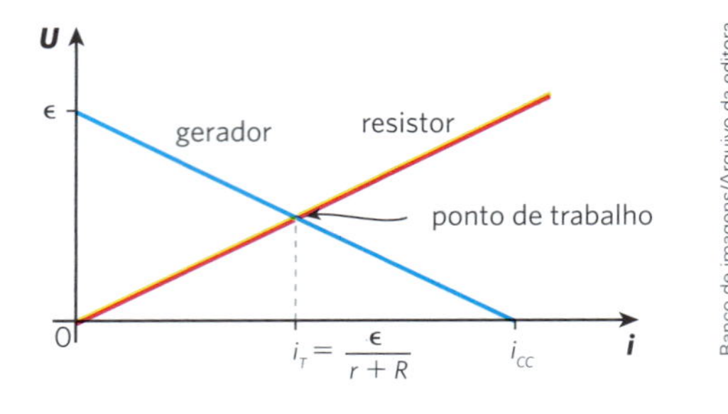


A intersecção dos gráficos nos fornece um ponto denominado ponto de trabalho, em que a intensidade de corrente elétrica $i_T$ representa a intensidade de corrente elétrica que percorre o gerador e o resistor simultaneamente.

Considerando o circuito abaixo, temos:

$$i = \frac{\epsilon}{\Sigma R}$$

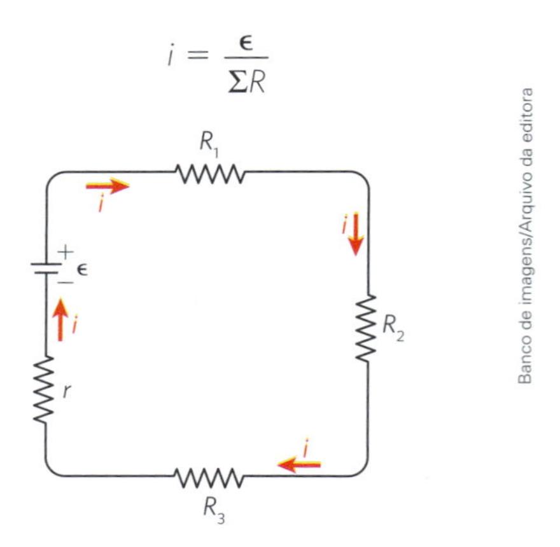


em que $\Sigma R$ representa o somatório de todas as resistências elétricas presentes no circuito simples:

$$\Sigma R = R_1 + R_2 + R_3 + r$$

É possível mostrar que para um circuito simples com vários geradores e vários resistores em série, temos

$$\boxed{i = \frac{\Sigma\epsilon}{\Sigma R}}$$

Essa expressão, que nos permite calcular a intensidade de corrente elétrica em um circuito simples, é conhecida como lei de Ohm-Pouillet ou simplesmente lei de Pouillet.

## Já pensou nisto?

### Por que pilhas e baterias não podem ser descartadas no lixo comum?

As pilhas e baterias de uso comum no Brasil são compostas de uma série de elementos químicos que, dependendo da quantidade, podem ser extremamente nocivos ao ser humano e ao meio ambiente. Entre esses elementos, podemos destacar cádmio, chumbo, zinco e muitos outros. Na maioria das vezes, as pilhas e baterias são descartadas junto com o lixo comum, sem nenhum tratamento técnico específico.

Dessa maneira, tais elementos químicos vão diretamente ao solo, resultando na sua contaminação e, por consequência, na de lençóis aquíferos.

## Descubra mais

1 Avalie os riscos ao meio ambiente, e consequentemente à saúde dos seres vivos, quando pilhas ou baterias (de celulares, computadores, carros...) são descartadas na natureza de maneira incorreta.

2 Proponha ações que podem ser desenvolvidas na sua comunidade (por exemplo, na escola ou bairro) para promover o descarte adequado de baterias.

## Exercícios

1 Um gerador obedece à seguinte equação:

$$U = 20 - 0{,}50i \text{ (SI)}$$

Sabe-se que esse gerador está sendo percorrido por uma corrente elétrica de intensidade 8,0 A.

a) Determine a f.e.m. ($\epsilon$) do gerador, bem como sua resistência interna ($r$).

b) Determine a tensão elétrica ($U$) nos seus terminais quando percorridos pela referida corrente elétrica.

c) Desenhe de forma esquemática esse gerador e indique, nesse esquema, o sentido convencional da corrente elétrica.

**Resolução:**

a) Comparando a equação fornecida com a equação do gerador real, temos:

$$U = \epsilon - r\,i \Rightarrow U = 20 - 0{,}50\,i$$

Assim:

$$\boxed{\epsilon = 20 \text{ V}} \text{ e } \boxed{r = 0{,}50\ \Omega}$$

b) Para $i = 8{,}0$ A, vem:

$$U = \epsilon - r\,i \Rightarrow U = 20 - 0{,}50\,(8{,}0)$$

$$\boxed{U = 16 \text{ V}}$$

c) A representação esquemática do gerador é:

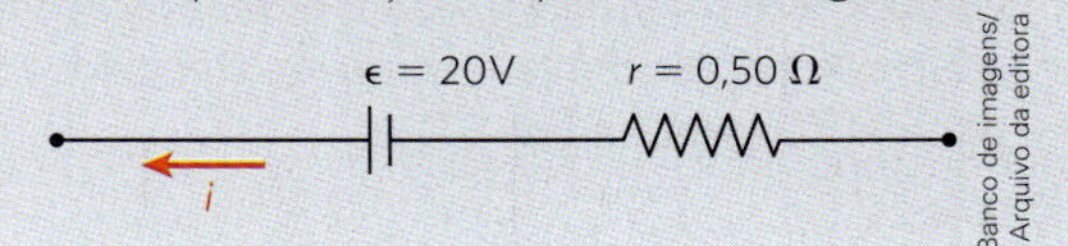

Banco de imagens/Arquivo da editora

2 (Urca-CE) Um estudante de Física mediu os valores da diferença de potencial nos terminais de um gerador e os correspondentes valores da corrente elétrica que o atravessava, obtendo, assim, a tabela a seguir:

| **U (V)** | 48 | 44 | 30 |
|---|---|---|---|
| ***i* (A)** | 1,0 | 3,0 | 10 |

A força eletromotriz desse gerador, em volts, é igual a:

a) 50
b) 100
c) 150
d) 200
e) 300

3 O gráfico a seguir representa a curva característica de um gerador.

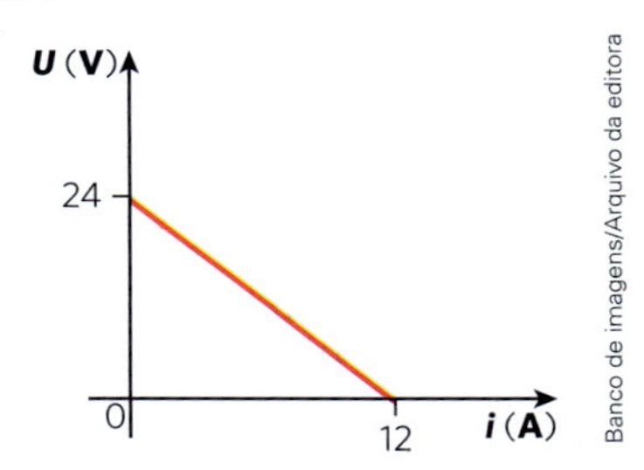

Banco de imagens/Arquivo da editora

a) Determine os valores da f.e.m. $\epsilon$ da resistência interna desse gerador.

b) Se os terminais desse gerador forem conectados por um fio de resistência elétrica desprezível, qual será o valor da intensidade de corrente elétrica para essa situação?

c) Determine a equação que relaciona a tensão elétrica e a corrente elétrica nesse gerador.

d) Se esse gerador for percorrido por uma corrente elétrica de intensidade 2,0 A, qual será a ddp em seus terminais?

4 (Vunesp) Um fusível $f$ associado em série a um gerador real, de força eletromotriz $\epsilon$ e resistência interna $r$, deverá interromper a corrente elétrica no momento em que esta se igualar e em seguida superar 75% do valor da corrente de curto-circuito.

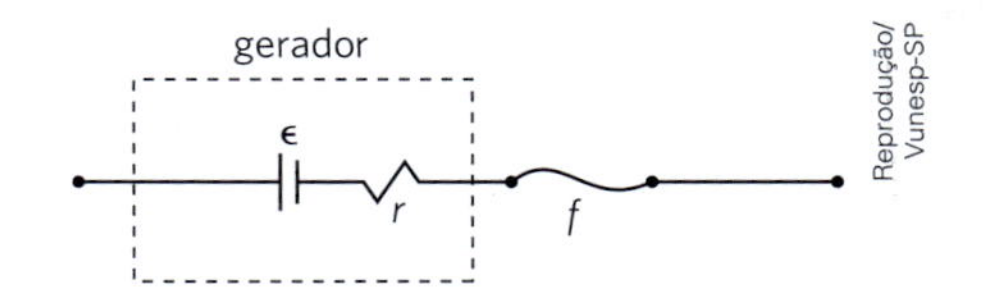

Reprodução/Vunesp-SP

Sabe-se que o gerador obedece à equação característica $U = 80 - 5i$, com $U$ medido em volts em $i$ em amperes. Devido à queima do fusível de segurança, a corrente elétrica mínima, em amperes, que abrirá o circuito conectado ao gerador será

a) 5
b) 16
c) 12
d) 6
e) 8

**5** (Funcab-RJ) Uma bateria elétrica real é constituída basicamente de uma fonte ideal com força eletromotriz $\epsilon$ e resistência interna $r$ como ilustra a figura ao lado. Ao realizar uma experiência simples, de curto-circuitar-se os terminais $A$ e $B$, observa-se que uma corrente de 10 A se estabelece. Porém, quando se coloca entre $A$ e $B$ um resistor de 2,0 $\Omega$, a corrente cai para 5,0 A.

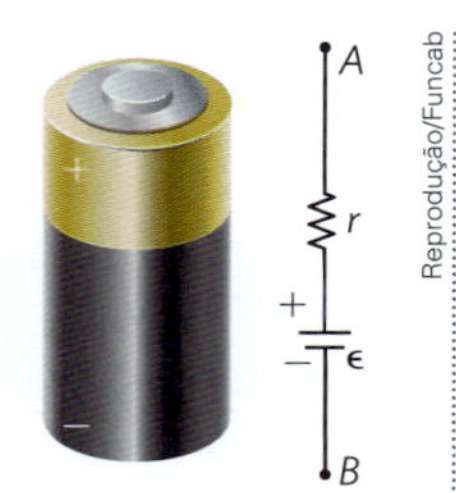

Reprodução/Funcab

Sob tais circunstâncias é correto afirmar que a f.e.m. em volts vale

**a)** 20 **b)** 18 **c)** 22 **d)** 15 **e)** 39

**6** (UFPB) Uma bateria de força eletromotriz 14 V e resistência interna 2 $\Omega$ é conectada a um resistor com resistência igual a 5 $\Omega$, formando um circuito elétrico de uma única malha, conforme representação ao lado.

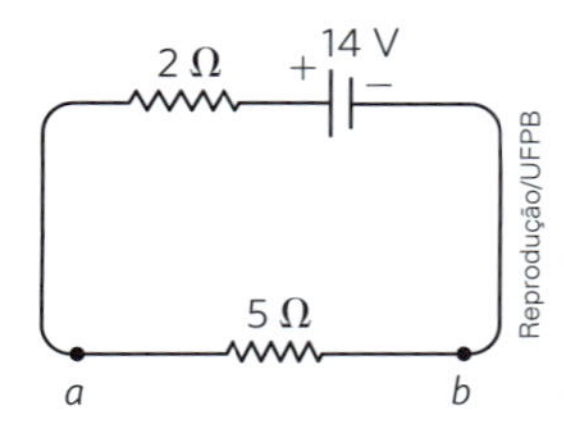

Reprodução/UFPB

Nesse contexto, quando o voltímetro é ligado aos pontos $a$ e $b$ do circuito, a leitura correta desse voltímetro é:

**a)** 10 V **b)** 15 V **c)** 20 V **d)** 25 V **e)** 30 V

**7** (OBFEP) A figura indica um circuito elétrico.

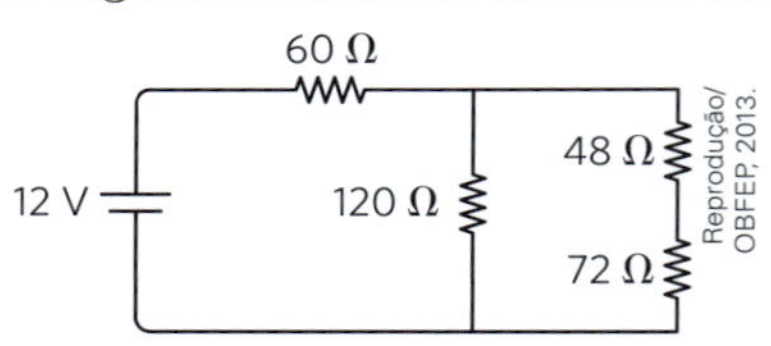

Reprodução/OBFEP, 2013.

Pode-se afirmar que a corrente elétrica que passa pelo resistor de 72 $\Omega$, vale:

**a)** 0,05 A **b)** 0,2 A **c)** 0,1 A **d)** 1,0 A

**8** (UFU-MG) É dado um circuito elétrico contendo cinco resistores de dois tipos diferentes $R_A$ e $R_B$. O circuito é alimentado por uma fonte ideal com uma f.e.m. ($\epsilon$) igual a 24 V. Um amperímetro $A$ e um voltímetro $V$ encontram-se ligados ao circuito, conforme esquema abaixo.

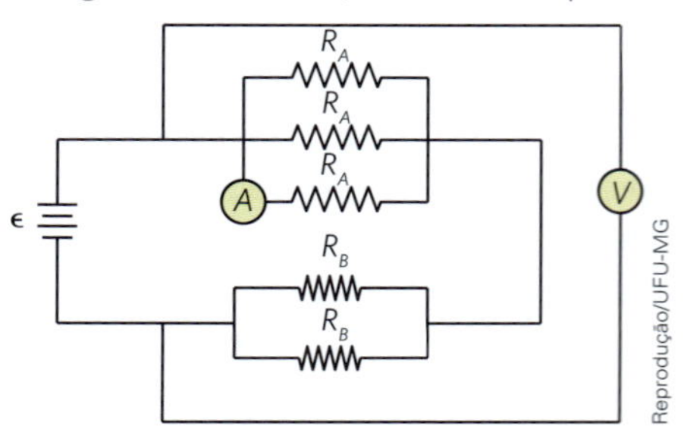

Reprodução/UFU-MG

Se $R_A = 12\ \Omega$ e $R_B = 8{,}0\ \Omega$, determine:

**a)** a leitura do voltímetro;

**b)** a leitura no amperímetro.

**9** (Ufal) Uma bateria fornece uma diferença de potencial de 18 V aos terminais da malha de resistores da figura a seguir.

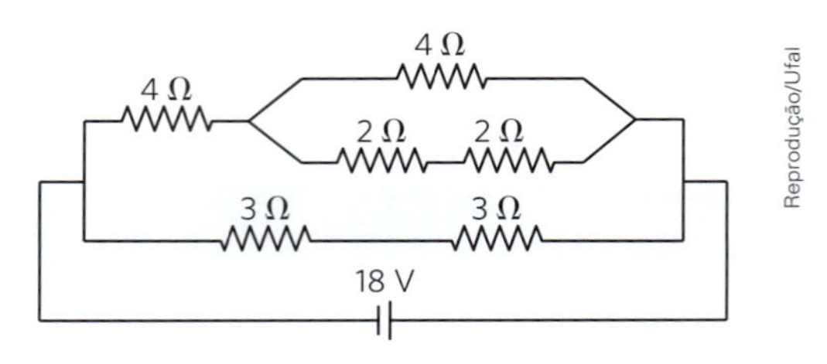

Reprodução/Ufal

A resistência equivalente e a corrente total desse circuito valem, respectivamente,

**a)** 6 $\Omega$ e 3 A. **b)** 4 $\Omega$ e 3 A. **c)** 4 $\Omega$ e 6 A. **d)** 3 $\Omega$ e 6 A. **e)** 3 $\Omega$ e 3 A.

**10** (UFPB) A figura a seguir representa um circuito elétrico constituído de um voltímetro (***V***) e um amperímetro (***A***) ideais, cinco resistores e uma bateria. A bateria fornece tensão de 12,0 V e o voltímetro registra 6,0 V.

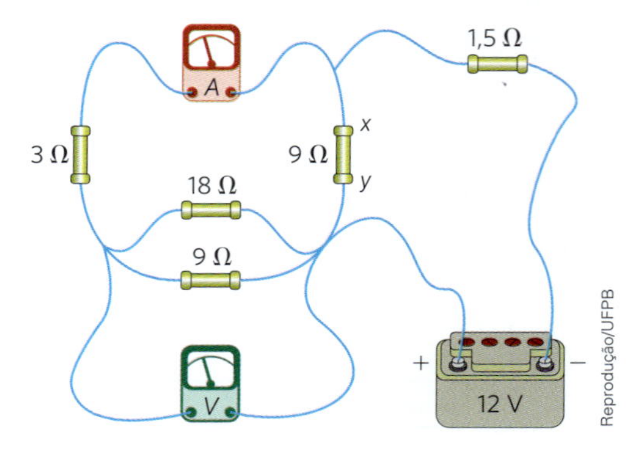

Reprodução/UFPB

**a)** Qual é a leitura feita no amperímetro?

**b)** Qual é a diferença de potencial no resistor de 1,5 $\Omega$?

**11** (Unifeso-RJ) No circuito esquematizado na figura, o gerador tem uma resistência interna desprezível, os quatro resistores têm a mesma resistência $R$ e o amperímetro (ideal) indica 5,0 A.

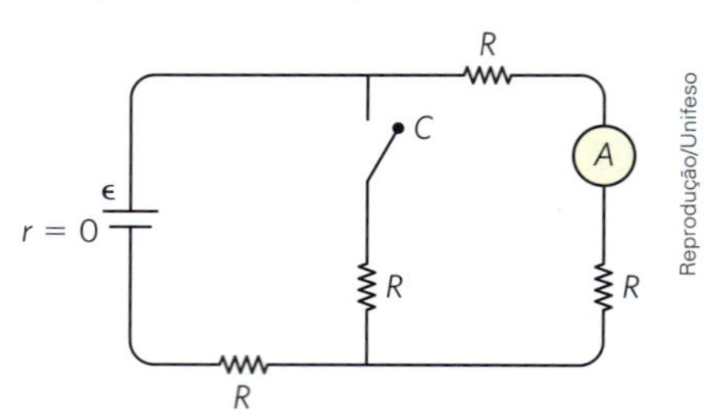

Reprodução/Unifeso

Se a chave $C$ estivesse fechada, o amperímetro estaria indicando

**a)** 1,0 A **b)** 1,5 A **c)** 2,0 A **d)** 2,5 A **e)** 3,0 A

# Receptores elétricos

**Receptores elétricos** são dispositivos que recebem energia elétrica de uma fonte e promovem a conversão dessa energia para outras modalidades que não sejam exclusivamente energia térmica.

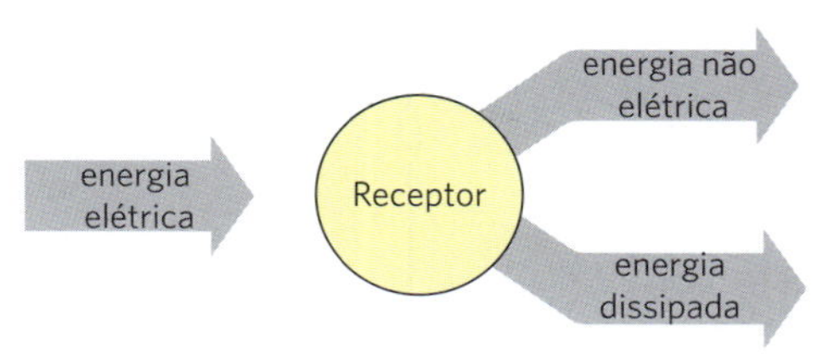


Recordemos que, se a conversão fosse exclusivamente para a forma de energia térmica, estaríamos falando de um resistor.

Um receptor em funcionamento recebe da fonte de alimentação uma determinada tensão elétrica ($U$). A essa ddp está associada a energia utilizada pelos portadores de carga elétrica, que formam a corrente elétrica, para percorrer o receptor.

Essa energia recebida será em parte convertida em energia mecânica, para girar o eixo do motor. A parte da ddp que relaciona a transformação de energia elétrica em mecânica é denominada força contraeletromotriz, ou f.c.e.m., e é representada pelo símbolo $\epsilon'$, e a resistência interna do receptor é representada por $r'$. No receptor elétrico, a corrente elétrica convencional circula do maior para o menor potencial.

Nos esquemas ilustrados de circuito elétrico, o receptor elétrico é representado como na imagem abaixo.

Banco de imagens/Arquivo da editora

mipan/Shutterstock

O motor de um *drone* transforma energia elétrica em energia mecânica para movimentar as hélices e é um exemplo clássico de receptor elétrico.

## Equação do receptor elétrico

Sabemos que uma parcela da energia recebida pelas cargas elementares será dissipada na resistência elétrica dos próprios condutores que constituem o receptor. É por isso que todo motor em funcionamento esquenta, em maior ou menor grau, dependendo de sua resistência interna e da corrente elétrica que o percorre.

Sendo a energia elétrica por unidade de carga uma medida da diferença de potencial envolvida em cada parte desse processo, podemos fazer um balanceamento energético que vale para todo receptor elétrico.

Simbolicamente, temos:

$$U = \epsilon' + r'i$$

em que:

- $U$: é a ddp nos terminais do receptor, ou seja, é a tensão elétrica com que a fonte alimenta o receptor;
- $\epsilon'$: força contraeletromotriz. Ressaltemos novamente a inadequação do nome, pois não se trata de uma força, mas, sim, de uma tensão elétrica;
- $r'i$: tensão elétrica dissipada, representa a queda de potencial nos elementos resistivos situados internamente no motor. O receptor ideal apresenta resistência interna nula, $r' = 0$.

Consideremos o trecho de circuito esquematizado abaixo. Para a corrente elétrica indo de $C$ para $A$, o gráfico representa o comportamento do potencial elétrico no receptor.

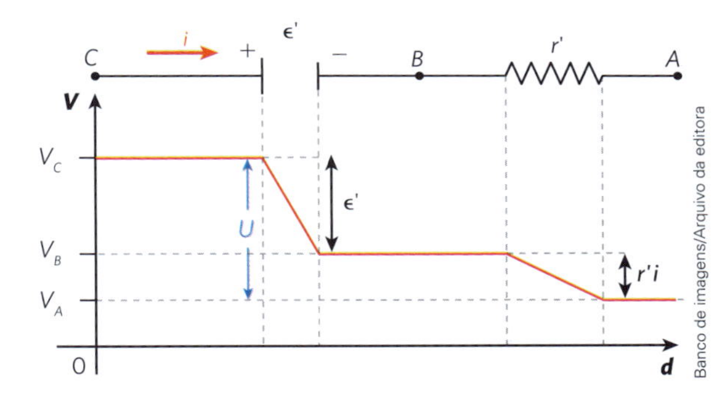


Banco de imagens/Arquivo da editora

## Curva característica de receptores

Em situações nas quais a f.c.e.m. do receptor é constante, podemos utilizar a equação do receptor para obter o gráfico da ddp aplicada entre seus terminais em função da intensidade da corrente elétrica que o atravessa.

A equação do gerador, $U = \epsilon' + r'i$, é uma função linear de $i$. Portanto, o gráfico de $U \times i$, denominado **curva característica do receptor**, é um segmento de reta, como mostra a imagem abaixo. Assim como vimos no caso da curva característica do gerador, a resistência interna $r'$ do receptor pode ser obtida pela declividade da reta.

Banco de imagens/Arquivo da editora

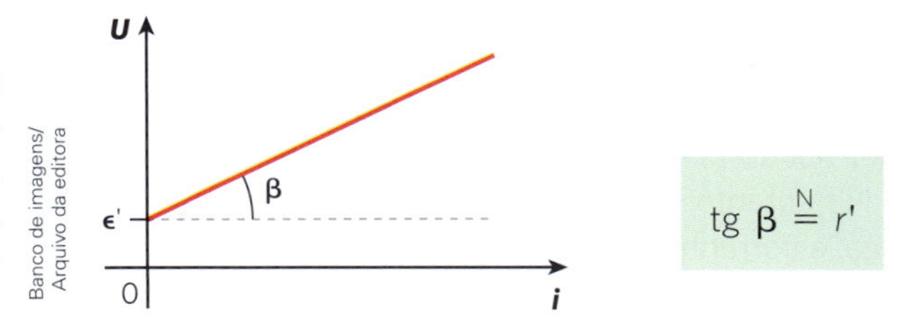


$$\text{tg } \beta \overset{N}{=} r'$$

## O circuito gerador-receptor

O circuito gerador-receptor, como o da imagem ao lado, também constitui um exemplo de circuito simples, pois uma única corrente elétrica percorre todos os elementos do circuito.

Na situação proposta, temos $\epsilon > \epsilon'$. O gerador sempre impõe o sentido para a corrente elétrica convencional.

A intensidade da corrente elétrica pode ser determinada igualando-se as tensões elétricas nos terminais do gerador ($U_{AB}$) e do receptor ($U_{CD}$):

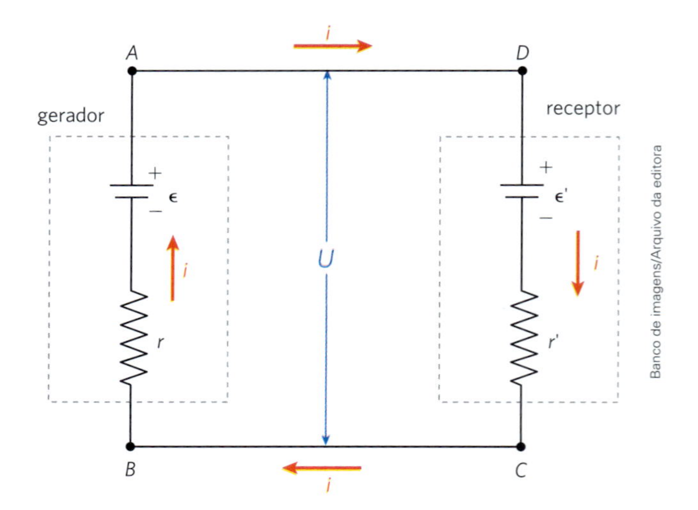


$$U_{AB} = U_{CD}$$

$$\epsilon - ri = \epsilon' + r'i$$

$$\epsilon - \epsilon' = ri + r'i$$

$$\epsilon - \epsilon' = i(r + r')$$

$$i = \frac{\epsilon - \epsilon'}{r + r'}$$

A expressão acima pode ser generalizada para um circuito simples constituído de vários geradores, receptores e resistores.

$$i = \frac{\Sigma \text{f.e.m} - \Sigma \text{f.c.e.m}}{\Sigma R} \text{ ou } i = \frac{\Sigma\epsilon - \Sigma\epsilon'}{\Sigma R}$$

em que:

- $\Sigma$f.e.m., ou $\Sigma\epsilon$, representa o somatório de todas as f.e.m.;
- $\Sigma$f.c.e.m., ou $\Sigma\epsilon'$, representa o somatório de todas as f.c.e.m.;
- $\Sigma R$ representa o somatório de todas as resistências elétricas.

## Gerador em processo de carga

Vimos que baterias são exemplos de geradores elétricos, pois convertem energia química em energia elétrica. No entanto, quando uma bateria está em processo de carga, ao invés de dar energia, ela está recebendo energia. Deixa, portanto, de atuar como gerador e passa a atuar como receptor. A ligação das baterias deve ser do tipo positivo com positivo e negativo com negativo. Dizemos, para este tipo de ligação, que os geradores estão em oposição. Formam, portanto, um circuito gerador-receptor.

Vimos que a corrente elétrica em um gerador flui do polo negativo para o polo positivo. No entanto, quando está em processo de carga, a corrente elétrica no gerador passa do polo positivo para o negativo.

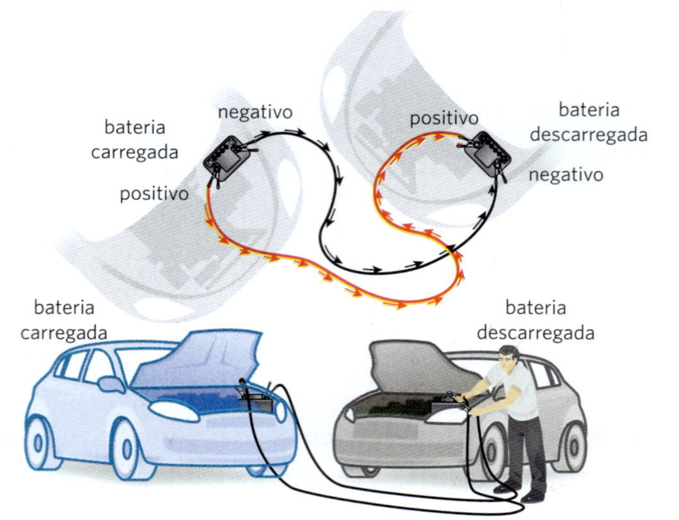


Para carregar a bateria de um automóvel utilizando outra bateria automotiva, é necessário conectar ambas as baterias em oposição, conforme indica o esquema acima. Nesse caso, a bateria carregada atua como gerador e a bateria descarregada, como receptor.

## Tecnologias contemporâneas, sistemas de automação e seus impactos

Desde a Primeira Revolução Industrial, diversos processos artesanais e manuais na indústria e na agricultura começaram a ser substituídos por processos automatizados, realizados por tecnologias com o mínimo de interferência humana. Esse processo é denominado automação.

A automação utilizada primordialmente na Primeira Revolução Industrial foi impulsionada pelo desenvolvimento do estudo da Termodinâmica, em que máquinas automatizadas operavam com base em ciclos de transformações gasosas. Posteriormente, os estudos do Eletromagnetismo e suas aplicações, como a eletricidade, contribuíram com a Segunda Revolução Industrial. Já em meados do século XX, a invenção do transistor possibilitou a popularização de dispositivos eletrônicos nos vários setores da sociedade, do setor produtivo ao setor de prestação de serviços.

O desenvolvimento de tecnologias e a necessidade de aumentar a produtividade nos setores industrial e agrícola contribuíram para o uso de sistemas e máquinas que realizam tarefas repetitivas no lugar da mão de obra humana. Dessa maneira, a automação revolucionou o mercado de trabalho. Uma das consequências desse processo foi a extinção de funções antigas e a criação de novas, representando uma transição do trabalho humano de atividades repetitivas para atividades que exigem outras competências.

O gráfico a seguir apresenta os índices de automação associados a diversos setores econômicos do Brasil. É possível notar que os postos de trabalho dos setores agropecuário, industrial e extrativista apresentam alto índice de automação.

**Índice de automação por setor econômico (porcentagem)**

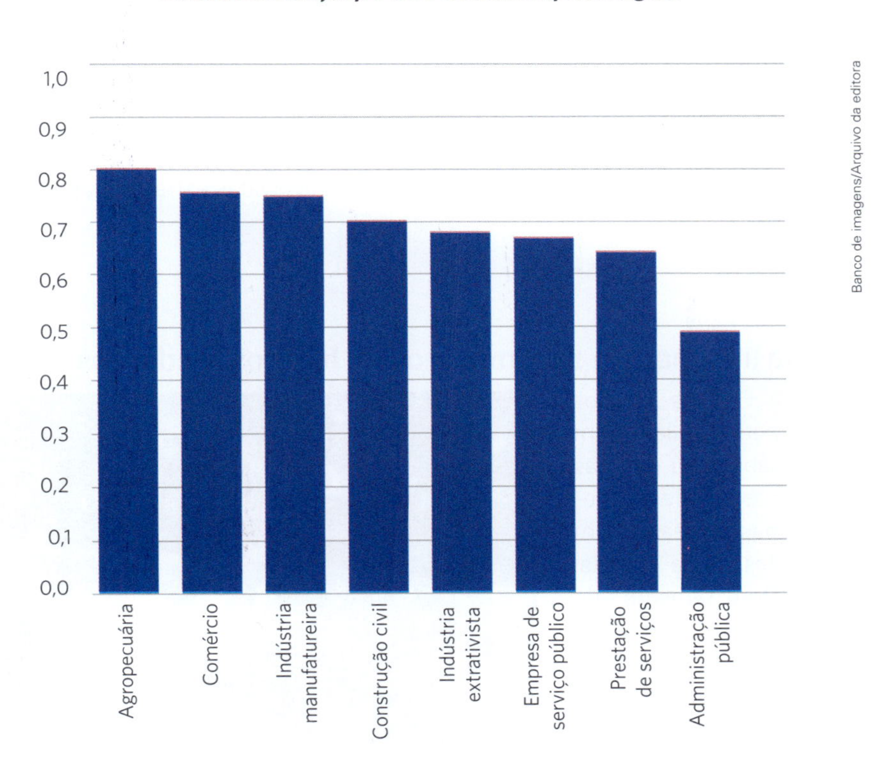


Elaborado com base em: LIMA, Y.; STRAUCH, J. M.; ESTEVES, M. G. P.; SOUZA, J. M. de; CHAVES, M. B.; GOMES, D. T. *O Futuro do Emprego no Brasil*: estimando o impacto da automação. Laboratório do Futuro - UFRJ, Rio de Janeiro, 2019.

No século XXI, com o desenvolvimento de tecnologias digitais e a popularização da inteligência artificial, a automação alcançou outras proporções. Trabalhos que não são simplesmente repetitivos, mas que exigem maior capacidade analítica, foram automatizados. Por exemplo, os assistentes virtuais, presentes nos *smartphones* modernos, cumprem tarefas que não eram possíveis com as máquinas anteriores, como compreender perguntas, respondê-las e auxiliar o usuário a encaminhar demandas.

Diante da importância da automação no mundo moderno, cabe analisar com cuidado os impactos que esses sistemas provocam. Em alguns processos, sistemas automatizados são mais precisos que humanos, permitindo maior reprodutibilidade e qualidade dos produtos e serviços. Além disso, a automação permite que tarefas que oferecem riscos ao ser humano, como lidar com materiais tóxicos ou ambientes de alto ruído e temperatura, sejam realizadas por máquinas. Mas o principal potencial da automação é sua capacidade de ampliar largamente a produtividade enquanto torna mais eficiente e sustentável o uso de recursos, com menor desperdício.

Ernesto Reghran/Pulsar Imagens

Lucas Lacaz Ruiz/Folhapress

O setor automobilístico é um dos mais automatizados; nele, a mão de obra robótica já substituiu muitos postos de trabalho. À esquerda, trabalhadores na linha de produção em fábrica de tratores, em Canoas, Rio Grande do Sul, novembro de 2017. À direita, linha de produção em fábrica de automóveis completamente automatizada em Jacareí, São Paulo, dezembro de 2015.

Por outro lado, sistemas automatizados possuem menor versatilidade que a mão de obra humana, tornando os processos menos customizáveis. Robôs e sistemas também necessitam de manutenção periódica para assegurar seu funcionamento adequado, sendo necessário, inclusive, substituí-los de tempo em tempo. Entretanto, o maior impacto negativo da automação é a perspectiva de extinção de postos de trabalho. Embora a automação tenha o potencial de criar muitas novos postos de trabalho em alguns setores, ela também representa a perda de outros postos, resultando em uma situação crítica quando não são desenvolvidas estratégias para a recolocação desses trabalhadores no mercado.

## Ampliando o olhar

### O surgimento da internet e o seu impacto nos hábitos modernos

Durante a Guerra Fria, os Estados Unidos e a União Soviética se lançaram em uma disputa que abrangeu diversas áreas, desde a corrida espacial até o desenvolvimento de armas nucleares. Um dos projetos resultantes dessa disputa, desenvolvido pelo Departamento de Defesa dos Estados Unidos, tinha como objetivo armazenar e compartilhar dados sigilosos. Dessa maneira, as informações relevantes para a segurança nacional dos Estados Unidos podiam ser descentralizadas, dificultando o seu vazamento e sua utilização pelos soviéticos.

Busakorn Pongparnit/Getty Images

As tecnologias de comunicação possibilitam conectividade e interação em tempo real entre as pessoas.

Na década de 1970, com a redução da tensão entre as potências da Guerra Fria, esse sistema de transmissão de dados começou a ser utilizado por laboratórios de pesquisa e instituições de ensino, como universidades. Já na década de 1980, os padrões de conexão mudaram, permitindo que a rede que conectava os computadores fosse explorada para fins comerciais. Desde então, a internet é utilizada não apenas em computadores, mas nos mais diversos dispositivos digitais. O mapa acima mostra as conexões globais de um tipo de protocolo de internet.

O desenvolvimento da internet é uma das aplicações do Eletromagnetismo, uma vez que a tecnologia que possibilita escutarmos músicas no rádio, assistirmos a programas na televisão e nos comunicarmos por aparelhos de celular nada mais é do que a teoria eletromagnética em plena ação.

Apesar de o formalismo do Eletromagnetismo ter sido elaborado por volta de 1864 pelo físico escocês James Clerk Maxwell (1831-1879), a sua comprovação ocorreu apenas em 1888, quando o físico alemão Heinrich Hertz (1857-1894) produziu ondas eletromagnéticas em laboratório.

Outro marco importante da aplicação das ondas eletromagnéticas foi a transmissão de ondas de rádio. Em 1901, o engenheiro elétrico italiano Guglielmo Marconi (1874-1937) transmitiu, pela primeira vez, ondas eletromagnéticas de rádio entre Inglaterra e Canadá.

As tecnologias de comunicação em redes sem fio são uma realidade e constituem uma ferramenta contemporânea poderosa para promover o acesso ao conhecimento e à informação. Além disso, as novas tecnologias digitais permitem que as pessoas criem conteúdos e os compartilhem com o resto do mundo.

Nesse contexto surgem as mídias sociais, ferramentas e sistemas nos quais as pessoas podem compartilhar e criar conteúdos nos mais diversos formatos.

Essas mídias diferem das tradicionais, como os jornais, as revistas, o rádio e a televisão, pois elas são impulsionadas pelas interações entre os seus usuários. Dessa maneira, elas possibilitam que opiniões e conteúdos atinjam um público que não seria possível por meio das mídias tradicionais.

As mídias sociais podem promover a democratização da informação. Porém, é importante lembrar que as informações veiculadas nas mídias tradicionais passam por um processo, mesmo que mínimo, de verificação de fontes, pois as instituições e empresas devem ter uma responsabilidade para com a sociedade acerca dessas informações; enquanto as informações veiculadas nas mídias sociais podem ser publicadas sem qualquer rigor. Por isso, é importante checar se a informação que chega até nós pelas mídias sociais é oriunda de fontes confiáveis.

Para além dos impactos no modo como nos relacionamos com as informações e conteúdos, as mídias sociais impactam também a nossa saúde física, psicológica e mental. É comum encontrar pessoas que trocam o contato e a comunicação presencial por relações virtuais. Profissionais da saúde já tratam pessoas que não conseguem ficar sem acessar as redes sociais, configurando um quadro de dependência. Às redes sociais também estão relacionados o aumento de ansiedade e a depressão entre os jovens. O uso da internet nos dispositivos digitais também afeta a memória, a capacidade de manter a atenção e até a postura.

Vivemos um período de transformação na maneira com a qual nos comunicamos e interagimos com o resto do mundo. É importante lembrar que os desenvolvimentos tecnológicos devem estar a serviço das pessoas e das sociedades, sendo necessário criar estratégias para minimizar os impactos negativos dessas tecnologias no âmbito pessoal e social.

fizkes/Shutterstock

Os dispositivos digitais transformaram a maneira como nos comunicamos. Um dos efeitos é encontrar pessoas juntas, mas interagindo com os seus dispositivos.

## Descubra mais

**1** Identificar, analisar e discutir vulnerabilidades vinculadas às vivências e à exposição às quais as juventudes estão sujeitas nas mídias sociais, considerando os aspectos físico, psicoemocional e social, a fim de desenvolver e divulgar ações de prevenção e de promoção da saúde e do bem-estar.

**2** Pesquise sobre malefícios à saúde associados ao uso imoderado de dispositivos tecnológicos como celulares, computadores e *videogames*.

## Capacitores

Um capacitor é um dispositivo utilizado nos circuitos elétricos cuja função principal é armazenar cargas elétricas.

Podemos construir um capacitor com o uso de duas placas condutoras paralelas e bem próximas uma da outra, essas placas são denominadas armaduras do capacitor. A armadura ligada ao polo positivo eletriza-se positivamente ($+Q$) e a outra, conectada ao polo negativo, eletriza-se negativamente ($-Q$). Entre as armaduras do capacitor existe um material isolante chamado dielétrico.

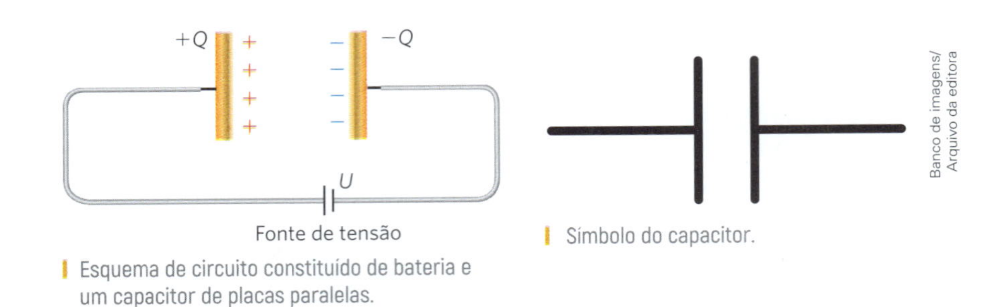

Esquema de circuito constituído de bateria e um capacitor de placas paralelas.

Símbolo do capacitor.

Quando carregamos um capacitor, a ddp $U$ entre as placas do capacitor é diretamente proporcional à carga elétrica armazenada $Q$. O quociente entre $Q$ e $U$ é uma razão constante para o capacitor e recebe o nome de capacitância ($C$).

$$C = \frac{Q}{U} \Rightarrow Q = CU$$

- A unidade de capacitância no SI é o farad (F), em que 1 farad = 1 coulomb/1 volt.
- A carga $Q$ do capacitor é, por definição, a carga da armadura positiva.
- A capacitância de um capacitor depende do isolante (dielétrico) entre as placas e de sua geometria.

Uma bateria, ao carregar um capacitor, fornece-lhe energia potencial elétrica que fica armazenada nele. Como a carga elétrica armazenada é diretamente proporcional à sua ddp, o gráfico dessa relação está representado ao lado.

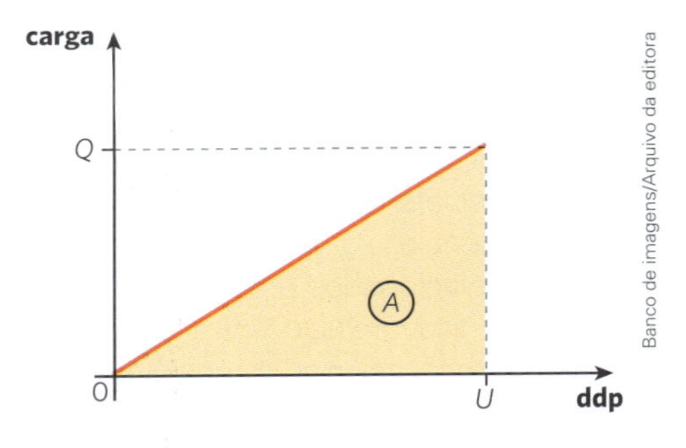


A energia potencial eletrostática armazenada no capacitor é numericamente igual à área $A$, destacada na figura. Assim,

$$E_p \overset{N}{=} A \Rightarrow E_p = \frac{1}{2}QU$$

Sendo $Q = CU$, vem:

$$E_p = \frac{1}{2}CU^2$$

E sendo $U = \frac{Q}{C}$, vem:

$$E_p = \frac{Q^2}{2C}$$

Assim como as baterias, os capacitores fornecem energia elétrica ao circuito. No entanto, os capacitores são utilizados para ciclos curtos, isto é, quando se deseja disponibilizar uma quantidade considerável de energia elétrica em um curto intervalo de tempo. As aplicações dos capacitores são diversas, eles estão presentes nos *flashes* de câmeras fotográficas, em dispositivos estabilizadores de tensão e até nos transistores utilizados em dispositivos digitais.

Nas câmeras dos celulares modernos, a energia para a ativação do *flash* vem de capacitores no circuito interno do aparelho.

## Leis de Kirchhoff

Os circuitos que estudamos até agora podem ser reduzidos a um circuito simples de malha única. Porém, para analisar circuitos mais complexos, como o da imagem a seguir, que não são redutíveis a um circuito simples, utilizamos as leis de Kirchhoff.

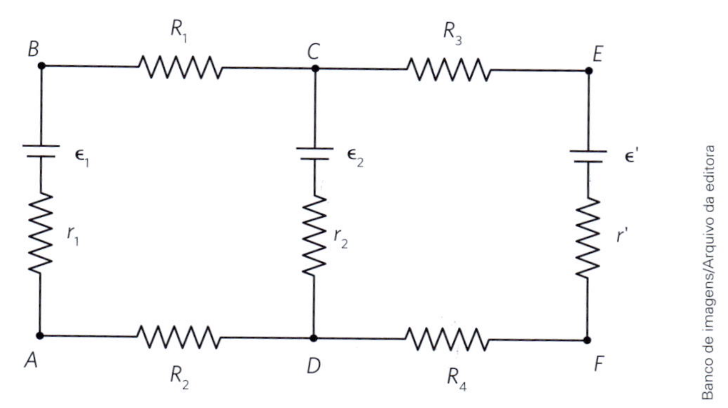


No circuito acima, os pontos *C* e *D* são chamados de nós, pois são o ponto de encontro de três ou mais fios.

### 1ª lei de Kirchhoff

Em um nó, o somatório das intensidades de corrente elétrica que chegam até ele deve ser igual ao somatório das intensidades de corrente elétrica que saem dele.

Algebricamente, essa lei equivale a:

$$\Sigma i_{(chegam)} = \Sigma i_{(saem)}$$

### 2ª lei de Kirchhoff

Partindo-se de um ponto qualquer da malha e retornando-se ao mesmo ponto, é nula a soma algébrica das ddp encontradas no percurso.

Algebricamente, essa lei equivale a:

$$\Sigma U = 0$$

Ao aplicar a 2ª lei, é necessário estabelecer uma convenção de sinais. O sinal correspondente a resistores obedece à seguinte convenção:

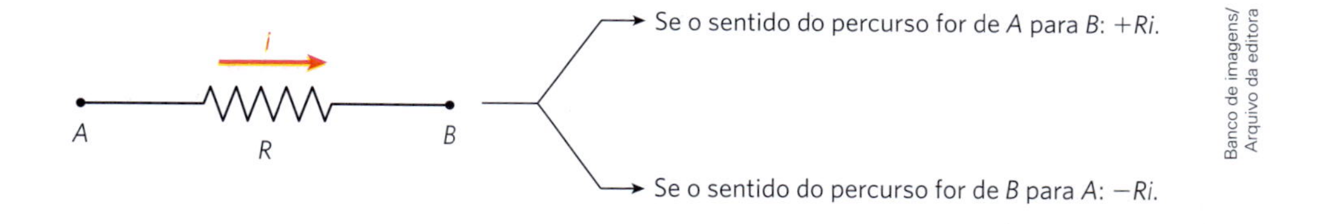


Já o sinal associado às forças eletromotriz e contraeletromotriz é determinado pelo sinal do primeiro polo atingido no percurso. Veja o exemplo a seguir.

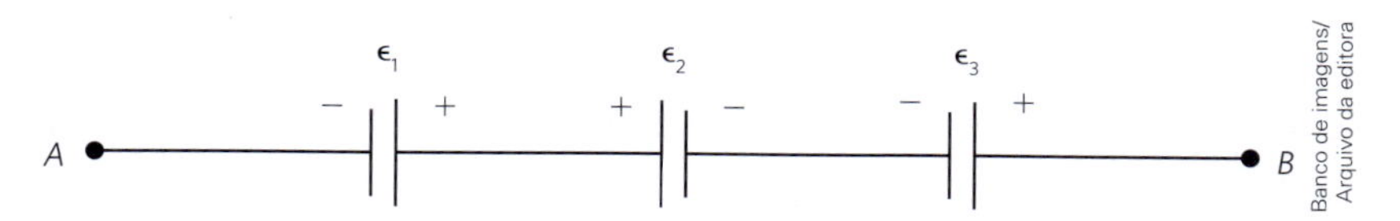


Percurso de *A* para *B*: $-\epsilon_1 + \epsilon_2 - \epsilon_3$

Percurso de *B* para *A*: $+\epsilon_3 - \epsilon_2 + \epsilon_1$

## Ponte de Wheatstone

Denominamos ponte de Wheatstone a configuração em que os resistores são dispostos de maneira especial, ocupando os lados de um losango, como mostra a imagem a seguir. Essa configuração é utilizada para a medida de resistências elétricas desconhecidas.

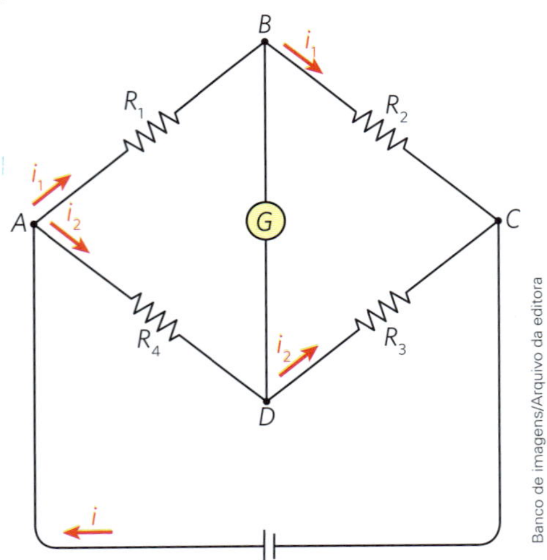


Seja $R_1$ a resistência a ser medida, $R_2$ um reostato e $R_3$ e $R_4$ dois resistores de resistências conhecidas. Os pontos *A* e *C* são ligados aos terminais do gerador; entre os pontos *B* e *D* liga-se um medidor sensível de corrente elétrica.

O valor de $R_2$ é ajustado de maneira que o medidor não acuse passagem de corrente ($i = 0$), condição denominada ponte em equilíbrio, em que $V_B = V_D$.

A corrente $i_1$ passa por $R_1$ e também por $R_2$; $i_2$ passa por $R_4$ e também por $R_3$. Aplicando-se a 1ª lei de Ohm, vem:

$V_A - V_B = R_1 i_1$ (I)

$V_B - V_C = R_2 i_1$ (II)

$V_A - V_D = R_4 i_2$ (III)

$V_D - V_C = R_3 i_2$ (IV)

Como $V_B = V_D$, comparando (I) com (III) e (II) com (IV), obtemos:

$R_1 i_1 = R_4 \cdot i_2$

$R_2 i_1 = R_3 \cdot i_2$

Dividindo membro a membro essas expressões, vem:

$$\frac{R_1}{R_2} = \frac{R_4}{R_3} \Rightarrow R_1 R_3 = R_2 R_4$$

da qual se obtém o valor de $R_1$, inicialmente desconhecido.

### Descubra mais

**1** Toda casa tem várias tomadas distribuídas pelos cômodos; qual é o princípio de funcionamento de uma tomada elétrica? O padrão na Região Metropolitana da cidade de São Paulo é as tomadas serem de 110 V, embora seja comum haver pelo menos uma tomada de 220 V dentro das residências. Outros lugares, como cidades do litoral do estado de São Paulo e na maior parte dos estados do Nordeste, o padrão das tomadas é 220 V. O que isso quer dizer?

**2** Se são necessários apenas dois pontos para gerar uma diferença de potencial, por que o padrão nacional de tomadas possui três orifícios? Qual é a diferença entre os aparelhos cujos plugues possuem três pinos em relação aos plugues de dois pinos?

**3** Curto-circuitar um circuito nada mais é do que criar um caminho sem resistência para a corrente passar. Por que, então, o termo "curto-circuito" está associado à queima do circuito ou mesmo de aparelhos eletrônicos?

**4** Qual é a vantagem em usarmos geradores ligados em série? E qual é a vantagem de usarmos geradores ligados em paralelo? Sabendo disso, cite exemplos de aparelhos que utilizam pilhas e que se beneficiam de cada um dos casos.

## Exercícios

**12** Um motor elétrico está conectado a uma rede elétrica de 220 V. Esse motor possui uma resistência total interna, devido aos fios que formam seus enrolamentos, de 10 $\Omega$. Ao ligarmos o motor, a corrente elétrica que nele circula tem intensidade de 4,0 A.

**a)** Determine o valor de sua força contraeletromotriz ($\epsilon'$).

**b)** Desenhe o motor elétrico de forma esquemática indicando o sentido convencional da corrente elétrica.

**Resolução:**

**a)** Da equação do receptor elétrico, temos:

$U = \epsilon' + r'i$

Do enunciado $U = 220$ V, $r' = 10\ \Omega$ e $i = 4,0$ A.

Assim:

$220 = \epsilon' + 10\ (4,0)$

$\epsilon' = 180$ V

**b)** Símbolo do receptor elétrico:

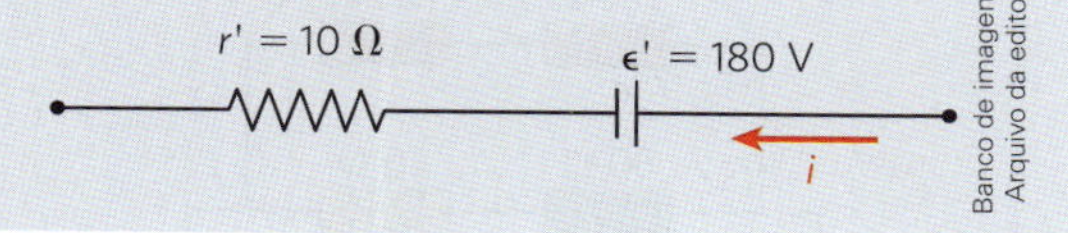


Banco de imagens/Arquivo da editora

**13** (Cefet) Quando colocamos a bateria do telefone celular para ser carregada, ela e o recarregador funcionam, respectivamente, como

**a)** gerador e gerador.
**b)** gerador e receptor.
**c)** receptor e gerador.
**d)** receptor e receptor.

**14** No circuito seguinte, formado por um gerador, um receptor e dois resistores, a intensidade da corrente elétrica e seu sentido são, respectivamente:

**a)** 6,0 A; anti-horário.
**b)** 4,0 A; horário.
**c)** 4,0 A; anti-horário.
**d)** 3,0 A; horário.
**e)** 2,0 A; anti-horário.

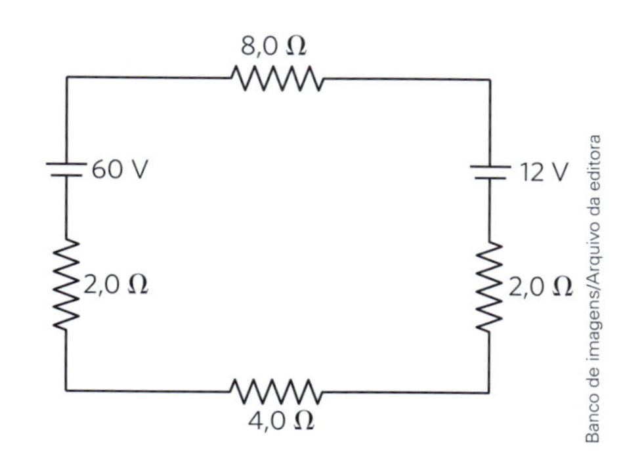


Banco de imagens/Arquivo da editora

**15** (UEA-AM) Considere o circuito elétrico esquematizado na figura.

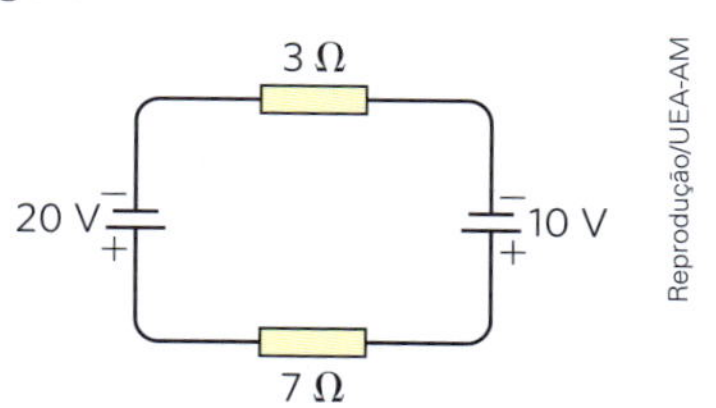


Reprodução/UEA-AM

A intensidade de corrente elétrica, em amperes, que circula nesse circuito é

**a)** 0,25
**b)** 0,75
**c)** 0,50
**d)** 1,00
**e)** 1,25

**16** (USF-SP) O circuito a seguir apresenta um gerador de 60 V e resistência interna 1 ohm ligado a outros componentes conforme representado na figura.

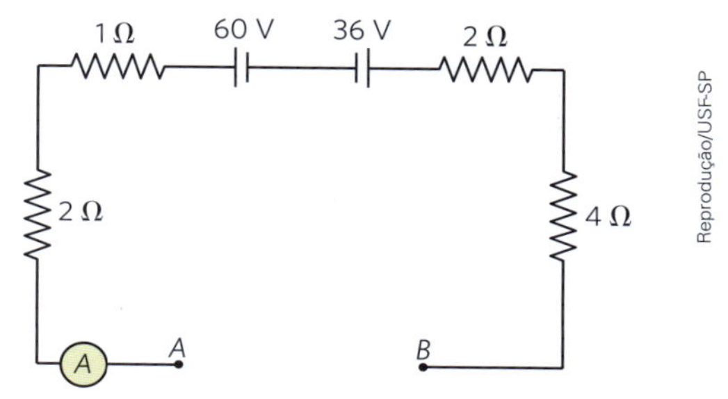


Reprodução/USF-SP

Sabendo que a corrente elétrica registrada pelo amperímetro é de 1,2 A e que entre *A* e *B* foi colocado um receptor cuja resistência interna é de 1 ohm, a força contraeletromotriz desse receptor é de:

**a)** 64 V
**b)** 24 V
**c)** 36 V
**d)** 84 V
**e)** 12 V

**17** (Cefet-MG) No gráfico abaixo, *V* e *i* representam, respectivamente, a diferença de potencial entre os terminais de um gerador e a corrente elétrica que o atravessa.

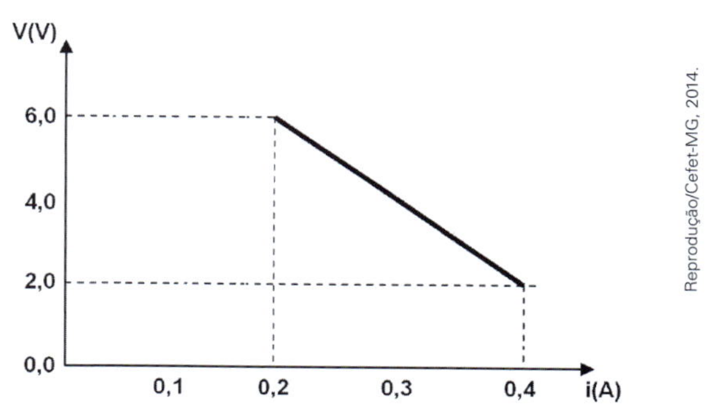


Reprodução/Cefet-MG, 2014.

A força eletromotriz do gerador em volts e a sua resistência interna, em ohms, valem, respectivamente,

**a)** 6,0 e 10.
**b)** 8,0 e 20.
**c)** 10 e 20.
**d)** 10 e 40.
**e)** 12 e 40.

**18** (Enem) Em um laboratório, são apresentados aos alunos uma lâmpada, com especificações técnicas de 6 V e 12 W, e um conjunto de 4 pilhas de 1,5 V cada.

Qual associação de geradores faz com que a lâmpada produza maior brilho?

a)

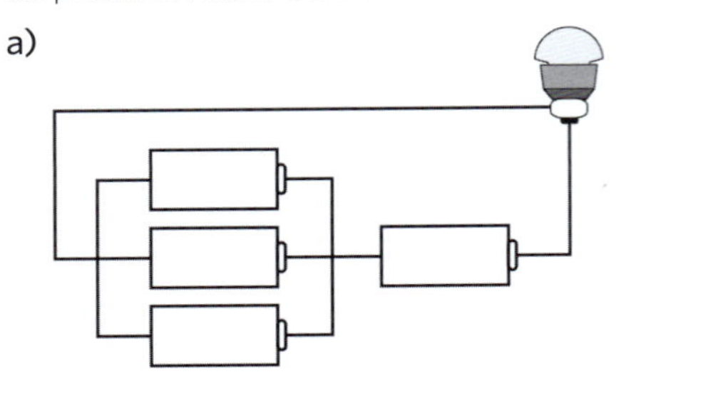

Reprodução ENEM, 2016.

b)

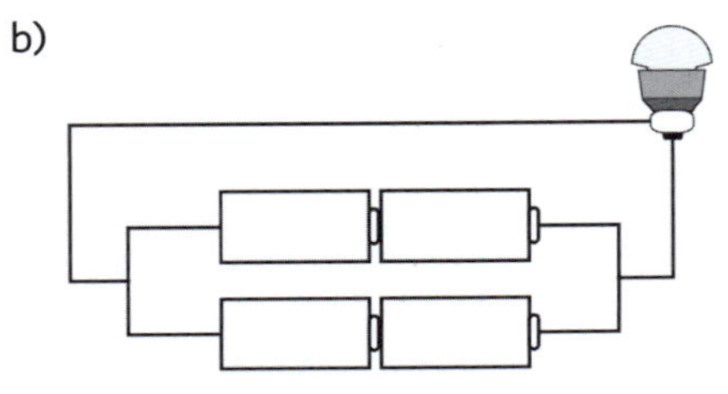

c)

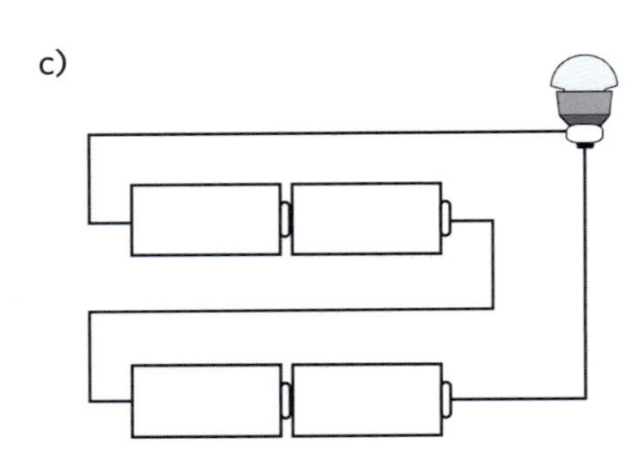

d)

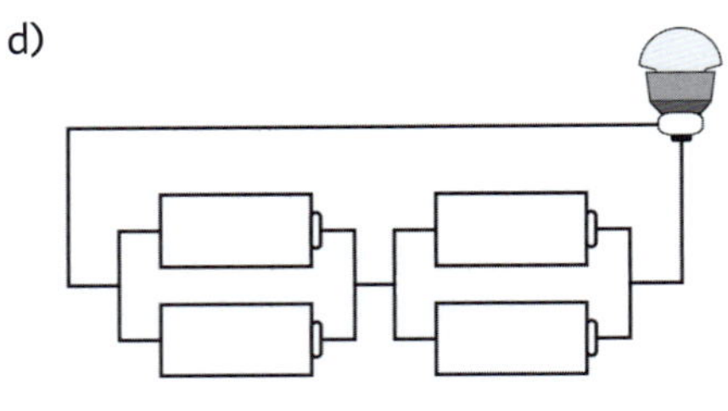

e)

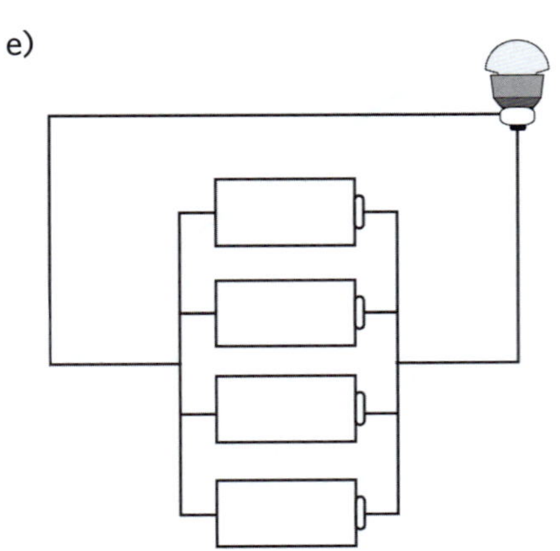

**19** (ITA-SP) A diferença de potencial entre os terminais de uma bateria é 8,5 V, quando há uma corrente elétrica que a percorre internamente, do terminal negativo para o positivo, de 3,0 A. Por outro lado, quando a corrente que a percorre internamente for de 2,0 A, indo do terminal positivo para o negativo, a diferença de potencial entre seus terminais é de 11,0 V. Nessas condições, a resistência interna da bateria, expressa em ohms, e a sua f.e.m., expressa em volts, são, respectivamente;

a) 2,0 e 1,0 · 102

b) 0,50 e 10,0

c) 0,50 e 12,0

d) 1,5 e 10,0

e) 5,0 e 10,0

**20** (UEA-AM) No circuito da figura, todos os resistores são ôhmicos, o gerador, o amperímetro e os fios de ligação são ideais.

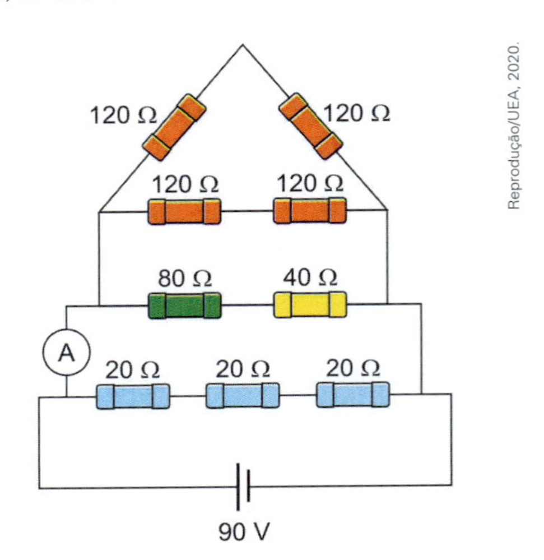


Reprodução/UEA, 2020.

A intensidade da corrente elétrica medida pelo amperímetro é

a) 1,5 A.

b) 2,5 A.

c) 1,0 A.

d) 3,0 A.

e) 2,0 A.

**21** (UPM-SP) Em um circuito elétrico simples há duas baterias $\epsilon_1$ e $\epsilon_2$ acopladas em série a um resistor de resistência *R* e a um amperímetro ideal, que acusa 6,0 A quando as baterias funcionam como geradores em série. Ao se inverter a polaridade da bateria $\epsilon_1$, o amperímetro passa a indicar a corrente elétrica de intensidade 2,0 A, com o mesmo sentido de antes da inversão. Conhecendo-se $\epsilon_2 = 24$ V, no cálculo de $\epsilon_1$, em volt, encontra-se

a) 12

b) 14

c) 16

d) 18

e) 24

# Energia elétrica: geração e consumo

Este capítulo favorece o desenvolvimento das seguintes habilidades:

EM13CNT106

EM13CNT307

## Energia

Como estudamos anteriormente, a energia não pode ser criada, apenas transformada. Assim, gerar energia elétrica significa, na verdade, converter outra forma de energia em energia elétrica útil. As fontes de energia que convertemos diariamente em eletricidade ao redor do mundo são variadas: potencial gravitacional, cinética, química, térmica, nuclear, entre outras.

A escolha da fonte de energia a ser utilizada em uma localidade depende de muitos fatores, como a disponibilidade de recursos e acesso à tecnologia; a relação custo/benefício da instalação e manutenção de determinado método; as características geográficas e ambientais da região; a produção e o descarte de resíduos e os impactos socioambientais. Vamos analisar muitos desses aspectos a seguir.

## Disponibilidade de recursos

Atualmente a maior parte da energia elétrica consumida no mundo é gerada por meio da transformação de energia química em energia térmica e, posteriormente, em energia elétrica. Esse processo ocorre dentro de usinas termoelétricas, que podem usar uma variedade de combustíveis não renováveis, como carvão mineral, derivados do petróleo e gás natural, assim como combustíveis renováveis, como biomassa e biodiesel.

As usinas termoelétricas são mais utilizadas do que outros tipos de usina principalmente pela abundância de matéria-prima empregada, e também por envolver um processo de baixa complexidade tecnológica e mais barato em comparação a formas alternativas de geração de energia elétrica. Entretanto, essa realidade está aos poucos mudando devido às consequências que esse tipo de usina causa ao meio ambiente, como os gases de efeito estufa e o aquecimento global.

No Brasil e no Paraguai, a principal fonte energética é a energia hidroelétrica, devido à abundância de rios com grande vazão de água. A Itaipu Binacional, localizada no rio Paraná entre os dois países, foi construída entre 1975 e 1982 e é a maior geradora de energia hidroelétrica do mundo.

Há ainda outras fontes de energia renovável que vêm sendo cada vez mais utilizadas. São elas as energias eólica, solar e geotérmica.

Porém, tanto a energia solar quanto a energia eólica são dependentes das condições climáticas, o que pode diminuir a confiabilidade desses métodos de geração de energia. Assim, tecnologias de armazenamento de eletricidade têm sido desenvolvidas para suprir a rede elétrica nos momentos em que as usinas eólicas e solares estiverem operando sob condições adversas.

Finalmente, temos as usinas geotérmicas. Por meio de tubulações que chegam a centenas de metros abaixo da superfície, água e vapor a altas temperaturas sobem até turbinas a vapor, e geradores elétricos transformam a energia térmica do vapor de água em eletricidade.

## Crescimento populacional e consumo de energia

Em 2015, a população mundial consumiu 21,78 trilhões de kWh de energia elétrica, ou 78 EJ (lê-se exajoule), isto é, $78 \cdot 10^{18}$ J. Isso corresponde a uma média de 2,674 kWh por habitante. Com esse consumo médio de energia por habitante, daria para carregar uma bateria de 3,6 Wh presente em um celular comum de 0% a 100% mais de 700 vezes! Pode parecer muito, e de fato é. Entretanto, o mais preocupante é que esse número deve aumentar consideravelmente nas próximas décadas. Vejamos o porquê.

A população mundial vem crescendo rapidamente e deve aproximar-se, talvez até ultrapassar, 10 bilhões de habitantes muito brevemente, como mostra o gráfico a seguir. Em uma primeira análise, pode-se pensar que a energia elétrica gerada deve aumentar proporcionalmente à população, o que não é verdade devido a outro fator de grande relevância.

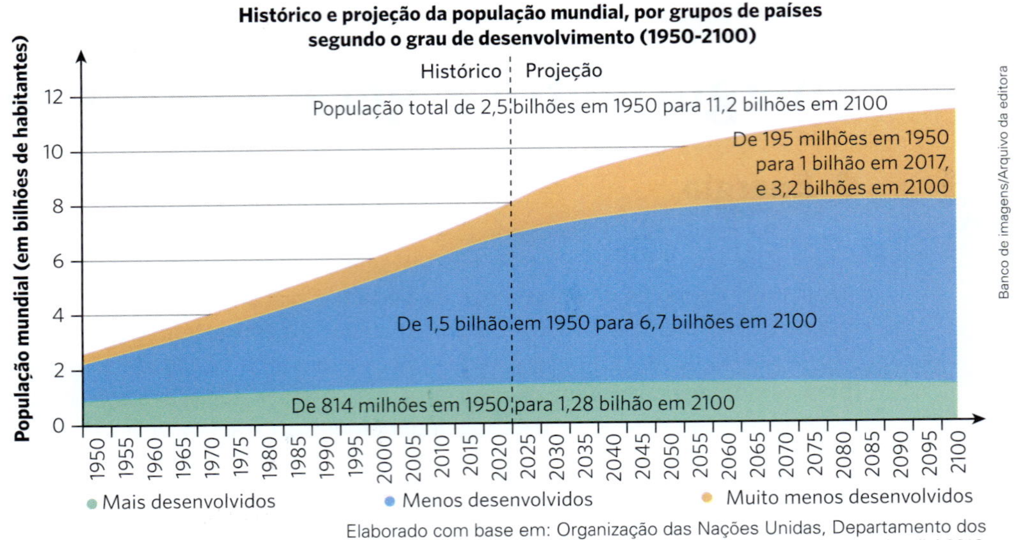


Elaborado com base em: Organização das Nações Unidas, Departamento dos Assuntos Econômicos e Sociais. *Perspectivas da População Mundial 2019*. Disponível em: https://population.un.org/wpp/DataQuery/. Acesso em: 16 jun. 2020.

Além do crescimento populacional, é preciso considerar o crescimento do grau de desenvolvimento dos países. Hoje, países em desenvolvimento têm um baixo consumo médio de energia elétrica por habitante. Como exemplo, o gráfico abaixo, à direita, mostra o consumo de energia elétrica por pessoa por hora; países como China, Brasil, Índia e Senegal apresentam um consumo médio bastante inferior ao de países desenvolvidos como Estados Unidos, Japão e França. Porém, com o desenvolvimento, maior parcela da população tem acesso à rede elétrica e mais dispositivos elétricos passam a ser utilizados. Assim, o consumo médio de energia elétrica por habitante no mundo tende a aumentar significativamente nos próximos anos.

Considerando o crescimento populacional e o grau de desenvolvimento dos países, a demanda por energia elétrica, que já é substancial, tende a aumentar. Como resultado, tem-se a previsão do gráfico apresentado a seguir. Note como o consumo de energia elétrica até 2040 pode crescer até 75%, mesmo com a população aumentando apenas 30% nesse mesmo período. Com base no que foi exposto até aqui, observemos que o aumento mais expressivo no consumo de energia elétrica ocorre na China e demais países em desenvolvimento.

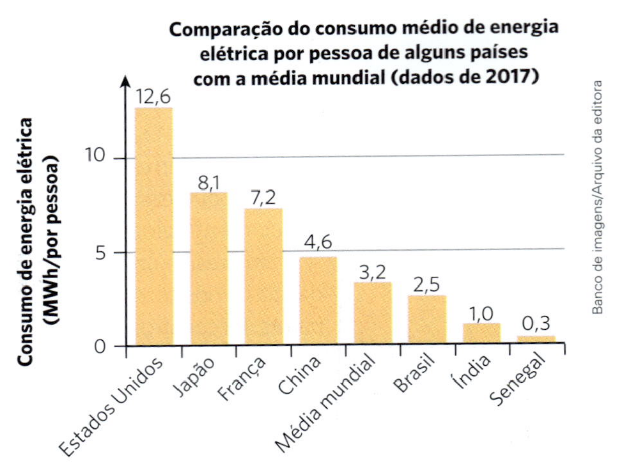


Elaborado com base em: International Energy Agency. *Data and statistics*. Disponível em: https://www.iea.org/data-and-statistics/?country=WORLD&fuel=Energy%20consumption&indicator=Electricity%20consumption%20per%20capita. Acesso em: 16 jun. 2020.

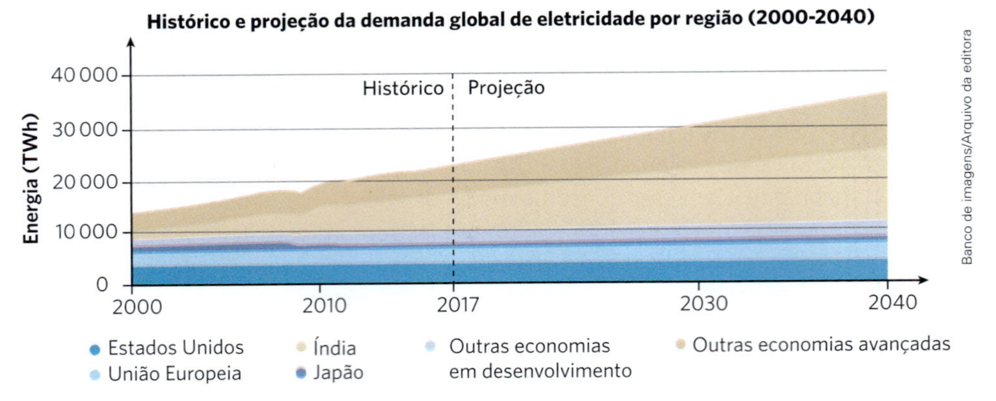


Elaborado com base em: International Energy Agency. *World Energy Outlook 2018*. IEA, Paris. Disponível em: https://www.iea.org/reports/world-energy-outlook-2018/electricity#abstract. Acesso em: 16 jun. 2020.

# Transmissão e distribuição de energia

## Transmissão de energia elétrica por corrente alternada

A corrente elétrica na tomada de sua casa é do tipo alternada e a produzida por uma pilha é do tipo contínua. A maioria dos eletrodomésticos poderia funcionar muito bem com qualquer um dos tipos de corrente elétrica. Há estudos que indicam que, para grandes distâncias, o melhor método de transmissão de energia elétrica é usando corrente contínua, mas isso se aplica também a pequenas e médias distâncias? Qual seria o motivo de, nessas situações, a corrente alternada ter a preferência nos sistemas de distribuição de energia?

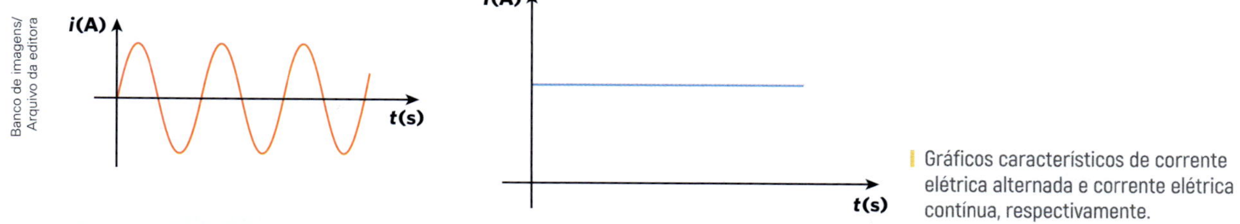


Gráficos característicos de corrente elétrica alternada e corrente elétrica contínua, respectivamente.

De um modo geral, a resposta para essa pergunta é: economia.

Em uma grande parte do mundo, os centros consumidores de energia estão a distâncias médias dos centros produtores de energia, ou seja, das usinas. A energia elétrica vai precisar, então, de cabos e linhas de transmissão para chegar aos centros consumidores. Os técnicos precisaram encontrar uma maneira para diminuir ao máximo as perdas de energia por efeito Joule nesses cabos. A potência elétrica dissipada em um cabo de transmissão pode ser determinada por:

$$P = Ri^2$$

Assim, podemos minimizar as perdas diminuindo a resistência elétrica $R$ dos cabos. Pensando nessa alternativa, uma maneira de produzir esse efeito é aumentar a bitola dos cabos, ou seja, sua área de secção. Porém, para deixar o fio mais "grosso", seria necessário mais material, e consequentemente isso aumentaria os custos. Outro fator impeditivo importante é que os cabos ficariam mais pesados e necessitariam de mais torres de suporte ao longo do caminho, gerando novamente mais gastos.

Outra alternativa seria reduzir a intensidade da corrente elétrica de algum modo. Como podemos reduzi-la sem alterar a potência necessária para abastecer as cidades?

Basta para isso que a transmissão seja feita elevando-se o valor da tensão elétrica ao longo caminho.

$$P = U\uparrow i\downarrow$$

A elevação de tensão elétrica é feita com o uso de **transformadores**.

Eles operam em corrente alternada e são utilizados tanto para elevar a tensão elétrica como para diminuí-la, para utilização nas residências e casa comerciais.

Assim, a corrente alternada se mostra, de um modo geral, mais eficiente e conveniente para que todo o conjunto de geração e distribuição se torne menos dispendioso. Mas será que há casos em que a corrente contínua pode ser mais eficiente?

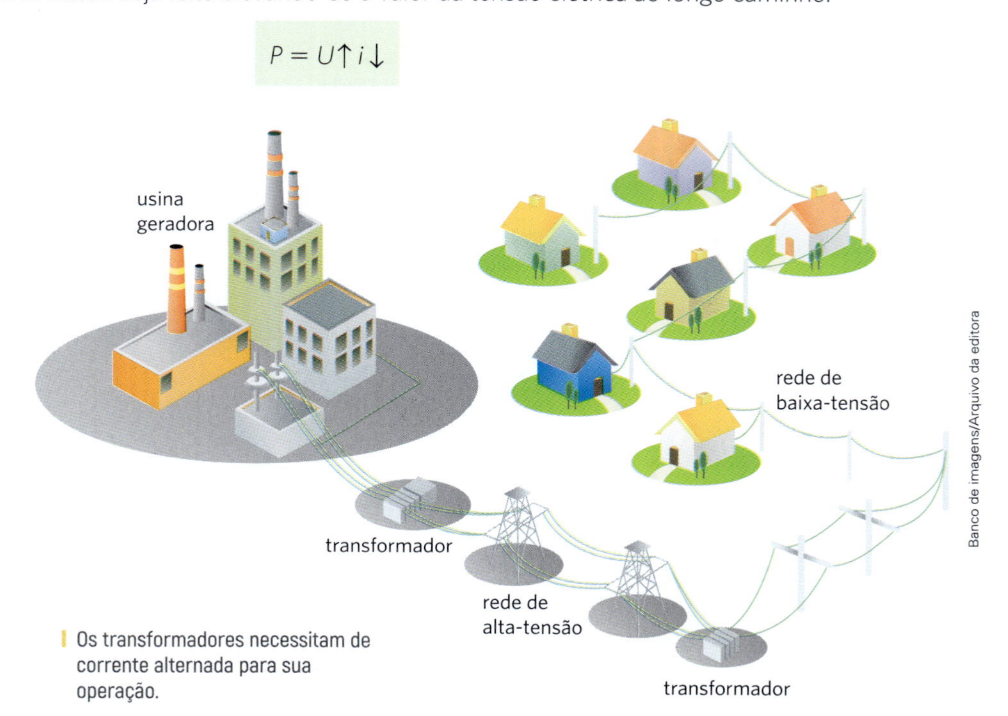


Os transformadores necessitam de corrente alternada para sua operação.

## Transmissão de energia elétrica por corrente contínua

O Brasil tem uma característica geográfica que não pode ser desprezada quando o tema é geração e transporte de energia elétrica: sua enorme dimensão territorial.

No mundo todo, o sistema de transmissão de energia mais utilizado é o HVAC (sigla em inglês para *high voltage alternating current*), porém, quando a transmissão deve ser feita por longas distâncias, outro método torna-se viável: o HVDC (sigla em inglês para *high voltage direct current*), que é a transmissão de energia elétrica por sistemas que operam em **corrente contínua**.

Existem propriedades técnicas e outras de caráter socioambiental que têm levado muitos projetos nessa área a optar pela melhor relação custo-benefício dos sistemas por corrente contínua.

Enquanto no sistema de transmissão por corrente alternada usam-se três fios nos linhões de distribuição, ou seja, é um sistema trifásico, no processo de transmissão por corrente contínua (HVDC) apenas dois fios são utilizados. Além de permitir maior eficiência energética ao processo, utilizar apenas dois cabos nos linhões também reduz custos e causa menos impactos ambientais.

A redução de custos ocorre devido ao peso das linhas de transmissão utilizadas no método HVDC. Por serem mais leves, exigem uma quantidade menor de torres de sustentação e torres de menor tamanho.

Há estudos já concluídos que mostram o quão agredido é o meio ambiente na implantação de linhas de distribuição: paisagens são alteradas, rotas migratórias de animais sofrem interferências, árvores são derrubadas e muitas vezes comunidades são deslocadas das rotas estabelecidas pelos linhões. Com uma quantidade menor de torres e de menor tamanho, esses impactos, se não são eliminados, são pelo menos minimizados.

No Brasil, muitos técnicos e operadoras já se conscientizaram desses ganhos, e já temos linhas de transmissão operando em corrente contínua, como a que liga a cidade de Porto Velho, em Rondônia, à cidade de Araraquara, em São Paulo, com aproximadamente 2,4 mil km de extensão.

Sunday Stock/Shutterstock

As linhas de transmissão trazem impactos significativos na paisagem e nas terras por onde estabelecem suas rotas.

HVDC: CORRENTE CONTÍNUA EM ALTA-TENSÃO

Porto Velho (RO)
Brasil
Araraquara (SP)
barragem
Maior linha de transmissão do mundo
2 375 km
Porto Velho estação de conversão
Araraquara estação de conversão
corrente alternada
±600 kV – 3150 MW na linha HVDC
corrente contínua
corrente alternada

Banco de imagens/Arquivo da editora

O linhão Norte-Sudeste promove o escoamento da energia gerada no rio Madeira para os grandes centros consumidores.

### Descubra mais

1. Pesquise três impactos que a instalação de um linhão de distribuição e suas torres de suporte podem trazer ao ambiente.
2. Em muitos manuais de aparelhos eletrônicos ou plaquetas de informação desses aparelhos, aparece a informação de frequência do aparelho (60 Hz). O que isso significa?
3. Pesquise e avalie tecnologias e possíveis soluções para as demandas que envolvem o transporte e a distribuição de energia elétrica, considerando a disponibilidade de recursos, a eficiência energética, a relação custo/benefício, as características geográficas e ambientais, a produção de resíduos e os impactos socioambientais e culturais.

## A revolução dos supercondutores na distribuição de energia

A dissipação de energia nas linhas de transmissão por efeito Joule é o ponto-chave na discussão sobre a eficiência almejada nos sistemas de distribuição.

No Brasil, por exemplo, aproximadamente um quinto da energia elétrica produzida é desperdiçada entre os centros de produção e os centros de consumo.

Essas perdas são tão expressivas que se torna mais viável tentar atenuá-las do que construir novas usinas.

Nesse sentido, os materiais supercondutores podem trazer alternativas interessantes para a solução desses impasses.

Materiais supercondutores são aqueles em que a corrente elétrica flui sem encontrar resistência elétrica à sua passagem e, dessa maneira, sem gerar calor e perdas de energia.

A pesquisa com materiais que apresentam propriedades supercondutoras não é recente e até mesmo já rendeu o Prêmio Nobel de Física de 1913 ao físico holandês Kammerlingh Onnes (1853-1923).

Nos seus estudos, Onnes descobriu propriedades supercondutoras no mercúrio em temperatura muito baixa (4,2 K), denominada temperatura crítica $T_c$.

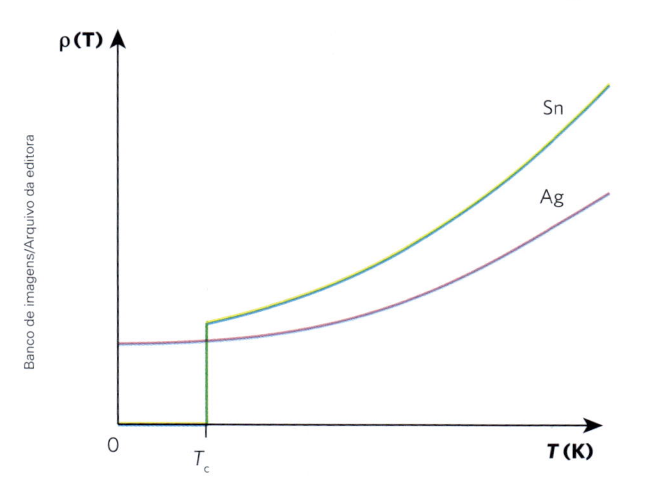


Gráfico comparativo de resistividade em função da temperatura para a prata e o estanho. O material supercondutor tem sua resistividade diminuída drasticamente ao ser atingida a temperatura crítica.

Por certo, temperaturas dessa ordem tornariam inviável qualquer projeto de aplicação comercial desse material na condução de corrente elétrica.

Desde então, os cientistas têm buscado estudar materiais que possam tornar-se supercondutores à temperatura ambiente e, como consequência, possam efetivamente ter usos práticos.

Recentemente, o grafeno despertou grande interesse da comunidade científica e tem sido muito estudado e considerado o material do futuro. Outro material promissor como supercondutor à temperatura ambiente é o **estaneno**.

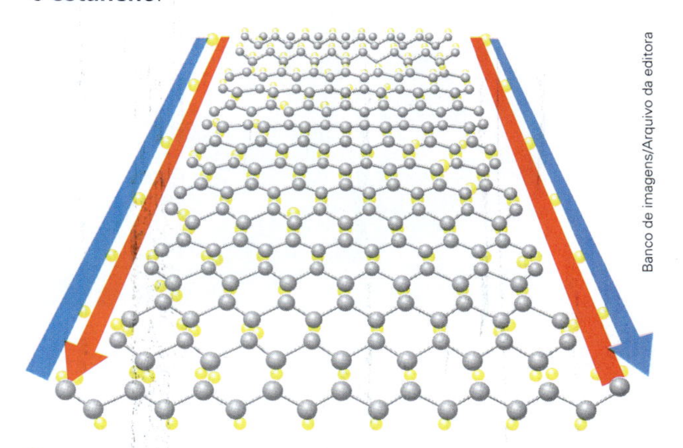


O estaneno não é um supercondutor clássico. De fato, é um material que permite a condução da eletricidade por suas bordas e superfície.

Esse material, que hoje chama a atenção de inúmeros grupos de pesquisa mundo afora, é de certo modo semelhante ao grafeno. É também uma estrutura bidimensional, como se fosse uma folha de átomos, porém, diferentemente do grafeno, em que temos átomos de carbono, é composto de átomos de estanho. Ainda na fase de pesquisas, o estaneno com flúor adicionado à sua estrutura conseguiu apresentar o fenômeno da supercondução até próximo de 100 °C. Um material com essas características pode revolucionar setores de produção e distribuição de energia, entre tantos outros.

### Descubra mais

1. O que é a temperatura crítica de um material supercondutor?
2. Uma vez comprovadas as propriedades do estaneno e efetivamente seu uso comercial, quais materiais perderiam seus postos de mais usados na indústria eletroeletrônica?
3. Pesquise e explique como uma descoberta científica desse porte pode impactar a balança comercial de um país e as bolsas de valores.

## Unidades de geração do sistema elétrico brasileiro

No Brasil, a maior parte da energia elétrica é gerada por usinas hidroelétricas (62%) e usinas termoelétricas (28%). O restante é proveniente de usinas eólicas e outras modalidades de unidades geradoras. Vamos aprender um pouco sobre essas usinas.

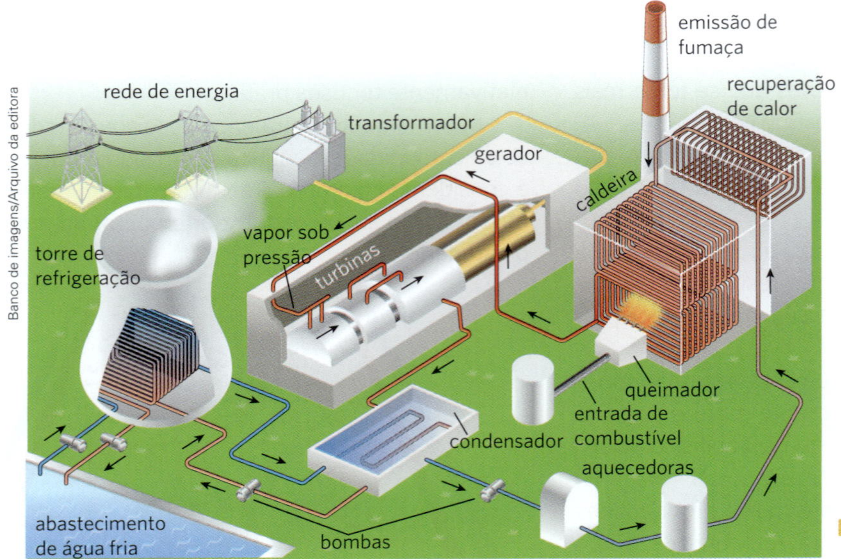


Esquema de instalação de uma usina termoelétrica.

Nas usinas termoelétricas, o combustível é queimado em uma fornalha, transformando energia química em energia térmica. Essa energia térmica é utilizada para gerar vapor de água a altas temperatura e pressão, a partir de água líquida. O vapor de água flui, então, para uma turbina de vapor. A turbina rotaciona conforme o vapor se expande e esfria, transformando energia térmica em energia cinética da turbina. Finalmente, um gerador elétrico é utilizado para converter o movimento de rotação da turbina em energia elétrica, que é direcionada à rede.

Uma energia convenientemente convertida em energia elétrica nas diversas usinas hidroelétricas espalhadas pelo Brasil é a energia potencial gravitacional. Em uma usina hidroelétrica, detalhada na figura a seguir, acumula-se água em uma ampla área alagada que possui uma altura elevada em relação a um fluxo de água próximo. Então, a água acumulada flui do reservatório alto para uma posição mais baixa. Durante a queda, sua energia potencial gravitacional se transforma em energia cinética que, então, é convertida em energia elétrica por meio de geradores elétricos.

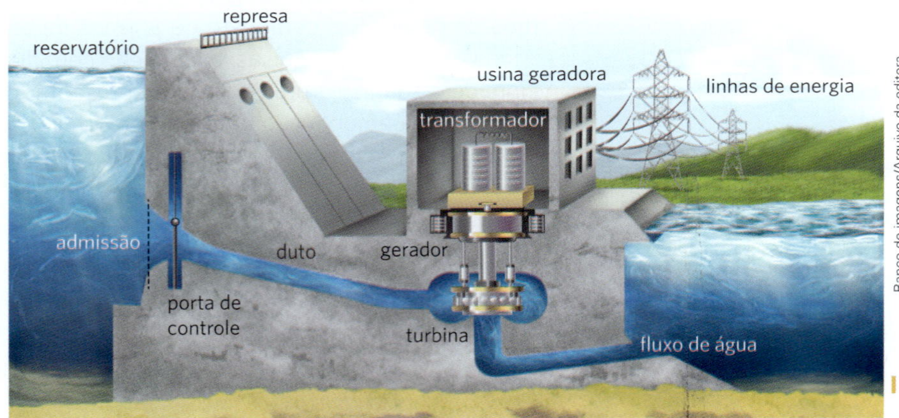


Esquema de instalação de uma usina hidroelétrica.

## Relação custo/benefício

Entre as energias renováveis citadas, umas são mais caras e outras mais baratas. O gráfico a seguir mostra o preço por kWh de eletricidade gerada por diversas fontes de energia renováveis. É possível concluir que hidroelétricas ainda são a fonte mais barata de eletricidade, entre as renováveis. No entanto, o preço da energia produzida em hidroelétricas tem-se mantido constante, enquanto o preço para gerar energia elétrica a partir de fontes renováveis apresentou queda nos últimos anos, com destaque para o rápido decréscimo no preço da energia elétrica produzida por painéis solares fotovoltaicos.

**Comparação de preço para gerar energia elétrica a partir de diversas fontes renováveis, em dólares norte-americanos por kWh**

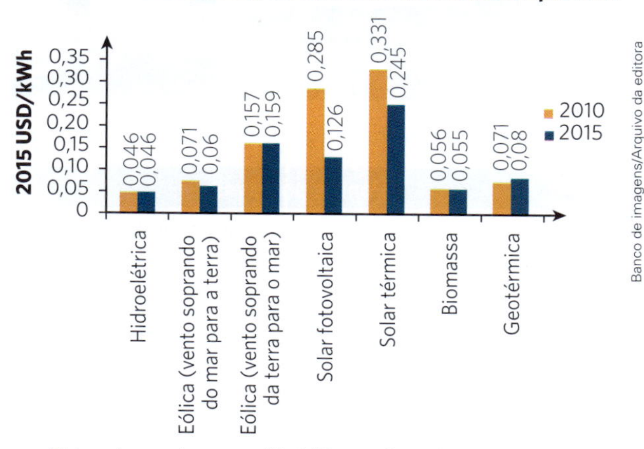


Elaborado com base em: World Energy Council 2016. *World Energy Resources 2016*. Disponível em: https://www.worldenergy.org/assets/images/imported/2016/10/World-Energy-Resources-Full-report-2016.10.03.pdf. Acesso em: 20 dez. 2019.

É exatamente por esse motivo que painéis solares têm sido cada vez mais utilizados, aumentando rapidamente a oferta de eletricidade gerada a partir deles, como mostra o gráfico a seguir. Note como há a previsão de um crescimento bastante acentuado também de energia eólica, hidroelétricas e gás natural, enquanto outros combustíveis fósseis, como carvão mineral e petróleo, devem ficar estagnados ou diminuírem. É importante ressaltar, porém, que esta previsão é apenas para a geração de energia elétrica.

**Histórico e projeção da potência de energia elétrica gerada por diversas fontes**

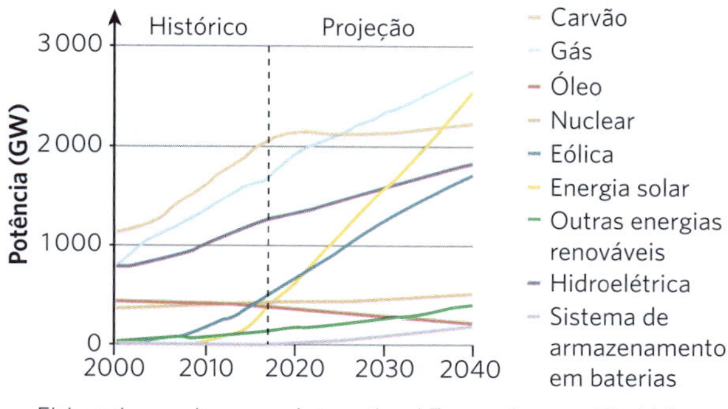


Elaborado com base em: International Energy Agency. *World Energy Outlook 2018*. IEA, Paris. Disponível em: https://www.iea.org/weo2018/electricity/. Acesso em: 20 dez. 2019.

## Eficiência energética

Um aspecto que deve ser considerado ao comparar fontes energéticas é sua eficiência, pois influencia diretamente no custo/benefício, por exemplo, de instalação de uma usina ou a troca de uma fonte energética por outra.

Como vimos, usinas termoelétricas podem ser tanto renováveis como não renováveis, dependendo do combustível queimado, mas quando se trata de eficiência, elas são bastante limitadas. Por dependerem diretamente de um ciclo termodinâmico, a eficiência de uma usina termoelétrica é limitada pela eficiência do ciclo de Carnot. Assim, a eficiência dessas usinas costuma variar entre 30% a 40%. As usinas geotérmicas funcionam de maneira semelhante às usinas termoelétricas, mas, em vez de combustíveis fósseis ou biomassa, a energia térmica necessária para aquecer o vapor de água vem do interior da Terra.

Já as usinas hidroelétricas não dependem de um ciclo termodinâmico e apresentam eficiência bastante alta, alcançando cerca de 90% de energia potencial gravitacional da água convertida em energia elétrica.

Em termos de eficiência, a energia eólica apresenta resultado similar à energia termoelétrica, com até 40% de rendimento. Nos aerogeradores, a energia cinética do vento é convertida em eletricidade por meio de turbinas eólicas e geradores elétricos, e nesse processo perde-se energia devido aos atritos nas engrenagens e sistemas de acoplamentos existentes nesses geradores.

Já no uso da energia solar, por meio de painéis fotovoltaicos, cerca de 10% a 20% da energia luminosa na forma de radiação solar pode ser convertida diretamente em energia elétrica em usinas heliotérmicas.

## Vantagens, desvantagens e impactos

O cálculo da eficiência energética de uma planta geradora de eletricidade é um número que pode esconder inúmeras outras implicações e consequências. A eficiência energética, analisada apenas do ponto de vista de sua definição, nada mais é do que a relação entre a quantidade de energia disponível ao final de uma ação e a quantidade total de energia utilizada para essa atividade.

Porém, quando analisamos um número final que nos dá a eficiência de um processo físico, temos de levar em conta os rastros de impactos sociais e ambientais que esse número deixa pelo caminho.

Entende-se por impacto ambiental uma ação do ser humano intervindo e produzindo alterações no meio ambiente. Essas alterações podem ser de natureza física, química ou biológica. O impacto social refere-se às interferências, positivas ou negativas, que um determinado projeto produz em uma determinada comunidade ou população.

O que se coloca em discussão é a constante necessidade de desenvolvimento, e o custo (social ou ambiental) desse desenvolvimento.

Cada sociedade tem o dever de conhecer o que sua ação pode acarretar ao longo dos anos e escolher seus caminhos.

O esquema seguinte apresenta algumas alternativas de produção de energia e arrola vantagens, desvantagens e impactos de cada uma dessas possibilidades.

## Hidroelétrica

Gerson Gerloff/Pulsar Imagens

Usina hidroelétrica de Itaúba, no Rio Grande do Sul.

**Pontos positivos**

- Longa vida útil
- Energia de baixo custo de produção
- Fonte renovável
- Emissão muito baixa de gases causadores do efeito estufa

**Impactos e desvantagens**

- Deslocamento de comunidades e muitas vezes cidades inteiras
- Desmatamento e alteração de cadeias alimentares
- Alteração do microclima
- Possível perda de patrimônios históricos
- Dependência (limitada) das condições climáticas

## Termoelétrica a carvão mineral

Marcos Amend/Pulsar Imagens

Usina termoelétrica em Ventanas, no Chile.

**Pontos positivos**

- Podem ser construídas relativamente próximas a centros consumidores: economia com as linhas de distribuição
- Baixo custo de construção e combustível
- Alta produtividade
- Independência das condições climáticas

**Impactos e desvantagens**

- Geração de gases de efeito estufa (é a que mais emite)
- Danos à saúde dos moradores locais
- Poluição local do ar com elementos que causam chuva ácida e afetam a respiração

## Termoelétrica a gás natural

Erlucho/Shutterstock

Usina termoelétrica movida a gás natural em Coari, no Amazonas.

**Pontos positivos**

- Alternativa importante para países e regiões com baixo potencial hídrico
- Baixo custo de construção
- Independência das condições climáticas
- Baixa poluição local (se comparada à termoelétrica a carvão)

**Impactos e desvantagens**

- Alta emissão de gases de efeito estufa (menor que a do carvão, porém significativa)
- Custo muito oscilante de combustível (atrelado ao preço do petróleo)

## Termoelétrica a biomassa

Delfim Martins/Pulsar Imagens

Usina termoelétrica a biomassa em Caucaia, no Ceará.

**Pontos positivos**

- Aproveitamento de resíduos e subprodutos de outras atividades: bagaço da cana, lenha, casca de arroz, resíduos de madeira, etc.
- Fonte de energia renovável
- Menor corrosão dos equipamentos (caldeiras e fornos)
- Baixo custo de construção
- Emissão de gases de efeito estufa praticamente se anula (o ciclo do carbono fica perto de ser fechado)
- Independência das condições climáticas

**Impactos e desvantagens**

- Produção de material particulado na atmosfera
- Possíveis problemas respiratórios nas comunidades vizinhas
- Dificuldade no estoque dos resíduos
- Disputa do espaço do solo com a produção de alimentos
- Caso haja desmatamentos para o cultivo, provoca um novo problema ambiental

## Nuclear

Pixiemoments Photography/Shutterstock

Usina nuclear na Suíça.

**Pontos positivos**

- Não contribui para a geração de gases de efeito estufa nem para chuva ácida
- Custo menor que o do petróleo
- Alta produtividade
- Independência das condições climáticas

**Impactos e desvantagens**

- Alto custo em treinamento e prevenção de acidentes
- Pode ser utilizada para fins bélicos
- Pequenos acidentes podem provocar danos que perseveram por anos
- Produção de rejeitos radioativos
- Risco de acidentes (a probabilidade é baixa, mas os efeitos são gravíssimos)

## Eólica

Chico Ferreira/Pulsar Imagens

Aerogeradores do Complexo Eólico do Alto Sertão, em Caetité, na Bahia.

**Pontos positivos**

- Fonte de energia inesgotável
- Não emite gases poluentes
- Não gera resíduos
- Compatível com outros usos e utilizações do terreno onde se encontram: no mesmo terreno da planta eólica pode-se praticar a pecuária e a agricultura
- Baixo custo de manutenção
- Emissão de gases de efeito estufa praticamente nula
- Impacto ambiental mínimo

**Impactos e desvantagens**

- Dependência climática: nem sempre o vento sopra quando há a necessidade de pico de energia. Essa intermitência é vista como grande desvantagem do processo
- Impacto visual considerável
- Aumento na mortalidade de aves
- Perturbação de rotas migratórias
- Baixa produtividade

## Fotovoltaica

C. Nass/Shutterstock

Painéis fotovoltaicos no telhado de prédios do Observatório Pico dos Dias, em Brasópolis, em Minas Gerais.

**Pontos positivos**

- Baixo custo de manutenção
- Excelente para instalação em lugares remotos ou de difícil acesso
- Baixo investimento em linhas de transmissão
- Fonte de energia inesgotável
- Baixo impacto ambiental

**Impactos e desvantagens**

- As formas de armazenamento da energia solar são ainda pouco eficientes, apesar da melhora recente
- Baixa eficiência
- Dependência de condições meteorológicas
- Alto custo de construção
- Baixa produtividade

## Geotérmica

Harry Laub/imageBROKER/Fotoarena

Usina geotérmica na Costa Rica.

**Pontos positivos**

- Não emite poluentes na atmosfera
- Fonte de energia renovável (água quente e vapores do interior da Terra)

**Impactos e desvantagens**

- Poluição sonora intensa na perfuração das rochas para sua implantação
- A água rejeitada deve ser tratada devido à alta concentração de minérios dissolvidos
- Alto custo de implantação

## Exercícios

1 Devido a seu enorme potencial hídrico, no Brasil grande parte da energia elétrica é produzida em usinas hidroelétricas. Cite duas vantagens da utilização dessa planta energética, dois impactos de natureza ambiental e dois impactos de natureza social.

2 (Enem) Suponha que você seja um consultor e foi contratado para assessorar a implantação de uma matriz energética em um pequeno país com as seguintes características: região plana, chuvosa e com ventos constantes, dispondo de poucos recursos hídricos e sem reservatórios de combustíveis fósseis.

De acordo com as características desse país, a matriz energética de menor impacto e risco ambientais é a baseada na energia

a) dos biocombustíveis, pois tem menos impacto ambiental e maior disponibilidade.

b) solar, pelo seu baixo custo e pelas características do país favoráveis à sua implantação.

c) nuclear, por ter menos risco ambiental a ser adequada a locais com menor extensão territorial.

d) hidráulica, devido ao relevo, à extensão territorial do país e aos recursos naturais disponíveis.

e) eólica, pelas características do país e por não gerar gases do efeito estufa nem resíduos de operação.

3 (Enem) O funcionamento de uma usina nucleoelétrica típica baseia-se na liberação de energia resultante da divisão do núcleo de urânio em núcleos de menor massa, processo conhecido como fissão nuclear. Nesse processo, utiliza-se uma mistura de diferentes átomos de urânio, de forma a proporcionar uma concentração de apenas 4% de material físsil. Em bombas atômicas, são utilizadas concentrações acima de 20% de urânio físsil, cuja obtenção é trabalhosa, pois, na natureza, predomina o urânio não físsil. Em grande parte do armamento nuclear hoje existente, utiliza-se, então, como alternativa, o plutônio, material físsil produzido por reações nucleares no interior do reator das usinas nucleoelétricas. Considerando-se essas informações, é correto afirmar que

a) a disponibilidade do urânio na natureza está ameaçada devido à sua utilização em armas nucleares.

b) a proibição de se instalarem novas usinas nucleoelétricas não causará impacto na oferta mundial de energia.

c) a existência de usinas nucleoelétricas possibilita que um de seus subprodutos seja utilizado como material bélico.

d) a obtenção de grandes concentrações de urânio físsil é viabilizada em usinas nucleoelétricas.

e) a baixa concentração de urânio físsil em usinas nucleoelétricas impossibilita o desenvolvimento energético.

4 (Enem) Na avaliação da eficiência de usinas quanto à produção e aos impactos ambientais, utilizam-se vários critérios, tais como: razão entre produção efetiva anual de energia elétrica e potência instalada ou razão entre potência instalada e área inundada pelo reservatório. No quadro seguinte, esses parâmetros são aplicados às duas maiores hidrelétricas do mundo: Itaipu, no Brasil, e Três Gargantas, na China.

| Parâmetros | Itaipu | Três Gargantas |
|---|---|---|
| Potência instalada | 12 600 MW | 18 200 MW |
| Produção efetiva de energia elétrica | 93 bilhões de kWh/ano | 84 bilhões de kWh/ano |
| Área inundada pelo reservatório | 1400 $km^2$ | 1000 $km^2$ |

Internet: www.itaipu.gov.bt.

Com base nessas informações, avalie as afirmativas que se seguem.

I. A energia elétrica gerada anualmente e a capacidade nominal máxima de geração da hidrelétrica de Itaipu são maiores que as da hidrelétrica de Três Gargantas.

II. Itaipu é mais eficiente que Três Gargantas no uso da potência instalada na produção de energia elétrica.

III. A razão entre potência instalada e área inundada pelo reservatório é mais favorável na hidrelétrica Três Gargantas do que em Itaipu.

É correto apenas o que se afirma em

a) I.

b) II.

c) III.

d) I e III.

e) II e III.

5 Algumas modalidades de produção de energia têm ganhado notoriedade nos últimos anos por apresentarem-se como fonte praticamente inesgotável e limpa de produção.

No entanto, apesar de aspectos vantajosos, sempre há possíveis desvantagens e danos à sociedade ou ao ambiente. Encontre, nas alternativas abaixo, a modalidade de produção de energia e um aspecto negativo, relativo a essa modalidade, que se encaixe com o descrito no texto.

a) Energia nuclear; possibilidade de acidentes com emissão de radiação.
b) Energia eólica; grande emissão de poluentes espalhados pelo vento.
c) Energia solar (fotovoltaica); alto custo de implementação.
d) Energia termoelétrica; emissão de gases de efeito estufa.
e) Energia hidroelétrica; aumento do aquecimento global.

6 (Enem) A figura mostra o funcionamento de uma estação híbrida de geração de eletricidade movida a energia eólica e biogás. Essa estação possibilita que a energia gerada no parque eólico seja armazenada na forma de gás hidrogênio, usado no fornecimento de energia para a rede elétrica comum e para abastecer células a combustível.

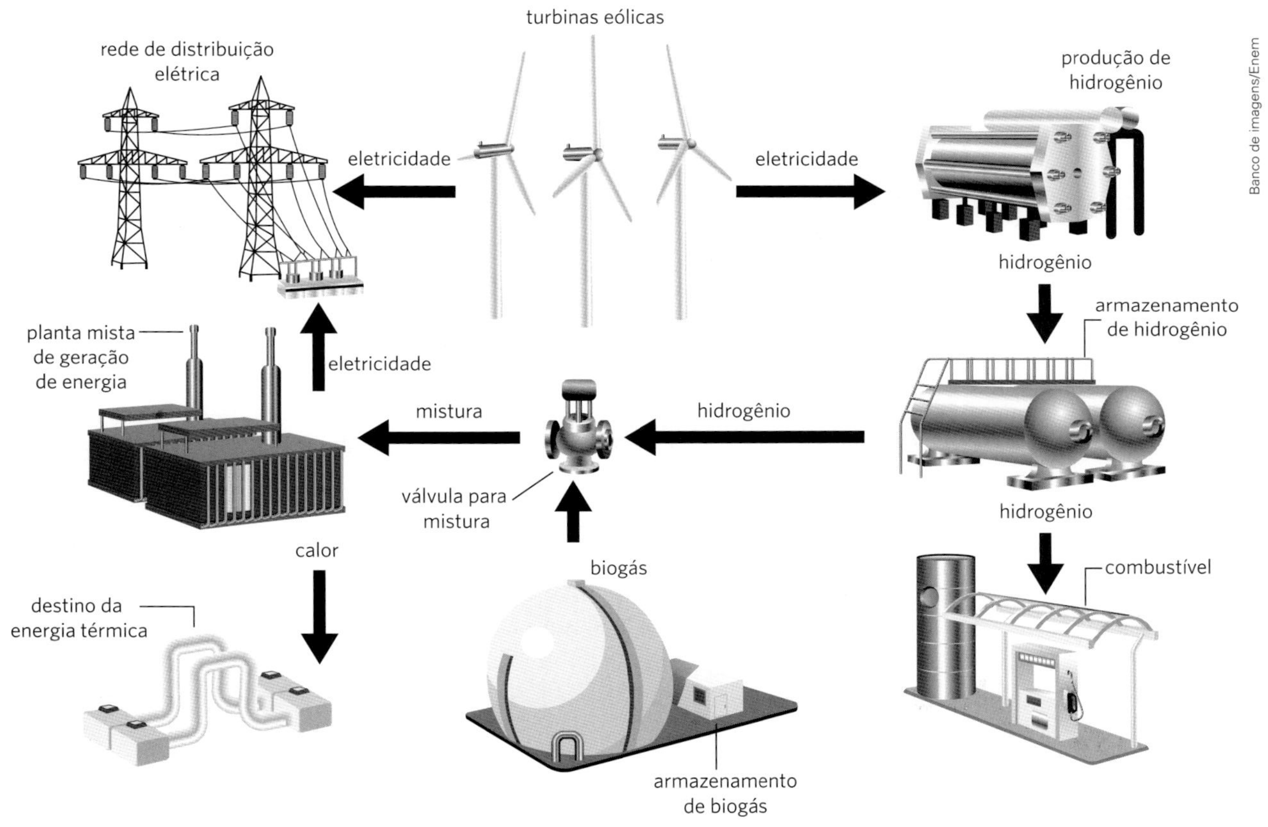


Disponível em: www.enertrag.com. Acesso em: 24 abr. 2015 (adaptado).

Mesmo com ausência de ventos por curtos períodos, essa estação continua abastecendo a cidade onde está instalada, pois o(a)

a) planta mista de geração de energia realiza eletrólise para enviar energia à rede de distribuição elétrica.
b) hidrogênio produzido e armazenado é utilizado na combustão com o biogás para gerar calor e eletricidade.
c) conjunto de turbinas continua girando com a mesma velocidade, por inércia, mantendo a eficiência anterior.
d) combustão da mistura biogás-hidrogênio gera diretamente energia elétrica adicional para a manutenção da estação.
e) planta mista de geração de energia é capaz de utilizar todo o calor fornecido na combustão para a geração de eletricidade.

# Energia e potência elétrica

Este capítulo favorece o desenvolvimento das seguintes habilidades:

EM13CNT106

EM13CNT107

EM13CNT309

EM13CNT310

## Introdução

Vamos analisar um trecho de circuito no qual inserimos um dispositivo elétrico qualquer (gerador, resistor ou receptor).

Uma carga $q > 0$ posicionada em $A$ é dotada de uma energia potencial elétrica dada por: $E_{pot_A} = qV_A$. Ao deslocar-se até o ponto $B$, sua nova energia potencial elétrica passa a ser $E_{pot_B} = qV_B$.

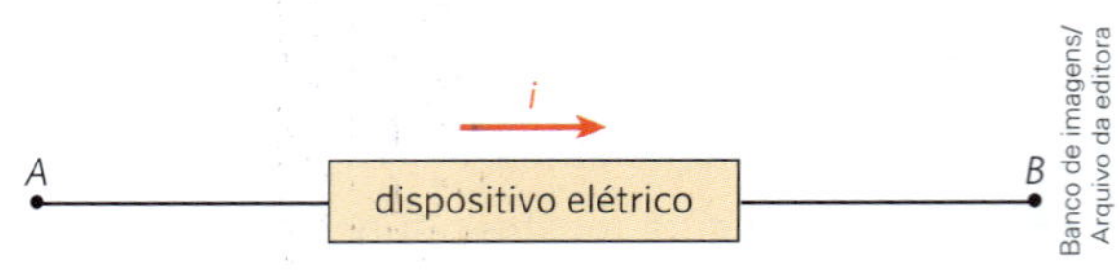


Banco de imagens/Arquivo da editora

A diferença de energia potencial da carga $q$, entre as posições $A$ e $B$, representa a energia colocada em jogo para a transferência da carga $q$ do ponto $A$ para o ponto $B$.

Essa energia nada mais é do que o trabalho ($\tau_{F_{el}}$) das forças de natureza elétrica no deslocamento de $A$ para $B$, assim:

$$\tau_{F_{el}} = E_{pot_A} - E_{pot_B}$$

$$\tau_{F_{el}} = q(V_A - V_B)$$

Dividindo ambos os membros pelo intervalo de tempo ($\Delta t$) para o transporte da carga $q$ de $A$ para $B$, temos:

- $\dfrac{\tau_{F_{el}}}{\Delta t} = \dfrac{q}{\Delta t}(V_A - V_B)$

No primeiro membro:

- $\dfrac{\tau_{F_{el}}}{\Delta t}$ equivale à potência elétrica ($P$) consumida no trecho $AB$.

Como $\tau_{F_{el}}$ equivale à energia elétrica ($E_{el}$) consumida nesse trecho, vem:

$$P = \frac{E_{el}}{\Delta t}$$

No Sistema Internacional (SI) a energia é medida em joule (J), a potência em watt (W) e o tempo em segundo (s), portanto:

$$1\ \text{W} = 1\ \frac{\text{J}}{\text{s}}$$

Já no segundo membro:

- $\dfrac{q}{\Delta t}$ representa a intensidade de corrente elétrica ($i$) nesse trecho;
- $(V_A - V_B)$ representa a ddp ($U$) mantida entre $A$ e $B$, com $V_A > V_B$.

Desse modo, obtemos:

$$P = iU$$

## Potência elétrica em resistores

Consideremos o caso particular esquematizado na imagem ao lado, em que o trecho $AB$ é constituído apenas por resistores lineares, e que, portanto, obedecem à 1ª lei de Ohm.

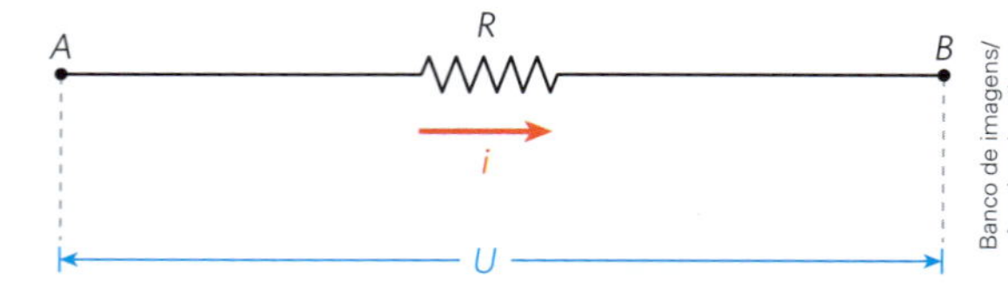


Banco de imagens/Arquivo da editora

Lembrando que:

$P = i\,U$ (I)

Temos:

$U = Ri$ (II)

$i = \dfrac{U}{R}$ (III)

Substituindo a expressão (II) em (I), vem:

$P = i\,(Ri) \Rightarrow$ $P = Ri^2$

Substituindo a expressão (III) em (I), temos:

$P = \dfrac{U}{R}U \Rightarrow$ $P = \dfrac{U^2}{R}$

Qualquer uma dessas três expressões pode ser utilizada para o cálculo da potência elétrica dissipada em um resistor. A escolha vai depender da situação analisada.

## Conta de luz

Se você buscar na conta de luz qual é o consumo de energia em sua residência, vai se deparar com a seguinte unidade de medida: kWh (quilowatt-hora).

As companhias de geração e distribuição de energia elétrica não medem o consumo de energia elétrica em unidades do SI (joule). Essa unidade é muito pequena comparada ao consumo normal de uma residência; seria equivalente a escolhermos centímetros como a unidade de medida para expressar a distância entre a Terra e a Lua.

Da expressão da energia ($E_{el}$) em função da potência ($P$) e do intervalo de tempo ($\Delta t$), podemos encontrar a conversão entre as duas unidades de medida:

$E_{el} = P\,\Delta t$

$\text{J} = \text{W} \cdot \text{s} \Rightarrow \text{kWh} = \text{kW} \cdot \text{h}$

$1{,}0\ \text{kWh} = 1000\ \text{W} \cdot 3600\ \text{s}$

$1{,}0\ \text{kWh} = 3{,}6 \cdot 10^6\ \text{J}$

## Ampliando o olhar

### O custo real do chuveiro elétrico

São comuns campanhas pedindo, entre outras medidas de economia, que o tempo de um banho, com o chuveiro elétrico ligado, seja da ordem de poucos minutos. Essa medida tem dois propósitos: a redução do consumo de água (especialmente importante nas épocas de seca) e a redução do consumo de energia, principalmente nos horários de pico. Vamos analisar o consumo de eletricidade nos chuveiros elétricos, embora em algumas regiões do país seja comum, particularmente em apartamentos, os chuveiros serem aquecidos a gás.

Digamos então que você queira saber a diferença de preço entre tomar um banho razoavelmente rápido, de 5 minutos (0,083 hora), e um banho longo, que dure 30 minutos (0,5 hora). Se fosse uma ligação telefônica, por exemplo, seria necessário apenas olhar na conta de telefone o quanto tal ligação custou, ou saber o custo cobrado por minuto da sua operadora. Numa conta de energia elétrica, contudo, não vem discriminado o uso da energia elétrica por cada dia ou aparelho utilizado, mas ainda assim existe uma maneira simples de você mesmo fazer esse cálculo. Para isso, você apenas precisa saber a potência do seu chuveiro (ela vem escrita em alguns chuveiros, ou você pode encontrar essa informação no *site* do fabricante) e ter em mãos uma conta de luz recente.

A potência de um chuveiro elétrico varia, em média, de 5000 a 8000 W. Digamos que você descobriu que o chuveiro da sua casa tem uma potência de 6500 W e que você o utilize na sua potência máxima (na opção mais quente) num dia de inverno.

A energia necessária para cada banho é equivalente ao produto entre a potência do aparelho (em kW) e o intervalo de tempo do banho (em horas). Portanto:

Banho de 5 minutos: $6{,}5\ \text{kW} \cdot 0{,}083\ \text{h} \cong 0{,}54\ \text{kWh}$

Banho de 30 minutos: $6{,}5\ \text{kW} \cdot 0{,}5\ \text{h} = 3{,}25\ \text{kWh}$

Para um cálculo simplificado, sem considerar os impostos, vamos considerar as taxas de distribuição e de transmissão. Em outubro de 2019, na Região Metropolitana de São Paulo, o valor cobrado pela companhia de distribuição de energia elétrica para essas taxas foi R$ 0,29706 e R$ 0,29272, respectivamente. O custo de cada banho é obtido pelo produto entre a energia necessária e a taxa total (a soma das taxas de distribuição e de transmissão no valor de R$ 0,58978):

Banho de 5 minutos: 0,58978 · 0,54 ≅ R$ 0,32

Banho de 30 minutos: 0, 58978 · 3,25 ≅ R$ 1,92

Levando em consideração um mês de trinta dias, que inclua apenas um banho diário, alguém que demore 5 minutos no chuveiro gastará R$ 9,60. Já aquelas pessoas que gostam de banhos demorados causarão um impacto na conta de R$ 57,60.

Esse cálculo pode ser repetido para saber, por exemplo, o impacto na conta de energia elétrica caso você deixe sua televisão ligada o dia todo, use secador de cabelo todos os dias, deixe seu ventilador ligado constantemente no verão, etc. Alguns aparelhos, contudo, precisam de um cálculo um pouco mais cuidadoso. O seu computador, por exemplo, terá um consumo de energia se você o usar para ler um arquivo de texto, com a tela num brilho baixo, e outro se você o utilizar para jogos em que seja necessário maximizar o brilho da tela. O consumo elétrico de uma geladeira (ou *freezer*) também precisa de cuidados na hora de realizar esse cálculo, pois dependerá da quantidade de produtos armazenados ali dentro, do calor ambiente, de quantas vezes por dia a porta é aberta, absorvendo assim calor, o que faz com que o motor trabalhe mais, entre outros fatores.

Fernando Favoretto/Criar Imagem

É possível calcular o custo correspondente a um banho com chuveiro elétrico a partir das informações na conta de luz e das especificações do aparelho.

## Descubra mais

1. Pesquise se existem lugares na região em que você vive que não são atendidos pela empresa distribuidora de energia elétrica, ou nos quais a ligação elétrica não é feita de maneira regular. Que riscos as ligações elétricas irregulares podem apresentar? Qual é o efeito desses problemas na qualidade de vida dessas pessoas?
2. O Inmetro disponibiliza, para aparelhos eletrônicos (e até mesmo veículos), uma tabela indicando sua eficiência elétrica. Nessa tabela, o produto pode receber classificações que costumam variar de A até E. Pesquise o que essa nota indica, e procure no *site* do Inmetro a classificação de alguns eletrodomésticos da sua casa (basta saber a marca e o modelo).
3. Junto com chuveiros elétricos, aquecedores e geladeiras, o aparelho de ar condicionado é um dos principais responsáveis pelo aumento no consumo de energia elétrica em residências, consultórios, bancos e empresas em geral. No entanto, revestimentos especiais podem ser instalados nas construções para atuar como refrigerador de ar, sem consumo de energia. Pesquise sobre esse tipo de revestimento e explique como ele funciona.

## Exercícios

**1** (Vunesp-SP) Para orientar técnicos em exames de radiografia, o fabricante do aparelho fornece uma tabela na qual se indica a diferença de potencial, a intensidade da corrente elétrica e o intervalo de tempo de atuação do aparelho, acompanhados das respectivas unidades, que devem ser utilizadas em cada exame. A tabela a seguir é parte de uma dessas orientações:

**Técnicas radiológicas para dosagem com valor aproximado para biotipo mediolíneo**

| Exame | Diferença (kV) | Corrente elétrica (mA) | Tempo (s) |
|---|---|---|---|
| Crânio (perfil) | 60 | 200 | 0,25 |
| Nariz (perfil) | 40 | 100 | 0,05 |
| Coluna lombar (anteroposterior) | 70 | 200 | 0,40 |
| Ombro (axilar) | 50 | 100 | 0,25 |
| Úmero (lateral) | 60 | 200 | 0,06 |

Fonte: <https://dicasradiologia.blogspot.com/>. (Adaptado.)

Supondo que toda energia elétrica seja transformada em radiação, em um exame radiográfico de nariz (perfil), determine:

a) a potência elétrica do aparelho, em W;

b) a energia elétrica utilizada pelo aparelho, em J.

**Resolução:**

a) Para os exames de nariz, os dados são:

$U = 40 \text{ kV} = 40 \cdot 10^3 \text{ V}$

$i = 100 \text{ mA} = 100 \cdot 10^{-3} \text{ A}$

Portanto:

$P = i\,U = 100 \cdot 10^{-3} \cdot 40 \cdot 10^3 \text{ (W)}$

$\boxed{P = 4\,000 \text{ W}}$

b) $E_{el} = P\,\Delta t = 4\,000 \cdot 0{,}05 \text{ (J)}$

$\boxed{E_{el} = 200 \text{ J}}$

**2** (Famerp-SP) A fotografia mostra um lustre que funciona com 21 lâmpadas idênticas, de valores nominais 40 W - 120 V, associadas em paralelo.

Reprodução/Famerp, 2019.

Ao ser ligado a uma diferença de potencial de 120 V e com

suas 21 lâmpadas acesas, esse lustre é percorrido por uma corrente elétrica de intensidade

a) 7,0 A.
b) 3,0 A.
c) 63 A.
d) 21 A.
e) 14 A.

**3** (Enem) A capacidade de uma bateria com acumuladores, tal como a usada no sistema elétrico de um automóvel, é especificada em ampere-hora (Ah). Uma bateria de 12 V e 100 Ah fornece 12 J para cada coulomb de carga que flui através dela.

Se um gerador, de resistência interna desprezível, que fornece uma potência elétrica média igual a 600 W, fosse conectado aos terminais da bateria descrita, quando tempo ele levaria para recarregá-la completamente?

a) 0,5 h b) 2 h c) 12 h d) 50 h e) 100 h

**4** (Fuvest-SP) Atualmente são usados LEDs (*Light Emitting Diode*) na iluminação doméstica. LEDs são dispositivos semicondutores que conduzem a corrente elétrica apenas em um sentido. Na figura, há um circuito de alimentação de um LED (*L*) de 8 W, que opera com 4 V, sendo alimentado por uma fonte (*F*) de 6 V.

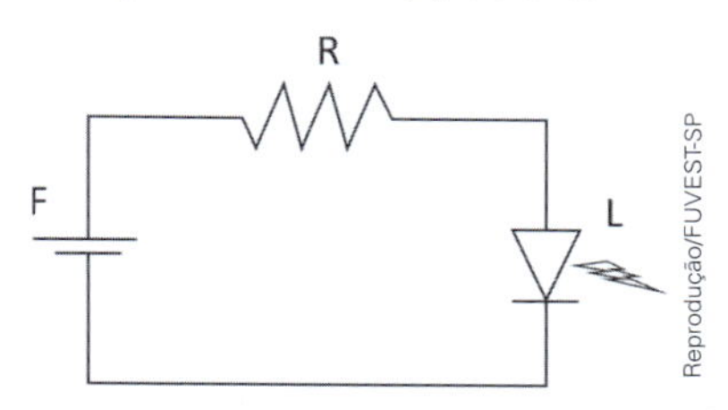


O valor da resistência do resistor (*R*), em Ω, necessário para que o LED opere com seus valores nominais é, aproximadamente,

a) 1,0. b) 2,0. c) 3,0. d) 4,0. e) 5,0

**5** (Uespi) A figura a seguir indica um estudo sobre uma instalação elétrica, onde uma extensão, com capacidade de suportar até 20 A, está conectada a uma rede elétrica de 120 V. Nesta extensão estão conectados um aparelho com potência nominal de 60 W, um equipamento de resistência elétrica 120 Ω e um benjamim (também conhecido por "T").

O benjamim possui capacidade de suportar intensidade de corrente elétrica até 15 A. No benjamim estão ligados um equipamento com resistência elétrica 30 Ω e um outro aparelho com potência elétrica de 1 200 W.

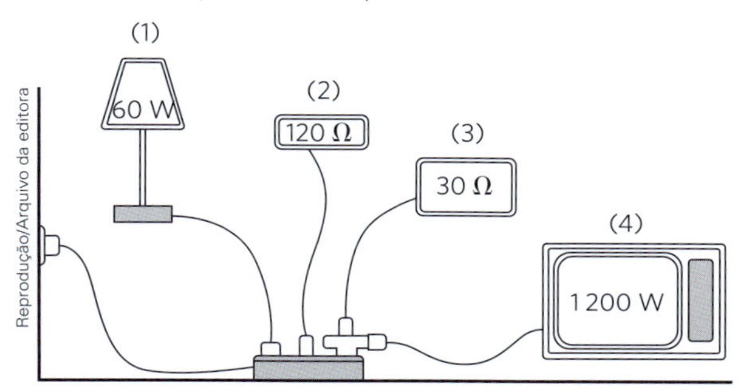


É correto afirmar que:

a) A extensão não poderá suportar adequadamente todos os equipamentos ligados simultaneamente.
b) A extensão está dimensionada para suportar adequadamente todos os equipamentos de instalação.
c) A extensão tem condições de suportar a instalação de todos os equipamentos, mas o benjamim não suporta a intensidade de corrente elétrica dos aparelhos nele instalados.
d) A extensão somente poderá ser utilizada se o equipamento com 60 W de potência for desligado.
e) As alternativas **a** e **d** estão corretas.

**6** (Vunesp-SP) Agenor acabou de instalar uma torneira elétrica na pia de sua cozinha. A instalação foi feita em um circuito em que estavam instalados somente seu *freezer* e sua geladeira, conforme representado na figura:

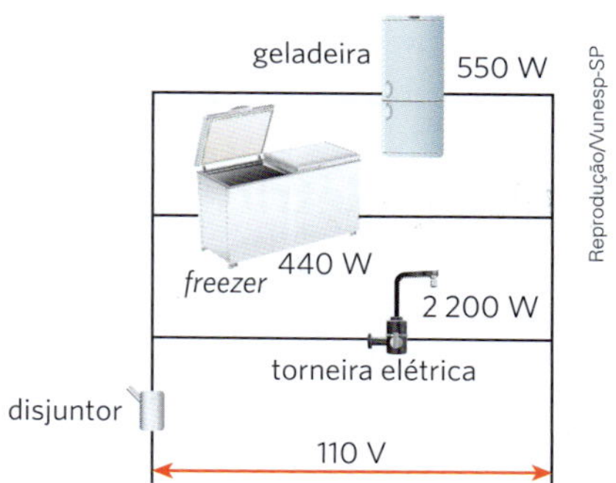


Quando Agenor ligou a torneira, o *freezer* e a geladeira estavam em funcionamento e, instantaneamente, o disjuntor que protege o circuito se desarmou, desligando os aparelhos.

Para que os três aparelhos possam ser ligados simultaneamente Agenor deverá trocar o disjuntor de proteção do circuito. Das opções disponíveis, a que indica a menor amperagem possível para o novo disjuntor a ser instalado para proteger esse circuito é:

a) 15 A b) 20 A c) 26 A d) 30 A e) 32 A

**7** (Acafe-SC) O quadro abaixo apresenta algumas informações de uma fatura da conta de energia elétrica de uma residência por um período de 30 dias.

| CONCESSIONÁRIA DE ENERGIA ELÉTRICA | | Unidade consumidora XXXXXXXXX | |
|---|---|---|---|
| Mês | Vencimento | Consumo faturado (kWh) | Valor (R$) |
| 09/2018 | 10/10/2018 | 375 | 297,89 |
| TENSÃO DA REDE: 220 V FREQUÊNCIA: 60 HZ | | | |
| DADOS DA MEDIÇÃO | UNIDADE DE MEDIDA | LEITURA ATUAL | LEITURA ANTERIOR |
| Consumo | kWh | 1831 | 1456 |

Sabe-se que uma chaleira elétrica é utilizada todos os dias por quinze minutos e que a energia gasta por ela, em 30 dias, representa 2% do consumo de energia da casa.

A alternativa correta que apresenta o valor da potência dessa chaleira, em watt, é:

a) 1500 b) 1200 c) 1000 d) 800

**8** (FCMSCSP) Dois aquecedores elétricos, *A* e *B*, que contêm massas diferentes de água, $m_A$ e $m_B$, à mesma temperatura inicial, foram montados com quatro resistores idênticos. No aquecedor *A*, dois desses resistores estão ligados em série. No aquecedor *B*, os outros dois resistores estão ligados em paralelo. Nos dois casos, os aparelhos são ligados à mesma diferença de potencial, *U*, constante.

AQUECEDOR A AQUECEDOR B

U U

*fora de escala*



Considerando que toda energia térmica dissipada pelos resistores é integralmente absorvida pelas massas de água e sabendo que, uma vez acionados os aquecedores, as respectivas massas de água sofrem a mesma variação de temperatura no mesmo intervalo de tempo, pode-se afirmar que a razão $\frac{m_A}{m_B}$ é igual a

a) $\frac{1}{2}$ b) $\frac{1}{4}$ c) $\frac{1}{8}$ d) 2 e) 4

## Potência elétrica do gerador

Podemos, agora, analisar um gerador elétrico do ponto de vista das potências elétricas envolvidas durante seu funcionamento.

A relação entre as potências esquematizadas abaixo é resultado do princípio da conservação de energia.

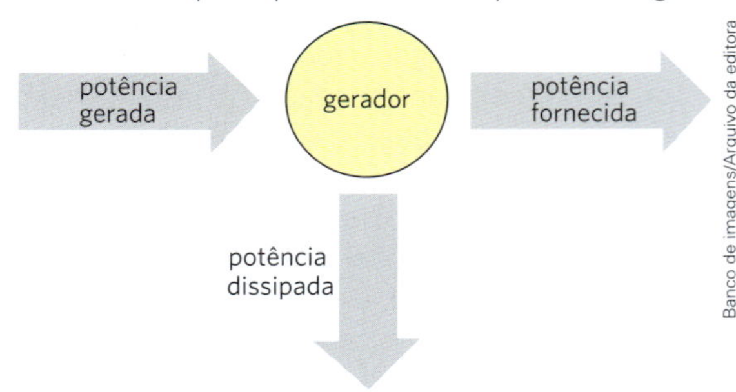




A imagem acima esquematiza as potências envolvidas no funcionamento de um gerador. São elas:

- **Potência gerada** ($P_g$): potência com origem em outras formas de energia que não a elétrica (química, mecânica, etc.).
- **Potência fornecida** ($P_f$): potência elétrica útil disponível entregue ao circuito externo ao gerador.
- **Potência dissipada** ($P_d$): potência ligada às perdas por efeito Joule na própria resistência interna do gerador.

Da equação do gerador, podemos deduzir cada uma das potências elétricas citadas.

$U = \epsilon - r\,i$

Multiplicando-se ambos os membros pela intensidade da corrente elétrica, obtém-se:

$$\underbrace{Ui}_{P_f} = \underbrace{\epsilon i}_{P_g} - \underbrace{ri^2}_{P_d}$$

Portanto, temos:

- $P_f = Ui$ (potência útil)
- $P_g = \epsilon i$ (potência total)
- $P_d = ri^2$ (potência dissipada)

Relacionando essas três potências elétricas, temos:

$$P_f = P_g - P_d$$

## Rendimento elétrico do gerador

Para se estabelecer a eficiência de um dispositivo quando em funcionamento, define-se uma grandeza adimensional chamada **rendimento**. O rendimento de um gerador será determinado pela razão entre a potência fornecida útil ($P_f$) e a potência total gerada ($P_t$). A letra grega $\eta$ (eta) vai representar essa grandeza. Assim:

$$\eta = \frac{P_f}{P_t}$$

ou

$$\eta = \frac{Ui}{\epsilon i}$$

Portanto,

$$\eta = \frac{U}{\epsilon}$$

De maneira geral, o rendimento é expresso em porcentagens. Para geradores reais, teremos sempre $\eta < 1$ ou $\eta < 100\%$.

Ampliando o olhar

## Os impactos de acidentes nucleares

Os impactos às formas de vida e ao meio ambiente, a ameaça à saúde pública, como o desenvolvimento de doenças incuráveis, e a magnitude incalculável de danos que um acidente nuclear pode produzir são fatores que devem ser considerados quando se decide fazer uso da energia nuclear, pois as consequências e os impactos desses acidentes são globais. A seguir, falaremos sobre três acidentes nucleares e os seus impactos.

### O acidente nuclear de Chernobil

O acidente na Usina Nuclear de Chernobil, na Ucrânia, em 1986, foi o primeiro grande acidente nuclear classificado como nível 7, o valor máximo na Escala Internacional de Acidentes Nucleares (INES, na sigla em inglês). Uma explosão enorme em um dos reatores da usina originou um incêndio que durou 10 dias, jogando na atmosfera toneladas de urânio e afetando diversos países. Ainda hoje há controvérsias sobre o número de mortes e os danos provocados.

A Organização Mundial de Saúde (OMS) estimou que mais de 6 mil crianças e adolescentes desenvolveram câncer de tireoide após a exposição à radiação provocada no acidente.

SvedOliver/Shutterstock

A área que se estende por 30 km a partir da usina, chamada de zona de exclusão, é praticamente inabitada. O governo ucraniano estimou que essa área não é segura para a vida humana por mais de 20 mil anos. Cidade de Pripyat, na Ucrânia, em 2018.

### O acidente radiológico de Goiânia

Em 1987, o Brasil conheceu os problemas da exposição à radiação de modo dramático. Dois catadores de papel de Goiânia (GO) encontraram e levaram para um ferro-velho um aparelho para uso em radioterapias, que estava em uma clínica particular desativada. Ao desmontarem o aparelho, eles encontraram uma cápsula de chumbo com cloreto de césio radioativo e ficaram maravilhados. No escuro, a radiação emitida pelo césio produzia um brilho intenso. Por desconhecerem os riscos de manipular o material, eles levaram aquele pó brilhante para seus familiares e vizinhos brincarem. Seis dias após o contato com aquele pó, a sobrinha de um deles foi a primeira vítima fatal da radiação. No total, onze pessoas que tiveram contato direto com o césio radioativo morreram e alguns milhares desenvolveram problemas pela exposição à radiação. Na escala INES, o acidente de Goiânia foi classificado como nível 5.

Rogerio Reis/Tyba

A montanha da imagem, no Parque Estadual Telma Ortegal, em Goiás, abriga o resíduo do acidente de Goiânia em uma estrutura feita de concreto e chumbo e paredes de 1 m de espessura.

O acidente radiológico de Goiânia originou cerca de 13 toneladas de resíduo radioativo, que foi acondicionado em contêineres. Para armazená-los, foi criado o Parque Estadual Telma Ortegal, em Goiás.

### O acidente de Fukushima

O último acidente radiológico de grande proporção aconteceu em 2011, na cidade de Fukushima, no Japão.

Após um maremoto de grande magnitude, um *tsunami*, que se seguiu ao tremor, inundou a área ocupada pela Usina de Daiichi, na cidade de Fukushima. A inundação fez com que explodissem três reatores nucleares, resultando no vazamento de material radioativo e na contaminação da água. Devido aos riscos da exposição à radiação, a cidade de Fukushima e regiões vizinhas foram evacuadas e mais de 30 mil pessoas tiveram de deixar suas casas. Este acidente e o de Chernobil são os únicos classificados como nível 7 na escala INES.

The Yomiuri Shimbun/AP Photo/Glow Images

Ainda hoje, cerca de 150 toneladas de água contaminada pela radiação são retiradas por dia e armazenadas em tanques no local da usina.

Mesmo antes do acidente, já havia relatórios indicando que a planta nuclear não resistiria a desastres naturais mais severos. Não há relatos de mortes imediatamente após o acidente, mas sim de pessoas que morreram após algum tempo, por terem desenvolvido algum tipo de doença pela exposição à radiação. Um dos principais problemas no acidente em Fukushima é que o vazamento de material radioativo atingiu as águas do oceano Pacífico. Não se sabe ao certo o nível dessa contaminação e até onde efetivamente se espalhou devido às correntes marítimas.

## Potência máxima fornecida

Voltemos a analisar o circuito gerador-resistor, agora, sob o aspecto da potência elétrica que o gerador pode fornecer ao resistor externo.

Banco de imagens/Arquivo da editora

A potência elétrica fornecida ($P_f$) pelo gerador ao resistor é dada por:

$P_f = U\,i$

Mas, da 1ª lei de Ohm, temos:

$U = \epsilon - r\,i$

Assim, utilizando a equação acima na expressão de potência elétrica fornecida pelo gerador ao resistor, temos:

$$P_f = (\epsilon - ri)\,i \Rightarrow P_f = \epsilon\, i - r i^2$$

Determinamos, dessa maneira, que a potência elétrica fornecida ($P_f$) pelo gerador varia com o quadrado da intensidade de corrente elétrica ($i$).

Deste modo, $P_f = f(i)$ resulta em uma parábola com concavidade voltada para baixo, pois o coeficiente do termo quadrático é negativo.

Para determinarmos as raízes dessa equação de segundo grau, ou seja, os pontos em que essa parábola encontra o eixo das abscissas, fazemos:

$P_f = 0 \Rightarrow \epsilon\, i - r i^2 = 0 \Rightarrow i\,(\epsilon - r\,i) = 0$

Assim, as raízes são dadas por $i = 0$ e $r\,i = \epsilon$.

$$i = i_{cc} = \frac{\epsilon}{r}$$

A 1ª raiz ($i = 0$) é, fisicamente, a situação em que o gerador está em circuito aberto; não fornece potência elétrica a qualquer elemento externo.

A 2ª raiz $\left(i = i_{cc} = \frac{\epsilon}{r}\right)$ corresponde à situação na qual o gerador está em curto-circuito.

Uma vez determinadas as raízes da equação, podemos construir o gráfico da potência fornecida ($P_f$) em função da intensidade de corrente elétrica ($i$).

Quando $i = 0$ ou quando $i = i_{cc}$, a tensão elétrica nos terminais do gerador é nula e, consequentemente, a potência fornecida também. Da simetria do gráfico, pode-se concluir que a potência elétrica transferida atinge seu valor máximo quando a intensidade de corrente elétrica é a metade da corrente de curto-circuito:

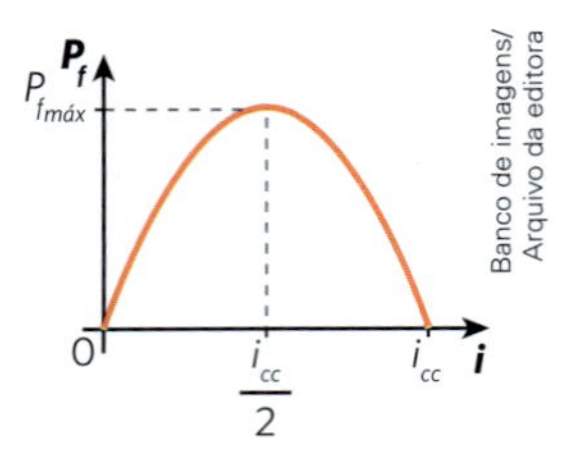


Banco de imagens/Arquivo da editora

$$P_{f_{máx}} \Rightarrow i_{máx} = \frac{i_{cc}}{2} = \frac{\frac{\epsilon}{r}}{2} = \frac{\epsilon}{2r}$$

$$P_{f_{máx}} \Rightarrow i_{máx} = \frac{\epsilon}{2r}$$

Portanto, verificamos a seguinte relação entre a potência máxima fornecida ao circuito e a corrente elétrica de curto-circuito:

> Um gerador elétrico transfere **máxima potência** ao circuito externo quando percorrido por metade da corrente elétrica de curto-circuito.

Determinaremos, agora, a ddp nos terminais do gerador quando se encontra na situação de máxima transferência de potência elétrica.

$U_{máx} = \epsilon - r\,i_{máx}$

Mas:

$i_{máx} = \frac{\epsilon}{2r}$

Assim:

$$U_{máx} = \epsilon - r\left(\frac{\epsilon}{2r}\right) \Rightarrow U_{máx} = \epsilon - \frac{\epsilon}{2}$$

$$U_{máx} = \frac{\epsilon}{2}$$

> Um gerador elétrico transfere máxima potência ao circuito externo quando a ddp nos seus terminais é igual à metade da f.e.m.

Podemos, agora, determinar a potência fornecida máxima:

$$P_{f_{máx}} = i_{máx} U_{máx} \Rightarrow P_{f_{máx}} = \frac{\epsilon}{2r}\frac{\epsilon}{2} \Rightarrow P_{f_{máx}} = \frac{\epsilon^2}{4r}$$

Nas condições de máxima transferência de potência elétrica, podemos ainda determinar o rendimento ($\eta$) do gerador, assim:

$$\eta = \frac{U}{\epsilon} \Rightarrow \eta = \frac{\frac{\epsilon}{2}}{\epsilon}$$

$$\eta = \frac{1}{2} \text{ ou } \eta = 50\%$$

Por fim, vamos analisar a relação entre a resistência elétrica ($r$) do gerador e a resistência externa ($R$) ligada a esse gerador, nas condições de máxima transferência de potência elétrica. Aplicando a lei de Pouillet ao circuito gerador-resistor, temos:

$$i = \frac{\epsilon}{R + r} \quad \text{(I)}$$

Nas condições de máxima transferência de potência elétrica, temos:

$$i = \frac{i_{cc}}{2} = \frac{\epsilon}{2r} \quad \text{(II)}$$

Assim, igualando-se (I) e (II):

$$\frac{\epsilon}{R + r} = \frac{\epsilon}{2r} \Rightarrow R + r = 2r \Rightarrow \boxed{r = R}$$

Nas condições de máxima transferência de potência elétrica, a resistência elétrica externa ($R$) deve ser igual à resistência interna ($r$) do gerador.

## Potência de receptor

Analisemos, novamente, um exemplo de receptor: o motor elétrico.

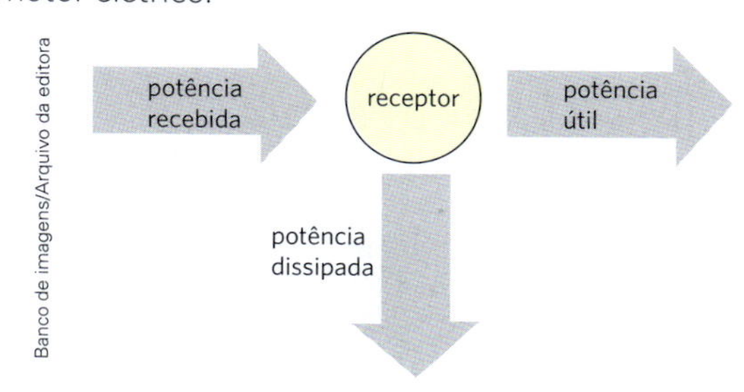


- **Potência recebida** ($P_r$): potência que o receptor recebe da fonte de energia que o abastece.
- **Potência útil** ($P_u$): parcela da potência total recebida. No caso específico do receptor ser um motor elétrico, é a parcela que efetivamente será usada para propiciar o giro do eixo do motor. É muitas vezes chamada de potência mecânica.
- **Potência dissipada** ($P_d$): potência ligada às perdas por efeito Joule nas resistências internas do próprio dispositivo.

Utilizando a equação do receptor, podemos deduzir cada uma das potências elétricas citadas, de modo análogo ao que fizemos para os geradores elétricos.

$$U = \epsilon' + r'i$$

Multiplicando ambos os membros por $i$, temos:

$$\underbrace{Ui}_{P_r} = \underbrace{\epsilon' i}_{P_u} + \underbrace{r' i^2}_{P_d}$$

- $P_r = Ui$
- $P_u = \epsilon' i$
- $P_d = r' i^2$

Relacionando as três potências elétricas, vem:

$$P_r = P_u + P_d$$

O rendimento elétrico ($\eta$) será dado por:

$$\eta = \frac{P_u}{P_r}$$

Utilizando as expressões anteriores, temos:

$$\eta = \frac{\epsilon' i}{Ui} \Rightarrow \boxed{\eta = \frac{\epsilon'}{U}}$$

## Ampliando o olhar

### Carros: motores a combustão *versus* motores elétricos

Carros elétricos começaram a ser vendidos comercialmente nos últimos anos. Embora o primeiro modelo de motor elétrico para automóveis tenha sido desenvolvido em 1884, fatores como a baixa autonomia de uma carga completa, a demora para recarregar a bateria e a facilidade do acesso ao petróleo já no início do século XX fizeram com que motores a combustão dominassem o mercado durante praticamente um século inteiro.

Nos anos 1990, já havia uma grande preocupação sobre o que aconteceria quando a reserva de petróleo da Terra acabasse, e ainda mais alarmantes foram as discussões no início deste século sobre poluentes emitidos pelo aumento crescente da quantidade de carros e sua relação com o aquecimento global.

Carros elétricos apresentam a vantagem de não emitir poluentes, como monóxido de carbono, ozônio, chumbo, entre outros, já que não há queima de combustível fóssil. Porém, um aspecto que frequentemente passa despercebido por todos é a eficiência energética desses carros.

Um motor a combustão tem várias perdas de energia. A própria explosão, embora seja o princípio de funcionamento para mover os pistões, gera uma quantidade de calor imensa que, além de não ser aproveitada, precisa ser dissipada para que o motor não superaqueça. A energia utilizada para resfriar o motor, portanto, também vem do combustível. Quando se calcula a quantidade de energia gerada por um tanque de combustível *versus* a quantidade de energia para mover o carro, a eficiência energética fica em torno dos 15%. Já um carro elétrico, que não consegue carregar em sua bateria a mesma quantidade de energia que pode ser gerada por um tanque cheio de combustível, necessariamente requer que seu motor seja mais eficiente. O fato de o motor elétrico não depender de combustão para trabalhar, por si só, já aumenta a sua eficiência. Levando em consideração toda a parte tecnológica aplicada, a eficiência de um motor elétrico de carro é superior a 90%.

Scharfsinn/Shutterstock

Estação de carregamento de baterias de carros elétricos.

## Descubra mais

**1** Faça um levantamento das últimas doze contas de energia elétrica de sua casa (essas informações normalmente podem ser acessadas no *site* da empresa fornecedora de energia da sua região). Houve alguma variação significativa nos kWh consumidos ao longo das diferentes estações do ano? Em caso afirmativo, pesquise e apresente possíveis razões para essa ocorrência.

**2** Escolha um acidente nuclear e pesquise os motivos de sua ocorrência. Proponha ações que possam evitar acidentes semelhantes no futuro.

**3** Quais são os países líderes de venda de carros elétricos? Existe algum incentivo governamental nesses países para a compra desses carros em detrimento de carros a combustão? Carros elétricos já estão disponíveis no Brasil?

**4** Pesquise a autonomia (em km) de carros elétricos atuais e compare com a autonomia média de um carro a combustão. A diferença ainda é significativa?

## Exercícios

**9** (FCC-SP) As curvas características de três elementos de um circuito elétrico estão representadas abaixo:

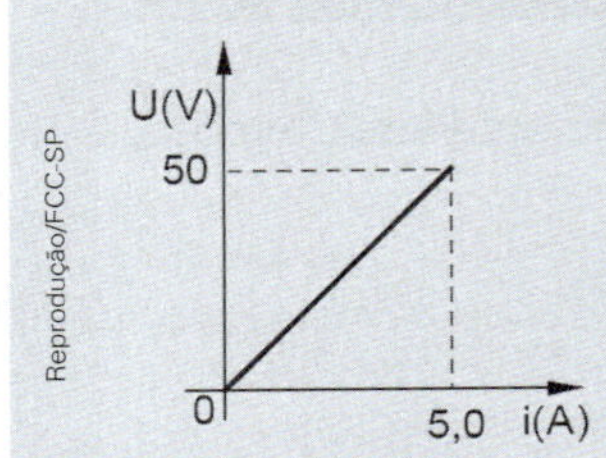


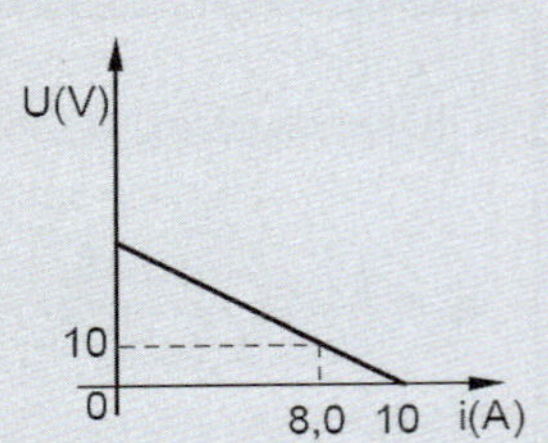


Reprodução/FCC-SP

Associando esses três elementos de forma a fechar um circuito simples, o rendimento do gerador, em porcentagem, será de:

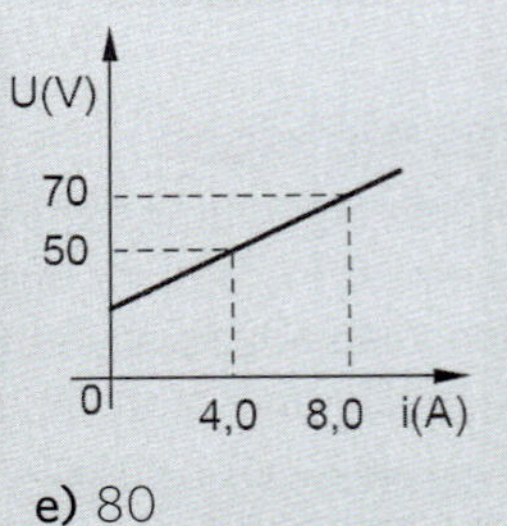


a) 96
b) 92
c) 90
d) 84
e) 80

**Resolução:**

O primeiro gráfico corresponde a um resistor. Portanto, podemos usar a 1ª lei de Ohm para determinar sua resistência $R$:

$U = R\,i \Rightarrow 50 = R\,(5{,}0)$

$\boxed{R = 10\ \Omega}$

O segundo gráfico corresponde a um gerador, cuja resistência interna $r$ pode ser obtida pela declividade da reta:

$r \overset{N}{=} \text{tg}\,\alpha = \dfrac{10}{2{,}0} \therefore \boxed{r = 5{,}0\ \Omega}$

Utilizamos a equação característica para obter a f.e.m., $\epsilon$, desse gerador:

$U = \epsilon - r\,i \Rightarrow 10 = \epsilon - 5{,}0\,(8{,}0)$

$\boxed{\epsilon = 50\ \text{V}}$

O terceiro gráfico corresponde a um receptor. Portanto, a sua resistência interna $r'$ pode ser obtida pela declividade da reta:

$r' \overset{N}{=} \text{tg}\,\beta = \dfrac{70 - 50}{8{,}0 - 4{,}0} \therefore \boxed{r' = 5{,}0\ \Omega}$

Utilizamos a equação característica para obter a f.c.e.m., $\epsilon'$, desse receptor:

$U = \epsilon' - r'i \Rightarrow 50 = \epsilon' + 5{,}0\,(4{,}0)$

$\boxed{\epsilon' = 30\ \text{V}}$

Com os 3 elementos, podemos formar o seguinte circuito simples:

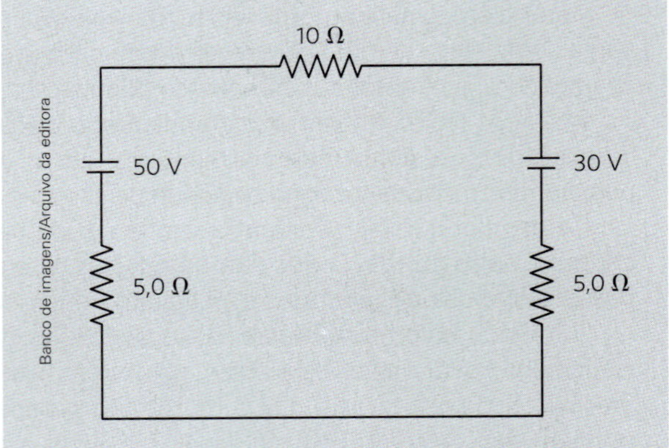


Banco de imagens/Arquivo da editora

$i = \dfrac{\epsilon - \epsilon'}{\sum R} = \dfrac{50 - 30}{20} \therefore \boxed{i = 1{,}0\ \text{A}}$

$U = \epsilon - r\,i = 50 - 5{,}0\,(1{,}0) \therefore \boxed{U = 45\ \text{V}}$

$\eta = \dfrac{U}{\epsilon} = \dfrac{45}{50} = 0{,}9 \therefore \boxed{\eta = 90\%}$

**Resposta:** alternativa **c**.

**10** (Unifor-CE) Um gerador de f.e.m. $\epsilon = 20$ V e resistência interna $r$ alimenta um circuito constituído por resistores de resistências elétricas $R_1 = 2{,}0\ \Omega$, $R_2 = 6{,}0\ \Omega$, $R_3 = 3{,}0\ \Omega$, conforme representa o esquema abaixo:

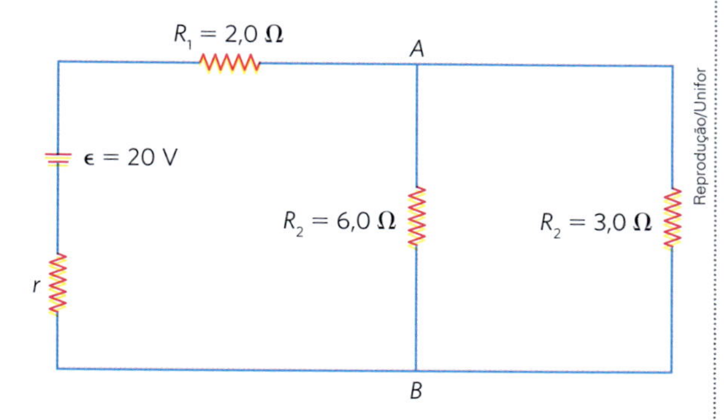


Reprodução/Unifor

Sabe-se que o gerador está fornecendo a potência máxima. Nessa condição, o valor da resistência interna, em ohms, e a tensão entre os pontos $A$ e $B$, em volts, valem, respectivamente:

a) 1,0 e 5,0
b) 1,0 e 10
c) 2,0 e 5,0
d) 2,0 e 10
e) 4,0 e 5,0

**11** (UEPB) Um motor elétrico $M$, figura a seguir, é ligado a uma bateria que lhe aplica uma diferença de potencial (tensão) $V_{AB} = 15$ V, fornecendo-lhe uma corrente de 6,0 A. O motor possui uma resistência interna de 0,30 $\Omega$. Em virtude desta resistência, parte da energia fornecida ao motor pela bateria é transformada em calor (o motor se aquece), sendo a energia restante transformada em energia mecânica de rotação do motor.

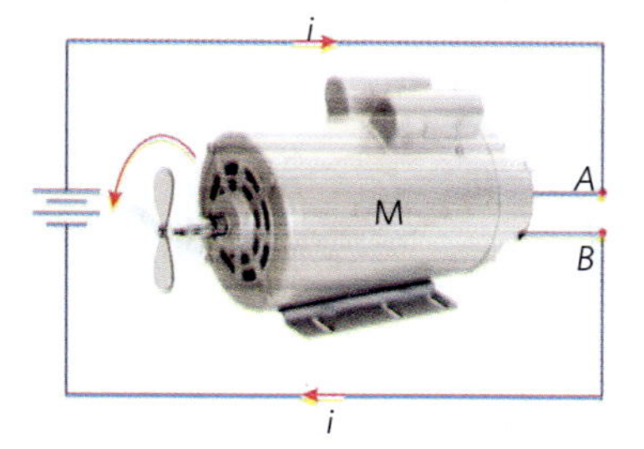


Reprodução/UEPB

Baseando-se nestas informações, pode-se afirmar:

a) A potência dissipada por efeito Joule no interior do motor é 10,4 W.
b) A potência total desenvolvida no motor é 80 W.
c) A potência total desenvolvida no motor e a potência mecânica de rotação do motor são, respectivamente, 90 W e 79,2 W.
d) A potência mecânica de rotação do motor é 78 W.
e) A potência total desenvolvida no motor e a potência dissipada por efeito Joule no interior do motor são, respectivamente, 80 W e 10,6 W.

**12** Dona Thereza foi preparar um suco de frutas para seu netinho. Colocou uma quantidade exagerada de frutas no liquidificador e ainda acrescentou alguns cubos de gelo. Ao ligar o liquidificador, as pás giratórias ficaram bloqueadas.

Dusan Zidar/Shutterstock

Nessa situação, pode-se afirmar:

a) Com as pás bloqueadas, não há energia dissipada e, consequentemente, não há riscos.
b) Com as pás bloqueadas, o receptor (liquidificador) converte-se em gerador.
c) Com as pás bloqueadas, temos conversão de energia elétrica em mecânica.
d) Com as pás bloqueadas, temos uma violação do princípio de conservação de energia.
e) Com as pás bloqueadas, o receptor atua como um resistor, dissipando energia elétrica, que pode provocar um superaquecimento e a queima do motor.

**13** (UFJF-MG) Uma bateria de automóvel tem uma força eletromotriz $\epsilon = 12$ V e resistência interna $r$ desconhecida. Essa bateria é necessária para permitir o funcionamento de vários componentes elétricos embarcados no automóvel. Na figura abaixo, é mostrado o gráfico da potência útil $P$ em função da corrente $i$ para essa bateria, quando ligada a um circuito elétrico externo:

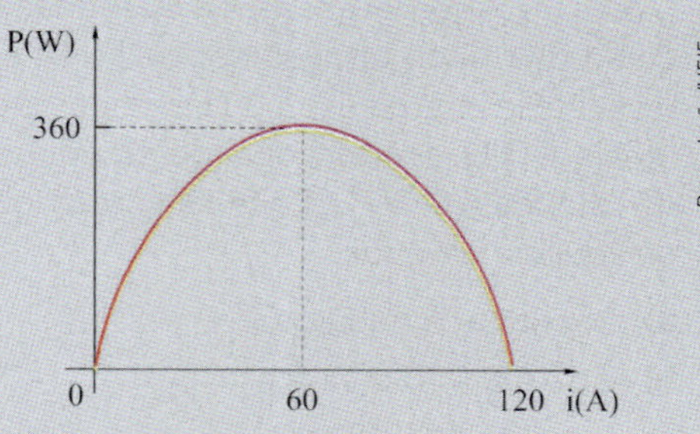


Reprodução/UFJF

a) Determine a corrente de curto-circuito da bateria e a corrente na condição de potência útil máxima. Justifique sua resposta.
b) Calcule a resistência interna $r$ da bateria.
c) Calcule a resistência $R$ do circuito externo nas condições de potência máxima.
d) Sabendo que a eficiência $\eta$ de uma bateria é a razão entre a diferença de potencial $V$ fornecida pela bateria ao circuito e a sua força eletromotriz $\epsilon$, calcule a eficiência da bateria nas condições de potência máxima.
e) Faça um gráfico que representa a curva característica da bateria. Justifique sua resposta.

**Resolução:**

a) Do gráfico: $i_{cc} = 120$ A

Na condição de $P_{máx}$, temos:

$i = \frac{i_{cc}}{2} = \frac{120}{2} \therefore \boxed{i = 60 \text{ A}}$

b) $i_{cc} = \frac{\epsilon}{r} \Rightarrow 120 = \frac{12}{r} \therefore \boxed{r = 0{,}10\ \Omega}$

c) Da equação do gerador:

$U = \epsilon - r\,i$

$U = 12 - 0{,}10 \cdot 60$

$U = 6{,}0$ V

Utilizando esse resultado na 1ª lei de Ohm:

$U = R\,i \Rightarrow 6{,}0 = R \cdot 60$

$\boxed{R = 0{,}10\ \Omega}$

d) O rendimento do gerador é dado por:

$\eta = \frac{U}{\epsilon} \Rightarrow \eta = \frac{6}{12} \therefore \boxed{\eta = 0{,}50 \text{ ou } 50\%}$

e) A curva característica de uma bateria é um gráfico $U \times i$ obtido da equação da bateria:

$U = \epsilon - r\,i \Rightarrow U = 12 - 0{,}1i$

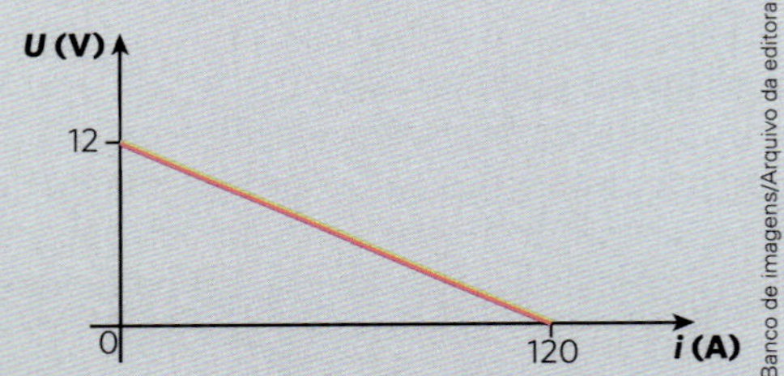




**14** (AFA-SP) Aqueceu-se certa quantidade de um líquido utilizando um gerador de f.e.m. $\epsilon = 50$ V e resistência interna $r = 3{,}0\ \Omega$ e um resistor de resistência $3{,}0\ \Omega$, proporcionando-se uma quantidade de calor de $2{,}0 \cdot 10^5$ J. Pode-se afirmar que o tempo de aquecimento foi:

a) superior a 15 minutos.

b) entre 6,0 e 10 minutos.

c) entre 12 e 15 minutos.

d) inferior a 5,0 minutos.

**15** (ITA-SP) Um gerador elétrico alimenta um circuito cuja resistência equivalente varia de 50 a 150 $\Omega$, dependendo das condições de uso desse circuito. Lembrando que, com resistência mínima, a potência útil do gerador é máxima, então, o rendimento do gerador na situação de resistência máxima é igual a:

a) 0,25 b) 0,50 c) 0,67 d) 0,75 e) 0,90

**16** (AFA-SP) Dispõe-se de duas pilhas idênticas de f.e.m. $\epsilon$ e resistência interna $r$ constante e de um reostato, cuja resistência elétrica $R$ varia de zero até $6r$. Essas pilhas podem ser associadas em série ou em paralelo, conforme ilustram as figuras I e II, respectivamente:

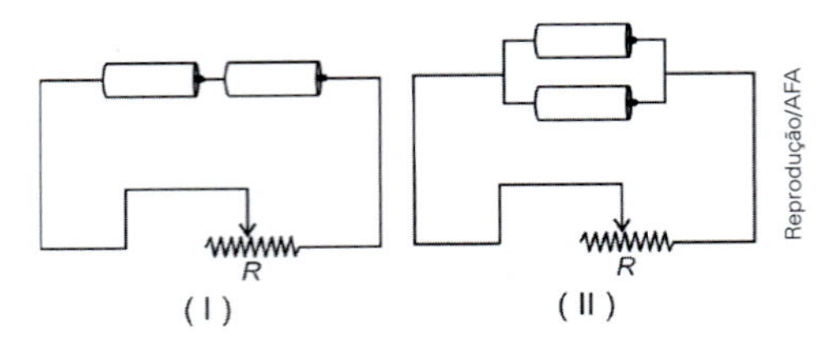




O gráfico que melhor representa a potência $P$ dissipada pelo reostato, para cada uma das associações, em função da resistência $R$ é:

a)

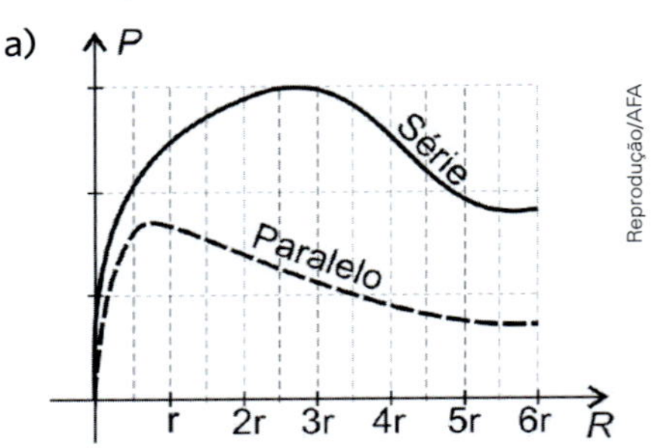




b)

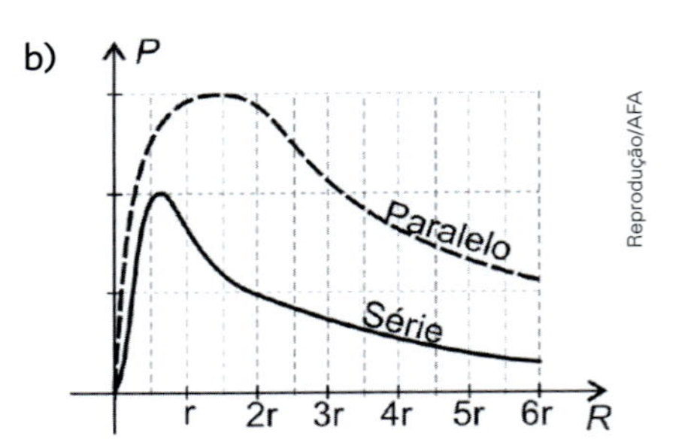




c)

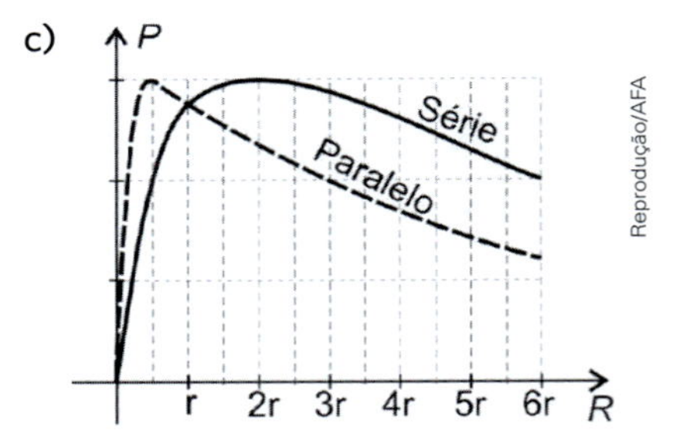




d)

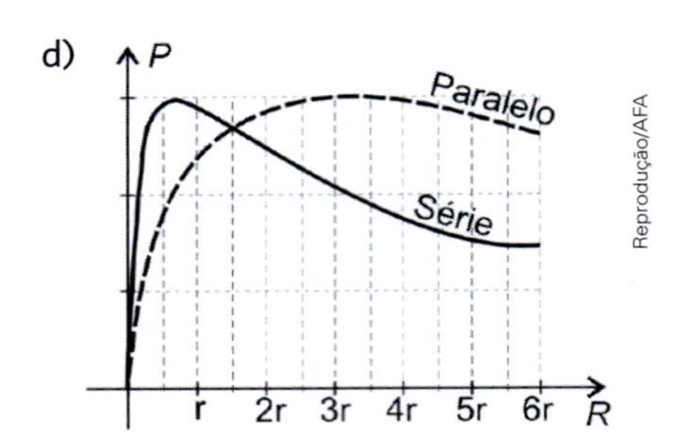

Projeto

# Produção e consumo de energia elétrica

Desde 2015, a Aneel (Agência Nacional de Energia Elétrica) passou a incluir o Sistema de Bandeiras Tarifárias nas contas de energia. O sistema apresenta três indicações de cores: verde, amarelo e vermelho. O uso das bandeiras coloridas ocorre em função das condições de geração de energia elétrica, e cada cor indica se haverá ou não uma tarifa adicional a ser incluída no valor a ser pago pelo consumidor final e, no caso de haver, de quanto será o acréscimo.

Embora se use o termo "geração" de energia, o que ocorre numa usina é, na verdade, uma transformação – em que energia não elétrica é transformada em energia elétrica. A energia original que será transformada em elétrica pode ser de muitas naturezas: eólica (energia cinética do vento), potencial gravitacional, potencial química, nuclear, etc. A diferença entre uma usina solar fotovoltaica, uma usina hidroelétrica e uma usina nuclear, por exemplo, está na natureza da energia original e no processo utilizado para transformá-la em energia elétrica.

**Principais tipos de energia, ou fontes de energia, utilizados em usinas de energia elétrica.**

A disponibilidade de recursos naturais e os custos para realizar o processo de transformação de energia são exemplos de fatores que podem influenciar no preço da conta de energia elétrica, mas outro fator que também é muito importante é o desperdício, que pode ocorrer na produção, na distribuição e (principalmente) na utilização da energia elétrica.

Neste projeto, você vai pesquisar elementos do sistema de geração, transmissão e distribuição de energia elétrica, investigar possibilidades de tornar esse sistema mais sustentável e eficiente, e propor ações para reduzir o consumo de energia elétrica na sua residência a partir do que você aprendeu sobre o funcionamento de equipamentos elétricos e eletroeletrônicos.

## Objetivos

Pesquisar:

- tipos de usina geradora de energia elétrica;
- o caminho por onde a energia elétrica é transportada, desde sua produção até o consumo nas residências;
- como seria possível tornar o processo de geração e consumo de energia nas residências mais eficiente;
- soluções sustentáveis para a produção de energia elétrica e como diminuir o consumo nas residências.

## Para começar

Pesquise como é gerada a energia elétrica distribuída em sua cidade. Pesquise na internet ou na empresa fornecedora de energia qual é a matriz energética utilizada e, após obter essa informação, pesquise e faça uma tabela de prós e contras associados a esse tipo de usina.

## Plano de ação

Investigue quais aparelhos apresentam maior impacto no consumo residencial e por quais motivos esses aparelhos têm um alto consumo de energia elétrica.

Em um estudo de observação, faça uma lista com os aparelhos ligados à rede elétrica na sua residência, colocando as informações físicas relevantes ligadas a eles, como potência e tensão de funcionamento - se não encontrar essas informações no aparelho, pesquise na internet.

Separe-os em categorias de objetos que produzam calor, movimento, luz, entre outros critérios que achar pertinentes. Faça uma pesquisa com as pessoas de sua residência sobre o tempo de uso e quais os aparelhos que elas utilizam no dia a dia.

Com esses dados em mãos, realize uma auditoria na sua residência procurando por objetos que as pessoas não citaram e estão consumindo energia sem o conhecimento delas.

## Análise dos resultados

Com base nos dados levantados, elabore com os colegas de sala soluções para a redução do consumo de energia elétrica, tentando responder às seguintes perguntas:

1. Qual seria o melhor meio para gerar a energia que é consumida em sua cidade e por quê?
2. Em quais atividades a energia elétrica é fundamental e em quais ela poderia ser substituída? Quais hábitos de consumo de energia elétrica poderiam ser mudados?
3. Onde está sendo gasta a maior parte da energia elétrica nas residências? Como poderiam reduzir esse consumo ou substituí-lo por outro hábito mais sustentável, com uso de recursos renováveis?

Após discutir esta questão com os colegas, escolha uma (ou mais) das opções a seguir para produzir vídeos curtos:

- explicação de como alguns eletrodomésticos funcionam e o porquê de alguns demandarem maiores quantidades de energia;
- sugestões de critérios a serem considerados ao comprar um equipamento elétrico ou eletroeletrônico, como o selo de eficiência energética (selo Procel), as especificações do equipamento, etc.;
- indicação de pequenas mudanças de hábito do dia a dia que tornariam o uso da energia elétrica mais consciente e sustentável;
- como a geração, o transporte e o consumo de energia elétrica poderiam se tornar mais eficientes e mais sustentáveis.

Divulgue esses pequenos vídeos produzidos por todos alunos de sua sala para as famílias, funcionários da escola e a comunidade da sua cidade, buscando a conscientização por meio de atitudes simples.

# Eletromagnetismo

O **Eletromagnetismo** é a parte da Física que estuda as interações entre os campos elétricos e magnéticos. Tais interações permitiram o desenvolvimento de objetos e tecnologias desde os mais singelos, como a bússola, que utiliza a orientação pelo campo magnético terrestre, até os eletroímãs industriais, os motores, os aceleradores de partículas, os equipamentos de diagnóstico por imagem e as usinas geradoras de energia.

Javier Larrea/AGE Fotostock/AGB Photo Library/Keystone

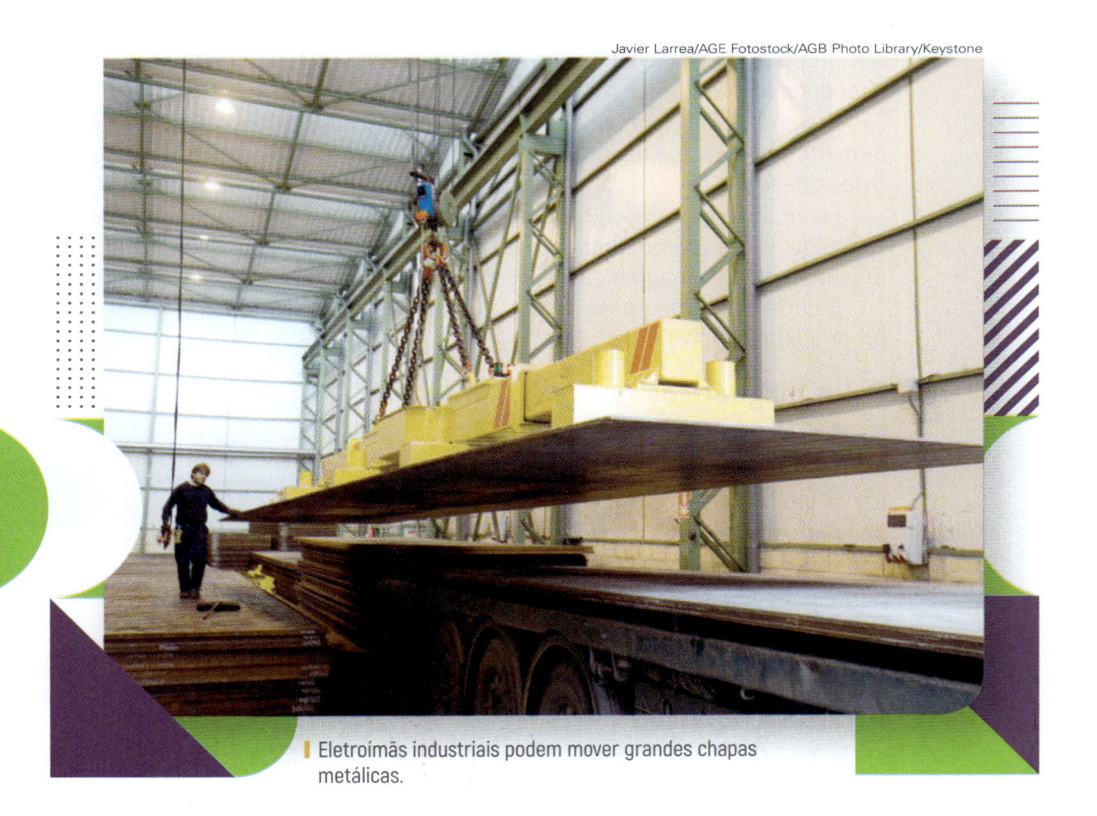

Eletroímãs industriais podem mover grandes chapas metálicas.

## Nesta unidade:

# Introdução ao Eletromagnetismo

Este capítulo favorece o desenvolvimento da seguinte habilidade:

EM13CNT307

## Introdução

Um ímã possui a propriedade de atrair alguns tipos de objetos e de atrair ou repelir outro ímã, dependendo da orientação com que estão posicionados. O motivo pelo qual os ímãs apresentam essa propriedade tem origem em um movimento intrínseco ordenado dos portadores de carga elétrica dentro deles. Podemos analisar o comportamento de outros ímãs e partículas carregadas na região próxima a um ímã através do chamado **campo magnético**, que será descrito em detalhes neste capítulo.

Assim como os ímãs, a Terra também apresenta um campo magnético importante ao redor dela, que está aproximadamente alinhado aos polos geográficos.

## Ímãs e suas propriedades fundamentais

Existem várias versões sobre quais seriam os primeiros relatos verdadeiros do estudo das propriedades magnéticas de um certo tipo de minério que tinha a capacidade de atrair pequenos objetos de ferro.

Esse minério veio a ser chamado de magnetita (devido à versão de que ele foi primeiramente estudado na região da Magnésia, na Grécia) e é constituído de uma associação de óxidos de ferro (FeO, $Fe_2O_3$ ou $Fe_3O_4$). A magnetita é o que chamamos hoje de ímã natural.

Há duas maneiras de obter-se um ímã: encontrar minerais com propriedades magnéticas na natureza (como a magnetita), que são os ímãs naturais, ou fazer com que um corpo originalmente desmagnetizado se torne um ímã, gerando os chamados ímãs artificiais.

Independentemente de serem naturais ou artificiais, todos os ímãs possuem algumas propriedades importantes.

### Polos magnéticos

É possível verificar experimentalmente que certas regiões de um ímã atraem pedaços de ferro com maior intensidade do que outras. Por exemplo, para ímãs em forma de barra ou de **U**, a atração é mais intensa nas extremidades. Essas regiões são denominadas polos magnéticos do ímã, e todo ímã é sempre dotado de um polo magnético norte e um polo magnético sul.

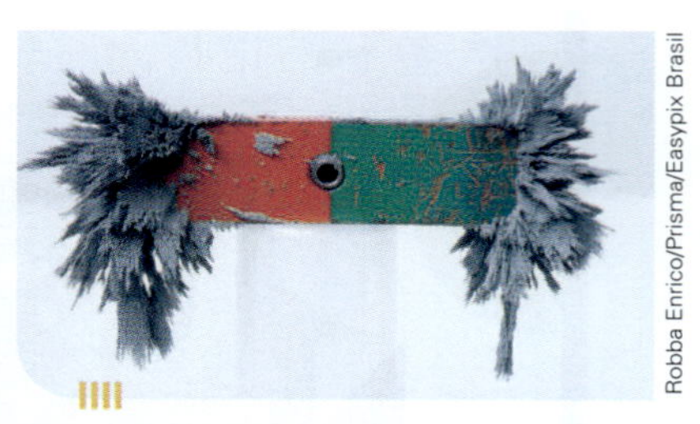

Robba Enrico/Prisma/Easypix Brasil

As limalhas de ferro concentram-se em quantidade maior nos polos magnéticos dos ímãs.

### Atração e repulsão

As forças magnéticas de atração e repulsão mútuas que os ímãs exercem entre si são tais que:

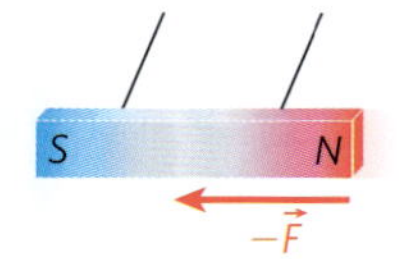


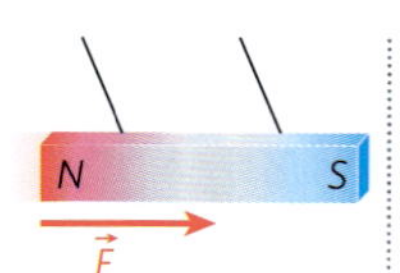


Entre dois polos magnéticos norte, há uma força de repulsão.

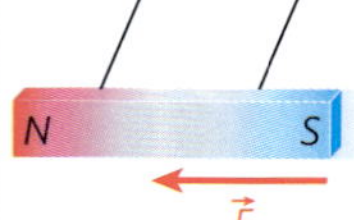


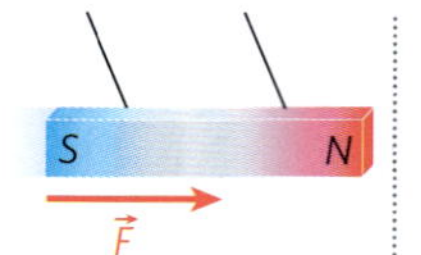


Entre dois polos magnéticos sul, há uma força de repulsão.

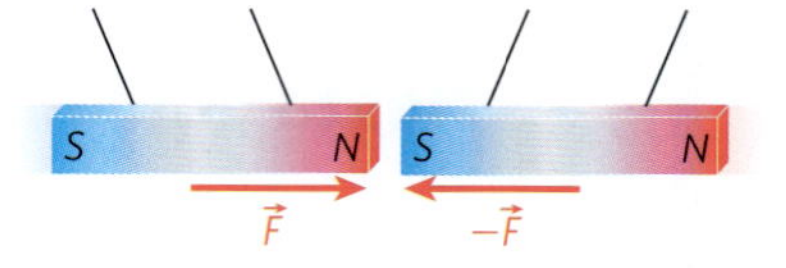


Entre um polo magnético norte e um polo magnético sul, há uma força de atração.

Banco de imagens/Arquivo da editora

Portanto:

Polos magnéticos de mesma polaridade (nome) repelem-se e polos magnéticos de polaridades diferentes atraem-se.

## Ampliando o olhar

### A bússola

Quando um ímã é solto para girar livremente (flutuando em uma superfície com água ou suspenso pelo centro de gravidade dele), sua posição de equilíbrio será tal que se alinhe, aproximadamente, com os polos geográficos da Terra. Por convenção, o lado que aponta para a direção próxima ao polo norte geográfico da Terra foi chamado de polo norte (*N*) do ímã, e o lado oposto, de polo sul (*S*).

Olga Popova/Shutterstock

O fato de a Terra possuir polos magnéticos cujas direções são relativamente próximas aos polos geográficos possibilitou a invenção da bússola. Esse instrumento foi imprescindível para o início das Grandes Navegações, para a exploração de novos territórios e, até a disponibilização do sistema de GPS (*Global Positioning System*) para uso civil no início dos anos 2000, bússolas ainda eram bastante utilizadas por alpinistas, *hickers*, campistas ou mesmo militares.

## Já pensou nisto?

### Maglev: os trens capazes de levitar!

O nome Maglev é derivado do termo **Mag**netic **Lev**itation. Maglev são trens que utilizam as propriedades magnéticas para se mover. O sistema de trilhos é formado por dois conjuntos de fortes ímãs, sendo um deles responsável por fazer o trem levitar, por meio da repulsão magnética, o que elimina o atrito que ocorre entre trens comuns e o solo, responsáveis por uma grande dissipação de energia por efeito Joule (ou seja, gerando calor). O atrito dos trens convencionais com os trilhos, além de desperdiçar energia, é um grande limitador da velocidade que tais trens conseguem alcançar.

O segundo sistema de ímãs dos Maglevs é responsável pela movimentação horizontal dos trens. Como o trem movimenta-se enquanto é levitado, ele é "empurrado" para frente por forças magnéticas, sem que haja necessidade de nenhum tipo de roda. Desse modo, além de conseguir alcançar velocidades bem maiores, em geral entre 300 e 600 km/h, esses trens são extremamente silenciosos (sem que haja, portanto, perda de energia na forma sonora) e muito mais estáveis. Em geral, o que limita suas velocidades é o atrito com o próprio ar, mas, ainda assim, recordes de velocidade vêm sendo quebrados conforme a tecnologia evolui. O recorde atual de velocidade é do sistema japonês, que em 2015 conseguiu alcançar 603 km/h.

Ao redor do mundo, os Maglevs ainda são minoria, quando comparados com trens convencionais. Isso ocorre em função do alto custo de implementação das linhas, já que tanto os trens quanto os trilhos utilizam uma tecnologia diferente e mais custosa do que os trens convencionais. Embora já tenham sido realizados testes em diversos países, até 2019 Maglevs eram utilizados comercialmente apenas no Japão, na Coreia do Sul e na China, que já têm projetos de expansão das linhas existentes. Países como Austrália, Estados Unidos, Índia, Alemanha e Israel possuem projetos em andamento para implementação de linhas novas.

cyo bo/Shutterstock

Imagem mostra um trem Maglev percorrendo a linha de Xangai, na China. A imagem borrada da cidade ao fundo dá uma perspectiva da velocidade alcançada pelo trem magnético.

## Descubra mais

1. Materiais magnéticos vêm sendo utilizados para diversos fins desde que foram descobertos. Bússolas utilizando agulhas magnéticas foram importantes para exploradores no passado, e atualmente conseguimos magnetizar certos materiais para aplicações cotidianas, tecnológicas ou mesmo industriais. Pesquise sobre o processo de magnetização de materiais. Qualquer material pode ser magnetizado?
2. É possível que vários aparelhos de uso diário na sua residência possuam ímãs internamente e dependam das propriedades magnéticas desses ímãs para funcionar. Cite alguns aparelhos ou aplicações cotidianas que dependam de ímãs.

### Princípio da inseparabilidade dos polos

Todo ímã é necessariamente dotado de um polo magnético norte e um sul. Isso significa que até hoje não foi identificado nenhum ímã com apenas um polo magnético (que seria chamado de monopolo magnético). Se cortássemos um ímã ao meio, verificaríamos que cada uma das partes do ímã se tornaria um novo ímã completo, com polos magnéticos norte e sul.

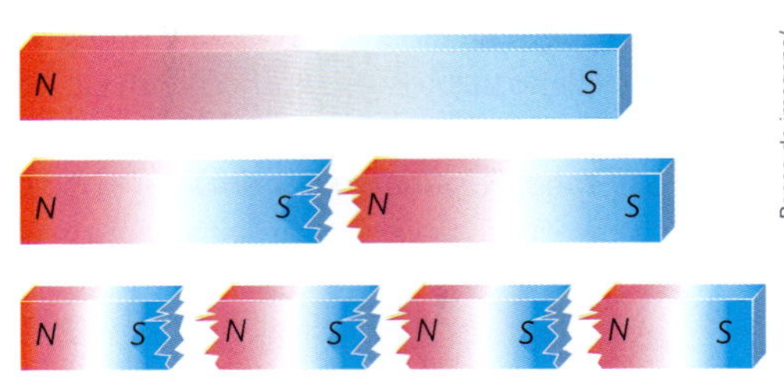

Banco de imagens/Arquivo da editora

Cada ímã cortado ao meio produz dois novos ímãs, cada qual dotado de um polo magnético norte e um sul.

## O campo magnético

As ações de um ímã podem ser verificadas sem que eles estejam em contato direto, ou seja, são ações que se manifestam mesmo a distância. Podemos descrever essa interação do ímã com objetos distantes através do chamado **campo magnético**.

Além dos ímãs, uma corrente elétrica em um fio também pode criar um campo magnético, mas esse fenômeno será estudado mais adiante.

Do mesmo modo que descrevemos um campo gravitacional ao redor da Terra, descrevemos um campo magnético ao redor de um ímã. Para cada ponto do espaço que circunda um ímã, vamos definir um único vetor $\vec{B}$ representativo desse campo magnético. O vetor $\vec{B}$ será denominado vetor campo magnético (algumas vezes também chamado de vetor indução magnética).

### Direção e sentido de $\vec{B}$

Para constatarmos a presença do campo magnético na região próxima a um ímã, podemos colocar uma pequena bússola, que chamaremos de **bússola de prova**, em um ponto qualquer dessa região e aguardar o equilíbrio. A direção do vetor campo magnético, nesse ponto, é a direção assumida pelo eixo longitudinal da agulha magnética da bússola. O sentido de $\vec{B}$ é o sentido para onde aponta o polo norte magnético da agulha magnética.

Banco de imagens/Arquivo da editora

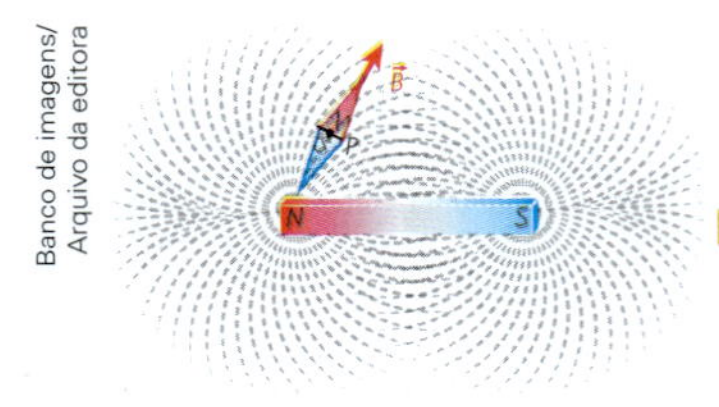


Quando a agulha magnética da bússola fica em equilíbrio em um ponto *P*, estabelece a orientação do campo magnético $\vec{B}$ para aquele ponto específico do espaço.

### Linhas de campo magnético

Para representarmos graficamente a variação de $\vec{B}$ nas proximidades de um ímã, podemos utilizar linhas orientadas, chamadas linhas de campo magnético (ou linhas de indução magnética), similares às linhas de força de um campo elétrico.

Por convenção, tem-se que:

> As linhas de campo magnético são **linhas fechadas** que, na parte externa do ímã, saem do polo magnético norte e chegam ao polo magnético sul. Internamente ao ímã, fazem o oposto.

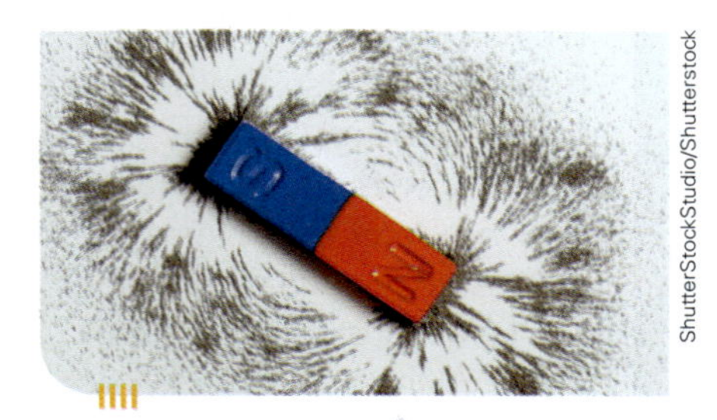

ShutterStockStudio/Shutterstock

A limalha de ferro nos fornece uma representação visual das linhas de campo magnético criado pelo ímã em forma de barra.

Em cada ponto do espaço, haverá um vetor campo magnético tangente às linhas de campo que tem o mesmo sentido dessas linhas.

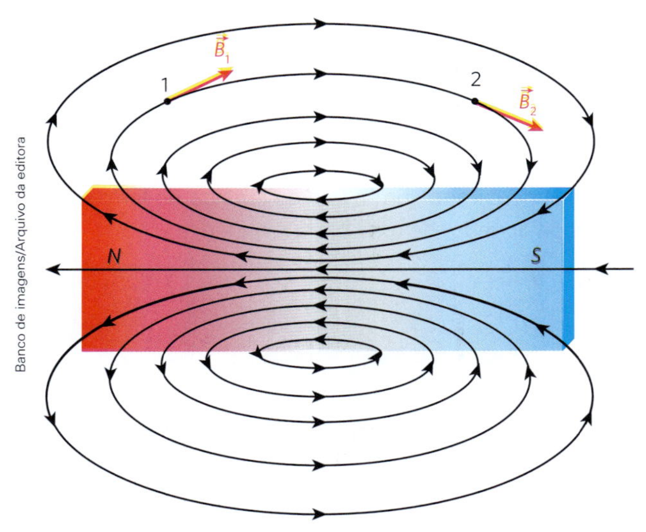




Linhas de campo magnético de um ímã em forma de barra e representação dos vetores campo magnético $\vec{B}_1$ e $\vec{B}_2$, que são tangentes a uma dessas linhas nos pontos 1 e 2, respectivamente.

Observação 1: Assim como as linhas de força de um campo elétrico, as linhas que descrevem um campo magnético qualquer obedecem à seguinte propriedade:

Quanto maior a densidade de linhas, maior será a intensidade do campo magnético nessa região.

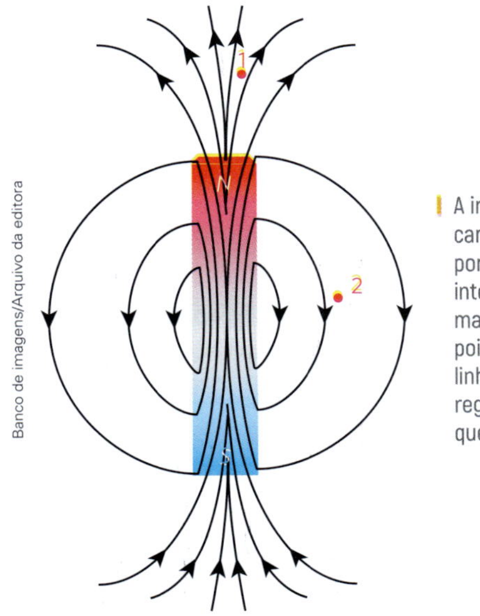




A intensidade do campo magnético no ponto 1 é maior que a intensidade do campo magnético no ponto 2, pois a densidade das linhas de campo na região 1 é maior do que na região 2.

Observação 2: Duas linhas de campo magnético não podem se cruzar. Isso acarretaria a existência de dois campos magnéticos distintos em um único ponto do espaço.

## Campo magnético uniforme

Alguns ímãs com formatos especiais permitem, com boa aproximação, obter campos magnéticos praticamente uniformes em uma determinada região.

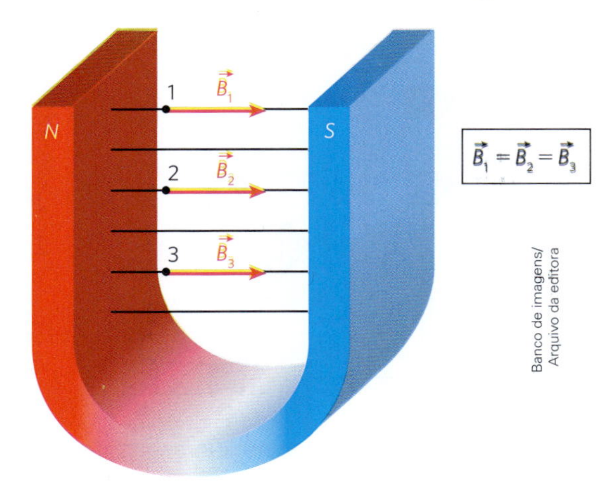




Ímã em formato de **U**. Nas regiões destacadas entre os polos, os campos magnéticos são, no caso ideal, uniformes.

Quando o campo magnético é uniforme, em todos os pontos desse campo o vetor $\vec{B}$ tem a mesma intensidade, mesma direção e mesmo sentido. As linhas de campo magnético são segmentos de retas paralelos igualmente espaçados entre si.

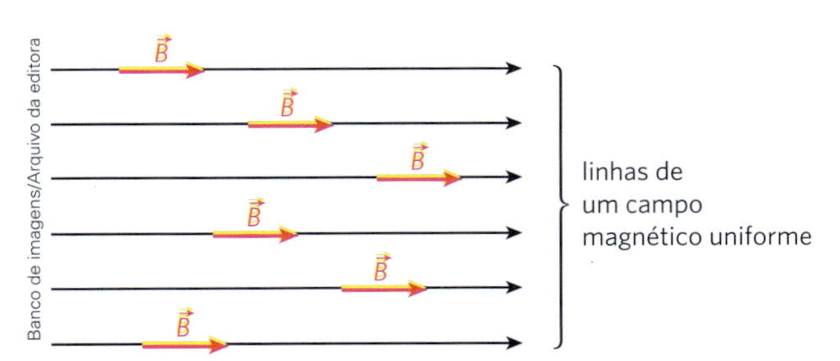




Na figura, vemos a representação de um campo magnético uniforme. As linhas de indução são todas paralelas e equidistantes entre si. Os vetores campo magnético ($\vec{B}$) são tangentes às linhas de indução e todos têm mesma intensidade, mesma direção e mesmo sentido.

A imagem a seguir mostra a notação quando o campo magnético ($\vec{B}$) tem direção perpendicular ao plano da página com sentido entrando ou saindo dela.

$\vec{B}$ (entrando no plano)

⊗ × × × × × ×
× × × × × × ×
× × × × × × ×
× × × × × × ×
× × × × × × ×
× × × × × × ×

$\vec{B}$ (saindo do plano)

⊙ • • • • • •
• • • • • • •
• • • • • • •
• • • • • • •
• • • • • • •
• • • • • • •



As notações ⊗ (entrando no plano) e ⊙ (saindo do plano) podem ser usadas para outras grandezas físicas.

## Exercícios

**1** (Famerp-SP) Três ímãs idênticos, em forma de barra, estão dispostos com uma de suas extremidades equidistantes de um ponto *P*, como mostra a figura.

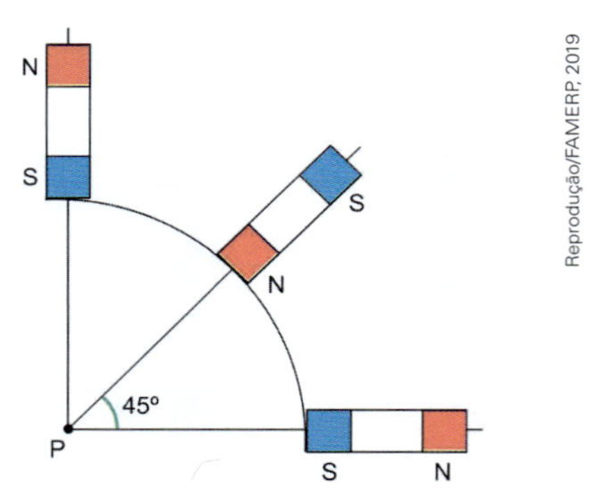


Reprodução/FAMERP, 2019

O campo de indução magnética resultante da ação dos três ímãs no ponto *P* é representado pelo vetor

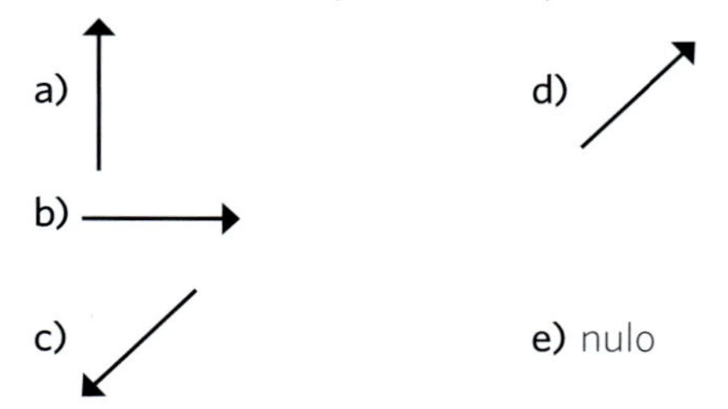


e) nulo

**2** (CPS-SP) Uma das hipóteses, ainda não comprovada, sobre os modos como se orientam os animais migratórios durante suas longas viagens é a de que esses animais se guiam pelo campo magnético terrestre. Segundo essa hipótese, para que ocorra essa orientação, esses animais devem possuir, no corpo, uma espécie de ímã que, como na bússola, indica os polos magnéticos da Terra. De acordo com a Física, se houvesse esse ímã que pudesse se movimentar como a agulha de uma bússola, orientando uma ave que migrasse para o hemisfério sul do planeta, local em que se encontra o polo norte magnético da Terra, esse ímã deveria

**a)** possuir apenas um polo, o sul.

**b)** possuir apenas um polo, o norte.

**c)** apontar seu polo sul para o destino.

**d)** apontar seu polo norte para o destino.

**e)** orientar-se segundo a linha do Equador.

**Resolução:**
O polo norte de um ímã se orienta apontando para o polo sul magnético da Terra, que corresponde ao seu polo norte geográfico. Neste caso, o polo sul do ímã estará apontando para o polo sul geográfico da Terra.
**Resposta:** alternativa **c**.

**3** (UFSC) A ideia de linhas de campo magnético foi introduzida pelo físico e químico inglês Michael Faraday (1791-1867) para explicar os efeitos e a natureza do campo magnético. Na figura abaixo, extraída do artigo "Pesquisas Experimentais em Eletricidade", publicado em 1852, Faraday mostra a forma assumida pelas linhas de campo com o uso de limalha de ferro espalhada ao redor de uma barra magnética.

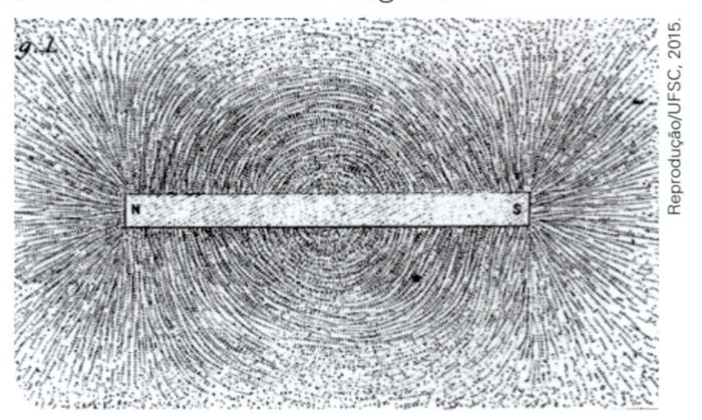


Reprodução/UFSC, 2015.

Sobre campo magnético, é correto afirmar que:

**(01)** o vetor campo magnético em cada ponto é perpendicular à linha de campo magnético que passa por este ponto.

**(02)** as linhas de campo magnético são contínuas, atravessando a barra magnética.

**(04)** as linhas de campo magnético nunca se cruzam.

**(08)** por convenção, as linhas de campo magnético "saem" do polo sul e "entram" no polo norte.

**(16)** as regiões com menor densidade de linhas de campo magnético próximas indicam um campo magnético mais intenso.

**(32)** quebrar um ímã em forma de barra é uma maneira simples de obter dois polos magnéticos isolados.

**(64)** cargas elétricas em repouso não interagem com o campo magnético.

**4** (Udesc) Analise as proposições relacionadas às linhas de campo elétrico e às de campo magnético.

I. As linhas de força do campo elétrico se estendem apontando para fora de uma carga pontual positiva e para dentro de uma carga pontual negativa.

II. As linhas de campo magnético não nascem nem morrem nos ímãs, apenas atravessam-nos, ao contrário do que ocorre com os corpos condutores eletrizados que originam dos campos elétricos.

III. A concentração das linhas de força do campo elétrico ou das linhas de campo magnético indica, qualitativamente, onde a intensidade do respectivo campo é maior.

Assinale a alternativa correta.

**a)** Somente as afirmativas I e III são verdadeiras.
**b)** Somente a afirmativa II é verdadeira.
**c)** Somente as afirmativas II e III são verdadeiras.
**d)** Somente as afirmativas I e II são verdadeiras.
**e)** Todas as afirmativas são verdadeiras.

**5** (Fuvest-SP) Um ímã, em forma de barra, de polaridade $N$ (norte) e $S$ (sul), é fixado em uma mesa horizontal. Um outro ímã semelhante, de polaridade desconhecida, indicada por $A$ e $T$, quando colocado na posição mostrada na figura 1, é repelido para a direita.

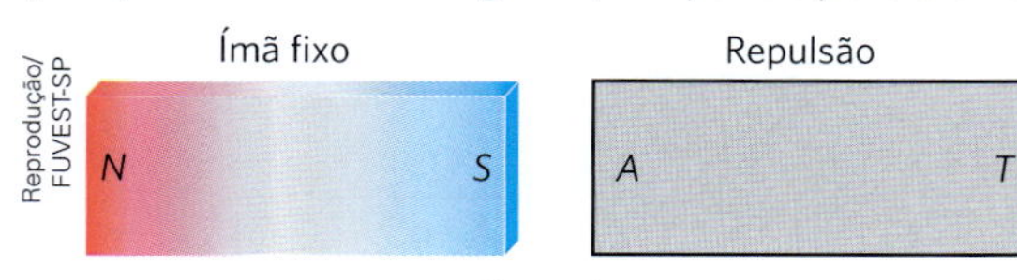


Figura 1

Quebra-se esse ímã ao meio e, utilizando as duas metades, fazem-se quatro experiências, representadas nas figuras **I**, **II**, **III** e **IV**, em que as metades são colocadas, uma de cada vez, nas proximidades do ímã fixo.

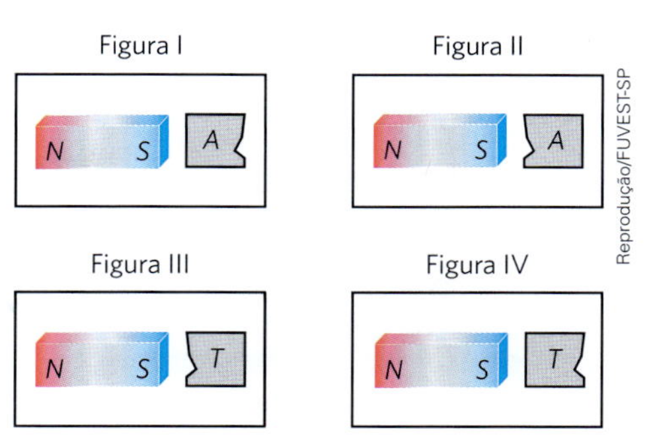


Indicado por "nada" a ausência de atração ou repulsão da parte testada, os resultados das quatro experiências são, respectivamente:

| | I | II | III | IV |
|---|---|---|---|---|
| **a)** | repulsão | atração | repulsão | atração |
| **b)** | repulsão | repulsão | repulsão | repulsão |
| **c)** | repulsão | repulsão | atração | atração |
| **d)** | repulsão | nada | nada | atração |
| **e)** | atração | nada | nada | repulsão |

## Partícula eletrizada em repouso em um campo magnético

Quando uma partícula eletrizada é colocada em repouso dentro de um campo magnético, não se verifica qualquer interação. Em outras palavras, a **força magnética** sobre essa partícula é nula, ou seja:

$$\text{Se } \vec{v} = \vec{0}\text{, então } \vec{F}_m = \vec{0}$$

em que:

$\vec{v}$ é a velocidade da partícula eletrizada imersa numa região com campo magnético;

$\vec{F}_m$ é a força magnética que age sobre essa partícula devido a sua interação com esse campo.

A seguir estão ilustradas duas situações: a situação ($a$) nos mostra que uma carga positiva, em repouso no interior de um campo elétrico, fica sujeita à ação de uma força elétrica; a situação ($b$) mostra que essa mesma partícula, quando está em repouso no interior de um campo magnético, não recebe a ação de uma força magnética causada por esse campo.

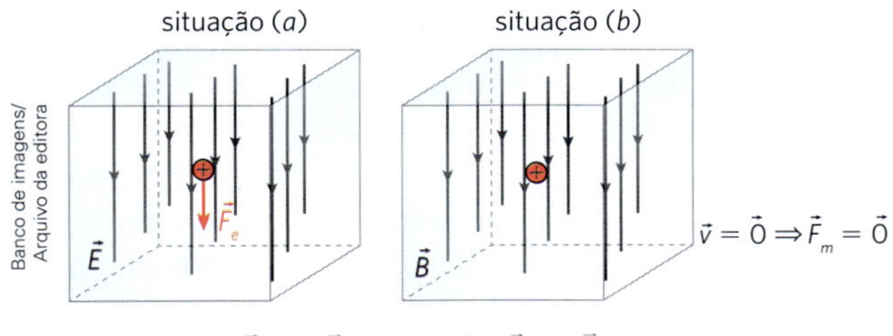


Situação ($a$): $\vec{F}_e = q\vec{E}$. Situação ($b$): $\vec{F}_m = \vec{0}$.

## Partícula eletrizada em movimento em um campo magnético uniforme

A força magnética que atua em cargas lançadas paralelamente às linhas de um campo magnético é nula, ou seja:

$$\text{Se } \vec{v} \text{ e } \vec{B} \text{ são paralelos, então } \vec{F}_m = \vec{0}$$

em que:

$\vec{v}$ é a velocidade da carga imersa numa região com campo magnético $\vec{B}$;

$\vec{F}_m$ é a força magnética que age sobre essa partícula devido a sua interação com esse campo.

Para que uma força magnética atue sobre uma partícula eletrizada no interior de um campo magnético, a direção da velocidade $\vec{v}$ da partícula não pode ser paralela às linhas de campo magnético $\vec{B}$.

O módulo $F_m$ da força magnética que pode atuar sobre uma partícula eletrizada de carga $q$, lançada com uma velocidade de módulo $v$ dentro de um campo magnético de módulo $B$, é dado por:

$$F_m = |q|\, v\, B \text{ sen } \theta$$

Como a força magnética é grandeza vetorial, precisamos definir ainda sua direção e seu sentido.

- Direção da força magnética ($\vec{F}_m$): perpendicular ao plano formado pelos vetores $\vec{B}$ e $\vec{v}$.

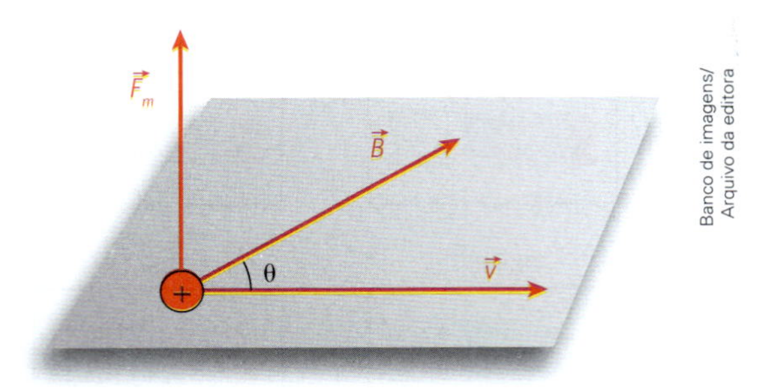


A força magnética que atua sobre a partícula eletrizada de carga elétrica positiva é perpendicular tanto ao vetor $\vec{B}$ quanto ao vetor $\vec{v}$, ou seja, é perpendicular ao plano formado por $\vec{B}$ e $\vec{v}$.

- Sentido da força magnética ($\vec{F}_m$): pode ser determinado pela regra da mão esquerda. Alinhando o indicador com o vetor campo magnético e o dedo médio com o vetor velocidade, o polegar esticado indicará o sentido da força magnética.

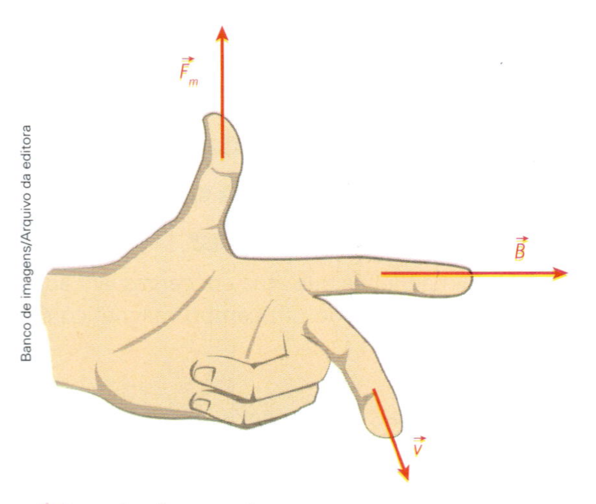


Regra da mão esquerda.

A regra da mão esquerda é válida quando a carga elétrica da partícula for **positiva**. Se a carga elétrica for **negativa**, o sentido da força magnética será o **oposto** do encontrado por meio dessa regra.

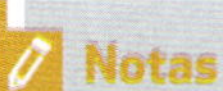
**Notas**

- ⊗ é a representação de um vetor entrando no plano da página.
- ⊙ é a representação de um vetor saindo do plano da página.

## A unidade de *B* no Sistema Internacional

Da expressão para o cálculo do módulo $F_m$ da força magnética, tem-se:

$$F_m = |q|\, v\, B \cdot \text{sen}\, \theta$$

Assim,

$$B = \frac{F_m}{|q|\, v \cdot \text{sen}\, \theta}$$

Como sen θ é adimensional, vem:

$$\text{unid. } [B] = \frac{\text{N}}{\text{C} \cdot \frac{\text{m}}{\text{s}}} = \frac{\text{N}}{\frac{\text{C}}{\text{s}} \cdot \text{m}} = \frac{\text{N}}{\text{A} \cdot \text{m}}$$

A razão $\frac{\text{newton}}{\text{ampere} \cdot \text{metro}}$ foi chamada de tesla (T), em homenagem ao cientista croata Nikola Tesla (1856-1943).

$$1\,\text{T} = 1\,\frac{\text{N}}{\text{A} \cdot \text{m}}$$

## Situações especiais de movimento de partícula eletrizada em campo magnético uniforme $\vec{B}$

### Primeiro caso: partícula eletrizada lançada paralelamente às linhas do campo magnético

Da Trigonometria, temos que sen 0° = sen 180° = = 0, e, como sabemos que o módulo da força magnética que age sobre a carga é dado por:

$$F_m = |q|\, vB \cdot \text{sen}\, \theta$$

Nos casos em que a partícula incide perpendicularmente à direção do campo magnético (θ = 0° ou θ = 180°), a força magnética que atua nela é nula.

### Segundo caso: partícula eletrizada lançada perpendicularmente às linhas de indução do campo magnético

Nesse caso, para um ângulo θ = 90°, tem-se sen 90° = 1. Logo, a intensidade $F_m$ da força magnética tem valor máximo e será dada por:

$$F_m = |q|\, v\, B$$

Assim, a partícula eletrizada lançada fica sujeita a uma força magnética de intensidade constante cuja direção é perpendicular ao vetor velocidade $\vec{v}$. Se uma força age sobre uma partícula em uma direção perpendicular ao seu vetor velocidade, essa força atua como resultante centrípeta, alterando a direção do vetor velocidade, mas não o seu módulo.

Podemos ver pela figura seguinte, na qual assumimos que a carga elétrica da partícula é positiva, que a força magnética $\vec{F}_m$ e o vetor velocidade $\vec{v}$ definem um plano perpendicular ao vetor campo magnético $\vec{B}$.

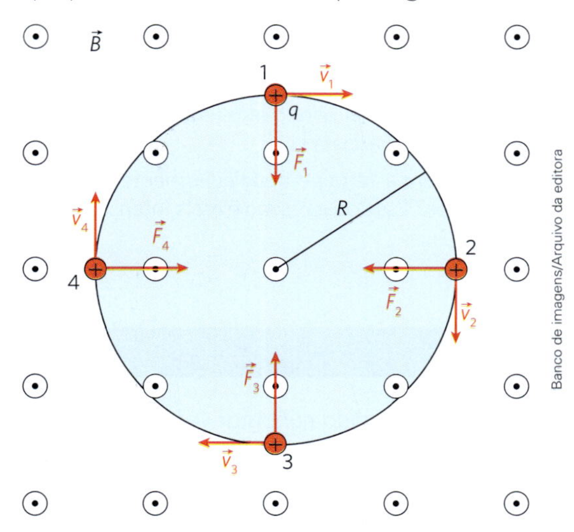


Nesse plano, a partícula executa um movimento circular uniforme (MCU).

## Cálculo do raio *R* descrito pela partícula eletrizada de massa *m* e carga elétrica *q*

Assumindo que a partícula eletrizada esteja sujeita exclusivamente à força magnética $\vec{F}_m$, então, na situação proposta, $\vec{F}_m$ atuará como resultante centrípeta. Logo, o módulo da força magnética $\vec{F}_m$ será o módulo da força resultante centrípeta que age sobre a partícula eletrizada:

$$F_m = F_{cp}$$

$$|q|vB = m\frac{v^2}{R}$$

$$R = \frac{mv}{|q|\,B}$$

Desse modo, o raio $R$ da trajetória circular descrita pela partícula eletrizada será diretamente proporcional à sua massa $m$ e à intensidade $v$ da velocidade de lançamento. Por outro lado, o raio $R$ é inversamente proporcional ao módulo $|q|$ da carga e da intensidade $B$ do campo magnético.

## Determinação do período *T* e da frequência *f* do movimento circular da partícula eletrizada

O módulo da velocidade $\vec{v}$ da partícula eletrizada em MCU pode ser calculado como $v = \frac{\Delta s}{\Delta t}$. Também podemos expressar $v$ em função do período $T$ (tempo necessário para a partícula em movimento circular realizar uma volta completa). Sendo $\Delta s = 2\pi R$ e $\Delta t = T$, temos:

$$v = \frac{2\pi R}{T}$$

Mas sabemos também que $R = \frac{mv}{|q|B}$; então, substituindo-se $v$ na fórmula obtida para o raio $R$:

$$R = \frac{m}{|q|B}\frac{2\pi R}{T}$$

Isolando o período $T$:

$$T = \frac{2\pi m}{|q|B}$$

Como $f = \frac{1}{T}$, tem-se:

$$f = \frac{|q|B}{2\pi m}$$

Observando as duas equações acima, podemos concluir que tanto o período $T$ quanto a frequência $f$ do MCU da partícula eletrizada em um campo magnético não dependem da velocidade com que a partícula é lançada. Então, para uma partícula de massa $m$ e carga $q$, o período e a frequência são constantes, não importando o módulo da velocidade de lançamento $\vec{v}$ da partícula no interior do campo magnético $\vec{B}$.

## Terceiro caso: partícula eletrizada lançada obliquamente em relação às linhas de indução do campo magnético

Neste último caso, vamos decompor a velocidade $\vec{v}$ da partícula em duas componentes: uma paralela ao campo magnético $\vec{B}$, e outra perpendicular ao campo $\vec{B}$.

A componente paralela da velocidade determina um movimento retilíneo uniforme (MRU) e a componente perpendicular da velocidade, um movimento circular uniforme (MCU). A composição desses dois movimentos estabelece um movimento resultante do tipo **helicoidal** e **uniforme**.

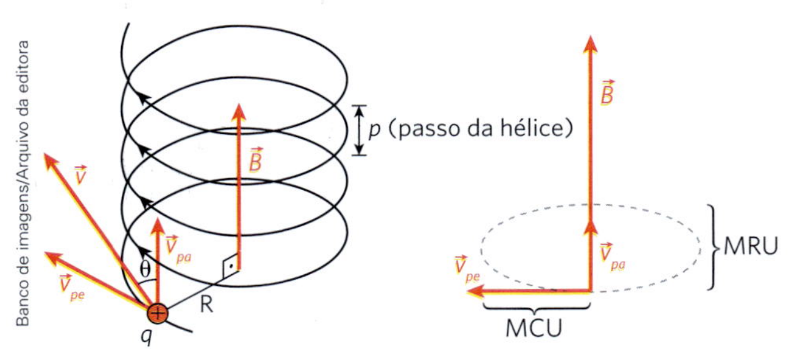


Para essa situação, a partícula realiza trajetória descrita por uma helicoide ou hélice cilíndrica.

## Descubra mais

**1** O que acontece se lançarmos um elétron numa direção diagonal à do campo magnético local? E se, em vez de um elétron, for lançado um nêutron? Descreva o movimento dessas cargas, qualitativamente.

**2** A medida no SI para o módulo do campo magnético é o tesla, representado por T. Pesquise o valor do campo magnético terrestre no SI.

**3** Além de possuir um campo magnético interno, qual outra propriedade é essencial para que o fenômeno das auroras boreal e austral seja observado em um planeta? Esse fenômeno pode ser observado na Lua?

**4** Se na região próxima à linha do equador as partículas do vento solar atingem a Terra perpendicularmente às linhas de campo magnético terrestre, por que as auroras só são observadas nos polos? Essa observação é mais intensa nos polos magnéticos ou polos geográficos? Justifique sua resposta.

## Exercícios

**6** (UFRGS-RS) A figura abaixo (i) esquematiza um tubo de raios catódicos. Nele, um feixe de elétrons é emitido pelo canhão eletrônico, é colimado no sistema de foco e incide sobre uma tela transparente que se ilumina no ponto de chegada. Um observador posicionado em frente ao tubo vê a imagem representada em (ii). Um ímã é então aproximado da tela, com velocidade constante e vertical, conforme mostra em (iii).

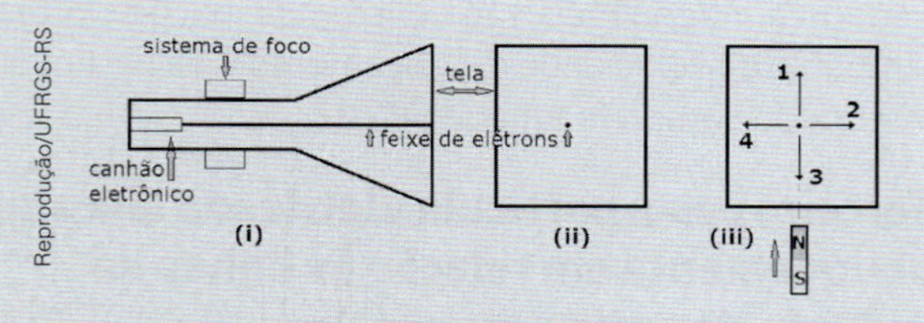




Assinale a alternativa que descreve o comportamento do feixe após sofrer a influência do ímã.

**a)** O feixe será desviado seguindo a seta 1.

**b)** O feixe será desviado seguindo a seta 2.

**c)** O feixe será desviado seguindo a seta 3.

**d)** O feixe será desviado seguindo a seta 4.

**e)** O feixe não será desviado.

**Resolução:**
Supondo o observador de frente, como na Figura (ii), temos que a velocidade da partícula se dá no sentido para fora do papel, enquanto o campo magnético gerado pelo ímã aponta para cima. Lembrando que a partícula é um elétron, tendo portanto uma carga negativa, a força magnética resultante, responsável pelo desvio do feixe, apontará para a direita, seguindo a flecha número 2, quando aplicamos a regra da mão esquerda.

**Resposta:** alternativa **b**.

**7** (ITA-SP) Um líquido condutor (metal fundido) flui no interior de duas chapas metálicas paralelas, interdistantes de 2,0 cm, formando um capacitor plano, conforme a figura. Toda essa região interna está submetida a um campo homogêneo de indução magnética de 0,01 T, paralelo aos planos das chapas, atuando perpendicularmente à direção da velocidade do escoamento.

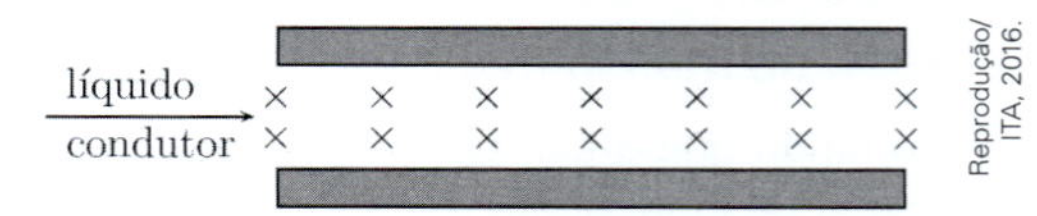




Assinale a opção com o módulo dessa velocidade quando a diferença de potencial medida entre as placas for de 0,40 mV.

**a)** 2 cm/s

**b)** 3 cm/s

**c)** 1 cm/s

**d)** 2 m/s

**e)** 5 m/s

**8** (Vunesp-SP)

Espectrometria de massas é uma técnica instrumental que envolve o estudo, na fase gasosa, de moléculas ionizadas, com diversos objetivos, dentre os quais a determinação da massa dessas moléculas. O espectrômetro de massas é o instrumento utilizado na aplicação dessa técnica.

(www.em.iqm.unicamp.br. Adaptado.)

A figura representa a trajetória semicircular de uma molécula de massa *m* ionizada com carga $+q$ e velocidade escalar *V*, quando penetra numa região *R* de um espectrômetro de massa. Nessa região atua um campo magnético uniforme perpendicular ao plano da figura, com sentido para fora dela, representado pelo símbolo ⊙. A molécula atinge uma placa fotográfica, onde deixa uma marca situada a uma distância *x* do ponto de entrada.

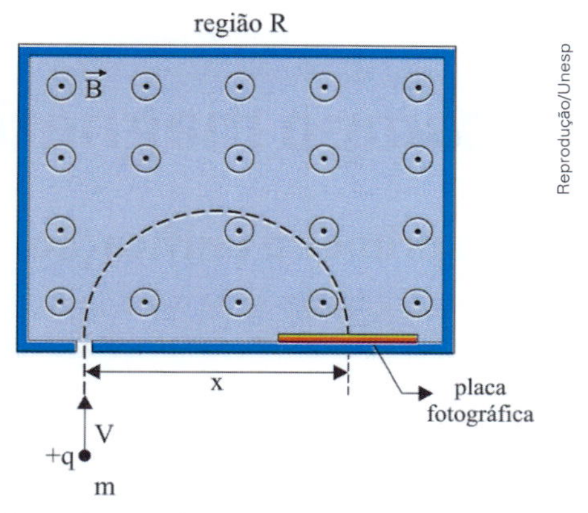


Considerando as informações do enunciado e da figura, é correto afirmar que a massa da molécula é igual a

a) $\frac{qVBx}{2}$ c) $\frac{qB}{2Vx}$ e) $\frac{qBx}{2V}$

b) $\frac{2qB}{Vx}$ d) $\frac{qx}{2BV}$

**9** (PUC-RJ) Cientistas creem ter encontrado o tão esperado "bóson de Higgs" em experimentos de colisão próton-próton com energia inédita de 4 TeV (tera elétron-volts) no grande colisor de hádrons, LHC. Os prótons, de massa $1{,}7 \times 10^{-27}$ kg e carga elétrica $1{,}6 \times 10^{-19}$ C, estão praticamente à velocidade da luz ($3 \times 10^8$ m/s) e se mantêm em uma trajetória circular graças ao campo magnético de 8 teslas, perpendicular à trajetória dos prótons. Com estes dados, a força de deflexão magnética sofrida pelos prótons no LHC é em newton:

a) $3{,}8 \times 10^{-10}$
b) $1{,}3 \times 10^{-18}$
c) $4{,}1 \times 10^{-18}$
d) $5{,}1 \times 10^{-19}$
e) $1{,}9 \times 10^{-10}$

**10** (Uern) Numa região em que atua um campo magnético uniforme de intensidade 4 T é lançada uma carga elétrica positiva conforme indicado a seguir:

$v = 4 \cdot 10^3$ m/s

$q$

Reprodução/Uern

Ao entrar na região do campo, a carga fica sujeita a uma força magnética cuja intensidade é de $3{,}2 \cdot 10^{-2}$ N. O valor dessa carga e o sentido do movimento por ela adquirido no interior do campo são, respectivamente:

a) $1{,}6 \cdot 10^{-6}$ C e horário.
b) $2{,}0 \cdot 10^{-6}$ C e horário.
c) $2{,}0 \cdot 10^{-6}$ C e anti-horário.
d) $1{,}6 \cdot 10^{-6}$ C e anti-horário.

**11** (UEPG-PR) Uma partícula de carga $q$ e massa $m$ está se movendo, em linha reta, com uma velocidade constante $v$, numa região onde existem campos elétrico e magnético uniformes. O campo elétrico $\vec{E}$ e o vetor indução magnética $\vec{B}$ são perpendiculares entre si e cada um deles é perpendicular ao vetor velocidade da partícula. Analise a situação e dê como resposta a soma dos números correspondentes aos itens corretos.

(01) Na presente situação, o módulo da velocidade da partícula é $E/B$.
(02) Se o campo elétrico for desligado, a trajetória da partícula será uma espiral com raio $r = \frac{qv}{mB}$.
(04) Na situação descrita no enunciado, a força elétrica não realiza trabalho sobre a partícula.
(08) A trajetória da partícula não depende da direção do vetor velocidade, mas apenas de seu módulo.
(16) Se a partícula estivesse em repouso, a força resultante sobre ela seria nula.

**12** (CPAEN-RJ) Uma partícula localizada em um ponto $P$ do vácuo, em uma região onde há um campo eletromagnético não uniforme, sofre a ação da força resultante $F_e + F_m$ em que $F_e$ é a força elétrica e $F_m$ é a força magnética. Desprezando a força gravitacional, pode-se afirmar que a força resultante sobre a partícula será nula se:

a) a carga elétrica da partícula for nula.
b) a velocidade da partícula for nula.
c) as forças ($F_e$, $F_m$) tiverem o mesmo módulo, e a carga da partícula for negativa.
d) as forças ($F_e$, $F_m$) tiverem a mesma direção, e a carga da partícula for positiva.
e) no ponto $P$ campos elétricos e magnéticos tiverem sentidos opostos.

# Corrente elétrica e campo magnético

Este capítulo favorece o desenvolvimento das seguintes habilidades:

EM13CNT107

EM13CNT301

## A experiência de Oersted e a primeira unificação

Hans Christian Oersted foi o primeiro a confirmar a ligação entre a Eletricidade e o Magnetismo. Ele realizou um experimento que consistiu em um fio condutor, esticado sobre uma bússola, ligado aos terminais de uma bateria, com a passagem de corrente controlada por um interruptor.

**Nota**

Sempre que nos referirmos a bússolas neste livro, estaremos aludindo ao modelo clássico contendo uma agulha magnética. É comum utilizarmos aplicativos digitais para indicar direções, mas, em geral, eles dependem do sistema de GPS via satélite (ou seja, seu celular não contém uma agulha imantada dentro dele para indicar a direção norte!).

Quando o interruptor estava aberto, a agulha magnética da bússola ficava alinhada com o campo magnético terrestre, paralela ao fio condutor. Com o interruptor fechado, o campo magnético originado pela corrente elétrica que percorre o fio provoca o desvio da agulha. Desse modo, a agulha busca sua nova posição de equilíbrio na direção da resultante dos campos magnéticos atuantes.

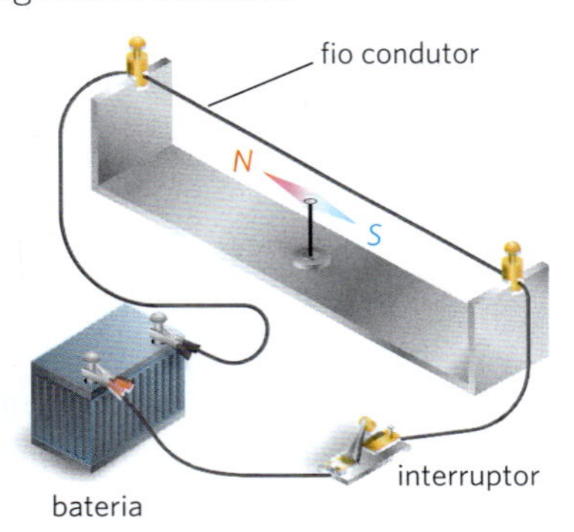


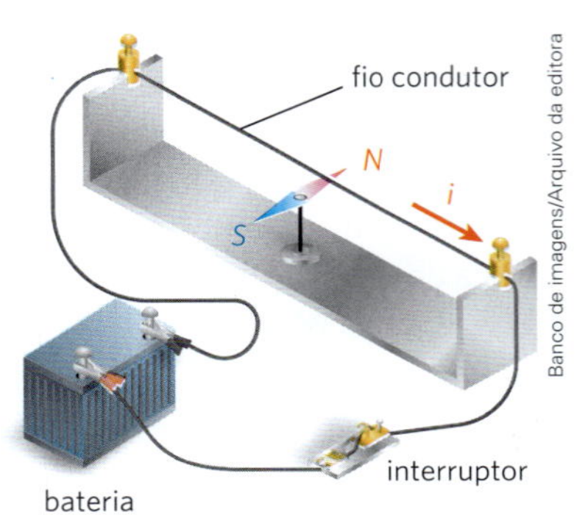


A corrente elétrica no fio condutor gera um campo magnético ao seu redor que altera a posição da agulha magnética.

## Campo magnético de um fio condutor retilíneo

Experimentalmente, para observar as linhas de campo magnético ao redor de um fio condutor retilíneo, percorrido por corrente elétrica, podemos utilizar limalha de ferro e uma placa de material não ferromagnético.

O fio deve atravessar um orifício no centro da placa, de maneira que o fio e a placa fiquem perpendiculares entre si. Espalhando limalha de ferro sobre a placa e permitindo a passagem de corrente elétrica pelo fio, observamos o alinhamento da limalha de ferro em circunferências concêntricas, tendo o fio no centro, como mostra a imagem ao lado.

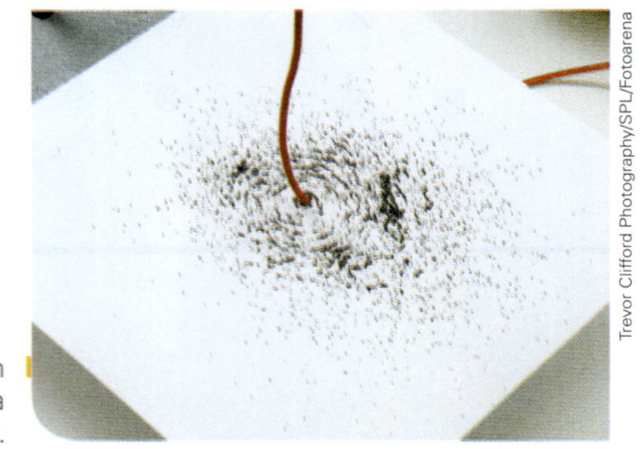


A limalha de ferro sobre o plano, disposta em linhas concêntricas ao fio condutor, evidencia o padrão das linhas do campo magnético.

## O vetor *B* gerado por um fio condutor

Vamos descrever as características fundamentais do campo magnético $\vec{B}$ gerado pela corrente que atravessa um condutor.

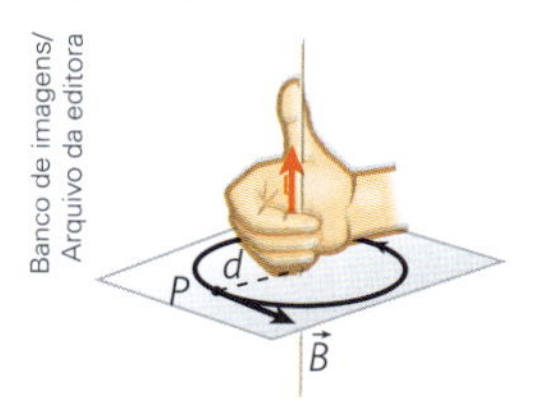


No ponto *P*, o vetor $\vec{B}$ é tangente à linha de indução magnética. O sentido de $\vec{B}$ é determinado pela regra da mão direita.

**Direção**: Tangente à linha de campo que passa pelo ponto *P* especificado.

**Sentido**: Pode ser determinado pela regra da mão direita, ou regra da mão direita envolvente. Devemos posicionar o polegar sempre no sentido da corrente elétrica, e, ao fecharmos a mão, o sentido horário ou anti-horário de curvatura dos dedos dirá o sentido das linhas de campo.

**Intensidade**: A intensidade do campo magnético *B* vai depender da intensidade da corrente elétrica *i* que percorre o condutor, da distância *d* entre o condutor e o ponto *P* considerado e do meio onde a experiência se realiza; assim:

$$B = \frac{\mu i}{2\pi d}$$

A constante $\mu$ é a permeabilidade magnética do meio.
Para o vácuo: $\mu_0 = 4\pi \cdot 10^{-7}$ T m/A

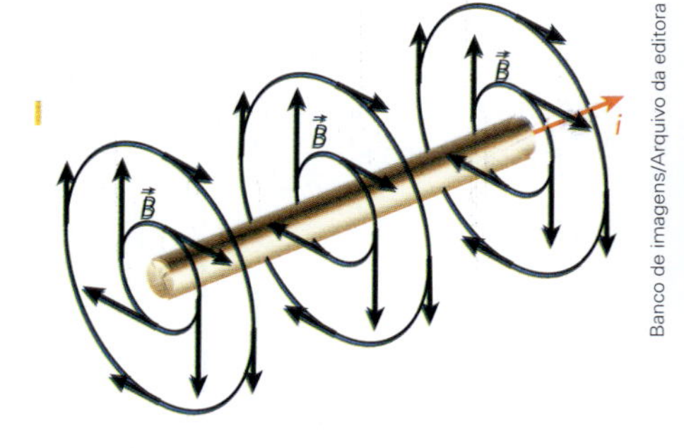


O condutor retilíneo, percorrido por corrente *i*, gera linhas de campo que formam circunferências com o fio no centro.

## O campo magnético da Terra

Pelo funcionamento das bússolas, não só sabemos que a Terra possui um campo magnético, mas também que os polos magnéticos apontam, pelo menos em primeira aproximação, para os polos geográficos terrestres.

A origem do campo magnético terrestre ainda não foi completamente explicada, mas acredita-se que está relacionada com a rotação do núcleo ferroso líquido (magma) da Terra.

Esse campo é importante, pois age como um "escudo" contra o vento solar, desviando partículas muito energéticas (elétrons e íons) vindas do Sol na direção dos polos, causando os efeitos de aurora boreal e austral.

Existe um deslocamento de aproximadamente 11,5° entre o polo geográfico norte e o polo magnético sul atualmente. Porém, a **direção**, o **sentido** e a **intensidade** do campo magnético da Terra variam **naturalmente**, e a polaridade do campo se inverte numa escala de tempo de dezenas de milhares de anos.

Representação das linhas de campo magnético da Terra.

## Exercícios

**1** Um ímã em forma de barra tem suas linhas de indução magnética representadas, externamente, na figura seguinte.

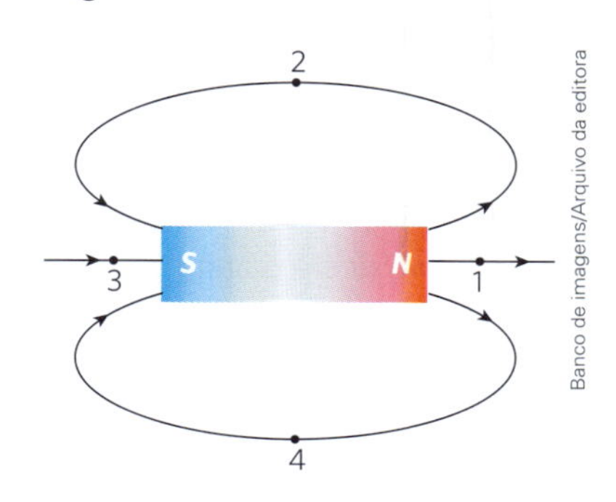


a) Represente os vetores do campo magnético nos quatro pontos destacados na figura.

b) Como ficariam dispostas quatro pequenas bússolas idênticas após serem colocadas nesses pontos e atingirem o equilíbrio? As bússolas fornecidas podem ser representadas por pequenas agulhas magnéticas, como a da figura a seguir.

**2** Um solenoide e um ímã em forma de barra estão muito próximos, como ilustra a figura.

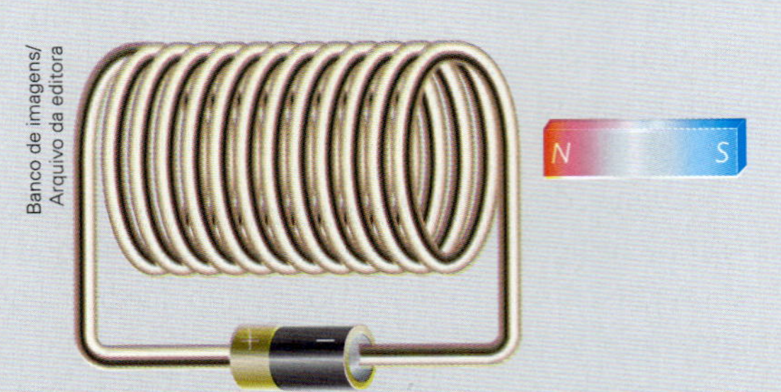


Banco de imagens/Arquivo da editora

Supondo que o circuito seja fechado, determine

**a)** o sentido convencional da corrente elétrica no solenoide;

**b)** o sentido (atração ou repulsão) da força magnética entre o solenoide e o ímã.

**Resolução:**

**a)** Em um circuito elétrico, a corrente elétrica convencional parte do polo positivo do gerador e retorna ao polo negativo, ou seja, percorre o circuito externo ao gerador **do polo positivo para o polo negativo**.

**b)** Com o uso da regra da mão direita, podemos determinar os polos magnéticos nas extremidades do solenoide e dessa maneira perceber que entre o ímã e o solenoide a força magnética é de **atração**.

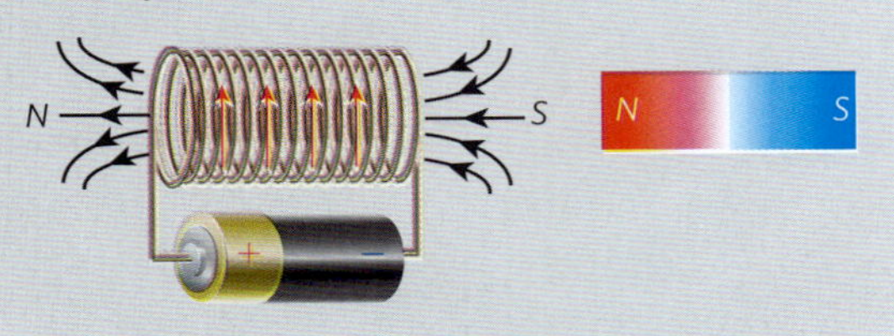


**3** A passagem de corrente elétrica provoca a formação de campo magnético em torno do fio por onde ela passa, como ilustra a figura.

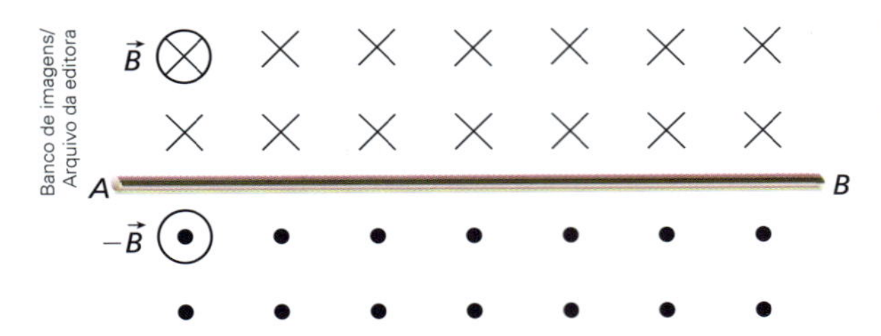


Banco de imagens/Arquivo da editora

Qual deve ser o sentido da corrente elétrica que percorre o fio para que tenhamos a configuração de campo magnético proposta na figura?

**4** (USCS-SP) A figura mostra dois fios condutores, longos e retilíneos, dispostos perpendicularmente um ao outro, situados num mesmo plano e percorridos por correntes elétricas contínuas de mesma intensidade $I$:

Reprodução/USCS, 2019.

As correntes que percorrem os fios produzem no ponto $P$, situado no mesmo plano dos fios, um campo magnético resultante, que é representado por um vetor

**a)** perpendicular ao plano determinado pelos fios, entrando nele.

**b)** perpendicular ao plano determinado pelos fios, saindo dele.

**c)** que está contido no plano determinado pelos fios, sendo paralelo ao fio mais próximo.

**d)** nulo.

**e)** que está contido no plano determinado pelos fios, não sendo paralelo a nenhum deles.

**5** (UFV-MG) A figura abaixo mostra um elétron e um fio retilíneo muito longo, ambos dispostos no plano desta página. No instante considerado, a velocidade $\vec{v}$ do elétron é paralela ao fio, que transporta uma corrente elétrica $i$.

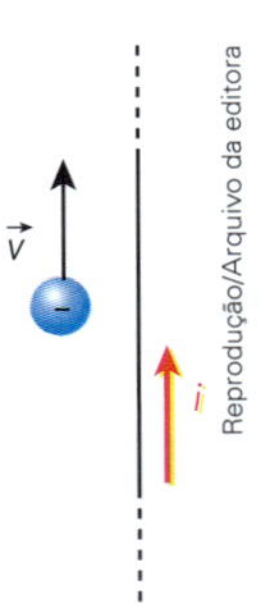


Reprodução/Arquivo da editora

Considerando somente a interação do elétron com a corrente, é correto afirmar que o elétron:

**a)** será desviado para a esquerda desta página.

**b)** será desviado para a direita desta página.

**c)** será desviado para dentro desta página.

**d)** será desviado para fora desta página.

**e)** não será desviado.

## A espira circular

A descoberta de Oersted de que uma corrente elétrica gera campo magnético produziu um enorme impulso ao estudo do Eletromagnetismo. A partir desse conceito, o ser humano poderia produzir e utilizar campos magnéticos sem a necessidade do uso de ímãs naturais.

Se moldarmos um fio condutor de forma conveniente, podemos concentrar uma parte significativa do campo magnético gerado por ele em um ponto de interesse. Se o fio for moldado na forma de uma circunferência, criamos um dispositivo que leva o nome de **espira circular**.

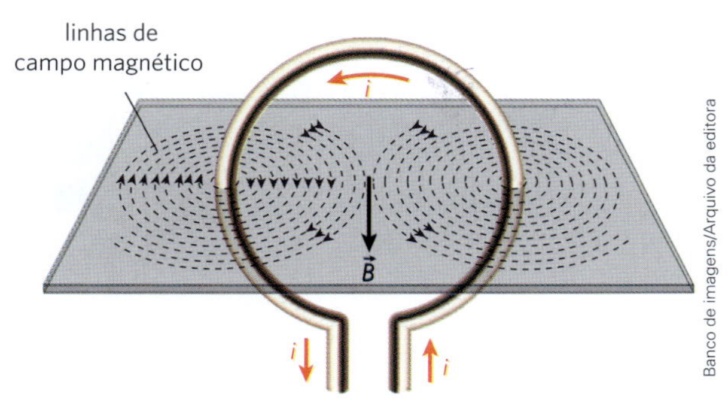


Visão em perspectiva das linhas de campo geradas por uma espira circular, com destaque para o vetor $\vec{B}$, que passa pelo centro da espira.

### Características do campo magnético no centro de uma espira circular

**Intensidade**: A intensidade do campo magnético no centro de uma espira de raio *R* será dada por:

$$B = \frac{\mu i}{2R}$$

Assim, a intensidade do campo magnético no centro da espira circular é diretamente proporcional à intensidade de corrente elétrica e inversamente proporcional ao raio da espira. A permeabilidade magnética do meio está representada por $\mu$ (no vácuo $\mu_0 = 4\pi \cdot 10^{-7}\ N \cdot A^{-2}$).

Orientação do campo magnético no centro da espira:

**Direção**: perpendicular ao plano da espira.

**Sentido**: determinado pela regra da mão direita.

Observando-se a espira frontalmente e disposta no plano do papel, percebe-se que, quando a corrente elétrica a percorre no sentido horário, gera em seu centro um campo magnético perpendicular ao plano e entrando nele. Ao invertermos o sentido da corrente elétrica, inverte-se também o sentido do campo magnético, que passa a sair do plano do papel. Tudo isso é confirmado com a regra da mão direita.

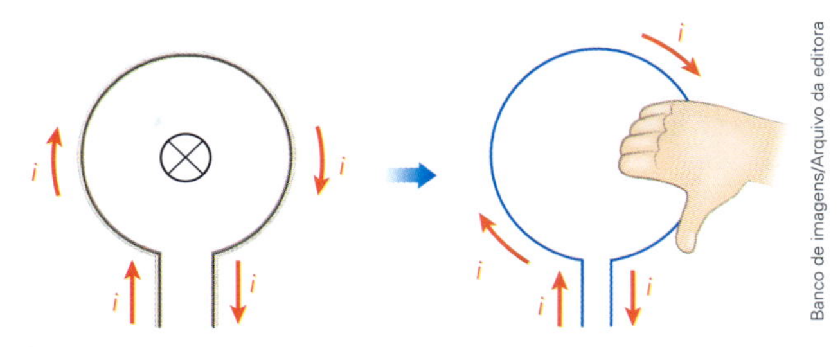


No exemplo observado, a corrente percorre a espira no sentido horário e o campo magnético está entrando no plano.

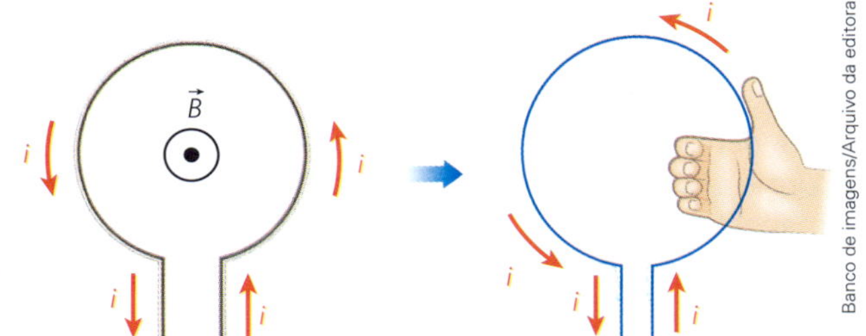


No exemplo observado, a corrente percorre a espira no sentido anti-horário e o campo magnético está saindo do plano.

## Bobina chata e solenoide

Se, em vez de uma única espira circular, fizermos a justaposição de *N* espiras circulares de raio *R*, teremos um novo dispositivo que gera campos magnéticos ainda mais intensos. Esse novo dispositivo é denominado bobina chata, e a magnitude do campo magnético no centro de uma bobina chata será dada por:

$$B = N\frac{\mu i}{2R}$$

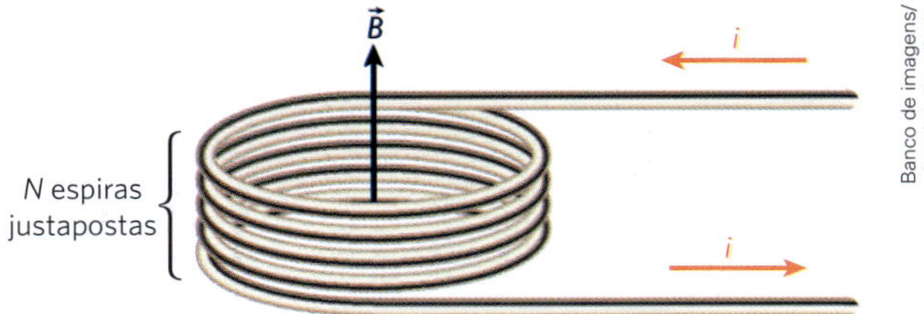


A bobina chata é formada por *N* espiras justapostas de tal forma que sua espessura seja bem menor que seu diâmetro.

Se continuarmos dando muitas voltas na bobina chata, até que seu comprimento passe a ser relevante, tendo muitas espiras sobrepostas, de mesmo raio e igualmente espaçadas, construiremos um dispositivo chamado solenoide ou bobina.

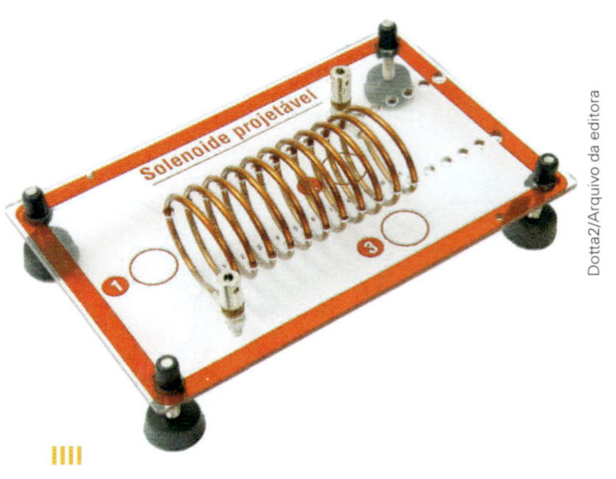

Dotta2/Arquivo da editora

Na imagem, temos um solenoide para demonstrações didáticas formado por onze voltas de um fio condutor.

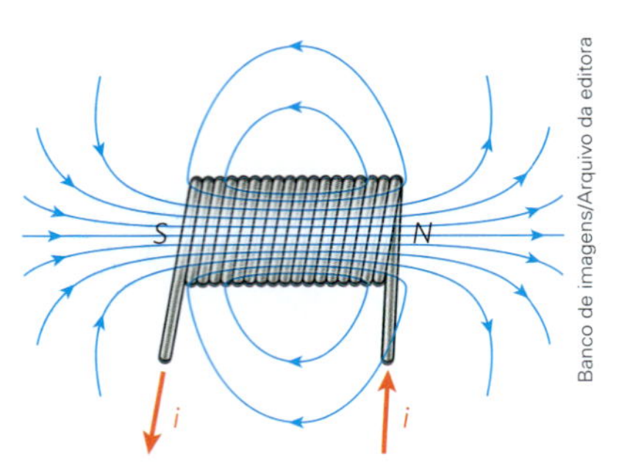

Banco de imagens/Arquivo da editora

Linhas de campo magnético geradas por um solenoide percorrido por corrente elétrica.

No caso ideal, ou seja, aquele em que o solenoide tem um longo comprimento $L$ quando comparado com o diâmetro $d$ (diâmetro de cada espira), o campo magnético na região interna pode ser considerado uniforme e, externamente, podemos considerar o campo magnético nulo. Quanto maior a relação entre o comprimento $L$ do solenoide e seu diâmetro $d$, mais próximo estaremos do caso ideal.

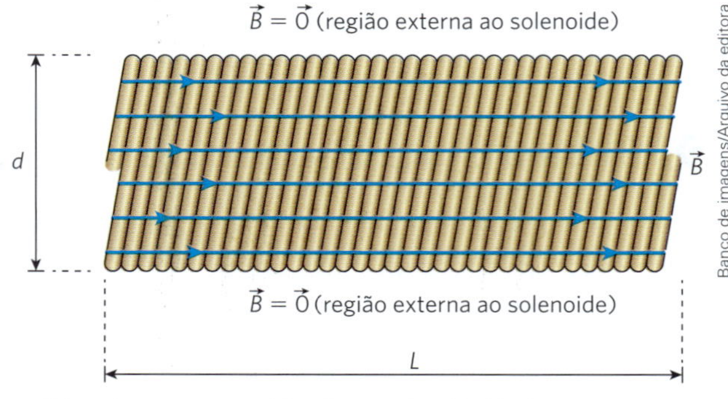

Banco de imagens/Arquivo da editora

Linhas de campo magnético de um solenoide ideal.

O campo magnético gerado no interior de um solenoide ideal é uniforme e apresenta as seguintes características:

**Direção**: axial, ou seja, a mesma do eixo geométrico do solenoide.

**Sentido**: determinado pela regra da mão direita.

**Intensidade**: depende do número de espiras ($N$), da intensidade da corrente elétrica que percorre o solenoide ($i$) e de seu comprimento ($L$):

$$B = \frac{\mu N i}{L}$$

### Polos magnéticos nas extremidades do solenoide (faces do solenoide)

As linhas de campo geradas por um solenoide têm a configuração extremamente próxima à de um ímã em forma de barra.

Quando se faz passar corrente elétrica por um solenoide, cria-se um ímã artificial que apresenta linhas de campo magnético semelhantes às apresentadas por um ímã em forma de barra. Em termos práticos, isso é útil, pois o ímã age apenas durante o período em que há passagem de corrente. Esse dispositivo é chamado de eletroímã, e um uso prático dele é na separação de metais em ambientes industriais e aterros sanitários.

dvande/Shutterstock

Modelo de eletroímã industrial usado na separação de metais.

## Força magnética sobre condutores retilíneos

Vimos que uma partícula eletrizada, quando imersa num campo magnético e com velocidade não paralela às linhas desse campo, experimenta uma força magnética. Também vimos que a passagem de corrente elétrica por um condutor gera campo magnético em suas proximidades.

Pela lógica, podemos inferir, então, que um fio condutor, por onde passa um fluxo de cargas, também pode experimentar uma força magnética quando estiver dentro de um campo magnético, sendo que esse campo pode ser gerado pela passagem de corrente elétrica em outro fio condutor.

Suponha um fio condutor e retilíneo imerso em um campo magnético uniforme $\vec{B}$. Se uma corrente elétrica de intensidade $i$ passar por esse condutor, haverá muitas partículas eletrizadas movimentando-se no interior de um campo magnético. Como cada uma dessas partículas eletrizadas fica sujeita à ação de uma força magnética, o fio retilíneo que as conduz também ficará sujeito à ação dessa força.

Imaginemos uma situação na qual um fio condutor seja percorrido por uma corrente, contínua e constante, de intensidade $i$, e esse fio forme um ângulo $\theta$ com um campo magnético local.

Vamos supor que em um segmento de comprimento $\ell$, retilíneo, desse fio, durante um intervalo de tempo $\Delta t$, atravessem $n$ partículas, cada uma carregando uma carga positiva $q$.

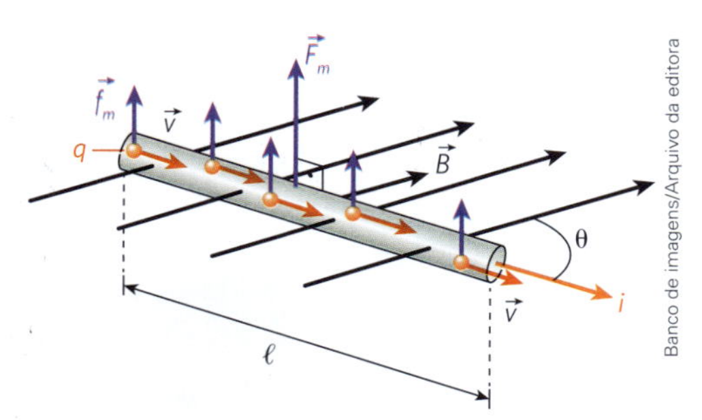


Banco de imagens/Arquivo da editora

Segmento de um fio condutor de corrente elétrica recebendo a ação de uma força magnética $\vec{f}_m$.

Uma força, de natureza magnética, atua sobre cada partícula eletrizada em movimento no segmento do fio. O módulo $f_m$ dessa força é dado por:

$$f_m = |q|\, v\, B \cdot \text{sen}\, \theta$$

Essa força magnética $\vec{f}_m$ age sobre cada partícula eletrizada, de forma individual. Porém, sobre o segmento do fio, haverá uma força magnética resultante $\vec{F}_m$, cuja intensidade é dada por:

$$F_m = n\, |q|\, v\, B \cdot \text{sen}\, \theta$$

Sendo:

$$v = \frac{\ell}{\Delta t} \text{ e } i\, \Delta t = n\,|q|, \text{ temos que:}$$

$$F_m = B\, i\, \ell \cdot \text{sen}\, \theta$$

Além da intensidade da força magnética, para conhecermos o vetor $\vec{F}_m$, é necessário conhecermos a direção e o sentido dele para que ele esteja completamente definido:

**Direção**: Perpendicular ao plano formado por $\vec{B}$ e o próprio fio.

**Sentido**: Dado pela regra da mão esquerda.

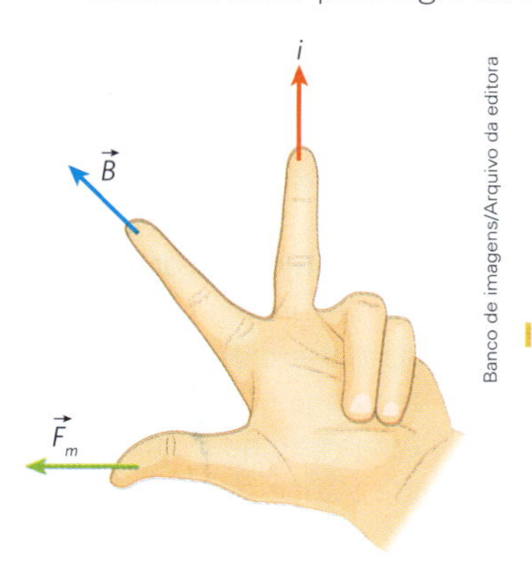


Banco de imagens/Arquivo da editora

O polegar, o indicador e o dedo médio apontam, respectivamente, para a direção e o sentido da força magnética, do campo magnético e da corrente elétrica.

## Atividade prática

## Construindo um motor elétrico

Vamos verificar nesta atividade que, por meio de um dispositivo que utiliza corrente elétrica e campo magnético, é possível converter energia elétrica em energia mecânica. Dispositivos dessa natureza são chamados de **motores elétricos**, e o primeiro a construir um deles foi Michael Faraday (1791-1867), ao fazer, com o auxílio de um ímã, uma bobina de fio de cobre girar ao ser percorrida por corrente elétrica.

konstantinos69/Shutterstock

Um liquidificador é um exemplo de eletrodoméstico cujo funcionamento se dá por meio de um motor elétrico, que transforma energia elétrica em mecânica.

### Material necessário

- 90 cm de fio de cobre esmaltado (fio 24);
- 40 cm de arame, dividido em dois pedaços iguais;
- 1 pilha grande de 1,5 V;
- 1 ímã de aproximadamente 2,5 cm × 2,5 cm;
- lixa ou palha de aço;
- fita adesiva;
- suporte, feito de material isolante, para o motor (pode ser uma tábua de madeira retangular de 15 cm × 10 cm).

## Procedimento

I. O primeiro passo é montar uma bobina usando o fio de cobre. Para isso, enrole-o efetuando aproximadamente 20 voltas, formando um círculo de diâmetro de 4 cm e deixando cerca de 3 cm de fio em cada extremidade. Se o diâmetro da pilha grande for próximo de 4 cm, você pode usá-la para ajudá-lo a enrolar o fio. As pontas que formarão as extremidades devem ser passadas em torno do enrolamento pela bobina, como mostra a figura a seguir.

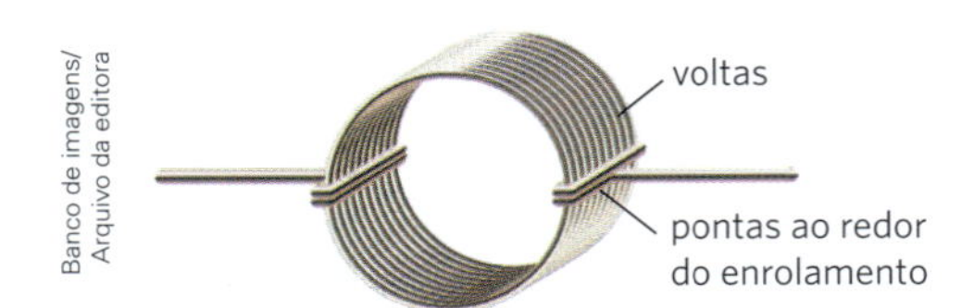


Bobina formada a partir do fio de cobre.

II. Utilize a lixa para tirar o esmalte das pontas da bobina: em uma extremidade será retirado todo o esmalte ao redor da ponta do fio, enquanto na outra deve ser retirado apenas o esmalte de um dos lados. O esmalte é uma substância que funciona como isolante elétrico e é inserido na parte externa dos fios de cobre como medida de segurança. Nosso objetivo ao retirar essa camada de esmalte é que uma ponta conduza eletricidade em toda a superfície lateral, e a outra ponta conduza eletricidade apenas em metade da superfície lateral.

III. O arame servirá de suporte para a bobina e para conectá-la com a pilha. Usando o arame, monte hastes para servir de suporte para a bobina. Ao colocar a bobina sobre o suporte, certifique-se de que este esteja suficientemente rígido para suportar o peso da bobina sem ceder.

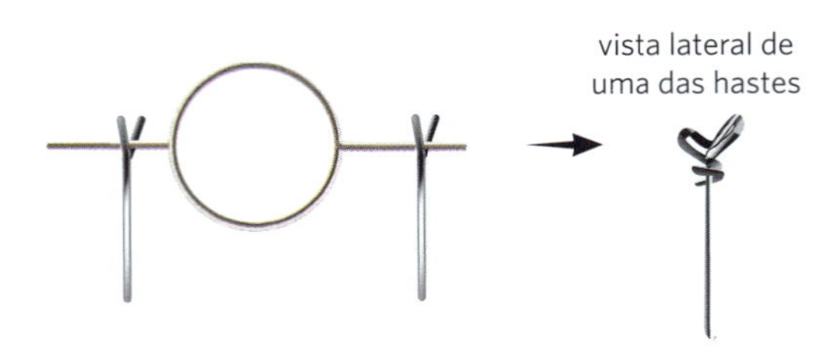


Suporte para a bobina com detalhe mostrando a vista lateral de uma das hastes de arame que formam o suporte.

IV. Agora você vai terminar de montar o circuito com o motor caseiro já sobre seu suporte. Usando a fita adesiva, conecte o arame à pilha e coloque o ímã próximo da bobina.

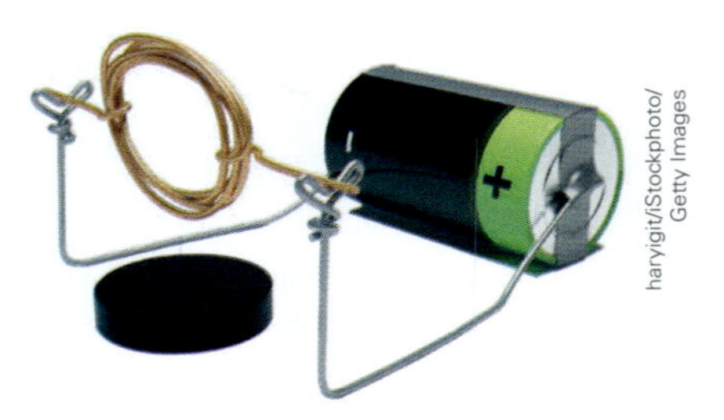


Motor elétrico caseiro.

V. Com o motor caseiro finalizado, dê um pequeno impulso na bobina para "ligá-lo".

## Desenvolvimento

1. Qual é a origem da força que age sobre a bobina causando seu movimento?
2. Se a pilha fosse conectada ao circuito em uma posição tal que suas polaridades fossem invertidas em relação ao seu experimento inicial, haveria alguma alteração no funcionamento do motor elétrico?
3. Se aproximarmos uma bússola da bobina, sua agulha magnética pode ser defletida? Por quê?

Fonte de pesquisa: CiênciaMão – Universidade de São Paulo (USP). "Você Sabe Montar um Motor Elétrico?" Disponível em: <http://www.cienciamao.usp.br/tudo/exibir.php?midia=pmd&cod=_pmd2005_0804>. e "Montagem de um Motor Elétrico Simples". Disponível em: http://www.cienciamao.usp.br/tudo/exibir.php?midia=lcn&cod=_montagemdeummotoreletric. Acesso em: 16 maio 2020.

## Descubra mais

1. Campos magnéticos criados artificialmente têm inúmeras funções no nosso dia a dia. Pesquise aplicações desses campos na área médica.
2. É possível, no centro de uma espira percorrida por corrente elétrica, criar uma linha de campo magnético retilínea e infinita? Por quê?
3. Qual é a diferença entre um solenoide real e um solenoide ideal?
4. Quais poderiam ser algumas consequências da descoberta de um monopolo magnético? Como isso impactaria nosso conhecimento atual sobre o Eletromagnetismo?

# Conexões

## Por dentro do corpo humano

Você já fez ou conhece alguém que tenha feito exames médicos de imagem como o do exemplo abaixo? Você já pensou como essas imagens são produzidas pelos aparelhos?

### O aparelho de ressonância magnética

Diferentemente dos raios-X e das tomografias, a ressonância magnética utiliza as propriedades magnéticas dos elementos presentes no próprio corpo humano para obter imagens. O aparelho de ressonância magnética funciona como um ímã extremamente forte, capaz de alinhar os prótons de certas moléculas com o campo magnético gerado por ele. Em seguida, ele solta um pulso de ondas de rádio que desordena esse alinhamento. Quando esse pulso termina, os prótons se realinham ao campo magnético, liberando energia. A quantidade de energia liberada e o tempo gasto nessa liberação são as principais medidas utilizadas pelo aparelho para distinguir os diferentes tecidos do corpo humano e construir as imagens que costumamos ver.

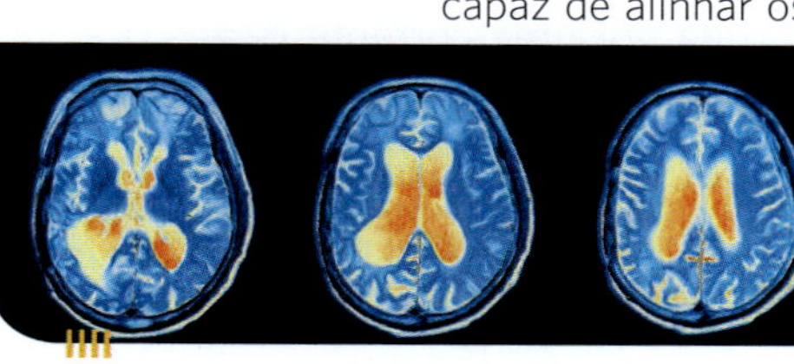

MriMan/Shutterstock

A imagem mostra resultados de uma ressonância magnética funcional cerebral. As áreas coloridas são áreas ativadas durante a realização do exame.

### Ressonância magnética funcional (FMRI)

A ressonância magnética funcional é um tipo de exame em que o paciente é convidado a realizar uma tarefa como ler um texto, falar, cantar ou assistir a um vídeo enquanto o aparelho captura as imagens. Em geral, esse exame utiliza uma propriedade do próprio sangue para identificar áreas que estão sendo ativadas: quanto maior a atividade cerebral na região, maior será a oxigenação do sangue. A concentração de oxigênio no sangue permite a captura dessas imagens devido às características magnéticas do sangue.

### Sangue e oxigênio

As hemácias são células do sangue responsáveis pelo transporte de oxigênio ($O_2$) e realizam esse trabalho por meio de uma proteína chamada hemoglobina. Quando a hemoglobina está ligada ao $O_2$ é chamada de oxi-hemoglobina e quando não está ligada ao $O_2$ é chamada de deoxi-hemoglobina.

A oxi-hemoglobina é uma molécula diamagnética - não interage com o campo magnético - e a deoxi-hemoglobina é paramagnética - interage com o campo magnético, resultando em uma redução de brilho na imagem. Na FMRI, as áreas coloridas indicam as áreas com maior concentração de oxi-hemoglobina.

### Mas e o tal do "contraste"?

Você pode ter ouvido falar de ressonâncias magnéticas ou outros exames que usam um **contraste**. Nesse caso, a captura de imagens utiliza outro processo no qual uma substância (contraste) é injetada ou ingerida pelo indivíduo em análise para permitir que se vejam certas partes do organismo e facilitar o diagnóstico. O contraste, em geral, ajuda a acelerar o processo de alinhamento das moléculas com o campo magnético. Dois dos contrastes mais comuns para esse tipo de exame são os à base de gadolínio e os à base de iodo.

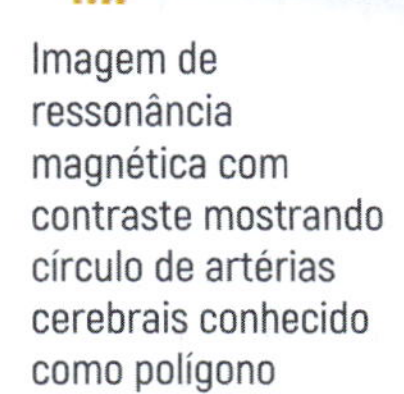

samunella/Shutterstock

Imagem de ressonância magnética com contraste mostrando círculo de artérias cerebrais conhecido como polígono de Willis.

### Segurança

O uso de aparelhos como a ressonância magnética requer alguns cuidados para a segurança do paciente. Por gerar campo magnético muito intenso, é importante que o paciente não tenha metais paramagnéticos em seu corpo, como joias, roupas com zíper, próteses e pinos. Tais metais podem ser atraídos pelo ímã, causando acidentes e ferimentos.

Além disso, por ser um medicamento, o contraste deve ser administrado sob supervisão de uma equipe médica para evitar reações adversas e a segurança do paciente.

1. Pesquise e compare os riscos fisiológicos decorrentes do uso de equipamentos para exames médicos de imagem, como ressonância magnética, raios-X e tomografia.

Kateryna Kon/Shutterstock

## Exercícios

**6** (UEG-GO) Duas espiras circulares, concêntricas e coplanares, de raios $R_1$ e $R_2$, onde $R_2 = 5R_1$, são percorridas pelas correntes de intensidades $i_1$ e $i_2$, respectivamente. O campo magnético resultante no centro das espiras é nulo. Qual é a razão entre as intensidades de correntes $i_2$ e $i_1$?

a) 0,2 b) 0,8 c) 1,0 d) 5,0 e) 10

**7** (Udesc) Considere um longo solenoide ideal composto por 10 000 espiras por metro, percorrido por uma corrente contínua de 0,2 A. O módulo e as linhas de campo magnético no interior do solenoide ideal são, respectivamente: ($\mu = 4\pi \cdot 10^{-7}$ Tm/A)

a) Nulo, inexistentes.

b) $8\pi \times 10^{-4}$ T, circunferências concêntricas.

c) $4\pi \times 10^{-4}$ T, hélices cilíndricas.

d) $8\pi \times 10^{-3}$ T, radiais com origem no eixo do solenoide.

e) $8\pi \times 10^{-4}$ T, retas paralelas ao eixo do solenoide.

**Resolução:**

A direção de um campo magnético é sempre perpendicular à corrente elétrica que o produz, ou seja, o campo é perpendicular à superfície das espiras do solenoide e, portanto, paralelo ao eixo do solenoide.

A intensidade, quando a corrente vale $i = 0{,}2$ A e há $\frac{N}{L} = 10\,000$ espiras por metro, é dada pela fórmula:

$$B = \mu_0\left(\frac{N}{L}\right)i = 4\pi \cdot 10^{-7} \cdot 10\,000 \cdot 0{,}2$$

$$\boxed{B = 8\pi \cdot 10^{-4}\ \text{T}}$$

**Resposta:** alternativa **e**.

**8** (UEL-PR) Com o objetivo de estudar a estrutura da matéria, foi projetado e construído no Cern (Centro Europeu de Pesquisas Nucleares) um grande acelerador (LHC) para fazer colidir dois feixes de prótons, ou íons pesados. Nele, através de um conjunto de ímãs, os feixes de prótons são mantidos em órbita circular, com velocidades muito próximas à velocidade da luz $c$ no vácuo. Os feixes percorrem longos tubos, que juntos formam um anel de 27 km de perímetro, onde é feito vácuo. Um desses feixes contém $N = 2{,}0 \times 10^{14}$ prótons distribuídos uniformemente ao longo dos tubos. Os prótons são mantidos nas órbitas circulares por horas, estabelecendo, dessa forma, uma corrente elétrica no anel.

a) Calcule a corrente elétrica $i$, considerando o tubo uma espira circular de corrente.

b) Calcule a intensidade do campo magnético gerado por essa corrente no centro do eixo de simetria do anel do acelerador LHC (adote $\pi = 3$).

**9** (CPAEN-RJ) Na figura abaixo, $e_1$ e $e_2$ são duas espiras circulares, concêntricas e coplanares de raios $r_1 = 8{,}0$ m e $r_2 = 2{,}0$ m, respectivamente. A espira $e_2$ é percorrida por uma corrente $i_2 = 4{,}0$ A, no sentido anti-horário.

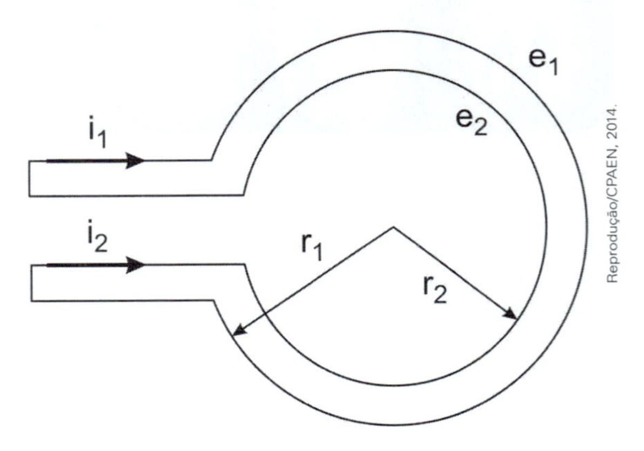



Para que o vetor campo magnético resultante no centro das espiras seja nulo, a espira $e_1$ deve ser percorrida, no sentido horário, por uma corrente $i_1$, cujo valor, em amperes, é de

a) 4,0

b) 8,0

c) 12

d) 16

e) 20

**10** (Uema) Um professor de física, para construir um eletroímã, montou um circuito com as seguintes características: valor da resistência $R = 15\ \Omega$, solenoide com $8\pi \times 10^{-2}$ m de comprimento, 5 000 espiras e resistência $r = 85\ \Omega$, conforme ilustrado:

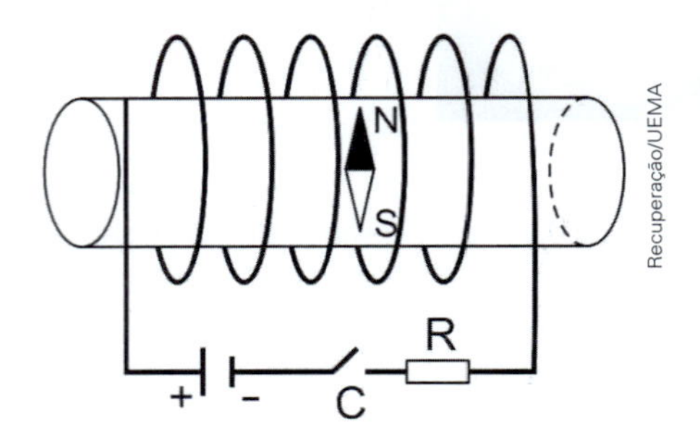



Determine o módulo do vetor indução magnética no interior do solenoide quando a ddp for de 60 V, considerando $\mu_0 = 4\pi \times 10^{-7}$ T · m/A.

**11** (Enem) Um guindaste eletromagnético de um ferro-velho é capaz de levantar toneladas de sucata, dependendo da intensidade da indução magnética em seu eletroímã. O eletroímã é um dispositivo que utiliza corrente elétrica para gerar um campo magnético, sendo geralmente construído enrolando-se um fio condutor ao redor de um núcleo de material ferromagnético (ferro, aço, níquel, cobalto). Para aumentar a capacidade de carga do guindaste, qual característica do eletroímã pode ser reduzida?

a) Diâmetro do fio condutor.

b) Distância entre as espiras.

c) Densidade linear das espiras.

d) Corrente que circula pelo fio.

e) Permeabilidade relativa do núcleo.

**12** (UFBA) Um estudante deseja medir o campo magnético da Terra no local onde ele mora. Ele sabe que está em uma região do planeta por onde passa a linha do equador e que, nesse caso, as linhas do campo magnético terrestre são paralelas à superfície da Terra. Assim, ele constrói um solenoide com 300 espiras por unidade de comprimento, dentro do qual coloca uma pequena bússola. O solenoide e a bússola são posicionados em um plano paralelo à superfície da Terra de modo que, quando o interruptor está aberto, a direção da agulha da bússola forma um ângulo de 90° com o eixo do solenoide. Ao fechar o circuito, o amperímetro registra uma corrente de 100,0 mA e observa-se que a deflexão resultante na bússola é igual a 62°.

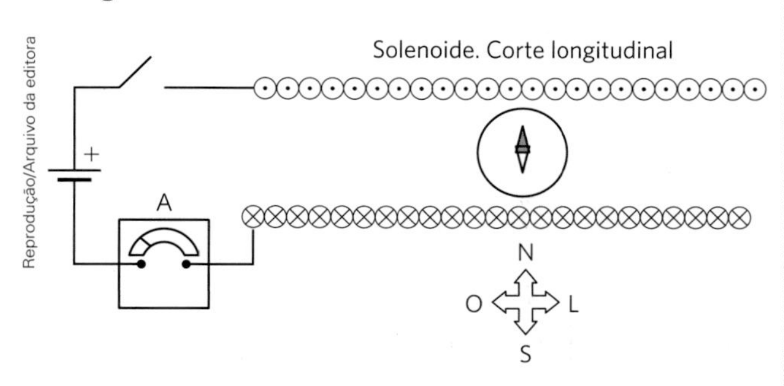




A partir desse resultado, determine o valor do campo magnético da Terra, considerando $\mu_0 = 1{,}26 \cdot 10^{-6}\,T \cdot m/A$, $\text{sen}\,62° = 0{,}88$, $\cos 62° = 0{,}47$ e $\text{tg}\,62° = 1{,}87$.

**13** (Unitau-SP) Um condutor cilíndrico de corrente foi colocado numa região do espaço onde estava presente um campo magnético uniforme, de magnitude $B = 8{,}2 \cdot 10^{-3}$ tesla.

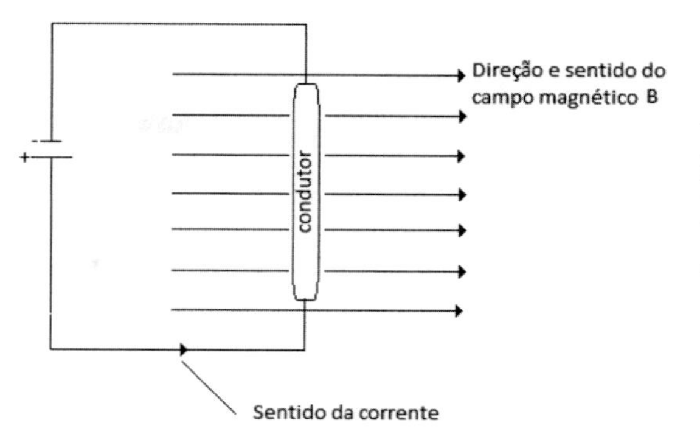




Sabendo que a corrente que atravessa o condutor é de 1 ampere, e que seu comprimento é de 2 centímetros, e desprezando o campo magnético gerado pelo próprio condutor e os possíveis efeitos de bordas, é correto afirmar que o módulo da força que atua sobre esse condutor é de

a) $16{,}4 \cdot 10^{-4}$ newtons

b) $1{,}64 \cdot 10^{-4}$ newtons

c) $16{,}4 \cdot 10^{-9}$ newtons

d) $1{,}64 \cdot 10^{4}$ newtons

e) $16{,}4 \cdot 10^{4}$ newtons

**14** (ITA-SP) Uma espira circular de raio $R$ é percorrida por uma corrente elétrica $i$ criando um campo magnético. Em seguida, no mesmo plano da espira, mas em lados opostos, a uma distância $2R$ do seu centro colocam-se dois fios condutores retilíneos, muito longos e paralelos entre si, percorridos por correntes $i_1$ e $i_2$ não nulas, de sentidos opostos, como indicado na figura. O valor de $i$ e o seu sentido para que o módulo do campo de indução resultante no centro da espira não se altere são respectivamente

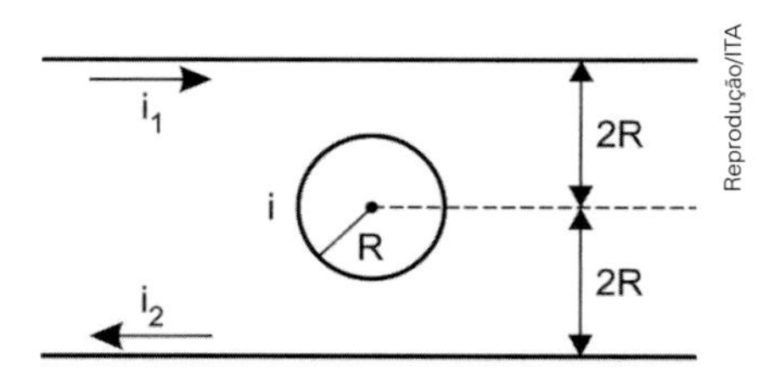




a) $i = \frac{i_1 + i_2}{2\pi}$ e horário

b) $i = \frac{i_1 + i_2}{2\pi}$ e anti-horário

c) $i = \frac{i_1 + i_2}{4\pi}$ e horário

d) $i = \frac{i_1 + i_2}{4\pi}$ e anti-horário.

e) $i = \frac{i_1 + i_2}{\pi}$ e horário.

# Indução eletromagnética

Este capítulo favorece o desenvolvimento da seguinte habilidade:

EM13CNT107

## Evidência experimental

Vamos imaginar um experimento que possa provar ou refutar nossa hipótese de geração de corrente elétrica a partir de um campo magnético. Uma maneira simples de fazermos isso é com o uso de um fio condutor enrolado no formato de uma bobina oca, com as extremidades ligadas a um galvanômetro, que é um instrumento capaz de medir a corrente elétrica que está passando por um circuito.

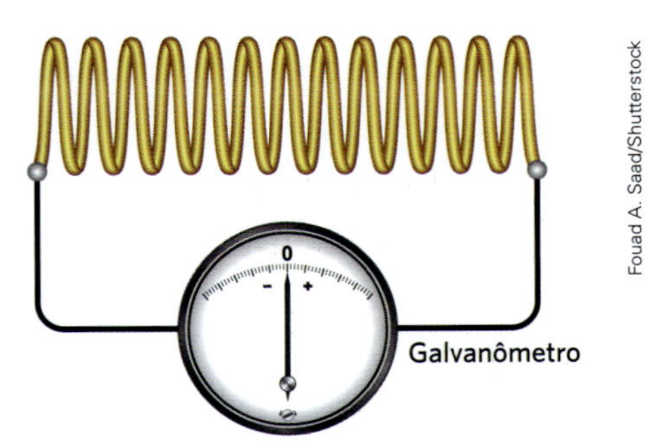


Fouad A. Saad/Shutterstock

Como não há nenhum tipo de pilha ou bateria conectada ao circuito, a agulha do galvanômetro aponta para zero. Precisamos agora introduzir um campo magnético no experimento, e uma maneira fácil de realizarmos isso é usando um ímã natural.

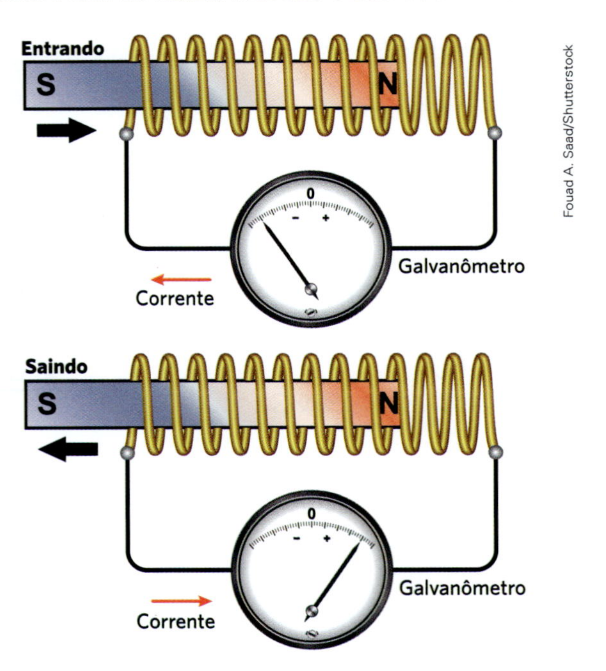


Fouad A. Saad/Shutterstock

Durante a movimentação horizontal do ímã para a direita, enquanto ele avança no sentido da região central da bobina, o galvanômetro indica um valor diferente de zero. A primeira e principal conclusão que podemos tirar é de que a movimentação do ímã é de fato capaz de gerar uma corrente elétrica. Olhando com maior cuidado o indicador do galvanômetro, vemos que ele indica um valor negativo, o que significa que a corrente está fluindo no sentido horário, nessa montagem experimental.

Ao iniciarmos o movimento no sentido contrário, removendo o ímã de dentro da bobina, percebemos, porém, uma mudança. O galvanômetro passa a indicar uma corrente positiva, ou seja, uma corrente fluindo no sentido contrário, anti-horário nesse caso. Logo, podemos concluir que o sentido do movimento do ímã, e, portanto, do campo magnético, está diretamente ligado ao sentido da corrente gerada.

Por fim, notamos ainda que, ao deixar o ímã parado, não importa qual a posição dele, dentro ou fora da bobina, o galvanômetro volta a indicar um valor nulo para a corrente. Ou seja, só é possível gerar corrente elétrica havendo uma variação contínua do campo magnético.

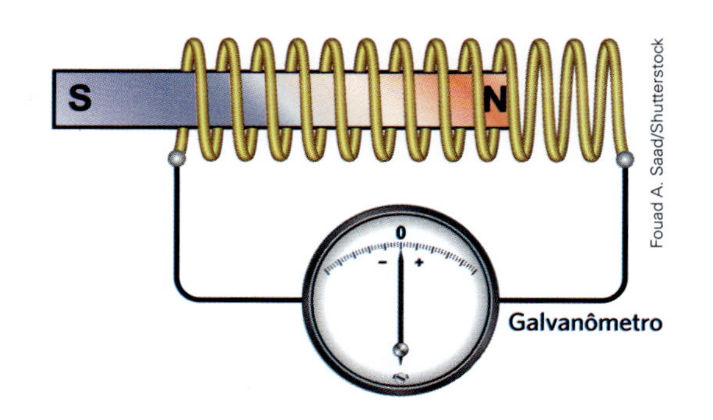


Movidos por resultados experimentais similares a esse, porém um pouco mais complexos, Michael Faraday (1791-1867) e Joseph Henry (1797-1878) concluíram que a alteração de um campo magnético é capaz de induzir uma corrente elétrica em um condutor. Vamos, então, aprofundar-nos no estudo de dois novos conceitos, o de **fluxo magnético** e o de **indução eletromagnética**.

## Fluxo do vetor indução magnética

Para que possamos compreender o fenômeno da indução eletromagnética, é necessário compreender o conceito de fluxo magnético.

Consideremos um campo magnético uniforme $\vec{B}$, e uma superfície plana de área $A$. Associemos à superfície plana um vetor normal $\vec{n}$. Seja $\theta$ o ângulo entre $\vec{B}$ e $\vec{n}$.

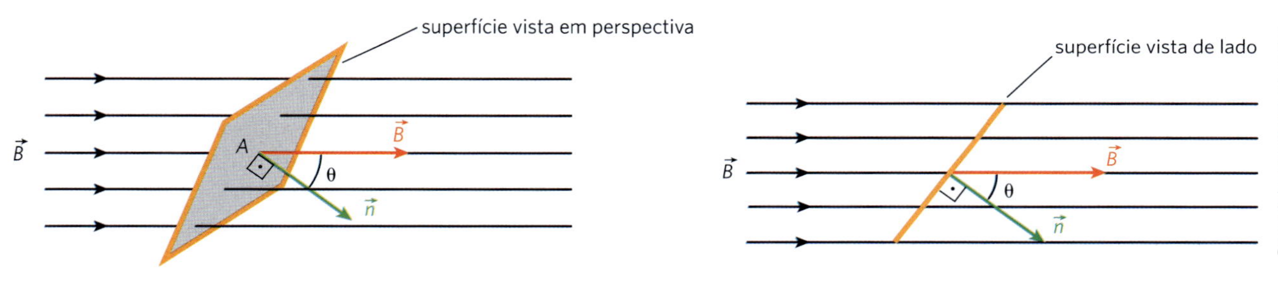


Define-se fluxo do vetor campo magnético $\vec{B}$, ou **fluxo magnético** através da superfície considerada, como uma grandeza $\phi$ dada por:

$$\phi = BA \cdot \cos \theta$$

A unidade de fluxo magnético no Sistema Internacional é denominada **weber** (símbolo: Wb).

$1 \text{ Wb} = 1 \text{ T} \cdot \text{m}^2$

Conceitualmente, o valor do fluxo magnético corresponde a uma medida do número de linhas de campo que atravessam uma superfície.

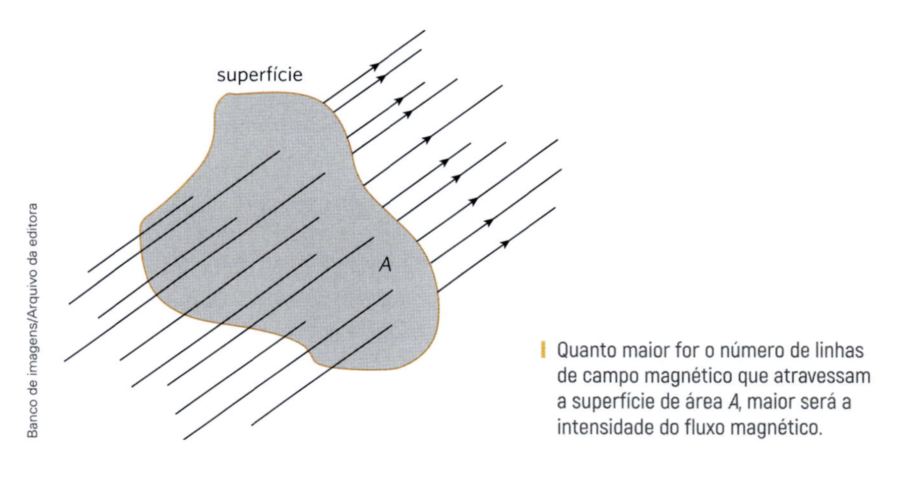


Quanto maior for o número de linhas de campo magnético que atravessam a superfície de área $A$, maior será a intensidade do fluxo magnético.

Observações:

- O fluxo magnético é máximo quando $\cos\theta = 1$, ou $\theta = 0°$. Em outras palavras:

O fluxo magnético é máximo quando a superfície é disposta **perpendicularmente** à direção do campo magnético.

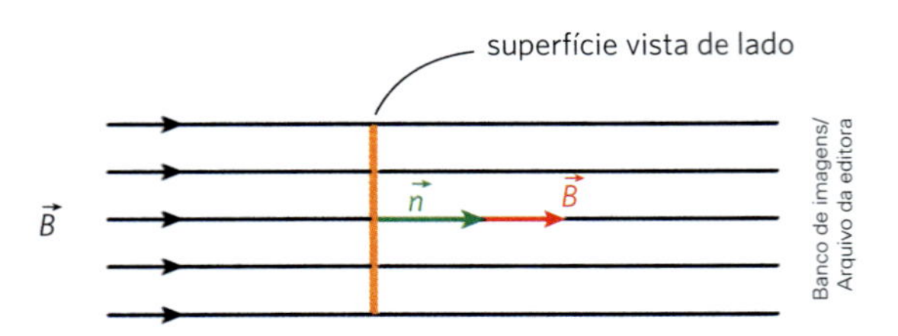


- O fluxo magnético é nulo quando $\cos\theta = 0$, ou $\theta = 90°$. Em outras palavras:

O fluxo magnético é nulo quando a superfície é disposta **paralelamente** à direção do campo magnético.

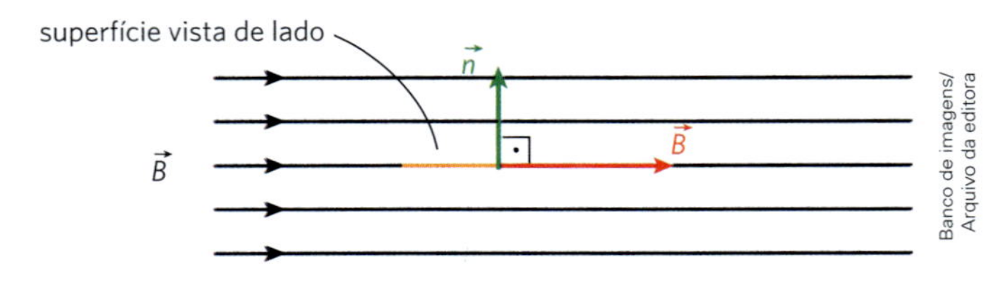


## Indução eletromagnética

Consideremos um trecho de circuito dentro de um campo magnético. O circuito é, então, atravessado por um certo fluxo magnético e dizemos que o campo magnético passa a fazer parte do circuito. Com isso, podemos definir o fenômeno de indução magnética da seguinte maneira:

Quando o fluxo magnético atravessando um circuito varia, aparece no circuito uma força eletromotriz induzida que, por sua vez, permitirá o surgimento de uma **corrente elétrica induzida**, se o circuito estiver fechado.

Observemos, por meio de alguns exemplos, como promover a variação do fluxo magnético, bem como os efeitos produzidos nos circuitos.

### Variação do fluxo magnético por meio da variação da intensidade *B* do campo magnético

Podemos variar o fluxo magnético alterando a intensidade *B* do campo magnético. Para isso, devemos variar a fonte que produz $\vec{B}$, isto no caso de as linhas de campo serem uniformes. No caso de $\vec{B}$ não ser uniforme, podemos variar a posição relativa entre a fonte do campo e o circuito. Estudemos essas duas possibilidades.

**a)** Consideremos o campo magnético uniforme criado por um solenoide percorrido por uma corrente elétrica de intensidade *i* variável. A intensidade *B* do campo magnético depende do valor da corrente elétrica *i*. Assim, variando *i*, variamos *B* e, com isso, variamos o fluxo de campo magnético que atravessa o circuito.

**b)** Consideremos o campo magnético, não uniforme, criado por um ímã. Ao deslocarmos o circuito para diferentes posições em relação ao ímã, promovemos uma variação do fluxo magnético devido à variação da densidade de linhas ou à variação da própria geometria com que essas linhas atravessam o circuito. Essa variação do fluxo magnético no decorrer do tempo faz surgir na espira uma corrente elétrica induzida responsável pelo acendimento da lâmpada.

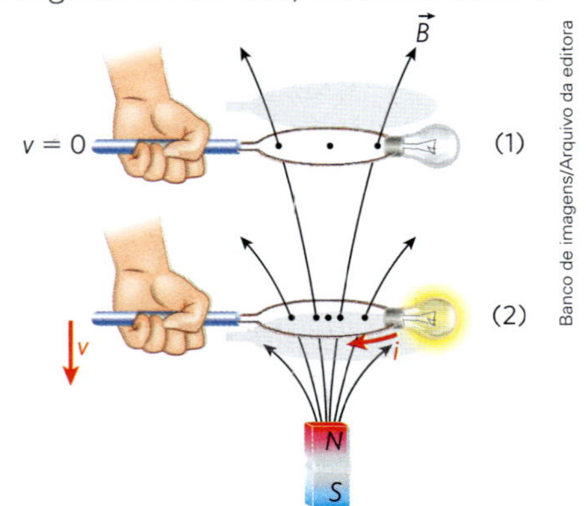


Da posição (1) para a posição (2), o fluxo magnético aumenta, ou seja, $\phi_2 > \phi_1$. A variação do fluxo magnético gera uma corrente elétrica induzida e a lâmpada acende.

## Variação do fluxo magnético por meio da variação da área *A* do circuito

Podemos alterar o fluxo magnético variando a área *A* do circuito que é atravessado pelo fluxo magnético.

a) Consideremos um circuito elétrico feito de um material condutor e uma haste deslizante também de material condutor, que pode fechar o circuito em pontos variados. O circuito é mantido imóvel, com exceção da haste, que desliza apoiada em trilhos. Considere um campo magnético uniforme perpendicular ao plano do papel atravessando o circuito fechado. Como a área desse circuito está variando, teremos uma variação do fluxo magnético interno a ele e, assim, o aparecimento de uma corrente elétrica induzida.

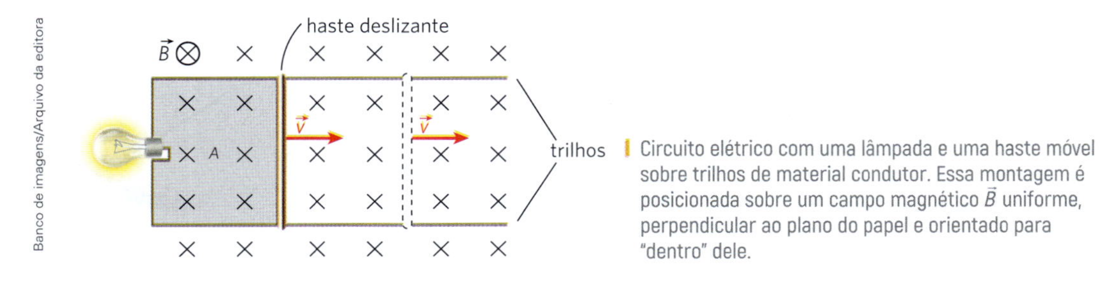


Circuito elétrico com uma lâmpada e uma haste móvel sobre trilhos de material condutor. Essa montagem é posicionada sobre um campo magnético $\vec{B}$ uniforme, perpendicular ao plano do papel e orientado para "dentro" dele.

b) Consideremos uma região onde existe um campo magnético uniforme limitado pelo retângulo *ACDE*. Essa região é atravessada por uma espira.

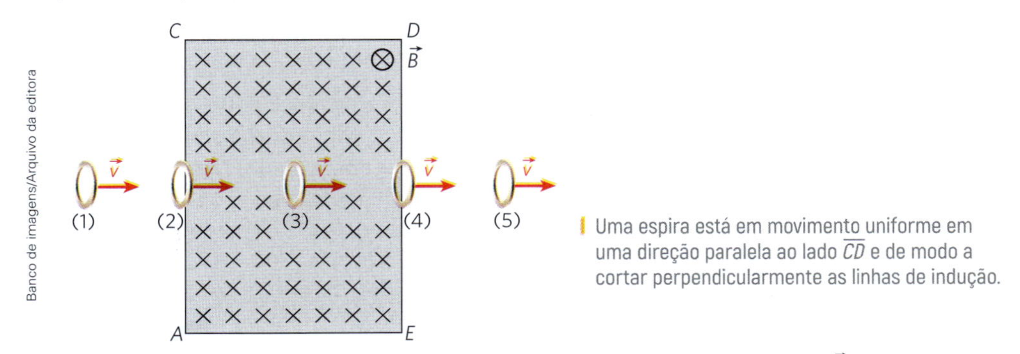


Uma espira está em movimento uniforme em uma direção paralela ao lado $\overline{CD}$ e de modo a cortar perpendicularmente as linhas de indução.

Quando está nas posições (1) ou (5), a espira não é atravessada pelas linhas de indução de $\vec{B}$, isto é, o fluxo magnético é nulo e não há corrente elétrica induzida.

Nas posições (2) e (4), parte da espira está sendo atravessada por linhas do campo, e parte não. Como a espira está em movimento, a área interna ao campo varia, e, portanto, surge uma corrente induzida.

Na posição (3), a espira está inteiramente imersa no campo, a área não varia mais, o fluxo magnético é constante e não há corrente induzida.

Essas observações ilustram o seguinte fato:

Não basta que exista um fluxo magnético atravessando a espira: o fenômeno fundamental é a **variação desse fluxo no decorrer do tempo**.

## Variação do fluxo magnético por variação de cos θ

Podemos variar o fluxo magnético alterando o ângulo θ entre a normal $\vec{n}$ à superfície e o campo magnético $\vec{B}$.

Na construção de geradores elétricos, usa-se fundamentalmente o último exemplo mencionado: com a energia mecânica obtida de quedas-d'água, as espiras são colocadas a girar dentro de poderosos campos magnéticos; devido à indução eletromagnética, temos, na espira, correntes elétricas induzidas que vão alimentar os circuitos elétricos consumidores. Note que no gerador elétrico temos o processo de transformação de energia mecânica em energia elétrica, obedecendo sempre ao princípio da conservação da energia.

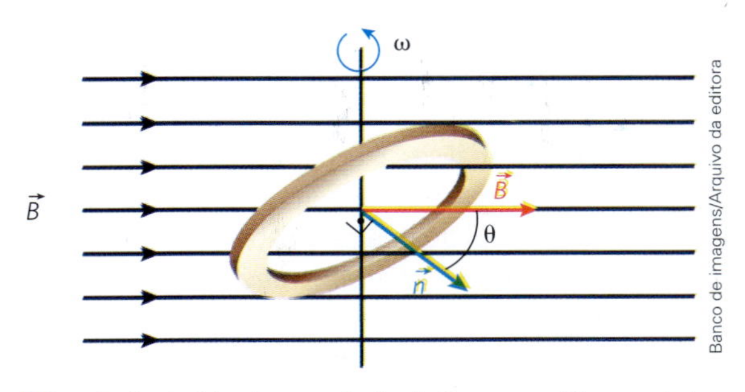


A variação de θ implica a variação do fluxo magnético, surgindo na espira uma corrente elétrica induzida.

## Lei de Lenz

Sabemos que a variação do fluxo magnético em um circuito é responsável pela geração de uma corrente induzida. A pergunta com a qual certamente nos deparamos agora é: qual o sentido dessa corrente?

A resposta para essa questão está no enunciado da **lei de Lenz**:

> O sentido da corrente elétrica induzida será sempre aquele que produza um fluxo magnético induzido que se oponha à variação do fluxo magnético indutor.

Por meio de alguns exemplos, vamos detalhar mais a lei de Lenz.

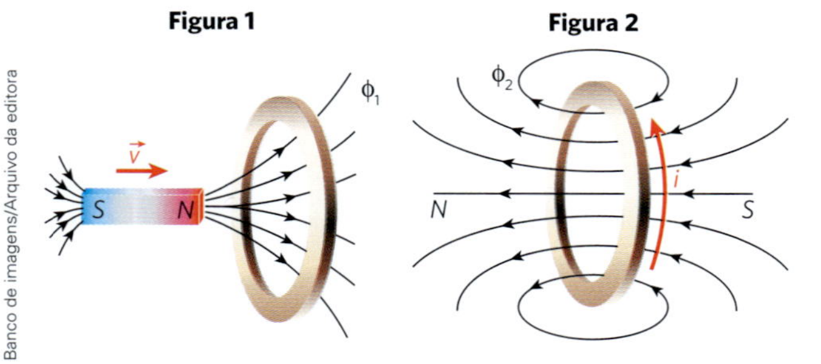


Se aproximarmos o ímã da espira produzindo um aumento do fluxo magnético indutor $\phi_1$, como mostra a figura 1, de acordo com a lei de Lenz, surge na espira uma corrente elétrica induzida que terá como efeito criar um fluxo magnético induzido $\phi_2$ que se oponha a esse aumento, conforme mostra a figura 2.

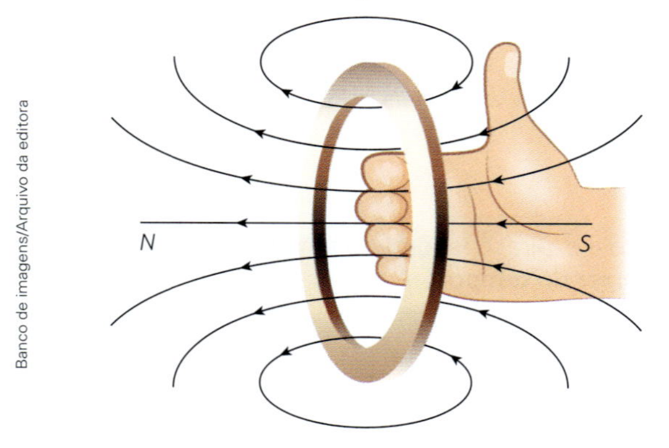


Aplicando a regra da mão direita, podemos identificar o sentido da corrente elétrica induzida.

Podemos analisar a lei de Lenz observando exclusivamente as polaridades magnéticas nas faces das espiras.

Se o polo sul do ímã se afasta da face de uma espira, de acordo com a lei de Lenz, deve surgir na espira uma corrente elétrica induzida que tenha como efeito a produção de um polo norte nessa face. Perceba que surge entre o ímã e a espira uma força de atração que se opõe a esse afastamento.

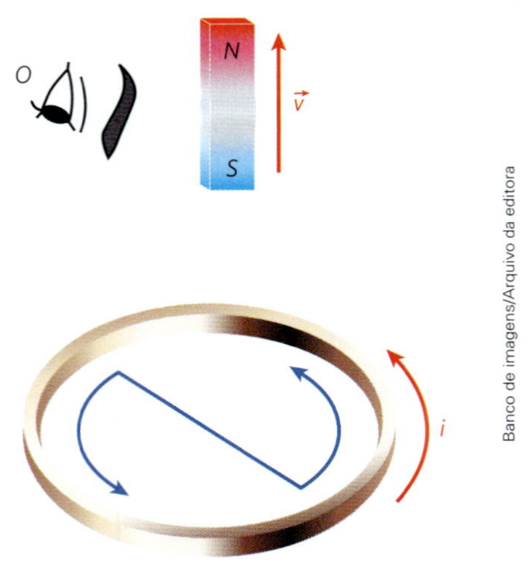


Quando temos o polo sul afastando-se da face da espira, nessa face aparece um polo norte. A força entre ímã e espira é de atração.

Se tivermos uma situação em que o polo sul se aproxima da face da espira, de acordo com a lei de Lenz, deve surgir na espira uma corrente elétrica induzida que tenha como efeito a produção de um polo sul nessa face observada. Note, agora, que a força que surge é de repulsão e vai opor-se a essa aproximação.

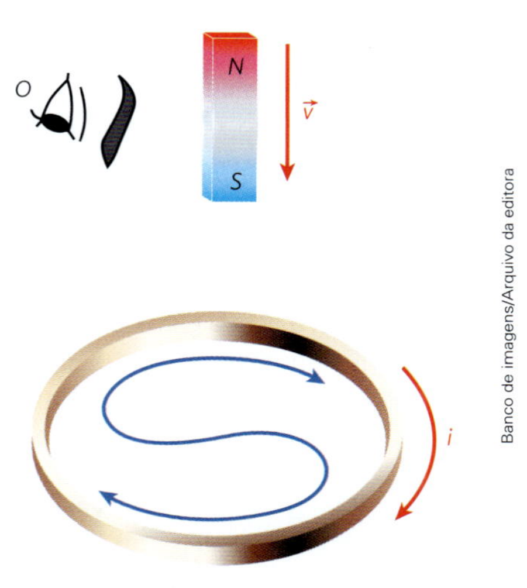


Quando temos o polo sul aproximando-se da espira, nessa face aparece um polo sul. A força entre ímã e espira é de repulsão.

Em um primeiro momento, pode parecer curioso esse comportamento. Quando o ímã se aproxima, a espira o repele; quando o ímã se afasta, a espira o atrai, porém, esse comportamento está associado ao **princípio da conservação da energia**.

De fato, se a força magnética tivesse o mesmo sentido da velocidade, o ímã teria um movimento acelerado, ganhando velocidade indefinidamente sem uma fonte provedora de energia para isso.

## Lei de Faraday

A lei de Faraday possibilita calcular o valor da força eletromotriz induzida em um circuito.

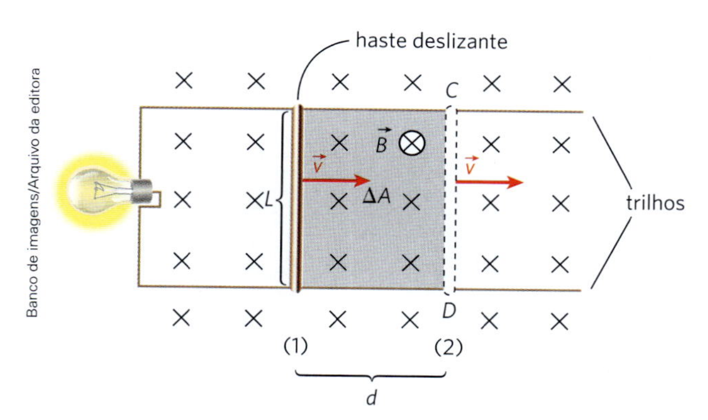


Circuito com uma lâmpada conectada a dois trilhos condutores pelos quais uma haste deslizante será movimentada. Essa montagem é posicionada sobre um campo magnético $\vec{B}$ uniforme, perpendicular ao plano do papel e orientado para "dentro" dele.

Quando a haste se movimenta para a direita, com velocidade $\vec{v}$ constante, ocorre o seguinte: os elétrons presentes na haste se movem com velocidade $\vec{v}$ para a direita no interior de um campo magnético $\vec{B}$. Nessa situação, os elétrons ficarão sujeitos a uma força magnética cuja direção é a mesma da haste e o sentido está indicado na ilustração abaixo.

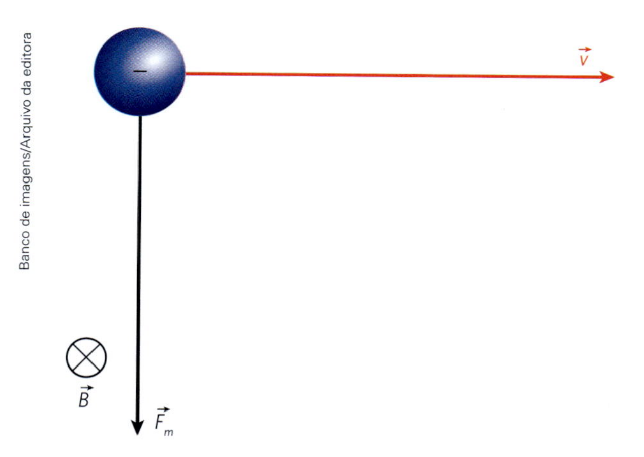


Aplicação da regra da mão esquerda para um elétron que se situa no interior do condutor.

Sob a ação da força magnética $\vec{F}_m$, os elétrons da haste dirigem-se no sentido de $C$ para $D$. Com isso, há um acúmulo de elétrons em $D$ e uma escassez de elétrons em $C$, isto é, há uma diferença de potencial elétrico (ddp) entre $C$ e $D$. Essa ddp, denominada aqui de força eletromotriz induzida ($\epsilon$), cria por sua vez um campo elétrico $\vec{E}$ no interior da haste, o qual gera sobre o elétron uma força elétrica $\vec{F}_e$, com o sentido indicado na figura a seguir.

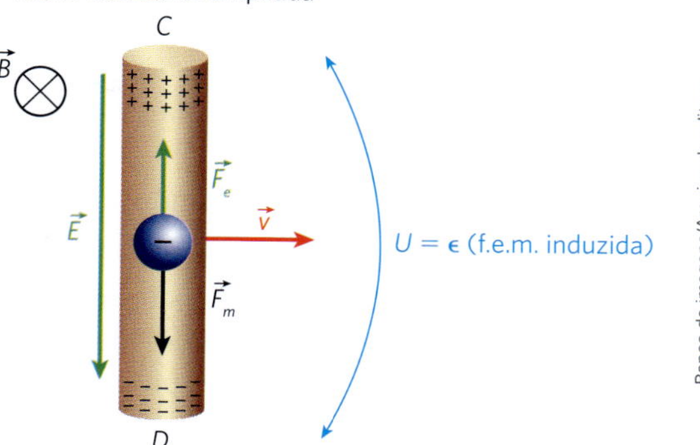


De início, a força magnética prevalece sobre a força elétrica e os elétrons vão caminhando de $C$ para $D$, porém, gradativamente, a ddp vai aumentando e o campo elétrico vai ficando cada vez mais intenso, até que a força elétrica equilibra a força magnética.

Em tais condições, a força eletromotriz induzida ($\epsilon$) (ddp entre $C$ e $D$) será:

$F_m = F_e$

$qvB = qE \Rightarrow vB = E$

Como: $E = \frac{U}{d} = \frac{U}{L}$, temos:

$vB = \frac{U}{L}$

Portanto:

$U = \epsilon = BLv$ (I)

Por outro lado, o fluxo relacionado ao circuito, quando a haste se desloca da posição (1) para a posição (2), varia com o aumento da área do circuito.

A variação do fluxo $\Delta\phi$ será dada por:

$\Delta\phi = B \cdot \Delta A$ (II)

Na qual, $\Delta A$ é a variação da área destacada na figura inicial.

Porém:

$\Delta A = L \cdot d$

Sendo $d$ a distância percorrida pela haste em um tempo $\Delta t$, temos:

$d = v\Delta t \Rightarrow \Delta A = Lv\Delta t$ (III)

Substituindo (III) em (II), temos:

$$\Delta\phi = BLv\Delta t \Rightarrow \frac{\Delta\phi}{\Delta t} = BLv \quad \text{(IV)}$$

Comparando (I) e (IV), concluímos que:

$$U = \epsilon = \frac{\Delta\phi}{\Delta t}$$

Essa expressão traduz a lei de Faraday e pode ser enunciada assim:

> A força eletromotriz induzida num circuito com fluxo magnético variável é igual à velocidade de variação do fluxo.

Em muitas situações práticas, o que realmente nos interessa é o módulo da f.e.m. induzida obtida. Notemos, entretanto, que a formulação mais rigorosa da lei de Faraday traz um sinal negativo a ela associada.

$$\epsilon_M = -\frac{\Delta\phi}{\Delta t} \quad \text{(f.e.m. induzida)}$$

O sinal negativo é um artifício matemático cuja intenção é resgatar a lei de Lenz. Na verdade, mostra-nos que a f.e.m. induzida é criada sempre propondo um fluxo induzido que se opõe à variação do fluxo indutor.

## O transformador

Os centros geradores de energia e os centros consumidores de energia nem sempre estão próximos uns dos outros. Isso acarreta um problema sério tanto para os fornecedores de energia quanto para os consumidores.

Como fazer essa transmissão de energia com a mínima perda?

A potência dissipada em uma linha de transmissão de resistência elétrica $R$ pode ser determinada por:

$$P = R \cdot i^2$$

Observamos que, fixado um tipo de condutor, quanto menor for a corrente elétrica, menor será a potência dissipada.

A potência elétrica gerada na usina é dada por:

$$P = U \cdot i$$

E a potência $P_f$ que será fornecida aos centros consumidores será dada pela diferença entre a potência gerada e a potência dissipada na linha de transmissão:

$$P_f = Ui - Ri^2$$

Se quisermos, então, manter um grande valor de potência fornecida, devemos elevar o valor da tensão elétrica $U$.

Assim, combinando os dois efeitos, uma distribuição de energia de modo eficiente deve ser feita em **altas tensões** e **baixa corrente**.

Contornado esse primeiro obstáculo, existe outro problema a ser enfrentado. Nos centros consumidores, a tensão elétrica entregue em residências e indústrias é de apenas algumas centenas de volts (em geral, 110 V ou 220 V), enquanto nas linhas de transmissão é de milhares de volts.

É nesse ponto que entra em cena o **transformador**, dispositivo de circuito elétrico responsável por elevar ou abaixar as tensões elétricas conforme a necessidade.

Kritsana/Shutterstock

Os transformadores recebem energia elétrica das estações de distribuição com tensão elétrica entre 13,8 kV e 138 kV e fornecem energia elétrica para as unidades consumidoras com tensão elétrica de 127 V a 440 V.

O transformador é constituído, basicamente, de duas bobinas distintas (bobina primária ou primário do transformador e bobina secundária ou secundário do transformador) enroladas em um mesmo núcleo de ferro.

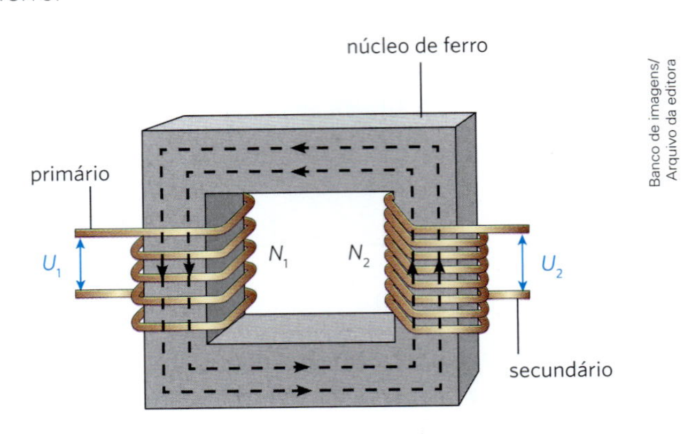


Em uma das bobinas é aplicada uma tensão elétrica alternada, responsável por criar uma corrente elétrica variável $i_1$. Essa corrente dá origem a um fluxo de campo magnético variável, gerando então uma tensão elétrica alternada na bobina 2, que será percorrida por uma corrente $i_2$.

Sabemos que o fluxo magnético gerado por uma bobina é proporcional ao seu número $N$ de espiras, assim $U_1$ e $U_2$ serão proporcionais aos respectivos números de espiras $N_1$ e $N_2$ no primário e no secundário do transformador:

$$\frac{U_1}{N_1} = \frac{U_2}{N_2}$$

Se $N_2 > N_1$, o transformador **eleva** a tensão elétrica de saída.

Se $N_2 < N_1$, o transformador **abaixa** a tensão elétrica de saída.

Considerando um transformador em que as perdas de energia são desprezíveis, as potências elétricas de entrada e saída, respectivamente no primário e no secundário, são iguais, portanto:

$$P_1 = P_2 \Rightarrow i_1 \cdot U_1 = i_2 \cdot U_2$$

A consideração de que as perdas são desprezíveis é uma situação idealizada; na prática, sempre há perda de energia no transformador, mas, por conta de novos materiais e tecnologias, bem como de processos preventivos de manutenção, essas perdas podem ser minimizadas.

## Descubra mais

1 Já vimos que, por meio de um motor elétrico, podemos converter energia elétrica em mecânica. Quais são os principais e mais comuns meios de transformação de energia mecânica em energia elétrica? Pesquise e apresente, de maneira detalhada, ao menos um modo de realizar essa conversão, justificando os processos com base nos conceitos físicos estudados.

2 Por que o movimento de um ímã em relação a uma espira está relacionado ao princípio da conservação da energia? O que poderia acontecer se esse princípio fosse quebrado?

3 O campo magnético terrestre é capaz de produzir correntes elétricas? Por quê?

## Exercícios

1 (Imed-RS) Para a indução de corrente elétrica em um solenoide, é utilizado um ímã em barra. Para tanto, são testadas as seguintes possibilidades:

I. Movimenta-se o ímã com velocidade constante, mantendo o solenoide próximo e parado.

II. Gira-se o ímã com velocidade angular constante, mantendo o solenoide próximo e parado.

III. Movimenta-se o solenoide com velocidade constante, mantendo o ímã próximo e parado.

IV. Movimentam-se ambos com velocidades iguais em módulo, direção e sentido.

Dessas possibilidades, quais podem gerar corrente elétrica no solenoide?

a) Apenas I e II.
b) Apenas II e IV.
c) Apenas III e IV.
d) Apenas I, II e III.
e) Apenas I, III e IV.

**Resolução:**
Uma corrente elétrica será gerada no solenoide nas situações em que o fluxo magnético na superfície circular delimitada por suas espiras for variável no tempo. Como o campo magnético do ímã é espacialmente variável, o fluxo desse campo dentro do solenoide também será variável nas situações em que houver velocidade relativa entre ambos, o que acontece nos casos I e II, mas não no caso IV. No caso III, além da presença da velocidade de rotação, a área atravessada pelas linhas de campo varia, fazendo com que o fluxo aumente e diminua conforme a rotação. Portanto a corrente também será gerada no caso III.

**Resposta:** alternativa **d**.

2 (Enem) O funcionamento dos geradores de usinas elétricas baseia-se no fenômeno da indução eletromagnética, descoberto por Michael Faraday no século XIX. Pode-se observar esse fenômeno ao se movimentar um ímã e uma espira em sentidos opostos com módulo da velocidade igual a $v$, induzindo uma corrente elétrica de intensidade $i$, como ilustrado na figura.

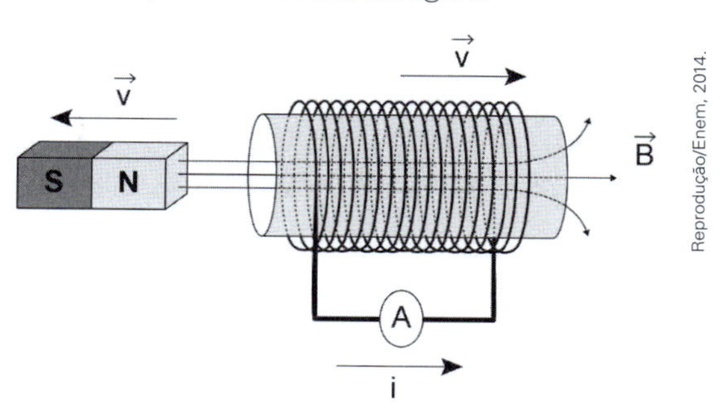



A fim de se obter uma corrente com o mesmo sentido da apresentada na figura, utilizando os mesmos materiais, outra possibilidade é mover a espira para a

a) esquerda e o ímã para a direita com polaridade invertida.

b) direita e o ímã para a esquerda com polaridade invertida.

c) esquerda e o ímã para a esquerda com a mesma polaridade.

d) direita e manter o ímã em repouso com polaridade invertida.

e) esquerda e manter o ímã em repouso com a mesma polaridade.

3 (UPE) Uma bobina formada por 5 espiras que possui um raio igual a 3,0 cm é atravessada por um campo magnético perpendicular ao plano da bobina. Se o campo magnético tem seu módulo variado de 1,0 T até 3,5 T em 9,0 ms, é **correto** afirmar que a força eletromotriz induzida foi, em média, igual a

a) 25 mV
b) 75 mV
c) 0,25 V
d) 1,25 V
e) 3,75 V

4 (UFRGS-RS) O observador, representado na figura, observa um ímã que se movimenta em sua direção com velocidade constante. No instante representado, o ímã encontra-se entre duas espiras condutoras, 1 e 2, também mostradas na figura.

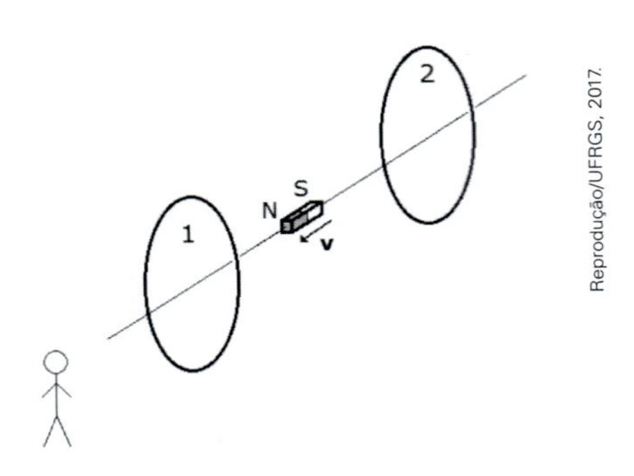

Reprodução/UFRGS, 2017.

Examinando as espiras, o observador percebe que:

a) existem correntes elétricas induzidas no sentido horário em ambas espiras.

b) existem correntes elétricas induzidas no sentido anti-horário em ambas espiras.

c) existem correntes elétricas induzidas no sentido horário na espira 1 e anti-horário na espira 2.

d) existem correntes elétricas induzidas no sentido anti-horário na espira 1 e horário na espira 2.

e) existe apenas corrente elétrica induzida na espira 1, no sentido horário.

**5** (PUC-RS) Considere as afirmativas a seguir.

**I.** O campo magnético terrestre induz correntes elétricas na fuselagem de alumínio de um avião que esteja voando.

**II.** Um ímã colocado dentro de um solenoide induz uma diferença de potencial elétrico entre as extremidades deste solenoide, quer esteja parado, quer em movimento em relação ao mesmo.

**III.** O fluxo magnético através de uma superfície é diretamente proporcional ao número de linhas de indução que a atravessam.

**IV.** Um dínamo e um transformador são equipamentos projetados para empregar a indução eletromagnética e por isso geram energia elétrica.

Analisando as afirmativas, conclui-se que somente estão corretas

a) I, II e III
b) I, II e IV
c) II, III e IV
d) I e III
e) II e IV

**6** Seja nos postes de rua próximos à sua casa ou no carregador de seu celular, os transformadores estão presentes nos mais variados tipos de circuitos elétricos.

O transformador é um dispositivo formado por pelo menos duas bobinas enroladas em núcleos ferromagnéticos.

Quando uma dessas bobinas (denominada primário) é percorrida por uma corrente elétrica alternada, isso provoca o aparecimento de um fluxo magnético variável, que, por sua vez, vai atravessar a outra bobina (denominada secundário). Pelo fato do número de espiras na bobina primária ($N_1$) ser diferente do número de espiras da bobina secundária ($N_2$), podemos elevar ou abaixar a tensão de saída.

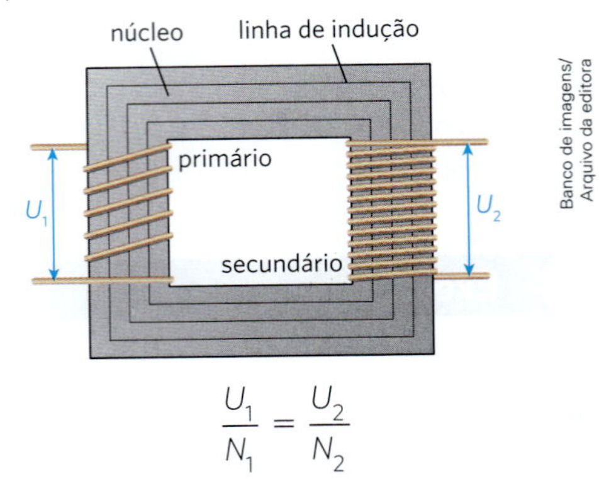

Banco de imagens/Arquivo da editora

$$\frac{U_1}{N_1} = \frac{U_2}{N_2}$$

Observe que não existe ligação elétrica entre as bobinas primária e secundária. A "comunicação" entre as bobinas se realiza por intermédio dos fluxos dos campos magnéticos.

Analise se as proposições abaixo são verdadeiras ou falsas:

**I.** Se um transformador tem o primário ligado a uma fonte de tensão elétrica constante, no secundário a tensão de saída é nula.

**II.** Em uma subestação abaixadora de tensão, a tensão elétrica de entrada $U_1$ = 200 000 V e a de saída $U_2$ = 10 000 V. Dessa maneira o número de espiras no primário é 20 vezes maior do que no secundário.

**III.** Se desprezarmos as perdas de energia, a relação entre a corrente elétrica no primário e secundário será dada por:

$$\frac{i_1}{i_2} = \frac{N_2}{N_1}$$

**7** (UFRGS-RS) Um campo magnético uniforme *B* atravessa perpendicularmente o plano do circuito representado abaixo, direcionado para fora desta página. O fluxo desse campo através do circuito aumenta à taxa de 1 Wb/s.

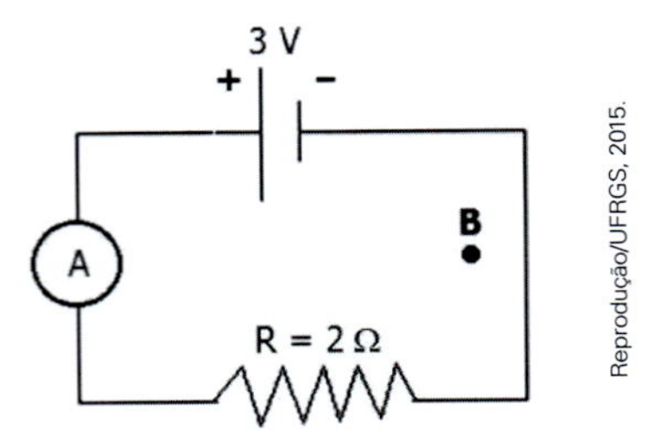

Reprodução/UFRGS, 2015.

Nessa situação, a leitura do amperímetro **A** apresenta, em amperes,

a) 0,0.
b) 0,5.
c) 1,0.
d) 1,5.
e) 2,0.

# Respostas

Unidade 7

## Eletrostática

### Capítulo 27 Cargas elétricas

**2** d, e, g.

**3** **a)** $+3,2 \cdot 10^{-19}$ C
**b)** $-1,6 \cdot 10^{-19}$ C

**4** c

**5** c

**6** b

**8** Aluna *D*

**9** $+2q$

**10** c

**11** d

**12** e

**13** $-q$

**14** b

**15** b

**16** c

**17** a

**18** 30 N

**19** e

**20** a

**21** d

**22** **a)** $5 \cdot 10^9$
**b)** $-0,8$ nC
**c)** $1,6 \cdot 10^{-10}$ A
**d)** $6,4 \cdot 10^{-8}$ N

**23** d

### Capítulo 28 Campo elétrico

**1** c

**2** $Q > 0$, $q < 0$ e $q' > 0$.

**4** **a)** $+8$ μC
**b)** $8 \cdot 10^5$ N/C

**5** Intensidade: $5,4 \cdot 10^6$ N/C
direção: $Q_2Q_1$
sentido: de $Q_2$ para $Q_1$

**6** e

**7** **a)** $q_1$ (positiva), $q_2$ (negativa)
**b)** Não, devido ao fato de as cargas apresentarem sinais diferentes, a força eletrostática entre elas será de atração.

**8** Na região *E*.

**10** $-15,7 \cdot 10^{-6}$ C

**11** **a)** zero
**b)** 1.

**12** a

**13** d

**14** c

**15** c

**16** a

**17** d

### Capítulo 29 Potencial elétrico

**2** $1,5 \cdot 10^4$ V

**3** d

**4** **a)** $-7,2 \cdot 10^{-2}$ J
**b)** $6,0 \cdot 10^3$ V
**c)** 12 J

**5** 41 cm

**6** 40 J

**7** d

**8** **a)** $+5,0$ nC
**b)** 180 V/m
**c)** $2,0 \cdot 10^{-8}$ J

**9** $1,5 \cdot 10^3$ V/m

**10** 25 V

**11** **a)** 0,80 J
**b)** 80 m/s

**12** $1,6 \cdot 10^{-13}$ J

**13** c

**14** a

**15** $-8,0$ μC

**16** b

**17** **a)** $2,4 \cdot 10^5$ V
**b)** $8,0 \cdot 10^4$ V

**18** **a)** 30 cm
**b)** 6,0 μC

**19** c

**20** b

**21** **a)** 8,0 pF
**b)** $2,0 \cdot 10^5$ V

**22** **a)** 0,6 nF
**b)** 5,4 m

**23** d

**24** 8,0 nF

**26** b

**27** e

**28** a

**29** c

**30** b

**31** e

**32**
1. Consultando a série triboelétrica, observamos que o vidro perde elétrons para a lã, isto é, a lã é mais "ávida" por elétrons do que o vidro. Assim, no atrito, a lã retira elétrons do vidro e o bastão torna-se eletrizado positivamente.
2. As cargas positivas do bastão atraem os elétrons da esfera condutora para a região próxima ao bastão; a repulsão sobre as cargas positivas da esfera provocará um acúmulo delas na região oposta.
3. No interior da esfera em equilíbrio eletrostático, a intensidade do campo elétrico resultante é sempre nula.
4. O potencial da esfera, após a indução, quando o equilíbrio já está restabelecido, é positivo.

Unidade 8

## Eletrodinâmica

### Capítulo 30 Corrente elétrica

**2** d

**3** c

**4** c

**5** e

**6** $3,75 \cdot 10^{14}$ íons

**7** e

**8** c

**9** d

**10** c

**12** c

**13** **a)** Frequência
**b)** Função trabalho é a energia necessária para ejetar o elétron.

**14** e

**15** $01 + 08 + 32 = 41$

**16** c

**17** a

**18** d

**19** a

### Capítulo 31 Tensão elétrica e resistência elétrica

**1** e

**2** b

**3** d

**4** b

**6** a

**7** e

**8** c

**9** **a)** $2,0 \cdot 10^2$ Ω
**b)** 3,0 V

**10** e

**12** d

**13** b

**14** d

**15** b

**16** a

**17** **a)** 1248 Ω
**b)** Aproximadamente 0,176 A.

**18** **a)** Se a fonte de tensão elétrica for conectada aos pontos *D* e *E*, não será afetado o batimento cardíaco, pois a corrente elétrica vai percorrer os membros inferiores.

**b)** 0,20 A

**Capítulo 32** Geradores elétricos e circuitos elétricos

**2** a

**3** **a)** 24 V e 2 Ω
**b)** 12 A
**c)** $U = 24 - 2{,}0i$
**d)** 20 V

**4** c

**5** a

**6** a

**7** a

**8** **a)** 24 V
**b)** 1,0 A

**9** d

**10** **a)** 1,0 A
**b)** 3,0 V

**11** e

**13** c

**14** d

**15** d

**16** e

**17** c

**18** c

**19** b

**20** a

**21** a

**Capítulo 33** Energia elétrica: geração e consumo

**1** Duas vantagens: A água é uma fonte renovável, e, durante o processo de produção de energia, não há emissão de poluentes.
Dois impactos de natureza ambiental: Alagamento de grandes áreas para atuarem como reservatório da usina e alteração do microclima da região onde a usina é instalada.
Dois impactos de natureza social: Expropriações de comunidades ou cidades inteiras para formação dos reservatórios alterando de forma radical planos e projetos de vida.
Perda de construções, monumentos e lugares históricos.

**2** e

**3** c

**4** e

**5** c

**6** b

**Capítulo 34** Energia e potência elétrica

**2** a

**3** b

**4** a

**5** b

**6** d

**7** c

**8** b

**10** e

**11** c

**12** e

**14** a

**15** d

**16** c

Unidade 9

# Eletromagnetismo

**Capítulo 35** Introdução ao Eletromagnetismo

**1** d

**3** 02 + 04 = 06

**4** e

**5** a

**7** d

**8** e

**9** a

**10** c

**11** 01 + 04 = 05

**12** a

**Capítulo 36** Corrente elétrica e campo magnético

**1** **a)**

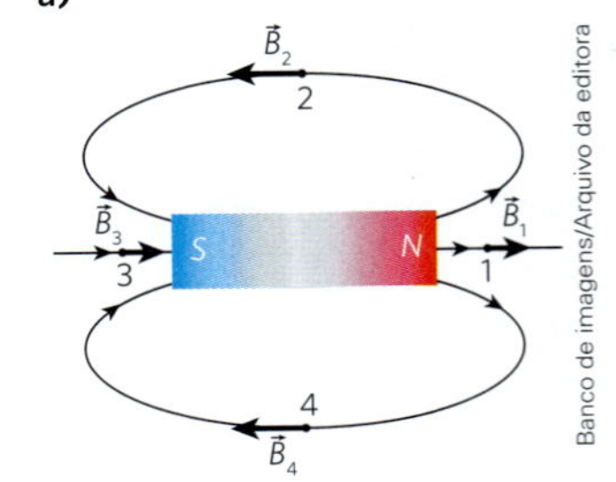


**b)**

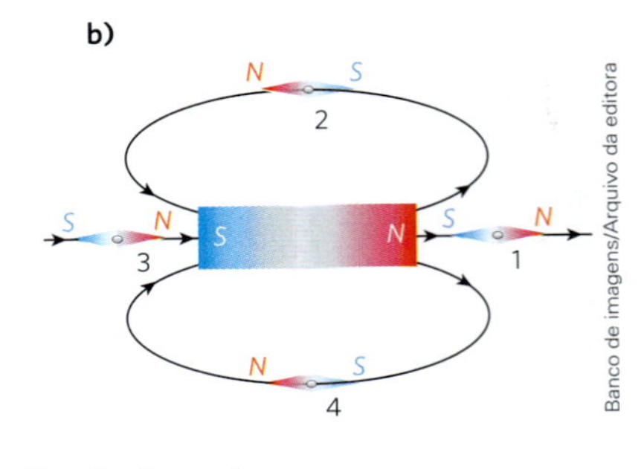


**3** De *B* para *A*.

**4** a

**5** a

**6** d

**8** **a)** 0,36 A
**b)** $4{,}8 \cdot 10^{-11}$ T

**9** d

**10** $1{,}5 \cdot 10^{-2}$ T

**11** b

**12** $2{,}02 \cdot 10^{-5}$ T

**13** b

**14** d

**Capítulo 37** Indução eletromagnética

**2** a

**3** e

**4** c

**5** d

**6** I. Verdadeira.
II. Verdadeira.
III. Verdadeira.

**7** c

# BNCC do Ensino Médio: habilidades de Ciências da Natureza e suas Tecnologias

**(EM13CNT101)** Analisar e representar, com ou sem o uso de dispositivos e de aplicativos digitais específicos, as transformações e conservações em sistemas que envolvam quantidade de matéria, de energia e de movimento para realizar previsões sobre seus comportamentos em situações cotidianas e em processos produtivos que priorizem o desenvolvimento sustentável, o uso consciente dos recursos naturais e a preservação da vida em todas as suas formas.

**(EM13CNT102)** Realizar previsões, avaliar intervenções e/ou construir protótipos de sistemas térmicos que visem à sustentabilidade, considerando sua composição e os efeitos das variáveis termodinâmicas sobre seu funcionamento, considerando também o uso de tecnologias digitais que auxiliem no cálculo de estimativas e no apoio à construção dos protótipos.

**(EM13CNT103)** Utilizar o conhecimento sobre as radiações e suas origens para avaliar as potencialidades e os riscos de sua aplicação em equipamentos de uso cotidiano, na saúde, no ambiente, na indústria, na agricultura e na geração de energia elétrica.

**(EM13CNT104)** Avaliar os benefícios e os riscos à saúde e ao ambiente, considerando a composição, a toxicidade e a reatividade de diferentes materiais e produtos, como também o nível de exposição a eles, posicionando-se criticamente e propondo soluções individuais e/ou coletivas para seus usos e descartes responsáveis.

**(EM13CNT105)** Analisar os ciclos biogeoquímicos e interpretar os efeitos de fenômenos naturais e da interferência humana sobre esses ciclos, para promover ações individuais e/ ou coletivas que minimizem consequências nocivas à vida.

**(EM13CNT106)** Avaliar, com ou sem o uso de dispositivos e aplicativos digitais, tecnologias e possíveis soluções para as demandas que envolvem a geração, o transporte, a distribuição e o consumo de energia elétrica, considerando a disponibilidade de recursos, a eficiência energética, a relação custo/ benefício, as características geográficas e ambientais, a produção de resíduos e os impactos socioambientais e culturais.

**(EM13CNT107)** Realizar previsões qualitativas e quantitativas sobre o funcionamento de geradores, motores elétricos e seus componentes, bobinas, transformadores, pilhas, baterias e dispositivos eletrônicos, com base na análise dos processos de transformação e condução de energia envolvidos - com ou sem o uso de dispositivos e aplicativos digitais -, para propor ações que visem a sustentabilidade.

**(EM13CNT201)** Analisar e discutir modelos, teorias e leis propostos em diferentes épocas e culturas para comparar distintas explicações sobre o surgimento e a evolução da Vida, da Terra e do Universo com as teorias científicas aceitas atualmente.

**(EM13CNT202)** Analisar as diversas formas de manifestação da vida em seus diferentes níveis de organização, bem como as condições ambientais favoráveis e os fatores limitantes a elas, com ou sem o uso de dispositivos e aplicativos digitais (como softwares de simulação e de realidade virtual, entre outros).

**(EM13CNT203)** Avaliar e prever efeitos de intervenções nos ecossistemas, e seus impactos nos seres vivos e no corpo humano, com base nos mecanismos de manutenção da vida, nos ciclos da matéria e nas transformações e transferências de energia, utilizando representações e simulações sobre tais fatores, com ou sem o uso de dispositivos e aplicativos digitais (como softwares de simulação e de realidade virtual, entre outros).

**(EM13CNT204)** Elaborar explicações, previsões e cálculos a respeito dos movimentos de objetos na Terra, no Sistema Solar e no Universo com base na análise das interações gravitacionais, com ou sem o uso de dispositivos e aplicativos digitais (como softwares de simulação e de realidade virtual, entre outros).

**(EM13CNT205)** Interpretar resultados e realizar previsões sobre atividades experimentais, fenômenos naturais e processos tecnológicos, com base nas noções de probabilidade e incerteza, reconhecendo os limites explicativos das ciências.

**(EM13CNT206)** Discutir a importância da preservação e conservação da biodiversidade, considerando parâmetros qualitativos e quantitativos, e avaliar os efeitos da ação humana e das políticas ambientais para a garantia da sustentabilidade do planeta.

**(EM13CNT207)** Identificar, analisar e discutir vulnerabilidades vinculadas às vivências e aos desafios contemporâneos aos quais as juventudes estão expostas, considerando os aspectos físico, psicoemocional e social, a fim de desenvolver e divulgar ações de prevenção e de promoção da saúde e do bem-estar.

**(EM13CNT208)** Aplicar os princípios da evolução biológica para analisar a história humana, considerando sua origem, diversificação, dispersão pelo planeta e diferentes formas de interação com a natureza, valorizando e respeitando a diversidade étnica e cultural humana.

**(EM13CNT209)** Analisar a evolução estelar associando-a aos modelos de origem e distribuição dos elementos químicos no Universo, compreendendo suas relações com as condições necessárias ao surgimento de sistemas solares e planetários, suas estruturas e composições e as possibilidades de existência de vida, utilizando representações e simulações, com ou sem o uso de dispositivos e aplicativos digitais (como softwares de simulação e de realidade virtual, entre outros).

**(EM13CNT301)** Construir questões, elaborar hipóteses, previsões e estimativas, empregar instrumentos de medição e representar e interpretar modelos explicativos, dados e/ou resultados experimentais para construir, avaliar e justificar conclusões no enfrentamento de situações-problema sob uma perspectiva científica.

**(EM13CNT302)** Comunicar, para públicos variados, em diversos contextos, resultados de análises, pesquisas e/ou experimentos, elaborando e/ou interpretando textos, gráficos, tabelas, símbolos, códigos, sistemas de classificação e equações, por meio de diferentes linguagens, mídias, tecnologias digitais de informação e comunicação (TDIC), de modo a participar e/ou promover debates em torno de temas científicos e/ou tecnológicos de relevância sociocultural e ambiental.

**(EM13CNT303)** Interpretar textos de divulgação científica que tratem de temáticas das Ciências da Natureza, disponíveis em diferentes mídias, considerando a apresentação dos dados, tanto na forma de textos como em equações, gráficos e/ou tabelas, a consistência dos argumentos e a coerência das conclusões, visando construir estratégias de seleção de fontes confiáveis de informações.

**(EM13CNT304)** Analisar e debater situações controversas sobre a aplicação de conhecimentos da área de Ciências da Natureza (tais como tecnologias do DNA, tratamentos com células-tronco, neurotecnologias, produção de tecnologias de defesa, estratégias de controle de pragas, entre outros), com base em argumentos consistentes, legais, éticos e responsáveis, distinguindo diferentes pontos de vista.

**(EM13CNT305)** Investigar e discutir o uso indevido de conhecimentos das Ciências da Natureza na justificativa de processos de discriminação, segregação e privação de direitos individuais e coletivos, em diferentes contextos sociais e históricos, para promover a equidade e o respeito à diversidade.

**(EM13CNT306)** Avaliar os riscos envolvidos em atividades cotidianas, aplicando conhecimentos das Ciências da Natureza, para justificar o uso de equipamentos e recursos, bem como comportamentos de segurança, visando à integridade física, individual e coletiva, e socioambiental, podendo fazer uso de dispositivos e aplicativos digitais que viabilizem a estruturação de simulações de tais riscos.

**(EM13CNT307)** Analisar as propriedades dos materiais para avaliar a adequação de seu uso em diferentes aplicações (industriais, cotidianas, arquitetônicas ou tecnológicas) e/ ou propor soluções seguras e sustentáveis considerando seu contexto local e cotidiano.

**(EM13CNT308)** Investigar e analisar o funcionamento de equipamentos elétricos e/ou eletrônicos e sistemas de automação para compreender as tecnologias contemporâneas e avaliar seus impactos sociais, culturais e ambientais.

**(EM13CNT309)** Analisar questões socioambientais, políticas e econômicas relativas à dependência do mundo atual em relação aos recursos não renováveis e discutir a necessidade de introdução de alternativas e novas tecnologias energéticas e de materiais, comparando diferentes tipos de motores e processos de produção de novos materiais.

**(EM13CNT310)** Investigar e analisar os efeitos de programas de infraestrutura e demais serviços básicos (saneamento, energia elétrica, transporte, telecomunicações, cobertura vacinal, atendimento primário à saúde e produção de alimentos, entre outros) e identificar necessidades locais e/ou regionais em relação a esses serviços, a fim de avaliar e/ou promover ações que contribuam para a melhoria na qualidade de vida e nas condições de saúde da população.

VOLUME ÚNICO

RICARDO HELOU DOCA

Engenheiro eletricista formado pela Faculdade de Engenharia Industrial (FEI-SP).
Licenciado em Matemática.
Professor de Física na rede particular de ensino de São Paulo.

NEWTON VILLAS BÔAS

Licenciado em Física pelo Instituto de Física da Universidade de São Paulo (IFUSP).
Professor de Física na rede particular de ensino de São Paulo.

RONALDO FOGO

Licenciado em Física pelo Instituto de Física da Universidade de São Paulo (IFUSP).
Engenheiro metalurgista pela Escola Politécnica da Universidade de São Paulo (Poli-USP).
Coordenador de turmas olímpicas de Física na rede particular de ensino de São Paulo.
Vice-presidente da International Junior Science Olympiad (IJSO).

PARTE II

# Física

# Sumário - Parte II

## Unidade 4
## Termologia



## Unidade 5
## Ondulatória

## Unidade 6
## Óptica geométrica

UNIDADE

# Termologia

Ao realizar atividades físicas, a taxa de calor gerada por músculos aumenta, contudo, sabemos que, diferentemente de outros animais, o ser humano é homeotérmico (relativa capacidade de manter a temperatura corporal aproximadamente constante mesmo em ambientes que passam por variações térmicas). Para manter a temperatura constante, o corpo dissipa calor por alguns processos, como a condução e a irradiação.
Essas formas de propagação de calor, entre outras, são assuntos trabalhados em **Termologia**.

Diego Cervo/Shutterstock; Drazen Zigic/Shutterstock; Samuel Borges Photography/Shutterstock; Microgen/Shutterstock

A dissipação do calor corporal é fundamental para a manutenção do bem-estar das pessoas durante a prática de atividades físicas.

## Nesta unidade:

# A temperatura, a energia térmica e o calor

Este capítulo favorece o desenvolvimento das seguintes habilidades:

EM13CNT102

EM13CNT206

EM13CNT301

EM13CNT203

EM13CNT302

## Introdução

Podemos não perceber, mas a Física sempre permeia o cotidiano. Vamos descrever algumas situações que enfrentamos todos os dias. No final da Unidade, poderemos explicar fisicamente como esses fatos ocorrem.

- Acordamos bem cedo e vamos tomar um banho quente. A água do chuveiro está à temperatura ambiente, fria, então devemos fornecer energia para que ela se aqueça até atingir a temperatura desejada.
- Quando ligamos o motor do carro e a gasolina é "explodida", gerando gases aquecidos que se expandem e realizam trabalho, os pistões do motor são movidos e colocam o carro em movimento.
- Ao passarmos com o carro em um viaduto de concreto, observamos um trepidar que se repete com um som estranho, como se estivéssemos passando por pequenas valetas. São as fendas de dilatação, planejadas para que partes de um viaduto ou ponte possam dilatar sem provocar danos à estrutura.
- À tarde, olhando pela janela de nossa sala, observamos que está chovendo. A água evaporada na superfície do solo subiu para a atmosfera em forma de vapor e agora cai em gotas: é a chuva.

O aprendizado da Termologia vai nos ajudar a entender essas e muitas outras situações.

Alexander Raths/Shutterstock

Para assarmos alimentos, precisamos de **energia térmica**. Essa energia chega à carne e aos vegetais em forma de **calor**.

**Termologia** é a parte da Física que estuda os fenômenos relativos à energia térmica, que é a forma de energia relacionada à agitação das partículas de um corpo. Tal energia, quando em trânsito, é denominada calor. Os fenômenos relativos ao aquecimento, ao resfriamento ou às mudanças de estado físico em corpos que recebem ou cedem energia também são objetos de estudo dessa área do conhecimento.

Estudaremos, em Termologia, as formas pelas quais essa energia, que denominaremos **energia térmica**, muda de local, propagando-se através de um meio.

No estudo de todos os fenômenos relativos à Termologia, sempre aparece um parâmetro muito importante, denominado **temperatura**, capaz de definir o estado térmico do sistema físico estudado. Assim, iniciaremos o nosso estudo de Termologia conceituando temperatura e estabelecendo processos e regras usados para sua medição.

## Temperatura

**Temperatura** é a grandeza que caracteriza o estado térmico de um sistema.

É comum as pessoas avaliarem o estado térmico de um corpo pela sensação de quente ou frio que sentem ao tocá-lo. Você já se perguntou como podemos avaliar fisicamente esse "quente" e esse "frio"? Imaginemos um balão de borracha, fechado, com ar em seu interior. O ar é constituído de pequenas partículas que se movimentam em todas as direções. Se aquecermos o ar, o que acontece? O balão estufa, aumentando de tamanho. O que provocou isso? Foi o ar em seu interior, que, ao ser aquecido, empurrou mais fortemente as paredes elásticas, aumentando o volume do balão.

Isso ocorre porque as partículas de ar movimentam-se, possuindo certa velocidade, certa energia cinética. Quando aumentamos a temperatura dessas partículas por aquecimento, a energia cinética também aumenta, intensificando os choques das partículas com as paredes internas do balão, o que produz aumento de volume.

Assim, podemos associar a temperatura do ar à energia cinética de suas partículas, isto é, ao estado de movimento dessas partículas.

Entretanto, o que acontece nos sólidos e nos líquidos cujas partículas são impedidas de se movimentar livremente?

Nesses casos, as partículas apenas se agitam em regiões limitadas, e esse estado de agitação cresce com o aquecimento, com o aumento de temperatura.

A conclusão a que podemos chegar é que, de alguma forma, a temperatura está relacionada com o estado de movimento ou de agitação das partículas de um corpo. Então, como uma ideia inicial, podemos dizer que a temperatura é um valor numérico associado a determinado estado de agitação ou de movimentação das partículas de um corpo, umas em relação às outras.

## Equilíbrio térmico

Suponha que um assado recém-saído do forno e um suco retirado há pouco da geladeira sejam colocados sobre uma mesa. Após alguns minutos, observamos que ambos os produtos atingem a temperatura ambiente: o assado "esfriou" e o suco "esquentou".

Da observação de fenômenos dessa natureza, podemos concluir que os corpos colocados em um mesmo ambiente, sempre que possível, tendem espontaneamente para o mesmo estado térmico. Os corpos mais "quentes" fornecem parte da energia de agitação de suas partículas para os corpos mais "frios". Assim, os mais "quentes" esfriam e os mais "frios" esquentam, até que seus estados térmicos (suas temperaturas) fiquem iguais. Dizemos, então, que esses corpos atingiram o **equilíbrio térmico**.

Dois ou mais sistemas físicos estão em **equilíbrio térmico** entre si quando suas temperaturas são iguais.

## Como medir a temperatura de um corpo

Você já deve ter percebido que não podemos medir diretamente a temperatura de um corpo; afinal, não temos como observar o movimento das partículas. Dessa maneira, devemos usar um segundo corpo como referência, e, para isso, este deve ter propriedades físicas variáveis com a temperatura. Assim, observando a variação dessa propriedade específica dos corpos, conseguimos determinar a temperatura avaliada. Como exemplo dessas propriedades observadas, podemos citar o comprimento de uma haste metálica, a pressão de um gás, a altura da coluna de um líquido, entre outros. Esse segundo corpo recebe o nome de **termômetro**. Um dos mais conhecidos é o de álcool (substância termométrica), cujo comprimento da coluna (grandeza termométrica) varia com a temperatura.

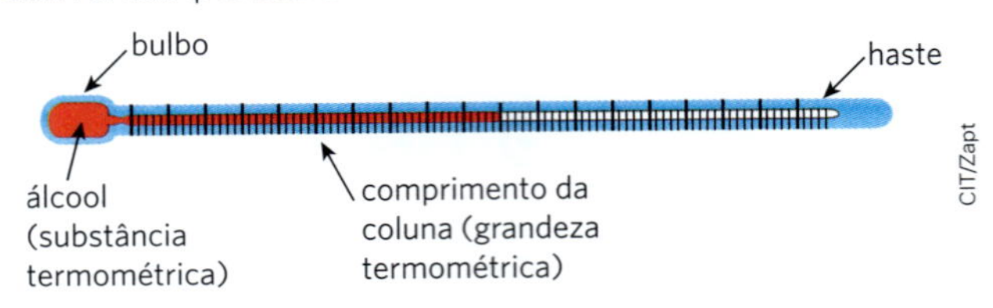


É importante observar que:

**Substância termométrica** é aquela em que pelo menos uma de suas propriedades físicas (comprimento, volume, pressão, entre outras) varia de forma mensurável com a temperatura.
**Grandeza termométrica** é a propriedade física da substância termométrica que varia de forma mensurável com a temperatura e que é usada para medi-la.

A seguir, vamos estudar um tipo de termômetro muito utilizado em nosso dia a dia.

### Termômetro clínico

O termômetro clínico tem por finalidade medir a temperatura do corpo humano e, por esse motivo, ele indica apenas temperaturas entre 35 °C e 42 °C. Várias substâncias termométricas podem ser utilizadas, nesse caso, como o mercúrio e o álcool.

Entre o bulbo e o início da haste existe um estrangulamento no tubo que permite à substância se expandir ao longo do tubo, mas não voltar ao bulbo.

Para que a porção da substância expandida no tubo retorne ao bulbo, deve-se agitar o termômetro.

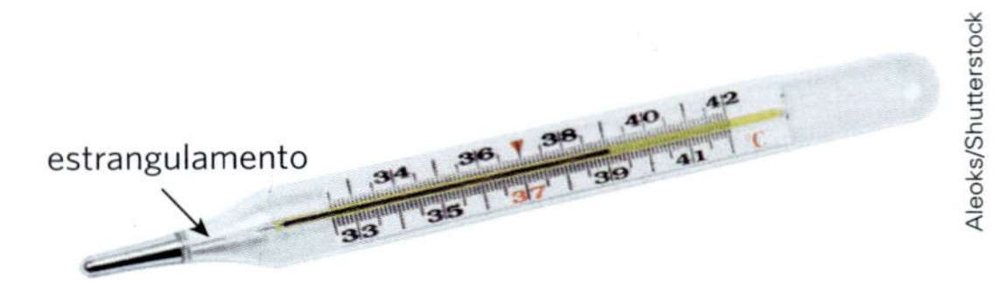


Termômetro clínico de mercúrio.

Nas farmácias podemos encontrar outro termômetro clínico que não utiliza substâncias termométricas: o termômetro eletrônico. Tal dispositivo eletrônico é capaz de indicar a temperatura do corpo humano com boa precisão.

Termômetros eletrônicos apresentam **características** elétricas que dependem da temperatura e, assim, podem medir a temperatura do meio em que estão por meio da variação dessas características.

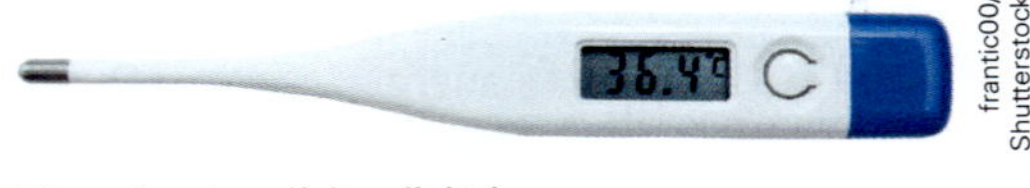


Termômetro clínico digital.

## Escalas termométricas

Escala termométrica é um conjunto de valores numéricos em que cada valor está associado a determinada temperatura.

Se, por exemplo, a temperatura de um sistema *A* é representada pelo valor 50 e a de um sistema *B*, pelo valor 20, em uma mesma escala termométrica, dizemos que a temperatura de *A* é maior que a de *B*. Isso indica que as partículas do sistema *A* estão em um nível energético mais elevado que as do sistema *B*.

Como uma escala termométrica é constituída por um conjunto de valores arbitrários, um mesmo estado térmico pode ser representado em escalas termométricas diversas, por valores numéricos diferentes.

Os valores numéricos de uma escala termométrica são obtidos a partir de dois valores atribuídos previamente a dois estados térmicos de referência, bem definidos, denominados **pontos fixos**.

### Pontos fixos fundamentais

Pela facilidade de obtenção prática, são adotados usualmente como pontos fixos os estados térmicos correspondentes ao gelo fundente e à água em ebulição, ambos sob pressão normal. Esses estados térmicos costumam ser denominados **ponto de gelo** e **ponto de vapor**, respectivamente, e constituem os **pontos fixos fundamentais**.

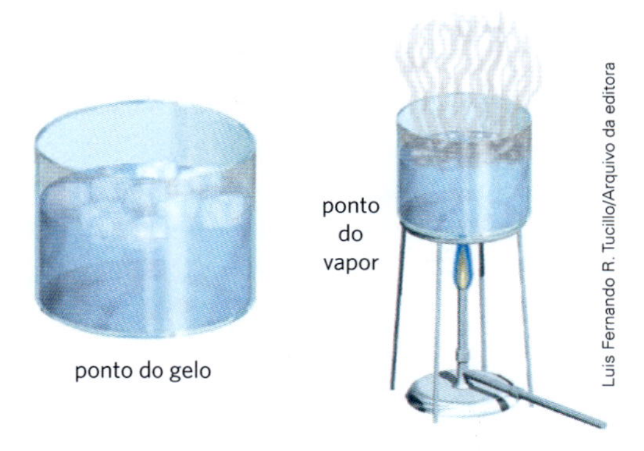


### Escalas Celsius e Fahrenheit

A escala termométrica mais utilizada no mundo, inclusive no Brasil, foi criada pelo astrônomo e físico sueco Anders Celsius (1701-1744) e oficializada em 1742 por uma publicação da Real Academia Sueca de Ciências.

Outra escala termométrica muito utilizada no dia a dia, especialmente nos países de língua inglesa, é a escala Fahrenheit - criada pelo polonês Daniel Gabriel Fahrenheit (1686-1736). Em 1708, precisando de um termômetro confiável para utilizar em suas experiências, Fahrenheit decidiu criar a sua própria escala optando por usar o mercúrio como substância termométrica.

Como ponto de referência inferior da nova escala ele utilizou a temperatura de uma mistura de partes iguais de cloreto de sódio (NaCℓ, o sal de cozinha), cloreto de amônia ($NH_4C\ell$) e gelo fundente (gelo picado e água pura, em equilíbrio). Para o ponto de referência superior, Fahrenheit utilizou a temperatura normal do corpo humano. Dividiu esse intervalo em cem partes iguais e chamou esses pontos de 0 °F e 100 °F.

Somente mais tarde, quando se passou a utilizar a água como referência, observou-se que a escala Fahrenheit assinalava 32 para o ponto de gelo e 212 para o ponto de vapor.

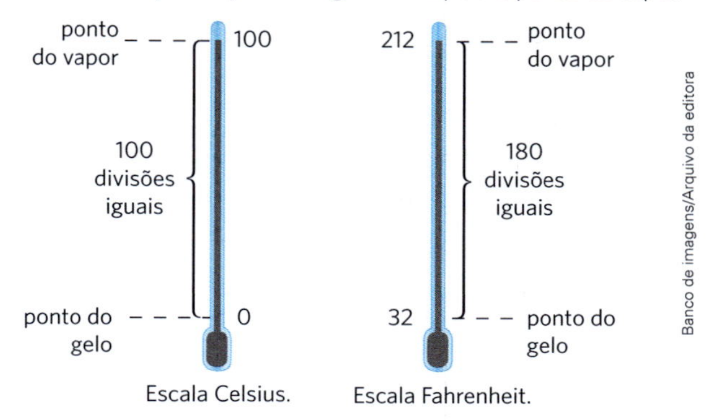


Escala Celsius. Escala Fahrenheit.

Na **escala Celsius**, cada uma das cem divisões corresponde a uma unidade da escala, que recebe o nome de **grau Celsius**, simbolizado por **°C**.

Na **escala Fahrenheit**, temos cento e oitenta divisões iguais entre os pontos fixos, sendo a unidade da escala denominada **grau Fahrenheit**, simbolizado por **°F**.

### Conversão entre as escalas Celsius e Fahrenheit

Sempre é possível estabelecer uma relação entre duas escalas termométricas quaisquer. Podemos, por exemplo, obter uma equação que relacione os valores numéricos dados pelas escalas Celsius e Fahrenheit.

Para fazer a correspondência, vamos utilizar dois termômetros idênticos, sendo um graduado na escala Celsius e outro, na Fahrenheit. Ao colocá-los em contato com um mesmo corpo, observamos que as alturas da substância termométrica são iguais, mas, por se tratarem de escalas distintas, os valores numéricos assinalados são diferentes ($\theta_C$ e $\theta_F$).

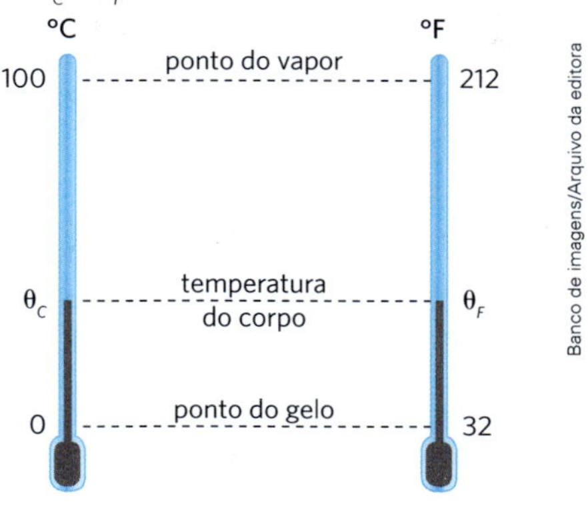

Perceba que os intervalos de temperaturas correspondentes nos dois termômetros são proporcionais. Assim, vale a relação:

$$\frac{\theta_C - 0}{\theta_F - 32} = \frac{100 - 0}{212 - 32} \Rightarrow \frac{\theta_C}{\theta_F - 32} = \frac{100}{180} = \frac{5}{9}$$

Essa **equação de conversão** pode ser reescrita da seguinte maneira:

$$\frac{\theta_C}{5} = \frac{\theta_F - 32}{9}$$

## Variação de temperatura

Para converter uma **variação de temperatura** em graus Celsius para graus Fahrenheit, ou vice-versa, observe o esquema em que comparamos essas escalas:

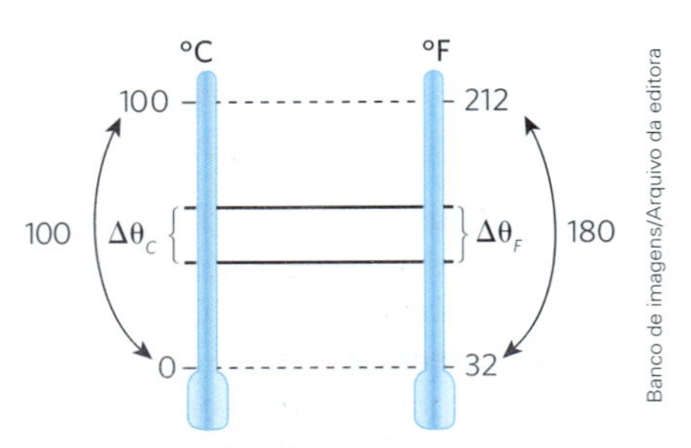


Note que a variação em uma das escalas é proporcional à variação correspondente na outra.

Podemos afirmar que:

$$\frac{\Delta\theta_C}{100} = \frac{\Delta\theta_F}{180}$$

## O zero absoluto

Imagine um sistema físico qualquer. Quando o aquecemos, sua temperatura se eleva, aumentando o estado de agitação de suas partículas. Se o esfriamos, sua temperatura diminui, porque o estado de agitação das partículas também diminui. Se continuarmos a esfriar esse sistema, o estado de agitação das partículas diminuirá mais e mais, tendendo a um mínimo de temperatura, denominado **zero absoluto**.

Assim, podemos afirmar que:

**Zero absoluto** é o limite inferior de temperatura de um sistema. É a temperatura correspondente ao menor estado de agitação das partículas, isto é, um estado de agitação praticamente nulo.

## A escala absoluta

Willian Thomson (1824-1907), nascido na Irlanda do Norte em 1824, pela sua contribuição à ciência recebeu o título de Lorde Kelvin. Usando os estudos do francês Jacques Charles, que, após muitos experimentos, determinou a relação entre a variação de volume de um gás e a variação da sua temperatura, Kelvin verificou que o volume de todos os gases se anulava na temperatura de −273,15 °C.

Kelvin propôs outra conclusão: não era o volume que se anulava nessa temperatura, mas sim a energia cinética de suas moléculas. Ele havia estabelecido a menor temperatura possível para um sistema, que denominou **zero absoluto**. A partir dessa conclusão, propôs uma nova escala termométrica, que simplificava a expressão matemática na relação com outras escalas.

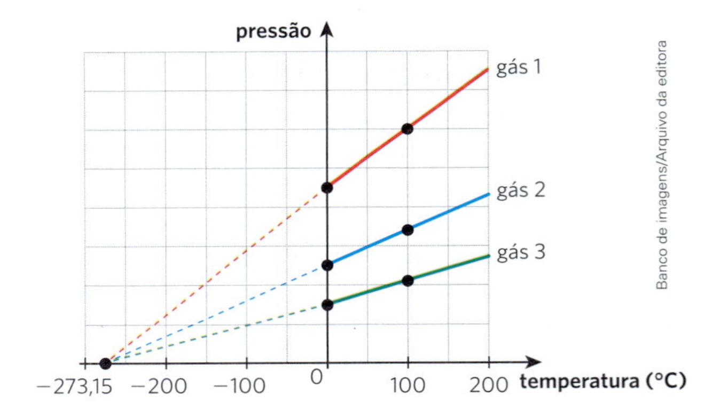


A escala Kelvin, também denominada **escala absoluta**, tem sua origem no zero absoluto e utiliza o grau Celsius como unidade de variação. O símbolo da unidade da escala Kelvin é **K**. Para facilitar os cálculos, aproximamos o valor −273,15 °C para −273 °C.

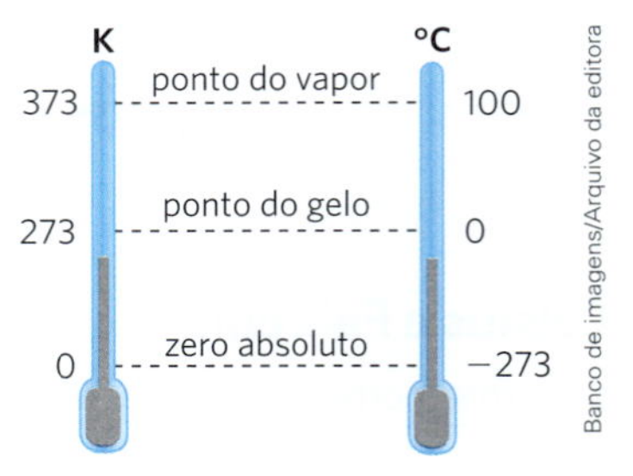


Assim, pode-se concluir que a equação de conversão entre as escalas Celsius e Kelvin é dada por:

$$T(\text{K}) = \theta(°\text{C}) + 273$$

A partir de 1967, convencionou-se não usar "grau" para essa escala. Assim, 20 K, por exemplo, é lido como 20 kelvins e não 20 graus Kelvin.

## Ampliando o olhar

# Criogenia

A Criogenia é uma área do conhecimento científico que envolve o estudo de temperaturas muito baixas, em geral, abaixo de −150 °C. As técnicas de obtenção de tais temperaturas e o comportamento dos elementos e materiais nessas condições também são objetos de estudo dessa área.

A Criogenia surgiu na virada do século XX, quando se conseguiu a liquefação do ar atmosférico e a separação de seus componentes por destilação fracionada. A indústria alimentícia passou a usar dois desses gases criogênicos: o dióxido de carbono e o nitrogênio. O dióxido de carbono - cujo nome popular e comercial é gelo-seco - sublima a −78 °C e costuma ser usado no estado sólido na conservação de alimentos, como nos carrinhos de sorvetes. O nitrogênio tem como ponto de liquefação a temperatura de −196 °C, sendo usado nas situações que requerem temperaturas ainda mais baixas. O nitrogênio líquido é também utilizado na Medicina para conservação de embriões, esperma e óvulos.

Algo que costuma despertar divergência de opiniões quanto aos estudos em Criogenia refere-se ao processo de preservação de corpos de humanos recém-falecidos com a expectativa de reanimá-los no futuro. Sobre esse processo, leia o texto a seguir.

**Congelar um corpo é fácil. O que os cientistas não sabem ainda é como ressuscitá-lo**

1. Assim que uma pessoa morre, um funcionário da empresa de Criogenia resfria o cadáver com gelo. Nessa fase, a temperatura do corpo fica pouco acima de 0 °C. Não é muito frio, mas é o suficiente para evitar, por algum tempo, a proliferação das bactérias que iriam apodrecer o cadáver.
2. Nessa fase, o corpo também recebe uma injeção de substâncias anticoagulantes, para manter os vasos sanguíneos desobstruídos. Depois, todo o sangue é bombeado para fora e no lugar entram substâncias químicas que protegerão as células na hora do congelamento, evitando a formação de parte dos cristais de gelo, que rompem a estrutura celular.

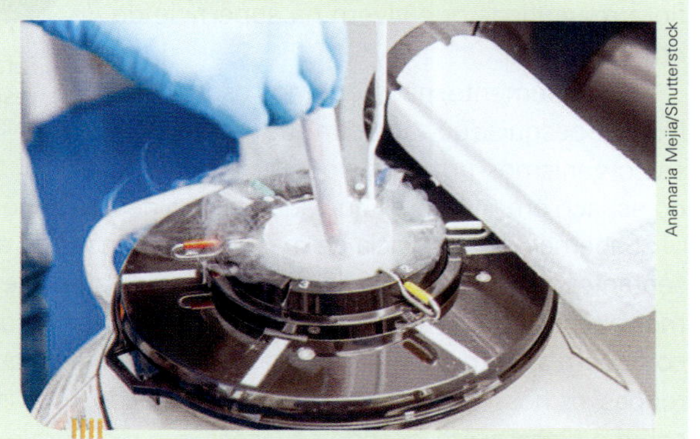

Anamaria Mejia/Shutterstock

Na fotografia, observamos a criogenia sendo empregada para a conservação de embriões em nitrogênio líquido.

3. No local em que o corpo vai ser congelado, o cadáver passa por um resfriamento gradual, em uma câmara de gelo-seco. Para evitar danos às células, a intenção é que todos os tecidos se congelem no mesmo ritmo. Todo o processo ocorre de maneira lenta e pode durar dois dias, quando a temperatura do corpo chega a −79 °C.
4. Depois do resfriamento, o corpo é submergido lentamente em um tanque de nitrogênio líquido, até ser totalmente coberto. Quando essa fase termina, após uma semana, o cadáver está a −196 °C, impedido de apodrecer. Ele fica no tanque por toda a eternidade ou até que alguém invente uma tecnologia para ressuscitá-lo.

VERSIGNASSI, Alexandre. O que é criogenia humana? *Mundo estranho*, 4 jul. 2018. Disponível em: https://super.abril.com.br/mundo-estranho/o-que-e-criogenia-humana/. Acesso em: 23 abr. 2020.

## Descubra mais

**1** Geralmente, o tema da criogenia humana nos leva a um confronto de ideias sobre suas implicações tecnológicas, éticas e religiosas. Procure na internet ou em revistas e jornais textos que apresentem diferentes pontos de vista sobre esse assunto, leia-os e debata com os colegas. Respeite a opinião de todos os participantes do debate.

**2** Em relação à sustentabilidade, realize previsões de como será o futuro se a tecnologia de criogenia conseguir alcançar todo seu potencial.

# Conexões

## A existência de vida na Terra

Durante centenas de anos, o ser humano buscou respostas para o enigma da existência de vida na Terra. Hoje, sabemos que a junção de condições químicas, biológicas e físicas resultou na vida que conhecemos. Muita água no estado líquido, disponibilidade abundante de elementos químicos como o carbono, o hidrogênio, o nitrogênio, o oxigênio, o enxofre e outros, e ainda muita energia vinda do Sol, em quantidades ideais e constantes, proporcionaram composições e reações que acabaram se desenvolvendo em espécies primitivas. Essas espécies cresceram, mudaram, originando a fauna e a flora magníficas que vivem na superfície do nosso planeta.

Roberta Blonkowski/Shutterstock

Para alcançarmos um desenvolvimento sustentável, devemos reduzir as emissões de gases que intensificam o efeito estufa. Na imagem, vemos a emissão de gases em uma fábrica de papel no município de Telêmaco Borba, no Paraná. Fevereiro de 2018.

Evidentemente, não podemos esquecer a linha de pesquisa que acredita que muitos desses organismos primitivos possam ter vindo do espaço em meteoros que aqui caíram nesses bilhões de anos, originando algumas das espécies hoje conhecidas.

Sabemos da existência de mais de 8,5 milhões de espécies na natureza, cada uma com milhões ou bilhões de representantes, e crescendo. Só de humanos já passamos de 7,7 bilhões. A Terra conseguirá prover a todos até quando? Pensemos apenas nos humanos. O nosso modo de vida requer recursos retirados do planeta. A energia elétrica, os metais que compõem as estruturas das nossas casas, a madeira que utilizamos em nossos móveis, as estradas, os aviões, as nossas roupas, os nossos carros e a nossa alimentação: tudo isso vem da Terra. E, para a produção desses insumos, nós agimos sobre o planeta, provocando situações que reduzem o tempo de recuperação. O ser humano, na sua evolução, queima, desmata, modifica o meio ambiente de acordo com seus interesses. Ele provoca a emissão de gases que intensificam o chamado **efeito estufa**: o dióxido de carbono, o metano, o vapor de água, o óxido nitroso e os clorofluorcarbonos. Essas ações provocam desequilíbrios físicos, alterando correntes de ar, chuvas, ciclones, inundações e desertificação de certas regiões, afetando sobremaneira a agricultura que alimenta a população. O desequilíbrio também é biológico; com a mudança da temperatura média em certas regiões, muitos animais perecem e desaparecem, rompendo o equilíbrio existente.

Por isso, a educação de todos, com o entendimento das consequências num futuro próximo, pode fazer com que cuidemos mais do planeta. Devemos reduzir a produção de resíduos e descartá-los corretamente. Precisamos evitar queimadas e outras ações que prejudicam o meio ambiente.

A fim de alertar a sociedade sobre os riscos do consumo desenfreado, a organização internacional Global Footprint Network (GFN) criou o movimento Dia da Sobrecarga da Terra. O Dia da Sobrecarga ocorre quando a demanda anual da sociedade por recursos naturais ultrapassa a capacidade natural de reposição desses recursos no ano, ou seja, é o ponto a partir do qual consumimos mais recursos do planeta do que ele pode gerar novamente no mesmo período. O dia mundial da sobrecarga da Terra em 2019 foi 29 de julho.

Felizmente, políticas ambientais vêm surgindo, buscando garantir a sustentabilidade do planeta: em 2015, ocorreram a 21ª Conferência das Partes (COP-21) da Convenção-Quadro das Nações Unidas sobre Mudança do Clima (UNFCCC) e a 11ª Reunião das Partes no Protocolo de Kyoto (MOP-11).

Essa conferência busca promover acordos internacionais sobre o clima e um dos objetivos é manter o aquecimento global "muito abaixo de 2 °C", buscando ainda "esforços para limitar o aumento da temperatura a 1,5 °C acima dos níveis pré-industriais".

Para alcançar esse objetivo, os governos se comprometeram a definir seus próprios compromissos, que foram chamados de Pretendidas Contribuições Nacionalmente Determinadas (iNDC, na sigla em inglês). No dia 12 de setembro de 2016, após aprovação pelo Congresso Nacional, as iNDC do Brasil se tornaram compromissos oficiais, passando a ser chamadas NDC (sem a letra "i", que significava intenção/pretensão).

A NDC do Brasil comprometeu-se a reduzir as emissões de gases de efeito estufa em 37% abaixo dos níveis de 2005, em 2025, com uma contribuição indicativa subsequente de reduzir as emissões de gases de efeito estufa em 43% abaixo dos níveis de 2005, em 2030. Para isso, o país se comprometeu a aumentar a participação de bioenergia sustentável na sua matriz energética para aproximadamente 18% até 2030, restaurar e reflorestar 12 milhões de hectares de florestas, bem como alcançar uma participação estimada de 45% de energias renováveis na composição da matriz energética em 2030.

A NDC do Brasil corresponde a uma redução estimada em 66% em termos de emissões de gases efeito de estufa por unidade do PIB (intensidade de emissões) em 2025 e em 75% em termos de intensidade de emissões em 2030, ambas em relação a 2005. O Brasil, portanto, reduzirá emissões de gases de efeito estufa no contexto de um aumento contínuo da população e do PIB, bem como da renda *per capita*, o que confere ambição a essas metas.

Ministério do Meio Ambiente. Disponível em: https://www.mma.gov.br/clima/convencao-das-nacoes-unidas/acordo-de-paris. Acesso em: 23 abr. 2020.

1. Na sua avaliação, os efeitos da ação humana podem comprometer a sustentabilidade do planeta? Justifique sua resposta.
2. Faça uma pesquisa sobre políticas ambientais e avalie se seus efeitos podem garantir a sustentabilidade do planeta.

## Exercícios

**1 Termômetro de rua**

Um termômetro diferente, que podemos encontrar nas ruas de algumas cidades, são os relógios como o da fotografia, que também registram a temperatura do ar no local.

Alexandre Tokitaka/Pulsar Imagens

Se esse termômetro estivesse em uma rua de Nova York, nos EUA, que valor estaria indicando em graus Fahrenheit? Se esse termômetro estivesse indicando a temperatura de 50 °F, que valor estaria representado em graus Celsius?

**Resolução:**

Utilizando a equação de conversão entre as escalas Celsius e Fahrenheit, podemos calcular a quanto a medida de 30 °C equivale em graus Fahrenheit:

$$\frac{\theta_C}{5} = \frac{\theta_F - 32}{9}$$

$$\frac{30}{5} = \frac{\theta_F - 32}{9} \therefore \boxed{\theta_F = 86\ °F}$$

De modo análogo, podemos calcular a quanto a medida de 50 °F equivale em graus Celsius:

$$\frac{\theta_C}{5} = \frac{\theta_F - 32}{9}$$

$$\frac{\theta_C}{5} = \frac{50 - 32}{9} \therefore \boxed{\theta_C = 10\ °C}$$

**2** Segundo o Instituto Nacional de Meteorologia (INMET), a mais alta temperatura já registrada no Brasil foi 44,7°C, no município de Bom Jesus, no Piauí; a mais baixa foi −14 °C, em Caçador, Santa Catarina. Faça a conversão desses valores para a escala Fahrenheit.

**3** Um brasileiro fez uma conexão via internet com um amigo inglês que mora em Londres. Durante a conversa, o inglês disse que em Londres a temperatura naquele momento era igual a 14 °F. Após alguns cálculos, o brasileiro descobriu qual era, em graus Celsius, a temperatura em Londres. Que valor ele encontrou?

**4** Uma agência de turismo estava desenvolvendo uma página na internet que, além dos pontos turísticos mais importantes, continha também informações relativas ao clima da cidade de Belém (Pará). Na versão dessa página destinada a clientes dos Estados Unidos, a temperatura média de Belém (30 °C) deveria aparecer na escala Fahrenheit. Que valor o turista iria encontrar, para essa temperatura, na página em inglês?

**5** Em alguns locais da Terra, devido ao clima muito árido e à escassez de água, verificam-se grandes variações de temperatura, mesmo do dia para a noite.

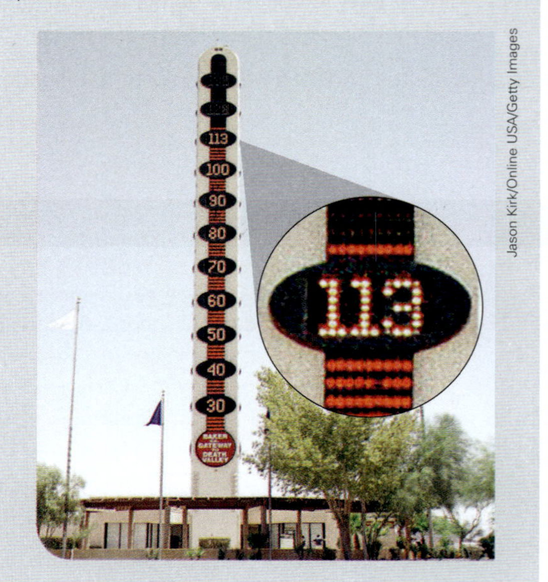


Jason Kirk/Online USA/Getty Images

A torre que aparece na fotografia é um grande termômetro na região conhecida como Vale da Morte, nos Estados Unidos, que registrava, no momento da fotografia (por volta do meio-dia), 113 °F.
Se esse termômetro estivesse graduado na escala Celsius, que valor estaria indicando?

**Resolução:**
Usando a equação de conversão, temos:

$$\frac{\theta_C}{5} = \frac{\theta_F - 32}{9}$$

$$\frac{\theta_C}{5} = \frac{113 - 32}{9}$$

$$\frac{\theta_C}{5} = 9 \therefore \boxed{\theta_C = 45\ °C}$$

**6** Dois termômetros, um graduado na escala Celsius e o outro, na escala Fahrenheit, são mergulhados em um mesmo líquido. A leitura em Fahrenheit supera em 100 unidades a leitura em Celsius. Qual era a temperatura desse líquido?

**Resolução:**
Do enunciado do problema, podemos escrever:

$$\theta_F = \theta_C + 100 \quad \text{(I)}$$

A relação entre as escalas citadas é dada por:

$$\frac{\theta_C}{5} = \frac{\theta_F - 32}{9} \quad \text{(II)}$$

Substituindo (I) em (II), temos:

$$\frac{\theta_C}{5} = \frac{(\theta_F + 100) - 32}{9}$$

$$9\theta_C = 5\theta_F + 340$$

$$4\theta_C = 340$$

$$\boxed{\theta_C = 85\ °C} \text{ ou } \boxed{\theta_F = 185\ °F}$$

**7** Ao chegar ao aeroporto de Miami (EUA), um turista brasileiro observou em um painel eletrônico que a temperatura local medida na escala Fahrenheit ultrapassava o valor medido na escala Celsius em 48 unidades. Qual era a temperatura registrada no painel, em graus Celsius?

**8** Em um laboratório, dois termômetros, um graduado em Celsius e outro em Fahrenheit, foram colocados no interior de um *freezer*. Após algum tempo, verificou-se que os valores lidos nos dois termômetros eram iguais. Qual era a temperatura medida, em graus Celsius?

**9** Em uma escala de temperaturas *A*, o ponto do gelo equivale a −10 °A e o do vapor, a +40 °A. Se uma temperatura for indicada em um termômetro em Celsius pelo valor 22 °C, que valor será indicado por outro termômetro graduado na escala *A*?

**10** Um professor de Física inventou uma escala termométrica que chamou de escala *X*. Comparando-a com a escala Celsius, ele observou que −4 °X correspondiam a 20 °C, e 44 °X equivaliam a 80 °C. Que valores essa escala *X* assinalaria para os pontos fixos fundamentais?

**11** Uma escala termométrica *X* foi comparada com a escala Celsius, obtendo-se o gráfico dado a seguir, que mostra a correspondência entre os valores das temperaturas nessas duas escalas.

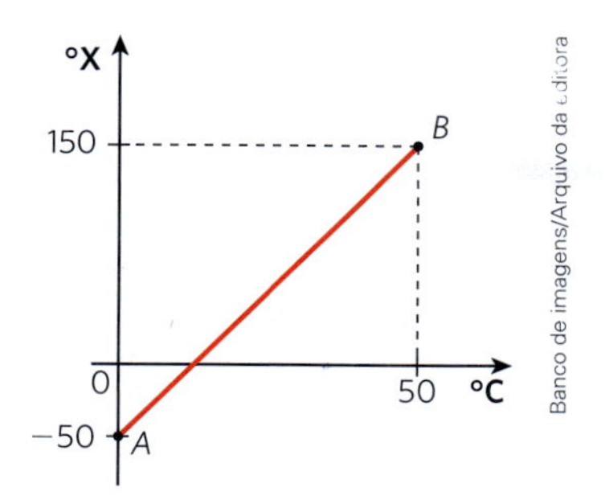


Determine:

a) a equação de conversão entre as escalas $X$ e Celsius;

b) a indicação da escala $X$, quando tivermos 80 °C;

c) a indicação da escala $X$ para os estados térmicos correspondentes aos pontos fixos fundamentais.

**12** (Medicina Anhembi Morumbi) Dois termômetros de escalas $X$ e $Y$ foram parcialmente graduados com o auxílio de um termômetro na escala Celsius.

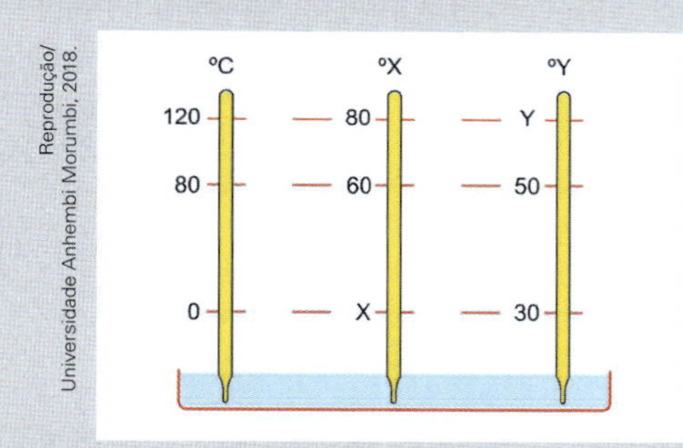


A temperatura de 20 °X corresponde, no termômetro de escala $Y$, a

a) 70 °Y.

b) 30 °Y.

c) 60 °Y.

d) 40 °Y.

e) 50 °Y.

**Resolução:**

Relacionando as escalas Celsius e $X$:

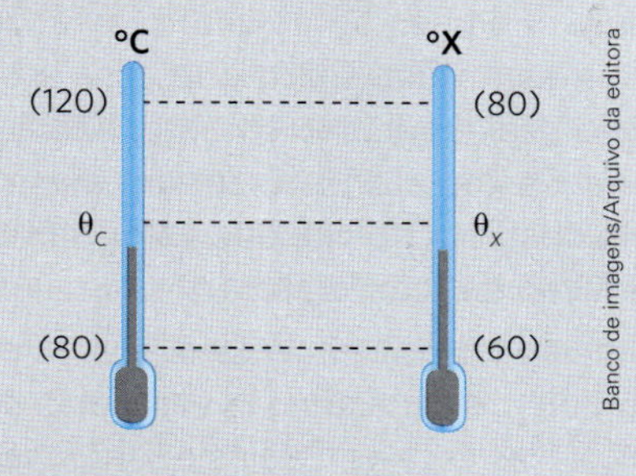


$$\frac{(120 - 80)}{(80 - 60)} = \frac{\theta_C - 80}{\theta_X - 60}$$

$$\theta_C - 80 = 2\theta_X - 120$$

$$\theta_C = 2\theta_X - 40$$

Relacionando as escalas Celsius e $Y$:

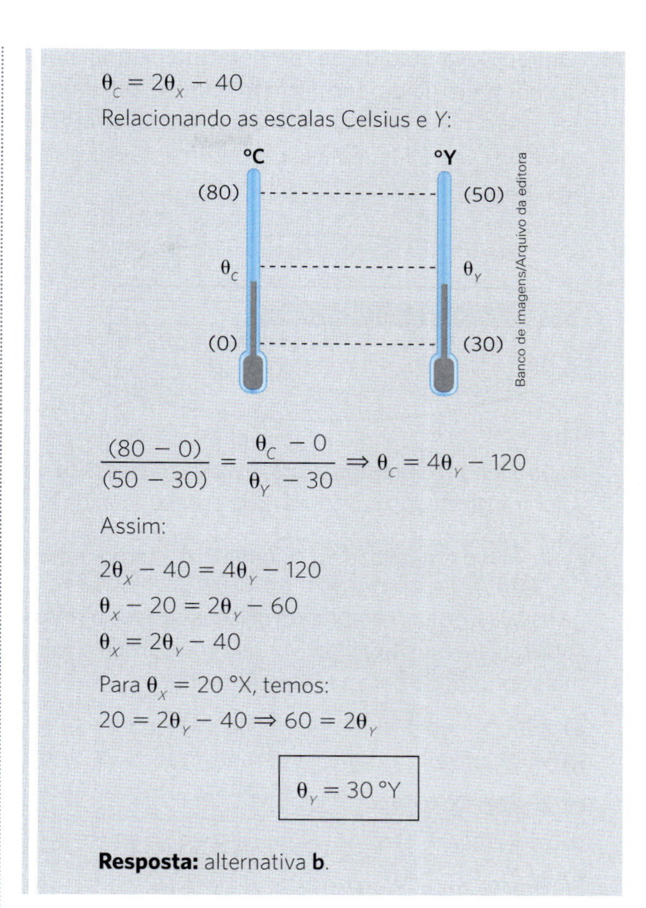


$$\frac{(80 - 0)}{(50 - 30)} = \frac{\theta_C - 0}{\theta_Y - 30} \Rightarrow \theta_C = 4\theta_Y - 120$$

Assim:

$$2\theta_X - 40 = 4\theta_Y - 120$$

$$\theta_X - 20 = 2\theta_Y - 60$$

$$\theta_X = 2\theta_Y - 40$$

Para $\theta_X = 20$ °X, temos:

$$20 = 2\theta_Y - 40 \Rightarrow 60 = 2\theta_Y$$

$$\boxed{\theta_Y = 30 \text{ °Y}}$$

**Resposta:** alternativa **b**.

**13** Nos termômetros utilizados no nosso dia a dia, a substância termométrica é um líquido (geralmente mercúrio ou álcool) e a propriedade termométrica, a altura $h$ da coluna desse líquido. Na aferição, esse termômetro é colocado em equilíbrio com o gelo fundente e, depois, com a água em ebulição em condições de pressão normais. Ele foi colocado também em contato com um corpo $X$, quando, após o equilíbrio térmico, a altura $h$ atingiu a marca de 21 cm. Na figura dada a seguir, encontramos a relação entre as colunas $h$ do líquido e as temperaturas Celsius correspondentes.

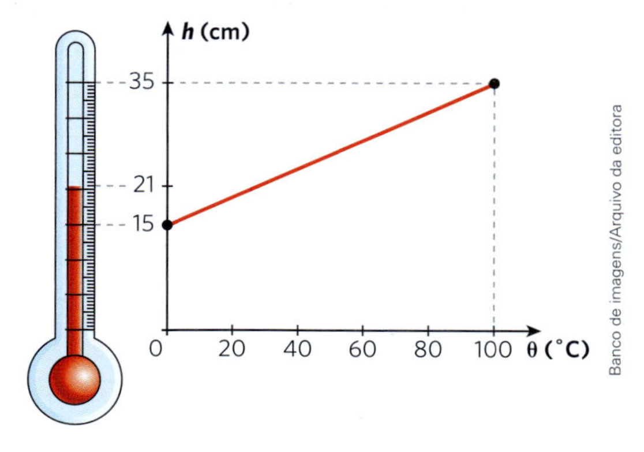


Qual a temperatura, em graus Celsius, encontrada para esse corpo?

**14** (Unifesp) Na medida de temperatura de uma pessoa por meio de um termômetro clínico, observou-se que o nível de mercúrio estacionou na região entre 38 °C e 39 °C da escala, como está ilustrado na figura.



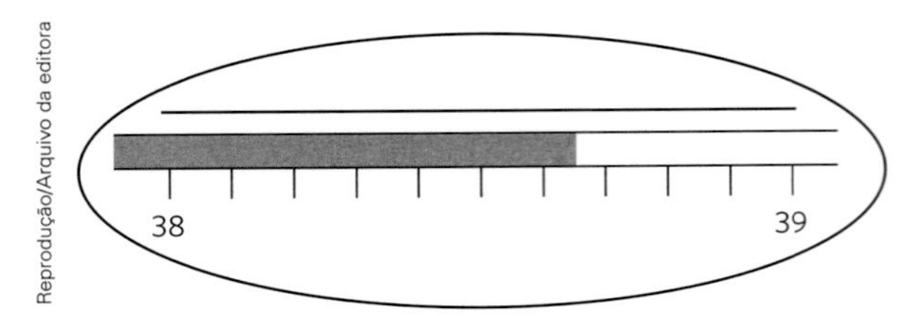


Após a leitura da temperatura, o médico necessita do valor transformado para uma nova escala, definida por $t_X = \frac{2t_C}{3}$ e em unidades °X, onde $t_C$ é a temperatura na escala Celsius. Lembrando de seus conhecimentos sobre algarismos significativos, ele conclui que o valor mais apropriado para a temperatura $t_X$ é:

a) 25,7 °X.
b) 25,7667 °X.
c) 25,766 °X.
d) 25,77 °X.
e) 26 °X.

**15** Ao nível do mar, um termômetro de gás a volume constante indica as pressões correspondentes a 80 cmHg e 160 cmHg, respectivamente, para as temperaturas do gelo fundente e da água em ebulição. À temperatura de 20 °C, qual é a pressão indicada por ele?

**16** Lendo um jornal brasileiro, um estudante encontrou a seguinte notícia: "Devido ao fenômeno *El Niño*, o verão no Brasil foi mais quente do que costuma ser, ocorrendo em alguns locais variações de até 20 °C em um mesmo dia". Se essa notícia fosse reescrita para leitores das Bahamas, a variação de temperatura deveria ser dada na escala Fahrenheit. Que valor substituiria a variação de 20 °C?

**Resolução:**
Com base na relação entre intervalos de temperatura nas escalas Celsius e Fahrenheit, temos:

$$\frac{\Delta\theta_C}{100} = \frac{\Delta\theta_F}{180}$$

$$\frac{20}{100} = \frac{\Delta\theta_F}{180} \therefore \boxed{\Delta\theta_F = 36\ °F}$$

**17** (UPM-SP) Um turista brasileiro sente-se mal durante uma viagem e é levado inconsciente a um hospital. Após recuperar os sentidos, sem saber em que local estava, é informado de que a temperatura de seu corpo atingira 104 graus, mas que já "caíra" de 5,4 graus. Passado o susto, percebeu que a escala utilizada era a Fahrenheit. De quanto seria a queda da temperatura desse turista se fosse utilizado um termômetro graduado em Celsius?

**18** Um termômetro foi graduado, em graus Celsius, incorretamente. Ele assinala 1 °C para o gelo em fusão e 97 °C para a água em ebulição, sob pressão normal. Qual é a única temperatura que esse termômetro assinala corretamente, em graus Celsius?

**19** Um fabricante de termômetros lançou no mercado um termômetro de mercúrio graduado nas escalas Celsius e Fahrenheit. Na parte referente à escala Celsius, a distância entre duas marcas consecutivas era de 1,08 mm. Qual era a distância, na escala Fahrenheit, entre duas marcas consecutivas?

**20** A menor temperatura até hoje registrada na superfície da Terra ocorreu em 21 de julho de 1983 na estação russa de Vostok, na Antártida, e seu valor foi de −89,2 °C. Na escala Kelvin, qual o valor equivalente a essa temperatura?

**Resolução:**
A relação de conversão entre as escalas Celsius e Kelvin é expressa por: $\theta_C = T - 273$.
Assim, para $\theta_C = -89{,}2$ °C, temos:
$-89{,}2 = T - 273$

$$\boxed{T = 183{,}8\ K}$$

**21** No interior de uma sala, há dois termômetros pendurados na parede. Um deles, graduado em Kelvin, indica 298 K para a temperatura ambiente. O outro está graduado em graus Celsius. Quanto esse termômetro está marcando?

**22** As pessoas costumam dizer que na cidade de São Paulo podemos ter as quatro estações do ano em um mesmo dia. Claro que essa afirmação é um tanto exagerada. No entanto, não é difícil ocorrer variações de até 15 °C em um mesmo dia. Na escala absoluta Kelvin, que valor representaria essa variação de temperatura?

**23** Lorde Kelvin conceituou zero absoluto como o estágio nulo de agitação das partículas de um sistema físico. Nas escalas Celsius e Fahrenheit, que valores vamos encontrar para expressar a situação física do zero absoluto? (Dê sua resposta desprezando possíveis casas decimais.)

## Energia térmica

Quando observamos o mundo material à nossa volta, encontramos casas, plantas, automóveis, pessoas, a atmosfera (o ar), água, pedras e tantos outros representantes da matéria. Todos têm em comum o fato de serem formados por pequenas partículas, as moléculas.

Como vimos, essas partículas possuem energia de agitação, exceto no **zero absoluto**.

Em uma primeira abordagem, podemos afirmar que essa energia de agitação das partículas é a energia térmica do corpo. Assim, o somatório das energias de agitação das partículas de um corpo estabelece a sua energia térmica. Como veremos oportunamente, a energia térmica de um corpo é, na verdade, a soma das energias de agitação com a energia de agregação das partículas. Essa energia de agregação é que estabelece o estado físico do corpo (sólido, líquido ou gasoso).

A **energia térmica** de um corpo é o somatório das energias de agitação das suas partículas e depende da temperatura do corpo e do número de partículas nele existentes.

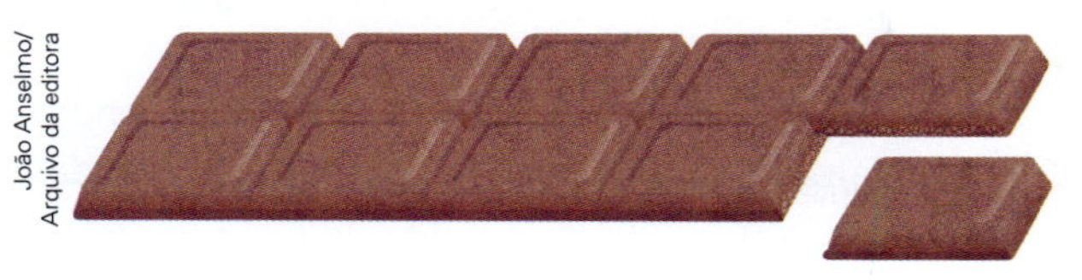

João Anselmo/ Arquivo da editora

As duas partes da barra de chocolate estão à mesma temperatura. Portanto, as partículas existentes nas duas partes têm, em média, a mesma quantidade de energia de agitação. No entanto, a parte maior possui mais energia térmica no total pelo fato de ter mais partículas do que a parte menor.

É oportuno observar que o fato de um corpo *A* estar a uma temperatura mais alta que um corpo *B* não implica, necessariamente, que *A* tenha maior quantidade de energia térmica que *B*. O corpo *B*, por exemplo, pode ter mais partículas que *A*, de tal forma que o somatório das energias de vibração de suas partículas supere o de *A*.

## Conceito de calor

Quando colocamos em contato térmico dois corpos de temperaturas diferentes, notamos que eles buscam uma situação de equilíbrio térmico, em que suas temperaturas tornam-se iguais.

Para que isso aconteça, o corpo de temperatura mais alta fornece certa quantidade de energia térmica ao de temperatura mais baixa. Isso provoca uma diminuição em sua temperatura e um aumento na temperatura do corpo inicialmente mais frio, até que se estabeleça o equilíbrio térmico.

Essa energia térmica, quando e apenas enquanto está em trânsito, é denominada calor.

**Calor** é energia térmica em trânsito de um corpo para outro ou de uma parte para outra de um mesmo corpo, trânsito este provocado por uma diferença de temperaturas.

Observe que o calor flui, espontaneamente, da região de maior temperatura para a de menor temperatura.

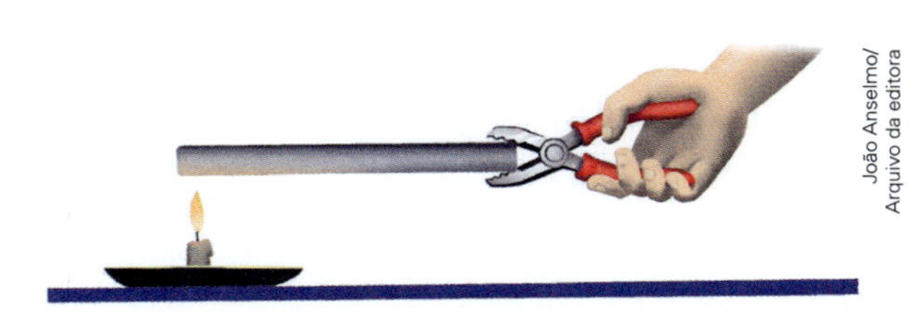

João Anselmo/ Arquivo da editora

Na situação representada acima, o calor propaga-se da extremidade esquerda da barra, em contato com o fogo, para a extremidade direita. Note que o calor flui naturalmente da região de maior temperatura para a de menor temperatura.

### Unidade usual de calor

Sendo o calor uma forma de energia, no Sistema Internacional de Unidades (SI) sua unidade é o **joule (J)**. Além dessa unidade, podemos também utilizar a **caloria (cal)** para expressar quantitativamente o calor. Essa unidade é pouco utilizada nos laboratórios, mas muito usada nos livros escolares.

Uma **caloria (cal)** é a quantidade de calor que 1 grama de água pura deve receber, sob pressão normal, para que sua temperatura seja elevada de 14,5 °C a 15,5 °C.

Na comparação da **caloria** com o **joule**, vale a relação:

$$1 \text{ cal} = 4{,}186 \text{ J}$$

Usamos também como unidade de calor a **quilocaloria (kcal)**, que é um múltiplo da **caloria (cal)**.

$$1 \text{ kcal} = 10^3 \text{ cal}$$

Nas embalagens de alimentos, normalmente encontramos a equivalência energética de uma porção. Essa energia vem expressa em kcal (quilocaloria) ou em Cal (caloria alimentar ou grande caloria), que são equivalentes.

$$1{,}0 \text{ Cal} = 1{,}0 \text{ kcal}$$

# Processos de propagação do calor

O **calor** é a energia térmica mudando de local, indo espontaneamente para locais de menor temperatura. Essa forma de mudar de local pode ser descrita de três maneiras diferentes, denominadas: **condução, convecção** e **radiação**.

## A condução

Quando um cozinheiro fica mexendo o conteúdo de uma panela com uma colher metálica, após algum tempo, torna-se difícil manter a colher na mão, já que toda ela se encontra muito quente. Os cozinheiros mais experientes usam colheres de madeira ou de silicone, materiais que conduzem o calor de forma mais lenta do que o metal. A essa propagação do calor através da colher chamamos **condução**.

> **Condução** é o processo de propagação de calor no qual a energia térmica passa de partícula para partícula de um meio.

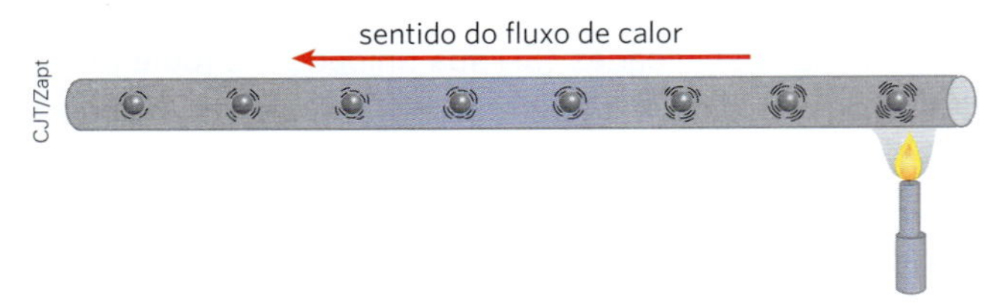


Esquema, sem rigor na escala, que representa a condução do calor através de uma barra. Note que a energia térmica é passada sequencialmente de partícula para partícula e que vibram mais as partículas mais próximas da fonte de calor.

Para entender esse fato, devemos lembrar que as partículas da barra que estão em contato com a fonte térmica recebem calor e aumentam seu estado de agitação, que é transmitido às partículas vizinhas em uma ação sucessiva. Assim, de partícula para partícula, a energia térmica flui ao longo da barra.

É importante notar que, na condução, as partículas permanecem vibrando em torno de suas posições de equilíbrio. As partículas não se deslocam, ao contrário do que acontece com a energia.

Destaquemos que, como a ocorrência da condução requer a existência de um meio material, esse fenômeno não ocorre no vácuo.

### Cálculo do fluxo de calor ($\phi$) – lei de Fourier

O que vamos ver a seguir é uma simplificação matemática dos estudos de Fourier para a condução do calor que flui através de uma barra de secção transversal uniforme. Para tanto, vamos considerar $\ell$ o comprimento da barra e $A$ a área de sua secção transversal.

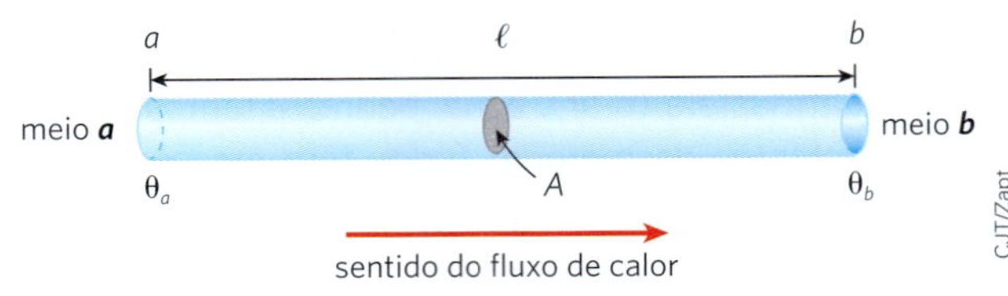


Coloquemos as extremidades dessa barra em contato térmico com dois meios, **meio *a*** e **meio *b***, cujas temperaturas constantes são, respectivamente, $\theta_a$ e $\theta_b$ (com $\theta_a > \theta_b$). Para evitar possíveis perdas de calor, a barra é isolada termicamente ao longo de sua superfície.

Devido à diferença de temperatura entre as extremidades *a* e *b*, há um fluxo de calor (ou corrente térmica) através da barra, no sentido da extremidade mais quente para a mais fria. A intensidade desse fluxo térmico é definida pela razão entre a quantidade de calor $Q$ que atravessa uma secção transversal da barra e o intervalo de tempo $\Delta t$ correspondente, cuja expressão é dada por:

$$\phi = \frac{Q}{\Delta t}$$

A unidade usual do fluxo de calor é a **caloria por segundo (cal/s)**.

No regime permanente, o fluxo térmico depende de quatro fatores: da área ($A$) da secção transversal da barra, de seu comprimento ($\ell$), da diferença de temperaturas ($\Delta\theta$) dos meios *a* e *b* e do material de que é feita a barra ($k$).

Algebricamente, tais grandezas são relacionadas pela equação a seguir, denominada **lei de Fourier**:

$$\phi = k\,\frac{A\,|\Delta\theta|}{\ell}$$

A grandeza $k$ é uma constante característica do material da barra, sendo denominada **coeficiente de condutibilidade térmica**.

Os maiores valores do coeficiente $k$ pertencem aos metais, que são os melhores condutores de energia térmica. Os menores valores de $k$ ficam para os isolantes térmicos, como a lã de vidro, a cortiça, a madeira, os gases em geral e outros.

Os piores condutores de calor são os gases. Isso é explicado pelo fato de as partículas, no estado gasoso, estarem mais afastadas, dificultando a passagem da "vibração" térmica de uma para a outra. Os sólidos, em geral, são os melhores condutores.

## A convecção

Quando estamos num ambiente fechado (cinema, teatro, sala de aula), é comum sentirmos, após algum tempo, que ele está muito "abafado". Parece que o ar fica "parado". O que pode ter ocorrido, já que no início não sentíamos isso?

Tal fato acontece porque as camadas de ar mais próximas das pessoas que estão no ambiente são aquecidas por elas e se expandem, aumentando seu volume, com consequente diminuição de sua densidade. Esse ar (quente) menos denso sobe, produzindo a descida do ar (frio) de maior densidade, que se encontra mais acima. Como esse fenômeno é cíclico, ao se repetir constantemente, produz no ar as **correntes de convecção**. Após algum tempo, todo o ar da sala se encontra aquecido de maneira praticamente uniforme, não mais ocorrendo a convecção. Vem daí a sensação de ambiente "abafado".

Notemos que a energia térmica muda de local acompanhando as partículas do fluido, ao contrário da condução, em que apenas a energia térmica se desloca e as partículas permanecem em suas posições de equilíbrio.

É importante observar que a convecção só ocorre nos fluidos (gases, vapores e líquidos), não acontecendo nos sólidos e no vácuo.

**Convecção** é o processo de propagação de calor no qual a energia térmica muda de local, acompanhando o deslocamento do próprio material aquecido.

**Nota**

A **convecção** ocorre devido ao campo gravitacional existente na Terra. Em um local sem gravidade, a **convecção** não ocorre.

## Refrigeradores domésticos

Nos refrigeradores domésticos convencionais, a refrigeração dos alimentos é feita por convecção do ar em seu interior. O ar em contato com os alimentos é aquecido, expande-se – com consequente diminuição de densidade –, sobe até o congelador, onde é resfriado, e volta a descer. Notemos que, para isso acontecer, é necessário que o congelador esteja na parte superior e as prateleiras sejam grades vazadas.

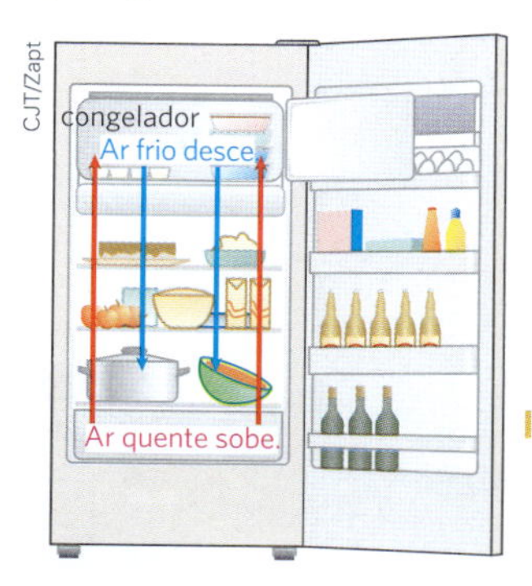


Convecção do ar no interior de um refrigerador doméstico.

Nos refrigeradores que funcionam com sistema *frost free* (livre de gelo), a placa fria não fica na parte interna do aparelho, mas entre as paredes interna e externa traseiras. Um conjunto de ventiladores provoca a circulação do ar, retirando o ar quente e injetando o ar frio, resfriando a parte interna onde ficam os alimentos. As prateleiras são inteiriças, de vidro ou de plástico, fazendo com que cada compartimento receba ar gelado através de aberturas existentes na parede do fundo. A circulação de ar quente, por convecção, ocorre nas prateleiras da porta, que são vazadas.

## Ar-condicionado (ar frio) e aquecedor (ar quente)

Em uma residência, podemos usar um ar-condicionado no verão e um aquecedor elétrico no inverno. Observe nas figuras que o ar-condicionado deve sempre ficar na parte superior da parede, enquanto o aquecedor deve ficar no nível do chão. Lembre-se de que o ar quente (menos denso) sobe e o ar frio (mais denso) desce.

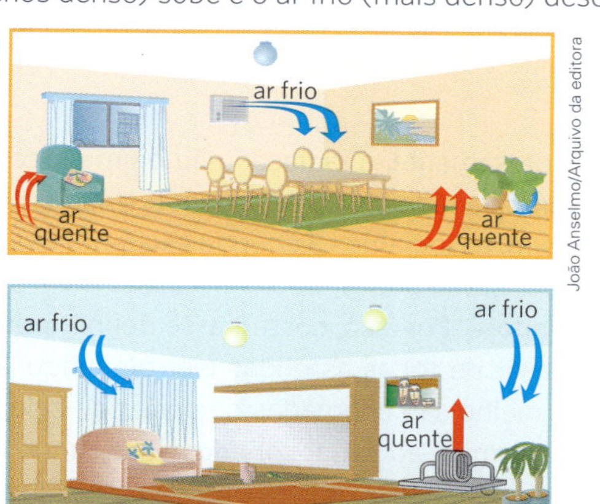


Note que, se fosse feito o contrário, o ar frio (mais denso) continuaria embaixo e o ar quente (menos denso) permaneceria em cima, não havendo circulação de ar.

## Brisas marinhas

No litoral, durante o dia, a brisa sopra do mar para a praia e, à noite, da praia para o mar. A explicação para isso é que a areia tem calor específico muito pequeno em relação ao da água (para massas iguais, a areia precisa de menos energia para sofrer a mesma variação de temperatura), por isso se aquece e se resfria mais rapidamente.

Durante o dia, o ar quente próximo à areia sobe, provocando o deslocamento do ar frio que se encontra sobre a água.

À noite, a água demora mais para esfriar, invertendo o sentido das correntes de ar.

Isso explica por que o jangadeiro tem que sair de madrugada, quando a brisa sopra da praia para o mar, e tem que voltar antes de escurecer, quando a brisa ainda sopra do mar para a praia.

## A radiação

Quando nos bronzeamos na praia, ficamos expostos às radiações solares. A maior parte da energia que recebemos vem do Sol até a Terra por meio de ondas eletromagnéticas, que, ao atingirem nosso corpo, são absorvidas e transformadas, em grande parte, em energia térmica.

Esse processo de propagação da energia através de ondas eletromagnéticas é denominado **radiação**.

**Radiação** é o processo de propagação de energia na forma de ondas eletromagnéticas. Ao serem absorvidas, essas ondas se transformam em energia térmica.

Rigorosamente, a radiação não é um processo de transmissão de calor. Sabemos, no entanto, que um corpo emite energia radiante ao sofrer um resfriamento.

Assim, associamos a energia existente nas ondas eletromagnéticas emitidas com a energia térmica que saiu do corpo. Essas ondas, ao serem absorvidas por outro corpo, transformam-se novamente em energia térmica, aquecendo-o. Por isso, costuma-se definir radiação como um processo de transferência de energia térmica.

Apesar de todas as ondas eletromagnéticas transportarem energia, apenas as correspondentes à faixa do infravermelho são chamadas de ondas de calor. Isso porque o infravermelho transforma-se mais facilmente em energia térmica ao ser absorvido. Num banho de luz solar, recebemos, entre outras radiações, a ultravioleta e a infravermelha. A ultravioleta produz bronzeamento e a infravermelha pode provocar aquecimento e até queimaduras na pele.

O fato de as ondas eletromagnéticas se propagarem no vácuo explica como parte da energia térmica que saiu do Sol chega até a superfície da Terra.

Assim, apenas por meio da radiação podemos entender como a energia térmica é levada de uma região para outra, havendo vácuo entre elas.

Ampliando o olhar

## Forro longa vida

Você já pensou no descarte de embalagens usadas de leite longa vida?

Esse material pode ser reutilizado como isolamento térmico, em conjunto com os telhados das casas. É possível constatar que o ambiente de uma casa simples, que utiliza apenas o telhado sem forro, pode ter sua temperatura diminuída de até 10 °C apenas colocando-se um forro formado por essas caixas abertas, montadas em uma estrutura de madeira.

Reprodução/I Instituto Pandavas

Forro feito com embalagem de leite do tipo longa vida.

Essas embalagens são feitas de papelão, plástico e alumínio. O alumínio reflete até 95% das ondas de calor que incidem nele. O papelão é bom isolante térmico e o plástico o protege da umidade. Para cada metro quadrado de forro são utilizadas cerca de 16 caixas abertas, coladas com cola branca ou similar.

As embalagens também podem ser usadas vazias e fechadas, no seu formato original de paralelepípedo. Nesse caso, cada metro quadrado de forro precisará de cerca de 64 caixas coladas por meio de suas partes laterais. O ar existente no interior das embalagens é um bom isolante térmico, reduzindo a condução do calor.

É importante lembrar que as caixas devem ser bem lavadas com detergente e desinfetante antes de serem usadas na confecção do forro. No caso de usá-las no formato original, depois de lavadas e secadas, a aba por onde o leite foi derramado deve ser colada, armazenando ar em seu interior.

Ao instalar o forro, ele não deve ser colocado junto ao telhado. É desejável que exista uma distância de pelo menos 5 cm entre o forro e o telhado para que o ar possa circular por convecção.

## O vaso de Dewar

O inventor da garrafa térmica foi o físico inglês **James Dewar** (1842-1923) quando, no final do século XIX, a pedido de seus colegas, construiu um recipiente que pudesse conservar soluções biológicas a temperaturas estáveis.

### Detalhes funcionais de uma garrafa térmica

A garrafa térmica é um dispositivo cuja finalidade principal é manter constante, por um maior intervalo de tempo, a temperatura de seu conteúdo.

Para tanto, as paredes desse sistema são praticamente adiabáticas, isto é, reduzem consideravelmente as trocas de calor entre seu conteúdo e o meio externo.

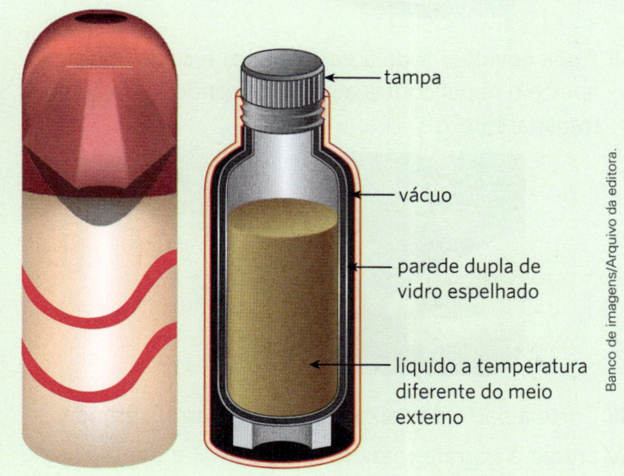

Banco de imagens/Arquivo da editora.

Com a finalidade de isolar termicamente o conteúdo de uma garrafa térmica do meio ambiente, adotam-se os seguintes procedimentos:

- as paredes internas são feitas de vidro, que, por ser mau condutor térmico, atenua as trocas de calor por condução;
- as paredes internas são duplas, separadas por uma região de vácuo, cuja função é tentar evitar a condução do calor que passa pelas paredes de vidro;
- o vidro de que são feitas as paredes internas da garrafa é espelhado para que o calor radiante seja refletido, atenuando assim as trocas por radiação;
- para evitar as possíveis trocas de calor por convecção, basta fechar a garrafa, pois dessa forma as massas fluidas internas não conseguem sair do sistema.

É evidente que não existe um isolamento térmico perfeito; assim, apesar dos cuidados citados, após um tempo relativamente grande (várias horas), o conteúdo da garrafa térmica acaba atingindo o equilíbrio térmico com o meio ambiente.

## Atividade prática

ESTE EXPERIMENTO ENVOLVE O USO DE OBJETOS CORTANTES. REALIZE-O APENAS COM A SUPERVISÃO DO SEU PROFESSOR.

# Garrafa térmica caseira

Vimos que a transmissão de calor pode ocorrer por condução, convecção ou radiação. Vamos agora realizar um experimento que consiste em produzir uma garrafa térmica caseira, ou seja, um sistema que impeça a troca de calor de seu conteúdo com o ambiente externo.

### Material necessário

- 2 garrafas PET com o mesmo formato, mas com tamanhos diferentes – preferencialmente uma com capacidade de 1,5 L e outra de 2,5 L;
- papel-alumínio;
- jornal;
- fita adesiva transparente;
- tesoura.

Fernando Favoretto/Arquivo da editora

### Procedimento

I. Usando o papel-alumínio, embrulhe a garrafa menor, mas sem usar mais do que uma camada, ou seja, evite deixar duas ou mais folhas de papel-alumínio sobrepostas ao redor da garrafa.

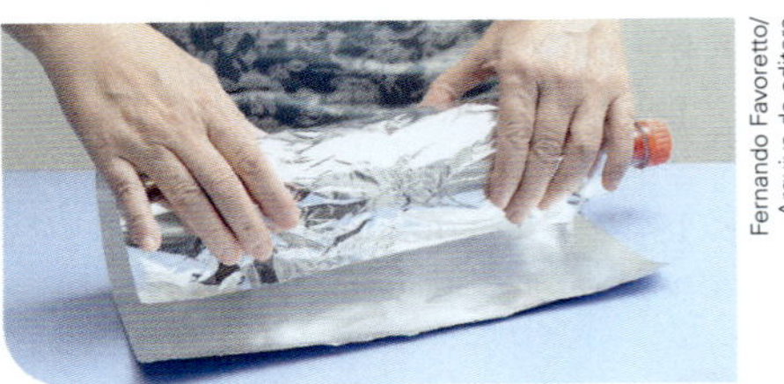

Fernando Favoretto/Arquivo da editora

II. Após envolver toda a garrafa com o papel-alumínio, aperte o papel contra a garrafa usando a fita adesiva transparente.

Fernando Favoretto/Arquivo da editora

III. Corte a parte de baixo e o bico da garrafa grande.

IV. Enrole a garrafa menor com o jornal e depois fixe o jornal na garrafa usando a fita adesiva transparente. Deixe o jornal bem justo à garrafa.

V. Coloque a garrafa menor no interior da garrafa maior. Se a garrafa menor entrar com folga, ou seja, se sobrar espaço entre as garrafas, preencha esse espaço enrolando camadas extras de jornal na garrafa pequena.

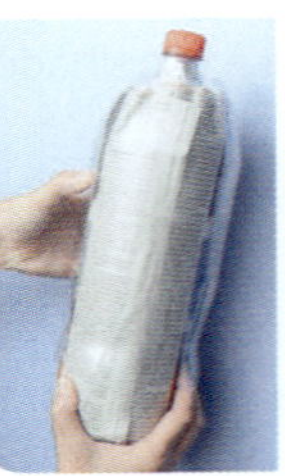

Fernando Favoretto/Arquivo da editora

VI. Quando a garrafa menor quase não entrar mais na garrafa maior, enrole uma última vez a garrafa menor com papel-alumínio, coloque a garrafa maior por cima, feche por baixo (com a parte que havia sido cortada) e prenda todas as partes com fita adesiva.

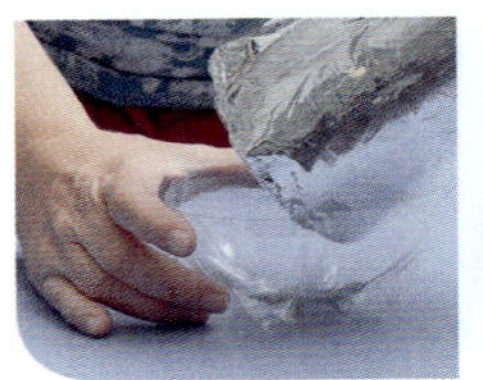

Fernando Favoretto/Arquivo da editora

### Análise e teste do equipamento

**1** Usando seus conhecimentos sobre os processos de propagação de calor, responda: Por que nosso sistema tem potencial para se tornar uma garrafa térmica eficiente? Como essa garrafa térmica poderia ser mais eficiente?

**2** Suponha que a garrafa térmica que produzimos e uma garrafa comum estejam preenchidas com água e expostas ao ambiente. Realize previsões sobre a variação da temperatura dessas porções de água ao longo do dia.

**3** Preencha a garrafa térmica produzida e uma garrafa comum com água e as deixe expostas ao ambiente. Usando termômetros, registre dados da temperatura em função do tempo ao longo do dia (temperatura do ambiente, da água na garrafa térmica produzida e da água na garrafa comum). Suas previsões estavam corretas? Justifique sua resposta.

Essa atividade foi baseada no vídeo "Faça uma garrafa térmica em casa!", do canal Manual do Mundo. O vídeo pode ser acessado pelo seguinte *link*: https://www.youtube.com/watch?v=JqJcKtNS1zM. Acesso em: 29 maio 2020.

Ampliando o olhar

# Formas de aproveitamento da energia solar

## Aquecimento de água por energia solar

O Brasil recebe anualmente, em média, 1 800 kWh/m² de energia proveniente do Sol. Para se ter uma ideia disso, a radiação que incide em um ano na área do Distrito Federal, onde se encontra a cidade de Brasília, equivale a mais de 160 usinas de Itaipu. A utilização de parte dessa energia poderia representar uma grande economia para cada um de nós e para o país, que não precisaria construir novas usinas hidrelétricas, termelétricas ou nucleares.

Kostasgr/Shutterstock

Nos coletores solares, a radiação do Sol é utilizada para aquecer um fluido que, por sua vez, aquece a água que será utilizada na residência.

A utilização de coletores solares para uso doméstico no aquecimento de água pode representar uma economia de 30% a 40% na conta de energia elétrica das residências. Cada metro quadrado de coletor solar em uso representa 56 m² a menos de área inundada em usinas hidrelétricas e a economia de 55 kg/ano de gás ou 215 kg/ano de lenha que deixaria de ser queimada, nas usinas termelétricas.

Hoje, 73% das residências brasileiras têm chuveiro elétrico e poucas possuem aquecedor solar. Em 2014, iniciou-se a contratação de energia solar pública no Brasil, sendo que estudos estimam que 18% dos domicílios brasileiros contarão com energia solar em 2050. Além disso, desde 2015 os países em desenvolvimento lideram os investimentos em energia solar e em outros tipos de energia renovável.

O aquecedor solar é um sistema simples que utiliza a radiação, a condução e a convecção térmica para aquecimento da água. Esse dispositivo é constituído de duas partes: o coletor solar (placas) e o reservatório térmico (onde a água aquecida é armazenada).

## Estufas

Estufas são recintos fechados com paredes e teto de vidro, utilizadas, principalmente, em países de inverno rigoroso, para o cultivo de verduras, legumes e mesmo flores.

O vidro é transparente à luz visível e parcialmente opaco às **ondas de calor** (radiação infravermelha). A **radiação infravermelha**, na realidade, se constitui de uma gama de ondas de diversas frequências; aquelas que possuem menor frequência (portanto, com maior comprimento de onda) não conseguem passar pelo vidro, mas as de maior frequência (portanto, com menor comprimento de onda), as mais próximas das radiações correspondentes à cor vermelha, conseguem passar com a luz visível e outras radiações. Uma parcela dessa energia é absorvida pelas plantas que estão no interior da estufa. Essas plantas se aquecem e emitem parte da energia absorvida em forma de radiação infravermelha, que, agora com comprimentos de onda maiores, não consegue passar pelo vidro e fica retido no interior da estufa. Desse modo, a temperatura permanece relativamente estável, mesmo que esteja nevando na parte externa.

Luis Fernando R. Tucillo

Representação de estufa.

Conexões

## Aquecimento global

William O. Field/NASA

Região do Alasca fotografada em agosto de 1941.

Centro Nacional De Dados Sobre Neve e Gelo/ Centro Mundial De Dados de Glaciologia/NASA

A mesma região do Alasca da fotografia acima, em agosto de 2004.

O planeta esquenta, os polos derretem, as secas intermináveis ocorrem onde antes chovia abundantemente, a mata queima com violência em razão da falta de chuvas, há inundações onde chovia pouco, furacões surgem em maior quantidade e mais intensos com o passar dos anos, faz frio quando devia estar quente, faz calor quando devia estar frio; enfim, o clima parece ter enlouquecido. Tudo isso é o reflexo do chamado aquecimento global.

Muitos cientistas e estudiosos desse assunto por décadas alertaram para o que poderia acontecer no futuro, e agora o futuro chegou.

Nas imagens ao lado, podemos observar a mesma região do Alasca (EUA) retratada em dois diferentes momentos e verificar a diminuição do gelo com o passar do tempo e a mudança da paisagem.

Não podemos nos deixar enganar com a aparente desaceleração do aquecimento global detectada pelo estudo recente da Nasa, publicado na revista *Science*, um dos mais importantes canais de divulgação científica. De acordo com esse estudo, a energia térmica resultante do aquecimento global mudou de lugar. No entanto, mais energia continua chegando e sendo absorvida pelos gases contidos na atmosfera.

Leia a seguir um artigo a respeito desse "hiato" no aquecimento global. Pesquise mais a respeito e discuta com seus colegas sobre a importância da conscientização das pessoas em relação a esse tema.

### O aquecimento global desacelerou?

O planeta está esquentando, não há como negar. Desde 1880, quando começaram os registros formais, a temperatura subiu 0,8 grau, e dois terços desse aumento aconteceu nos últimos 40 anos. Não só treze dos catorze anos mais quentes já documentados ocorreram neste começo de século, como 2014 bateu o recorde dos registros. Detecta-se hoje, porém, um fenômeno que intriga cientistas. Apesar de o calor planetário crescer ano a ano, o ritmo desse aumento vem diminuindo. Isso vai na contramão das previsões de climatologistas, que apontavam que quanto maior fosse a emissão de gás carbônico (o $CO_2$) na atmosfera, índice que só sobe, maior seria também o fator de elevação da temperatura da Terra. A esse estranho acontecimento foi dado o nome de "hiato", justamente por representar uma aparente pausa no aquecimento. [...] a Nasa finalmente achou uma resposta para esse fenômeno que negaria as estimativas catastróficas de ambientalistas, e poderia jogar uma pá de cal nos esforços conservacionistas para tentar limitar os efeitos negativos das mudanças climáticas. Em resumo, os pesquisadores descobriram que é só aparente a redução no ritmo do aquecimento global.

O hiato era utilizado por estudiosos "céticos" como o principal argumento contrário à ideia da existência de aquecimento global. Diferentemente do que é mais aceito pela comunidade científica, esse grupo não credita as mudanças climáticas à atividade humana, que tem lotado a atmosfera com gases de efeito estufa por meio, por exemplo, da queima de combustíveis fósseis, como petróleo e carvão. Para os céticos, fatores naturais explicariam a oscilação de temperatura, como ciclos esperados do clima da Terra, ou ainda a inconstante atividade do Sol.

O estudo da Nasa publicado na revista americana *Science* acaba com esses argumentos. Segundo cálculos da agência espacial americana, o calor acumulado nos últimos anos na atmosfera e pela água dos mares se deslocou para camadas mais profundas dos oceanos. Esse calor, porém, deve voltar à superfície a curto prazo, aumentando bruscamente a temperatura global. Ou seja, não é que o aquecimento passa por um hiato. As mudanças climáticas continuam a todo vapor, só não se sabia onde estava armazenada parte substancial do calor acumulado nas últimas duas décadas.

Uma análise de dados coletados por satélites da Nasa mostrou que os oceanos têm absorvido grande quantidade de calor ao longo do tempo. Os pesquisadores analisaram a distribuição de calor no planeta e descobriram que, ao menos desde 2003, as águas quentes que ocupavam os primeiros 100 metros a partir da superfície do Oceano Pacífico resfriaram – o que condiz com a teoria da pausa do aquecimento. Porém, e aí está a novidade, essa perda de calor foi compensada com o aquecimento de águas mais profundas, de até 300 metros a partir da superfície, nos oceanos Índico, Antártico e do próprio Pacífico.

"Ainda não entendemos esse mecanismo por completo. Mas podemos afirmar que o resfriamento da superfície nos iludiu. Nos próximos anos o calor regressará às águas rasas e à atmosfera", disse [...] a espanhola Veronica Nieves, física da Nasa e uma das autoras do estudo. "A oscilação, combinada ao fato de que estamos fornecendo calor extra para a atmosfera por meio das emissões de gases estufa, indica que o aquecimento vai acelerar novamente" [...].

A descoberta deve ser agora incluída nos modelos climáticos utilizados por cientistas para prever o aquecimento e seus efeitos em diferentes cenários de emissões de gases estufa. A conclusão é importante ainda por revelar com mais detalhes como os oceanos agem como reguladores da temperatura do planeta. "Se não fosse pelos mares, a atmosfera teria aquecido mais de 1,5 grau nos últimos 150 anos, e não 0,8 grau, agravando a situação já ruim", diz o climatologista Paulo Artaxo, da Universidade de São Paulo. "O problema é que, ao absorver o calor excessivo da atmosfera, os oceanos também estão sendo fortemente afetados, com alterações nas correntes oceânicas, na salinidade e na acidez da água." [...]

A questão do "hiato", porém, ainda se mostrava como um desafio para os ambientalistas. Não havia explicações críveis para a aparente pausa do aquecimento global nas últimas duas décadas. A descoberta da Nasa, portanto, é fundamental. Sim, há aquecimento global, e seu ritmo deve voltar de forma ainda mais intensa justamente em consequência desse "hiato", que acabou por armazenar calor em áreas mais profundas dos oceanos.

[...]

BEER, Raquel. O aquecimento global desacelerou? *Veja*, 11 jul. 2015. Disponível em: https://veja.abril.com.br/ciencia/o-aquecimento-global-desacelerou/. Acesso em: 27 abr. 2020.

Thiago Cóstackz/Acervo particular

Baía de Narsarsuaq, Groenlândia. Outubro de 2012. Degelo de *icebergs* acima do normal, durante o começo do outono.

1. Como cada um de nós pode contribuir para a redução de efeito estufa na atmosfera?
2. Na Europa e na cidade de São Paulo, os supermercados cobram pelas sacolas plásticas usadas para levar as compras para casa, atitude que visa à redução do consumo de plástico. Na Alemanha, a compra de garrafas plásticas de refrigerante e água mineral é acrescida de um valor que corresponde ao que o Estado gastará para recolher e processar essas embalagens. Em sua opinião, esse tipo de atitude pode reduzir a poluição ambiental e minimizar o aquecimento global? O que podemos fazer para evitar que essas embalagens e o lixo que produzimos contribuam para o aumento do aquecimento global?
3. O Brasil é o país que mais recicla latas de alumínio (97%). No entanto, quando se trata de garrafas PET (politereftalato de etileno), apenas pouco mais da metade é reciclada. O que podemos fazer para evitar que essas embalagens e o lixo que produzimos contribuam para o aumento do aquecimento global?

**! Dica**

**O efeito estufa**

*https://phet.colorado.edu/pt_BR/simulation/legacy/greenhouse*

Simulador interativo do Phet sobre o efeito estufa.

## Exercícios

**24** Imagine dois corpos $A$ e $B$ com temperaturas $T_A$ e $T_B$, sendo $T_A > T_B$. Quando colocamos esses corpos em contato térmico, podemos afirmar que ocorre o seguinte fato:

a) Os corpos se repelem.

b) O calor flui do corpo $A$ para o corpo $B$ por tempo indeterminado.

c) O calor flui do corpo $B$ para o corpo $A$ por tempo indeterminado.

d) O calor flui de $A$ para $B$ até que ambos os corpos atinjam a mesma temperatura.

e) Não acontece nada.

**Resolução:**
Colocar dois corpos em **contato térmico** significa criar a possibilidade de transferência de calor de um para o outro. Esse fluxo de calor ocorrerá de forma espontânea, no sentido do corpo de maior temperatura para o de menor temperatura. O fluxo de calor cessará quando a causa que o provocou desaparecer. Assim, quando ocorrer o equilíbrio térmico (igualdade das temperaturas), o fluxo cessará.
**Resposta:** alternativa **d**.

**25** No café da manhã, uma colher metálica é colocada no interior de uma caneca que contém leite bem quente. A respeito desse acontecimento, são feitas três afirmativas.

I. Após atingirem o equilíbrio térmico, a colher e o leite estão a uma mesma temperatura.

II. Após o equilíbrio térmico, a colher e o leite passam a conter quantidades iguais de energia térmica.

III. Após o equilíbrio térmico, cessa o fluxo de calor que existia do leite (mais quente) para a colher (mais fria).

Podemos afirmar que:

a) somente a afirmativa I é correta.

b) somente a afirmativa II é correta.

c) somente a afirmativa III é correta.

d) as afirmativas I e III são corretas.

e) as afirmativas II e III são corretas.

**26** (Enem) Nos dias frios, é comum ouvir expressões como: "Esta roupa é quentinha" ou então "Feche a janela para o frio não entrar". As expressões do senso comum utilizadas estão em desacordo com o conceito de calor da termodinâmica. A roupa não é "quentinha", muito menos o frio "entra" pela janela.

A utilização das expressões "roupa é quentinha" e "para o frio não entrar" é inadequada, pois o(a)

a) roupa absorve a temperatura do corpo da pessoa, e o frio não entra pela janela, o calor é que sai por ela.

b) roupa não fornece calor por ser um isolante térmico, e o frio não entra pela janela, pois é a temperatura da sala que sai por ela.

c) roupa não é uma fonte de temperatura, e o frio não pode entrar pela janela, pois o calor está contido na sala, logo o calor é que sai por ela.

d) calor não está contido num corpo, sendo uma forma de energia em trânsito de um corpo de maior temperatura para outro de menor temperatura.

e) calor está contido no corpo da pessoa, e não na roupa, sendo uma forma de temperatura em trânsito de um corpo mais quente para um corpo mais frio.

**27** Para resfriar um líquido, é comum colocarmos a vasilha que o contém dentro de um recipiente com gelo, conforme a figura a seguir. Para que o resfriamento seja mais rápido, é conveniente que a vasilha seja metálica em vez de vidro ou porcelana. Explique por que a vasilha de metal permite o resfriamento mais rápido do líquido.

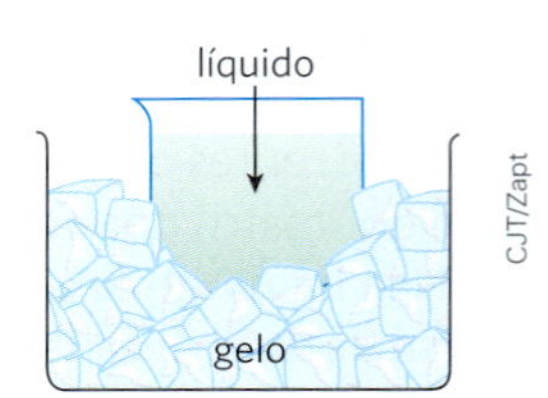


**28** (Enem) Num experimento, um professor deixa duas bandejas de mesma massa, uma de plástico e outra de alumínio, sobre a mesa do laboratório. Após algumas horas, ele pede aos alunos que avaliem a temperatura das duas bandejas, usando para isso o tato. Seus alunos afirmam, categoricamente, que a bandeja de alumínio encontra-se numa temperatura mais baixa. Intrigado, ele propõe uma segunda atividade, em que coloca um cubo de gelo sobre cada uma das bandejas, que estão em equilíbrio térmico com o ambiente, e os questiona em qual delas a taxa de derretimento do gelo será maior.

O aluno que responder corretamente ao questionamento do professor dirá que o derretimento ocorrerá

a) mais rapidamente na bandeja de alumínio, pois ela tem uma maior condutividade térmica que a de plástico.

b) mais rapidamente na bandeja de plástico, pois ela tem inicialmente uma temperatura mais alta que a de alumínio.

c) mais rapidamente na bandeja de plástico, pois ela tem uma maior capacidade térmica que a de alumínio.

d) mais rapidamente na bandeja de alumínio, pois ela tem um calor específico menor que a de plástico.

e) com a mesma rapidez nas duas bandejas, pois apresentarão a mesma variação de temperatura.

**29** Engenheiros e técnicos especializados em construção civil se reuniram em um congresso para apresentar seus projetos, com promessas de revolucionar o futuro das residências.

O assunto principal era a economia de energia.

Um dos projetos, bastante criativo e fácil de realizar, era o preaquecimento da água do chuveiro. A água quente que cai, após ser utilizada, escoa pelo ralo, onde entra em contato com o cano em forma helicoidal que leva a água fria para o chuveiro. Observe o esquema a seguir.

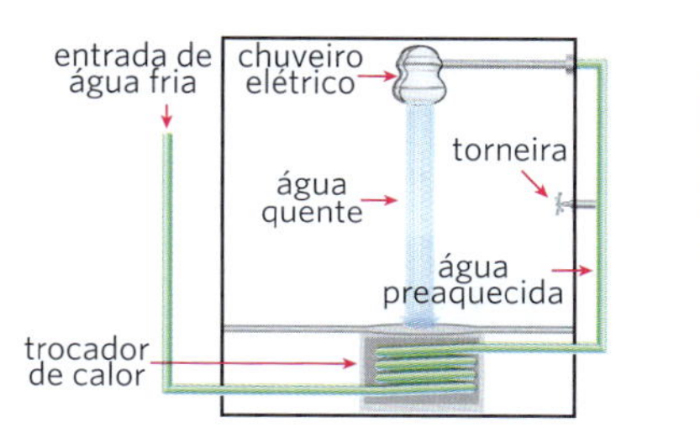


Banco de imagens/Arquivo da editora.

Para aumentar a eficiência do sistema, o técnico responsável testou canos de vários materiais. Usou PVC (plástico), que é um isolante térmico razoável, e outros três canos metálicos. Os materiais desses canos, em ordem crescente de condutibilidade térmica, são: aço, alumínio e cobre. Desses materiais, qual é o mais indicado para ser usado como trocador de calor no ralo?

**30** Numa noite muito fria, você ficou na sala assistindo à televisão. Após algum tempo, foi para a cama e deitou-se debaixo das cobertas (lençol, cobertor e edredom). Você nota que a cama está muito fria, apesar das cobertas, e só depois de algum tempo o local se torna aquecido.

Luís Augusto Ribeiro

Isso ocorre porque:

a) o cobertor e o edredom impedem a entrada do frio que se encontra no meio externo.

b) o cobertor e o edredom possuem alta condutividade térmica.

c) o cobertor e o edredom possuem calor entre suas fibras, que, ao ser liberado, aquece a cama.

d) o cobertor e o edredom não são aquecedores, são isolantes térmicos, que não deixam o calor liberado por seu corpo sair para o meio externo.

e) sendo o corpo humano um bom absorvedor de frio, após algum tempo não há mais frio debaixo das cobertas.

**31** Durante uma aula de Física, o professor pediu aos alunos que pensassem em uma forma de economizar energia elétrica diferente daquelas triviais: apagar a luz ao sair de um ambiente, reduzir o tempo do banho, desligar a TV quando não a estiver assistindo, etc.

Enquanto discutiam o problema, um grupo de alunos falou sobre uma padaria que possuía geladeiras com portas de vidro para mostrar os produtos em seu interior.

Disseram que portas desse tipo de geladeira apresentam um fluxo de energia térmica do meio ambiente (mais quente) para o interior (mais frio) e que esse fluxo de calor poderia ser minimizado apenas trocando o vidro por outro material com menor condutibilidade térmica. O professor gostou da ideia e elaborou a seguinte questão:

A porta de vidro de uma dessas geladeiras mede 160 cm de altura, 50 cm de largura e 2 cm de espessura. O coeficiente de condutibilidade térmica do vidro é igual a $2{,}0 \cdot 10^{-3}$ cal/s · cm · °C. Assim, se o interior da geladeira deve ter temperatura estável em 5 °C, num dia muito quente, quando a temperatura externa estiver a 30 °C, qual será o fluxo de calor através da porta de vidro?

**Resolução:**

Usaremos a lei de Fourier, dada por: $\phi = k \cdot \frac{A\,|\Delta\theta|}{\ell}$

Sabemos que: $k = 2{,}0 \cdot 10^{-3}$ cal/s · cm °C;

$A = 160 \text{ cm} \cdot 50 \text{ cm} = 8 \cdot 10^3 \text{ cm}^2$;

$\Delta\theta = 30\ °C - 5\ °C = 25\ °C$;

$\ell = 2$ cm

Substituindo esses valores na lei de Fourier, temos:

$$\phi = 2 \cdot 10^{-3} \cdot \frac{8 \cdot 10^3 \cdot 25}{2} \text{ (cal/s)} \Rightarrow \boxed{\phi = 200 \text{ cal/s}}$$

**Resposta:** 200 cal/s.

**32** Na figura ao lado, está representada uma placa de alumínio que foi utilizada para separar o interior de um forno, cuja temperatura mantinha-se estável a 220 °C, e o meio ambiente (20 °C). Após atingido o regime

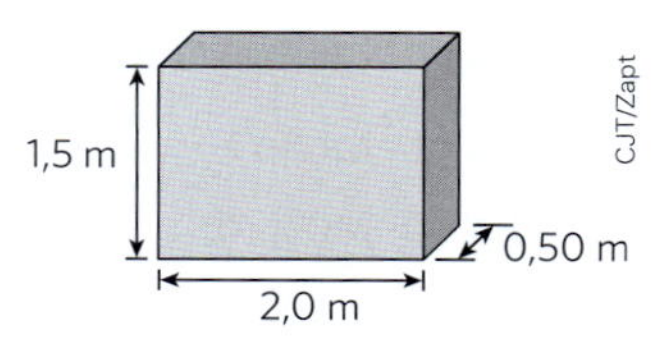


CJT/Zapt

estacionário, qual a intensidade da corrente térmica através dessa chapa metálica?

Suponha que o fluxo ocorra através da face de área maior.

**Dado:** coeficiente de condutibilidade térmica do alumínio = 0,50 cal/s · cm · °C.

**33** Em cada uma das situações descritas a seguir você deve reconhecer o processo de transmissão de calor envolvido: condução, convecção ou radiação.

I. As prateleiras de uma geladeira doméstica são grades vazadas para facilitar a ida da energia térmica até o congelador por...

II. O único processo de transmissão de calor que pode ocorrer no vácuo é a...

III. Numa garrafa térmica, é mantido vácuo entre as paredes duplas de vidro para evitar que o calor saia ou entre por...

Na ordem, os processos de transmissão de calor que você usou para preencher as lacunas são:

**a)** condução, convecção e radiação.
**b)** radiação, condução e convecção.
**c)** condução, radiação e convecção.
**d)** convecção, condução e radiação.
**e)** convecção, radiação e condução.

**34** (Enem) A refrigeração e o congelamento de alimentos são responsáveis por uma parte significativa do consumo de energia elétrica numa residência típica.

Para diminuir as perdas térmicas de uma geladeira, podem ser tomados alguns cuidados operacionais:

I. Distribuir os alimentos nas prateleiras deixando espaços vazios entre eles, para que ocorra a circulação do ar frio para baixo e do ar quente para cima.

II. Manter as paredes do congelador com camada bem espessa de gelo, para que o aumento da massa de gelo aumente a troca de calor no congelador.

III. Limpar o radiador ("grade" na parte de trás) periodicamente, para que a gordura e a poeira que nele se depositam não reduzam a transferência de calor para o ambiente.

Para uma geladeira tradicional, é correto indicar, apenas,

**a)** a operação I.
**b)** a operação II.
**c)** as operações I e II.
**d)** as operações I e III.
**e)** as operações II e III.

**35** Na praia, você já deve ter notado que, durante o dia, a areia esquenta mais rápido que a água do mar e, durante a noite, a areia esfria mais rápido que a água do mar. Isso ocorre porque o calor específico da água é maior que o da areia (a água precisa receber mais calor, por unidade de massa, para sofrer o mesmo aquecimento da areia). Esse fato explica a existência da brisa:

**a)** do mar para a praia, à noite.
**b)** da praia para o mar, durante o dia.
**c)** do mar para a praia, durante o dia.
**d)** sempre do mar para a praia.
**e)** sempre da praia para o mar.

**36** Ao examinarmos uma garrafa térmica, observamos que a parte interna é toda de vidro espelhado, apresentando paredes duplas e um quase vácuo entre elas. A extremidade superior deve ser mantida bem fechada, quando não estiver em uso. Esse dispositivo minimiza trocas de calor entre o meio externo e o líquido existente em seu interior, conservando por um bom tempo a sua temperatura.

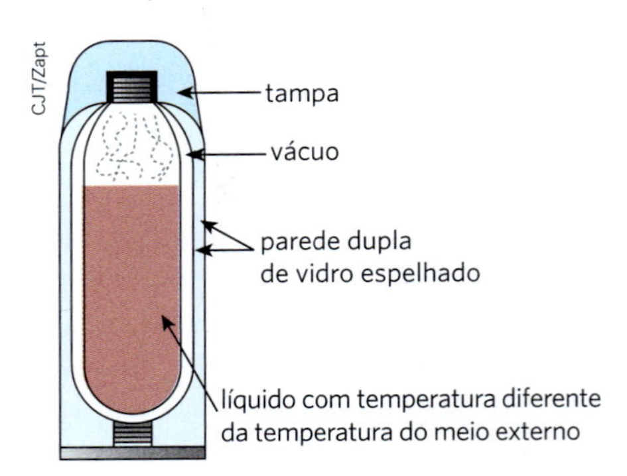


Leia as afirmativas a seguir e escolha as corretas.

**(01)** O vidro é péssimo condutor de calor.

**(02)** O vácuo existente entre as paredes duplas impede a transferência de calor por condução e por convecção.

**(04)** As radiações térmicas, que tentam sair do sistema, sofrem reflexão na parede espelhada, voltando para o líquido.

**(08)** A radiação térmica não se propaga no vácuo.

**(16)** A parede espelhada minimiza a saída de calor pelo processo denominado condução.

**(32)** Fechando bem a garrafa, não haverá trocas de calor com o meio externo pelo processo denominado convecção.

Dê como resposta o somatório dos números correspondentes às afirmativas corretas.

**37** Um técnico de laboratório resolveu realizar uma experiência de trocas de calor. Para tanto, utilizou um caldeirão, uma garrafa de vidro, água e sal. Colocou água no caldeirão e no interior da garrafa de vidro. O caldeirão foi colocado sobre a chama do fogão e a garrafa, que estava aberta, teve seu gargalo preso a um barbante, que, esticado, a mantinha afastada do fundo do caldeirão, porém mergulhada na água.

Após alguns minutos, ele observou que a água do caldeirão entrou em ebulição (a 100 °C), mas a água do interior da garrafa (que também estava a 100 °C) não fervia. Esperou mais alguns minutos e colocou um punhado de sal na água do caldeirão; pouco tempo depois, notou que a água no interior da garrafa entrava em ebulição.

**a)** Por que, mesmo estando a 100 °C, a água da garrafa não fervia?

**b)** O que ocorre com a temperatura de ebulição da água quando acrescentamos sal?

**c)** Por que, depois de ser acrescentado sal à água do caldeirão, a água do interior da garrafa também entrou em ebulição?

**38** A comunidade científica há tempos anda preocupada com o aumento da temperatura média da atmosfera terrestre. Os cientistas atribuem esse fenômeno ao chamado efeito estufa, que consiste na "retenção" da energia térmica junto ao planeta, como ocorre nas estufas de vidro, que são usadas em locais onde, em certas épocas do ano, a temperatura atinge valores muito baixos. A explicação para esse acontecimento é que a atmosfera (com seus gases naturais mais os gases poluentes emitidos por automóveis, indústrias, queimadas, vulcões, etc.) é pouco transparente aos raios solares na faixa:

**a)** das ondas de rádio.

**b)** das ondas ultravioleta.

**c)** das ondas infravermelhas.

**d)** das ondas correspondentes aos raios gama.

**e)** das ondas correspondentes aos raios X.

**39** (UFRN) O efeito estufa, processo natural de aquecimento da atmosfera, é essencial para a existência de vida na Terra. Em tal processo, uma parcela da radiação solar refletida e da radiação térmica emitida pela superfície terrestre interage com determinados gases presentes na atmosfera, aquecendo-a.

O principal mecanismo físico responsável pelo aquecimento da atmosfera devido à ação do efeito estufa resulta da

**a)** absorção, por certos gases da atmosfera, de parte da radiação ultravioleta recebida pela Terra.

**b)** reflexão, por certos gases da atmosfera, da radiação visível emitida pela Terra.

**c)** absorção, por certos gases da atmosfera, de parte da radiação infravermelha proveniente da superfície da Terra.

**d)** reflexão, por certos gases da atmosfera, de parte da radiação de micro-ondas recebida pela Terra.

**e)** refração das radiações infravermelhas e ultravioletas na atmosfera terrestre.

**40** (Enem) As cidades industrializadas produzem grandes proporções de gases como o $CO_2$, o principal gás causador do efeito estufa. Isso ocorre por causa da quantidade de combustíveis fósseis queimados, principalmente no transporte, mas também em caldeiras industriais.

Além disso, nessas cidades concentram-se as maiores áreas com solos asfaltados e concretados, o que aumenta a retenção de calor, formando o que se conhece por "ilhas de calor".

Tal fenômeno ocorre porque esses materiais absorvem o calor e o devolvem para o ar sob a forma de radiação térmica. Em áreas urbanas, devido à atuação conjunta do efeito estufa e das "ilhas de calor", espera-se que o consumo de energia elétrica

**a)** diminua devido à utilização de caldeiras por indústrias metalúrgicas.

**b)** aumente devido ao bloqueio da luz do Sol pelos gases do efeito estufa.

**c)** diminua devido à não necessidade de aquecer a água utilizada em indústrias.

**d)** aumente devido à necessidade de maior refrigeração de indústrias e residências.

**e)** diminua devido à grande quantidade de radiação térmica reutilizada.

## Descubra mais

**1** Pesquise e cite (com a devida explicação) um fator positivo e outro negativo do efeito estufa na atmosfera da Terra.

## Dilatação térmica dos sólidos e dos líquidos

A curiosidade é uma das principais ferramentas usadas por aqueles que querem aprender Física. Prestar atenção aos detalhes do mundo que nos envolve produzirá as condições para o seu aprendizado. Assim, você pode observar no seu dia a dia que:

- entre trilhos consecutivos de uma estrada de ferro existe um espaçamento;

Yogesh S. More/Grupo Keystone

Junta de dilatação em trilhos de trem.

- nas pontes e nos viadutos, de construção não muito antiga, há fendas de dilatação para possibilitar a expansão da estrutura, evitando assim o aparecimento de trincas;
- quando se mede a temperatura de uma pessoa, o nível de mercúrio do termômetro varia;

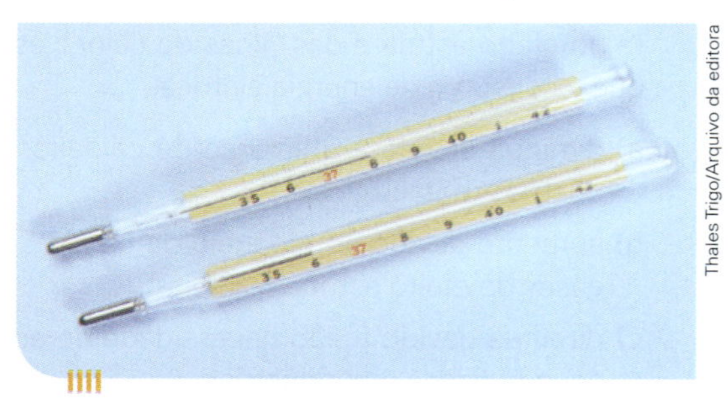
Thales Trigo/Arquivo da editora

Termômetros mostrando nível de mercúrio.

- nas quadras de esportes que ficam ao ar livre, recebendo radiação solar, o piso é feito em blocos quadrados separados por um material elástico, que possibilita a dilatação do concreto, para que não ocorram trincas.

Situações como essas são explicadas pela **dilatação térmica**.

Como vimos no início deste capítulo, a temperatura está relacionada com o estado de agitação das partículas de um corpo. Assim, quando aumentamos a temperatura estamos aumentando o estado de agitação das partículas, fazendo com que elas se afastem uma das outras, provocando um aumento nas dimensões do corpo. Ao fenômeno de aumento das dimensões no aquecimento ou diminuição no resfriamento damos o nome de **dilatação térmica**. Esse é o fenômeno mais fácil de se perceber em um corpo que recebe ou perde calor.

De modo geral, o aumento na temperatura de um corpo provoca um aumento nas suas dimensões, fenômeno denominado **dilatação térmica**. Uma diminuição de temperatura produz, em geral, uma diminuição nas dimensões do corpo, uma **contração térmica**.

Nos sólidos, observamos que o aumento ou a diminuição da temperatura provoca variações em suas dimensões lineares, bem como nas dimensões superficiais e volumétricas. No estudo da dilatação térmica dos sólidos, faremos uma separação em três partes: dilatação linear, dilatação superficial e dilatação volumétrica.

Para os líquidos, estudaremos apenas a dilatação volumétrica.

## Dilatação dos sólidos

No estudo da dilatação dos sólidos vamos encontrar três subtipos de dilatação: a **dilatação linear**, a **dilatação superficial** e a **dilatação volumétrica**.

Se considerarmos, por exemplo, um cubo de aresta $L_0$, vamos observar que cada aresta sofre dilatação atingindo um valor $L$ ($L > L_0$), cada face do cubo apresenta uma área $A_0$ que, após o aquecimento, torna-se igual a $A$ ($A > A_0$) e o volume que era $V_0$ torna-se igual a $V$ ($V > V_0$). Mas atenção: se a dilatação for isotrópica (dilatação igual em todas as direções), o cubo continua sendo um cubo, apenas com aresta um pouco maior.

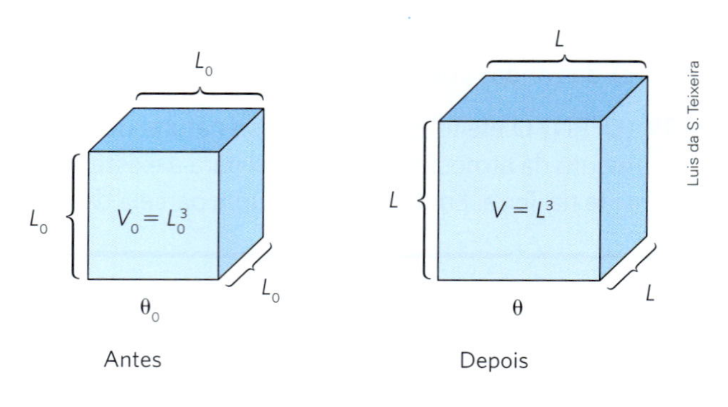

Luis da S. Teixeira

Assim, vamos estudar separadamente cada subtipo de dilatação.

## Dilatação linear

Para o estudo da dilatação linear dos sólidos, consideramos a aresta do cubo com comprimento $L_0$ quando a uma temperatura $\theta_0$. Aquecendo o cubo até uma temperatura $\theta$ ($\theta > \theta_0$), observamos que o comprimento de cada aresta passa a ser $L$ ($L > L_0$).

É fácil compreender que, sendo o cubo homogêneo, cada unidade de comprimento de sua aresta deve sofrer a mesma dilatação por unidade de variação de temperatura. Em outras palavras, todos os "centímetros" da aresta devem sofrer os mesmos aumentos de comprimento, quando aquecidos igualmente. Se uma aresta de 1 metro, ao ser aquecida, aumenta 1 milímetro em seu comprimento, a aresta de outro cubo feito do mesmo material, com 2 metros, deve aumentar 2 milímetros ao sofrer a mesma variação de temperatura do primeiro.

É evidente, também, que as partículas se afastam de acordo com a variação de temperatura, isto é, para um maior aquecimento, obtém-se uma maior dilatação. Assim, $\Delta L$ é também diretamente proporcional à variação de temperatura $\Delta\theta$ sofrida pelo sólido (aproximadamente).

Vale, portanto, a relação:

$$\Delta L = L_0 \alpha \Delta\theta$$

em que $\alpha$ é a constante de proporcionalidade, denominada **coeficiente de dilatação linear**. O valor de $\alpha$ é uma característica do material e, na prática, não é rigorosamente constante, dependendo da pressão, de eventuais tratamentos térmicos e mecânicos e, principalmente, da temperatura. Entretanto, costuma-se usar o valor médio de $\alpha$ entre as temperaturas inicial e final consideradas.

A unidade de $\alpha$ é o inverso da unidade de temperatura, como $°C^{-1}$, $°F^{-1}$ e $K^{-1}$, por exemplo. Tal conclusão é tirada da relação obtida anteriormente:

$$\Delta L = L_0 \alpha \Delta\theta$$

$$\alpha = \frac{\Delta L}{L_0 \Delta\theta}$$

Basta, agora, simplificar as unidades de comprimento relativas a $\Delta L$ e a $L_0$ para obter a unidade de $\alpha$.

É importante observar que o coeficiente de dilatação linear médio é uma característica da substância e indica sua dilatação média por unidade de comprimento, quando sofre a variação de uma unidade na temperatura.

$$\Delta L = L_0 \alpha \Delta\theta$$

$$L - L_0 = L_0 \alpha \Delta\theta$$

$$L = L_0 + L_0 \alpha \Delta\theta$$

$$L = L_0(1 + \alpha\Delta\theta)$$

A tabela a seguir fornece os coeficientes de dilatação linear ($\alpha$) de alguns sólidos:

| Coeficiente de dilatação linear de alguns sólidos | |
|---|---|
| **Substância** | **$\alpha$ (em $°C^{-1}$)** |
| Aço | $11 \cdot 10^{-6}$ |
| Prata | $18{,}8 \cdot 10^{-6}$ |
| Cobre | $16{,}8 \cdot 10^{-6}$ |
| Ouro | $14{,}3 \cdot 10^{-6}$ |
| Ferro | $11{,}4 \cdot 10^{-6}$ |
| Vidro comum | $9 \cdot 10^{-6}$ |
| Vidro pirex | $3{,}2 \cdot 10^{-6}$ |

Fonte: http://www.if.ufrgs.br/cref/leila/dilata.htm. Acesso em: 29 maio 2020.

## Lâminas bimetálicas

Você já deve ter visto uma árvore de Natal enfeitada com muitas lâmpadas pisca-pisca. Também já deve ter notado que, de tempos em tempos, a geladeira se desliga automaticamente, voltando a funcionar após alguns minutos.

Nessas duas situações, é uma lâmina bimetálica que liga e desliga os circuitos elétricos.

A lâmina bimetálica é constituída de duas faces de materiais diferentes, "coladas" uma à outra, que inicialmente possuem comprimentos iguais. Quando a corrente elétrica passa pela lâmina bimetálica, ela se aquece, o que provoca dilatações diferentes nos metais. Por exemplo, se usássemos alumínio ($\alpha = 24 \cdot 10^{-6}\ °C^{-1}$) em uma das faces e cobre ($\alpha = 16 \cdot 10^{-6}\ °C^{-1}$) na outra, teríamos uma dilatação maior para o alumínio. A lâmina iria se encurvar, e o alumínio ficaria na face convexa. Isso seria suficiente para interromper a corrente elétrica, apagando as lâmpadas ou desligando a geladeira.

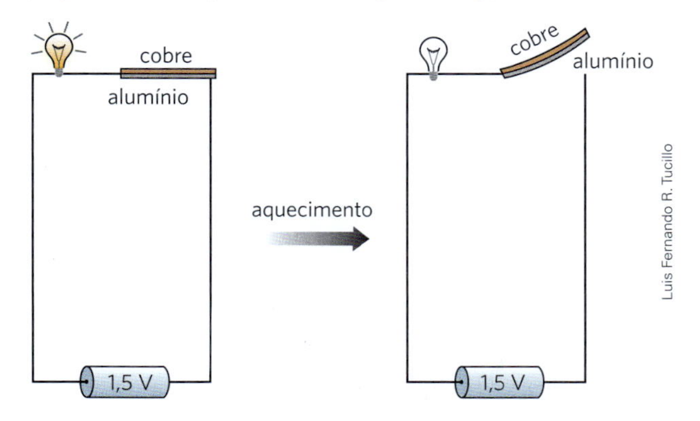


Após algum tempo, a lâmina esfria, diminuindo de tamanho devido à contração térmica. O metal que se dilata mais ao ser aquecido é aquele que se contrai mais ao ser esfriado. Ao voltar ao comprimento inicial, a lâmina fecha o circuito, que volta a ser percorrido por corrente elétrica, até que um novo aquecimento provoque curvatura na lâmina.

## Dilatação superficial

Voltando ao cubo, considere agora uma das faces desse sólido. Vamos observar uma "placa" quadrada de lado $L_0$ e supefície $A_0$, a uma temperatura $\theta_0$, de material cujo coeficiente de dilatação linear é igual a $\alpha$.

Aquecendo-se a placa até uma temperatura $\theta$ ($\theta > \theta_0$), o aumento de suas dimensões lineares produz um aumento na área de sua superfície, que, no entanto, permanece quadrada.

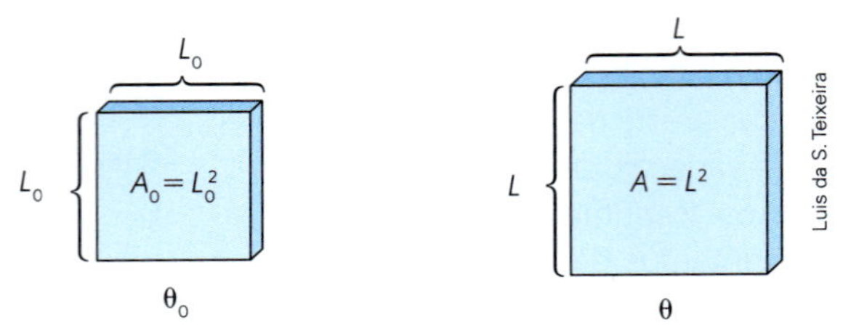


No início, a área da placa é dada por: $A_0 = L_0^2$. (I)

Após o aquecimento, tornou-se: $A = L^2$. (II)

Mas podemos relacionar $L$ e $L_0$ por: $L = L_0 (1 + \alpha\Delta\theta)$.

Elevando ao quadrado ambos os membros da equação, temos: $L^2 = L_0^2(1 + \alpha\Delta\theta)^2$. (III)

Substituindo (I) e (II) em (III), obtemos:

$A = A_0 (1 + \alpha\Delta\theta)^2$

Logo: $A = A_0(1 + 2\alpha\,\Delta\theta + \alpha^2\Delta\theta^2)$.

Como a ordem de grandeza de $\alpha$ é $10^{-5}$, ao ser elevado ao quadrado teremos $10^{-10}$, que é desprezível se comparado com $10^{-5}$, pois é cem mil vezes menor que $10^{-5}$. É bom lembrar que $\Delta\theta$ em geral não ultrapassa a ordem de $10^3$ °C, com o corpo ainda no estado sólido. Portanto, o termo $\alpha^2\Delta\theta^2$ é desprezível em comparação com $2\alpha\Delta\theta$. Assim, a equação da dilatação superficial assume a forma aproximada:

$A = A_0(1 + 2\alpha\Delta\theta)$

Fazendo-se $2\alpha = \beta$, que chamaremos de **coeficiente de dilatação superficial** do material, segue que:

$$A = A_0 (1 + \beta\Delta\theta) \quad \text{ou} \quad \Delta A = A_0\beta\Delta\theta$$

Essa equação pode ser usada para calcular a dilatação superficial, mesmo que a superfície em questão não seja quadrada, podendo ser retangular, circular ou de qualquer outra forma.

## Como se comportam os buracos em uma dilatação?

Imagine uma placa metálica, quadrada, de zinco, por exemplo, material usado para a confecção de calhas de uma residência. Com uma tesoura adequada vamos cortar uma parte, no meio dessa placa.

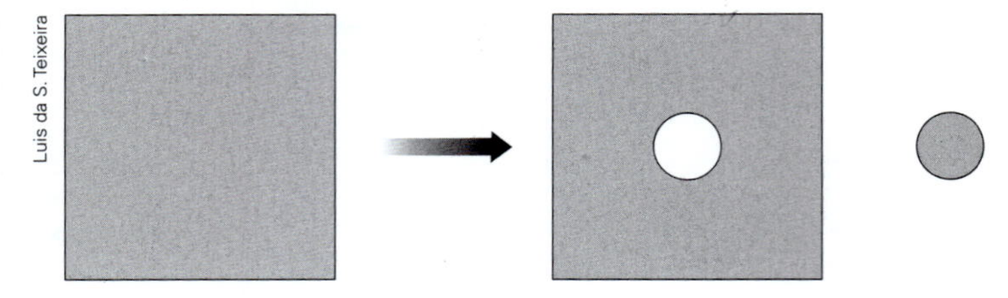


Vamos agora colocar as duas partes no interior de um forno preaquecido. Depois de alguns minutos, usando luvas térmicas apropriadas, tentaremos encaixar no orifício a parte que foi retirada. O que será que vai acontecer? É claro que a parte que foi retirada encaixará certinho no orifício da placa. Isso ocorre porque, na placa, o aquecimento provocará uma dilatação "para fora", isto é, tudo se passa como se o buraco estivesse preenchido do material da placa. Assim, o pedaço retirado se dilatará e o buraco também e, a qualquer temperatura que se aqueça o conjunto, placa e pedaço retirado, o encaixe ocorrerá.

Do exposto podemos concluir que, no aquecimento, os orifícios encontrados em placas ou blocos aumentarão de tamanho e, no resfriamento, diminuirão de tamanho. Tudo acontecendo como se a placa ou o bloco tivessem os buracos preenchidos do mesmo material existente ao seu redor.

Nos cálculos para determinar comprimentos, larguras, áreas ou volumes de buracos, usaremos as equações da dilatação e vamos considerar o coeficiente de dilatação do material do corpo que forma o buraco.

## Dilatação volumétrica

Considere agora todo o cubo metálico com aresta $L_0$ quando na temperatura $\theta_0$, cujo material tem coeficiente de dilatação linear igual a $\alpha$.

Aquecendo-se esse cubo até uma temperatura $\theta$ ($\theta > \theta_0$), o aumento das suas dimensões lineares provoca, também, um aumento no seu volume. No entanto, o sólido continua com forma cúbica.

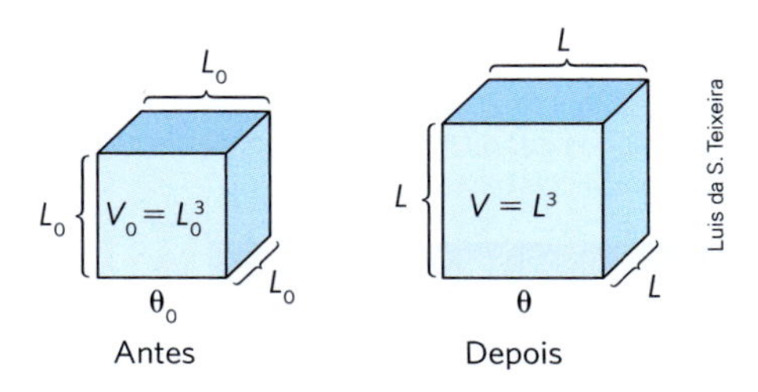


No início, o volume do cubo é dado por:

$V_0 = L_0^3$ (I)

Após o aquecimento, passa a ser $V$, tal que:

$V = L^3$ (II)

$L^3 = L_0^3(1 + \alpha\Delta\theta)^3$ (III)

Substituindo (I) e (II) em (III), obtemos:

$V = V_0(1 + \alpha\Delta\theta)^3$

Desenvolvendo o binômio, temos:

$V = V_0\,(1^3 + 3 \cdot 1^2 \cdot \alpha\,\Delta\theta + 3 \cdot 1 \cdot \alpha^2\Delta\theta^2 + \alpha^3\Delta\theta^3)$

Pelo já exposto no item anterior, $3\alpha^2\Delta\theta^2$ e $\alpha^3\Delta\theta^3$ são desprezíveis em comparação com $3\alpha\Delta\theta$.

Assim, a relação passa a ter a forma aproximada:

$V = V_0(1 + 3\alpha\Delta\theta)$

Fazendo-se $3\alpha = \gamma$, que chamaremos de **coeficiente de dilatação volumétrica** ou **cúbica** do material, obtemos as expressões:

$$V = V_0(1 + \gamma\,\Delta\theta) \quad \text{ou} \quad \Delta V = V_0\,\gamma\,\Delta\theta$$

A relação entre os coeficientes de dilatação é dada por:

$$\frac{\alpha}{1} = \frac{\beta}{2} = \frac{\gamma}{3}$$

Da mesma forma que na dilatação superficial, a equação da dilatação volumétrica é válida para todos os sólidos, quaisquer que sejam suas formas.

**Ampliando o olhar**

### A dilatação térmica em nossa vida

Você já deve ter observado no dia a dia algumas situações que envolvem a dilatação térmica. Por exemplo, se uma porção de chá muito quente é colocada no interior de um copo de vidro comum, ele pode trincar. Isso ocorre porque a parte interna do copo é aquecida e se dilata. Como o vidro é péssimo condutor de calor, a face externa do copo demora para ser aquecida. É essa diferença de dilatação entre as partes interna e externa que provoca o trincamento do vidro.

Nas calçadas de cimento, um pedreiro sempre deve dividir o espaço usando ripas de madeira, pois, se a superfície for grande, com o tempo apresentará rachaduras, devido à dilatação do concreto. Nas quadras esportivas com piso de cimento também há juntas de dilatação. É comum lajes de concreto apresentarem infiltrações. Isso ocorre porque a laje sofre dilatação quando a temperatura aumenta e contração quando a temperatura diminui. Podem surgir fissuras na laje, por onde a água entra quando chove.

Thales Trigo/Arquivo da editora

Copo trincado (à direita) por causa da diferença de dilatação entre suas superfícies interna e externa.

Thales Trigo/Arquivo da editora

As divisões de madeira permitem a dilatação das placas de concreto.

Nas pontes e nos viadutos, devem ser previstas fendas de dilatação para que a estrutura possa dilatar-se quando a temperatura aumenta.

Nem todas as pessoas sabem que líquidos muito gelados e comida muito quente podem provocar sérios danos aos dentes. Como os materiais usados nas obturações e os dentes possuem coeficientes de dilatação diferentes, nas variações de temperatura a dilatação ocorre de forma diversa. Se o material da obturação dilatar mais, poderá ocorrer quebra do dente; se dilatar menos, se afastará do dente, provocando infiltrações e, consequentemente, cáries.

Nas ferrovias, é deixado um pequeno espaço entre dois trilhos consecutivos para permitir sua expansão térmica. Na fotografia ao lado, você pode observar que um grande aumento de temperatura distorceu os trilhos, impossibilitando a passagem dos trens.

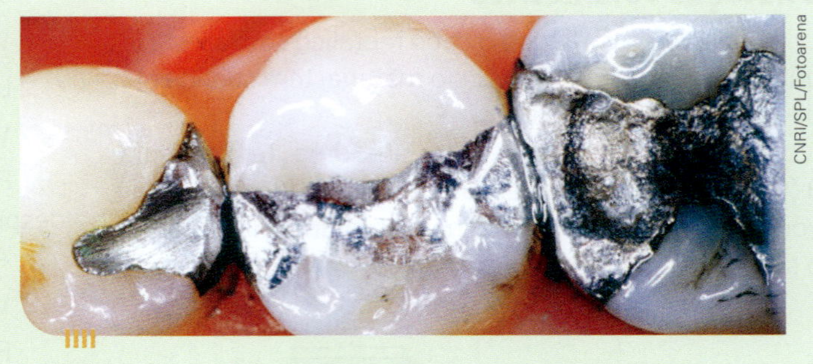

CNRI/SPL/Fotoarena

As obturações metálicas se expandem e se contraem mais do que os dentes. Isso pode provocar fraturas ou infiltrações, quando são ingeridos líquidos muito gelados ou comidas muito quentes.

Joe Armao/The AGE/Fairfax Media via Getty Images

Com o aquecimento, os trilhos sofreram uma grande expansão térmica.

## Dilatação térmica dos líquidos

Um líquido, devido às suas características, precisa estar no interior de um recipiente sólido para que possamos determinar seu volume.

Assim, podemos estudar o que ocorre com o volume de um líquido, no aquecimento ou no resfriamento, se ele estiver em uma proveta graduada, por exemplo.

Swapan Photography/Shutterstock

Líquido no interior de uma proveta graduada. O volume do líquido é lido na escala indicada na proveta.

Imaginemos um recipiente de vidro transparente, graduado corretamente em dm³, a uma temperatura $\theta_0$.

Um líquido, também à temperatura $\theta_0$, é colocado no interior desse frasco até a marca de 10 dm³. Como o frasco foi graduado corretamente a essa temperatura $\theta_0$, podemos dizer com certeza que o recipiente contém 10 dm³ de líquido.

Agora, aquecendo o conjunto frasco-líquido até uma temperatura $\theta$ ($\theta > \theta_0$), notamos que o líquido atinge a marca de 11 dm³.

Qual foi a dilatação sofrida por esse líquido?

CJT/Zapt

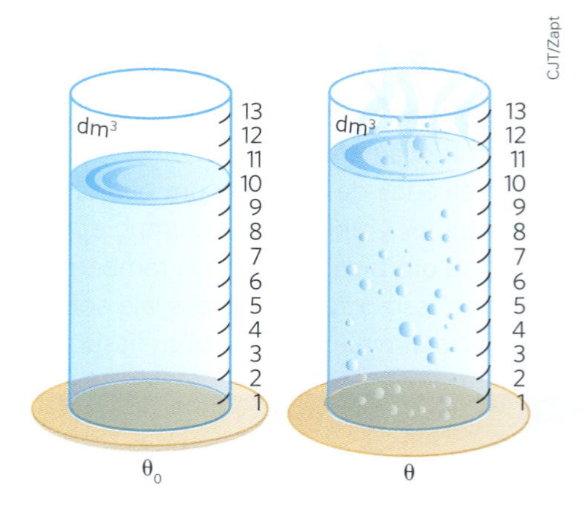


À primeira vista, pode-se pensar que o líquido dilatou 1 dm³. Mas será que foi 1 dm³ mesmo?

Na verdade, esse líquido dilatou mais do que 1 dm³, pois, como **o frasco também dilatou**, entre duas marcas consecutivas da graduação do frasco temos agora uma capacidade maior do que 1 dm³. Assim, à temperatura $\theta$, temos o líquido ocupando 11 unidades da graduação do frasco, sendo que cada unidade corresponde a um volume maior do que 1 dm³. Daí termos mais de 11 dm³ de líquido e, em consequência, uma dilatação real maior do que 1 dm³.

Lembre-se de que esse problema é inevitável, já que o líquido tem de estar no interior de um frasco sólido, que também dilata.

É por isso que se observam dois tipos de dilatação para os líquidos: uma **real** (que não depende do frasco) e outra **aparente** (afetada pela dilatação do frasco).

Em líquidos, só existe interesse no estudo da dilatação volumétrica, que é regida pela mesma equação da dilatação volumétrica dos sólidos:

$$V = V_0(1 + \gamma \, \Delta\theta)$$

Os coeficientes de dilatação real dos líquidos são, em geral, maiores do que os dos sólidos.

Veja, no quadro a seguir, os coeficientes de dilatação real de alguns líquidos:

| Líquido | $\gamma_{real}$ (em °C$^{-1}$) |
|---|---|
| Éter | $16{,}6 \cdot 10^{-4}$ |
| Álcool etílico | $11 \cdot 10^{-4}$ |
| Petróleo | $9 \cdot 10^{-4}$ |
| Glicerina | $4{,}8 \cdot 10^{-4}$ |
| Água* | $1{,}3 \cdot 10^{-4}$ |
| Mercúrio | $1{,}8 \cdot 10^{-4}$ |

* À temperatura aproximada de 20 °C.

Para entendermos melhor as dilatações real e aparente, consideremos um frasco totalmente cheio com um líquido. Ao aquecermos o conjunto, notamos que ocorre um extravasamento parcial do líquido.

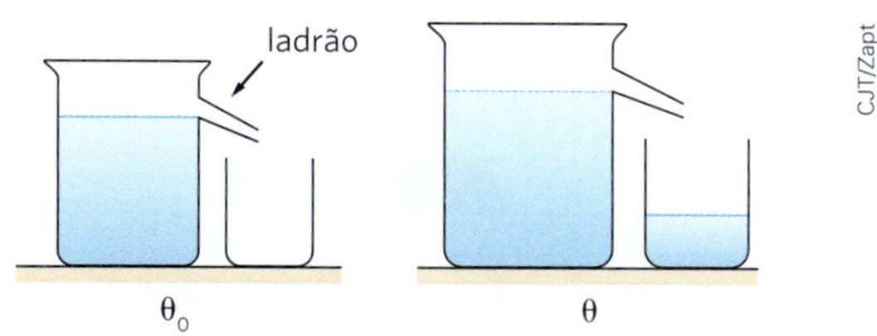


Note que após o aquecimento o recipiente continua cheio. A quantidade de líquido extravasado representa a aparente dilatação do líquido, pois o **recipiente também dilatou**, aumentando sua capacidade.

Assim, a dilatação real do líquido corresponde à variação da capacidade do frasco mais o volume do líquido extravasado:

$$\Delta V_{real} = \Delta V_{frasco} + \Delta V_{aparente}$$

Entretanto, $\Delta V = V_0\gamma\Delta\theta$; como, no início, o volume real do líquido é igual ao aparente e, ainda, igual à capacidade do frasco, temos:

$$V_0\gamma_r\Delta\theta = V_0\gamma_f\Delta\theta + V_0\gamma_a\Delta\theta$$

$$\gamma_r = \gamma_f + \gamma_a$$

O coeficiente de dilatação real do líquido é igual à soma do seu coeficiente de dilatação aparente com o coeficiente de dilatação do frasco que o contém.

Observemos que a dilatação real depende somente do líquido, enquanto a dilatação aparente depende também do frasco em que foi medida. Um mesmo líquido apresenta dilatações aparentes diferentes quando medidas em dois frascos de materiais diferentes, pois o frasco que dilata menos provoca maior extravasamento e maior dilatação aparente.

## Temperatura e massa específica

Vamos agora observar a influência da temperatura na massa específica de uma substância.

**Massa específica** ou **densidade absoluta** ($\mu$) de uma substância é o quociente de sua massa ($m$) pelo respectivo volume ($V$):

$$\mu = \frac{m}{V}$$

Com a variação de temperatura, a massa da substância considerada permanece inalterada, porém seu volume varia, o que provoca alteração em sua massa específica.

Assim, a uma temperatura $\theta_0$, temos:

$$\mu_0 = \frac{m}{V_0} \Rightarrow m = \mu_0 V_0 \qquad \text{(I)}$$

À temperatura $\theta$, temos, para a densidade da substância:

$$\mu = \frac{m}{V} \Rightarrow m = \mu V \qquad \text{(II)}$$

Igualando (I) e (II), podemos escrever:

$$\mu_0 V_0 = \mu V \qquad \text{(III)}$$

Substituindo em (III) a expressão da dilatação volumétrica, dada por: $V = V_0(1 + \gamma\Delta\theta)$, obtemos:

$$\mu_0 V_0 = \mu V_0(1 + \gamma\Delta\theta)$$

$$\mu = \frac{\mu_0}{(1 + \gamma \, \Delta\theta)}$$

Observe, na relação, que a massa específica de um líquido diminuiu com o aumento da temperatura.

## Dilatação anormal da água

Em geral, um líquido, quando aquecido, sempre dilata, aumentando de volume. No entanto, a água constitui uma exceção a essa regra, pois, ao ser aquecida de 0 °C a 4 °C, tem seu volume diminuído. Apenas para temperaturas acima de 4 °C a água dilata normalmente ao ser aquecida.

Para melhor ilustrar, vejamos o gráfico ao lado, que representa a variação de volume de 1 g de água pura em função da sua temperatura.

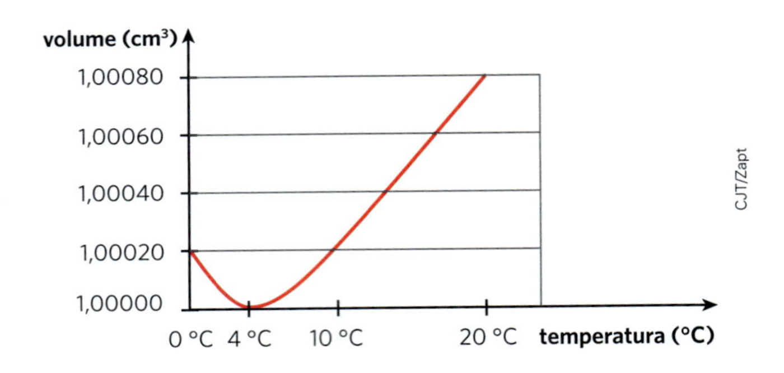


É importante observar que a 4 °C o volume da água é mínimo e, portanto, sua massa específica é máxima.

Esse tipo de dilatação anormal da água explica por que um lago congela apenas na superfície. Durante o resfriamento da água da superfície, até 4 °C a densidade aumenta, e essa água desce, produzindo a subida da água mais quente do fundo (convecção). Isso ocorre até que toda a água do lago atinja 4 °C, pois, a partir daí, quando a temperatura da água da superfície diminui, seu volume aumenta, diminuindo a densidade.

Em consequência, essa água mais fria não desce mais e acaba solidificando. Esse gelo formado na superfície isola o restante da água, fazendo com que a temperatura no fundo do lago se conserve acima de 0 °C.

Na ilustração (com elementos sem proporção entre si e em cores fantasia) vemos o esquema de um lago congelado. A dilatação anormal da água faz com que apenas a superfície de um lago se solidifique. O gelo formado isola o restante da água (o gelo é péssimo condutor de calor), mantendo a temperatura no fundo do lago superior a 0 °C e, desse modo, preservando a vida animal e vegetal nele existente.

## Exercícios

**41** Marcelo decidiu preparar um prato usando palmitos. Após tentar, em vão, abrir a embalagem - de vidro, com tampa metálica - e não querendo empregar força, usou um pouco de seus conhecimentos de Física: mergulhou a tampa da embalagem em água quente durante alguns segundos. Em seguida, tentou mais uma vez e conseguiu abrir a tampa facilmente. Isso provavelmente ocorreu porque:

a) reduziu-se a força de coesão entre as moléculas do metal e do vidro.

b) reduziu-se a pressão do ar no interior do recipiente.

c) houve redução da tensão superficial existente entre o vidro e o metal.

d) o coeficiente de dilatação do metal é maior que o do vidro.

e) o coeficiente de dilatação do vidro é maior que o do metal.

**42** A primeira ferrovia a funcionar no Brasil foi inaugurada em abril de 1854, ligando o Porto de Mauá a Fragoso, no Rio de Janeiro, com 14,5 km de extensão, construída pelo Visconde de Mauá.

Um dos cuidados que se deve ter na colocação dos trilhos em uma ferrovia é deixar uma pequena distância entre dois deles para possibilitar a dilatação térmica que pode ocorrer com a variação de temperatura.

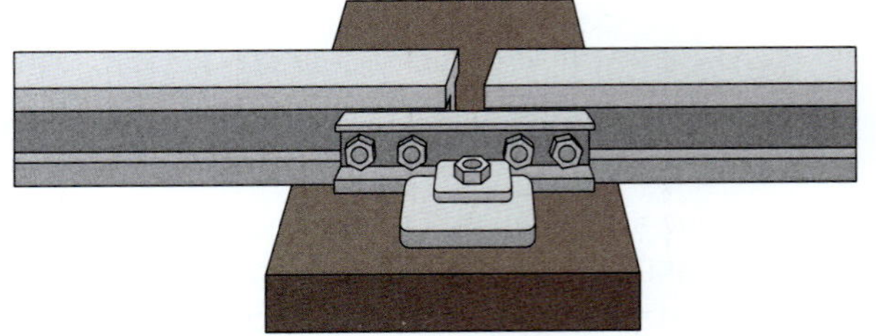


Geralmente os trilhos utilizados possuem 20 m de comprimento. Em sua fixação sobre dormentes, uma distância de 5 mm é deixada entre as peças consecutivas - são as juntas de dilatação que evitam que os trilhos se espremam em dias muito quentes. Considerando um local em que a temperatura varia aproximadamente 25 °C entre a mínima no período da noite e a máxima durante o dia, determine o valor do coeficiente de dilatação linear do material dos trilhos, supondo que o espaço deixado é exatamente o necessário.

**43** Uma trena de alumínio foi graduada corretamente a uma temperatura de 30°C, quando seu comprimento total apresentou 50,000 m. Essa trena possui graduação até o milímetro. Qual a máxima distância que a trena é capaz de medir, num local onde a temperatura ambiente é −20°C?

**Dado:** coeficiente de dilatação linear do alumínio = $24 \cdot 10^{-6}$ °C$^{-1}$.

**Resolução:**
Chamemos de $u_0$ a unidade em metros na temperatura a que a trena foi graduada e de $u$ a unidade, também em metros, a uma temperatura qualquer.
Observemos que, se elevarmos a temperatura da trena, ela se dilatará e $u > u_0$; porém, se diminuirmos a temperatura, a trena se contrairá e $u < u_0$.
Usando a expressão da dilatação linear:

$$u = u_0 (1 + \alpha\Delta\theta)$$

e sendo $u_0$ a unidade correta (seu valor é 1,000 m), temos:

$$u = 1{,}000 \cdot \left[1 + 24 \cdot 10^{-6} \cdot (-50)\right]$$
$$u = 1{,}000 \cdot \left[1 - 0{,}0012\right]$$
$$u = 0{,}9988 \text{ m}$$

À temperatura de −20 °C, devido à contração do alumínio, a distância entre duas marcas, que a 30°C era 1,000 m, passa a ser 0,9988 m. Como a trena possui 50 intervalos de metro, podemos afirmar que a máxima distância possível de ser medida com essa trena, a −20 °C, é:

$$Z = 50u = 50 \cdot 0{,}9988 \Rightarrow \boxed{Z = 49{,}94}$$

**44** Uma trena de aço foi graduada corretamente, com precisão, a 0 °C, possuindo comprimento total de 20,000 m. Em um dia muito quente, sob Sol intenso, ela se aquece a 40 °C, sendo utilizada para fazer medidas.

Coeficiente de dilatação linear do aço = $1{,}2 \cdot 10^{-5}$ °C$^{-1}$

Determine:

**a)** a dilatação sofrida pela trena no referido aquecimento;

**b)** o erro percentual cometido em sua utilização a 40 °C.

**45** Sabendo que o coeficiente de dilatação linear médio do concreto é $12 \cdot 10^{-6}$ °C$^{-1}$, estime a variação anual da altura de um prédio de 10 andares em uma cidade do litoral de São Paulo, uma região temperada, devido à variação de temperatura entre o inverno e o verão.

**46** (FGV-SP) As linhas de metrô são construídas tanto sob o solo quanto sobre este. Pensando nas variações de temperatura máxima no verão e mínima no inverno, ambas na parte de cima do solo, os projetistas devem deixar folgas de dilatação entre os trilhos, feitos de aço de coeficiente de dilatação linear $1{,}5 \cdot 10^{-5}$ °C$^{-1}$. Em determinada cidade britânica, a temperatura máxima costuma ser de 104 °F e a mínima de 24 °F. Se cada trilho mede 50,0 m nos dias mais frios, quando é feita sua instalação, a folga mínima que se deve deixar entre dois trilhos consecutivos, para que eles não se sobreponham nos dias mais quentes, deve ser, em centímetros, de

**a)** 1,5.
**b)** 2,0.
**c)** 3,0.
**d)** 4,5.
**e)** 6,0.

**47** (OBF) A figura ilustra uma peça de metal com um orifício de diâmetro $d_1$ e um pino de diâmetro $d_2$ ligeiramente maior que o orifício $d_1$, quando à mesma temperatura. Para introduzir o pino no orifício, pode-se:

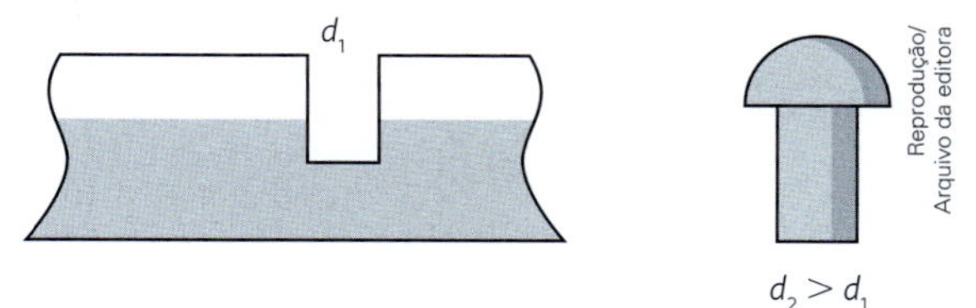


**a)** aquecer ambos: o orifício e o pino.
**b)** resfriar o pino.
**c)** aquecer o pino e resfriar o orifício.
**d)** resfriar o orifício.
**e)** resfriar ambos: o orifício e o pino.

**48** Os materiais usados para a obturação de dentes e os dentes possuem coeficientes de dilatação térmica diferentes. Assim, do ponto de vista físico, por que pode ser prejudicial aos dentes ingerirmos bebidas muito quentes ou muito geladas?

**49** (UFJF-MG) O gráfico mostra a variação do comprimento $\ell$ da aresta de um cubo em função da temperatura $T$. Quando a temperatura varia de 0 °C a 100 °C, o volume do cubo deve variar de:

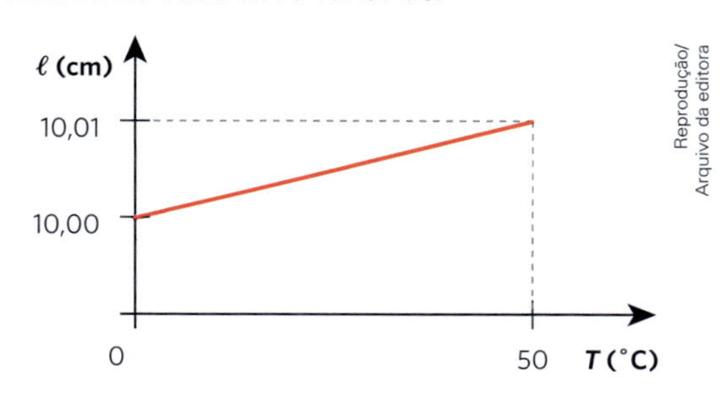


**a)** 3,0 cm³
**b)** 2,0 cm³
**c)** 5,0 cm³
**d)** 6,0 cm³
**e)** 1,0 cm³

**50** Um posto recebeu 5 000 L de gasolina num dia muito frio, em que a temperatura era de 10 °C. No dia seguinte, a temperatura aumentou para 30 °C, situação que durou alguns dias, o suficiente para que a gasolina fosse totalmente vendida. Se o coeficiente de dilatação volumétrica da gasolina é igual a $11 \cdot 10^{-4}\ °C^{-1}$, determine o lucro do proprietário do posto, em litros.

**51** (Vunesp) Nos últimos anos temos sido alertados sobre o aquecimento global. Estima-se que, mantendo-se as atuais taxas de aquecimento do planeta, haverá uma elevação do nível do mar causada, inclusive, pela expansão térmica, causando inundação em algumas regiões costeiras.
Supondo, hipoteticamente, os oceanos como sistemas fechados e considerando que o coeficiente de dilatação volumétrica da água é aproximadamente $2 \cdot 10^{-4}\ °C^{-1}$ e que a profundidade média dos oceanos é de 4 km, um aquecimento global de 1 °C elevaria o nível do mar, devido à expansão térmica, em, aproximadamente:

a) 0,3 m.
b) 0,5 m.
c) 0,8 m.
d) 1,1 m.
e) 1,7 m.

**52** Um frasco de vidro, graduado em cm³ a 0 °C, contém mercúrio até a marca de 100,0 cm³, quando ainda a 0 °C. Ao se aquecer o conjunto a 120 °C, o nível de mercúrio atinge a marca de 101,8 cm³. Determine o coeficiente de dilatação linear do vidro.

**Dado:** coeficiente de dilatação do mercúrio: $\gamma_{Hg} = 18 \cdot 10^{-5}\ °C^{-1}$

**Resolução:**
A diferença de leitura corresponde à dilatação aparente do líquido, pois não podemos nos esquecer de que o frasco também dilatou:

$$\Delta V_{aparente} = 101{,}8 - 100{,}0$$
$$\Delta V_{aparente} = 1{,}8\ cm^3$$

Usamos a expressão da dilatação aparente dos líquidos:

$$\Delta V_{aparente} = V_{0A}\gamma_{aparente}\,\Delta\theta$$

Temos:

$$1{,}8 = 100{,}0 \cdot \gamma_a \cdot 120 \therefore \gamma_a = 15 \cdot 10^{-5}\ °C^{-1}$$

Porém:

$$\gamma_a = \gamma_r - \gamma_f \quad e \quad \gamma_f = 3\alpha_f$$

Portanto:

$$15 \cdot 10^{-5} = 18 \cdot 10^{-5} - 3\alpha_f \Rightarrow 3\alpha_f = 3 \cdot 10^{-5}$$

$$\boxed{\alpha_f = \alpha_{vidro} = 1 \cdot 10^{-5}\ °C^{-1}}$$

**53** (Enem) A gasolina é vendida por litro, mas em sua utilização como combustível a massa é o que importa. Um aumento da temperatura do ambiente leva a um aumento no volume da gasolina. Para diminuir os efeitos práticos dessa variação, os tanques dos postos de gasolina são subterrâneos. Se os tanques não fossem subterrâneos:

I. Você levaria vantagem ao abastecer o carro na hora mais quente do dia, pois estaria comprando mais massa por litro de combustível.

II. Abastecendo com a temperatura mais baixa, você estaria comprando mais massa de combustível para cada litro.

III. Se a gasolina fosse vendida por kg em vez de ser vendida por litro, o problema comercial decorrente da dilatação da gasolina estaria resolvido.

Dessas considerações, somente:

a) I é correta.
b) II é correta.
c) III é correta.
d) I e II são corretas.
e) II e III são corretas.

**54** (UFG-GO) Num dia quente em Goiânia, 32 °C, uma dona de casa coloca álcool em um recipiente de vidro graduado e lacra-o bem para evitar evaporação. De madrugada, com o termômetro acusando 12 °C, ela nota, surpresa, que, apesar de o vidro estar bem fechado, o volume de álcool reduziu-se. Sabe-se que o seu espanto não se justifica, pois se trata do fenômeno da dilatação térmica. A diminuição do volume foi de:
Considere o coeficiente de dilatação térmica volumétrica do álcool: $\gamma_{álcool} = 1{,}1 \cdot 10^{-3}\ °C^{-1} \gg \gamma_{vidro}$.

a) 1,1%.
b) 2,2%.
c) 3,3%.
d) 4,4%.
e) 6,6%.

**55** A 4 °C, a massa específica da água vale 1,0 g/cm³. Se o coeficiente de dilatação volumétrica real da água vale $2{,}0 \cdot 10^{-4}\ °C^{-1}$, qual é sua massa específica, na temperatura de 84 °C?

**Resolução:**
A densidade absoluta ou massa específica de uma substância varia com a temperatura, de acordo com a seguinte função:

$$\mu = \frac{\mu_0}{(1 + \gamma\,\Delta\theta)}$$

Substituindo os valores conhecidos, temos:

$$\mu = \frac{1{,}0}{1 + 2{,}0 \cdot 10^{-4} \cdot 80} \therefore \boxed{\mu \cong 0{,}98\ g/cm^3}$$

**56** A densidade absoluta de um material a 20 °C é 0,819 g/cm³ e seu coeficiente de dilatação volumétrica vale $5 \cdot 10^{-4}\ °C^{-1}$. A que temperatura devemos levar esse corpo para que sua densidade absoluta torne-se igual a 0,780 g/cm³?

## Engenharia e o meio ambiente

### Preparação

Pesquise na internet como os profissionais listados a seguir atuam na preservação do meio ambiente:

- engenheiro ambiental;
- engenheiro florestal;
- engenheiro hídrico.

Se possível, entreviste um engenheiro que atue em uma dessas áreas.

### Leitura

**Os três pilares da sustentabilidade: como o desenvolvimento econômico pode contribuir para os negócios, a natureza e a sociedade**

O termo sustentabilidade nunca foi tão utilizado quanto no nosso contexto atual, onde as preocupações com as mudanças climáticas e os seus impactos no futuro do planeta se mostram urgentes.

BRASIL, Ancham. Os três pilares da sustentabilidade: como o desenvolvimento econômico pode contribuir para os negócios, a natureza e a sociedade. *Estado de S. Paulo*. 19 maio 2017. Disponível em: https://economia.estadao.com.br/blogs/ecoando/os-tres-pilares-da-sustentabilidade-como-o-desenvolvimento-economico-pode-contribuir-para-os-negocios-a-natureza-e-a-sociedade/. Acesso em: 27 abr. 2020.

**Nesse artigo, você vai conhecer:**

- Os três pilares da sustentabilidade: o econômico, o social e o ambiental.
- Como as empresas estão se transformando para garantir a sobrevivência nos próximos anos, considerando a ótica da sustentabilidade.

### Debate

Com a turma organizada em grupos, debatam os tópicos a seguir.

1 Discuta com o seu grupo sobre a responsabilidade das empresas no combate à desigualdade social, considerando o desenvolvimento sustentável. Identifiquem um setor produtivo, como o extrativismo vegetal, atividade pesqueira ou a geração de energia e proponham ações sustentáveis que trarão melhoria para a população local.

2 Na avaliação do seu grupo, quais negócios desaparecerão e quais vão prosperar na próxima década, considerando empreendedorismo e sustentabilidade?

3 Quais profissionais podem atuar na indústria cosmética e automobilística apresentando soluções aos problemas relacionados à proteção do meio ambiente e desenvolvimento econômico?

4 Pensando no mundo do trabalho, como a Física participa da formação de profissionais que ambicionam o desenvolvimento econômico aliado ao bem-estar social e a preservação do meio ambiente?

5 Considerando os três pilares da sustentabilidade, explique quais são as principais características dos profissionais que atuarão nos diferentes setores da economia ou que desejam empreender na próxima década.

### E você?

6 Se o meio ambiente for uma das suas preocupações, você pode organizar um plano de ação ao considerar profissões estudadas nesta **Perspectiva**. Faça uma lista das profissões possíveis, cursos oferecidos, duração, salário, projeções de atuação, etc.

# Calor sensível e calor latente

Este capítulo favorece o desenvolvimento das seguintes habilidades:

EM13CNT102

EM13CNT307

## Capacidade térmica (C) e calor específico (c)

Se tomarmos um corpo de massa $m$ e temperatura inicial $\theta_1$ e fornecermos a ele uma quantidade de calor $Q$, sua temperatura passa a ser $\theta_2$, sofrendo uma variação correspondente a $\Delta\theta = \theta_2 - \theta_1$.

Define-se **capacidade térmica** ($C$) ou **capacidade calorífica** desse corpo como:

$$C = \frac{Q}{\Delta\theta}$$

A unidade usual de capacidade térmica é a caloria por grau Celsius $\left(\frac{\text{cal}}{°\text{C}}\right)$.

A **capacidade térmica** ($C$) de um corpo indica a quantidade de calor que ele precisa receber ou ceder para que sua temperatura varie uma unidade.

Suponha que um corpo precise receber 100 calorias de energia térmica para que sua temperatura aumente em 5,0 °C. Dividindo o primeiro valor pelo segundo, encontraremos para a capacidade térmica desse corpo o valor 20 cal/°C. Isso significa que, para variar 1 °C, ele precisa receber (ou ceder) 20 calorias.

A capacidade térmica por unidade de massa do corpo é denominada calor específico ($c$), dada usualmente pela unidade $\frac{\text{cal}}{\text{g °C}}$ (lê-se: caloria por grama grau Celsius).

O **calor específico** ($c$) indica a quantidade de calor que cada unidade de massa do corpo precisa receber ou ceder para que sua temperatura varie uma unidade.

$$c = \frac{C}{m} = \frac{Q}{m\Delta\theta}$$

Se o corpo do exemplo anterior (cuja capacidade térmica é 20 cal/°C) tivesse 100 g de massa, seu calor específico seria 0,20 cal/g °C. Para calcular esse valor, dividimos a capacidade térmica pela massa.

O calor específico não depende da massa do corpo, pois é uma característica da substância e não do corpo. Nem a capacidade térmica nem o calor específico sensível de uma substância têm valores constantes com a temperatura. No entanto, para efeito de cálculo, costuma-se usar o valor médio de cada um no intervalo de temperatura considerado. Por exemplo, adota-se o calor específico da água como 1,0 cal/g °C.

## Calor sensível

**Calor sensível** é o calor que, recebido ou cedido por um corpo, provoca nele uma variação de temperatura.

Para calcular a quantidade de calor sensível que um corpo recebe (ou cede), usamos a definição de calor específico sensível:

$$c = \frac{Q}{m\Delta\theta} \Rightarrow Q = mc\Delta\theta \text{, com } \Delta\theta = \theta_{final} - \theta_{inicial}$$

Essa equação é também denominada **equação fundamental da Calorimetria**.

Nessa equação, se a temperatura aumenta, $\theta_f > \theta_i$ e $\Delta\theta > 0$, a quantidade de calor $Q$ é positiva. Se a temperatura diminui, $\theta_f < \theta_i$ e $\Delta\theta < 0$, então $Q$ é negativa.

## Sistema físico termicamente isolado

O equilíbrio térmico é uma tendência natural dos sistemas. Os corpos tendem a ter a mesma temperatura do ambiente em que se encontram. Para atingir esse equilíbrio, o corpo mais "quente" cede calor e o mais "frio" recebe calor.

Efired/Shutterstock

O copo da esquerda contém chá gelado e a xícara da direita, chá quente. Deixando-os sobre uma mesa, o chá quente perderá calor para o meio ambiente e o chá frio receberá calor. Após algum tempo, ambos estarão na mesma temperatura do meio, atingindo o equilíbrio térmico.

Em alguns casos, porém, as trocas de calor entre o sistema e o meio externo podem ser evitadas. Quando isso ocorre dizemos que o sistema físico é termicamente isolado.

Um sistema físico é **termicamente isolado** quando não existe troca de calor entre seus componentes e o meio externo.

É importante observar que, na prática, por melhor que seja o isolamento térmico de um sistema, ele sempre troca calor com o meio externo.

Se você colocar, em uma caixa de isopor, algumas latas de refrigerante sem gelo com outras geladas, perceberá que o isopor reduzirá a participação do meio externo nas trocas de calor. No entanto, após algum tempo, todas as latas estarão à mesma temperatura, pois terão atingido o equilíbrio térmico. Para que isso ocorra, é necessário que os corpos troquem calor entre si, de modo que os de maior temperatura forneçam calor aos de menor temperatura.

Em um sistema termicamente isolado, as trocas de calor ocorrem apenas entre os seus integrantes. Assim, toda a energia térmica que sai de alguns corpos é recebida por outros pertencentes ao próprio sistema, valendo a relação:

$$\left|\Sigma Q_{cedido}\right| = \left|\Sigma Q_{recebido}\right|$$

O somatório das quantidades de calor cedidas por alguns corpos de um sistema tem módulo igual ao do somatório das quantidades de calor recebidas pelos outros corpos desse mesmo sistema.

O uso do módulo na fórmula deve-se ao fato de o calor recebido ser positivo e de o calor cedido ser negativo, podendo-se também escrever essa relação da seguinte forma:

$$\Sigma Q_{cedido} + \Sigma Q_{recebido} = 0$$

## Calorímetro

A mistura térmica de dois ou mais corpos, principalmente quando um deles está no estado líquido, requer um recipiente adequado. Alguns desses recipientes possuem aparatos que permitem obter, de forma direta ou indireta, o valor das quantidades de calor trocadas entre os corpos.

Chamamos de **calorímetro** esse tipo de recipiente.

De modo geral, o calorímetro é metálico (de alumínio ou de cobre) e isolado termicamente por um revestimento de isopor. Em sua tampa, também de isopor, há um orifício pelo qual se introduz o termômetro, que indica a temperatura da mistura em observação.

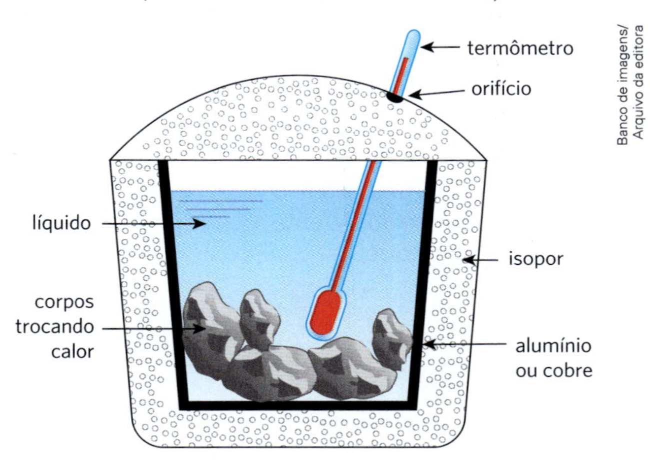


Banco de imagens/Arquivo da editora

Representação de um calorímetro usual, como os usados em laboratórios didáticos.

Não podemos esquecer que o calorímetro, além de servir como recipiente, também participa das trocas de calor, cedendo calor para seu conteúdo ou recebendo calor dele.

Um calorímetro é denominado **ideal** quando, além de impedir as trocas de calor entre seu conteúdo e o meio externo, não troca calor com os corpos nele contidos. Esse tipo de calorímetro existe somente na teoria, mas aparece com frequência em exercícios. Nesses casos, os enunciados referem-se a ele dizendo que tem **capacidade térmica desprezível**.

## Exercícios

**1** Uma garrafa térmica contém água a 60 °C.

O conjunto garrafa térmica + água possui capacidade térmica igual a 80 cal/°C. O sistema é colocado sobre uma mesa e após algum tempo sua temperatura diminui para 55 °C. Qual foi a perda de energia térmica para o ambiente nesse intervalo de tempo?

**Resolução:**

$Q = C\Delta\theta$

$Q = 80 \cdot (55 - 60) \therefore \boxed{Q = -400 \text{ cal}}$

O sinal negativo indica que essa energia foi retirada do sistema. Assim:

$|Q| = 400$ cal

**2** (Enem) O Inmetro procedeu à análise de garrafas térmicas com ampolas de vidro, para manter o consumidor informado sobre a adequação dos produtos aos Regulamentos e Normas Técnicas. Uma das análises é a de eficiência térmica. Nesse ensaio, verifica-se a capacidade da garrafa térmica de conservar o líquido aquecido em seu interior por determinado tempo. A garrafa é completada com água a 90 °C até o volume total. Após 3 horas, a temperatura do líquido é medida e deve ser, no mínimo, de 81 °C para garrafas com capacidade de 1 litro, pois o calor específico da água é igual a 1 cal/g °C. Atingindo a água 81 °C nesse prazo, a energia interna do sistema e a quantidade de calor perdida para o meio são, respectivamente,

**a)** constante e de 900 cal.
**b)** maior e de 900 cal.
**c)** menor e de 9 000 cal.
**d)** maior e de 9 000 cal.
**e)** menor e de 900 cal.

**3** O chamado leite longa vida é pasteurizado pelo processo UHT (*Ultra High Temperature*), que consiste em aquecer o leite da temperatura ambiente (22 °C) até 137 °C em apenas 4,0 s, sendo em seguida envasado em embalagem impermeável a luz e a microrganismos.

O calor específico do leite é praticamente igual ao da água, 1,0 cal/g °C. Assim, no aquecimento descrito, que quantidade de calor, em quilocalorias (kcal), cada litro (1 000 g) de leite precisou receber?

**4** A massa e o calor específico sensível de cinco amostras de materiais sólidos e homogêneos são fornecidos a seguir:

| Amostra | Massa (g) | Calor específico (cal/g °C) |
|---|---|---|
| *A* | 150 | 0,20 |
| *B* | 50 | 0,30 |
| *C* | 250 | 0,10 |
| *D* | 140 | 0,25 |
| *E* | 400 | 0,15 |

As cinco amostras encontram-se inicialmente à mesma temperatura e recebem quantidades iguais de calor. Qual delas atingirá a maior temperatura?

**5** Uma fonte térmica foi utilizada para o aquecimento de 1,0 L de água (1 000 g) da temperatura ambiente (20 °C) até o ponto de ebulição (100 °C) em um intervalo de tempo igual a 1 min 40 s com rendimento de 100%. Sendo o calor específico da água igual a 1,0 cal/g °C, qual o valor da potência dessa fonte?

**6** Uma fonte térmica de potência constante fornece 50 cal/min para uma amostra de 100 g de uma substância.

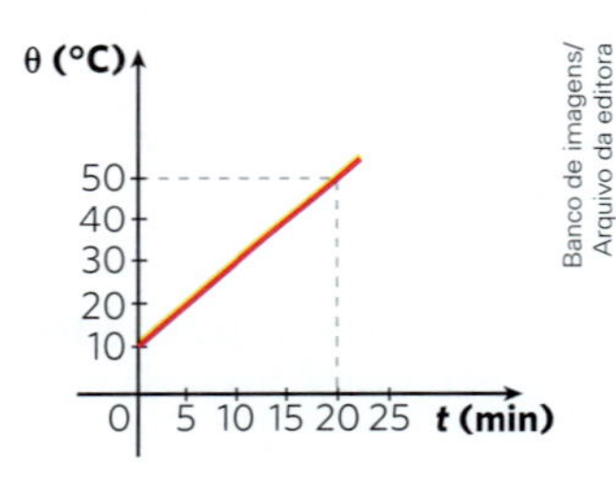


O gráfico fornece a temperatura em função do tempo de aquecimento desse corpo. Qual é o valor do calor específico do material dessa substância?

**7** Um aquecedor elétrico de potência 1 500 W e capacidade de 135 litros está totalmente cheio com água à temperatura ambiente (20 °C). Quanto tempo o aquecedor gasta para elevar a temperatura dessa água até 60 °C? Dados: calor específico da água = 1,0 cal/g °C; densidade absoluta da água = 1,0 kg/L; 1 cal = 4 J.

**8** Um bom chuveiro elétrico, quando ligado na posição "inverno", dissipa uma potência de 6,4 kW, fornecendo essa energia à água que o atravessa com vazão de 50 gramas por segundo. Se a água, ao entrar no chuveiro, tem uma temperatura de 23 °C, qual a sua temperatura na saída? Dado: calor específico da água = = 1,0 cal/g °C; 1 cal = 4 J.

**9** O calor específico do cobre é igual a 0,09 cal/g °C. Se em vez de usarmos a escala Celsius usássemos a escala Fahrenheit, quanto valeria esse calor específico?

## As mudanças de estado físico

Dependendo de como estão agregadas as suas partículas, uma substância pode ser encontrada em três estados físicos fundamentais: sólido, líquido e gasoso.

No **estado sólido**, as partículas de uma substância não têm grande liberdade de movimentação e não vão além de vibrações em torno de posições definidas. Assim, nesse estado as substâncias possuem volume e forma bem definidos.

No **estado líquido**, há maior liberdade de agitação das partículas de uma substância do que no estado sólido, mas elas ainda apresentam uma coesão considerável. Assim, nesse estado as substâncias possuem volume bem definido, porém forma variável, ou seja, a forma é a do recipiente que as contém.

No **estado gasoso**, as partículas de uma substância estão afastadas umas das outras o suficiente para que as forças de coesão entre elas sejam muito fracas. Substâncias no estado gasoso (vapores e gases) não possuem volume nem forma definidos.

Quando uma substância, em qualquer um dos estados físicos, recebe ou cede energia térmica, pode sofrer uma alteração na forma de agregação de suas partículas, passando de um estado para outro. Essa passagem corresponde a uma mudança de seu estado físico.

Vejamos as possíveis mudanças de estado.

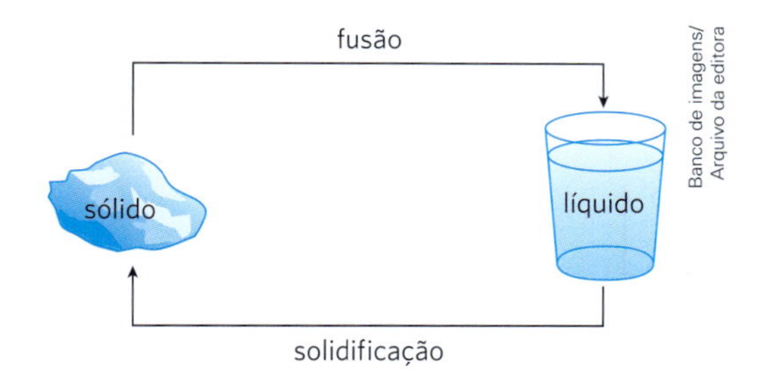

Banco de imagens/Arquivo da editora

A **fusão** é a passagem do estado sólido para o líquido. A transformação inversa dessa passagem é a **solidificação**.

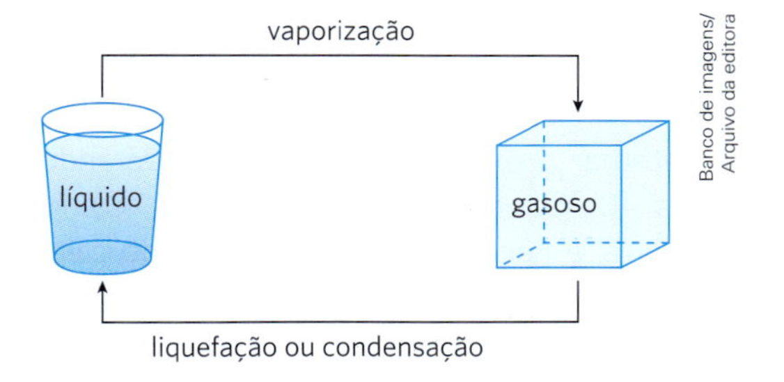

Banco de imagens/Arquivo da editora

A **vaporização** é a passagem do estado líquido para o gasoso. A transformação inversa dessa passagem é a **liquefação** (ou **condensação**).

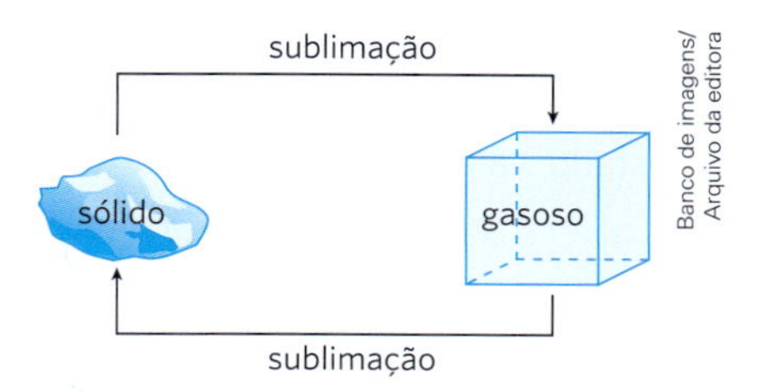

Banco de imagens/Arquivo da editora

A **sublimação** é a passagem do estado sólido para o gasoso, sem que a substância passe pela fase intermediária, a líquida. A transformação inversa também é denominada sublimação.

Entre essas transformações, as que ocorrem por recebimento de calor são denominadas **transformações endotérmicas**. São elas: a fusão, a vaporização e a sublimação (sólido → gasoso).

A solidificação, a liquefação e a sublimação (gasoso → → sólido) são **transformações exotérmicas**, já que ocorrem por perda de calor.

É importante observar que a quantidade de calor que cada unidade de massa de uma substância precisa receber para sofrer alteração em sua fase de agregação, mudando seu estado, é igual à que precisa ceder para sofrer a transformação inversa, à mesma temperatura.

## Calor latente

Vimos que o calor sensível produz variação de temperatura, enquanto o calor latente causa mudança de estado físico em um corpo. Podemos afirmar que calor sensível é a denominação dada à energia térmica que altera a energia cinética de translação das partículas, estando essa energia cinética diretamente ligada à temperatura do sistema físico.

**Calor latente** é a energia térmica que se transforma em energia potencial de agregação. Essa transformação pode alterar o arranjo físico das partículas do sistema e provocar uma mudança de estado, sem, no entanto, alterar a temperatura.

Observemos que **energia térmica** é a energia (cinética) que provoca a agitação das partículas de um corpo mais a energia (potencial) de agregação, que estabelece o estado físico desse corpo.

Para determinado estado de agregação (líquido, por exemplo), existe um limite para o estado de agitação (temperatura) das partículas de um corpo.

Esse limite corresponde à temperatura de mudança de estado físico, que depende da substância de que é feito o corpo e da pressão exercida sobre ele. A água, por exemplo, sob pressão normal, sofre mudanças de estado físico a 0 °C e a 100 °C. Essas são suas temperaturas de fusão-solidificação e de vaporização-liquefação, respectivamente.

Sendo $m$ a massa de um corpo que necessita de uma quantidade $Q$ de calor para sofrer uma total mudança de estado, vale a expressão:

$$\frac{Q}{m} = L$$

$$Q = mL$$

A grandeza $L$ é denominada **calor latente**, sendo característica do material de que é feito o corpo, da mudança de estado pela qual ele passa e da temperatura a que ocorre essa mudança. Para a água, por exemplo, o calor latente de fusão-solidificação a 0 °C vale 80 cal/g, enquanto o de vaporização-liquefação a 100 °C vale 540 cal/g, aproximadamente.

Assim, podemos dizer que:

- o calor latente de fusão-solidificação de uma substância indica a quantidade de calor que cada unidade de massa precisa receber para que ocorra sua fusão ou ceder para que ocorra sua solidificação;
- o calor latente de vaporização-liquefação de uma substância indica a quantidade de calor que cada unidade de massa precisa receber para que ocorra sua vaporização ou ceder para que ocorra sua liquefação.

A denominação sensível ou latente dada ao calor recebido ou cedido por um corpo depende do efeito produzido por ele.

A figura representa uma barra de ferro que perde calor sensível (diminui de temperatura) para um bloco de gelo a 0 °C, que derrete. Assim, para o gelo, esse calor recebido é do tipo latente, já que produziu nele uma mudança de estado e não uma variação de temperatura.

## Fusão e solidificação

Consideremos um bloco de gelo de massa $m$, inicialmente a −20 °C, sob pressão normal. Quando fornecemos calor a esse gelo, suas partículas absorvem energia, com consequente aumento de temperatura.

Esse processo tem um limite, isto é, existe uma temperatura em que a estrutura molecular da substância não consegue se manter – é a temperatura de fusão. Ao se atingir tal temperatura, a energia recebida deixa de provocar aumento na agitação das partículas e passa a mudar a estrutura física da substância, tornando-a líquida. Esse processo é denominado **fusão**, e a energia agora recebida passa a ser armazenada como energia potencial. Se, depois da mudança de estado, a substância continuar a receber calor, sua temperatura aumentará.

É importante destacar que a temperatura de fusão de uma substância pura é bem determinada, dependendo apenas da substância e da pressão a que está sujeita. Para evitar complicações desnecessárias, admitiremos, em nosso estudo, que a pressão permanece constante durante todo o processo de mudança de estado físico.

Supondo que o bloco de gelo citado anteriormente seja aquecido de −20 °C até 40 °C, vamos analisar por partes esse aquecimento.

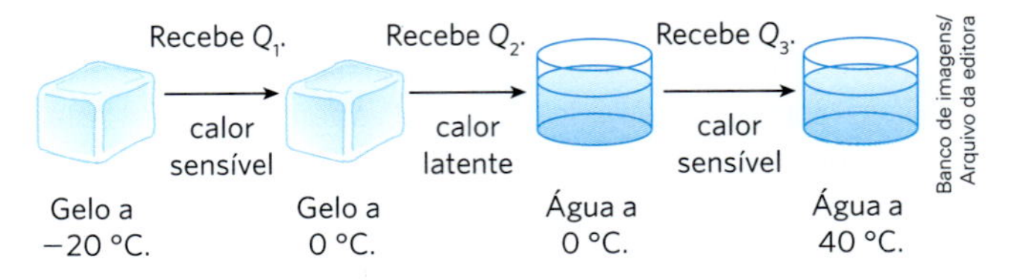


Para calcular o total de calor ($Q$) recebido pelo sistema, usamos as fórmulas do calor sensível e do calor latente, já vistas.

Assim, temos: $Q = Q_1 + Q_2 + Q_3$

$$Q = (mc\Delta\theta)_{gelo} + (mL_F)_{gelo} + (mc\Delta\theta)_{água}$$

Esse processo pode ser representado graficamente pela curva de aquecimento:

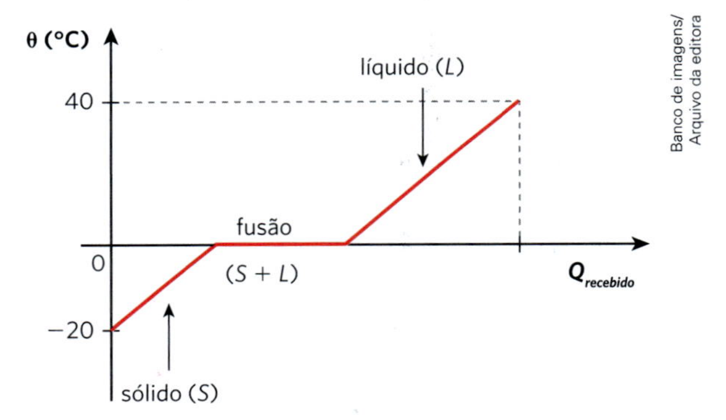


O processo inverso da fusão é a **solidificação**.

Para entender como se dá essa transformação, vamos retomar o exemplo anterior, considerando que a água (a 40 °C) volte a ser gelo (a −20 °C). Para que isso ocorra, é necessário que seja retirado calor dessa água. Com isso, a energia cinética de translação de suas partículas vai diminuindo, ou seja, sua temperatura vai reduzindo. No entanto, essa redução cessará quando a água atingir 0 °C. A partir daí, se continuarmos a retirar calor, as moléculas se recomporão na estrutura característica do estado sólido, diminuindo a energia potencial de agregação, sem diminuir a temperatura.

Se, após a recomposição molecular (solidificação), continuarmos a retirar calor da água, a temperatura voltará a diminuir. Esse resfriamento está esquematizado a seguir.

Banco de imagens/Arquivo da editora

Água a 40 °C. — Cede $Q_3$. calor sensível → Água a 0 °C. — Cede $Q_2$. calor latente → Gelo a 0 °C. — Cede $Q_1$. calor sensível → Gelo a −20 °C

A quantidade total de calor (*Q*) cedida (ou retirada) é dada por:

$$Q = Q_3 + Q_2 + Q_1$$

$$Q = (mc\Delta\theta)_{água} + (mL_S)_{água} + (mc\Delta\theta)_{gelo}$$

Os módulos de $L_S$ e $L_F$ são iguais, porém convencionaremos $L_F$ positivo (calor recebido) e $L_S$ negativo (calor cedido).

A **curva de resfriamento** é representada a seguir:

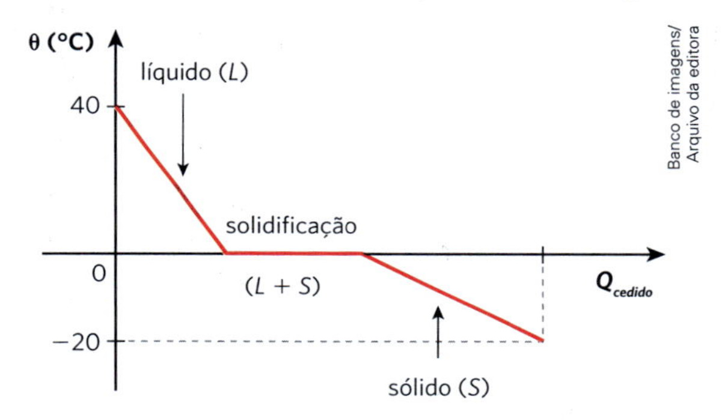


Tudo o que foi explicado sobre a fusão e a solidificação do gelo vale para a maioria das substâncias.

## Liquefação e vaporização

No dia a dia, é comum observarmos fenômenos que envolvam liquefação ou vaporização, principalmente da água.

Lembremo-nos de que **liquefação** (ou **condensação**) é a passagem de uma substância do estado gasoso para o estado líquido. Esse processo é **exotérmico**, isto é, ocorre com liberação de calor.

Como exemplos desse fenômeno, podemos citar os azulejos molhados de um banheiro depois que tomamos um banho quente; uma garrafa de refrigerante, que fica molhada em sua superfície externa após ter sido retirada da geladeira; a "fumaça" que se forma perto de nossa boca quando falamos em um dia muito frio; os vidros embaçados de um automóvel quando estão fechados em um dia de chuva.

Lembremos ainda que **vaporização** é a passagem de uma substância do estado líquido para o estado gasoso. Esse processo é **endotérmico**, isto é, ocorre com recebimento de calor.

Como exemplos desse fenômeno, podemos lembrar da água fervendo em uma chaleira, quando vamos preparar um café; do álcool, que, se for colocado em uma superfície, lentamente vai "desaparecendo"; do éter em um recipiente de vidro destampado, que se volatiliza rapidamente.

Steven Coling/Shutterstock

A água está sendo aquecida na panela de vidro. Quando essa água atinge a temperatura máxima para o estado líquido (temperatura de ebulição), a energia recebida passa a provocar a passagem de partículas para o estado gasoso. Como isso ocorre no interior do líquido, essas bolhas de vapor sobem e estouram na superfície, liberando o vapor para o meio externo.

Os dois principais processos de vaporização são a **ebulição** e a **evaporação**.

### Ebulição

Quando fornecemos calor a uma substância que se encontra no estado líquido, aumentamos a energia de agitação de suas partículas, isto é, elevamos sua temperatura. Entretanto, dependendo da substância e da pressão a que está sujeita, existe um limite de aumento de temperatura além do qual a estrutura molecular do líquido sofre mudanças. A partir dessa temperatura-limite, a energia recebida pelo líquido é usada para mudar a estrutura molecular e transformar o líquido em vapor. Esse fenômeno é chamado **ebulição**.

É importante destacar que existe uma temperatura determinada para a ebulição de um líquido. Essa temperatura depende apenas da natureza do líquido e da pressão a que ele está sujeito.

É de verificação experimental que a pressão atmosférica varia de local para local, diminuindo quando a altitude aumenta. Por isso, a temperatura de ebulição de uma substância, que depende da pressão, também varia de local para local, aumentando conforme aumenta a pressão. Por exemplo: em Santos (SP), ao nível do mar, a água entra em ebulição a 100 °C. No pico do Monte Everest, cuja altitude aproximada é de 8 882 m, o ponto de ebulição da água é 71 °C.

## Leis que regem as mudanças de estado

A fusão dos sólidos de estrutura cristalina e a ebulição dos líquidos em geral obedecem a três leis básicas:

**1ª lei**

Para determinada pressão, cada substância pura possui uma temperatura de fusão e outra de ebulição.

Sob pressão normal, por exemplo, a água sofre fusão a 0 °C e entra em ebulição a 100 °C, enquanto o álcool se solidifica a −117,3 °C e entra em ebulição a 78,5 °C.

**2ª lei**

Para a mesma substância pura, as temperaturas de fusão e de ebulição variam com a pressão.

A água ao nível do mar (altitude zero), por exemplo, entra em ebulição a 100 °C e, na cidade de São Paulo (cerca de 731 m de altitude), a aproximadamente 98 °C.

**3ª lei**

Se durante a fusão ou a ebulição de uma substância pura a pressão permanecer constante, sua temperatura também permanecerá constante.

Salvo instrução em contrário, consideraremos que durante a mudança de estado de uma substância pura a pressão permanece constante e igual à pressão atmosférica normal.

Para melhor entendermos as etapas do aquecimento de uma substância pura qualquer, vamos considerar um bloco de gelo de massa *m* sendo aquecido de −20 °C a 120 °C, sob pressão normal. Veja o esquema a seguir.

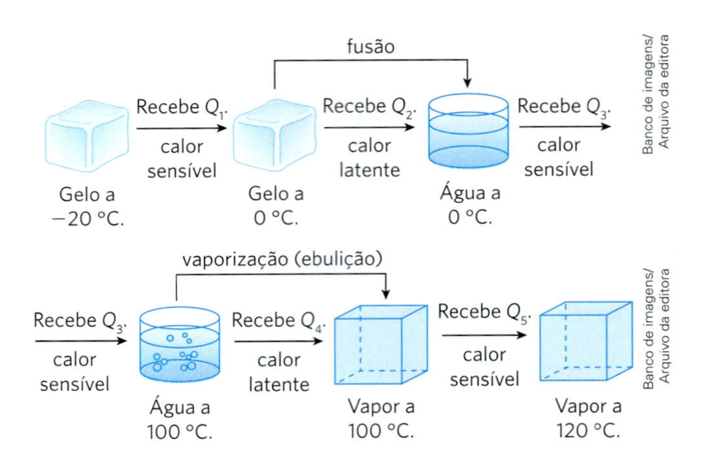


Evidentemente, à temperatura de 120 °C, não teremos mais gelo, e sim vapor de água.

Sendo $L_F$ o calor latente de fusão; $L_V$ o calor latente de vaporização; $c_g$ o calor específico do gelo; $c_a$ o calor específico da água e $c_v$ o calor específico do vapor, podemos escrever:

$$Q = Q_1 + Q_2 + Q_3 + Q_4 + Q_5$$

$$Q = (mc\Delta\theta)_{gelo} + (mL_F)_{gelo} + (mc\Delta\theta)_{água} + $$
$$+ (mL_V)_{água} + (mc\Delta\theta)_{vapor}$$

Graficamente, o evento está representado na figura abaixo.

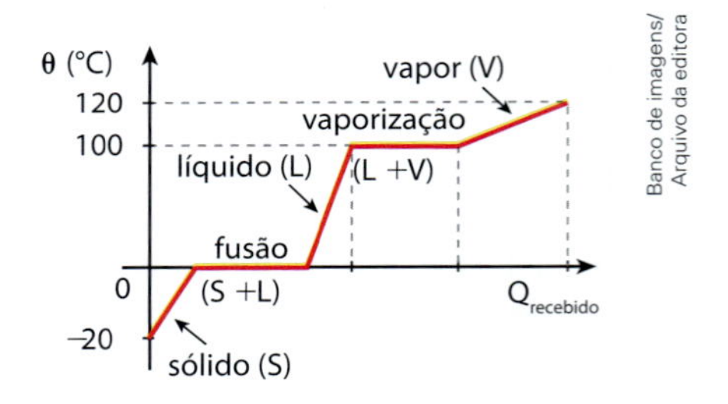


## Já pensou nisto?

### Por que a panela de pressão cozinha mais rápido os alimentos?

A panela de pressão cozinha muito mais rápido os alimentos porque a água, confinada no interior da panela, fica sujeita a uma pressão maior do que a pressão atmosférica, entrando em ebulição a temperaturas superiores a 100 °C. Estando a uma temperatura maior, o alimento cozinha mais depressa, promovendo uma economia de tempo de preparo e de consumo de gás ou eletricidade

O inventor da panela de pressão foi o físico Denis Papin (1647-1712), que, em 1697, ao ser empossado como membro da Sociedade Real de Ciências da Inglaterra, preparou um jantar com uma panela fechada que tinha uma válvula para escape do vapor. Ela serviu de modelo para as panelas de pressão que utilizamos atualmente.

Nas panelas de pressão não elétricas, uma válvula permite a saída de vapor de água quando a pressão interna de vapor atinge valores próximos de 2,0 atm. Essa pressão interna é mantida quase constante, e a água entra em ebulição a aproximadamente 120 °C.

Atualmente, existem panelas de pressão elétricas que são mais seguras do que as convencionais por terem até sete sistemas de segurança, como válvulas, fusíveis e desligamento automático.

## Evaporação

A **evaporação**, ao contrário da ebulição, não depende de uma temperatura determinada para acontecer. É um processo lento, que ocorre apenas na superfície livre de um líquido.

Nesse processo, as partículas que escapam são aquelas que têm energia cinética maior que a da maioria, energia suficiente para se livrarem das demais moléculas do líquido. Por causa disso, a energia média das partículas remanescentes e a temperatura do líquido diminuem.

A rapidez com que ocorre a evaporação de um líquido depende de cinco fatores:

**1º) Natureza do líquido**

Os líquidos mais voláteis evaporam mais rapidamente. O álcool usado para limpar superfícies, por exemplo, nas mesmas condições, evapora mais rápido que a água.

**2º) Temperatura**

O aumento da temperatura favorece a evaporação. Apesar de a evaporação não depender da temperatura para acontecer (a água, por exemplo, evapora tanto a 5 °C como a 30 °C ou a 80 °C), podemos observar que a 80 °C a água evapora mais depressa do que a 30 °C, e mais ainda do que a 5 °C.

**3º) Área da superfície livre**

Já que a evaporação ocorre apenas na superfície livre do líquido, quanto maior for essa superfície livre, mais rápida será a evaporação.

**4º) Pressão na superfície livre**

Um aumento de pressão na superfície livre dificulta o escape das partículas do líquido, diminuindo a rapidez da evaporação. Quanto menor a pressão, maior será a evaporação.

**5º) Pressão de vapor do líquido**

A quantidade de vapor do próprio líquido já existente nas proximidades de sua superfície livre influi na rapidez da evaporação.

Lucas Leuzinger/Shutterstock

Em regiões quentes, como a região do Pantanal no Mato Grosso do Sul mostrada na fotografia, as amplas superfícies livres dos lagos fazem com que a evaporação ocorra mais rapidamente, intensificando a precipitação pluviométrica. Devido à umidade, a vegetação é abundante nessas áreas.

### Já pensou nisto?

## Por que a água permanece mais fria em moringas de barro?

Você já usou ou conhece alguém que usa moringas de barro? Esses utensílios são usados para refrigerar água sem o uso de energia elétrica.

A argila utilizada na confecção dessas moringas, após cozida em forno especial, resulta em um material poroso, de razoável dureza e rígido suficientemente para não quebrar facilmente. A água penetra pelas porosidades do material até alcançar a superfície externa e evapora.

Como vimos, a evaporação é um processo endotérmico em que apenas as partículas de maior energia escapam. E à medida que essas partículas de maior energia escapam deixando apenas as partículas de menor energia, a temperatura da água diminui, chegando a valores menores do que a do ambiente. Se em vez de barro a moringa fosse feita de vidro, a água do seu interior estaria em equilíbrio térmico com o meio.

Usando o mesmo princípio, você pode resfriar uma latinha de suco usando papel-toalha. Para isso, envolva a latinha em papel-toalha molhado e coloque-a em local fresco. Enquanto a água evapora, o líquido do interior da latinha fica mais frio.

João Prudente/Pulsar Imagens

As moringas de barro podem ter diversos tamanhos e formatos. Além disso, o barro também é utilizado em outros utensílios domésticos, como filtros de água.

## Descubra mais

1. Pesquise o que é o ponto de orvalho.
2. Um dos maiores temores dos agricultores de certas regiões do Brasil é a geada, fenômeno meteorológico que pode destruir plantações. Explique como e quando ocorre a geada.
3. Em dias muito quentes, é comum observarmos cães grandes e peludos com a boca aberta, a língua de fora e arfando rapidamente. Pesquise e tente explicar por que os cães arfam.
4. Pesquise o que é uma "adega de raiz". Compare o seu funcionamento com uma moringa de barro.

## Exercícios

**10** Quanto de calor necessitam receber 100 g de gelo para serem aquecidos de −30 °C a 10 °C? A pressão atmosférica é constante e normal, e são dados: calor específico do gelo = 0,50 cal/g °C; calor latente de fusão do gelo = 80 cal/g; calor específico da água = 1,0 cal/g °C.

**Resolução:**

Sabemos que o gelo sofre fusão a 0 °C; portanto, devemos considerar o aquecimento do bloco de gelo por etapas:

$Q_1$ = quantidade de calor que o gelo recebeu para atingir 0 °C (calor sensível).

$Q_2$ = quantidade de calor que o gelo recebeu para se fundir (calor latente).

$Q_3$ = quantidade de calor que a água, proveniente da fusão do gelo, recebeu para atingir 10 °C (calor sensível).

Assim: $Q = Q_1 + Q_2 + Q_3$

$Q = (mc\Delta\theta)_{gelo} + (mL_F)_{gelo} + (mc\Delta\theta)_{água}$

Substituindo os valores numéricos fornecidos, temos:

$Q = 100 \cdot 0{,}50\,[0 - (-30)] + 100 \cdot 80 + 100 \cdot 1{,}0\,(10 - 0)$

$Q = 100 \cdot 0{,}50 \cdot 30 + 100 \cdot 80 + 100 \cdot 10$

$Q = 1500 + 8000 + 1000$

$\boxed{Q = 10\,500 \text{ cal}}$

**11** Quanto calor devemos fornecer a um bloco de gelo de 300 g de massa, a 0 °C, sob pressão normal, para fundi-lo totalmente? Dado: calor latente de fusão do gelo = 80 cal/g.

**12** Deseja-se transformar 100 g de gelo a −20 °C em água a 30 °C. Sabe-se que o calor específico do gelo vale 0,50 cal/g °C e o da água, 1,0 cal/g °C e que o calor latente de fusão do gelo vale 80 cal/g. Quanto calor, em quilocalorias, devemos fornecer a esse gelo?

**13** Uma pedra de gelo de 20 g de massa, inicialmente a −10 °C, recebeu 2700 cal. Determine a temperatura atingida, sabendo que essa energia foi totalmente aproveitada pelo sistema. **Dados:** calor específico do gelo = 0,50 cal/g °C; calor específico da água = 1,0 cal/g °C; calor latente de fusão do gelo = 80 cal/g.

**14** Você tem 100 g de água à temperatura ambiente (25 °C). Quanto de calor deve-se retirar dessa água para obter-se um bloco de gelo de 100 g a 0 °C?

**Dados:** calor específico da água = 1,0 cal/g °C; calor latente de fusão do gelo = 80 cal/g.

**15** (UFPI) O gráfico a seguir mostra a curva de aquecimento de certa massa de gelo.

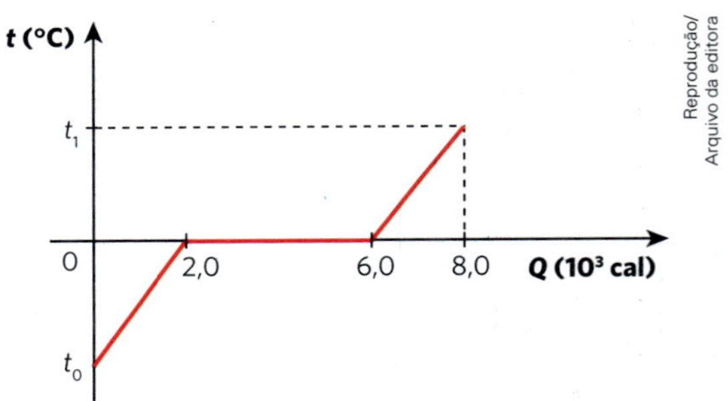




Determine a temperatura inicial do gelo ($t_0$) e a temperatura final da água ($t_1$). **Dados:** calor específico do gelo = 0,50 cal/g °C; calor específico da água = 1,0 cal/g °C; calor latente de fusão do gelo = 80 cal/g.

**16** (UPM-SP) Sabendo que uma caixa de fósforos possui em média 40 palitos e que cada um desses palitos, após sua queima total, libera cerca de 85 calorias, para podermos fundir totalmente um cubo de gelo de 40 gramas, inicialmente a −10 °C, sob pressão normal, quantas caixas de fósforos devemos utilizar, no mínimo?

**Dados:** calor específico do gelo = 0,50 cal/g °C; calor latente de fusão do gelo = 80 cal/g; calor específico da água = 1,0 cal/g °C.

**17** (Cefet-MG) As temperaturas de ebulição da água nas cidades *A* e *B* são, respectivamente, 96 °C e 100 °C. É correto afirmar que:

a) a altitude de $B$ é maior que a de $A$.

b) as duas cidades estão ao nível do mar.

c) a cidade $A$ está acima do nível do mar.

d) a pressão atmosférica em $A$ é maior que em $B$.

e) as duas cidades possuem a mesma pressão atmosférica.

**18** Em um calorímetro ideal, encontramos 30 g de água a 20 °C, sob pressão normal. Calcule a quantidade de calor que esse sistema deve receber até que toda a água se transforme em vapor.

**Dados:** calor específico da água = 1,0 cal/g °C; calor latente de vaporização da água = 540 cal/g.

**19** Quando alguém vai tomar um café muito quente, costuma assoprar a superfície do líquido. Com isso, o café esfria mais depressa, porque:

a) o ar expelido pela pessoa é mais frio que o café e retira calor do sistema.

b) o ar expelido pela pessoa evita que o calor saia pela superfície livre, forçando-o a sair pelas faces da xícara.

c) o ar expelido retira o vapor de água existente na superfície do café, reduzindo a pressão de vapor e, desse modo, favorecendo a evaporação.

d) o ar expelido combina quimicamente com o vapor de água, retirando energia térmica do café.

e) é um costume que vem do século XVII, da Corte dos reis da França, quando os nobres descobriram o café.

**20** (UFF-RJ) Ao usar um ferro de passar roupa, uma pessoa, em geral, umedece a ponta do dedo em água antes de encostá-lo rapidamente na base aquecida do ferro, para testar se ela já está suficientemente quente. Ela procede dessa maneira, com a certeza de que não queimará a ponta de seu dedo. Isso acontece porque, em relação aos demais líquidos, a água tem:

a) um baixo calor específico.

b) um comportamento anômalo na sua dilatação.

c) uma densidade que varia muito ao se evaporar.

d) uma elevada temperatura de ebulição.

e) um elevado calor latente de vaporização.

**21** (UFV-MG) Colocando água gelada no interior de um copo de vidro seco, observa-se, com o passar do tempo, a formação de gotículas de água na parede externa do copo. Isso se deve ao fato de que:

a) a água gelada atravessa a parede do copo.

b) as gotas d'água sobem pela parede interna do copo alcançando a parede externa, onde se depositam.

c) a água fria cria microfissuras na parede do copo de vidro, pelas quais a água passa para fora.

d) o vapor de água presente na atmosfera se condensa.

e) o copo é de vidro.

**22** (Enem) Num dia em que a temperatura ambiente é de 37 °C, uma pessoa, com essa mesma temperatura corporal, repousa à sombra. Para regular sua temperatura corporal e mantê-la constante, a pessoa libera calor através da evaporação do suor. Considere que a potência necessária para manter seu metabolismo é 120 W e que, nessas condições, 20% dessa energia é dissipada pelo suor, cujo calor de vaporização é igual ao da água (540 cal/g). Utilize 1 cal igual a 4 J. Após duas horas nessa situação, que quantidade de água essa pessoa deve ingerir para repor a perda pela transpiração?

a) 0,08 g

b) 0,44 g

c) 1,30 g

d) 1,80 g

e) 80,0 g

**23** Considere 1,0 kg de gelo a 0 °C e uma massa $x$ de vapor de água a 100 °C, colocados em um recipiente de capacidade térmica desprezível. A temperatura final de equilíbrio térmico é 0 °C, e o sistema está totalmente no estado líquido. Qual o valor de $x$ em quilogramas? **Dados:** calor específico latente de vaporização da água = 540 cal/g; calor específico latente de fusão do gelo = 80 cal/g; calor específico sensível da água = 1,0 cal/g °C.

**24** (UEL-PR) Um calorímetro de capacidade térmica 50 cal/°C contém 50 g de gelo e 200 g de água em equilíbrio térmico, sob pressão normal. Se introduzirmos 50 g de vapor de água a 100 °C no calorímetro, qual será a temperatura final de equilíbrio térmico?

**Dados:** calor latente de fusão do gelo = 80 cal/g; calor específico da água = 1,0 cal/g °C; calor latente de vaporização da água = 540 cal/g.

**25** (Enem) Se, por economia, abaixarmos o fogo sob uma panela de pressão logo que se inicia a saída de vapor pela válvula, de forma simplesmente a manter a fervura, o tempo de cozimento:

a) será maior porque a panela "esfria".

b) será menor, pois diminui a perda de água.

c) será maior, pois a pressão diminui.

d) será maior, pois a evaporação diminui.

e) não será alterado, pois a temperatura não varia.

## Análise de propriedades de materiais

Você sabe do que são feitas as peças do seu celular? Ou de um forno de micro-ondas? Ou por que usamos colher de pau para cozinhar?

Os materiais que escolhemos para produzir um celular, um micro-ondas ou uma colher de pau dependem de propriedades físicas e químicas, como ponto de fusão e condutibilidade térmica. A comparação entre as propriedades de dois materiais permite identificar o material mais adequado para certo uso. Vejamos alguns exemplos.

### O ponto de fusão e os dispositivos eletrônicos

Além de conter plástico, níquel, cobre e outros metais, um *smartphone* é um pequeno depósito de metais preciosos como ouro, prata, paládio e platina. Apesar da quantidade usada desses materiais ser da ordem de miligramas por aparelho, estes recursos são finitos e raros.

O uso desses metais considerados preciosos em vez de metais mais comuns (e, portanto, mais baratos) deve-se às características que os tornam únicos e necessários para certas partes do aparelho. O ouro, por exemplo, é resistente à corrosão e maleável, permitindo o uso em revestimentos de cabos.

Joapech/Shutterstock

Várias partes de circuitos e componentes de eletrônicos contêm ouro. Por ser um recurso finito, a reciclagem desse material é muito importante. Para conseguir 1 g de ouro, é necessário reciclar aproximadamente 38 *smartphones*!

Outro aspecto em comum desses metais e de outras ligas metálicas usadas em equipamentos eletrônicos é o alto ponto de fusão. Circuitos eletrônicos produzem calor, logo seus componentes devem possuir um ponto de fusão muito acima das temperaturas atingidas durante o funcionamento desses aparelhos. A placa-mãe de um computador funciona em temperaturas entre 40 °C e 60 °C, mas pode facilmente ultrapassar 100 °C durante picos de alta demanda de processamento de dados.

É importante também que esses metais tenham uma boa condução térmica para que eles possam dispersar o calor produzido pelo aparelho.

### Condução de calor e a colher de pau

A colher de pau talvez tenha sido um dos primeiros instrumentos culinários criados pelo ser humano, e, embora venha lentamente sendo substituída pelos utensílios de silicone, continua bastante presente na maior parte das cozinhas. A escolha por usar esse material não é arbitrária; além de ser fácil de produzir, a madeira tem uma propriedade importante: baixa condutibilidade térmica.

Se uma colher de metal fosse usada para mexer a comida, ela rapidamente atingiria a mesma temperatura que a comida e poderia queimar a mão do cozinheiro; a colher de madeira, em contrapartida, continua em temperatura mais baixa do que a comida por muito tempo.

Outra característica que torna a madeira um material mais adequado a esse uso do que um metal é a sua dureza. Essa característica indica o quanto um material sólido consegue riscar outro material. A madeira tem dureza menor do que os metais usados em panelas e, por isso, não as risca.

> **Nota**
>
> O mineral com maior dureza encontrado na natureza é o diamante.

### Latas de alumínio e latas de aço

Alumínio e aço são dois metais muito comuns em embalagens de produtos como refrigerantes, sucos, ervilhas, milhos, atum, leite em pó, entre outros alimentos.

No Brasil, alimentos enlatados são, em geral, vendidos em latas de aço enquanto bebidas são vendidas em latas de alumínio. Essa diferenciação entre as embalagens ocorre em função de certas diferenças entre esses dois metais:

- O alumínio não sofre corrosão e é mais leve do que o aço (a densidade do aço é 7,5 g/cm$^3$, enquanto a do alumínio é 2,7 g/cm$^3$). Isso permite que sejam fabricadas latas de bebidas mais leves, mais facilmente carregadas pelos consumidores.
- Ambos os metais fornecem proteção contra luz, água e contaminantes, além de facilitar o empilhamento, mas o alumínio tem uma condutividade térmica maior do que o aço, de 204 W/mK contra 52 W/mK, ou seja, promove o rápido resfriamento, o que é importante para uma embalagem de bebidas em geral.
- Por ser muito maleável, parte do que mantém uma lata de alumínio resistente a impactos é a pressão exercida pelo gás contido no líquido dentro dele. Já o aço tem uma resistência intrínseca maior, sendo capaz de proteger outros tipos de alimento com melhor eficiência, embora seu processo de reciclagem não seja tão eficiente.

## Dilatação térmica e o vão das pontes

O que pontes, trilhos de trem e de metrô, tubulações e prédios têm em comum? Todos esses elementos precisam ser construídos considerando as variações de temperatura às quais estarão sujeitos ao longo das estações do ano, sem que sofram danos em suas estruturas.

Uma das maneiras que engenheiros e arquitetos lidam com esse tipo de problema é através das juntas de dilatação (ou juntas de movimento) para contrapor a variação volumétrica dos materiais e mitigar os efeitos de movimentos e vibrações. Esses profissionais calculam a variação de temperatura da região em que a estrutura será construída considerando fenômenos de dilatação térmica - tanto de expansão como de retração.

Checubus/Shutterstock

Scharfsinn/Shutterstock

Ao trafegar em pontes, é possível sentir uma trepidação ao passar por uma junta de dilatação como a mostrada na imagem. Dependendo do tipo de junta, ela pode se movimentar de 20 mm a aproximadamente 1 m.

## Exercícios

**26** Analise as situações indicadas abaixo e marque **V** para verdadeira e **F** para falsa. Justifique cada uma delas.

( ) Ao segurar na mão uma colher feita de gálio, que tem temperatura de fusão de 29 °C, ela se derreteria.

( ) O nitreto de gálio é uma substância que pode ser usada em peças de dispositivos eletrônicos, pois sua temperatura de ebulição é 2 500 °C.

( ) As latas de alumínio geram economia de energia por resfriarem seu conteúdo mais rapidamente do que latas de aço.

( ) Por ser menos maleável que o alumínio, o aço permite produzir latas com *design* diferente de latas convencionais, apresentando curvas e vincos variados.

**27** Atualmente, as colheres de silicone têm substituído as colheres de pau. Pesquise sobre esse material e crie uma hipótese sobre os motivos para essa substituição baseada em suas propriedades.

**28** Até os anos 2000, o óleo de cozinha era, em sua maioria, comercializado em embalagens de aço e passou a ser vendido em embalagens de plástico. Compare as propriedades físicas dos dois materiais e indique qual deles é mais sustentável.

**29** Leia o trecho da notícia a seguir.

A foto de uma espécie de vão na ponte Rio-Niterói voltou a viralizar [...]. A legenda afirma se tratar de uma "tragédia anunciada", dando a entender que seria uma falha na construção. O espaço mostrado na via é, na verdade, a chamada junta de dilatação, prevista no projeto original, que tem o objetivo [...].

Complete o texto da notícia explicando o que é uma junta de dilatação e por que ela foi necessária na construção da Ponte Rio-Niterói.

**30** Na primeira família de moedas do Real lançada em 1994, todas as moedas eram feitas de aço inoxidável. A segunda família foi lançada em 2010 e é composta de moedas de diferentes metais.

Sandro Salomon/Istockphoto/Getty Images

**a)** Pesquise quais são os metais utilizados em cada uma das moedas da segunda família do Real. Em seguida, crie duas hipóteses que justifiquem a utilização desses metais.

**b)** Compare as propriedades físicas do metal usado para a moeda de 50 centavos com as propriedades físicas do alumínio. Depois, cite uma vantagem e uma desvantagem de se usar alumínio para a fabricação dessas moedas.

CAPÍTULO

17

# Gases perfeitos e Termodinâmica

Este capítulo favorece o desenvolvimento das seguintes habilidades:

EM13CNT101

EM13CNT102

EM13CNT308

## Modelo macroscópico de gás perfeito

No Capítulo 16, fizemos a distinção entre vapor e gás, que constituem o estado gasoso. Lembremos que gás é a situação física de uma substância que se encontra a uma temperatura maior que a sua temperatura crítica.

Quando pensamos em um gás, o primeiro exemplo que costuma vir à cabeça é o ar que respiramos. Esse ar, que forma a atmosfera terrestre, é uma mistura de vários gases, na qual predominam o nitrogênio (78%) e o oxigênio (21%).

Os gases sempre fizeram parte de nosso dia a dia. Mas, a partir do século XVII, vários cientistas, ao iniciarem estudos sobre as propriedades dos gases, notaram que deveriam fazer uma simplificação. Dessa necessidade surgiu o modelo teórico denominado **gás perfeito** ou gás ideal.

A criação desse modelo foi possível porque, apesar de os gases reais (hidrogênio, oxigênio, nitrogênio, hélio, etc.) em geral apresentarem comportamentos diferentes, eles passam a se comportar, macroscopicamente, de maneira semelhante quando são colocados sob baixas pressões e altas temperaturas.

As regras do comportamento dos gases perfeitos foram estabelecidas pelos cientistas Robert Boyle (1627-1691), Jacques Charles (1746-1823), Joseph Louis Gay-Lussac (1778-1850) e Benoît Paul-Émile Clapeyron (1799-1864) entre os séculos XVII e XIX.

Diremos, então, que um gás se enquadra no modelo teórico de gás perfeito quando obedece às leis de Boyle, de Charles e de Gay-Lussac. Tais leis estabelecem as regras do comportamento "externo" do gás perfeito, levando-se em conta as grandezas físicas a ele associadas – temperatura, volume e pressão –, denominadas **variáveis de estado** do gás.

## As variáveis de estado de um gás perfeito

### Número de mols

Sempre que considerarmos determinada massa de um gás, estaremos estabelecendo uma quantidade $N$ de partículas desse gás. Esse número $N$, entretanto, é da ordem de $10^{20}$ (veja imagem ao lado).

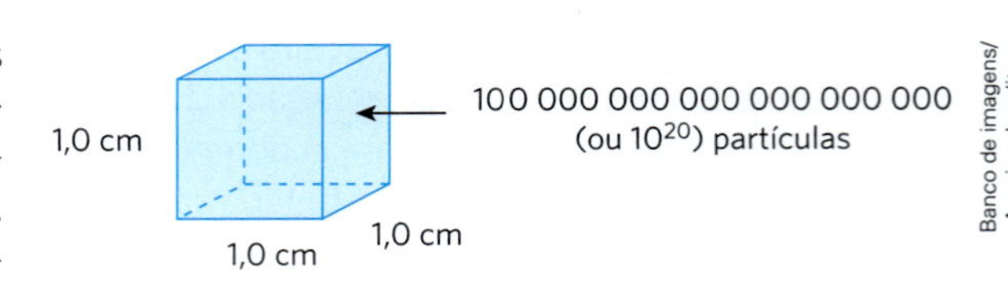


Banco de imagens/Arquivo da editora

No local onde você se encontra, há aproximadamente, em cada centímetro cúbico, $10^{20}$ moléculas dos componentes do ar (oxigênio, hidrogênio, nitrogênio, etc.).

Por ser mais cômodo, costuma-se quantificar uma porção de gás por meio do seu **número de mols** ($n$).

Um mol de um gás constitui-se de um número de moléculas desse gás, dado pelo **número de Avogadro** ($A = 6{,}02 \cdot 10^{23}$ moléculas/mol). O número de mols é obtido dividindo-se a massa do gás ($m$) por sua massa molar ou molécula-grama ($M$).

$$n = \frac{\text{massa do gás}}{\text{mol}} = \frac{m}{M}$$

Vimos que, para determinada massa de gás perfeito, as variáveis de estado são as grandezas físicas **temperatura** ($T$), **volume** ($V$) e **pressão** ($p$).

### Temperatura

A **temperatura** é a grandeza física que está relacionada à energia cinética de translação das partículas do gás.

Como usaremos a escala absoluta Kelvin para temperatura, o símbolo adotado será $T$.

**Nota**

Lembremos que $T(\text{K}) = \theta_c(°\text{C}) + 273$.

## Volume

Sendo os gases extremamente expansíveis, suas moléculas ocupam todo o espaço disponível no recipiente que os contém. Assim, o **volume** do gás corresponde à capacidade do recipiente.

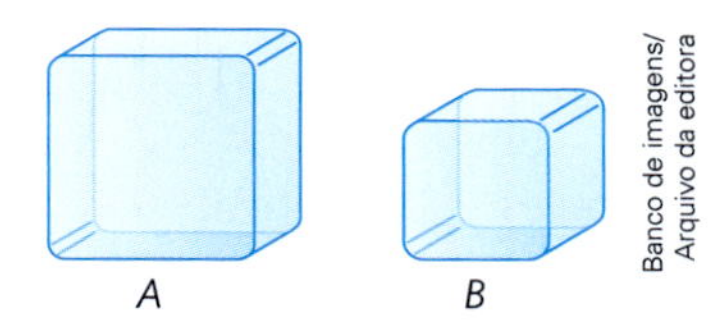


Duas porções iguais (mesmo número de partículas) de um mesmo gás perfeito, colocadas em dois recipientes de capacidades diferentes, ocupam volumes diferentes ($V_A > V_B$).

As unidades de volume que encontraremos com maior frequência são o metro cúbico ($m^3$) e o litro (L).

> **Nota**
> $1\ L = 1\ dm^3 = 10^{-3}\ m^3$ e $1\ m^3 = 10^3\ L$

## Pressão

A pressão é uma grandeza escalar definida como a razão entre a intensidade da força resultante ($F$) aplicada perpendicularmente a uma superfície e à área dessa superfície ($A$).

$$p = \frac{F}{A}$$

As unidades mais usadas para pressão são o pascal (Pa), a atmosfera técnica métrica (atm), a atmosfera normal (At) e o milímetro de mercúrio (mmHg), valendo as equivalências:

$1\ Pa = 1\ N/m^2$

$1\ At = 760\ mmHg \cong 10^5\ Pa$

$1\ atm = 1\ kgf/cm^2 \cong 10^5\ Pa$

A pressão média que um gás exerce nas paredes internas de um recipiente é devida aos choques de suas moléculas com essas paredes.

Considere uma superfície $S$ de área unitária contida em uma das paredes do recipiente.

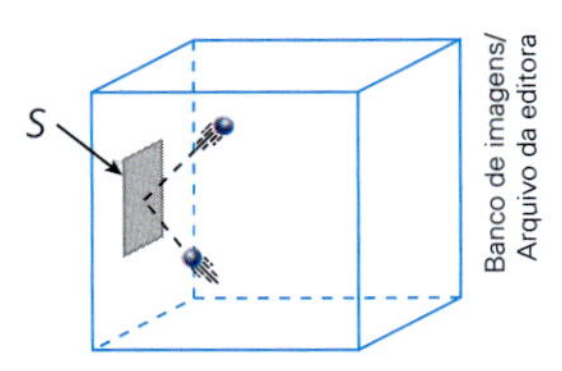


A cada instante, a força total aplicada em $S$ pelas $N$ moléculas que sobre ela estão incidindo determina a pressão média exercida pelo gás. Se forem mantidas as mesmas condições do gás, essa pressão não deve variar, pois teremos, a cada instante, o mesmo número $N$ de moléculas chocando-se contra $S$ e exercendo a mesma força total. Se, porém, introduzirmos mais gás no recipiente ou diminuirmos o seu volume, sem variarmos a temperatura, o número $N$ de choques em $S$ a cada instante aumentará. Com isso, a pressão média exercida pelo gás também aumentará, apesar de não se ter alterado a intensidade da força de cada choque.

Experimentos mostram, porém, que, se aquecermos o gás a volume constante, a pressão média também aumentará. A pressão média aumenta porque tanto o número $N$ de moléculas que se chocam contra $S$ como a força exercida ali pelas moléculas aumentam.

Destaquemos que:

- a pressão média exercida por um gás está relacionada a dois fatores: a quantidade de moléculas que colidem por unidade de área e a força exercida em cada choque;
- a temperatura está relacionada de fato com a energia cinética de translação das moléculas do gás.

Aí estão as grandezas físicas **temperatura**, **volume** e **pressão** de um gás perfeito, suas variáveis de estado, que em conjunto definem o comportamento macroscópico do gás. Para determinada massa, a variação de pelo menos duas dessas variáveis de estado caracteriza uma **transformação** sofrida pelo gás.

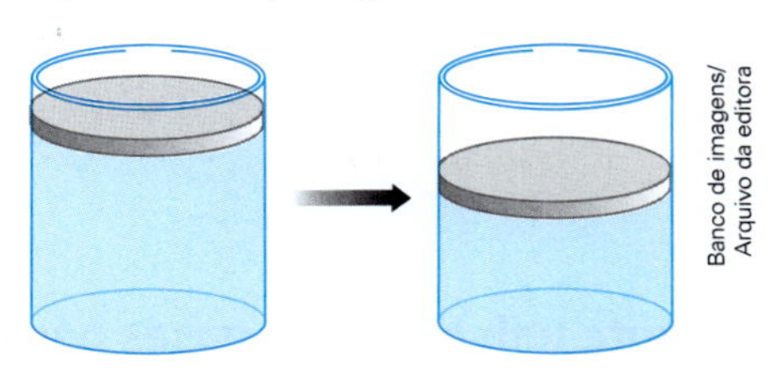


No esquema representado, mesmo que a temperatura não se altere, a diminuição de volume ocasiona um aumento de pressão. Esse fato caracteriza uma transformação sofrida pelo gás.

# Equação de Clapeyron

Benoît Paul-Émile Clapeyron (1799-1864), engenheiro e físico francês, ficou conhecido por estabelecer a expressão que leva seu nome, a famosa **equação de Clapeyron** ($pV = nRT$), relacionando as variáveis de estado: pressão ($p$), volume ($V$) e temperatura absoluta ($T$) de um gás perfeito.

A equação de Clapeyron nada mais é do que a síntese das leis de Boyle, Charles e Gay-Lussac. De acordo com a **lei de Boyle**, a pressão ($p$) e o volume ($V$) de um gás perfeito são inversamente proporcionais quando a temperatura permanece constante. Da **lei de Charles e Gay-Lussac**, sabemos que o volume ($V$) é diretamente proporcional à temperatura absoluta ($T$) do gás, quando a pressão permanece constante. Da **lei de Charles**, sabemos que a pressão ($p$) é diretamente proporcional à temperatura absoluta ($T$) do gás, quando o volume permanece constante.

Não podemos esquecer ainda que, se a pressão de um gás é produzida pelo choque de suas partículas com as paredes do recipiente, a pressão ($p$) é função também do número de partículas, isto é, da massa ($m$) do gás em questão.

Considerando tudo isso, podemos escrever que $p = K\frac{mT}{V}$, em que $K$ é uma constante que depende apenas da natureza do gás.

Pode-se comprovar experimentalmente que, para diferentes gases, o valor de $K$ é inversamente proporcional à massa molar ($M$) de cada gás: $K = \frac{R}{M}$, em que $R$ é uma constante de proporcionalidade igual para todos os gases. É por isso que a constante $R$ é denominada **constante universal dos gases perfeitos**.

Assim, a relação anterior fica dada por:

$$p = R\frac{m}{M}\frac{T}{V} \Rightarrow pV = \frac{m}{M}RT$$

Uma vez que o quociente $\frac{m}{M}$ é o número de mols ($n$) do gás, a **equação de Clapeyron** para os gases perfeitos toma seu aspecto definitivo:

$$pV = nRT$$

## A constante universal dos gases perfeitos ($R$) e seus valores

Quando a temperatura é 0 °C e a pressão assume o valor 1,0 atm, 1 mol de qualquer gás ocupa um volume correspondente a 22,4 litros; denominamos essas condições "condições normais de temperatura e pressão" (CNTP).

Resumindo, nas CNTP:

$p = 1{,}0$ atm

$T = 0$ °C $= 273$ K

$n = 1$ mol

$V = 22{,}4$ L

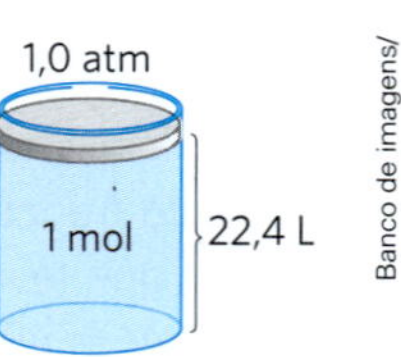


Banco de imagens/Arquivo da editora

Da equação de Clapeyron, temos: $R = \frac{p\,V}{n\,T}$.

Substituindo os dados anteriores, obtemos:

$$R = \frac{1\ \text{atm} \cdot 22{,}4\ \text{L}}{1\ \text{mol} \cdot 273\ \text{K}} \Rightarrow R = 0{,}082\ \frac{\text{atm} \cdot \text{L}}{\text{mol} \cdot \text{K}}$$

A grandeza $R$ é uma constante física; assim, possui unidades que, ao serem mudadas, produzem alteração no valor numérico da constante.

A constante $R$, dependendo das unidades das demais grandezas, pode assumir os valores:

$$R = 0{,}082\ \frac{\text{atm} \cdot \text{L}}{\text{mol} \cdot \text{K}}$$

$$R = 8{,}31\ \frac{\text{joules}}{\text{mol} \cdot \text{K}} \cong 2{,}0\ \frac{\text{cal}}{\text{mol} \cdot \text{K}}$$

## Lei geral dos gases

Quando determinada massa de gás perfeito (massa constante) sofre uma transformação em que as três variáveis - pressão ($p$), volume ($V$) e temperatura absoluta ($T$) - se modificam, podemos usar a chamada **lei geral dos gases**.

Essa lei é obtida a partir da **equação de Clapeyron**. Para tanto, suponhamos que certa massa de gás perfeito ($n$ = constante) se encontre inicialmente em um estado definido por $p_1$, $V_1$ e $T_1$. Sofrendo uma transformação, essa mesma massa de gás passa para o estado definido por $p_2$, $V_2$ e $T_2$.

Se aplicarmos a equação de Clapeyron separadamente para essas situações, teremos:

Estado (1):

$p_1V_1 = nRT_1$

$\frac{p_1V_1}{T_1} = nR$ (I)

Estado (2):

$p_2V_2 = nRT_2$

$\frac{p_2V_2}{T_2} = nR$ (II)

Igualando (I) e (II), obtemos a seguinte relação, denominada **lei geral dos gases**:

$$\frac{p_1V_1}{T_1} = \frac{p_2V_2}{T_2}$$

**Notas**

Algumas transformações recebem nomes especiais; vamos conhecê-las.

- Transformação isotérmica: temperatura constante.

$$T_1 = T_2 \Rightarrow p_1V_1 = p_2V_2$$

- Transformação isobárica: pressão constante.

$$p_1 = p_2 \Rightarrow \frac{V_1}{T_1} = \frac{V_2}{T_2}$$

- Transformação isovolumétrica: volume constante.

$$V_1 = V_2 \Rightarrow \frac{p_1}{T_1} = \frac{p_2}{T_2}$$

## Descubra mais

1 Quando um recipiente de 1,5 litro de água mineral com gás é aberto, você pode observar bolhas subindo através do líquido. Essas bolhas aumentam de tamanho, praticamente dobrando seu volume, quando atingem as proximidades da superfície. Por que esse aumento de volume ocorre?

2 O *airbag* é um dispositivo de segurança presente em automóveis para reduzir danos em acidentes. Pesquise sobre as transformações gasosas relevantes para o funcionamento do sistema de *airbag* e descreva as etapas de acionamento do sistema na forma de esquema.

## Exercícios

1 (UFRGS-RS) Um gás encontra-se contido sob a pressão de $5{,}0 \cdot 10^3$ N/m² no interior de um recipiente cúbico cujas faces possuem uma área de 2,0 m². Qual é o módulo da força média exercida pelo gás sobre cada face do recipiente?

2 O diagrama representa três isotermas, $T_1$, $T_2$ e $T_3$, referentes a uma mesma amostra de gás perfeito. A respeito dos valores das temperaturas absolutas $T_1$, $T_2$ e $T_3$, pode-se afirmar que:

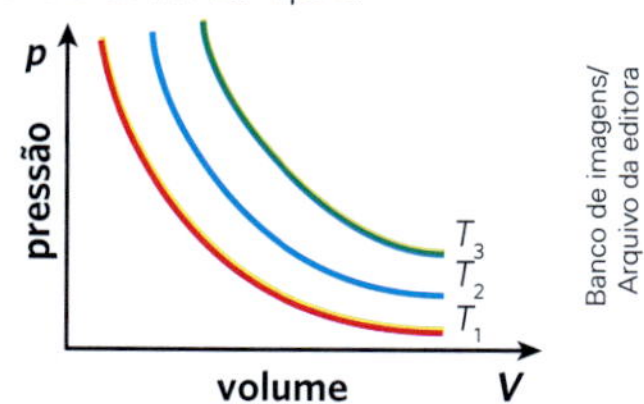


a) $T_1 = T_2 = T_3$
b) $T_1 < T_2 < T_3$
c) $T_1 > T_2 > T_3$
d) $T_1 = T_2 < T_3$
e) $T_2 > T_1 < T_3$

3 O diagrama mostra duas transformações isobáricas sofridas por uma mesma amostra de gás perfeito. Com base nesses dados, pode-se afirmar que:

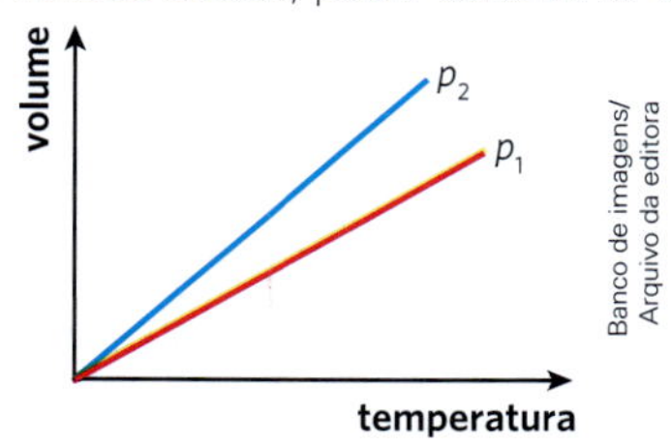


a) $p_2 > p_1$.
b) $p_2 < p_1$.
c) $p_2 = p_1$.
d) $p_2 = 2p_1$.
e) Em um diagrama volume *versus* temperatura absoluta, não se pode comparar diferentes valores da pressão.

4 Uma amostra de gás perfeito sofre as transformações *AB* (isobárica) e *BC* (isotérmica) representadas no diagrama pressão *versus* volume:

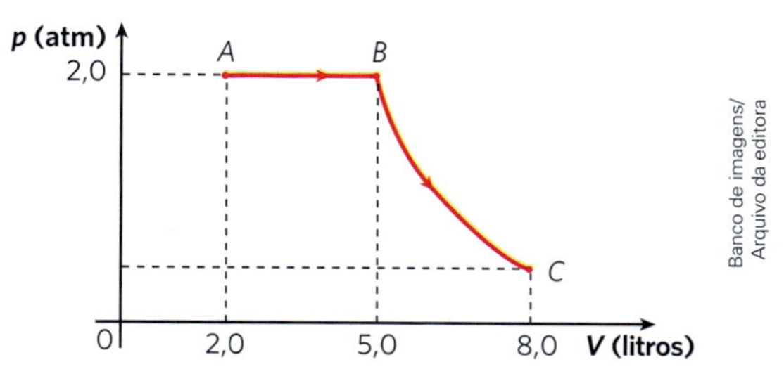


Sabe-se que a temperatura do gás, na situação representada pelo ponto *B*, vale 27 °C. Qual é a temperatura desse gás nas situações *A* e *C*?

5 Colocam-se 160 g de oxigênio, a 27 °C, em um recipiente com capacidade de 5,0 L. Considerando-se que o oxigênio se comporta como um gás perfeito, qual é o valor da pressão exercida por ele?

**Dados:** massa molar do oxigênio = 32 g; $R = 0{,}082 \dfrac{\text{atm} \cdot \text{L}}{\text{mol} \cdot \text{K}}$.

**Resolução:**

Do enunciado, temos que $V = 5{,}0$ L,

$R = 0{,}082 \dfrac{\text{atm} \cdot \text{L}}{\text{mol} \cdot \text{K}}$, T = 300 K e

$n = \dfrac{m}{M} = \dfrac{160}{32} \therefore n = 5{,}0$ mol

Portanto, aplicando a equação de Clapeyron, temos:

$pV = nRT \Rightarrow p \cdot 5{,}0 = 5{,}0 \cdot 0{,}082 \cdot 300$

$\boxed{p = 24{,}6 \text{ atm}}$

6 (Enem) Uma pessoa abre sua geladeira, verifica o que há dentro e depois fecha a porta dessa geladeira. Em seguida, ela tenta abrir a geladeira novamente, mas só consegue fazer isso depois de exercer uma força mais intensa do que a habitual. A dificuldade extra para reabrir a geladeira ocorre porque o(a):

a) volume de ar dentro da geladeira diminuiu.

b) motor da geladeira está funcionando com potência máxima.

c) força exercida pelo ímã fixado na porta da geladeira aumenta.

d) pressão no interior da geladeira está abaixo da pressão externa.

e) temperatura no interior da geladeira é inferior ao valor existente antes de ela ser aberta.

**7** (UFMA) Um determinado gás perfeito, contido dentro de um recipiente, ocupa inicialmente um volume $V_0$. O gás sofre então uma expansão isotérmica, atingindo o estado 2, a partir do qual passa por um processo de aquecimento isovolumétrico, atingindo o estado 3. Do estado 3, o gás retorna ao estado 1 (inicial) por meio de uma compressão isobárica. Indique qual dos diagramas a seguir representa a sequência dos processos acima:

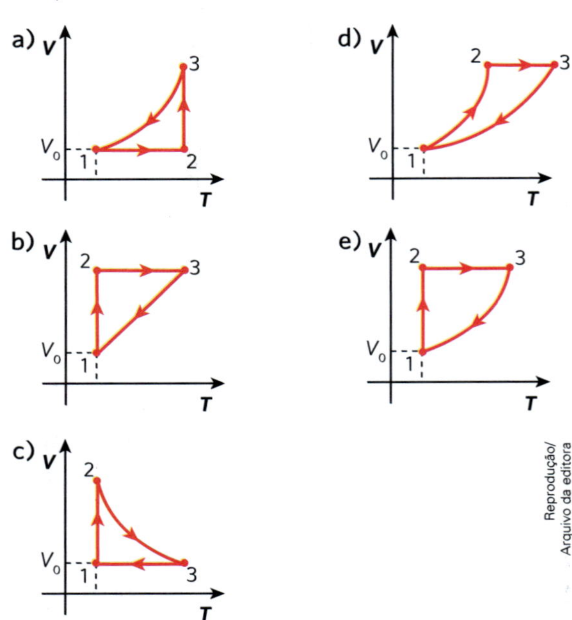


**8** (Unicamp-SP) Fazer vácuo significa retirar o ar existente em um volume fechado. Esse processo é usado, por exemplo, para conservar alimento ditos embalados a vácuo ou para criar ambientes controlados para experimentos científicos. A figura a seguir representa um pistão que está sendo usado para fazer vácuo em uma câmara de volume constante $V_C = 2{,}0$ litros. O pistão, ligado à câmara por uma válvula $A$, aumenta o volume que pode ser ocupado pelo ar em $V_P = 0{,}2$ litro. Em seguida, a válvula $A$ é fechada e o ar que está dentro do pistão é expulso através de uma válvula $B$, ligada à atmosfera, completando um ciclo de bombeamento. Considere que o ar se comporte como um gás ideal e que, durante o ciclo completo, a temperatura não variou.

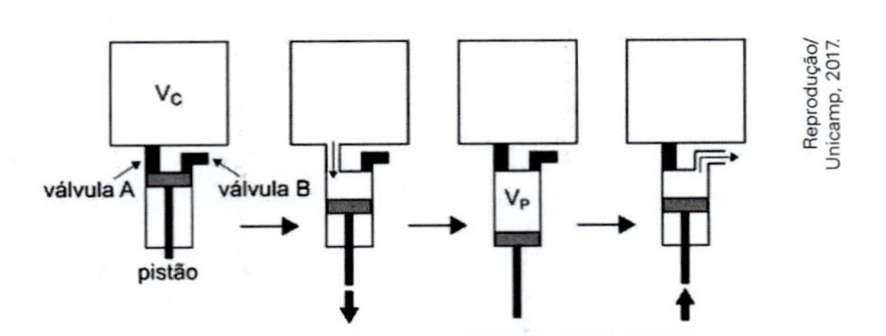


Se a pressão inicial na câmara é de $P_i = 33$ Pa, a pressão final na câmara após um ciclo de bombeamento será de:

a) 30,0 Pa.
b) 330,0 Pa.
c) 36,3 Pa.
d) 3,3 Pa.

**9** (Unesp -SP) Uma panela de pressão com capacidade de 4 litros contém, a uma temperatura de 27 °C, 3 litros de água líquida à pressão de 1 atm. Em seguida, ela é aquecida até que a temperatura do vapor seja de 127 °C, o volume de água líquida caia para 2,8 litros e o número de moléculas do vapor dobre. A panela começa a deixar escapar vapor por uma válvula, que entra em ação após a pressão interna do gás atingir um certo valor máximo. Considerando o vapor como um gás ideal, determine o valor dessa pressão máxima.

**10** (Vunesp) O gráfico indica valores de pressão, volume e temperatura, obedecidos por um gás ideal que, por meio de uma transformação isobárica, passa de $A$ para $B$, sofrendo, em seguida, uma transformação isovolumétrica que o leva do ponto $B$ para o ponto $C$.

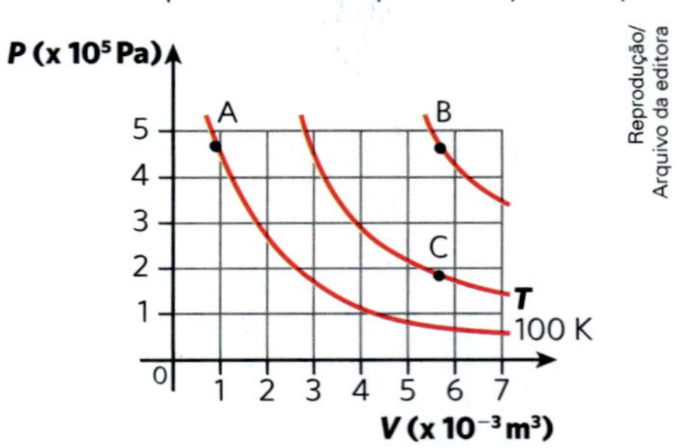


Nessas condições, o valor da temperatura $T$ indicada em kelvins é:

a) 320
b) 600
c) 200
d) 480
e) 240

**11** (PUC-SP) Um certo gás, cuja massa vale 140 g, ocupa um volume de 41 litros, sob pressão de 2,9 atmosferas à temperatura de 17 °C. O número de Avogadro vale $6{,}02 \cdot 10^{23}$ e a constante universal dos gases perfeitos é $R = 0{,}082$ (atm · L)/ (mol · K). Nessas condições, qual o número de moléculas contidas no gás?

**12** Considerando-se $p$ a pressão, $V$ o volume, $T$ a temperatura absoluta, $M$ a massa de 1 mol e $R$ a constante universal dos gases perfeitos, qual a relação que representa a densidade absoluta de um gás perfeito?

a) $d = \frac{MR}{pT}$  b) $d = \frac{pV}{RT}$  c) $d = \frac{pM}{RT}$  d) $d = \frac{RT}{pV}$  e) $d = \frac{p}{MRT}$

# Termodinâmica

A Termodinâmica é uma parte da Termologia que estuda as transformações e as relações existentes entre dois tipos de energia: energia mecânica e energia térmica.

No estudo da Termodinâmica dos gases perfeitos, são parâmetros básicos as grandezas físicas **energia interna** ($U$), **trabalho** ($\tau$) e **quantidade de calor** ($Q$) associadas a uma transformação sofrida pelo gás perfeito. Vejamos melhor cada uma dessas três grandezas.

## Energia interna

A energia interna de um sistema é o somatório de vários tipos de energia existentes em suas partículas. Observemos que apenas parte dessa energia (cinética de agitação e potencial de agregação) é térmica. Quando fornecemos energia térmica para um corpo ou a retiramos dele, provocamos a variação de sua energia interna.

No caso do gás perfeito, as partículas são esferas de dimensões desprezíveis, não existindo energia de ligação nem de agregação. Como as dimensões são desprezíveis, também não existe energia de rotação. Dessa forma, a energia interna se resume na energia de translação de suas partículas, e seu cálculo é feito pela expressão definida pela **lei de Joule**: $U = \frac{3}{2}nRT$.

A energia interna ($U$) de um gás perfeito depende de sua temperatura absoluta ($T$). Para determinada massa de gás perfeito ($n$ = constante), o aumento da temperatura absoluta corresponde a um aumento da energia interna, e a variação de energia interna $\Delta U$ é **positiva** ($\Delta U > 0$).

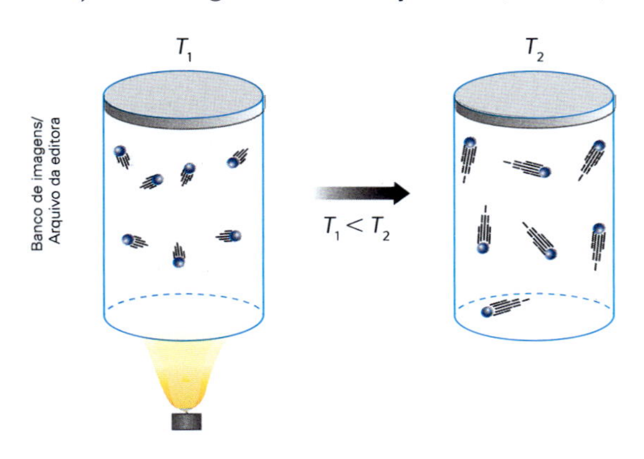


No aumento da energia interna do sistema: $\Delta U > 0$.

Se há diminuição de temperatura, a energia interna diminui, e sua variação é **negativa** ($\Delta U < 0$).

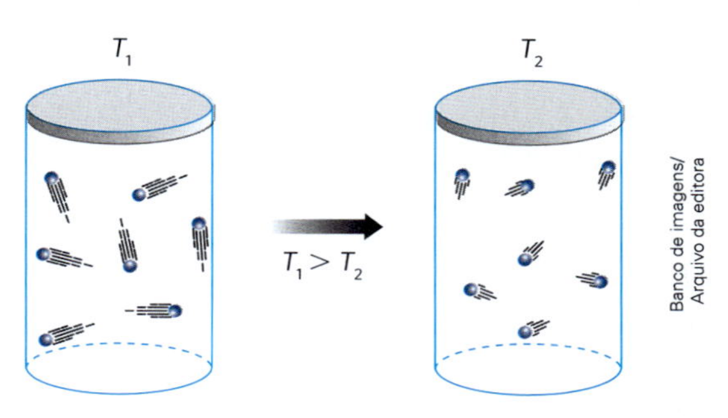


Na diminuição da energia interna do sistema: $\Delta U < 0$.

Quando a temperatura permanece constante, a energia interna também se mantém constante. Portanto, sua variação é nula ($\Delta U = 0$).

Relacionando a lei de Joule com a equação de Clapeyron, podemos escrever:

$$U = \frac{3}{2}nRT = \frac{3}{2}pV$$

## Trabalho

Todo trabalho é realizado por uma força. Vamos, então, considerar a expansão de um gás perfeito, representada na figura abaixo.

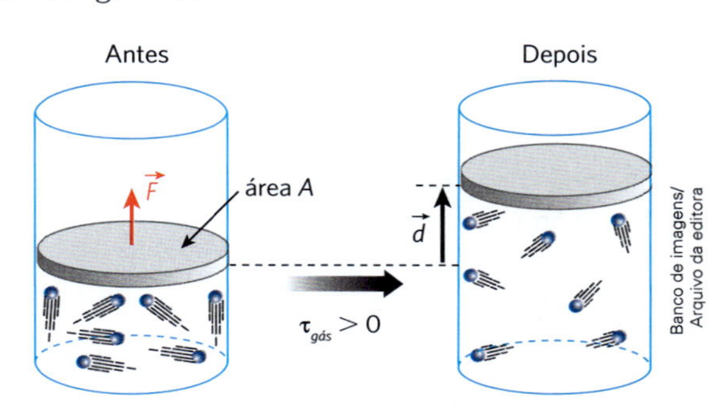


Esquema de expansão de um gás perfeito: volume final maior do que volume inicial.

A força ($\vec{F}$) exercida no êmbolo pelo gás tem o mesmo sentido do deslocamento sofrido pelo êmbolo ($\vec{d}$). Consequentemente, o trabalho realizado por essa força é **positivo** ($\tau_{gás} > 0$).

Consideremos agora a compressão de um gás perfeito.

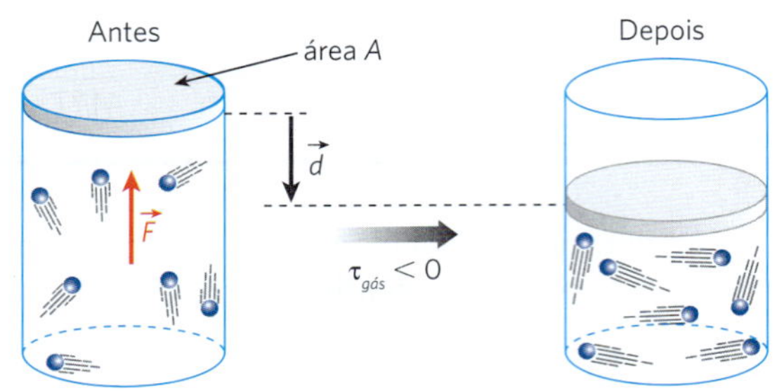


Esquema de compressão de um gás perfeito: volume final menor que volume inicial.

Nesse caso, a força ($\vec{F}$) exercida pelo gás tem sentido oposto ao do deslocamento ($\vec{d}$) do êmbolo. Consequentemente, o trabalho realizado por essa força é **negativo** ($\tau_{gás} < 0$).

Evidentemente, se o gás não se expande nem é comprimido, temos $\tau_{gás} = 0$, pois o êmbolo não se desloca.

Quando o êmbolo representado nas figuras anteriores não muda de posição, as moléculas do gás que se chocam contra ele retornam com a mesma velocidade escalar, uma vez que os choques são supostos perfeitamente elásticos.

Quando o gás se expande, suas moléculas chocam-se contra o êmbolo e retornam com velocidades escalares menores.

Isso significa que, ao expandir-se, o gás perde energia. Essa energia perdida corresponde, pelo menos em parte, ao acréscimo de energia potencial gravitacional do êmbolo e de algum corpo que eventualmente esteja sobre ele. Assim, o gás fornece energia e, por isso, diz-se que ele "realiza trabalho".

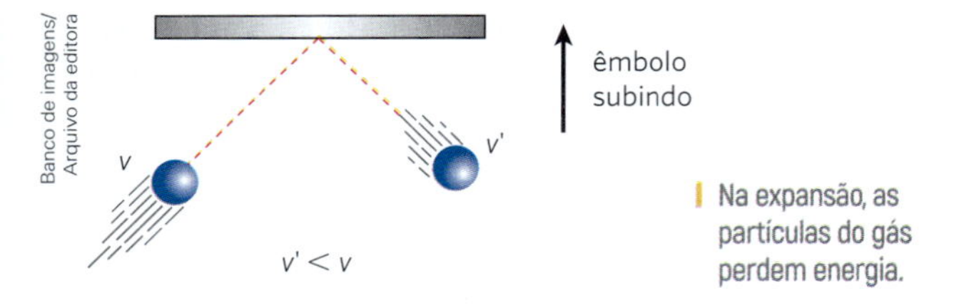


Na expansão, as partículas do gás perdem energia.

Quando o gás é comprimido, suas moléculas chocam-se contra o êmbolo e retornam com velocidades escalares maiores.

Nesse caso, o gás recebe energia na forma de trabalho. Por isso, diz-se que "o gás recebe trabalho" na compressão.

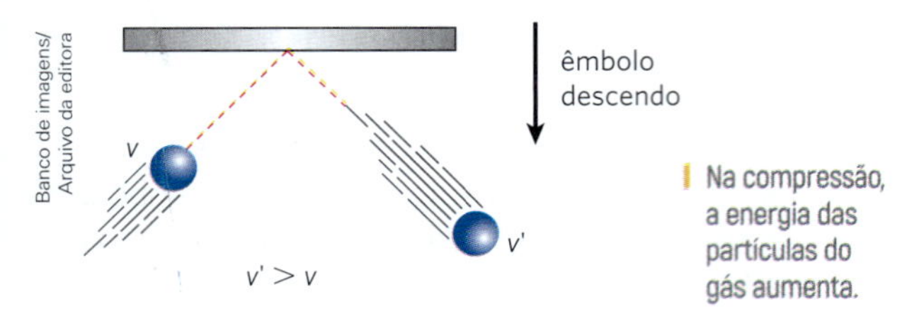


Na compressão, a energia das partículas do gás aumenta.

Na **expansão**, $\tau_{gás} > 0$ e o gás fornece energia na forma de trabalho: o gás **realiza trabalho**.

Na **compressão**, $\tau_{gás} < 0$ e o gás recebe energia na forma de trabalho: o gás **recebe trabalho**.

## Calor

Já vimos que calor é a energia térmica transitando de um sistema para outro. Assim, um dos sistemas **cede** essa energia, e o outro a **recebe**. Será convencionado que o calor recebido é **positivo** e o calor cedido, **negativo**.

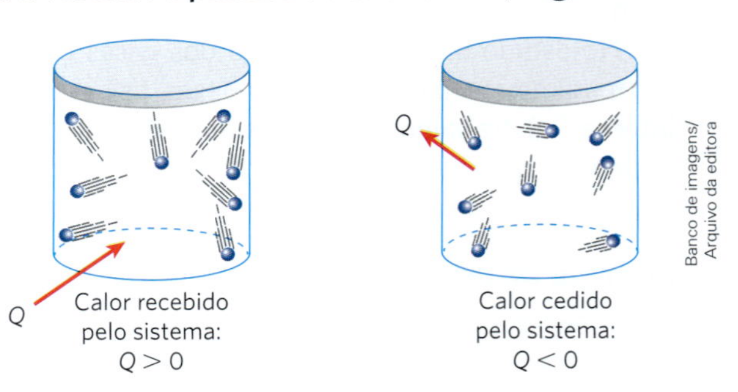


É muito importante notar que as trocas de energia entre um sistema gasoso e o meio externo podem se dar tanto pela realização de trabalho como por trocas de calor.

## Lei zero da Termodinâmica

A **lei zero da Termodinâmica** trabalha o conceito de **equilíbrio térmico**. Essa lei diz que dois sistemas físicos estão em equilíbrio se, ao serem colocados em contato térmico, não há fluxo de calor entre eles. Como a condição para existir fluxo de calor entre dois sistemas é que exista uma diferença de temperatura, concluímos que o equilíbrio térmico indica a igualdade das temperaturas dos dois sistemas.

A partir dessa lei também podemos concluir que, se dois sistemas físicos, *A* e *B*, estão individualmente em equilíbrio térmico com um terceiro sistema *C*, então *A* e *B* também estão em equilíbrio entre si ($T_A = T_B$).

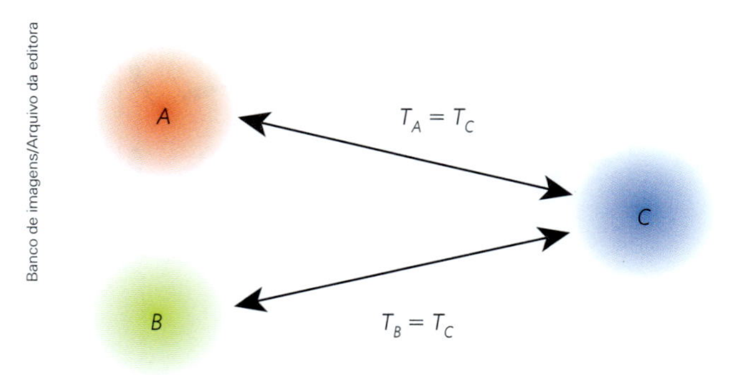

## A 1ª lei da Termodinâmica

O conhecido **princípio da conservação da energia**, quando aplicado à Termodinâmica, recebe a denominação de **1ª lei da Termodinâmica**.

Com a aplicação dessa lei, podemos, por meio de uma "contabilidade" energética, saber o que ocorre com um sistema gasoso ao sofrer uma transformação termodinâmica.

Essa lei pode ser enunciada da seguinte forma:

> Para todo sistema termodinâmico existe uma função característica denominada **energia interna**. A variação dessa energia interna ($\Delta U$) entre dois estados quaisquer pode ser determinada pela diferença entre a quantidade de calor ($Q$) e o trabalho ($\tau_{gás}$) trocados com o meio externo.

Algebricamente, essa lei pode ser expressa por:

$$\Delta U = Q - \tau_{gás}$$

É importante observar que essas grandezas podem ser positivas, negativas ou nulas.

Para entender o mecanismo de aplicação da 1ª lei da Termodinâmica, tomemos como exemplo um sistema gasoso contido em um recipiente provido de êmbolo móvel.

**Exemplo 1:**

O gás recebe de uma fonte térmica externa uma quantidade de calor igual a 1000 cal ($Q = +1000$ cal). Essa energia, além de produzir um aquecimento no gás, provoca sua expansão, com consequente realização de trabalho equivalente a 600 cal ($\tau_{gás} = +600$ cal).

Já que a energia fornecida pelo sistema para o ambiente em forma de trabalho é menor que a recebida em forma de calor, pode-se concluir que o restante ficou no gás, na forma de energia interna, produzindo neste um aumento de 400 cal ($\Delta U = +400$ cal).

A aplicação da equação da 1ª lei da Termodinâmica leva-nos à mesma conclusão.

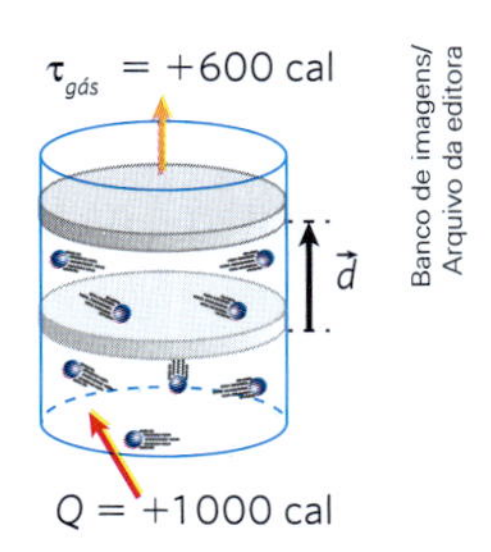


$\Delta U = Q - \tau_{gás}$

Sendo: $Q = +1000$ cal (calor recebido); $\tau_{gás} = +600$ cal (trabalho realizado), temos:

$\Delta U = (+1000) - (+600) \therefore \boxed{\Delta U = +400\ \text{J}}$

O sinal positivo de $\Delta U$ indica que o sistema sofreu um **aumento** em sua energia interna.

**Exemplo 2:**

O gás é comprimido, recebendo um trabalho igual a 500 J ($\tau_{gás} = -500$ J). Simultaneamente, esse gás perde para o ambiente uma quantidade de calor correspondente a 600 J ($Q = -600$ J).

Como o total de energia deve conservar-se, concluímos que, pelo fato de o calor cedido ser, em módulo, maior que a energia recebida em forma de trabalho, a diferença de 100 J saiu do próprio sistema, diminuindo sua energia interna ($\Delta U = -100$ J).

$\Delta U = Q - \tau_{gás}$

Sendo: $Q = -600$ J (calor cedido); $\tau_{gás} = -500$ J (trabalho recebido), temos:

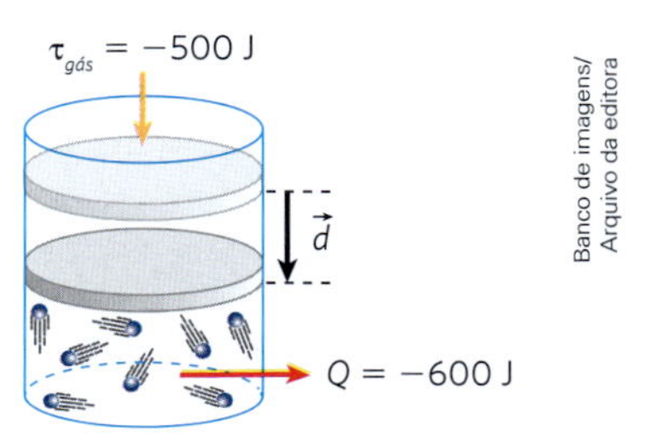


$\Delta U = (-600) - (-500) = -600 + 500$

$\boxed{\Delta U = -100\ \text{J}}$

O sinal negativo de $\Delta U$ indica que o sistema sofreu uma **diminuição** em sua energia interna.

## Transformações termodinâmicas particulares

No estudo da Termodinâmica dos gases perfeitos, encontramos quatro transformações particulares que devem ser analisadas com mais detalhes: a **isotérmica**, a **isométrica**, a **isobárica** e a **adiabática**.

### Transformação isotérmica

Nas transformações isotérmicas, a temperatura do sistema gasoso mantém-se constante e, em consequência, a variação de sua energia interna é nula ($\Delta U = 0$).

Aplicando a equação da 1ª lei da Termodinâmica à transformação isotérmica, temos:

$$\Delta U = Q - \tau_{gás} \Rightarrow 0 = Q - \tau_{gás} \Rightarrow \boxed{Q = \tau_{gás}}$$

Isso significa que, nessa transformação, o calor e o trabalho trocados com o meio externo são iguais. Esse fato indica duas possibilidades:

**a)** Se o sistema gasoso recebe calor ($Q > 0$), essa energia é integralmente utilizada na realização de trabalho ($\tau_{gás} > 0$).

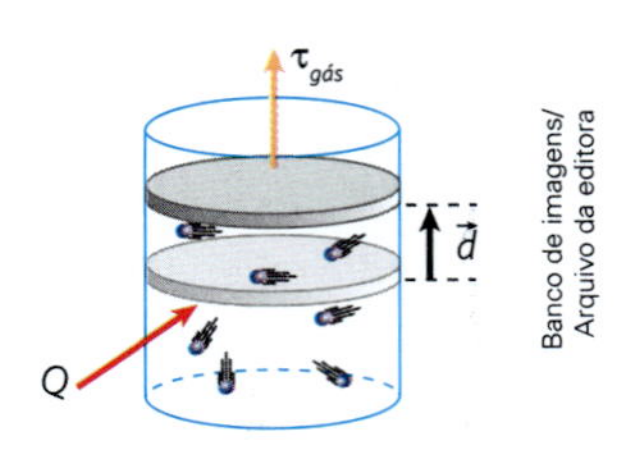


$$Q = \tau_{gás}, \text{ pois } \Delta U = 0, Q > 0 \text{ e } \tau_{gás} > 0.$$

**b)** Se o sistema gasoso recebe trabalho ($\tau_{gás} < 0$), o gás cede para o meio externo igual quantidade de energia em forma de calor ($Q < 0$).

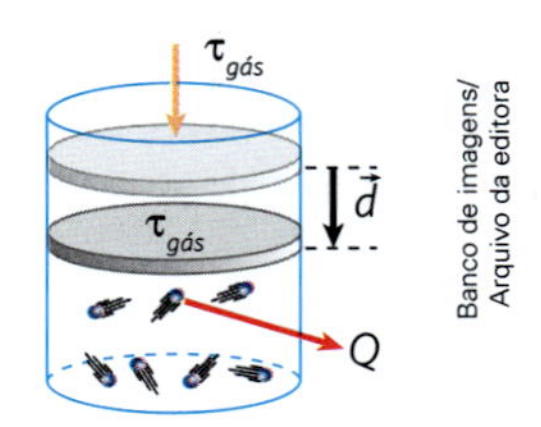


$$\tau_{gás} = Q, \text{ pois } \Delta U = 0, \tau_{gás} < 0 \text{ e } Q < 0.$$

É muito importante observar que a temperatura do gás não varia em uma transformação isotérmica, mas ele troca calor com o meio externo.

## Transformação isométrica

Nas transformações isométricas (também denominadas isovolumétricas, ou, ainda, isocóricas), o volume do gás mantém-se constante e, em consequência, o sistema não troca trabalho com o meio externo ($\tau_{gás} = 0$). Portanto, nesse tipo de transformação o sistema não realiza nem recebe trabalho.

Utilizando a equação da 1ª lei da Termodinâmica, obtemos:

$$\Delta U = Q - \tau_{gás} \Rightarrow \Delta U = Q - 0 \Rightarrow \boxed{\Delta U = Q}$$

Isso significa que a variação de energia interna sofrida pelo sistema gasoso é igual ao calor trocado com o meio externo.

Temos, então, duas situações a considerar:

**a)** Se o sistema recebe calor ($Q > 0$), sua energia interna aumenta ($\Delta U > 0$) em igual valor.

$$\tau_{gás} = 0 \Rightarrow Q = \Delta U$$

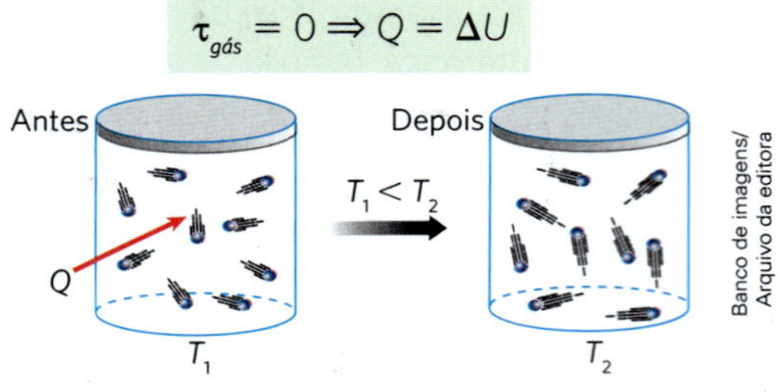


**b)** Se o sistema cede calor ($Q < 0$), sua energia interna diminui ($\Delta U < 0$) em igual valor.

$$\tau_{gás} = 0 \Rightarrow Q = \Delta U$$

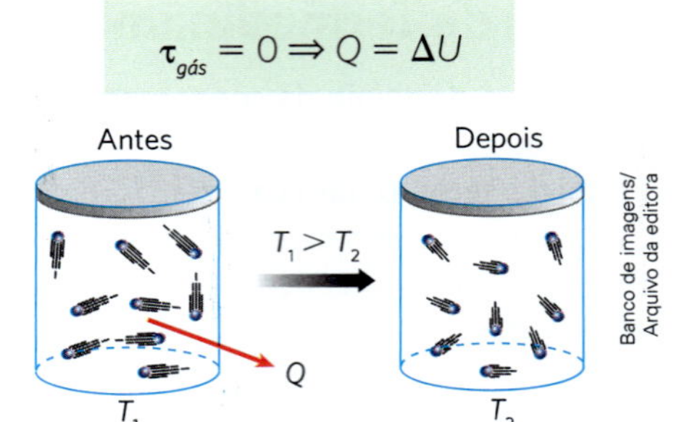


## Transformação isobárica

Nas transformações isobáricas, a pressão do sistema gasoso mantém-se constante. Dessa forma, usando o gás perfeito como sistema físico intermediário, a análise do que ocorre é feita pela equação de Clapeyron:

$$pV = nRT$$

Note que o volume ($V$) do gás varia na razão direta da temperatura absoluta ($T$), já que as demais grandezas permanecem constantes nessa transformação. Há, então, duas situações a considerar:

**a)** Quando a temperatura absoluta do sistema aumenta, seu volume também aumenta. Isso significa que sua energia interna aumenta ($\Delta U > 0$) e que o sistema realiza trabalho ($\tau_{gás} > 0$). É evidente que toda essa energia entra no sistema na forma de calor.

$$\Delta U = Q - \tau_{gás} \text{ ou } Q = \tau_{gás} + \Delta U$$

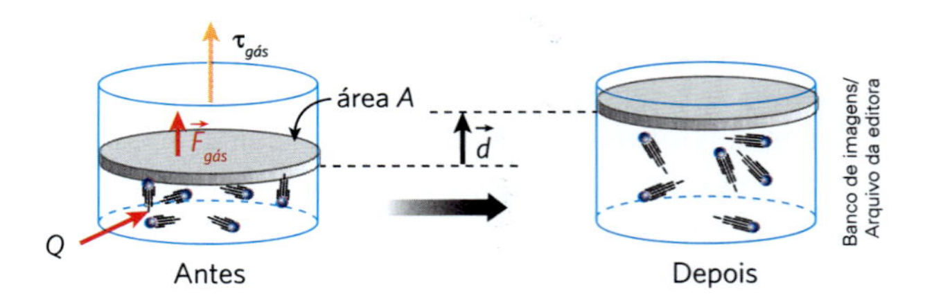


**b)** Quando a temperatura absoluta do sistema diminui, seu volume também diminui. Isso significa que sua energia interna diminui ($\Delta U < 0$) e que o sistema recebe trabalho ($\tau_{gás} < 0$). E toda essa energia sai do sistema na forma de calor.

$$\Delta U = Q - \tau_{gás} \text{ ou } Q = \tau_{gás} + \Delta U$$

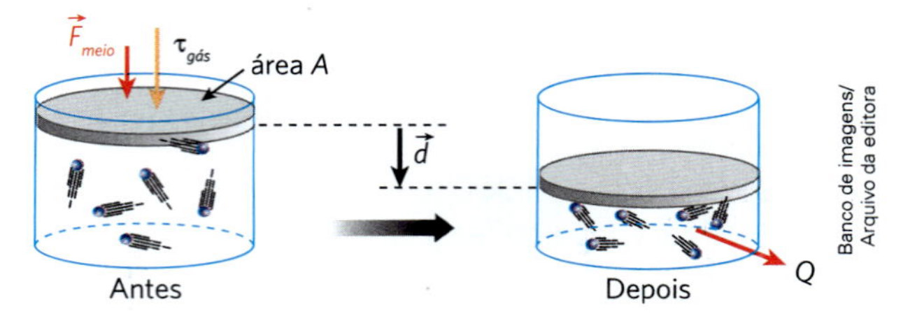

## Trabalho de um gás em uma transformação isobárica ($\tau_p$)

Considere um gás em expansão isobárica.

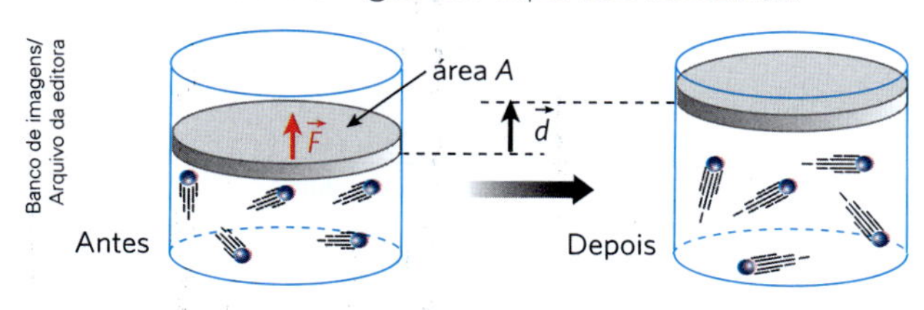


Podemos calcular o trabalho realizado por ele usando a fórmula da definição de trabalho de força constante:

$\tau_p = Fd$ (I)

em que $F$ é o módulo da força média aplicada pelo gás no êmbolo móvel do recipiente e $d$ é o módulo do deslocamento sofrido por ele.

Sendo $A$ a medida da área da seção transversal do êmbolo, da definição de pressão, temos:

$$p = \frac{F}{A} \Rightarrow F = pA \quad \text{(II)}$$

Substituindo (II) em (I), obtemos: $\tau_p = pAd$.

O produto $Ad$, contudo, corresponde ao volume varrido pelo êmbolo, isto é, à variação de volume $\Delta V$ sofrida pelo gás nessa transformação ($Ad = \Delta V$).

Assim, a equação do trabalho do gás em uma transformação isobárica fica expressa pelo produto da pressão ($p$), que permanece constante, pela variação de volume ($\Delta V$) sofrida pelo gás perfeito: $\tau_p = p\Delta V$.

Usando a equação de Clapeyron, obtemos:

$$\tau_p = p\Delta V = nR\Delta T$$

Essa expressão é válida também na compressão isobárica de um gás perfeito.

## Transformação adiabática

Nas transformações adiabáticas, não há troca de calor entre o sistema e o meio externo. Dessa forma, toda a energia recebida ou cedida pelo sistema ocorre por meio de trabalho.

Da equação da 1ª lei da Termodinâmica, sendo $Q = 0$, temos:

$$\Delta U = Q - \tau_{gás} \Rightarrow \Delta U = 0 - \tau_{gás} \Rightarrow \boxed{\Delta U = -\tau_{gás}}$$

Assim, temos duas situações a considerar:

**a)** Quando o sistema recebe trabalho ($\tau_{gás} < 0$), sua energia interna aumenta ($\Delta U > 0$) em igual valor.

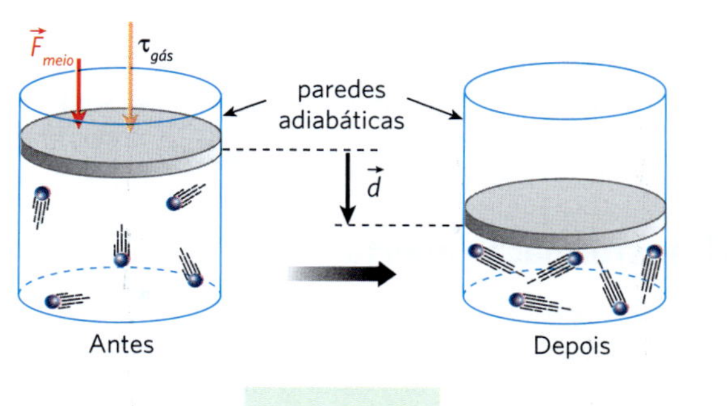


$$\Delta U = -\tau_{gás}$$

**b)** Quando o sistema realiza trabalho ($\tau_{gás} > 0$), ele o faz retirando essa energia da sua própria energia interna, que diminui ($\Delta U < 0$).

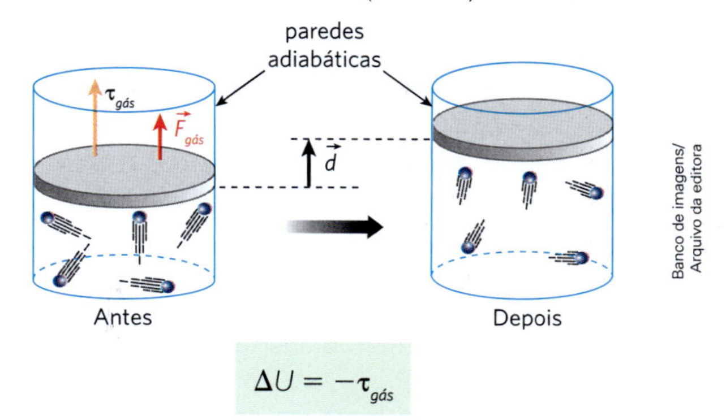


$$\Delta U = -\tau_{gás}$$

## Expansão livre

Considere um recipiente de paredes rígidas (mantém volume constante) e adiabáticas (não permitem trocas de calor através delas), dividido em duas partes por uma fina película. Em uma das partes coloca-se certa massa de gás perfeito, enquanto na outra supõe-se vácuo.

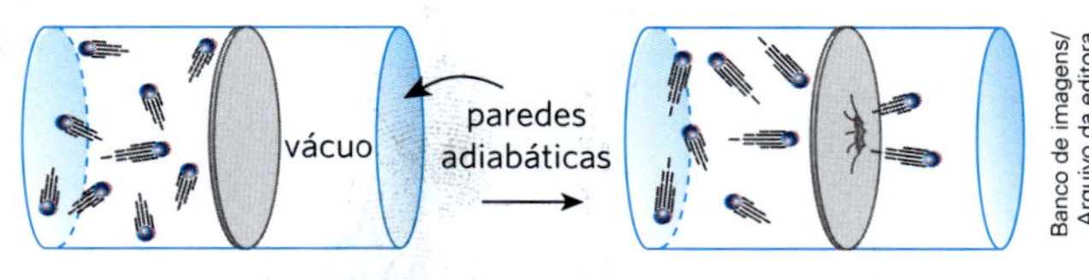


Se a película subitamente se rompe, o gás se expande pela região de vácuo, realizando uma expansão livre.

Como o gás não sofreu resistência em sua expansão, ele não realizou trabalho ($\tau_{gás} = 0$). Pelo fato de o processo ser adiabático, também não há troca de calor ($Q = 0$). Assim, a variação de energia interna é nula ($\Delta U = 0$) e a temperatura mantém-se constante durante todo o processo.

**Nota**

A expansão livre é uma transformação termodinâmica **irreversível**, pois o sistema não consegue voltar à situação inicial sem a ajuda de um agente externo. Para retornar à situação inicial, esse agente deve realizar um trabalho sobre o gás. Como o gás recebe trabalho, há um aumento em sua energia interna.

# Diagramas termodinâmicos

Vamos estudar a seguir o **diagrama de Clapeyron**, que representa a relação entre a pressão, o volume e a temperatura absoluta de uma massa de gás perfeito.

## Transformação aberta

Consideremos um sistema constituído por certa massa de gás perfeito, que sofre uma transformação aberta, passando de um estado definido pelo ponto *A* para outro definido pelo ponto *B*, conforme o diagrama a seguir.

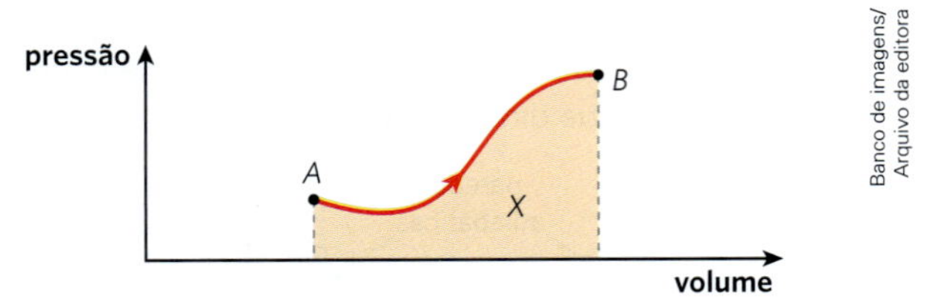


Banco de imagens/Arquivo da editora

A "área" *X* destacada sob a curva que representa a transformação, indicada no diagrama pressão × volume, é numericamente igual ao módulo do trabalho que esse sistema troca com o meio externo ao executar essa transformação.

Em uma transformação aberta, podem ocorrer três situações:

**a)** Quando um sistema realiza trabalho ($\tau_{gás} > 0$), seu volume aumenta.

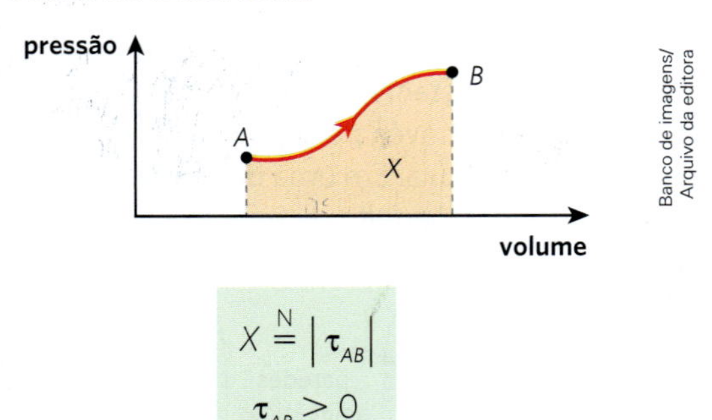


Banco de imagens/Arquivo da editora

$$X \overset{N}{=} |\tau_{AB}|$$
$$\tau_{AB} > 0$$

**b)** Quando um sistema recebe trabalho ($\tau_{gás} < 0$), seu volume diminui.

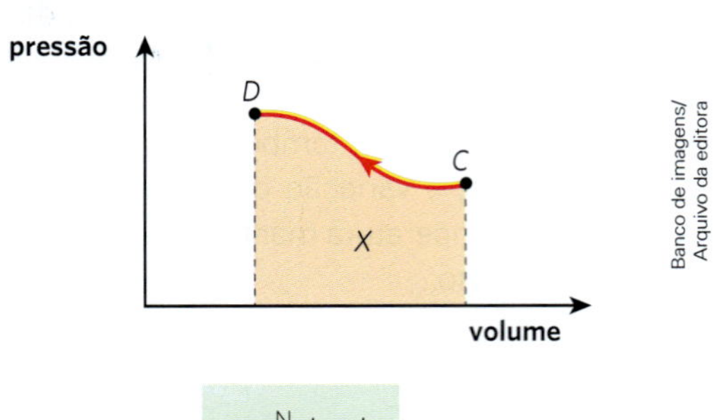


Banco de imagens/Arquivo da editora

$$X \overset{N}{=} |\tau_{CD}|$$
$$\tau_{CD} < 0$$

**c)** Quando um sistema não troca trabalho com o meio externo, seu volume permanece constante.

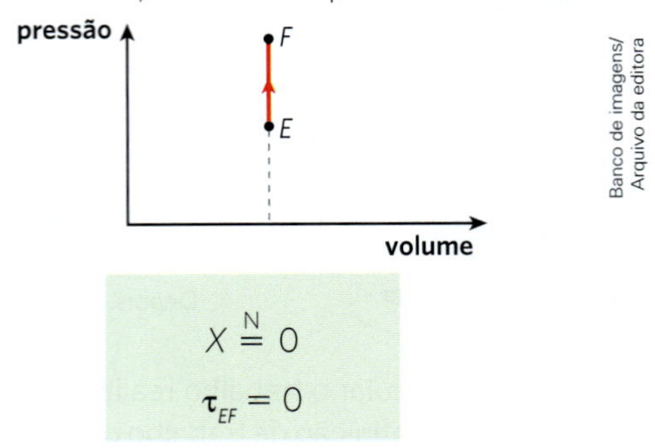


Banco de imagens/Arquivo da editora

$$X \overset{N}{=} 0$$
$$\tau_{EF} = 0$$

É importante observar que o trabalho trocado entre o sistema e o meio externo depende não somente dos estados inicial e final, mas também dos estados intermediários, que determinam o "caminho" ao longo da transformação.

O diagrama abaixo mostra, por exemplo, uma transformação aberta sofrida por um sistema gasoso, na qual o estado final, *B*, pode ser atingido, a partir do estado inicial, *A*, por dois caminhos diferentes, I e II.

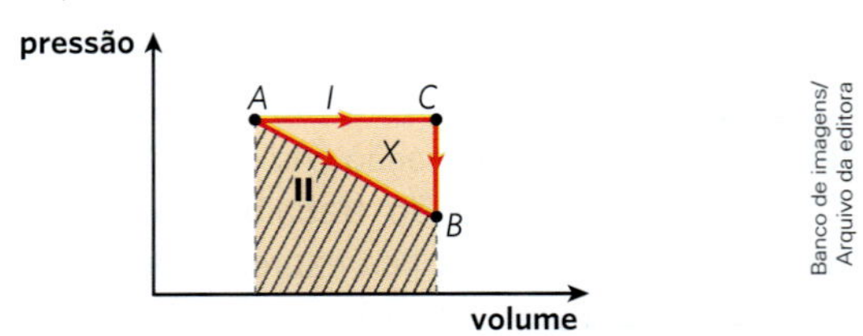


Banco de imagens/Arquivo da editora

A "área" colorida, correspondente ao caminho I, é maior que a "área" hachurada, correspondente ao caminho II. Isso significa que o trabalho realizado pelo sistema ao percorrer o caminho I é maior que o trabalho realizado ao percorrer o caminho II.

$$\tau_{ACB} > \tau_{AB}$$

Na transformação isobárica ($p$ = pressão constante), fica fácil demonstrar que a "área" sob o gráfico é igual ao módulo do trabalho trocado pelo sistema.

$$X = p|\Delta V| = |\tau_{AB}| \Rightarrow \boxed{\tau_{AB} = p\Delta V = nR\Delta T}$$

Banco de imagens/Arquivo da editora

## Transformação cíclica

Um sistema gasoso sofre uma transformação definida como cíclica (ou fechada) quando o estado final dessa transformação coincide com o estado inicial. Em um diagrama pressão ($p$) × volume ($V$), essa transformação cíclica é representada por uma curva fechada, e o trabalho total trocado com o meio externo é numericamente igual à medida da área da figura formada pela curva que representa o ciclo.

Não é difícil perceber que, ao desenvolver uma transformação cíclica, o sistema geralmente realiza e recebe trabalho, sendo o trabalho total a soma desses trabalhos parciais.

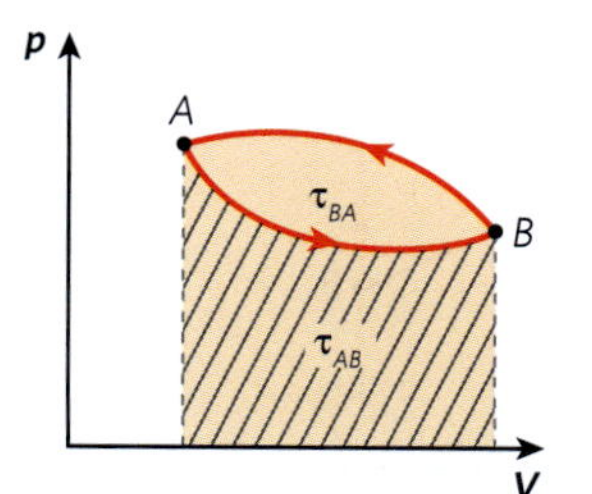


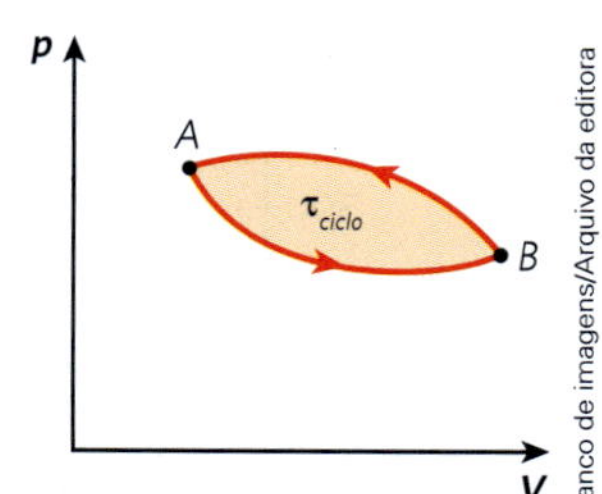


Banco de imagens/Arquivo da editora

Na transformação $AB$, o módulo do trabalho é dado pela "área" hachurada (trabalho realizado, então $\tau_{AB} > 0$) e, na transformação $BA$, é dado pela área bege (trabalho recebido, então $\tau_{BA} < 0$).

O trabalho total tem seu módulo determinado pela adição dos trabalhos parciais. E, no gráfico, é representado pela "área interna" à curva fechada. É importante observar que:

**a)** Quando o ciclo está orientado no sentido horário, o trabalho realizado é maior que o recebido. Dizemos que o ciclo no **sentido horário** indica que o sistema **realiza** trabalho: $\tau_{ciclo} > 0$.

**b)** Quando o ciclo está orientado no sentido anti-horário, o trabalho recebido é maior que o realizado. Dizemos que o ciclo no sentido **anti-horário** indica que o sistema **recebe** trabalho: $\tau_{ciclo} < 0$.

**Nota**

No diagrama pressão × volume, o módulo do trabalho trocado entre o sistema e o meio externo é determinado pela "área", em joules (J), quando a pressão é dada em N/m$^2$ ou em pascal (Pa) e o volume, em m$^3$; caso contrário, deve-se fazer a conversão para essas unidades. Para isso, é importante lembrar que:

$1\ L = 1\ dm^3 = 10^{-3}\ m^3$

$1\ atm \cong 760\ mmHg \cong 10^5\ N/m^2$

## Energia mecânica e calor

A energia mecânica de um sistema pode ser de dois tipos: cinética ou potencial. Muitas vezes, essa energia mecânica transforma-se em energia térmica, produzindo aquecimento do sistema. Quando um corpo cai, por exemplo, a energia potencial gravitacional ($E_p = mgh$) é transformada em energia cinética $\left(E_c = \frac{mv^2}{2}\right)$. No impacto com o chão, pelo menos uma parcela dessa energia cinética transforma-se em térmica, ocorrendo a elevação da temperatura desse corpo.

Geralmente, a energia mecânica é medida em joules (J) e a energia térmica, em calorias (cal). Dessa forma, é importante saber a relação entre essas unidades, para possíveis conversões:

1 caloria = 4,186 joules

## Exercícios

**13** Um gás perfeito sofre uma expansão, realizando um trabalho igual a 200 J. Sabe-se que, no final dessa transformação, a energia interna do sistema está com 60 J a mais que no início. Qual a quantidade de calor recebida pelo gás?

**Resolução:**

A 1ª lei da Termodinâmica dá a relação entre as grandezas referidas no problema: $\Delta U = Q - \tau_{gás}$.

Do texto, sabemos que:

$\tau_{gás} = +200$ J (o sistema **realizou** trabalho)

$\Delta U = +60$ J (a energia interna aumentou)

Assim, temos:

$60 = Q - 200 \therefore \boxed{Q = 260\ J}$

**14** A 1ª lei da Termodinâmica pode ser entendida como uma afirmação do princípio da conservação de energia. Sua expressão analítica é dada por $\Delta U = Q - \tau$, onde $\Delta U$ corresponde à variação da energia interna do sistema, $Q$ e $\tau$, respectivamente calor trocado e trabalho realizado. Um sistema termodinâmico recebe do meio externo uma quantidade de energia em forma de calor equivalente a 200 J. Em consequência, o sistema expande, realizando um trabalho equivalente a 140 J. Responda às questões:

**a)** O que ocorre com a energia interna? Ela aumenta, diminui ou permanece a mesma?

**b)** De quanto foi a variação de energia interna?

**15** Uma porção de gás perfeito está confinada por um êmbolo móvel no interior de um cilindro. Ao receber 20 kcal de calor do meio externo, o êmbolo sobe e o gás realiza um trabalho equivalente a 12 kcal. Aplicando a 1ª lei da Termodinâmica, determine a variação sofrida pela energia interna desse gás.

**16** Analise as afirmativas a seguir:

**(01)** Um gás somente pode ser aquecido se receber calor.

**(02)** Pode-se aquecer um gás realizando-se trabalho sobre ele.

**(04)** Para esfriar um gás, devemos necessariamente retirar calor dele.

**(08)** Um gás pode receber calor do meio externo e sua temperatura permanecer constante.

**(16)** Numa transformação adiabática de um gás, sua temperatura pode diminuir.

Dê como resposta a soma dos números associados às afirmações corretas.

**17** Em uma transformação termodinâmica, um gás ideal troca com o meio externo 209 J em forma de trabalho. Determine, em calorias, o calor que o sistema troca com o meio externo, em cada um dos casos:

**a)** expansão isotérmica;

**b)** compressão isotérmica;

**c)** expansão adiabática.

**Dado:** 1 cal = 4,18 J.

**18** Um gás perfeito passa do estado representado por *A*, no gráfico, para os estados representados por *B* e *C*:

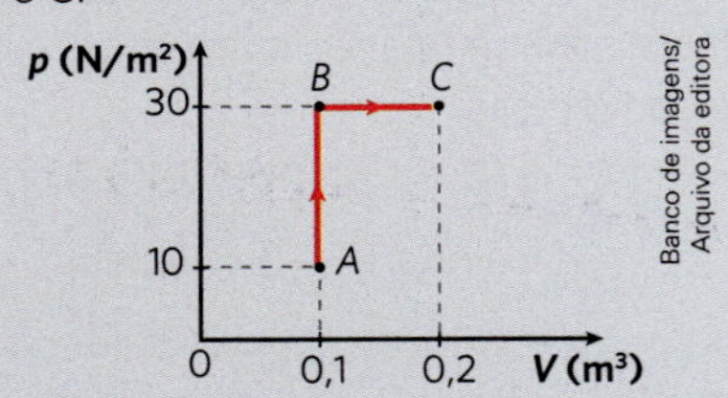


Banco de imagens/Arquivo da editora

Determine o trabalho realizado pelo gás, em joules, nas transformações:

**a)** *AB*; **b)** *BC*; **c)** *ABC*.

**Resolução:**

**a)** Na transformação *AB*, não há troca de trabalho com o meio externo, pois o volume do sistema mantém-se constante:

$\tau_{AB} = 0$

**b)** Na transformação *BC*, o trabalho realizado (o volume do sistema aumenta) pelo gás é igual à "área" sob o gráfico:

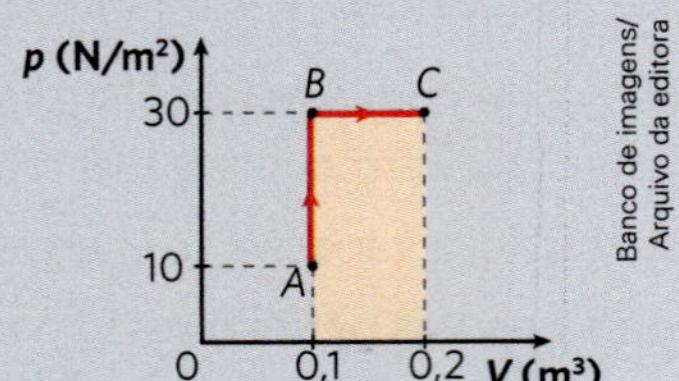


Banco de imagens/Arquivo da editora

"área" $= \tau_{BC}$

$\tau_{BC} = 30 \cdot (0,2 - 0,1)$

$\tau_{BC} = 3$ J

**c)** O trabalho total na transformação *ABC* é a soma algébrica dos trabalhos nas transformações *AB* e *BC*. Assim:

$\tau_{ABC} = \tau_{AB} + \tau_{BC} \Rightarrow \tau_{ABC} = 0 + 3$

$\tau_{ABC} = 3$ J

**19** Um gás perfeito sofre a transformação *ABC* indicada no diagrama pressão (*p*) × volume (*V*) a seguir:

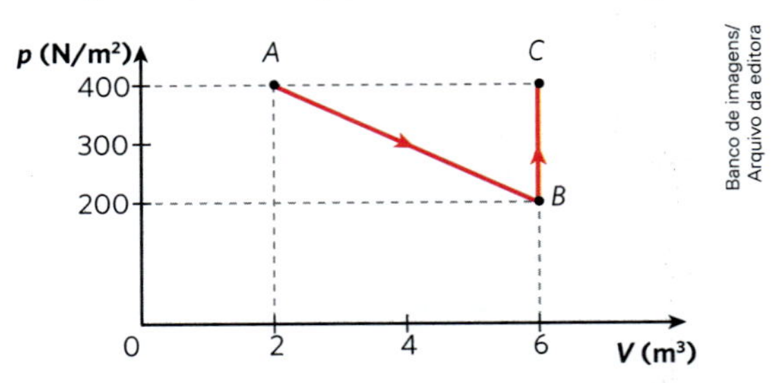


Banco de imagens/Arquivo da editora

Determine o trabalho do sistema nas transformações:

**a)** *AB*; **b)** *BC*; **c)** *ABC*.

**20** (Fatec-SP) Um sistema termodinâmico, constituído de certa massa de gás perfeito, realiza a cada segundo 100 ciclos *ABCDA*. O diagrama a seguir mostra a evolução de um ciclo *ABCDA*.

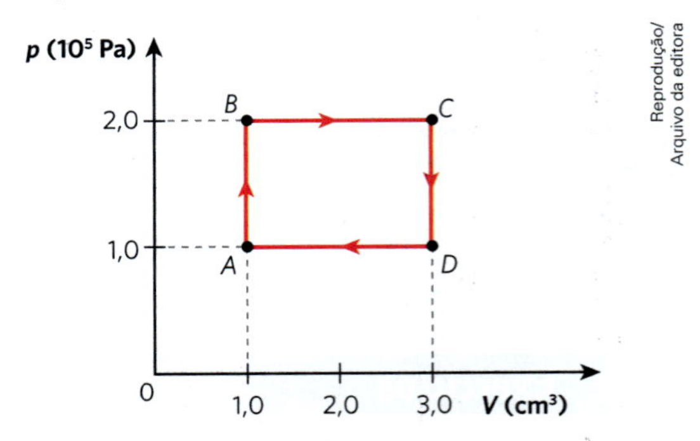


Reprodução/Arquivo da editora

Qual a potência desse sistema? Dê a resposta na unidade watt.

**21** (Unesp-SP) Considere o gráfico da pressão em função do volume de certa massa de gás perfeito que sofre uma transformação do estado *A* para o estado *B*. Admitido que não haja variação da massa do gás durante a transformação, determine a razão entre as energias internas do gás nos estados *A* e *B*.

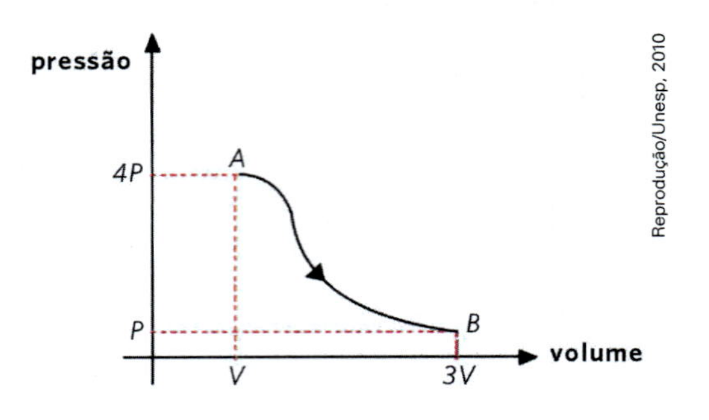


Reprodução/Unesp, 2010

**22** (AFA-RJ) O diagrama abaixo representa um ciclo realizado por um sistema termodinâmico constituído por *n* mols de um gás ideal.

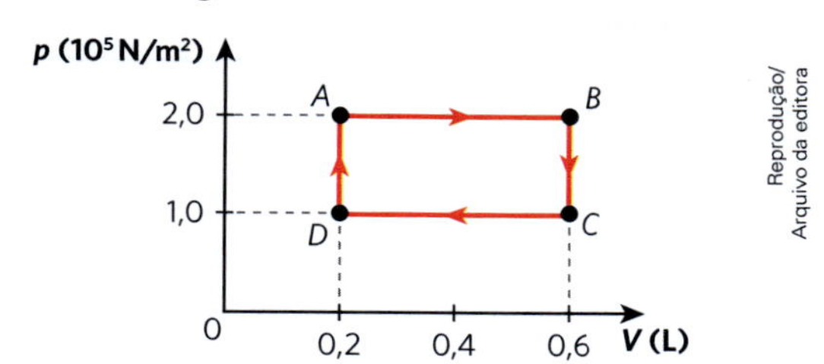


Reprodução/Arquivo da editora

Sabendo-se que em cada segundo o sistema realiza 40 ciclos iguais a este, é correto afirmar que a(o)

**a)** potência desse sistema é de 1 600 W.

**b)** trabalho realizado em cada ciclo é −40 J.

**c)** quantidade de calor trocada pelo gás com o ambiente em cada ciclo é nula.

**d)** temperatura do gás é menor no ponto *C*.

**23** (Unip-SP) Para 1 mol de um gás perfeito, submetido a uma pressão *p* e ocupando um volume *V*, a temperatura absoluta *T* e a energia interna *U* são dadas por:

$$T = \frac{pV}{R} \text{ e } U = \frac{3}{2}pV$$

Considere uma amostra de 1 mol de gás perfeito, sofrendo as transformações *AB*, *BC* e *CA* indicadas no diagrama pressão × volume:

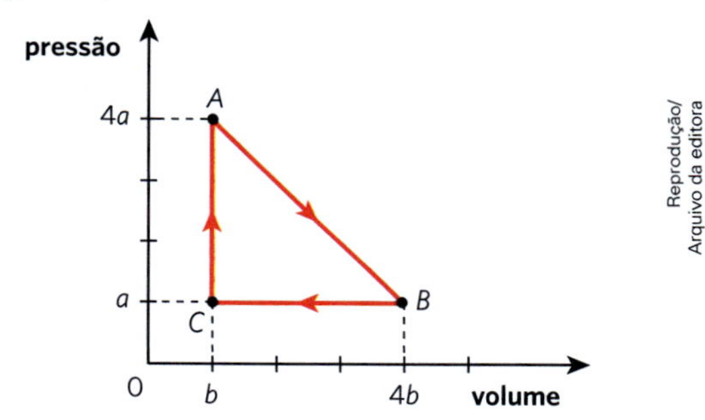


Reprodução/Arquivo da editora

Analise as proposições que se seguem:

**I.** Nos estados *A* e *B*, a energia interna do gás é a mesma, o que nos leva a concluir que, na transformação *AB*, não ocorreu troca de energia entre o gás e o meio externo.

**II.** Em todo o ciclo, a temperatura é mínima no estado *C*.

**III.** Nos estados *A* e *B*, a temperatura é a mesma.

**IV.** Na transformação *BC*, a energia interna do gás vai diminuindo, o que significa que o gás está cedendo energia para o meio externo.

Estão corretas apenas:

**a)** II, III e IV. **b)** I, II e III. **c)** I e IV. **d)** II e III. **e)** II e IV.

**24** Uma máquina térmica executa o ciclo descrito no diagrama *pV* abaixo. O ciclo inicia-se no estado *A*, vai para o *B*, segundo a parte superior do diagrama, e retorna para *A*, passando por *C*. Sabendo-se que $p_0V_0 = 13$ J, calcule o trabalho realizado por esta máquina térmica ao longo de um ciclo, em joules.

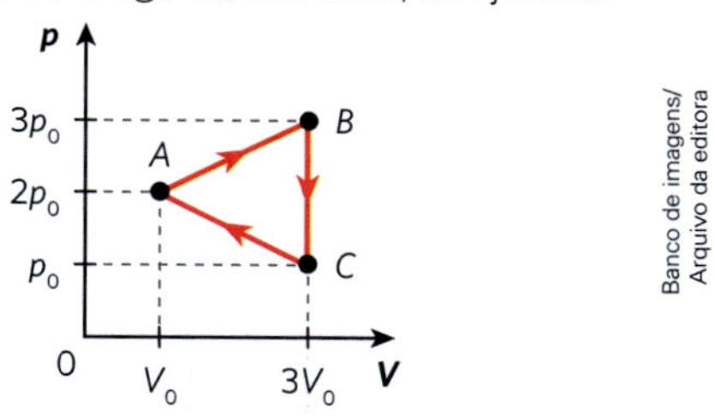


Banco de imagens/Arquivo da editora

**25** Uma amostra de 60 g de gás perfeito foi aquecida isometricamente, tendo sua temperatura variado de 200 K para 230 K. O calor específico a volume constante desse gás é igual a 0,25 cal/(g · K) e o calor específico a pressão constante é 0,32 cal / (g · K).

Determine:

**a)** o trabalho realizado por esse gás;

**b)** a variação da energia interna desse gás.

**26** Uma amostra de 5,0 mols de gás perfeito sofre a expansão isobárica representada no diagrama pressão × × volume a seguir:

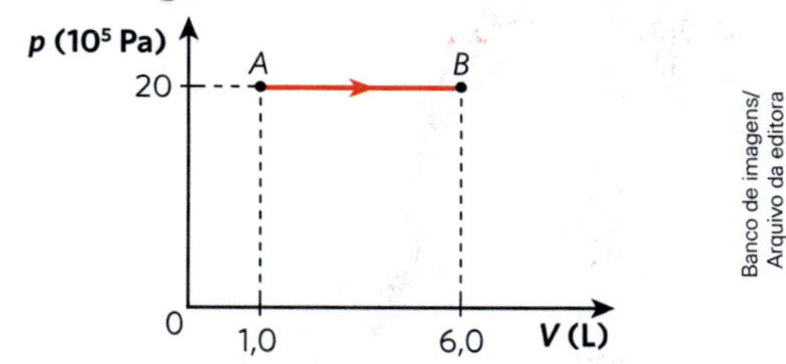


Banco de imagens/Arquivo da editora

Sabe-se que a variação de temperatura do gás foi de 250 °C. Sendo o calor específico molar a pressão constante igual a 5,0 cal/mol °C, qual foi a variação da energia interna desse gás?

**Dado:** 1 cal = 4 J.

**27** Um recipiente de paredes indeformáveis, de capacidade $V = 12$ L, contém 1,0 mol de um gás perfeito de calor específico molar a volume constante $C_V = 3{,}0$ cal/mol K. Fornecendo-se 900 cal a esse gás, sua temperatura absoluta duplica. Qual a pressão final do gás?

**Dado:** $R = 0{,}082 \frac{\text{atm} \cdot \text{L}}{\text{mol} \cdot \text{K}}$.

**28** Uma bala de chumbo, com velocidade de 100 m/s, atravessa uma placa de madeira e sai com velocidade de 60 m/s. Sabendo que 40% da energia cinética perdida é gasta sob a forma de calor, determine o acréscimo de temperatura da bala, em graus Celsius. O calor específico do chumbo é $c = 128$ J/kg °C. Considere que somente a bala absorve o calor produzido.

**29** (UEM-PR) A temperatura de 500 g de um gás perfeito é aumentada de 20 °C para 140 °C. Se o processo é feito primeiramente a pressão e depois a volume constantes, qual o trabalho realizado pelo gás, em calorias? (Considere para o gás perfeito $c_V$ = 0,18 cal/g °C e $c_p$ = 0,25 cal/g °C.)

## As máquinas térmicas e a 2ª lei da Termodinâmica

São denominadas **máquinas térmicas** os dispositivos usados para converter energia térmica em energia mecânica.

Desde as máquinas térmicas mais primitivas, que eram usadas para movimentar trens, navios e mesmo os primeiros automóveis, até as mais modernas e sofisticadas, como um reator termonuclear, todas funcionam obedecendo basicamente a um mesmo esquema.

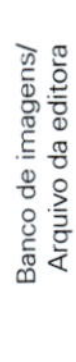


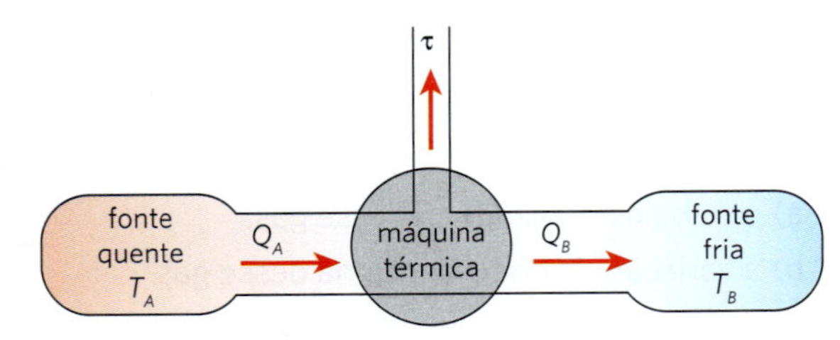


Representação esquemática do funcionamento de uma máquina térmica.

$$T_A > T_B$$

Há duas fontes térmicas, uma "quente" e outra "fria". Entre elas, coloca-se a máquina térmica. Um fluido operante, geralmente vapor de água, serve de veículo para a energia térmica que sai da fonte quente, passa pelo dispositivo intermediário, que utiliza parte dessa energia na realização do trabalho, e leva o restante para a fonte fria.

A quantidade de calor que chega à máquina térmica, vinda da fonte quente, geralmente pode ser obtida pela combustão de carvão, óleo, madeira ou mesmo por fissão nuclear. A conservação da energia garante que:

$$\tau = |Q_A| - |Q_B|$$

O trabalho realizado pela máquina térmica é igual à diferença entre os módulos do calor recebido ($Q_A$) da fonte quente e do calor rejeitado para a fonte fria ($Q_B$).

### A 2ª lei da Termodinâmica

O **rendimento** de uma máquina térmica é definido pela fração do calor recebido da fonte quente que é usada para a realização de trabalho:

$$\eta = \frac{\tau}{|Q_A|} = \frac{|Q_A| - |Q_B|}{|Q_A|}$$

$$\eta = 1 - \frac{|Q_B|}{|Q_A|}$$

É importante observar que a máquina térmica ideal seria aquela que tivesse um rendimento de 100% ($\eta = 1$). Para que isso se concretizasse, a quantidade de calor rejeitada para a fonte fria deveria ser nula ($Q_B = 0$). Na prática, isso é impossível, pois a energia térmica $Q_A$ somente sai da fonte quente devido à existência da fonte fria. Lembremos que calor é energia térmica em trânsito, que se transfere, espontaneamente, de um local de maior temperatura para outro de menor temperatura.

Dessa impossibilidade surgiu o enunciado de Kelvin-Planck para a **2ª lei da Termodinâmica**:

> É impossível construir uma máquina que, operando em transformações cíclicas, tenha como único efeito transformar completamente em trabalho a energia térmica recebida de uma fonte quente.

O fato de a energia térmica fluir da fonte quente para a fonte fria levou Rudolf Emmanuel Clausius, físico alemão que viveu de 1822 a 1888, a enunciar essa lei da Termodinâmica da seguinte forma:

> É impossível que uma máquina, sem ajuda de um agente externo, conduza calor de um sistema para outro que esteja a uma temperatura maior.

A consequência imediata desse enunciado é que o calor só pode passar de um sistema de menor temperatura para outro de maior temperatura se um agente externo realizar um trabalho sobre esse sistema, como nas máquinas frigoríficas.

### Descubra mais

**1** Em 1834, Jacob Perkins patenteou um compressor que podia solidificar água, produzindo gelo artificialmente. Desde então, vários outros dispositivos foram criados até que em 1850 John Gorrie apresentou publicamente a primeira geladeira. Você já parou para pensar em como funciona uma geladeira? Represente as transformações e conservações térmicas em um esquema relacionando uma geladeira a uma máquina térmica.

**Ampliando o olhar**

## Máquina térmica

O primeiro dispositivo que funcionava usando a força do vapor data do século I. Um estudioso de nome Heron (c. 10-c. 70), que viveu em Alexandria, Egito, deixou um esboço da primeira "máquina térmica" de que se tem notícia: a eolípila. Essa máquina era composta de uma esfera metálica e oca, suspensa por um cano, por meio do qual recebia vapor de uma caldeira. Nas laterais da esfera, encontravam-se dois canos em forma de L. O vapor entrava na esfera e saía por esses canos. Isso provocava o movimento de rotação do dispositivo.

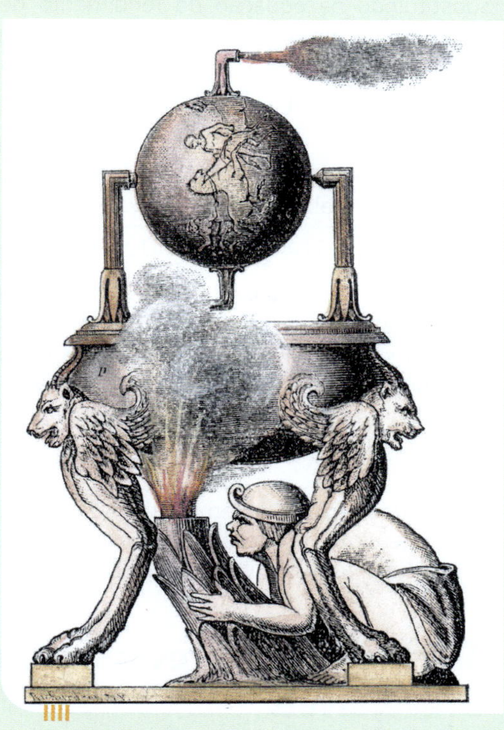

Granger/Fotoarena

A eolípila é um "motor" que não realizava trabalho e foi criado apenas como uma maneira de demonstrar a "força" do vapor. Gravura do século XIX.

Em 1712, Thomas Newcomen (1662-1729), nascido em Dartmouth, Inglaterra, mecânico de profissão, aperfeiçoou uma máquina inventada por seu sócio, Thomas Savery, para drenagem de água de minas subterrâneas. Essa máquina foi instalada com grande sucesso em minas de carvão em Staffordshire, na Grã-Bretanha, e, por quase cinquenta anos, foi utilizada para evitar a inundação das galerias subterrâneas da área. No entanto, esse dispositivo tinha o inconveniente de gastar muito combustível, sendo usado apenas quando os outros meios de drenagem não estavam em funcionamento.

Em 1765, coube ao engenheiro escocês James Watt (1736-1819) aperfeiçoar a máquina de pistão de Thomas Newcomen, criando um dispositivo mais econômico e prático.

Essa nova máquina a vapor passou a substituir as forças animal e humana no funcionamento das máquinas industriais, deflagrando o período histórico denominado Revolução Industrial, que transformou toda a estrutura social da Europa. Em 1830, funcionavam, só na Inglaterra, mais de 10 000 máquinas a vapor.

Science Museum/SSPL/Science and Society/Superstock/Glow Images

O watt (W), unidade de medida de potência, recebeu esse nome em homenagem a James Watt por suas contribuições para o desenvolvimento do motor a vapor. Retrato de James Watt, de Carl Frederick von Breda (óleo sobre tela, 1792).

Em 1814, o inglês George Stephenson (1781-1848) encontrou outra utilidade para as máquinas térmicas de Watt: movimentar uma locomotiva, revolucionando o transporte de pessoas e de bens produzidos pelas indústrias.

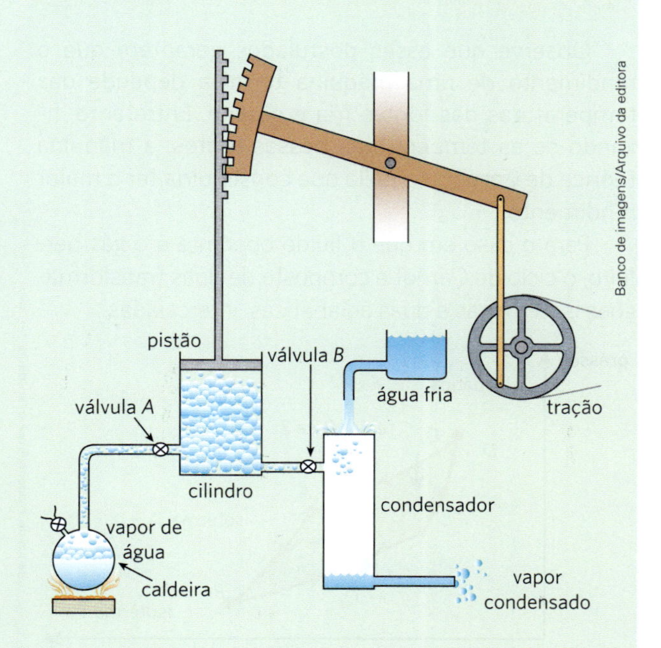


Banco de imagens/Arquivo da editora

Na figura, podemos observar um esquema que representa uma das primeiras máquinas térmicas idealizadas por James Watt. A água aquecida na caldeira entrava em ebulição e o vapor se expandia, provocando o movimento de um pistão que, acoplado a uma roda, desencadeava o movimento de um eixo. Várias máquinas industriais funcionavam ligadas a esse eixo e, assim, produziam os bens de consumo da época.

## O ciclo de Carnot

Até 1824, acreditava-se que uma máquina térmica poderia atingir o rendimento total (100%) ou algo próximo desse valor, isto é, que toda a energia térmica fornecida a uma máquina se transformaria integralmente, ou quase, em trabalho.

Coube ao jovem engenheiro francês Nicolas Léonard Sadi Carnot (1796-1832) demonstrar a impossibilidade desse rendimento. Ele propôs uma máquina térmica teórica, ideal, que funcionaria percorrendo um ciclo particular, denominado **ciclo de Carnot**. Esse dispositivo obedeceria a dois postulados estabelecidos por Carnot, antes mesmo do enunciado da 1ª lei da Termodinâmica. São eles:

### 1º postulado de Carnot

Nenhuma máquina operando entre duas temperaturas fixadas pode ter rendimento maior que a máquina ideal de Carnot operando entre essas mesmas temperaturas.

### 2º postulado de Carnot

Ao operar entre duas temperaturas, a máquina ideal de Carnot tem o mesmo rendimento, qualquer que seja o fluido operante.

Observe que esses postulados garantem que o rendimento de uma máquina térmica depende das temperaturas das fontes fria e quente. Entretanto, fixando-se as temperaturas dessas fontes, a máquina teórica de Carnot é aquela que conseguiria ter o maior rendimento.

Para o caso em que o fluido operante é o gás perfeito, o ciclo de Carnot é composto de duas transformações isotérmicas e duas adiabáticas, intercaladas.

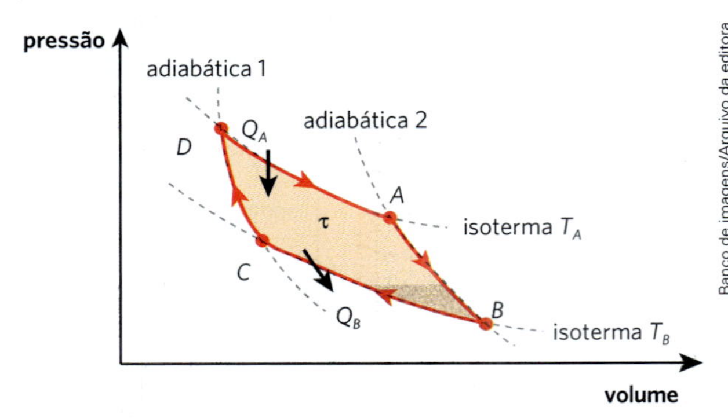


Ciclo de Carnot para gases perfeitos, limitado por duas isotermas e duas adiabáticas.

Na expansão isotérmica *DA*, o sistema realiza trabalho utilizando o calor $Q_A$ retirado da fonte quente. Na expansão adiabática *AB*, o sistema não troca calor, realizando trabalho com diminuição de energia interna e, portanto, de temperatura.

Na compressão isotérmica *BC*, o sistema rejeita $Q_B$ de calor para a fonte fria, utilizando o trabalho recebido.

Na compressão adiabática *CD*, o sistema não troca calor. Recebe trabalho, que serve para aumentar sua energia interna e, portanto, sua temperatura.

No ciclo de Carnot, os calores trocados ($Q_A$ e $Q_B$) e as temperaturas absolutas ($T_A$ e $T_B$) das fontes quente e fria são proporcionais, valendo a relação:

$$\frac{|Q_B|}{|Q_A|} = \frac{T_B}{T_A}$$

Substituindo na equação do rendimento de uma máquina térmica, obtemos, para a máquina de Carnot:

$$\eta = 1 - \frac{T_B}{T_A}$$

Considerando a temperatura da fonte fria ($T_B$) igual a zero Kelvin (zero absoluto), temos:

$$\boxed{\eta = 1} \text{ ou } \boxed{\eta(\%) = 100\%}$$

Entretanto, esse fato contraria a 2ª lei da Termodinâmica, que garante ser impossível um rendimento de 100% (pois sempre haverá energia sendo transferida para a fonte fria), o que nos leva a concluir que nenhum sistema físico pode estar no zero absoluto.

De qualquer forma, podemos dizer que:

O **zero absoluto** seria a temperatura da fonte fria de uma máquina ideal de Carnot, que operasse com rendimento de 100%.

## Transformações reversíveis e irreversíveis

Denomina-se transformação **reversível** aquela em que, após seu término, o sistema pode retornar às suas condições iniciais pelo mesmo caminho, isto é, passando pelos mesmos estados intermediários, na sequência inversa daquela ocorrida na transformação inicial, sem interferência externa. A transformação será **irreversível** se o processo não puder satisfazer às condições citadas.

Do exposto, podemos entender que a maioria dos processos naturais são irreversíveis, sendo o processo reversível apenas uma idealização teórica. Quando, por exemplo, misturamos dois gases diferentes, torna-se impossível voltar a separá-los sem uma intervenção externa. Quando provocamos a expansão livre de um gás, ele não voltará espontaneamente a ocupar as condições iniciais.

## Ampliando o olhar

# Motor térmico

No início do século XVIII, a indústria dependia da potência muscular de seus operários, de animais como o cavalo, da força do vento e de quedas-d'água. Com o aperfeiçoamento das máquinas a vapor, elas passaram a substituir em larga escala a força motriz existente, tornando mais ágeis e confiáveis o maquinário industrial e os navios. Também possibilitou a criação de alternativas de deslocamento por terra, como as locomotivas a vapor, capazes de transportar cargas e pessoas em grandes distâncias e mais rapidamente.

A partir da segunda metade do século XIX, uma nova revolução tecnológica se instalou com o advento dos motores térmicos. Neles, uma reação química produz a queima do combustível e os gases aquecidos empurram os pistões, transformando energia térmica em energia mecânica. Vários pesquisadores criaram projetos para o funcionamento de motores térmicos; no entanto, as tentativas de construção não lograram êxito. Coube ao alemão Nikolaus August Otto (1832-1891), em 1876, aperfeiçoar esses projetos e, de fato, construir tal motor.

Otto descobriu acidentalmente que era necessário adicionar ar em certa proporção ao combustível na fase de compressão. E eis que funcionou! O dispositivo desenvolvido por esse engenheiro passou a ser conhecido por **motor Otto**, e o ciclo termodinâmico que traduz seu funcionamento foi chamado de **ciclo de Otto**.

Surgia, assim, o motor térmico de quatro tempos.

Ao lado, apresentamos em um diagrama $p \times V$ (pressão *versus* volume) o ciclo ideal de Otto, que representa o funcionamento teórico dos quatro tempos do motor térmico.

O ciclo ideal é um pouco diferente do idealizado. Na prática, os processos são aproximados, ocorrendo interferências externas.

No esquema a seguir, é possível observar o que ocorre em cada pistão nas quatro etapas do ciclo.

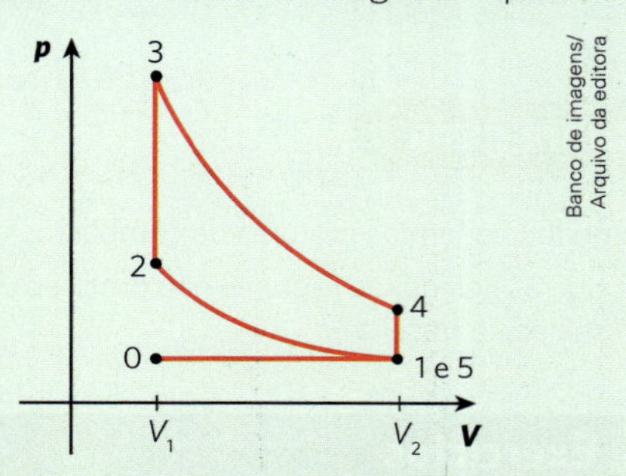


Diagrama pressão × volume do funcionamento teórico do motor de quatro tempos.

**1. Admissão** – processo isobárico 0 → 1. Nesta fase, o pistão desce, a válvula de admissão abre e uma mistura de combustível e ar é injetada na câmara interna.

**2. Compressão** – processo adiabático 1 → 2. As válvulas de admissão e exaustão são fechadas e o pistão sobe, comprimindo a mistura na câmara.

**3. Combustão e expansão** – processo isométrico 2 → 3, seguido de expansão adiabática 3 → 4. Quando o pistão atinge o ponto de compressão máxima, uma faísca elétrica é emitida por uma vela, provocando a explosão da mistura combustível-ar. Gases aquecidos empurram o pistão para baixo, expandindo a câmara interna do cilindro.

**4. Exaustão ou escape** – abertura da válvula de exaustão, 4 → 5, seguida de descompressão isobárica, 5 → 0. A válvula de escape é aberta, possibilitando a exaustão, isto é, a retirada dos gases formados na explosão.

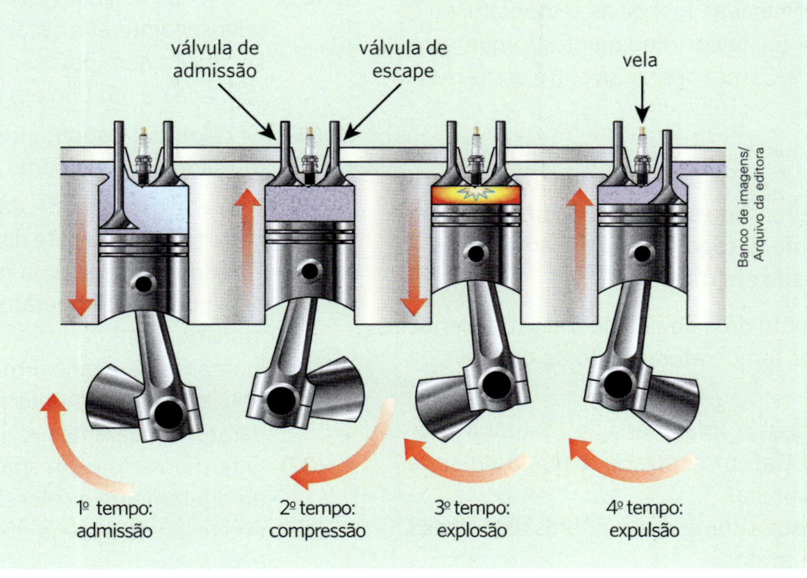

Os motores são constituídos basicamente por pistões móveis acoplados a um eixo de manivelas, que transmite o movimento dos pistões às rodas. Nos veículos atuais, os motores de combustão interna são, em sua quase totalidade, de dois tempos (motocicletas) ou de quatro tempos (automóveis, caminhões e ônibus), diferenciando-se apenas quanto ao combustível utilizado (etanol, gasolina, *diesel*, biodiesel, etc.).

Os motores térmicos permitiram também o surgimento da indústria automobilística. Desde os tempos de Henry Ford (1863-1947), essa indústria se expande e se sofistica.

Atualmente, a preocupação com o aumento da emissão de gases nocivos ao meio ambiente e com o esgotamento de recursos finitos (como os combustíveis fósseis) impulsionou o desenvolvimento de alternativas para os motores térmicos. No caso dos automóveis, a preocupação com o meio ambiente influenciou o desenvolvimento e a disseminação de automóveis híbridos e elétricos.

## Descubra mais

**1** Como funcionam os motores de combustão interna, de quatro tempos, utilizados nos automóveis?

**2** Por que as geladeiras *frost free* não precisam ser descongeladas? Por que elas não possuem a grade trocadora de calor em sua parte traseira?

## Exercícios

**30** (UFSC) No século XIX, o jovem engenheiro francês Nicolas L. Sadi Carnot publicou um pequeno livro – *Reflexões sobre a potência motriz do fogo e sobre os meios adequados de desenvolvê-la* –, no qual descrevia e analisava uma máquina ideal e imaginária, que realizaria uma transformação cíclica hoje conhecida como "ciclo de Carnot" e de fundamental importância para a Termodinâmica. Indique a(s) proposição(ões) correta(s) a respeito do ciclo de Carnot:

**(01)** O ciclo de Carnot consiste em duas transformações adiabáticas, alternadas com duas transformações isotérmicas.

**(02)** Nenhuma máquina térmica que opere entre duas determinadas fontes, às temperaturas $T_1$ e $T_2$, pode ter maior rendimento do que uma máquina de Carnot operando entre essas mesmas fontes.

**(04)** Uma máquina térmica, operando segundo o ciclo de Carnot entre uma fonte quente e uma fonte fria, apresenta um rendimento igual a 100%, isto é, todo o calor a ela fornecido é transformado em trabalho.

**(08)** O rendimento da máquina de Carnot depende apenas das temperaturas da fonte quente e da fonte fria.

**(16)** Por ser ideal e imaginária, a máquina proposta por Carnot contraria a segunda lei da Termodinâmica.

Dê como resposta a soma dos números associados às afirmações corretas.

**31** (Vunesp) O ciclo de Carnot, de importância fundamental na Termodinâmica, é constituído de um conjunto de transformações definidas. Num diagrama ($p$, $V$), você esboçaria esse ciclo usando:

**a)** uma isotérmica, uma isobárica, uma adiabática e uma isocórica (isovolumétrica).

**b)** duas isotérmicas e duas adiabáticas.

**c)** duas isobáricas e duas isocóricas (isovolumétricas).

**d)** duas isobáricas e duas isotérmicas.

**e)** uma isocórica (isovolumétrica), uma isotérmica e uma isobárica.

**32** Leia as afirmações com atenção:

**(01)** A 1ª lei da Termodinâmica pode ser traduzida pela seguinte afirmação: "A energia não pode ser criada nem destruída, mas somente transformada de um tipo em outro".

**(02)** O calor flui espontaneamente de um corpo mais frio para um corpo mais quente.

**(04)** A energia interna de dada massa de um gás perfeito não depende da temperatura do gás.

**(08)** O rendimento de uma máquina de Carnot independe das temperaturas da fonte fria e da fonte quente.

**(16)** É impossível transformar calor em trabalho utilizando apenas duas fontes de calor a temperaturas diferentes.

**(32)** O termômetro é um aparelho destinado a medir diretamente o calor de um corpo.

Dê como resposta a soma dos números associados às afirmações corretas.

**33** (UEL-PR) No gráfico abaixo está representada a evolução de um gás ideal segundo o ciclo de Carnot.

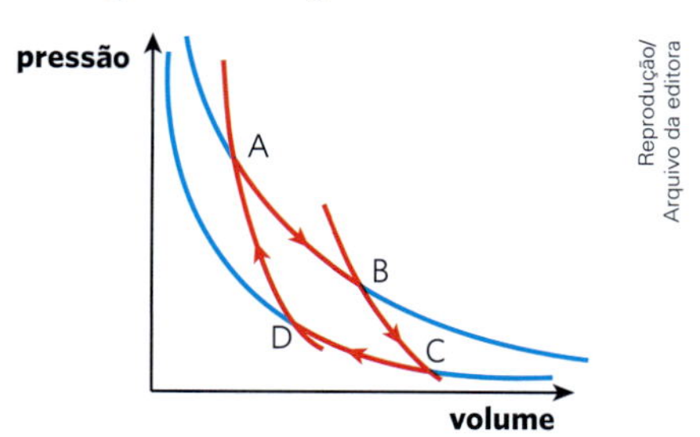


Com relação ao comportamento do gás, é correto afirmar:

a) A temperatura no ponto *A* é maior que no ponto *B*.

b) No trajeto *BC*, o gás cedeu calor para a fonte fria.

c) No trajeto *DA*, o trabalho realizado é negativo.

d) A temperatura no ponto *C* é maior que no ponto *B*.

e) No trajeto *CD*, o gás recebeu calor.

**34** Uma máquina térmica teórica opera entre duas fontes térmicas, executando o ciclo de Carnot. A fonte fria encontra-se a 127 °C e a fonte quente, a 427 °C. Qual o rendimento percentual dessa máquina?

**Resolução:**

O rendimento de uma máquina que executa o ciclo de Carnot é dado por:

$$\eta = 1 - \frac{T_B}{T_A}$$

em que $T_A$ é a temperatura absoluta da fonte quente e $T_B$, a da fonte fria.

Sendo:

$T_B = 127\ °C = 400\ K$

$T_A = 427\ °C = 700\ K$

Substituindo na expressão, obtemos

$$\eta = 1 - \frac{400}{700} = \frac{3}{7} \cong 0{,}43$$

$$\boxed{\eta\ (\%) \cong 43\%}$$

**35** Uma máquina térmica, teórica, opera entre duas fontes de calor, executando o ciclo de Carnot. A fonte fria encontra-se à temperatura de 6 °C e a fonte quente, a 347 °C. Qual é o maior rendimento teórico dessa máquina?

**36** Na leitura de uma revista técnica, um aluno encontrou um artigo que descrevia uma máquina térmica utilizada em uma empresa. Essa máquina operava entre duas fontes térmicas de temperaturas 327 °C e 27 °C, realizando um trabalho equivalente a 200 J, a cada 1000 J recebidos da fonte quente. Como ele estava estudando na escola a parte de Termodinâmica, calculou o rendimento dessa máquina e achou um pouco baixo. Lembrou-se da máquina de Carnot e calculou o novo rendimento que ela teria se pudesse funcionar segundo o ciclo de Carnot. Percentualmente, qual o novo rendimento (teórico)?

**37** (Udesc) Uma máquina a vapor foi projetada para operar entre duas fontes térmicas, a fonte quente e a fonte fria, e para trabalhar segundo o ciclo de Carnot. Sabe-se que a temperatura da fonte quente é de 127 °C e que a máquina retira, a cada ciclo, 600 J desta fonte, alcançando um rendimento máximo igual a 0,25. O trabalho realizado pela máquina, por ciclo, e a temperatura da fonte fria são, respectivamente:

a) 240 J e 95 °C

b) 150 J e 27 °C

c) 15 J e 95 °C

d) 90 J e 27 °C

e) 24 J e 0 °C

**38** (CPAEN-RJ) Uma máquina de Carnot, operando inicialmente com rendimento igual a 40%, produz um trabalho de 10 joules por ciclo. Mantendo-se constante a temperatura inicial da fonte quente, reduziu-se a temperatura da fonte fria de modo que o rendimento passou para 60%. Com isso, o módulo da variação percentual ocorrida no calor transferido à fonte fria, por ciclo, é de

a) 67%

b) 60%

c) 40%

d) 33%

e) 25%

**39** Uma geladeira retira, por segundo, 1000 kcal do congelador, enviando para o ambiente 1200 kcal. Considere 1 kcal = 4,2 kJ. Qual a potência do compressor da geladeira?

**40** (UFV-MG) Em um refrigerador ideal, o dissipador de calor (serpentina traseira) transferiu $5{,}0 \cdot 10^5$ J de energia térmica para o meio ambiente, enquanto o compressor produziu $3{,}0 \cdot 10^5$ J de trabalho sobre o fluido refrigerante.

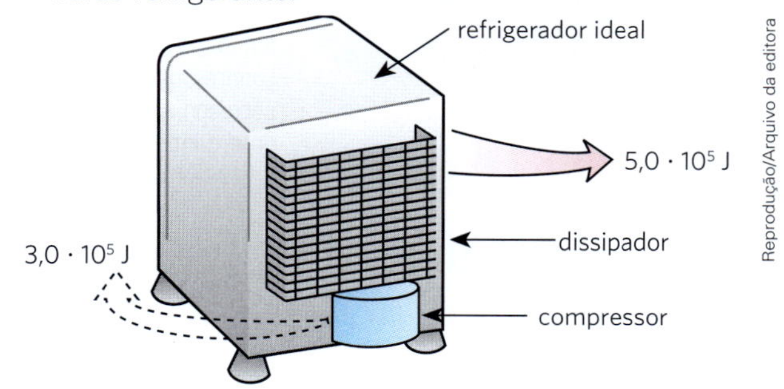


Calcule:

a) a quantidade de calor retirada da câmara interna;

b) o rendimento do sistema de refrigeração.

UNIDADE

# Ondulatória

Nos relógios de pêndulo, como o da Torre do Relógio de Londres (Elizabeth Tower), as oscilações de um sistema massa-mola determinam a marcação do tempo. Assim como nesses relógios, os fenômenos ondulatórios são fundamentais para o funcionamento de diversos equipamentos que utilizamos cotidianamente, como o forno de micro-ondas, o aparelho de TV e até os *smartphones*. **Ondulatória** é a parte da Física que estuda as oscilações, a produção e a propagação de ondas em geral, sejam elas de natureza mecânica, sejam de natureza eletromagnética. Trata também dos fenômenos determinados por movimentos oscilatórios.

lunamarina/Shutterstock

Big Ben é o nome do maior sino da Elizabeth Tower, em Londres, que toca a cada hora. Suas badaladas correspondem à nota mi. A ondulatória é necessária para determinar as oscilações do sistema de pesos e para descrever a propagação dos sons emitidos pelos sinos.

## Nesta unidade:

# Ondas

Este capítulo favorece o desenvolvimento da seguinte habilidade:

EM13CNT103

## Introdução

Ondas de vários tipos estão presentes em nossa vida. Quando vemos objetos, por exemplo, nossos órgãos visuais estão sendo sensibilizados por ondas luminosas. Devido às limitações do nosso sistema visual, outras ondas do mesmo tipo da luz não podem ser vistas – como as ondas utilizadas nas telecomunicações (ondas de rádio, ondas de televisão e micro-ondas para comunicação via satélite). De modo similar, nosso sistema auditivo nos permite captar algumas ondas sonoras, mas, dependendo da frequência, não percebemos outras ondas mecânicas, como o ultrassom.

PaweA Aniszewski/Thinkstock/Getty Images

Esta imagem só pode ser vista devido à existência de ondas luminosas.

Além da luz e do som, que são as ondas que mais percebemos no nosso dia a dia, podemos encontrar outras, como as ondas formadas na superfície da água quando nela cai alguma coisa, ou aquelas que aparecem em uma corda esticada quando sacudimos uma de suas extremidades.

Todas essas ondas, e as que você estudará adiante, possuem algo em comum: são energias que se propagam através de um meio.

**Atenção**: a energia se propaga, porém o meio não acompanha essa propagação, qualquer que seja a onda em estudo.

## Ondas mecânicas e ondas eletromagnéticas

De acordo com sua natureza (características físicas), as ondas classificam-se em dois grupos: **ondas mecânicas** e **ondas eletromagnéticas**.

### Ondas mecânicas

Ondas mecânicas são deformações que se propagam em meios elásticos. Esse fenômeno ocorre apenas em meios materiais, pois as ondas mecânicas necessitam de partículas para se propagar. Isso significa que elas nunca se propagam no vácuo.

A propagação de uma onda mecânica através de um meio material envolve o transporte de energia cinética e de energia potencial mecânica e depende de dois fatores fundamentais: a **inércia** e a **elasticidade** do meio.

**Onda mecânica** é a propagação de energia através de partículas de um meio material, sem que essas partículas sejam transportadas. Uma onda mecânica nunca se propaga no vácuo.

O alto-falante, por exemplo, é um dispositivo utilizado para produzir ondas mecânicas longitudinais (ondas sonoras, no caso) a partir de impulsos elétricos.

Ilustração esquemática de um alto-falante.

CJT/Zapt

### Ondas eletromagnéticas

As ondas eletromagnéticas são formadas por dois campos variáveis, um elétrico e outro magnético, que se propagam. Essa propagação pode ocorrer no vácuo e em determinados meios materiais.

**Ondas eletromagnéticas** constituem um conjunto de dois campos, um elétrico e outro magnético, que se propagam no vácuo com velocidade aproximada de 300 000 km/s. Em meios materiais, quando ocorre propagação, a velocidade é menor que 300 000 km/s.

Observe, na representação esquemática a seguir, que os campos citados são perpendiculares entre si e, ainda, perpendiculares à direção de propagação da onda.

CJT/Zapt

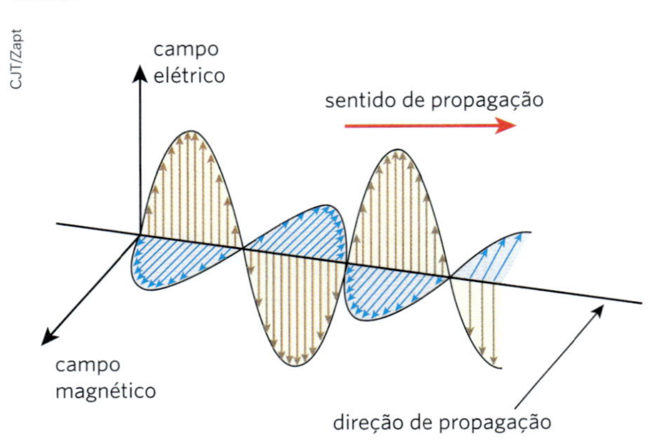


## Ondas longitudinais, ondas transversais e ondas mistas

Em uma propagação ondulatória, as vibrações podem ocorrer em direção idêntica à da propagação ou em direção perpendicular à dela. Em função disso, as ondas são classificadas em **longitudinais** e **transversais**. Em alguns casos, as vibrações ocorrem nas duas direções, tratando-se, então, de ondas **mistas**.

### Ondas longitudinais

São ondas mecânicas que produzem perturbações nas partículas do meio material na mesma direção em que se propagam.

Como exemplo, considere uma mola elástica disposta horizontalmente:

Banco de imagens/Arquivo da editora

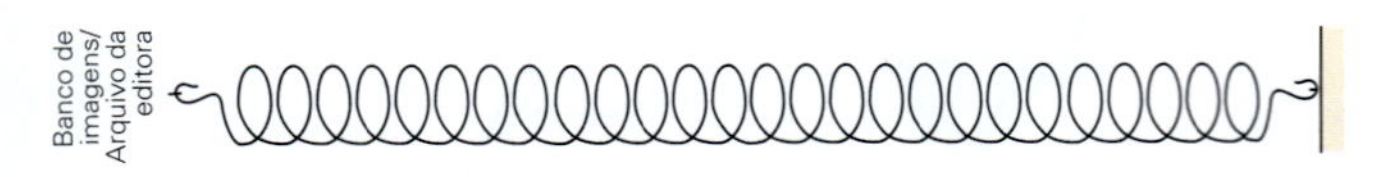

Se fizermos uma rápida compressão na extremidade esquerda da mola, a compressão se propagará para a direita.

Note que as partículas da mola oscilam horizontalmente, na mesma direção em que a onda se propaga.

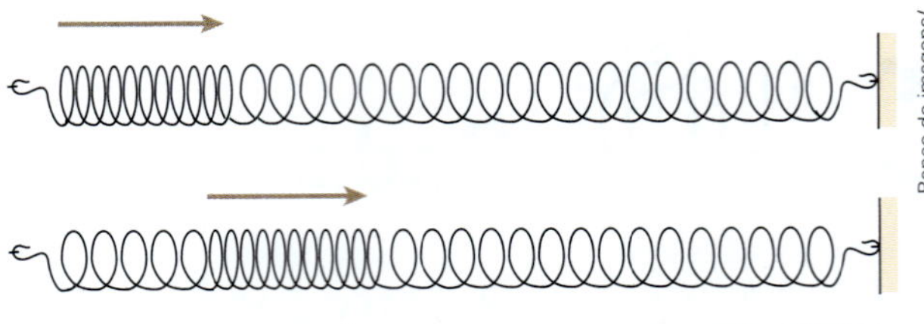

Banco de imagens/Arquivo da editora

Os sons, quando se propagam em meios fluidos (líquidos, gases e vapores), são ondas longitudinais.

### Ondas transversais

São ondas em que as vibrações ocorrem perpendicularmente à direção de propagação.

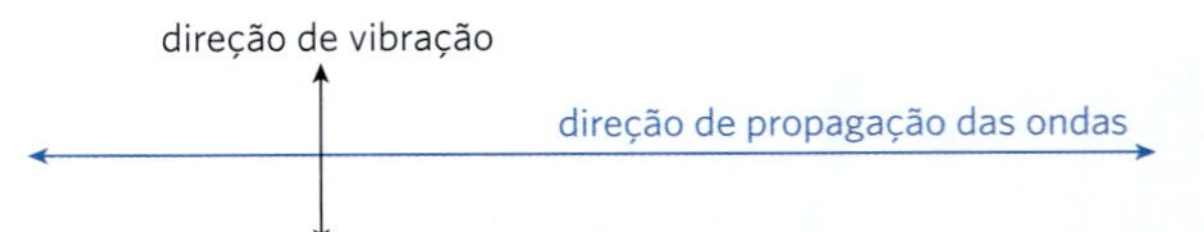


Banco de imagens/Arquivo da editora

Como exemplo, considere uma corda esticada disposta horizontalmente:

Banco de imagens/Arquivo da editora

Se sacudirmos a extremidade esquerda da corda, surge um pulso que se propaga ao longo dela, dirigindo-se para a direita.

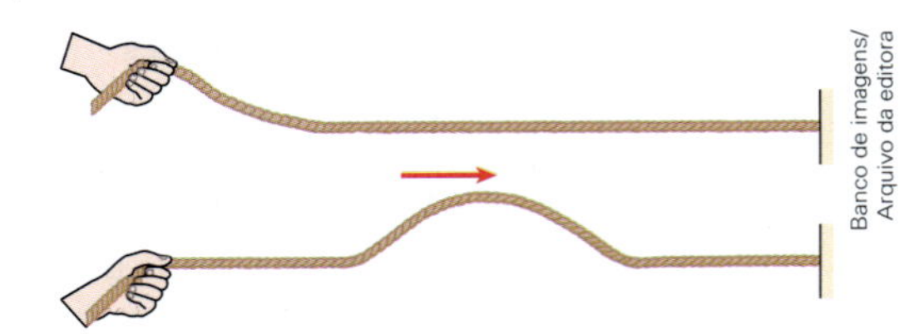

Banco de imagens/Arquivo da editora

Esse pulso provoca um movimento vertical de sobe e desce nos pontos da corda atingidos. O movimento de sobe e desce ocorre perpendicularmente à direção de propagação do pulso, como podemos observar na ilustração.

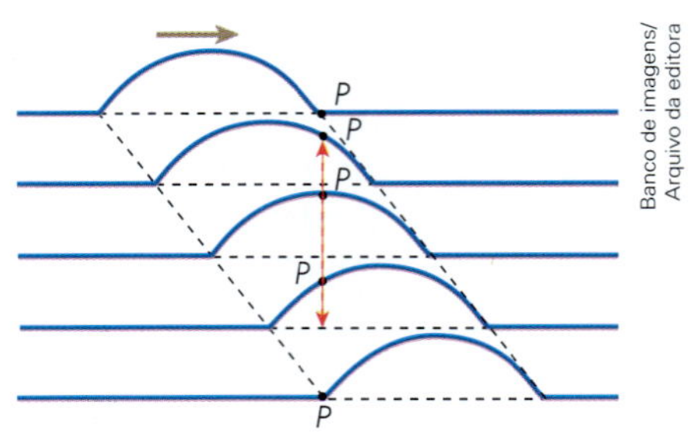


Banco de imagens/Arquivo da editora

As ondas eletromagnéticas são constituídas de dois campos variáveis (um elétrico e outro magnético), perpendiculares entre si e perpendiculares à direção de propagação das ondas. Dizemos, então, que elas são **transversais**. As perturbações eletromagnéticas que atingem os pontos de um meio, no vácuo ou não, são sempre **perturbações transversais**.

## Ondas mistas

São ondas mecânicas constituídas de vibrações transversais e longitudinais simultâneas.

Quando uma partícula de um meio material é atingida por uma perturbação mista, ela oscila simultaneamente na direção de propagação e na direção perpendicular à de propagação.

## Frente de onda e raio de onda

Em uma propagação, podemos observar três tipos distintos de ondas:

- **unidimensionais**: propagam-se em uma única dimensão. Por exemplo, ondas em cordas;
- **bidimensionais**: propagam-se em duas dimensões, isto é, num plano. Por exemplo, ondas em superfície de líquidos;
- **tridimensionais**: propagam-se em três dimensões. Por exemplo, ondas luminosas e ondas sonoras no ar.

No estudo das ondas bidimensionais e tridimensionais, são úteis os conceitos de frente de onda e de raio de onda.

> **Frente de onda** é a fronteira entre a região já atingida pela onda e a região ainda não atingida.
> **Raio de onda** é uma linha orientada que tem origem na fonte de ondas e é perpendicular às frentes de onda. Os raios de onda indicam a direção e o sentido de propagação das ondas num meio.

Entre as ondas bidimensionais que se propagam na superfície de líquidos, destacam-se as ondas circulares, cujas frentes de onda são circunferências, e as ondas retas, cujas frentes são segmentos de reta.

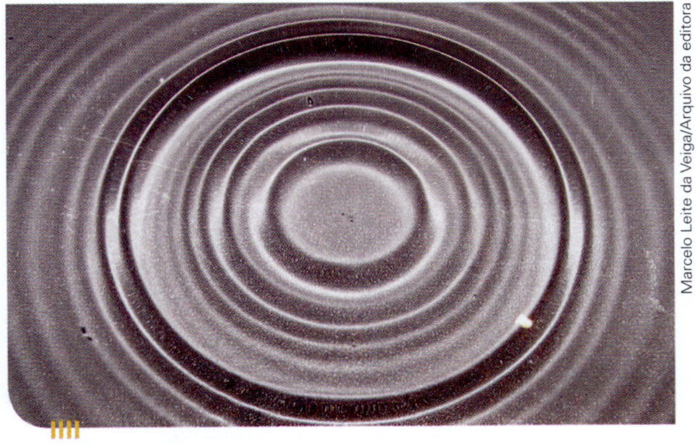


Ondas circulares geradas na superfície do líquido.

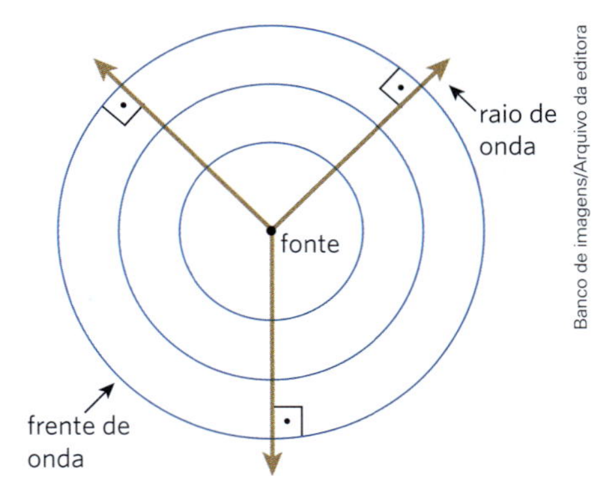


Representação esquemática de ondas circulares que se propagam na superfície de um líquido.

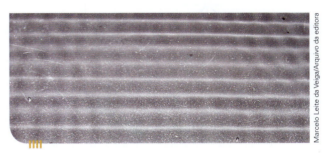


Ondas planas geradas na superfície do líquido.

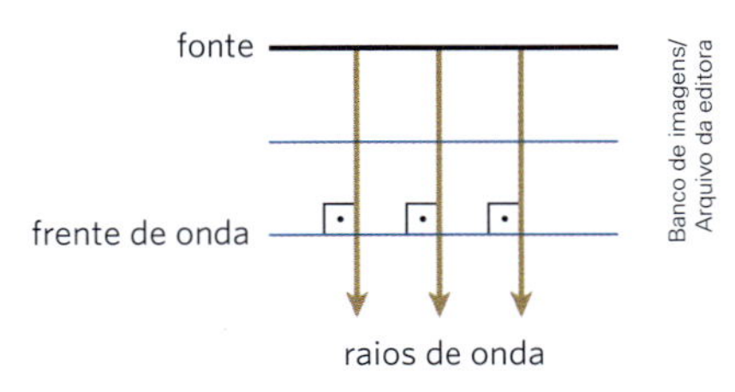


Representação esquemática de ondas planas que se propagam na superfície de um líquido.

Entre as ondas tridimensionais (como o som e a luz) que se propagam no espaço, destacam-se aquelas cujas frentes de onda são esféricas ou planas.

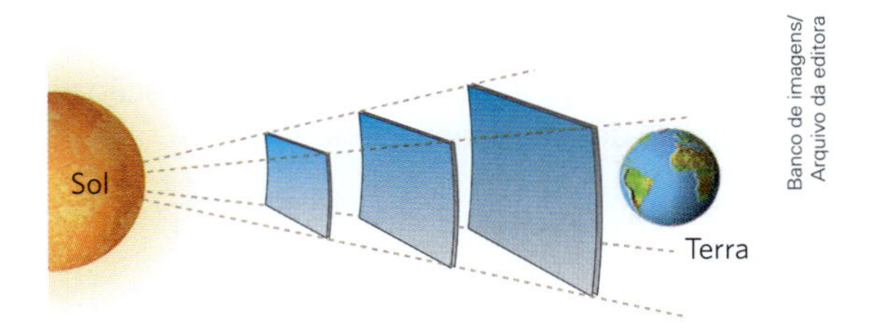


Elementos representados com tamanhos e distâncias não proporcionais entre si e em cores fantasia.

A luz emitida pelo Sol se propaga pelo espaço em frentes de onda esféricas.

## Onda polarizada

A polarização de uma onda transversal ocorre quando ela é “filtrada”, permitindo apenas a passagem das vibrações que ocorrem em uma mesma direção que a previamente estabelecida pelo polarizador.

Observe que é possível gerar vibrações transversais em todas as direções, mas só vão passar pela placa de madeira (polarizador) aquelas que ocorrem na direção estabelecida pela fenda.

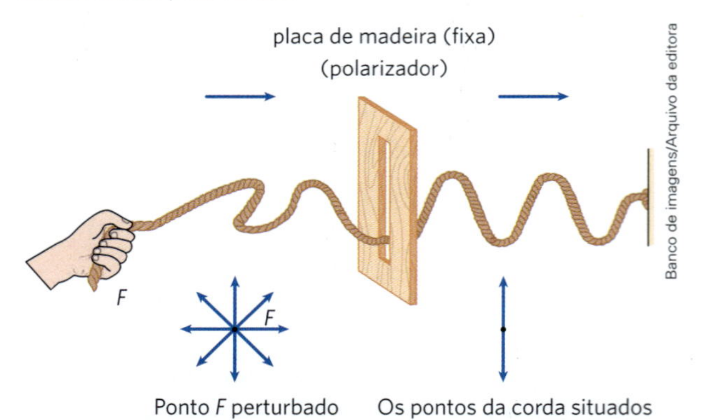


Ponto $F$ perturbado transversalmente em várias direções.

Os pontos da corda situados depois do polarizador só podem vibrar no mesmo plano da fenda.

As ondas que se propagam após a fenda são denominadas **ondas polarizadas**.

Apenas ondas transversais podem ser polarizadas.

A luz, que é uma onda transversal, pode ser polarizada utilizando-se uma lâmina especial (polarizador). Ondas longitudinais, como o som nos fluidos, não podem ser polarizadas.

## Movimento periódico e movimento oscilatório

Vamos ver, generalizadamente, os significados de um movimento **periódico** e de um movimento **oscilatório**.

### Movimento periódico

Um movimento é **periódico** quando a posição, a velocidade e a aceleração do móvel (estado cinemático) se repetem em intervalos de tempo iguais. O movimento elíptico de translação de um planeta em relação ao Sol é um exemplo de movimento periódico.

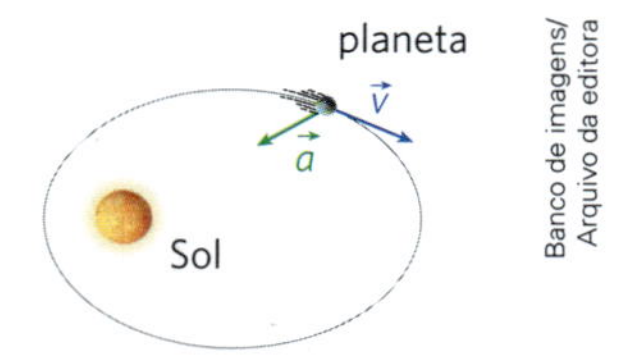


Elementos representados com tamanhos e distâncias não proporcionais entre si e em cores fantasia.

A cada volta que o planeta completa a partir da posição indicada na figura, sua posição, sua velocidade vetorial ($\vec{v}$) e sua aceleração vetorial ($\vec{a}$) repetem-se.

Também são exemplos de movimentos periódicos o movimento de rotação da Terra e os realizados pelos ponteiros de um relógio.

O intervalo de tempo necessário para que ocorra uma repetição do movimento é denominado **período** do movimento ($T$). Assim, se ocorrerem $n$ repetições do movimento num intervalo de tempo $\Delta t$, seu período será:

$$T = \frac{\Delta t}{n} \qquad \text{(I)}$$

O período pode ser medido em qualquer unidade de tempo. No SI, sua unidade é o segundo (s).

Outra grandeza a ser destacada num movimento periódico é sua **frequência** ($f$), que corresponde ao número de vezes que esse movimento se repete na unidade de tempo. Assim, ocorrendo $n$ repetições do movimento no intervalo de tempo $\Delta t$, sua frequência será:

$$f = \frac{n}{\Delta t} \qquad \text{(II)}$$

Comparando as expressões (I) e (II), temos:

$$f = \frac{1}{T}$$

Essa relação de proporcionalidade inversa entre frequência e período já era esperada. De fato, quanto maior for o intervalo de tempo decorrido até acontecer uma repetição do movimento (maior período), menor será a quantidade de repetições ocorridas em uma unidade de tempo (menor frequência).

A unidade de frequência, no SI, é o hertz (Hz). A frequência de 1 Hz significa que o movimento se repete uma vez por segundo.

1 Hz = 1 hertz = 1 repetição/s

### Movimento oscilatório

Movimento **oscilatório** (ou vibratório) é o movimento em que algo realiza sucessivos vaivéns, percorrendo a mesma trajetória em torno de um ponto de equilíbrio. Cada vaivém é uma oscilação (ou ciclo).

As cordas do violão são um exemplo de sistema mecânico que realiza movimento oscilatório.

Certos movimentos oscilatórios e periódicos, descritos por funções horárias harmônicas (funções seno ou cosseno), são denominados **movimentos harmônicos simples** (**MHS**). É o caso de um corpo oscilando suspenso a uma mola ideal, desprezando-se a influência do ar:

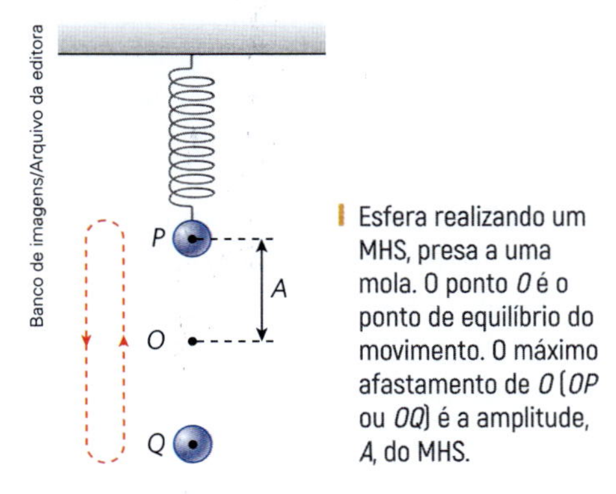


Esfera realizando um MHS, presa a uma mola. O ponto *O* é o ponto de equilíbrio do movimento. O máximo afastamento de *O* (*OP* ou *OQ*) é a amplitude, *A*, do MHS.

## Grandezas físicas associadas às ondas

As principais grandezas físicas associadas às ondas são: **amplitude** (*A*), **período** (*T*), **frequência** (*f*) e **comprimento de onda** (λ). A imagem a seguir representa a propagação de ondas em uma corda disposta horizontalmente.

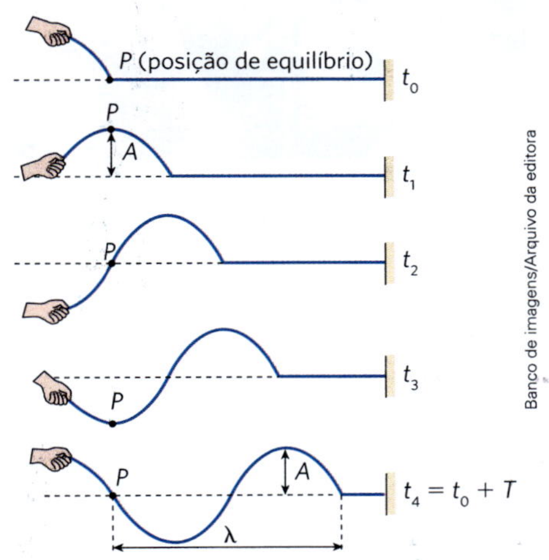


Supondo que não haja dissipação de energia na propagação, observamos que essas ondas fazem cada ponto da corda oscilar verticalmente, repetindo o movimento harmônico simples original. O ponto *P*, por exemplo, oscila com a mesma amplitude *A* do movimento harmônico simples (MHS) que gerou as ondas.

O valor de *A* é denominado **amplitude da onda**. Ele permanece constante ao longo da corda quando a propagação é conservativa (não há dissipação de energia) e diminui ao longo da corda quando a propagação é dissipativa (caso real, em que parte da energia da onda se dissipa). Se duas ondas diferem apenas na amplitude e se propagam no mesmo meio, a mais intensa (mais forte) é aquela que tem maior amplitude.

Note que de $t_0$ a $t_4$ o ponto *P* completa uma oscilação (um ciclo). Assim, o intervalo de tempo de $t_0$ a $t_4$ é o período do MHS do ponto *P*, também denominado **período da onda** (*T*).

O número de oscilações executadas pelo ponto *P* na unidade de tempo é denominado **frequência da onda** (*f*). Convém notar que a frequência de uma onda é sempre igual à frequência da fonte que a originou e se mantém constante durante toda a existência dessa onda.

Como vimos, a unidade de frequência no SI é o hertz (Hz), valendo a relação:

$$f = \frac{1}{T}$$

É importante observar que, durante um período *T* da onda – correspondente a uma oscilação completa do ponto *P* –, ela avança uma determinada distância, a que chamamos **comprimento de onda**. Na figura a seguir, essa distância é indicada pela letra grega λ (lambda).

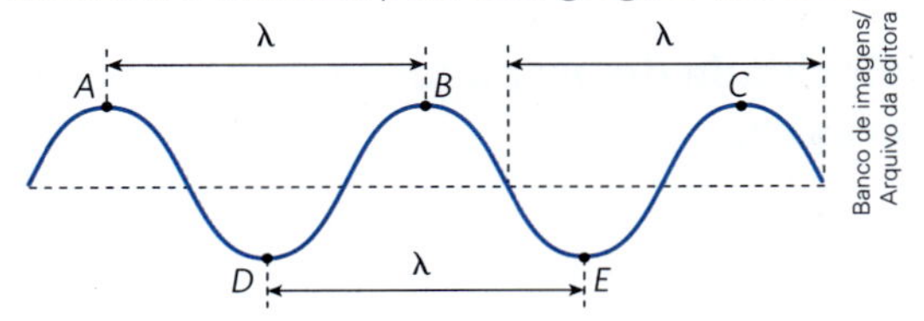


Os pontos *A*, *B* e *C* são denominados **cristas** da onda, enquanto os pontos *D* e *E* são chamados **vales** ou **depressões** da onda. Observe que a distância entre duas cristas consecutivas ou entre dois vales consecutivos também é igual a λ.

Analogamente, nas ondas longitudinais, o comprimento de onda é a distância entre os centros de duas compressões ou de duas rarefações sucessivas.

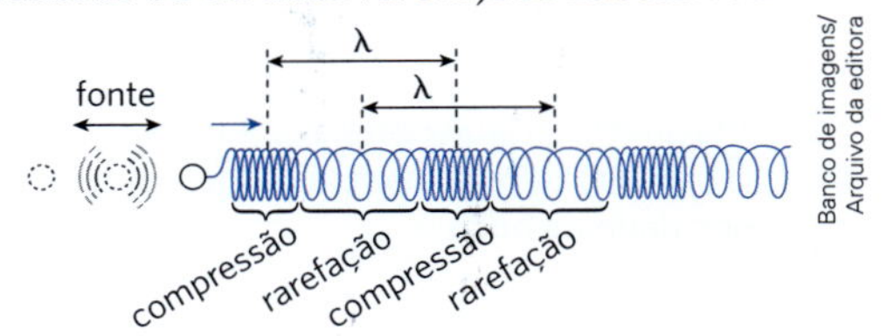


### Concordância e oposição de fase

O comprimento de onda também pode ser conceituado como a distância entre dois pontos consecutivos que vibram em **concordância de fase**, isto é, que apresentam a mesma elongação e se movem no mesmo sentido, em qualquer instante.

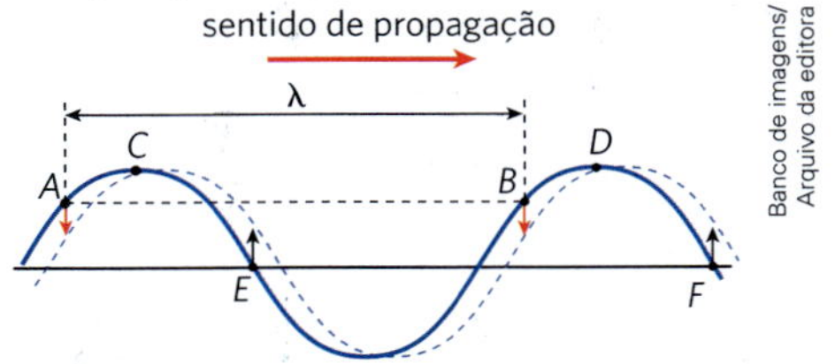


Os pontos *A* e *B* apresentam a mesma elongação e se movem no mesmo sentido (ambos estão descendo).

Por isso, dizemos que os pontos $A$ e $B$ estão em concordância de fase, sendo $\lambda$ a distância entre eles. Também estão em concordância de fase os pontos $C$ e $D$ e os pontos $E$ e $F$. Portanto, $CD = EF = AB = \lambda$.

Dizemos que dois pontos vibram em oposição de fase quando apresentam elongações opostas e se movem em sentidos também opostos.

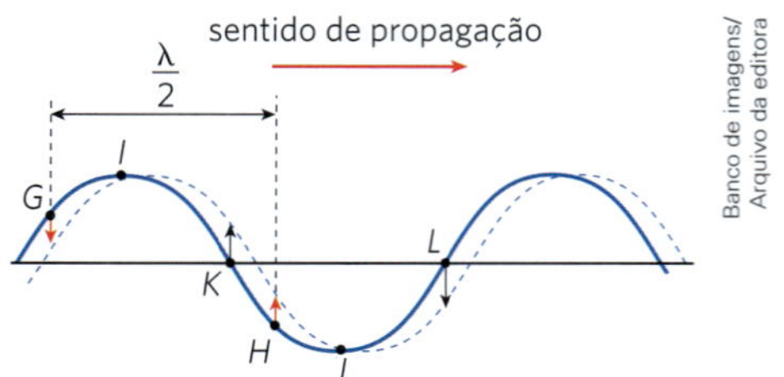


Os pontos $G$ e $H$ vibram em oposição de fase, o mesmo ocorrendo com $I$ e $J$ e com $K$ e $L$. A "distância" entre dois pontos consecutivos em oposição de fase é $\frac{\lambda}{2}$ (ver figura acima).

## Velocidade de propagação de uma onda periódica

Num meio homogêneo, a velocidade de propagação ($v$) de uma onda é constante, seja ela mecânica, seja ela eletromagnética, valendo a relação:

$$v = \frac{d}{\Delta t} \Rightarrow v = \frac{\lambda}{T}$$

Como $f = \frac{1}{T}$, temos: $v = \lambda f$

Essa relação é fundamental e se aplica à propagação de todas as ondas.

> **Nota**
> Para simplificar a linguagem, toda vez que nos referirmos ao módulo da velocidade da onda, usaremos apenas **velocidade da onda**.

## O som

O som é constituído de um conjunto de ondas mecânicas que podem ser percebidas pelo sistema auditivo dos seres humanos e de muitos outros animais.

A velocidade de propagação das ondas sonoras depende das condições do meio em que se propagam. No ar, a 15 °C, a velocidade do som é de aproximadamente 340 m/s; na água, de 1500 m/s; e nos sólidos pode variar de 3 000 m/s a 6 000 m/s, dependendo da rigidez desse meio.

O sistema auditivo humano é sensível às ondas sonoras que tenham frequência entre 20 Hz e 20 000 Hz, aproximadamente. Esse intervalo varia de pessoa para pessoa e de acordo com a idade de cada um.

Se a frequência for menor que 20 Hz, essa onda será denominada **infrassom**. Se a frequência da onda for maior que 20 000 Hz, ela será chamada de **ultrassom**. Ultrassons e infrassons não são ouvidos por seres humanos. Porém, alguns ultrassons podem ser ouvidos por animais, como o cachorro, o golfinho ou o morcego.

O uso de ultrassom é muito comum na Medicina. Como exemplo, podemos citar as primeiras "fotografias" de um bebê. Nesse caso, ondas sonoras com frequência acima de 20 000 Hz são enviadas através do abdômen da gestante. Essas ondas refletem no feto e originam sinais que, captados por um dispositivo apropriado, produzem imagens em um monitor de vídeo. Os pais recebem o resultado dos exames com as primeiras "fotografias" do bebê.

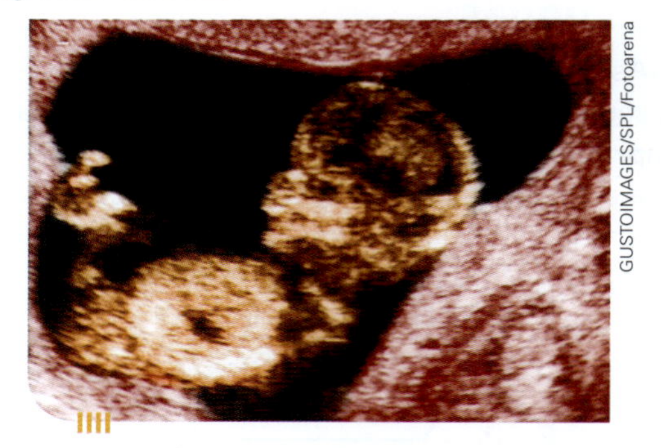


Fotografia (colorida artificialmente) mostrando a ultrassonografia de um feto de três meses e meio.

## A luz

A luz, que é uma onda eletromagnética, só pode sensibilizar nosso sistema visual se tiver sua frequência compreendida entre $4 \cdot 10^{14}$ Hz e $8 \cdot 10^{14}$ Hz, aproximadamente. Nessa faixa, na ordem crescente de frequências, encontramos as cores vermelha, alaranjada, amarela, verde, azul, anil e violeta, que formam as sete cores principais que observamos no arco-íris.

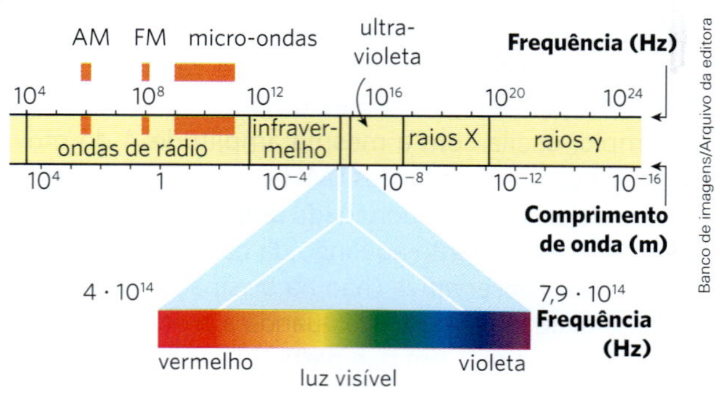


Esquema do espectro eletromagnético, com a localização aproximada das faixas de frequência das principais ondas eletromagnéticas.

As frequências logo abaixo dos $4 \cdot 10^{14}$ Hz são denominadas **infravermelhas** e as logo acima dos $8 \cdot 10^{14}$ Hz, **ultravioleta**.

A diferença entre as ondas eletromagnéticas, que podemos "enxergar" (luz visível), e as ondas de rádio, por exemplo, está principalmente na frequência. A propagação de todas as ondas eletromagnéticas se faz no vácuo a uma velocidade próxima de 300 000 km/s. Em meios materiais, essa propagação é feita a velocidades menores, e os valores dependem do meio transparente e da frequência da onda.

## Efeito Doppler

O **efeito Doppler** é um fenômeno físico caracterizado pela alteração do comprimento de onda e frequência de uma onda devido ao movimento relativo entre a fonte e um observador. O nome é uma homenagem ao físico austríaco Johann Christian Doppler (1803-1853), que descreveu esse fenômeno em 1842.

### Efeito Doppler com ondas sonoras

O efeito Doppler com ondas sonoras pode ser facilmente identificado no nosso cotidiano. Por exemplo, quando um automóvel com motor ruidoso ou com sirene passa por nós, percebemos o som emitido por ele com frequências diferentes ao se aproximar e se afastar. Na aproximação o som oriundo do automóvel sensibiliza nosso sistema auditivo com frequência maior (o som percebido é mais agudo) e, no afastamento do carro, a frequência percebida é menor (o som percebido é mais grave). O automóvel parado emite um som de frequência intermediária entre os citados.

ZRyzner/Shutterstock

Ao assistir a uma corrida em um autódromo, o barulho do motor é diferente quando o automóvel está se aproximando e se afastando do público.

Podemos definir o efeito Doppler da seguinte maneira:

> O **efeito Doppler** é a alteração na frequência percebida por um observador/receptor causada pela aproximação ou pelo afastamento relativo entre a fonte da onda e o observador/receptor.

A expressão dada a seguir possibilita obter a frequência da onda sonora percebida pelo observador:

$$f_O = f\left(\frac{v \pm v_O}{v \pm v_F}\right)$$

em que $f_O$ é a frequência aparente percebida pelo observador, $f$ é a frequência do som emitido pela fonte sonora, $v$ é a velocidade do som no ar, $v_O$ é a velocidade escalar do observador em relação à Terra, e $v_F$ é a velocidade escalar da fonte sonora em relação à Terra. Os sinais das velocidades são obtidos a partir da convenção a seguir:

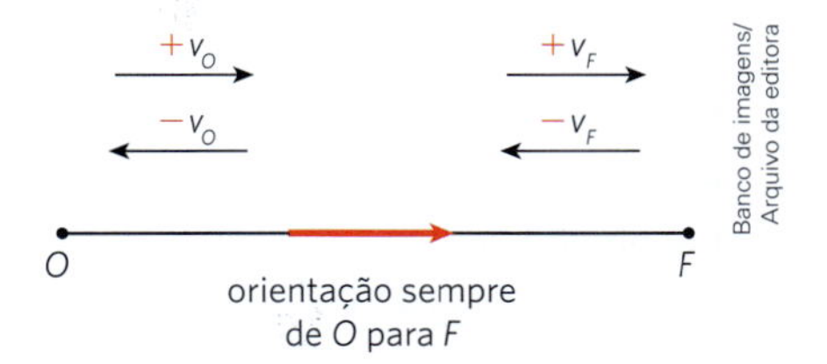


Banco de imagens/Arquivo da editora

### Efeito Doppler com ondas eletromagnéticas (luz)

Com ondas eletromagnéticas, o efeito Doppler foi descoberto em 1848 pelo francês Hippolyte Fizeau (1819-1896). Por isso esse fenômeno é também chamado de **efeito Doppler-Fizeau**.

O efeito Doppler com ondas eletromagnéticas é o princípio de funcionamento de alguns tipos de radar. Instalados em ruas ou rodovias, eles podem medir a velocidade de objetos por meio da reflexão de ondas eletromagnéticas emitidas pelo próprio aparelho.

Outra aplicação do efeito Doppler é na localização de um automóvel ou de um avião por meio de GPS (sigla em inglês para Sistema de Posicionamento Global). Quando eles estão em movimento, é necessário realizar uma correção da frequência recebida pelo aparelho, já que existe um movimento relativo entre o satélite e o móvel.

Nos exemplos anteriores, as velocidades relativas envolvidas são pequenas quando comparadas à velocidade da luz no vácuo, não sendo, portanto, necessário considerar efeitos relativísticos. No entanto, quando observamos estrelas e galáxias, as velocidades características são grandes, sendo necessárias correções relativísticas. Assim, quando a luz de uma estrela que está a milhões de anos-luz da Terra é observada, notamos no seu espectro um desvio para o vermelho (*redshift*) quando a estrela está se afastando de nós; e, quando está se aproximando, observamos um desvio para o azul (*blueshift*). Esse é o chamado **efeito Doppler relativístico**. A expressão matemática para calcular as frequências aparentes nesse caso inclui as correções introduzidas pela teoria da relatividade especial. Veremos no Capítulo 21 como o *redshift* foi utilizado para mostrar que o Universo está em expansão.

## Exercícios

**1** A figura representa um trecho de uma onda que se propaga a uma velocidade de 300 m/s.

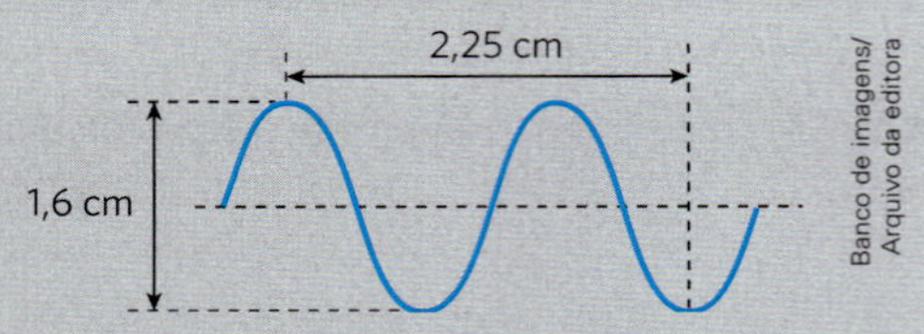


Banco de imagens/ Arquivo da editora

Para essa onda, determine:

**a)** a amplitude;

**b)** o comprimento de onda;

**c)** a frequência;

**d)** o período.

**Resolução:**

**a)** A amplitude ($A$) é a distância entre o nível de referência (linha horizontal tracejada) e a crista da onda.

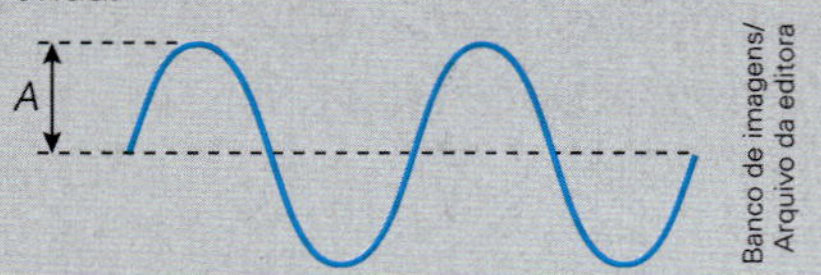


Banco de imagens/ Arquivo da editora

Assim:

$$A = \frac{1,6}{2}\ \text{cm}$$

$$\boxed{A = 0,80\ \text{cm}}$$

**b)** O comprimento de onda ($\lambda$) é a distância entre duas cristas (ou dois vales) consecutivos.

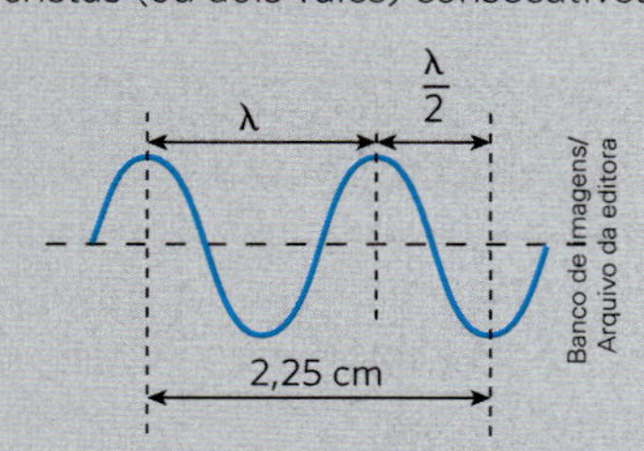


Banco de imagens/ Arquivo da editora

Assim: $\lambda + \frac{\lambda}{2} = 2,25 \Rightarrow 1,5\lambda = 2,25$

Logo: $\boxed{\lambda = 1,5\ \text{cm}}$

**c)** Usando a **equação da propagação das ondas**, temos:

$v = \lambda f$

$300 = 1,5 \cdot 10^{-2} \cdot f \therefore \boxed{f = 20000\ \text{Hz} = 20\ \text{kHz}}$

**d)** O período de uma onda é o inverso da sua frequência.

$$T = \frac{1}{f} \Rightarrow T = \frac{1}{20000}\ \text{s} \Rightarrow \boxed{T = 5,0 \cdot 10^{-5}\ \text{s}}$$

**Respostas:** a) 0,80 cm; b) 1,5 cm; c) 20 kHz; d) $5,0 \cdot 10^{-5}$ s.

**2** Por que é impossível ouvirmos, aqui na Terra, uma explosão solar?

**3** Quando uma onda se propaga de um local para outro, necessariamente ocorre:

**a)** transporte de energia.

**b)** transformação de energia.

**c)** produção de energia.

**d)** movimento de matéria.

**e)** transporte de matéria e energia.

**4** Das ondas citadas a seguir, qual delas não é onda eletromagnética?

**a)** Infravermelho.

**b)** Radiação gama.

**c)** Ondas luminosas.

**d)** Ondas de rádio.

**e)** Ultrassom.

**5** No vácuo, todas as ondas eletromagnéticas têm:

**a)** mesma frequência.

**b)** mesma amplitude.

**c)** mesmo comprimento de onda.

**d)** mesma quantidade de energia.

**e)** mesma velocidade de propagação.

**6** Dos tipos de onda citados a seguir, qual é longitudinal?

**a)** Ondas em cordas tensas.

**b)** Ondas em superfície da água.

**c)** Ondas luminosas.

**d)** Ondas eletromagnéticas.

**e)** Ondas sonoras propagando-se no ar.

**7** Analise as afirmativas:

**I.** Toda onda mecânica é sonora.

**II.** As ondas de rádio, na faixa de FM (frequência modulada), são transversais.

**III.** Abalos sísmicos são ondas mecânicas.

**IV.** O som é sempre uma onda mecânica, em qualquer meio.

**V.** As ondas de rádio AM (Amplitude Modulada) são mecânicas.

São verdadeiras:

**a)** I, II e III.

**b)** I, III e V.

**c)** II, III e IV.

**d)** III, IV e V.

**e)** I, IV e V.

**8** (Unesp-SP) Uma das características que diferem ondas transversais de ondas longitudinais é que apenas as ondas transversais podem ser:

a) polarizadas.
b) espalhadas.
c) refletidas.
d) refratadas.
e) difratadas.

**9** (UFU-MG) O Efeito Doppler recebe esse nome em homenagem ao físico austríaco Johann Christian Doppler que o propôs em 1842. As primeiras medidas experimentais do efeito foram realizadas por Buys Ballot, na Holanda, usando uma locomotiva que puxava um vagão aberto com vários trompetistas que tocavam uma nota bem definida. Considere uma locomotiva com um único trompetista movendo-se sobre um trilho horizontal da direita para a esquerda com velocidade constante. O trompetista toca uma nota com frequência única $f$. No instante desenhado na figura, cada um dos três observadores detecta uma frequência em sua posição. Nesse instante, a locomotiva passa justamente pela frente do observador $D_2$.

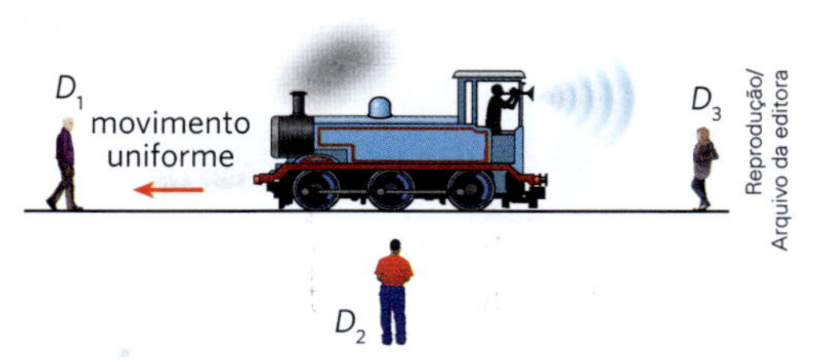


Analise as afirmações abaixo sobre os resultados da experiência.

I. O som percebido pelo detector $D_1$ é mais agudo que o som emitido e escutado pelo trompetista.
II. A frequência medida pelo detector $D_1$ é menor que $f$.
III. As frequências detectadas por $D_1$ e $D_2$ são iguais e maiores que $f$, respectivamente.
IV. A frequência detectada por $D_2$ é maior que a detectada por $D_3$.

Assinale a alternativa que apresenta as afirmativas corretas.

a) Apenas I e IV.
b) Apenas II.
c) Apenas II e IV.
d) Apenas III.

## Velocidade de propagação de ondas transversais em cordas tensas

Considerando uma corda de massa $m$ e comprimento $L$, temos que a densidade linear $\delta$ (massa da corda por unidade de comprimento) dessa corda é a razão entre sua massa $m$ e seu comprimento $L$.

$$\delta = \frac{m}{L}$$ Unidade no SI: kg/m

Podemos constatar que, na propagação de um pulso transversal ou de uma onda periódica transversal, a velocidade $v$ depende apenas de dois fatores: densidade linear ($\delta$) da corda e intensidade da força tensora ($F$) a que ela está submetida. A velocidade de propagação pode ser obtida pela **fórmula de Taylor**:

$$v = \sqrt{\frac{F}{\delta}}$$

### Energia mecânica na propagação da onda

A propagação ondulatória sempre envolve uma transmissão de energia. No caso das ondas na corda, essa energia, que é mecânica, apresenta-se parte sob a forma de energia cinética e parte sob a forma de energia potencial elástica.

A energia cinética está na massa da corda, que naquele instante está em movimento, subindo ou descendo. A energia potencial está na parte da corda que apresenta deformação, pois a corda é um corpo elástico.

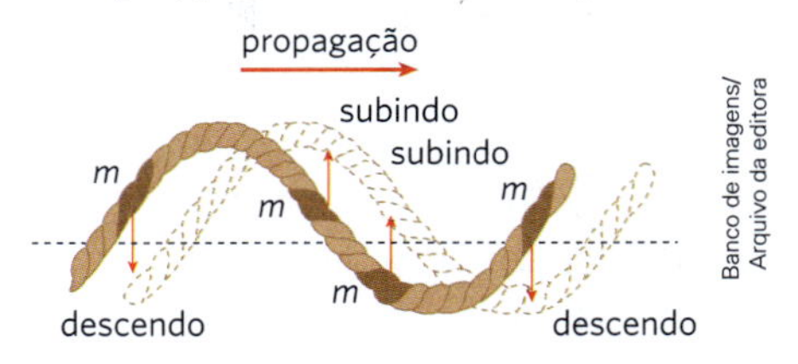


Um pequeno pedaço de massa $m$ da corda, em cada instante, está subindo ou descendo.

## Reflexão

Dos fenômenos que podem ocorrer com a luz no nosso dia a dia, o mais comum é a **reflexão**. Excluindo-se os corpos que emitem luz (fontes primárias de luz), todos os outros podem ser observados por causa da reflexão da luz em sua superfície.

Uma onda que se propaga em um meio sofre **reflexão** quando, após incidir num segundo meio de características diferentes, volta a se propagar no meio original.

A reflexão não modifica o comprimento de onda e a frequência da onda refletida.

Jakich/Thinkstock/Getty Images

As ondas luminosas, provenientes do Sol, refletem nas paredes da construção, incidem na superfície do lago e voltam a se propagar no ar.

## Reflexão de ondas transversais em cordas

A reflexão de pulsos ou de ondas transversais nas extremidades de cordas pode ocorrer de duas maneiras. Veja a seguir.

**1ª) Em extremidade fixa:**

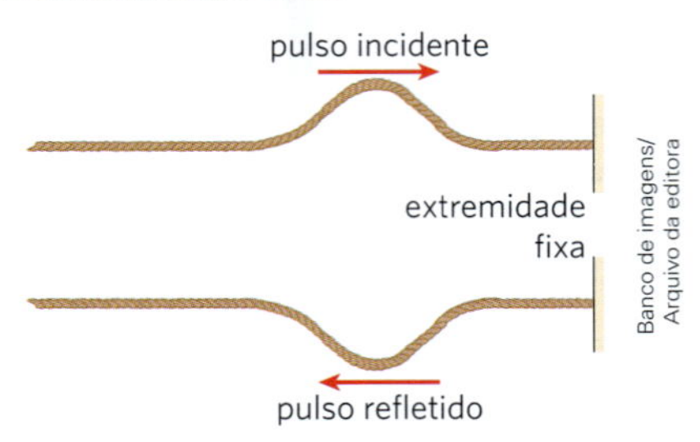


Pulso refletido invertido em relação ao pulso incidente. Diz-se, então, que o pulso refletido está em oposição de fase em relação ao pulso incidente.

**2º) Em extremidade livre:**

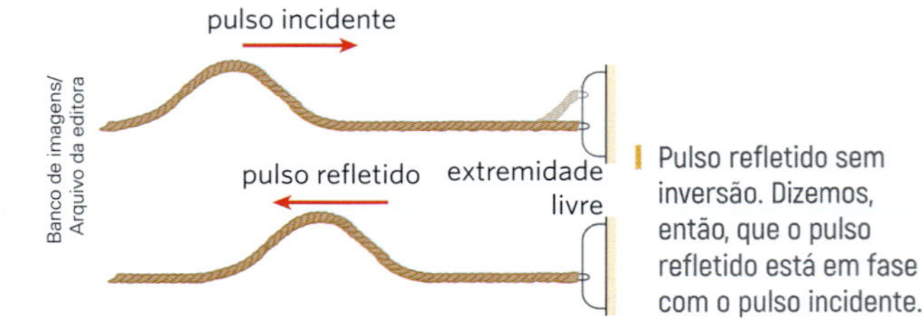


Pulso refletido sem inversão. Dizemos, então, que o pulso refletido está em fase com o pulso incidente.

## Reflexão de ondas que se propagam na superfície de líquidos

As reflexões de ondas bidimensionais e tridimensionais podem ser representadas por seus raios de onda ou pelas próprias frentes de onda.

Usando raios de onda como representação, obtemos a figura a seguir, que é útil para a apresentação das duas leis que regem a reflexão de qualquer tipo de onda.

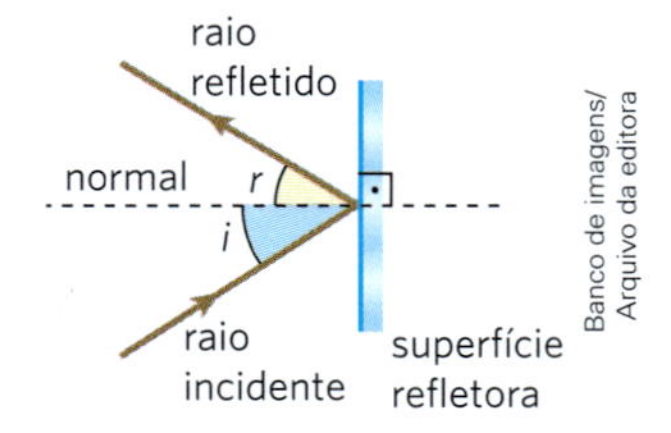


**1ª lei da reflexão**

O raio incidente, o raio refletido e a reta normal à superfície refletora no ponto de incidência estão contidos sempre em um mesmo plano (são coplanares).

**2ª lei da reflexão**

O ângulo formado pelo raio incidente e a normal (ângulo de incidência *i*) e o ângulo formado pelo raio refletido e a mesma normal (ângulo de reflexão *r*) são sempre de mesma medida: $i = r$.

# Refração

Outro fenômeno ondulatório muito comum é a chamada refração, quando uma onda muda de meio.

Chama-se **refração** de uma onda a passagem dessa onda de um meio para outro, de características diferentes.

Qualquer que seja o tipo de onda, sua frequência não se altera na refração. No entanto, devido à mudança de meio, a velocidade se modifica, o mesmo ocorrendo com o comprimento de onda. A onda refratada está sempre em fase com a onda incidente. Isso é válido para todos os tipos de ondas.

É de verificação experimental que a velocidade de propagação de ondas na superfície de um líquido pode depender da profundidade do local. Observa-se que o módulo da velocidade diminui quando as ondas passam de regiões profundas para regiões rasas (aquelas cujas profundidades são menores que o comprimento de onda dessas ondas ou comparáveis a ele). Dessa forma, meios de diferentes profundidades podem ser considerados diferentes meios de propagação. Ondas que se propagam na superfície da água, por exemplo, sofrem refração quando passam de uma região profunda para uma rasa ou de uma região rasa para uma profunda.

De modo simplificado, o fenômeno da refração pode ser representado esquematicamente da seguinte maneira:

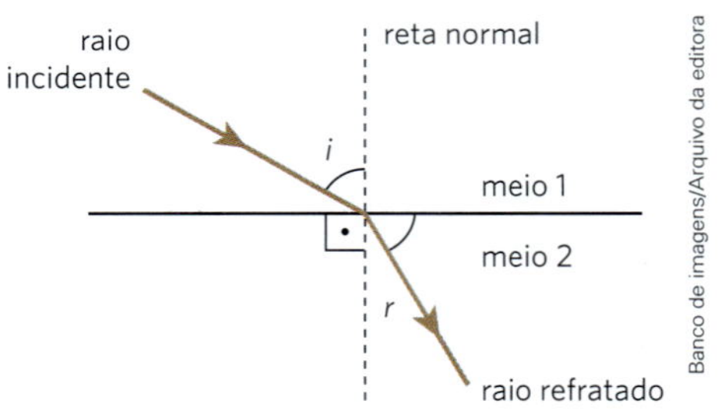


em que:

*i* é o ângulo de incidência ($\theta_1$); e

*r* é o ângulo de refração ($\theta_2$).

A refração de ondas obedece a duas leis, apresentadas a seguir.

**1ª lei da refração**

O raio incidente, a normal à fronteira no ponto de incidência e o raio refratado estão contidos no mesmo plano (são coplanares).

**2ª lei da refração**

Também denominada **lei de Snell**, a 2ª lei da refração é expressa pela relação:

$$\frac{\text{sen}\,\theta_1}{\text{sen}\,\theta_2} = \frac{v_1}{v_2} = \frac{\lambda_1}{\lambda_2}$$

## Refração e reflexão de ondas transversais em cordas

A refração e a reflexão de ondas transversais em cordas tensas podem ser facilmente visualizadas e também obedecem às regras básicas da refração e da reflexão.

Considere duas cordas de densidades lineares diferentes emendadas.

**1º caso:** densidade linear da corda *B* é maior que a da corda *A*.

> **Nota**
> Em ambos casos, os pulsos incidente e refletido têm velocidades de mesmo módulo $v_A$, enquanto o pulso que sofreu refração tem velocidade de módulo $v_B$.

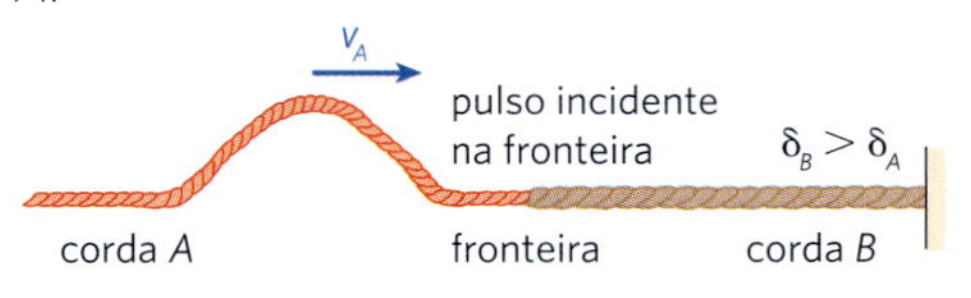


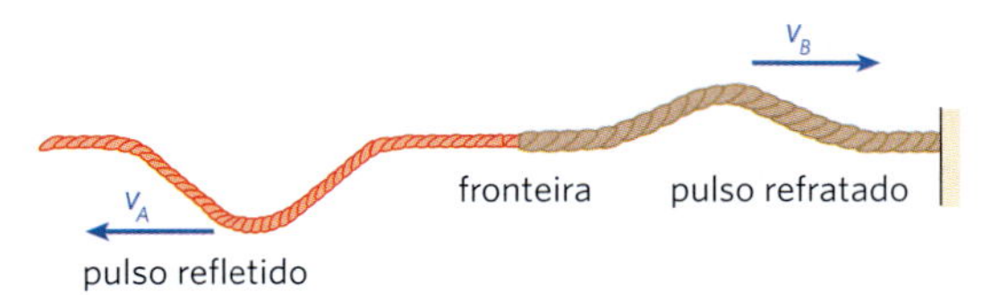


Parte da onda é refratada e parte é refletida. A parte refletida apresenta-se como pulso refletido em oposição de fase em relação ao pulso incidente.

Lembrando que $v = \sqrt{\frac{F}{\delta}}$, concluímos que $\mathbf{v_B}$ **é menor que** $\mathbf{v_A}$, pois $\delta_B > \delta_A$.

**2º caso:** densidade linear da corda *B* é menor do que a da corda *A*.

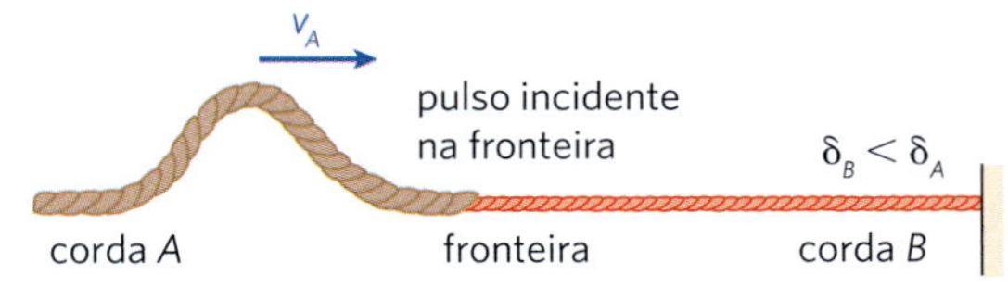


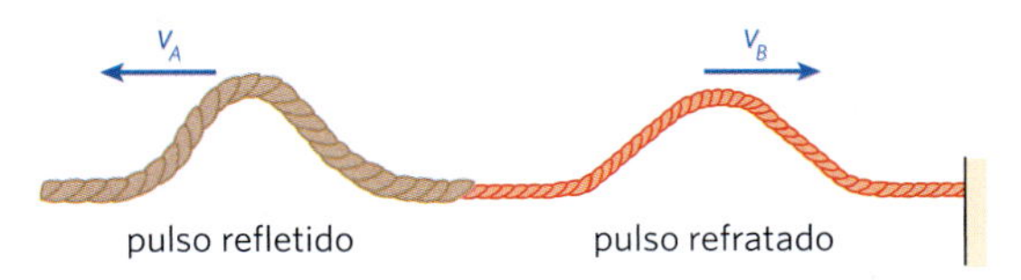


Como sempre, o pulso refratado está em fase com o pulso incidente . Temos que $\mathbf{v_B}$ **é maior que** $\mathbf{v_A}$, pois $\delta_B < \delta_A$. Note que, nesse caso, o pulso refletido também está **em fase** com o pulso incidente.

## Exercícios

**10** Uma corda homogênea de 2,5 m de comprimento e 2,0 kg de massa está submetida a uma força tensora de 80 N. Suas extremidades são fixadas e produz-se na corda uma perturbação. Determine:

**a)** a densidade linear da corda;

**b)** a velocidade de propagação da onda na corda.

**Resolução:**

**a)** A densidade linear de uma corda homogênea é dada pela relação: $\delta = \frac{m}{L}$

Como $m = 2{,}0$ kg e $L = 2{,}5$ m, temos:

$$\delta = \frac{2{,}0 \text{ kg}}{2{,}5 \text{ m}} \Rightarrow \boxed{\delta = 0{,}80 \text{ kg/m}}$$

**b)** A velocidade de propagação da onda na corda tensa é determinada por:

$$v = \sqrt{\frac{F}{\delta}} \Rightarrow v = \sqrt{\frac{80}{0{,}8}}$$

Logo: $\boxed{v = 10 \text{ m/s}}$

**Respostas**: a) 0,80 kg/m; b) 10 m/s.

**11** Uma corda homogênea de densidade linear igual a 0,50 kg/m está tracionada com uma força de intensidade *F*. Uma perturbação aplicada na corda produz uma onda que se propaga por ela com velocidade de 6,0 m/s. Qual é a intensidade *F* da força?

**12**

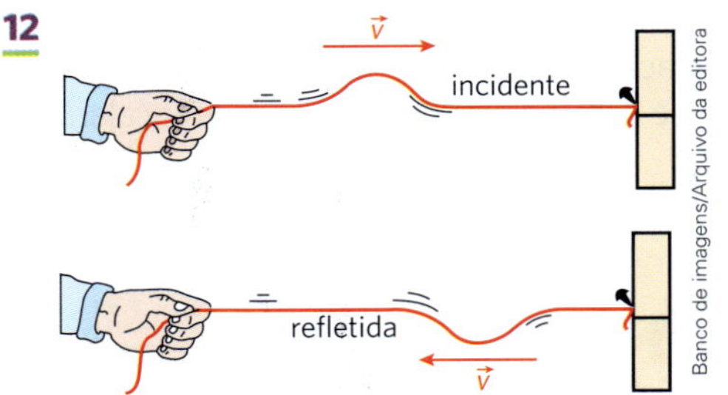


Um pulso, em uma corda de extremidade fixa, ao refletir, sofre inversão de fase. Observe a figura acima. O fato de ocorrer inversão na fase do pulso está ligado:

**a)** à 1ª lei de Newton.

**b)** ao princípio da conservação da energia.

**c)** à 3ª lei de Newton.

**d)** ao princípio da conservação da quantidade de movimento.

**e)** à lei de Coulomb.

**13** Uma corda horizontal tem uma de suas extremidades fixada a uma parede. Na extremidade livre, produz-se uma onda, que se propaga ao longo da corda:

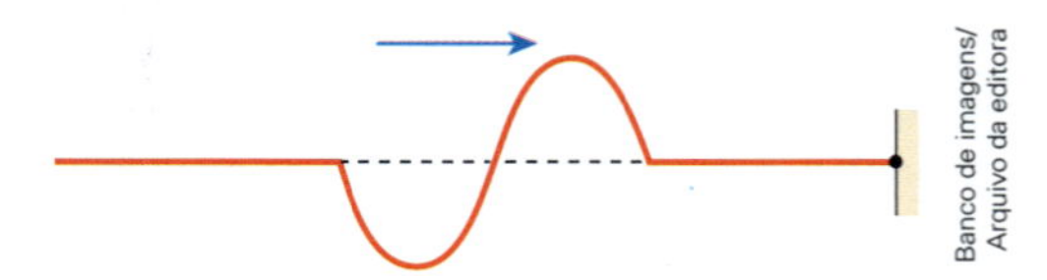


Qual o aspecto da corda logo após a reflexão do pulso na extremidade fixa?

**14** Um pulso triangular é produzido na extremidade *A* de uma corda *AB*, de comprimento $L = 5{,}0$ m, cuja outra extremidade *B* é livre. Inicialmente, o pulso se propaga de *A* para *B* com velocidade constante *v*. A figura *a* representa o perfil da corda no instante *t* segundos e a figura *b*, o perfil da corda no instante $(t + 7)$ segundos.

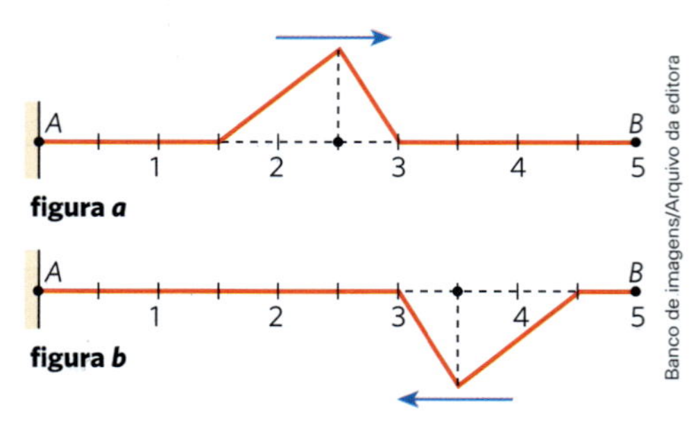


Determine a velocidade (*v*) de propagação da onda, admitindo que a configuração de *b* esteja ocorrendo pela primeira vez após o instante *t*.

**15** (Vunesp-SP) Uma corda elástica e homogênea tem uma de suas extremidades presa a uma parede fixa e é mantida esticada, em repouso, por uma pessoa que a segura pela outra extremidade, conforme a figura 1. A partir dessa situação inicial, a pessoa faz sua mão oscilar verticalmente por 1,5 s, tempo necessário para que a corda assuma a configuração representada na figura 2. Nessa situação, uma onda se estabelece na corda, propagando-se para a direita com velocidade escalar *v*.

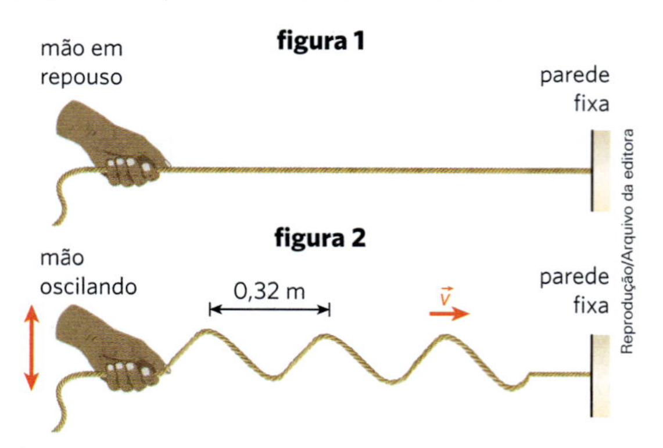


É correto afirmar que *v* tem módulo, em m/s, igual a

a) 0,16.
b) 0,20.
c) 0,32.
d) 0,64.
e) 0,45.

**16** Analise as proposições:

I. A refração ocorre quando uma onda atravessa a superfície de separação de dois meios, passando a se propagar no segundo meio.
II. Na refração, a frequência da onda não se altera.
III. Na refração, a velocidade de propagação da onda pode ou não variar.
IV. Na refração, a direção de propagação da onda pode mudar ou não.
V. Na refração, ocorre inversão de fase na onda.

Podemos afirmar que:

a) todas as afirmativas são verdadeiras.
b) todas as afirmativas são falsas.
c) apenas I, II e IV são verdadeiras.
d) apenas I e V são verdadeiras.
e) apenas IV e V são verdadeiras.

**17** (UFRGS-RS) Uma corda é composta de dois segmentos de densidades lineares de massa bem distintas. Um pulso é criado no segmento de menor densidade e se propaga em direção à junção entre os segmentos, conforme representa a figura abaixo.

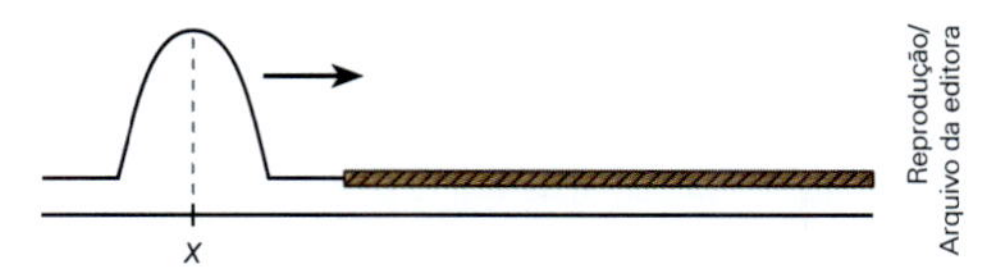


Assinale, entre as alternativas, aquela que melhor representa a corda quando o pulso refletido está passando pelo mesmo ponto *x* indicado no diagrama anterior.

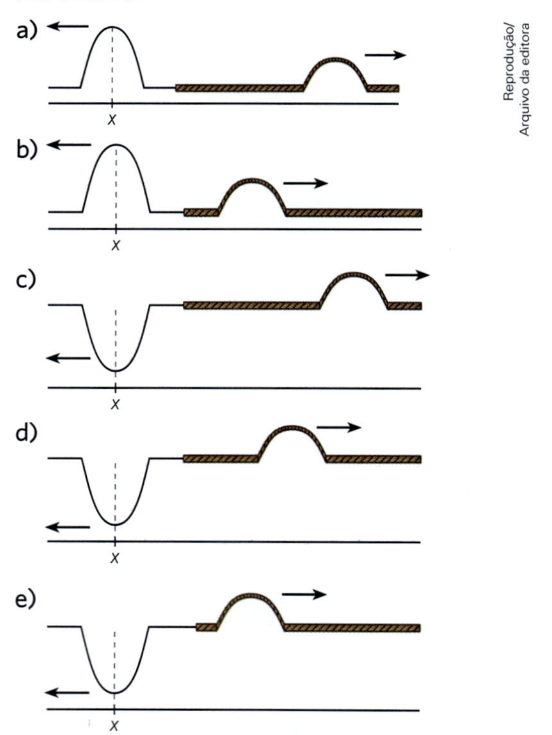

# Superposição de pulsos em cordas

A propagação de duas ou mais ondas de mesma natureza provoca no local da superposição uma perturbação resultante igual à "soma algébrica" das perturbações individuais de cada onda.

Esse fenômeno pode ser visualizado em uma corda tensa. Assim, considere uma corda esticada, disposta horizontalmente. Em suas extremidades vamos produzir dois pulsos de mesma largura e amplitudes diferentes: $A_1$ e $A_2$. O resultado da superposição depende da forma como esses pulsos foram originados. Devemos, então, considerar duas situações. Veja a seguir.

**1ª situação: pulsos em fase**

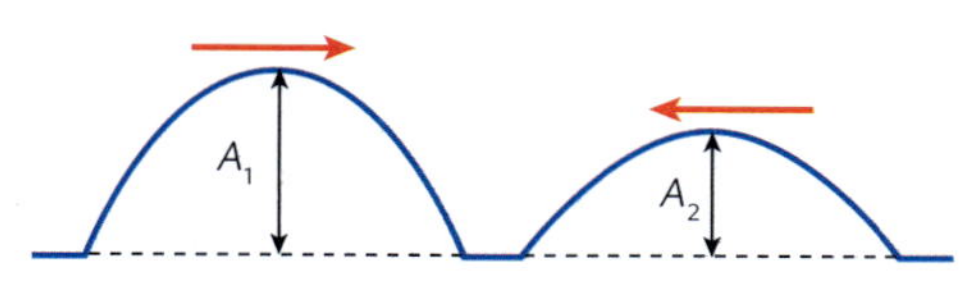


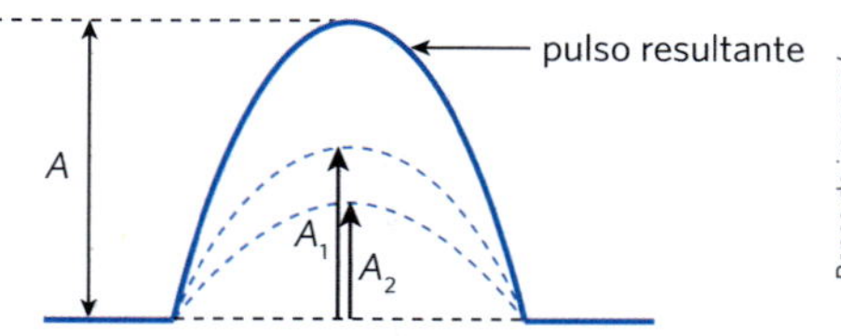


No instante da superposição dos pulsos **em fase**, a crista resultante tem uma amplitude igual à **soma** das amplitudes individuais dos pulsos.

$$A = A_1 + A_2$$

A esse tipo de superposição de pulsos (em fase) dá-se o nome de **interferência construtiva**.

É importante observar que, após a superposição, os pulsos continuam suas propagações normalmente, como se nada tivesse acontecido. Esse fato justifica-se pelo **princípio da independência da propagação ondulatória**. Assim, após a superposição, a configuração da corda passa a ser:

**2ª situação: pulsos em oposição de fase**

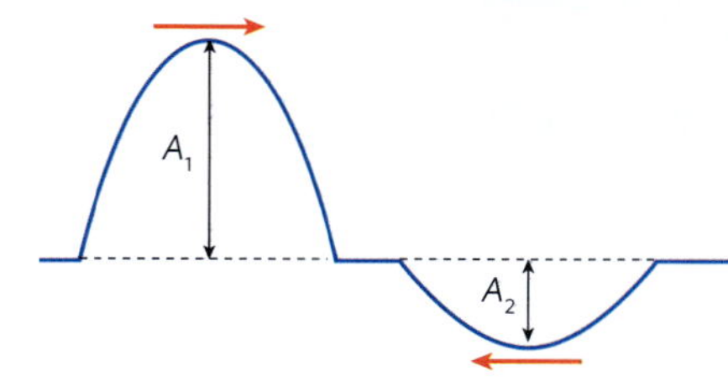


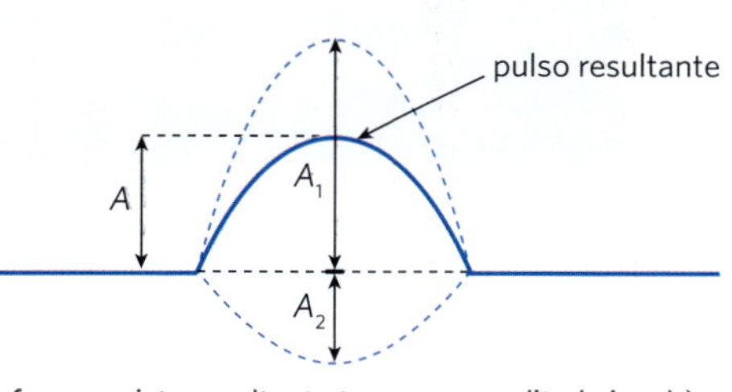


No instante da superposição dos pulsos **em oposição de fase**, a crista resultante tem uma amplitude igual à **diferença** das amplitudes individuais dos pulsos.

$$A = A_1 - A_2$$

A esse tipo de superposição de pulsos (em oposição de fase) dá-se o nome de **interferência destrutiva**. Também nesse caso, após a superposição, os pulsos continuam suas propagações normalmente, como se nada tivesse acontecido, conforme estabelecido pelo **princípio da independência da propagação ondulatória**.

## Caso particular

No caso particular em que os dois pulsos que se propagam na corda, em oposição de fase, possuem amplitudes iguais ($A_1 = A_2 = A$), o pulso resultante é nulo.

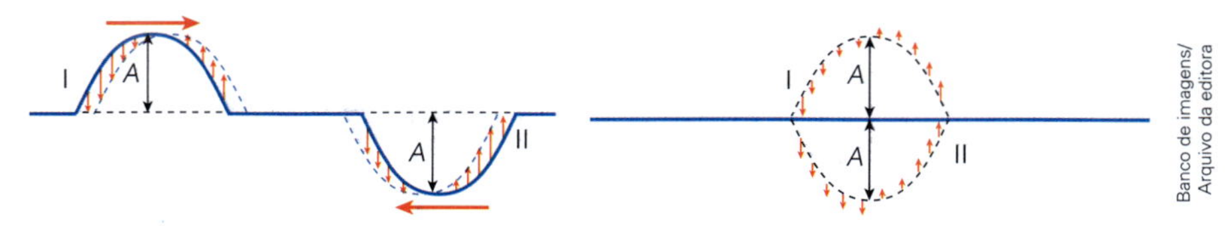


Interferência destrutiva: as amplitudes se subtraem. No caso, a amplitude do pulso resultante é nula.

De acordo com o **princípio da independência da propagação ondulatória**, após a superposição as ondas continuam com suas características iniciais.

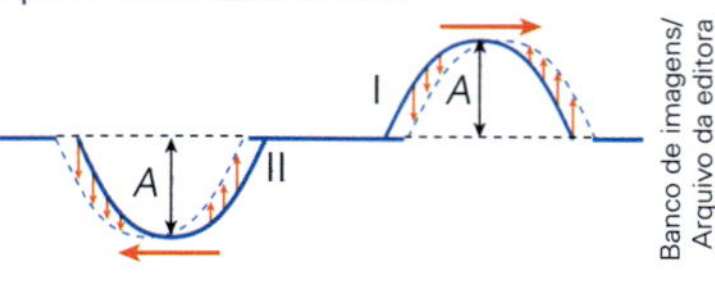

## Superposição de ondas periódicas

A onda resultante da superposição de duas ondas periódicas é obtida pelos mesmos processos usados para os pulsos do tópico anterior, como mostra a figura 1 ao lado

Na figura 2, temos um exemplo de interferência destrutiva. As ondas *A* e *B*, de mesma frequência, mesma amplitude e em oposição de fase, superpõem-se, resultando na onda *C*, de amplitude nula.

Essa superposição de ondas periódicas pode apresentar um efeito de particular interesse, a formação das ondas estacionárias.

O fenômeno ondulatório denominado **ondas estacionárias** é a configuração resultante da superposição de duas ondas idênticas que se propagam na mesma direção e em sentidos opostos.

Em uma corda vibrando de maneira estacionária há pontos que não vibram, ocorrendo neles permanente interferência destrutiva. Esses pontos são denominados **nós** ou **nodos** de deslocamento.

Há ainda pontos da corda que vibram com amplitude igual a 2*A*. Nesses pontos, ocorre permanente interferência construtiva, sendo, por isso, denominados **ventres**, **antinós** ou **antinodos** de deslocamento.

figura 1

figura 2

Banco de imagens/Arquivo da editora

Na figura 1, ocorre interferência construtiva: as ondas *A* e *B*, de mesma frequência e em concordância de fase, superpõem-se, resultando a onda *C*. Na figura 2, ocorre interferência destrutiva: as ondas *A* e *B*, de mesma frequência e em discordância de fase, superpõem-se, resultando a onda *C*.

Como esses nós e ventres não se propagam, permanecendo sempre nos mesmos locais da corda, a configuração resultante recebe a denominação de **onda estacionária**.

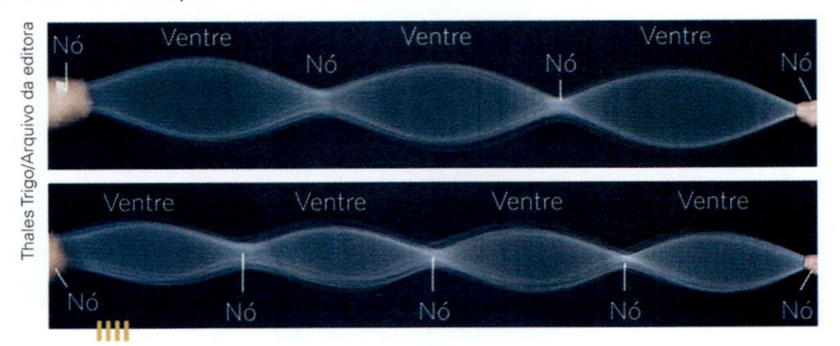


Thales Trigo/Arquivo da editora

frequência $f_1$

$f_1 < f_2$

frequência $f_2$

Corda vibrando de maneira estacionária. As diferentes configurações ocorrem porque as frequências das ondas são diferentes em cada situação. Quanto maior é a frequência de vibração, mais ventres são formados na corda.

## Ressonância

Todo sistema físico capaz de vibrar, se for excitado, vibrará numa frequência que lhe é característica, denominada frequência natural. Alguns sistemas admitem uma única frequência natural de vibração e outros, mais de uma.

O fenômeno da ressonância ocorre quando um sistema físico **recebe energia** por meio de excitações de frequência igual a uma de suas frequências naturais de vibração. Com essa energia, o sistema físico passa a vibrar com amplitudes cada vez maiores.

## Interferência de ondas bidimensionais e tridimensionais

Para ilustrar o fenômeno da interferência de ondas bidimensionais, vamos considerar duas esferas que vibram verticalmente, produzindo na superfície da água ondas idênticas e em fase, ou seja, quando uma esfera produz uma crista, a outra faz o mesmo. Algum tempo após o início das vibrações das esferas, a superfície livre da água apresenta-se como na fotografia ao lado.

Na figura ao lado, as circunferências azuis representam as cristas das ondas, enquanto as circunferências vermelhas representam os vales das ondas.

Uma análise mais detalhada do que está acontecendo nos pontos em que ocorre superposição dessas ondas mostra alguns locais onde ocorrem interferência construtiva e outros nos quais ocorrem interferência destrutiva.

Richard Megna/Fundamental Photographs/Keystone

Interferência de ondas circulares na superfície da água.

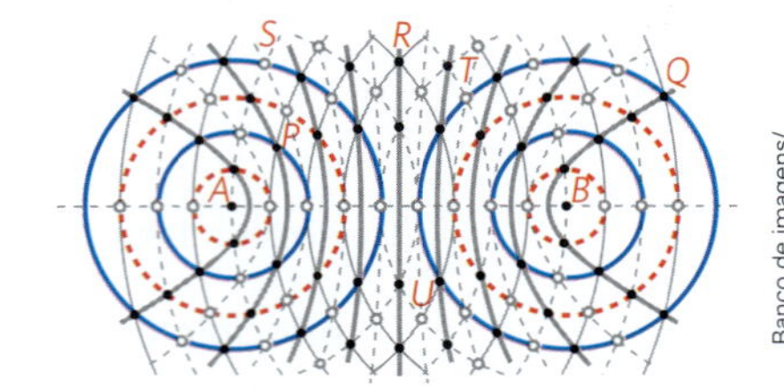


Banco de imagens/Arquivo da editora

Representação esquemática da interferência de ondas circulares na superfície da água.

## Condição de interferência construtiva

Na figura esquemática da interferência de ondas circulares (página anterior) notamos que, para qualquer ponto ventral (interferência construtiva), a diferença das distâncias entre um ponto e as fontes é nula ou um múltiplo par de meios comprimentos de onda.

Como exemplos, observe os pontos *P*, *Q* e *R* daquela figura:

- O ponto *P* dista 1λ de *A* e 4λ de *B*. Assim, a diferença entre essas distâncias é igual a 3λ, ou $\frac{6\lambda}{2}$.
- O ponto *Q* dista 5,5λ de *A* e 1,5λ de *B*. Assim, a diferença entre essas distâncias é igual a 4λ, ou $\frac{8\lambda}{2}$.
- O ponto *R* dista 3λ de *A* e 3λ de *B*. Assim, a diferença entre essas distâncias é zero.

Portanto, na interferência de ondas geradas por fontes coerentes (mesma frequência e em **concordância de fase**), para que um ponto pertença a uma linha ventral, isto é, para que nesse ponto as ondas interfiram construtivamente, a diferença entre as distâncias desse ponto às fontes deve ser nula ou um número par de meios comprimentos de onda:

$$\Delta d = N\frac{\lambda}{2}$$, em que $N = 0, 2, 4, 6, \ldots$

Caso as fontes estejam em **oposição de fase**, situação em que uma fonte gera um vale enquanto a outra gera uma crista, a condição muda para *N* igual a um número ímpar de meios comprimentos de onda:

$$\Delta d = N\frac{\lambda}{2}$$, em que $N = 1, 3, 5, 7, \ldots$

## Condição de interferência destrutiva

Voltando à figura esquemática de interferência de ondas circulares (página anterior), notamos que, para qualquer ponto nodal (interferência destrutiva), a diferença das distâncias de um ponto à fonte *A* e desse mesmo ponto à fonte *B* é um número ímpar de meios comprimentos de onda.

Como exemplos, consideremos os pontos *S*, *T* e *U* daquela figura:

- O ponto *S* dista 2λ de *A* e 4,5λ de *B*. Assim, a diferença entre essas distâncias é igual a 2,5λ, ou $\frac{5\lambda}{2}$.
- O ponto *T* dista 3,5λ de *A* e 2λ de *B*. Assim, a diferença entre essas distâncias é igual a 1,5λ, ou $\frac{3\lambda}{2}$.
- O ponto *U* dista 3λ de *A* e 2,5λ de *B*. Assim, a diferença entre essas distâncias é igual a 0,5λ, ou $\frac{1\lambda}{2}$.

Portanto, na interferência de ondas geradas por fontes coerentes (mesma frequência e em **concordância de fase**), para que um ponto pertença a uma linha nodal, isto é, para que nesse ponto as ondas interfiram destrutivamente, é preciso que a diferença entre as distâncias desse ponto às fontes seja um número ímpar de meios comprimentos de onda:

$$\Delta d = N\frac{\lambda}{2}$$, em que $N = 1, 3, 5, 7, \ldots$

Caso as fontes estejam em **oposição de fase**, a condição muda para *N* nulo ou igual a um número par de meios comprimentos de onda:

$$\Delta d = N\frac{\lambda}{2}$$, em que $N = 0, 2, 4, 6, \ldots$

# Princípio de Huygens

Christiaan Huygens (1629-1695), físico e astrônomo holandês, publicou, em 1690, a obra *Tratado da luz*, em que formula a teoria ondulatória para a luz. Suas ideias contrariavam a teoria corpuscular, aceita pela comunidade científica da época e defendida por Isaac Newton.

Huygens propôs, em *Tratado da luz*, um método de construção gráfica de frentes de onda que ficou conhecido como **princípio de Huygens**. Segundo esse princípio:

Cada ponto de uma frente de onda comporta-se como uma nova fonte de ondas elementares, que se propagam para além da região já atingida pela onda original e com a mesma frequência que ela.

## Difração

A difração é um fenômeno ondulatório que só pode ser explicado utilizando-se o **princípio de Huygens**.

> Chama-se **difração** de uma onda o encurvamento sofrido por seus raios quando a onda encontra obstáculos à sua propagação.

O fenômeno da difração prova ser incorreta a generalização de que os raios de onda são retilíneos (ainda que em meios homogêneos e isotrópicos).

A rigor, uma onda sempre sofre difração ao atravessar uma fenda. Entretanto, o desvio torna-se mais acentuado quando as dimensões da fenda ou do obstáculo são inferiores às do comprimento da onda ou pelo menos da mesma ordem de grandeza.

Particularmente no caso em que as dimensões da largura são bem inferiores às do comprimento de onda, as ondas difratadas tornam-se aproximadamente circulares, mesmo que as ondas incidentes não o sejam.

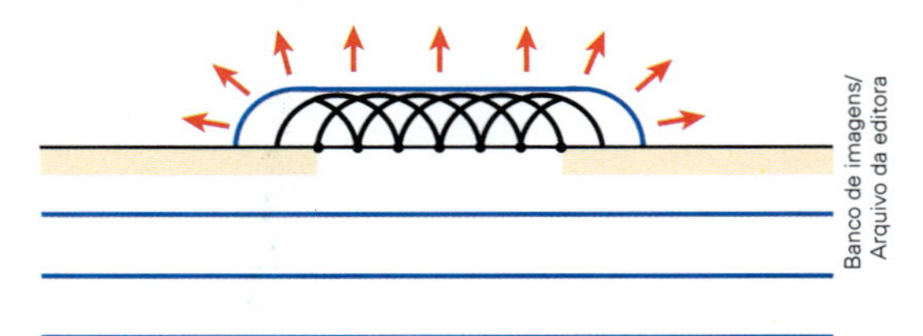
Banco de imagens/Arquivo da editora

Observe, na sequência de fotografias feitas com ondas retas na superfície da água, que a diminuição da largura da fenda acentua o fenômeno da difração.

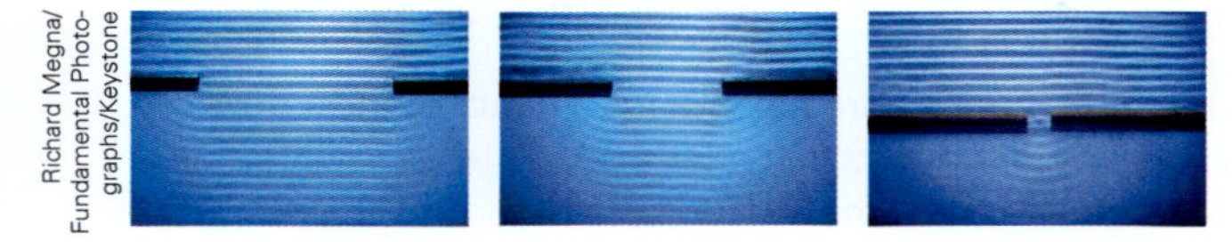
Richard Megna/Fundamental Photographs/Keystone

Se, em vez de uma fenda, essas ondas encontrassem um obstáculo, continuaríamos tendo difração. Nesse caso, as ondas desviariam, contornando o obstáculo.

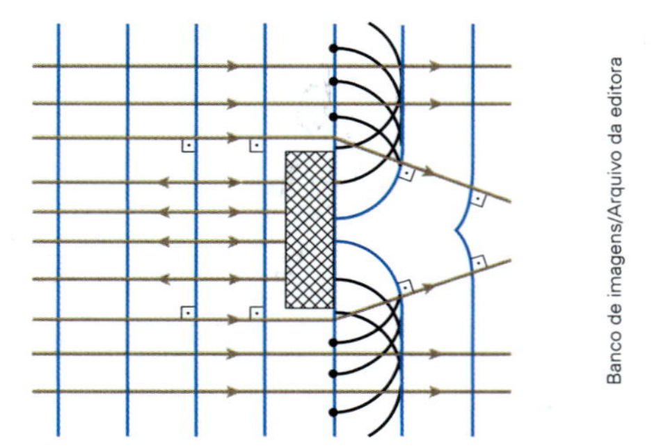
Banco de imagens/Arquivo da editora

### Experimento de Young

Em 1801, o cientista Thomas Young (1773-1829) apresentou os resultados de experimentos que revelavam a natureza ondulatória da luz. Os experimentos consistiam em fazer um feixe de luz atravessar pequenos orifícios e observar a imagem projetada pela luz em um anteparo.

No experimento realizado por Young, foram usados três anteparos. No primeiro, havia um pequeno orifício, em que ocorria a primeira difração da luz monocromática. No segundo, havia dois orifícios, colocados lado a lado, em que novas difrações aconteciam com a luz já difratada no primeiro orifício. No último anteparo, eram projetadas as "manchas" de interferência e podiam ser observados os máximos (regiões mais iluminadas) e os mínimos (regiões menos iluminadas) de intensidade. Quando os orifícios são substituídos por estreitas fendas, essas "manchas" tornam-se "franjas" de interferência, que são mais bem visualizadas.

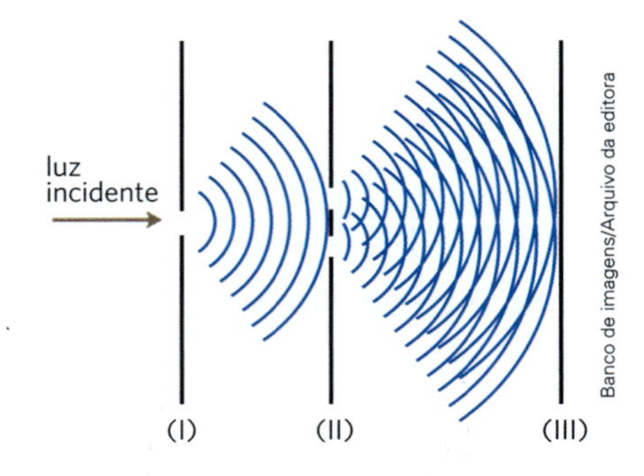

Banco de imagens/Arquivo da editora

O orifício único no primeiro anteparo fazia com que a luz atingisse os orifícios do segundo anteparo em fase. O esquema a seguir mostra a variação da intensidade da luz projetada no anteparo III. Na imagem abaixo, observe que para a direita e para a esquerda do máximo central temos, de forma intercalada, mínimos e máximos, sendo que os máximos apresentam intensidades decrescentes.

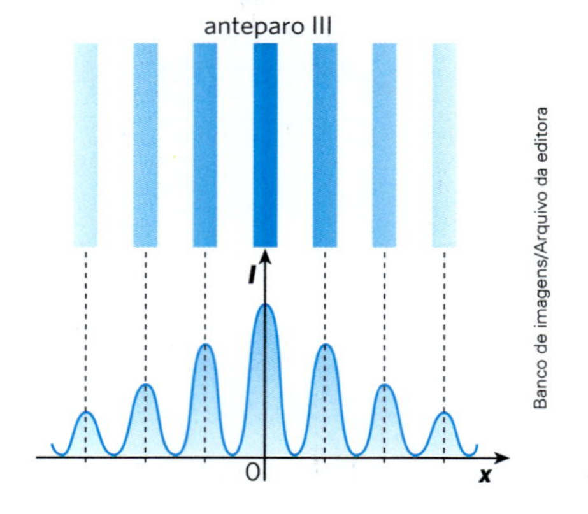

Banco de imagens/Arquivo da editora

Caso o mesmo experimento tivesse sido realizado com partículas, a imagem projetada no anteparo teria apenas um máximo. O experimento de Young, portanto, demonstrou que a luz é uma onda. Essa conclusão desafiou o modelo da época, que determinava que a luz era composta de pequenas partículas. Posteriormente, esse experimento foi utilizado para demonstrar a natureza ondulatória de partículas, como o elétron.

## Descubra mais

**1** A ressonância é fundamental em muitas situações. Pesquise sobre as aplicações e a importância da ressonância em diversos contextos, como na construção civil, na música e na Astronomia.

## Exercícios

**18** Numa cuba de ondas de profundidade constante, dois estiletes funcionam como fontes de ondas circulares, vibrando em fase com frequência de 5 Hz. Sabendo que a velocidade dessas ondas na superfície da água é de 10 cm/s, determine o tipo de interferência que ocorre nos pontos $P$ e $Q$ da figura.

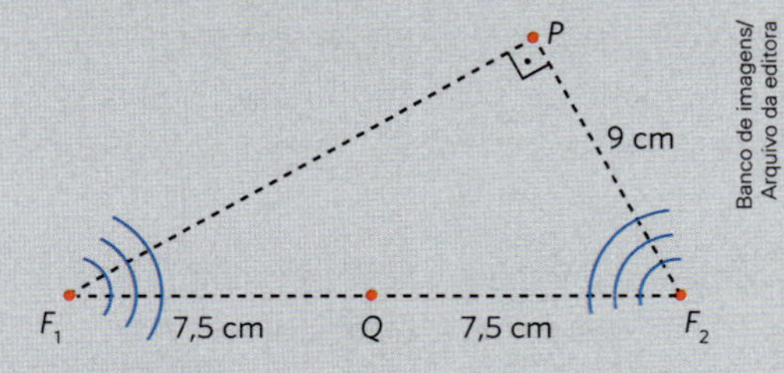


Banco de imagens/Arquivo da editora

**Resolução:**

Ponto $Q$

Como o ponto $Q$ está a igual distância das fontes e estas vibram em fase, a interferência nesse local é **construtiva**, pois $\Delta d = 0$.

E sendo $\Delta d = N\frac{\lambda}{2}$, temos $N = 0$.

**Obs:** Para $N = 0, 2, 4, 6, 8, ...$, teremos interferência construtiva (IC), e, para $N = 1, 3, 5, 7, ...$, teremos interferência destrutiva (ID), caso as fontes estejam em concordância de fase (se estiverem em oposição, as condições se inverterão).

Ponto $P$

Para o ponto $P$, temos $PF_2 = 9$ cm e $PF_1$ pode ser calculado pelo teorema de Pitágoras, já que o triângulo $F_1PF_2$ é retângulo. Então:

$$(\overline{F_1F_2})^2 = (\overline{PF_1})^2 + (\overline{PF_2})^2$$

$$15^2 = (\overline{PF_1})^2 + 9^2 \Rightarrow (\overline{PF_1})^2 = 225 - 81 = 144$$

$$\overline{PF_1} = 12 \text{ cm}$$

Assim, temos:

$$\Delta d = \overline{PF_1} - \overline{PF_2} = 12 - 9 \therefore \Delta d = 3 \text{ cm}$$

Da relação $\Delta d = N\frac{\lambda}{2}$, sendo $\lambda = \frac{v}{f} = \frac{10 \text{ cm/s}}{9 \text{ Hz}} = $ $= 2$ cm, vem:

$$3 = N \cdot \frac{2}{2} \therefore \boxed{N = 3}$$

Portanto, em $P$ a interferência é **destrutiva**.

**19** (UFSC) Na figura ao lado estão representadas as cristas (circunferências contínuas) e os vales (circunferências tracejadas) das ondas produzidas pelas fontes $F_1$ e $F_2$, num determinado instante. A amplitude de cada onda é igual a 1,0 cm e a frequência de vibração de $F_1$ como a de $F_2$ é igual a 10 Hz.

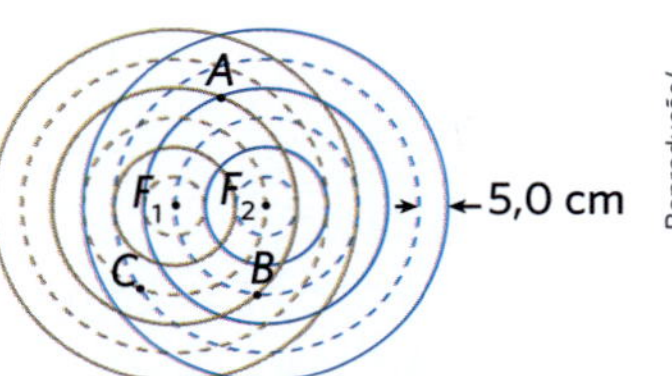


Reprodução/Arquivo da editora

Indique a(s) proposição(ões) verdadeira(s):

**(01)** Cada uma das ondas independentemente é unidimensional.

**(02)** No ponto $A$, há uma interferência construtiva com amplitude de vibração de 2,0 cm.

**(04)** No ponto $B$, há uma interferência destrutiva com amplitude de vibração nula.

**(08)** No ponto $C$, há uma interferência construtiva com amplitude de vibração de 2,0 cm.

**(16)** O comprimento de onda de cada onda é 5,0 cm.

**(32)** O valor da velocidade de propagação de cada onda é $v = 100$ cm/s.

Dê como resposta a soma dos números associados às proposições corretas.

**20** Nas figuras, $F_1$ e $F_2$ são duas fontes de ondas circulares de mesma frequência que se propagam na superfície da água. Supondo que na primeira figura as fontes estejam em concordância de fase e que na segunda estejam em oposição, determine o tipo de interferência que ocorre nos pontos $A$, $B$, $C$ e $D$. As ondas propagam-se com comprimentos de onda iguais a 2 cm.

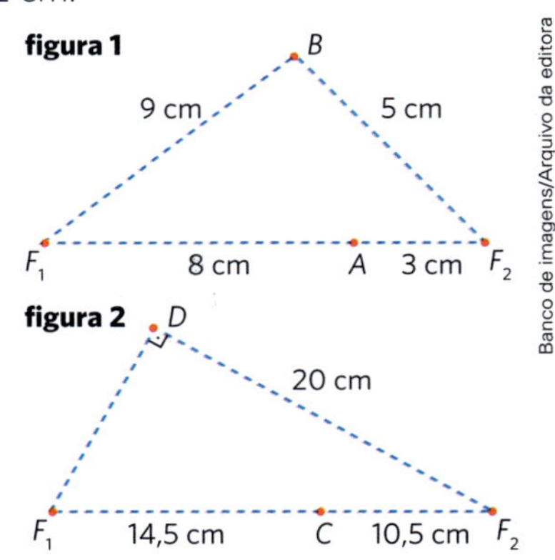


Banco de imagens/Arquivo da editora

**21** (FGV-SP) As figuras a seguir representam uma foto e um esquema em que $F_1$ e $F_2$ são fontes de frentes de ondas mecânicas planas, coerentes e em fase, oscilando com a frequência de 4,0 Hz.

As ondas produzidas propagam-se a uma velocidade de 2,0 m/s. Sabe-se que $D > 2,8$ m e que $P$ é um ponto vibrante de máxima amplitude.

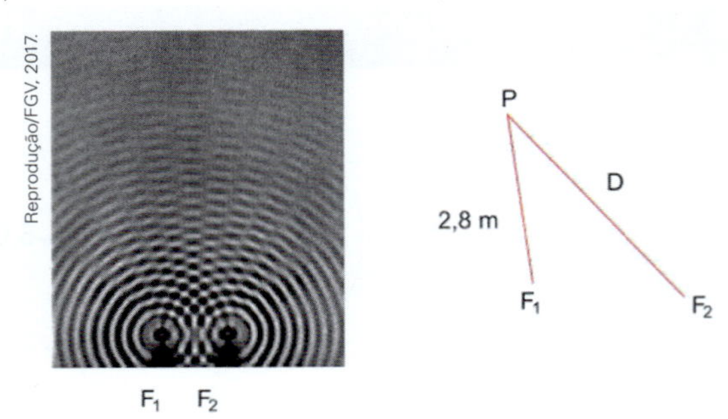


(educação.com.br)

Nessas condições, o menor valor de $D$ deve ser

a) 2,9 m.
b) 3,0 m.
c) 3,1 m.
d) 3,2 m.
e) 3,3 m.

**22** (Enem) Ao diminuir o tamanho de um orifício atravessado por um feixe de luz, passa menos luz por intervalo de tempo, e próximo da situação de completo fechamento do orifício verifica-se que a luz apresenta um comportamento como o ilustrado nas figuras. Sabe-se que o som, dentro de suas particularidades, também pode se comportar dessa forma.

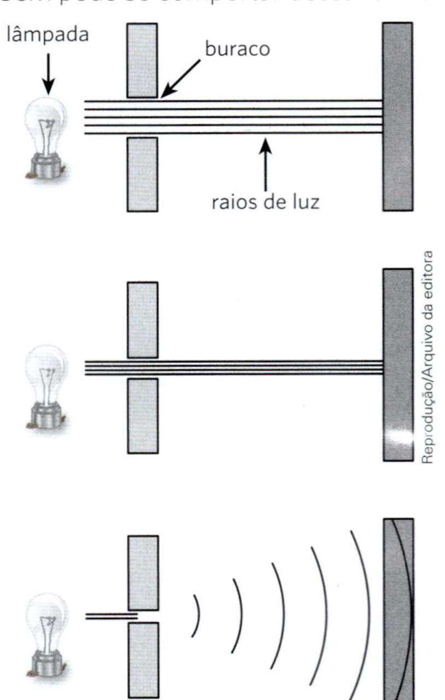


FIOLHAIS, G. *Física divertida*. Brasília: UnB, 2000 (adaptado).

Em qual das situações a seguir está representado o fenômeno descrito no texto?

a) Ao se esconder atrás de um muro, um menino ouve a conversa de seus colegas.
b) Ao gritar diante de um desfiladeiro, uma pessoa ouve a repetição do seu próprio grito.
c) Ao encostar o ouvido no chão, um homem percebe o som de uma locomotiva antes de ouvi-lo pelo ar.
d) Ao ouvir uma ambulância se aproximando, uma pessoa percebe o som mais agudo do que quando aquela se afasta.
e) Ao emitir uma nota musical muito aguda, uma cantora de ópera faz com que uma taça de cristal se despedace.

**23** (OBF) Ondas de 6 cm de comprimento, produzidas na superfície de um tanque, propagam-se com uma velocidade de 0,06 m/s. Essas ondas encontram um anteparo com uma abertura de 3 cm. Pode-se afirmar que:

a) ocorre difração e o comprimento de onda, após a abertura, é metade do anterior.
b) ocorre difração e a frequência das ondas é sempre 1 Hz.
c) ocorre refração e a velocidade de propagação das ondas aumenta.
d) ocorre refração, embora as ondas se desloquem na mesma direção.
e) as ondas sofrem reflexão, porque a abertura é menor que o comprimento de onda.

**24** Na montagem do experimento de Young, esquematizado abaixo, $F$ é uma fonte de luz monocromática de comprimento de onda igual a $\lambda$.

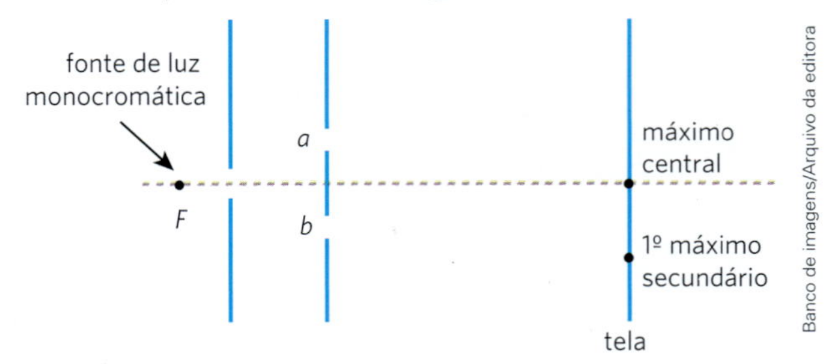


Na região onde se localiza o primeiro máximo secundário, qual a diferença entre os percursos ópticos dos raios provenientes das fendas $a$ e $b$?

# Radiações e reações nucleares

Este capítulo favorece o desenvolvimento das seguintes habilidades:

- EM13CNT103
- EM13CNT104
- EM13CNT101
- EM13CNT304
- EM13CNT305
- EM13CNT306
- EM13CNT307

## Introdução

Neste capítulo estudaremos radioatividade, fissão e fusão nucleares e mais sobre o espectro eletromagnético.

## Radiações (ou ondas) eletromagnéticas

As radiações eletromagnéticas são geradas quando cargas elétricas são aceleradas. Essa aceleração ocorre com emissão de energia que produz uma perturbação no espaço em forma de dois campos, um elétrico e outro magnético, perpendiculares entre si. A radiação se propaga em uma direção também perpendicular a esses campos.

Como exemplos de ondas eletromagnéticas, podemos citar as ondas de rádio, entre elas as ondas de AM (amplitude modulada) e as de FM (frequência modulada), as ondas de TV, as ondas luminosas (luz), as micro-ondas, os raios X e $\gamma$, entre outras. Essas denominações são dadas de acordo com a principal fonte geradora das ondas e se diferenciam em especial pelas faixas de frequência.

Todas as ondas eletromagnéticas têm em comum sua velocidade de propagação no vácuo: aproximadamente 300 000 km/s. A velocidade de propagação depende do material do meio e da frequência da onda. Em meios materiais transparentes a essas ondas, elas se propagam a uma velocidade menor que 300 000 km/s.

## Espectro eletromagnético

As radiações eletromagnéticas se diferenciam, principalmente, pela frequência de oscilação. Aquelas que conseguem sensibilizar nossos órgãos visuais são chamadas de luz visível, e vão da luz vermelha (de menor frequência) até a violeta (de maior frequência).

No esquema dado a seguir, representamos o espectro que abrange as ondas eletromagnéticas mais importantes.

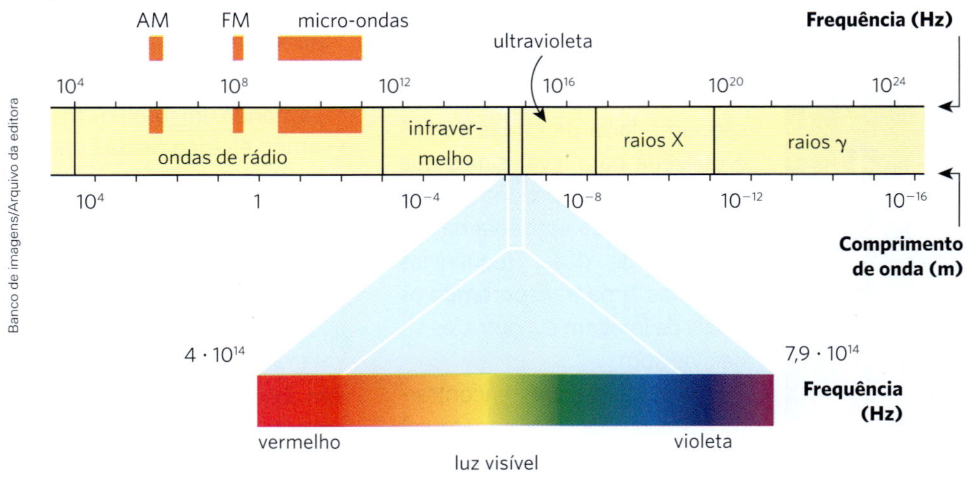


Banco de imagens/Arquivo da editora

Esquema do espectro eletromagnético, com a localização aproximada das faixas de frequência das principais ondas eletromagnéticas.

### Ondas de rádio

As ondas de rádio são aquelas que apresentam frequência baixa e, consequentemente, comprimento de onda longo – o que lhes confere a capacidade de viajarem a longas distâncias na atmosfera e, por esse motivo, são usadas em sistemas de comunicações, como aparelhos de rádio, TV e telefones celulares.

## Ondas de rádio AM e FM e ondas de TV

Em 1887, o físico alemão Heinrich Rudolf Hertz (1857-1894) descobriu os princípios básicos da emissão e da recepção de ondas de rádio. Para que essas ondas sejam portadoras de mensagens, elas devem ser **moduladas**, isto é, devem sofrer variações em sua amplitude (AM) ou em sua frequência (FM).

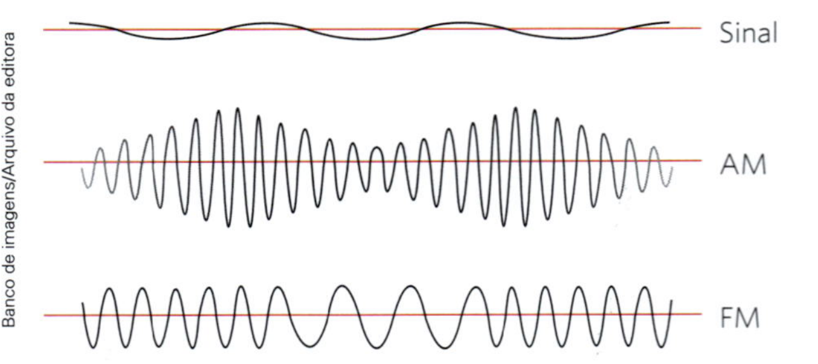


Quando as informações são adicionadas na onda variando sua amplitude, tem-se uma onda de amplitude modulada (AM); se as informações foram adicionadas variando a frequência, tem-se uma onda de frequência modulada (FM).

As ondas de **amplitude modulada** (AM) são utilizadas por emissoras comerciais, nas comunicações entre aviões, por radioamadores, etc.

As ondas de **frequência modulada** (FM), embora tenham um alcance menor, podendo ser captadas apenas em um raio de pouco mais de 100 km da fonte emissora, apresentam melhor qualidade. Dessa forma, as ondas de FM têm uma aplicação mais local, para pequenas distâncias. É por isso que, estando em São Paulo, você não pode captar no rádio emissoras de FM do Rio de Janeiro, enquanto algumas emissoras de AM podem ser captadas.

Em um aparelho de televisão, uma faixa de ondas de FM é utilizada para levar sinais que se transformam em imagens e sons. Para cada emissora há um conjunto de duas frequências próximas, uma transportando os sinais de imagem e a outra, os sinais de som.

Hoje, é comum encontrarmos *smart* TVs, que podem ser conectadas à internet. Geralmente essas TVs recebem informações via micro-ondas de uma rede *wi-fi* gerada por um roteador.

Por meio de antenas como essa, ondas de rádio são enviadas para aparelhos receptores.

## Micro-ondas

Diversos equipamentos usam ondas eletromagnéticas do tipo micro-ondas, como telefone sem fio, *home-theater* sem fio, roteador sem fio, fone de ouvido sem fio, radiotelescópios e radares, mas talvez o mais famoso seja o forno de micro-ondas.

Embora possam gerar ondas na mesma frequência das que são utilizadas em seu forno micro-ondas, as ondas geradas por um roteador apresentam intensidade (potência por unidade de área) muito baixa para que possamos sentir algum efeito causado por elas em nosso corpo.

### Forno micro-ondas

Em um forno desse tipo há um dispositivo chamado magnétron que gera ondas eletromagnéticas de baixa frequência (2,45 GHz, que está dentro da faixa do espectro eletromagnético conhecido como micro-ondas).

O forno de micro-ondas aquece os alimentos devido ao alinhamento de moléculas polares com o campo elétrico oscilante das micro-ondas.

Quando um forno micro-ondas aquece um alimento, o campo elétrico dessas ondas eletromagnéticas exerce uma força nas moléculas polares da comida, como as moléculas de água, de gordura e de açúcar, fazendo com que estas se rotacionem de forma a se alinhar com esse campo. Devido a este movimento, as moléculas passam a colidir com outras de sua vizinhança, transferindo energia e aumentando sua agitação.

O aumento do "grau" de agitação das partículas ocorre com absorção de energia das ondas. Essa energia é transformada em energia térmica, provocando um aumento na temperatura do alimento que está sendo aquecido.

É comum vermos explicações equivocadas sobre o funcionamento de um forno micro-ondas, sendo que a explicação mais comum, que está incorreta, é a de que partículas de água ganham energia das ondas eletromagnéticas do forno por meio do fenômeno da ressonância (o que não é correto). Além de 2,45 GHz não ser a frequência de ressonância de uma molécula de água, não há nada de especial com esse valor de frequência - a não ser pelo fato de não interferir em telecomunicações.

## Infravermelho

Todo corpo cujo valor de temperatura é superior ao zero absoluto (aproximadamente igual a −273,15 °C) emite constantemente radiação eletromagnética. O valor da frequência da radiação emitida é proporcional ao valor da temperatura do corpo. Nosso corpo, assim como o de outros animais, emite radiação dentro da faixa de frequência correspondente ao infravermelho. Valendo-se disso, cientistas desenvolveram detectores de infravermelho para aplicações civis e militares.

PandaWild/Shutterstock

Imagem obtida por meio de termografia, que é a técnica que permite visualizar artificialmente radiação eletromagnética na faixa do infravermelho. Esse tipo de imagem nos possibilita mapear um corpo ou local distinguindo áreas que estão com diferentes temperaturas.

Outro uso do infravermelho é no envio de comandos de aparelhos. O controle remoto de um aparelho eletrônico é um exemplo - com ele podemos aumentar ou diminuir a intensidade do som ou mudar de canal (no caso de um aparelho de TV), entre outras coisas.

## Radiação visível

Trata-se da radiação eletromagnética que sensibiliza o olho humano. Nosso cérebro percebe ondas eletromagnéticas de diferentes frequências como luzes de diferentes cores: enxergamos como luz vermelha a radiação com a frequência mais baixa do espectro visível e enxergamos como violeta a radiação de maior frequência do espectro visível. As radiações que estão abaixo do limite inferior visível são as infravermelhas, e as que estão acima do limite superior visível são as ultravioleta.

### Raio *laser*

A palavra *laser* é formada pelas letras iniciais das palavras que formam a expressão em inglês *light amplification by stimulated emission of radiation* (amplificação da luz por emissão estimulada de radiação). A invenção do *laser* data de 1960; no entanto, já em 1954 havia sido inventado o *maser*, no qual se usava não a luz, mas micro-ondas.

A principal característica de um *laser* é que, pela estimulação de átomos de uma substância particular, se obtém um estreito feixe de luz monocromática, colimada e coerente, isto é, luz de uma mesma cor, em feixe concentrado e em fase. Nesse feixe, todas as partículas de luz (fótons) possuem as mesmas propriedades.

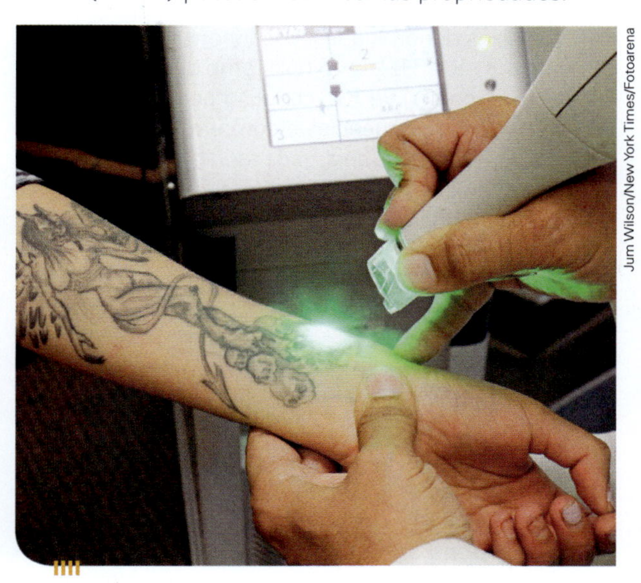
Jum Wilson/New York Times/Fotoarena

Na fotografia, observamos um profissional utilizando o *laser* para "apagar" uma tatuagem no braço de uma pessoa. Esse processo consiste em fazer incidir um feixe de radiação *laser* de luz especial que fraciona as partículas dos pigmentos em parcelas menores. Essas parcelas menores são absorvidas pelo organismo, desaparecendo.

A cada fóton emitido está associado o mesmo comprimento de onda. Dessa forma, pode-se obter uma grande concentração de energia em uma pequena superfície. Para gerar o feixe de luz, um meio (sólido, líquido ou gasoso) é estimulado por uma corrente elétrica, por uma descarga elétrica ou mesmo por outra fonte de luz. Assim, o *laser* transforma energia dispersa em energia concentrada em forma de luz.

Dependendo da finalidade de cada *laser*, ele pode ser obtido de uma substância diferente. Na indústria, por exemplo, são utilizados *lasers* obtidos de moléculas de dióxido de carbono ($CO_2$) ou de íons de neodímio em matrizes sólidas. Nesse caso, a energia gerada é utilizada para soldagem ou cortes de chapas metálicas. Na Medicina, o *laser* pode ser usado como bisturi ou para cauterização de vasos sanguíneos. Na Odontologia, ele substitui o temido "motorzinho", podendo eliminar cáries sem que um pedaço do dente também seja retirado. Os *lasers* usados na Medicina e na Odontologia utilizam érbio, hólmio, argônio, neodímio e dióxido de carbono.

Em aparelhos de CD e DVD, o *laser* é usado para "ler" o conteúdo dos discos.

## Radiação ultravioleta

Na parte superior do espectro vamos encontrar as radiações ultravioleta, com frequências maiores que as radiações violeta. Essas radiações, chamadas de UV (ultravioleta), apresentam frequências maiores que $7,5 \cdot 10^{14}$ Hz. Tomando como referência os efeitos sobre a saúde humana e o meio ambiente, elas são divididas em três faixas denominadas: UVA (com frequências em torno de $8,3 \cdot 10^{14}$ Hz), UVB (em torno de $1,0 \cdot 10^{15}$ Hz) e UVC (em torno de $1,9 \cdot 10^{15}$ Hz). É importante notar que esses valores de frequências e comprimentos de ondas são valores médios, ou seja, cada radiação citada corresponde, na verdade, a uma faixa.

O Sol é a maior fonte de raios UV que atingem a Terra, e a maior parte dessas radiações é absorvida pela nossa atmosfera. Da pequena parcela que chega à superfície terrestre, 99% são do tipo UVA. Radiações do tipo UVA apresentam intensidade praticamente constante durante todo o ano e penetram profundamente na pele, sendo o principal responsável pelo fotoenvelhecimento e pelas fotoalergias e, ainda, predispõe a pele ao câncer. Contudo, raios UVA também são conhecidos por suas propriedades bactericidas: essas radiações são utilizadas na assepsia de instrumentos cirúrgicos e salas de cirurgias e no armazenamento de grãos na agricultura, livrando-os de micro-organismos que deterioram esse material, possibilitando que sejam guardados por muito tempo. Certos materiais aceleram sua polimerização ao serem expostos aos raios UVA.

A radiação UVB é absorvida em parte pelo ozônio existente na atmosfera e o restante atinge a superfície de nosso planeta com maior intensidade no verão e entre as 10 horas e as 16 horas. Sua penetração na pele é apenas superficial e pode causar as "queimaduras" que tanto incomodam os banhistas nas praias. Essas radiações também provocam alterações celulares, predispondo ao câncer de pele. Assim, cuidado, pois no inverno a incidência de UVB é muito pequena, mas a UVA continua agredindo sua pele da mesma forma que no verão. Por isso, precisamos nos cuidar: não devemos ficar expostos à luz solar por muito tempo. Se isso for inevitável, use bloqueador solar (protetor solar) ou roupas que protejam sua pele, não esquecendo de um boné ou um chapéu. A exposição prolongada aos raios UVB pode até provocar câncer de pele.

As radiações UVC, de maiores frequências e menores comprimentos de onda, praticamente não atingem a superfície da Terra, já que são absorvidas por nossa atmosfera e pelo ozônio ($O_3$) existente na capa protetora que envolve nosso planeta.

O ozônio também retém parte da UVA e da UVB. O uso indiscriminado de aerossóis à base de clorofluorcarboneto (CFC), substância que faz parte dos gases utilizados em geladeiras antigas e aparelhos de ar condicionado, causa a transformação do ozônio em $O_2$, diminuindo a retenção dos raios UV, que podem destruir a vida no planeta se chegarem com 100% de sua intensidade.

## Bronzeamento artificial

No bronzeamento artificial, a radiação UVA é emitida com intensidade até 10 vezes maior do que a recebida por meio dos raios solares. Como o efeito da radiação UV é cumulativo, frequentes exposições podem, no futuro, produzir resultados danosos ao organismo.

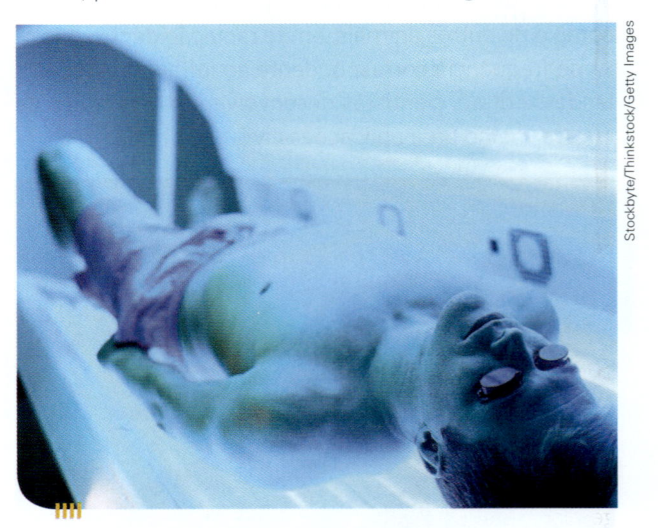

Stockbyte/Thinkstock/Getty Images

Pessoa em máquina de bronzeamento artificial.

## Fluorescência e fosforescência

Suponha uma fonte que irradia raios ultravioleta que atingem uma substância, fazendo com que elétrons de seus átomos sejam excitados. Esses elétrons, ao retornarem para camadas de menor energia, emitem fótons no espectro visível. Se retirarmos a fonte de raios ultravioleta, a emissão de luz visível pela substância é cessada. A esse fenômeno, de emissão de luz visível provocada por uma excitação causada devido à radiação UV, chamamos **fluorescência**.

Denis Larkin/Shutterstock

Enquanto iluminados por radiação ultravioleta, alguns materiais emitem luz visível. Esse fenômeno é conhecido como fluorescência.

Diferentemente dos materiais fluorescentes, alguns materiais apresentam a propriedade de manter seus elétrons excitados por um período de tempo prolongado, o que faz com que exista um intervalo de tempo considerável entre o momento da excitação e o momento em que o elétron volta para a camada menos energética e emite fóton de luz visível. Nesse caso, o fenômeno, que pode ocorrer mesmo na ausência da fonte excitadora, é chamado de **fosforescência**.

Dan Popescu Justinian/Shutterstock

Na fosforescência, o material continua espontaneamente a emitir luz visível mesmo após a extinção da fonte de excitação.

## Protetor solar

A exposição prolongada aos raios UV pode produzir queimaduras e até câncer de pele. Sabendo disso, é possível evitarmos esses problemas futuros, nos protegendo hoje.

O protetor solar é um creme que passamos em nosso corpo para evitar que os raios UV possam atingir a nossa pele. Na piscina ou na praia, mesmo depois de passarmos o protetor solar em nossa pele, devemos ficar na sombra, onde os raios UVB incidem com intensidade menor. Se possível, devemos usar chapéus de abas largas para a nossa proteção. Para as crianças, roupas com proteção UV. E, principalmente, evitar ficar exposto ao Sol das 10 horas até as 16 horas, quando a incidência de radiações UV fica mais intensa.

Fernando Favoretto/Criar imagens

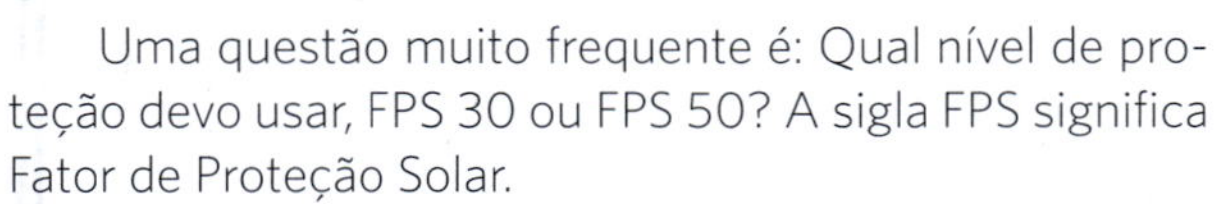

Uma questão muito frequente é: Qual nível de proteção devo usar, FPS 30 ou FPS 50? A sigla FPS significa Fator de Proteção Solar.

O protetor FPS 30 bloqueia 96,7% dos raios UV e o FPS 50 bloqueia 98%. Bom, a diferença é mínima, então vou comprar o mais barato, o FPS 30. Não é bem assim; se ficarmos 10 minutos expostos ao Sol, vamos notar uma vermelhidão e um ardido em nossa pele. Se usarmos o FPS 30, isso só vai acontecer se ficarmos expostos por 300 minutos e, se usarmos o FPS 50, só depois de 500 minutos. Portanto, devemos multiplicar o tempo de exposição pelo número do fator de proteção da loção. Se sua pele é muito branca e sensível às radiações solares, o fator de proteção deve ser maior. Ah, não se esqueça de reaplicar o protetor solar de duas em duas horas.

## Óculos de sol

YanLev/Shutterstock

Em ambientes de intensa exposição à luz solar, o uso de óculos de sol é uma medida de segurança.

Não só a pele do nosso corpo deve ser protegida do Sol, como também nossos olhos. As radiações UVA e UVB podem provocar danos irreparáveis na nossa retina ou mesmo na córnea. Pode até acelerar o aparecimento da catarata, uma membrana translúcida que se forma na frente da córnea, prejudicando a nossa visão. Contudo, o uso de óculos de sol pode impedir que isso ocorra.

Ao adquirir óculos de sol, é necessário um cuidado especial, pois alguns vendedores comercializam clandestinamente óculos que não atendem os requisitos mínimos de segurança. Esses óculos podem apenas apresentar lentes escuras sem de fato bloquear a passagem de raios UV. Além do problema que seria apenas a passagem dos raios UV, há outro agravante: os nossos olhos possuem um mecanismo de proteção natural em que a íris se fecha parcialmente quando percebe muita luz e, como os óculos clandestinos obstruem parte da luz visível sem bloquear os raios UV, ao se usar esse tipo de óculos a íris não se fecha como deveria, deixando passar os raios UV para o interior dos olhos, atingindo a retina e podendo causar sérios danos.

## Raios X

Em 1895, o alemão Wilhelm C. Roentgen (1845-1923) descobriu uma radiação capaz de atravessar os tecidos moles do corpo humano, mas ser bloqueada pelos ossos. Essa radiação sensibiliza filmes fotográficos, deixando uma quase "foto" do interior do nosso corpo. Essa radiação recebeu o nome de raios X.

Na Medicina e na Odontologia, os raios X são largamente usados para a obtenção de radiografias – mesmo minúsculos defeitos ou microfissuras podem ser descobertos com o uso dos raios X. Na indústria, entre outras aplicações, são utilizados para detectar falhas em peças metálicas usadas na construção de máquinas.

Wittybear/Shutterstock

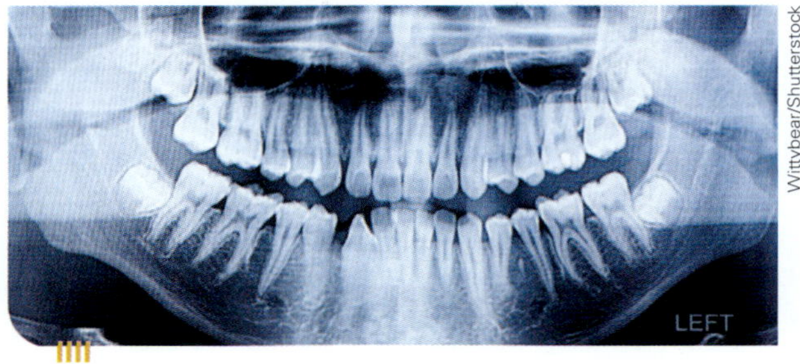


Radiografia panorâmica de arcada dentária, muito utilizada por especialistas em Ortodontia.

## Radioterapia

Raios X de alta potência podem ser usados na técnica conhecida como radioterapia, que consiste em matar seletivamente tecidos nocivos (como um tumor cancerígeno) ou fazê-los encolher. A quimioterapia e a radioterapia são ações usadas com frequência quando são descobertos tais tumores.

Mark_Kostich/Shutterstock

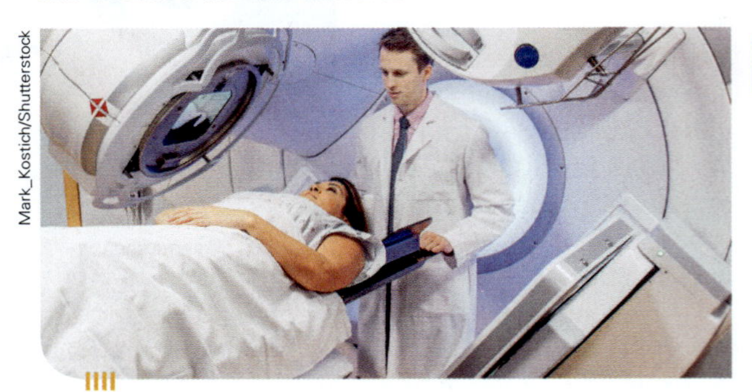

No tratamento com radioterapia, a radiação é direcionada à região afetada.

## Raios γ

Os raios γ são gerados a partir de processos nucleares - que veremos a seguir neste mesmo capítulo. Apresentam frequência e energia muito altas - muito maiores do que as dos raios X.

## Aplicações da radiação γ na agricultura

### Conservação de alimentos

Devido à capacidade dos raios γ em destruir microrganismos, alimentos podem ser expostos a esse tipo de radiação a fim de reduzir perdas causadas por deterioração - prolongando a vida útil desses produtos.

**Nota**

Por serem fatais para microrganismos, raios γ também podem ser aplicados em esterilização de instrumentos cirúrgicos.

### Mutação induzida

Alguns tipos de radiação, como a radiação γ, são utilizados para induzir mutações em plantas. A fim de tornar a produção mais rentável, o objetivo desse processo é desenvolver organismos mutantes que sejam mais resistentes a doenças, de maior qualidade e que atinjam maturação mais rapidamente.

### Controle de pragas

Alguns insetos são pragas agrícolas e causam danos diretos (por alimentação) e indiretos (como vetor de vírus) a diversos grupos de plantas. A vaquinha (nome popular do inseto *Diabrotica speciosa*), por exemplo, danifica culturas como hortaliças, soja e milho - podendo causar perdas superiores a 50% na produção.

Há várias técnicas para eliminar pragas, entre elas a técnica do inseto estéril. Essa técnica consiste em utilizar radiação γ para esterilizar machos de insetos que agem como pragas agrícolas e soltá-los no ambiente para competirem com a população natural, causando reduções sucessivas na reprodução, podendo acarretar a eliminação da praga.

**Descubra mais**

1 Avalie os riscos relacionados a radiações UV em situações cotidianas e discuta a necessidade do uso de equipamentos ou recursos como medidas de segurança.

# Radioatividade

A maior parte dos átomos conhecidos (cerca de 99,9% deles) é estável, o que significa que seus núcleos não sofrem alterações espontâneas. No entanto, há átomos que são instáveis e, devido a essa instabilidade, apresentam alterações em seu núcleo - processo conhecido como **radioatividade** (também chamado de decaimento radioativo).

A instabilidade no núcleo de um átomo está relacionada com o tamanho de seu núcleo. Todos os elementos químicos com número atômico superior ao 82 (número atômico do elemento químico chumbo) apresentam núcleos instáveis e, portanto, são radioativos. Os átomos que são radioativos podem emitir três tipos de radiação: partículas α (alfa), partículas β (beta) e radiação γ (gama).

É importante frisar que radiações α e β são partículas: uma partícula α é um conjunto formado por dois prótons e dois nêutrons - que é um núcleo de átomo de hélio -, e uma partícula β consiste em um elétron ou pósitron (que é a antipartícula do elétron) emitido, com velocidade próxima à da luz no vácuo, pelo núcleo de um átomo. A radiação γ é uma radiação eletromagnética.

## Radioatividade na prática

Quando pensamos em radiação, lembramos de uma bomba nuclear explodindo, enviando radioatividade para todos os lados. Essa radiação destrói tudo o que é vivo ao seu redor. São exemplos do uso dessa radiação as bombas lançadas em Hiroshima e Nagasaki, no Japão, durante a Segunda Guerra Mundial, o acidente com a Usina Nuclear de Chernobyl, na Ucrânia, e o acidente na Usina de Fukushima, no Japão. Entretanto, as radiações estão presentes no cotidiano também de outras formas; muitas delas trazem benefícios ao ser humano.

## Detectores de fumaça iônicos

O amerício (Am) é um isótopo radioativo que emite partículas $\alpha$ e $\beta$. Na câmara de um detector de fumaça iônico existe uma pequena quantidade de amerício-241, fonte de radiação muito baixa e inofensiva. As partículas emitidas ionizam o ar existente entre duas placas, permitindo a passagem de uma corrente elétrica. Quando a fumaça penetra na câmara, essa corrente é interrompida, disparando o alarme.

Boris Rabtsevich/Shutterstock

Detector de fumaça iônico.

## Traçadores radioativos

Isótopos radioativos podem ser utilizados para identificar o caminho realizado por algumas substâncias em algumas situações. Isótopos utilizados para esse fim são chamados de traçadores.

Segue um exemplo de aplicação prática de traçadores radioativos: a fim de saber qual é a quantidade adequada de fertilizante que deve ser utilizada no cultivo de uma planta específica, pesquisadores podem adicionar uma pequena quantidade de traçadores radioativos ao fertilizante e administrá-lo a algumas plantas. Usando detectores de radiação, pode-se medir a quantidade de material radioativo que foi absorvido pela planta e, com base nesses dados, é possível saber a quantidade adequada de fertilizante que deve ser empregada.

## Emissão de radiação em bananas

Essa fruta possui alta concentração de potássio (K) e radônio (Rn). Esses elementos estão sempre em um processo de decaimento, emitindo radiações capazes até de disparar alarmes de radiação instalados em aeroportos.

Stella Photgrafy/Shutterstock

Embora sejam naturalmente radioativas, seria necessário comer milhões de bananas para que houvesse chances de danos ao nosso organismo.

Para que o organismo comece a sentir os efeitos maléficos da radioatividade é necessária uma dose de 100 rems (unidade de medida que indica a quantidade de radiação). Considerando que o consumo de uma banana por dia totalizaria 3,6 milirems em um ano, seria preciso comer cerca de 10 milhões de bananas para sofrer algum prejuízo proveniente da radioatividade.

SABIA que a banana é naturalmente radioativa? *Ipen*. Disponível em: https://www.ipen.br/portal_por/portal/interna.php?secao_id=40&campo=6929. Acesso em: 2 jun. 2020.

## Radioatividade: benefícios e riscos

A radioatividade pode ser utilizada para a produção de energia elétrica em usinas de fissão nuclear. Esse processo de fissão já foi muito bem estudado e controlado pela humanidade. A França gera 78% da sua energia elétrica utilizando reatores de fissão nuclear, e os Estados Unidos, 20%. A melhora das condições de vida do ser humano passa pelo uso da energia elétrica. Um país pequeno, sem rios que possam ser represados ou outros recursos, pode utilizar usinas nucleares para a geração da energia elétrica necessária para o seu desenvolvimento.

Como vimos, as aplicações positivas da radiação são muitas, no entanto, também há riscos. Um corpo humano sujeito a uma alta dose de radiação se deteriora rapidamente, causando a morte da pessoa.

Um caso que ficou famoso no Brasil foi o acidente do césio-137, na cidade de Goiânia. Em 1987, dois catadores de lixo entraram em uma unidade desativada de uma clínica particular, em Goiânia, e retiraram de lá peças de uma máquina de teleterapia, que usava cloreto de césio como fonte de energia. Essas peças foram levadas para um ferro-velho. No desmonte das peças, liberaram o césio, altamente radioativo. Muitas pessoas foram até lá para ver o pó "brilhante". Segundo a Associação das Vítimas do Césio-137, até 2012 cerca de 104 pessoas morreram de câncer e outros problemas decorrentes da contaminação e aproximadamente 1600 foram afetadas diretamente pelo acidente.

Em Londres, capital da Inglaterra, em 2006, um ex-espião russo, Alexander Litvinenko, foi envenenado por material radioativo (polônio) que foi colocado em seu chá. Sua saúde se deteriorou rapidamente, levando-o à morte em três semanas.

A radioatividade apresenta benefícios e riscos. Para que o seu uso contribua para o desenvolvimento da sociedade, é necessário tomar os cuidados necessários para mitigar os possíveis riscos.

## Radioatividade: descartes responsáveis

Nas grandes usinas nucleares existe um protocolo de segurança que leva ao descarte seguro dos resíduos radioativos que sobram no final da vida útil do material utilizado. No entanto, encontramos centenas, talvez milhares de consultórios dentários com aparelhos de raios X, ou clínicas que utilizam materiais radioativos em ampolas para aplicações em tumores malignos. Depois de certo tempo, esse material decai o suficiente para não mais ser útil; vira um resíduo que deve ser descartado. Porém, ele continua radioativo, podendo provocar sérios danos às pessoas que entrarem em contato com ele. Assim, é necessário que o descarte seja feito de modo correto e que o material seja levado a locais protegidos, que mantenham toda a radiação residual confinada, para não produzir estragos desnecessários, contaminando ou mesmo matando pessoas e animais. Portanto, é fundamental que as empresas administrem responsavelmente esses resíduos e que os órgãos públicos realizem as devidas vistorias e regulamentações.

Muitas pessoas ainda jogam pilhas velhas no lixo. Esquecem que esse material será depositado em lixões, sujeito a intempéries, como chuva e Sol, deteriorando as embalagens metálicas que envolvem os núcleos químicos. Portanto, após um tempo, essas pilhas descartadas de modo incorreto começarão a vazar seus produtos tóxicos, infiltrando-se na terra até os lençóis freáticos, contaminando a água que bebemos. Para evitar essa contaminação, devemos descartar pilhas e baterias velhas adequadamente, entregando-as em locais de destinação correta.

A educação é uma arma poderosa. Por meio dela, os cidadãos tornam-se críticos, o que interfere diretamente no desenvolvimento econômico, social e cultural da sociedade. Se agirmos de forma correta, pouparemos o planeta de diversos problemas e, com isso, a perda de muitas vidas poderá ser evitada.

## Ampliando o olhar

### Resíduos hospitalares

Além de resíduos radioativos, um hospital produz outros resíduos que representam riscos e devem ser descartados de acordo com processos cuidadosos e rigorosos, regulamentados pela Agência Nacional de Vigilância Sanitária (Anvisa). Ela determina como o material infectante produzido em um hospital deve ser descartado para preservar a segurança de todos nós. Caso o material radioativo ou infectado por vírus e bactérias patogênicas entre em contato com o solo, ele pode contaminar toda uma região. Pessoas que entram em contato com esse local ou consomem algo produzido ali podem ser infectadas.

E na sua casa: onde são descartados os remédios vencidos? São simplesmente jogados no lixo? Assim como nos hospitais, os medicamentos devem ser descartados adequadamente. Deve existir perto da sua casa uma farmácia que recebe esses remédios que não mais poderão ser utilizados. Ao encaminhá-los para o descarte correto, você reduz os riscos de contaminação da população e da natureza.

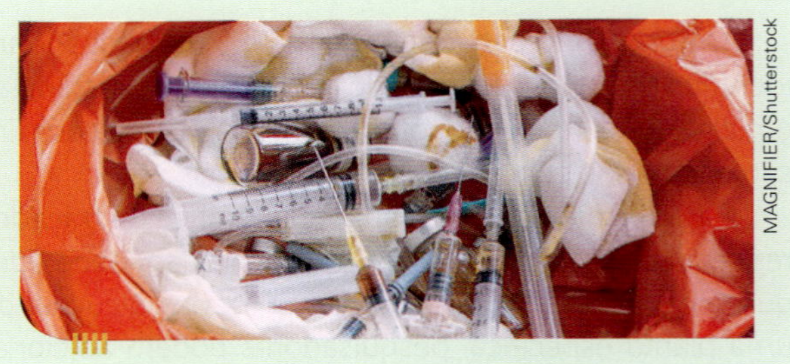

MAGNIFIER/Shutterstock

Você já imaginou a quantidade de resíduos que um hospital produz diariamente? Todas as seringas, gazes, máscaras e demais equipamentos que entram em contato com material possivelmente infectado devem ser descartados.

Leonardo Benassatto/Futura Press

Descarte correto do lixo hospitalar.

## Descubra mais

1. Pesquise o porquê de materiais radioativos serem perigosos quando manipulados sem os devidos cuidados.
2. Avalie os benefícios e os riscos à saúde e ao ambiente relacionados ao uso de materiais radioativos, considerando a toxicidade de diferentes materiais e produtos, como também o nível de exposição a eles, posicionando-se criticamente e propondo soluções individuais e/ou coletivas para seus usos e descartes responsáveis.
3. Analise as propriedades dos materiais radioativos para avaliar a adequação de seu uso em diferentes aplicações (industriais, cotidianas ou tecnológicas) e/ou proponha soluções seguras e sustentáveis para descartá-los.

# Fusão e fissão nucleares

## Fissão nuclear

O processo físico denominado **fissão nuclear** consiste na quebra de núcleos atômicos de átomos considerados instáveis, separando-os em dois núcleos menores pelo bombardeamento de nêutrons. A fissão nuclear é uma reação exotérmica, ou seja, é uma reação que libera energia. Por isso, é usada para a geração de energia nas usinas nucleares e em bombas nucleares.

Se compararmos a massa combinada dos fragmentos resultantes da fissão e dos nêutrons produzidos, veremos que esse valor é menor do que a massa do núcleo original que sofreu a fissão. Essa diferença de massa ocorre porque parte da matéria é transformada em energia. Usando a equação de Einstein $E = mc^2$, é possível determinar a conservação da energia. Se determinarmos as massas iniciais e subtrairmos as massas do resultado da fusão nuclear, a diferença será responsável pela energia liberada.

Para provocar a fissão nuclear, um nêutron é disparado contra o núcleo fissionável. Na colisão, além da fissão do núcleo, outros nêutrons são liberados e vão atingir novos núcleos, produzindo novas fissões. Esse processo, denominado **reação em cadeia**, dá-se quando o número de núcleos atingidos aumenta exponencialmente. Em uma bomba nuclear esse processo se inicia e só termina quando não há mais núcleos para serem fissionados. Em uma usina nuclear, barras metálicas que capturam esses nêutrons livres são introduzidas para reduzir a energia liberada. Quando queremos aumentar essa energia, retiramos as barras, diminuindo a quantidade delas e aumentando o número de nêutrons livres.

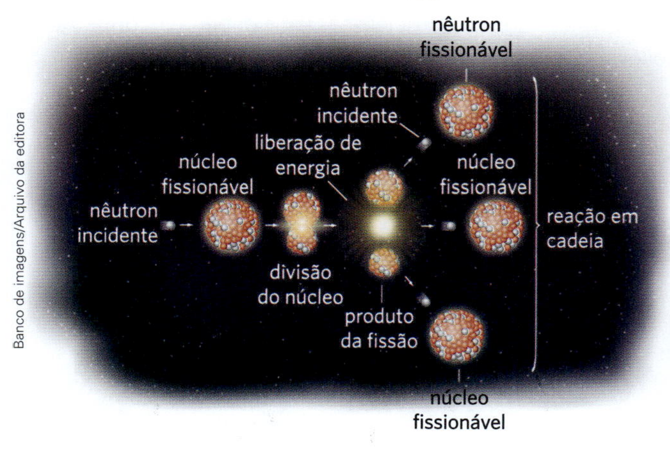


Banco de imagens/Arquivo da editora

O primeiro nêutron incidente provoca a primeira fissão nuclear no núcleo fissionável. A primeira fissão nuclear provoca a emissão de novos nêutrons incidentes, que atingirão novos núcleos fissionáveis, gerando novos processos que provocarão novos processos, e assim sucessivamente em uma reação em cadeia.

O processo de fissão nuclear consiste em uma das alternativas para o futuro da geração de energia elétrica. Esse processo é utilizado em várias usinas, em diferentes países, gerando energia elétrica para muitas cidades. A geração dessa energia não polui o ambiente. O grande problema é o descarte do combustível nuclear no final do seu ciclo. O local que vai receber esses resíduos deve estar isolado para conter a radioatividade que permanecerá sendo emitida por muitos anos. Além do descarte, é necessário considerar os riscos de acidentes, como os ocorridos na Usina de Chernobyl e na Usina de Fukushima, citados anteriormente. Para tanto, deve-se ter protocolos de segurança e planos de contingenciamento da radiação.

Hoje, muitas cidades são abastecidas com energia elétrica gerada por reatores nucleares. Com o desenvolvimento científico e tecnológico, espera-se reduzir os riscos dessa fonte de energia para que ela possa participar de diversos processos produtivos da sociedade.

## Fusão nuclear

A **fusão nuclear** é o procedimento em que dois ou mais núcleos atômicos se juntam para a formação de um único núcleo de maior número atômico. Para ocorrer esse processo, é necessária uma quantidade muito grande de energia, porém a energia liberada é em geral muito maior do que aquela utilizada inicialmente.

Supõe-se que seria muito interessante utilizar a fusão nuclear para geração de energia elétrica, pois forneceria quantidades imensas de energia sem que, teoricamente, causasse poluição ou produzisse resíduos perigosos; no entanto, até hoje ainda não conseguimos controlar esse processo. Sabemos que ele ocorre no interior das estrelas, como o Sol, mas aqui na Terra ainda é objeto de estudos.

Na fusão nuclear, os núcleos iniciais são de elementos leves, geralmente deutério ($H_2$) e trítio ($H_3$) - que são isótopos de hidrogênio (H). Na fusão, forma-se um núcleo de hélio (He), um nêutron e muita energia é liberada. Assim como na fissão nuclear, parte da matéria é transformada em energia durante o processo.

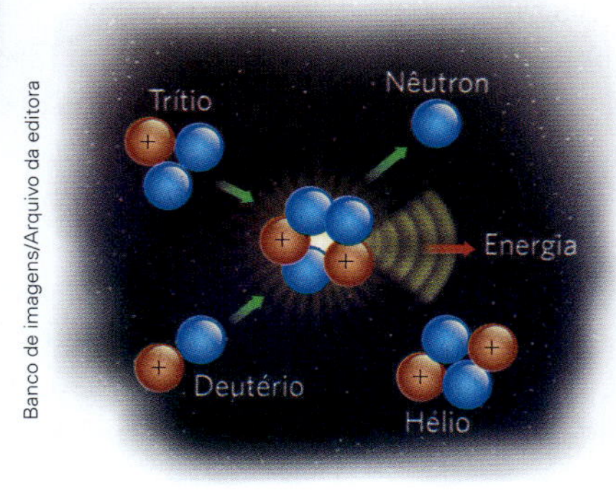


Banco de imagens/Arquivo da editora

Na fusão nuclear, núcleos atômicos se fundem – se combinam, formando um novo núcleo –, liberando energia.

**Ampliando o olhar**

## Energia nuclear

Muito se tem falado e escrito sobre a energia do átomo. A seguir vamos entender um pouco sobre como a energia nuclear é utilizada no processo de geração de energia elétrica em usinas termonucleares.

A energia utilizada nas centrais termonucleares é obtida a partir da **fissão** controlada de núcleos de urânio-235 (radioativo). O $U^{235}$ é um isótopo que possui 92 prótons e 143 nêutrons, e sua massa atômica é 235 (92 + 143). Além do $U^{235}$, encontramos na natureza o $U^{238}$, outro isótopo de urânio que contém 92 prótons e 146 nêutrons. O $U^{238}$ é encontrado em maior quantidade, mas só pode sofrer fissão se bombardeado por nêutrons "rápidos", de alta energia cinética. Já o $U^{235}$, que representa apenas 0,7% do urânio encontrado, pode ser fissionado por nêutrons de qualquer energia cinética, os nêutrons "lentos" (nêutrons térmicos). Como nos reatores do tipo PWR (*Pressurized Water Reactor*), os mais usados, precisamos ter aproximadamente 3,2% de concentração de $U^{235}$, a massa de urânio deve passar por um processo de enriquecimento. Isso é feito retirando-se $U^{238}$ da amostra, já que, após o enriquecimento, devem-se encontrar 32 átomos de $U^{235}$ para cada 968 átomos de $U^{238}$. Quando o grau de enriquecimento é muito alto (mais de 90% de $U^{235}$), uma reação em cadeia muito rápida pode ocorrer: esse é o princípio da bomba nuclear.

**Perfil esquemático de uma usina PWR**

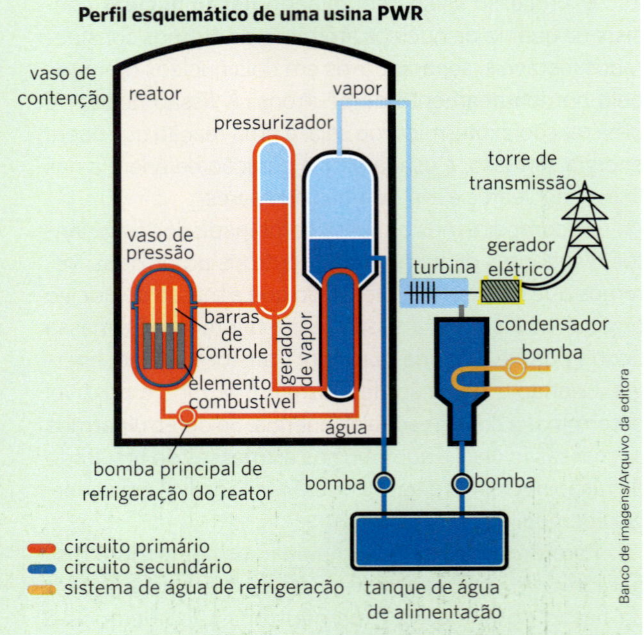


Fonte: Atlas de Energia Elétrica do Brasil. Disponível em: <http://www2.aneel.gov.br/arquivos/PDF/atlas_par3_cap8.pdf>. Acesso em: 9 dez. 2019.

A fissão de núcleos de urânio e seus isótopos gera uma grande quantidade de energia térmica, que pode ser aproveitada para a geração de energia elétrica, por meio de reatores do tipo PWR. A taxa de liberação de energia, a potência do reator, pode ser modificada, alterando-se a densidade de átomos fissionáveis, o fluxo de nêutrons ou, ainda, o tamanho do núcleo a ser bombardeado. Para se ter uma ideia, se um grama de $U^{235}$ fosse totalmente fissionado, forneceria energia equivalente à combustão de 9 toneladas de carvão.

Comparando uma usina termonuclear com usinas termelétricas e hidrelétricas, observamos que:

1. As usinas nucleares possuem uma reserva energética muito maior que as termelétricas (que dependem principalmente de combustíveis fósseis, recursos não renováveis) e as hidrelétricas (que dependem de reservas hídricas em cotas elevadas).
2. Os impactos ambientais são muito menores nas usinas nucleares. Já as usinas termelétricas são altamente poluidoras, emitindo gases tóxicos gerados pela queima de combustíveis fósseis. As usinas hidrelétricas provocam grandes alterações no meio ambiente, como a devastação de grandes áreas úteis à agricultura, alagando-as.

De toda a energia elétrica produzida no mundo, 17% são gerados por usinas termonucleares. O país que mais utiliza essa forma de produção de energia são os Estados Unidos, com 97 usinas gerando 807 078 GW. O segundo é a França, com 58 usinas que produzem 395 908 GW. O terceiro é a China, com 47 usinas gerando 277 056 GW. O Brasil possui apenas duas usinas: Angra 1, em operação desde 1985, que gera 657 GW, e Angra 2, em operação desde 2001, que produz 1 350 GW. Hoje, são 34 os países que possuem usinas termonucleares em funcionamento.

Na fotografia, observamos, à esquerda, a usina nuclear de Angra 1 com sua cúpula cilíndrica; à direita, a usina de Angra 2 com sua cúpula convexa e a imensa chaminé. Em um futuro próximo, a usina Angra 3 poderá fazer parte desse cenário.

## Bombas nucleares

Leia o texto a seguir, sobre o uso de bombas nucleares pela humanidade.

Erro – Usar uma energia potencialmente benéfica para o desenvolvimento de armas de destruição e, assim, dar início a uma corrida armamentista.

Quem – Cientistas a serviço dos EUA e da Alemanha nazista.

Quando – Entre 1938 e 1945.

Consequências – As bombas de Hiroshima e Nagasaki mataram instantaneamente cerca de 220 mil pessoas e inauguraram a era dos arsenais nucleares.

Às 5 horas e 29 minutos, madrugada do dia 16 de julho de 1945, o deserto do Novo México foi iluminado por um clarão intenso, como se um pequeno Sol tivesse nascido em meio às areias. O estrondo, equivalente à explosão de 20 mil toneladas de dinamite, pôde ser ouvido a 160 quilômetros dali. E uma nuvem em forma de cogumelo se ergueu a 1 200 metros de altitude. Na base militar construída a uma distância segura, um grupo de cientistas observava a experiência com os olhos protegidos por óculos escuros. No fim, tudo saiu como o planejado. A detonação da primeira bomba atômica da história tinha sido um sucesso. Antes mesmo de encerrarem uma rápida comemoração, porém, um deles não resistiu e acabou soltando um comentário sarcástico: "Agora, somos todos uns filhos da mãe".

**Intenções assassinas**

Embora hoje tenha uma série de aplicações pacíficas e louváveis, como a geração de eletricidade e o tratamento de doenças como o câncer, a energia atômica foi inicialmente dominada com intenções puramente assassinas. Desde 1939, o governo americano procurava um caminho que levasse à fissão nuclear. Para isso, reuniu no secretíssimo projeto Manhattan alguns dos físicos mais brilhantes do mundo. O objetivo era criar uma arma capaz de aniquilar cidades ou até países inteiros. E o mais importante: antes que Adolf Hitler o fizesse. A Alemanha nazista tinha liderado a corrida por um bom tempo. Em 1938, a 2ª Guerra Mundial nem havia começado ainda e os cientistas alemães a serviço de Hitler já tinham obtido a fissão do núcleo de átomos de urânio.

Sete anos mais tarde, no entanto, a guerra já estava chegando ao fim. Hitler havia se suicidado, o Exército soviético marchava sobre Berlim e a rendição de seus aliados japoneses era apenas uma questão de tempo, pouco tempo. Mesmo assim, os EUA optaram pelo pior. Na manhã de 6 de agosto de 1945, menos de um mês após o teste no deserto do Novo México, lançaram sobre a cidade de Hiroshima uma bomba atômica. Em segundos, 140 mil pessoas foram instantaneamente incineradas pela explosão. Três dias depois, outro artefato nuclear foi jogado sobre o Japão, dessa vez na cidade de Nagasaki. Resultado: mais 80 mil mortos.

Os cientistas envolvidos no projeto Manhattan confessaram seu arrependimento mais tarde. J. Robert Oppenheimer, considerado o pai da bomba atômica, habilitou-se a dizer em entrevistas que, após aquele primeiro teste nas areias do deserto, sempre lhe vinha à mente um trecho de seu poema favorito, o épico hindu Bhagavad Gita: "E, então, tornei-me a Morte, o destruidor de mundos". De fato, a invenção de Oppenheimer iria se transformar numa ameaça à existência humana.

Logo depois da 2ª Guerra, os soviéticos também dominariam a tecnologia para o desenvolvimento de bombas atômicas. Encrenca à vista. E a humanidade passaria décadas temendo um conflito nuclear de proporções globais.

**Fracasso diplomático**

O tempo correu, a URSS desmoronou e o mundo já não se sente assombrado pelo fantasma de uma guerra que represente o Juízo Final. Ainda assim, o uso da energia atômica para fins militares continua sendo um problema e tanto. Em 1967, as grandes potências até tentaram controlar o avanço das armas nucleares por meio de um tratado de não proliferação. A ideia era boa: os países que já as detivessem reduziriam gradualmente seus arsenais, enquanto as nações que ainda não tinham chegado lá simplesmente renunciariam a essa pretensão. O acordo, no entanto, acabou redundando num dos maiores fracassos diplomáticos da história recente. Foi mais ou menos assim: todo mundo assinou, mas ninguém jogou fora as bombas atômicas que possuíam. A África do Sul acabou sendo o único país a se desfazer das poucas ogivas que detinha.

Texto citado de Bombas atômicas, disponível em: <https://super.abril.com.br/ciencia/bombas-atomicas/>. Acesso em: 8 dez. 2019.

## Radioatividade e privação de direitos

Os Estados Unidos já realizaram diversos testes nucleares, mesmo após os lançamentos das bombas nucleares em Hiroshima e Nagasaki. Entre os locais de testes de armas nucleares, destacam-se as Ilhas Marshall – onde já foram detonadas 67 armas nucleares entre 1946 e 1958.

Hoje, aproximadamente 60 anos depois, a radioatividade nas Ilhas Marshall continua altíssima: alguns locais são mais radioativos do que Fukushima (de 10 a 1 000 vezes) e Chernobyl (10 vezes em relação a sua zona restrita).

Entre os vários problemas decorrentes dos testes, como as consequências ecológicas na região, houve também impactos sociais indiretos. O Atol de Bikini, que fica nas Ilhas Marshal, apresentava cerca de 200 moradores que tiveram de sair de lá para os Estados Unidos realizarem seus testes (ocorreram 23 testes com bombas nucleares nesse atol entre 1946 e 1958). No início dos anos 1970, esses moradores receberam permissão para voltar para suas casas; contudo, aqueles que voltaram não estavam seguros - o local ainda apresentava riscos devido à radiação. Em 1978, os moradores tiveram de ser removidos novamente por causa dos altos índices de contaminação causados pela radiação.

## Descubra mais

1. Pesquise riscos relacionados a radiações em uma aplicação e, considerando as potencialidades e os riscos, avalie seu uso.
2. Analise as transformações que ocorrem durante a fusão e a fissão nucleares e discuta sobre a conservação da quantidade de matéria e de energia nesses processos.
3. Investigue, analise e debata com seus colegas sobre a ética em situações controversas na aplicação de conhecimentos relacionados a reações nucleares e radioatividade. Discuta se houve uso indevido de conhecimentos das Ciências da Natureza.

## Exercícios

**1** Analise as seguintes afirmativas:

I. O som é uma onda mecânica.
II. A luz é uma onda eletromagnética.
III. A luz pode ser uma onda mecânica.
IV. O som pode propagar-se no vácuo.
V. A luz pode propagar-se no vácuo.

São verdadeiras:

a) I, II e III.
b) I, III e IV.
c) II, III e V.
d) I, II e V.
e) todas as afirmativas.

**Resolução:**

I. **Verdadeira**. O som só se propaga em meios materiais e não no vácuo. O som é uma onda mecânica.
II. **Verdadeira**. A luz pode se propagar em certos meios materiais e no vácuo. A luz é uma onda eletromagnética.
III. **Falsa**. A luz é sempre uma onda eletromagnética, e nunca uma onda mecânica.
IV. **Falsa**. O som necessita de um suporte material em sua propagação. O som nunca se propaga no vácuo.
V. **Verdadeira**. A luz, sendo onda eletromagnética, pode se propagar no vácuo.

**Resposta:** Alternativa **d**.

**2** Um professor de Física que ministrava a primeira aula sobre ondas dava exemplos de ondas eletromagnéticas. Ele dizia: "São exemplos de ondas eletromagnéticas as ondas de rádio, a luz, as ondas de radar, os raios X, os raios $\gamma$". Um aluno entusiasmado completou a lista de exemplos, dizendo: "Raios $\alpha$ e raios $\beta$". Pode-se afirmar que:

a) pelo menos um exemplo citado pelo professor está errado.
b) todos os exemplos citados pelo professor e pelo aluno estão corretos.
c) apenas um exemplo citado pelo aluno está errado.
d) os dois exemplos citados pelo aluno estão errados.
e) há erros tanto nos exemplos do professor quanto nos do aluno.

**3** As radiações $\alpha$ e $\beta$ não são consideradas ondas, já que são constituídas de partículas e não simplesmente de energia se propagando pelo espaço. Assinale a alternativa que corresponde à explicação correta a respeito dessas radiações.

a) A radiação $\beta$ é constituída de núcleos de hélio (He), cada um deles com dois prótons e dois nêutrons.
b) A radiação $\alpha$ é constituída de elétrons ou de pósitrons.
c) A radiação $\beta$ é constituída de elétrons ou de pósitrons.
d) A radiação $\alpha$ e a radiação $\beta$ são constituídas de feixes de prótons.
e) A radiação $\alpha$ e a radiação $\beta$ são constituídas de feixes de elétrons.

**4** (Unicenp-PR) O físico que se especializa na área médica desenvolve métodos e aparelhos para diagnóstico, prevenção e tratamento de diversas anomalias ou doenças. O grande poder de penetração das radiações eletromagnéticas de determinadas frequências possibilitou a criação de procedimentos médicos como a tomografia computadorizada, a mamografia e a densitometria óssea. Contudo, certas ondas mecânicas também podem fornecer informações sobre o interior do corpo humano, revelando o sexo dos bebês antes do nascimento ou facilitando diagnósticos cardíacos: os ecocardiogramas.

A radiação eletromagnética e a onda mecânica que comumente permitem a realização dos exames médicos citados são respectivamente:

**a)** raios "gama" e infrassom.

**b)** raios infravermelhos e ultrassom.

**c)** raios ultravioleta e raios "X".

**d)** raios "X" e ultrassom.

**e)** ondas de rádio e infrassom.

**5** (Vunesp-SP) A figura mostra o espectro eletromagnético e a classificação das ondas em função da frequência.

***f* (Hz)**

$10$ $10^2$ $10^3$ $10^4$ $10^5$ $10^6$ $10^7$ $10^8$ $10^9$ $10^{10}$ $10^{11}$ $10^{12}$ $10^{13}$ $10^{14}$ $10^{15}$ $10^{16}$ $10^{17}$ $10^{18}$ $10^{19}$ $10^{20}$ $10^{21}$ $10^{22}$

ondas de rádio | infravermelho | ultravioleta | raios gama

micro-ondas | luz | raios X



Considerando a velocidade de propagação das ondas eletromagnéticas no ar igual a $3{,}0 \cdot 10^8$ m/s e sabendo que para certa operadora de telefonia móvel os sinais são transportados por ondas eletromagnéticas, cujos comprimentos de onda correspondem a 20 cm, é correto afirmar que as ondas eletromagnéticas utilizadas por essa operadora estão na região:

**a)** das micro-ondas.

**b)** do visível.

**c)** do infravermelho.

**d)** das ondas de rádio.

**e)** do ultravioleta.

**6** O espectro da luz visível ocupa a estreita faixa do espectro eletromagnético cujos comprimentos de onda variam, aproximadamente, entre $4{,}0 \cdot 10^{-7}$ m e $7{,}0 \cdot 10^{-7}$ m. Se a velocidade da luz no vácuo é $3{,}0 \cdot 10^8$ m/s, a frequência das radiações eletromagnéticas visíveis está compreendida no intervalo

**a)** $1{,}3 \cdot 10^{-15}$ Hz a $2{,}3 \cdot 10^{-15}$ Hz.

**b)** $2{,}3 \cdot 10^{-15}$ Hz a $3{,}1 \cdot 10^{-15}$ Hz.

**c)** $3{,}4 \cdot 10^{14}$ Hz a $5{,}7 \cdot 10^{14}$ Hz.

**d)** $4{,}3 \cdot 10^{14}$ Hz a $7{,}5 \cdot 10^{14}$ Hz.

**e)** $1{,}2 \cdot 10^{2}$ Hz a $2{,}1 \cdot 10^{2}$ Hz.

**7** (Fuvest-SP) Os ultrassons têm sido utilizados para diversos fins, constituindo-se num importante recurso da medicina diagnóstica. Considere um exame urológico de ultrassonografia em que um ultrassom de frequência 30 kHz está sendo utilizado para determinar a espessura da parede da bexiga de um paciente.

Sabe-se que essas ondas, de natureza mecânica, percorrem os tecidos humanos com velocidade próxima de $1{,}5 \cdot 10^3$ m/s. Admitindo-se que o intervalo de tempo determinado pelo equipamento entre a recepção dos dois ecos produzidos na reflexão das ondas pelas paredes externa e interna da bexiga seja de $2{,}0 \cdot 10^{-6}$ s, pode-se afirmar que o comprimento de onda dos ultrassons propagando-se em tecidos humanos, em centímetros, e a espessura da bexiga do paciente, em milímetros, valem, respectivamente:

**a)** 5,0 cm e 1,5 mm

**b)** 5,0 cm e 3,0 mm

**c)** 2,5 cm e 1,5 mm

**d)** 2,5 cm e 3,0 mm

**e)** 4,0 cm e 2,0 mm

**8** (Vunesp-SP) Em 1896, o cientista francês Henri Becquerel guardou uma amostra de óxido de urânio em uma gaveta que continha placas fotográficas. Ele ficou surpreso ao constatar que o composto de urânio havia escurecido as placas fotográficas. Becquerel percebeu que algum tipo de radiação havia sido emitida pelo composto de urânio e chamou esses raios de radiatividade. Os núcleos radiativos comumente emitem três tipos de radiação: partículas $\alpha$, partículas $\beta$ e raios $\gamma$.

Essas três radiações são, respectivamente,

**a)** elétrons, fótons e nêutrons.

**b)** nêutrons, elétrons e fótons.

**c)** núcleos de hélio, elétrons e fótons.

**d)** núcleos de hélio, fótons e elétrons.

**e)** fótons, núcleos de hélio e elétrons.

**9** (Enem) A radiação ultravioleta (UV) é dividida, de acordo com três faixas de frequência, em UV-A, UV-B e UV-C, conforme a figura.

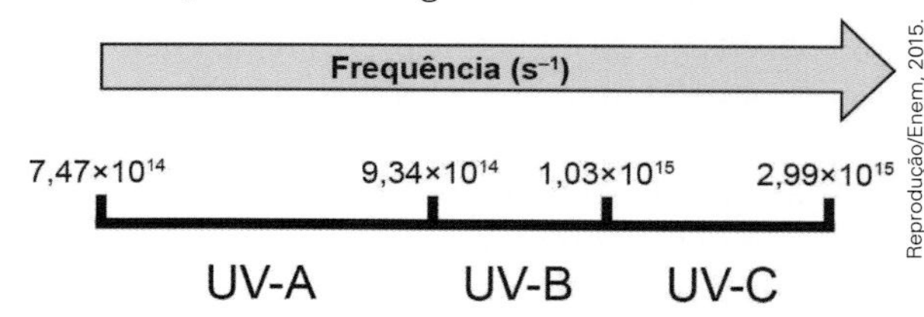

Para selecionar um filtro solar que apresente absorção máxima na faixa UV-B, uma pessoa analisou os espectros de absorção da radiação UV de cinco filtros solares:

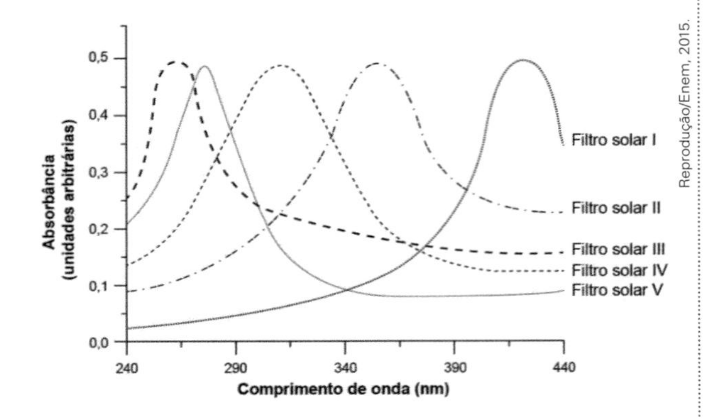


Considere:

velocidade da luz $= 3{,}0 \times 10^8$ m/s e 1 nm $=$ $= 1{,}0 \times 10^{-9}$ m.

O filtro solar que a pessoa deve selecionar é o

a) V.
b) IV.
c) III.
d) II.
e) I.

**10** (Enem) Nossa pele possui células que reagem à incidência de luz ultravioleta e produzem uma substância chamada melanina, responsável pela pigmentação da pele. Pensando em se bronzear, uma garota vestiu um biquíni, acendeu a luz de seu quarto e deitou-se exatamente abaixo da lâmpada incandescente. Após várias horas ela percebeu que não conseguiu resultado algum.

O bronzeamento não ocorreu porque a luz emitida pela lâmpada incandescente é de

a) baixa intensidade.
b) baixa frequência.
c) um espectro contínuo.
d) amplitude inadequada.
e) curto comprimento de onda.

**11** (Enem) A epilação a *laser* (popularmente conhecida como depilação a *laser*) consiste na aplicação de uma fonte de luz para aquecer e causar uma lesão localizada e controlada nos folículos capilares. Para evitar que outros tecidos sejam danificados, selecionam-se comprimentos de onda que são absorvidos pela melanina presente nos pelos, mas que não afetam a oxi-hemoglobina do sangue e a água dos tecidos da região em que o tratamento será aplicado. A figura mostra como é a absorção de diferentes comprimentos de onda pela melanina, oxi-hemoglobina e água.

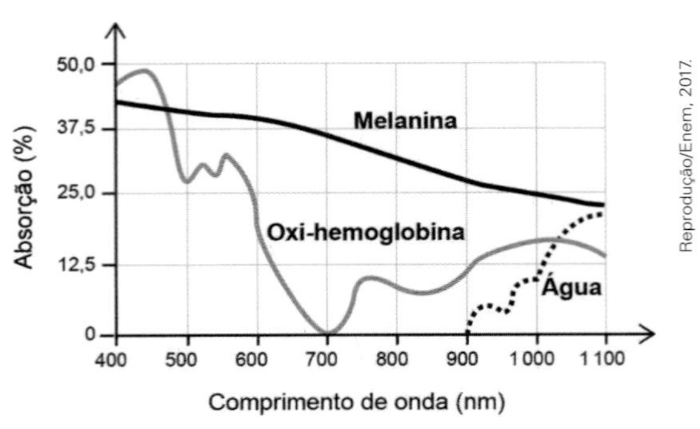


MACEDO, F. S.; MONTEIRO, E. O. Epilação com *laser* e luz pulsada. *Revista Brasileira de Medicina*. Disponível em: www.moreirajr.com.br. Acesso em: 4 set. 2015 (adaptado).

Qual é o comprimento de onda, em nm, ideal para a epilação a *laser*?

a) 400
b) 700
c) 1100
d) 900
e) 500

**12** (Enem) A figura mostra como é a emissão de radiação eletromagnética para cinco tipos de lâmpada: haleto metálico, tungstênio, mercúrio, xênon e LED (diodo emissor de luz). As áreas marcadas em cinza são proporcionais à intensidade da energia liberada pela lâmpada. As linhas pontilhadas mostram a sensibilidade do olho humano aos diferentes comprimentos de onda. UV e IV são as regiões do ultravioleta e do infravermelho, respectivamente.

Um arquiteto deseja iluminar uma sala usando uma lâmpada que produza boa iluminação, mas que não aqueça o ambiente.

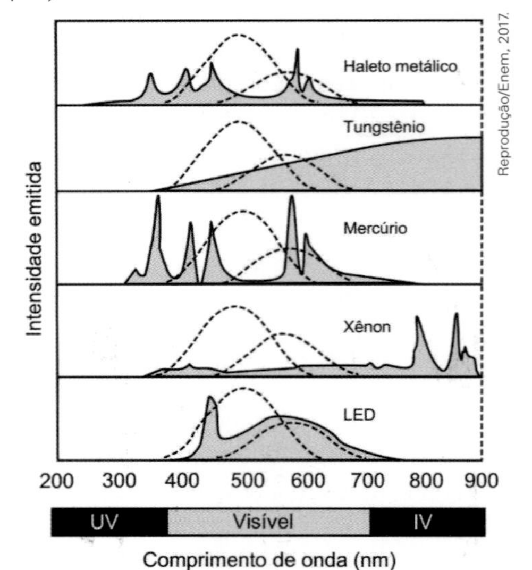


Disponível em: http://zeiss-campus.magnet.fsu.edu. Acesso em: 8 maio 2017 (adaptado).

Qual tipo de lâmpada melhor atende ao desejo do arquiteto?

a) Haleto metálico.
b) Tungstênio.
c) Mercúrio.
d) Xênon.
e) LED

# Acústica

Este capítulo favorece o desenvolvimento da seguinte habilidade:

EM13CNT306

## Introdução

Fontes sonoras são sistemas que vibram mecanicamente, fazendo as partículas do meio também vibrar. As ondas sonoras são emitidas por essas fontes e passam a se propagar através de meios materiais, que podem ser líquidos, gasosos ou sólidos. Observem que o som é uma onda mecânica que não se propaga pelo vácuo. Assim, o som, como toda onda mecânica, necessita de um **meio material** para sua propagação.

Os receptores das ondas sonoras podem captá-las e reconhecer certas qualidades específicas dos sons, como a **altura**, o **timbre** e a **sonoridade**.

## A propagação dos sons

A sensação de audição que percebemos em nossos ouvidos é proporcionada pela onda mecânica denominada **som**. Essa onda, em geral, está em um intervalo de frequências entre 20 Hz e 20 000 Hz. As frequências menores que 20 Hz (infrassons) e as maiores que 20 000 Hz (ultrassons) não sensibilizam nossos órgãos auditivos, mas são consideradas vibrações acústicas.

As sensações auditivas dessas ondas sonoras podem ser agradáveis ou não. As vibrações periódicas ou musicais, por exemplo, agradam, enquanto outras ondas sonoras podem ser chamadas de ruídos.

Vamos observar ondas se propagando em uma mola.

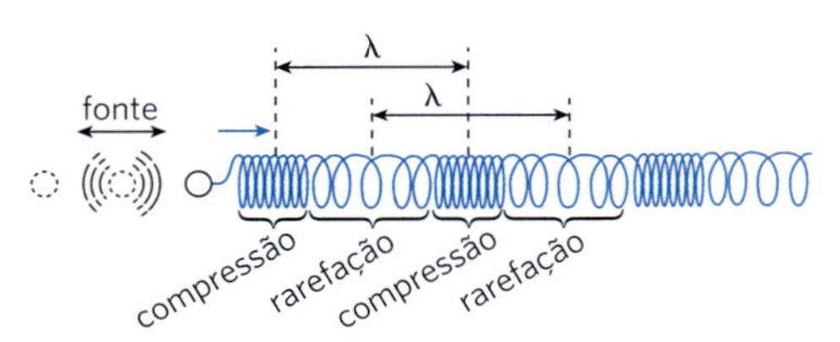


Executando movimentos periódicos de vaivém na extremidade de uma mola no sentido de seu comprimento, observamos ondas periódicas constituídas de compressões e rarefações.

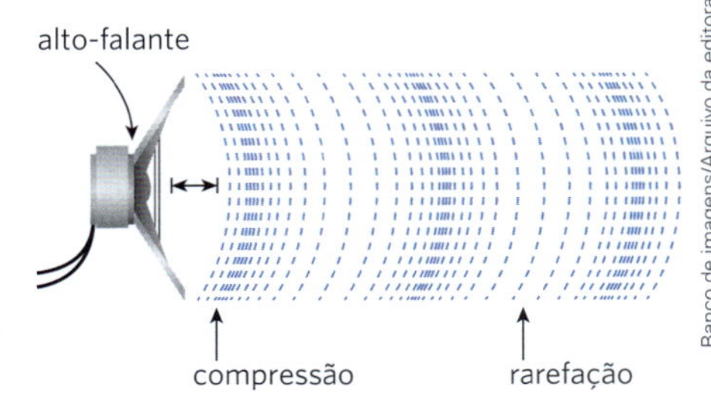


Banco de imagens/Arquivo da editora

O som se propaga de maneira semelhante: nos líquidos e nos meios gasosos o som se propaga de forma **longitudinal**, por meio de compressões e rarefações, fazendo oscilar longitudinalmente as partículas dos meios em que se propaga. As **compressões** correspondem a regiões onde a pressão é maior, e as **rarefações** correspondem a regiões onde a pressão é menor. Lembrando que uma onda é uma energia que se propaga, o som não arrasta as partículas do meio, apenas as faz vibrar em torno de suas posições de equilíbrio.

## Reflexão do som

Quando uma onda sonora atinge um obstáculo material, uma parede, por exemplo, parte dela sofre **reflexão**. Isto é, bate na parede e parte dela volta a se propagar no meio onde estava. A frequência ($f$), o comprimento de onda ($\lambda$) e a sua velocidade escalar ($v$) não sofrem alterações na reflexão. É bom lembrar que a equação fundamental das ondas ($v = \lambda f$) é válida para as ondas sonoras antes e depois da reflexão.

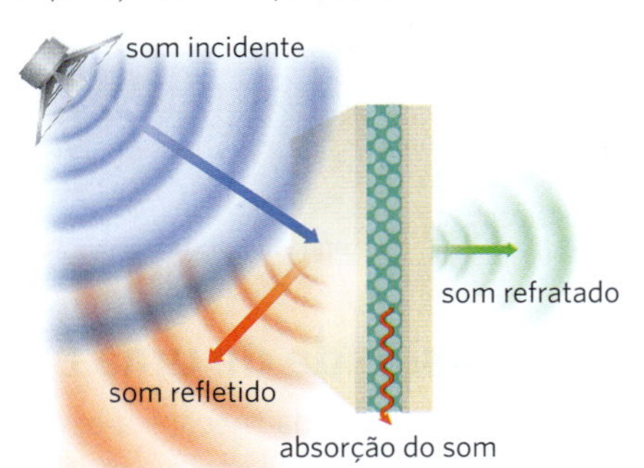


Reflexão, absorção e refração do som.
As cores servem apenas para distinguir as diferentes ondas sonoras.

Banco de imagens/Arquivo da editora

## Reverberação e eco

A **persistência auditiva** é a denominação que damos ao fato de um som, ao atingir o nosso sistema auditivo, persistir nele durante um intervalo de tempo igual a aproximadamente 0,1 s. Assim, quando uma pessoa emite um som, ela ouve primeiro o som emitido e, em seguida, esse mesmo som após uma reflexão nas paredes do ambiente onde ela se encontra.

Se o intervalo de tempo entre o recebimento dos dois sons for menor do que 0,1 s, ocorre um "alongamento" na sensação auditiva, pois não é possível distinguir o som emitido e o som refletido, e esse fenômeno recebe a denominação de **reverberação**. Porém, se o intervalo de tempo for maior do que 0,1 s, temos o fenômeno denominado **eco**, quando o som refletido é percebido distintamente do som emitido.

## Radar e sonar

O **radar** (**Ra**dio **D**etection **a**nd **R**anging) é um sistema localizador, muito usado na aviação, que utiliza ondas eletromagnéticas para a determinação do local onde se encontra um determinado avião. Essas ondas são emitidas e parte das que refletem no avião podem retornar e serem reconhecidas pelo sistema. O intervalo de tempo entre a ida e a volta dessas ondas possibilita a localização do avião.

O **sonar** (**So**und **N**avigation **a**nd **R**anging) é um sistema parecido que utiliza ultrassons em lugar das ondas eletromagnéticas. Como a velocidade desses ultrassons é bem menor do que a velocidade das ondas eletromagnéticas, a sua utilização é mais restrita, sendo usado em barcos para determinar a profundidade do local ou mesmo para localizar aglomerados de peixes (cardumes). Morcegos, golfinhos e alguns tipos de baleia são alguns dos animais que utilizam um sistema de sonar para localização de obstáculos, também chamado de **ecolocalização**.

Representação esquemática do funcionamento da ecolocalização.

# Intensidade de uma onda sonora

O som é uma onda mecânica que se propaga tridimensionalmente, isto é, na forma de uma esfera cujo raio aumenta com o tempo. A energia mecânica correspondente encontra-se espalhada pela superfície dessa esfera, que aumenta sua área à medida que a onda se propaga. Assim, vamos observar que, ao longo da trajetória da propagação do som, cada unidade de área da esfera passa a ter cada vez menos energia por unidade de tempo. Considerando a propagação conservativa, sem perdas, a mesma energia se espalha por uma superfície externa cada vez maior. Com base nessa observação definimos outra grandeza para o som, a **intensidade sonora**.

A **intensidade sonora** especifica a quantidade de energia da onda que atravessa a unidade de área disposta perpendicularmente à sua direção de propagação, na unidade de tempo. No Sistema Internacional de Unidades (SI), a medida da intensidade sonora é dada por $J/m^2$ s ou $W/m^2$.

Assim, a **intensidade sonora** ($I$) corresponde à potência ($Pot$) dessa onda dividida pela área da superfície esférica ($S = 4\pi x^2$, em que $x$ é a distância da fonte sonora), considerando que a propagação seja conservativa, sem perdas de energia para o meio.

$$I = \frac{Pot}{S} \Rightarrow I = \frac{Pot}{4\pi x^2}$$

É importante salientar que, para uma determinada frequência ($f$) e um meio homogêneo, a intensidade de uma onda sonora é também proporcional ao quadrado da amplitude ($A$) da onda. Dessa forma, quanto mais nos afastamos da fonte, a intensidade ($I$) e a amplitude ($A$) da onda ficam cada vez menores.

$$I = Kf^2A^2$$

em que $K$ é uma constante de proporcionalidade.

# Velocidade de propagação do som

Já vimos que a energia que caracteriza uma onda sonora faz as partículas do meio onde ela se propaga se agitarem com a sua passagem. As partículas do meio oscilam em torno de suas posições de equilíbrio. Portanto, o meio que apresenta uma densidade maior de partículas facilitará essa transmissão de energia. Em um meio mais rarefeito, essa passagem será mais lenta. Consequentemente, a velocidade de propagação das ondas sonoras será maior nos sólidos e menor nos gases. Nos líquidos, a velocidade terá um valor intermediário. No ar, nas condições ambientais em que vivemos, a velocidade de propagação do som é de aproximadamente 340 m/s, nos líquidos cerca de 1000 m/s e nos sólidos a partir de 3000 m/s, dependendo da estrutura molecular desse sólido. No aço, por exemplo, o som se propaga a cerca de 5000 m/s.

A fonte sonora pode estar parada ou movimentando-se com qualquer velocidade, e a propagação do som emitido é a mesma, dependendo apenas das características do meio.

## Cordas sonoras

Uma corda de violão possui várias frequências preferenciais de vibração, e cada uma delas depende do modo de vibração em que esse sistema passa a vibrar. A corda encontra-se esticada e recebe uma perturbação em um dos seus pontos. Essa perturbação propaga-se ao longo da corda nos dois sentidos, caracterizando duas ondas que refletem nas extremidades fixas e retornam. Na superposição dessas ondas iguais (mesma frequência, mesma velocidade e mesma amplitude), porém de sentidos opostos, formam-se ondas estacionárias, que determinam o modo de vibração dessa corda. As frequências de vibração são definidas pelas características dela, como comprimento, raio, intensidade da força que traciona a corda e densidade do material de que é feita.

As figuras a seguir representam os três primeiros modos de vibração de uma corda ($N = 1$, $N = 2$ e $N = 3$). Observe que apenas algumas frequências podem gerar ondas estacionárias, já que a corda possui comprimento $L$ e as extremidades são fixas, originando **nós** nesses pontos.

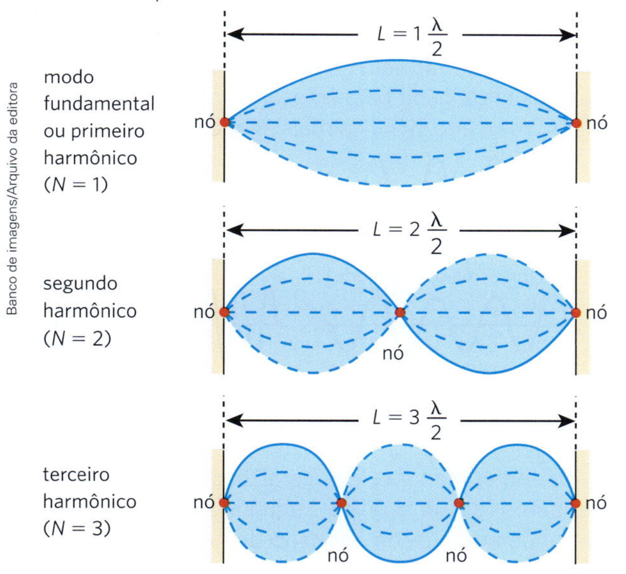


É bom lembrar que entre dois nós consecutivos existe uma metade de onda. Assim, o comprimento das ondas que se propagam na corda para formar a onda estacionária tem comprimento de onda igual a duas vezes a distância entre dois nós consecutivos.

Considere o comprimento da corda igual a $L$ e a velocidade de propagação da onda na corda igual a $v$. Assim, para um harmônico, de ordem $N$ qualquer, a frequência $f$ de oscilação da onda na corda é:

$$f = \frac{Nv}{2L} \quad (N = 1, 2, 3,...)$$

As cordas sonoras somente vibram com determinadas frequências que dependem das suas características.

Na figura a seguir, a corda está vibrando com frequência que corresponde ao quarto harmônico.

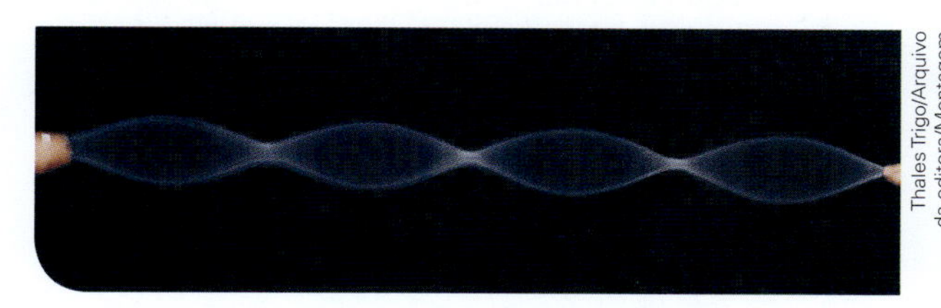


A onda que se propaga na corda é uma onda mecânica e transversal, que, ao provocar vibrações no ar, gera ondas sonoras (ondas mecânicas e longitudinais). A frequência das duas ondas é a mesma, mas suas velocidades e comprimentos de onda são diferentes.

## Tubos sonoros

Um tubo é denominado sonoro quando emite sons. A emissão de sons é feita por meio de vibrações de uma coluna de ar existente no seu interior. Perturbações são emitidas em uma das extremidades desse tubo. Quando perturbações são emitidas em uma das extremidades desse tubo, a coluna gasosa existente entra em ressonância e passa a vibrar intensamente. A vibração é a responsável pela emissão de sons cujas frequências coincidem com a frequência fundamental e outros harmônicos específicos dessa coluna de ar.

Todos os tubos sonoros possuem duas extremidades, uma aberta na embocadura e a outra que pode ser aberta ou fechada. São chamados **tubos abertos** aqueles que têm as duas extremidades abertas e **tubos fechados** aqueles que possuem uma extremidade aberta (embocadura) e a outra fechada.

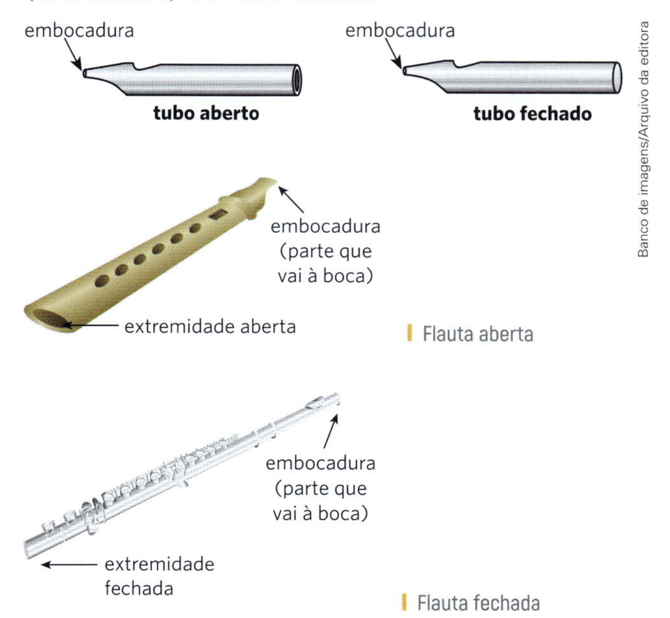


Flauta aberta

Flauta fechada

Ao esquematizarmos as ondas estacionárias no interior dos tubos sonoros, a extremidade aberta será sempre um **ventre de deslocamento** da coluna de ar, e a extremidade fechada será sempre um **nó de deslocamento**.

### Tubos abertos

Nos **tubos abertos** as duas extremidades são abertas. Nas figuras a seguir observamos os três primeiros modos de vibração em um tubo aberto: o fundamental, o segundo harmônico e o terceiro harmônico.

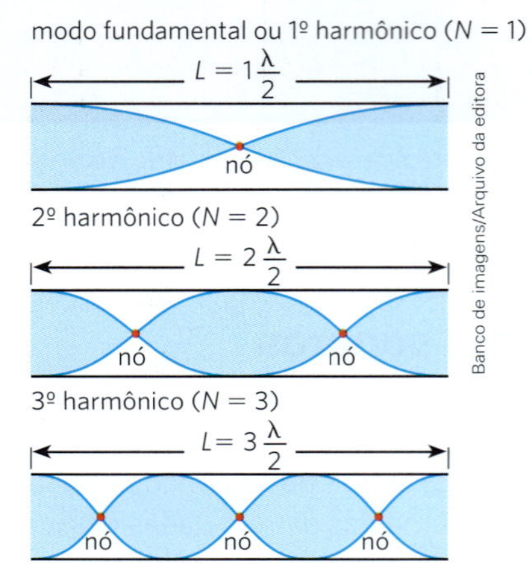


Considere o comprimento do tubo igual a $L$ e a velocidade de propagação do som na coluna de ar interna ao tubo igual a $v$. Assim, para um harmônico, de ordem $N$ qualquer, emitido por essa coluna de ar, vale a expressão:

$$f = \frac{Nv}{2L} \quad (N = 1, 2, 3, ...)$$

Em tubos abertos, $N$ também indica a quantidade de meio comprimento de onda que podemos encontrar em cada configuração.

### Tubos fechados

Um **tubo fechado** tem uma extremidade aberta e a outra fechada. Nas figuras a seguir estão representados os três primeiros modos de vibração da coluna de ar interna ao tubo.

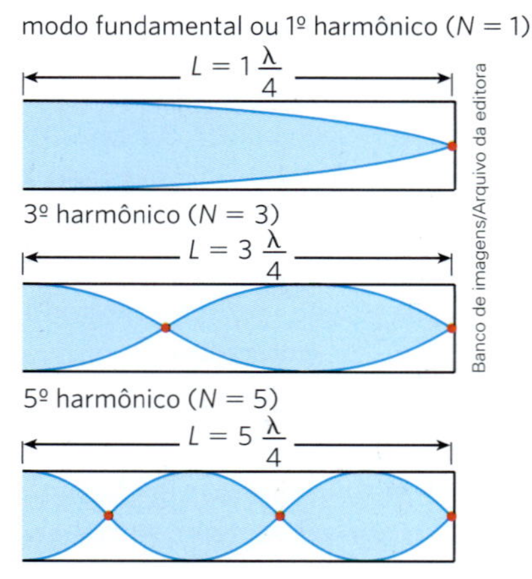


Considere o comprimento do tubo igual a $L$ e a velocidade de propagação do som na coluna de ar interna ao tubo igual a $v$. Assim, para um harmônico, de ordem $N$ qualquer, emitido por essa coluna de ar, vale a expressão:

$$f = \frac{Nv}{4L} \quad (N = 1, 3, 5, 7, ...)$$

Nessas relações podemos observar que um tubo sonoro fechado emite o seu som fundamental e apenas os harmônicos de ordem ímpar, já que o fator $N$ é um múltiplo inteiro ímpar de quartos de comprimentos de onda $\left(\frac{\lambda}{4}\right)$.

## Qualidades fisiológicas do som

O nosso sistema auditivo é o principal receptor das ondas sonoras. Ele é capaz de receber os sons e decodificá-los, percebendo certas qualidades intrínsecas, como a **altura**, o **timbre** e a **sonoridade**.

### Altura

A **altura** de um som está relacionada com a sua frequência: um **som alto** tem alta frequência, é um som mais **agudo**, e um **som baixo** tem baixa frequência, é um som mais **grave**. Observem que a altura não está relacionada com a potência do som. Um som de **potência maior** é mais **forte**. Um som de **potência menor** é mais **fraco**. Portanto, não está correto, quando queremos um som mais forte, pedir para colocar o som mais alto, pois um som mais alto significa mais agudo.

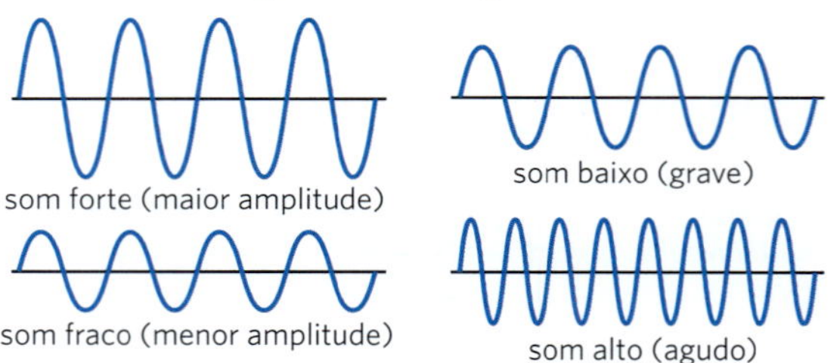


### Timbre

As fontes sonoras em geral não emitem apenas sons puros, de uma única frequência. Elas emitem o som fundamental acompanhado de harmônicos característicos dessa fonte. Esse é o **timbre** da onda sonora. Esse conjunto de sons é percebido pelo nosso sistema auditivo e decodificado, tornando possível distinguir, por exemplo, um instrumento musical de outro.

As figuras a seguir representam o som emitido por diferentes fontes sonoras.

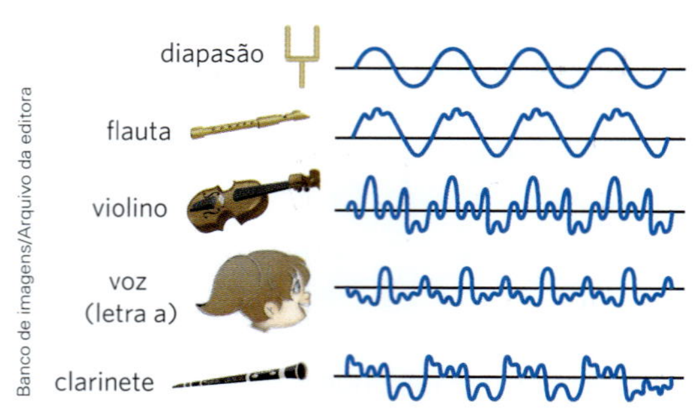

## Sonoridade

Quando uma onda sonora atinge os ouvidos de várias pessoas, cada uma delas poderá ter sensações de intensidades diferentes. Estamos agora nos referindo à **sensação sonora** ou **sonoridade** da onda.

A sonoridade, para indivíduos saudáveis, aumenta com o aumento da intensidade do som. No entanto, essa sensação varia de pessoa para pessoa. A sonoridade é função do sistema auditivo de cada um. Com a idade, por exemplo, o sistema auditivo do indivíduo sofre transformações, partes ressecam, dificultando o seu funcionamento. Pessoas que estão sujeitas a sons demasiadamente fortes durante uma parte de suas vidas podem ter a sua sonoridade reduzida. Assim, podemos afirmar que a sonoridade depende da intensidade da onda sonora, da frequência dessa onda e do aparelho auditivo que irá receber essa energia.

A faixa de frequências de maior sensibilidade para as pessoas está entre 2 000 Hz e 4 000 Hz. Por exemplo, se uma determinada pessoa receber dois sons de mesma intensidade, um de frequência 3 000 Hz e outro de 10 000 Hz, o som de 3 000 Hz será percebido mais forte que o outro, pois ele está na faixa de maior sensibilidade (sonoridade). Claro que, se um som estiver na faixa de infrassom ou de ultrassom, sua sonoridade será nula, independentemente da intensidade dessa onda.

Vamos considerar agora que uma pessoa recebe um som de frequência constante. A intensidade desse som aumenta gradativamente a partir do zero. No início, essa pessoa não ouvirá nada, até que a intensidade da onda atinja um valor mínimo, denominado **limiar da sensação auditiva** ou **limiar da audibilidade**. O valor da intensidade desse limiar depende da frequência do som. Se continuarmos a aumentar a intensidade sonora, o som será percebido pela pessoa cada vez mais forte, até que a sensação auditiva torna-se um desconforto ou mesmo dor. Essa intensidade é denominada **limiar da sensação dolorosa** ou **limiar da dor**.

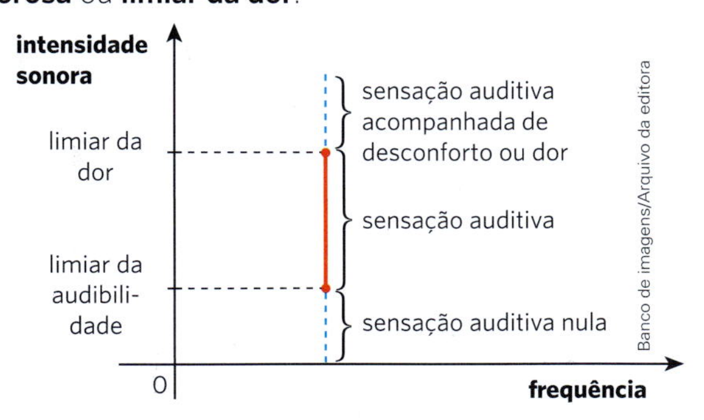


Se montarmos um diagrama com esses intervalos para todas as frequências audíveis, vamos obter a **curva da audibilidade** ou o **audiograma** para essa pessoa. É importante observar que cada indivíduo tem o seu audiograma. No entanto, podemos estabelecer um audiograma médio.

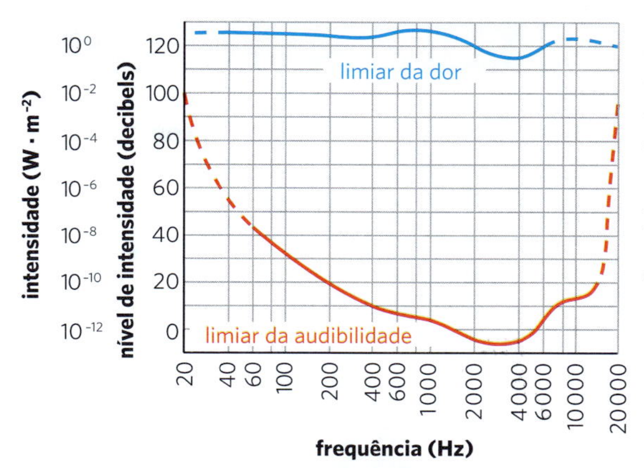


Nesse diagrama podemos constatar que o trecho de maior sensibilidade corresponde a frequências entre 2 kHz e 4 kHz. O nível de sonoridade de um som é determinado na unidade **bel**, plural bels e símbolo *B*. Isso em homenagem ao físico Graham Bell (1847-1922), inventor do telefone.

Para determinarmos essa sonoridade em bels, vamos usar a **lei de Weber-Fechner**:

$$N = k \log \frac{I}{I_{ref}} \quad \text{onde } k = 1.$$

Como o nível de sonoridade correspondente à unidade de bel é muito grande, utiliza-se um submúltiplo dessa unidade. O valor *k* passou a ser 10, não mais 1, e a unidade recebeu a denominação de **decibel**, plural decibels e símbolo dB, ficando a lei de Weber-Fechner expressa por:

$$N = 10 \log \frac{I}{I_{ref}}$$

em que $I$ é a intensidade sonora do som e $I_{ref}$ é a intensidade de um som de referência.

### Descubra mais

**1** A legislação brasileira estabelece que o trabalhador não deve ser exposto a níveis de ruído superiores a 115 dB sem estar devidamente protegido. Com base no que você aprendeu sobre sonoridade, qual é a justificativa dessa legislação? O que poderia ser feito para proteger os trabalhadores nessas situações?

**2** De acordo com o relatório da Organização Mundial da Saúde (OMS), cerca de 50% das pessoas entre 12 e 35 anos correm o risco de perder audição devido ao uso inadequado de fones de ouvido. Proponha soluções digitais para auxiliar as pessoas a regularem o volume de seus fones de ouvido durante o uso de dispositivos.

**3** Em um *show* de *rock*, ficar perto das caixas acústicas pode significar ficar exposto a um som de mais de 120 dB. Considerando que o *show* pode demorar horas, quais são as consequências dessa exposição para a saúde das pessoas?

## Exercícios

**1** Quando uma pessoa emite um som, ela ouve esse som imediatamente. Se no local tivermos obstáculos para proporcionar reflexões, ela poderá receber novamente o som emitido. Se o intervalo de tempo entre as duas audições for menor do que 0,10 s, será percebida uma **reverberação**; se, no entanto, for maior do que 0,10 s, então será percebido um **eco**.

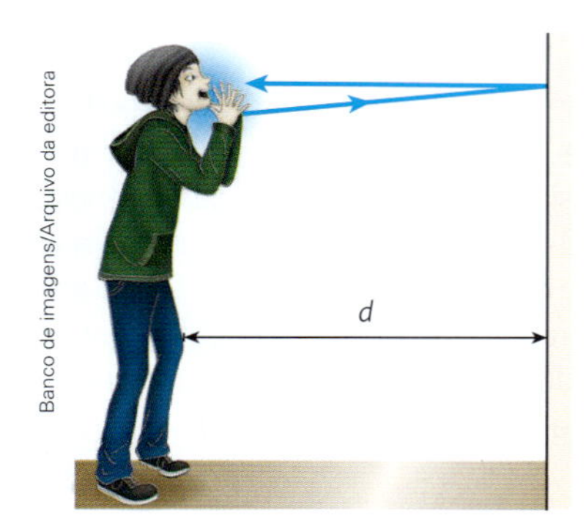

Banco de imagens/Arquivo da editora

Sendo 340 m/s a velocidade do som no ar, determine:

a) o menor valor de *d* para a pessoa perceber o eco;

b) a distância *d* para a pessoa ouvir o eco 1,2 s após emitir o som.

**2** Em uma corda tracionada são produzidas ondas estacionárias cujo comprimento de onda ($\lambda$) é igual a 1 m. Quais os dois maiores valores para o possível comprimento dessa corda?

**3** (UAM-SP) A figura mostra uma onda estacionária em uma corda de comprimento 80 cm.

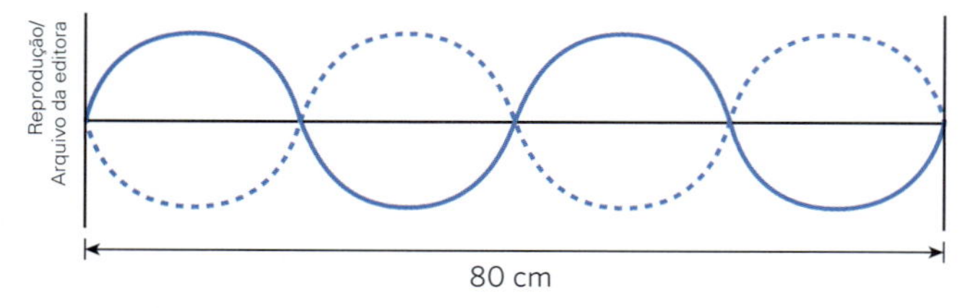

Reprodução/Arquivo da editora

Sendo a velocidade de propagação das ondas nessa corda igual a 2,4 m/s, a frequência, em hertz, dessa onda estacionária é

a) 3,0
b) 6,0
c) 9,0
d) 12,0
e) 15,0

**4** (UFF-RJ) Considere dois tubos sonoros, um aberto e outro fechado, ambos do mesmo comprimento e situados no mesmo ambiente. Se o som de frequência fundamental emitido pelo tubo aberto tem comprimento de onda de 34 cm, o comprimento de onda, em centímetros, do som de frequência fundamental emitido pelo tubo fechado é:

a) 34 cm
b) 8,5 cm
c) 17 cm
d) 68 cm
e) 22,7 cm

**5** (Enem)

Quando adolescente, as nossas tardes, após as aulas, consistiam em tomar às mãos o violão e o dicionário de acordes de Almir Chediak e desafiar nosso amigo Hamilton a descobrir, apenas ouvindo o acorde, quais notas eram escolhidas. Sempre perdíamos a aposta, ele possui o ouvido absoluto.

O ouvido absoluto é uma característica perceptual de poucos indivíduos capazes de identificar notas isoladas sem outras referências, isto é, sem precisar relacioná-las com outras notas de uma melodia.

LENT, R. O cérebro do meu professor de acordeão. Disponível em: http://cienciahoje.uol.com.br. Acesso em: 15 ago. 2012 (adaptado).

No contexto apresentado, a propriedade física das ondas que permite essa distinção entre as notas é a

a) frequência.

b) intensidade.

c) forma da onda.

d) amplitude da onda.

e) velocidade de propagação.

**6** (Enem) Ao ouvir uma flauta e um piano emitindo a mesma nota musical, consegue-se diferenciar esses instrumentos um do outro.

Essa diferenciação se deve principalmente ao(à)

a) intensidade sonora do som de cada instrumento musical.

b) potência sonora do som emitido pelos diferentes instrumentos musicais.

c) diferente velocidade de propagação do som emitido por cada instrumento musical.

d) timbre do som, que faz com que os formatos das ondas de cada instrumento sejam diferentes.

e) altura do som, que possui diferentes frequências para diferentes instrumentos musicais.

**7** Um aluno do curso de Engenharia estudava a medição da sonoridade de sons em várias situações. Ele foi ao *Rock in Rio* e levou um decibelímetro para fazer medições. No *show* do Guns and Roses, se posicionou a 10 m de uma grande caixa de som e mediu 100 dB para os sons que estava recebendo. Sabendo-se que a intensidade mínima de um som para se fazer ouvir é de $10^{-12}$ W/m$^2$ e $\pi = 3$, com que potência os sons eram emitidos pelas caixas acústicas?

# Noções de Astronomia

Este capítulo favorece o desenvolvimento das seguintes habilidades:

EM13CNT201

EM13CNT202

EM13CNT208

EM13CNT209

## O *big bang*

O espaço, o tempo, a energia e toda sorte de matéria do Universo teriam se originado a partir de uma "grande expansão" ocorrida há cerca de 13,8 bilhões de anos. Trata-se do *big bang*, nome dado de maneira desdenhosa por antagonistas dessa concepção e em repúdio às ideias do precursor da teoria, o padre e astrofísico belga Georges Lemaître (1894-1966).

De acordo com a teoria do *big bang*, o Universo teve início em uma **singularidade**. Essa singularidade continha em si todo o tempo, espaço e energia (matéria) do Universo. Esse modelo descreve tudo o que aconteceu a partir do instante $t \cong 10^{-43}$ s da história universal, evoluindo aos dias atuais.

A temperaturas da ordem de $10^{32}$ K, entre os $10^{-8}$ s e $10^{-4}$ s, houve uma profusão de prótons, antiprótons e nêutrons. Já entre $10^{-4}$ s e 1 s formaram-se os elétrons, pósitrons e neutrinos. A matéria aniquilou a antimatéria com uma prevalência de apenas 0,0000001%, e essa quebra de simetria entre a quantidade formada de prótons/antiprótons e elétrons/pósitrons, de um fator de $10^{-7}$ ponto percentual, é o que deu origem a nós e a todos os corpos celestes que observamos hoje.

### Era da radiação

Quando o Universo tinha aproximadamente 1 s de idade, a forma dominante de energia era a energia eletromagnética (fótons), e sua temperatura era da ordem de $10^{10}$ K. Durante as primeiras centenas de segundos, houve a produção dos núcleos de hidrogênio e hélio, cuja proporção era de aproximadamente 75% de hidrogênio e 25% de hélio. Essa proporção inicial, mesmo com toda a produção de novos elementos, praticamente não se alterou.

Esse período é conhecido como era da radiação, pois o Universo era um plasma praticamente opaco e a radiação (luz) não conseguia viajar livremente. Podemos fazer uma analogia para entender esse cenário pensando em uma densa neblina, onde há muita claridade, porém não é possível enxergar ou distinguir nada.

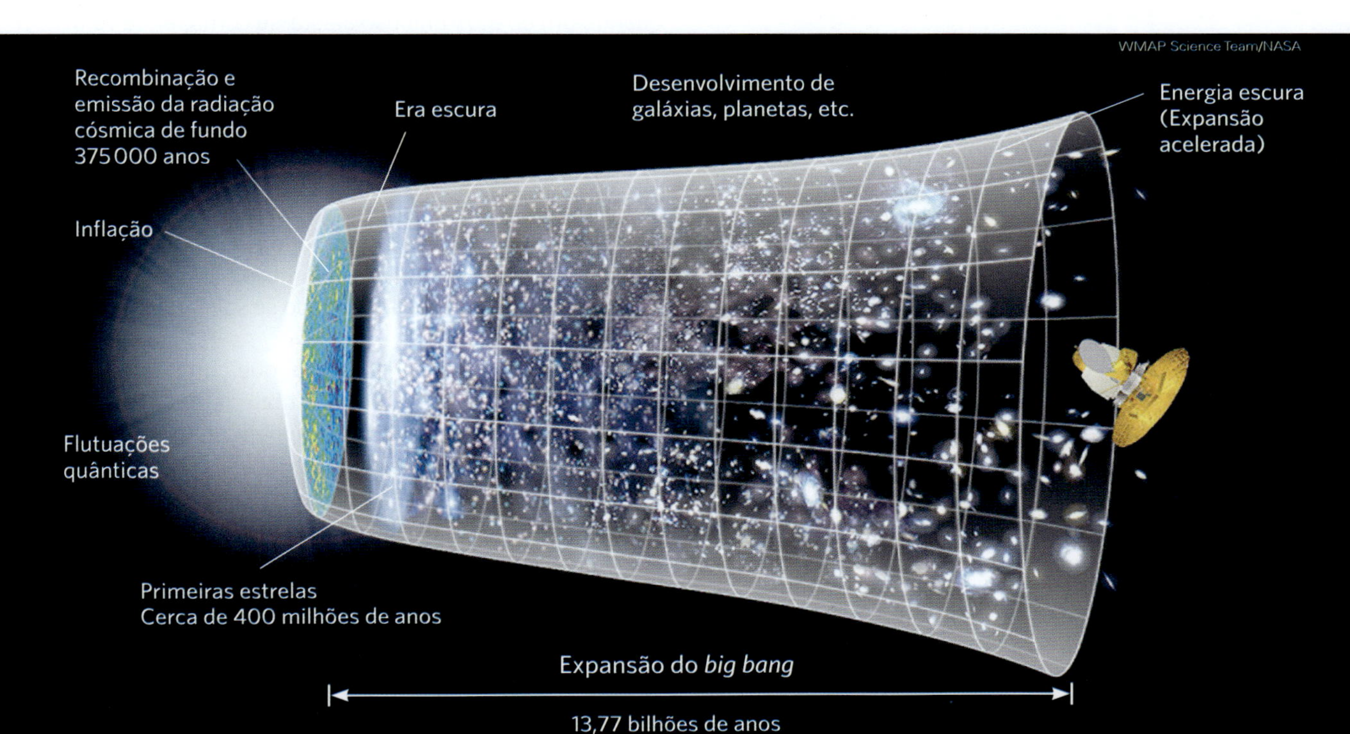

## Era da matéria

Continuando com o processo de expansão, quando o Universo tinha por volta de 377 mil anos, houve o processo chamado de **recombinação**, no qual os elétrons se combinaram com os núcleos atômicos. Foi a partir desse momento também que a radiação pôde começar a viajar livremente. Essa radiação primordial, de início extremamente energética, ainda pode ser detectada e é chamada de **radiação cósmica de fundo** (RCF). A RCF foi diminuindo sua energia conforme o Universo seguiu se expandindo e resfriando-se e hoje corresponde a uma temperatura aproximada de 2,7 K.

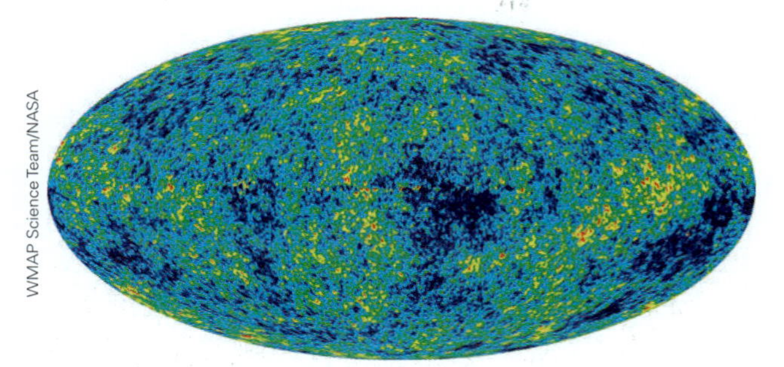
WMAP Science Team/NASA

Mapeamento da radiação cósmica de fundo no Universo observável, realizada pela sonda WMAP durante 9 anos.

Quando a radiação começou a viajar livremente, o Universo perdeu sua característica opaca. A primeira geração de estrelas e galáxias se formou quando o Universo tinha entre 200 e 500 milhões de anos. Quando atingiu 1 bilhão de anos, o Universo já apresentava propriedades bastante similares com as observadas atualmente.

# Evidências observacionais

## Lei de Hubble

Foi Georges Gamow (1904-1968), físico russo que se naturalizou estadunidense, quem, na década de 1940, iniciou com Robert Hermann e Ralph Alpher as primeiras argumentações consistentes sobre a teoria do Universo em expansão. Ele se baseou nas observações do astrônomo norte-americano Edwin P. Hubble (1889-1953), realizadas em 1929, segundo as quais as constelações estariam se afastando de nós com velocidades de intensidades $v$ diretamente proporcionais às respectivas distâncias $d$ à nossa Galáxia.

A **lei de Hubble** para velocidades $v << c$ (lembrando que $c$ é o módulo da velocidade da luz no vácuo) pode ser escrita como:

$$v = H_0 d$$

em que $H_0 \cong 71{,}0$ km/(s Mpc) é a **constante de Hubble** e Mpc significa megaparsec. Parsec (pc) é uma das principais unidades de medida usadas na Astronomia, e 1 Mpc $\cong$ $\cong 3{,}09 \cdot 10^{19}$ km $\cong$ 3,26 anos-luz.

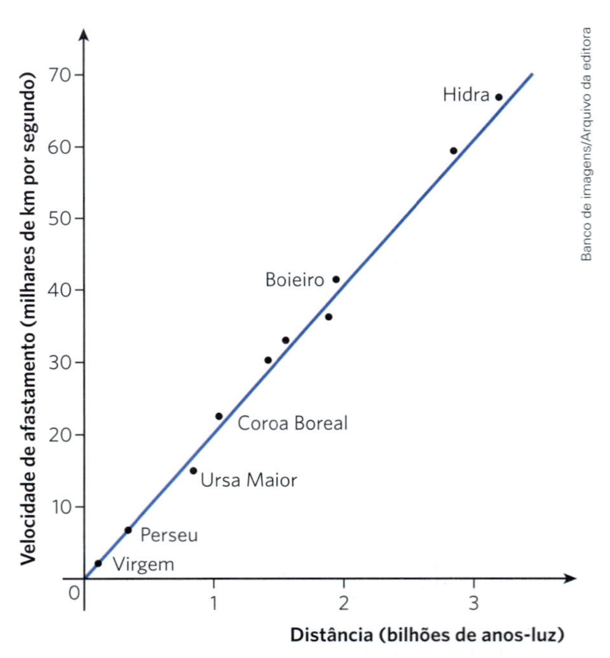

Banco de imagens/Arquivo da editora

Representação gráfica da lei de **Hubble** a partir de medidas astronômicas, mostrando o valor da velocidade de afastamento de galáxias próximas em função de suas distâncias.

A medida da distância de uma galáxia é feita por meio do seu *redshift* - desvio para o vermelho - exibido quando observada da Terra. Isso quer dizer que, quando observamos seu espectro, é possível verificar que certas linhas de emissão e de absorção de determinados elementos químicos aparecem deslocadas para valores maiores de comprimento de onda (ao lado do vermelho no espectro visível). Esse espectro "avermelhado" é uma manifestação do efeito Doppler aplicado à luz, verificado quando um objeto luminoso afasta-se com grande velocidade de um observador fixo.

O fato de as galáxias estarem afastando-se umas das outras (e não apenas de nós) foi uma das primeiras evidências de que o Universo está em expansão. Já a questão dessa velocidade ser (ou já ter sido) acelerada é que gerou o conceito de **energia escura**. Supõe-se que aproximadamente 70% do conteúdo do Universo seja composto de energia escura, que recebe esse nome por ainda não ter sido detectada. Pouco se sabe dela, exceto pelos seus efeitos.

Já a chamada **matéria escura**, que compõe outros 25% do Universo, é um tipo de matéria que, embora exerça atração gravitacional que é medida da Terra, não interage com radiação eletromagnética. Essa falta de interação faz com que não consigamos "enxergar" essa matéria da maneira típica como vemos a que estamos acostumados, que recebe o nome de **matéria bariônica**. Conseguimos, contudo, mapear as regiões do céu, em grande escala, onde a matéria escura está presente. A matéria bariônica, que forma tudo o que comumente chamamos de matéria, nesse modelo, ocuparia apenas por volta de 5% de tudo o que existe no Universo.

Segundo concepções atuais, ações da energia e da matéria escuras sobre a matéria bariônica venceriam as interações de atração gravitacional, determinando um Universo em expansão.

Se em algum tempo futuro a matéria bariônica se sobrepujar à energia e à matéria escuras, o Universo entraria em um processo de implosão, convergindo a outra singularidade.

### Paradoxo de Olbers

Outra evidência observacional favorável ao *big bang* é o fato de as noites serem escuras, o que está de acordo com um Universo em expansão, e com uma idade finita. Se o Universo fosse perene e estático, como se pensava antes do modelo atual, as noites deveriam ser claras, já que fontes luminosas siderais diversas já teriam ocupado em algum momento todas as direções possíveis vistas da Terra, assim como ocorre com a RCF. Tal constatação é conhecida como paradoxo de Olbers.

## Princípio cosmológico

O modelo atual do Universo, que leva em consideração o início a partir do *big bang*, é bem estabelecido tanto com base na teoria quanto na observação. Um dos princípios que regem esse modelo é o chamado **princípio cosmológico**.

De acordo com esse princípio, o Universo é uniforme e isotrópico. Isso quer dizer que, em grandes escalas, o Universo deve ser igual em qualquer parte dele. Porém, isso quer dizer também que o Universo não possui bordas, pois isso implicaria uma quebra de sua isotropia. Uma vez que não podemos estabelecer, portanto, nenhum tipo de limite físico para o Universo, o espaço contido dentro dele, embora em expansão, é infinito. Essa ideia, apesar de anti-intuitiva, é a aceita por astrofísicos atualmente. Outra consequência de um Universo sem bordas é que ele também não pode possuir um centro.

## Evolução estelar

### Berçário de estrelas

Estrelas se formam em nebulosas, que são concentrações de gás e poeira cósmica. Essas grandes e densas nuvens moleculares de poeira não possuem uma densidade de matéria uniforme, e as regiões mais densas começam a colapsar, grão a grão, fragmentando a nuvem.

O gás contido na nuvem molecular que vai formar uma estrela faz, inicialmente, um movimento de queda livre em direção ao que virá a ser seu núcleo. A energia potencial de cada partícula é convertida em energia térmica, e, inicialmente, essa energia é liberada na forma de radiação. Conforme a densidade desse núcleo cresce, também cresce sua opacidade, e eventualmente a radiação já não consegue mais escapar, e a temperatura começa a aumentar.

ESO/NASA

Nuvem molecular Barnard 68 (B68) obscurecendo a luz das estrelas que estão por trás dela. Estudos mostram que B68 está se contraindo, a caminho de, um dia, tornar-se um berçário de estrelas.

Uma estrela é formada, basicamente, de hidrogênio molecular ($H_2$), que se quebra em átomos de hidrogênio quando a temperatura chega próxima a 1 800 K. A temperatura, porém, continua aumentando, e eventualmente todo o gás é ionizado formando um plasma. A estrela, então, entra em equilíbrio hidrostático, ou seja, as forças de pressão interna (que tentam fazer com que a estrela se expanda devido ao calor) e as forças gravitacionais se equilibram, e ela para os processos de contração e expansão.

A escala de tempo desse processo é da ordem de milhões de anos, e, ao alcançar o equilíbrio hidrostático, a temperatura da estrela é alta o suficiente para começar o processo de fusão nuclear em seu núcleo.

### Sequência principal

É chamada de **sequência principal** (SP) a fase em que a única fonte de energia das estrelas é o processo de fusão de hidrogênio em hélio. É também a fase mais duradoura do ciclo de "vida" das estrelas.

A energia produzida através da fusão nuclear pode ser explicada, de maneira simplificada, pela famosa equação de Einstein: $E = mc^2$. O núcleo estelar é quente e denso o suficiente para transformar dois átomos de H (que possui 1 próton) em um átomo de He (que possui 2 prótons), porém, a massa de um átomo de He é menor do que a soma de dois átomos de H. Como a energia do sistema é conservada, a diferença entre as massas é convertida em energia. O valor dessa diferença de massas, quando multiplicado pela velocidade da luz ao quadrado, resulta na energia gerada em cada processo de fusão nuclear.

Durante a sequência principal, as estrelas se dividem em duas categorias. Para diferenciá-las vamos utilizar o símbolo $M_{\odot}$, chamado de **massa solar**, que equivale a 1 vez a massa do nosso Sol ($M_{\odot} \cong 2 \cdot 10^{30}$ kg).

Estrelas consideradas pequenas, ou seja, com massa entre $0{,}08M_{\odot}$ a $1{,}5M_{\odot}$, têm uma temperatura mais baixa do que as estrelas maiores. A dissipação da energia produzida no núcleo é dada de maneira radiativa nas camadas mais internas da estrela, e de maneira convectiva nas camadas exteriores.

Para estrelas muito pequenas, com massa em torno de $0{,}1M_{\odot}$, a sequência principal pode durar até 1 trilhão de anos, ou seja, muito mais que a idade atual do Universo. Isso quer dizer que todas as estrelas de massa muito menor que a do Sol que já surgiram do Universo ainda estão, e permanecerão ainda por muito tempo, na sequência principal.

Já nas estrelas maiores e, portanto, mais quentes, a dissipação de energia acontece de maneira contrária, de forma convectiva no núcleo, e radiativa nas camadas exteriores.

Quanto maior a estrela, mais quente é seu interior, e mais rápido será o processo de queima (fusão) do hidrogênio. Isso faz com que seu tempo na sequência principal seja praticamente inversamente proporcional ao seu tamanho. Uma estrela de $10M_{\odot}$, por exemplo, deve passar por volta de 10 milhões de anos na SP, enquanto a estimativa de tempo na SP para Sol é de 10 bilhões de anos (o Sol hoje possui $4{,}6 \cdot 10^9$ anos).

## Gigantes vermelhas e anãs brancas

Todas as estrelas com massa superior a $0{,}26M_{\odot}$, quando terminam sua fase na sequência principal, tornam-se **gigantes vermelhas**. Elas recebem esse nome porque, quando o hidrogênio se exaure no núcleo estelar, determinando o fim da sequência principal, a atmosfera da estrela sofre um grande processo de expansão, e, como a temperatura dessas camadas mais exteriores é menor, a estrela adquire uma cor avermelhada.

As estrelas com massa inferior a $0{,}26M_{\odot}$ não atingem temperaturas altas o suficiente para isso, portanto cessam a produção de hélio e apenas resfriam-se, perdendo energia radiativamente, tornando-se **anãs brancas**.

Nesta fase, as estrelas começam o processo de fusão nuclear do hélio, criando principalmente núcleos de carbono. Esse processo ocorre apenas na região central, enquanto a queima de H em He continua em um envelope ao redor do núcleo. O Sol, cujo diâmetro deverá chegar próximo ao tamanho da órbita da Terra quando se tornar uma gigante vermelha, deverá passar por volta de 1 bilhão de anos nessa fase de gigante vermelha.

Estrelas com massa até $2{,}3M_{\odot}$ terminam seu processo evolutivo nesse momento, não tendo temperatura o suficiente para transformar o carbono em outros elementos químicos. Quando o hélio se exaure no núcleo, os processos de fusão nuclear cessam, acabando a produção de energia. As estrelas tornam-se anãs brancas, passando a dissipar, na forma de radiação, a energia térmica armazenada internamente.

Estrelas mais massivas serão capazes de produzir, sucessivamente em seus núcleos, elementos químicos mais pesados, como O, Ne, Mg, chegando até o ferro. Quando um elemento mais pesado começa a ser produzido no núcleo, o elemento anterior continua a ser produzido num envelope ao seu redor. Desse modo, quando a estrela termina sua fase de gigante vermelha, ela é composta por várias camadas, como mostra a figura abaixo.

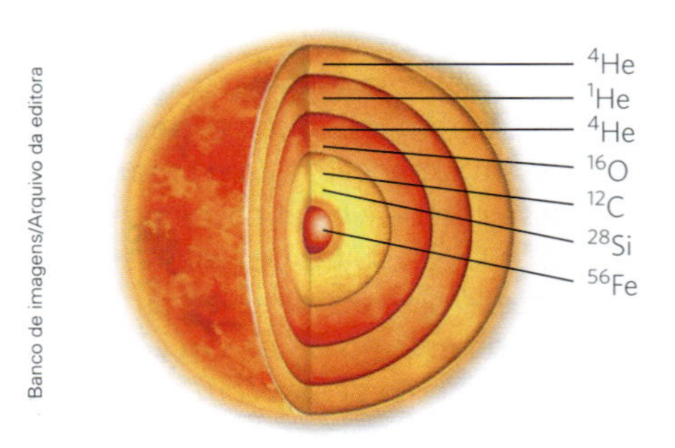

Banco de imagens/Arquivo da editora

Os processos de fusão nuclear param com a produção do ferro, pois, para elementos mais pesados (maior número de massa), a reação nuclear passa a consumir energia ao invés de liberá-la.

Se a estrela possuir uma massa intermediária, cujo valor não é bem estabelecido, ao cessar o processo de fusão no núcleo, todos os envelopes que possuem outros elementos queimam em uma explosão, liberando uma imensa quantidade de energia em poucos segundos. As camadas externas explodem na forma de uma supernova. Já no núcleo central, de densidade extrema, prótons e elétrons se combinam e o resultado final é um caroço formado apenas de nêutrons, chamado de estrela de nêutrons.

Para estrelas maiores, em vez da explosão na forma de uma supernova, há um colapso gravitacional formando um buraco negro. Nesse caso, cria-se no entorno desses eventos cosmológicos uma gravidade tão intensa que nem mesmo a luz consegue escapar.

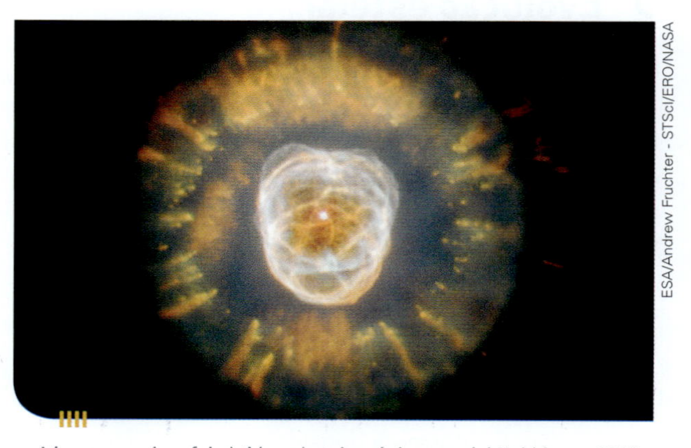
ESA/Andrew Fruchter - STScI/ERO/NASA

A imagem acima foi obtida pelo telescópio espacial Hubble em 2000 e é conhecida popularmente por "Nebulosa do Esquimó". Ela foi formada por uma estrela de massa semelhante à do Sol, em seu estágio final de evolução estelar.

## Evolução química

São encontrados naturalmente no nosso Sistema Solar mais de 100 elementos químicos diferentes e por volta de 300 de seus isótopos.

Vimos que os elementos químicos de número atômico igual ou menor ao ferro são criados em interiores estelares. Já elementos mais pesados requerem energia para serem sintetizados. Essa síntese ocorre, em sua maioria, nas explosões de supernovas.

Em vez do processo de fusão nuclear, núcleos atômicos nesse ambiente estão sujeitos a um enorme fluxo de nêutrons, que se unem aos núcleos atômicos durante colisões. Posteriormente, através de decaimentos β, esses nêutrons tornam-se prótons, liberando um elétron no processo. Esse é o mecanismo pelo qual elementos como urânio, tório e plutônio são produzidos.

Quando raios cósmicos colidem com esses átomos pesados, eles são quebrados num processo de fissão nuclear, dando origem a elementos como lítio, berílio e boro.

**Nota**

**Raios cósmicos** são partículas superenergéticas, porém de massa muito pequena (comparável à massa dos elétrons) e com carga elétrica nula. Por conta de suas propriedades, são de difícil detecção, embora extremamente abundantes em todo o Universo.

**Descubra mais**

1 Analise a evolução estelar associando-a aos modelos de origem e distribuição dos elementos químicos no Universo.

## Surgimento do Sistema Solar e da Terra

Segundo a hipótese nebular, grãos de poeira estelar constituídos fundamentalmente por hidrogênio, hélio, oxigênio, nitrogênio, carbono, alumínio, ferro e silício colapsaram, deslocando-se rumo a determinado centro, movidos por forças gravitacionais. Nesse centro, cada vez mais denso e quente, teria se formado um embrião do que se tornaria o Sol - um protossol - que logo passou a emitir radiação na faixa do infravermelho.

Mediante colapsos menos expressivos, houve formação de aglutinados menores de matéria cósmica que gravitavam em órbitas específicas em torno da recém-criada estrela, todos no sentido de sua rotação. Essas concentrações secundárias de massa vieram a constituir os planetas (o termo planeta tem origem grega e significa astro errante).

Os planetas mais próximos do Sol (chamados de planetas rochosos) são compostos de materiais que se condensam a maiores temperaturas (como o ferro e o níquel, que formam a maior parte do núcleo terrestre). Os planetas mais distantes (chamados de planetas gasosos) foram formados por materiais e substâncias relativamente mais voláteis, como hidrogênio, hélio e moléculas de água.

Como os elementos que formaram os planetas rochosos compunham apenas 0,4% da nebulosa que constituiu o Sistema Solar, esses planetas são bem menores se comparados aos planetas gasosos.

**Notas**

- Planetas rochosos: Mercúrio, Vênus, Terra e Marte.
- Planetas gasosos: Júpiter, Saturno, Urano e Netuno.

As melhores datações indicam que o Sistema Solar teria se formado há 4,54 bilhões de anos, sendo essa a idade estimada para o Sol, bem como os demais corpos celestes que gravitam ao seu redor, inclusive a Terra.

Quase toda a massa do Sistema Solar pertence à estrela central - cerca de 99,87% -, tocando aos planetas, luas, asteroides, meteoroides, cometas e outros corpos siderais o 0,13% restante.

No período inicial, após a formação da Terra, reinavam temperaturas altíssimas, da ordem de $10^4$ °C, com intensa atividade vulcânica que produzia rios de lava. Na atmosfera primordial predominava o $CO_2$ - gás carbônico -, além de gases oriundos do magna fundido. Nesses primórdios um grande corpo celeste - provavelmente um outro planeta - teria colidido com a Terra, lançando ao espaço poeira e rochas quentes que se juntaram para formar a Lua, nosso satélite natural, a princípio, numa órbita de raio médio bem menor que o atual.

Tempestades de meteoros e outros detritos do Sistema Solar teriam despejado sobre o planeta muita massa e quantidades de $H_2O$ - água -, que iriam formar os primeiros mares.

Há cerca de 3 bilhões de anos, a Terra começou a esfriar, tendo se formado uma crosta sobre o núcleo quente que ainda mantinha na superfície inúmeros vulcões ativos.

Lava solidificada originou então pequenas ilhas rochosas que se somaram para constituir os primeiros continentes. Devido à proximidade da Lua e graças à sua intensa ação gravitacional, houve produção de marés devastadoras que espalharam a água na superfície do planeta. Em seguida, a Lua se afastou e essas marés ficaram menos severas. A Terra aumentou seu período de rotação e os dias se tornaram mais longos, com duração próxima das 24 horas atuais.

Conexões

## Surgimento e evolução da vida

Estima-se que o número de espécies que atualmente habitam a Terra ultrapasse 8,7 milhões. Nesse número não estão incluídos os micro-organismos classificados como bactérias e arqueias. Estudos recentes indicam que o total de espécies desses micro-organismos procariontes seja superior aos estimados 8,7 milhões de eucarióticos do planeta.

Mas como começou a vida por aqui?

Sem entrar em discussões filosóficas ou religiosas, várias são as hipóteses para responder essa questão. Acreditava-se - e ainda há, no entanto, correntes que defendem essa hipótese - que todos os seres vivos teriam surgido por abiogênese, ou seja, a partir de matéria não viva. Aristóteles era defensor dessa teoria que praticamente caiu por terra em meados do século XIX, graças aos experimentos de Redi, Jablot, Neddham, Spallanzani e Pasteur.

Ainda repercute outra hipótese, a da panspermia cósmica, segundo a qual a vida proveio de outras regiões do Universo mediante sucessivas colisões de corpos celestes contra a Terra. Esses impactos teriam deixado na superfície do planeta as substâncias precursoras da vida ou mesmo formas de vida elementares.

Mas a teoria com maior sustentação se baseia na evolução química e molecular.

Como visto, em seus primórdios o planeta era quente, dispondo de inúmeros vulcões que lançavam gás carbônico e enxofre na atmosfera em formação. Essa atmosfera não bloqueava a maioria das radiações do espaço, especialmente o ultravioleta que atingia intensamente a superfície da Terra. Conforme o planeta foi esfriando, a crosta tornou-se sólida e a temperatura permitiu a presença de água líquida superficial. Moléculas orgânicas (à base de carbono) combinaram-se formando moléculas ainda mais complexas compostas de carbono, hidrogênio, oxigênio, nitrogênio e enxofre, que serviram como blocos preliminares à construção das primeiras moléculas biológicas.

Esse conjunto de condições incrivelmente raras e presentes em uma Terra afortunada teria permitido que a vida se revelasse a partir dessas moléculas orgânicas e reações químicas.

Todos os organismos vivos com capacidade para se replicar são constituídos por biopolímeros, como proteínas, ácidos nucleicos, polissacarídeos e lipídeos. Estas biomoléculas são compostas por pequenas unidades interligadas, denominadas monômeros. Os biomonômeros que constroem as proteínas, ácidos nucleicos (DNA e RNA) e polissacarídeos são, respectivamente, os aminoácidos, nucleotídeos e monossacarídeos. Hoje sabemos que, dadas as condições necessárias, grande parte dos biomonômeros podem ser produzidos espontaneamente.

Uma das primeiras tentativas de produzir biomoléculas em laboratório foi feita por Stanley Miller (1930-2007) e Harold Urey (1893-1981), em 1953. Eles sugeriram que as biomoléculas e a vida teriam surgido em uma sopa primordial existente numa atmosfera rica em metano, amônia, hidrogênio e vapor de água, que era irradiada por ultravioleta. O experimento de Miller-Urey procurou simular essas condições da Terra primitiva. Foram produzidos uma série de biomonômeros, como os aminoácidos, glicina e alanina, além de outros compostos orgânicos, como ureia e ácido fórmico.

Acredita-se que os primeiros seres vivos surgiram em condições de altas temperaturas e em ambientes aquáticos.

Os fósseis mais antigos de matéria viva elementar remontam a um planeta ainda jovem, há 3,5 bilhões de anos.



Stanley Miller simulando em laboratório como teria se iniciado a vida na Terra.

- Pesquise e discuta com seus colegas sobre modelos, teorias e leis propostos em diferentes épocas e culturas para comparar distintas explicações sobre o surgimento e a evolução da vida com as teorias científicas aceitas atualmente.

## Formas de manifestação da vida

Seres humanos, mamíferos em geral, aves, anfíbios, répteis, quelônios, peixes, crustáceos, vegetais de todas as espécies e quase toda sorte de vida estão condicionados a sutis e equilibradas condições ambientais que lhes favoreçam a subsistência.

Entenda-se por isso exposição a doses benéficas de radiação, um ar dotado dos elementos químicos e substâncias imprescindíveis às suas funções biológicas, pressão atmosférica próxima à do nível dos mares, pequenas amplitudes térmicas em torno dos 20 °C, água com salinidade e pH adequados, etc.

Qualquer desbalanceamento nesses parâmetros pode ser comprometedor, como se observa, por exemplo, em Angra dos Reis (RJ), nas cercanias das usinas nucleares brasileiras, em que águas muito quentes de refrigeração, descartadas por essas instalações, são devolvidas ao mar, tornando o microambiente estéril, sem peixes, crustáceos ou algas, seres endêmicos dos biomas litorâneos.

Mas, em seus primórdios, a Terra como um todo era extremamente quente, imprópria para abrigar quase toda forma de vida com que convivemos. Importantes correntes científicas defendem, no entanto, que a vida tenha se originado justamente nessas condições, ao redor de fontes hidrotermais nos assoalhos oceânicos. Os primeiros seres vivos - alguns dos quais existem ainda hoje - teriam sido **extremófilos**, resistentes àquelas intempéries originais.

Os extremófilos podem ser uni ou pluricelulares, manifestando-se sob diversas formas, procariontes (formados por células simples) ou eucariontes (formados por células complexas).

Existem pelo menos cinco tipos principais de extremofilia:

- adaptação a elevados níveis de radiação: microrganismos radiorresistentes;
- adaptação a temperaturas elevadas: termófilos e hipertermófilos;
- adaptação a temperaturas muito baixas: psicrófilos;
- adaptação a ambientes salinos: halófilos;
- adaptação a extremos de pH: acidófilos e alcalífilos.

Há organismos que combinam mais de um tipo de extremofilia. Um deles foi isolado nos Açores e é termo-halófilo, isto é, está adaptado a altas temperaturas e elevados teores de sal; outro é termoacidófilo, por estar adaptado a temperaturas de 80 °C e a meios ácidos, com pH = 2.

Alguns extremófilos poderiam suportar, inclusive, as condições existentes em outros planetas e astros do Sistema Solar, como as encontradas no subsolo marciano ou no oceano da lua Europa, de Júpiter.

### Ampliando o olhar

#### Sobrevivência em condições extremas

Eye Of Science/SPL/ Fotoarena

O tardígrado (também conhecido como urso-d'água) é considerado o animal mais resistente do planeta.

O animal da imagem acima, encontrado em ambientes ricos em musgo e liquens, é um ser estranho, com dimensões minúsculas, da ordem de 1 mm, que pode suportar condições realmente extremas. Talvez seja o animal mais resistente conhecido. Uma carapaça o torna blindado contra a maior parte das radiações, inclusive raios X, bem como severas condições de temperatura. Ele resiste com tranquilidade a amplitudes térmicas entre −200 °C e 100 °C, além de pressões externas elevadíssimas. Também dispensa por longos períodos de tempo água para sua sobrevivência.

### Descubra mais

**1** Cite e justifique condições ambientais favoráveis e fatores limitantes à manifestação da vida.

## Do *Homo sapiens* a nós

Baseando-se principalmente na análise de fósseis, o estudo da história evolutiva da vida, bem como do ser humano, envolve conhecimentos de Paleontologia, Arqueologia, Biologia, Física e Química, entre outros. A datação por carbono-14 permite estimar a idade de ossadas e outros materiais encontrados geralmente em escavações, permitindo-nos investigar o passado da humanidade e do planeta.

Há hipóteses de que a ordem dos primatas - macacos e os primeiros hominídeos - tenha surgido por volta de 13 milhões de anos atrás (MiAA). *Ramapithecus* (13 MiAA), *Australophitecus* (4 MiAA) e *Homo habilis* (2,3 MiAA) teriam precedido o *Homo sapiens*, de quem somos descendentes, surgido no lado ocidental da África há cerca de 300 mil anos (MAA).

Iconic Bestiary/Shutterstock

Hominídeos e seus estágios evolutivos.

*Homo sapiens* (do latim, homem sábio) é a única espécie animal do gênero *Homo* de primatas bípedes ainda vivo. Tem cérebro bastante desenvolvido, capacidade de linguagem e raciocínio abstrato; é capaz de realizar introspecções e resolver problemas complexos. Habilidades e competências mentais somadas a um corpo ereto possibilitaram-no utilizar os braços para manipular objetos e construir ferramentas para diversos fins e ofícios.

Elaborou instrumentos e armas de defesa, além de utensílios para alterar o ambiente à sua volta.

Não se sabe precisamente o que teria motivado o *Homo sapiens*, há 80 MAA, a migrar do seu local de origem, na região de Kalahari mais próxima do litoral da atual fronteira entre Angola e Namíbia, para os lados leste e norte africanos, além da Europa e Ásia.

Essas correntes migratórias iniciaram a difusão dos primeiros humanos rumo a outros continentes. Hoje, depois de um longo processo evolutivo e de intermináveis andanças pluridirecionais, a raça humana conta com mais de 7 bilhões de indivíduos de diversas etnias distribuídos em toda a superfície do globo terrestre.

Em termos de distribuição espacial e efeitos provocados na biosfera do planeta, os humanos constituem uma forma dominante de vida biológica. Sua cultura é diversa, e o senso estético varia de população para população. As interações sociais trouxeram uma grande variedade de tradições, rituais, além de normas morais, éticas e sociais, leis e valores que, em conjunto, formam a base de sociedades marcadas por costumes que compõem um amplo mosaico de diversidades.

## Onde vamos parar?

Ao contemplar o céu em noite sem nebulosidade, podemos observar a olho nu até 6 000 corpos celestes: nebulosas, galáxias, estrelas, planetas, satélites, etc. Com sofisticados equipamentos astronômicos, o que inclui o telescópio Hubble, esse número se estende a fronteiras inimagináveis, conduzindo o pensamento a devaneios e suposições.

A humanidade iniciou a investigação do espaço em 1957, quando a então União Soviética colocou em órbita o satélite Sputinik. No período da Guerra Fria seguiram-se muitas outras missões, inclusive as viagens à Lua, componentes do projeto Apollo, da Nasa (Administração Nacional da Aeronáutica e Espaço, órgão do governo federal dos Estados Unidos), de 1961 a 1972, o que possibilitou, em 20 de julho de 1969, ao primeiro ser humano – o astronauta Neil Armstrong – pisar em solo lunar.

Na jornada humana pela exploração espacial, um dos objetivos é prospectar a existência de vida em outros astros, ainda que em formas embrionárias. E o corpo celeste mais próximo e promissor talvez seja o planeta Marte, nosso vizinho imediato, mais distante do Sol que a Terra. Várias sondas foram enviadas ao planeta vermelho, com destaque para a norte-americana Mars Science Laboratory, que fez pousar em solo marciano, em 2012, um veículo "espião" denominado Curiosity. Também a Organização Indiana de Pesquisas Espaciais colocou em órbita do planeta, em 2013, a nave Mars Orbiter Mission, que já enviou à Terra um grande volume de informações.

A exploração de Marte está em franco andamento e a essa altura muito se sabe a respeito desse planeta, especialmente sobre as condições adversas à habitabilidade humana, como a pequena aceleração da gravidade local (cerca de 4,0 m/s$^2$), a baixíssima pressão atmosférica, o reduzido nível de insolação, o que torna as temperaturas ambientes próximas de −100 °C, as severas tempestades de areia com ventos de até 170 km/h e, o maior agravante, a altíssima incidência de radiações ionizantes vindas do espaço, nocivas ao ser humano e outras formas de vida. Com isso, possíveis bases humanas em Marte deverão ser subterrâneas ou inseridas em redomas herméticas imunes a todas essas intempéries.

Na busca por conhecer melhor o Sistema Solar, fomos a Saturno, o planeta gasoso famoso por seus anéis, somente menor do que Júpiter. Depois de percorrer 3,5 bilhões de quilômetros, uma nave produzida por um consórcio entre os Estados Unidos e a Europa – a Cassini-Huygens – orbitou Saturno, enviando à Terra detalhadíssimas imagens do seu polo norte, bem como das luas Titã (onde pousou a sonda Huygens) e Encélado.

Mas já fomos mais longe, realmente aos confins do nosso sistema planetário. A sonda New Horizons se avizinhou de Plutão, planeta-anão mais distante do Sol do que Netuno, que é o planeta do Sistema Solar mais distante do Sol. A viagem durou 9 anos e 6 meses, tendo a New Horizons percorrido aproximadamente 5 bilhões de quilômetros. Depois de ganhar velocidade por meio do "estilingue gravitacional" proporcionado por Júpiter, a nave seguiu sem a necessidade de utilizar sua fonte de energia interna, até se aproximar de Plutão e de sua lua, Caronte.

É consensual na comunidade científica que o Sistema Solar deverá entrar em colapso daqui a cerca de 5 bilhões de anos, pondo fim ao nosso planeta e toda sorte de vida encontrada por aqui. Por isso, visando preservar especialmente a raça humana, tornou-se imperativo prospectar-se no Universo alternativas de habitabilidade similares à Terra – exoplanetas.

JHUAPL/SwRI/NASA

Imagem de Plutão e Caronte obtida pela sonda New Horizons em 2015. Os sinais enviados pela sonda demoram 5 horas para alcançar a Terra.

A busca por responder questões ancestrais como "De onde viemos?", "Onde estamos?" e "Para onde vamos?" nos leva a aprofundar mais do que nunca em saberes científicos com interfaces e fronteiras cada vez mais difusas. Hoje, a **Astrobiologia** é uma das áreas mais promissoras de investigação, englobando Física, Química, Biologia, Medicina, Astronomia, Astrofísica, Geologia, etc. Trata-se de uma abordagem multi e interdisciplinar baseada em técnicas e no rigor científico modernos.

A despeito da inquietação causada pelas questões acima, é necessário, porém, conhecermos bem o cenário e as condições para o surgimento e a manutenção da vida aqui na Terra, antes de podermos extrapolar o mesmo evento para outros locais do Universo.

## Descubra mais

**1** Imagine um astronauta sujeito durante muito tempo à baixa aceleração da gravidade de determinado planeta, admitida bem menor que a da Terra. Em um eventual retorno dele à superfície terrestre, que problemas fisiológicos esse astronauta poderia enfrentar?

**2** A atmosfera terrestre impede a incidência em solo de raios ultravioleta, entre outros, o que não ocorre em Marte, cuja atmosfera não bloqueia grande parte da energia radiante proveniente do espaço, especialmente as radiações ionizantes. O que são radiações ionizantes e que perigos elas podem oferecer aos seres vivos?

**3** Faça um resumo, analisando os modelos, teorias e leis, de como surgiu a Terra e o Universo.

## Exercícios

**1** Estima-se que num céu sem nenhum tipo de poluição visual é possível enxergar em torno de 6000 estrelas a olho nu. Também conseguimos observar, sem a necessidade de nenhum tipo de luneta ou telescópio, 4 galáxias: parte da própria Via Láctea, da qual o Sistema Solar faz parte; Andrômeda, a galáxia espiral mais próxima de nós; e as duas galáxias anãs chamadas de Pequena e Grande Nuvens de Magalhães. Telescópios modernos permitem, contudo, a observação de um número muito maior de corpos celestes. Estima-se que a nossa galáxia possuía entre 200 bilhões e 500 bilhões de estrelas. Observações do telescópio Hubble, por outro lado, sugerem a existência de no mínimo 100 bilhões de galáxias no volume do Universo que conseguimos observar.

Com base nas informações acima, responda:

**a)** Qual a ordem de grandeza do número de estrelas que é possível ver a olho nu numa noite de céu limpo?

**b)** Considerando-se que o corpo humano é formado por aproximadamente 37 trilhões de células e que o número de habitantes da Terra ronda os 7 bilhões, qual a ordem de grandeza do número total de células da humanidade atual?

**c)** Considere que cada galáxia possui, em média, 100 bilhões de estrelas. Qual a ordem de grandeza do número de estrelas que existiriam na região do Universo que podemos observar?

**d)** Qual a relação (razão) entre os resultados encontrados nos itens **c** e **b**?

**2** É de larga aceitação na comunidade científica que o surgimento do Universo – o *big bang* – tenha ocorrido há 13,8 bilhões de anos e que o Sistema Solar tenha 4,6 bilhões de anos. Comparando-se a idade do Universo à duração de uma semana (7 dias) e associando-se a grande expansão primordial – singularidade – à zero hora do domingo dessa suposta semana, pergunta-se:

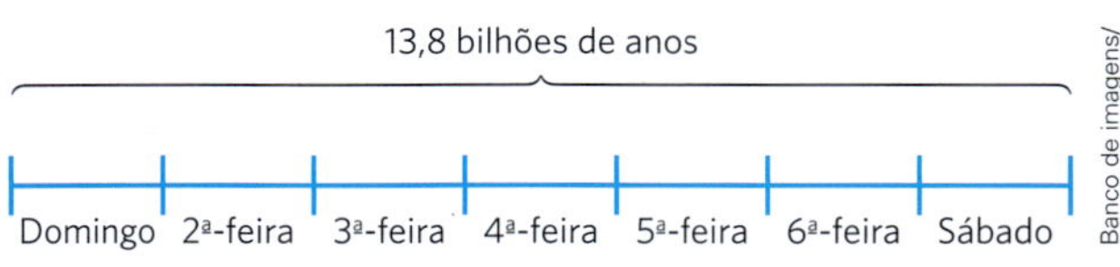

Banco de imagens/Arquivo da editora

**a)** em que dia da semana teria sido formado o Sistema Solar?

**b)** em que horário desse dia teria surgido esse sistema?

**3** (SBF) Uma das evidências de que o Universo está em expansão é o "deslocamento para o vermelho" observado nas linhas espectrais emitidas pelas estrelas de galáxias distantes, em comparação com os espectros observados em sistemas terrestres. O responsável por isso é o efeito Doppler-Fizeau que altera as linhas espectrais devido ao movimento relativo entre fonte e observador. No caso, Universo em expansão significa que as galáxias observadas (fonte) estão se afastando de nós (observador). No contexto da Astronomia, o termo "deslocamento para o vermelho" significa que

a) as linhas espectrais das galáxias se tornam vermelhas.

b) os comprimentos de onda das linhas espectrais das galáxias são maiores que os observados nos laboratórios da Terra.

c) as estrelas das galáxias distantes se apresentam avermelhadas quando observadas ao telescópio.

d) as intensidades das linhas espectrais se apresentam menores que as esperadas.

e) os comprimentos de onda das linhas espectrais das galáxias são menores que os observados nos laboratórios da Terra.

**Resolução:**

Quando a estrela se afasta da Terra, a frequência aparente de sua luz fica menor que a frequência real; o comprimento de onda aparente fica maior que o real e o espectro da luz da estrela se desloca para o lado dos maiores comprimentos de onda (tons avermelhados): *redshift*.

**Resposta:** alternativa **b**.

**4** Edwin Powell Hubble, astrônomo estadunidense, verificou em 1929 que quase todas as galáxias estão se afastando da Terra com velocidades de intensidades $v$ diretamente proporcionais a sua distância $d$ do planeta. Tal conclusão ficou conhecida como lei de Hubble e veio ao encontro da teoria de um Universo em expansão subsequente ao *big bang*. Considerando-se que o *redshift* – desvio para o vermelho devido ao efeito Doppler luminoso – manifestado por determinada galáxia, distante $d_0$ do nosso planeta, revele que ela está se afastando com velocidade de intensidade $v_0$, pede-se:

a) expresse em função de $v_0$ e $d_0$ o valor $H_0$ da constante existente na lei de Hubble;

b) a quantidade $\frac{1}{H_0}$ é definida como "tempo de Hubble" e expressa uma boa aproximação para a idade do Universo. Considerando-se as informações acima e adotando-se nos cálculos $H_0 = 71{,}0$ km/(s Mpc) e 1 Mpc = $3{,}09 \cdot 10^{19}$ km, pede-se determinar, em anos, a idade estimada para o Universo.

**5** (FGV) É comum que os livros e meios de comunicação representem a evolução do *Homo sapiens* a partir de uma sucessão progressiva de espécies, como na figura.

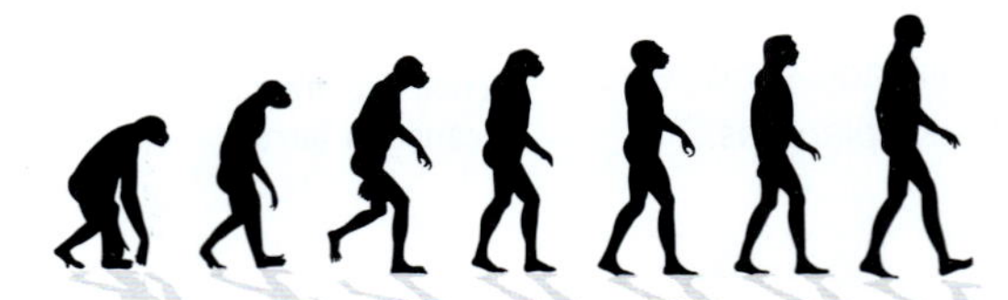



Observe o esquema de evolução humana acima.

Coloca-se na extrema esquerda da figura as espécies mais antigas, indivíduos curvados, com braços longos e face simiesca. Completa-se a figura adicionando, sempre à direita, as espécies mais recentes: os australopitecus quase que totalmente eretos, os neandertais e finaliza-se com o homem moderno.
Essa representação é

a) adequada. A evolução do homem deu-se ao longo de uma linha contínua e progressiva. Cada uma das espécies fósseis já encontradas é o ancestral direto de espécies mais recentes e modernas.

b) adequada. As espécies representadas na figura demonstram que os homens são descendentes das espécies mais antigas e menos evoluídas da família: gorila e chimpanzé.

c) inadequada. Algumas das espécies representadas na evolução do homem seriam mais bem representadas inserindo-se lacunas entre uma espécie e outra, mantendo-se na figura apenas as espécies ainda existentes.

d) inadequada. Algumas das espécies representadas na figura podem não ser ancestrais das espécies seguintes. A evolução do homem seria melhor representada como galhos de um ramo, com cada uma das espécies ocupando a extremidade de cada um dos galhos.

e) inadequada. As espécies representadas na figura foram espécies contemporâneas e, portanto, não deveriam ser representadas em fila. A evolução do homem seria melhor representada com as espécies colocadas lado a lado.

# Impactos ambientais causados por atividade humana

Nas últimas décadas, diversos países estão buscando ações que os levem a um ambiente ecologicamente equilibrado para vivermos. Algumas ações nesse sentido são as conferências internacionais, como Rio-92 ou Paris 2015, nas quais são assinados acordos buscando a redução de impactos ambientais, principalmente os que estão relacionados com as mudanças climáticas.

Matheus Reche/Futura Press

O poluído rio Tietê, em Salto (SP). Fotografia de novembro de 2014.

Diversas atividades humanas, como o cultivo de grandes monoculturas, a caça e a pesca predatórias, o descarte e o armazenamento inadequados do lixo e o desperdício de alimentos, causam impactos ambientais, como a poluição da água, do ar e do solo, o desmatamento de áreas florestais e o aquecimento global.

Considerando as atividades humanas que contribuem para o desequilíbrio ambiental, como as citadas acima, vamos pesquisar, em grupos, quais dos problemas citados e outros vocês identificam em sua comunidade.

## Objetivos

Investigar, na comunidade em que vivem os alunos, ações que podem causar impactos ambientais e estudá-las a fim de propor soluções sustentáveis.

## Para começar

O primeiro passo do projeto é realizar uma pesquisa de campo - que ocorrerá em um local que será definido pelo professor.

 **Nota**

**Pesquisa de campo** é aquela em que o pesquisador vai até o local onde o fenômeno ocorreu - ou ocorre - e coleta dados com o objetivo de investigar possíveis relações de causa e efeito entre um fato observado e o fenômeno que é estudado pelo pesquisador.

O objetivo da pesquisa será identificar atividades que podem causar impactos ambientais. Se organizem de acordo com os passos a seguir.

- **Passo 1:** Vá até os pontos principais do local indicado pelo professor e observe quais são os potenciais problemas ambientais que podem estar causando problemas para a sociedade ou que podem vir a causar no futuro. Carregue com você um caderno de campo para realizar anotações; também é possível usar o celular para tirar fotos e fazer vídeos de aspectos que chamem a atenção.

- **Passo 2:** Após essa observação inicial faça uma lista dos problemas ambientais identificados e elabore hipóteses de como eles podem estar prejudicando a vida das pessoas ou como podem prejudicar no futuro. Com base nessas hipóteses, faça um questionário com algumas perguntas que ajude a você perceber se esse problema é relevante também para a comunidade local - o professor vai auxiliar na identificação das pessoas que, para o contexto da pesquisa, integram a comunidade local.
- **Passo 3:** Realize entrevistas com a comunidade local. Essas entrevistas, que servirão para conhecer a opinião das pessoas, podem ser gravadas em áudio ou vídeo (certifique-se de obter autorização dos entrevistados), ou simplesmente tomar nota no caderno de campo.

## Plano de ação

Entre os problemas ambientais identificados, defina um para estudar mais profundamente. O critério de seleção é seu.

Agora que você definiu um **problema** ambiental, realize uma investigação mais profunda dos impactos ambientais que podem ser causados pelo problema que você identificou e busque uma solução para que o problema seja extinguido ou mitigado.

### Estudo aprofundado

Faça um levantamento de como o problema ambiental que você levantou tem afetado, ou pode afetar, outros lugares do mundo. Pesquise sobre os efeitos que podem ser causados por problemas como o que você selecionou e analise os principais fatores químicos, físicos e biológicos relacionados a esse efeito.

A poluição sonora, por exemplo, se dá através da propagação do som com altas intensidades. Assim, os fatores físicos relevantes para a investigação do problema são as fontes sonoras, o meio de propagação e o nível relativo de intensidade sonora, geralmente expresso em decibels (dB).

Outro aspecto a ser estudado: O problema que você identificou impacta no aquecimento global? Em caso afirmativo, quais são as evidências que apontam que a temperatura média do planeta está subindo há alguns anos? Como o aquecimento global pode causar prejuízos para a sociedade?

### Soluções dadas em outros contextos

Faça uma pesquisa sobre quais são as soluções que a comunidade científica e as diversas comunidades estão buscando para lidar com esse tipo de impacto. Relacione essas soluções com os fatores levantados no item anterior, para verificar se essas soluções estão sendo aplicadas no local pesquisado por você.

## Análise dos resultados

Organize um seminário com a turma para que os grupos apresentem os resultados de suas pesquisas e os seus planos de ação. Utilize as perguntas a seguir para orientar a apresentação.

1. Por que este impacto ambiental pode causar problemas para as pessoas?
2. Quais são os fatores físicos, químicos ou biológicos relevantes para a descrição deste problema ambiental?
3. Quais são as soluções que a comunidade científica e as comunidades estão explorando para esse tipo de impacto ambiental? Essas medidas são na fonte ou na consequência do impacto?
4. Considerando o local pesquisado, quais soluções você acredita que são viáveis para resolver o problema escolhido?
5. Quais são as ações que podem ser tomadas coletivamente ou individualmente para reduzir esse impacto no local pesquisado?
6. Discuta com seus colegas e professor e elabore um meio de divulgar ideias para extinguir ou minimizar o impacto ambiental que você estudou na região pesquisada. Você pode usar panfletos, vídeo em redes sociais ou até mesmo uma carta para a prefeitura ou algum órgão competente.

UNIDADE

# Óptica geométrica

A **Óptica** é a parte da Física que estuda os fenômenos determinados pela energia radiante em forma de luz. A **Óptica geométrica** trata particularmente da reflexão e da refração de raios luminosos, englobando-se aí sistemas ópticos capazes de refletir a luz, como espelhos em geral, ou refratar os raios luminosos, como dioptros, lâminas, prismas e lentes, entre outros.

welcomia/Shutterstock

O farol é uma estrutura que utiliza lâmpadas, espelhos e lentes para produzir um feixe de luz. A Óptica geométrica é fundamental para compreender o seu funcionamento.

## Nesta unidade:

CAPÍTULO

# Fundamentos da Óptica geométrica

Este capítulo aborda os conceitos de raios de luz, fornecendo subsídios para o trabalho com a seguinte habilidade:

EM13CNT103

## Introdução

A luz é uma forma de energia radiante. Sabe-se também que a luz visível difere das demais radiações eletromagnéticas por sua frequência característica, que se estende desde $4 \cdot 10^{14}$ Hz (vermelho) até $8 \cdot 10^{14}$ Hz (violeta), aproximadamente.

Entretanto, o conceito de luz que utilizaremos em nosso estudo de **Óptica** tem um caráter mais específico. Diremos que:

**Luz** é o agente físico que, atuando nos órgãos visuais, produz a sensação da visão.

## Óptica: divisão e aplicações

A **Óptica** é a parte da Física que trata dos fenômenos que têm como causa determinante a energia radiante, em particular a luz.

Por sua vez, Óptica geométrica é um dos ramos da Óptica:

A **Óptica geométrica** estuda os fenômenos ópticos com enfoque nas trajetórias seguidas pela luz. Fundamenta-se na noção de raio de luz e nas leis que regulamentam seu comportamento.

A **Óptica** tem largo emprego prático. Algumas de suas aplicações são:

- correção de defeitos da visão;
- construção de instrumentos de observação: lupas, microscópios, periscópios, lunetas e telescópios;
- fixação de imagens (fotografia e cinematografia);
- construção de equipamentos de iluminação;
- medidas geométricas de alta precisão (interferômetros);
- estudo da estrutura do átomo.

## Fontes de luz

Os diversos corpos que nos cercam podem ser vistos porque deles recebemos luz, que, incidindo sobre nossos órgãos visuais, promove os estímulos geradores da sensação da visão. O Sol, a Lua, uma pessoa e um livro, por exemplo, enviam luz aos nossos olhos, o que nos possibilita enxergá-los.

No entanto, os corpos absolutamente negros não são visíveis. Desses corpos não emana luz de espécie alguma e, eventualmente, nota-se visualmente sua presença em razão do contraste com as vizinhanças visíveis.

São considerados **fontes de luz** todos os corpos dos quais se pode receber luz.

Dependendo da procedência da luz distribuída para o meio, os corpos em geral podem ser classificados em duas categorias: **fontes primárias** e **fontes secundárias**.

- **Fontes primárias**: são os corpos que emitem luz própria. Por exemplo: o Sol, a chama de uma vela, as lâmpadas (quando acesas), etc.
- **Fontes secundárias**: são os corpos que enviam a luz que recebem de outras fontes. O processo ocorre por **difusão**, ou seja, a luz é espalhada aleatoriamente para todas as direções dos arredores do corpo. Por exemplo: a Lua, as nuvens, uma árvore, as lâmpadas (quando apagadas), etc.

Uma fonte de luz é considerada **pontual** (ou **puntiforme**) quando suas dimensões são irrelevantes em comparação com as distâncias aos corpos iluminados por ela. A grande maioria das estrelas observadas da Terra comporta-se como fonte pontual de luz. De fato, embora as dimensões dessas estrelas sejam enormes, as distâncias que as separam de nosso planeta são muito maiores.

Fontes de luz de dimensões não desprezíveis são denominadas **extensas**. O Sol, observado da Terra, comporta-se como uma fonte extensa de luz.

## Meios transparentes, translúcidos e opacos

**Meios transparentes** são aqueles que permitem que a luz os atravesse descrevendo trajetórias regulares e bem definidas.

O único meio absolutamente transparente é o vácuo. Contudo, em camadas de espessura não muito grande, também podem ser considerados transparentes o ar atmosférico, a água pura, o vidro hialino e outros.

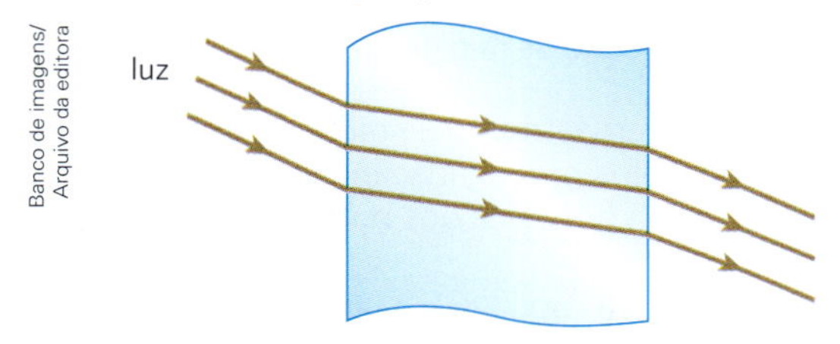


Esquema de meio transparente.

**Meios translúcidos** são aqueles em que a luz descreve trajetórias irregulares com intensa difusão (espelhamento aleatório), provocada pelas partículas desses meios. É o que ocorre, por exemplo, quando a luz atravessa a neblina, o vidro leitoso, o papel vegetal e o papel-manteiga.

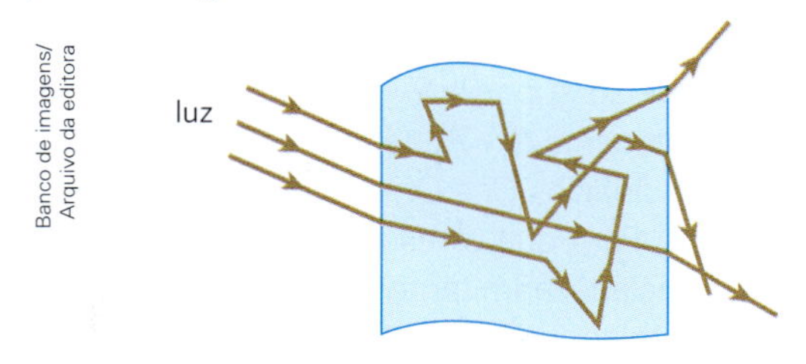


Esquema de meio translúcido.

**Meios opacos** são aqueles através dos quais a luz não se propaga. Depois de incidir em um meio opaco, a luz é parcialmente absorvida e parcialmente refletida por ele, sendo a parcela absorvida convertida em outras formas de energia, como a térmica.

Quando se apresentam em camadas de razoável espessura, são opacos os seguintes meios: alvenaria, madeira, papelão, metais, etc.

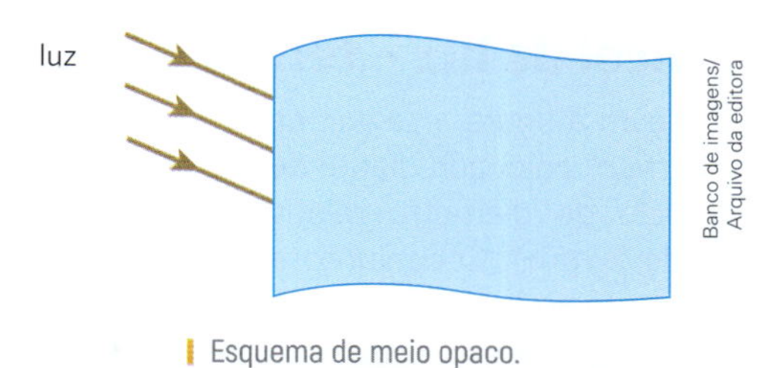


Esquema de meio opaco.

## Frente de luz – raio de luz

**Frente de luz** é a fronteira entre a região já atingida por um pulso luminoso e a região ainda não atingida.

**Raio de luz** é uma linha orientada que tem origem na fonte de luz e é perpendicular às frentes de luz. Os raios de luz indicam a direção e o sentido de propagação da luz em um meio ou sistema.

A figura seguinte representa uma frente de luz em um instante *t* e um raio de luz.

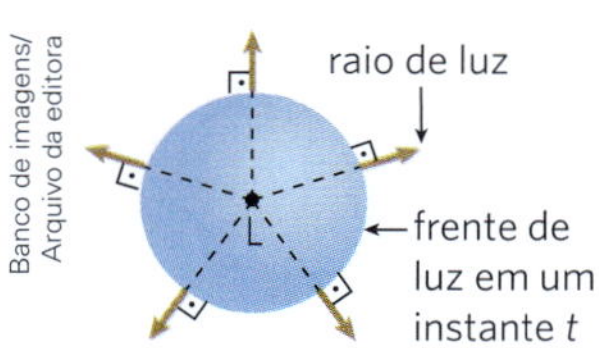


A região interna à superfície esférica (frente de luz) já foi atingida pelo pulso luminoso, enquanto a região externa ainda não foi. Para uma onda luminosa esférica, os raios de luz são retilíneos e radiais.

Em pontos situados a grandes distâncias da fonte, as frentes de luz podem ser consideradas praticamente planas.

Isso ocorre com a luz que a Terra recebe do Sol. Essa luz constitui-se de ondas eletromagnéticas esféricas. Entretanto, o diâmetro da Terra (aproximadamente 12 800 km) é desprezível em comparação com a distância do planeta ao Sol (cerca de 150 milhões de quilômetros), permitindo-nos geralmente considerar planas as frentes de luz que nos atingem.

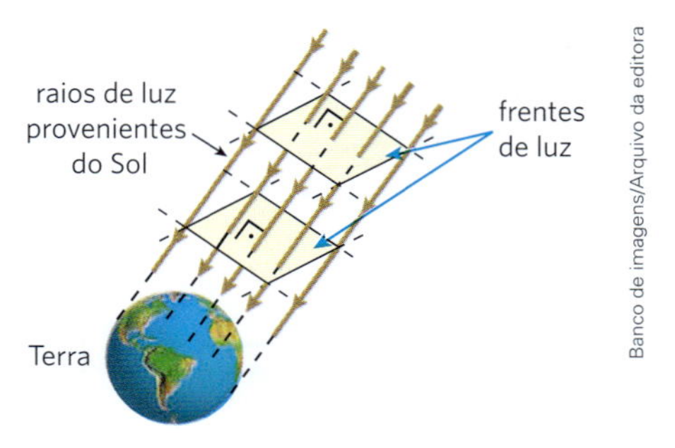


Os raios solares que atingem a Terra geralmente podem ser considerados paralelos entre si (caracterização em cores fantasia).

Uma frente de luz tem existência física, mas isso não ocorre com um raio de luz, que apenas indica a direção e o sentido da propagação luminosa em certo local.

## Pincel de luz – feixe de luz

Observe a figura a seguir, que representa uma lanterna comum colocada diante de um anteparo que tem um orifício de diâmetro relativamente pequeno (da ordem de 2 mm). O conjunto encontra-se sobre uma mesa, em um ambiente escurecido.

Banco de imagens/Arquivo da editora

Se acendermos a lanterna e espalharmos fumaça na região da montagem, notaremos, à direita do anteparo, uma região cônica do espaço diretamente iluminada. Essa região, que tem pequena abertura angular em virtude do pequeno diâmetro do orifício, denomina-se **pincel de luz**.

Na luminária representada abaixo, os pincéis emanados de um mesmo elemento de superfície definem uma região iluminada de abertura angular relativamente grande, que recebe o nome de **feixe de luz**.

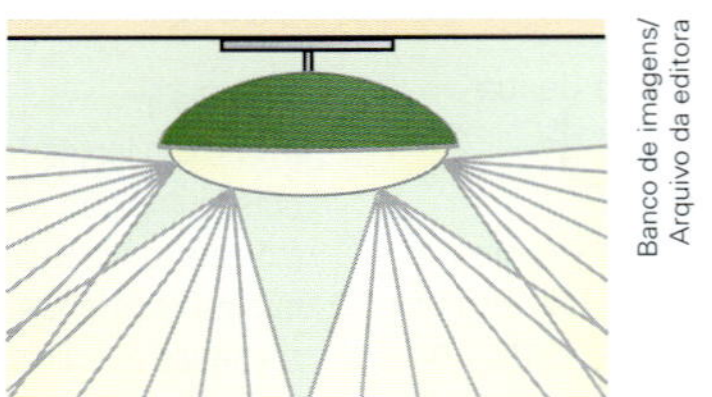
Banco de imagens/Arquivo da editora

Na figura estão representados quatro feixes de luz emanados do lustre de iluminação. Cada feixe é um conjunto de pincéis de luz.

Os pincéis de luz (e também os feixes de luz) admitem a seguinte classificação:

- **Cônicos divergentes**: os raios de luz divergem a partir de um mesmo ponto *P*.

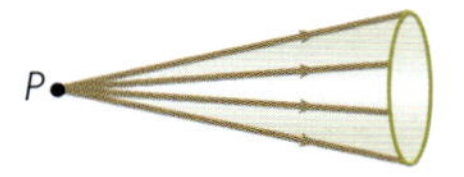

Banco de imagens/Arquivo da editora

- **Cônicos convergentes**: os raios de luz convergem para um mesmo ponto *P*.

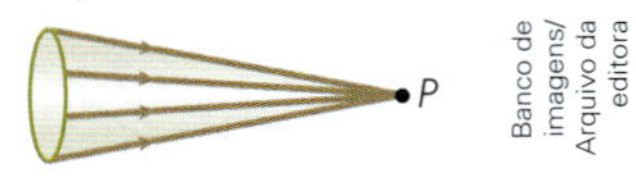

Banco de imagens/Arquivo da editora

- **Cilíndricos**: os raios de luz são paralelos entre si.

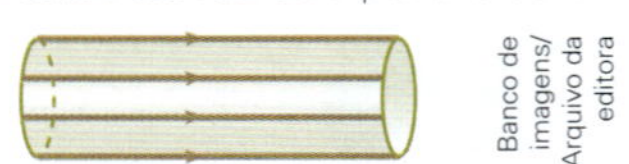
Banco de imagens/Arquivo da editora

## Princípio da independência dos raios de luz

Considere a situação experimental seguinte, em que há, sobre uma mesa no interior de um quarto escuro, duas lanternas dirigidas para os orifícios existentes em dois anteparos.

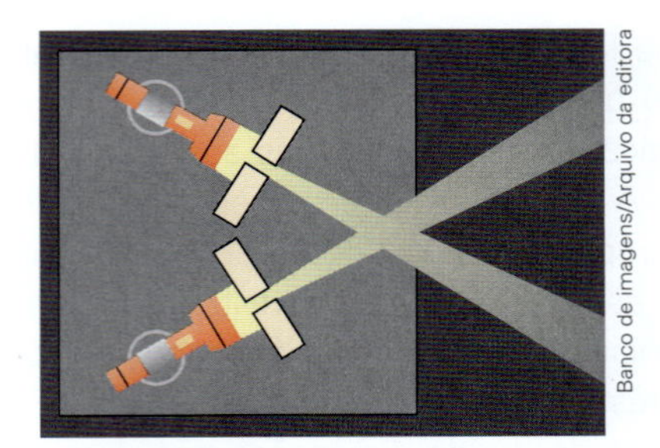
Banco de imagens/Arquivo da editora

Representação do aparato visto de cima.

Ligando-se as lanternas e espalhando-se fumaça na região da montagem, dos anteparos "sairão" dois pincéis de luz que se cruzam, provocando na região da interseção o fenômeno de interferência. No entanto, o experimento mostra que, após essa interseção, cada pincel de luz segue seu caminho, como se não houvesse o cruzamento.

Com base nesse e em outros experimentos similares, podemos enunciar que:

> A propagação de um pincel de luz não é perturbada pela propagação de outros na mesma região; um independe da presença dos outros.

Utilizando a noção de raio de luz, podemos dizer que:

> Quando ocorre cruzamento de raios de luz, cada um deles continua sua propagação independentemente da presença dos outros.

A importância prática do **princípio da independência dos raios de luz** é que, nos problemas de Óptica, podemos concentrar nossa atenção em determinado raio de luz sem nos preocuparmos com a presença de outros, que certamente não perturbam o raio em estudo.

## Princípio da propagação retilínea da luz

Observe a montagem da figura seguinte, em que a lâmpada *L* (presa ao suporte *S*) tem dimensões muito pequenas. Os anteparos $A_1$ e $A_2$, feitos de material opaco, são dotados dos orifícios $O_1$ e $O_2$, de diâmetros também muito pequenos. Para que o resultado do experimento seja mais pronunciado, admitamos que os componentes da montagem estejam no interior de um quarto escuro.

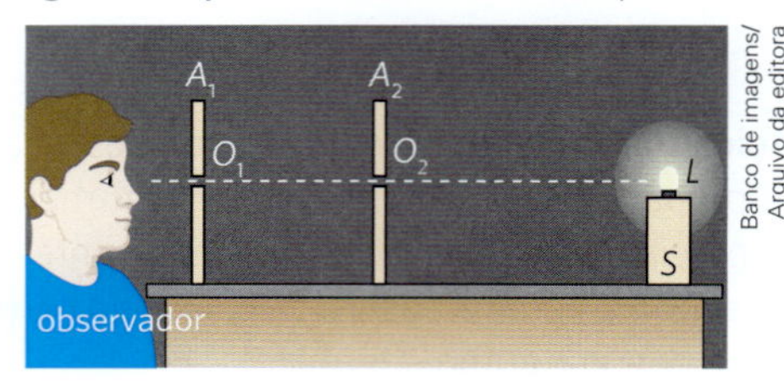

Banco de imagens/Arquivo da editora

Ao acender a lâmpada *L*, um observador, com um dos olhos perto de $O_1$, perceberá luz direta da lâmpada somente se *L*, $O_2$ e $O_1$ **estiverem alinhados**.

Esse e outros experimentos de mesma natureza formam a base prática que permite a seguinte conclusão:

> Nos meios transparentes e homogêneos, a luz propaga-se em linha reta.

É importante observar que **meio homogêneo** é aquele que apresenta as mesmas características em todos os elementos de volume.

O ar contido em equipamentos ópticos, como microscópios e telescópios, ou mesmo aquele existente em ambientes pequenos, como uma sala de aula, pode ser considerado um meio transparente e homogêneo em que a luz se propaga em linha reta.

Se pensarmos, no entanto, na atmosfera terrestre como um todo, essa consideração já não poderá ser feita em virtude das diferentes constituições físico-químicas encontradas no ar. À medida que se aumenta a altitude, verifica-se que o ar vai ficando mais rarefeito (menos denso) e praticamente isento de vapor de água. A temperatura e a pressão vão se tornando diferentes das encontradas nas proximidades do solo e esses fatores bastam para dizer que a atmosfera terrestre é um meio heterogêneo. Por isso, em geral, a luz não se propaga em linha reta ao atravessar a atmosfera, sofrendo desvios em situações de incidência oblíqua. Isso ocorre em razão da sucessão de refrações que a luz sofre até sua chegada ao solo.

## Sombra e penumbra

Na montagem experimental sugerida na figura a seguir, *F* é uma fonte luminosa **puntiforme**, *D* é um disco opaco e *A* é um anteparo também opaco.

Tendo em vista que a propagação da luz é retilínea no local do experimento, teremos, na região entre *D* e *A*, um tronco de cone desprovido de iluminação direta de *F*. Essa região é denominada **sombra**. Em *A*, notaremos uma região circular também isenta de iluminação direta de *F*. Essa região é chamada de **sombra projetada**.

É importante observar que o fato de a sombra de um corpo ser semelhante a ele atesta que a luz se propaga em linha reta no meio considerado.

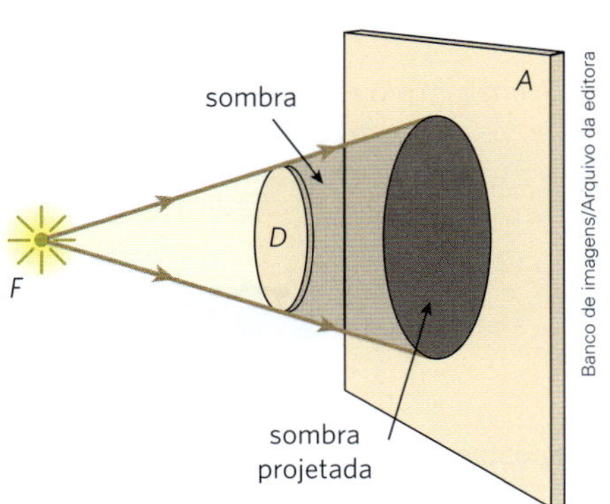


Admita agora o esquema seguinte, em que *L* é uma fonte extensa de luz, *D* é um disco opaco e *A* é um anteparo também opaco.

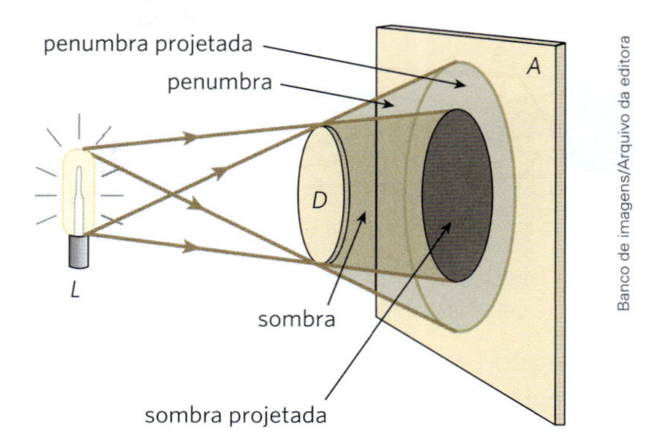


Nesse caso, pelo fato de a fonte de luz ser extensa, além das regiões de sombra e de sombra projetada, teremos ainda regiões de **penumbra** e de **penumbra projetada**. Nas regiões de penumbra, a iluminação será parcial, e aí se observará transição entre sombra e iluminação total.

A explicação dos eclipses está relacionada ao fato de a luz propagar-se em linha reta. É com base nesse princípio que se justifica o desaparecimento temporário da Lua em certas ocasiões de lua cheia ou mesmo do Sol em algumas situações de lua nova.

Dois casos merecem destaque:

**1º caso: Eclipse da Lua**

Neste caso, a Lua adentra o cone de sombra da Terra.

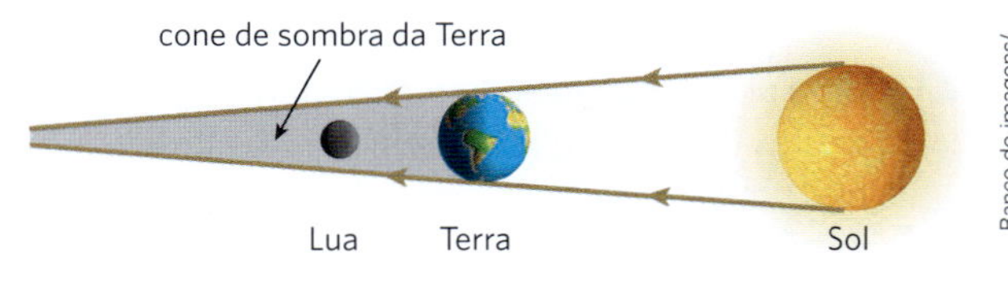


Ilustração com elementos sem proporção entre si e em cores fantasia.

O eclipse da Lua ocorre na fase de lua cheia.

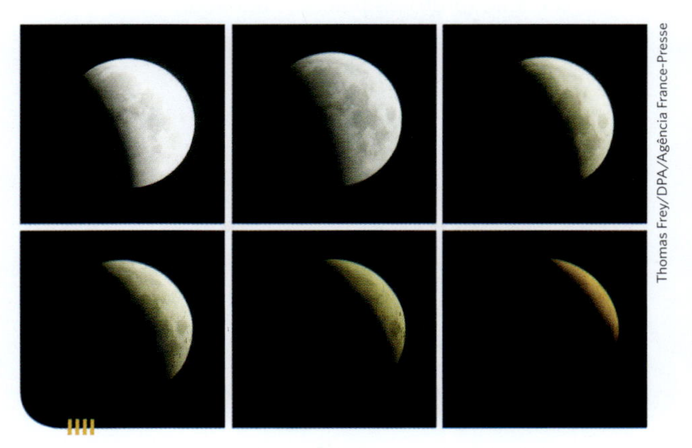


Este eclipse da Lua foi fotografado em 16 de maio de 2003. Na sequência de imagens, podemos notar a gradual imersão do satélite no cone de sombra da Terra.

**2º caso: Eclipse do Sol**

Neste caso, a Lua projeta sobre a Terra uma região de sombra e uma de penumbra.

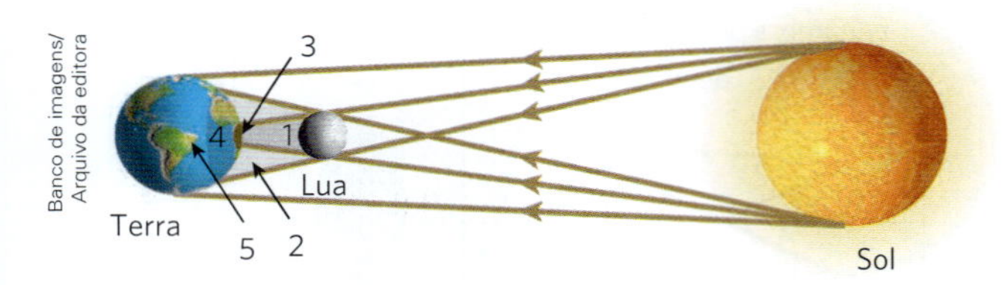


Ilustração com elementos sem proporção entre si e em cores fantasia.

A região 1 é a sombra da Lua; a região 2 é a penumbra; a região 3 é a sombra da Lua projetada na Terra – nessa região ocorre o eclipse total ou anular do Sol; a região 4 é a penumbra projetada – nessa região ocorre o eclipse parcial do Sol, caso em que uma parte do "disco solar" permanece visível; na região 5 não há eclipse e o "disco solar" é visualizado integralmente.

O eclipse do Sol ocorre na fase de lua nova.

## Câmara escura de orifício

Esse dispositivo nada mais é que uma caixa de paredes opacas, sendo uma delas dotada de um orifício $O$, diante do qual é colocado um corpo luminoso.

Os raios emanados desse corpo, após atravessarem $O$, incidem na parede do fundo da caixa (que pode ser de material translúcido), lá projetando uma figura semelhante ao corpo considerado, em forma e em colorido. Tal figura, no entanto, apresenta-se **invertida** em relação ao corpo.

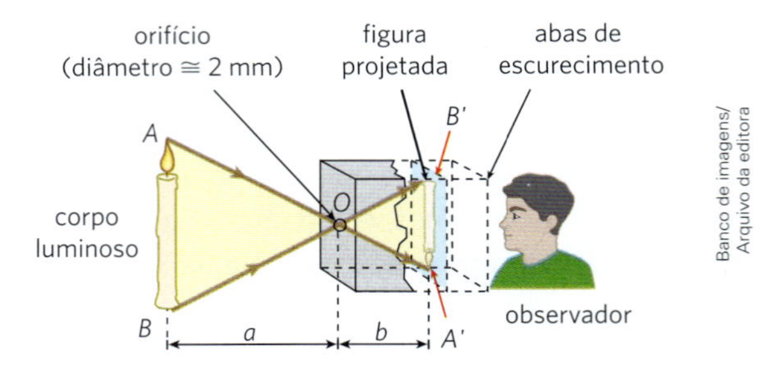


Observando o esquema, pode-se constatar que os triângulos $OAB$ e $OA'B'$ são semelhantes.

$$\frac{A'B'}{AB} = \frac{b}{a}$$

Pode-se dizer que a câmara escura de orifício constitui um ancestral da câmara fotográfica, sendo ainda um dispositivo que comprova o **princípio da propagação retilínea da luz**.

## Exercícios

**1** Uma placa retangular de acrílico translúcido tem altura $AB$, estando iluminada por trás de modo que projete a silhueta negra de um helicóptero na parede do fundo de uma câmara escura de orifício. Observe as medidas, indicadas na figura 1, e veja também, na figura 2, como um observador, olhando do orifício $O$, veria a silhueta do helicóptero na placa de acrílico.

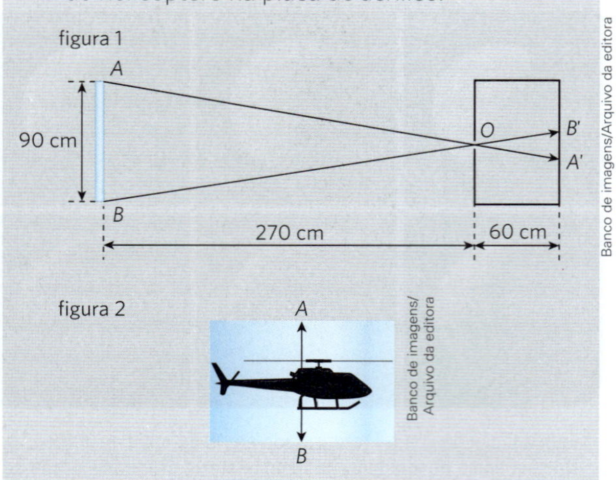


a) Determine a altura $A'B'$ do retângulo projetado na parede do fundo da câmara escura de orifício.

b) Faça um esquema mostrando como seria a figura projetada na parede do fundo da câmara vista por um observador que a olhasse a partir do orifício $O$.

**Resolução:**

a) Os triângulos $ABO$ e $A'B'O$ são semelhantes, logo:

$$\frac{A'B'}{90\text{ cm}} = \frac{60\text{ cm}}{270\text{ cm}} \Rightarrow \boxed{A'B' = 20\text{ cm}}$$

b) A imagem projetada na parede do fundo da câmara, vista por um observador que a olhasse a partir do orifício $O$, é invertida tanto transversal como longitudinalmente, conforme representa a figura.

**Respostas:** a) 20 cm; b) Ver figura na resolução.

**2** Admita que a partir de um determinado instante o Sol deixasse de emanar energia, isto é, "apagasse". Quanto tempo após o referido instante esse fato seria registrado na Terra?

Considere os seguintes dados: distância do Sol à Terra: $1{,}5 \cdot 10^8$ km; velocidade da luz no vácuo: $3{,}0 \cdot 10^5$ km/s.

**3** (UEL-PR) A figura a seguir representa uma fonte extensa de luz *L* e um anteparo opaco *A* dispostos paralelamente ao solo (*S*):

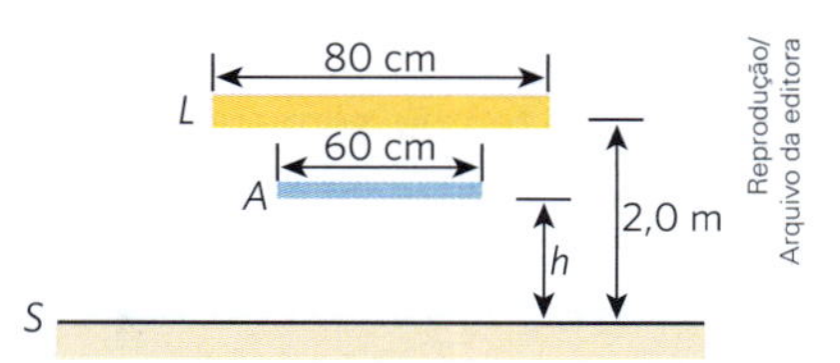


O valor mínimo de *h*, em metros, para que sobre o solo não haja formação de sombra é:

a) 2,0.
b) 1,5.
c) 0,80.
d) 0,60.
e) 0,30.

**4** Em 21 de agosto de 2017 ocorreu um eclipse do Sol, visualizado e documentado de maneira privilegiada por milhões de pessoas nos Estados Unidos. Devido ao movimento relativo entre a Lua, a Terra e o Sol, o eclipse foi total (ou anular) ao longo de uma faixa de aproximadamente 4 500 km, com o dia se transformando em noite. A sombra circular da Lua, com área próxima de 7 500 km$^2$, projetada sobre a superfície terrestre, atravessou, em movimento uniforme, 14 estados norte-americanos em cerca de 90 minutos: Oregon, Idaho, Wyoming, Montana, Nebraska, Iowa, Kansas, Missouri, Illinois, Kentucky, Tennessee, Georgia, Carolina do Norte e Carolina do Sul.

Fotografia do eclipse total do Sol obtida nos Estados Unidos em 21 de agosto de 2017.

Com base nas informações contidas no texto, responda:

a) Em que fase da Lua (lua cheia, lua minguante, lua nova ou lua crescente) acontece o eclipse do Sol?

b) Nos locais da Terra em que ocorreu penumbra projetada, o disco solar foi visualizado totalmente ou foi parcialmente encoberto pelo disco lunar?

c) Para observadores em repouso em um local do estado do Tennessee, qual foi a duração máxima do eclipse total, em minutos? Adote nos cálculos $\pi \cong 3$.

## Fenômenos físicos essenciais na Óptica geométrica

A Óptica geométrica trata basicamente das trajetórias da luz e sua propagação. São de especial interesse nesse estudo dois fenômenos físicos fundamentais: a **reflexão** e a **refração**.

Considere uma superfície $\Sigma$ separadora de dois meios transparentes, 1 e 2. Admita um pincel luminoso cilíndrico que, propagando-se no meio 1, incide sobre $\Sigma$.

Uma parte da energia luminosa incidente retorna ao meio 1, caracterizando, assim, o fenômeno da reflexão.

> **Reflexão** é o fenômeno que consiste no fato de a luz voltar a se propagar no meio de origem, após incidir na superfície de separação deste com outro meio.

Outra parte da energia luminosa incidente poderá passar para o meio 2, caracterizando, assim, o fenômeno da refração.

> **Refração** é o fenômeno que consiste no fato de a luz passar de um meio para outro diferente.

Vale lembrar que na reflexão se conservam a frequência e a intensidade da velocidade de propagação, enquanto na refração a frequência conserva-se, mas a intensidade da velocidade de propagação varia na proporção direta do comprimento de onda.

A figura a seguir ilustra a reflexão e a refração da luz.

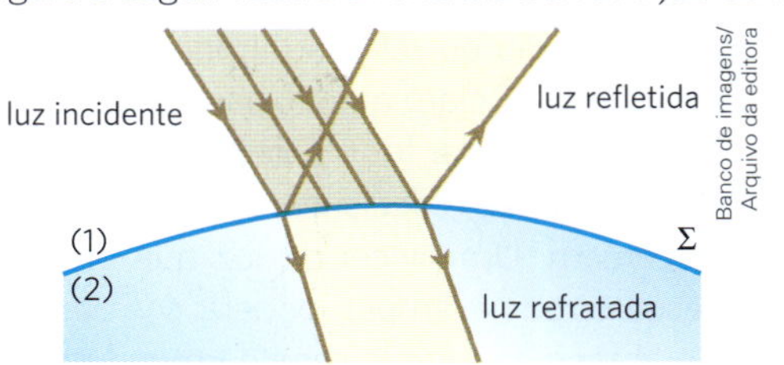


### Reflexão e refração regulares e difusas

A maior ou menor regularidade da superfície sobre a qual incide a luz pode determinar dois tipos de reflexão e de refração: a **regular** e a **difusa**.

Considere, por exemplo, a superfície da água de um lago isenta de qualquer perturbação. Nessas condições, essa superfície apresenta-se praticamente desprovida de ondulações ou irregularidades.

Fazendo incidir sobre a água do lago um pincel cilíndrico de luz monocromática (uma só cor ou frequência), podemos observar reflexão e refração regulares. Os pincéis luminosos refletido e refratado também serão cilíndricos; os raios de luz componentes desses pincéis serão paralelos entre si, da mesma forma que os raios luminosos constituintes do pincel incidente. A figura a seguir ilustra a reflexão e a refração regulares.

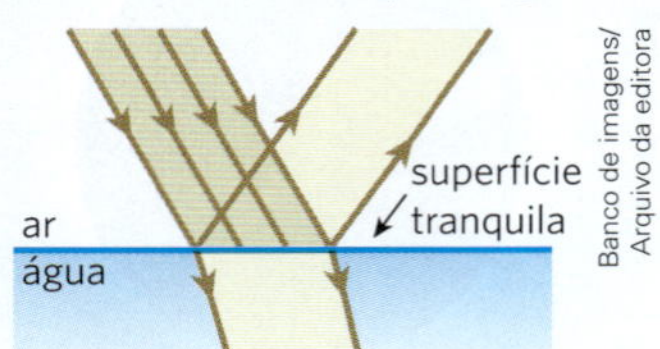


Banco de imagens/ Arquivo da editora

Imagine, agora, que a superfície da água do lago seja perturbada pelas gotas de uma chuva torrencial.

Fazendo incidir sobre a água do lago um pincel cilíndrico de luz monocromática, poderemos observar reflexão e refração difusas. Os pincéis luminosos refletido e refratado não serão cilíndricos; os raios de luz componentes desses pincéis terão direções diversas, expandindo-se de modo aleatório por todo o espaço.

A figura a seguir ilustra a reflexão e a refração difusas.

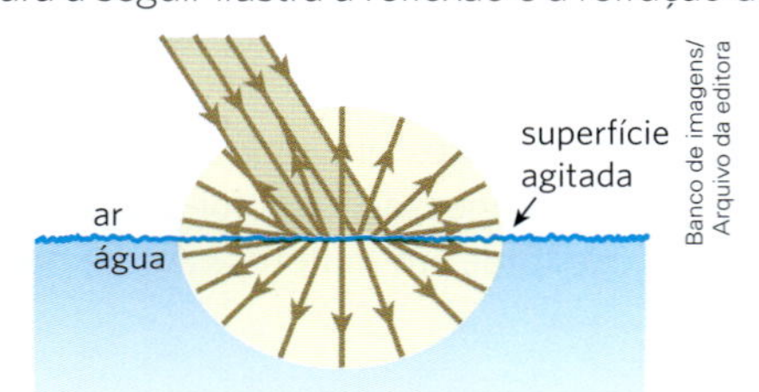


Banco de imagens/ Arquivo da editora

Na reflexão e na refração difusas, ao contrário do que se pode imaginar, valem as leis da reflexão e da refração, que veremos nos Capítulos 23 e 24, respectivamente.

As direções diversas assumidas pelos raios refletidos e refratados devem-se às irregularidades da superfície de incidência.

Como não há superfície perfeitamente lisa, sempre que ocorre reflexão ou refração uma parte da luz incidente é difundida. É claro que tal parcela será tanto menor quanto mais regular for a superfície.

A difusão da luz é decisiva para a visão das coisas que nos cercam. Um pincel de luz que atravessa um quarto escuro, por exemplo, poderá ser observado se na região abrangida por ele espalharmos fumaça, cujas partículas constituintes difundem a luz, enviando-a em parte aos nossos olhos.

## Reflexão seletiva – cores dos corpos

A luz solar (ou a luz emitida por uma lâmpada fluorescente) é denominada **luz branca**.

A luz branca solar é policromática, isto é, composta de diversas cores, das quais se costumam destacar sete: vermelha, alaranjada, amarela, verde, azul, anil e violeta.

Por volta de 1665, o cientista inglês Isaac Newton (1642-1727) verificou que as luzes coloridas, como a amarela e a azul, não eram modificações da luz branca, como se acreditava na época, mas componentes dela. Ele utilizou um prisma para dispersar um estreito pincel de luz branca solar, obtendo em um anteparo, posto em frente ao prisma, um espectro multicolorido constituído por sete cores principais. Considerando-se a trajetória original do pincel de luz branca, a cor que apresentava o menor desvio na travessia do prisma era a vermelha, seguida da alaranjada, da amarela, da verde, da azul, da anil e da violeta, que se desviava mais. Ele tentou, sem sucesso, decompor um feixe de luz monocromática amarela, confirmando a sua teoria de que apenas a luz branca poderia ser decomposta.

Reprodução/Acervo particular

Isaac Newton, retratado em gravura do século XIX, realizando experimento para estudo da luz branca. Autor desconhecido. Bibliothèque Nationale, Paris, França. Coleção particular.

Quando iluminadas pela luz solar, as folhas de uma árvore "selecionam" no espectro solar principalmente a cor componente verde, refletindo-a de modo difuso para o meio. Ao recebermos luz verde em nossos olhos, enxergamos as folhas em verde. Cumpre observar que as demais cores componentes da luz branca são predominantemente absorvidas pelas folhas.

A figura a seguir ilustra a reflexão seletiva.

Banco de imagens/Arquivo da editora

Representação esquemática, com elementos sem proporção entre si e em cores fantasia, da reflexão seletiva.

Atenção para os seguintes pontos:

- Se vemos um corpo marrom, é porque ele está refletindo principalmente as cores vermelha e verde.
- Se vemos um corpo branco, é porque ele está refletindo todas as cores do espectro solar.
- Se "vemos" um corpo preto, é porque ele está absorvendo todas as cores do espectro solar.

- Um corpo que nos parece vermelho quando iluminado pela luz branca solar se apresentará escuro quando iluminado por luz monocromática de cor diferente da vermelha (azul, por exemplo).

## Reversibilidade na propagação da luz

O experimento que será relatado envolve um observador, um espelho, uma lente e uma pequena lanterna capaz de emitir um estreito pincel cilíndrico de luz monocromática.

Ligando a lanterna (figura 1), inicialmente situada na posição *A*, o pincel luminoso emitido por ela descreverá a trajetória mostrada, atingindo o olho do observador situado na posição *B*.

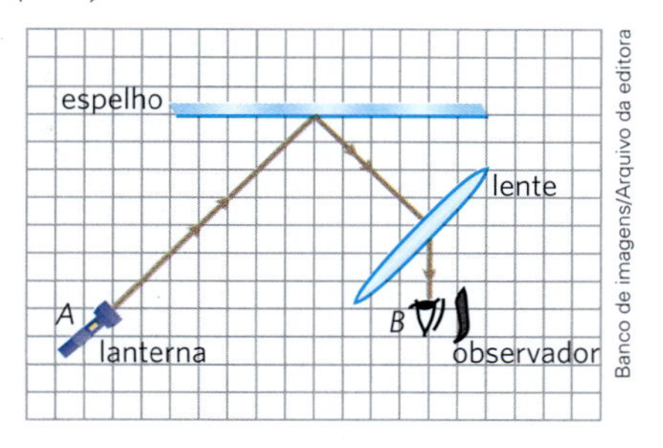


Figura 1.

Permutando, agora, as posições da lanterna e do olho do observador, notaremos que, acendendo a lanterna na posição *B*, a luz emitida por ela descreverá a mesma trajetória do caso anterior, atingindo o olho do observador situado na posição *A* (figura 2).

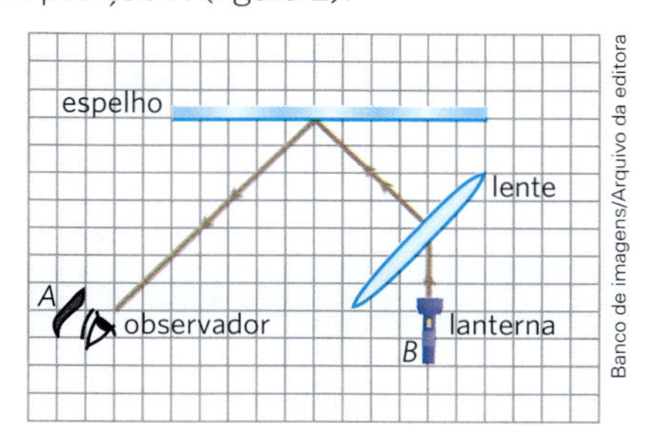


Figura 2.

Esse experimento e outros similares constituem a evidência de que a propagação da luz é reversível, isto é:

> Em idênticas condições, a trajetória seguida pela luz independe do sentido de propagação.

Graças à reversibilidade da luz, o motorista e o passageiro conseguem ver no espelho a imagem um do outro.

## Ampliando o olhar

### Por que o céu diurno é azul?

A luz branca solar é policromática - pois é constituída de diversas cores, como vermelho, alaranjado, amarelo, verde, azul, anil e violeta. Depois de atravessar cerca de 150 milhões de quilômetros no vácuo sideral desde sua emissão no Sol, adentra a atmosfera terrestre, sofrendo sucessivas refrações até atingir o solo.

Nesse processo, ela tem suas componentes de maior frequência - o azul e o violeta - bastante difundidas pelas partículas dos gases que compõem o ar, especialmente o nitrogênio ($N_2$), que espalham mais as radiações visíveis de alta frequência. As luzes azul e violeta são então enviadas em todas as direções. O resultado disso é que essas duas frequências - em especial a azul, que é mais abundante que a violeta no espectro de emissão da luz solar - incidem de forma predominante em nossos olhos, fazendo-nos perceber o céu diurno na tonalidade azul.

Fotografia de visão diurna: partículas dos gases do ar difundem predominantemente a cor azul.

As nuvens em geral são visualizadas brancas pelo fato de as partículas de água que as constituem difundirem de forma praticamente igual as sete cores fundamentais.

Ao amanhecer e ao anoitecer, entretanto, o céu apresenta-se avermelhado na direção do Sol. Isso se explica porque, nessas ocasiões, a luz percorre na atmosfera um caminho mais longo que o percorrido, por exemplo, ao meio-dia. O azul é difundido logo nas camadas de entrada da luz, e o que chega aos nossos olhos são principalmente as radiações de baixa frequência (vermelho, alaranjado e amarelo) difundidas por partículas sólidas em suspensão nas camadas mais baixas da atmosfera.

## Descubra mais

1 Por que as nuvens de chuva são vistas acinzentadas por um observador situado no solo terrestre?

2 Como seria o céu diurno caso a Terra não tivesse atmosfera?

## Exercícios

**5** Em alguns países, especialmente no hemisfério norte, o outono é marcado pela natureza de forma pronunciada e bela. Árvores de diversas espécies têm suas folhas modificadas, adquirindo tons avermelhados que vão do ocre ao lilás. Isso significa que essas folhas se tornam ricas em pigmentos carotenoides que superam em quantidade a clorofila, pigmento fotossintetizante.

Horten123/Thinkstock/Getty Images

Paisagem em rua de Moscou. Setembro de 2013.

No diagrama a seguir, estão representadas as curvas que associam, para as clorofilas e os carotenoides, a porcentagem de absorção de luz, em ordenadas, em função do comprimento de onda de radiação visível, em abscissas.

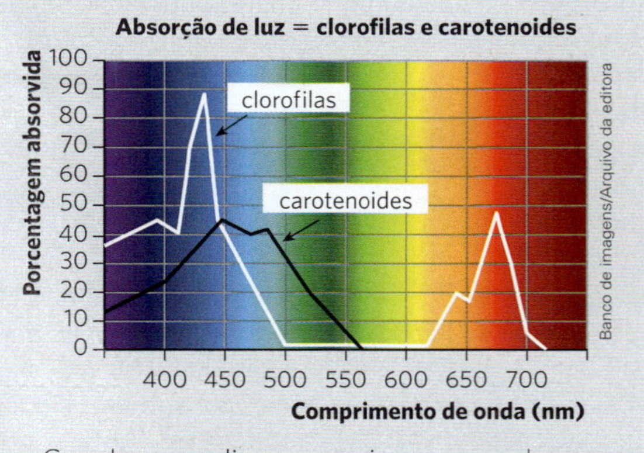


Banco de imagens/Arquivo da editora

Com base no diagrama acima, responda:

a) Qual é a coloração predominante manifestada por folhas ricas em clorofila quando iluminadas pela luz do Sol?

b) Quais são os comprimentos de onda difundidos mais intensamente por folhas ricas em pigmentos carotenoides sob a luz do Sol?

**Resolução:**

a) Folhas ricas em clorofila manifestam predominantemente, quando iluminadas pela luz do Sol, coloração verde ou verde-amarelada. Isso ocorre porque, conforme o diagrama, comprimentos de onda pequenos, compatíveis com o violeta, o anil e o azul, são intensamente absorvidos, o mesmo ocorrendo com comprimentos de onda grandes, compatíveis com o alaranjado e o vermelho. Sendo assim, apenas o verde e o amarelo - sobretudo o verde - são difundidos em maior porcentagem.

b) Conforme o diagrama, são difundidos mais intensamente pelos pigmentos carotenoides os comprimentos de onda grandes, maiores que 560 nm, compatíveis com o amarelo, o alaranjado e o vermelho.

**Respostas:**

a) Verde ou verde-amarelada;

b) Maiores que 560 nm.

**6** A bandeira do Brasil, esquematizada na figura, é confeccionada em tecidos puramente pigmentados.

Banco de imagens/Arquivo da editora

Estando estendida sobre uma mesa no interior de um recinto absolutamente escuro, a bandeira é iluminada por luz monocromática. Determine de que cores serão vistas as regiões designadas por 1, 2, 3 e 4 no caso de:

a) a luz monocromática ser verde;

b) a luz monocromática ser vermelha.

# Reflexão da luz

Este capítulo aborda os conceitos de raios de luz, fornecendo subsídios para o trabalho com a seguinte habilidade:

EM13CNT103

## Reflexão: conceito, elementos e leis

Em Ondulatória estudamos a reflexão de ondas, fenômeno que, aplicado às ondas de luz, pode ser assim apresentado: **reflexão** é o fenômeno que consiste no fato de a luz voltar a se propagar no meio de origem após incidir na superfície de separação desse meio com outro.

### Elementos

Considere a figura a seguir, que representa a reflexão de um raio de luz, destacando os elementos nela envolvidos.

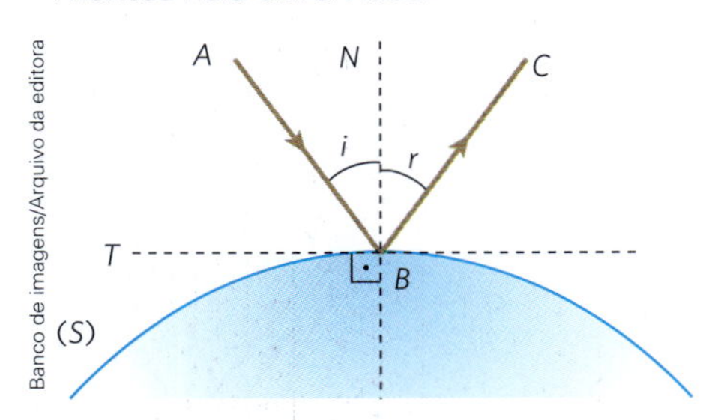


Banco de imagens/Arquivo da editora

*S* é a superfície polida e refletora;
*AB* é o raio incidente; *BC* é o raio refletido;
*N* é a reta normal a *S* no ponto de incidência;
*T* é a reta tangente a *S* no ponto de incidência;
*i* é o ângulo de incidência, formado pelo raio incidente (*AB*) e pela reta normal (*N*);
*r* é o ângulo de reflexão, formado pelo raio refletido (*BC*) e pela reta normal (*N*).

A reta normal a uma superfície em determinado ponto é a reta perpendicular a um plano tangente à superfície no ponto considerado. Ao plano que contém o raio incidente e a reta normal dá-se o nome de **plano de incidência**.

### Leis da reflexão

O fenômeno da reflexão é regido por duas leis, que podem ser verificadas teórica e experimentalmente.

#### 1ª lei da reflexão

O raio refletido pertence ao plano de incidência, ou seja, o raio refletido, a reta normal no ponto de incidência e o raio incidente são **coplanares**.

#### 2ª lei da reflexão

O ângulo de reflexão é sempre igual ao ângulo de incidência.

De acordo com as leis da reflexão, na imagem anterior, se *AB* e *N* estiverem contidos no plano do papel, o mesmo deverá acontecer com *BC*, e teremos ainda a igualdade $r = i$.

Podemos observar na imagem ao lado que os pincéis incidente e refletido são coplanares, isto é, estão quase totalmente contidos no plano de apoio do espelho, e também que o ângulo de reflexão é igual ao de incidência. É possível verificar ainda a reversibilidade da luz. Repare que, independentemente de a luz provir de cima ou de baixo, sua trajetória é a mesma.

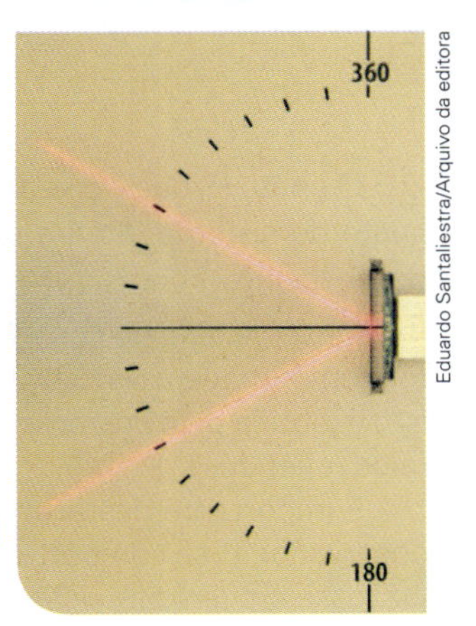


Eduardo Santaliestra/Arquivo da editora

Um estreito pincel cilíndrico de luz proveniente de um apontador *laser* é refletido por um pequeno espelho.

# Espelhos planos

> Chama-se **espelho plano** qualquer superfície plana, polida e com alto poder refletor.

Bons espelhos planos são obtidos com o polimento de chapas metálicas. Entretanto, os espelhos obtidos assim nem sempre são baratos e funcionais. Em geral, os espelhos planos são confeccionados a partir de uma lâmina de vidro hialino (transparente) de faces paralelas, sendo uma delas recoberta por uma película de nitrato de prata que se reduz a prata metálica. A fixação dessa película é obtida colocando-se sobre ela uma fina camada de cobre que recebe demãos de tinta e verniz.

Os espelhos planos têm emprego bastante diversificado. São utilizados domesticamente, prestando-se a variados fins, e também como componentes de vários sistemas ópticos. Adotaremos o esquema abaixo para representar os espelhos planos.

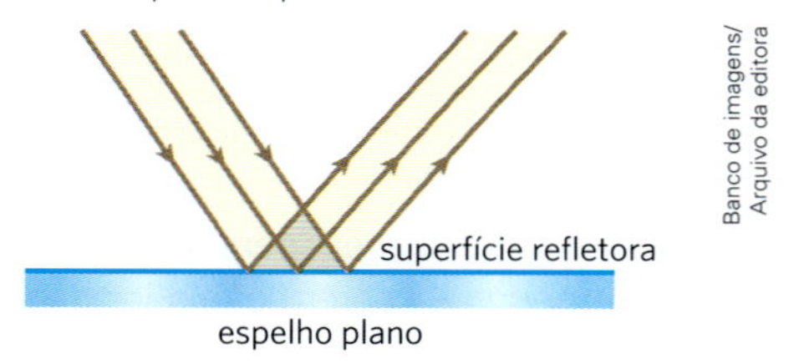


Convém notar que, em um espelho plano, há predominância da reflexão regular.

## Construção gráfica de imagens nos espelhos planos

Consideremos o espelho plano abaixo e o ponto luminoso *P*. Pretendemos traçar a imagem de *P* conjugada pelo espelho. Para isso, utilizamos dois raios luminosos (pelo menos) que, partindo de *P*, incidem no espelho. Esses raios incidentes determinam raios refletidos, cujos prolongamentos se intersectam no ponto *P'*.

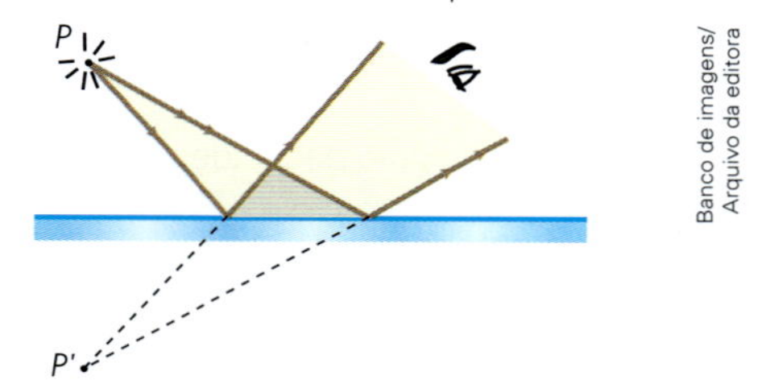


O ponto *P'*, que é o vértice do pincel luminoso emergente do sistema, é a imagem do objeto *P*, conjugada pelo espelho.

Observe que, no caso, *P* é um objeto real, enquanto *P'* é uma imagem virtual (formada "atrás do espelho", isto é, obtida pelo cruzamento dos prolongamentos dos raios refletidos).

É importante destacar que, em relação ao olho do observador, *P'* se comporta como objeto real, como se a luz fosse proveniente desse ponto.

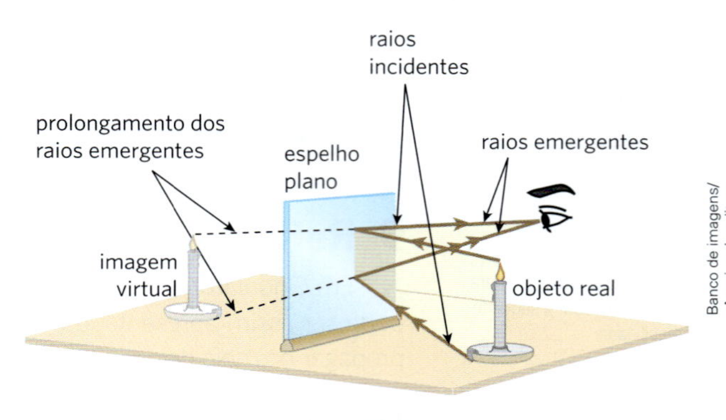


Nesta ilustração, você pode notar a imagem virtual da vela situada "atrás do espelho". Essa imagem não tem existência material, mas funciona como objeto real em relação ao olho do observador.

Façamos, agora, o traçado da imagem conjugada ao ponto *P* pelo espelho plano indicado na figura abaixo.

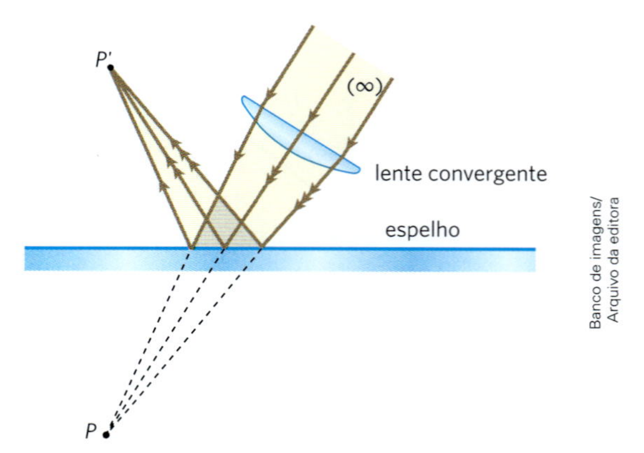


Note que, nesse caso, em relação ao espelho, *P* é um objeto virtual (formado "atrás do espelho", ou seja, obtido pelo cruzamento dos prolongamentos dos raios incidentes), enquanto *P'* é uma imagem real (vértice efetivo do pincel luminoso emergente do sistema).

O que acaba de ser exposto, além de mostrar o processo de construção gráfica das imagens, permite uma conclusão importante:

> Nos espelhos planos, o objeto e a respectiva imagem têm sempre **naturezas opostas**, isto é, se o primeiro for real, o outro será virtual e vice-versa.

Em razão da reflexão regular da luz nos espelhos planos, a um objeto impróprio ("situado no infinito") corresponde uma imagem imprópria ("situada no infinito").

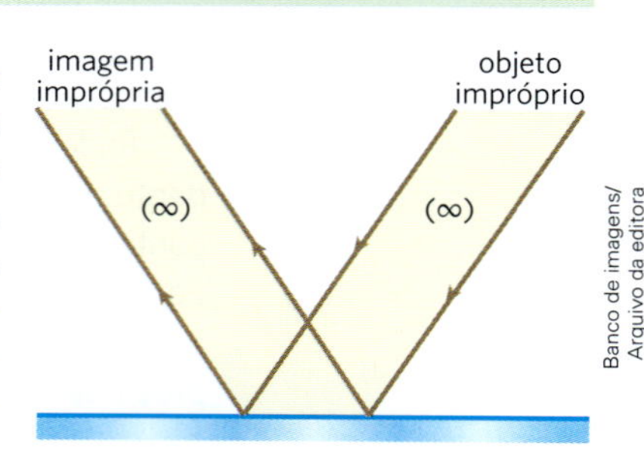


Pelo fato de conjugarem uma imagem imprópria a um objeto impróprio, os espelhos planos são sistemas ópticos **afocais**.

## Propriedade fundamental dos espelhos planos: a simetria

Considere o espelho plano representado na figura a seguir, diante do qual se situa um objeto luminoso pontual $P$. Os raios luminosos $PR$ e $PQ$ incidem no espelho, respectivamente, normal e obliquamente. O raio $PR$ se refletirá sobre si mesmo, enquanto $PQ$ dará origem a um raio refletido oblíquo em relação ao espelho. A imagem de $P$ é $P'$, obtida pelo cruzamento dos prolongamentos dos raios refletidos.

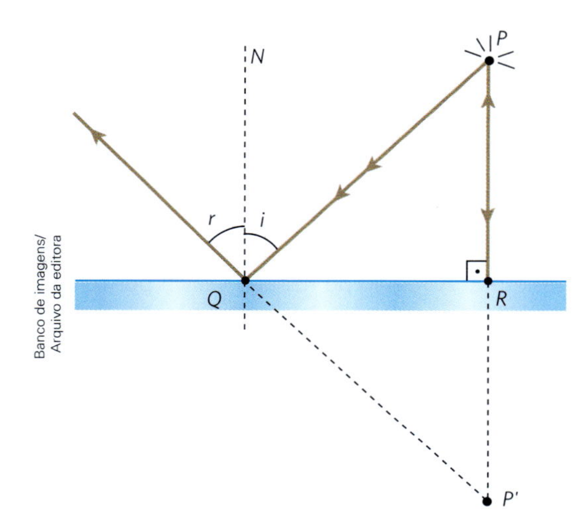


A fim de apresentar a propriedade fundamental dos espelhos planos, demonstremos a congruência dos triângulos $PQR$ e $P'QR$.

- O lado $QR$ é comum aos dois triângulos.
- $Q\hat{P}R \equiv \hat{i}$ (alternos internos) e $Q\hat{P}'R \equiv \hat{r}$ (correspondentes). Mas, como $r = i$ (**2ª lei da reflexão**), tem-se $Q\hat{P}'R \equiv Q\hat{P}R$.
- $Q\hat{R}P \equiv Q\hat{R}P'$ = ângulo reto (por construção).

Demonstrada a congruência dos dois triângulos, podemos afirmar que: $PR = P'R$.

Isso significa que a distância do objeto ao espelho ($PR$) é igual à distância da imagem ao espelho ($P'R$). Tal verificação é conhecida por **propriedade fundamental dos espelhos planos** e pode ser enunciada assim:

> Nos espelhos planos, a imagem é sempre **simétrica** ao objeto em relação ao espelho.

Na situação esquematizada a seguir, uma pessoa se aproxima de um espelho plano $E$, fixo, com velocidade de módulo $v$. Por causa da **simetria**, a imagem também se aproxima do espelho com velocidade de módulo $v$. Se, entretanto, adotarmos a pessoa como referencial, a imagem se aproximará dela com velocidade relativa de módulo $2v$.

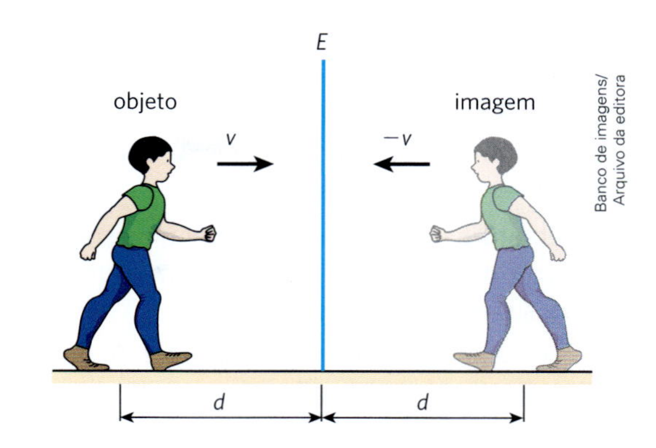


Na situação representada na figura a seguir, um observador $O$ contempla a imagem de uma vela de altura $h$ por meio de um espelho plano vertical.

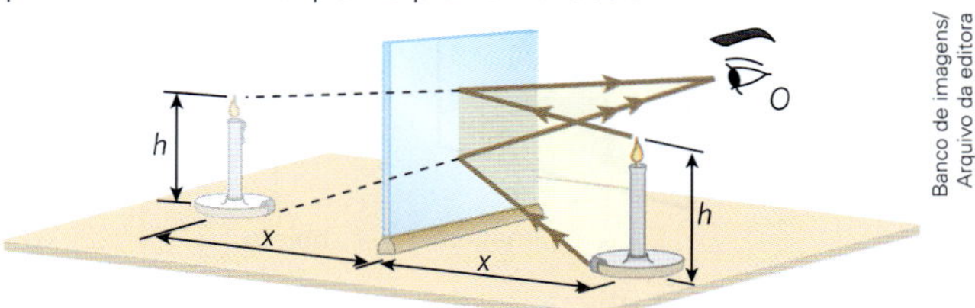


Em razão da simetria entre o objeto e a respectiva imagem, a altura da imagem também será $h$, mesmo que a vela seja aproximada ou afastada do espelho.

No caso de uma aproximação, por exemplo, o observador terá a sensação de que a altura da imagem aumenta, mas isso apenas decorre do aumento do **ângulo visual** de observação.

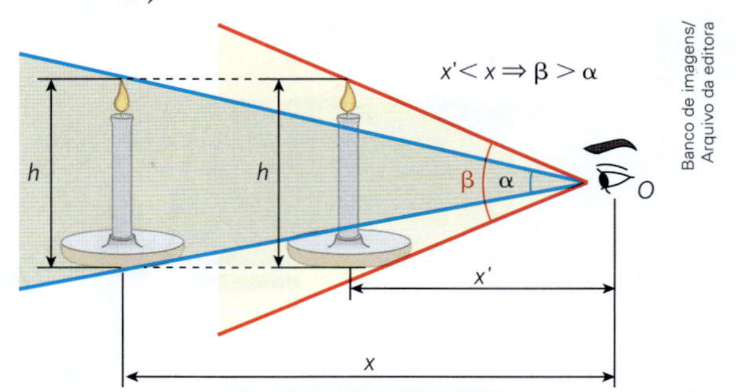


Quanto mais próxima do olho estiver a imagem, maior será o ângulo visual de observação, dando a impressão de aumento em sua altura.

## Imagem e objeto não superponíveis

É importante observar que, devido à simetria, a imagem de um objeto extenso fornecida por um espelho plano, embora idêntica a ele, não lhe é, em geral, superponível.

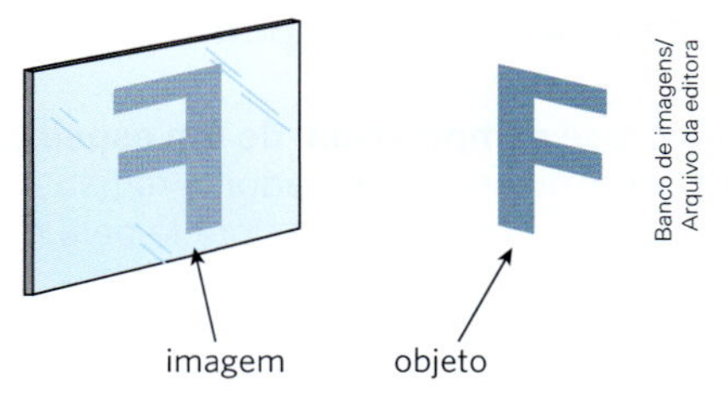


Espelho plano diante do qual se coloca a letra F.

Nessas condições, a imagem fornecida pelo espelho é um F ao contrário não superponível diretamente ao objeto que lhe deu origem. Há uma aparente inversão lateral da letra. Diz-se que a imagem é **enantiomorfa**, isto é, tem forma contrária à do objeto.

Entretanto, a imagem fornecida por um espelho plano de um objeto monocromático que admite um eixo de simetria é superponível a ele.

Se, por exemplo, tivermos uma letra A vertical e simétrica diante de um espelho plano vertical, o objeto produzirá uma imagem que lhe será superponível.

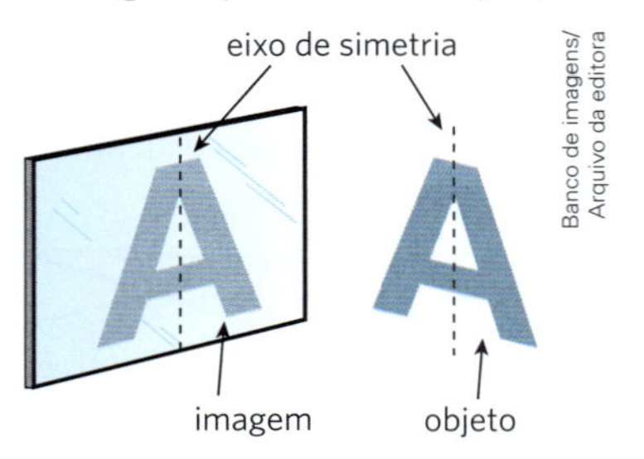


Em viaturas utilizadas em emergências, como ambulâncias e carros de bombeiros, é comum pintar a palavra que as designa "ao contrário", isto é, rebatidas horizontalmente. O objetivo é proporcionar aos motoristas que estão à frente uma leitura adequada em seus espelhos retrovisores.

Fotografia mostrando como as letras aparecem estampadas em uma ambulância.

## Campo visual de um espelho plano

Chama-se **campo visual de um espelho plano**, para determinado observador, a região do espaço que pode ser contemplada por ele pela reflexão da luz no espelho.

A demarcação do campo visual do espelho é feita da seguinte maneira: *O* é o olho do observador e *PO* e *QO* são raios refletidos na periferia do espelho, que atingem *O*.

A região destacada corresponde ao campo visual do espelho em relação a *O*.

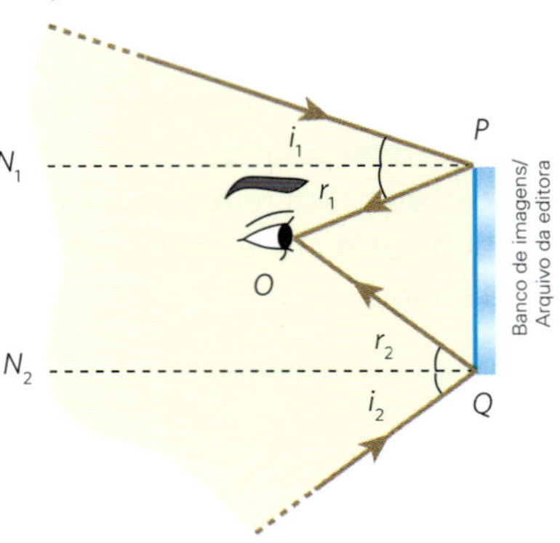


A demarcação do campo visual pode ser feita de forma mais imediata. Dada a posição do observador *O*, determina-se a posição simétrica *O'* em relação à superfície refletora. A região do espaço visível por reflexão é determinada ligando-se o ponto *O'* ao contorno periférico do espelho.

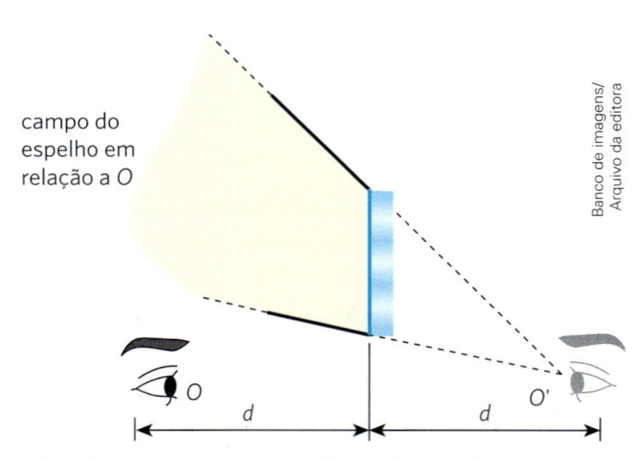


Tudo se passa como se o observador *O* estivesse olhando a partir de *O'*.

Convém apontar que o campo visual de um espelho qualquer é uma região **tridimensional**.

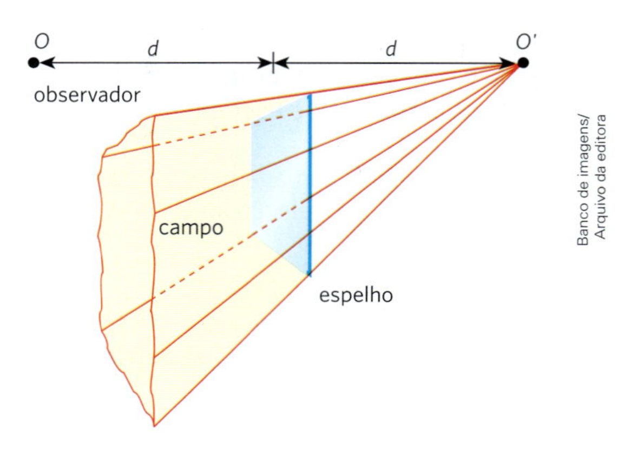


Vista espacial do campo visual de um espelho plano retangular em relação ao observador *O*.

## Imagens múltiplas em dois espelhos planos associados

A figura a seguir representa dois espelhos planos, $E_1$ e $E_2$, que formam entre suas superfícies refletoras um ângulo diedro $\alpha$. O ponto $P$ representa um objeto pontual colocado diante dos espelhos.

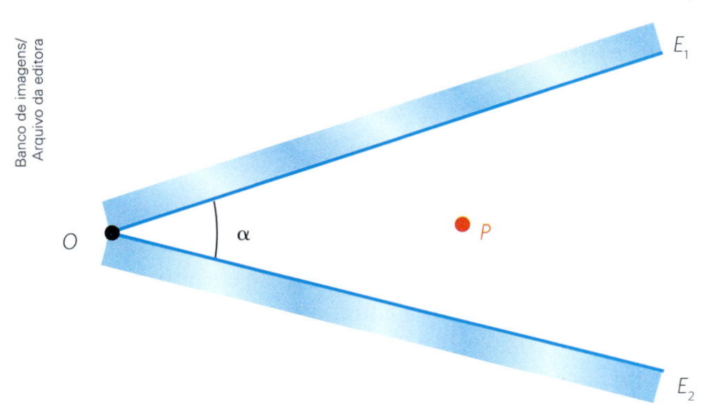


A luz emanada de $P$ sofrerá múltiplas reflexões, até emergir do sistema. Por causa disso, a associação de espelhos conjugará a $P$ várias imagens, que se apresentarão distribuídas ao longo de uma circunferência de centro em $O$ e raio $OP$.

O número $n$ de imagens fornecidas pela associação fica determinado pela expressão empírica:

$$n = \frac{360°}{\alpha} - 1$$

em que $\alpha$, ângulo formado pelos espelhos, deve ser divisor de 360°.

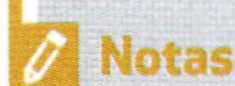

**Notas**

- Se o quociente de $\frac{360°}{\alpha}$ for par, a expressão será aplicável qualquer que seja a posição de $P$ entre os espelhos.
- Se o quociente de $\frac{360°}{\alpha}$ for ímpar, a expressão só será aplicável se $P$ estiver no plano bissetor do diedro formado pelos espelhos.

Para exemplificar, vamos analisar o caso em que se tem um objeto $P$ situado entre as superfícies refletoras de dois espelhos planos que formam entre si um ângulo diedro $\alpha = 72°$. O número $n$ de imagens que poderão ser observadas é:

$$n = \frac{360°}{\alpha} - 1 \Rightarrow n = \frac{360°}{72°} - 1$$

$$\boxed{n = 4 \text{ imagens}}$$

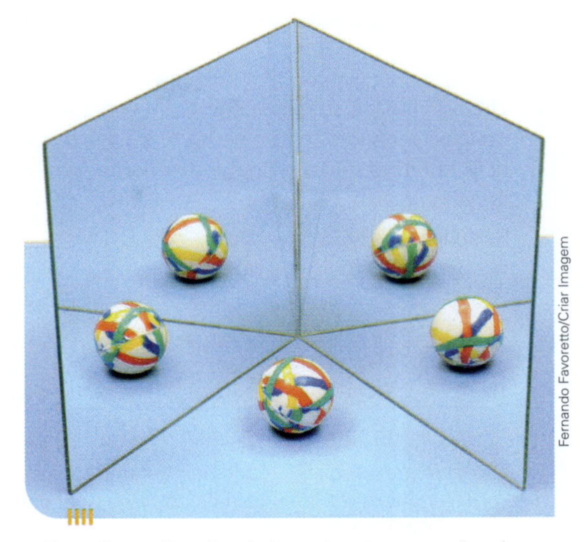


Nesta fotografia, o ângulo formado entre os espelhos é de 72°. Observe a bolinha posicionada diante das duas superfícies refletoras e as quatro imagens produzidas pela associação.

Se os espelhos planos forem dispostos paralelamente entre si, um objeto colocado entre suas superfícies refletoras produzirá "infinitas" imagens.

Essas "infinitas" imagens, entretanto, não serão totalmente observáveis em razão da gradual diminuição sofrida pelo ângulo visual de observação à medida que o número de reflexões da luz no sistema for se sucedendo. Além disso, as múltiplas reflexões impõem uma sucessiva dissipação da energia luminosa, que vai sendo absorvida pelos espelhos e pelo meio existente entre eles.

Imagens fornecidas por dois espelhos planos paralelos, de uma ampulheta colocada entre eles.

## Exercícios

**1** Um raio luminoso incide sobre um espelho plano formando um ângulo de 30° com sua superfície refletora. Qual o ângulo formado entre os raios incidente e refletido?

**Resolução:**

A figura a seguir ilustra a situação proposta:

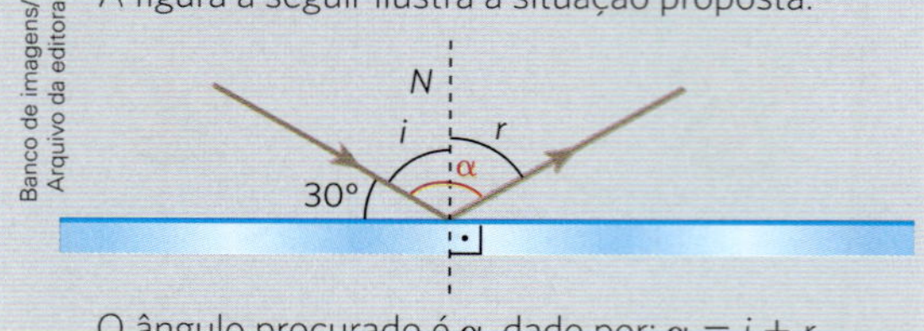


Banco de imagens/Arquivo da editora

O ângulo procurado é $\alpha$, dado por: $\alpha = i + r$.
Porém, conforme a 2ª lei da reflexão, $r = i$ (o ângulo de reflexão é igual ao ângulo de incidência). Logo:

$$\alpha = i + i \Rightarrow \alpha = 2i$$

Observando que $30° + i = 90°$, temos: $i = 60°$.
Portanto:

$$\alpha = 2 \cdot 60° \Rightarrow \boxed{\alpha = 120°}$$

**2** O esquema representa a reflexão de um raio luminoso em um espelho plano:

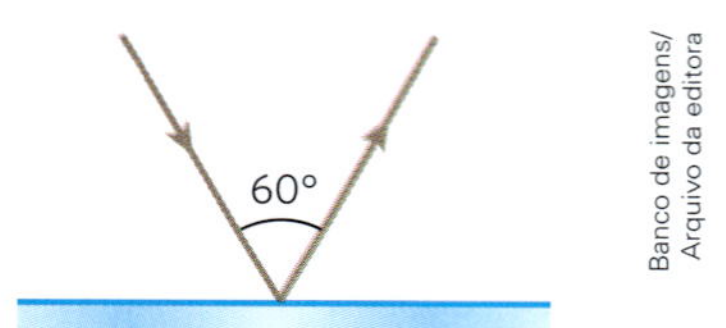


Banco de imagens/Arquivo da editora

Determine:

a) o ângulo de incidência da luz;

b) o ângulo formado entre o raio refletido e o espelho.

**3** No esquema, o observador deseja visualizar a imagem da árvore por meio do espelho plano *AB* deitado sobre o solo:

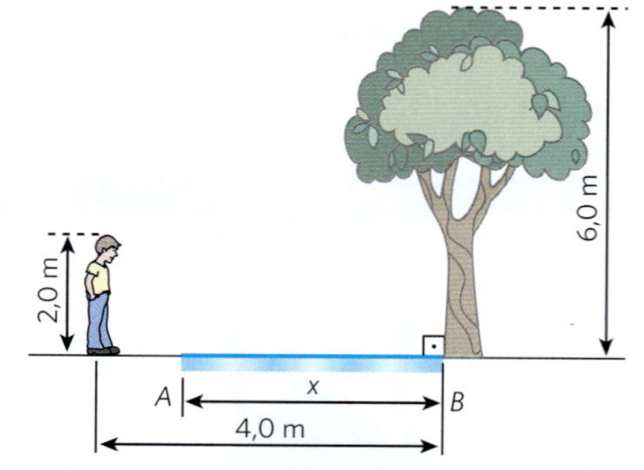


Banco de imagens/Arquivo da editora

Qual deve ser o menor comprimento *x* do espelho para que o observador veja a imagem completa da árvore, isto é, do topo até o pé?

**4** (Ufal) Um espelho plano está no piso horizontal de uma sala com o lado espelhado voltado para cima. O teto da sala está a 2,40 m de altura e uma lâmpada está a 80 cm do teto. Com esses dados, pode-se concluir que a distância entre a lâmpada e sua imagem formada pelo espelho plano é, em metros, igual a:

a) 1,20.
b) 1,60.
c) 2,40.
d) 3,20.
e) 4,80.

**5** (Unicamp-SP) A figura abaixo mostra um espelho retrovisor plano na lateral esquerda de um carro. O espelho está disposto verticalmente e a altura do seu centro coincide com a altura dos olhos do motorista. Os pontos da figura pertencem a um plano horizontal que passa pelo centro do espelho.

Nesse caso, os pontos que podem ser vistos pelo motorista são:

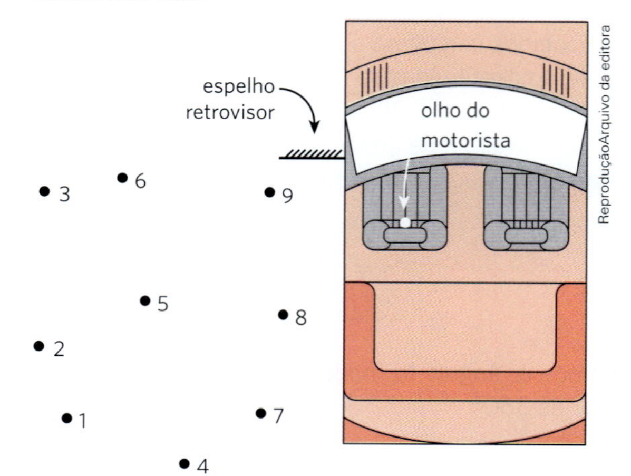


Reprodução/Arquivo da editora

a) 1, 4, 5 e 9.
b) 4, 7, 8 e 9.
c) 1, 2, 5 e 9.
d) 2, 5, 3 e 6.

**6** O esquema abaixo representa um homem de frente para um espelho plano *S*, vertical, e de costas para uma árvore *P*, de altura igual a 4,0 m. Qual deverá ser o comprimento mínimo do espelho para que o homem possa ver nele a imagem completa da árvore?

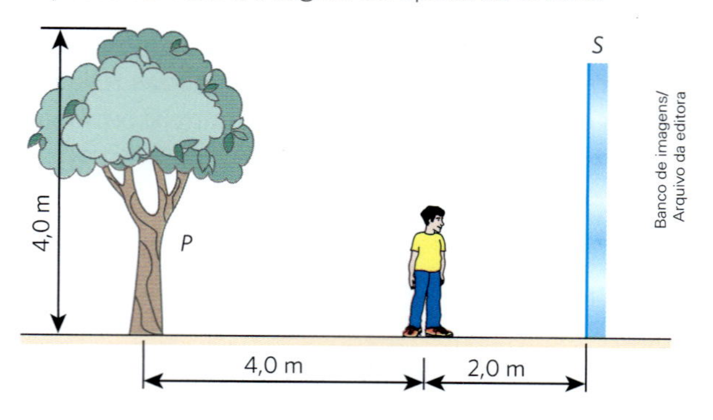


Banco de imagens/Arquivo da editora

**7** (FEI-SP) Um objeto vertical $AB$, de altura $\overline{AB} = 80$ cm, encontra-se diante de um espelho plano vertical $E$. Sabe-se que a imagem do ponto $B$ se encontra a 30 cm do espelho. Um raio de luz, partindo do ponto $B$, encontra o espelho num ponto $C$, segundo um ângulo de incidência $\alpha$, e reflete-se passando pelo ponto $A$. Qual o valor de sen $\alpha$?

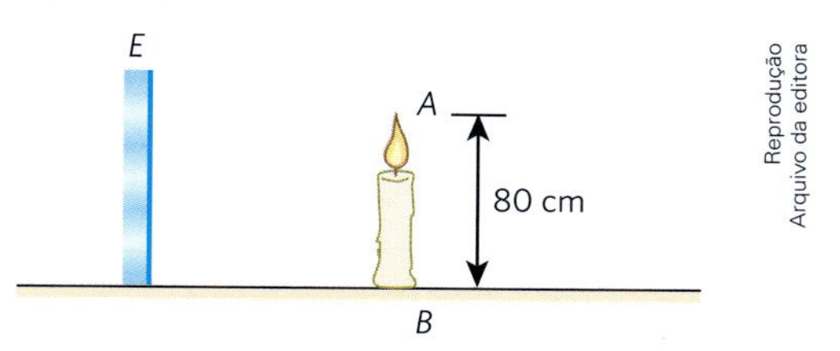


**8** Dois espelhos planos são associados de modo que suas superfícies refletoras formem um ângulo diedro de 45°. Um objeto luminoso é colocado diante da associação. Determine:

**a)** o número de imagens que os espelhos conjugam ao objeto;

**b)** o número de imagens enantiomorfas e o número de imagens iguais ao objeto.

**9** Considere a situação esquematizada a seguir em que um fotógrafo posiciona sua câmera em $A$ com vistas a obter uma fotografia da imagem de uma fruta posicionada em $B$, conjugada por um espelho plano vertical $E$.

Os pontos $A$ e $B$ estão contidos em um mesmo plano horizontal e o profissional usará um *flash* de modo que a luz refletida pelo espelho no ponto $P$ ilumine devidamente a fruta e ainda ajustará sua câmera para a exata distância $D$ entre o equipamento e a imagem da fruta.

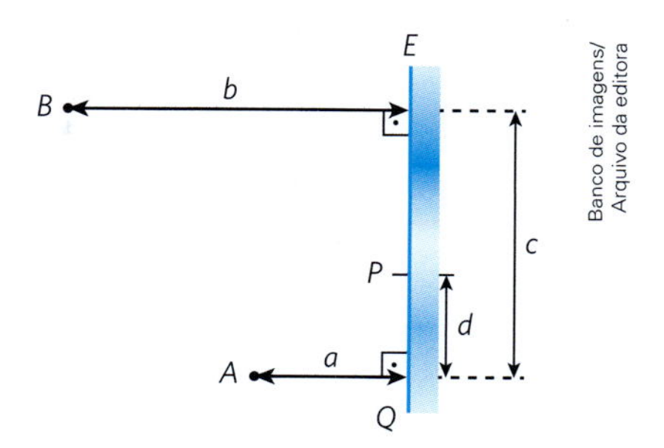


Sabendo-se que no esquema $a = 20$ cm e que $b = c = 60$ cm, desprezando-se as dimensões da câmera fotográfica e da fruta e adotando-se para a intensidade da velocidade de propagação da luz o valor $3{,}0 \cdot 10^8$ m/s, pergunta-se:

**a)** Qual a distância $d$ entre os pontos $P$ e $Q$?

**b)** Qual o valor da distância $D$?

**c)** Qual o mínimo intervalo de tempo $T$, aproximadamente, que o diafragma da câmera deverá permanecer aberto para que seja obtida uma fotografia da imagem da fruta iluminada pela luz do *flash*? Responda em ns (nanossegundos) e admita que a abertura do diafragma da câmera ocorra no mesmo instante do disparo do *flash*.

# Espelhos esféricos

## Classificação e elementos geométricos

Você já deve ter notado que, além dos sempre comuns espelhos planos, há também espelhos com outros formatos, como os esféricos. Estes estão presentes em situações em que se almeja produzir imagens aumentadas (espelhos côncavos) ou campos visuais maiores, necessários em determinados ambientes (espelhos convexos).

Considere a superfície esférica $\Sigma$ da figura a seguir, secionada por um plano $\pi$. O secionamento corta $\Sigma$ e determina uma "casca" esférica denominada **calota**.

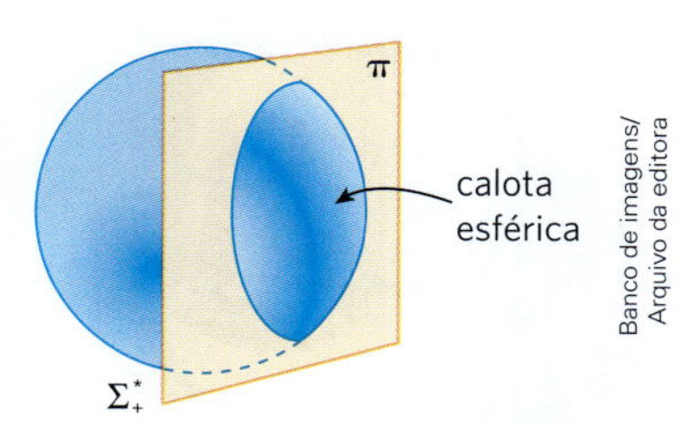


Chama-se **espelho esférico** qualquer calota esférica polida e com alto poder refletor.

Se a superfície refletora da calota estiver voltada para dentro da esfera, o espelho esférico correspondente será denominado **côncavo**.

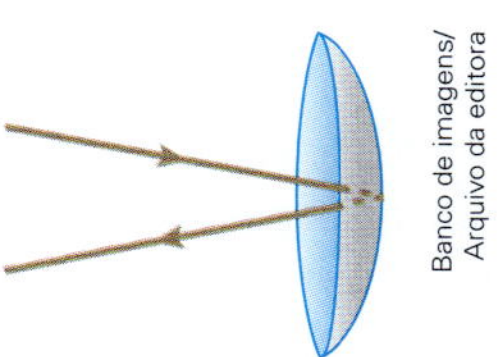


Representação de um espelho esférico côncavo.

Se a superfície refletora da calota estiver voltada para fora da esfera, o espelho esférico correspondente será denominado **convexo**.

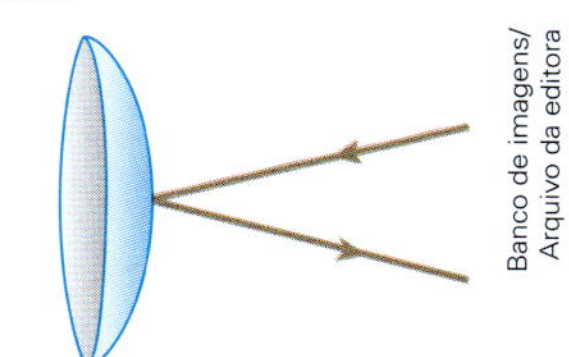


Representação de um espelho esférico convexo.

Uma colher de aço inoxidável tem comportamento semelhante ao dos espelhos esféricos. A face sobre a qual são colocados os alimentos é um **espelho côncavo**, enquanto a face oposta é um **espelho convexo**. É importante observar, entretanto, que essas colheres em geral não são superfícies esféricas.

Veja a seguir o esquema de um espelho esférico com seus principais elementos geométricos.

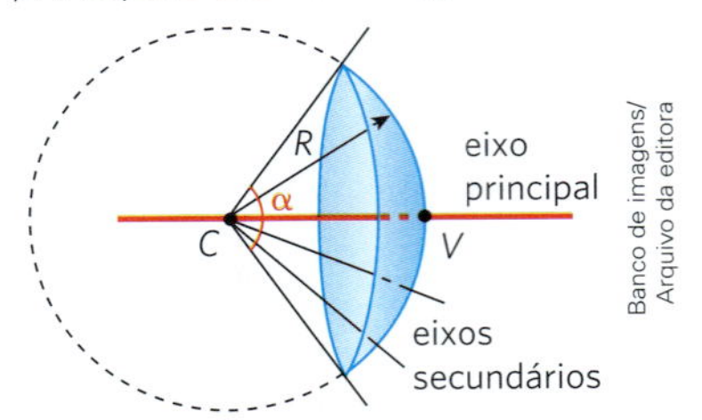


O centro $C$ da esfera que originou a calota é chamado de **centro de curvatura** do espelho.

O polo $V$ da calota é chamado de **vértice** do espelho.

A reta que passa por $C$ e $V$ é chamada de **eixo principal** do espelho.

Todas as demais retas que contêm o centro $C$ são chamadas de **eixos secundários**.

O ângulo $\alpha$, que tem o vértice no centro $C$ e os lados passando por pontos diametralmente opostos da calota, é chamado de **abertura** do espelho.

O raio $R$ da esfera que originou a calota é denominado **raio de curvatura** do espelho.

Qualquer plano perpendicular ao eixo principal é denominado **plano frontal**.

## Espelhos esféricos gaussianos

O físico e matemático alemão Carl Friedrich Gauss (1777-1855) observou que, operando-se com raios luminosos pouco inclinados e pouco afastados em relação ao eixo principal (raios **paraxiais**), as distorções provocadas por espelhos esféricos (denominadas aberrações de esfericidade) ficavam sensivelmente minimizadas.

Em nosso estudo, salvo recomendação em contrário, abordaremos os espelhos esféricos gaussianos, isto é, aqueles em que os raios luminosos envolvidos são pouco inclinados e pouco afastados em relação ao eixo principal. Raios luminosos "pouco afastados" em relação ao eixo principal são aqueles cuja distância do ponto de incidência ao referido eixo é pequena em comparação com o raio de curvatura do espelho.

A representação esquemática dos espelhos esféricos gaussianos é a seguinte:

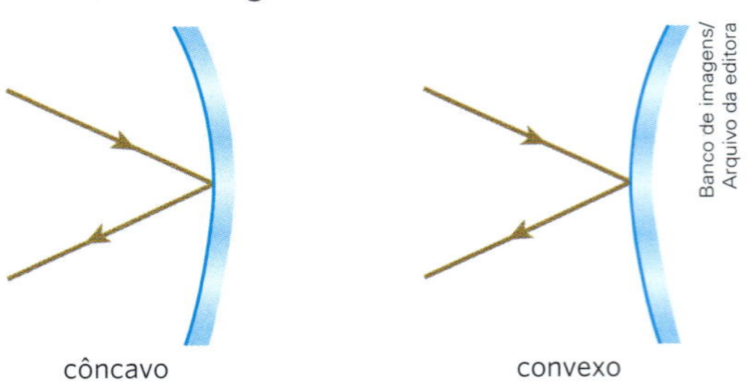


Em relação ao pincel luminoso incidente representado na figura a seguir, o espelho esférico côncavo pode ser considerado gaussiano. Note que, nessas condições, o ângulo de abertura da região do espelho sobre a qual a luz incide não deve exceder 10°.

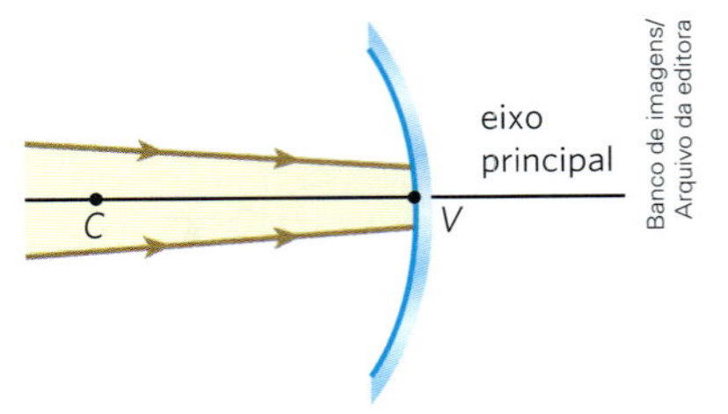


## Espelhos esféricos: muitas aplicações práticas

Os espelhos esféricos côncavos são utilizados como espelhos de aumento nos estojos de maquiagem, como refletores atrás das lâmpadas de sistemas de iluminação e projeção – lanternas, faróis, holofotes e projetores em geral – e como objetivas de telescópios, entre diversas outras aplicações.

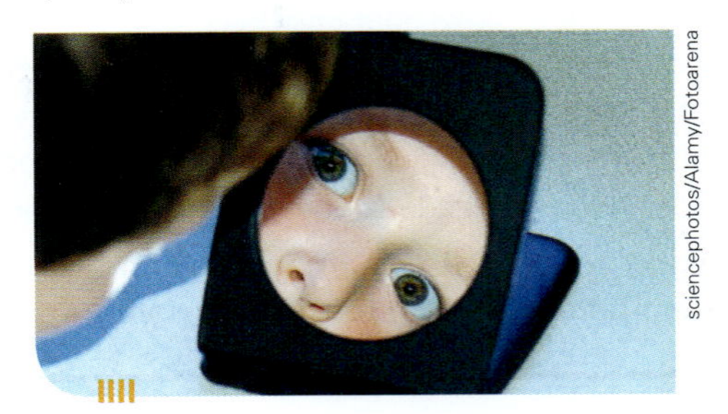


Nesta fotografia temos um espelho côncavo gaussiano.

Os espelhos esféricos convexos são utilizados como espelhos retrovisores de veículos – como motos e carros de passeio – e em pontos estratégicos de garagens, cruzamentos de ruas estreitas, portas de elevadores e ônibus. A vantagem dos espelhos convexos sobre os espelhos planos, nesses casos, é proporcionar, em idênticas condições, um campo visual maior. Deve-se notar, no entanto, que as imagens produzidas pelos espelhos convexos para objetos reais são menores que os respectivos objetos.

Nesta fotografia, o espelho convexo está sendo utilizado para retrovisão.

## Foco dos espelhos esféricos

De maneira geral:

> O **foco** de um sistema óptico qualquer é um ponto que tem por conjugado um ponto impróprio ("situado no infinito").

**Exemplo:** Nos colimadores, holofotes e refletores que emitem feixes luminosos cilíndricos (constituídos de raios paralelos), uma pequena lâmpada é instalada sobre o foco de um espelho parabólico côncavo que conjuga à fonte de luz uma imagem imprópria.

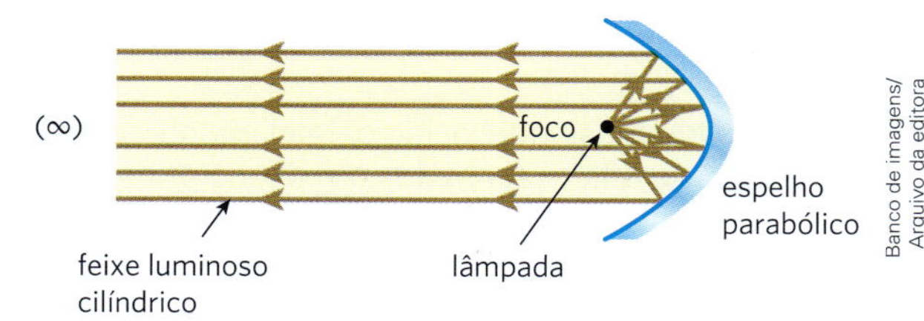


Considere os espelhos esféricos gaussianos a seguir, nos quais incidem raios luminosos paralelos entre si e ao eixo principal. A experiência mostra que as direções dos raios refletidos passam, necessariamente, por um mesmo ponto do eixo principal, denominado **foco principal** (*F*):

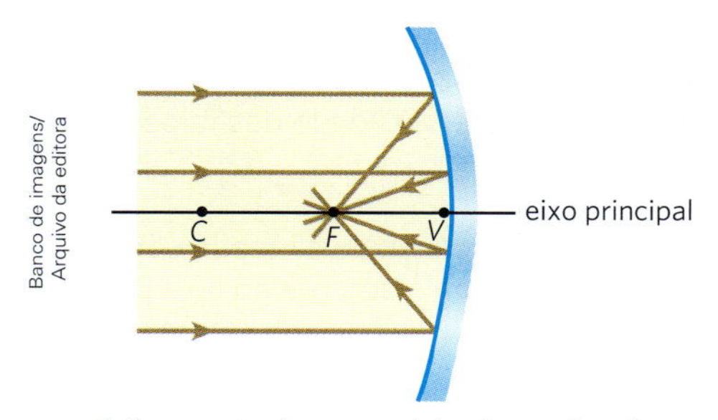


Representação esquemática de espelho côncavo.

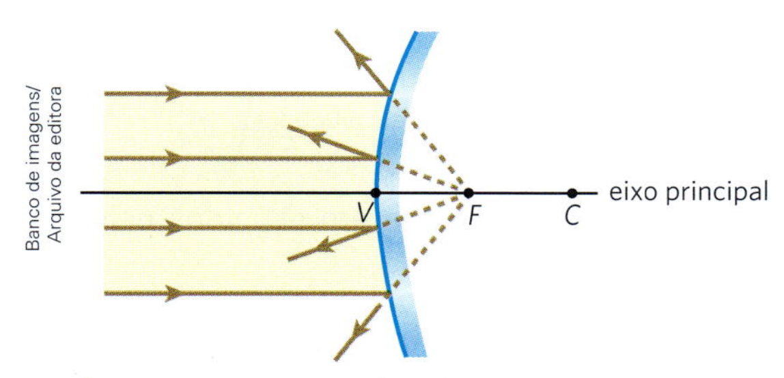


Representação esquemática de espelho convexo.

É importantíssimo perceber que os focos de um espelho côncavo são **reais**, enquanto os de um espelho convexo são **virtuais**. A explicação para esse fato é simples: nos espelhos côncavos, os focos são determinados efetivamente pelos raios de luz (os focos apresentam-se "na frente" do espelho), enquanto nos espelhos convexos os focos são determinados pelos prolongamentos dos raios (os focos apresentam-se "atrás" do espelho).

Observe agora o espelho esférico côncavo representado a seguir, no qual incide um raio luminoso paralelo ao eixo principal. Ao se refletir, o raio intersecta o eixo principal do espelho no ponto *F* (foco principal).

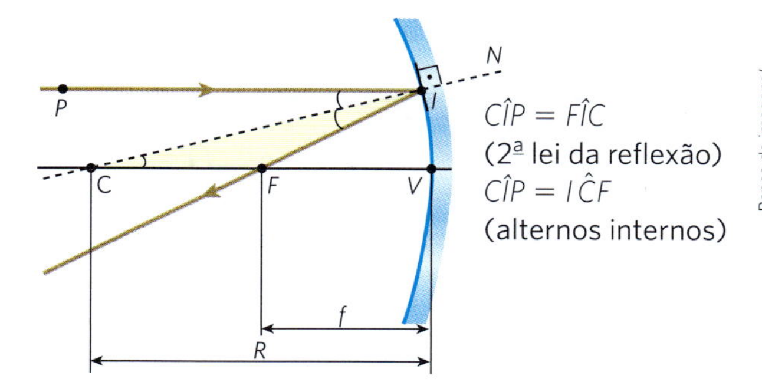


$C\hat{I}P = F\hat{I}C$
(2ª lei da reflexão)
$C\hat{I}P = I\hat{C}F$
(alternos internos)

Portanto, $F\hat{I}C = I\hat{C}F$, e o triângulo $FIC$ é isósceles, valendo a igualdade $CF = FI$.

Mas $FI \cong FV$, pois o raio incidente considerado é paraxial. Assim: $CF \cong FV$.

Logo:

$$f \cong \frac{R}{2}$$

A conclusão acima permite afirmar:

> Nos espelhos esféricos gaussianos, o **foco principal** é aproximadamente equidistante do centro de curvatura e do vértice.

### Descubra mais

**1** Pesquise e explique o funcionamento óptico de um radiotelescópio. Faça um esboço, representando os raios de onda eletromagnética relevantes para essa descrição.

**2** Pesquise e explique o funcionamento óptico de um fogão solar. Faça um esboço esquemático representando os raios de luz associados a esse equipamento.

## Raios luminosos particulares

Nos espelhos esféricos, alguns raios luminosos particulares de simples traçado apresentam grande interesse, pois facilitam a construção gráfica de imagens.

### 1º raio particular

> Todo raio luminoso que incide no espelho alinhado com o centro de curvatura se reflete sobre si mesmo.

Essa afirmação pode ser constatada de imediato, pois um raio luminoso que incide alinhado com o centro de curvatura é **normal** à superfície refletora.

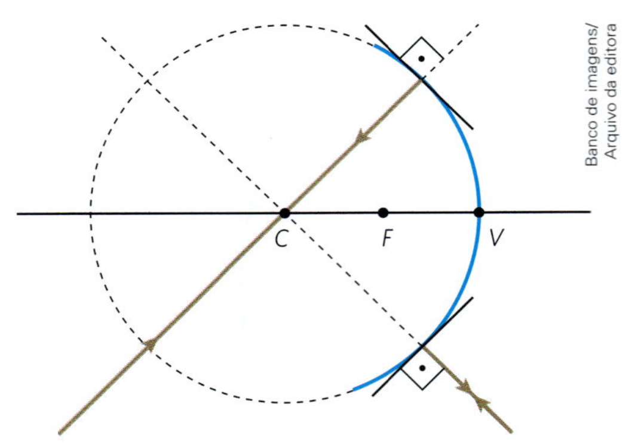

Banco de imagens/Arquivo da editora

Como a incidência é normal, o ângulo de incidência é nulo, o mesmo devendo ocorrer com o ângulo de reflexão. Daí dizermos que "o raio se reflete sobre si mesmo".

Usando a representação gaussiana, temos as figuras:

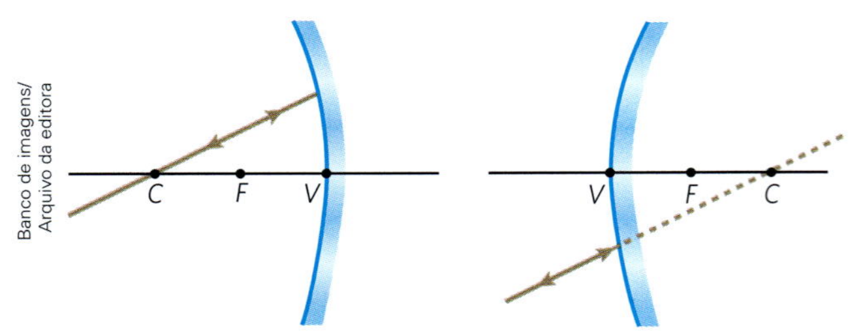

Banco de imagens/Arquivo da editora

A propriedade que esse raio tem de refletir-se sobre si mesmo é verificada em qualquer tipo de espelho esférico, gaussiano ou não.

## 2º raio particular

> Todo raio luminoso que incide no vértice do espelho gera, relativamente ao eixo principal, um raio refletido simétrico.

Essa afirmação é consequência da 2ª lei da reflexão. A reta normal à superfície refletora em $V$ é o próprio eixo principal. Como o ângulo de reflexão deve ser igual ao de incidência, justifica-se a simetria citada.

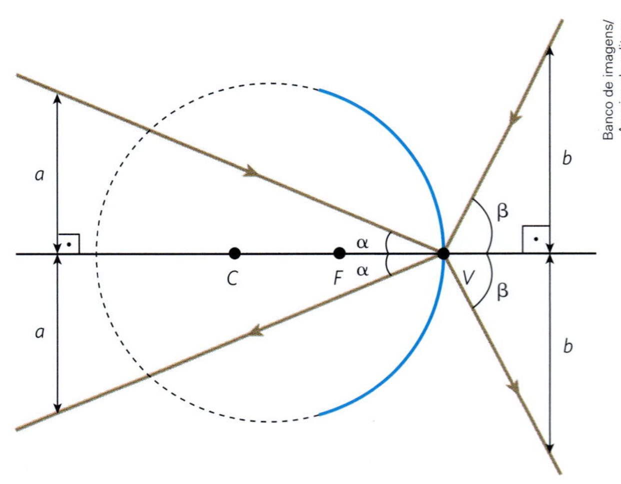

Banco de imagens/Arquivo da editora

Usando a representação gaussiana, temos as figuras:

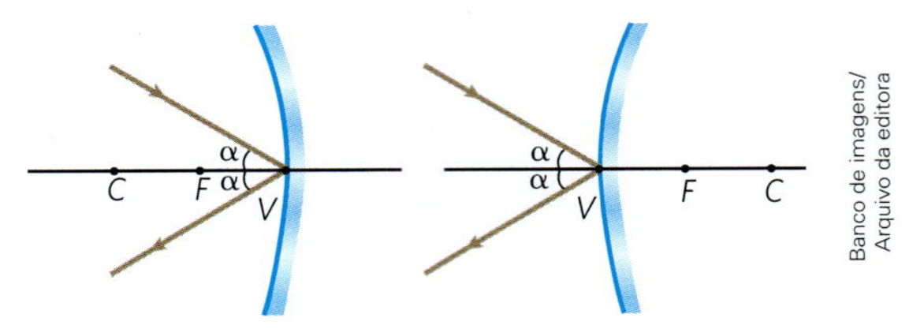

Banco de imagens/Arquivo da editora

A propriedade que esse raio tem de refletir-se simetricamente em relação ao eixo principal também é verificada com qualquer tipo de espelho esférico, gaussiano ou não.

## 3º raio particular

> Todo raio luminoso que incide paralelamente ao eixo principal se reflete alinhado com o foco principal.

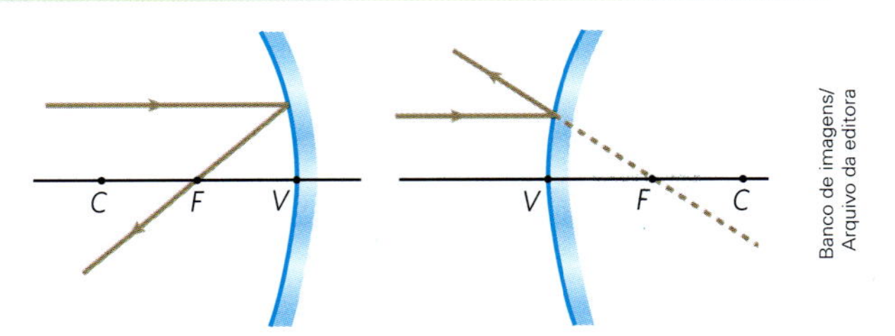

Banco de imagens/Arquivo da editora

Note que essa afirmação decorre da própria definição de foco principal.

Considerando a reversibilidade dos raios de luz, podemos enunciar também:

> Todo raio luminoso que incide alinhado com o foco principal se reflete paralelamente ao eixo principal.

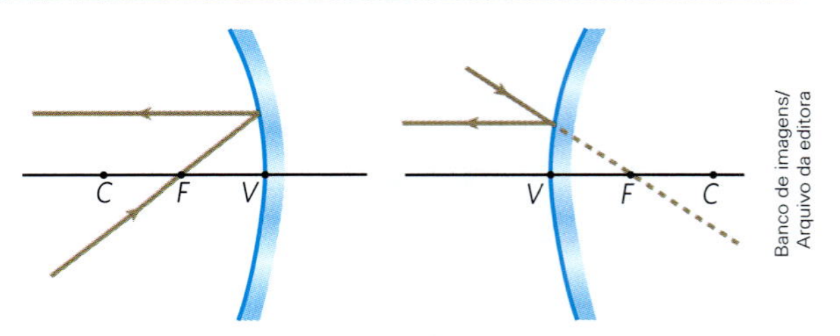

Banco de imagens/Arquivo da editora

Esse raio só é verificado em espelhos esféricos gaussianos.

# Construção gráfica de imagens nos espelhos esféricos

Para construir a imagem de um ponto conjugada por um sistema óptico, necessitamos de pelo menos dois raios luminosos incidentes. Em relação ao traçado de imagens fornecidas pelos espelhos esféricos, devemos utilizar os raios luminosos particulares descritos na seção anterior.

Considere, por exemplo, o espelho convexo a seguir, diante do qual há um objeto $AB$ que tem o extremo $B$ no eixo principal. Nesse caso, para obter a imagem de $AB$, basta obtermos a imagem do extremo $A$, pois a imagem correspondente ao extremo $B$ estará situada no eixo principal.

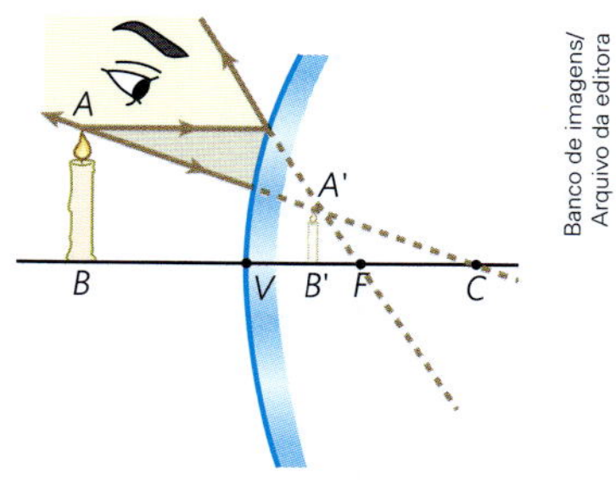


Observe que, nessa situação, a imagem formada é:

- virtual: obtida pelo cruzamento dos prolongamentos dos raios refletidos (situada "atrás do espelho");
- direita: "de cabeça para cima" em relação ao objeto;
- menor: o "tamanho" da imagem é menor que o do objeto.

É importante destacar que:

> A um objeto real, um espelho esférico convexo conjuga uma imagem sempre virtual, direita e menor, compreendida entre o foco principal e o vértice, independentemente da distância do objeto à superfície refletora.

As características das imagens produzidas pelos espelhos côncavos, por sua vez, dependem da posição do objeto em relação ao espelho. Há cinco casos importantes a serem considerados:

## 1. Objeto além do centro de curvatura

Características da imagem:

- real: formada pelo cruzamento efetivo dos raios refletidos;
- invertida: "de cabeça para baixo" em relação ao objeto;
- menor: o "tamanho" da imagem é menor que o do objeto.

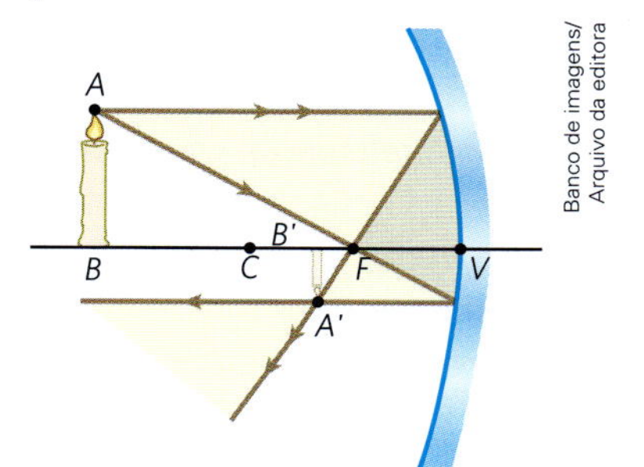


## 2. Objeto no plano frontal, que contém o centro de curvatura

Características da imagem:

- real;
- invertida;
- do mesmo tamanho que o objeto.

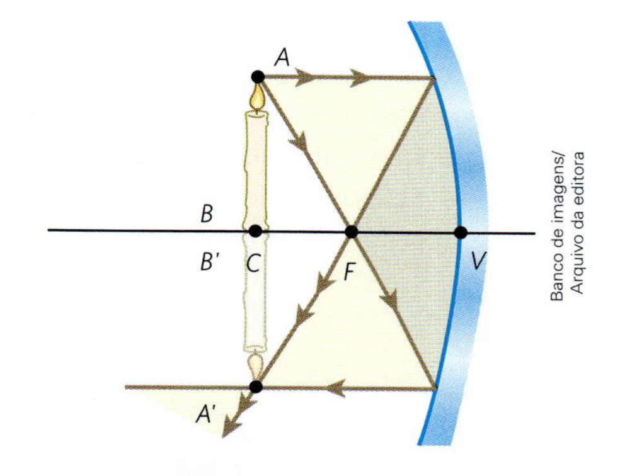


## 3. Objeto entre o centro de curvatura e o foco

Características da imagem:

- real;
- invertida;
- maior: o "tamanho" da imagem é maior que o do objeto.

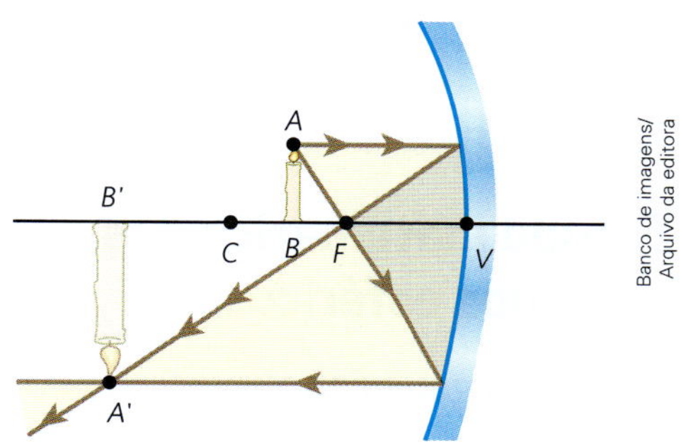


Observe que as imagens reais obtidas de objetos também reais são sempre invertidas.

## 4. Objeto no plano focal

Características da imagem:

Nesse caso, como os raios luminosos emergentes do sistema são paralelos entre si, a imagem "forma-se no infinito", sendo, portanto, **imprópria**.

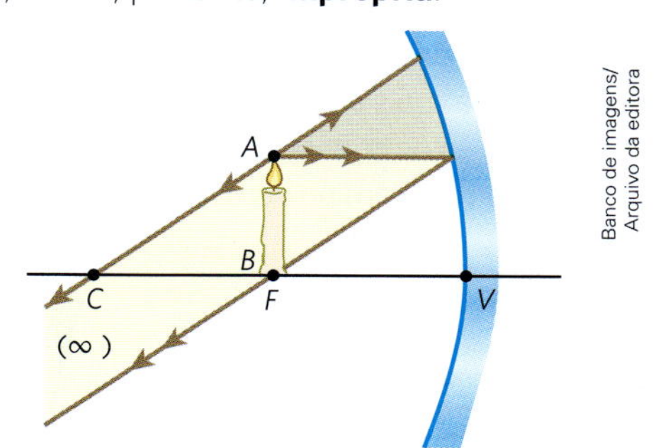


## 5. Objeto entre o foco e o vértice

Características da imagem:

- virtual;
- direita;
- maior.

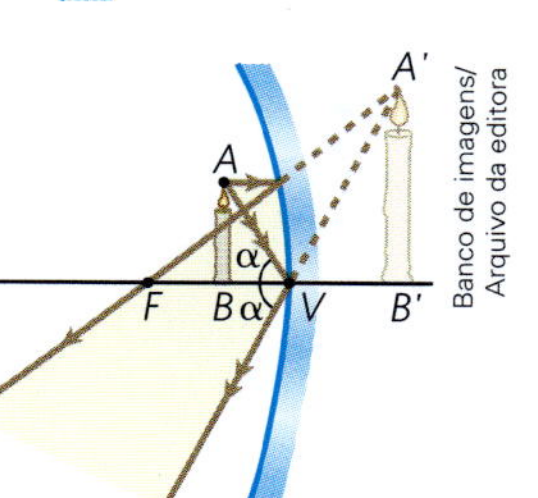

Esse é o único caso em que, de um objeto real, o espelho côncavo conjuga imagem virtual.

Uma ferramenta fundamental no exercício da Odontologia é o "espelhinho" utilizado pelo dentista para observar a parte de trás dos dentes do paciente.

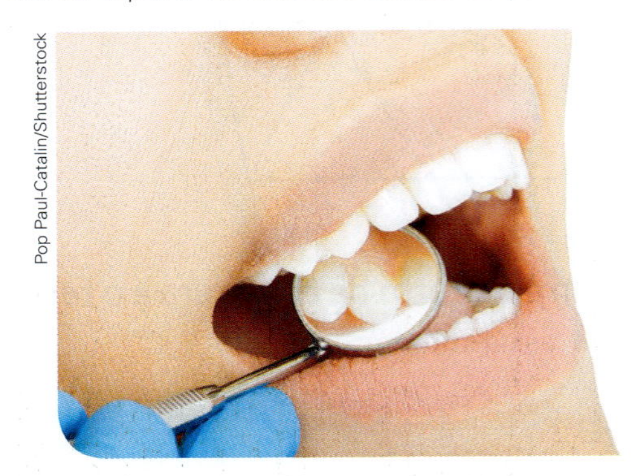
Pop Paul-Catalin/Shutterstock

Esse "espelhinho" é côncavo e tem distância focal próxima de 40 mm. Com isso, o dente a ser examinado fica compreendido entre o plano focal e o vértice, fazendo com que o utensílio óptico produza uma imagem virtual, direita e ampliada do dente.

## Estudo matemático dos espelhos esféricos

### O referencial gaussiano

Podemos nos fundamentar em dados matemáticos e equações para discutir as características das imagens produzidas em espelhos esféricos. É importante salientar que tudo o que se pode concluir graficamente – por meio de esquemas – também pode ser determinado analiticamente, isto é, por meio dos procedimentos que apresentamos a seguir. Observe, porém, que a recíproca nem sempre é verdadeira, o que revela a maior abrangência do estudo analítico.

Para tanto, devemos considerar o **referencial gaussiano**, que nada mais é que um sistema cartesiano constituído de dois eixos orientados perpendicularmente entre si, *Ox* e *Oy*, com origem no vértice *V* do espelho.

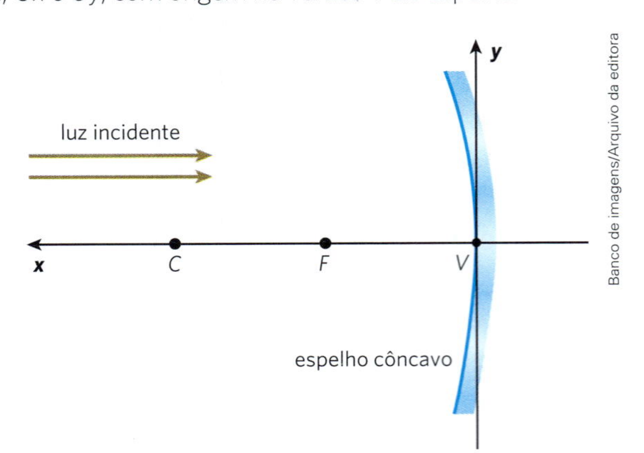

Banco de imagens/Arquivo da editora

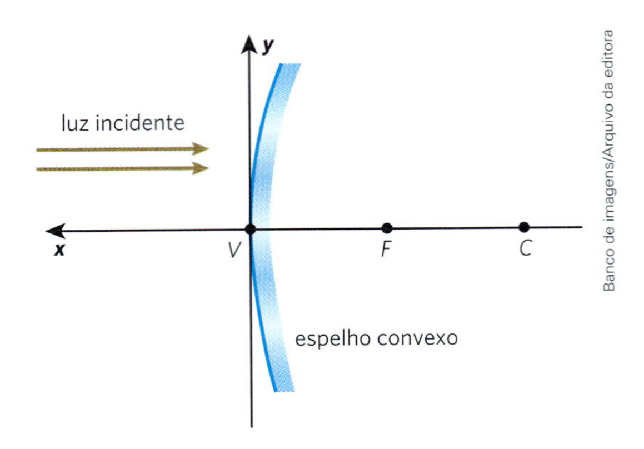

Banco de imagens/Arquivo da editora

O eixo das abscissas (*Ox*) será orientado no sentido oposto ao da luz incidente, conforme mostram os dois esquemas anteriores.

Do referencial gaussiano, decorre o seguinte:

**Elementos reais** (objetos ou imagens situados na frente do espelho): **abscissa positiva**.
**Elementos virtuais** (objetos ou imagens situados atrás do espelho): **abscissa negativa**.

Convém salientar que nos espelhos côncavos a abscissa do foco principal é positiva, enquanto nos espelhos convexos essa abscissa é negativa.

Veja o exemplo a seguir, em que é traçada a imagem do objeto *AB* situado diante de um espelho côncavo.

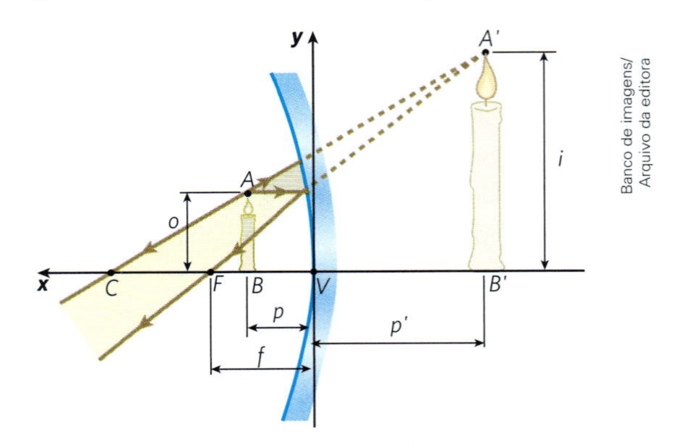

Banco de imagens/Arquivo da editora

Considerando o referencial gaussiano, temos, nesse caso:

- $p > 0$ (objeto real);
- $p' < 0$ (imagem virtual);
- $f > 0$ (no espelho côncavo, o foco principal é real);
- $o > 0$ e $i > 0$.

A simbologia adotada nesse exemplo será utilizada também nas próximas situações: *p* é a abscissa do objeto; *p'* é a abscissa da imagem; *f* é a abscissa focal; *o* é a ordenada do objeto; *i* é a ordenada da imagem.

**Nota**
O módulo de *f* recebe o nome de **distância focal**.

## Função dos pontos conjugados (equação de Gauss)

Chamada por alguns autores de equação de Gauss, a **função dos pontos conjugados** tem grande importância no curso de Óptica geométrica. Para demonstrá-la, usaremos a situação a seguir, em que $AB$ é um objeto frontal e $A'B'$ é a imagem correspondente conjugada por um espelho esférico côncavo.

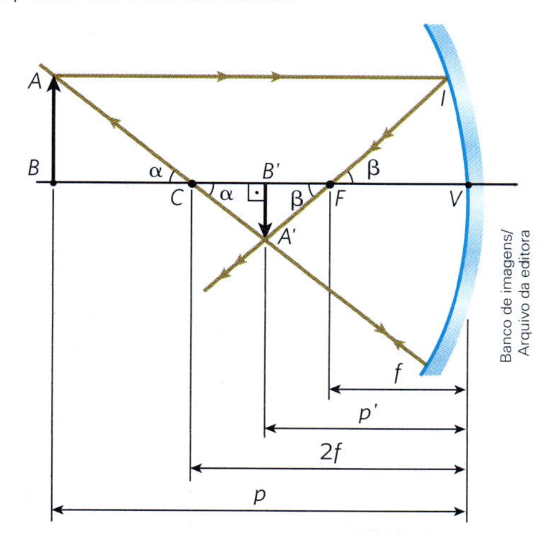


Observando as condições de Gauss, percebemos que o arco $VI$ é praticamente retilíneo e de mesmo comprimento que o segmento $AB$. Assim:

$$VI \cong AB \qquad \text{(I)}$$

Lembre-se de que, nos espelhos esféricos gaussianos, o foco principal ($F$) é equidistante do vértice ($V$) e do centro de curvatura ($C$). Assim:

$$FV = f \Rightarrow CV = 2f$$

Os triângulos $ABC$ e $A'B'C$ são semelhantes. Logo:

$$\frac{A'B'}{AB} = \frac{B'C}{BC} \Rightarrow \frac{A'B'}{AB} = \frac{2f - p'}{p - 2f} \qquad \text{(II)}$$

Os triângulos $A'B'F$ e $IVF$ são semelhantes. Daí:

$$\frac{A'B'}{VI} = \frac{B'F}{VF} \Rightarrow \frac{A'B'}{VI} = \frac{p' - f}{f} \qquad \text{(III)}$$

Substituindo (I) em (III), temos:

$$\frac{A'B'}{AB} = \frac{p' - f}{f} \qquad \text{(IV)}$$

Comparando (II) e (IV), segue que:

$$\frac{2f - p'}{p - 2f} = \frac{p' - f}{f}$$

$$(p - 2f)(p' - f) = f(2f - p')$$

$$pp' - fp - 2fp' + 2f^2 = 2f^2 - fp'$$

$$pp' = fp' + fp$$

Dividindo ambos os membros por $pp'f$, temos:

$$\frac{pp'}{pp'f} = \frac{fp'}{pp'f} + \frac{fp}{pp'f}$$

Portanto:

$$\frac{1}{f} = \frac{1}{p} + \frac{1}{p'} \text{ (função dos pontos conjugados)}$$

Convém destacar que, ao utilizar essa função, devem ser considerados os sinais algébricos dados pelo referencial gaussiano.

## Aumento linear transversal

Representemos por $o$ a ordenada de um objeto linear colocado diante de um espelho esférico e por $i$ a ordenada da respectiva imagem, ambas dadas em relação ao referencial gaussiano.

Por definição, o **aumento linear transversal** é a grandeza adimensional $A$, calculada pelo quociente da ordenada da imagem ($i$) pela ordenada do objeto ($o$):

$$A = \frac{i}{o}$$

O aumento é denominado **linear** por referir-se exclusivamente às alterações do comprimento da imagem em relação ao comprimento do objeto e **transversal** por relacionar apenas ordenadas, isto é, dimensões ortogonais ao eixo principal do espelho.

O termo "aumento" deve ser entendido como ampliação ou redução. Se $|A| > 1$, a imagem é ampliada em comparação com o objeto e, se $|A| < 1$, a imagem é reduzida em comparação com o objeto.

Dependendo dos sinais das ordenadas $i$ e $o$, o aumento linear transversal pode ser positivo ou negativo.

Se o aumento é positivo ($A > 0$), $i$ e $o$ têm o mesmo sinal e a imagem é **direita**.

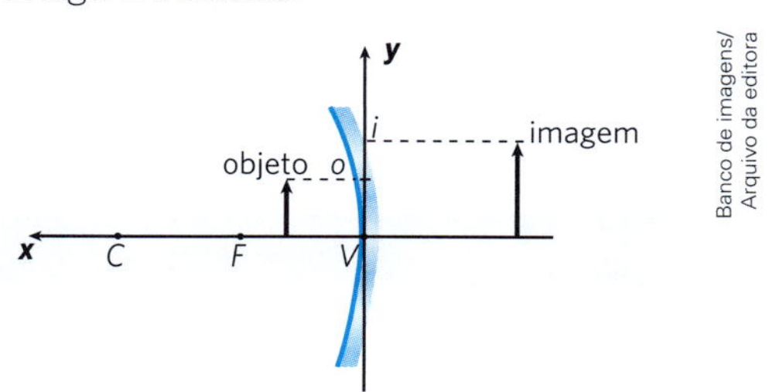


Neste exemplo, $o > 0$ e $i > 0$: a imagem é **direita**.

Se o aumento é negativo ($A < 0$), $i$ e $o$ têm sinais opostos e a imagem é **invertida**.

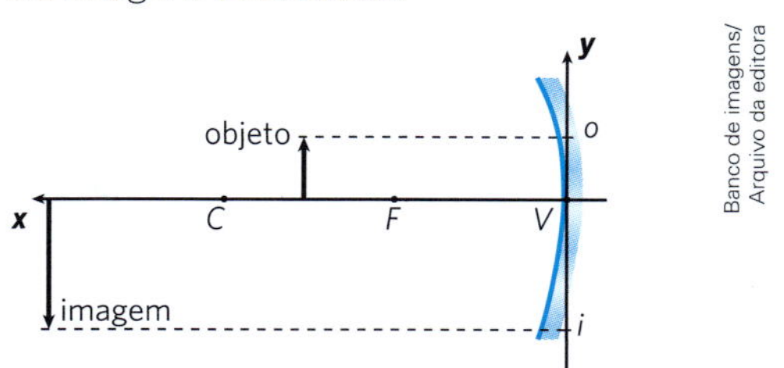


Neste exemplo, $o > 0$ e $i < 0$: a imagem é **invertida**.

Considere, agora, a situação da figura a seguir.

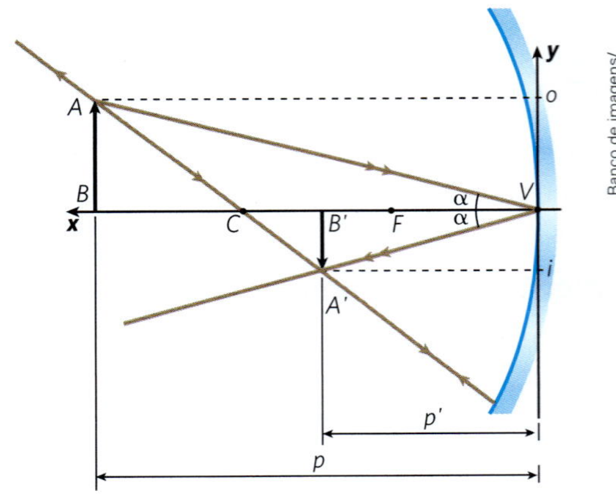


Banco de imagens/Arquivo da editora

Os triângulos $ABV$ e $A'B'V$ são semelhantes. Por isso, podemos escrever:

$$\frac{A'B'}{AB} = \frac{B'V}{BV}$$

Mas, da figura, temos:

$AB = |o|$, $A'B' = |i|$, $BV = |p|$ e $B'V = |p'|$

Substituindo esses termos na expressão anterior, segue que:

$$\frac{|i|}{|o|} = \frac{|p'|}{|p|}$$

Note que, no caso da situação proposta, $i < 0$, $o > 0$, $p > 0$ (objeto real) e $p' > 0$ (imagem real). Considerando os sinais algébricos de $i$, $o$, $p$ e $p'$ e lembrando que $A = \frac{i}{o}$, podemos escrever:

$$A = \frac{i}{o} = -\frac{p'}{p}$$

Com base nessa expressão, convém comentar aqui duas situações importantes. Em cada caso, faremos a discussão analítica correspondente.

**1ª situação:** Aumento positivo.

Se $A > 0$, devemos ter:

a) $i$ e $o$ com o mesmo sinal: a imagem é **direita**;

b) $p'$ e $p$ com sinais opostos: o objeto e a imagem têm naturezas opostas (se um é real, o outro é virtual).

**2ª situação:** Aumento negativo.

Se $A < 0$, devemos ter:

a) $i$ e $o$ com os sinais opostos: a imagem é **invertida**;

b) $p'$ e $p$ com o mesmo sinal: o objeto e a imagem têm a mesma natureza (ambos são reais ou ambos são virtuais).

## Descubra mais

**1** Pesquise a fabricação dos espelhos de uso doméstico e compartilhe com os colegas.

**2** A equação de Gauss $\left(\frac{1}{f} = \frac{1}{p} + \frac{1}{p'}\right)$ também é aplicável aos espelhos planos?

**3** Nos grandes telescópios, os espelhos primários, responsáveis pela captação da imagem inicial de um astro, são côncavos, podendo apresentar diâmetros da ordem de alguns metros. Como se faz para minimizar os efeitos da dilatação térmica sobre esses espelhos, que altera dimensões importantes, como a distância focal?

**4** Pesquise o que é um espelho parabólico e por que nos telescópios eles são utilizados no lugar de espelhos esféricos.

## Exercícios

**10** (Fuvest-SP) Luz solar incide verticalmente sobre o espelho esférico convexo visto na figura abaixo.

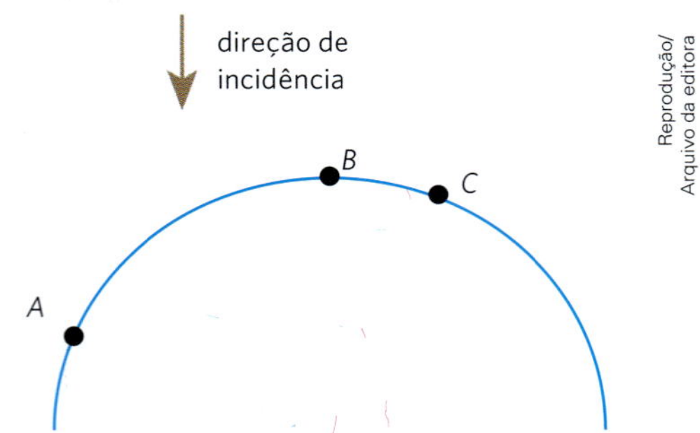


Reprodução/Arquivo da editora

Os raios refletidos nos pontos $A$, $B$ e $C$ do espelho têm, respectivamente, ângulos de reflexão $\theta_A$, $\theta_B$ e $\theta_C$ tais que

a) $\theta_A > \theta_B > \theta_C$
b) $\theta_A > \theta_C > \theta_B$
c) $\theta_A < \theta_C < \theta_B$
d) $\theta_A < \theta_B < \theta_C$
e) $\theta_A = \theta_B = \theta_C$

**11** O espelho de cabeça é um instrumento outrora muito utilizado pelos médicos, especialmente os otorrinolaringologistas. Trata-se de um espelho esférico côncavo capaz de concentrar a luz ambiente em um ponto específico do corpo do paciente. Olhando através de um pequeno orifício, o especialista consegue examinar regiões muito bem iluminadas pela luz refletida. Supondo-se que um médico ajustou a posição do foco de seu espelho para a orelha de uma pessoa distante 80 cm do orifício do instrumento, pede-se determinar o raio de curvatura, $R$, desse refletor. Admita em sua resposta que o espelho esteja em operação de acordo com as condições de estigmatismo de Gauss.

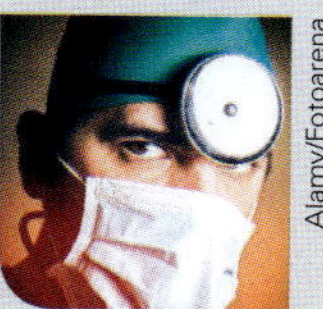
Alamy/Fotoarena

**Resolução:**

A distância focal do espelho é $f = 80$ cm. Logo, o correspondente raio de curvatura $R$ fica determinado por:

$$R = 2f \Rightarrow R = 2 \cdot 80 \therefore \boxed{R = 1{,}6 \text{ m}}$$

**12** (Cesgranrio) Em um farol de automóvel, dois espelhos esféricos côncavos são utilizados para se obter um feixe de luz paralelo a partir de uma fonte aproximadamente pontual. O espelho principal $E_1$ tem 16,0 cm de raio. O espelho auxiliar $E_2$ tem 2,0 cm de raio. Para que o feixe produzido seja efetivamente paralelo, as distâncias da fonte $S$ aos vértices $M$ e $N$ dos espelhos devem ser iguais, respectivamente, a:

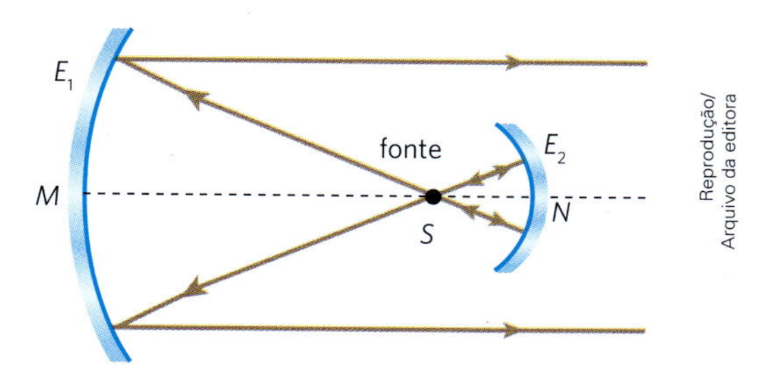

Reprodução/Arquivo da editora

| Distância *SM* | Distância *SN* |
|---|---|
| **a)** 8,0 cm. | 1,0 cm. |
| **b)** 16,0 cm. | 2,0 cm. |
| **c)** 16,0 cm. | 1,0 cm. |
| **d)** 8,0 cm. | 2,0 cm. |
| **e)** 8,0 cm. | 4,0 cm. |

**13** João Laerte, interessado em estudar propriedades dos espelhos, montou o arranjo representado a seguir, em que aparecem um espelho esférico côncavo gaussiano, de raio de curvatura 50 cm, e um pequeno espelho plano, perpendicular ao eixo principal do espelho esférico. Reduzindo a iluminação do ambiente, ele fez incidir no espelho côncavo um feixe luminoso cilíndrico de eixo coincidente com o eixo principal desse espelho. Os raios luminosos refletidos pelo espelho côncavo refletiram-se também no espelho plano e convergiram em um ponto do eixo principal distante 8 cm do espelho plano.

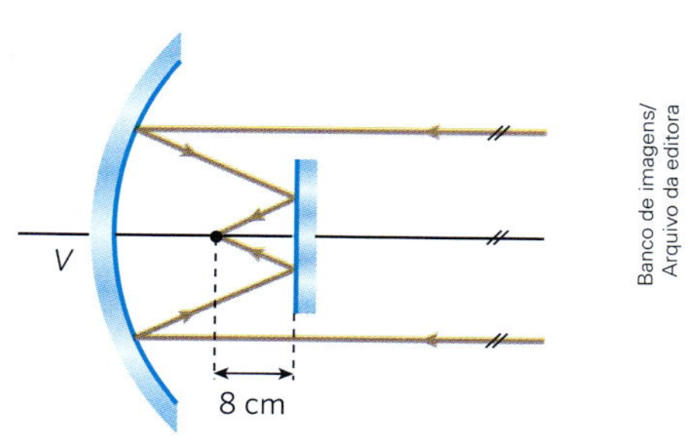

Banco de imagens/Arquivo da editora

A que distância $d$ do vértice $V$ do espelho côncavo João Laerte posicionou o espelho plano?

**14** No esquema a seguir, $E$ é um espelho esférico côncavo de centro de curvatura $C$, foco principal $F$ e vértice $V$. $AB$ é um objeto luminoso posicionado diante da superfície refletora. Levando em conta as condições de Gauss, construa graficamente, em seu caderno, a imagem de $AB$ considerando as posições 1, 2, 3, 4 e 5. Em cada caso, dê a classificação da imagem obtida.

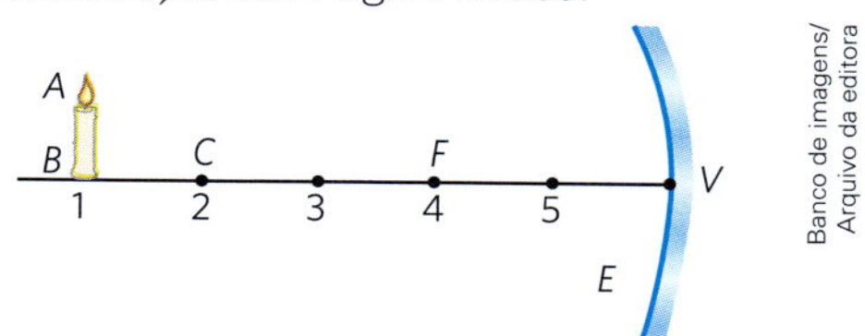

Banco de imagens/Arquivo da editora

**15** No esquema abaixo está representado um farol constituído por dois espelhos esféricos, $E_1$ e $E_2$, dispostos frontalmente com seus eixos principais coincidentes. $E_1$ é convexo e $E_2$ é côncavo, em operação de acordo com as condições de estigmatismo de Gauss.

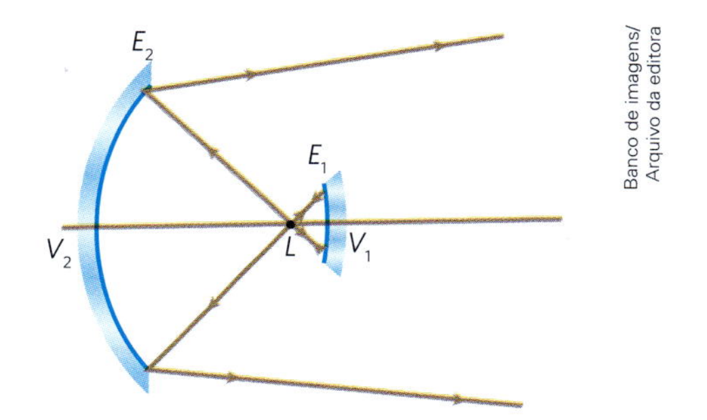

Banco de imagens/Arquivo da editora

Uma pequena lâmpada $L$ situada sobre o eixo principal do sistema tem sua luz refletida em $E_1$ e $E_2$, como se indica, emergindo do farol segundo um feixe cônico divergente. Sendo $V_1$, $F_1$ e $C_1$; $V_2$, $F_2$ e $C_2$ os vértices, os focos principais e os centros de curvatura de $E_1$ e $E_2$, respectivamente, é necessário para o farol funcionar conforme o que foi especificado que $L$ esteja posicionada:

| Em relação a $E_1$ | Em relação a $E_2$ |
|---|---|
| a) Sobre $C_1$. | Sobre $F_2$. |
| b) Sobre $C_1$. | Entre $F_2$ e $V_2$. |
| c) Sobre $F_1$. | Entre $F_2$ e $V_2$. |
| d) Entre $F_1$ e $V_1$. | Sobre $C_2$. |
| e) Entre $C_1$ e $F_1$. | Sobre $F_2$. |

**16** Dentistas costumam utilizar uma ferramenta terminada em espelho esférico côncavo que, por fornecer imagens direitas e ampliadas quando devidamente posicionada em relação ao objeto - dente -, permite melhor observação do estado bucal do paciente, bem como diagnósticos mais assertivos.

Admitindo-se que um desses espelhos opere de acordo com as condições de estigmatismo de Gauss a cerca de 1,5 cm dos dentes de uma pessoa, pode-se inferir que o raio de curvatura desse sistema óptico é certamente:

a) menor que 1,5 cm.
b) igual a 1,5 cm.
c) menor que 3,0 cm.
d) igual a 3,0 cm.
e) maior que 3,0 cm.

**17** Diante de uma grande bola de Natal que tem a superfície externa espelhada, um observador dispõe um lápis, que é aproximado e afastado da superfície refletora. A respeito da imagem que a bola conjuga ao lápis, podemos afirmar que:

a) é virtual, direita e reduzida, qualquer que seja a posição do lápis.
b) pode ser real ou virtual, dependendo da posição do lápis.
c) é real, invertida e aumentada, qualquer que seja a posição do lápis.
d) é simétrica do lápis em relação à superfície refletora.
e) nenhuma proposição anterior é correta.

**18** (Ufal) Considere os pontos *M* e *N*, situados sobre o eixo principal de um espelho esférico côncavo, respectivamente a 30 cm e 40 cm do vértice do espelho.

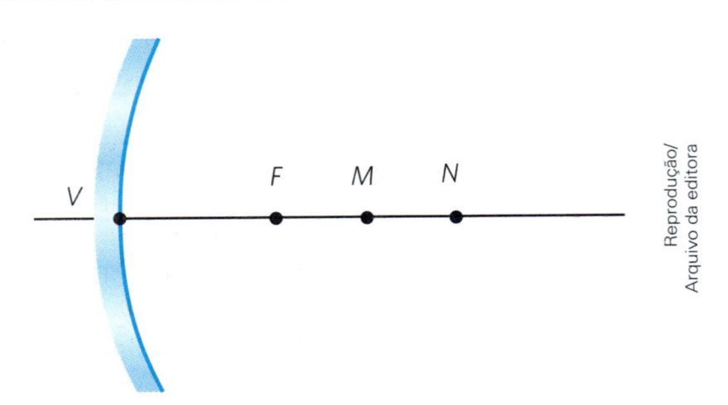


Esse espelho côncavo, que tem foco em *F* e distância focal de 20 cm, conjuga aos pontos *M* e *N*, respectivamente, as imagens *M'* e *N'*. Determine o valor absoluto da distância entre as imagens *M'* e *N'*.

**19** (UPM-SP) Um objeto real *O* encontra-se diante de um espelho esférico côncavo, que obedece às condições de Gauss, conforme o esquema abaixo.

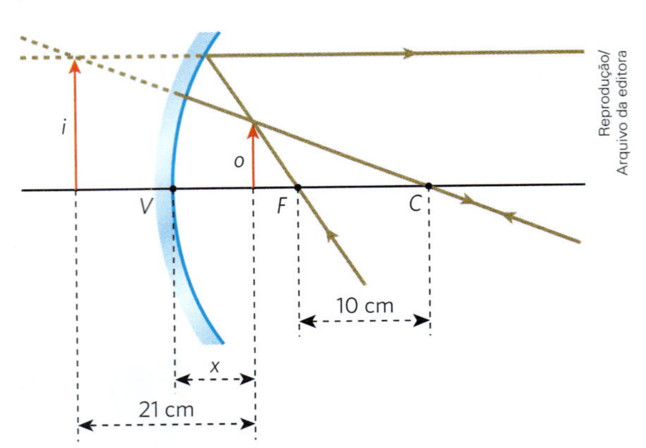


Sendo *C* o centro da curvatura do espelho e *F* seu foco principal, a distância *x* entre o objeto e o vértice *V* do espelho é:

a) 6,0 cm.
b) 9,0 cm.
c) 10,5 cm.
d) 11,0 cm.
e) 35,0 cm.

**20** A distância entre um objeto luminoso e sua respectiva imagem conjugada por um espelho esférico gaussiano é de 1,8 m. Sabendo que a imagem tem altura quatro vezes maior que a do objeto e que está projetada em um anteparo, responda:

a) O espelho é côncavo ou convexo?
b) Qual o seu raio de curvatura?

**21** Em um espelho côncavo, a distância entre um objeto real e sua imagem é de 60 cm. Sabendo-se que a imagem é invertida e de comprimento igual à metade do comprimento do objeto, qual o raio de curvatura do espelho?

**22** Considere um espelho côncavo de aumento, com distância focal $f = 1,0$ m, usado por uma pessoa para fazer a barba. Calcule a distância do rosto ao espelho para que a imagem dele esteja ampliada 2 vezes.

**23** (USCS-SP) Ao entrar em uma loja, uma pessoa se coloca entre dois espelhos, um plano e um esférico convexo, e para a 3 m de distância de cada um. Nessas condições, a distância entre as primeiras imagens que ela vê de si nos dois espelhos é de 11,1 m.

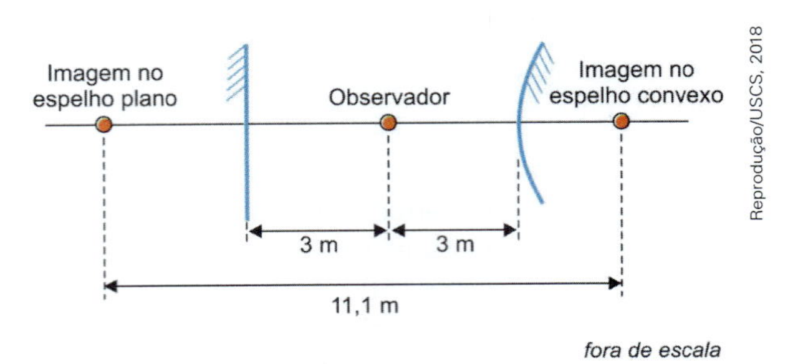

Considerando que o espelho esférico satisfaz as condições de nitidez de Gauss, a distância focal desse espelho é de

a) −2 m. c) −6 m. e) −7 m.

b) −3 m. d) −5 m.

**24** (UEA-AM) Na figura, *E* representa uma superfície esférica refletora nas duas faces. *C* é seu centro de curvatura, *F* seu foco principal e *V* seu vértice. Diante de sua face côncava, colocou-se um objeto real $O_1$ e, diante de sua face convexa, colocou-se um objeto real $O_2$.

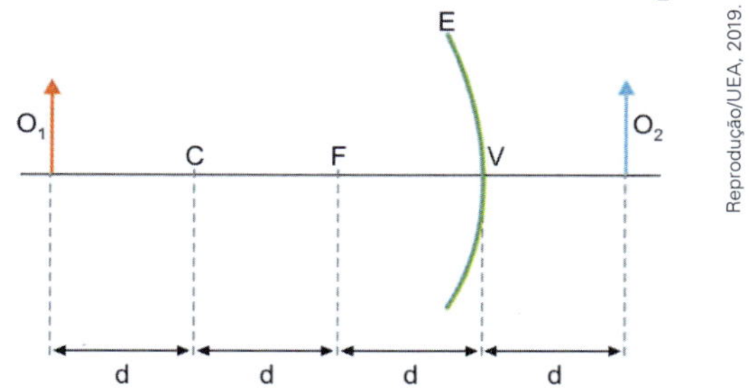

Reprodução/UEA, 2019.

Considerando que a superfície refletora *E* obedece às condições de nitidez de Gauss e que $p'_1$ e $p'_2$ são as abscissas das imagens de $O_1$ e de $O_2$, respectivamente, o valor da razão $\frac{p'_1}{p'_2}$ é

a) −3 c) −1 e) $-\frac{1}{4}$

b) −2 d) $-\frac{1}{2}$

**25** A escultura da fotografia ao lado, do artista catalão Quim Tarrida, denomina-se *Memória esférica* e sugere ao visitante uma introspecção sobre passado, presente e futuro. A obra esteve exposta no pátio de armas do Castelo de Montjuïc, em Barcelona. Trata-se de uma esfera metalizada, com 8 metros de diâmetro, capaz de refletir intensamente a luz dos arredores.

IP Archive/Glow Images/© GIL TARRIDA, JOAQUIM/AUTVIS, Brasil, 2020

Suponha que um pequeno pássaro, voando em linha reta sobre um eixo radial a esse grande espelho, se aproxime da escultura durante 5,0 s a partir de uma posição distante 18 m do vértice até uma posição distante 8,0 m desse mesmo ponto. Com base nessas informações e considerando-se válidas as condições de estigmatismo de Gauss, determine, em relação à escultura, em m/s:

a) a intensidade da velocidade escalar média do pássaro;

b) a intensidade da velocidade escalar média da imagem da ave fornecida pelo espelho esférico.

**26** **Lua cheia sobre o Pacífico**

Considere a situação esquematizada a seguir, fora de escala e em cores fantasia, em que os centros da Lua e da Terra estão separados por uma distância *d*. Admita que o raio da Terra seja igual a *R* e que o oceano Pacífico, refletindo a luz da lua cheia, comporte-se como um espelho esférico gaussiano.

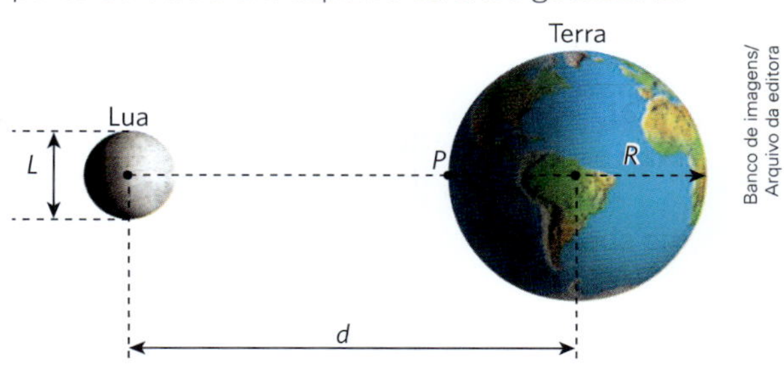

Banco de imagens/Arquivo da editora

Sendo *L* o diâmetro da Lua, determine em função de *d*, *R* e *L*:

a) a distância entre a imagem da Lua e o ponto *P*;

b) o diâmetro da imagem da Lua.

**27** A figura representa um espelho esférico côncavo de centro de curvatura *C* e vértice *V*. Um raio de luz, ao incidir paralelamente ao eixo $\overleftrightarrow{CV}$, reflete-se duas vezes, deixando o espelho também paralelamente ao eixo $\overleftrightarrow{CV}$.

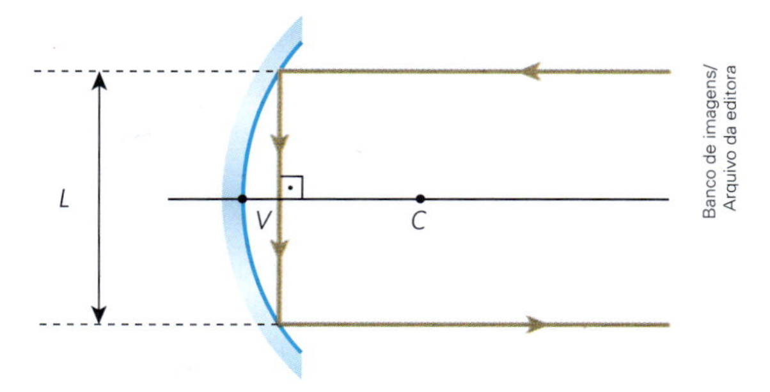

Banco de imagens/Arquivo da editora

Sabendo que o raio de curvatura do espelho vale $\sqrt{2}$ m, calcule o comprimento *L*.

# Refração da luz

Este capítulo favorece o desenvolvimento da seguinte habilidade:

EM13CNT310

## Índice de refração absoluto de um meio

Luzes de frequências (cores) diferentes se propagam num determinado meio material com velocidades de intensidades diferentes. Via de regra, quanto maior for a frequência, menor será a velocidade de propagação, ocorrendo o contrário quando raciocinamos em termos de comprimento de onda.

No vácuo, porém, todas as frequências (cores) e comprimentos de onda têm a mesma velocidade de propagação:

$c = 3{,}0 \cdot 10^8$ m/s

No gráfico ao lado, representamos qualitativamente a variação da intensidade da velocidade da luz, $v$, em determinado meio material e também no vácuo, em função da frequência, $f$.

Um parâmetro fundamental no estudo quantitativo da refração da luz é o índice de refração absoluto de um meio óptico.

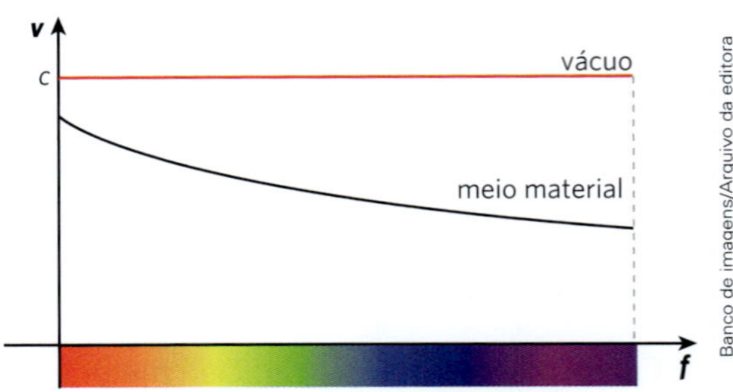


Em determinado meio material, a velocidade da luz decresce à medida que a frequência aumenta.

Define-se o **índice de refração absoluto** de certo meio óptico para determinado tipo de luz monocromática (uma só cor ou frequência) como o número $n$ dado pelo quociente entre a intensidade da velocidade da luz no vácuo, $c$, e a intensidade da velocidade da luz no meio considerado, $v$. Algebricamente:

$$n = \frac{c}{v}$$

Por ser definido pelo quociente entre duas velocidades, o índice absoluto de refração é grandeza adimensional, isto é, desprovido de unidades de medida.

Nos meios materiais – dotados de matéria, como o ar, a água e o vidro –, a luz é sempre mais lenta que no vácuo. Logo, nesses meios, $v < c$, o que implica $n > 1{,}0$.

No vácuo, tem-se $v = c$. Logo, a esse meio corresponde o índice de refração absoluto mínimo, igual a 1,0.

## Refringência

Diz-se que um meio óptico é tanto mais refringente quanto maior for seu índice de refração absoluto.

Na tabela a seguir, relacionamos os índices de refração absolutos de alguns meios transparentes passíveis de serem atravessados por um mesmo tipo de luz monocromática.

| Meio material | Índice de refração absoluto ($n$) |
|---|---|
| Vácuo | 1,000 (valor exato) |
| Água pura | 1,33 |
| Gelo | 1,31 |
| Vidro | 1,50 |
| Diamante | 2,42 |

Fonte: <https://lief.if.ufrgs.br/pub/cref/n32_Vieira/arquivos/controle/refracao_e_lentes_esfericas.pdf>. Acesso em: 26 nov. 2019.

O índice de refração absoluto do ar é ligeiramente maior que o do vácuo. À temperatura de 0 °C e à pressão de 760 mmHg seu valor é próximo de 1,000292. Por isso, é comum adotar-se para o ar índice de refração absoluto igual ao do vácuo, isto é, $n_{ar} = n_0 = 1{,}000$.

É importante reforçar que o vácuo é o meio menos refringente que existe, já que nesse meio, a velocidade da luz tem intensidade máxima.

### Índice de refração relativo entre dois meios

Em alguns casos, convém relacionar o índice de refração absoluto de um determinado meio com o de outro. Relaciona-se, por exemplo, o índice de refração absoluto do vidro em relação ao ar ou o índice de refração absoluto do diamante em relação à água.

Por definição, para uma mesma luz monocromática (mesma cor), o **índice de refração relativo** de um meio 2 em relação a um meio 1, $n_{2,1}$, é o quociente entre o índice de refração absoluto do meio 2 e o índice de refração absoluto do meio 1. Algebricamente:

$$\boxed{n_{2,1} = \frac{n_2}{n_1}}$$

**Notas**

- O índice de refração relativo entre dois meios pode assumir valores positivos menores que 1,0.
- Sendo $n_2 = \frac{c}{v_2}$ e $n_1 = \frac{c}{v_1}$, decorre que:

$$n_{2,1} = \frac{n_2}{n_1} = \frac{\frac{c}{v_2}}{\frac{c}{v_1}} \Rightarrow \boxed{n_{2,1} = \frac{n_2}{n_1} = \frac{v_1}{v_2}}$$

- Tendo-se em conta que $v_1 = \lambda_1 f_1$ e que $v_2 = \lambda_2 f_2$, em que $\lambda_1$ e $\lambda_2$ são os comprimentos de onda e $f_1$ e $f_2$ são as respectivas frequências, e observando-se que $f_1 = f_2 = f$, segue-se que:

$$n_{2,1} = \frac{n_2}{n_1} = \frac{v_1}{v_2} = \frac{\lambda_1 f}{\lambda_2 f} \Rightarrow \boxed{n_{2,1} = \frac{\lambda_1}{\lambda_2}}$$

## Dioptro

**Dioptro** é o conjunto de dois meios ópticos ordinários (transparentes, homogêneos e isótropos) separados por uma fronteira ou interface de qualquer formato.

Pequenas porções de água limpa, como a água contida em uma piscina, admitida sem ondulações, constitui juntamente com o ar externo um **dioptro plano**.

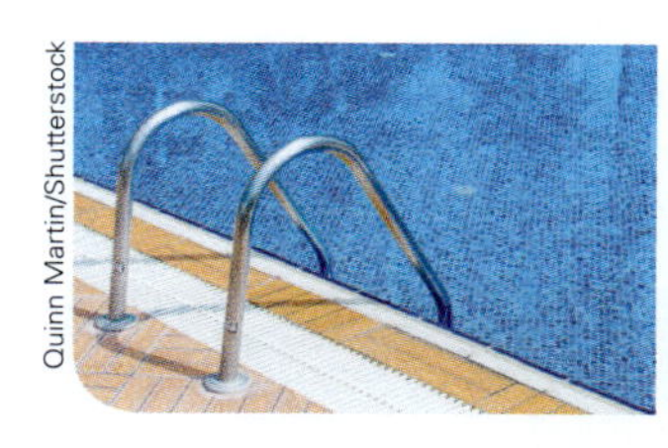

Quinn Martin/Shutterstock

A água de uma piscina sem ondas mais o ar externo constituem um dioptro plano.

No caso de uma esfera de cristal, por exemplo, esse material comporá juntamente com o ar externo um **dioptro esférico**.

Yahdi Bin Rus/Shutterstock

Esta esfera de cristal mais o ar que a envolve constituem um dioptro esférico. No caso, a bola de cristal está se comportando como uma lente esférica biconvexa (não gaussiana), que produz uma imagem real, invertida e menor da cidade à sua frente, assunto que é tratado em detalhes no capítulo sobre lentes.

## O fenômeno da refração

Suponha um feixe de luz solar incidindo sobre a superfície de um rio de águas cristalinas. O que ocorre com a energia radiante em forma de luz incidente sobre a água? Bem, uma parcela dessa energia é absorvida pelo meio líquido; outra parte é refletida e uma última parcela passa a se propagar no interior da água, caracterizando o fenômeno da **refração**.

**Refração da luz** é a passagem da luz de um meio para outro, com mudança na intensidade da velocidade de propagação e, consequentemente, do comprimento de onda.

Sendo $v_1$, $\lambda_1$ e $f_1$ e $v_2$, $\lambda_2$ e $f_2$, respectivamente, as intensidades das velocidades de propagação, os comprimentos de onda e as frequências da radiação luminosa em dois meios ordinários quaisquer, 1 e 2, pode-se escrever que:

$v_1 = \lambda_1 f_1$ (I)

E também: $v_2 = \lambda_2 f_2$ (II)

Dividindo-se, membro a membro, a equação (II) pela equação (I) e observando-se que **no fenômeno da refração a frequência da radiação não se altera** (reveja esse conceito no Capítulo 18, Ondas), o que implica $f_2 = f_1 = f$, segue que:

$$\frac{v_2}{v_1} = \frac{\lambda_2 f}{\lambda_1 f} \Rightarrow \frac{v_2}{v_1} = \frac{\lambda_2}{\lambda_1}$$

O último resultado permite-nos concluir que, na refração da luz, os comprimentos de onda e as respectivas velocidades de propagação variam na **proporção direta**.

Nesta imagem, um feixe *laser* vermelho refrata-se do ar para a água, com mudança na direção de propagação.

## Leis da refração

Consideremos o dioptro representado a seguir, em que uma superfície $S$ separa dois meios transparentes e homogêneos 1 e 2. Um estreito feixe cilíndrico de luz monocromática - aqui, denominado simplesmente raio de luz - vai se refratar obliquamente do meio 1 para o meio 2, de índices de refração absolutos para a referida cor respectivamente iguais a $n_1$ e $n_2$.

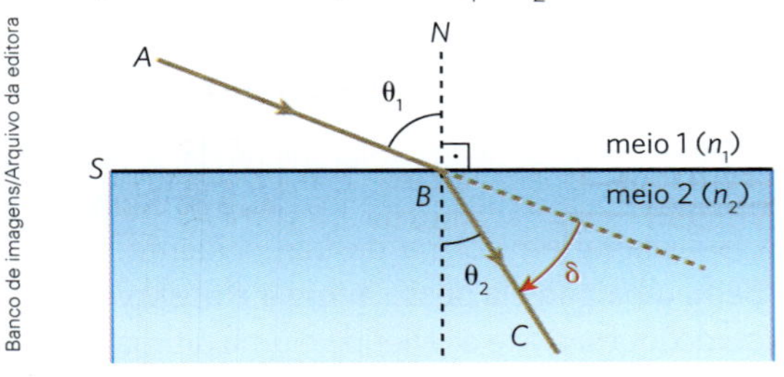


Na figura, identificamos os seguintes elementos geométricos importantes na descrição da refração da luz:

- *AB*: raio incidente;
- *N*: reta normal à superfície *S* no ponto de incidência do raio luminoso;
- *BC*: raio refratado;
- $\theta_1$: ângulo de incidência (formado entre *AB* e *N*) e
- $\theta_2$: ângulo de refração (formado entre *BC* e *N*);
- $\delta$: desvio entre o ângulo de incidência ($\theta_1$) e o ângulo de refração ($\theta_2$).

Ao plano que contém *AB*, *N* e *BC*, daremos o nome de **plano de incidência**.

### 1ª lei

O raio incidente (*AB*), a reta normal no ponto de incidência (*N*) e o raio refratado (*BC*) são **coplanares**, pertencendo todos ao plano de incidência.

### 2ª lei (lei de Snell)

O seno do ângulo de incidência ($\theta_1$) é diretamente proporcional ao seno do ângulo de refração ($\theta_2$).

$$\frac{\text{sen}\,\theta_1}{\text{sen}\,\theta_2} = K \text{ (constante)}$$

A constante de proporcionalidade $K$ é o índice de refração relativo do meio 2 em relação ao meio 1, isto é, $n_{2,1}$.

Dessa forma, podemos escrever que:

$$\frac{\text{sen}\,\theta_1}{\text{sen}\,\theta_2} = n_{2,1} \Rightarrow \frac{\text{sen}\,\theta_1}{\text{sen}\,\theta_2} = \frac{n_2}{n_1}$$

Ou:

$$n_1\,\text{sen}\,\theta_1 = n_2\,\text{sen}\,\theta_2$$

Sendo $v_1$ e $v_2$; $\lambda_1$ e $\lambda_2$ as intensidades da velocidade da luz e os respectivos comprimentos de onda nos meios 1 e 2, podemos escrever a lei de Snell de forma geral:

$$\frac{\text{sen}\,\theta_1}{\text{sen}\,\theta_2} = \frac{n_2}{n_1} = \frac{v_1}{v_2} = \frac{\lambda_1}{\lambda_2}$$

## Decorrências da lei de Snell

### O raio refratado se aproxima da normal

Quando um raio luminoso monocromático se refrata obliquamente de um meio menos para outro mais refringente, ele se desvia e se **aproxima da normal**. Nesse caso diminuem a intensidade da velocidade de propagação e o comprimento de onda.

O esquema abaixo representa tal situação.

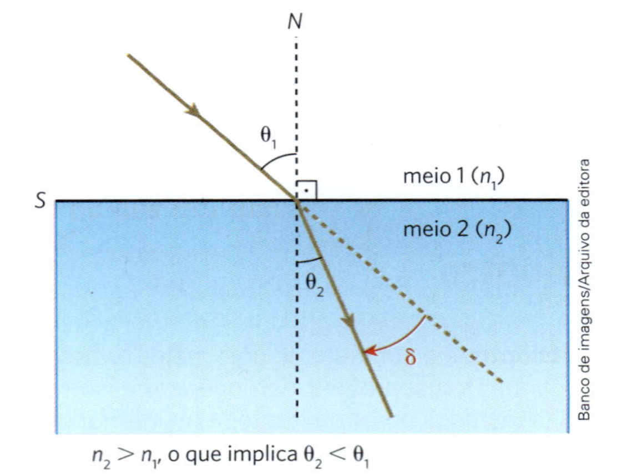


$n_2 > n_1$, o que implica $\theta_2 < \theta_1$

O referido desvio pode ser justificado pela lei de Snell:

$n_2 \text{ sen } \theta_2 = n_1 \text{ sen } \theta_1$

De fato, para que o produto do primeiro membro seja igual ao do segundo, sendo $n_2 > n_1$, decorre que sen $\theta_2 <$ sen $\theta_1$ e que $\theta_2 < \theta_1$ (os ângulos são do primeiro quadrante, e ao menor seno corresponde o menor ângulo). Nesse caso, o raio luminoso se aproxima da normal, e o desvio angular verificado na trajetória da luz é $\delta = \theta_1 - \theta_2$.

## O raio refratado se afasta da normal

Quando um raio luminoso monocromático se refrata obliquamente de um meio mais para outro menos refringente, ele se desvia e se **afasta da normal**. Nesse caso aumentam a intensidade da velocidade de propagação e o comprimento de onda.

O esquema abaixo representa tal situação.

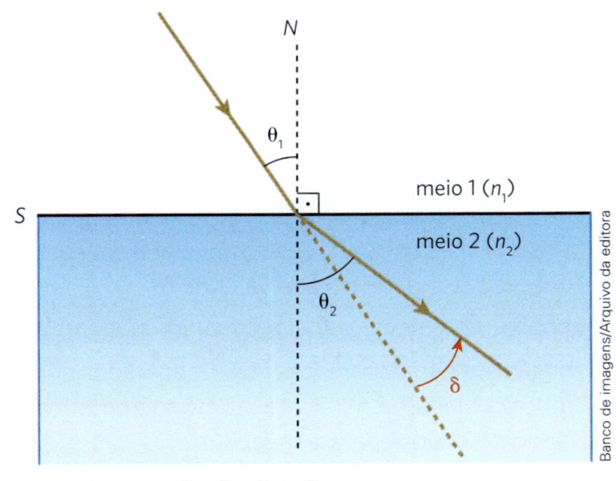


$n_2 < n_1$, o que implica $\theta_2 > \theta_1$

O referido desvio pode ser justificado pela lei de Snell:

$n_2 \text{ sen } \theta_2 = n_1 \text{ sen } \theta_1$

De fato, para que o produto do primeiro membro seja igual ao do segundo, sendo $n_2 < n_1$, decorre que sen $\theta_2 >$ sen $\theta_1$ e que $\theta_2 > \theta_1$ (os ângulos são do primeiro quadrante e ao maior seno corresponde o maior ângulo).

Nesse caso, o raio luminoso se afasta da normal e o desvio angular verificado na trajetória da luz é $\delta = \theta_2 - \theta_1$.

## Refração sem desvio

Quando um raio luminoso monocromático incide perpendicularmente à interface de separação de dois meios transparentes e homogêneos, ele se refrata **sem sofrer desvio**, notando-se, porém, alterações na intensidade de sua velocidade de propagação e no comprimento de onda.

O esquema a seguir representa tal situação.

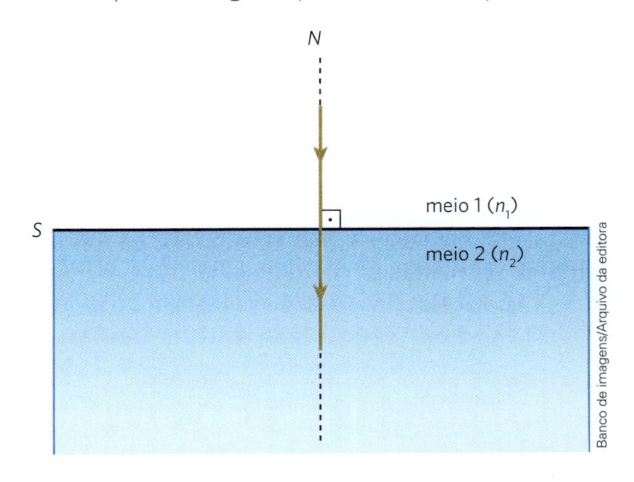


Uma justificativa para esse fato decorre da lei de Snell:

$n_2 \text{ sen } \theta_2 = n_1 \text{ sen } \theta_1$

Sendo $\theta_1 = 0°$ (incidência normal), tem-se sen $\theta_1 = 0$, logo:

$n_2 \text{ sen } \theta_2 = 0$

Lembrando que $n_2 \geqslant 1$, conclui-se que sen $\theta_2 = 0$ e que $\theta_2 = 0°$.

Nesse caso, o raio luminoso se refrata sem sofrer desvio.

É comum associar o conceito de refração luminosa a um possível desvio do raio de luz. Esse desvio, porém, nem sempre ocorre, como vimos nesse caso, em que o raio luminoso passou de um meio para o outro, mantendo a direção de sua propagação.

## Exercícios

**1** Admita que a safira e o silício tenham, para um determinado tipo de luz monocromática, índices de refração absolutos respectivamente iguais a 1,7 e 3,4. Com base nessas informações, determine:

**a)** a relação entre as intensidades da velocidade de propagação da luz no silício e na safira, $\dfrac{v_{Si}}{v_{Sa}}$;

**b)** o índice de refração relativo do silício em relação à safira, $n_{Si,Sa}$.

**2** Um estreito feixe cilíndrico de luz monocromática que se propaga no ar (índice de refração absoluto igual a 1,0) incide obliquamente sobre um meio transparente de índice de refração absoluto igual a *n*, formando um ângulo de 60° com a reta normal à superfície de incidência. Nessa situação, verifica-se que o raio refletido é perpendicular ao raio refratado, como representa a figura.

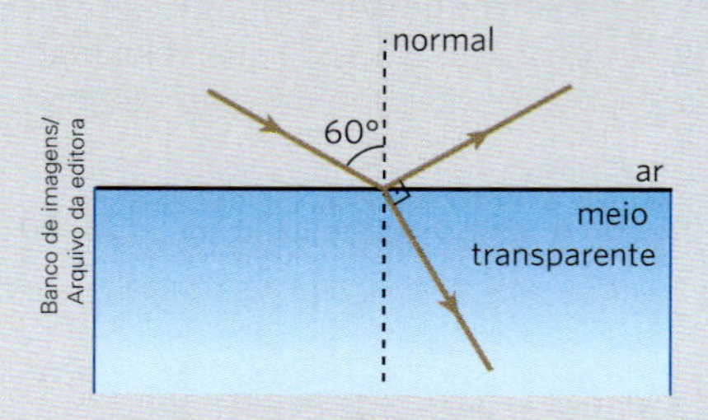


Com base nessas informações, pede-se determinar:

**a)** o ângulo de refração, isto é, aquele formado entre o raio refratado e a reta normal;

**b)** o valor de *n*.

**Resolução:**

**a)** Sendo $\theta_0$ o ângulo de incidência, $\theta_1$ o ângulo de reflexão e $\theta_2$ o ângulo de refração, tem-se que:

$\theta_1 + 90° + \theta_2 = 180° \Rightarrow 60° + 90° + \theta_2 = 180°$

$\boxed{\theta_2 = 30°}$

**b)** Pela lei de Snell: $n \text{ sen } \theta_2 = n_{ar} \text{ sen } \theta_0$

$n \text{ sen } 30° = 1{,}0 \text{ sen } 60° \Rightarrow n\frac{1}{2} = \frac{\sqrt{3}}{2}$

$\boxed{n = \sqrt{3}}$

**3** Um estreito feixe de luz monocromática, proveniente do ar, incide na superfície de um vidro formando ângulo de 49° com a normal à superfície no ponto de incidência.

**Dados:**

$n_{ar} = 1{,}00$ sen 49° = 0,75

$n_{vidro} = 1{,}50$ cos 49° = 0,66

Nessas condições, o feixe luminoso refratado forma com a direção do feixe incidente ângulo de:

**a)** 24° **b)** 19° **c)** 13° **d)** 8° **e)** 4°

**4** (UFU-MG) A tabela a seguir mostra o valor aproximado dos índices absolutos de refração de alguns meios, medidos em condições normais de temperatura e pressão, para um feixe de luz incidente com comprimento de onda de 600 nm (monocromático).

| Material | Índice absoluto de refração |
|---|---|
| Ar | 1,0 |
| Água | 1,3 |
| Safira | 1,7 |
| Vidro de altíssima dispersão | 1,9 |
| Diamante | 2,4 |

O raio de luz que se propaga inicialmente no diamante incide com um ângulo $\theta_i = 30°$ em um meio desconhecido, sendo o ângulo de refração $\theta_r = 45°$. O meio desconhecido é

**a)** vidro de altíssima dispersão.

**b)** ar.

**c)** água.

**d)** safira.

**5** Um estreito feixe cilíndrico de luz monocromática se propaga em um meio transparente com índice de refração absoluto igual a $\sqrt{3}$. Esse feixe atinge a interface de separação com outro meio, menos refringente - o ar (índice de refração absoluto igual a 1,00) - segundo um ângulo de incidência 30°. O feixe emerge, então, para o ar, mas sofre um desvio angular $\delta$ em sua trajetória. Pede-se determinar o valor de $\delta$.

**6** (Unip-SP) Na figura, representamos dois meios homogêneos e transparentes, *A* e *B*, separados por uma fronteira plana, e um raio de luz monocromática passando do meio *A* para o meio *B*.

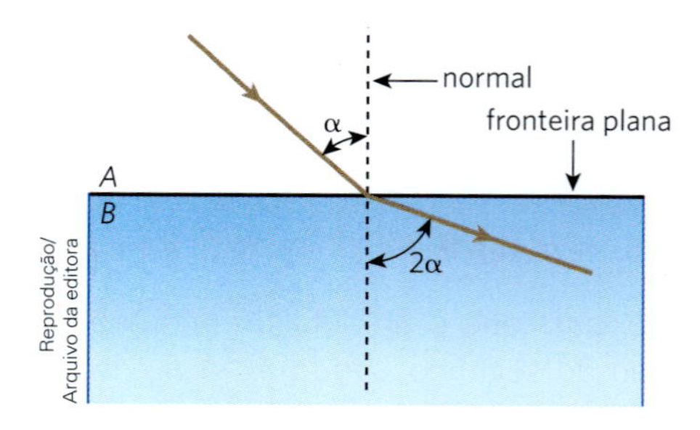


Sejam $n_A$ e $n_B$ os índices de refração absolutos dos meios *A* e *B*, respectivamente.

Sendo $\frac{n_A}{n_B} = \sqrt{3}$, o valor de $\alpha$ é:

**a)** 30° **b)** 37° **c)** 45° **d)** 53° **e)** 60°

**7** (Unifev-SP) Na figura está representado um raio de luz monocromático emitido por um objeto em repouso no ponto *A*, submerso em uma piscina. Esse raio emerge para a atmosfera e, devido ao fenômeno da refração luminosa, uma imagem do objeto é vista, de fora da água, no ponto *B*, a uma profundidade aparente *h*.

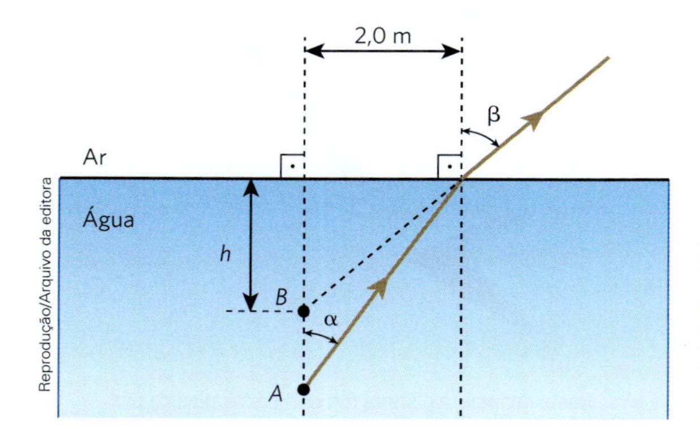


Sabendo-se que sen $\alpha = 0{,}6$, que sen $\beta = 0{,}8$ e que o índice de refração absoluto do ar é igual a 1,0, calcule:

**a)** a profundidade *h*, em metros;

**b)** o índice de refração absoluto da água da piscina.

**8** (EsPCEx-SP) Um raio de luz monocromática propagando-se no ar incide no ponto *O*, na superfície de um espelho plano e horizontal, formando um ângulo de 30° com sua superfície.

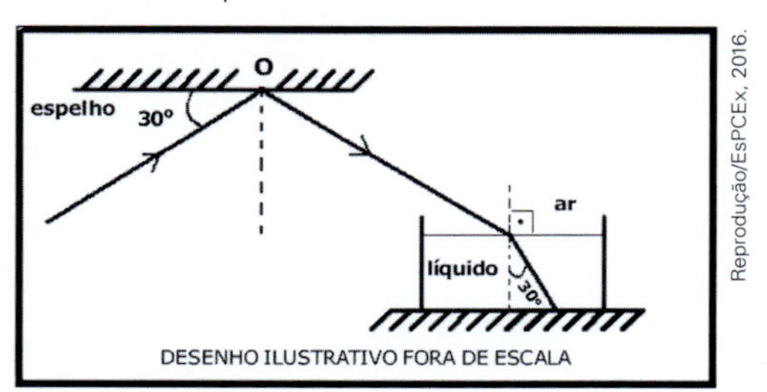


Após ser refletido no ponto *O* desse espelho, o raio incide na superfície plana e horizontal de um líquido e sofre refração. O raio refratado forma um ângulo de 30° com a reta normal à superfície do líquido, conforme o desenho acima. Sabendo-se que o índice de refração do ar é 1, o índice de refração do líquido é:

**Dados:** sen 30° $= \frac{1}{2}$ e cos 60° $= \frac{1}{2}$; sen 60° $= \frac{\sqrt{3}}{2}$ e cos 30° $= \frac{\sqrt{3}}{2}$.

**a)** $\frac{\sqrt{3}}{3}$

**b)** $\frac{\sqrt{3}}{2}$

**c)** $\sqrt{3}$

**d)** $\frac{2\sqrt{3}}{3}$

**e)** $2\sqrt{3}$

**9** O esquema a seguir ilustra um experimento para determinação do índice absoluto de refração de certo material. Um semicilindro desse material, de pequena espessura e raio igual a 8,0 cm, é posicionado sobre um disco opaco de raio igual a 20 cm, conforme está representado. Faz-se incidir sempre no ponto *O*, centro do disco e da face plana do semicilindro, um estreito feixe cilíndrico de luz monocromática que atravessa o conjunto. Medem-se então os comprimentos *a* e *b* indicados, lançando-se os pares de valores obtidos numa tabela, como a que aparece a seguir.

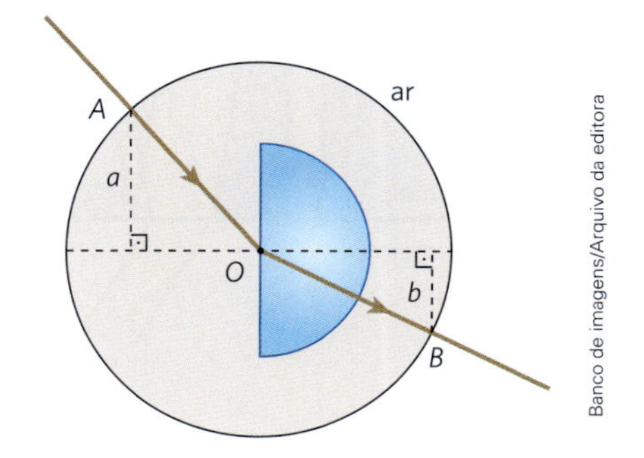


| *a* (cm) | 1,4 | 4,2 | 7,0 | 9,8 |
|---|---|---|---|---|
| *b* (cm) | 0,5 | 1,5 | 2,5 | 3,5 |

**a)** Qual o valor encontrado para o índice absoluto de refração do material?

**b)** Considerando-se que a luz se propaga no ar com velocidade de intensidade $3{,}0 \cdot 10^8$ m/s, esboce o gráfico da intensidade da velocidade da luz em função da posição ao longo da trajetória *AOB*.

**10** Num dia pela manhã, um peixe submerso numa lagoa de águas tranquilas vê o Sol (admitido puntiforme 60°) acima do horizonte, como ilustra a figura.

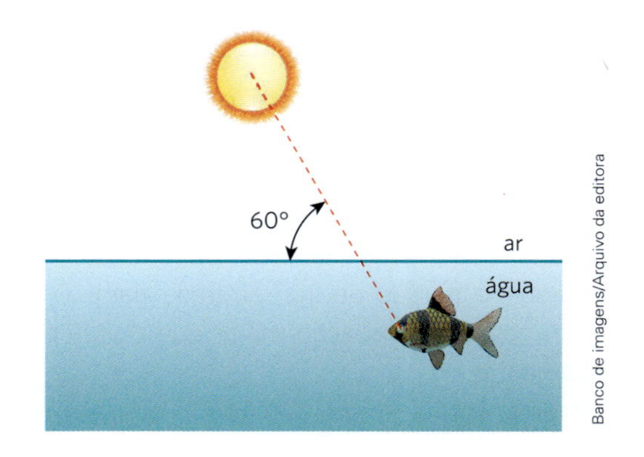


Considerando os índices de refração da água e do ar, respectivamente, iguais a $\sqrt{2}$ e 1, e supondo que o Sol nasça às 6 h e se ponha às 18 h, é possível estimar que são:

**a)** 7 h

**b)** 8 h

**c)** 9 h

**d)** 10 h

**e)** 11 h

## Ângulo-limite e reflexão total

Para entender o fenômeno da reflexão total, consideremos os esquemas qualitativos a seguir em que um feixe cilíndrico de luz monocromática, propagando-se em um meio 1, incide na interface plana que separa este meio de um meio 2, menos refringente.

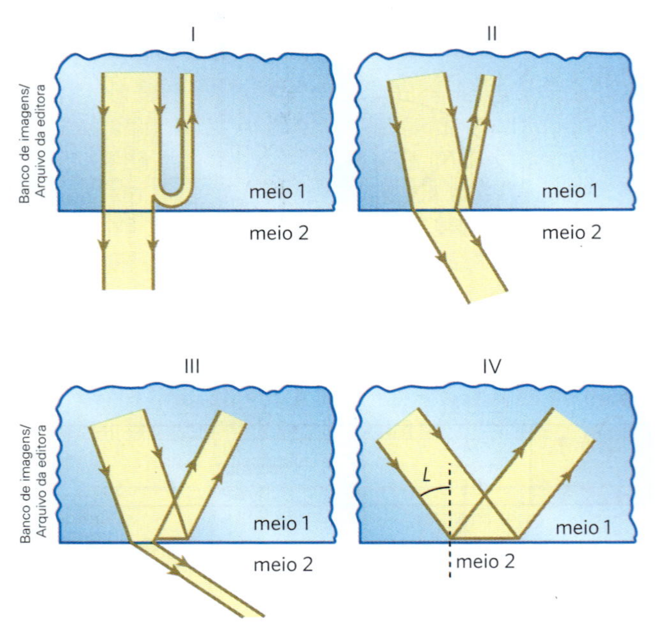


No esquema I, a incidência é normal, isto é, perpendicular à interface, e, nesse caso, uma pequena parte da luz se reflete, enquanto a parcela majoritária da radiação se refrata para o meio 2.

No esquema II, aumentou-se o ângulo de incidência do feixe sobre a interface e, nesse caso, verifica-se que uma porção um pouco maior da luz, comparada à do caso anterior, se reflete e outra parte se refrata para o meio 2, afastando-se da normal, como pode ser confirmado pela lei de Snell.

Já no esquema III, aumentou-se ainda mais o ângulo de incidência do feixe sobre a interface, notando-se, agora, uma quantidade maior de luz refletida e apenas uma pequena porção de luz refratada para o meio 2, com um ângulo de refração maior que o verificado na situação anterior.

Ocorre, então, uma situação em que, aumentando-se mais ainda o ângulo de incidência da luz na interface de separação dos dois meios, verifica-se um ângulo de incidência limite (ou crítico), $L$, em que a luz praticamente não mais se refrata, sendo totalmente refletida para o meio 1.

Tal fenômeno, denominado **reflexão total**, está representado no esquema IV e a interface dióptrica funciona como um verdadeiro espelho.

Assim, se o ângulo de incidência do feixe de luz for igual ou maior que o ângulo-limite $L$ do dioptro, a luz não mais se refrata, refletindo-se integralmente na interface de separação dos dois meios.

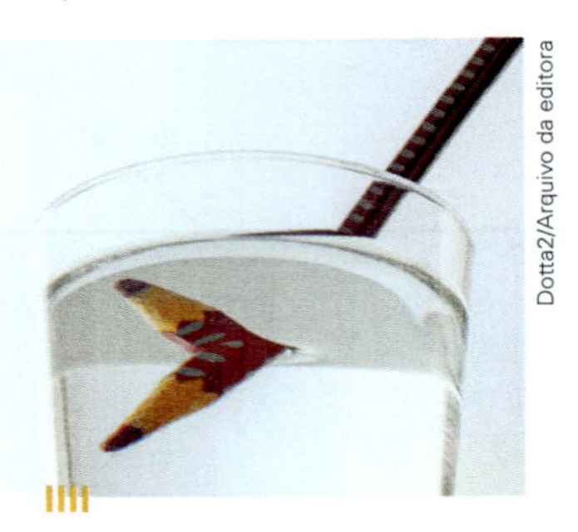


Nesta imagem, a câmera fotográfica foi atingida por luz direta da ponta do lápis e luz refletida pela superfície da água depois de difundida por essa região do objeto. É a intensa reflexão da luz na interface água-ar que possibilita observações como esta.

**Nota**

É frequente vermos em provas e concursos a indicação de que, quando se avizinha a reflexão total, o ângulo de refração é 90° (emergência rasante), isto é, uma parcela da luz incidente na superfície de separação dos dois meios sai "sorrateiramente", tangenciando a interface. No entanto, essa representação é apenas um artifício e não corresponde à realidade. Se assim fosse, pela reversibilidade da luz, deveria existir um raio rasante incidente, vindo do meio menos refringente, que penetraria no meio mais refringente "misteriosamente" por um ponto privilegiado. Portanto, considerar o raio rasante quando ocorre reflexão total é meramente um recurso para realizar cálculos e não representa o que ocorre realmente com a luz nesse processo.

Condições para ocorrência da reflexão total:
1. A luz deve provir do meio mais refringente do dioptro;
2. O ângulo de incidência da luz deve se igualar ou superar o ângulo-limite (ou crítico), $L$, do dioptro.

### Cálculo do seno do ângulo-limite

Consideremos a situação ilustrada a seguir em que um estreito feixe cilíndrico de luz monocromática - aqui, denominado simplesmente raio de luz -, proveniente de um meio 1, incide na interface plana de separação desse meio com um meio 2 menos refringente, com o ângulo-limite ($\theta_1 = L$) estabelecido para esse dioptro e essa frequência luminosa. Para efeito de cálculos, um suposto raio emergente para o meio 2 será, nesse caso, praticamente rasante (ver nota acima), o que implica um ângulo de refração $\theta_2 = 90°$.

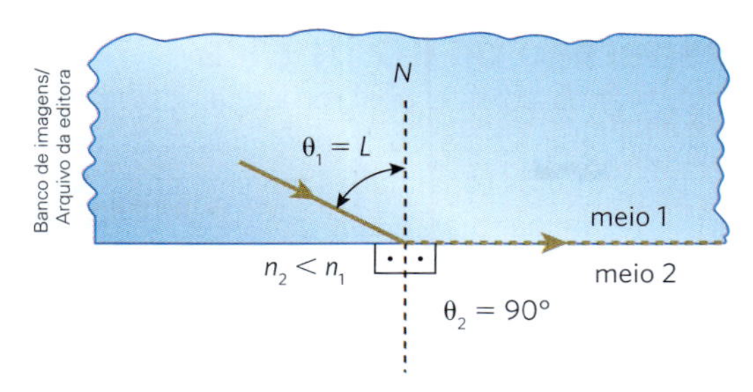


Aplicando-se a lei de Snell, tem-se:

$n_1 \text{ sen } \theta_1 = n_2 \text{ sen } \theta_2 \Rightarrow n_1 \text{ sen } L = n_2 \text{ sen } 90°$

Sendo sen 90° = 1,0, decorre que:

$$\text{sen } L = \frac{n_2}{n_1}$$

Ou, de forma geral:

$$\text{sen } L = \frac{n_{menor}}{n_{maior}}$$

**Notas**

- Cada dioptro tem como característica, para cada cor do espectro visível, um ângulo-limite. Em geral, se o meio menos refringente for o ar, quanto mais refringente for o outro meio, menor será o sen $L$ e menor será o ângulo $L$, o que favorece a ocorrência da reflexão total. Dentro do diamante, por exemplo, que tem elevados índices de refração absolutos para as diversas frequências luminosas, a luz se reflete em profusão, tornando uma pedra bem lapidada sensivelmente brilhante.

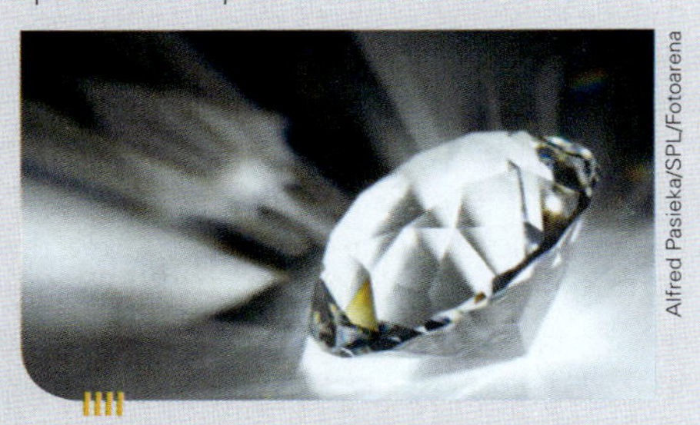


Por ter, para as diversas frequências do espectro visível, elevado índice de refração em relação ao ar, o diamante facilita a reflexão total interna, o que dá à pedra, especialmente quando bem lapidada, intenso brilho.

- Na fórmula acima para o cálculo de sen $L$, se acontecer o descuido de se dividir o maior índice de refração absoluto pelo menor, se incorrerá em um absurdo matemático, já que o quociente será maior que 1,0, que é incompatível com a função seno, que tem o valor 1,0 como máximo.

## Imagens em dioptros planos

A formação de imagens em dioptros planos pode ser compreendida utilizando os elementos apresentados nas fotografias a seguir: um copo, uma moeda e um recipiente com água.

Coloque a moeda no fundo do copo, a princípio sem água, e observe-a perpendicularmente. Repita esse mesmo procedimento com o copo cheio de água. Você consegue notar alguma diferença entre os dois casos?

Com o copo cheio de água, a moeda aparentará uma profundidade menor, como se a altura do copo tivesse diminuído, não é verdade?

Essa elevação aparente da moeda é um efeito óptico similar ao que faz uma piscina se apresentar, para um observador externo, menos profunda do que é na realidade ou um peixe ser visualizado mais à flor da água do que de fato está. É o efeito **dioptro plano**.

Ao colocar água no copo, a moeda parecerá estar em uma profundidade menor do que a profundidade real.

### Objeto no meio mais refringente do dioptro

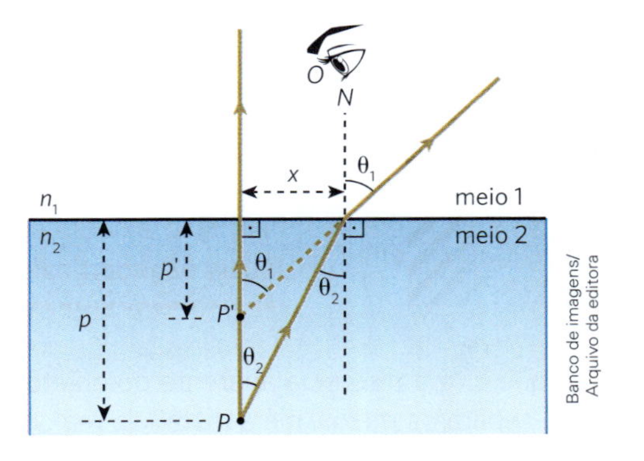


Aplicando a lei de Snell:

$n_2 \text{ sen } \theta_2 = n_1 \text{ sen } \theta_1$

Tendo-se em vista que o observador $O$ representado na imagem acima está muito próximo da vertical que contém o objeto $P$, é possível considerarem-se as seguintes aproximações:

$$\text{sen } \theta_1 \cong \text{tg } \theta_1 = \frac{x}{p'}, \text{ e sen } \theta_2 \cong \text{tg } \theta_2 = \frac{x}{p}$$

Com isso, a lei de Snell fica assim caracterizada:

$$n_2 \frac{x}{p} = n_1 \frac{x}{p'}$$

Da qual:

$$p' = \frac{n_1}{n_2} p$$

### Objeto no meio menos refringente do dioptro

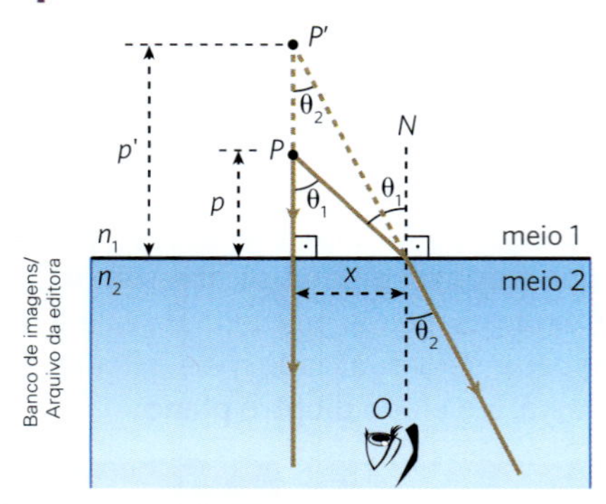


Aplicando a lei de Snell:

$n_1 \text{ sen } \theta_1 = n_2 \text{ sen } \theta_2$

Tendo-se em vista que o observador $O$, representado na imagem acima, está muito próximo da vertical que contém o objeto $P$, pode-se considerar também aqui as seguintes aproximações:

$$\text{sen } \theta_2 \cong \text{tg } \theta_2 = \frac{x}{p'}, \text{ e sen } \theta_1 \cong \text{tg } \theta_1 = \frac{x}{p}$$

Com isso, a lei de Snell fica:

$$n_1 \frac{x}{p} = n_2 \frac{x}{p'}$$

Da qual:

$$\boxed{p' = \frac{n_2}{n_1} p}$$

Para ambos os casos, podemos utilizar as fórmulas deduzidas da seguinte maneira "unificada":

$$p' = \frac{n_{\text{observador}}}{n_{\text{objeto}}} p$$

Em que $p'$ é a distância aparente do objeto à interface que separa os meios, $p$ é a distância real, $n_{\text{observador}}$ é o índice de refração absoluto do meio onde está o observador e $n_{\text{objeto}}$ é o índice de refração absoluto do meio onde está o objeto.

**Notas**

- A fórmula aproximada acima só pode ser aplicada à situação específica de o olho do observador situar-se nas vizinhanças da reta originária do objeto que é perpendicular à interface de separação dos meios. Visualizações em condições diferentes da descrita devem ser tratadas pela lei de Snell acompanhada da geometria inerente a cada caso. Uma piscina de profundidade constante, por exemplo, parecerá cada vez mais rasa a um observador fixo em uma das bordas à medida que o ponto visado no fundo dessa piscina for mais distante do local de visualização.
- Em qualquer um dos dois casos, a imagem conjugada a um objeto real é virtual e situada do mesmo lado da fronteira dióptrica que o objeto.

## Dispersão da luz branca

A luz branca solar é policromática, isto é, constituída de infinitas cores ou frequências. Costuma-se elencar essas muitas tonalidades em sete cores fundamentais - vermelha, alaranjada, amarela, verde, azul, anil e violeta -, aqui citadas em ordem crescente de frequências (ou decrescente de comprimentos de onda). Um dos primeiros estudos consistentes a esse respeito foi feito por Isaac Newton, em 1672.

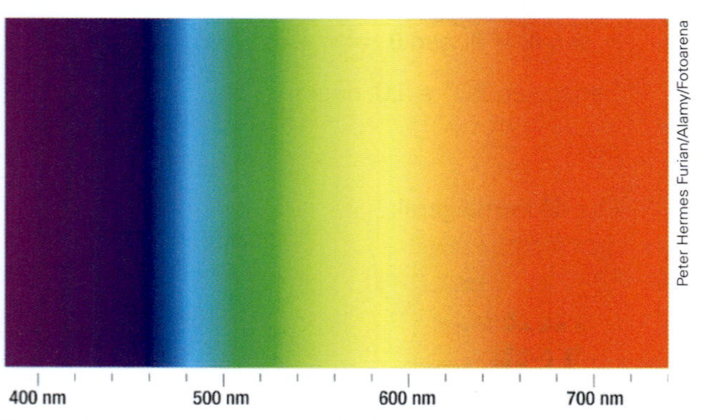


Nesta imagem, aparecem as cores fundamentais componentes da luz branca dispostas, da esquerda para a direita, em ordem de frequências decrescentes e comprimentos de onda crescentes.

> **Dispersão da luz** é a decomposição de um feixe luminoso nas cores que o constituem.

Consideremos um estreito feixe cilíndrico de luz branca propagando-se no vácuo em direção à superfície de separação desse meio com um meio material transparente e homogêneo. No vácuo, todas as cores (frequências) se propagam conjuntamente com velocidade de intensidade $c = 3{,}0 \cdot 10^8$ m/s. Ao se refratar para o meio material, no entanto, cada cor adquire uma velocidade distinta, o que permite dizer que o meio material confere a cada cor um índice de refração absoluto diferente. Por isso, cada cor ao se refratar sofre um desvio $\delta$ diferente, que cresce da menor para a maior frequência, isto é, da cor vermelha para a violeta.

O esquema a seguir ilustra a dispersão da luz branca na refração do ar para a água.

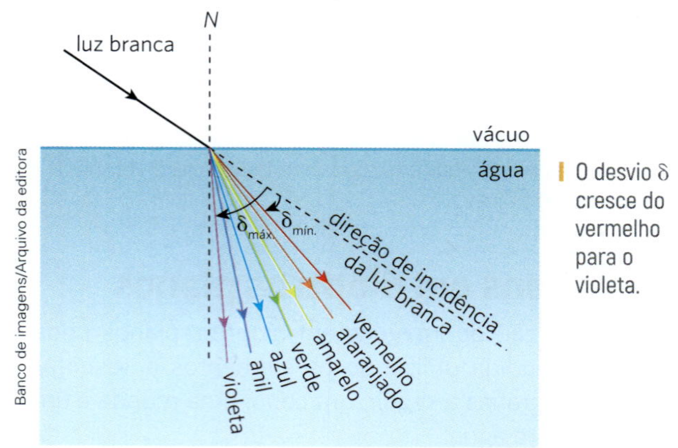


O desvio $\delta$ cresce do vermelho para o violeta.

## Formação do arco-íris

Com o céu muito úmido - por exemplo, depois de uma tempestade -, dotado de uma infinidade de gotículas de água em suspensão - uma verdadeira cortina líquida -, a luz branca solar se dispersa em cada gota com subsequente reflexão (não total) e refração. Dessa forma, a luz emergente dessas gotículas, decomposta em cores, atinge os olhos de um observador que pode contemplar o arco-íris. A ilustração a seguir mostra os principais fenômenos envolvidos neste processo.

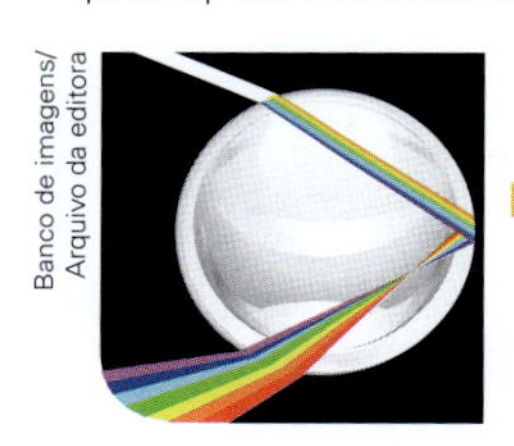
Banco de imagens/Arquivo da editora

A luz branca solar sofre dispersão, separando-se nas cores fundamentais que a constituem. Essa luz se reflete no fundo da gotícula (reflexão não total), refratando-se decomposta rumo aos olhos do observador.

É interessante observar que em um arco-íris primário, como o que aparece na fotografia a seguir, a luz vermelha é a mais alta do arco, e não a mais baixa, como sugere a ilustração da gotícula, em que aparecem os feixes coloridos emergentes.

chrisontour84/Shutterstock

É comum observar arco-íris em paisagens com muitas gotículas de água em suspensão, como diante de cachoeiras. Cataratas do Iguaçu, Paraná.

Ocorre que a luz vermelha sai das gotículas, supostamente esféricas, com um ângulo próximo de 42° em relação à horizontal, maior que o ângulo de 40° associado à saída da luz violeta.

Com isso, o observador recebe luz vermelha reforçada mais inclinada a partir de gotas mais elevadas da "cortina líquida" e luz violeta reforçada menos inclinada a partir de gotas mais baixas, como ilustra o esquema a seguir. Assim, nos arco-íris primários, em cima aparece o trecho de circunferência vermelho e, embaixo, o violeta.

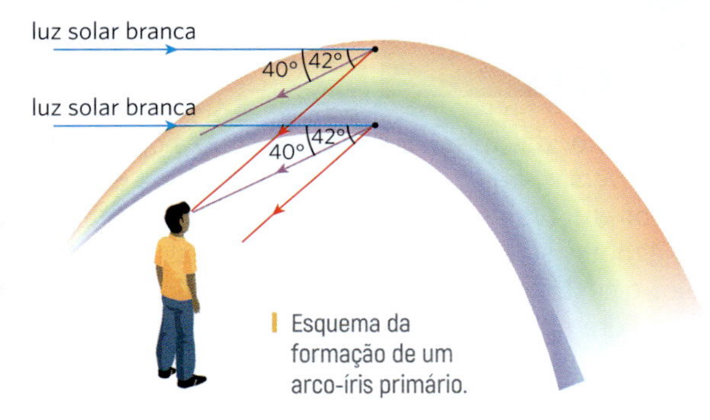

Banco de imagens/Arquivo da editora

Esquema da formação de um arco-íris primário.

A forma em arco associada ao fenômeno se deve ao fato de o observador receber em seu ponto de visualização luz decomposta conforme simetrias cônicas, em que sua posição corresponde aos vértices dos cones das diversas luzes coloridas. Com isso, observadores em locais distintos têm seu arco-íris particular, já que a cada um corresponderá um conjunto de cones associados às cores fundamentais, todos com vértices na pessoa.

É importante destacar que, para uma boa visualização do arco-íris, o observador deverá estar de frente para as gotículas de água e de costas para o Sol.

# Prismas ópticos

Um prisma óptico pode ser definido de forma geral como uma associação de duas superfícies dióptricas planas não paralelas.

O caso de maior interesse corresponde à situação em que o meio envolvente do sistema é o mesmo, como ocorre com um prisma óptico de vidro ou cristal inserto no ar.

Prismas constituem um componente óptico de grande importância em instrumentos ópticos diversos, como câmeras fotográficas, microscópios, periscópios, lunetas e telescópios, prestando-se para desviar feixes de luz com a angulação exata requerida em cada dispositivo.

Em prismas de cristal ou vidro *flint*, que são materiais extremamente transparentes com elevado índice de refração absoluto para as diversas cores do espectro visível, a luz se dispersa de maneira pronunciada, como mostra a imagem abaixo.

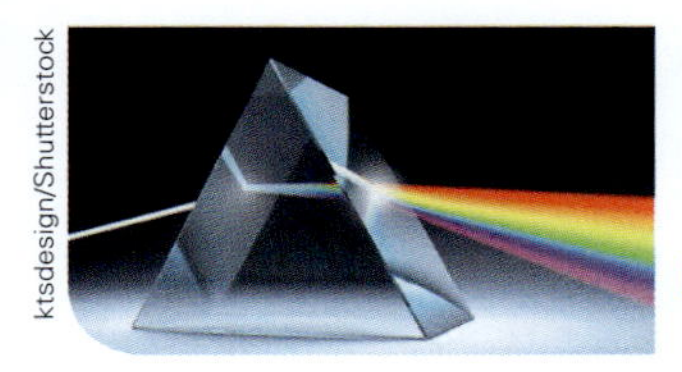
ktsdesign/Shutterstock

Luz branca sofrendo dispersão ao atravessar um prisma óptico.

Convém evidenciar que, nesse caso, a cor vermelha é a que sofre o menor desvio, enquanto a cor violeta é a que se desvia mais.

## Trajeto da luz ao atravessar, com emergência simples, um prisma

Consideremos um prisma óptico, como o da fotografia abaixo, de seção transversal triangular, feito de vidro e imerso no ar.

Chamemos de $A$ o **ângulo de abertura** desse prisma. Esse ângulo é formado entre as faces laterais não paralelas do sistema óptico, sendo também denominado **ângulo de refringência**.

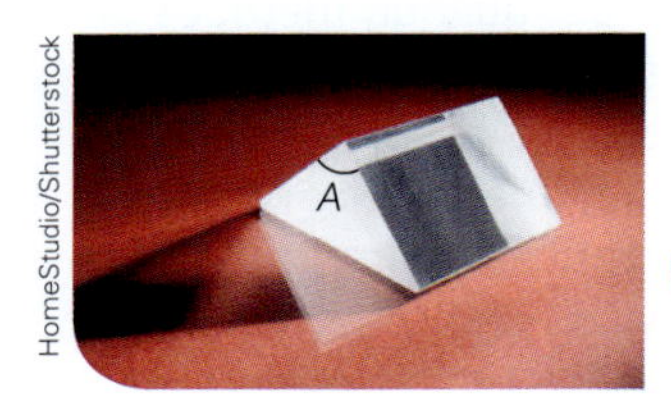

HomeStudio/Shutterstock

O ângulo de abertura $A$ é formado entre as faces laterais do prisma.

Consideremos agora o esquema a seguir, em que está representada no plano desta página a seção transversal desse sistema de modo que um estreito feixe cilíndrico de luz monocromática - aqui, denominado simplesmente raio de luz - incida na primeira face do prisma com um ângulo $\theta_1$ em relação à reta normal *N*.

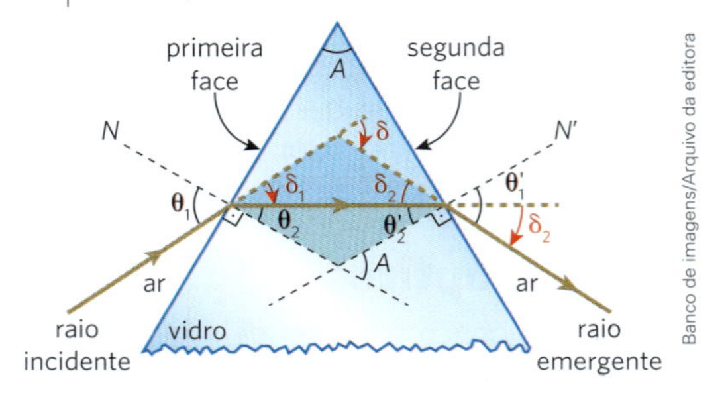


Esse raio vai se refratar para o interior do prisma com um ângulo de refração $\theta_2$ em relação a *N*, sofrendo nessa penetração um desvio $\delta_1$ segundo sua direção original de propagação.

O raio refratado vai incidir agora na segunda face do prisma com um ângulo de incidência $\theta'_2$ em relação à reta normal *N'*. Admitindo-se que a luz emerja do prisma por essa segunda face (emergência simples), teremos, em relação a *N'*, um ângulo de emergência $\theta'_1$ e mais um desvio, $\delta_2$, relativo à direção de propagação imediatamente anterior à de saída.

Sendo $\delta$ o desvio total sofrido pelo raio luminoso ao atravessar o prisma, é possível expressar esse desvio em função dos ângulos $\theta_1$, $\theta'_1$ e *A*.

$$\delta = \theta_1 + \theta'_1 - A$$

## Fibra óptica

Segundo o escritor norte-americano Bill Yenne (1949-), a fibra óptica está entre as 100 principais invenções que mudaram a história da humanidade.

De fato, esses infodutos transparentes e flexíveis, fabricados em plástico resinoso ou vidro, conduzem luz, que por sua vez pode codificar informações e dados com alto rendimento e mínima interferência externa. Além de sua aplicação no setor de comunicações - TV, telefonia e redes de computadores -, as fibras ópticas podem ser utilizadas como fontes de luz e transmissoras de imagens em exames médicos diversos; como componentes de sensores e até mesmo como condutores de energia.

A fibra óptica foi desenvolvida em 1841 pelo físico suíço Daniel Colladon (1802-1893) e pelo físico francês Jacques Babinet (1794-1872), mas só ganhou viabilidade técnica a partir de 1955, quando métodos de fabricação mais sofisticados permitiram a confecção de condutores com diâmetros da ordem do micrômetro, o que é comparável a um fio de cabelo. No Brasil, as primeiras redes de fibras ópticas foram implementadas na Universidade Estadual de Campinas, no estado de São Paulo, por volta de 1977.

As fibras ópticas têm uma região central denominada núcleo, com índice de refração absoluto igual a $n_1$, e uma parte envoltória que constitui a casca, com índice de refração absoluto igual a $n_2$, tal que $n_1 > n_2$. O núcleo e a casca são revestidos por um material que protege mecanicamente a fibra.

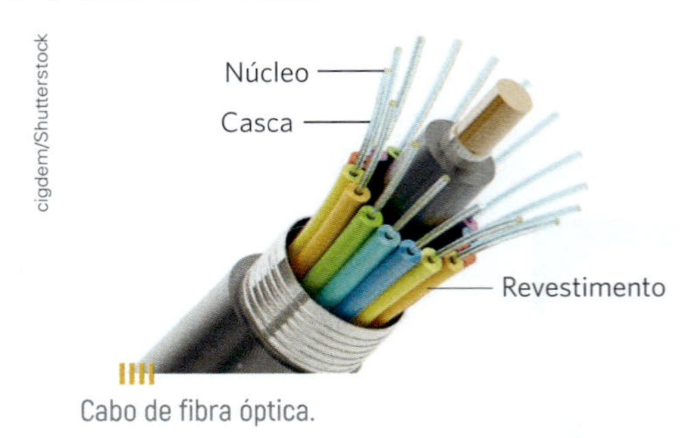


Cabo de fibra óptica.

Existem dois tipos de fibra óptica, a fibra óptica monomodo, na qual o sinal luminoso viaja praticamente em linha reta; e a fibra óptica multimodo, cujo funcionamento se baseia no fenômeno óptico da **reflexão total**.

Neste último tipo de fibra, um sinal óptico é injetado no sistema de modo que o ângulo de incidência $\alpha$ em suas paredes internas seja maior que o ângulo-limite (ou crítico) do dioptro fibra-casca. Estando no meio mais refringente, esse sinal sofre sucessivas reflexões totais com perdas muito pequenas, podendo atingir, com velocidades da mesma ordem de grandeza que a velocidade da luz, alvos distantes. Veja o esquema abaixo.

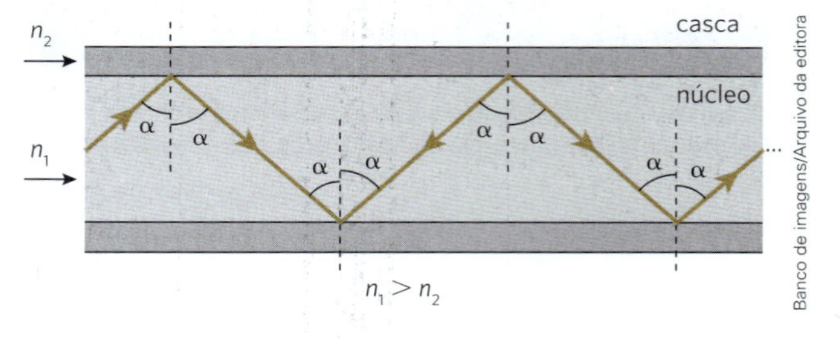


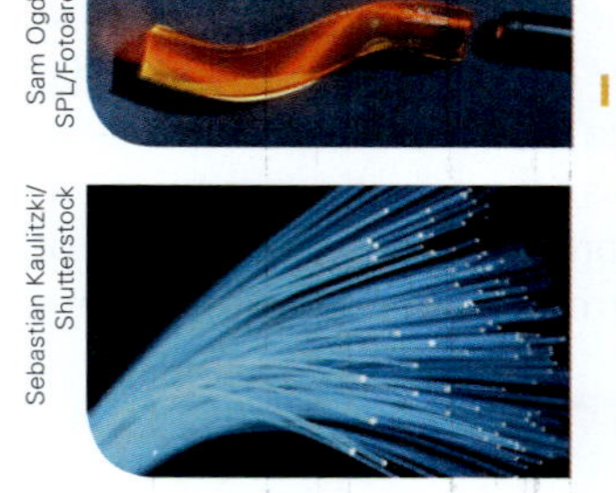


Na imagem de cima, pode-se observar um feixe *laser* sofrendo sucessivas reflexões totais em um protótipo didático de fibra óptica; e, na de baixo, a luz é transmitida ao longo de um chicote de fibras ópticas.

No setor das telecomunicações, a fibra óptica apresenta diversas vantagens em relação aos fios de cobre: elas sofrem interferência mínima de outras ondas eletromagnéticas, a velocidade de transmissão é muito maior, o custo dos cabos é menor e a sua vida útil é mais longa. Porém, devido à fragilidade do material e ao fato de que os cabos são subterrâneos ou conectados ao solo, o custo da instalação é maior.

## Ampliando o olhar

### A fibra óptica e a democratização das telecomunicações

Hoje, há fibras ópticas interligando cidades, países e até continentes, com trechos subterrâneos e submarinos. As principais áreas urbanas brasileiras estão conectadas por cabos de fibras ópticas. A mais longa rede internacional em operação é a Sea-Me-We 3, com 39 mil quilômetros de extensão. Ela conecta 32 países, da Alemanha à Coreia do Sul, permitindo que determinado dado digital se propague de ponta a ponta da instalação em menos de um segundo.

As fibras ópticas estão diretamente ligadas ao acesso à internet, cada vez mais necessária a todos os povos, uma vez que a rede mundial de computadores é um insumo de infraestrutura primordial na vida contemporânea. De acordo com o IBGE, 74,9% dos domicílios brasileiros possuem acesso à internet. Porém, há os casos de localidades remotas que não possuem serviço de banda larga. Nesses casos, o governo deve promover políticas de inclusão. No Brasil, por exemplo, o programa *Internet para todos* propõe um serviço bem mais acessível para atender localidades ocupadas por comunidades caiçaras, ribeirinhas, indígenas, quilombolas, etc.

O acesso à internet não representa apenas a possibilidade de acessar informações, mas também de produzir conteúdo e de utilizar a informação acessada de modo produtivo para a coletividade. Nesse sentido, muitas comunidades quilombolas e indígenas criaram canais de comunicação, como páginas em redes sociais, para informar o restante da população sobre suas tradições e seu modo de vida. Eles também utilizam informações disponíveis na rede para preservar as suas comunidades; por exemplo, usam os serviços de imagem por satélite para monitorar o desmatamento ilegal e a invasão de suas terras.

Ricardo Teles/Pulsar Imagens

Indígenas da etnia Surui Paiter, na aldeia Lapetanha, em Rondônia, utilizam o serviço de imagem por satélite para monitorar a reserva contra desmatamentos ilegais.

A democratização da informação e do acesso aos serviços de telecomunicação é um fator de integração da sociedade humana, e as fibras ópticas, cada vez mais disseminadas, hão de ser um importante vetor das tecnologias, com vistas a popularizar a ampla utilização da rede mundial de computadores.

## Descubra mais

**1** Quando um bastão de vidro é mergulhado em água, a parte imersa continua bastante visível, quase tão notada quanto a parte que está fora da água. Entretanto, quando esse mesmo bastão é mergulhado em uma solução incolor denominada tetracloroetileno (ou em outra solução chamada monoclorobenzeno), a parte imersa torna-se quase invisível. Pesquise a razão dessa "invisibilidade".

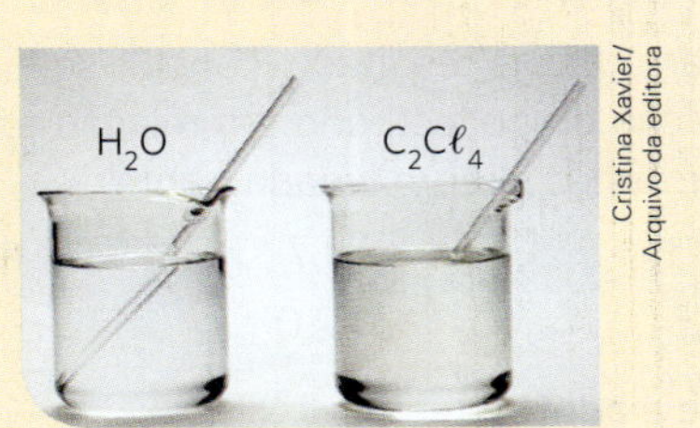


Cristina Xavier/Arquivo da editora

**2** A Lua e o Sol, ao nascer ou ao se pôr, visualizados na linha do horizonte, aparentam um diâmetro maior do que quando observados no zênite ou a pino. Essa constatação é, às vezes, justificada pela refração da luz na atmosfera, o que pode não corresponder à realidade. Pesquise a esse respeito e procure uma explicação para esse fato.

**3** A ampliação das redes de fibra óptica - tecnologia eficiente e barata - apresenta a possibilidade de democratizar o acesso a uma internet rápida. De que maneira a rede mundial de computadores representa uma possibilidade para que as pessoas tenham acesso a informações relevantes para a sua realidade, bem como uma maior integração entre os povos? Enumere alguns benefícios da internet, assim como alguns malefícios.

## Exercícios

**11** (UPM-SP) A vitória régia é uma flor da Amazônia que tem forma de círculo. Tentando guardar uma pepita de ouro, um índio a pendurou em um barbante prendendo a outra extremidade bem no centro de uma vitória régia de raio $R = 0{,}50$ m, dentro da água de um lago amazonense muito calmo. Considerando-se o índice de refração do ar igual a 1,0, o da água $n_A$ e o comprimento do barbante, depois de amarrado no centro da flor e solto, 50 cm, pode-se afirmar que o valor de $n_A$, de modo que, do lado de fora do lago, ninguém consiga ver a pepita de ouro é:

Reprodução/Mackenzie, 2019.

a) 2,0
b) $\sqrt{3}$
c) $\sqrt{2}$
d) 1,0
e) 0,50

**12** (Unesp-SP) Dentro de uma piscina, um tubo retilíneo luminescente, com 1 m de comprimento, pende, verticalmente, a partir do centro de uma boia circular opaca, de 20 cm de raio. A boia flutua, em equilíbrio, na superfície da água da piscina, como representa a figura.

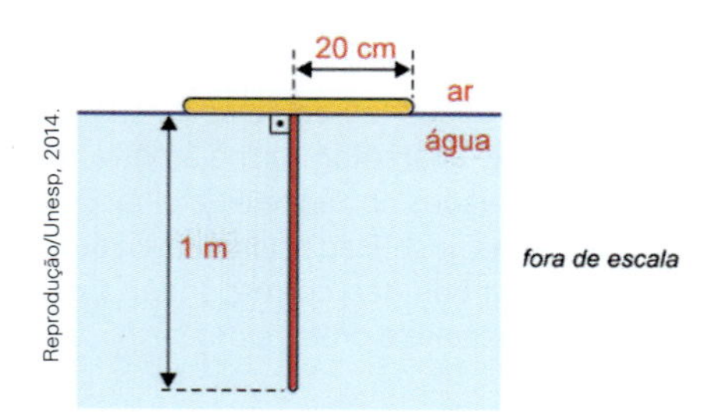


Reprodução/Unesp, 2014.

Sabendo-se que o índice de refração absoluto do ar é 1,00 e que o índice de refração absoluto da água da piscina é 1,25, a parte visível desse tubo, para as pessoas que estiverem fora da piscina, terá comprimento máximo igual a

a) 45 cm
b) 85 cm
c) 15 cm
d) 35 cm
e) 65 cm

**13** Um peixe, observado diretamente do alto sobre um lago, parece estar a 3,0 m da superfície.

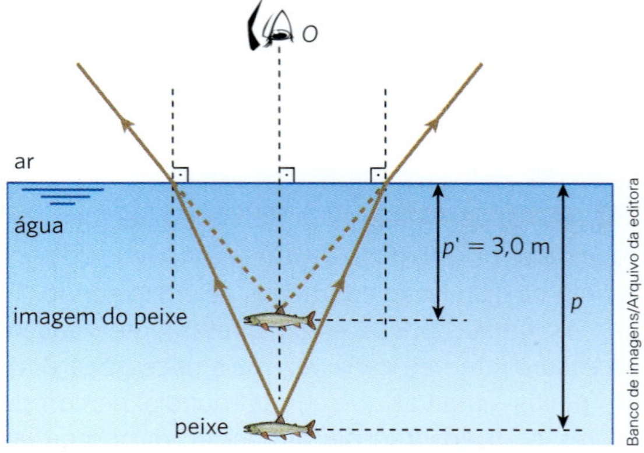


Banco de imagens/Arquivo da editora

Se o índice de refração da água em relação ao ar é $\frac{4}{3}$, determine a profundidade em que se encontra realmente o peixe em relação à superfície do lago.

**14** (Fuvest-SP) Em uma aula de laboratório de Física, utilizando-se o arranjo experimental esquematizado na figura, foi medido o índice de refração de um material sintético chamado poliestireno. Nessa experiência, radiação eletromagnética, proveniente de um gerador de micro-ondas, propaga-se no ar e incide perpendicularmente em um dos lados de um bloco de poliestireno, cuja seção reta é um triângulo retângulo, que tem um dos ângulos medindo 25°, conforme a figura. Um detector de micro-ondas indica que a radiação eletromagnética sai do bloco propagando-se no ar em uma direção que forma um ângulo de 15° com a de incidência.

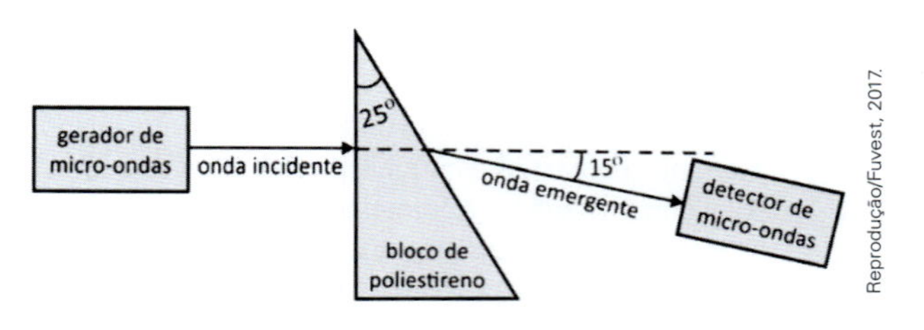


Reprodução/Fuvest, 2017.

A partir desse resultado, conclui-se que o índice de refração do poliestireno em relação ao ar para essa micro-onda é, aproximadamente,

a) 1,3
b) 1,5
c) 1,7
d) 2,0
e) 2,2

**Note e adote:**

Índice de refração do ar: 1,0
sen 15° ≅ 0,3; sen 25° ≅ 0,4; sen 40° ≅ 0,6

# Lentes esféricas

Este capítulo aborda os conceitos de raios de luz em lentes esféricas, fornecendo subsídios para o trabalho com a seguinte habilidade:

EM13CNT103

## Lentes esféricas: comportamento óptico e estudo gráfico

Chama-se **lente esférica** a associação de dois dioptros: um necessariamente esférico e o outro plano ou esférico.

As lentes são corpos transparentes, geralmente fabricados em vidro, cristal, acrílico ou policarbonato. Ao serem atravessadas pela luz, fazem com que ela sofra duas refrações.

As lentes esféricas classificam-se em duas grandes categorias, dependendo da espessura da região periférica comparada à espessura da região central: **lentes de bordas finas** e **lentes de bordas grossas**.

### Lentes de bordas finas

Nesta categoria, figuram três tipos de lente:

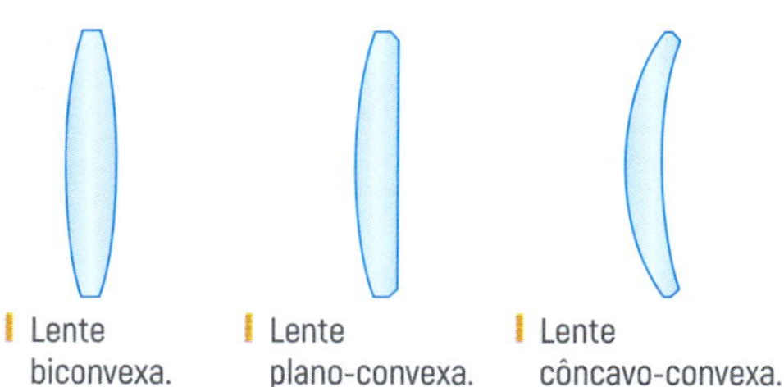

Lente biconvexa. Lente plano-convexa. Lente côncavo-convexa.

### Lentes de bordas grossas

Nesta categoria, também figuram três tipos de lente:

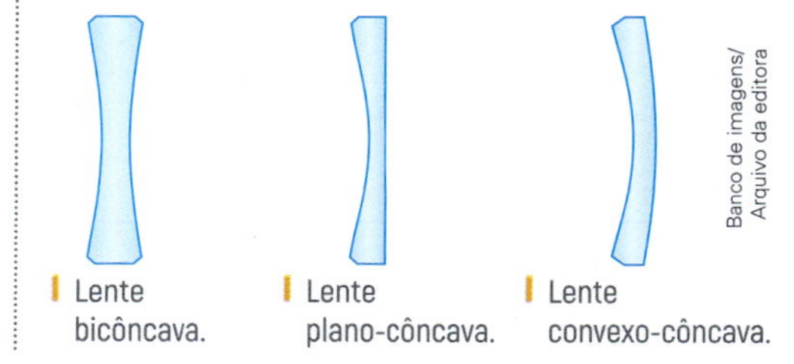

Lente bicôncava. Lente plano-côncava. Lente convexo-côncava.

Banco de imagens/ Arquivo da editora

Repare que na nomenclatura das lentes esféricas uma face é denominada convexa, plana ou côncava em relação a um observador **externo** à lente. Além disso, menciona-se, em primeiro lugar, o nome da face de **maior raio de curvatura**.

Observe, a seguir, a representação de uma lente esférica com seus principais elementos geométricos.

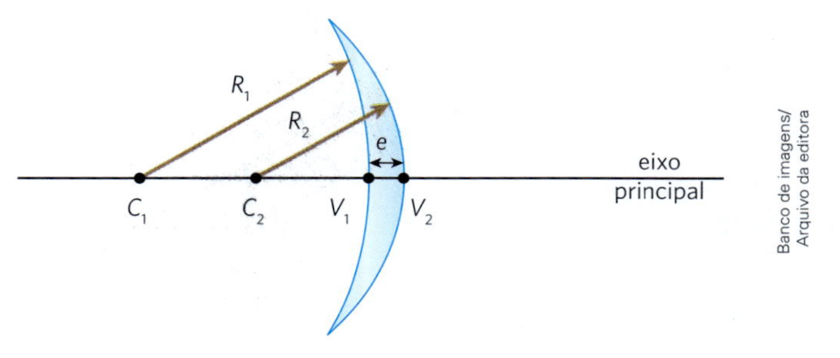


Banco de imagens/ Arquivo da editora

- $C_1$ e $C_2$ são os centros de curvatura das faces da lente.
- $R_1$ e $R_2$ são os raios de curvatura das faces da lente.
- A reta $\overleftrightarrow{C_1C_2}$ é o eixo principal (ou eixo óptico) da lente. Esse eixo é normal às faces da lente.
- O segmento $\overleftrightarrow{V_1V_2}$ determina a espessura ($e$) da lente.

Em nossos estudos, exceto quando houver recomendação contrária, consideraremos as lentes esféricas com espessura desprezível em comparação aos raios de curvatura. As lentes que satisfazem essa condição são denominadas **lentes delgadas**. Admitiremos, ainda, que os raios incidentes são pouco inclinados e pouco afastados em relação ao eixo principal (raios paraxiais).

Além disso, estudaremos apenas as situações em que as duas faces da lente estão em contato com o mesmo meio. No caso mais comum, o meio que envolve a lente é o ar.

## Comportamento óptico das lentes esféricas

As lentes esféricas podem apresentar dois comportamentos ópticos opostos: comportamento **convergente** e comportamento **divergente**.

No primeiro caso, raios de luz que incidem na lente paralelamente entre si se refratam com direções que convergem para um mesmo ponto:

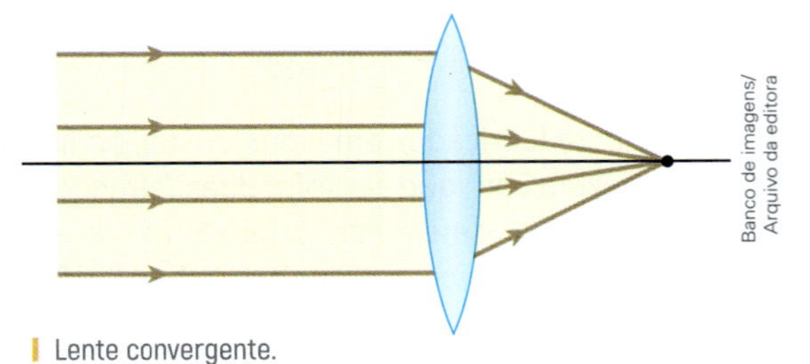


Lente convergente.

No segundo caso, raios de luz que incidem na lente paralelamente entre si se refratam com direções que divergem de um mesmo ponto:

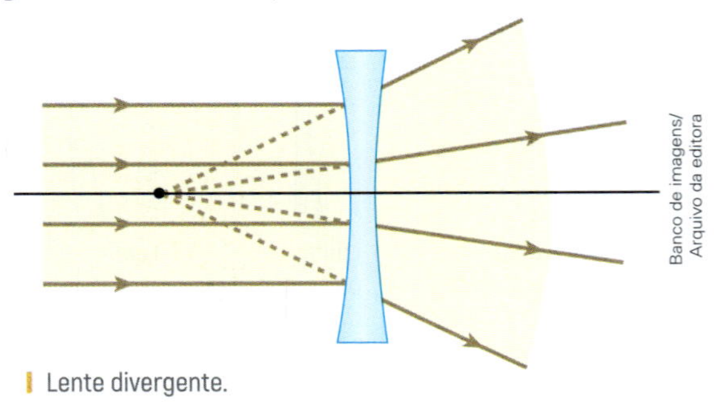


Lente divergente.

Qualquer lente esférica pode ser convergente ou divergente, dependendo de seu índice de refração em relação ao do meio externo.

É possível mostrar que:

Se a lente é mais refringente que o meio externo, temos o caso mais comum:
**bordas finas** - convergentes;
**bordas grossas** - divergentes.

Se a lente é menos refringente que o meio externo, temos o caso menos comum:
**bordas finas** - divergentes;
**bordas grossas** - convergentes.

## Centro óptico

O **centro óptico** de uma lente esférica é o ponto do eixo principal por onde passa um raio luminoso que não sofre desvio angular.

É importante destacar que, nas lentes delgadas (espessura desprezível em comparação com os raios de curvatura das faces), o centro óptico é definido pela interseção da lente com seu eixo principal.

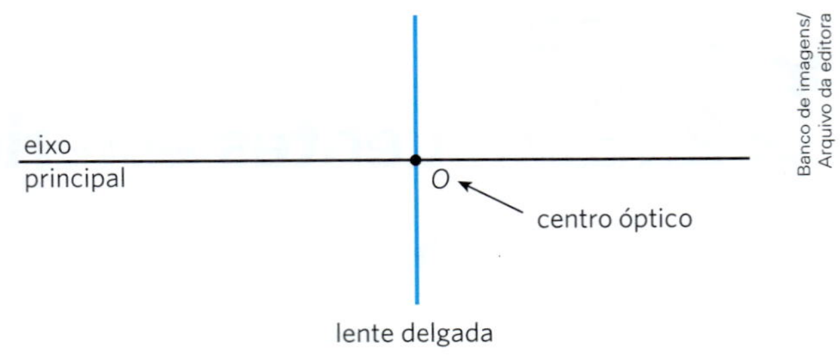


Pelo fato de a espessura de uma lente delgada ser desprezível, depreende-se que um raio luminoso que a atravessa, passando por seu centro óptico, sofre deslocamento lateral desprezível.

Assim, podemos afirmar que:

Um raio luminoso que passa pelo centro óptico de uma lente esférica delgada não sofre desvio angular nem deslocamento lateral considerável.

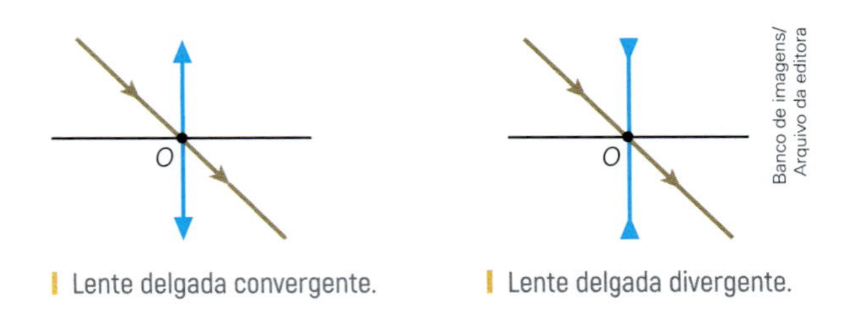


Lente delgada convergente.

Lente delgada divergente.

## Focos e pontos antiprincipais

### Focos

Considere as lentes esféricas delgadas representadas a seguir, das quais emergem raios luminosos paralelos entre si e aos respectivos eixos principais. Admita que esses raios sejam pouco afastados em relação ao eixo principal das lentes.

A experiência mostra que, nessas condições, os raios luminosos incidentes se apresentam, necessariamente, alinhados com um mesmo ponto do eixo principal, denominado **foco principal objeto** ($F$).

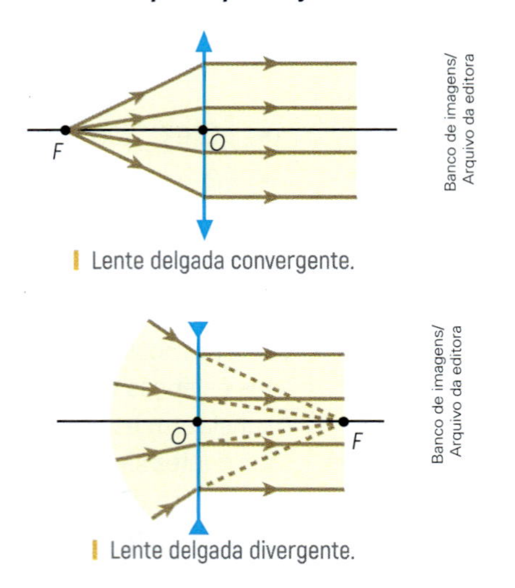


Lente delgada convergente.

Lente delgada divergente.

Considere, agora, as lentes esféricas delgadas representadas a seguir, nas quais incidem raios luminosos paralelos entre si e aos respectivos eixos principais. Admita, também, que esses raios sejam pouco afastados em relação ao eixo principal das lentes.

A experiência mostra que, nessas condições, os raios luminosos emergentes se apresentam, necessariamente, alinhados com um mesmo ponto do eixo principal, denominado **foco principal imagem** ($F'$).

Esse fato decorre do caso anterior, tendo-se em conta a reversibilidade no trajeto dos raios de luz.

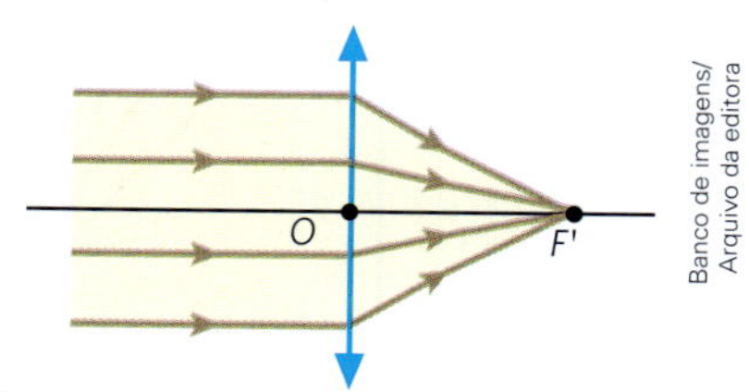

Banco de imagens/Arquivo da editora

Lente delgada convergente.

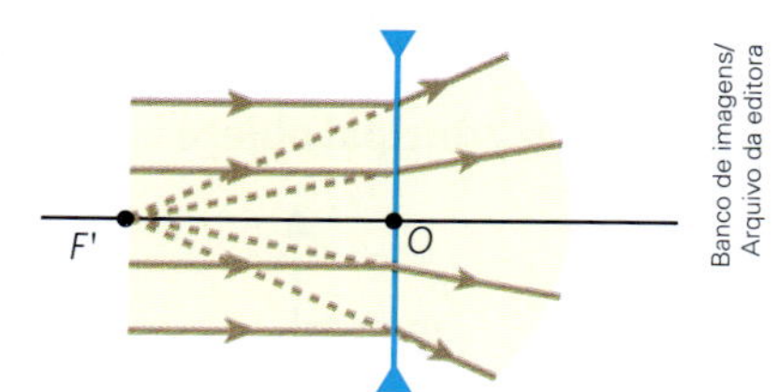

Banco de imagens/Arquivo da editora

Lente delgada divergente.

É importante observar que os focos de uma lente convergente são **reais**, enquanto os de uma lente divergente são **virtuais**. A explicação para esse fato é simples: nas lentes convergentes os focos são determinados efetivamente pelos raios de luz, enquanto nas lentes divergentes eles são determinados pelos prolongamentos dos raios.

## Distância focal

Considere as lentes delgadas indicadas no esquema abaixo, envolvidas pelo mesmo meio. Conforme foi descrito, cada lente tem dois focos principais: o foco objeto ($F$) e o foco imagem ($F'$).

Como o meio envolvente é o mesmo, para cada lente o segmento $FO$ tem a mesma medida que o segmento $F'O$. Desconsiderados sinais algébricos, os comprimentos de $FO$ ou de $F'O$ são denominados **distância focal** ($f$), que é uma característica fundamental das lentes.

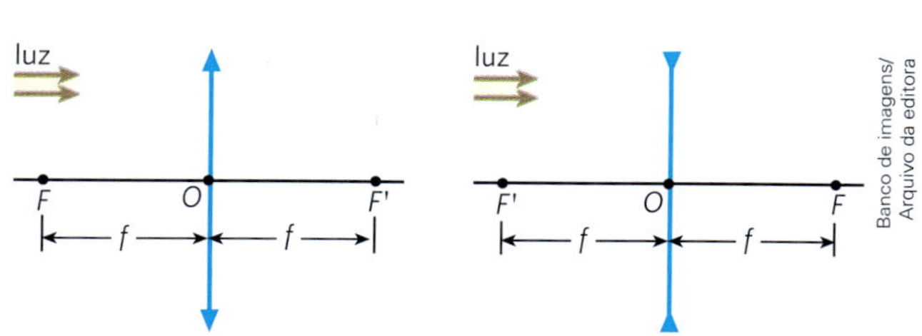

Banco de imagens/Arquivo da editora

## Pontos antiprincipais

Os pontos do eixo principal de uma lente cuja distância em relação ao centro óptico vale $2f$ são chamados de **pontos antiprincipais**:

- ponto $A$ é o ponto antiprincipal objeto;
- ponto $A'$ é o ponto antiprincipal imagem.

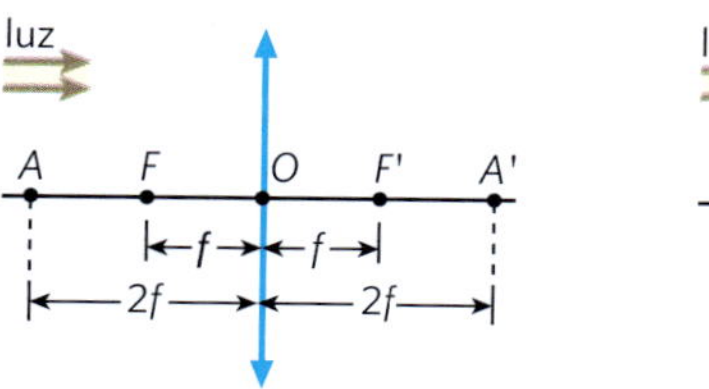


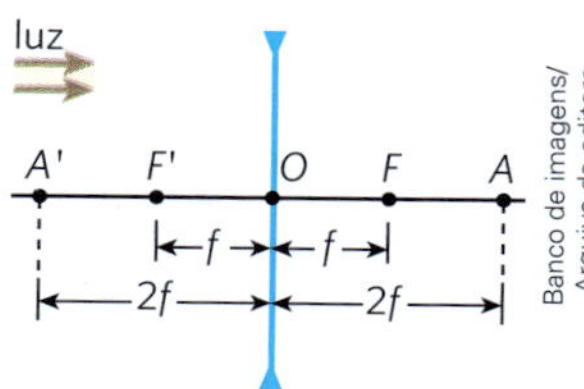

Banco de imagens/Arquivo da editora

## Raios luminosos particulares

### 1º raio particular

Todo raio luminoso que incide no centro óptico se refrata diretamente, sem sofrer desvio.

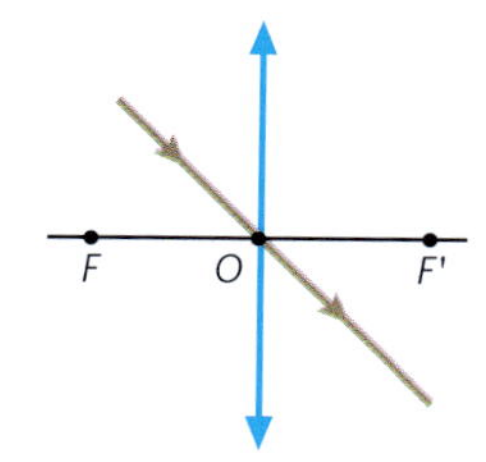


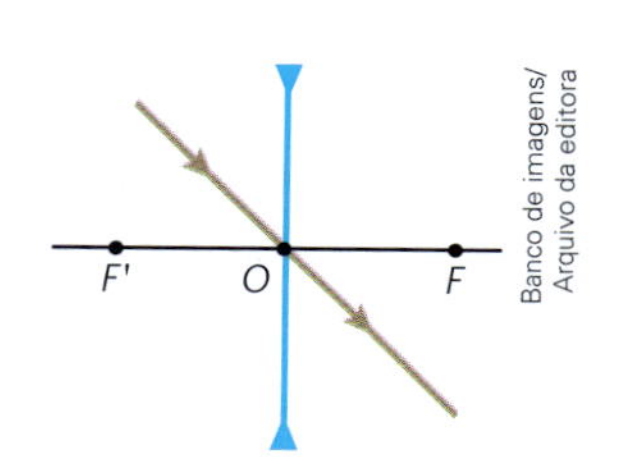

Banco de imagens/Arquivo da editora

### 2º raio particular

Todo raio luminoso que incide paralelamente ao eixo principal se refrata alinhado com o foco principal imagem ($F'$).

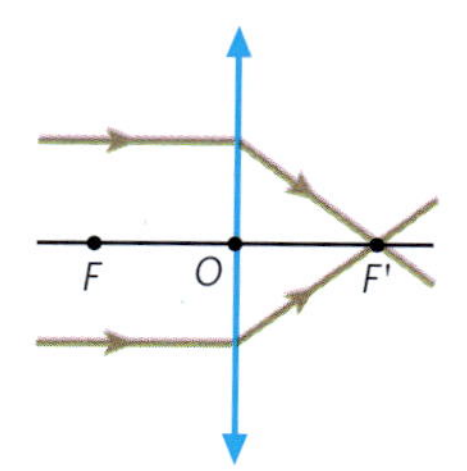


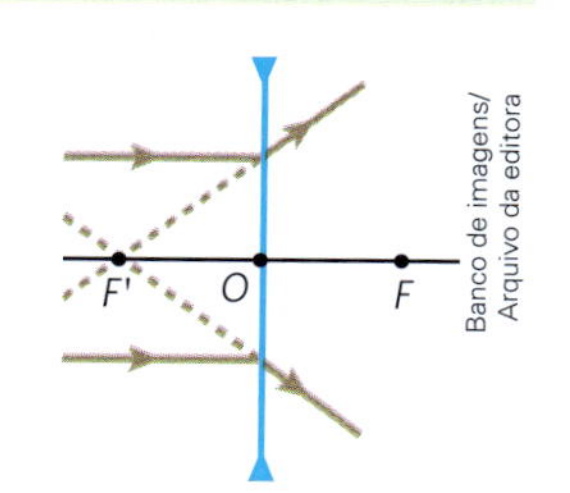

Banco de imagens/Arquivo da editora

Levando em conta a reversibilidade no trajeto dos raios de luz, podemos enunciar também que:

Todo raio luminoso que incide alinhado com o foco principal objeto ($F$) se refrata paralelamente ao eixo principal.

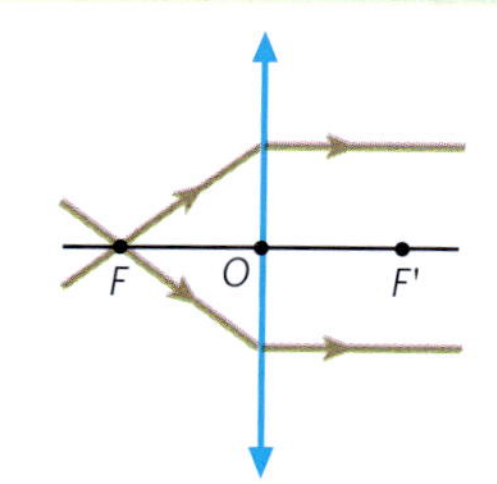


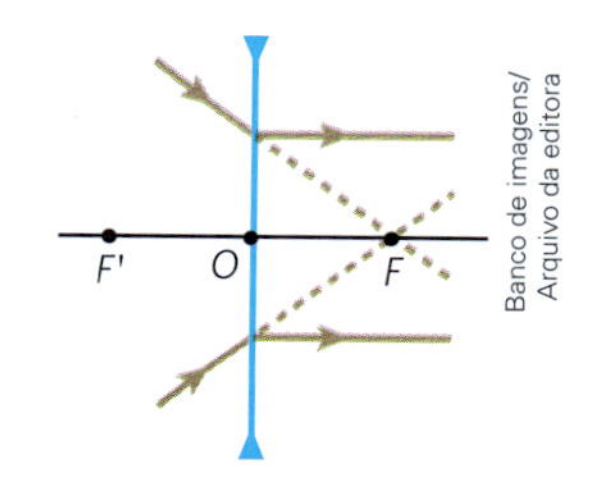

Banco de imagens/Arquivo da editora

## 3º raio particular

Todo raio luminoso que incide alinhado com o ponto antiprincipal objeto ($A$) se refrata alinhado com o ponto antiprincipal imagem ($A'$).

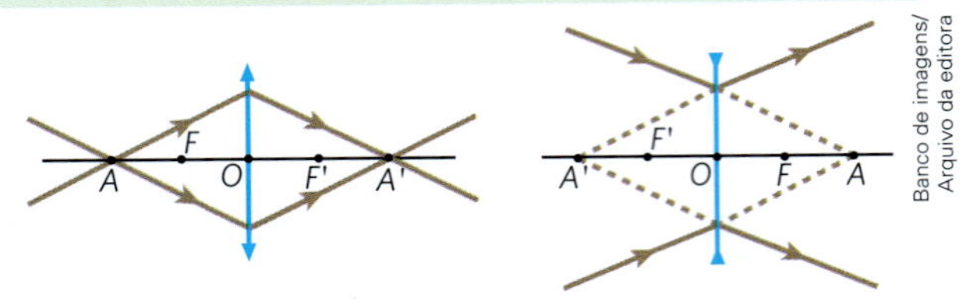


# Construção gráfica de imagens em lentes esféricas

## Lente divergente e objeto real

Neste caso, qualquer que seja a posição do objeto em relação à lente, obtêm-se as mesmas características para a imagem, que se forma sempre entre o centro óptico ($O$) e o foco principal imagem ($F'$).

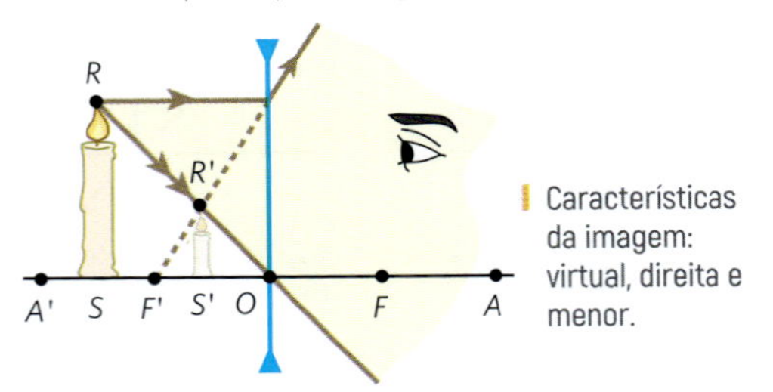


Características da imagem: virtual, direita e menor.

## Lente convergente e objeto real

Neste caso, a imagem assume características diferentes, dependendo da posição do objeto em relação à lente.

### 1. Objeto além do ponto antiprincipal objeto

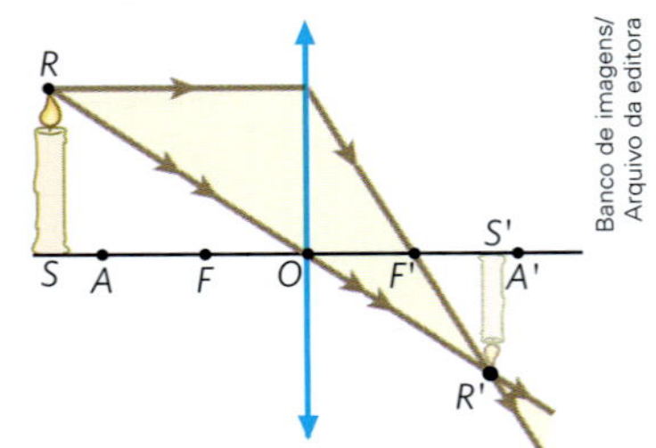


Características da imagem: real, invertida e menor.

### 2. Objeto no ponto antiprincipal objeto

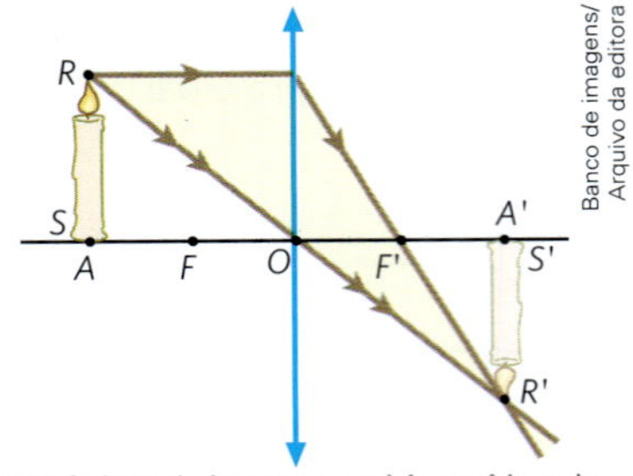


Características da imagem: real, invertida e do mesmo tamanho que o objeto.

Observe que a imagem se localiza no ponto antiprincipal imagem.

### 3. Objeto entre o ponto antiprincipal objeto e o foco principal objeto

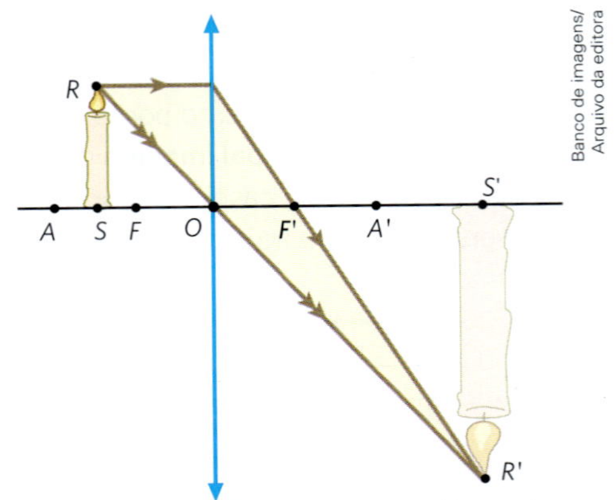


Características da imagem: real, invertida e maior.

Note que as imagens reais obtidas a partir de objetos também reais são sempre invertidas.

### 4. Objeto no foco principal objeto

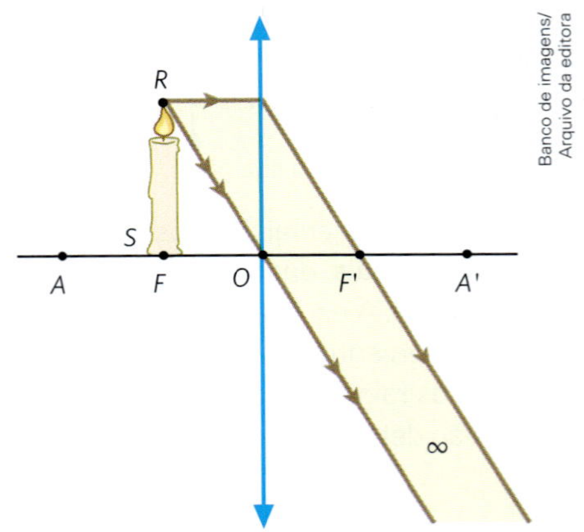


Características da imagem: como os raios luminosos emergentes do sistema são paralelos, a imagem "forma-se no infinito", sendo, portanto, imprópria.

### 5. Objeto entre o foco principal objeto e o centro óptico

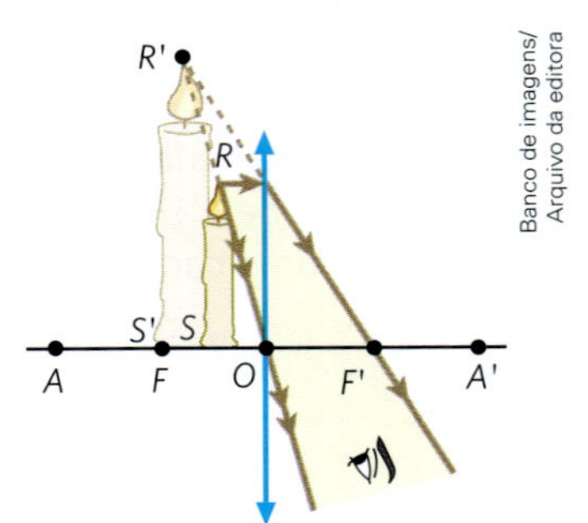


Características da imagem: virtual, direita e maior.

Este é o único caso em que, para um objeto real, a lente convergente conjuga imagem virtual.

## Exercícios

**1** Duas lentes convergentes $L_1$ e $L_2$ são associadas coaxialmente, conforme mostra o esquema a seguir:

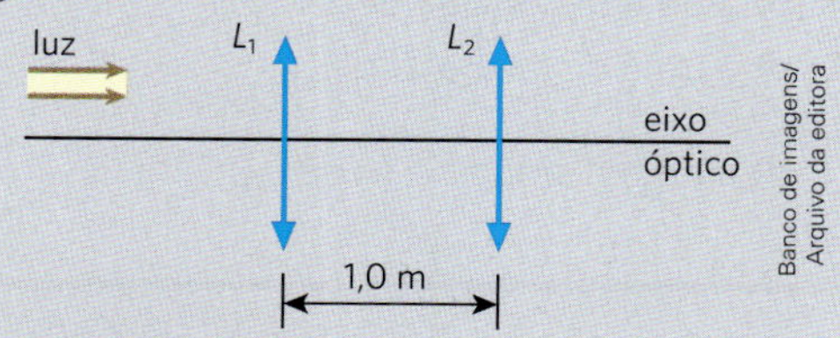


Fazendo-se incidir sobre $L_1$ um pincel cilíndrico de luz monocromática de 5 cm de diâmetro e de eixo coincidente com o eixo óptico do sistema, observa-se que de $L_2$ emerge um pincel luminoso também cilíndrico e de eixo coincidente com o eixo óptico do sistema, porém com 20 cm de diâmetro. Determine:

a) o trajeto dos raios luminosos, ao atravessarem o sistema;

b) as distâncias focais de $L_1$ e de $L_2$.

**Resolução:**

a) Para que o pincel luminoso emergente de $L_2$ seja cilíndrico e de eixo coincidente com o eixo óptico do sistema, o foco principal imagem de $L_1$ deve coincidir com o foco principal objeto de $L_2$, conforme representado, fora de escala, na figura abaixo.

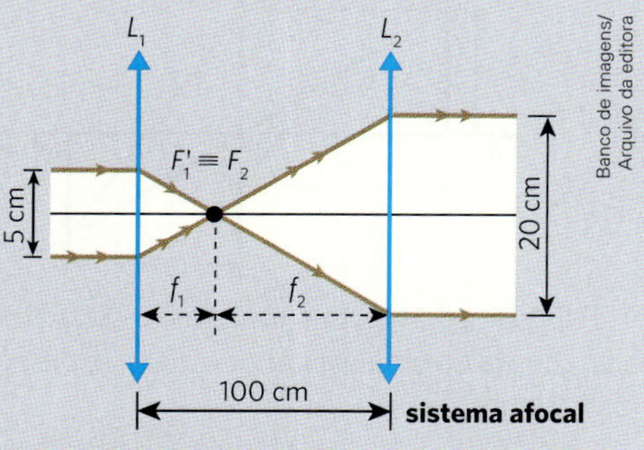


b) Os triângulos destacados são semelhantes. Logo:

$$\frac{f_1}{5} = \frac{f_2}{20} \Rightarrow f_2 = 4f_1 \quad \text{(I)}$$

Mas: $f_1 + f_2 = 100$ (II)

Substituindo (I) em (II), temos:

$$f_1 + 4f_1 = 100 \therefore \boxed{f_1 = 20 \text{ cm e } f_2 = 80 \text{ cm}}$$

**2** A figura representa uma lente esférica simétrica de vidro, imersa no ar, diante da qual está a superfície refletora de um espelho esférico côncavo, cujo raio de curvatura vale 60 cm. O vértice do espelho dista 40 cm do centro óptico da lente.

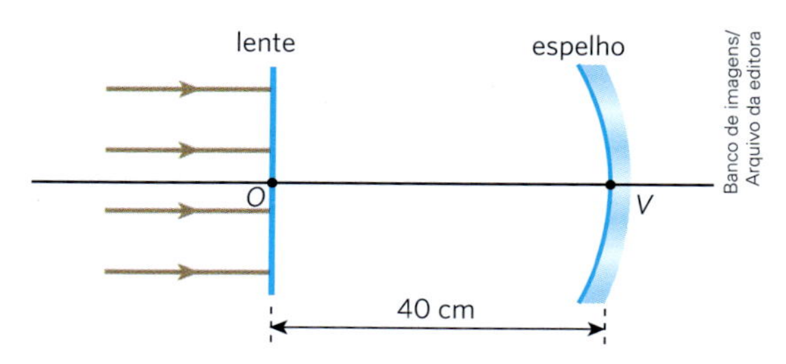


Raios luminosos paralelos entre si e ao eixo óptico comum à lente e ao espelho incidem no sistema. Sabendo que os raios emergentes dessa associação sobrepõem-se aos incidentes:

a) classifique a lente como biconvexa ou bicôncava;

b) obtenha o valor absoluto de sua distância focal.

**3** O esquema a seguir representa de perfil um pequeno farolete $F$ de onde provém um feixe cônico divergente de luz monocromática, que ilumina em um anteparo $A$ uma região circular de área $S$.

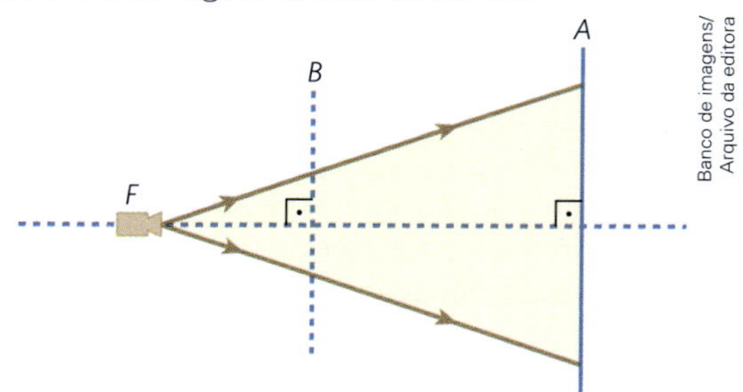


Desejando-se reduzir o valor da área $S$ do círculo projetado em $F$ de sua posição original, propõe-se interpolar no local $B$, um de cada vez, três sistemas ópticos distintos: (1) uma lente esférica convergente gaussiana, (2) uma lente esférica divergente gaussiana e (3) uma lâmina de faces paralelas de razoável espessura. Esses três elementos são feitos de acrílico, que é mais refringente que o ar do ambiente local do experimento. A redução de $S$ ocorrerá se for(em) utilizado(s) apenas o(s) sistema(s) óptico(s)

a) 1.
b) 2.
c) 3.
d) 1 e 3.
e) 2 e 3.

**4** O esquema a seguir representa um banco óptico em que uma lente esférica convergente e gaussiana $L$, de distância focal $f$, encontra-se fixa recebendo pela esquerda um feixe cilíndrico de luz monocromática paralelo ao seu eixo óptico. Depois de refratar-se através de $L$, o feixe projeta um círculo luminoso de área $S$ em um anteparo móvel, $A$, posicionado perpendicularmente ao eixo óptico da lente a uma distância inicial $\frac{3f}{2}$ desta.

Banco de imagens/Arquivo da editora

L A F eixo óptico $\frac{3f}{2}$

Visando-se projetar no anteparo um círculo de área $4S$, sugere-se deslocar o anteparo de modo a posicioná-lo à direita da lente:

**a)** a uma distância $\frac{f}{2}$ de $L$.

**b)** a uma distância $f$ de $L$.

**c)** a uma distância $2f$ de $L$.

**d)** a uma distância $\frac{5f}{2}$ de $L$.

## Estudo matemático das lentes esféricas

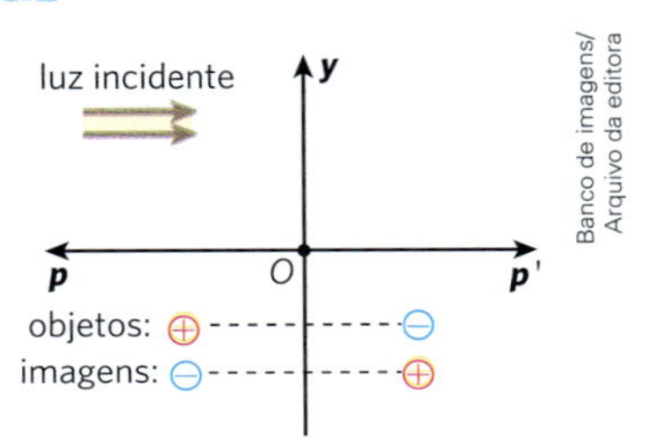


Banco de imagens/Arquivo da editora

Em relação às lentes esféricas, o referencial de Gauss é composto de três eixos, todos com origem coincidente com o centro óptico, conforme se pode observar no esquema acima: eixo $Op$ (abscissas dos objetos), eixo $Op'$ (abscissas das imagens) e eixo $Oy$ (ordenadas dos objetos e das imagens).

Do referencial gaussiano para as lentes esféricas, depreende-se que:

> Objetos e imagens **reais**: abscissa **positiva**.
> Objetos e imagens **virtuais**: abscissa **negativa**.
> Imagem **direita**: objeto e imagem com ordenadas de **mesmo sinal**.
> Imagem **invertida**: objeto e imagem com ordenadas de **sinais contrários**.

Convém observar que nas lentes convergentes, pelo fato de os focos serem reais, as abscissas focais são **positivas**, enquanto nas lentes divergentes, pelo fato de os focos serem virtuais, as abscissas focais são **negativas**.

### Função dos pontos conjugados (equação de Gauss)

No caso das lentes esféricas, as abscissas $f$, $p$ e $p'$ relacionam-se algebricamente segundo a mesma função deduzida para os espelhos esféricos.

Trata-se da **função dos pontos conjugados**, também conhecida como **equação de Gauss**:

$$\frac{1}{f} = \frac{1}{p} + \frac{1}{p'}$$

Convém destacar que nas aplicações dessa expressão devem ser levados em conta os sinais algébricos de $f$, $p$ e $p'$, dados pelo referencial gaussiano.

### Aumento linear transversal

Também para as lentes esféricas define-se **aumento linear transversal** como a grandeza adimensional $A$ dada pela relação entre a ordenada da imagem ($i$) e a ordenada do objeto ($o$), ambas expressas em relação ao referencial gaussiano:

$$A = \frac{i}{o}$$

Considere a lente a seguir, que conjuga, para o objeto real $SR$, a imagem real $S'R'$.

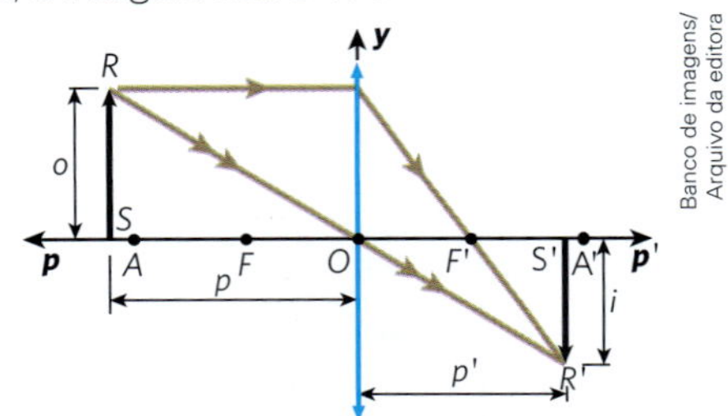


Banco de imagens/Arquivo da editora

Pela semelhança dos triângulos $RSO$ e $R'S'O$ e levando em conta os sinais algébricos de $i$, $o$, $p$ e $p'$, podemos mostrar que:

$$A = \frac{i}{o} = -\frac{p'}{p}$$

Nesse momento, é importante recapitular duas situações importantes referentes ao aumento linear transversal:

> **1ª situação: Aumento positivo**
> Se $A > 0$, devemos ter:
> **a)** $i$ e $o$ com o mesmo sinal: a imagem é direita;
> **b)** $p$ e $p'$ com sinais opostos: o objeto e a imagem têm naturezas opostas (se um é real, o outro é virtual).
>
> **2ª situação: Aumento negativo**
> Se $A < 0$, devemos ter:
> **a)** $i$ e $o$ com sinais opostos: a imagem é invertida;

**b)** $p$ e $p'$ com o mesmo sinal: o objeto e a imagem têm a mesma natureza (ambos são reais ou ambos são virtuais).

É importante notar também que:

Se $|A| > 1$: a imagem é **maior** que o objeto.
Se $|A| < 1$: a imagem é **menor** que o objeto.

É possível expressar o aumento linear transversal ($A$) de uma lente esférica em função da abscissa focal ($f$) e da abscissa do objeto ($p$):

$$A = \frac{f}{f - p}$$

## Vergência ("grau") de uma lente

**Vergência** ($V$) é a grandeza física associada ao quanto uma lente pode alterar a trajetória da luz. É definida como o inverso da abscissa focal ($f$).

$$V = \frac{1}{f}$$

A vergência é uma **grandeza algébrica** que tem o mesmo sinal da abscissa focal.

Nas **lentes convergentes** (focos reais): $f > 0$ e $V > 0$.
Nas **lentes divergentes** (focos virtuais): $f < 0$ e $V < 0$.

A unidade de vergência é o inverso da unidade de comprimento. No SI, com a abscissa focal expressa em metros, temos:

$$\text{unid. } [V] = \frac{1}{\text{m}} = \text{m}^{-1} = \text{dioptria (di)}$$

Na linguagem popular, é comum ouvirmos a vergência expressa em "graus". Geralmente, 1 "grau" equivale a 1 dioptria.

## Associação de lentes – teorema das vergências

Considere a figura a seguir, em que estão representadas duas lentes convergentes delgadas, $L_1$ e $L_2$, associadas por justaposição (dispostas lado a lado, praticamente encostadas uma na outra). Seja $O$ o centro óptico comum às lentes e $P$ um ponto luminoso situado sobre o eixo do sistema. A lente $L_1$ conjuga a $P$ a imagem real $P_1$, que se comporta como objeto virtual em relação a $L_2$. Finalmente, $L_2$ conjuga a $P_1$ a imagem real $P_2$, que constitui a imagem final que a associação fornece a $P$.

É possível imaginar uma lente $L$ que, colocada na mesma posição de $L_1$ e $L_2$, conjugue a $P$ uma imagem com as mesmas características de $P_2$. Dizemos, então, que essa lente única que substitui a associação é a lente equivalente.

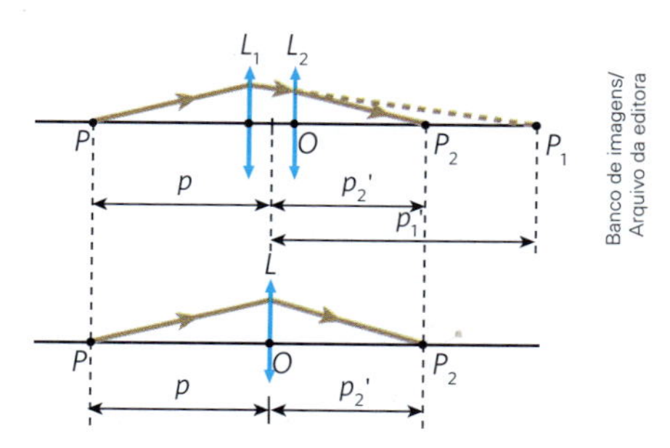


Pode-se demonstrar que a distância focal, $f$, e a vergência, $V$, da lente equivalente podem ser determinadas pelas expressões abaixo, em que $f_1$ e $f_2$; $V_1$ e $V_2$ são, respectivamente, as abscissas focais e as vergências de $L_1$ e $L_2$:

$$\frac{1}{f} = \frac{1}{f_1} + \frac{1}{f_2}$$

Observando-se que $V = \frac{1}{f}$, segue o **teorema das vergências**:

$$V = V_1 + V_2$$

As lentes envolvidas podem ser convergentes ou divergentes, e, nos cálculos, deve-se observar os sinais algébricos de suas abscissas focais (e vergências).

Para $n$ lentes que constituem uma **associação delgada** (espessura desprezível) por justaposição, podemos escrever:

$$\frac{1}{f} = \frac{1}{f_1} + \frac{1}{f_2} + ... + \frac{1}{f_n}$$

ou ainda, $V = V_1 + V_2 + ... + V_n$.

### Descubra mais

**1** Existe um "defeito" inerente às lentes denominado aberração cromática. Em que consiste esse problema?

**2** Em alguns faróis marítimos, holofotes e retroprojetores, são utilizadas as chamadas lentes de Fresnel. Esses sistemas ópticos, implementados pelos físico francês Augustin Fresnel (1788-1827), exercem funções semelhantes às das lentes convencionais, porém possuem espessura e peso bem menores. Como funcionam as lentes de Fresnel? Pesquise e compartilhe com a turma uma aplicação da lente de Fresnel em sistemas de geração de energia solar.

## Exercícios

**5** Uma lente esférica produz uma imagem real de um objeto situado a 30 cm da lente. Sabendo que o objeto se encontra a 50 cm de sua imagem, pede-se:

a) classificar a lente em convergente ou divergente;

b) calcular a distância focal da lente;

c) representar por meio de um esquema a situação proposta.

**6** Uma lâmpada de LED em forma de bastão está acesa e posicionada perpendicularmente ao eixo principal de uma lente delgada convergente. A imagem da lâmpada conjugada por essa lente tem metade do tamanho da lâmpada e se forma sobre um anteparo a 60 cm da lente. Nessas condições, qual é a distância focal da lente expressa, em centímetros?

**7** Na figura a seguir, estão representados um objeto *o* e sua respectiva imagem *i*, produzida em uma lente delgada convergente:

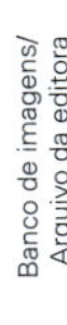


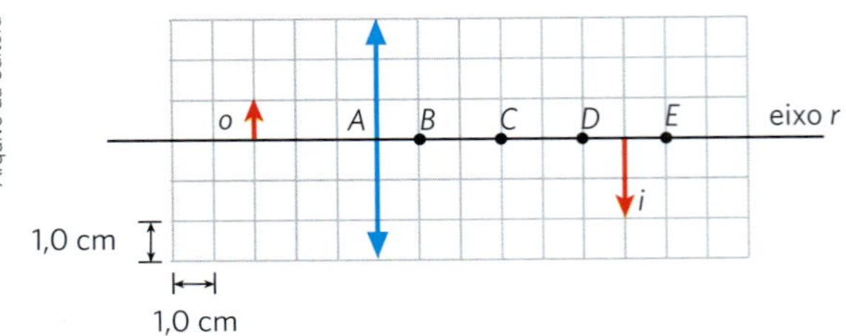


Mantendo-se fixo o objeto, desloca-se a lente na direção do eixo *r*, até que a nova imagem tenha a mesma altura que o objeto. Nessas condições, o centro óptico *O* da lente deve coincidir com o ponto:

a) *A*.

b) *B*.

c) *C*.

d) *D*.

e) *E*.

**8** São justapostas três lentes delgadas *A*, *B* e *C* com vergências $V_A = +4$ di, $V_B = -3$ di e $V_C =$ $= +1$ di.

a) Qual é a vergência e a distância focal do sistema resultante?

b) O comportamento óptico do sistema resultante é convergente ou divergente?

**Resolução:**

a) A vergência equivalente a uma associação delgada de lentes justapostas é calculada por:

$V = V_1 + V_2 + ... + V_n$

No caso:

$V = V_A + V_B + V_C$

Substituindo os valores de $V_A$, $V_B$ e $V_C$, segue que:

$V = +4 \text{ di} - 3 \text{ di} + 1 \text{ di} \Rightarrow \boxed{V = +2 \text{ di}}$

Sendo $V = \frac{1}{f}$, calculamos *f*, que é a distância focal equivalente à associação:

$$V = \frac{1}{f} \Rightarrow f = \frac{1}{V} = \frac{1}{+2 \text{ di}}$$

$$\boxed{f = 0{,}5 \text{ m} = 50 \text{ cm}}$$

b) Como a vergência do sistema resultante é positiva ($V = +2$ di), ele tem comportamento **convergente**.

**9** Admita que um náufrago tenha conseguido chegar a uma ilha deserta levando consigo apenas um conjunto de duas lentes justapostas, uma delas com vergência $V_1 = +3{,}0$ di e a outra com vergência $V_2 = -1{,}0$ di. Para acender uma fogueira concentrando raios solares, ele utilizará o Sol do meio-dia, dispondo as lentes paralelamente ao solo, onde fez um amontoado de gravetos e folhas secas. Para obter fogo no menor intervalo de tempo possível, o náufrago deverá colocar as lentes a uma distância dos gravetos e folhas secas igual a:

a) 2,0 m.

b) 1,5 m.

c) 1,0 m.

d) 0,50 m.

e) 0,25 m.

**10** Nícolas é um curioso estudante de Óptica geométrica que dispõe de duas lupas iguais (lentes biconvexas de vidro que obedecem às condições de Gauss). Posicionando um pequeno objeto luminoso a 10 cm de uma das lupas, ele nota uma imagem direita e ampliada, com duas vezes as dimensões do objeto. Em seguida, ele justapõe as duas lupas, mantendo o objeto na mesma posição, a 10 cm da associação. Nesse caso, ele observará uma imagem:

a) direita e ampliada.

b) invertida e ampliada.

c) direita e reduzida.

d) invertida e reduzida.

e) imprópria (indefinida).

**11** Um objeto luminoso de altura igual a 15 cm é colocado perpendicularmente ao eixo óptico de uma lente esférica convergente que obedece às condições de Gauss. Sabendo que a imagem obtida tem altura igual a 3,0 cm e está a 30 cm do objeto, determine a vergência da lente.

# Instrumentos ópticos e Óptica da visão

Este capítulo favorece o desenvolvimento das seguintes habilidades:

EM13CNT208

EM13CNT301

EM13CNT308

## Instrumentos ópticos

Os instrumentos ópticos costumam ser classificados em dois grupos: **instrumentos de projeção** e **instrumentos de observação**.

**Grupo I: instrumentos de projeção**

Caracterizam-se por formar imagem final real, que é projetada em uma tela difusora (tela cinematográfica) ou em um anteparo fotossensível (filme fotográfico ou conversor eletrônico). Pertencem a esse grupo as câmeras fotográficas, as filmadoras e os projetores em geral.

**Grupo II: instrumentos de observação**

Distinguem-se por formar imagem final virtual, que serve de objeto real para um observador, cujo bulbo do olho se associa ao instrumento. Fazem parte desse grupo a lupa, o microscópio, as lunetas e os telescópios.

### Lupa ou microscópio simples

Esse dispositivo nada mais é do que um sistema **convergente**, de distância focal da ordem de centímetros.

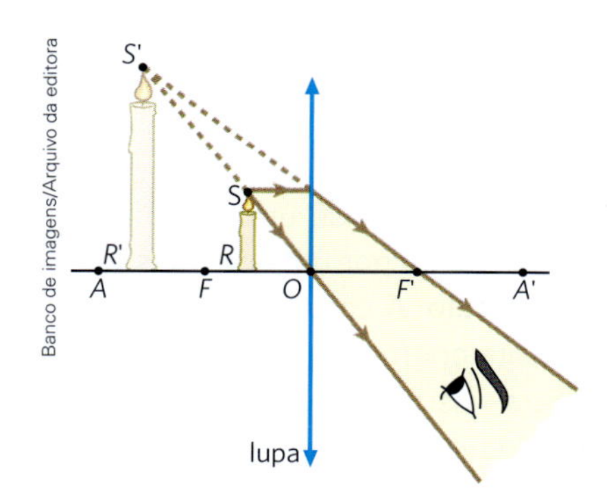


Banco de imagens/Arquivo da editora

Precursora dos instrumentos ópticos de grande ampliação, a lupa é utilizada como lente de aumento em diversas atividades, como a confecção de joias, o conserto de relógios, a filatelia, a entomologia (estudo de insetos), a criminalística, entre outras.

De um objeto real situado entre o foco principal objeto e o centro óptico, a lupa fornece uma imagem virtual, direita e ampliada. Convém destacar que, para o olho do observador, a imagem fornecida pela lupa comporta-se como objeto real. Veja, na figura, o traçado da imagem do objeto *RS*.

Os aumentos fornecidos pelas lupas raramente excedem a 10 vezes. Lupas que proporcionam aumentos da ordem de uma dezena de vezes têm distância focal pequena, o que torna seu diâmetro também pequeno, comprometendo o brilho da imagem e sua boa visualização.

### Microscópio composto

É um instrumento de aumento constituído basicamente de dois sistemas **convergentes** de lentes associados coaxialmente: o primeiro é a **objetiva** (distância focal da ordem de milímetros), que responde pela captação da primeira imagem do objeto; o segundo é a **ocular**, que, operando como lupa, forma a imagem final, a qual se comporta como objeto para o olho do observador.

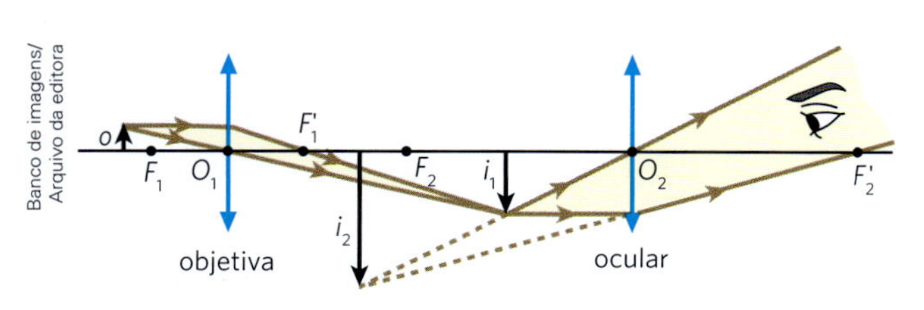


Banco de imagens/Arquivo da editora

Observe, na figura ao lado, um esquema da formação da imagem em um microscópio composto em que o objeto a ser analisado posiciona-se um pouco além do foco da objetiva. Tomando por base o objeto inicial, a imagem final é invertida.

Em relação à objetiva, o aumento linear transversal é dado por: $A_{ob} = \frac{i_1}{o}$.

Em relação à ocular, o aumento linear transversal é calculado por: $A_{oc} = \frac{i_2}{i_1}$.

Para o microscópio composto, temos: $A = \frac{i_2}{o} \cdot \left(\frac{i_1}{i_1}\right) \Rightarrow A = \frac{i_1}{o} \cdot \frac{i_2}{i_1}$.

Portanto: $A = A_{ob} \cdot A_{oc}$

## Lunetas

São instrumentos formados basicamente por dois sistemas **convergentes** de lentes, associados coaxialmente: o primeiro é a **objetiva** (distância focal da ordem de decímetros ou metros), que capta a primeira imagem do objeto; o segundo é a **ocular**, que, operando como lupa, conjuga a imagem final, a qual se comporta como objeto para o olho do observador.

No caso da luneta astronômica, a luz emanada de um corpo muito afastado (teoricamente, "no infinito") incide na objetiva, que forma uma imagem real e invertida. Em razão da grande distância entre o objeto e a objetiva, a imagem conjugada por essa lente forma-se em seu plano focal imagem. Tal imagem, posicionada entre o foco objeto e o centro óptico da ocular, comporta-se como objeto para a ocular, que faz corresponder a ele uma imagem final virtual, direita e aumentada. Essa imagem final, porém, é invertida em relação ao objeto inicial. O esquema a seguir ilustra o exposto.

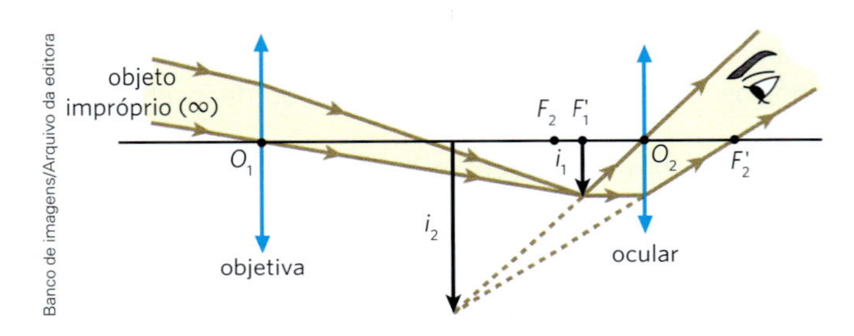


As lunetas não fornecem aumentos lineares dos corpos observados; só possibilitam sua visualização em ângulos visuais ampliados, o que dá aos usuários melhores condições de observação. Por isso elas são denominadas **instrumentos de aproximação**.

Sendo $f_{ob}$ a distância focal da objetiva e $f_{oc}$ a distância focal da ocular, pode-se demonstrar que o aumento angular de uma luneta focalizada para obter a imagem de um objeto impróprio ("situado no infinito") fica determinado por:

$$G = \frac{f_{ob}}{f_{oc}}$$

Os binóculos são instrumentos de aproximação constituídos pela junção de duas lunetas terrestres.

Há quem os utilize em *shows*, eventos esportivos e até em peças de teatro. Também são empregados por policiais rodoviários para observar o trânsito nas estradas.

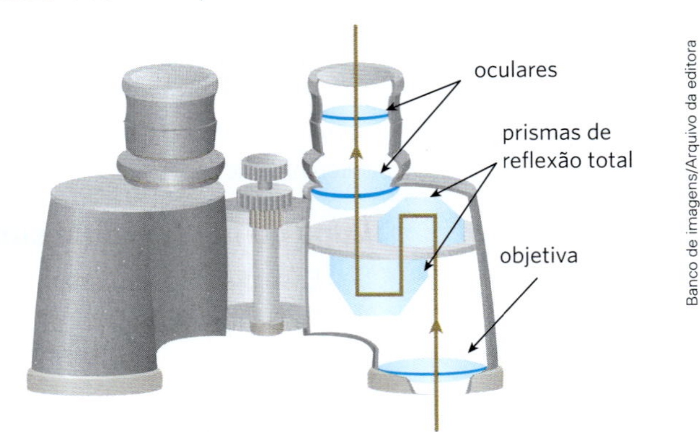


Esquema da trajetória da luz no interior de um binóculo.

As lunetas terrestres dispõem de um sistema de ajuste da imagem final, formado por uma ou mais lentes, que é denominado **veículo**. A correção da imagem final também pode ser feita por meio de prismas de reflexão total, como ocorre nos binóculos. Nos grandes observatórios de Astronomia, para eliminar os inconvenientes das aberrações de esfericidade e cromáticas, próprias das lentes, são utilizados, na função de objetiva, espelhos parabólicos côncavos. Desse modo, os instrumentos de observação que geram a primeira imagem do astro por reflexão, e não por refração da luz, deixam de ser chamados de lunetas e passam a ser denominados **telescópios**.

## Descubra mais

**1** Os observatórios profissionais espalhados pelo mundo situam-se, em geral, no topo de montanhas. Quanto mais alto se localiza um telescópio, menor é a interferência da atmosfera. Pesquise como a atmosfera terrestre interfere na propagação de raios luminosos. O que é a chamada "Óptica adaptativa" utilizada em grandes telescópios?

**2** Com base na resposta da pergunta anterior, utilize argumentos científicos para justificar qual você acredita que seria o melhor lugar para a instalação de um telescópio na superfície do planeta Terra.

**3** Pesquise e monte um diagrama explicando o funcionamento de uma máquina fotográfica.

## Óptica da visão

O olho, em essência, é um receptor de luz que consegue converter energia luminosa em impulsos elétricos, que, no cérebro, são interpretados no centro da visão.

### O bulbo do olho humano

No esquema a seguir vemos um corte transversal do bulbo do olho humano, no qual são destacados os pormenores relevantes à Óptica da visão.

O bulbo do olho tem a forma aproximada de uma esfera de 22 mm de diâmetro, que possui, em sua parte anterior, uma região mais abaulada, denominada **córnea**. A camada interna do bulbo, situada em sua região posterior e chamada de **retina**, é composta das células sensoriais da visão, que se comunicam com o cérebro por meio de um cordão nervoso denominado **nervo óptico**. A **pupila** é um orifício circular de diâmetro variável, cuja função é graduar a quantidade de luz que penetra no olho. Depois da pupila, há a **lente** (também conhecida como cristalino), que é flexível e deformável.

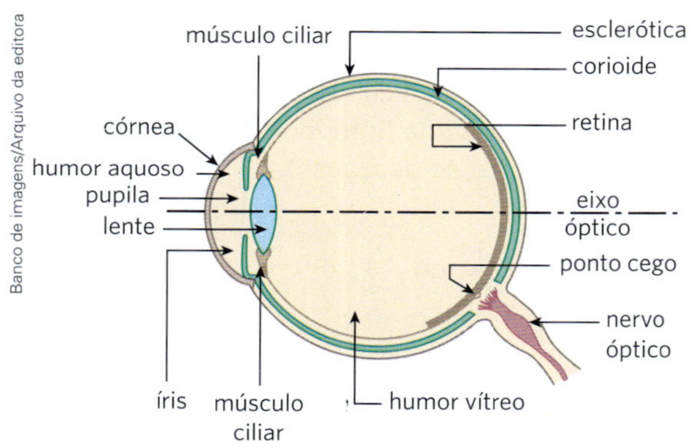


Representação esquemática em corte e em cores fantasia do bulbo do olho humano.

Convém destacar que o sistema óptico constituído pelo bulbo do olho é **convergente**. Também é importante ressaltar que, embora a imagem formada internamente seja invertida, o cérebro tem a faculdade de interpretá-la corretamente.

### Adaptação visual

Em ambientes muito claros (comparáveis à luz diurna), verifica-se que a pupila apresenta um diâmetro que varia de 1,5 mm a 2,0 mm. Já em ambientes pouco claros (comparáveis à luz noturna), a pupila apresenta um diâmetro que varia de 8,0 mm a 10,0 mm.

Isso nos permite concluir que a pupila gradua o fluxo luminoso que adentra o bulbo do olho, protegendo a retina contra eventuais ofuscamentos. Aumentando a intensidade luminosa incidente no bulbo do olho, ocorre contração da pupila e diminuição da sensibilidade da retina. O fenômeno oposto acontece na redução da intensidade luminosa incidente. Essa propriedade que o bulbo do olho tem de se adequar à luminosidade ambiente se chama **adaptação visual**.

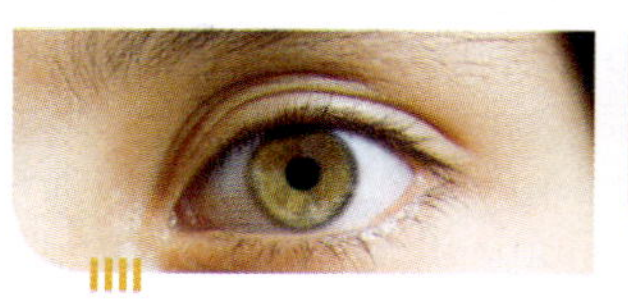

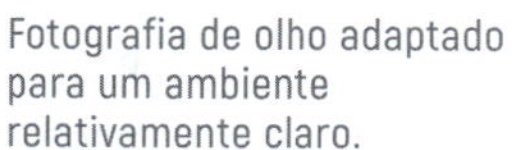

Fotografia de olho adaptado para um ambiente relativamente claro.

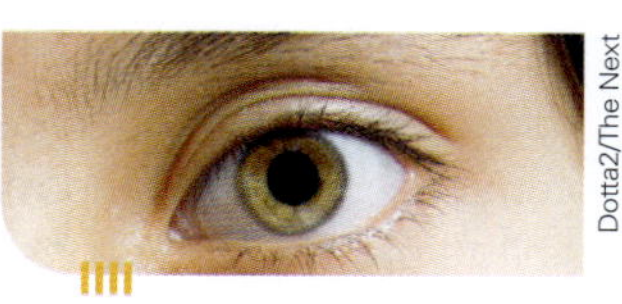


Fotografia de olho adaptado para um ambiente relativamente escuro.

### Acomodação visual

Para que as imagens conjugadas pelo sistema óptico do bulbo do olho sejam nítidas, elas devem formar-se sobre a retina, cuja distância em relação à lente é constante – em média, igual a 15,0 mm. Assim, a distância da imagem projetada no fundo do olho em relação à lente é invariável, o que acarreta a constância da abscissa $p'$. Já os objetos visados por um observador estão a diferentes distâncias de seu olho, o que implica a variância da abscissa $p$.

Considerando a função dos pontos conjugados:

$$\frac{1}{f} = \frac{1}{p} + \frac{1}{p'}$$

você pode observar que a constância de $p'$ e a variância de $p$ provocam a variância de $f$, que é a distância focal da lente.

Assim, depreende-se que a lente (que opera de modo praticamente elástico) tem distância focal variável, de acordo com as variações da distância do objeto ao olho. A variação da distância focal da lente é feita pelos músculos ciliares, por meio da maior ou da menor compressão deles sobre ela. Esse processo de ajuste da distância focal do sistema óptico do bulbo do olho à visão nítida de objetos diferentemente afastados é denominado **acomodação visual**.

Destaquemos que, para o olho normal (ou emétrope), o ponto remoto se localiza no "infinito", enquanto o ponto próximo se situa, aproximadamente, a 25,0 cm do olho – um valor que tende a aumentar com a idade.

### Defeitos visuais e sua correção

Os principais defeitos da visão são: a **miopia**, a **hipermetropia**, a **presbiopia**, o **astigmatismo** e o **estrabismo**.

#### Miopia

Este defeito consiste em um **alongamento** do bulbo do olho na direção anteroposterior.

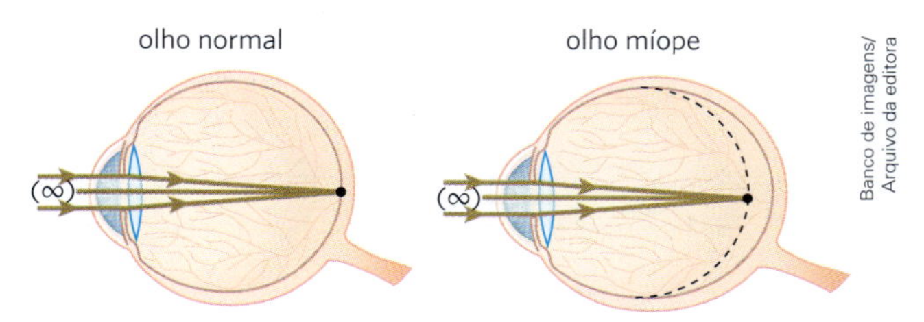


Ilustração do olho humano em corte e em cores fantasia.

O ponto remoto do olho míope é real, isto é, um olho míope não acomoda a visão para objetos impróprios, como ocorre no olho normal. Ao visar um objeto no "infinito", o olho míope conjuga uma imagem real, situada antes da retina, que é vista desfocada (embaçada). Entretanto, a miopia favorece a visão de objetos próximos, pois o ponto próximo, para o olho míope, é mais próximo do olho que para o olho normal.

A correção da miopia é feita mediante o uso de **lentes divergentes**, que diminuem a vergência do sistema ocular, ou com intervenção cirúrgica, conforme indicação médica.

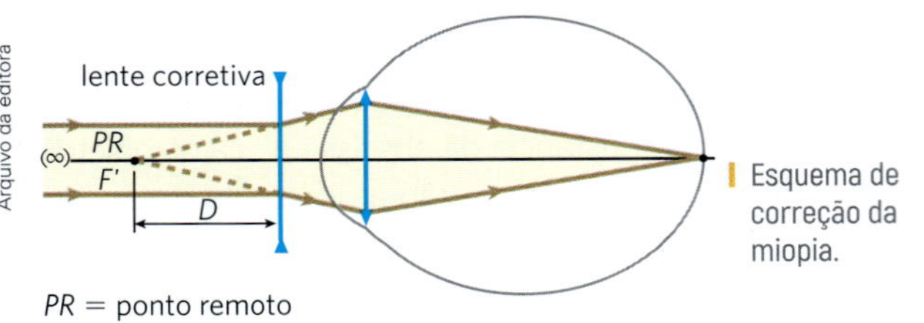


Esquema de correção da miopia.

As lentes corretivas devem proporcionar ao olho míope a visão de objetos impróprios. Por isso, a um objeto "situado no infinito", elas devem conjugar uma imagem virtual, posicionada no ponto remoto do olho.

Conclui-se, daí, que uma lente de correção deve ter distância focal de módulo igual à distância do ponto remoto ao olho, ou seja, $|f| = D$.

Em termos de vergência, tem-se: $|V| = \dfrac{1}{D}$

É importante observar que as lentes divergentes corretivas da miopia são "negativas", isto é: $f < 0$ e $V < 0$.

## Hipermetropia

Esse defeito visual consiste em um **encurtamento** do bulbo do olho na direção anteroposterior.

O olho hipermetrope, embora acomode a visão para objetos impróprios, o faz com algum esforço. Em condições de musculatura relaxada, a um objeto no "infinito" ele conjuga uma imagem real, situada depois da retina. Com a intervenção dos músculos, porém, ocorre a acomodação e a visão de objetos longínquos torna-se perfeita. Na hipermetropia, o problema não reside na observação de objetos muito afastados, mas na visão de objetos próximos. O ponto próximo do olho hipermetrope situa-se mais distante do olho que o ponto próximo do olho normal.

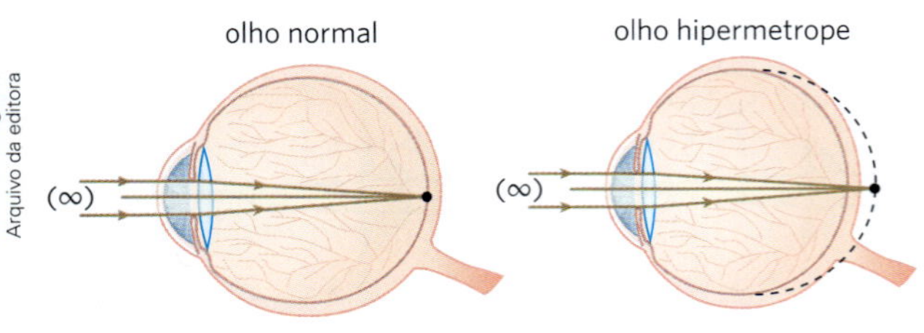


Ilustração do olho humano em corte e em cores fantasia.

A correção é feita com o uso de **lentes convergentes**, que aumentam a vergência do sistema ocular, ou com intervenção cirúrgica, conforme indicação médica.

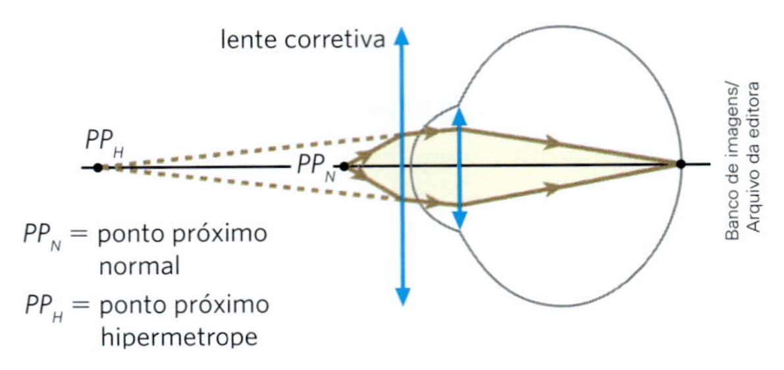


Esquema de correção da hipermetropia.

As lentes corretivas devem conjugar a um objeto real situado no ponto próximo normal ($PP_N$ a 25,0 cm do olho, em média) uma imagem virtual, localizada no ponto próximo hipermetrope ($PP_H$). Essa imagem comporta-se como objeto real para o sistema óptico do bulbo do olho.

Sendo $d_N$ a distância mínima de visão distinta do olho normal e $d_H$ a distância mínima de visão distinta do olho hipermetrope, a distância focal (e a vergência) da lente de correção fica determinada aplicando-se à situação do esquema anterior a **função dos pontos conjugados** (equação de Gauss):

$$\frac{1}{f} = \frac{1}{d_N} - \frac{1}{d_H} \quad \text{ou} \quad V = \frac{1}{d_N} - \frac{1}{d_H}$$

É importante observar que as lentes convergentes corretivas da hipermetropia são "positivas", isto é, $f > 0$ e $V > 0$.

## Presbiopia (ou vista cansada)

A presbiopia é um defeito visual que consiste no **enrijecimento dos músculos ciliares ou da própria lente natural do olho**, o que ocorre com o evoluir da idade.

A presbiopia é uma ametropia (defeito visual) comum às pessoas com idade superior a 40 anos, que, com a limitação de sua capacidade de acomodação visual, têm dificuldades em "ver de longe" e principalmente "de perto".

A correção da presbiopia é feita mediante o uso de **lentes bifocais** (ou multifocais), que têm uma região destinada à visão de objetos longínquos e outra destinada à visão de objetos próximos.

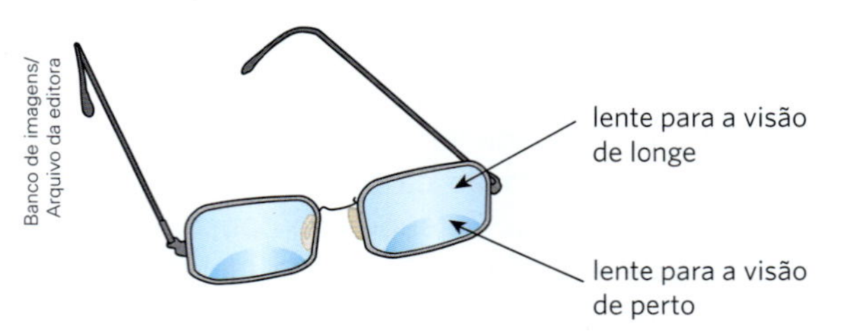


Ilustração de óculos com lentes bifocais.

## Astigmatismo

Esse defeito visual consiste em imperfeições na simetria de revolução do sistema óptico ocular em torno de seu eixo óptico. Em geral, o astigmatismo deve-se a irregularidades na curvatura da córnea, eventualmente abrangendo também as paredes da lente natural do olho; por isso, é importante evitar coçar os olhos, pois esse hábito pode contribuir para o agravamento do astigmatismo.

A correção é feita mediante o uso de **lentes cilíndricas**, que têm o objetivo de compensar a assimetria do sistema óptico ocular, ou com intervenção cirúrgica, conforme indicação médica.

## Estrabismo

O estrabismo é um defeito visual que consiste na incapacidade de dirigir simultaneamente as retas visuais dos dois olhos para o ponto visado.

A correção pode ser feita com o uso de lentes prismáticas, exercícios da musculatura de sustentação do bulbo do olho ou, em casos mais graves, cirurgia.

### Descubra mais

1. As lentes fotocromáticas (ou fotossensíveis), de grande aceitação entre os usuários de óculos, caracterizam-se pela capacidade de mudar de cor, apresentando-se claras em ambientes escuros e escuras em ambientes claros. Como funcionam essas lentes?
2. O olho humano é capaz de enxergar um espectro de cores que vai do violeta ao vermelho. Não somos capazes de enxergar ondas ultravioleta nem infravermelhas, embora alguns outros animais consigam enxergar uma ou outra. Pesquise a relação entre o espectro de luz ao qual o olho humano é sensível e o espectro de emissão de radiação do Sol.
3. Se o ser humano tivesse evoluído dentro dos oceanos, a estrutura dos olhos seria a mesma? Elabore hipóteses com base no seu conhecimento científico e discuta essas hipóteses com o restante da turma.
4. Além de miopia, hipermetropia, presbiopia e astigmatismo, há outros defeitos da visão, como o daltonismo. O que é o daltonismo?

## Exercícios

**1** Uma lente convergente operando como lupa, com 5,0 cm de distância focal, amplia cinco vezes o tamanho de um pequeno objeto luminoso. Nessas condições, determine a distância entre o objeto e sua imagem.

**Resolução:**

I. A imagem é direita. Logo, $A = +5$.

$$A = \frac{f}{f - p} \Rightarrow 5 = \frac{5{,}0}{5{,}0 - p} \therefore \boxed{p = 4{,}0 \text{ cm}}$$

II. $$A = -\frac{p'}{p} \Rightarrow 5 = -\frac{p'}{4{,}0} \therefore p = -20 \text{ cm}$$

Como $p' < 0$, a imagem é virtual.

III. $d = |p'| - p \Rightarrow d = 20 - 4{,}0 \therefore \boxed{d = 16 \text{ cm}}$

Portanto, a distância entre o objeto e a sua imagem é de 16 cm.

**2** (Fatec-SP) Um colecionador examina um selo com uma lupa localizada a 2,0 cm do selo e observa uma imagem 5 vezes maior.

a) Determine a distância focal da lupa.

b) Faça, em seu caderno, um esquema gráfico dos raios de luz representando a lupa, o selo, a imagem do selo e o olho do colecionador.

**3** (UFTM-MG) As figuras mostram um mesmo texto visto de duas formas: na figura 1, a olho nu, e na figura 2, com o auxílio de uma lente esférica. As medidas nas figuras mostram as dimensões das letras nas duas situações.

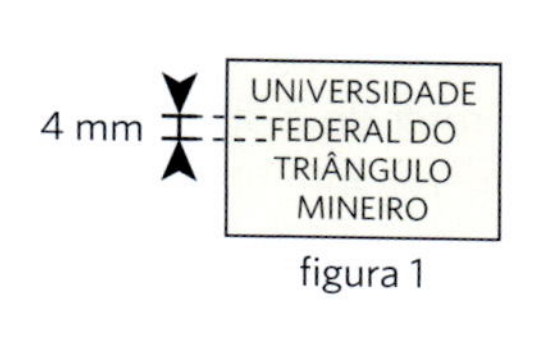


figura 1

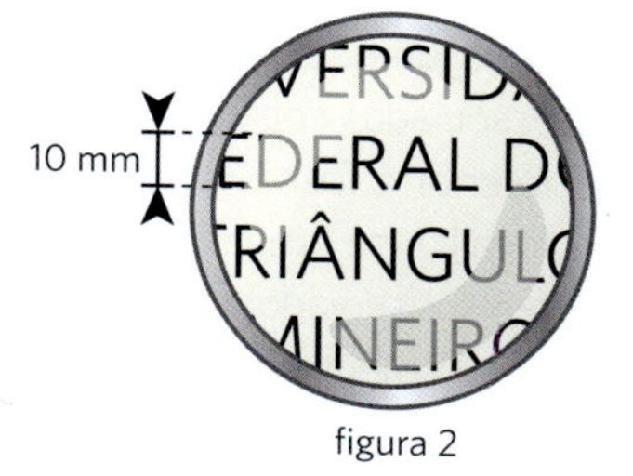


figura 2



Sabendo que a lente foi posicionada paralelamente à folha e a 12 cm dela, pode-se afirmar que ela é

a) divergente e tem distância focal −20 cm.

b) divergente e tem distância focal −40 cm.

c) convergente e tem distância focal 15 cm.

d) convergente e tem distância focal 20 cm.

e) convergente e tem distância focal 45 cm.

**4** Um objeto $A$ está situado a 5 cm de uma lente convergente $L_1$, cuja distância focal é de 4 cm. Uma segunda lente convergente, idêntica à anterior, é colocada a 2 cm de distância da imagem $A'$ conjugada por $L_1$. A figura a seguir ilustra a situação descrita:

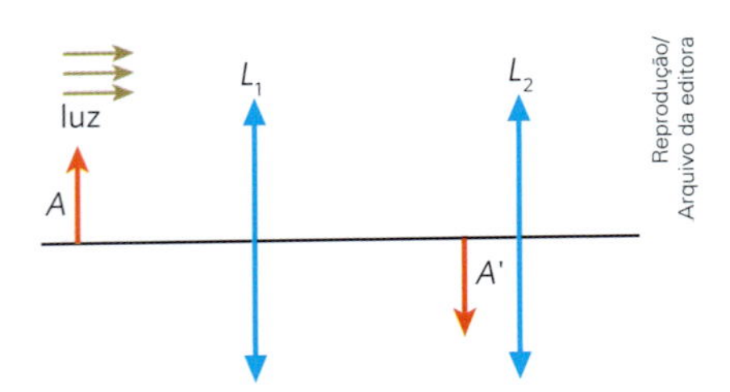


a) A que distância de $L_1$ encontra-se $L_2$?

b) Qual a ampliação total do sistema $L_1L_2$?

**5** A figura a seguir representa esquematicamente um microscópio óptico constituído por dois sistemas convergentes de lentes, dispostos coaxialmente: um é a objetiva, com distância focal de 15 mm, e o outro é a ocular, com distância focal de 9,0 cm. Sabendo que para o objeto $o$, o microscópio fornece a imagem final $i_2$, calcule o módulo do aumento linear transversal produzido pelo instrumento.

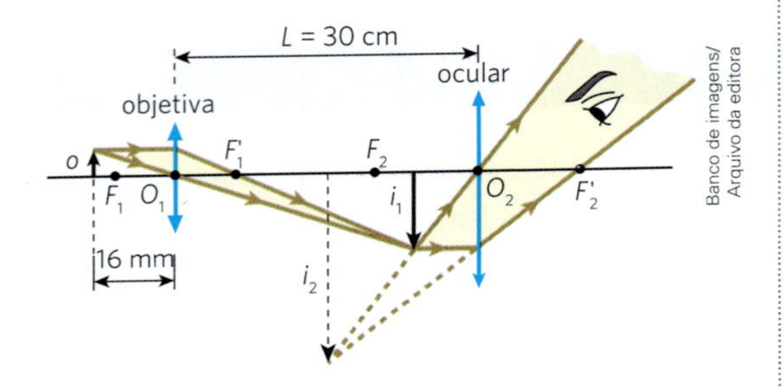


**6** Uma luneta é constituída de uma objetiva e uma ocular, associadas coaxialmente e acopladas a um tubo, cujo interior é fosco. Com o uso do referido instrumento, focaliza-se um corpo celeste, e a imagem final visada pelo observador forma-se a 60 cm da ocular. Sabendo que a objetiva e a ocular têm distâncias focais de 80 cm e 20 cm, respectivamente, calcule o comprimento da luneta (distância entre a objetiva e a ocular).

**7** Ulisses, um jovem de visão perfeita (bulbos oculares emetropes), visa na altura de seus olhos um pequeno inseto de comprimento 3,0 mm pousado em uma parede a 3,0 m de distância à sua frente. Sendo a distância entre a córnea e a retina dos olhos do rapaz aproximadamente igual a 20 mm, pede-se determinar, em mm, o comprimento da imagem do inseto que a lente do olho projeta na retina.

**8** Um observador visa fixamente um objeto, que se aproxima do seu olho com velocidade constante. Durante a aproximação do objeto, é correto afirmar que a distância focal do cristalino do olho do observador:

a) aumenta.

b) diminui.

c) permanece constante.

d) aumenta, para depois diminuir.

e) diminui, para depois aumentar.

**9** (UFMG) Após examinar os olhos de Sílvia e de Paula, o oftalmologista apresenta suas conclusões a respeito da formação de imagens nos olhos de cada uma delas, na forma de diagramas esquemáticos, como mostrado nestas figuras:

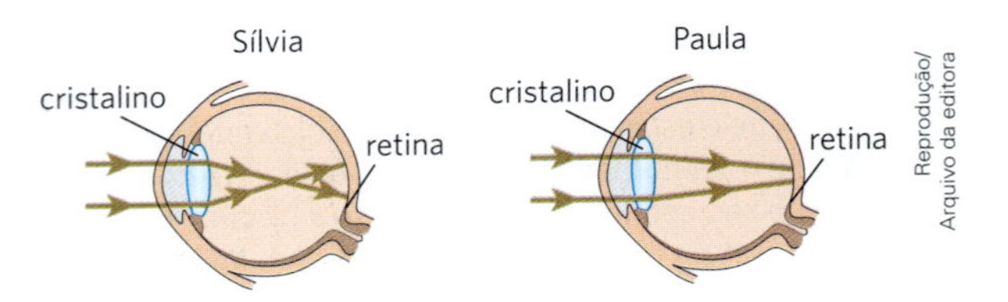


Com base nas informações contidas nessas figuras, é correto afirmar que:

a) apenas Sílvia precisa corrigir a visão e, para isso, deve usar lentes divergentes.

b) ambas precisam corrigir a visão e, para isso, Sílvia deve usar lentes convergentes e Paula, lentes divergentes.

c) apenas Paula precisa corrigir a visão e, para isso, deve usar lentes convergentes.

d) ambas precisam corrigir a visão e, para isso, Sílvia deve usar lentes divergentes e Paula, lentes convergentes.

**10** Considere um olho míope. Se seu ponto remoto está a 50 cm de distância, qual o tipo da lente corretiva a ser utilizada (convergente ou divergente) e qual sua vergência? (Considere desprezível a distância entre a lente e o olho.)

**11** Em um olho hipermetrope, o ponto próximo situa-se a 50 cm de distância. Sabendo que no olho emetrope a distância mínima de visão distinta vale 25 cm, determine a vergência da lente corretiva para a hipermetropia considerada (despreze a distância da lente corretiva ao olho).

# Respostas

Unidade 4

## Termologia

### Capítulo 15 A temperatura, a energia térmica e o calor

**2** 112,46 °F e 6,8 °F.
**3** −10 °C
**4** 86 °F
**7** 20 °C
**8** −40 °C
**9** 1 °A
**10** −20 °X e 60 °X.
**11** **a)** $\theta_X = 4\theta_C - 50$
**b)** 270 °X
**c)** −50 °X e 350 °X.
**13** 30 °C
**14** d
**15** 96 cmHg
**17** 3,0 °C
**18** 25 °C
**19** 0,60 mm
**21** 25 °C
**22** 15 K
**23** −273 °C e −459 °F.
**25** d
**26** d
**27** O metal possui condutibilidade térmica maior que a do vidro e a da porcelana, o que provoca transferência mais rápida de calor do líquido para o gelo.
**28** a
**29** Cobre.
**30** d
**32** $6{,}0 \cdot 10^4$ cal/s
**33** e
**34** d
**35** c
**36** 01 + 04 + 32 = 37
**37** **a)** $\Delta\theta = 0$
**b)** O sal aumenta a temperatura de ebulição da água.
**c)** $\Delta\theta \neq 0$
**38** c
**39** c
**40** d
**41** c
**42** $1{,}0 \cdot 10^{25}$ °C
**44** **a)** $9{,}6 \cdot 10^{23}$ m
**b)** 0,048%
**45** Aproximadamente 7,2 mm.
**46** d
**47** b
**48** Se a obturação médica dilatar mais, o dente será forçado, podendo se quebrar. Se, ao ser resfriada, a obturação metálica se contrair mais do que o dente, podem ocorrer infiltrações.
**49** d
**50** 110 L
**51** c
**53** e
**54** b
**56** 120 °C

### Capítulo 16 Calor sensível e calor latente

**2** c
**3** 115 kcal
**4** Amostra B
**5** 800 cal/s
**6** 0,25 cal/g °C
**7** 4,0 h
**8** 55 °C
**9** 0,05 cal /(g °F)
**11** $2{,}4 \cdot 10^4$ cal
**12** 12 kcal
**13** 50 °C
**14** 10 500 cal
**15** −80 °C e 40 °C.
**16** Uma caixa.
**17** c
**18** $1{,}86 \cdot 10^4$ cal
**19** c
**20** e
**21** d
**22** e
**23** 0,125 kg
**24** 80 °C
**25** e
**26** V-F-V-F
**27** O silicone é um material maleável, com propriedades físicas adequadas ao cozimento de alimentos, higiênico e de custo acessível.
**28** Várias possibilidades de resposta, de acordo com a pesquisa realizada.
**29** ... de comportar a dilatação volumétrica dos componentes da ponte decorrentes da variação de temperatura e de comportar os efeitos de movimento e vibrações desses componentes. Sem elas, a estrutura da ponte pode sofrer rachaduras, comprometendo a sua segurança e a sua durabilidade.
**30** **a)** As moedas de 1 centavo e de 5 centavos são feitas de aço revestido de cobre. As moedas de 10 centavos e de 25 centavos são feitas de aço revestido de bronze. A moeda de 50 centavos é feita de aço inoxidável, e a moeda de 1 real é feita de ano inoxidável e aço revestido de bronze. São materiais duráveis, maleáveis para a confecção de moedas, porém resistentes a choques mecânicos, e suas temperaturas de fusão são adequadas às temperaturas cotidianas.
**b)** O alumínio é mais barato e mais maleável. Portanto, uma vantagem seria o custo e uma desvantagem, a danificação das moedas.

### Capítulo 17 Gases perfeitos e Termodinâmica

**1** $1{,}0 \cdot 10^4$ N
**2** b
**3** b
**4** −153 °C e 27 °C.
**6** d
**7** b
**8** a
**9** Aproximadamente 2,2 atm.
**10** e
**11** $3{,}0 \cdot 10^{24}$ moléculas
**12** c
**14** **a)** Aumenta
**b)** +60 J
**15** 8 kcal
**16** 02 + 08 + 16 = 26
**17** **a)** 50 cal
**b)** −50 cal
**c)** Zero.
**19** **a)** 1200 J
**b)** Zero.
**c)** 1200 J
**20** 20 W
**21** $\frac{4}{3}$
**22** a
**23** a
**24** 26 J
**25** **a)** Zero
**b)** 450 cal
**26** 3 750 cal
**27** 4,1 atm
**28** 10 °C
**29** 4 200 cal
**30** 01 + 02 + 08 = 11
**31** b
**32** 01 + 16 = 17
**33** c
**35** 55%
**36** 50%
**37** b
**38** d
**39** 840 kW
**40** **a)** $2{,}0 \cdot 10^5$ J
**b)** 67%

Unidade 5

## Ondulatória

### Capítulo 18 Ondas

**2** As ondas sonoras, sendo ondas mecânicas, não se propagam no vácuo que separa o Sol da Terra.

3 a
4 e
5 e
6 e
7 c
8 a
9 a
11 18 N
12 c
13

Banco de imagens/Arquivo da editora

14 2,0 m/s
15 d
16 c
17 e
19 02 + 04 + 08 + 32 = 46
20 *A* (ID), *B* (IC), *C* (ID), *D* (IC).
21 e
22 a
23 b
24 λ

### Capítulo 19 Radiações e reações nucleares

2 d
3 c
4 d
5 a
6 d
7 a
8 c
9 b
10 b
11 b
12 e

### Capítulo 20 Acústica

1 **a)** 17 m
**b)** 204 m
2 0,50 m e 1,0 m.
3 b
4 d
5 a
6 d
7 12 W

### Capítulo 21 Noções de Astronomia

1 **a)** $10^4$ estrelas
**b)** $10^{23}$ células
**c)** $10^{22}$ estrelas
**d)** $\frac{1}{10}$
2 **a)** Quinta-feira **b)** 16 h
4 **a)** $\frac{v_0}{d_0}$
**b)** Aproximadamente 13,8 bilhões de anos.
5 d

Unidade 6

## Óptica geométrica

### Capítulo 22 Fundamentos da Óptica geométrica

2 8 min 20 s
3 b
4 **a)** Lua nova.
**b)** Parcialmente encoberto.
**c)** 2,0 min
6 **a)** 1 - verde
2 - preta
3 - preta
4 - verde
**b)** 1 - preta
2 - preta
3 - preta
4 - vermelha

### Capítulo 23 Reflexão da luz

2 **a)** 30°
**b)** 60°
3 3,0 m
4 d
5 c
6 1,0 m
7 0,80
8 **a)** 7
**b)** 4 imagens enantiomorfas e 3 imagens iguais ao objeto.
9 **a)** 15 cm
**b)** 100 cm
**c)** Aproximadamente 6,7 ns.
10 b
12 d
13 17 cm
14 Posição 1: real, invertida e menor.
Posição 2: real, invertida e igual.
Posição 3: real, invertida e maior.
Posição 4: imprópria.
Posição 5: virtual, direita e maior.
15 b
16 e
17 a
18 20 cm
19 a
20 **a)** Côncavo.
**b)** 96 cm
21 80 cm
22 50 cm
23 e
24 a
25 **a)** 2,0 m/s
**b)** $4,0 \cdot 10^{-2}$ m/s
26 **a)** $\frac{R(d-R)}{2d-R}$
**b)** $\frac{LR}{2d-R}$
27 2,0 m

### Capítulo 24 Refração da luz

1 **a)** 0,5
**b)** 2,0
3 b
4 d
5 30°
6 a
7 **a)** 1,5 m
**b)** $\frac{4}{3}$
8 c
9 **a)** 2,8
**b)**

v ($10^8$ m/s) 3,0 1,1 0 20 28 40 x (cm)

Banco de imagens/Arquivo da editora

10 c
11 c
12 b
13 4,0 m
14 b

### Capítulo 25 Lentes esféricas

2 **a)** Bicôncava.
**b)** 20 cm
3 d
4 c
5 **a)** Convergente.
**b)** 12 cm
**c)**

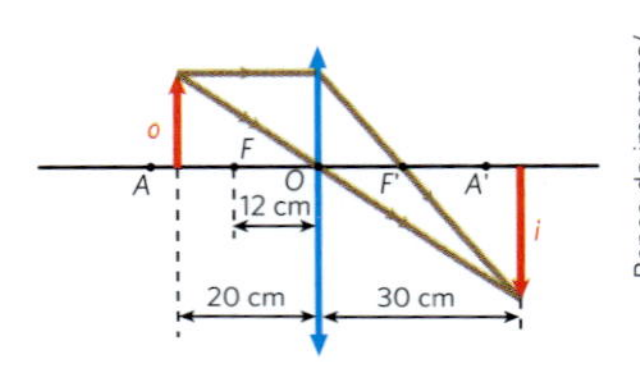


Banco de imagens/Arquivo da editora

6 40 cm
7 b
9 d
10 e
11 24 di

### Capítulo 26 Instrumentos ópticos e Óptica da visão

2 **a)** 2,5 cm
**b)**

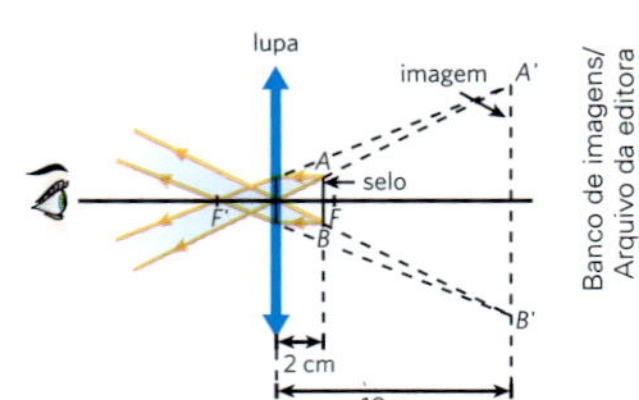


Banco de imagens/Arquivo da editora

3 d
4 **a)** 22 cm
**b)** 8 vezes.
5 45 vezes.
6 95 cm
7 $2,0 \cdot 10^{-2}$ mm
8 b
9 d
10 −2,0 di (lente divergente)
11 +2,0 di (lente convergente)

RICARDO HELOU DOCA

Engenheiro eletricista formado pela Faculdade de Engenharia Industrial (FEI-SP).

Licenciado em Matemática.

Professor de Física na rede particular de ensino de São Paulo.

NEWTON VILLAS BÔAS

Licenciado em Física pelo Instituto de Física da Universidade de São Paulo (IFUSP).

Professor de Física na rede particular de ensino de São Paulo.

RONALDO FOGO

Licenciado em Física pelo Instituto de Física da Universidade de São Paulo (IFUSP).

Engenheiro metalurgista pela Escola Politécnica da Universidade de São Paulo (Poli-USP).

Coordenador de turmas olímpicas de Física na rede particular de ensino de São Paulo.

Vice-presidente da International Junior Science Olympiad (IJSO).


# Física

## Caderno de Atividades

ATIVIDADES COMPLEMENTARES

**Presidência:** Mario Ghio Júnior
**Direção de soluções educacionais:** Camila Montero Vaz Cardoso
**Direção editorial:** Lidiane Vivaldini Olo
**Gerência editorial:** Viviane Carpegiani
**Gestão de área:** Julio Cesar Augustus de Paula Santos
**Edição:** Carlos Eduardo de Oliveira
**Planejamento e controle de produção:** Flávio Matuguma (ger.), Felipe Nogueira, Juliana Batista, Juliana Gonçalves e Anny Lima
**Revisão:** Kátia Scaff Marques (coord.), Brenda T. M. Morais, Claudia Virgilio, Daniela Lima, Malvina Tomáz e Ricardo Miyake
**Arte:** André Gomes Vitale (ger.), Catherine Saori Ishihara (coord.) e Lisandro Paim Cardoso (edição de arte)
**Diagramação:** Setup
**Iconografia e tratamento de imagem:** André Gomes Vitale (ger.), Claudia Bertolazzi e Denise Kremer (coord.), Tempo Composto (pesquisa iconográfica) e Fernanda Crevin (tratamento de imagens)
**Licenciamento de conteúdos de terceiros:** Roberta Bento (ger.), Jenis Oh (coord.), Liliane Rodrigues, Flávia Zambon e Raísa Maris Reina (analistas de licenciamento)
**Ilustrações:** CJT/Zapt, João Anselmo e Paulo Manzi
**Design:** Erik Taketa (coord.) e Adilson Casarotti (proj. gráfico e capa)
**Foto de capa:** praetorianphoto/Getty Images / Rafe Swan/Cultura RF/ Getty Images / Viaframe/Getty Images

---


Avenida Paulista, 901, 6º andar – Bela Vista
São Paulo – SP – CEP 01310-200
http://www.somoseducacao.com.br

---

**2022**
Código da obra CL 801854
CAE 721913 (AL) / 723957 (PR)
1ª edição
10ª impressão
De acordo com a BNCC.

---

Impressão e acabamento: Bercrom Gráfica e Editora

---

# Conheça seu Caderno de Atividades

Este caderno foi elaborado especialmente para você, estudante do Ensino Médio, que deseja praticar o que aprendeu durante as aulas e se qualificar para as provas do Enem e de vestibulares.

O material foi estruturado para que você consiga utilizá-lo autonomamente, em seus estudos individuais além do horário escolar, ou sob orientação de seu professor, que poderá lhe sugerir atividades complementares às do livro.

conecte
LIVE
RICARDO HELOU DOCA
NEWTON VILLAS BÔAS
RONALDO FOGO
BNCC
Caderno de Atividades
Física
ATIVIDADES COMPLEMENTARES
plurall
Editora Saraiva


### *Flip!*

Gire o seu livro e tenha acesso a uma seleção de questões do Enem e de vestibulares de todo o Brasil.

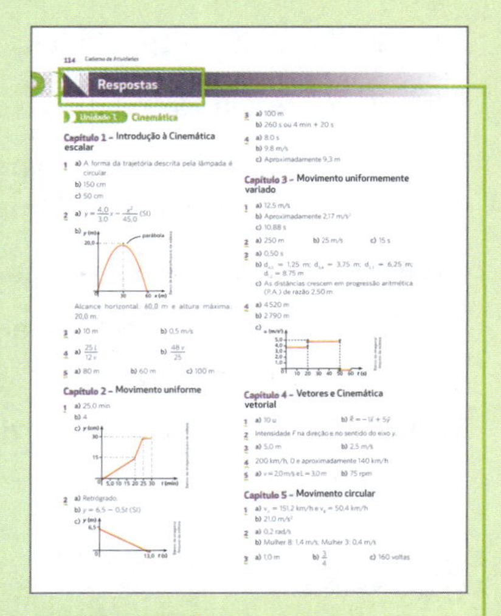

Respostas
Unidade 1 Cinemática
Capítulo 1 – Introdução à Cinemática escalar
Capítulo 2 – Movimento uniforme
Capítulo 3 – Movimento uniformemente variado
Capítulo 4 – Vetores e Cinemática vetorial
Capítulo 5 – Movimento circular


### Atividades

Os principais conceitos trabalhados no livro são retomados em atividades que permitem a aplicação dos conhecimentos aprendidos durante o Ensino Médio.

Consulte as respostas das atividades no final do material.

Atividades organizadas por unidade e capítulo, seguindo a estrutura do livro.

Aqui você encontra os objetivos de aprendizagem relacionados às atividades.

Em continuidade ao trabalho do livro, as atividades dão suporte ao desenvolvimento das habilidades da BNCC indicadas.

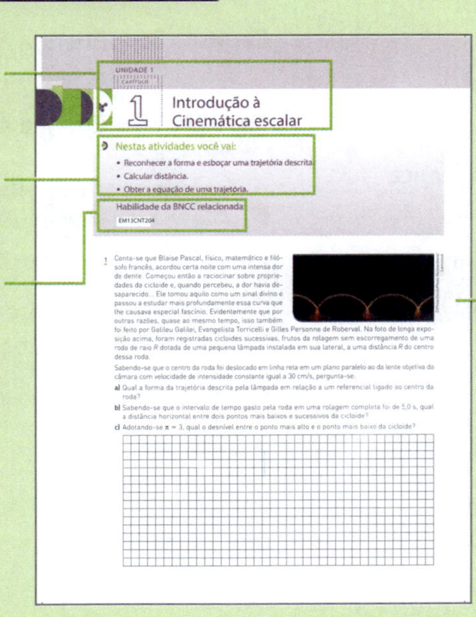


**plurall**

No Plurall, você encontrará as resoluções em vídeo das questões propostas.

# Sumário

# 1 Introdução à Cinemática escalar

## Nestas atividades você vai:

- Reconhecer a forma e esboçar uma trajetória descrita.
- Calcular distância.
- Obter a equação de uma trajetória.

### Habilidade da BNCC relacionada:

EM13CNT204

**1** Conta-se que Blaise Pascal, físico, matemático e filósofo francês, acordou certa noite com uma intensa dor de dente. Começou então a raciocinar sobre propriedades da cicloide e, quando percebeu, a dor havia desaparecido. Ele tomou aquilo como um sinal divino e passou a estudar mais profundamente essa curva que lhe causava especial fascínio. Evidentemente que, por outras razões, quase ao mesmo tempo, isso também foi feito por Galileu Galilei, Evangelista Torricelli e Gilles Personne de Roberval. Na foto de longa exposição acima, foram registradas cicloides sucessivas, frutos da rolagem sem escorregamento de uma roda de raio *R* dotada de uma pequena lâmpada instalada em sua lateral, a uma distância *R* do centro dessa roda.

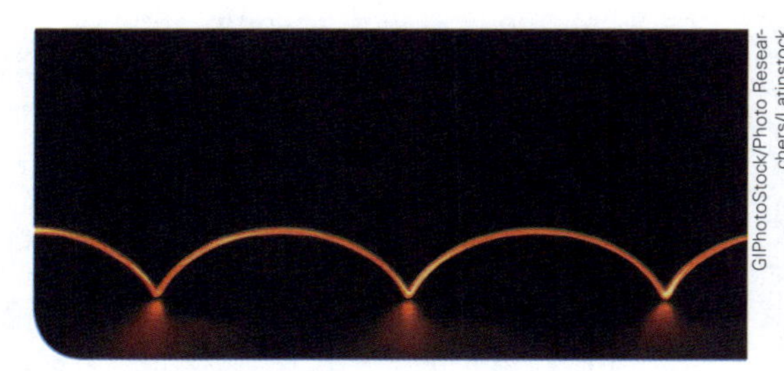
GIPhotoStock/Photo Researchers/Latinstock

Sabendo-se que o centro da roda foi deslocado em linha reta em um plano paralelo ao da lente objetiva da câmara com velocidade de intensidade constante igual a 30 cm/s, pergunta-se:

**a)** Qual a forma da trajetória descrita pela lâmpada em relação a um referencial ligado ao centro da roda?

**b)** Sabendo-se que o intervalo de tempo gasto pela roda em uma rolagem completa foi de 5,0 s, qual a distância horizontal entre dois pontos mais baixos e sucessivos da cicloide?

**c)** Adotando-se $\pi = 3$, qual o desnível entre o ponto mais alto e o ponto mais baixo da cicloide?

**2** Fotos estroboscópicas são muito úteis na observação e na compreensão de detalhes sutis de certos movimentos, auxiliando, inclusive, na otimização do desempenho de atletas. Um equipamento fotográfico específico, dotado de um *flash* múltiplo, é acionado, colhendo-se uma sequência de fotogramas de uma mesma cena em intervalos de tempo regulares, geralmente de ínfima duração. Ao lado, aparece uma espetacular foto estroboscópica de um golfista ao realizar uma tacada.

Gilbert Iundt; Jean-Yves Ruszniewski/Corbis Sport/Getty Images

Suponha que se tenha fotografado estroboscopicamente o movimento de uma bola de futebol lançada obliquamente do gramado de um estádio. Analisando a imagem obtida e considerando um sistema de referência cartesiano **Oxy** fixo no gramado, com origem coincidente com a posição inicial da bola e no mesmo plano vertical do voo balístico, especialistas concluíram que o movimento descrito podia ser entendido como uma composição de dois movimentos parciais: um horizontal, com função horária de posições $x = 15{,}0t$ (SI), e o outro vertical, com função horária de posições $y = 20{,}0t - 5{,}0t^2$ (SI). Levando-se em conta o referencial **Oxy** citado, pedem-se:

**a)** obter a equação da trajetória da bola, $y = f(x)$;

**b)** esboçar a trajetória da bola, indicando o alcance horizontal do lançamento e a altura máxima atingida.

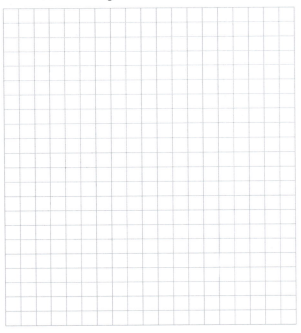

**3** *Drones* são veículos voadores não tripulados, controlados remotamente e guiados por GPS (sigla em inglês para *Global Positioning System*). Esses equipamentos têm sido muito utilizados para o transporte de materiais de primeiros socorros em emergências médicas e em cinema e fotografia, para a tomada de cenas de posições aéreas privilegiadas.

stevemart/Shutterstock

Admita que um *drone*, gravando uma das tomadas de um filme, tenha se deslocado em linha reta do ponto **A** ao ponto **B**, locais posicionados no referencial cartesiano **Oxy** mostrado abaixo, durante um intervalo de tempo de 20 s.

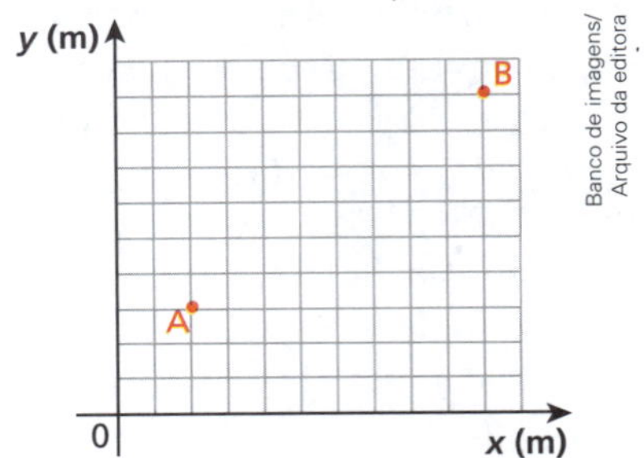


Banco de imagens/Arquivo da editora

Sabendo-se que cada quadrícula do esquema tem lado correspondente a 1,0 m, pede-se calcular:

**a)** a distância percorrida pelo *drone* no percurso de **A** até **B**;

**b)** a velocidade escalar média do veículo nesse deslocamento.

**4** A praça quadrada, formada por casinhas coloridas e pedras irregulares, faz do Pátio de São Pedro, no Recife-PE, um dos únicos do Brasil a preservar o traçado comum no período colonial. O conjunto arquitetônico, que conta ainda com a imponente Catedral de São Pedro dos Clérigos, é tombado pelo Patrimônio Histórico Nacional (...).

Delfim Martins/Pulsar Imagens

Disponível em: https://jomeiralins.tumblr.com/post/144370207726/a-pra%C3%A7a-quadrada-formada-por-casinhas-coloridas-e. Acesso em: 29 jun. 2020.

Considere que um atleta vá percorrer a pé, uma única vez, o comprimento perimétrico de uma praça quadrada de lado $L$. Sabendo-se que os quatro lados consecutivos dessa praça serão descritos com velocidades escalares médias respectivamente iguais a $v$, $2v$, $3v$ e $4v$, pede-se determinar:

**a)** o intervalo de tempo gasto pelo atleta no percurso total;

**b)** sua velocidade escalar média ao completar a citada volta na praça.

**5** Dois torcedores, **A** e **B**, presentes em um grande estádio, escutam em instantes diferentes o som do apito do árbitro encerrando uma importante partida de futebol. O torcedor **A**, mais distante do árbitro, recebe o sinal sonoro depois de 0,25 s, com um atraso (*delay*) de $6{,}25 \cdot 10^{-2}$ s em relação ao torcedor **B**.

Admitindo-se que a velocidade do som no ar tenha módulo igual a 320 m/s e que as posições dos torcedores **A** e **B** e a do árbitro definam retas perpendiculares, pede-se calcular:

**a)** a distância entre o torcedor **A** e o árbitro;

**b)** a distância entre o torcedor **B** e o árbitro;

**c)** a distância entre os torcedores **A** e **B**.

# 2 Movimento uniforme

## Nestas atividades você vai:

- Calcular intervalos de tempo.
- Determinar relação entre velocidades.
- Empregar o conceito de velocidade média.
- Traçar gráfico relacionando espaço e tempo.
- Classificar movimento uniforme.
- Utilizar função horária espacial do movimento uniforme.
- Determinar o encontro de móveis no movimento uniforme.

### Habilidade da BNCC relacionada:

EM13CNT204

**1** Maria Eduarda – a Duda – adora flores, mas também gosta muito de falar com as amigas e os amigos pelo celular. Certo dia recebeu uma ligação de Valéria, uma colega de classe, no exato instante em que abriu uma torneira sobre um recipiente de vidro inicialmente vazio, objetivando abastecê-lo de água para acondicionar as flores de um lindo buquê que recebeu de um possível namorado. A água foi sendo vertida dentro do recipiente constituído pela superposição de dois compartimentos cilíndricos, **A** e **B**, como representa a figura, a uma vazão constante de 0,90 L/min. O compartimento **A** tem raio $R_A = 20$ cm e altura $h_A = 15$ cm, enquanto o compartimento **B** tem raio $R_B = 10$ cm e altura $h_B = 15$ cm.

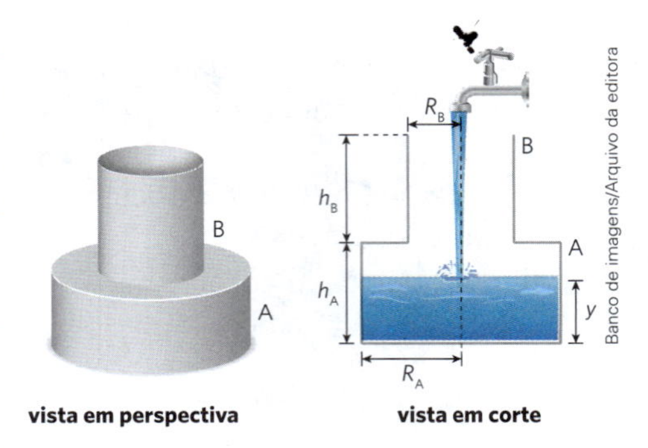


Adotando-se $\pi = 3$ e sabendo-se que a ligação de Valéria durou 30 min, pede-se:

a) calcular o intervalo de tempo gasto para o preenchimento total do recipiente;

b) determinar a relação entre as velocidades escalares de subida do nível da água, $v_B$ e $v_A$, respectivamente nos compartimentos **B** e **A**;

c) traçar o gráfico da altura $y$ do nível livre da água no recipiente em função do tempo $t$, desde o instante em que Duda abriu a torneira até o instante em que encerrou a ligação telefônica.

## 2 Pau de sebo

O pau de sebo faz parte das tradições juninas, de modo que, entre comidas típicas, música e dança, propõe desafios tentadores aos mais ágeis e corajosos. Trata-se de um mastro de madeira envernizada instalado verticalmente, o qual é recoberto previamente por uma camada de sebo (gordura animal) ou materiais similares. Uma prenda é fixada na extremidade superior do poste, a cerca de 10 m de altura – geralmente uma quantia em dinheiro –, e os candidatos devem escalar essa estrutura extremamente escorregadia em busca da recompensa. É diversão garantida e uma competição que deixa qualquer festa mais animada.

Luiz H. Blanco/Futura Press

Admita que um homem, tendo chegado a quase 8,0 m de altura em um pau de sebo, tenha desistido da escalada, iniciando um movimento de descida vertical com velocidade praticamente constante. Nesse caso, seu peso, dirigido para baixo, é equilibrado pela força total de atrito aplicada pelo poste, dirigida para cima. Na tabela a seguir estão relacionadas as posições do homem, admitido um ponto material, em relação a um eixo de ordenadas **Oy** com origem no solo.

| Posição: y(m) | Tempo: t(s) |
|---|---|
| 6,5 | 0 |
| 4,5 | 4,0 |
| 2,5 | 8,0 |
| 0,5 | 12,0 |

Levando-se em conta as indicações da tabela e o eixo de referência **Oy**, pede-se:

**a)** dizer se o movimento do homem é progressivo ou retrógrado;

**b)** determinar a função horária y = f(t);

**c)** traçar o gráfico de y = f(t) desde o instante $t_0 = 0$ até o instante em que o homem atinge o solo, em y = 0.

**3** Privilegiada por um relevo único e praias paradisíacas, a cidade do Rio de Janeiro justifica de forma plena seu codinome de Cidade Maravilhosa. E um dos cartões-postais que mais caracterizam o Rio é o conjunto dos morros da Urca e do Pão de Açúcar, de altitudes respectivamente iguais a 220 m e 400 m, com topos conectados por cabos de aço por onde trafegam os famosos bondinhos.

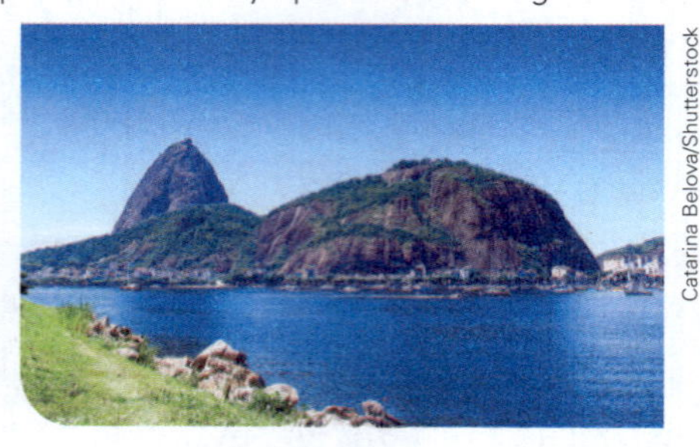
Catarina Belova/Shutterstock

Considere os dois morros esquematizados a seguir, cujos cumes, **A** e **B**, são conectados por um teleférico de cabo retilíneo que se desloca com velocidade escalar constante igual a 18 km/h.

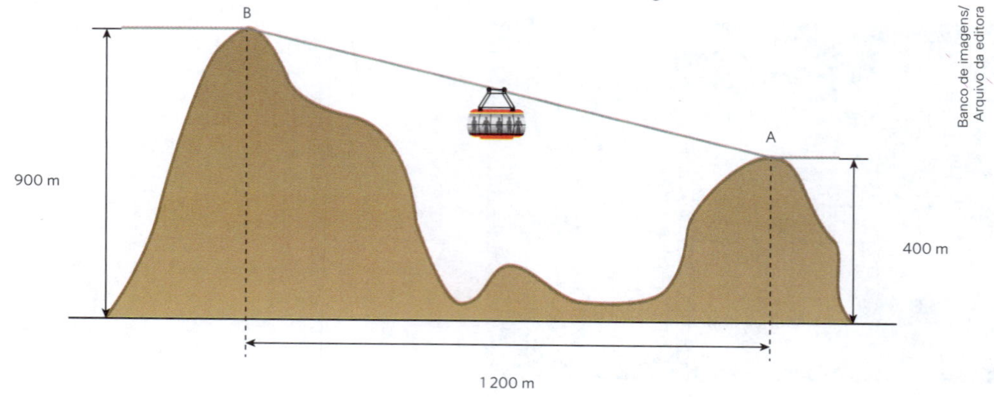

Banco de imagens/Arquivo da editora

Com base nessas informações, responda:

a) De quanto se eleva o veículo ao percorrer horizontalmente 240 m?

b) Qual o intervalo de tempo $T$ gasto pelo teleférico no percurso de **A** até **B**?

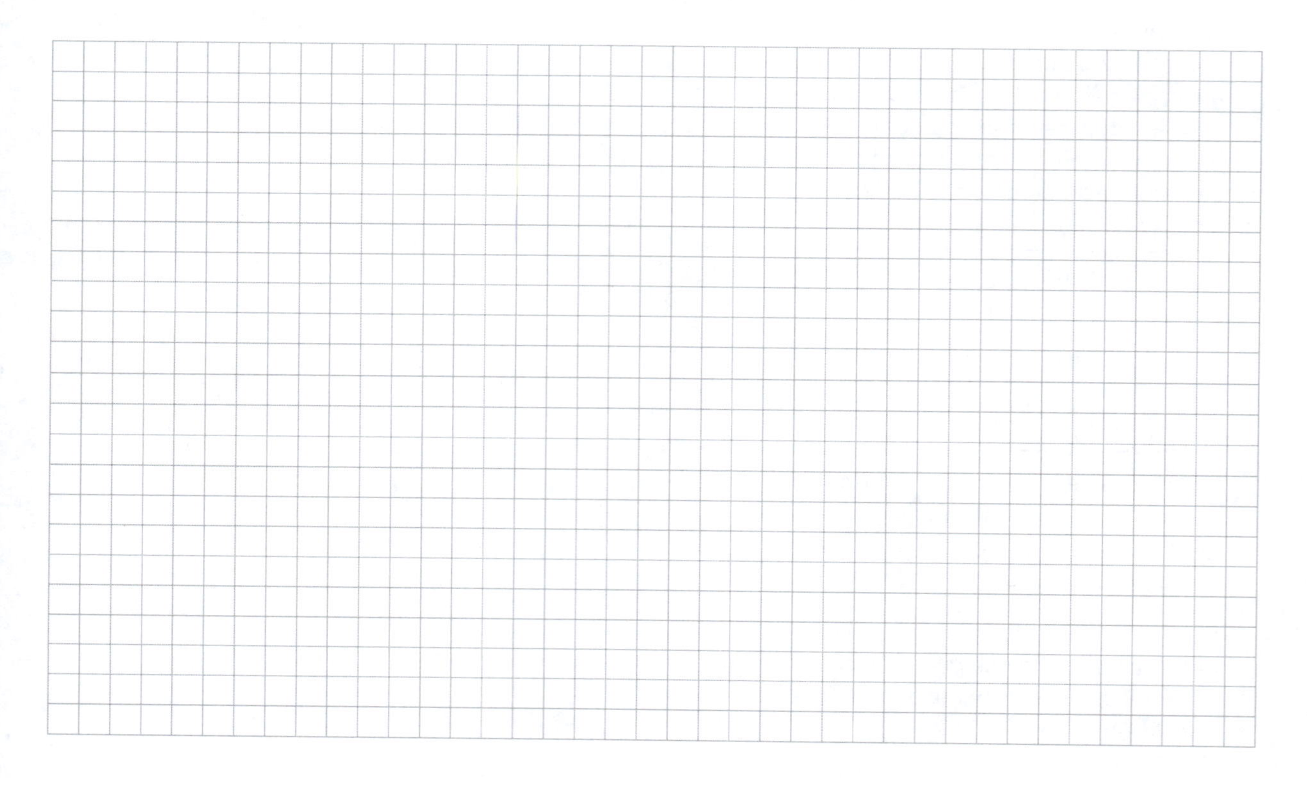

**4** Usain Bolt é mesmo um fenômeno!

O ex-velocista jamaicano detém vários recordes mundiais, rivalizando-se com os maiores medalhistas de todos os tempos. No atletismo, foi especialista em provas como os 100 e 200 metros rasos, além do revezamento 4 × 100 m por equipes.

Na Olimpíada do Rio de Janeiro – Rio 2016 – ele viveu outro momento de glória, agregando às suas conquistas mais três medalhas de ouro.

Fabrizio Bensch/Reuters/Fotoarena

Na prova de revezamento 4 × 100 m, com Bolt correndo os últimos 100 m, a equipe jamaicana ganhou a medalha de ouro na Rio 2016.

Admita que nos 100 m finais da prova de revezamento 4 × 100 m da Rio 2016, ao receber o bastão do companheiro de equipe, Bolt já estivesse com velocidade escalar de intensidade 12,5 m/s, 2,0 m atrás do adversário virtualmente campeão. Suponha, ainda, que o jamaicano tenha vencido a prova com uma vantagem de 2,0 s sobre o segundo colocado. Desprezando-se as dimensões dos atletas, ambos considerados em movimento uniforme ao longo de uma mesma reta, responda:

**a)** Qual o intervalo de tempo gasto por Bolt para completar os 100,0 m finais?

**b)** Qual a intensidade da velocidade escalar do segundo colocado?

**c)** Bolt ultrapassou seu adversário quantos metros depois de ter recebido o bastão?

CAPÍTULO 3

# Movimento uniformemente variado

## Nestas atividades você vai:

- Calcular velocidade média no movimento uniformemente variado.
- Calcular aceleração escalar média.
- Analisar gráficos que relacionam velocidade e tempo no movimento uniformemente variado.
- Utilizar o conceito de queda livre.

### Habilidades da BNCC relacionadas:

EM13CNT204 EM13CNT301

**1** As primeiras passadas após a largada de uma prova de 100 metros rasos são decisivas no resultado final. Nesse momento, deve-se preponderar a explosão muscular do atleta para atingir, a partir do repouso, elevadas velocidades finais.

Joe McNally/Sports Illustrated/ Getty Images

Suponha que, na largada de uma prova de 100 metros rasos, determinado atleta tenha percorrido os 36,0 m iniciais em exatos 5,76 s, com aceleração escalar constante, e que, após esse intervalo de tempo, ele tenha seguido em movimento uniforme até a linha final.

Com base nessas informações, responda:

**a)** Qual a velocidade escalar final com que o atleta concluiu a prova?

**b)** Qual a intensidade da aceleração escalar nos 36,0 m iniciais?

**c)** Em quanto tempo o atleta concluiu a prova?

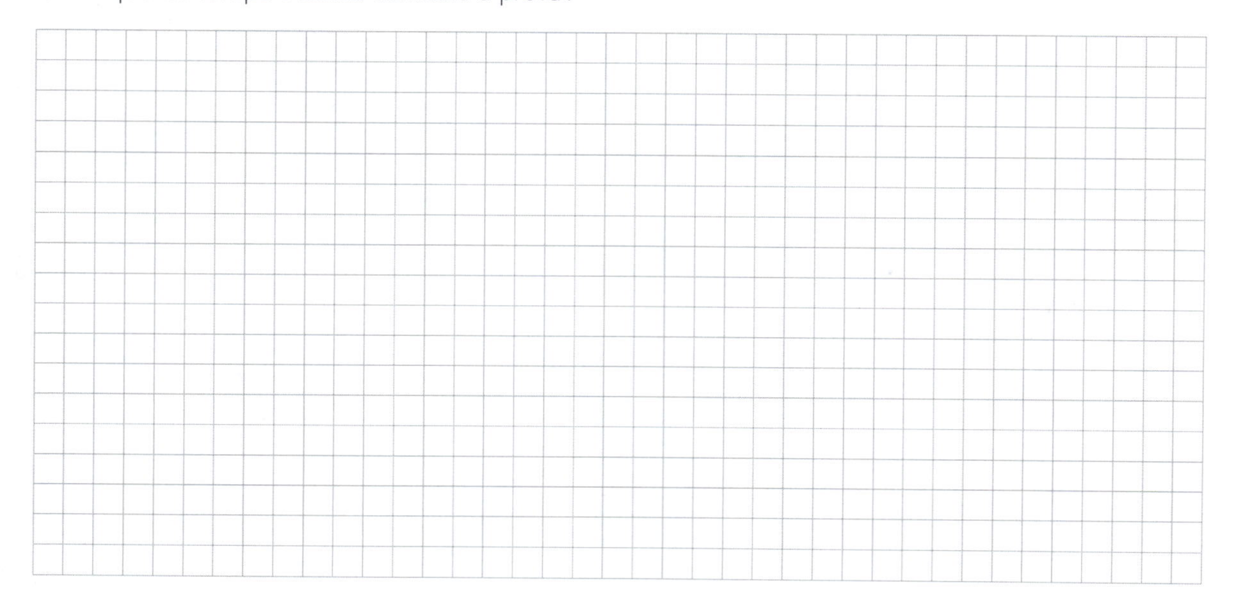

**2** Um pequeno foguete é lançado verticalmente para cima a partir de um ponto situado no solo, subindo sob a propulsão de seu motor sem sofrer os efeitos da resistência do ar. O combustível do foguete acaba, porém, no instante *T* em que sua velocidade escalar é igual a *v*, ficando o artefato, a partir daí, sob a ação exclusiva da gravidade. O gráfico abaixo mostra o comportamento da velocidade escalar do foguete até seu retorno ao ponto de partida, no instante t = 30 s.

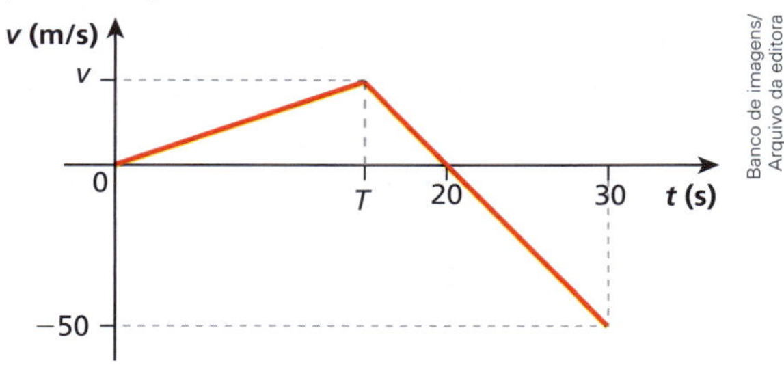


Com base nessas informações, determine:

**a)** a altura máxima atingida pelo foguete em relação ao solo;

**b)** o valor de *v*;

**c)** o valor de *T*.

**3** Do telhado de um prédio pingam gotas de água da chuva em intervalos de tempo regulares; sucessivos e iguais. Essas gotas atingem o solo depois de percorrerem 20,0 m sem sofrer os efeitos da resistência do ar. Verifica-se que no instante em que a 5ª gota se desprende do telhado, a 1ª gota toca o chão. Adotando-se para a aceleração da gravidade o valor g = 10,0 m/s$^2$, pede-se:

**a)** calcular o intervalo de tempo *T* que intercala o desprendimento de duas gotas consecutivas;

**b)** determinar as distâncias $d_{4,5}$, $d_{3,4}$, $d_{2,3}$ e $d_{1,2}$, respectivamente, entre a 4ª e a 5ª gota, entre a 3ª e a 4ª gota, entre a 2ª e a 3ª gota e entre a 1ª e a 2ª gota;

**c)** verificar se as distâncias determinadas no item anterior obedecem a uma **progressão aritmética** (P.A.). Em caso afirmativo, qual a razão dessa P.A.?

**4** Estatisticamente, dentre os veículos convencionais, o avião ainda é o meio de transporte mais seguro. Pousos e decolagens, porém, são momentos que implicam alguma tensão, exigindo de toda a tripulação competência e perícia.

A análise cinemática do procedimento de decolagem de um A319 levou à construção do gráfico da velocidade escalar ($v$) em função do tempo ($t$) que aparece a seguir. Dada a autorização de partida, a aeronave teve imediatamente as suas turbinas aceleradas, no instante $t_0 = 0$, e percorreu a pista reta e horizontal, de extensão 1 300 m, perdendo o contato com ela no instante $t_1 = 20$ s. Depois de levantar voo, o avião se manteve inclinado em relação ao solo, considerado plano e horizontal, de um ângulo constante igual a 37° até o instante $t_2 = 50$ s, quando posicionou seu eixo em direção horizontal.

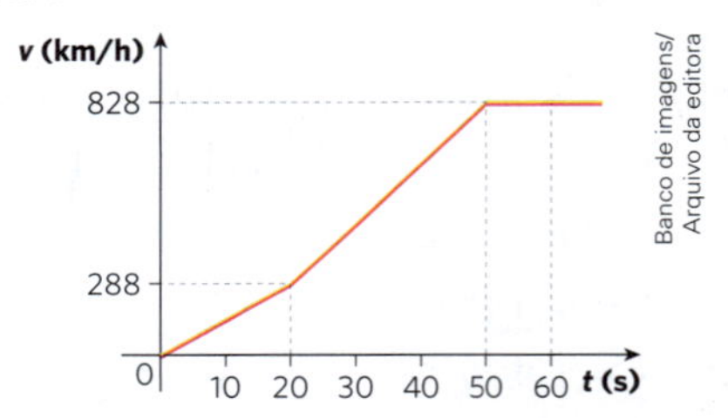


Supondo-se que todo o movimento descrito tenha ocorrido em um mesmo plano vertical e adotando-se sen 37° = 0,60 e cos 37° = 0,80, pede-se:

**a)** calcular a distância horizontal percorrida pelo avião no intervalo $t_0 = 0$ a $t_2 = 50$ s;

**b)** determinar a altura da aeronave em relação ao solo no instante $t_2 = 50$ s;

**c)** traçar o gráfico da intensidade da aceleração do avião em função do tempo desde o instante $t_0 = 0$ até o instante $t_3 = 60$ s.

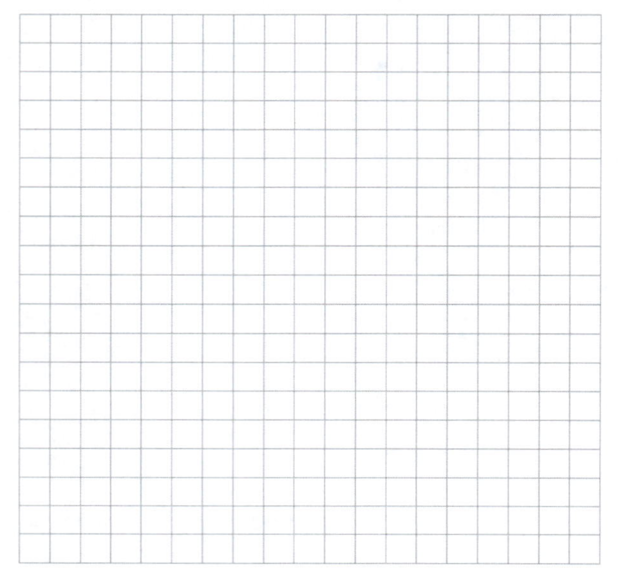

# 4 Vetores e Cinemática vetorial

## Nestas atividades você vai:

- Analisar vetores e adicioná-los.
- Determinar a força resultante.

### Habilidade da BNCC relacionada:

EM13CNT204

**1** Um **versor** é um vetor de módulo unitário utilizado como referência na expressão de outros vetores.

No plano quadriculado abaixo, estão indicados os vetores $\vec{a}$, $\vec{b}$ e $\vec{c}$.

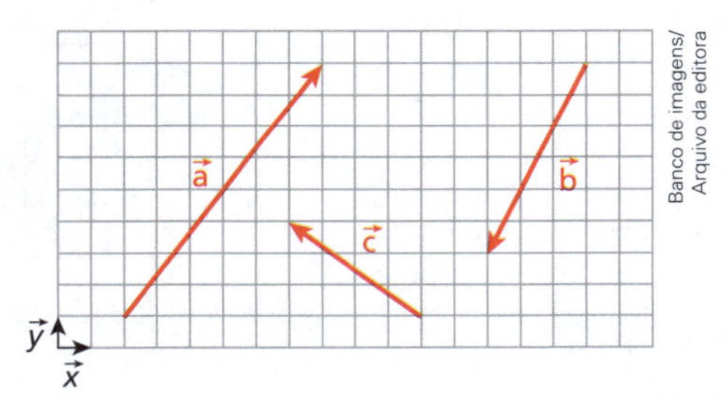


Considerando-se os versores $\vec{x}$ e $\vec{y}$, respectivamente da horizontal e da vertical, pede-se obter:

**a)** o módulo do vetor $\vec{a}$;

**b)** a expressão vetorial de $\vec{R} = \vec{a} + \vec{b} + \vec{c}$.

**2** **Guardar no verão para não faltar no inverno**

As formigas – da família Formicidae – distribuídas por todo o planeta, exceto nas regiões polares, constituem entre 15% e 20% da biomassa animal terrestre. Atualmente, são cerca de 12 600 espécies catalogadas! Esses insetos manifestam comportamento social e colaborativo e, como as vespas e as abelhas, pertencem à ordem dos Hymenoptera.

Redmond Durrell/
Alamy/Fotoarena

Admita que, em determinado instante, quatro formigas exerçam em uma folha posicionada em um plano horizontal as forças coplanares e concorrentes representadas no esquema a seguir, todas com intensidade $F$.

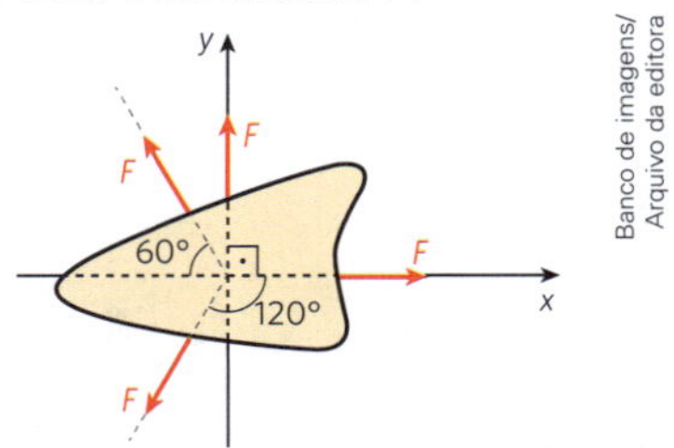


Qual será, nesse instante, a intensidade, a direção e o sentido da força resultante sobre a folha? Tenha como referência para sua resposta os eixos $x$ e $y$ indicados.

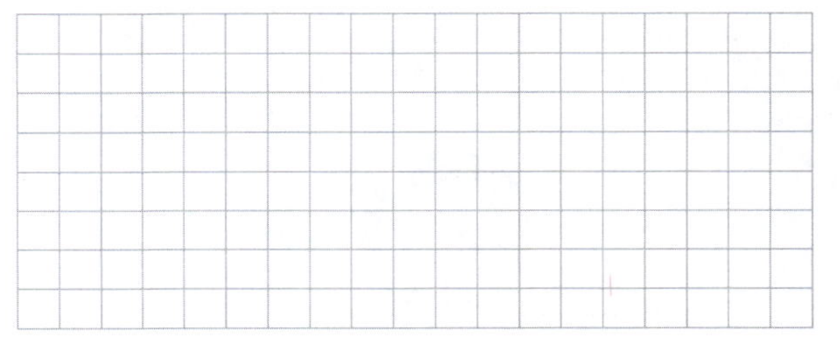

**3** Considere uma partícula em movimento sobre o plano cartesiano **Oxy**. Suas coordenadas de posição variam em função do tempo, conforme mostram os gráficos a seguir:

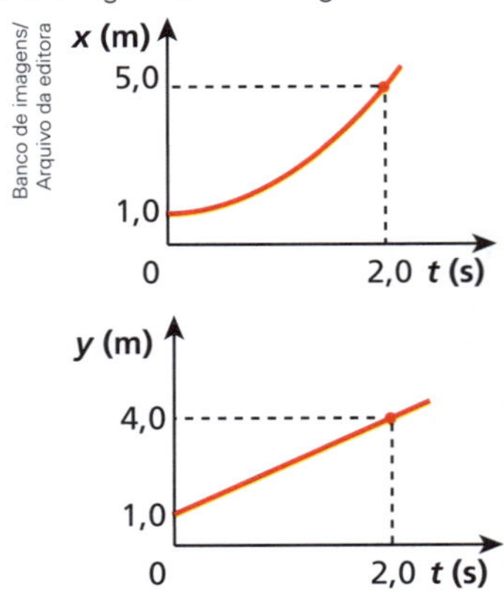


Banco de imagens/Arquivo da editora

No intervalo de $t_0 = 0$ a $t_1 = 2{,}0$ s, calcule:

**a)** a intensidade do deslocamento vetorial da partícula;

**b)** a intensidade da sua velocidade vetorial média.

**4** Um carro trafega a 100 km/h sobre uma rodovia retilínea e horizontal. Na figura, está representada uma das rodas do carro, na qual estão destacados três pontos: **A**, **B** e **C**.

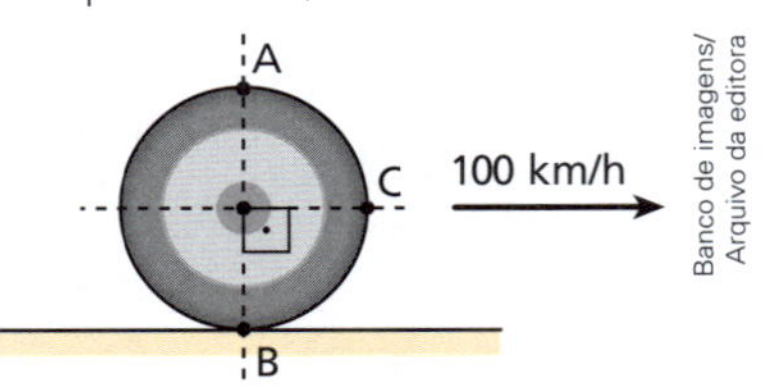


Banco de imagens/Arquivo da editora

Desprezando derrapagens, calcule as intensidades das velocidades de **A**, **B** e **C** em relação à rodovia. Adote nos cálculos $\sqrt{2} \cong 1{,}4$.

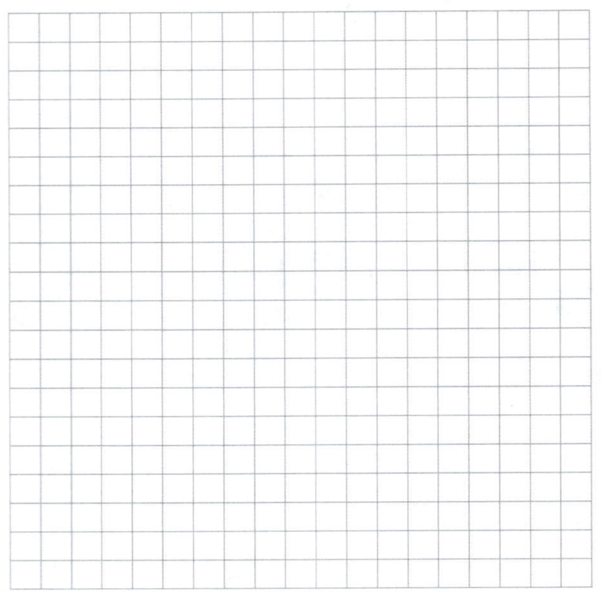

**5** O tanque de guerra esquematizado na figura está em movimento retilíneo e uniforme para a direita, com velocidade de módulo *v*. Não há escorregamento das esteiras em relação ao solo nem das esteiras em relação aos roletes.

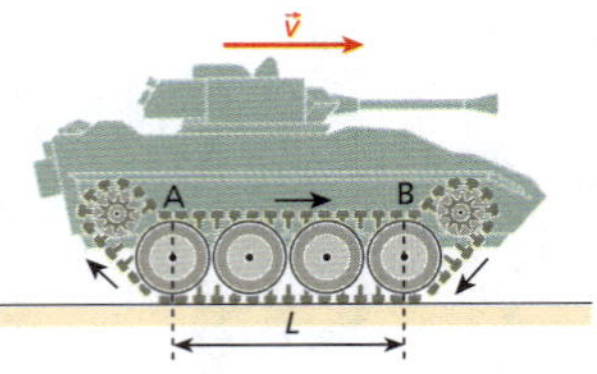


Banco de imagens/Arquivo da editora

Os roletes maiores têm raio *R* e giram em torno dos respectivos eixos com frequência de 50 rpm. Os roletes menores, das extremidades, têm raio $\frac{2R}{3}$ e também giram em torno dos respectivos eixos.

Sabendo que determinado elo da esteira da figura gasta 1,5 s para deslocar-se do ponto **A** até o ponto **B** e que nesse intervalo de tempo esse elo sofre um deslocamento de 6,0 m em relação ao solo, calcule:

**a)** o valor de *v*, bem como o comprimento *L* indicado no esquema;

**b)** a frequência de rotação dos roletes menores.

# 5 Movimento circular

## Nestas atividades você vai:

- Utilizar os conceitos de período e frequência.
- Calcular velocidade linear e velocidade angular.
- Calcular aceleração vetorial.

### Habilidade da BNCC relacionada:

EM13CNT204

**1 Como transportar uma coisa assim?**

O que você vê na imagem ao lado é a maior lâmina de turbina eólica do mundo a caminho da maior turbina eólica marítima do mundo. São impressionantes 83,5 metros de comprimento por 4,2 metros de largura sendo transportados da Dinamarca, lugar onde foi fabricada, para a Escócia. Um verdadeiro pesadelo logístico. [...]

Disponível em: www.tecmundo.com.br/energia-eolica/53969-lamina-de-turbina-eolica-de-83-metros-e-transportada-por-caminhoes.htm. Acesso em: 29 jun. 2020.

Reprodução/SSP Technology

A lâmina da imagem, desenvolvida e produzida pela empresa SSP Technology, percorreu mais de 170 km de estradas.

Imagine essa turbina eólica devidamente montada com o eixo do gerador girando preso às lâminas e em funcionamento em um dia de vento fraco, com frequência constante igual a 5,0 rpm. Considerando-se um ponto **A** na extremidade da lâmina e um ponto **B** distante 56,0 m de **A** sobre a mesma linha radial que contém **A**, adotando-se $\pi \cong 3$, pergunta-se:

**a)** Quais os módulos, $v_A$ e $v_B$, das velocidades escalares lineares dos pontos **A** e **B**, em km/h?

**b)** Qual a intensidade, *a*, da aceleração vetorial do ponto **A**, em m/s²?

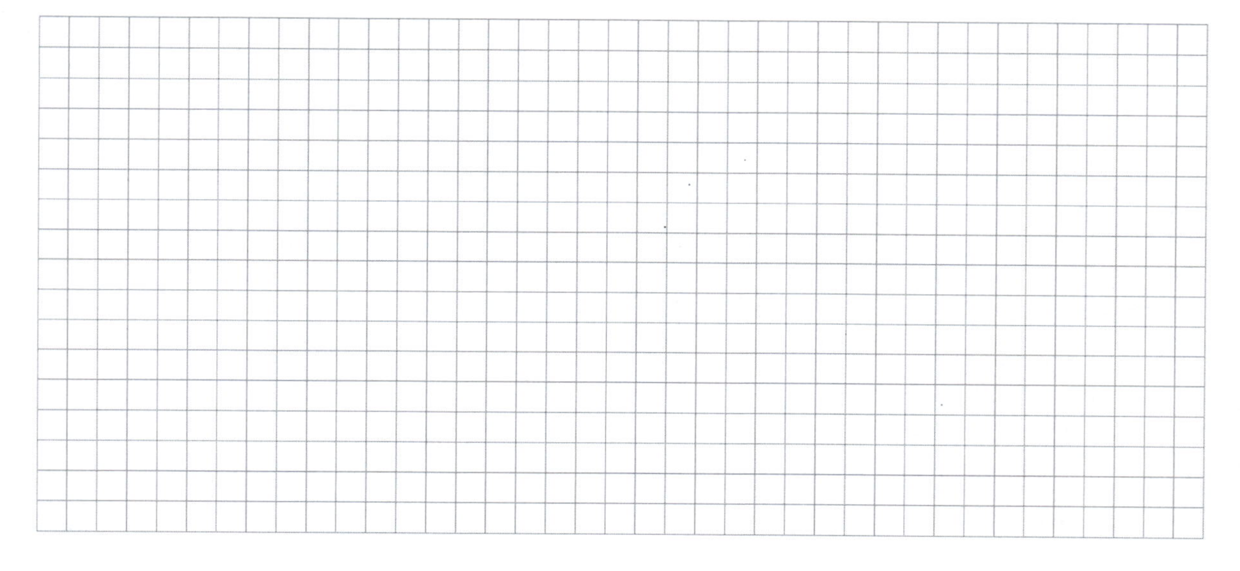

**2** A música e a dança exercem papel de suma importância na vida social e cultural dos povos indígenas. O povo indígena dança para celebrar diversas situações: a boa colheita, a boa caça, a boa pesca, a chegada da adolescência e também para homenagear os mortos.

Danças como o Toré, o Kuarup, a Acyigua e o Kahê-Tuagê influenciaram sobremaneira o folclore e os ritmos típicos de cada região do Brasil, como o Cateretê, o Jacundá e o Gato.

Picture Contact BV/AGE Fotostock/AGB Photo Library/Keystone

Considere que, em uma dança como a ilustrada na imagem acima, as oito mulheres se mantenham abraçadas, equidistantes e perfeitamente alinhadas entre si. Elas vão girar em círculo de maneira coordenada e uniforme, que terá como centro a mulher 1, gastando todas 30 s para dar uma volta completa. Considerando as mulheres 8 e 3 distantes 5,0 m entre si e adotando $\pi \cong 3$, pede-se determinar para essas duas mulheres:

**a)** o módulo da velocidade escalar angular;

**b)** o módulo da velocidade escalar linear.

**3** **Evite imprevistos com a correia dentada**

O rompimento da correia dentada é um dos motivos mais comuns que levam o carro a ter uma pane no meio da rua. Na madrugada, é uma das peças mais vendidas em auto elétricos. Fazer a manutenção preventiva da correia sincronizada – o nome técnico da correia dentada – é a solução mais rápida (e barata) para evitar aborrecimentos. [...]

Disponível em: www.estadão.com.br/noticias/geral,evite-imprevistos-com-a-correia-dentada,20041110p10635. Acesso em: 29 jun. 2020.

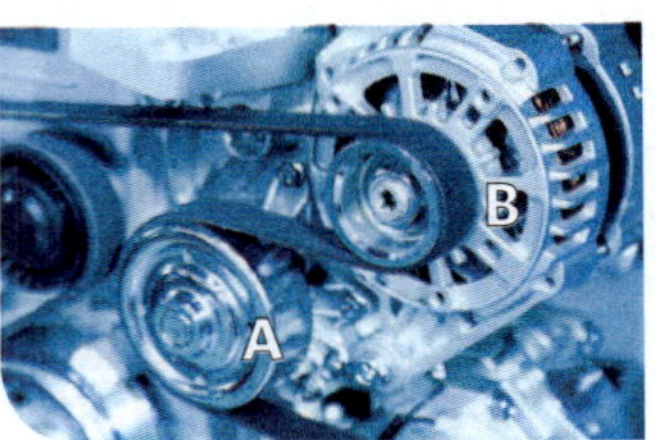


qingqing/Shutterstock

Considere as polias **A** e **B** indicadas nesta imagem, que giram sem escorregamento acionadas pela correia dentada de um veículo. Os raios de **A** e **B** estão na proporção $\frac{R_A}{R_B} = \frac{4}{3}$.

**a)** Se um ponto da correia dentada percorre dentro do motor uma distância igual a 1,0 m, quanto percorrem, no mesmo intervalo de tempo, pontos periféricos das polias **A** e **B**?

**b)** Qual a relação entre as frequências de rotação das polias **A** e **B**, isto é, $\frac{f_A}{f_B}$?

**c)** Se, durante certo intervalo de tempo, a polia **A** realiza 120 voltas completas, quantas voltas completas realizará a polia **B** nesse mesmo intervalo?

**4** Um trator trafega em linha reta por uma superfície plana e horizontal com velocidade constante de intensidade $v$. Seus pneus, cujas dimensões estão indicadas na figura, rolam sobre a superfície sem escorregar.

Em determinado instante, duas listras brancas pintadas nas laterais dos pneus encontram-se nas posições mais baixas de suas trajetórias, como mostra a figura. Sabendo-se que $\pi \cong 3$ e que a roda dianteira gira com frequência de 5,0 Hz, determine:

**a)** o valor de $v$;

**b)** o intervalo de tempo mínimo, $T$, para que as duas listras brancas estejam novamente nas posições mais baixas de suas trajetórias.

**5** A cidade de Macapá (AP), no Brasil, situa-se sobre a linha do equador, na latitude $\theta = 0°$. Já a ilha de Kayak localiza-se no Alasca, Estados Unidos, na latitude $\theta' = 60°$. Admita a Terra esférica, com raio igual a 6 371 km, e considere exclusivamente, nessa abordagem, o movimento de rotação do planeta em torno de seu eixo, responsável pela sucessão dos dias e das noites. Adotando-se $\pi = 3{,}14$, pede-se determinar:

**a)** o módulo da velocidade escalar linear de um corpo em Macapá em relação ao eixo de rotação da Terra;

**b)** a relação entre as velocidades escalares lineares de dois corpos, em Kayak e em Macapá, respectivamente, em relação a esse eixo;

**c)** o gráfico do módulo da velocidade escalar linear de um corpo que vai do equador ao polo norte em função da latitude.

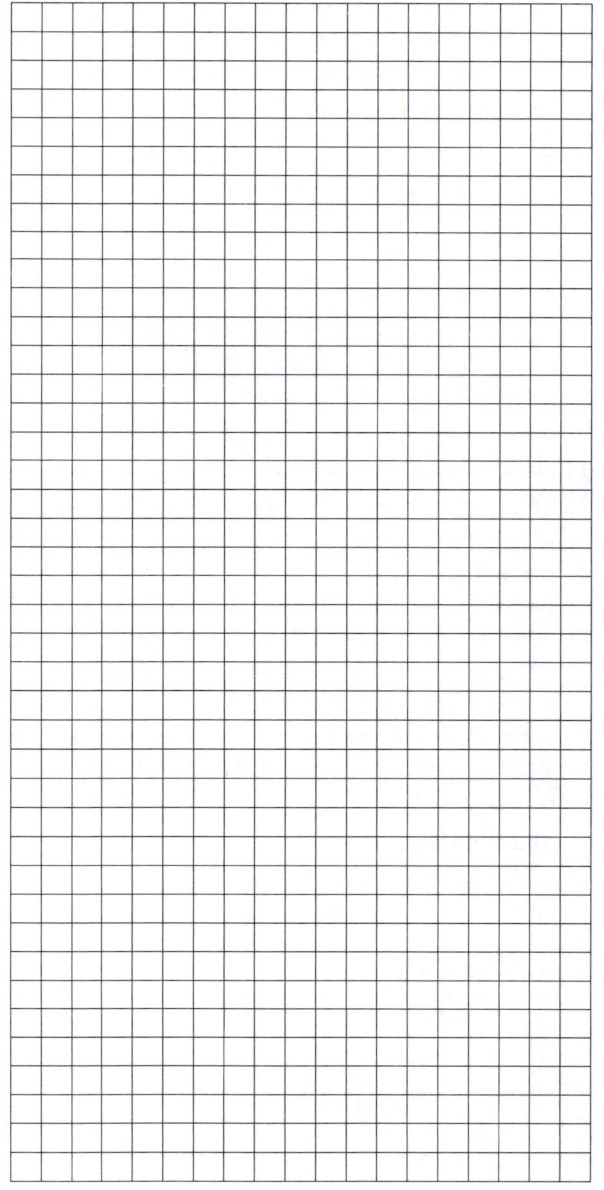

# Princípios da Dinâmica

## Nestas atividades você vai:

- Aplicar as leis de Newton.

### Habilidades da BNCC relacionadas:

EM13CNT204 EM13CNT205 EM13CNT301

**1** Na figura, estão representadas uma caixa, de massa igual a 4,7 kg, e uma corrente constituída de dez elos iguais, com massa de 50 g cada um. Um homem aplica no elo 1 uma força vertical dirigida para cima, de intensidade 78 N, e o sistema adquire aceleração. Admitindo $|\vec{g}| = 10\ m/s^2$ e desprezando todos os atritos, responda:

**a)** Qual a intensidade da aceleração do sistema?

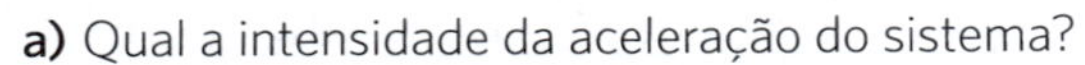

**b)** Qual a intensidade da força de contato entre os elos 4 e 5?

CJT/Zapt/Arquivo da editora

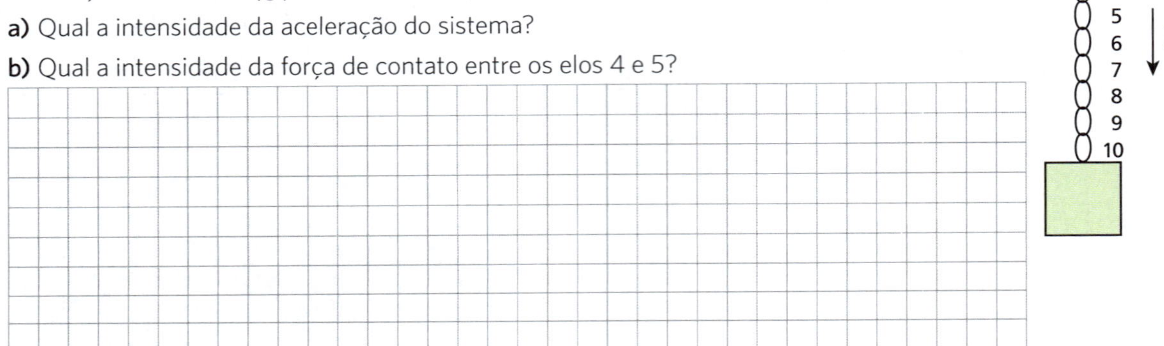

**2** Um passageiro de um avião que taxia em um aeroporto segura um pêndulo constituído de um fio ideal em cuja extremidade está atado um pequeno objeto. Incialmente, com a aeronave em repouso na cabeceira da pista, o pêndulo permanece na vertical, conforme indica a figura 1. Iniciada a corrida para a decolagem, em movimento retilíneo uniformemente acelerado, verifica-se que o pêndulo deixa sua posição inicial, assumindo a posição representada na figura 2, formando com a vertical um ângulo $\theta$, tal que sen $\theta = 0{,}60$ e cos $\theta = 0{,}80$.

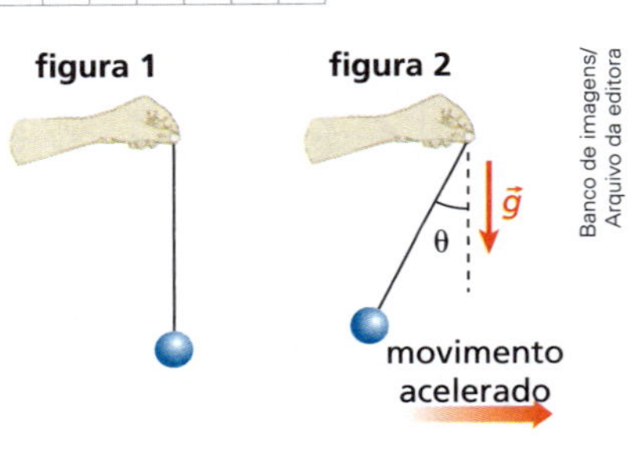


Banco de imagens/Arquivo da editora

Sabendo-se que a aeronave percorre, até alcançar voo na pista horizontal, uma distância igual a 540 m, não levando em conta a influência do ar sobre o objeto e admitindo-se para o módulo da aceleração da gravidade o valor $g = 10{,}0\ m/s^2$, pede-se determinar:

**a)** a intensidade da aceleração do avião;

**b)** sua velocidade, em km/h, no momento em que levanta voo.

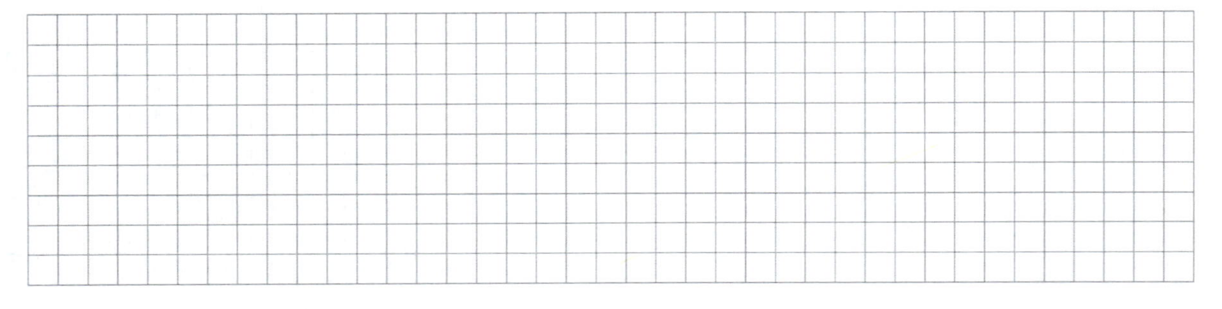

**3** Na figura, os blocos **A**, **B** e **C** têm massas respectivamente iguais a $3M$, $2M$ e $M$; o fio e a polia são ideais. Os atritos são desprezíveis e a aceleração da gravidade tem intensidade $g$.

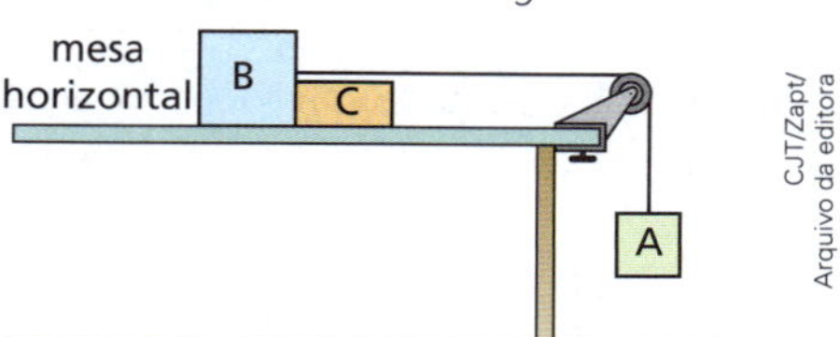


Admitindo os blocos em movimento sob a ação da gravidade, calcule as intensidades da força de tração no fio ($T$) e da força de contato trocada por **B** e **C** ($F$).

**4** A figura representa os blocos **A** e **B**, de massas respectivamente iguais a 3,00 kg e 1,00 kg, conectados entre si por um fio leve e inextensível que passa por uma polia ideal, fixa no teto de um elevador. Os blocos estão inicialmente em repouso, em relação ao elevador, nas posições indicadas.

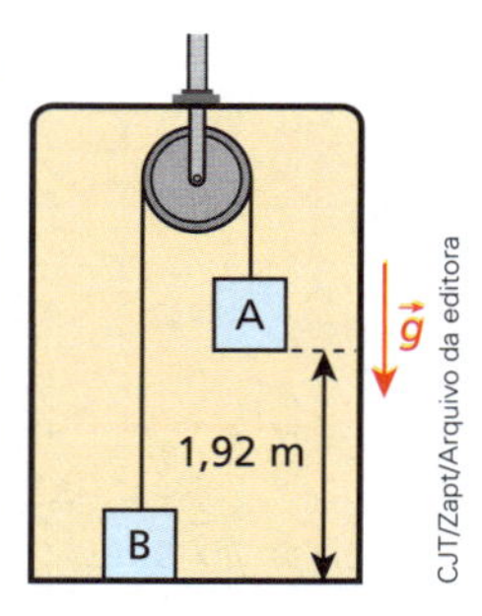


Admitindo que o elevador tenha aceleração de intensidade 2,0 m/s², vertical e dirigida para cima, determine o intervalo de tempo necessário para o bloco **A** atingir o piso do elevador. Adote nos cálculos $|\vec{g}| = 10{,}0$ m/s².

**5** Na situação esquematizada na figura, um bloco **A**, de massa $m_A = 8{,}0$ kg, está em repouso sobre a plataforma de uma balança preso a um fio que passa por duas polias fixas ideais niveladas na mesma horizontal. Esse fio tem sua outra extremidade atada a uma pequena esfera **B**, de massa $m_B = 1{,}0$ kg, que vai partir do repouso da posição indicada, passando a descrever uma trajetória circular de raio $R = 0{,}10$ m.

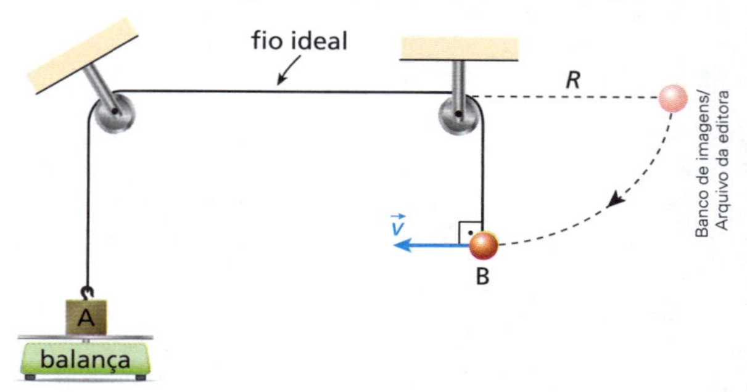


Sabendo-se que no local a influência do ar é desprezível, que $g = 10{,}0$ m/s² e que quando a esfera **B** passa pela posição mais baixa de sua trajetória a balança indica 30,0 N, nesse instante, determine:

**a)** a intensidade $T$ da força de tração no fio;

**b)** o módulo $v$ da velocidade do corpo **B**.

**6** Dois alpinistas, **A** e **B**, de massas respectivamente iguais a 40 kg e 60 kg, mantêm-se unidos por meio de uma corda esticada enquanto sobem, enfileirados, por uma encosta plana coberta de neve, inclinada de 30° em relação à horizontal, rumo ao almejado cume da montanha. De repente, o alpinista que caminhava atrás (**A**) despenca em uma enorme fenda vertical escondida sob a neve, puxando em sua direção, por meio da corda, o alpinista que caminhava à frente (**B**). Após um breve intervalo de tempo escorregando praticamente sem atrito, **B** cravou uma pequena picareta no piso gelado e, com isso, sob a ação da salvadora força resistente ao longo de um percurso retilíneo de 2,0 m, passou a frear a si mesmo e seu parceiro, até o repouso.

No instante em que a picareta foi introduzida na neve, a intensidade da velocidade do conjunto era de 2,0 m/s. Desprezando-se a massa da corda, admitida flexível e inextensível, e considerando-se os dados $g = 10 \text{ m/s}^2$, $\text{sen } 30° = \frac{1}{2}$ e $\cos 30° = \frac{\sqrt{3}}{2}$, determine:

a) a intensidade da força de tração na corda durante o breve intervalo de tempo decorrido entre a queda de **A** e a introdução da picareta de **B** no solo nevado;

b) a intensidade da força de atrito que a picareta de **B** recebe da neve, admitida constante, durante o providencial movimento retardado dos dois alpinistas.

# 7 Atrito entre sólidos

## Nestas atividades você vai:

- Utilizar o conceito de atrito e tração.
- Analisar decomposição de forças.
- Analisar ação de forças no movimento circular uniforme.

### Habilidade da BNCC relacionada:

EM13CNT204

**1** Clarice monta o sistema esquematizado ao lado em que o fio e a polia podem ser considerados ideais. Os recipientes **A** e **B** têm massas respectivamente iguais a 200 g e 100 g, e o coeficiente de atrito estático entre o recipiente **A** e a superfície horizontal de apoio é $\mu = 0{,}25$. A jovem coloca inicialmente duas dúzias e meia de ovos no recipiente **A**.

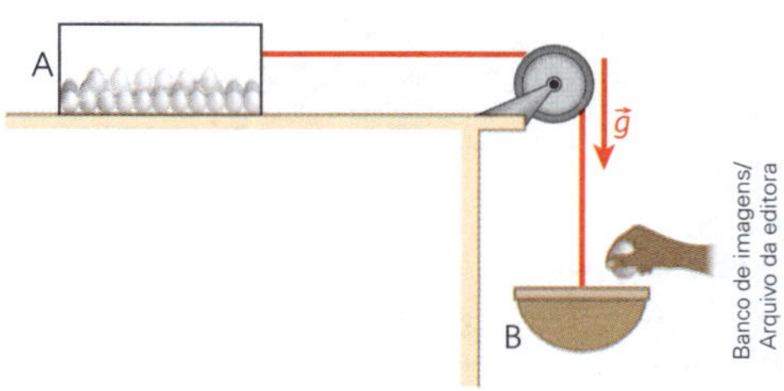

Banco de imagens/Arquivo da editora

Adotando-se $g_S = 10\ m/s^2$ e admitindo-se que os ovos sejam idênticos, cada um com massa $m = 50$ g, obtenha quantos ovos, no máximo, Clarice poderá retirar do recipiente **A** e depositar no recipiente **B** sem que o conjunto entre em movimento.

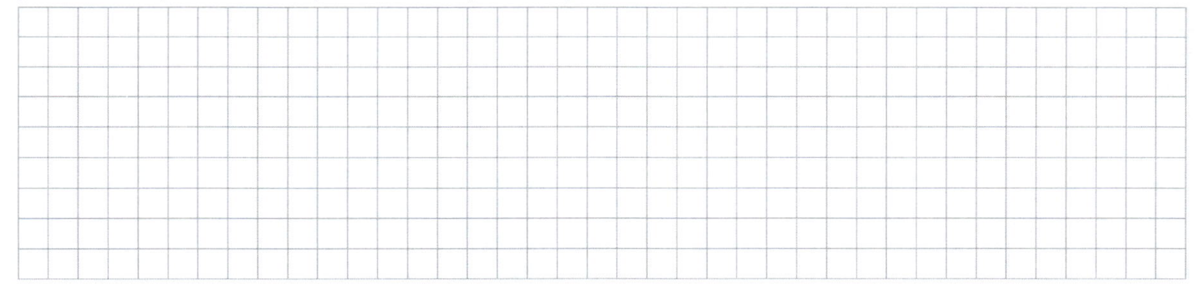

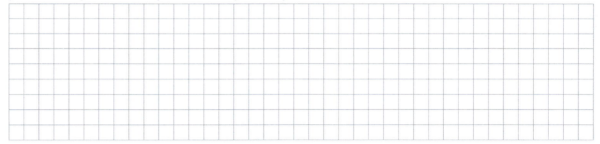

**2** Nas duas situações esquematizadas ao lado, uma mesma caixa de peso 20 N deverá ser arrastada sobre o solo plano e horizontal em movimento retilíneo e uniforme. O coeficiente de atrito cinético entre a caixa e a superfície de apoio vale 0,50.

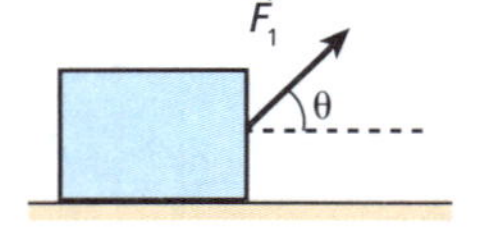

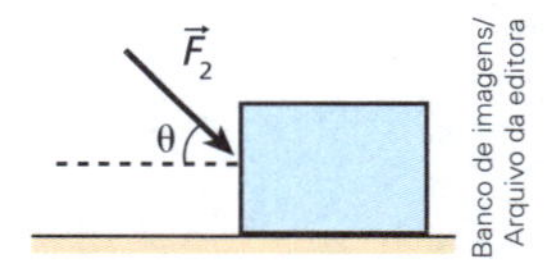

Banco de imagens/Arquivo da editora

**Dados:** sen $\theta = 0{,}80$ e cos $\theta = 0{,}60$.

Desprezando a influência do ar, calcule as intensidades das forças $\vec{F}_1$ e $\vec{F}_2$ que satisfazem à condição citada.

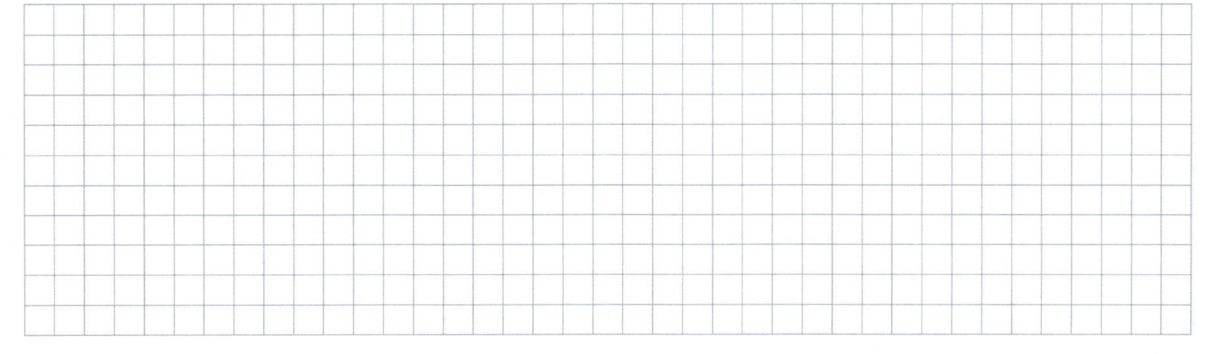

**3** Na situação esquematizada na figura, o fio e a polia são ideais; despreza-se o efeito do ar e adota-se $g = 10\ m/s^2$.

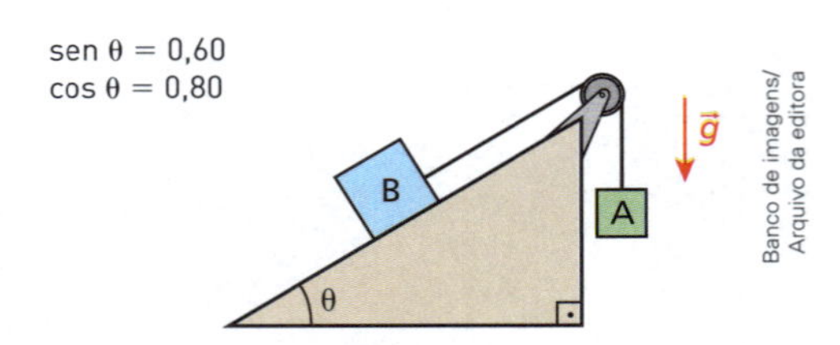


Sabendo que os blocos **A** e **B** têm massas iguais a 5,0 kg e que os coeficientes de atrito estático e cinético entre **B** e o plano de apoio valem, respectivamente, 0,45 e 0,40, determine:

a) o módulo da aceleração dos blocos;

b) a intensidade da força de tração no fio.

**4** Um automóvel está em movimento circular e uniforme com velocidade escalar *v*, numa pista sobrelevada de um ângulo $\theta$ em relação à horizontal. Sendo $\mu$ o coeficiente de atrito estático entre os pneus e a pista, *R* o raio da trajetória e *g* a intensidade do campo gravitacional, determine o valor máximo de *v*, de modo que não haja deslizamento lateral do veículo.

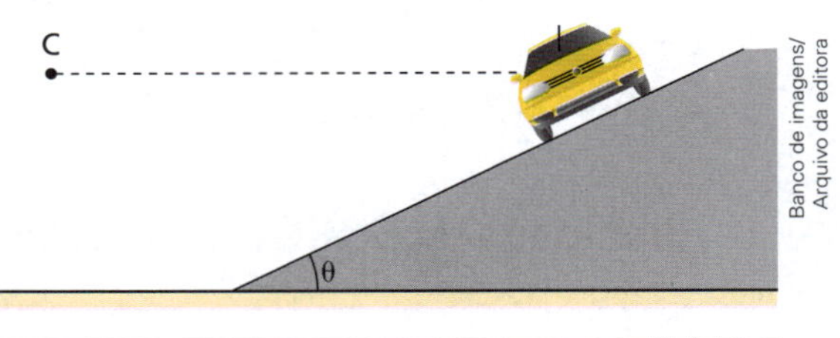

**5** Fato que não é tão raro é o de um motorista desatento que esquece um pequeno objeto no teto do carro e arranca com o veículo... (sic)

Pois bem, suponha que isso tenha acontecido!

Rinaldo deixou uma pequena caixa simplesmente apoiada no teto horizontal de sua caminhonete, conforme indica a figura, entrou no veículo e acelerou a partir do repouso, no instante $t_0 = 0$, em uma pista reta, plana e horizontal.

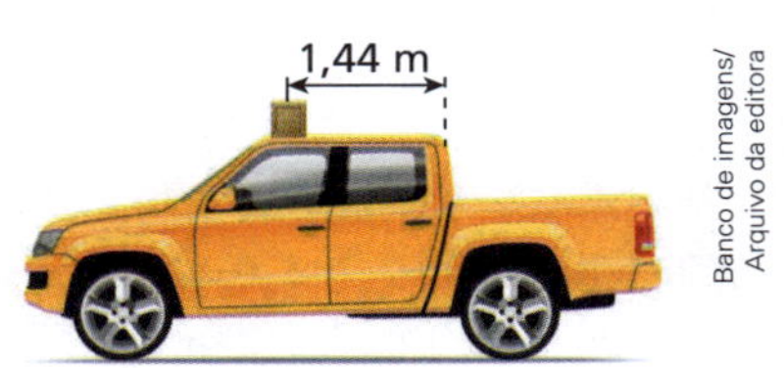


Banco de imagens/Arquivo da editora

A velocidade escalar da caminhonete em função do tempo obedeceu ao gráfico abaixo.

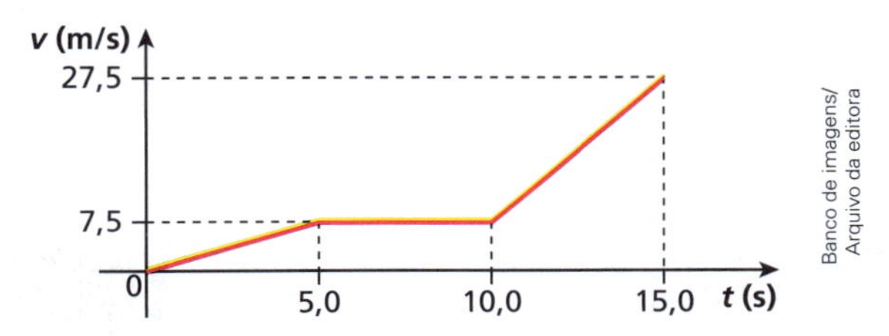


Banco de imagens/Arquivo da editora

Os coeficientes de atrito estático e dinâmico entre a caixa e o teto do veículo valem, respectivamente, 0,30 e 0,20. No local, a influência do ar é desprezível e adota-se $g = 10\ m/s^2$. A partir dos dados apresentados, determine:

**a)** a intensidade da máxima aceleração da caminhonete de modo que a caixa não deslize em relação ao teto do veículo;

**b)** o instante *t* em que a caixa despenca do teto da caminhonete.

# Gravitação

## Nestas atividades você vai:

- Aplicar as leis de Kepler.
- Utilizar o conceito de movimento circular e uniforme.
- Aplicar a lei da gravitação universal de Newton.

### Habilidades da BNCC relacionadas:

EM13CNT302 EM13CNT303

**1** Considere a Terra esférica com raio $R = 6\,390$ km. Diferentemente de Júpiter, que possui cerca de 79 satélites naturais catalogados, a Terra tem apenas um, a Lua, cujo período de revolução ao redor do planeta é cerca de 27 dias, e sua órbita, admitida circular, tem raio próximo de $60R$. Satélites estacionários (em repouso em relação a determinado ponto da superfície terrestre) orbitam ao redor da Terra em trajetória circular, servindo especialmente às telecomunicações.

A respeito desses satélites, é correto afirmar que:

**a)** seu período de revolução é 12 h;

**b)** têm órbita pertencente ao plano que contém os polos da Terra;

**c)** se um pêndulo simples for instalado em seu interior, este oscilará com período menor o que oscilaria na superfície terrestre;

**d)** a altitude de sua órbita em relação à superfície do planeta é de 36 210 km;

**e)** o módulo de sua velocidade de translação ao longo da órbita é próximo de 29 000 km/h.

Patrimonio Designs Ltd/Shutterstock

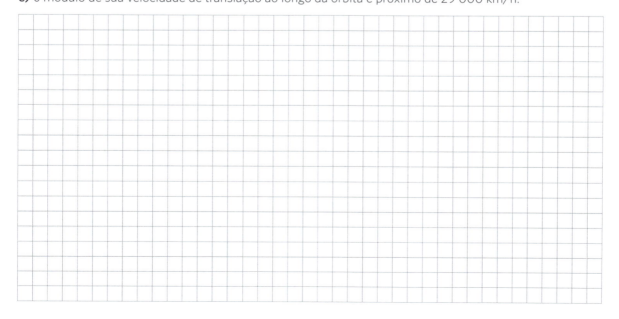

Em ordem de distâncias crescentes a Júpiter, as quatro principais luas desse planeta, denominadas luas de Galileu, são: Io, Europa, Ganimedes e Calisto.

**2** A Astronomia atual se ocupa largamente da prospecção de exoplanetas - planetas fora do Sistema Solar com potencialidade para abrigar vida, especialmente a humana. Algumas condições de similaridade com a Terra devem ser obedecidas, como a existência de uma atmosfera rica em oxigênio ($O_2$), presença de água líquida, aceleração da gravidade próxima de 10 m/s$^2$, baixa incidência de radiações ionizantes, etc. Admita que determinado exoplaneta tenha duas luas, **A** e **B**, em órbitas circulares de raios $R_A$ e $R_B$, de modo que $R_B = 4R_A$. Sendo $T_A$ e $T_B$ os períodos de revolução de **A** e **B**, respectivamente, determine:

**a)** a relação $\frac{T_B}{T_A}$;

**b)** a relação $\frac{v_B}{v_A}$ entre as intensidades das velocidades tangenciais com que **B** e **A** percorrem suas órbitas.

**3** Em onze viagens tripuladas à Lua, o Projeto Apollo da NASA (agência espacial norte-americana) fez com que doze astronautas desembarcassem em solo lunar, permitindo que estes andassem e saltitassem com extrema leveza naquele satélite. Isso porque a aceleração da gravidade da Lua é bem menos intensa que a da Terra.

Corbis Historical/Corbis/Getty Images

Admita que, em valores aproximados, a massa da Terra, $M_T$, seja 80 vezes a lunar, $M_L$, e que o raio da Terra, $R_T$, seja 4 vezes o raio do satélite natural, $R_L$. Suponha, ainda, que determinado astronauta com seu traje espacial consiga saltar verticalmente na Terra a uma altura máxima $H_T = 20$ cm. Com esse mesmo traje espacial e mesma intensidade de velocidade inicial, a que altura máxima, $H_L$, esse astronauta conseguiria chegar saltando verticalmente na Lua? Despreze a influência do ar no salto a partir do solo terrestre.

**4** No dia 5 de junho de 2012, pôde-se observar de determinadas regiões da Terra o fenômeno celeste denominado **Trânsito de Vênus**, cuja próxima ocorrência, conforme previsões astronômicas, se dará somente em 2117. Tal fenômeno só é possível devido às órbitas de Vênus e da Terra em torno do Sol serem praticamente coplanares e porque o raio da órbita de Vênus (0,724 UA) é menor que o raio da órbita da Terra (1,000 UA).

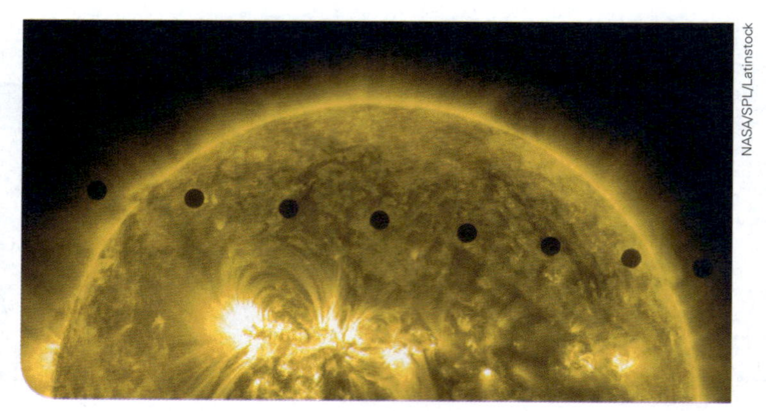
NASA/SPL/Latinstock

Admitindo-se circulares as órbitas de Vênus e da Terra em torno do Sol e considerando que a Terra percorre sua órbita com velocidade tangencial e módulo muito próximo de 30,0 km/s, com base também nas informações da ilustração, determine:

a) o módulo da velocidade tangencial com que Vênus percorre sua órbita;

b) o comprimento do arco de órbita percorrido por Vênus em seu trânsito diante do Sol. Despreze nesse cálculo os efeitos de paralaxe inerentes ao movimento orbital da Terra.

# 9 Movimento em campo gravitacional uniforme

## Nestas atividades você vai:

- Realizar decomposição do vetor velocidade.
- Utilizar o conceito de função horária da posição do movimento uniformemente variado.
- Calcular tempo de queda.

### Habilidade da BNCC relacionada:

EM13CNT204

**1** A figura abaixo representa a foto estroboscópica do movimento de uma bola que realizou um voo balístico em um plano vertical. A influência do ar pode ser desprezada, no local, e adota-se $g = 10,0 \text{ m/s}^2$. O intervalo de tempo que intercalou dois fotogramas consecutivos foi de 0,13 s e cada quadrícula que serve de base para a imagem tem lado de comprimento $L$.

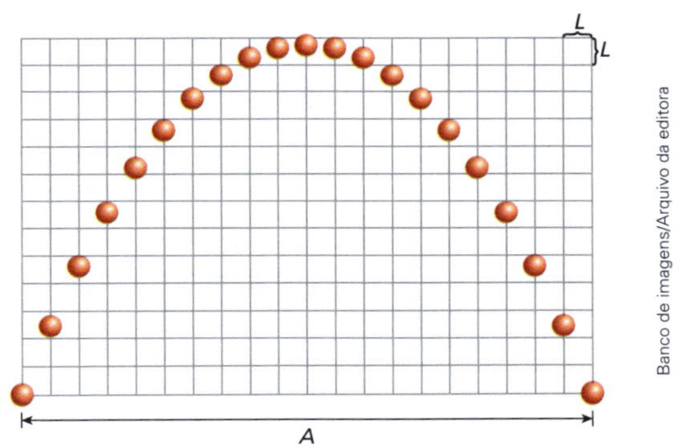


Chamando-se de $v_{0_x}$ e $v_{0_y}$, respectivamente, as intensidades das componentes horizontal e vertical da velocidade da bola no primeiro fotograma – embaixo e à esquerda da imagem –, determine:

**a)** o alcance horizontal $A$ do voo da bola;

**b)** os valores de $v_{0_x}$ e $v_{0_y}$.

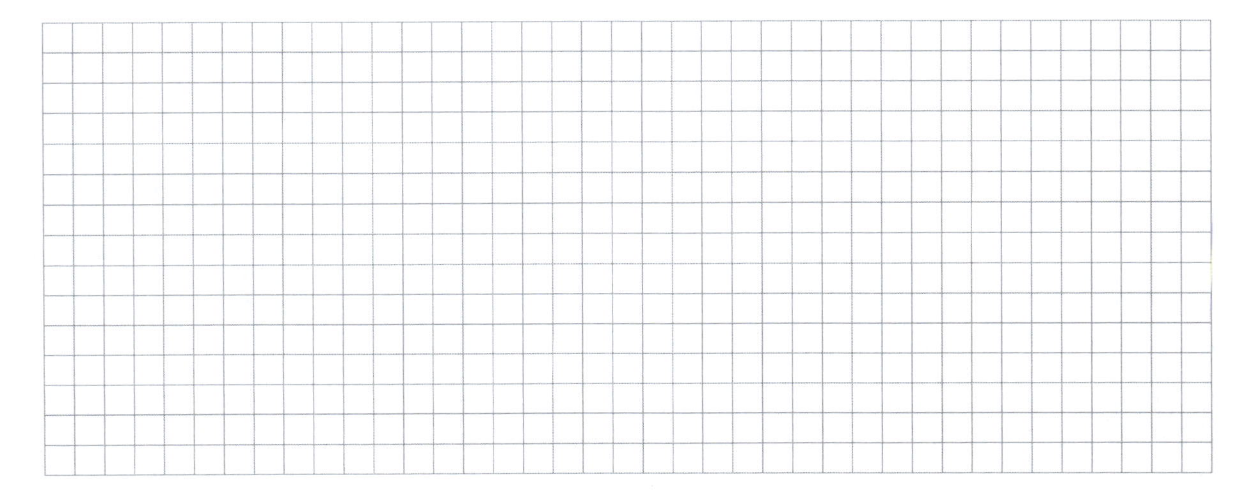

**2** Uma pequena esfera de massa m = 1,0 kg é posta a girar no sentido anti-horário em um plano vertical ao redor do ponto **C** indicado na figura abaixo. Esse corpo está preso a um fio inextensível de comprimento r = 1,0 m, que suporta uma força de tração de intensidade máxima $T_{máx} = 46$ N. No local, a influência do ar pode ser desprezada e adota-se $g = 10\ m/s^2$.

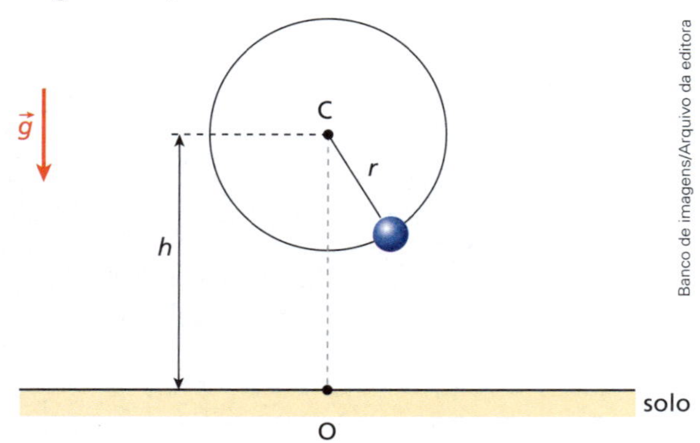


Sabendo-se que o ponto **C** está a uma altura h = 6,0 m em relação ao solo, responda:

a) Que velocidade angular, ω, deve ter a esfera para provocar o rompimento do fio?

b) Com o fio rompido, a que distância *d* do ponto **O** a esfera atinge o solo?

**3** Uma indústria descarta alguns de seus rejeitos lançando-os em uma vala que é posteriormente aterrada. Esses rejeitos são acondicionados em pequenas caixas herméticas que são lançadas por uma esteira transportadora na horizontal, conforme representa o esquema.

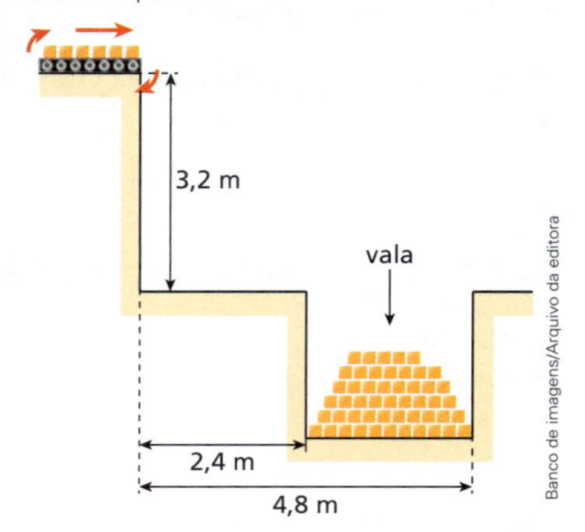


O operador do equipamento pode regular a intensidade $v_0$ da velocidade de arrastamento das caixas de modo a preencher a vala da maneira mais uniforme possível, mas tudo deve ocorrer sem que as caixas escorreguem em relação à esteira.

Adotando-se $g = 10\ m/s^2$ e desprezando a resistência do ar, determine o intervalo de valores admissíveis para $v_0$ tal que nenhuma caixa fique fora da vala.

## 4 Cigarrinha-da-espuma é campeã de salto em altura na natureza

Um inseto de apenas seis milímetros de comprimento, a cigarrinha-da-espuma (*Philaenus spumarius*), pode chegar a saltar mais de 70 centímetros de altura. Comparada ao tamanho do homem, equivaleria a um salto por cima de um prédio de mais de 200 metros, de acordo com uma pesquisa divulgada em edição da revista "Nature" (www.nature.com).

Disponível em: https://www1.folha.uol.com.br/folha/ciencia/ult306u9707. Acesso em: 30 jul. 2020.

Muddy knees/Shutterstock

Admita que uma cigarrinha-da-espuma salte obliquamente com velocidade $\vec{V}_0$ a partir da folha de um arbusto situada a altura $h_0 = 35$ cm em relação ao solo, considerado plano e horizontal. A inclinação de $\vec{V}_0$ em relação à horizontal é $\theta = 37°$ + (sen $\theta = 0{,}60$ e cos $\theta = 0{,}80$), a resistência do ar pode ser desprezada e adota-se $g = 10$ m/s². Sabendo-se que o inseto atinge altura máxima $h = 80$ cm em relação ao solo, determine:

**a)** a intensidade de $\vec{V}_0$;

**b)** o alcance horizontal do salto.

# 10 Trabalho e potência

## Nestas atividades você vai:

- Utilizar os conceitos de trabalho, potência e rendimento.
- Calcular força no movimento circular e uniforme.
- Realizar decomposição de forças.
- Utilizar equações horárias do movimento uniformemente variado.
- Utilizar o teorema da energia cinética.

### Habilidades da BNCC relacionadas:

EM13CNT105 EM13CNT106

**1** No esquema ao lado, um náufrago de massa m = 70,0 kg é içado por um cabo vertical, inextensível e de massa desprezível, manejado pelos tripulantes de um helicóptero em repouso em relação à água do mar. Nesse resgate, a influência do ar sobre o movimento do náufrago, que é acelerado para cima com intensidade a = 0,20 m/s², deve ser desprezada.

Sendo H = 25,0 m a altura a que o náufrago deverá ser erguido e g = 10,0 m/s² a intensidade da aceleração da gravidade, determine:

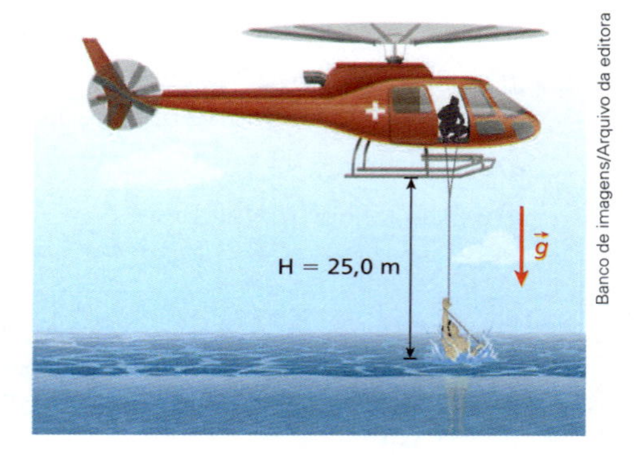

Banco de imagens/Arquivo da editora

a) a intensidade da força de tração no cabo;

b) o trabalho da força resultante sobre o náufrago nesse resgate.

**2** **A Fórmula 1 das Olimpíadas de inverno**

O bobsled é uma modalidade esportiva que figura nas Olimpíadas de Inverno em que trenós especiais com duas ou quatro pessoas percorrem, acionados pela força da gravidade, uma pista sinuosa em declive, coberta de gelo, desenhada especialmente para este fim. As velocidades podem chegar a 200,00 km/h e os trechos curvos são dotados de sobrelevação, o que dá aos veículos mais estabilidade. A despeito de no Brasil ter pouca ocorrência de neve, há equipes desse desporto que participam das principais competições oficiais.

Quinn Rooney/Getty Images

Admita que os atletas, ao largarem com um trenó para duas pessoas, com massa de 250,00 kg, incluídas as massas das pessoas, depois de empurrarem vigorosamente o veículo, nele embarquem a 39,60 km/h para percorrer um trecho de pista com extensão 228,75 m assimilável a uma hélice cilíndrica de raio de curvatura $R = 40{,}00$ m inclinada, em cada ponto, $\theta = 37°$ em relação à horizontal. (sen 37° = 0,60 e cos 37° = 0,80).

Desprezando-se as dimensões do trenó, bem como o efeito do ar, considerando-se $\mu = 0{,}10$ o coeficiente de atrito cinético entre as lâminas do trenó e o gelo, $g = 10{,}00$ m/s² a intensidade da aceleração da gravidade, determine:

**a)** a intensidade da resultante centrípeta associada ao trenó no instante em que o módulo de sua velocidade for $v_i = 72{,}00$ km/h;

**b)** o trabalho da força de atrito durante o percurso do trenó no referido trecho da trajetória;

**c)** o módulo da velocidade do veículo, em km/h, ao atingir o ponto de chegada.

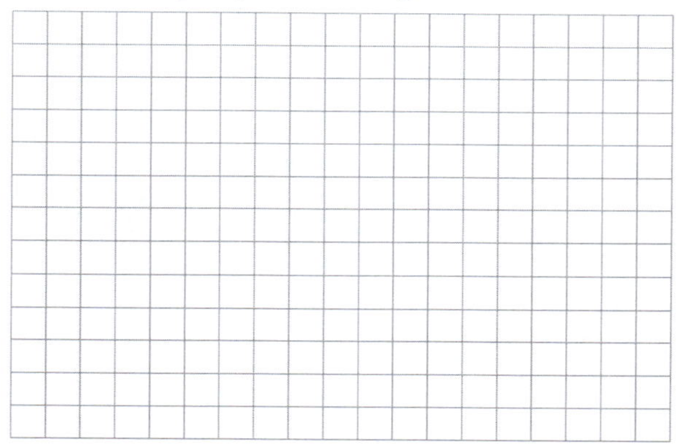

**3** Uma partícula de massa 2,0 kg, inicialmente em repouso sobre o solo, é puxada verticalmente para cima por uma força $\vec{F}$, cuja intensidade varia com a altura $h$, atingida pelo seu ponto de aplicação, conforme mostra o gráfico:

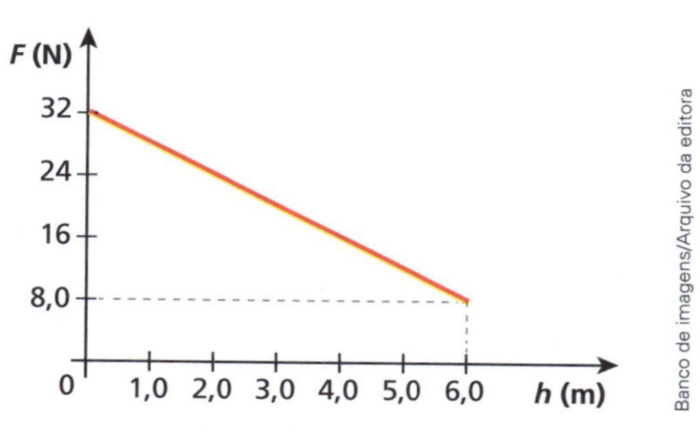

Banco de imagens/Arquivo da editora

No local, $|\vec{g}| = 10$ m · s$^{-2}$ e despreza-se a influência do ar. Considerando a ascensão da partícula de $h_0 = 0$ a $h_1 = 6{,}0$ m, determine:

**a)** a altura em que a velocidade tem intensidade máxima;

**b)** a intensidade da velocidade para $h_1 = 6{,}0$ m.

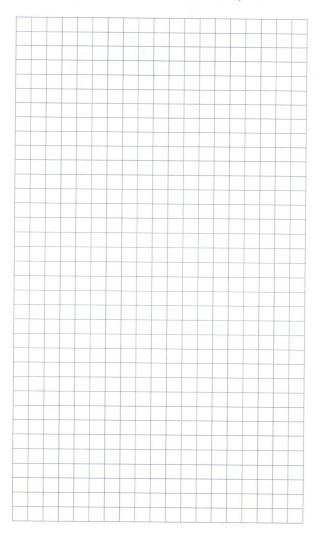

**4** A tecnologia fotovoltaica vem mesmo revolucionando a era moderna, constituindo-se em uma alternativa sustentável com mínimos impactos ambientais. Atualmente, as naves cogitadas para viagens espaciais de longa distância têm muitos equipamentos acionados pela radiação solar, que é convertida em outras formas de energia a partir de placas fotocaptadoras. A verdade é que o Sol despeja continuamente sobre a Terra cerca de 1 000 watts de potência por metro quadrado de área perpendicular aos raios incidentes. Trata-se da constante solar, um dos mais importantes parâmetros que contribuem para a existência de vida em nosso planeta.

O carro solar da fotografia abaixo foi desenvolvido em uma universidade japonesa de Tokai e, com um aproveitamento de 30% da energia radiante, consegue acelerar de zero a mais de 100 km/h. A massa total do veículo com seu piloto é de 200 kg e suas placas fotovoltaicas apresentam área de 9,0 m².

Wikipedia/Wikimedia Commons 3.0

Desprezando-se as forças de resistência do ar, bem como os atritos passivos, responda:

**a)** Em um dia de intensa insolação, por volta do meio-dia, qual a potência efetiva utilizada pelo carro?

**b)** Qual o intervalo de tempo gasto pelo veículo em uma arrancada do repouso até a velocidade de 108 km/h?

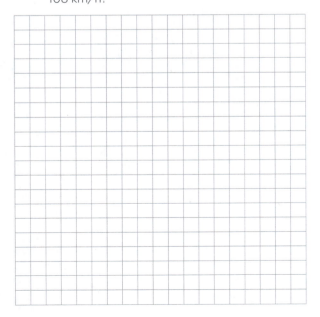

**5** O esquema seguinte representa os principais elementos de um sistema rudimentar de geração de energia elétrica. A água que sai do tubo com velocidade praticamente nula faz girar a roda, que, por sua vez, aciona um gerador. O rendimento do sistema é de 80% e a potência elétrica que o gerador oferece em seus terminais é de 4,0 kW.

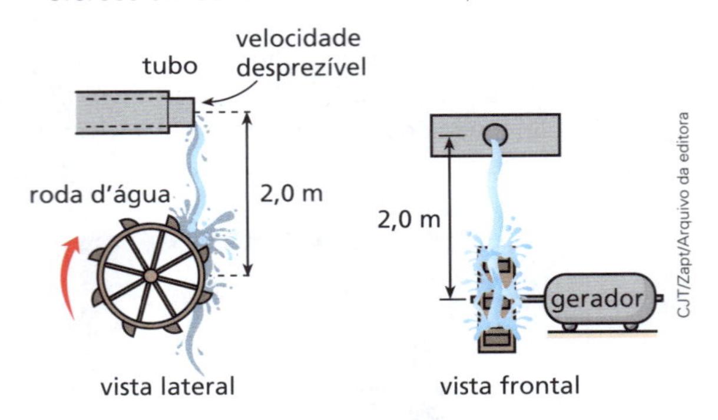

CJT/Zapt/Arquivo da editora

Sendo dadas a densidade da água (1,0 g/cm³) e a aceleração da gravidade (10 m/s²), aponte a alternativa que traz o valor correto da vazão da água.

**a)** 0,025 m³/s
**b)** 0,050 m³/s
**c)** 0,10 m³/s
**d)** 0,25 m³/s
**e)** 0,50 m³/s

# 11 Energia mecânica e sua conservação

## Nestas atividades você vai:

- Calcular tempo de queda.
- Utilizar o conceito de energia cinética.
- Utilizar o conceito de energia potencial gravitacional.
- Utilizar o conceito de energia potencial elástica.
- Calcular conservação da energia mecânica.

### Habilidades da BNCC relacionadas:

EM13CNT101 EM13CNT104 EM13CNT106 EM13CNT302 EM13CNT207

**1** O pêndulo da figura oscila para ambos os lados, formando um ângulo máximo de 60° com a vertical.

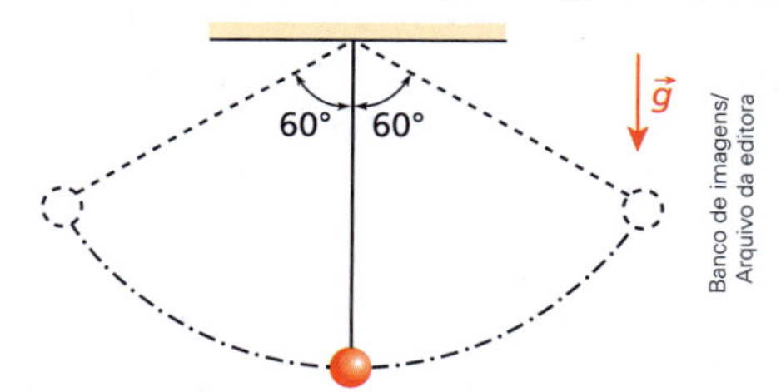


Banco de imagens/Arquivo da editora

O comprimento do fio é de 90 cm e, no local, o módulo da aceleração da gravidade vale 10 m/s². Supondo condições ideais, determine:

**a)** o módulo da velocidade da esfera no ponto mais baixo de sua trajetória;

**b)** a intensidade da força que traciona o fio quando este se encontra na vertical (adotar, para a massa da esfera, o valor 50 g).

**2** A figura representa um tubo circular sem atrito com raio **R** posicionado verticalmente.

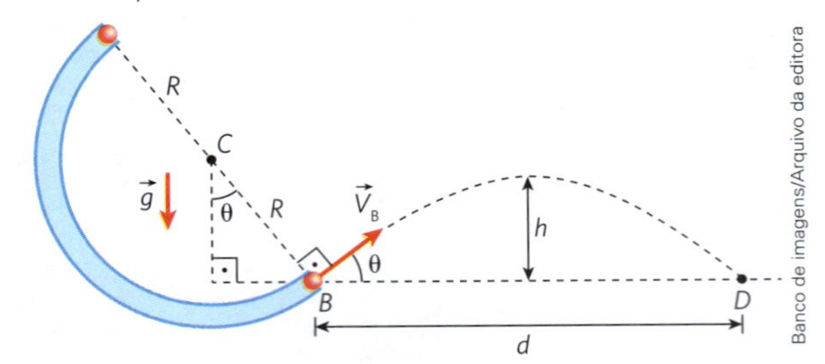


Uma esferinha é abandonada do repouso em **A**, abandona o tubo em **B** e atinge o solo horizontal em **D**. A aceleração da gravidade tem módulo $g$ e despreza-se o efeito do ar.

Determine:

**a)** O módulo $V_B$ da velocidade da esferinha na posição **B**.

**b)** A altura máxima $h$ no movimento balístico.

**c)** O alcance horizontal $d$ no movimento balístico.

**3** O trilho representado na figura está contido em um plano vertical, é perfeitamente liso e o raio do trecho circular **BCD** vale $R$. No local, a influência do ar é desprezível e a intensidade da aceleração da gravidade é $g$. Uma partícula de massa $m$ vai partir do repouso do ponto **A** e deverá deslizar ao longo do trilho, sem perder o contato com ele.

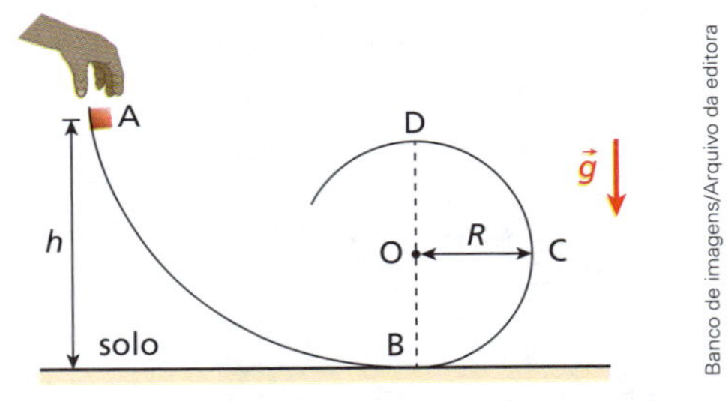


**a)** Determine, em função de $R$, o desnível mínimo entre os pontos **A** e **D**.

**b)** Faça um esboço do gráfico da intensidade da força de contato, $F$, trocada entre a partícula e o trilho no ponto **D**, em função da altura $h$ do ponto **A** em relação ao solo.

## 4 É a maior adrenalina!

O *bungee-jump* é um esporte radical que consiste em o praticante se deixar cair praticamente do repouso a partir de uma plataforma elevada preso a uma corda elástica. Equipamentos adequados e muito preparo técnico são indispensáveis nessa prática.

Salienko Evgenii/Shutterstock

Admita que um atleta vá realizar um salto a partir do ponto **A**, indicado no esquema a seguir, preso a uma corda de comprimento natural $L_0 = 40$ m que obedece à lei de Hooke. No local, a influência do ar pode ser desprezada, adota-se $g = 10$ m/s² e, inicialmente, a corda está dobrada em duas metades, conforme aparece na ilustração.

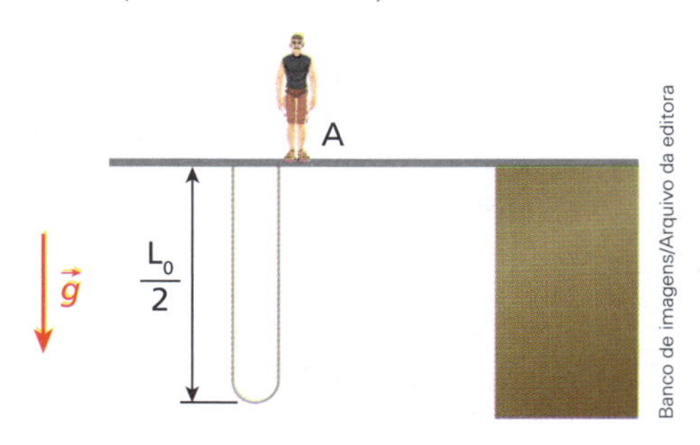


Banco de imagens/Arquivo da editora

Sabendo-se que o atleta tem massa $M = 100$ kg e que a máxima distensão adquirida pela corda é igual a $L_0$, determine:

a) o módulo da velocidade do atleta, $v$, em m/s, no instante em que a corda vai começar a esticar (adote $\sqrt{2} \cong 1{,}4$);

b) a constante elástica da corda, $K$, em N/m;

c) a intensidade da aceleração do atleta, $a$, em m/s², no instante em que a corda atinge sua máxima distensão;

d) o módulo da máxima velocidade atingida pelo atleta, $v_{máx}$, em m/s.

# 12 Quantidade de movimento e sua conservação

## Nestas atividades você vai:

- Utilizar o teorema do impulso.
- Utilizar o teorema da energia cinética.
- Analisar gráfico de força variável.
- Calcular energia cinética e energia potencial elástica.
- Calcular conservação da quantidade de movimento e conservação da energia mecânica.

### Habilidades da BNCC relacionadas:

EM13CNT101 EM13CNT306

**1** Uma bola de massa igual a 40 g, ao chegar ao local em que se encontra um tenista, tem velocidade horizontal de módulo 12 m/s. A bola é golpeada pela raquete do atleta, com a qual interage durante $2{,}0 \cdot 10^{-2}$ s, retornando horizontalmente em sentido oposto ao do movimento inicial. Supondo que a bola abandone a raquete com velocidade de módulo 8,0 m/s, calcule a intensidade média da força que a raquete exerce sobre a bola.

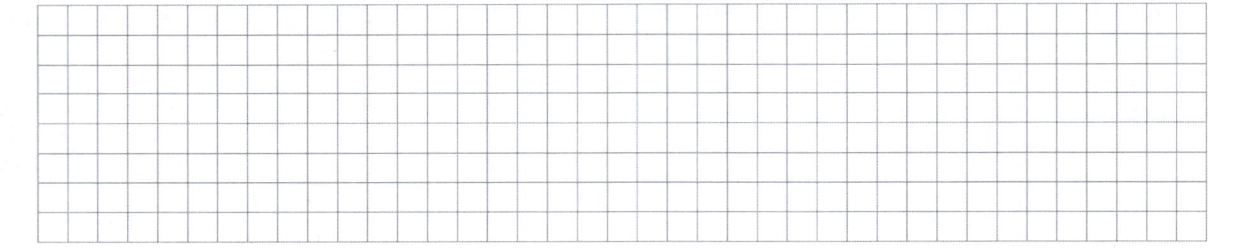

**2** Na figura, os blocos 1 e 2 têm massas respectivamente iguais a 2,0 kg e 4,0 kg e acham-se inicialmente em repouso sobre um plano horizontal e liso. Entre os blocos, existe uma mola leve de constante elástica igual a $1{,}5 \cdot 10^{2}$ N/m, comprimida de 20 cm e impedida de distender-se devido a uma trava.

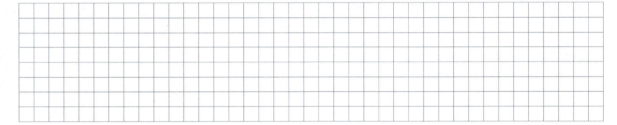

Em dado instante, a trava é liberada e a mola, ao se distender bruscamente, impulsiona os blocos, que, depois de percorrerem as distâncias indicadas, colidem com os anteparos. Não considerando o efeito do ar, determine:

anteparo 1
anteparo 2
(1)
(2)
$2d$
$3d$
Banco de imagens/Arquivo da editora

**a)** a relação entre os intervalos de tempo gasto pelos blocos 1 e 2 para atingirem os respectivos anteparos;

**b)** as energias cinéticas dos blocos depois de perderem o contato com a mola.

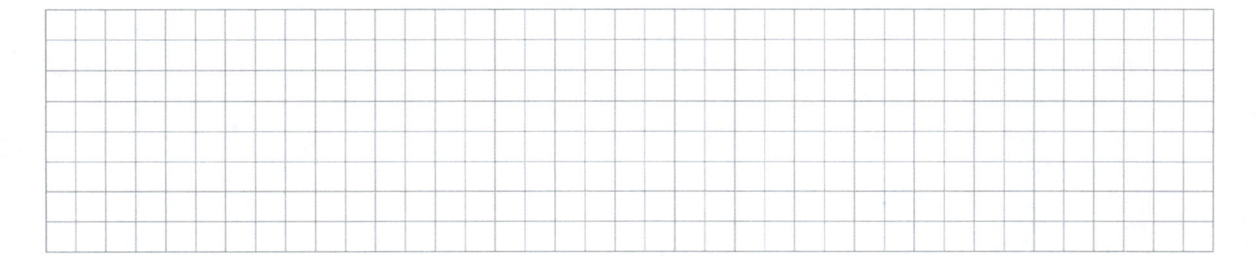

**3** O *skate* foi concebido na Califórnia, Estados Unidos, e consiste basicamente em uma prancha com frente (*nose*) e traseira (*tail*) levemente inclinadas, apoiada sobre quatro pequenas rodas acopladas a dois eixos metálicos (*trucks*). O esqueitista – ou *skater* – realiza uma espécie de *surf* no asfalto e em obstáculos, o que exige manobras que variam em grau de dificuldade, desde as básicas até as mais radicais. Os *skates* podem ter tamanhos diversos em função do estilo do usuário e dos exercícios que ele pretende realizar.

Buzz Pictures/Alamy/Fotoarena

Para impulsionar seu *skate* em linha reta, a partir do repouso e em um plano horizontal, o jovem da fotografia ao lado mantém seu pé direito sobre a prancha e, com o pé esquerdo, empurra o solo para trás, três vezes. O gráfico a seguir representa como varia a intensidade da força de atrito resultante ($R$) que o conjunto jovem-*skate* recebe do chão em função do tempo nesse processo.

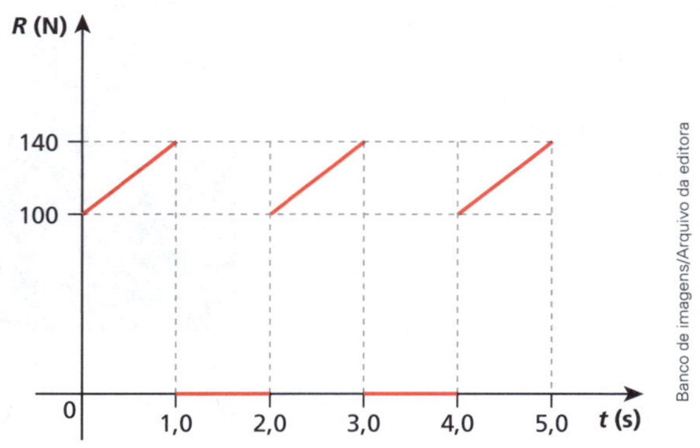

Banco de imagens/Arquivo da editora

Sabendo-se que a massa do conjunto jovem-*skate* é de 60 kg e desprezando-se a resistência do ar, determine ao fim do terceiro impulso:

a) a intensidade da velocidade adquirida pelo conjunto jovem-*skate*;

b) o trabalho total realizado sobre ele.

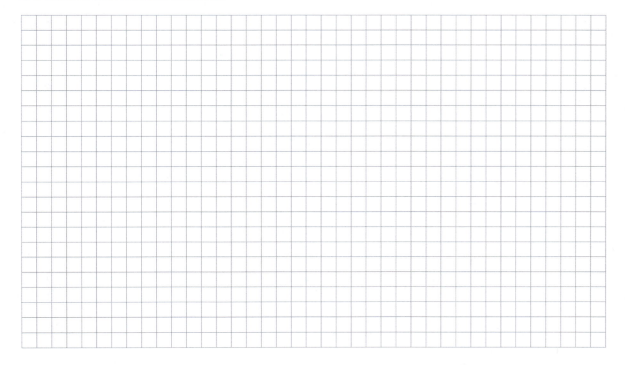

**4** **Errática**

E a linha deita errática sobre o carretel de madeira
Envolta em voltas, enrolada sobremaneira.
Vai como a vida, sem eira nem beira
Mas com começo e fim, certeira.

Guy Medeiros

Garsya/Shutterstock

Considere um carretel com linha, como o que aparece na imagem acima, que será lançado sobre uma mesa horizontal com velocidade de intensidade 12,6 cm/s.

Suponha que, à medida que o carretel se desloca em trajetória reta, ele vá enrolando linha de densidade linear de massa igual a 50,0 mg/m, em repouso, esticada sobre a mesa.

Considerando-se que a massa do carretel no instante do lançamento é de 2,0 g, desprezando-se as dimensões do carretel, bem como todos os atritos passivos, determine:

**a)** a intensidade da velocidade do sistema, em cm/s, depois de o carretel ter enrolado 2,0 m de linha;

**b)** a dissipação de energia cinética, em joules, ocorrida no processo.

**5** O *Large Hadron Collider* (Grande Colisor de Hádrons), ou simplesmente LHC, do Cern, (Organização Europeia para a Investigação Nuclear) é o maior acelerador de partículas e o de maior energia existente do mundo. Seu principal objetivo é obter dados sobre colisões de feixes de partículas, tanto de prótons, a uma energia de 7,0 TeV (1,12 microjoules) por partícula, como de núcleos de chumbo, a uma energia de 574 TeV (92,0 microjoules) por núcleo. O laboratório localiza-se em um túnel de 27 km de circunferência, a 175 metros abaixo do nível do solo, na fronteira franco-suíça próximo a Genebra, Suíça.

SPL/Latinstock

Considere duas partículas com cargas elétricas de mesmo sinal em rota de colisão dentro de um acelerador semelhante ao LHC. A partícula 1 tem massa $2m$ e a partícula 2 é um próton, de massa $m$. Quando a distância entre elas é muito grande, suas velocidades têm a mesma direção e sentidos opostos, mas intensidades iguais a $6,0 \cdot 10^4$ m/s. Desprezando-se os efeitos relativísticos, determine os módulos das velocidades das partículas 1 e 2 imediatamente após a colisão perfeitamente elástica que se verifica entre elas.

# Estática dos sólidos

## Nestas atividades você vai:

- Analisar decomposição de forças.
- Calcular força de atrito.
- Determinar momento de uma força.

### Habilidade da BNCC relacionada:

EM13CNT307

**1** Você já deve ter visto em algum parque da sua cidade a extrema habilidade para o equilíbrio dos praticantes de *slackline* ("fita frouxa", em uma tradução livre).

Imaginemos a seguinte situação em que o praticante de peso $P$ está posicionado bem no meio da fita, conforme indica o esquema abaixo.

Grafvision/Shutterstock

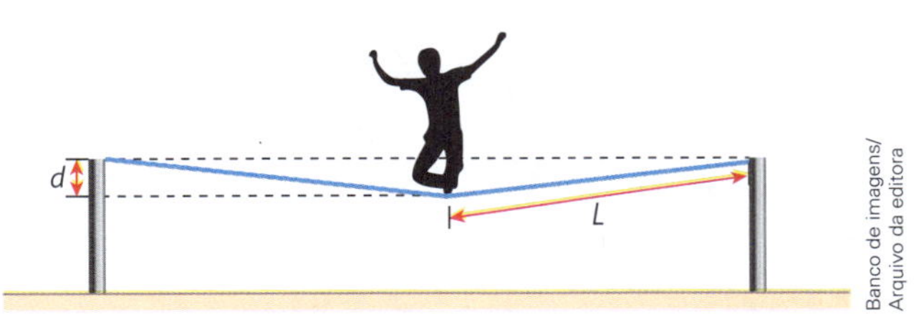


Banco de imagens/Arquivo da editora

Determine, em função de $P$, $L$ e $d$, a força de tração $F$ na fita, quando o praticante está em equilíbrio estático na posição indicada na figura.

**2** Em um número de circo, representado na ilustração a seguir, temos a equilibrista de massa $M = 60$ kg apresentando-se para a plateia. A prancha tem massa $m = 20$ kg e sua distribuição é uniforme ao longo de todo seu comprimento $L = 5{,}0$ m. No exato instante da situação esquematizada na figura, a plateia assusta-se, pois a equilibrista fica na iminência de tombar.

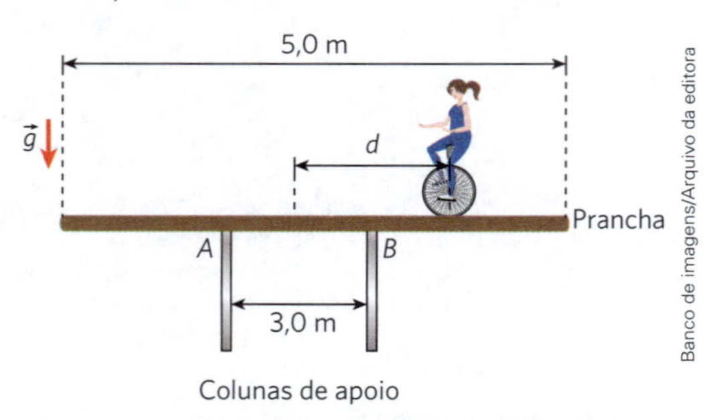


Colunas de apoio

A aceleração da gravidade local tem valor $g = 10$ m/s$^2$.

Para a situação proposta, determine:

**a)** o valor da reação normal no apoio **A** nesse instante;

**b)** o valor da distância *d* que deixa a equilibrista nessa situação de iminente perigo.

**3** A escada da figura está apoiada em uma parede muito lisa, de tal modo que apenas o atrito com a calçada impede que ela escorregue para a rua, estando, assim, na iminência de escorregar.

A sombra projetada na calçada e a sombra projetada na parede, respectivamente, valem aproximadamente 1,6 m e 4,0 m. Sabe-se que a escada tem seu centro de gravidade coincidindo com seu centro geométrico e sua massa é de 10 kg. Nessa situação, pedem-se:

Dado $g = 10$ m/s$^2$

**a)** um diagrama das forças que atuam sobre a escada;

**b)** a intensidade da força normal que a parede exerce sobre a escada;

**c)** a intensidade da componente normal da força de reação do solo sobre a escada;

**d)** a intensidade da componente de atrito da força de reação do solo sobre a escada;

**e)** o valor do coeficiente de atrito $\mu$ na situação estabelecida.

UNIDADE 3

# Estática dos fluidos

## Nestas atividades você vai:

- Utilizar o teorema de Stevin.
- Utilizar o teorema de Pascal.
- Utilizar o teorema do impulso.

### Habilidade da BNCC relacionada:

EM13CNT105

**1** O sistema da figura encontra-se em equilíbrio sob a ação da gravidade, cuja intensidade vale 10 m/s$^2$.
Considerando 1,0 atm = $1{,}0 \cdot 10^5$ N/m$^2$, calcule, em atm, a pressão do gás contido no reservatório.
**Dados:** pressão atmosférica $p_0 = 1{,}0$ atm; massa específica do mercúrio $\mu = 13{,}6$ g/cm$^3$; h = 50 cm.

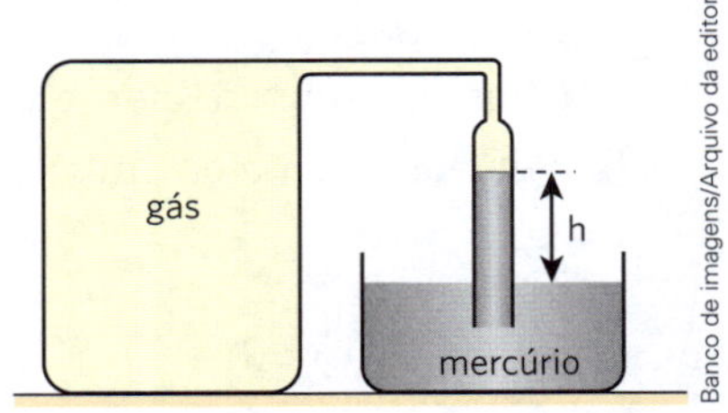


Banco de imagens/Arquivo da editora

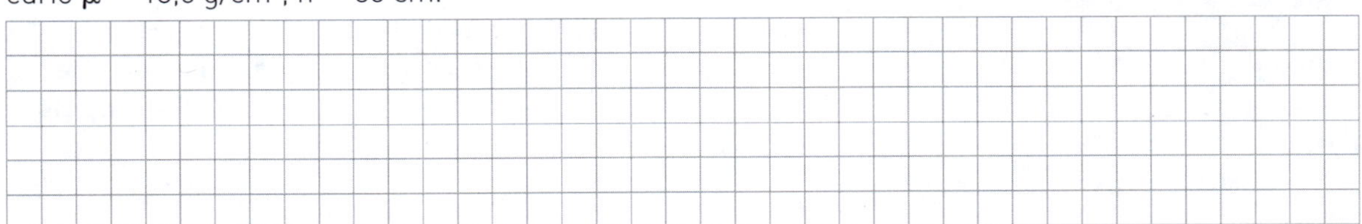

**2** Na figura, representa-se o equilíbrio de três líquidos não miscíveis **A**, **B** e **C**, confinados em um sistema de vasos comunicantes:

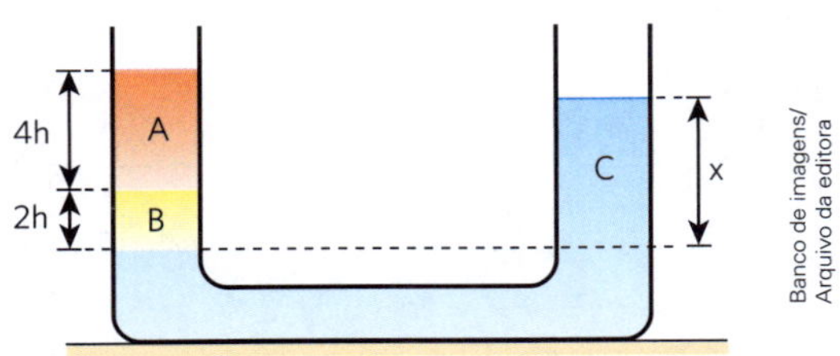


Banco de imagens/Arquivo da editora

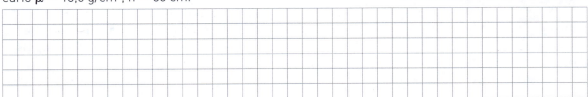

Os líquidos **A**, **B** e **C** têm densidades $\mu_A$, $\mu_B$ e $\mu_C$, que obedecem à relação:

$$\frac{\mu_A}{1} = \frac{\mu_B}{2} = \frac{\mu_C}{3}$$

Supondo o valor de *h* conhecido, responda: Qual é o valor do comprimento *x* indicado?

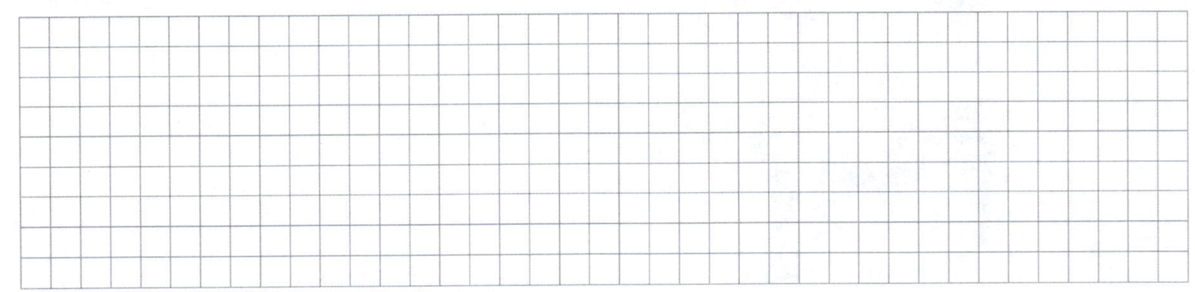

**3** Na figura seguinte, está representado um recipiente constituído pela junção de dois tubos cilíndricos coaxiais e de eixos horizontais. O recipiente contém um líquido incompressível aprisionado pelos êmbolos 1 e 2, de áreas, respectivamente, iguais a 0,50 m² e 2,0 m².

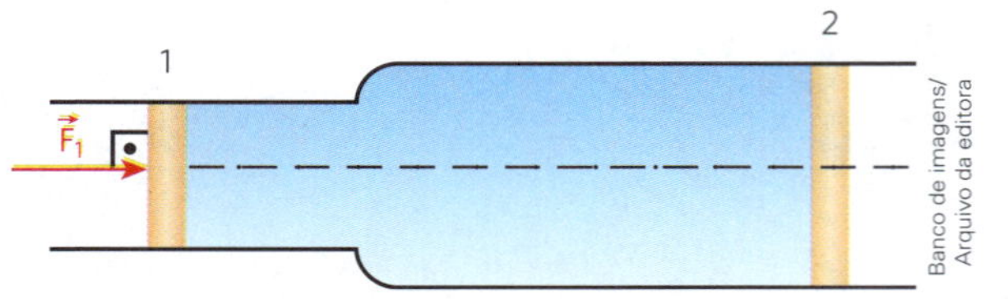

Banco de imagens/Arquivo da editora

Empurrando-se o êmbolo 1 para a direita com a força $\vec{F}_1$ de intensidade 100 kgf, obtém-se, nesse êmbolo, um deslocamento de 80 cm. Desprezando os atritos, determine:

a) a intensidade da força horizontal $\vec{F}_2$ com que o líquido empurra o êmbolo 2;

b) o deslocamento do êmbolo 2.

**4** Uma boa virada olímpica pode definir a vitória de um(a) nadador(a)!

Microgen/Shutterstock

Admita que no ato de uma virada olímpica uma nadadora de massa $m = 800$ kg interaja com a borda da piscina, recebendo desta estrutura uma força horizontal de contato $\vec{F}$, cuja intensidade varia uniformemente em função do tempo conforme o gráfico abaixo.

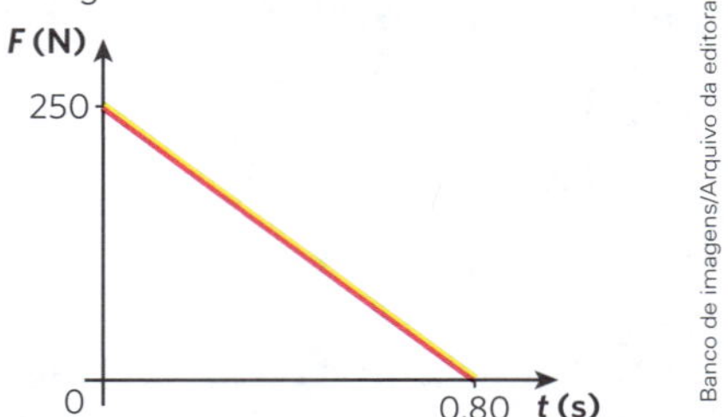

Banco de imagens/Arquivo da editora

Durante a vinda, suponha que a força horizontal de resistência da água no corpo da atleta seja $\vec{R}$, de intensidade constante igual a 50,0 N, e que, nesse processo, com a nadadora totalmente submersa, a intensidade de seu peso seja 80% da intensidade do empuxo exercido pela água.

Considerando-se que a densidade absoluta da água tenha valor $\rho = 1{,}0 \cdot 10^3$ kg/m³, determine:

a) a intensidade da máxima velocidade da atleta no ato da virada;

b) a intensidade da velocidade da atleta logo após interagir com a borda da piscina;

c) o volume do corpo da nadadora, em **litros**.

**5** Um *iceberg* que flutua na água do mar é extremamente perigoso para as embarcações que navegam ao seu redor, pois a maior parte da água sólida que o constitui situa-se abaixo da superfície livre do mar. O gelo escondido pode danificar um navio que se encontra a uma distância considerável do gelo visível.

A colisão com um *iceberg* levou o navio inglês RMS Titanic a pique com mais de 2 000 pessoas a bordo. O naufrágio dessa embarcação, na noite de 14 de abril de 1912, constitui um dos maiores desastres marítimos da história em tempos de paz.

IanDagnall Computing/Alamy/Fotoarena

O Titanic afundou logo em sua viagem inaugural, de Southampton, no Reino Unido, a Nova York, nos Estados Unidos. Os destroços desse grande navio foram localizados a 3 800 m de profundidade a 650 km a sudeste da ilha de Terra Nova, no Canadá.

**Considere:**

Pressão atmosférica: 1,0 atm $\cong$ 1,0 · $10^5$ Pa;

Intensidade da aceleração da gravidade: 10 m/s$^2$;

Densidade absoluta da água do mar: 1 040 kg/m$^3$;

Densidade absoluta do gelo de um *iceberg*: 910 kg/m$^3$;

Massa estimada do Titanic com sua carga: 52 000 t.

Com base nas informações contidas no texto, responda:

a) Que pressão total, $p$, em sua superfície externa deve suportar uma sonda submarina adaptada para grandes profundidades ao atingir os destroços do Titanic?

b) Qual o volume imerso, $V_i$, do navio quando em navegação normal?

c) Que percentual, $P$, do volume de um *iceberg* flutuante na água do mar permanece emerso (fora da água)?

# 15 A temperatura, a energia térmica e o calor

## Nestas atividades você vai:

- Converter temperaturas expressas em diferentes unidades de medida.
- Diferenciar tipos de propagação de calor.
- Calcular calor específico e capacidade térmica.
- Utilizar lei de Fourier.
- Calcular dilatação linear e dilatação volumétrica.

**Habilidades da BNCC relacionadas:**

EM13CNT206 EM13CNT102 EM13CNT301 EM13CNT203 EM13CNT302

**1** Um turista brasileiro, ao descer no aeroporto de Chicago (EUA), observou um termômetro marcando a temperatura local (68 °F). Fazendo algumas contas, ele verificou que essa temperatura era igual à de São Paulo, quando embarcara. Qual era a temperatura de São Paulo, em grau Celsius, no momento do embarque do turista?

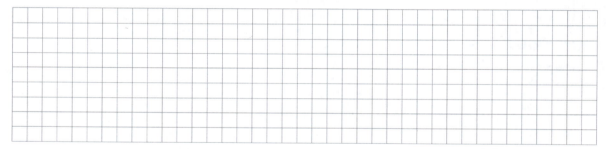

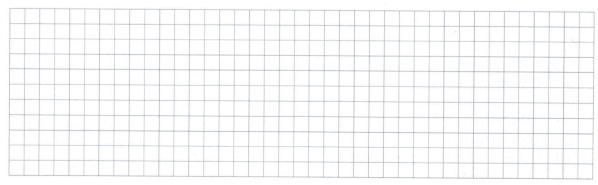

**2** Um físico chamado Galileu Albert Newton encontrava-se em um laboratório realizando um experimento no qual deveria aquecer certa porção de água pura. Primeiro, ele mediu a temperatura inicial da água e encontrou o valor 20 °C. Porém, como ele era muito desajeitado, ao colocar o termômetro sobre a mesa, acabou quebrando-o. Procurando outro termômetro, encontrou um graduado na escala Kelvin. No final do aquecimento, observou que a temperatura da água era de 348 K. Na equação utilizada por esse físico, a variação de temperatura deveria estar na escala Fahrenheit. O valor, em graus Fahrenheit, que ele encontrou para a variação de temperatura da água foi de:

a) 20 °F. b) 66 °F. c) 75 °F. d) 99 °F. e) 106 °F.

**3** No dia 1º, à 0 h de determinado mês, uma criança deu entrada em um hospital com suspeita de meningite. Sua temperatura estava normal (36,5 °C). A partir do dia 1º, a temperatura dessa criança foi plotada em um gráfico por meio de um aparelho registrador contínuo. Esses dados caíram nas mãos de um estudante de Física, que verificou a relação existente entre a variação de temperatura ($\Delta\theta$), em grau Celsius, e o dia ($t$) do mês. O estudante encontrou a seguinte equação:

$$\Delta\theta = -0{,}20t^2 + 2{,}4t - 2{,}2$$

A partir dessa equação, analise as afirmações dadas a seguir e indique a correta.

**a)** A maior temperatura que essa criança atingiu foi 40,5 °C.

**b)** A maior temperatura dessa criança foi atingida no dia 6.

**c)** Sua temperatura voltou ao valor 36,5 °C no dia 12.

**d)** Entre os dias 3 e 8 sua temperatura sempre aumentou.

**e)** Se temperaturas acima de 43 °C causam transformações bioquímicas irreversíveis, então essa criança ficou com problemas cerebrais.

**4** Uma garrafa de vidro e uma lata de refrigerante permanecem durante vários dias em uma geladeira. Quando pegamos a garrafa e a lata com as mãos desprotegidas para retirá-las da geladeira, temos a impressão de que a lata está mais fria do que a garrafa. Isso é explicado pelo fato de:

**a)** a temperatura do refrigerante na lata ser diferente da temperatura do refrigerante na garrafa;

**b)** a capacidade térmica do refrigerante na lata ser diferente da capacidade térmica do refrigerante na garrafa;

**c)** o calor específico dos dois recipientes ser diferente;

**d)** o coeficiente de dilatação térmica dos dois recipientes ser diferente;

**e)** a condutividade térmica dos dois recipientes ser diferente.

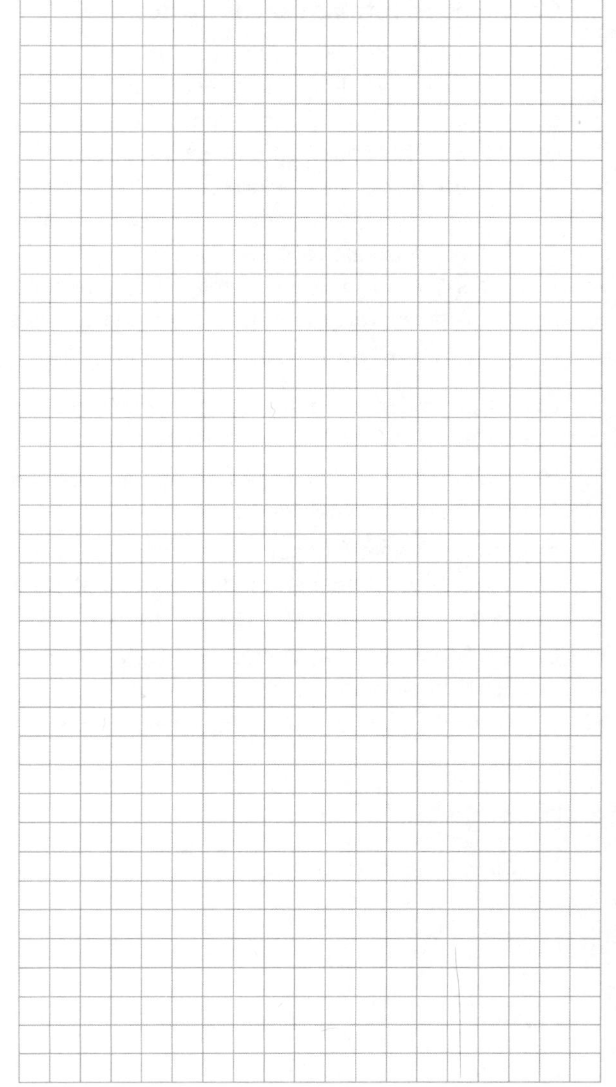

**5**

Viajante em Wadi Rum, região desértica da Jordânia. Maio de 2017.

## Como são as roupas usadas no deserto?

As roupas usadas pelos moradores do deserto, em geral, são escuras, largas e confeccionadas com lã de camelo, material de péssima condutibilidade térmica. Pode parecer estranho o fato de usarem roupas com essas características; no entanto, a lã de camelo serve como isolante térmico. Esse material evita que o calor do Sol entre diretamente em contato com a pele durante o dia e dificulta a saída do calor gerado pelo corpo humano durante as noites frias.

Essas roupas são largas para facilitar a convecção do ar existente entre a face interna da roupa e a pele da pessoa. Desse modo, o ar aquecido sobe e sai pela parte de cima, na região próxima ao pescoço. Como o ar mais quente sobe, entra pela parte inferior da roupa ar mais frio, circulando e resfriando o corpo da pessoa. A temperatura no deserto do Saara, na África, pode atingir 50 °C durante o dia e −5 °C à noite.

Baseado no texto e nos seus conhecimentos de Física, assinale a afirmativa ERRADA:

a) A energia que chega no deserto, vinda do Sol, se propaga por *radiação*, atravessando o espaço onde existe vácuo.

b) As roupas são largas, não amarradas na cintura, para permitir a *convecção* do ar existente entre o tecido e o corpo da pessoa.

c) A lã de camelo é péssima condutora de calor; assim, esse tecido evita a *condução* do calor externo para a pele da pessoa de dia e evita a saída do calor gerado pelo corpo no período noturno, quando a temperatura do deserto está abaixo de 0 °C.

d) As ondas de calor, vindas do Sol, atravessam a roupa de lã de camelo por *radiação* e atingem o corpo da pessoa.

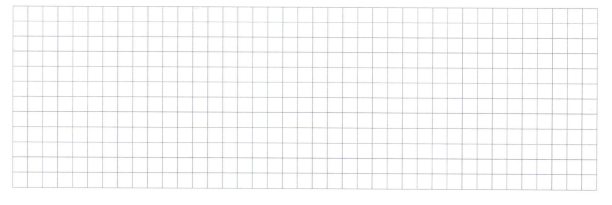

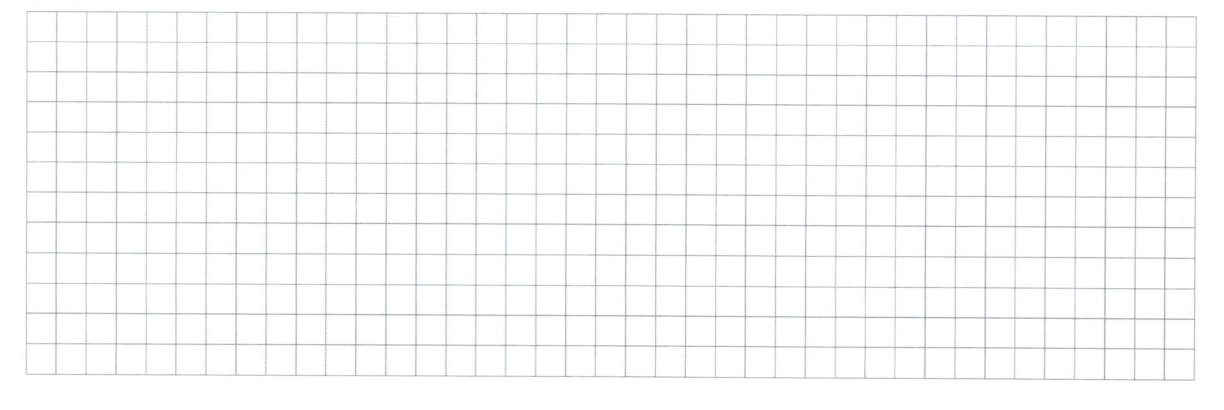

**6** Uma das extremidades de uma barra de alumínio de 50 cm de comprimento e área de secção transversal de 5 $cm^2$ tem contato térmico com uma câmara de vapor de água em ebulição (100 °C).

A outra extremidade está imersa em uma cuba que contém uma mistura bifásica de gelo fundente (0 °C).

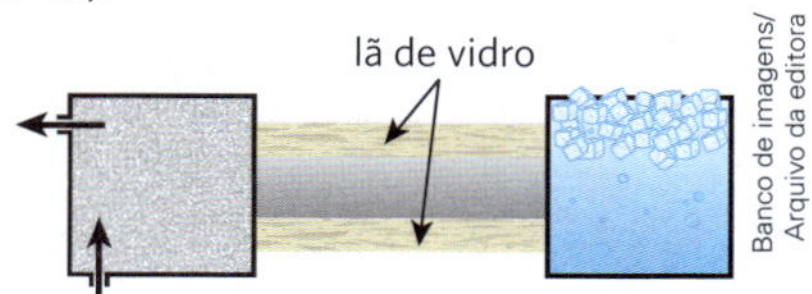


A pressão atmosférica local é normal. Sabendo que o coeficiente de condutibilidade térmica do alumínio vale $0{,}5\ \dfrac{\text{cal}}{\text{s} \cdot \text{cm} \cdot °\text{C}}$, calcule:

**a)** a intensidade da corrente térmica através da barra, depois de estabelecido o regime permanente;

**b)** a temperatura numa secção transversal da barra, situada a 40 cm da extremidade mais quente.

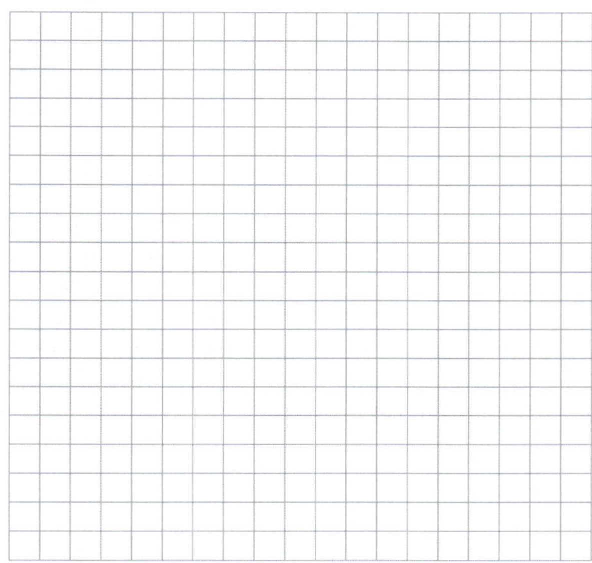

**7** Uma das extremidades de uma barra de alumínio de 50 cm de comprimento e área de secção transversal 5 $cm^2$ tem contato térmico com uma câmara de vapor de água em ebulição.

A outra extremidade da barra está imersa em uma cuba que contém uma mistura bifásica de gelo e água em equilíbrio térmico.

A pressão atmosférica é normal. Sabe-se que o coeficiente de condutibilidade térmica do alumínio vale $0{,}5\ \dfrac{\text{cal} \cdot \text{cm}}{\text{s} \cdot \text{cm}^2 \cdot °\text{C}}$.

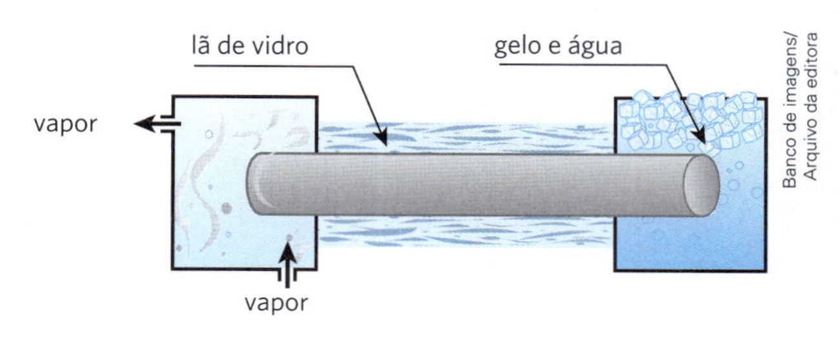


Qual a temperatura da secção transversal da barra, situada a 40 cm da extremidade mais fria?

**8** Um fio de cobre, com 1 000 m de comprimento a 20 °C, foi colocado em um forno, dilatando-se até atingir 1 012 mm. Qual é a temperatura do forno, suposta constante?

**Dado:** coeficiente de dilatação linear do cobre $\alpha = 1{,}6 \cdot 10^{-5}\ °\text{C}^{-1}$

**9** Uma barra metálica, inicialmente à temperatura de 20 °C, é aquecida até 260 °C e sofre uma dilatação igual a 0,6% de seu comprimento inicial. Qual o coeficiente de dilatação linear médio do metal nesse intervalo de temperatura?

**10** Considere três barras metálicas homogêneas **A**, **B** e **C**. O gráfico abaixo representa o comprimento das barras em função da temperatura.

Os coeficientes de dilatação linear das barras **A**, **B** e **C** valem, respectivamente, $\alpha_A$, $\alpha_B$ e $\alpha_C$.

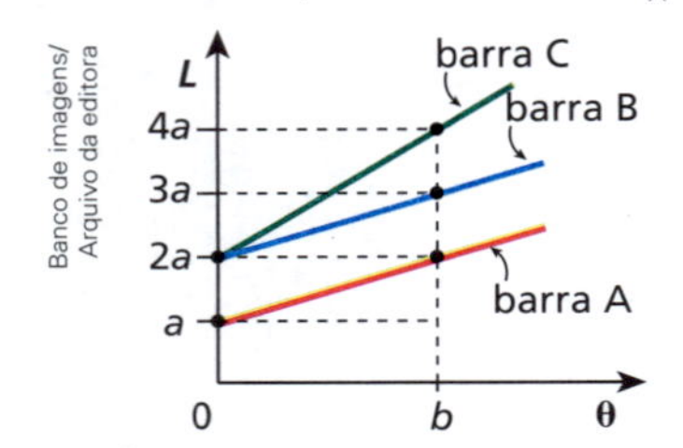


A relação entre $\alpha_A$, $\alpha_B$ e $\alpha_C$ é:

a) $\alpha_A = \alpha_B = \alpha_C$.

b) $\alpha_A = \alpha_B = \frac{\alpha_C}{2}$.

c) $\alpha_A = \alpha_B = 2\alpha_C$.

d) $\alpha_A = \alpha_C = 2\alpha_B$.

e) $\alpha_A = \alpha_C = \frac{\alpha_B}{2}$.

**11** Duas barras **A** e **B**, de coeficientes de dilatação linear $\alpha_A$ e $\alpha_B$ e comprimentos $L_A$ e $L_B$, são emendadas de modo que constituam uma única barra de comprimento $(L_A + L_B)$. Qual é o coeficiente de dilatação linear dessa nova barra?

**12** Três bastões de mesmo comprimento, um de alumínio ($\alpha_{Al} = 24 \cdot 10^{-6}$ °C$^{-1}$), outro de latão ($\alpha_{latão} = 20 \cdot 10^{-6}$ °C$^{-1}$) e o terceiro de cobre ($\alpha_{Cu} = 16 \cdot 10^{-6}$ °C$^{-1}$), são emendados de modo que constituam um único bastão de comprimento 3. Determine o coeficiente de dilatação linear do bastão resultante.

**13** Uma barra de estanho tem a forma de um prisma reto de 4,0 $cm^2$ de área da base e 1,0 m de comprimento, quando na temperatura inicial de 68 °F. Sabendo que o coeficiente de dilatação linear do estanho é igual a $2{,}0 \cdot 10^{-5}$ °$C^{-1}$, determine o comprimento e o volume dessa barra quando ela atinge a temperatura de 518 °F.

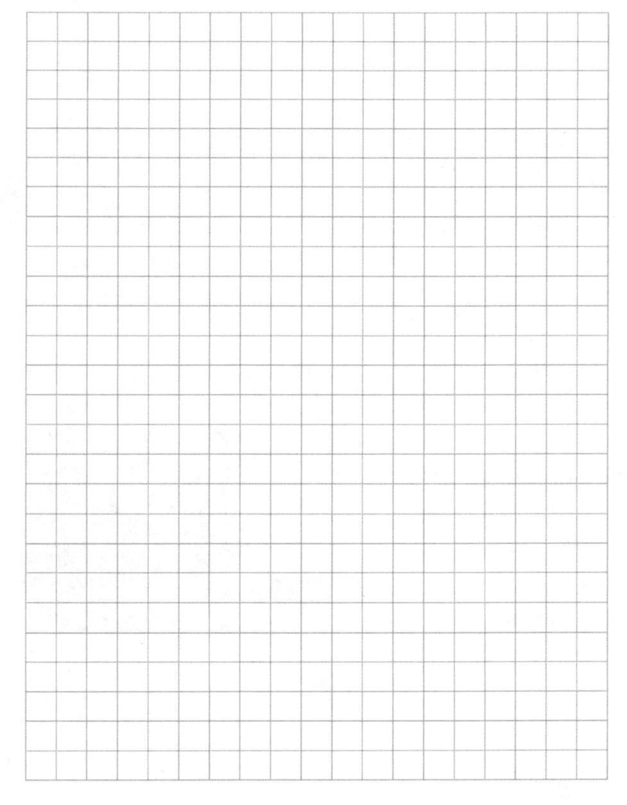

**14** Um recipiente de 200 $cm^3$ de capacidade, feito de um material de coeficiente de dilatação volumétrica de $100 \cdot 10^{-6}$ °$C^{-1}$, contém 180 $cm^3$ de um líquido de coeficiente de dilatação cúbica de $1\,000 \cdot 10^{-6}$ °$C^{-1}$. A temperatura do sistema é de 20 °C. Qual a temperatura-limite de aquecimento do líquido sem que haja transbordamento?

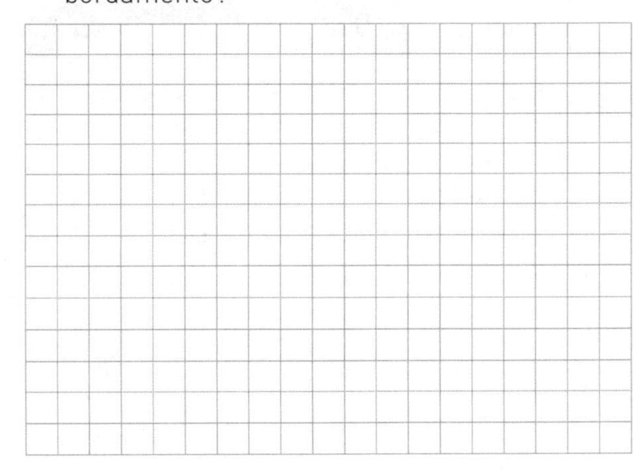

**15** O sistema observado a seguir encontra-se inicialmente em equilíbrio. A barra metálica, de coeficiente de dilatação linear igual a $8 \cdot 10^{-4}$ °$C^{-1}$, tem comprimento inicial de 6,25 metros. O fio e a mola são ideais, de massas desprezíveis, e a constante elástica da mola é igual a 400 N/m. O bloco **A** tem massa de 10 kg e a aceleração da gravidade no local vale 10 $m/s^2$.

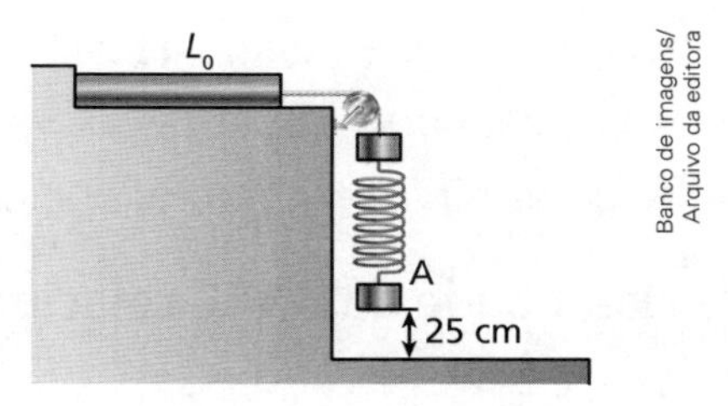


Banco de imagens/ Arquivo da editora

Quanto deve ser aquecida (somente) a barra metálica para que o bloco **A** encoste no solo e a mola, de comprimento natural igual a 0,50 metro, não experimente deformação?

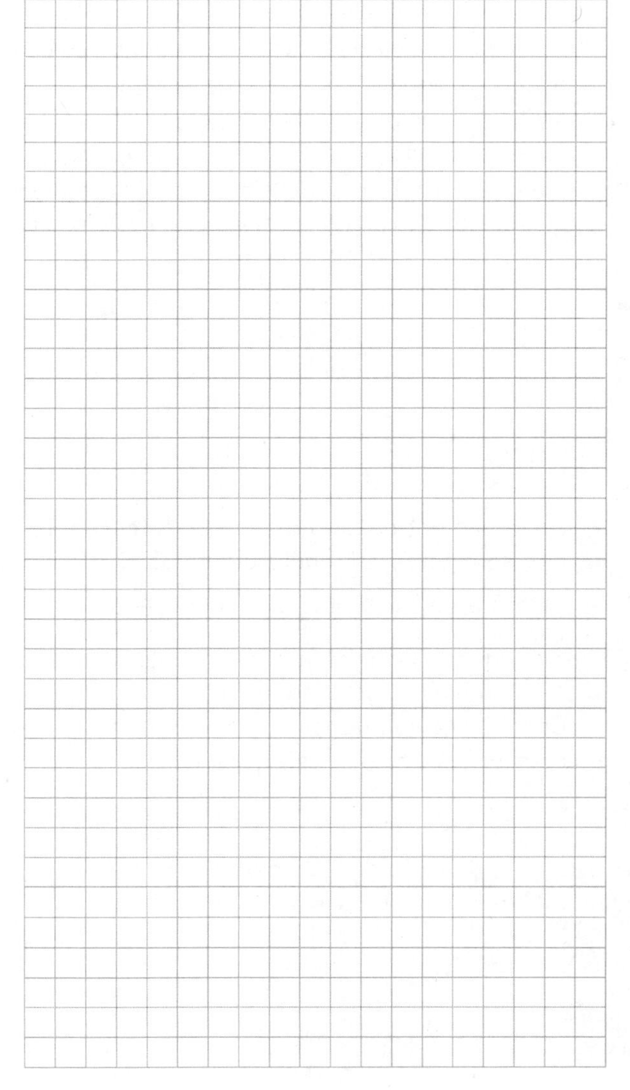

# Calor sensível e calor latente

## Nestas atividades você vai:

- Identificar a capacidade térmica de um corpo.
- Calcular quantidade de calor.
- Utilizar conceito de calor latente e calor sensível.
- Determinar temperatura de equilíbrio térmico entre corpos.

### Habilidade da BNCC relacionada:

EM13CNT102

**1** O dispositivo observado a seguir mostra de maneira simples uma estufa utilizada para a secagem de grãos.

A água aquecida na caldeira circula através de uma serpentina, irradiando energia térmica para o interior da estufa. A água sai da caldeira a 90 °C com vazão de 20 litros por minuto, esfria ao circular no interior da estufa e retorna a 65 °C. Sendo para a água o calor específico sensível igual a 1,0 cal/g °C e a densidade absoluta igual a 1,0 kg/L, qual a quantidade de calor fornecida para a estufa, a cada hora?

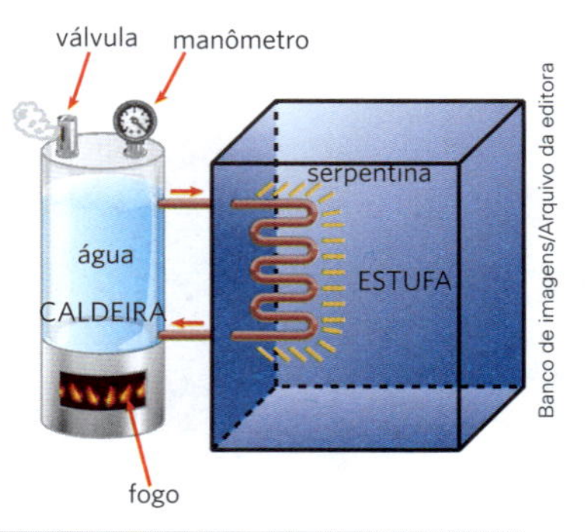

Banco de imagens/Arquivo da editora

**2** Um aluno entrou em uma lanchonete e pediu dois refrigerantes, um "sem gelo", à temperatura de 25 °C, e o outro "gelado", à temperatura de 5,0 °C. Ele preencheu $\frac{1}{4}$ da capacidade de um copo grande com o refrigerante "sem gelo" e terminou de completar o copo com o refrigerante "gelado".

Banco de imagens/Arquivo da editora

Desprezando as trocas de calor que não sejam entre os líquidos, determine a temperatura final de equilíbrio térmico do refrigerante.

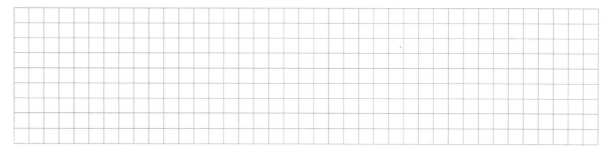

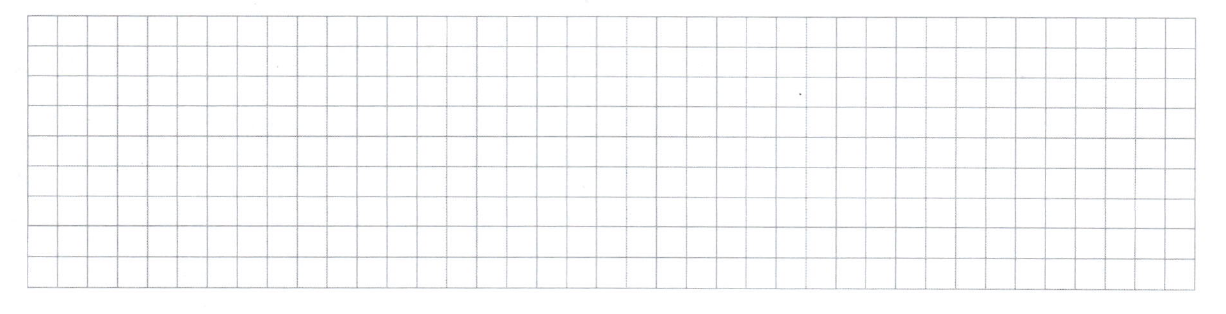

**3** Observe o gráfico a seguir, que mostra o desempenho térmico de uma cuia e do mate que serão utilizados para servir um chimarrão. Dentro da cuia vão ser introduzidos 100,0 mL de água quente, a 60 °C, enquanto todos os demais elementos e aparatos – cuia, mate e bomba de prata – encontram-se em equilíbrio térmico com o ambiente, a 20 °C.

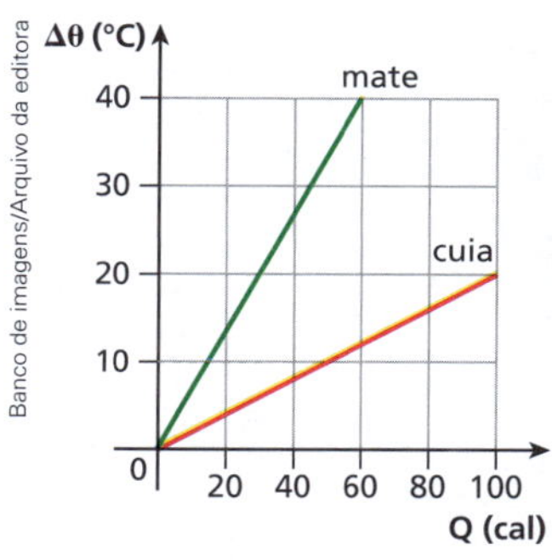


Banco de imagens/Arquivo da editora

Gerson Gerloff/Pulsar Imagens

Sabendo-se que a massa da bomba de prata (utilizada para sorver a bebida) é igual a 50,0 g, que os calores específicos sensíveis da água e da prata valem, respectivamente, 1,00 cal/g °C e 0,05 cal/g °C e que a densidade da água é igual a 1,0 g/mL, desprezando-se quaisquer trocas de calor entre o sistema e o ambiente, determine:

a) a relação, *R*, entre as capacidades térmicas da cuia e do mate;

b) o valor aproximado da temperatura de equilíbrio térmico, θ, que será estabelecida no sistema.

**4** Para avaliar a temperatura de 300 g de água, usou-se um termômetro de 100 g de massa e calor específico sensível igual a 0,15 cal/g °C. Inicialmente, esse termômetro indicava, à temperatura ambiente, 12 °C. Após algum tempo, colocado em contato térmico com a água, o termômetro passa a indicar 72 °C. Supondo não ter havido perdas de calor, determine a temperatura inicial da água.

**Dado:** calor específico da água = 1,0 cal/g °C.

**5** Coloca-se uma massa *m* de gelo fundente (a 0 °C) em um copo de capacidade térmica desprezível contendo 300 mL de suco a 26,6 °C e verifica-se no equilíbrio térmico uma temperatura de 2,0 °C.

**Dados:**

- densidade do suco: 1,0 g/cm$^3$;
- calor específico sensível do suco: 1,0 cal/g °C;
- calor específico sensível da água líquida: 1,0 cal/g °C
- calor específico latente de fusão do gelo: 80 cal/g.

Não levando em conta as trocas de calor com o ambiente, é correto afirmar que:

a) m = 100 g
b) m = 90 g
c) m = 80 g
d) m = 70 g
e) m = 60 g

**6** O que ocorre no final, quando misturamos gelo e água?

Admitindo-se que a água e o gelo só troquem calor entre si e que a pressão atmosférica seja constante e igual a 1,0 atm, a resposta a essa pergunta é:

"Dependendo das massas de gelo e de água existentes inicialmente na mistura, na situação final de equilíbrio térmico, cinco situações distintas poderão ocorrer:

- presença exclusiva de gelo abaixo de 0 °C;
- presença exclusiva de gelo a 0 °C;
- uma mistura de gelo e água a 0 °C;
- presença exclusiva de água a 0 °C;
- presença exclusiva de água acima de 0 °C".

Considere, então, que sejam misturados 400 g de gelo a −10 °C com 600 g de água a 20 °C, de modo a constituírem um sistema termicamente isolado sob pressão atmosférica normal, de 1,0 atm.

**Dados:** calor específico do gelo = 0,50 cal/g °C;
calor latente de fusão do gelo = 80 cal/g;
calor específico da água = 1,0 cal/g °C;
calor específico latente de solidificação da água: −80 cal/g.

Com base nessas informações, responda:

a) Qual a temperatura de equilíbrio térmico do sistema, $\theta$, bem como a massa total de água, $M_a$, observada na situação final?

b) Qual a massa de gelo a −10 °C, $M_g$, que deverá ser introduzida na mistura para se verificar no equilíbrio térmico presença exclusiva de gelo a −2,0 °C?

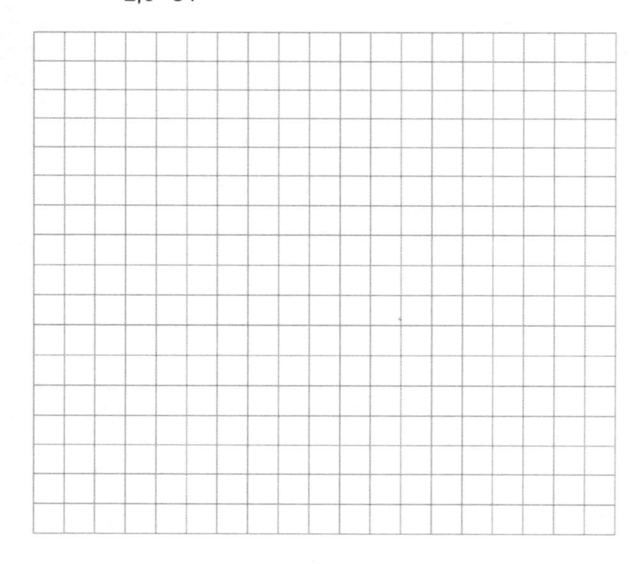

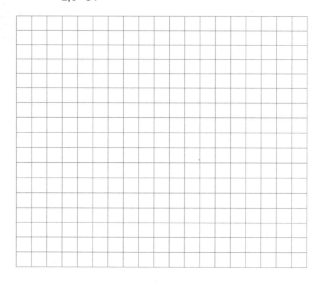

**7** Em um recipiente em que não ocorre troca de calor com o meio externo, há 60 g de gelo fundente (0 °C). Colocando-se 100 g de água no interior desse recipiente, metade do gelo se funde. Qual é a temperatura inicial da água?

**Dados:** calor específico da água = 1,0 cal/g °C;
calor latente de fusão do gelo = 80 cal/g.

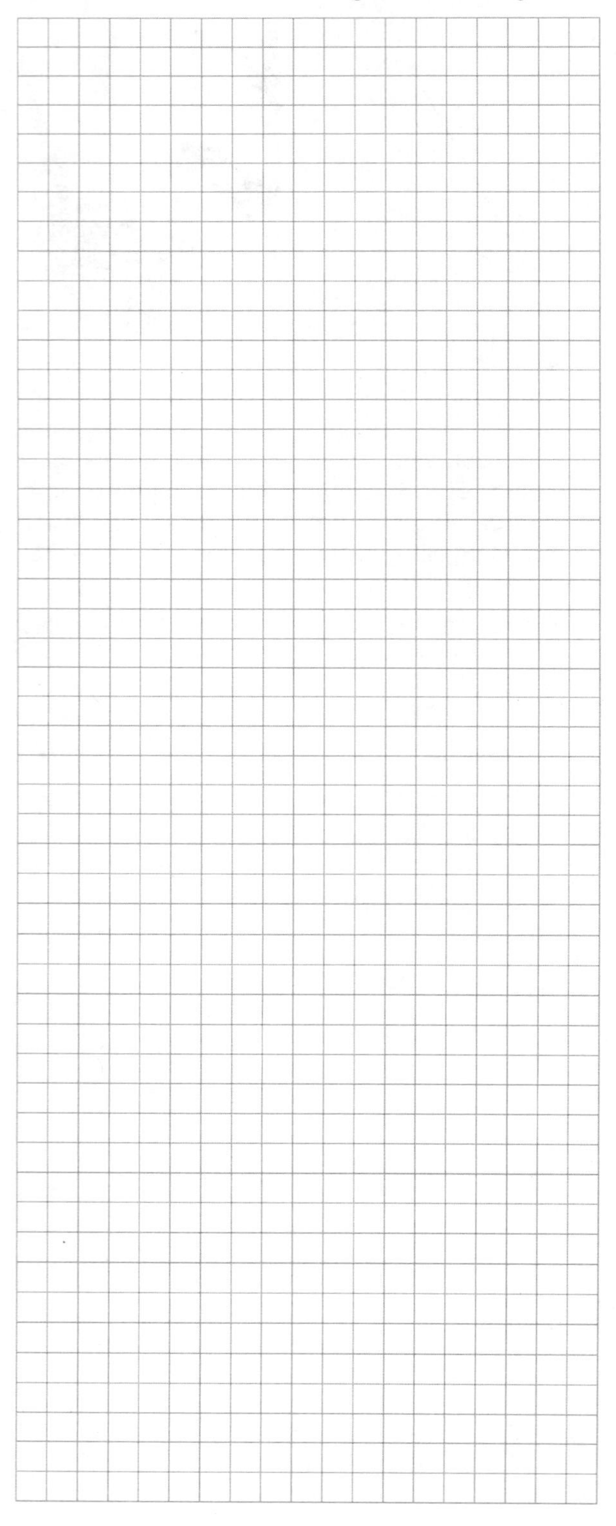

**8** Em um calorímetro ideal, misturam-se 200 g de gelo a 0 °C com 200 g de água a 40 °C.

**Dados:** calor específico da água = 1,0 cal/g °C; calor latente de fusão do gelo = 80 cal/g.

Determine:

a) a temperatura final de equilíbrio térmico da mistura;

b) a massa de gelo que se funde.

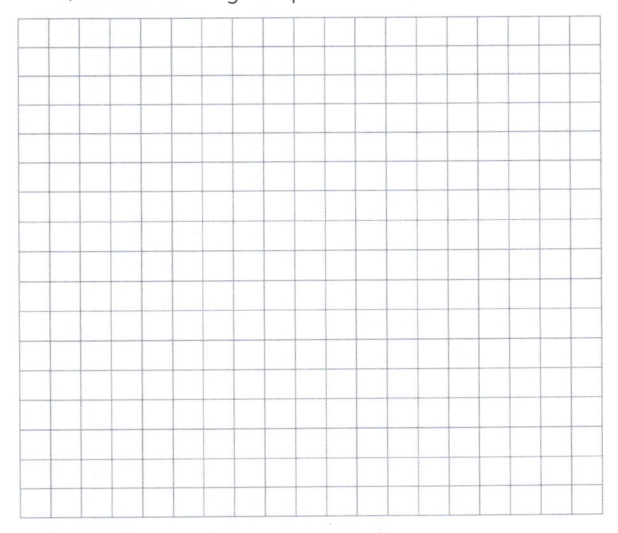

**9** Em um calorímetro ideal são colocados 200 g de gelo fundente (0 °C) com 200 g de água, também a 0 °C. Após algum tempo, podemos afirmar que:

a) no equilíbrio térmico, vamos ter apenas água a 0 °C;

b) o gelo, sempre que entra em contato com a água, sofre fusão;

c) no final vamos ter apenas gelo a 0 °C;

d) as massas de água e gelo não se alteram, pois ambos estando a 0 °C não haverá troca de calor entre eles;

e) quando o calor sai da água, provoca sua solidificação; esse calor, no gelo, provoca fusão.

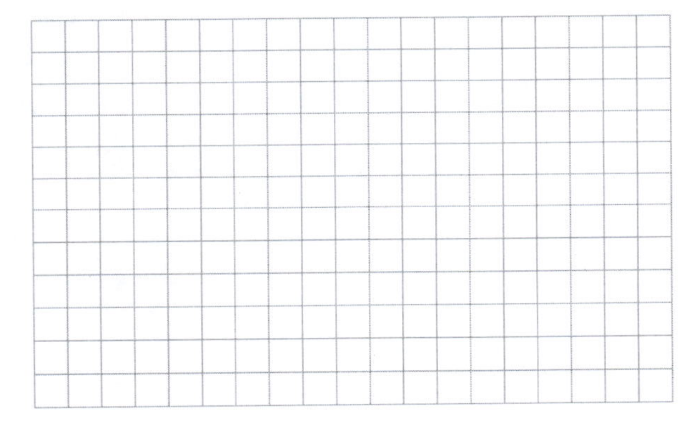

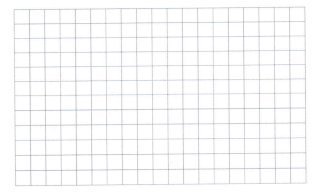

**10** Em um calorímetro ideal, são colocados 100 g de água a 60 °C e 200 g de gelo fundente. Se as trocas de calor ocorrem apenas entre o gelo e a água, no final ainda vamos ter gelo? Em caso afirmativo, que massa de gelo restará?

**Dados:** calor específico da água = 1,0 cal/g °C; calor latente de fusão do gelo = 80 cal/g.

**11** Em um recipiente adiabático, de capacidade térmica desprezível, são colocados 400 g de água a 10 °C e 200 g de gelo a −15 °C. Se após algum tempo, estabelecido o equilíbrio térmico, introduzirmos nesse recipiente um termômetro ideal, que temperatura ele vai registrar?

**Dados:** calor específico da água = 1,0 cal/g °C; calor latente de fusão do gelo = 80 cal/g.

**12** No interior de Minas Gerais, em uma pequena escola, Felisberto é um aluno muito atento. Ele observa tudo e sempre faz perguntas aos professores. Na aula de Física, ele fez uma observação interessante. Disse: "Professor, lá em casa não temos geladeira. Minha mãe coloca a água que bebemos em uma moringa de barro. A água sempre fica fresquinha, a uma temperatura menor do que o ambiente. Por que isso ocorre?".

O professor respondeu: "Felisberto, isso ocorre porque a moringa é feita de barro. Como você sabe, o barro...".

Assinale a alternativa que completa, corretamente, o texto anterior.

a) possui maior calor específico, absorvendo o calor que deveria ser absorvido pela água.

b) possui menor condutividade térmica, isolando o calor que vem do meio externo, deixando a água mais fria.

c) é poroso, por isso permite que uma pequena fração de água atravesse suas paredes, e, ao evaporar, utiliza calor do interior da moringa, diminuindo a temperatura da água.

d) reflete na superfície todo o calor que recebe por radiação vindo do meio externo.

e) é isolante térmico.

**13** Durante uma aula experimental, o professor de Física mostrou uma situação envolvendo a ebulição de água que intrigou seus alunos. Pegou um recipiente de vidro refratário, que pode ser aquecido e resfriado sem que se quebre, e de boca estreita, que pode ser bem fechado com uma rolha. Introduziu água em seu interior, ocupando pouco mais de 70% do seu volume interno. Fazendo manuseio de forma adequada, deixando aberto o recipiente, passou a aquecer a água na chama de um pequeno fogão. Quando a água entrou em ebulição, o sistema foi retirado da fonte térmica e bem fechado por uma rolha. Os alunos observaram que a água parou de ferver. Em seguida, o professor abriu a torneira da pia e colocou o recipiente fechado em contato com a água fria. Para a surpresa dos alunos, a água existente no interior da vasilha voltou a entrar em ebulição.

João Anselmo/Arquivo da editora

O professor esperou algum tempo para que os alunos conversassem, tentando explicar o ocorrido, depois pediu que três deles dessem uma explicação. A seguir, encontramos as respostas dadas pelos alunos **A**, **B** e **C**.

Aluno **A**: Quando a água ferveu, o vapor liberado expulsou todo o ar do interior do recipiente que foi hermeticamente fechado. Na ausência de ar, os líquidos fervem facilmente.

Aluno **B**: Na realidade, a água não ferveu. No resfriamento sofrido, bolhas de ar quente que estavam no interior do líquido escaparam, provocando uma falsa ebulição.

Aluno **C**: No resfriamento do sistema, a pressão de vapor no seu interior diminui mais rapidamente do que a temperatura da água. Com pressão menor na sua superfície, a água voltou a ferver.

Considerando a letra **V** para uma afirmativa verdadeira e **F** para uma falsa, assinale o conjunto correto de letras, na sequência de **A** a **C**.

a) FFF
b) FVF
c) VFV
d) FFV
e) VVF

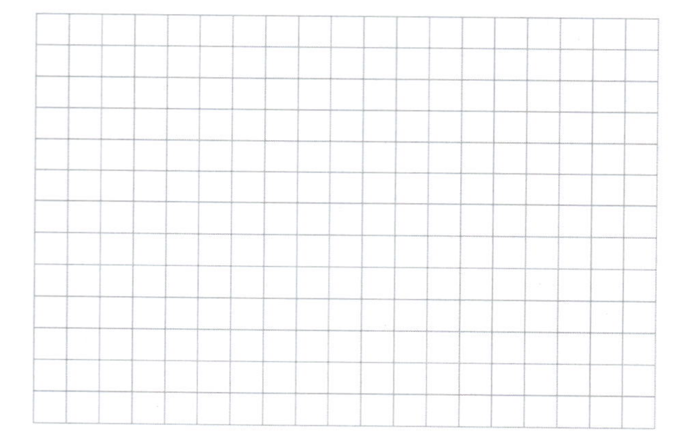

**14** O gráfico a seguir fornece o tempo de cozimento, em água fervente, de uma massa *m* de feijão em função da temperatura.

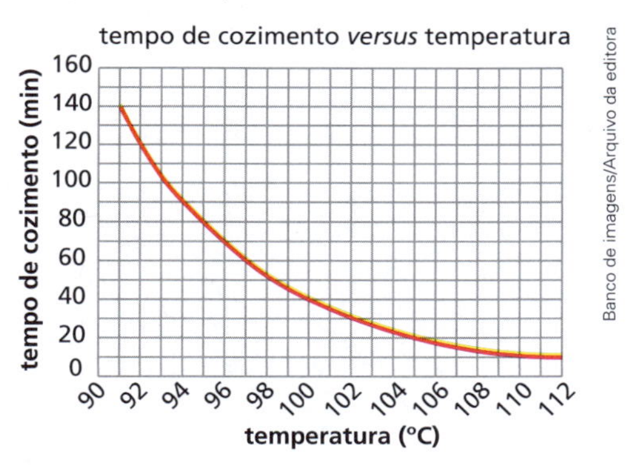


Sabe-se que a temperatura de ebulição da água, em uma panela sem tampa, é função da pressão atmosférica local. Na tabela a seguir, encontramos a temperatura de ebulição da água em diferentes pressões. Ao nível do mar (altitude zero), a pressão atmosférica vale 76 cmHg e ela diminui 1,0 cmHg para cada 100 metros que aumentamos a altitude.

**Temperatura de ebulição da água em função da pressão**

| PRESSÃO EM cmHg | TEMPERATURA EM °C |
|---|---|
| 60 | 94 |
| 64 | 95 |
| 68 | 97 |
| 72 | 98 |
| 76 | 100 |
| 80 | 102 |
| 84 | 103 |
| 88 | 105 |
| 92 | 106 |
| 96 | 108 |
| 100 | 109 |
| 104 | 110 |
| 108 | 111 |

Fonte: RUMBLE, John. *CRC Handbook of Chemistry and Physics*. 98 ed. CRC Press.

Analise as afirmações.

I. Ao nível do mar, essa massa *m* de feijão vai demorar 40 minutos para o seu cozimento.

II. O mar Morto encontra-se aproximadamente 400 metros abaixo do nível dos mares (altitude −400 m). Nesse local, o mesmo feijão demoraria 30 minutos para o seu cozimento.

III. O tempo de cozimento desse feijão seria de 1,0 hora em um local de altitude aproximadamente igual a 1,0 km.

IV. Se esse feijão estivesse no interior de uma panela de pressão fechada, cuja válvula mantém a pressão interna a 1,42 atm (1,0 atm equivale a 76 cmHg), independentemente do local, o tempo de cozimento seria de aproximadamente 10 minutos.

É (São) verdadeira(s):

**a)** somente I.
**b)** somente I e III.
**c)** somente I, II e IV.
**d)** somente II, III e IV.
**e)** I, II, III e IV.

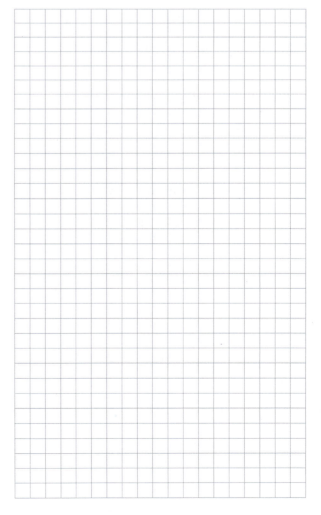

# 17 Gases perfeitos e Termodinâmica

## Nestas atividades você vai:

- Utilizar a lei de Charles.
- Analisar transformações.
- Utilizar equação de Clapeyron.
- Utilizar lei geral dos gases.
- Analisar transformações termodinâmicas.
- Utilizar 1ª lei da Termodinâmica.
- Utilizar ciclo de Carnot.

### Habilidade da BNCC relacionada:

EM13CNT101

**1** Certa massa de gás perfeito está em um recipiente de volume constante. No início, a temperatura do gás é de 47 °C e a pressão registrada é equivalente a 100 mmHg. Qual será a nova pressão do gás se a sua temperatura for alterada para 207 °C?

**2** No interior de um cilindro, provido de êmbolo, uma amostra de gás ideal pode sofrer transformações à pressão constante. Determinada massa desse gás foi confinada no interior do recipiente ocupando 0,5 $m^3$ a 10 °C. Aquecendo-se o sistema, observou-se o êmbolo subindo até atingir o volume interno de 1,0 $m^3$. Em grau Celsius, qual é a temperatura do gás no final do experimento?

**3** A que temperatura (em grau Celsius) devem-se encontrar 5,0 mols de um gás perfeito para que, colocados em um recipiente de volume igual a 20,5 L, exerçam uma pressão de 4,0 atm?
**Dado:** R = 0,082 (atm · L)/(mol · K).

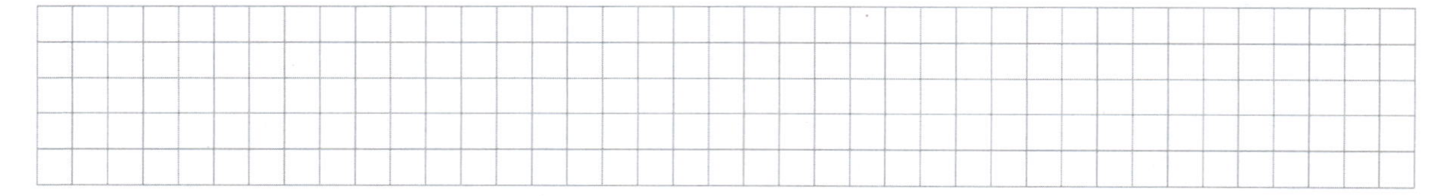

**4** Certa massa de gás perfeito é colocada, a 27 °C, em um recipiente de 5,0 L de capacidade, exercendo em suas paredes uma pressão equivalente a 2,0 atm. Mantendo-se a massa e transferindo-se o gás para um outro recipiente de 3,0 L de capacidade, quer-se ter esse gás sob pressão de 5,0 atm. Para tanto, a que temperatura deve-se levar o gás?

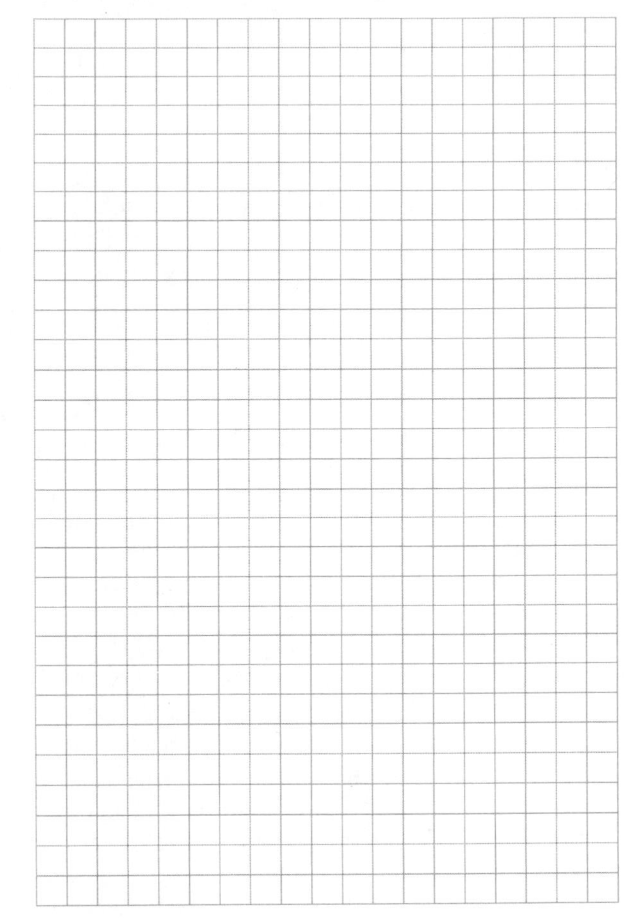

**5** Após o término das aulas, a família da aluna Maria Eduarda preparou seu automóvel para as merecidas férias. Calibrou os pneus com uma pressão de 210 $\frac{kN}{m^2}$. No momento da calibração, a temperatura ambiente e dos pneus era de 27,0 °C. Todos subiram e partiram para a viagem. Chegando ao destino, os pneus apresentaram um aumento de pressão, passando para 240 $\frac{kN}{m^2}$.

Considerando o ar um gás ideal, determine o que se pede a seguir.

**a)** Qual a temperatura do ar (em grau Celsius) no interior dos pneus, no final da viagem, se eles expandiram 5%?

**b)** De acordo com o fabricante, os pneus podem aumentar seu volume em até 8%. Se, no final da viagem, essa situação extrema de volume foi atingida, com a temperatura em aproximadamente 378 K, qual o valor limite da pressão dos pneus (em atm)?

**Considere:**

Equação de Clapeyron: $pV = nRT$;

$1{,}0 \text{ atm} = 1{,}0 \cdot 10^5 \text{ N/m}^2$;

Lei geral dos gases: $\frac{p_0V_0}{T_0} = \frac{p_1V_1}{T_1}$;

Conversão Kelvin para Celsius:

$\theta_C = T(K) - 273$.

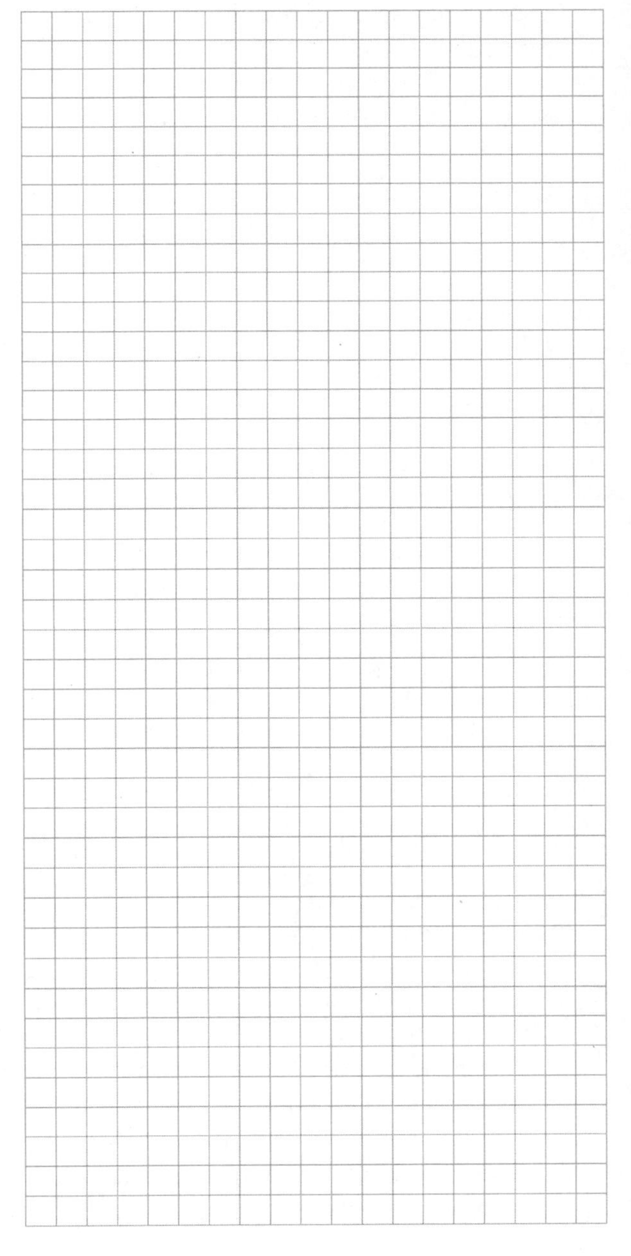

**6** Um cilindro adiabático vertical foi dividido em duas partes por um êmbolo de 2,50 kg de massa, que está apoiado em uma mola ideal de constante elástica igual a $1{,}04 \cdot 10^5$ N/m. Na parte inferior do cilindro, fez-se vácuo e, na parte superior, foram colocados 5 mols de um gás perfeito. Na situação de equilíbrio, a altura $h$ vale 60 cm e a mola está comprimida em 20 cm.

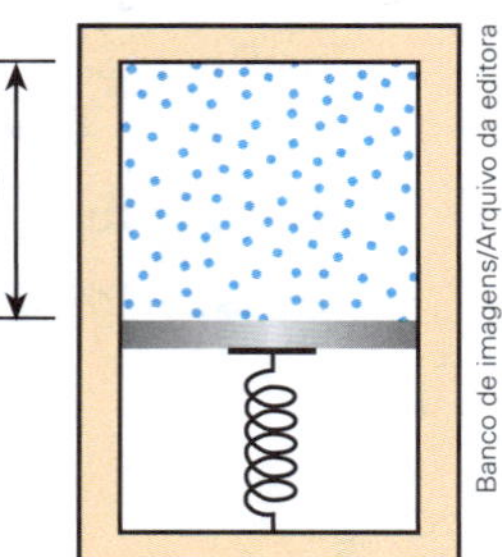


Banco de imagens/Arquivo da editora

**Dados:** $g = 10$ m/s$^2$;

$R = 8{,}31$ J/(mol · K).

Desprezando-se possíveis atritos, qual a temperatura do gás, em grau Celsius?

**7** Ao ler um livro sobre tecnologia do vácuo, um aluno recebeu a informação de que o melhor "vácuo" que se pode obter no interior de um recipiente, na superfície da Terra, é da ordem de $2{,}5 \cdot 10^{-15}$ atm.

Considerando-se que o ar se comporta como um gás perfeito, aproximadamente quantas moléculas vamos encontrar em 1 mm$^3$ do interior desse recipiente, onde se fez o vácuo parcial, à temperatura de 27 °C?

**Dados:** constante universal dos gases perfeitos = 0,082 (atm · L)/(mol · K);

1 litro = 1 dm$^3$;

número de Avogadro = $6{,}02 \cdot 10^{23}$ moléculas/mol.

a) zero
b) 60
c) 602
d) 1 820
e) $6 \cdot 10^{23}$

**8** Em um recipiente **A** de capacidade igual a 25 L há nitrogênio à temperatura de −23 °C, sob pressão de 3,0 atm. Em outro recipiente **B**, com 30 L de capacidade, há oxigênio à temperatura de 127 °C sob pressão de 8,0 atm. Ambos os gases são colocados num terceiro reservatório com capacidade de 27 L, no qual se misturam. Admitindo que esses gases não interagem quimicamente e que se comportam como gases perfeitos, qual será a temperatura final da mistura gasosa, sabendo que a pressão passou a ser de 10 atm?

**9 Por que um balão atmosférico é tão grande?**

Isso ocorre devido à força vertical para cima que lhe permite subir – o empuxo, dado pela lei de Arquimedes –, ter intensidade diretamente proporcional à densidade do ar e ao volume deste fluido deslocado pelo sistema. Como o ar tem densidade relativamente pequena (cerca de 1,2 kg/m³, a 27 °C), para se obter um empuxo significativo, capaz de superar o peso total, provocando-se a ascensão, deve-se inflar o envelope do balão de modo que este adquira um volume relativamente grande.

Considere um balão atmosférico constituído do envelope, cesta para três passageiros, amarras, queimador e tanque de gás. A massa total do conjunto com os três passageiros e o envelope vazio é de 325 kg. Sabe-se que, quando o envelope está totalmente inflado, seu volume é de 1 250 m³. Admitindo-se que no local a intensidade da aceleração da gravidade vale 10 m/s², a pressão atmosférica é praticamente constante e a temperatura ambiente é de 27 °C, responda:

a) Que massa $m_1$ de ar caberia dentro do envelope se este fosse totalmente inflado com ar a 27 °C?

b) Que massa $m_2$ de ar caberia dentro do envelope se este fosse totalmente inflado com ar a 127 °C?

c) Qual a intensidade *a* da aceleração do balão quando este for lançado com os três passageiros, estando o ar do envelope a 127 °C? Despreze nos cálculos o empuxo exercido pelo ar nas partes sólidas do sistema.

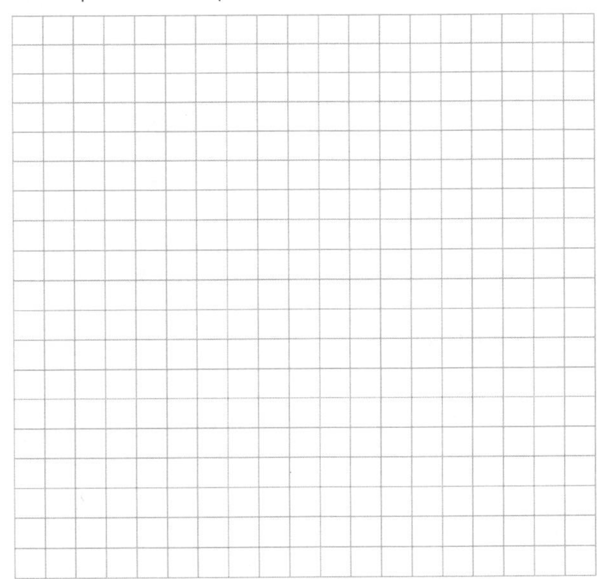

**10** Em um laboratório de Física, um estudante realizou um experimento que consistia em pegar um recipiente, vazio, de paredes indeformáveis, dotado de uma válvula que não deixa a pressão interna passar de um valor-limite. Esse estudante injetou hidrogênio gasoso (que se comporta como gás perfeito) no interior do recipiente até que a pressão atingisse o máximo valor, e observou que a massa de gás injetada era igual a 10 gramas. Em seguida, ele esfriou o gás, diminuindo a sua temperatura absoluta em 20%. Que massa do mesmo gás, na nova temperatura, o estudante deve injetar no interior do recipiente para restabelecer a pressão máxima suportável pela válvula?

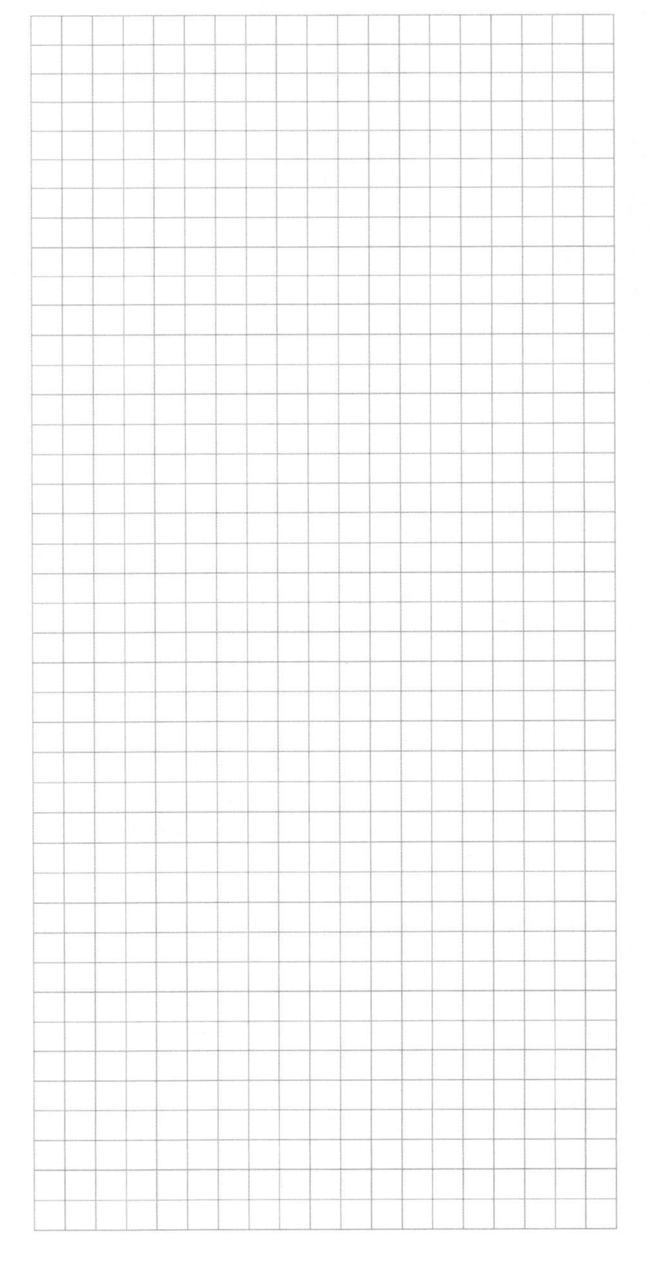

**11** Leia com atenção e identifique a alternativa correta.

a) Numa compressão isotérmica de um gás perfeito, o sistema não troca calor com o meio externo.

b) Numa compressão isotérmica de um gás perfeito, o sistema cede um valor de calor menor que o valor do trabalho que recebe.

c) Numa compressão isotérmica de um gás perfeito, sempre ocorre variação da energia interna do gás.

d) Numa compressão isotérmica de um gás perfeito, o sistema realiza trabalho; portanto, não recebe calor.

e) Numa compressão isotérmica de um gás perfeito, o sistema recebe trabalho, que é integralmente transformado em calor.

**12** Na universidade, no interior de um laboratório de Física, um instrutor realizou um experimento diante de uma plateia extremamente atenta. Utilizando um recipiente apropriado, provido de êmbolo móvel, aprisionou determinada massa de um gás monoatômico, que pode ser considerado um gás ideal. Com uma fonte térmica provocou no gás uma transformação quase estática em duas etapas: uma isobárica seguida de outra isométrica. No estado inicial, a pressão do gás valia $8,0 \cdot 10^2$ N/m² e o volume 0,40 m³. No final do experimento a pressão valia $4,0 \cdot 10^2$ N/m² e o volume 0,80 m³.

Utilizando estes dados, determine:

a) a variação de energia interna do gás;

b) o trabalho realizado pelo gás nesta transformação (desconsidere os atritos);

c) a quantidade de calor trocada pelo gás com a fonte térmica externa;

d) se a transformação isométrica ocorrer antes da isobárica, mantendo-se os mesmos estados inicial e final, qual é o novo trabalho realizado pelo gás?

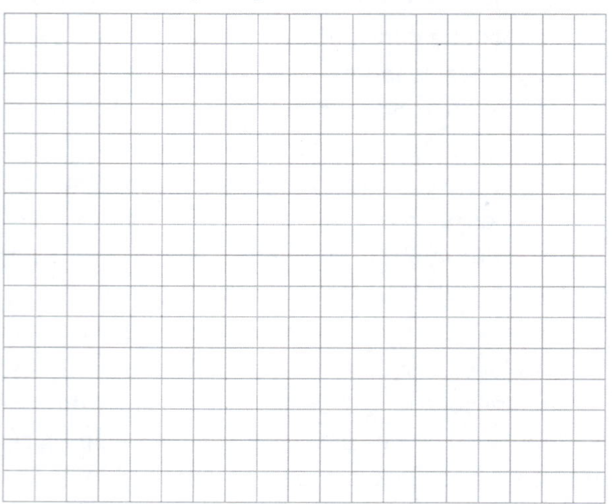

**13** Um sistema gasoso ideal, ao receber 293 cal, evolui do estado **A** para o estado **D**, conforme o gráfico:

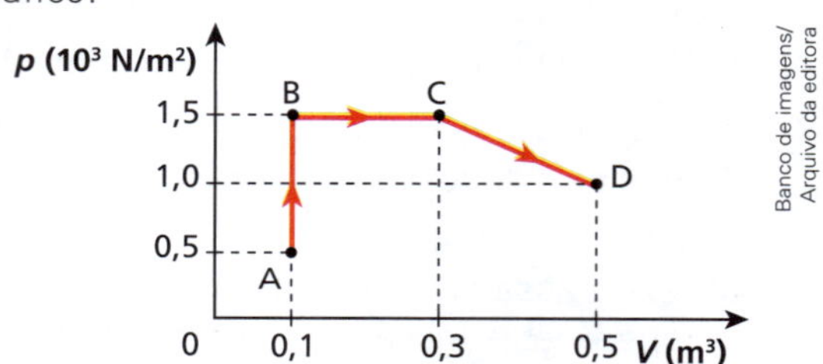


Determine:

a) o trabalho do gás em cada transformação: **AB**, **BC** e **CD**;

b) a variação da energia interna na transformação **ABCD**;

c) a temperatura do gás no ponto **D**, sabendo que no ponto **C** era de −3 °C.

**Dado:** 1 cal = 4,18 J

**14** O diagrama volume × temperatura absoluta representado a seguir mostra um processo isobárico ocorrido com uma amostra de gás monoatômico, cujo comportamento pode ser considerado igual ao de um gás ideal.

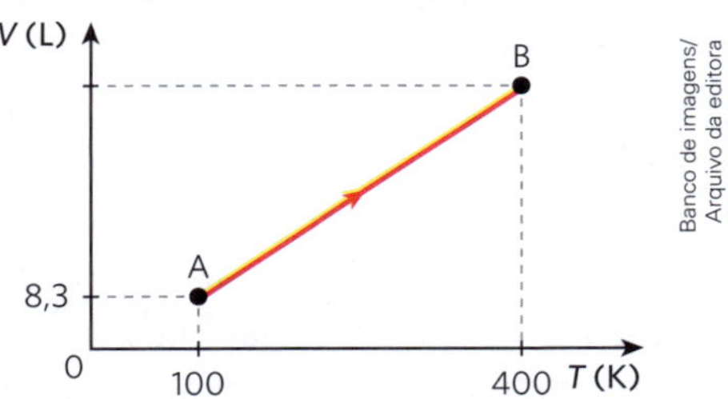


A pressão é mantida constante em $1{,}0 \cdot 10^6$ N/m². A constante universal dos gases ideais vale, aproximadamente, 8,3 J/(mol · K). Sendo assim, determine:

a) o número de mols do gás;

b) o trabalho realizado pelo gás no processo **AB**;

c) a variação de energia interna do gás no processo **AB**.

**15** Certa massa de gás ideal desenvolve o ciclo indicado na figura abaixo:

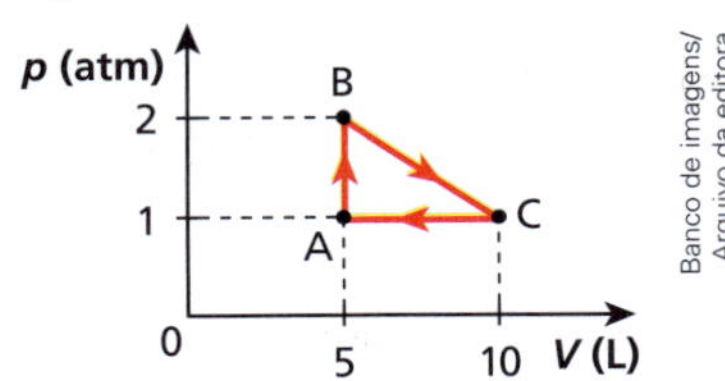


Determine:

a) o trabalho realizado pelo gás ao percorrer o ciclo uma vez;

b) a potência desenvolvida, sabendo que a duração de cada ciclo é de 0,5 s;

c) o ponto onde a energia interna do sistema é máxima e onde é mínima.

**Dados:** 1 atm = $10^5$ N/m²;

1 L = 1 dm³ = $10^{-3}$ m³.

**16** Uma esfera metálica de 200 g de massa é abandonada do repouso, de uma altura *H*, sobre um grande bloco de gelo a 0 °C. Desprezam-se influências do ar e supõe-se que toda a energia mecânica existente na esfera transforma-se em energia térmica e é absorvida pelo gelo, sem, no entanto, alterar a temperatura do metal. Qual deve ser a altura *H* para que 1 g de gelo sofra fusão?

**Dados:** calor específico latente de fusão do gelo = 80 cal/g;

aceleração da gravidade = 10 m/s²; 1 cal = 4,2 J.

**17** Um bloco de gelo fundente de 12 kg de massa é lançado com velocidade igual a 20 m/s sobre uma pista horizontal também de gelo a 0 °C. Devido ao atrito, o bloco para. Se toda a energia cinética foi transformada em térmica e absorvida pelo gelo, qual a massa de gelo que se funde?
**Dados:** 1 cal = 4 J;
calor latente de fusão do gelo = 80 cal/g.

**18** O dispositivo abaixo é a famosa eolípila, inventada no século primeiro por Heron de Alexandria, considerada a primeira máquina a vapor.

Banco de imagens/Arquivo da editora

As máquinas a vapor começaram a ser utilizadas, com algum sucesso, no século XVII, apesar de sua história ter começado com Heron, cerca de 100 d.C. Desde então, várias máquinas a vapor de diferentes modelos se destacaram pela produtividade e diversidade de uso. O estudo das máquinas térmicas chamou a atenção dos físicos para uma série de transformações que nunca ocorrem, embora não violem a lei da conservação da energia. Essas "proibições" deram origem à segunda lei da Termodinâmica.

Em uma biblioteca, foi encontrado um livro do final do século XVII, em péssimo estado de conservação. Após a verificação da parte que se podia ler, foram feitas adaptações para a realidade das unidades físicas de hoje. Na página 56, podia-se observar o projeto de uma máquina térmica a vapor que retirava o equivalente a 7 000 J de energia da fonte quente, que se encontrava a uma temperatura de 127 °C, e eram rejeitados 5 250 J para a fonte fria. A temperatura dessa fonte fria estava ilegível. Supondo-se que essa máquina funcionasse como uma máquina de Carnot, o seu rendimento e a temperatura da fonte fria seriam, respectivamente, iguais a:

a) 5% e 47 °C
b) 10% e −27 °C
c) 25% e 27 °C
d) 50% e 77 °C
e) 75% e 27 °C

UNIDADE 5

CAPÍTULO 18

# Ondas

## Nestas atividades você vai:

- Identificar tipos de radiação.
- Utilizar equação do Efeito Doppler.
- Calcular velocidade de propagação de onda.

**Habilidade da BNCC relacionada:**

EM13CNT103

**1** As radiações $\alpha$, $\beta$ e os raios catódicos não são considerados ondas, já que são constituídos de partículas e não simplesmente de energia se propagando pelo espaço. Assinale a alternativa que corresponde à explicação correta a respeito dessas radiações.

a) A radiação $\beta$ é constituída de núcleos de hélio (He), cada um deles com dois prótons e dois nêutrons.

b) A radiação $\alpha$ é constituída de elétrons de alta energia ou de pósitrons.

c) Os raios catódicos são constituídos de feixes de prótons.

d) A radiação $\alpha$ e a radiação $\beta$ são constituídas de feixes de elétrons.

e) Os raios catódicos são constituídos de feixes de elétrons.

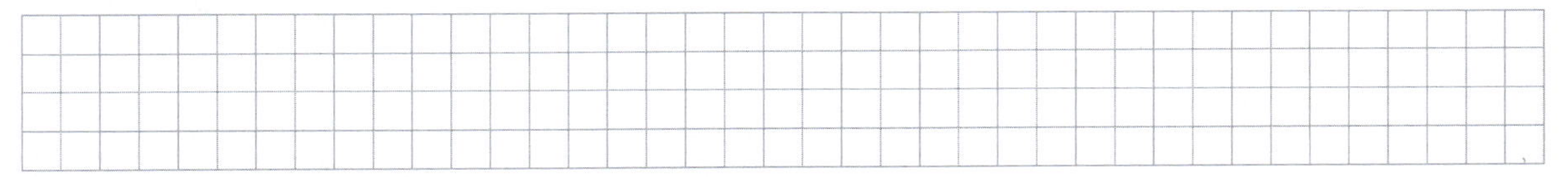

**2** Maria caminhava pelo centro da cidade quando parou em uma esquina aguardando que o sinal se abrisse para que ela pudesse atravessar a avenida. Ela mexia no seu *smartphone* em um aplicativo que media a frequência dos sons que chegavam até ela. Nisso, uma ambulância passa rapidamente e ela consegue medir a frequência do som recebido, 680 Hz. Sabendo-se que a velocidade do som no ar vale 340 m/s e que a sirene emitia um som de 730 Hz, qual o módulo da velocidade de afastamento da ambulância? Dê a resposta em km/h.

**3** Um trem se desloca a 30 m/s em um local sem ventos. Num determinado instante, ele passa a emitir um apito de frequência constante igual a 500 Hz. Usar a velocidade do som no ar como 330 m/s.

Qual a frequência do som percebido por um observador parado:

a) em frente à locomotiva?

b) atrás da locomotiva?

Qual o comprimento de onda das ondas sonoras correspondentes a esse apito:

c) em frente à locomotiva?

d) atrás da locomotiva?

Qual a frequência do som percebido por um passageiro de um segundo trem que se desloca com velocidade de 15 m/s:

e) se aproximando do primeiro trem?

f) se afastando do primeiro trem?

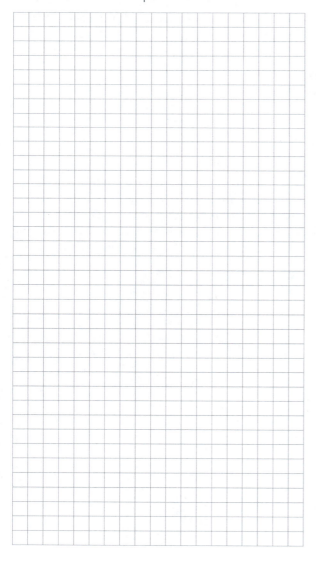

**4** Os modernos fornos de micro-ondas, usados em residências, utilizam radiação eletromagnética de pequeno comprimento de onda para cozinhar os alimentos. A frequência da radiação utilizada é de aproximadamente 2 500 MHz. Sendo 300 000 km/s a velocidade da luz no vácuo, qual é, em centímetros, o valor aproximado do comprimento de onda das radiações utilizadas no forno de micro-ondas?

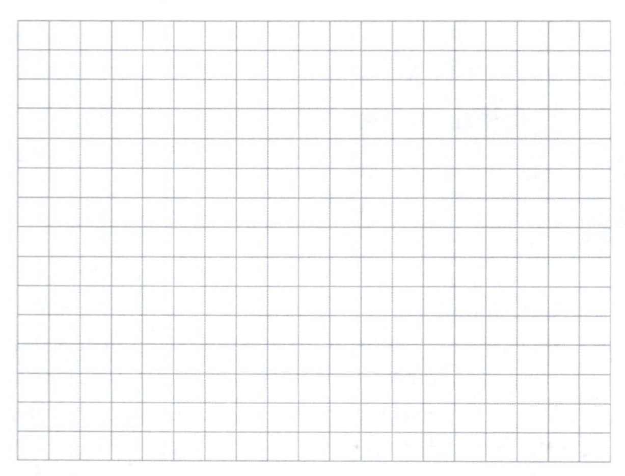

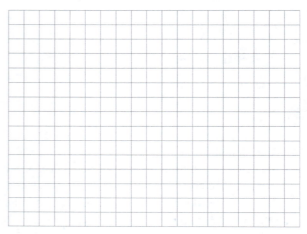

**5** A figura representa uma onda transversal periódica que se propaga nas cordas **AB** e **BC** com as velocidades $v_1$ e $v_2$, de módulos respectivamente iguais a 12 m/s e 8,0 m/s.

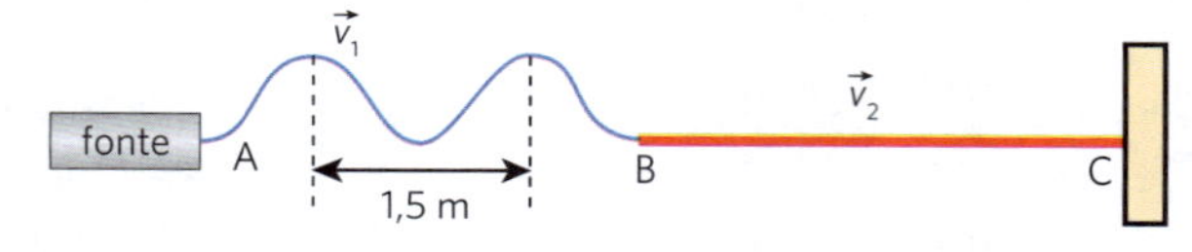


Banco de imagens/Arquivo da editora

Nessas condições, o comprimento de onda na corda **BC**, em metros, é:

a) 1,0.
b) 1,5.
c) 2,0.
d) 3,0.
e) 4,0.

# Radiações e reações nucleares

## Nestas atividades você vai:

- Determinar o rendimento em um processo.
- Calcular incidência de energia luminosa.
- Analisar comprimento de onda.
- Determinar percentual de luminosidade relativa.
- Analisar polarização da luz.

### Habilidades da BNCC relacionadas:

EM13CNT101 EM13CNT103 EM13CNT104 EM13CNT304 EM13CNT305 EM13CNT306 EM13CNT307

**1** Nos dias de hoje, a radiação solar está adquirindo um protagonismo muito grande nas residências. Desde o uso para o aquecimento de água utilizando a transmissão de calor até a geração de energia elétrica com o uso de células fotovoltaicas. Neste último caso, a energia elétrica produzida pode ser utilizada na residência ou enviada para o sistema elétrico da cidade, ficando o morador com créditos para consumo futuro.

Alexandru Logel/Shutterstock

Considerando que a radiação solar incidente em uma placa de aquecimento de 1 $m^2$ de área seja 600 W, em média, e que num intervalo de tempo de 5 min a quantidade de calor obtido para o aquecimento de água seja $9 \cdot 10^4$ J, determine o rendimento desse processo.

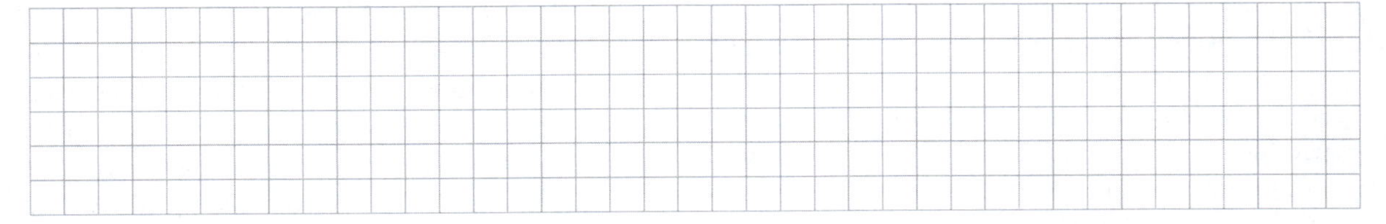

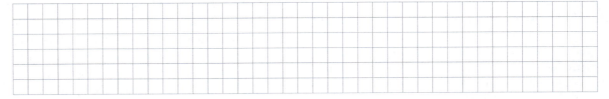

**2** Está cada vez mais popular a chamada depilação a *laser*.

O número de sessões nos procedimentos de depilação depende de vários fatores, como a coloração da pele, a dimensão da área e a quantidade de pelos a serem removidos.

Em cada sessão são utilizados pulsos de alta potência e curta duração. Assim, considerando uma incidência perpendicular (situação de máxima exposição) em uma superfície de 2,0 $mm^2$ de área, com intensidade média de $2,0 \cdot 10^4$ $W/m^2$, qual a energia luminosa que incide nesse local em 5,0 ms?

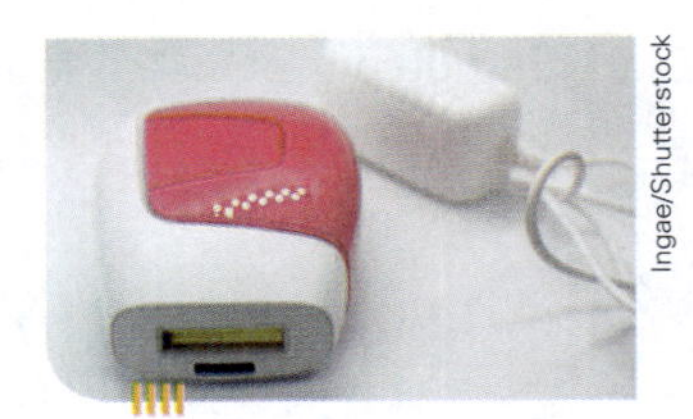

Ingae/Shutterstock

Aparelho utilizado em depilação a *laser*.

**3** Um físico, folheando um livro de Botânica, encontrou o gráfico a seguir:

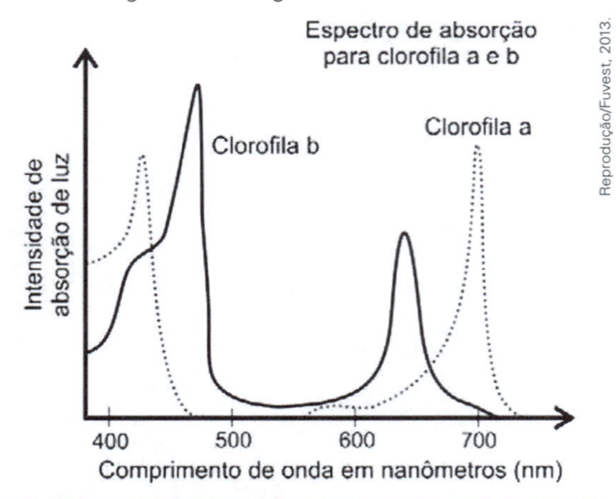


Reprodução/Fuvest, 2013.

| Comprimento de onda (nm) | Cor |
|---|---|
| 380 - 450 | Violeta |
| 450 - 490 | Azul |
| 490 - 520 | Ciano |
| 520 - 570 | Verde |
| 570 - 590 | Amarelo |
| 590 - 620 | Alaranjado |
| 620 - 740 | Vermelho |

Baseado em: *Tratado de Botânica de Strasburguer*. 36. ed. Porto Alegre: Artmed, 2012.

No eixo horizontal estão representados os comprimentos de onda da luz solar e, no eixo vertical, a intensidade de absorção dessa luz pelos principais vegetais existentes na superfície da Terra.

Após um estudo detalhado desse gráfico, o físico formulou uma pergunta: Por que uma pessoa de visão normal enxerga as folhas de uma planta na cor verde?

Estude o gráfico e a tabela e responda à questão formulada.

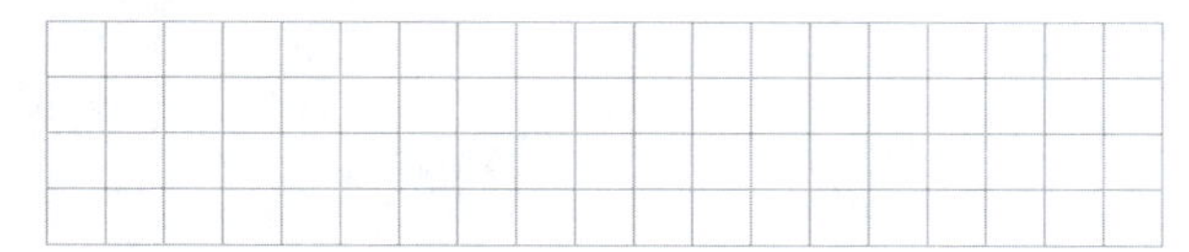

**4** FOTOMETRIA

Outro aspecto importante da luz é a sua intensidade ou brilho. A luz é uma forma de energia radiante e a luz visível, como o nome indica, é a energia radiante para o qual o olho humano é sensível. O olho é sensível para um pequeno intervalo de comprimentos de onda emitidos por uma lâmpada. Ficando difícil comparar as "intensidades" de duas fontes luminosas. O físico pode determinar o número total de watts emitidos pelas fontes, no entanto a "intensidade relativa" é determinada pelo olho humano, pela luz visível. Quantidades iguais de fluxos radiantes monocromáticos de cores diferentes não despertam a mesma sensação de brilho no olho humano. Para um grande número de pessoas a vista é mais sensível à luz verde, de comprimento de onda 5550 A, como indica o gráfico a seguir.

**Curva de luminosidade relativa**

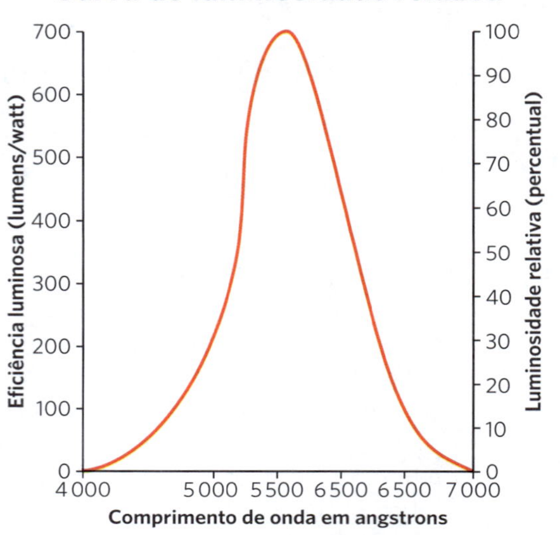


Banco de imagens/Arquivo da editora

Considerando que a luminosidade com que percebemos a luz verde (5550 A) corresponde a 100%, se recebermos outras duas ondas luminosas, o laranja (6100 A) e o vermelho (6500 A), a luminosidade relativa dessas ondas será percebida com que porcentual? Os comprimentos de onda citados são valores médios dos intervalos de onda que correspondem a cada cor. A energia de cada fluxo luminoso é a mesma.

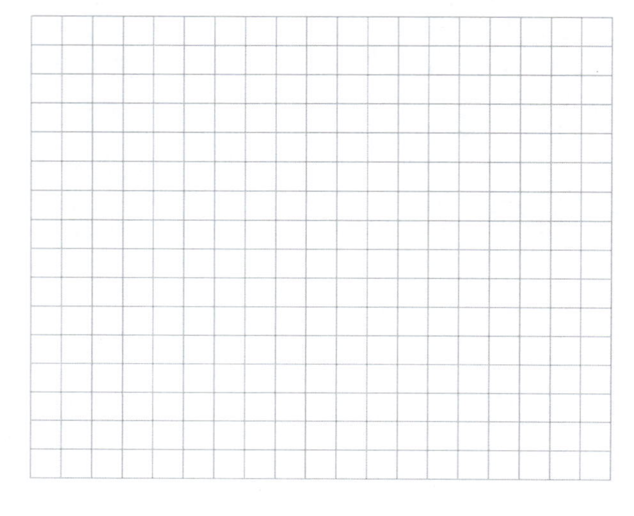

UNIDADE 5

CAPÍTULO

# 20 Acústica

## Nestas atividades você vai:

- Determinar comprimento e frequência de onda.
- Calcular velocidade de propagação de onda.
- Calcular potência e intensidade sonora.

**Habilidade da BNCC relacionada:**

EM13CNT306

**1** Para a audição dos seres humanos foram estabelecidos os limites inferior, 20 Hz, e superior, 20 000 Hz. Esses limites são bem generosos, pois os homens mal conseguem ouvir sons de 16 000 Hz ou pouco mais. Considerando os limites iniciais, determine os comprimentos de onda do som mais grave e do som mais agudo desse intervalo estabelecido. Velocidade do som no ar = 340 m/s.

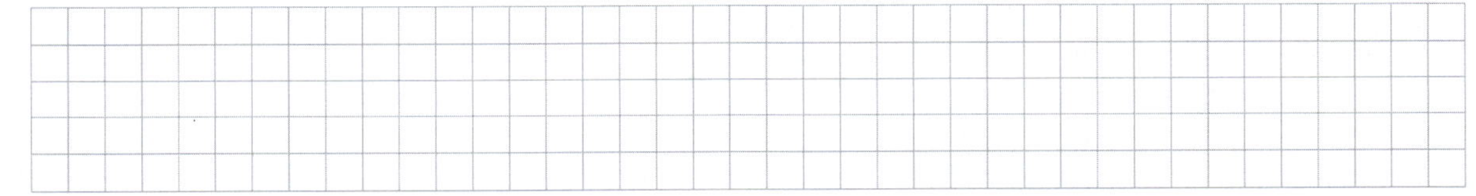

**2** Um aluno estava buscando informações na internet quando encontrou a definição da palavra morcego: "O morcego é um animal mamífero da ordem quiróptera cujos membros superiores (braços e mãos) têm formato de asa membranosa, tornando-se o único mamífero capaz de voar."

Ele se interessou por mais informações, encontrando que o menor comprimento de onda de um som emitido por um morcego, no ar, é da ordem de $2{,}2 \cdot 10^{-3}$ m. Se a velocidade do som no ar vale 330 m/s, qual a maior frequência emitida por esse animal?

Beth Ruggiero-York/Shutterstock

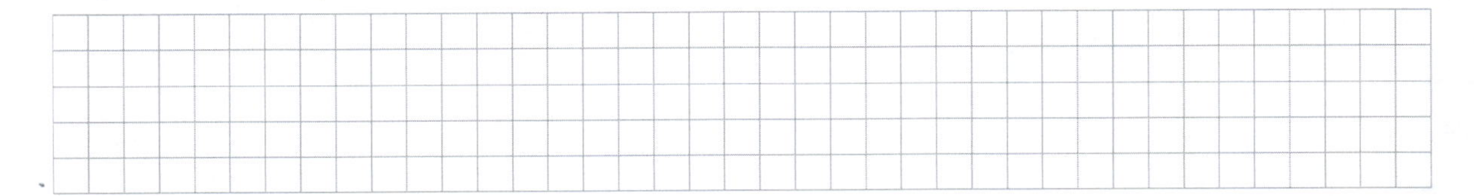

**3** Uma pessoa sem problemas auditivos, para ouvir determinado som, precisa que ele tenha uma intensidade mínima de $10^{-10}$ W/m$^2$. Um pequeno alto-falante emite esse som continuamente com potência igual a 10 mW. Supondo que não ocorra dissipação em sua propagação, determine a máxima distância a que esse som poderá ser ouvido por essa pessoa de audição normal. Observe que a propagação do som é feita por meio de ondas esféricas.

**4** Na figura, está representado um aparato experimental para o estudo de ondas estacionárias num fio elástico. **G** é um gerador de frequências, **A** é um alto-falante em cujo cone está fixado um pino e **B** é um bloco de massa desconhecida. Ajustando-se **G** para 20 Hz, o pino preso ao cone de **A** vibra na mesma frequência, provocando no fio de densidade linear $5{,}0 \cdot 10^{-1}$ kg/m o estado estacionário esquematizado.

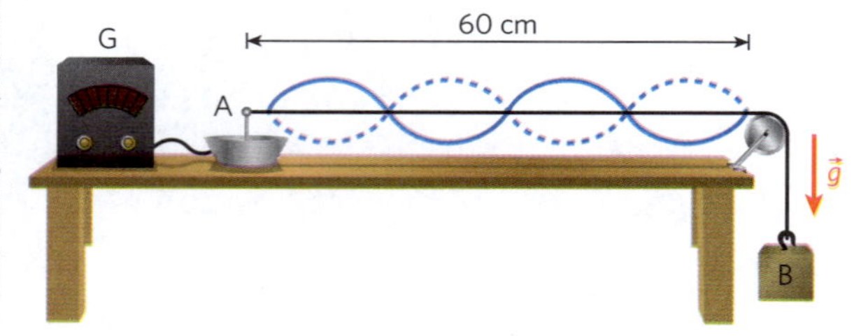

Banco de imagens/Arquivo da editora

Desprezando-se o atrito entre o fio e a polia e adotando g = 10 m/s², pode-se afirmar que

**a)** o comprimento de onda das ondas que se propagam através do fio vale 60 cm;

**b)** a velocidade das ondas que se propagam através do fio tem intensidade de 3,0 m/s;

**c)** a massa de **B** vale 1,8 kg;

**d)** aumentando-se a frequência de **G** a partir de 20 Hz, obter-se-á o próximo estado estacionário para 40 Hz;

**e)** diminuindo-se a frequência de **G** a partir de 20 Hz, obter-se-á o próximo estado estacionário para 10 Hz.

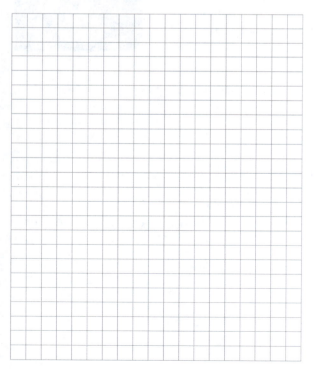

**5** Um estudante utiliza um gerador ajustável de audiofrequências para medir o comprimento *H* da coluna de ar existente em um tubo de ensaio parcialmente preenchido por água. Ele verifica que duas ressonâncias sucessivas são ouvidas para as frequências de 1 200 Hz e 2 000 Hz, respectivamente. Sabendo-se que a intensidade da velocidade do som no ar é 320 m/s, determine:

**a)** a medida *H*;

**b)** a frequência fundamental de vibração da coluna de ar no tubo.

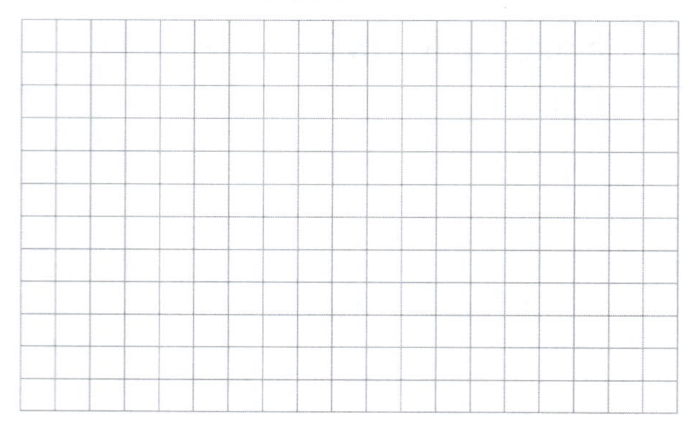

**6** Quando várias fontes independentes emitem sons, o sistema auditivo fica sujeito à ação de todas essas ondas sonoras. O efeito resultante de todos esses sons obedece à escala logarítmica da lei de Weber-Fechner.

**a)** Em uma maternidade, onde reina o silêncio, cinco gêmeos começam a chorar. Qual o nível de intensidade do som (em dB) produzido pelos cinco gêmeos chorando simultaneamente em relação ao nível de intensidade do choro de um único gêmeo? Considere que todos os gêmeos emitem sons de mesma intensidade durante o choro.

**b)** Quantas crianças é necessário adicionar aos cinco gêmeos para produzir uma sonoridade igual ao dobro da medida com apenas os cinco gêmeos? Considere que o choro das crianças tem intensidade igual ao choro de cada um dos gêmeos.

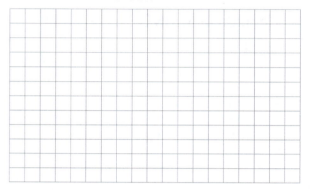

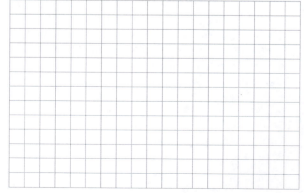

# Noções de Astronomia

## Nestas atividades você vai:

- Expressar medidas usando notação científica.
- Utilizar lei da gravitação universal.
- Calcular velocidade de propagação de uma onda.

### Habilidades da BNCC relacionadas:

EM13CNT201 EM13CNT202 EM13CNT208 EM13CNT209

**1** A estudante Joice Maria foi informada em suas aulas de gravitação que a distância média entre a Terra e a Lua é de 384 400 km. O professor pediu então que os alunos expressassem essa distância em milímetros, em notação científica padrão e com três algarismos significativos. Joice Maria atendeu corretamente à solicitação do professor, escrevendo:

a) $3\,844 \cdot 10^{8}$ mm
b) $38,4 \cdot 10^{10}$ mm
c) $3,844 \cdot 10^{11}$ mm
d) $3,84 \cdot 10^{11}$ mm
e) $3,85 \cdot 10^{11}$ mm

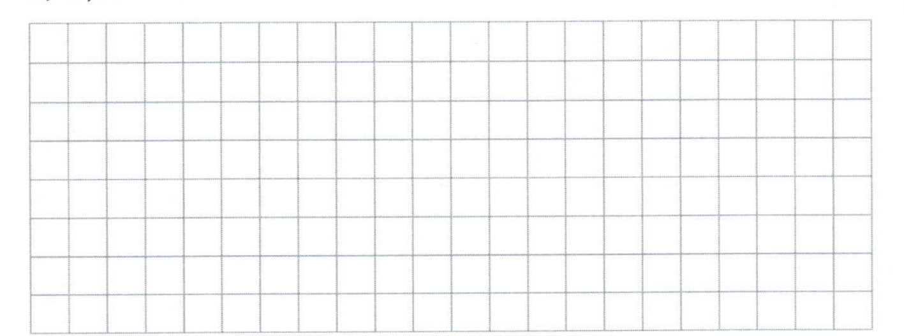

Nasa/Gsfc/SPL/Fotoarena

Nesta imagem, a distância Terra-Lua é aferida com um potente feixe de *laser* que é disparado de um observatório no solo terrestre. A luz se reflete em um espelho posicionado na Lua e retorna ao equipamento, sendo captada de volta. Um computador cronometra o intervalo de tempo gasto pelo *laser* em seu trânsito de ida e volta ao satélite – pouco mais de 2,4 s – e, conhecendo-se a intensidade da velocidade da luz – $c \cong 3,0 \cdot 10^{8}$ m/s –, determina-se a distância pesquisada.

**2** O planeta Marte é o vizinho imediato da Terra no sentido das distâncias crescentes ao Sol. Esse planeta tem sido objeto de inúmeras pesquisas, especialmente com o objetivo de implantar uma base humana com vistas a constituir uma plataforma para excursões espaciais mais ousadas. Marte, porém, conta com um grande elenco de inadequações à adaptação humana e à própria existência de vida, mesmo em formas elementares. Enumere pelo menos quatro adversidades que dificultariam a manutenção de vida de qualquer espécie no planeta Marte.

Reprodução/NASA

**3** **A ciência pode salvar sua vida!**

O CONHECIMENTO SALVA VIDAS!

Considere que as distâncias do Sol à Terra e da Terra à Lua valem 150 milhões de quilômetros e 384 mil quilômetros, respectivamente. Adotando-se para a intensidade da velocidade da luz o valor $c = 3{,}0 \cdot 10^8$ m/s, aponte a alternativa que traz o valor mais próximo do intervalo de tempo para o trânsito de um pulso luminoso emanado do Sol que se reflete na Lua na fase de lua cheia e atinge a face noturna da Terra:

a) 8,0 min + 18,7 s
b) 8,0 min + 20,0 s
c) 8,0 min + 21,3 s
d) 8,0 min + 22,6 s
e) O intervalo de tempo citado é praticamente nulo.

**4** Estrelas como o Sol, classificadas de anãs amarelas, são comumente encontradas na observação astronômica. Na outra ponta da escala estelar estão as azuis gigantes, muito raras no Universo. Na semana passada, um grupo de astrônomos europeus anunciou a descoberta de nada menos que sete astros desse tipo, entre eles a estrela com a maior massa já encontrada. Batizada de R136a1, ela é colossal mesmo para os padrões das azuis gigantes. Sua descoberta deve levar os cientistas a rever seus cálculos sobre os limites da massa das estrelas. Até agora, achava-se impossível que existissem astros com massa superior a 150 vezes a do Sol. A R136a1 tem quase o dobro, brilha com intensidade 10 milhões de vezes maior e é sete vezes mais quente.

(SALVADOR, Alexandre. Um raro achado no cosmo. Veja, São Paulo, ano 43, n. 30, p. 94, 28 jul. 2010.)

Considerando que a massa da estrela *R136a1* é 265 vezes a massa do Sol, pode-se afirmar que, se ela fosse a estrela do Sistema Solar em vez do Sol e se, mesmo assim, a Terra descrevesse sua órbita com o mesmo raio médio, o ano terrestre teria a duração mais próxima de

a) 3 horas.
b) 3 dias.
c) 3 semanas.
d) 3 meses.
e) 3 anos.

# Fundamentos da Óptica geométrica

## Nestas atividades você vai:

- Calcular velocidade de propagação de uma onda.
- Utilizar o conceito de espectro luminoso.

### Habilidade da BNCC relacionada:

EM13CNT103

**1** Na região próxima a uma estação sismológica, havia um depósito de gasolina, a uma distância *d* da estação, o qual subitamente explodiu pela incidência de um raio de grande intensidade, proveniente de uma tempestade severa.

A explosão produziu imediatamente uma labareda espetacular, de grande altura, e o estrondo correspondente pôde ser ouvido na estação sismológica exatos 5,0 s após serem avistadas as primeiras chamas.

A explosão produziu também, na superfície do terreno, intensas vibrações do tipo longitudinal, **L**, que se propagaram no solo a $1,6 \cdot 10^3$ m/s, e do tipo transversal, **T**, que se propagaram no solo a $5,0 \cdot 10^2$ m/s, sendo que as vibrações foram detectadas na estação sismológica com uma defasagem temporal (*delay*) $\delta$. Considerando-se que a luz e o som se propagaram no local com velocidades respectivamente iguais a $3,0 \cdot 10^8$ m/s e $3,2 \cdot 10^2$ m/s pedem-se:

Bradley L. Grant/Shutterstock

**a)** calcular o valor de *d*, em quilômetros;

**b)** calcular o valor de $\delta$, em segundos.

**2** No dia 27 de julho de 2018 ocorreu o mais longo eclipse lunar deste século, com duração total próxima de 4 horas. O satélite adentrou o cone de sombra produzido pela Terra, apresentou-se avermelhado durante algum tempo ("Lua de sangue") e emergiu em seguida, pleno e reluzente. A imagem abaixo é uma montagem fotográfica com os momentos mais importantes do fenômeno.

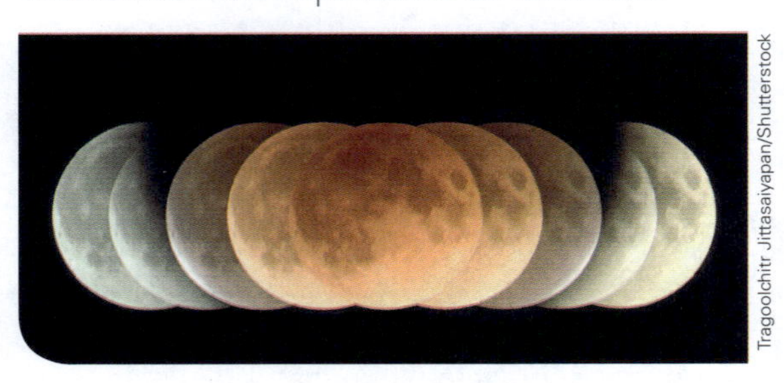
Tragoolchitr Jittasaiyapan/Shutterstock

O tom avermelhado exibido pela Lua no clímax do eclipse pode ser mais bem explicado levando-se em conta o fato de o satélite:

a) emitir luz própria avermelhada.

b) deformar o espaço-tempo ao seu redor, fazendo com que luzes avermelhadas incidam sobre ele.

c) refletir a luz proveniente de grandes cidades iluminadas situadas na face noturna da Terra.

d) refletir componentes de grande comprimento de onda de luz solar, pouco difundidos pela atmosfera terrestre, desviados de sua propagação retilínea devido à refração através do ar existente em torno da Terra.

e) refletir componentes de alta frequência da luz proveniente de estrelas distantes do Sol.

**3** A parede do fundo da câmara escura de orifício esquematizada a seguir é móvel, para que sejam projetadas nessa parede figuras sempre nítidas de um bastão luminoso em forma de vela com altura igual a $O$.

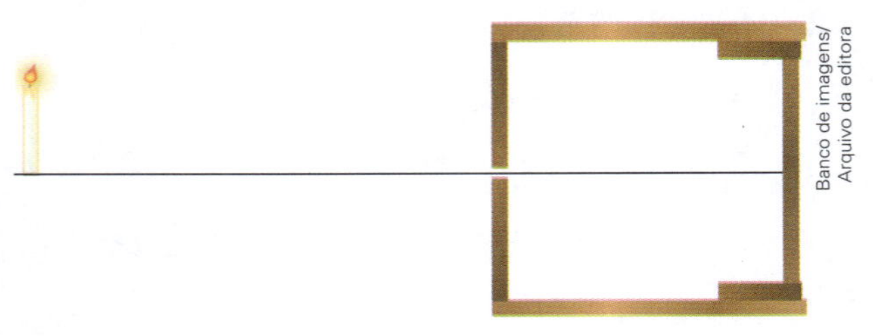
Banco de imagens/Arquivo da editora

Inicialmente, o bastão está a uma distância $p$ do orifício da câmara e a separação entre a parede do fundo desse dispositivo e sua parede frontal tem comprimento $p'_1$. Desloca-se, então, o bastão, posicionando-o a uma distância $p_2 = \frac{3}{4}p_1$ do orifício da câmara de modo que a extensão da figura projetada seja a mesma da situação anterior. Em função de $p'_1$, para que a projeção obtida na parede do fundo da câmara seja nítida, que deslocamento $\Delta p'$ deve ser dado a essa parede? A parede do fundo do dispositivo deve ser deslocada no sentido de aproximar-se ou afastar-se do orifício?

**4** Os raios solares incidem sobre uma pessoa de 1,60 m de altura. Sua sombra projetada sobre um piso horizontal tem 2,40 m de comprimento. Um poste vertical situado próximo à pessoa também tem sua sombra projetada sobre o piso. Algumas horas mais tarde, a sombra da pessoa apresenta 2,00 m de comprimento, enquanto a sombra do poste tem 2,50 m a menos de comprimento que a anterior. Qual a altura do poste?

**5** Na situação esquematizada a seguir, um homem de altura $h$, em movimento para a direita, passa pelo ponto **A**, da vertical baixada de uma lâmpada fixa num poste a uma altura $H$ em relação ao solo, e dirige-se para o ponto **B**.

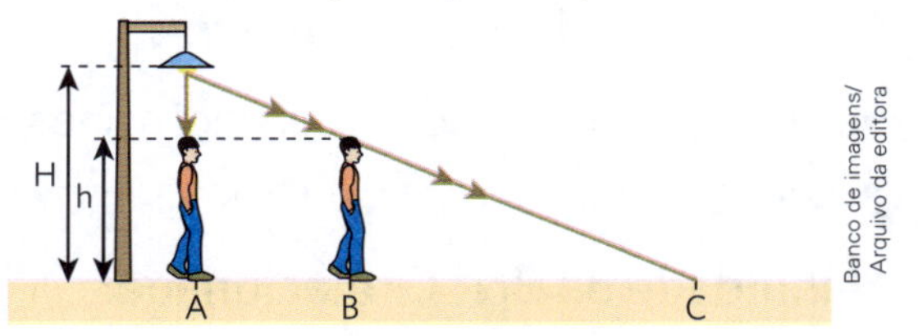


Sabendo que, enquanto o homem se desloca de **A** até **B** com velocidade média de intensidade $v$, a sombra de sua cabeça projetada sobre o solo horizontal se desloca de **A** até **C** com velocidade média de intensidade $v'$, calcule $v'$ em função de $h$, $H$ e $v$.

# 23 Reflexão da luz

## Nestas atividades você vai:

- Utilizar o conceito de propagação linear da luz.
- Utilizar a equação de Gauss.

### Habilidade da BNCC relacionada:

EM13CNT103

**1** Uma tela opaca de grandes dimensões apresenta um pequeno furo onde está instalada uma lâmpada pontual de grande potência. Um espelho plano quadrado de lado igual a 40 cm é fixado paralelamente à tela, a 1,5 m de distância dela, conforme representa a figura.

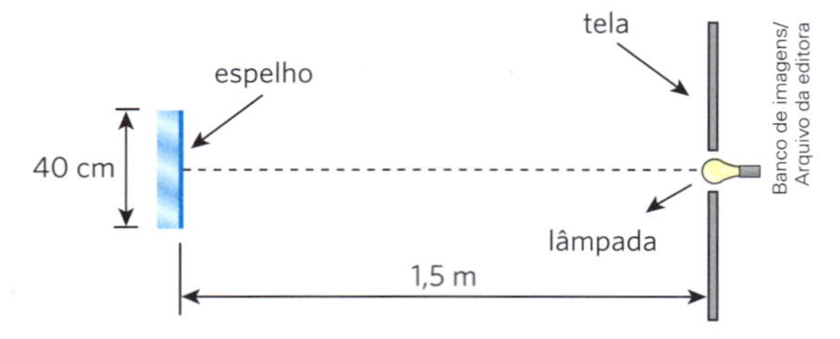


Desconsiderando a existência de outras fontes de luz no local do experimento, determine, em metros quadrados, a área iluminada na tela.

**2** Juliana está parada no ponto **A**, indicado na figura a seguir, contemplando sua imagem em um espelho plano vertical **E**, de largura 3,0 m. Rodrigo, um colega de classe, vem caminhando ao longo da reta **r**, paralela à superfície refletora do espelho, com velocidade de intensidade 2,0 m/s.

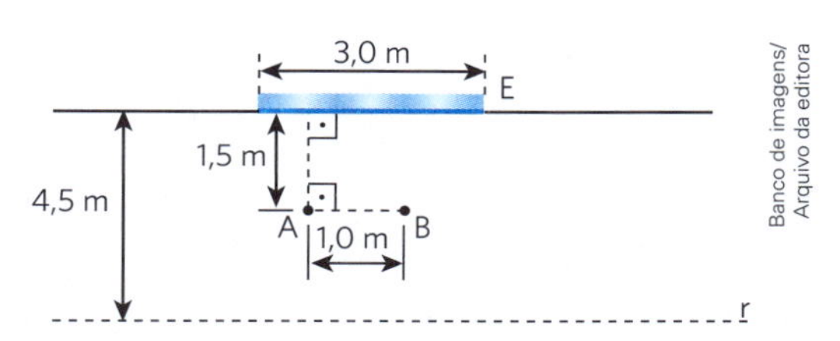


Desprezando-se as dimensões de Juliana e de Rodrigo, responda:

a) Por quanto tempo Juliana poderá observar a imagem de Rodrigo em **E**?

b) Se Juliana estivesse na posição **B**, qual seria o tempo de observação da imagem de Rodrigo?

**3** Ana Júlia, cuja altura é $h$, coloca-se de pé diante de um espelho plano vertical de comprimento $e$, conforme representa o esquema, ficando a uma distância $d$ de sua superfície refletora. Nessas condições, a altura dos olhos da garota em relação ao piso vale $o$ e a distância entre a base do espelho e o solo é igual a $y$.

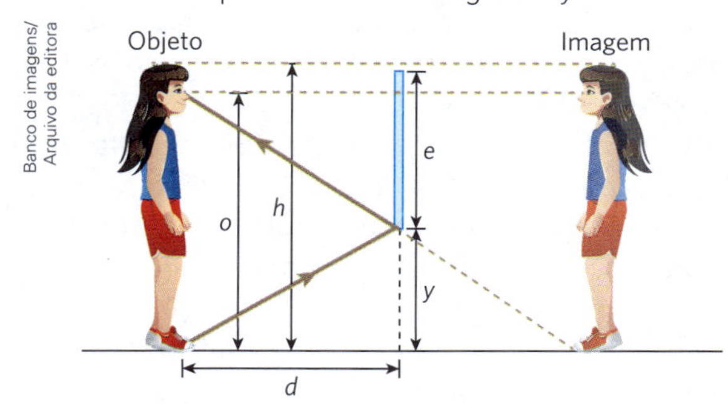


Para que Ana Júlia visualize sua imagem por inteiro, isto é, dos pés à cabeça, pede-se, em função dos parâmetros citados:

a) calcular o mínimo valor de $e$;

b) calcular o valor de $y$;

c) dizer se os valores determinados para $e$ e $y$ dependem ou não de $d$.

**4** Embora menos utilizados que os espelhos planos, os espelhos esféricos são empregados em finalidades específicas, como em sistemas de iluminação e telescópios, no caso dos espelhos côncavos, e retrovisão, no caso dos espelhos convexos.

Na situação esquematizada, **E** é um espelho esférico côncavo que opera de acordo com as condições de estigmatismo de Gauss. **C** é o centro de curvatura, **F** é o foco principal e **V** é o vértice do espelho.

Uma chama de dimensões desprezíveis, **L**, é colocada diante da superfície refletora de **E**, distante 30 cm do espelho e a uma altura de 20 cm em relação ao eixo principal, conforme indicado na figura.

Sendo R = 45 cm o raio de curvatura do espelho, pode-se concluir que a distância entre **L** e sua respectiva imagem é:

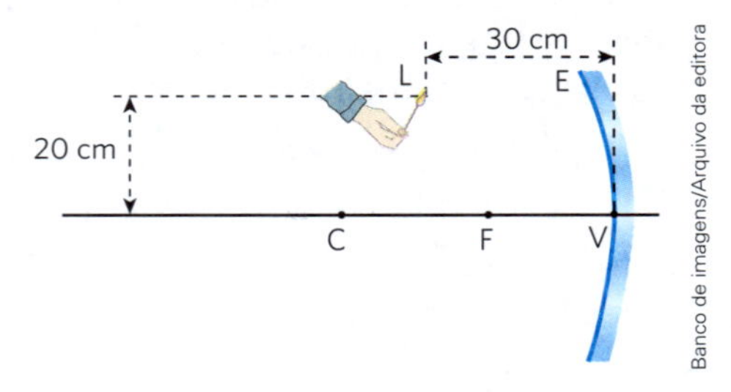


Banco de imagens/Arquivo da editora

a) 60 cm.
b) 70 cm.
c) 80 cm.
d) 90 cm.
e) 100 cm.

# Refração da luz

## Nestas atividades você vai:

- Calcular intensidade da velocidade da luz.
- Calcular índice de refração relativo.
- Utilizar lei de Snell.
- Utilizar equação do dioptro plano.

### Habilidade da BNCC relacionada:

EM13CNT310

**1** Sistemas de telefonia e TV a cabo utilizam redes de fibra óptica, que constituem atualmente um dos mais importantes recursos das telecomunicações. Na busca de interações cada vez mais velozes – à velocidade da luz – têm sido utilizados cabos submarinos de grande extensão interligando continentes. É o caso do *SeaMeWe 3* que tem 39 000 km de comprimento e interliga 32 países, fazendo com que uma informação vá de uma ponta à outra do cabo em cerca de 0,195 s.

As fibras ópticas são feitas a partir de materiais vitrificados, muito transparentes e razoavelmente flexíveis. A região da fibra em que trafegam os infodados é denominada núcleo e este é envolvido pela casca, também de material transparente, porém com menor índice absoluto de refração.

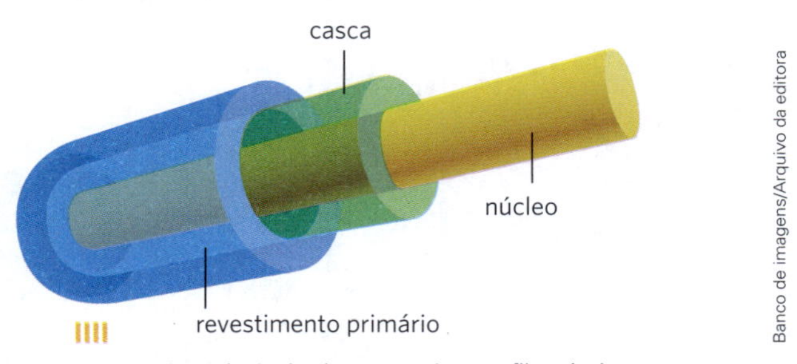


Banco de imagens/Arquivo da editora

Ilustração dos principais elementos de uma fibra óptica.

Sabendo-se que a intensidade da velocidade da luz no vácuo é $c = 3{,}0 \cdot 10^8$ m/s e que o índice de refração absoluto da casca do *SeaMeWe 3* é igual a 1,2, determine:

**a)** a intensidade da velocidade da luz no interior desse cabo;

**b)** o índice de refração relativo entre a casca e o núcleo do *SeaMeWe 3*.

**2** A troposfera é a camada atmosférica mais próxima da superfície terrestre, estendendo-se do solo até altitudes da ordem de 10 km, onde se inicia uma camada sobrejacente denominada estratosfera. Na troposfera, está praticamente todo o vapor de água, que determina a umidade relativa do ar, estando diretamente ligado a chuvas e outros fenômenos meteorológicos. Gotículas de água em suspensão na atmosfera são responsáveis por muitos fenômenos relacionados à refração da luz, como a formação de arco-íris. A figura abaixo representa a ampliação de uma gotícula esférica de água, de índice de refração igual a 1,3 em suspensão no ar atmosférico, de índice de refração igual a 1,0. Um estreito feixe cilíndrico de luz monocromática incide na gotícula conforme mostra o esquema a seguir.

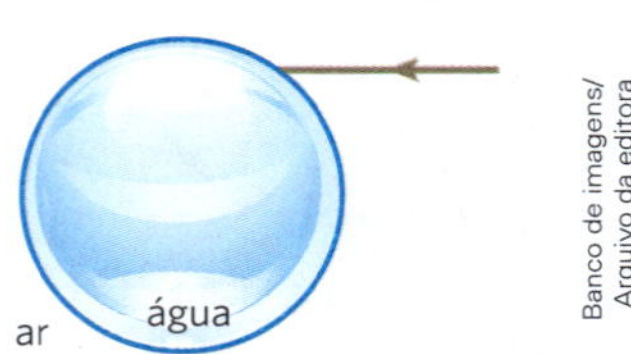


Banco de imagens/Arquivo da editora

Pode-se esboçar a trajetória do feixe luminoso até sua emergência da gotícula. Indique, no esquema, eventuais ângulos de mesma medida.

**3** Um cilindro transparente de raio R = 20 cm e geratriz passando pelo ponto **C** tem uma superfície espelhada em sua metade direita, conforme representa a figura. Um estreito feixe cilíndrico de luz monocromática se propaga no ar ($n_{ar}$ = 1,0) e incide sobre a superfície esquerda do cilindro.

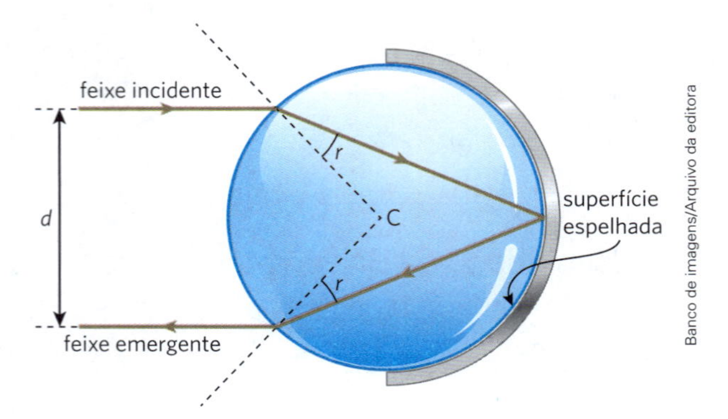


Banco de imagens/Arquivo da editora

**Dado**: sen 15° = 0,25

Sabendo-se que os feixes de luz incidente e emergente são paralelos e que a distância *d* entre eles vale 20 cm, determine:

**a)** o ângulo *r* indicado no esquema;

**b)** o índice de refração absoluto *n* do material de que é feito o cilindro para o tipo de luz utilizada.

**4** Uma obra de arte consiste em um bloco de acrílico transparente de índice de refração absoluto n = 5/4 em forma de um quarto cilindro que foi instalado no teto de um amplo saguão, conforme indica o esquema abaixo.

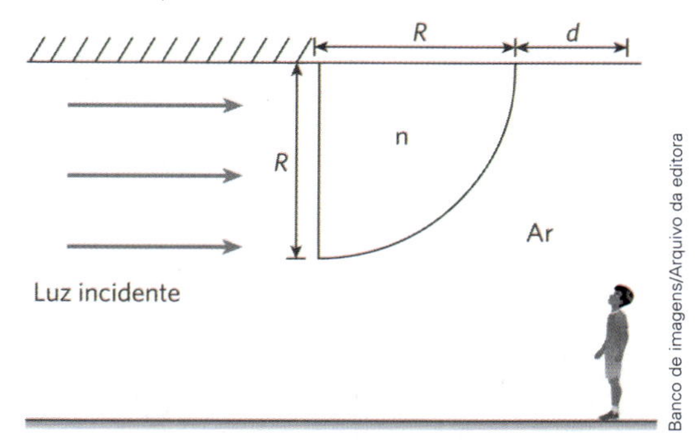


Banco de imagens/Arquivo da editora

Sabendo-se que o raio do cilindro é R = 3,0 m e que o bloco recebe em sua face plana vertical um feixe de luz monocromática horizontal, qual a máxima distância *d* em que a luz pode ser projetada a partir da obra de arte no teto do saguão?

a) 0,5 m
b) 1,0 m
c) 1,5 m
d) 2,0 m
e) 2,5 m

**Dados:** índice de refração absoluto do ar: 1,0; sen 37° = cos 53° = 0,60; sen 53° = cos 37° = 0,80.

**5** **História de pescador?**

iStockphoto/Getty Images

O aruanã prateado (*Osteoglossum bicirhosum*) é um peixe amazônico de escamas muito cobiçado pelos praticantes da pesca esportiva. Isso porque, uma vez fisgado, ele realiza saltos espetaculares, podendo elevar-se cerca de dois metros acima da superfície da água. Em seu ambiente natural, o aruanã também surpreende ao emergir subitamente de áreas alagadas em saltos verticais eficientes, que visam à captura de pequenos insetos pousados em galhos próximos à superfície, detectados de dentro da água.

Admita um aruanã em repouso a 1,5 m de profundidade, espreitando um pequeno besouro também em repouso na mesma vertical dos olhos do peixe. Considere que a altura do inseto em relação à superfície da água seja de 90 cm e que os índices de refração do ar e da água valham 1,0 e 1,3, respectivamente.

Nessas condições, a distância aparente percebida pelo aruanã, entre ele e o besouro, é igual, em centímetros (cm), a:

a) 90
b) 117
c) 219
d) 240
e) 267

UNIDADE 6

CAPÍTULO

# 25 Lentes esféricas

## Nestas atividades você vai:

- Reconhecer características da imagem formada por espelhos esféricos.
- Utilizar equação de Gauss.
- Aplicar lei de Halley.
- Utilizar conceito de reflexão total.

### Habilidade da BNCC relacionada:

EM13CNT103

**1** Na foto ao lado, um texto é visto através de duas lentes esféricas 1 e 2. A imagem formada pela lente 1 aparece menor que o próprio texto e a imagem formada pela lente 2 aparece maior.

Levando-se em conta os elementos presentes na ilustração, responda:

a) As imagens fornecidas respectivamente pelas lentes 1 e 2 são de natureza **real** ou **virtual**?

b) A lente 1 tem comportamento **convergente** ou **divergente**? E a lente 2?

c) Elabore esquemas ópticos, com raios de luz, que ilustrem respectivamente a formação das imagens nas lentes 1 e 2.

Banco de imagens/Arquivo da editora

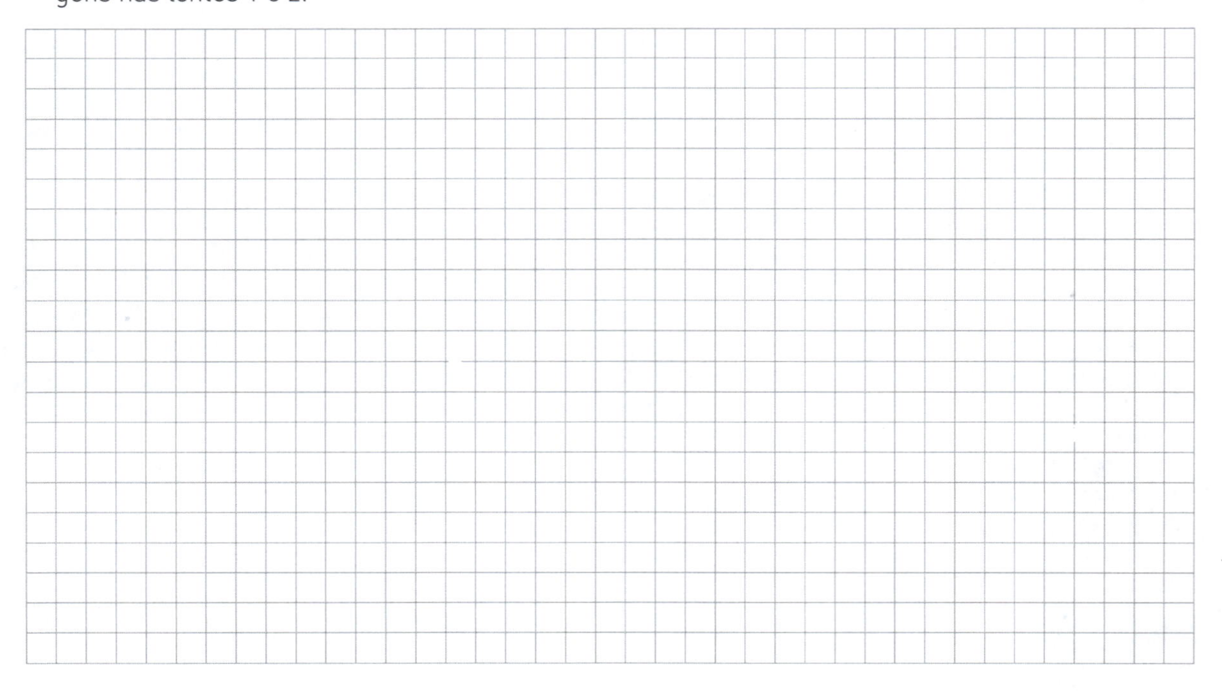

**2** Um instrumento óptico utiliza, entre outros componentes, um prisma de cristal **ABC** de seção em forma de triângulo retângulo isósceles, uma lente divergente $\mathbf{L_1}$ de distância focal igual a 5,0 cm (em módulo) e uma lente convergente $\mathbf{L_2}$ de distância focal igual a 15,0 cm (em módulo). O prisma recebe em sua base **AB** um feixe de luz monocromático constituído de raios paralelos, perpendiculares a **AB**, de largura $d_1$ igual a 2,0 cm, que sofre reflexão total na interface **BC**. Esses raios emergem do prisma pela face **CA**, refratam-se em $\mathbf{L_1}$ e depois em $\mathbf{L_2}$ conforme ilustra a figura, produzindo, à direita de $\mathbf{L_2}$, um feixe de raios paralelos de largura $d_2$. Trata-se, portanto, de um sistema afocal.

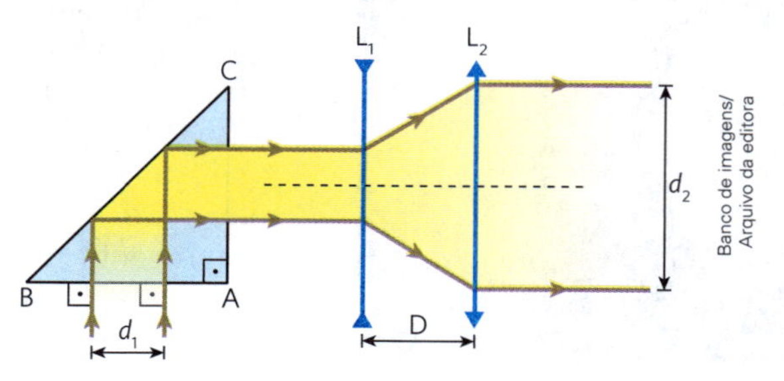


Admitindo-se que $\mathbf{L_1}$ e $\mathbf{L_2}$ sejam lentes delgadas, em operação de acordo com as condições de estigmatismo de Gauss, e que o índice absoluto de refração do ar que envolve os três componentes seja igual a 1,0, determine

a) a distância $D$, indicada no esquema, que separa $\mathbf{L_1}$ de $\mathbf{L_2}$;

b) o valor de $d_2$;

c) o índice absoluto de refração do prisma, $n$, para que ele satisfaça as condições citadas no enunciado.

**3** Um dispositivo de segurança muito usado em portas de apartamentos é o olho mágico. Ele equivale, basicamente, a uma lente esférica divergente que permite visualizar o visitante que está aguardando do lado de fora.

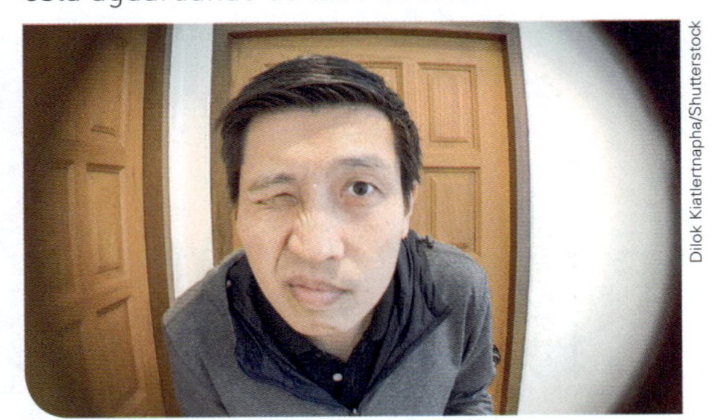

Dilok Kiatlertnapha/Shutterstock

Admita que o visitante esteja a 60 cm da porta e que o olho mágico forneça para um observador dentro do apartamento uma imagem direita com um terço das dimensões lineares daquelas desse visitante.

Com base nessas informações, faça o que se pede:

a) esboce um esquema óptico ilustrando a formação dessa imagem. Utilize raios luminosos notáveis de acordo com as condições de Gauss;

b) calcule o valor absoluto da distância focal da lente.

**4** Na situação esquematizada a seguir, uma lente biconvexa **L** simétrica, com faces esféricas de raios de curvatura iguais a 60 cm, está com sua metade inferior inserta na água (índice de refração absoluto igual a 4/3) e sua metade superior envolta pelo ar (índice de retração absoluto igual a 1,0). Essa lente opera de acordo com as condições de estigmatismo de Gauss e o índice de refração absoluto do material de que ela é feita é igual a 2,0. A lente recebe pela esquerda um feixe cilíndrico de luz monocromática paralelo ao seu eixo óptico, que converge em parte no ponto $\mathbf{P_1}$ e em parte no ponto $\mathbf{P_2}$, como está representado.

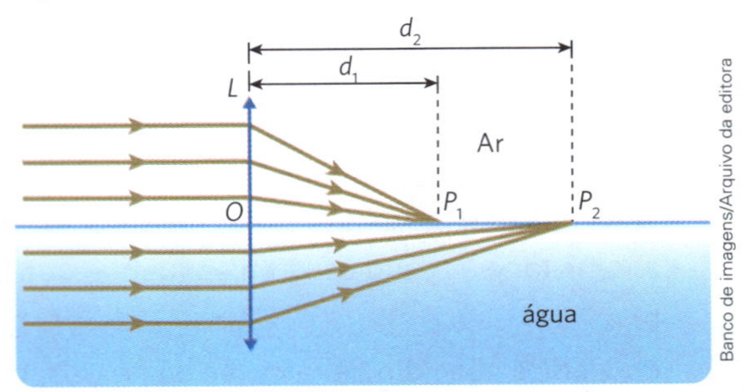


Banco de imagens/Arquivo da editora

Sendo $\mathbf{d_1}$ e $\mathbf{d_2}$, respectivamente, as distâncias de $\mathbf{P_1}$ e $\mathbf{P_2}$ ao centro óptico **O** da lente, responda:

a) Qual o valor da relação $\frac{d_2}{d_1}$?

b) Se diante dessa lente, agora inserta totalmente no ar, for colocada uma pequena lâmpada sobre o eixo óptico a 20 cm de **O**, qual a distância *x* entre essa lâmpada e sua respectiva imagem?

# 26 Instrumentos ópticos e Óptica da visão

## Nestas atividades você vai:

- Utilizar equação de Gauss.

## Habilidades da BNCC relacionadas:

EM13CNT208 EM13CNT301 EM13CNT201 EM13CNT308

**1** A objetiva de uma câmera fotográfica tem distância focal de 100 mm e é montada num mecanismo tipo fole, que permite seu avanço e retrocesso. A câmera é utilizada para tirar duas fotos: uma aérea e outra de um objeto distante 30 cm da objetiva.

a) Qual o deslocamento da objetiva, de uma foto para outra?

b) Da foto aérea para a outra, a objetiva afasta-se ou aproxima-se do filme?

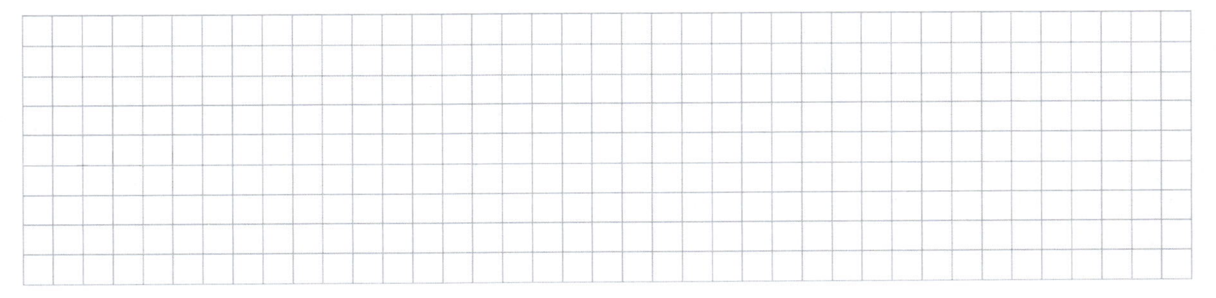

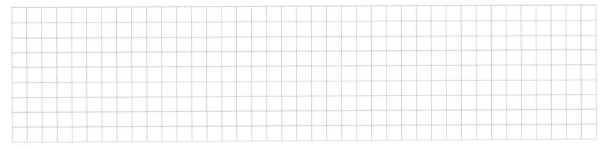

**2** Um microscópio composto é formado por duas lentes convergentes não justapostas que recebem, respectivamente, as denominações objetiva e ocular.
A finalidade de se usar duas lentes dispostas dessa maneira é que a lente ocular ampliará a imagem de um objeto que a lente objetiva já deixou maior, conseguindo-se, assim, aumentos bem significativos, de até 1 000 vezes. Imagine uma estrutura vegetal esférica de diâmetro 4,0 mm sendo colocada a 1,0 cm da lente objetiva. A imagem final observada tem diâmetro 0,4 m e se encontra a 0,5 m da lente ocular. Sendo a distância entre as duas lentes igual a 30,0 cm, determine a ampliação da imagem realizada pela lente objetiva, pela lente ocular e pelo microscópio.

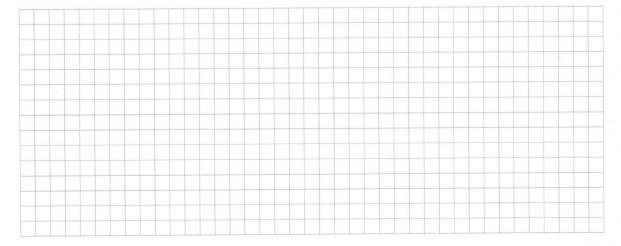

**3** A hipermetropia é um defeito visual que consiste em o globo ocular apresentar a distância cristalino-retina menor que a normal, estimada em 20 mm, o que acarreta dificuldade de acomodação na observação de objetos próximos. Em condições normais, a visualização de pequenos objetos ocorre com nitidez a partir de 25 cm do olho, mas isso não acontece com o portador do problema, que tem o ponto próximo mais afastado do olho.

Na figura abaixo está esquematizado, fora de escala, o olho de um hipermetrope que, sem nenhum esforço visual, visa um objeto remoto, dele recebendo um feixe cilíndrico de luz que atravessa sua pupila com diâmetro igual a 4,0 mm. Depois de refratar-se através do cristalino, esse feixe incide na retina do indivíduo, situada na posição 1, lá iluminando uma região circular de área *A*. Com isso, a visão do objeto não ocorre perfeitamente, já que a imagem retiniana deveria ser pontual, caso a retina estivesse na posição 2, considerada normal.

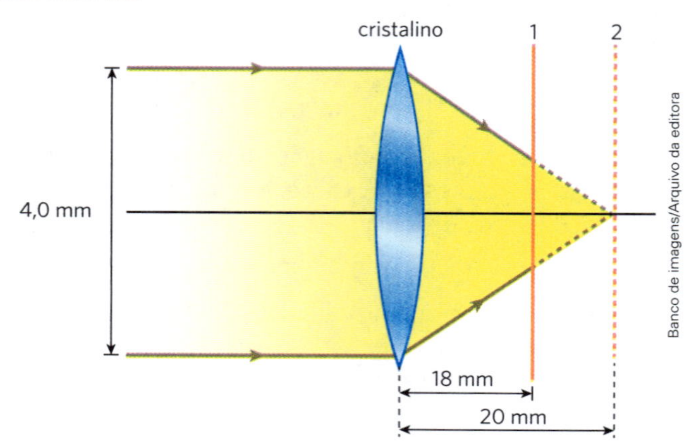


Sabendo-se que esse hipermetrope vê nitidamente pequenos objetos somente a partir de 40 cm de seu olho, responda:

**a)** Adotando-se $\pi \cong 3$, qual o valor de *A*, em $mm^2$?

**b)** Qual a vergência, *V*, em dioptrias, da lente para a correção dessa hipermetropia?

**4 A miopia é mesmo um defeito visual inconveniente!**

Ao olhar as estrelas em noite de céu sem nuvens, um portador desse defeito geralmente observa os astros desfocados ou não pontuais. Isso ocorre porque o olho míope é ovalado, ou seja, alongado na direção anteroposterior. Com isso, a imagem de uma estrela se forma antes da retina, e o que se projeta nesse anteparo é um halo luminoso, o que determina a visão embaçada do corpo celeste.

Considere o esquema a seguir, em que está representado, fora de escala, o olho de um míope que mira determinada estrela, recebendo dela um feixe luminoso de largura L = 3,0 mm paralelo ao eixo óptico do cristalino (lente natural do olho, de comportamento convergente, que, com boa aproximação, obedece às condições de Gauss).

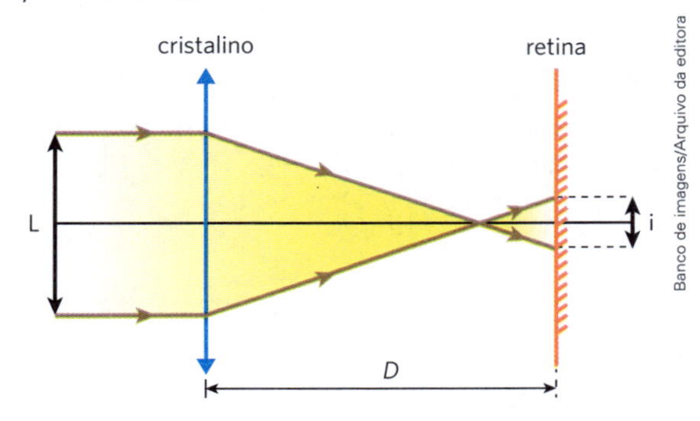


Banco de imagens/Arquivo da editora

Considere:

Sendo *f* a distância focal de uma lente esférica, *V* sua respectiva vergência, *p* a abscissa do objeto e *p'* a abscissa da imagem, valem as relações:

$V = \frac{1}{f}$ e $\frac{1}{f} = \frac{1}{p} + \frac{1}{p'}$ (equação de conjugação de Gauss).

Admitindo-se que na situação proposta o cristalino do indivíduo apresente vergência V = 50,0 di e a imagem da estrela projetada em sua retina tenha dimensão i = 0,36 mm.

a) Determine a distância *D*, indicada na figura, entre o cristalino e a retina;

b) Calcule a vergência $V_C$ da lente corretiva dessa miopia, sabendo-se que a distância máxima de visão distinta, neste caso, é de 80 cm, e informe se essa lente tem comportamento convergente ou divergente;

c) Determine a distância *d* entre a imagem e a lente corretiva dimensionada no item anterior para o caso de um objeto distante 120 cm da lente.

# 27 Cargas elétricas

## Nestas atividades você vai:

- Utilizar lei de Coulomb.
- Calcular força centrípeta.
- Calcular força de atrito.

### Habilidades da BNCC relacionadas:

EM13CNT205 EM13CNT302 EM13CNT306 EM13CNT307

**1** A cidade de Brasília possui um clima bastante seco, chovendo raramente. Nesse tipo de ambiente os condutores eletrizados mantêm suas cargas elétricas mais tempo do que o normal. Em um laboratório de um colégio de Brasília, um professor de Física realizou um experimento para seus alunos. Ele utilizou duas pequenas esferas metálicas, ocas e leves penduradas em fios isolantes de massas desprezíveis. Um bastão de vidro foi atritado com um pano de poliéster, tornando-se positivamente eletrizado. O bastão é, então, aproximado, sem tocar, da esfera da direita, como mostra a ilustração dada a seguir.

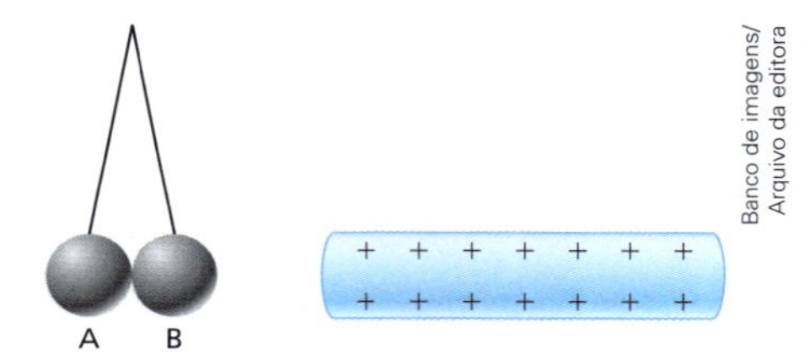


Banco de imagens/Arquivo da editora

Decorridos alguns segundos, mantido o bastão à direita próximo da esfera **B**, a configuração que melhor representa o estado final do experimento é:

a) A B

b) 

c) 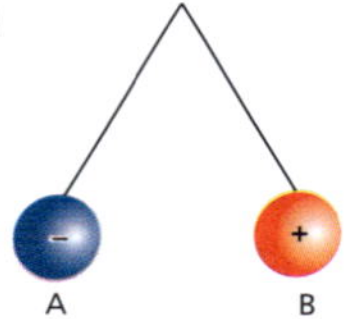


d) 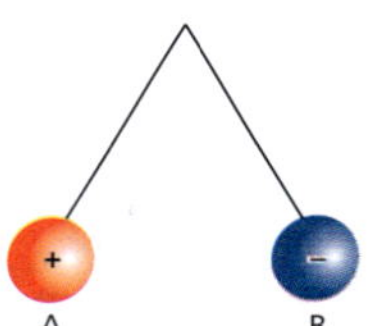


e) 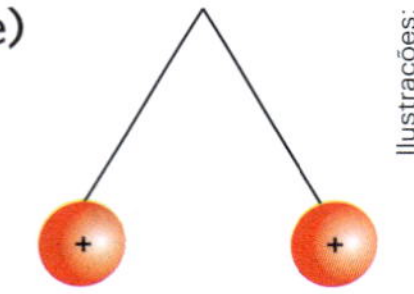


Ilustrações: Banco de imagens/Arquivo da editora

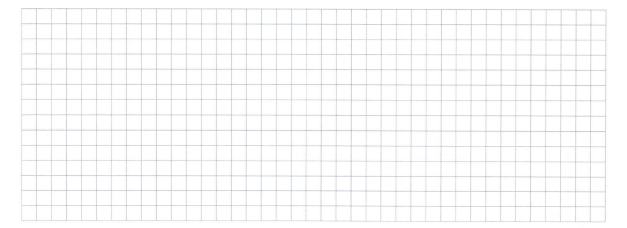

**2** Duas esferas condutoras idênticas muito pequenas, de mesma massa $m = 0{,}30$ g, encontram-se no vácuo, suspensas por meio de dois fios leves, isolantes, de comprimentos iguais $L = 1{,}0$ m e presos a um mesmo ponto de suspensão **O**. Estando as esferas separadas, eletriza-se uma delas com carga *Q*, mantendo-se a outra neutra. Em seguida, elas são colocadas em contato e depois abandonadas, verificando-se que na posição de equilíbrio a distância que as separa é $d = 1{,}2$ m. Determine a carga *Q*.

**Dados:** $Q > 0$; $k_0 = 9{,}0 \cdot 10^9 \text{ N m}^2 \text{ C}^{-2}$;

$g = 10 \text{ m s}^{-2}$.

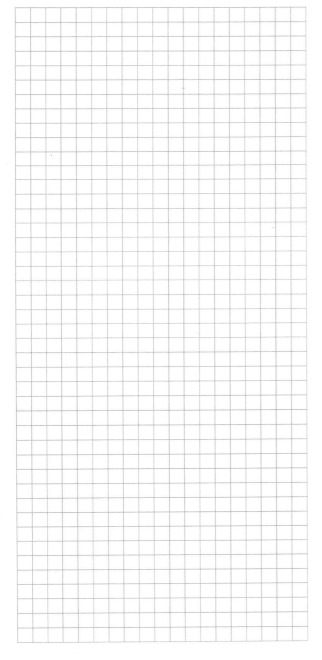

**3** Duas partículas **A** e **B**, eletrizadas com cargas de mesmo sinal e respectivamente iguais a $Q_A$ e $Q_B$, tal que $Q_A = 9Q_B$, são fixadas no vácuo a 1,0 m de distância uma da outra. Determine o local, no segmento que une as cargas **A** e **B**, onde deverá ser colocada uma terceira carga **C**, para que ela permaneça em repouso.

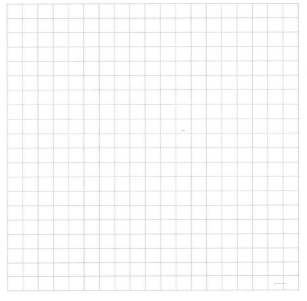

**4** Um corpo condutor foi eletrizado com carga elétrica positiva igual a *Q*. Após a eletrização, ele é dividido em duas partes, sendo que uma delas com carga *q*. Nesse processo não há perda de carga. Quando colocamos essas duas partes a uma distância *d*, uma repulsão ocorrerá entre elas. Qual deve ser a relação entre as cargas *q* e *Q* para que a repulsão entre as partes seja máxima?

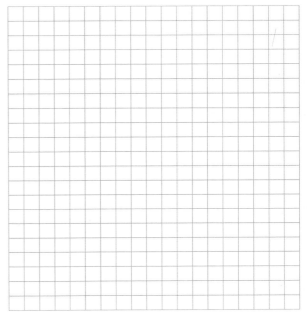

**5** No laboratório de Física da escola utilizou-se para o experimento pedido pelo professor um trilho em forma semicilíndrica. De material isolante elétrico, a sua superfície era extremamente lisa, apresentando coeficiente de atrito praticamente nulo, e podendo-se desprezar os atritos. Esse trilho foi fixado sobre uma bancada, na posição vertical.

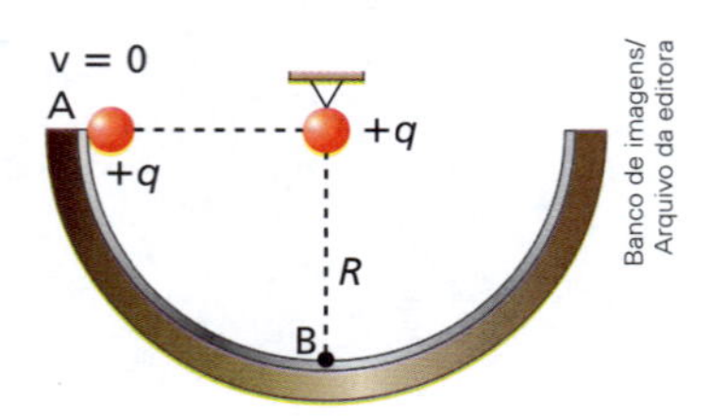


Do ponto **A** foi abandonada uma pequena esfera condutora, de massa 10 gramas e eletrizada com carga elétrica igual a +2 μC. No centro da curva, de raio 60 cm, é posicionada uma segunda esfera condutora também eletrizada com carga de +2 μC. No local a aceleração da gravidade pode ser aproximada para 10 m/s². ($k = 9 \cdot 10^9$ N m²C⁻²)

Determine a intensidade da reação normal exercida pelo trilho na esfera abandonada no ponto **A**, quando ela passa pelo ponto **B** indicado na figura.

**6** Na figura dada a seguir, encontramos um bloco, confeccionado com um material isolante elétrico, de massa 200 gramas onde observamos uma cavidade. Uma esfera metálica, de massa 25 gramas, foi incrustrada na cavidade. Esse conjunto foi depositado sobre uma superfície horizontal. A esfera metálica foi eletrizada com carga positiva de 4,0 μC. O coeficiente de atrito estático entre a superfície e o bloco vale 0,25.

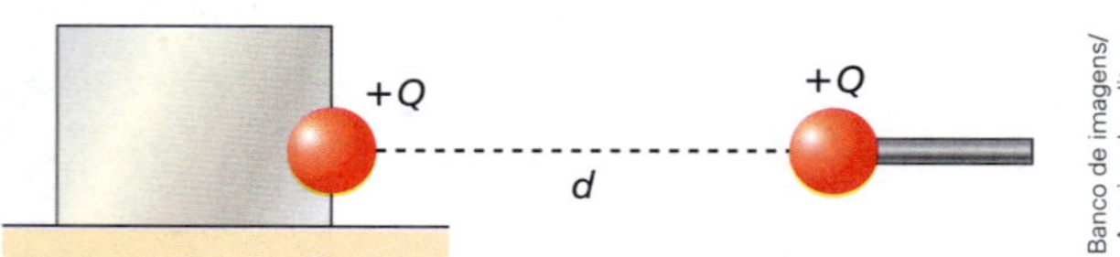


Qual a mínima distância que um bastão eletrizado com carga igual à da esfera metálica poderá ser aproximado para que não ocorra movimento? ($g = 10$ m/s²)

# Campo elétrico

## Nestas atividades você vai:

- Utilizar equação do campo elétrico.
- Utilizar lei de Coulomb.
- Analisar decomposição de forças.

### Habilidades da BNCC relacionadas:

EM13CNT306 EM13CNT308

**1** No vácuo, longe da ação de outras cargas elétricas, são fixadas duas partículas eletrizadas, $Q_1$ e $Q_2$, a 20 cm uma da outra. Sabendo que as cargas das partículas são $Q_1 = -9,0$ nC e $Q_2 = -4,0$ nC, determine:

**a)** a intensidade do vetor campo resultante $\vec{E}$, num ponto colocado a meio caminho entre as cargas;

**b)** a força a que uma carga de $+2,0$ μC ficaria sujeita, se fosse colocada no ponto referido no item anterior;

**c)** o ponto, entre as cargas, onde uma partícula eletrizada com carga $q$ qualquer ficaria em repouso, se lá fosse colocada.

**Dado:** constante eletrostática do meio

$k_0 = 9,0 \cdot 10^9$ N $m^2C^{-2}$

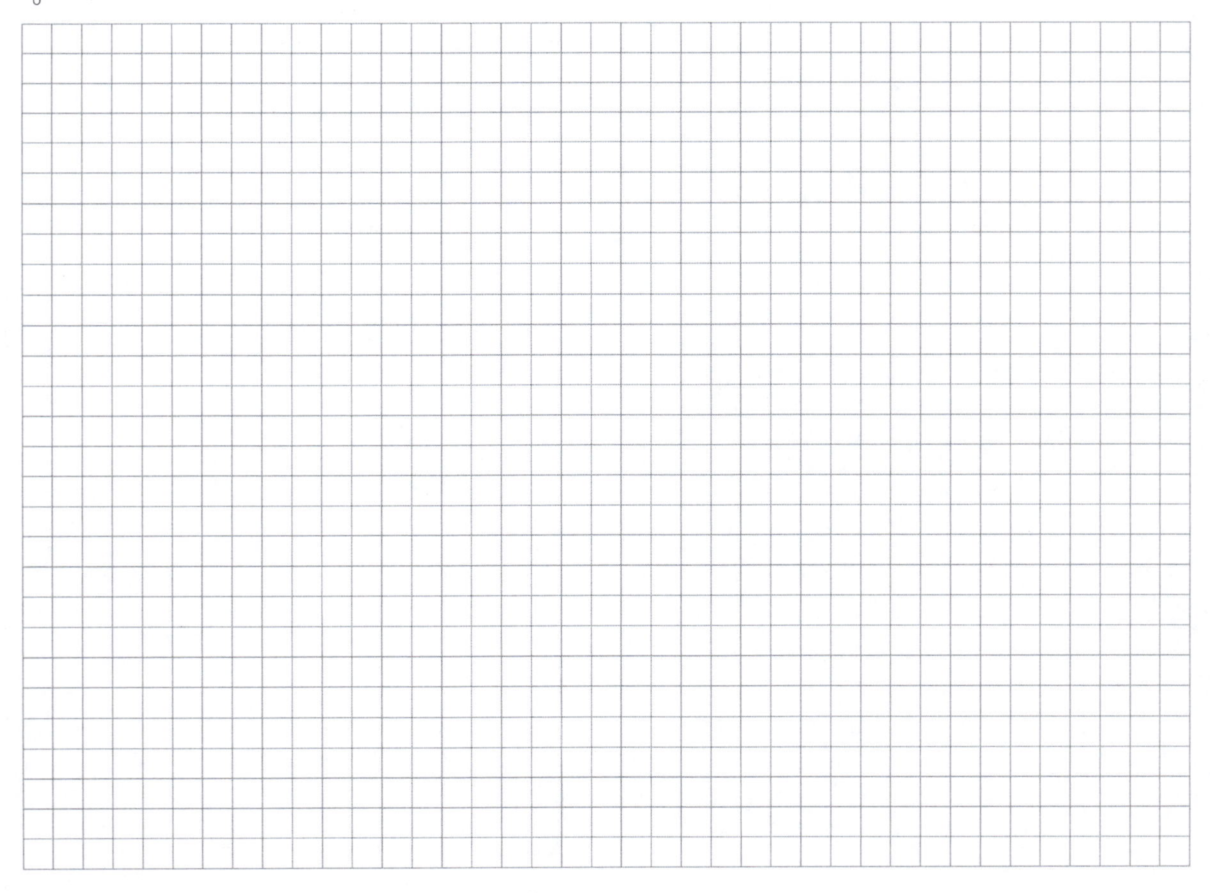

**2** Que raio deve ter uma esfera condutora, para produzir nas vizinhanças de sua superfície externa um campo elétrico de intensidade $1,0 \cdot 10^3$ N/C, quando recebe $4,0 \cdot 10^{11}$ elétrons? Sabe-se que a constante eletrostática do meio vale $1,0 \cdot 10^{10}$ unidades do SI.

**Dado:** $e = 1,6 \cdot 10^{-19}$ C.

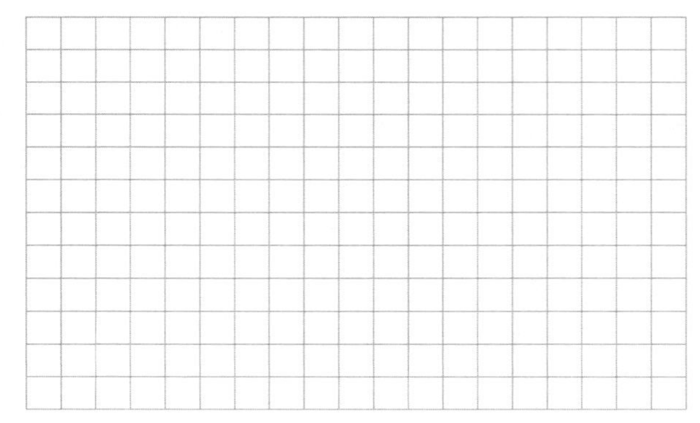

**3** Um pêndulo elétrico tem comprimento $\ell = 1,0$ m. A esfera suspensa possui massa $m = 10$ g e carga elétrica $q$. Na região em que se encontra o pêndulo, a aceleração da gravidade vale 10 m/s² e existe um campo elétrico cujo vetor $\vec{E}$ é horizontal e de módulo $7,5 \cdot 10^3$ N/C. O pêndulo estaciona com a esfera à distância $d = 0,60$ m da vertical baixada do ponto de suspensão. Determine a carga $q$.

**4** Um pêndulo, cuja haste mede 1 metro e cuja massa pendular é igual a 100 gramas, oscila em uma região onde o campo gravitacional vale 9,0 m/s².

**a)** Qual o período de oscilação desse pêndulo?

Agora é gerado nesse local um campo elétrico uniforme, vertical para baixo, de intensidade 200 N/C. A massa pendular é condutora e eletrizada com carga $+3,5$ μC. A haste é constituída de material isolante.

**b)** Qual o novo período de oscilação do pêndulo?

**Dado:** $\pi = 3$.

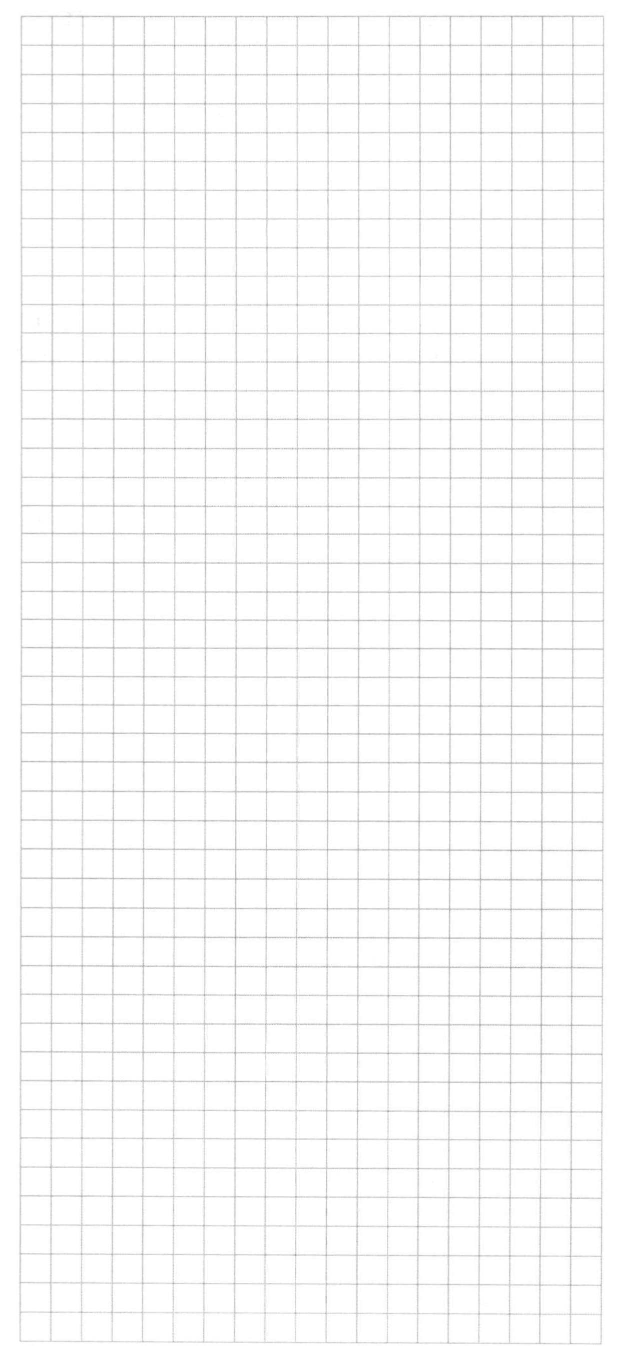

UNIDADE 7

CAPÍTULO

# 29 Potencial elétrico

## Nestas atividades você vai:

- Reconhecer campo elétrico.
- Calcular potencial elétrico.
- Utilizar teorema da energia cinética.
- Utilizar conceito de campo elétrico uniforme.
- Utilizar conceito de força peso.
- Identificar tipos de eletrização.
- Calcular conservação da energia mecânica.
- Calcular conservação da quantidade de movimento.

### Habilidades da BNCC relacionadas:

EM13CNT205 EM13CNT306

**1** Uma partícula eletrizada com carga $Q$, no vácuo, cria a uma distância $d$ um potencial de 300 volts e um campo elétrico de intensidade 100 newtons/coulomb. Quais os valores de $d$ e $Q$? Adote, nos cálculos, a constante eletrostática do meio igual a $9{,}0 \cdot 10^9$ N m$^2$ C$^{-2}$.

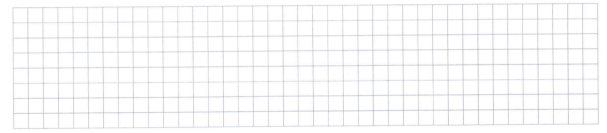

**2** Em uma região onde a constante eletrostática vale $1{,}0 \cdot 10^{10}$ N m$^2$ C$^{-2}$, são fixadas duas partículas eletrizadas positivamente com cargas $Q_A$ e $Q_B$, distantes entre si 1,0 m. Uma carga de prova de 2,0 μC é colocada no segmento **AB**, a 60 cm de $Q_A$, permanecendo em repouso apesar de adquirir uma energia potencial elétrica igual a 1,0 J. Quais os valores de $Q_A$ e de $Q_B$?

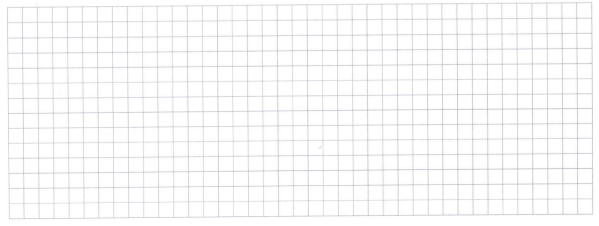

**3** Um próton penetra com energia cinética de $2{,}4 \cdot 10^{-16}$ J em uma região extensa de campo elétrico uniforme de intensidade $3{,}0 \cdot 10^4$ N/C. A trajetória descrita é retilínea, com a partícula invertendo o sentido de movimento após percorrer uma distância *d*. Qual é o valor de *d*, sabendo-se que o próton se moveu no vácuo?

**Dado:** carga do próton $= 1{,}6 \cdot 10^{-19}$ C.

**4** Na figura a seguir, estão representadas as superfícies equipotenciais, planas, paralelas e separadas pela distância d = 2 cm, referentes a um campo elétrico uniforme:

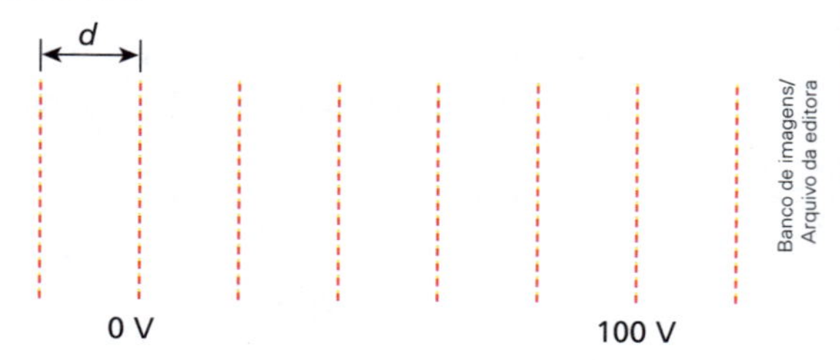


Banco de imagens/Arquivo da editora

Determine a intensidade, a direção e o sentido do referido campo elétrico.

**5** O potencial, criado por uma esfera eletrizada com carga *Q*, varia com a distância ao centro dessa esfera, conforme o gráfico a seguir. Sabendo que o meio que envolve a esfera tem constante eletrostática igual a $9{,}0 \cdot 10^9$ N m² C⁻², determine os valores de *a* e de *b*, indicados no gráfico, bem como o da carga *Q* da esfera.

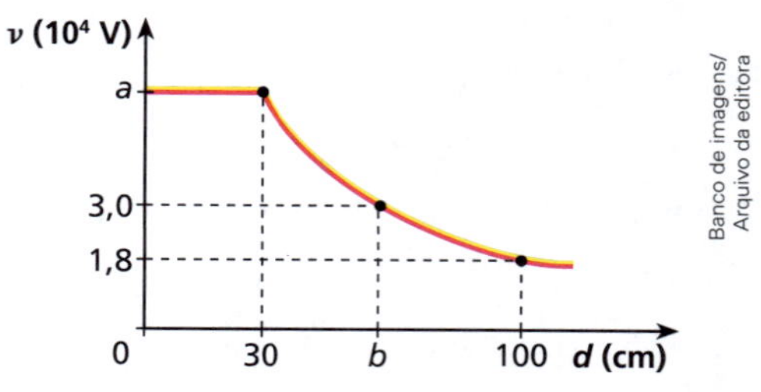


Banco de imagens/Arquivo da editora

**6** Uma esfera condutora de raio $r_1 = 5$ cm está eletrizada com uma carga $Q_1 = 2 \cdot 10^{-9}$ C. Uma segunda esfera, de raio $r_2 = 10$ cm, inicialmente neutra, é colocada em contato com a primeira, sendo afastada em seguida. Determine:

**a)** o potencial elétrico da primeira esfera antes do contato;

**b)** seu novo potencial elétrico após o contato com a segunda esfera.

**Dado:**

constante eletrostática do meio $= 9 \cdot 10^9$ N m² C⁻²

**7** Durante uma aula de Física, o professor apresentou aos alunos um bastão metálico e um eletroscópio de folhas. Após várias demonstrações, ele propôs a discussão de um procedimento experimental.

Ele disse: "Vamos eletrizar o bastão com carga $+Q$ e o eletroscópio com carga $-Q$. Agora vou fazer quatro afirmativas que podem ocorrer, e cada grupo deve discutir e escrever em uma folha de papel se cada uma delas é verdadeira ou falsa, justificando cada resposta".

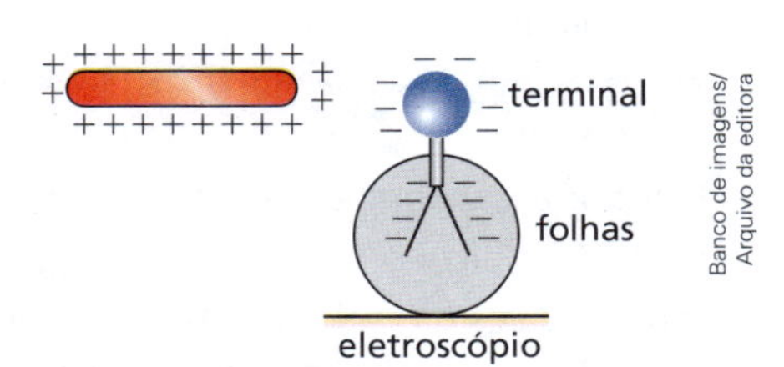


I. Antes de aproximarmos o bastão da esfera do eletroscópio, já existe carga negativa nas folhas.
II. À medida que o objeto se aproxima do eletroscópio, as folhas vão se abrindo além do que já estavam.
III. À medida que o objeto se aproxima, as folhas permanecem como estavam.
IV. Se o objeto tocar o terminal externo (esfera) do eletroscópio, as folhas devem necessariamente se fechar.

**8** Na figura abaixo estão representados dois condutores concêntricos, em que **A** é uma esfera, de raio $R_1$, e **B** é uma casca esférica, de raio interno $R_2$ e raio externo $R_3$.

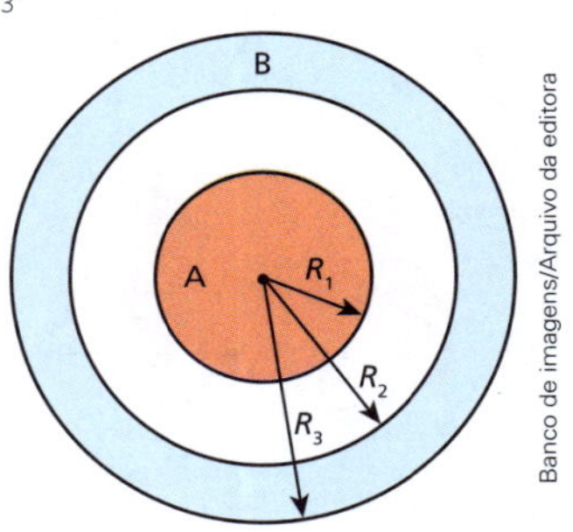


Os raios indicados medem: $R_1 = 30$ cm; $R_2 = 60$ cm; $R_3 = 90$ cm.

Suas cargas valem:

$$Q_A = +1{,}6\ \mu C \quad e \quad Q_B = -6{,}0\ \mu C$$

Determine a intensidade do campo elétrico no ponto:

**a)** **M**, distante 40 cm do centro das esferas;

**b)** **N**, distante 80 cm do centro das esferas;

**c)** **S**, distante 120 cm do centro das esferas.

Use, como constante eletrostática do meio, o valor $9{,}0 \cdot 10^9$ N m² $C^{-2}$.

**9** Um anel encontra-se uniformemente eletrizado com uma carga elétrica total de 9,0 pC ($9,0 \cdot 10^{-12}$ C) e raio $R$ igual a 3,0 cm. Observe a figura a seguir.

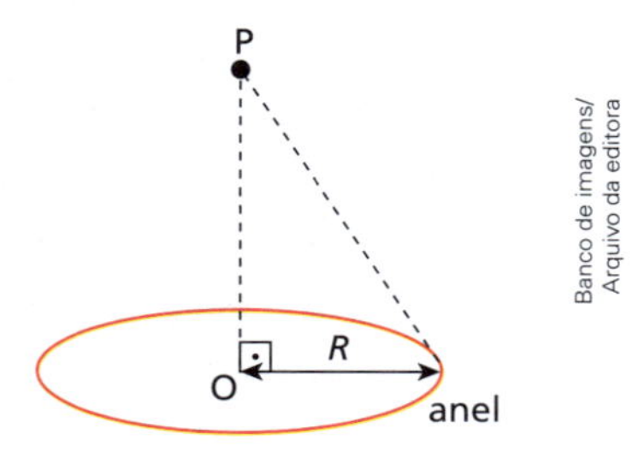


Banco de imagens/Arquivo da editora

**Dado:** $k = 9 \cdot 10^9$ N m² C$^{-2}$

Determine:

a) a intensidade do vetor campo elétrico no centro **O**;

b) o potencial elétrico no ponto **O**;

c) o potencial elétrico no ponto **P**, sendo a distância OP = 4,0 cm.

**10** Duas partículas **A** (massa $2M$, carga positiva $Q$) e **B** (massa $M$, carga positiva $q$), separadas por uma distância $d$, são abandonadas no vácuo, a partir do repouso, como mostra a figura:

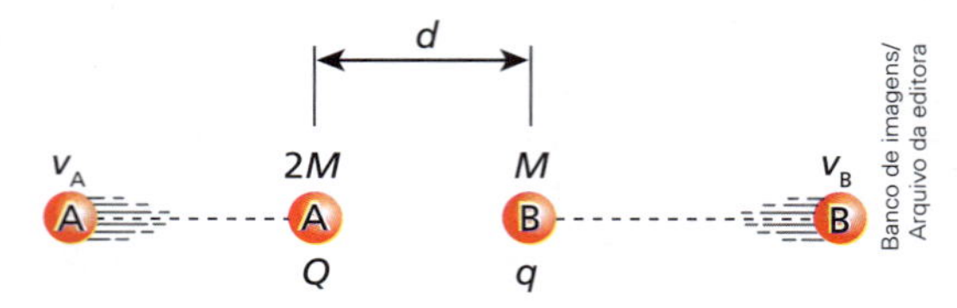


Banco de imagens/Arquivo da editora

Suponha que as únicas forças atuantes nas partículas sejam as forças eletrostáticas devidas às suas cargas.

Sendo $k$ a constante eletrostática do vácuo, determine:

**a)** os módulos das velocidades $v_A$ e $v_B$ das partículas **A** e **B** quando a distância entre elas for "infinita", ou seja, quando estiverem afastadas o suficiente para que a interação entre elas se torne desprezível;

**b)** a velocidade com que **B** chegaria ao "infinito" se a partícula **A** fosse fixa.

# 30 Corrente elétrica

## Nestas atividades você vai:

- Calcular intensidade de corrente elétrica.
- Interpretar gráfico de corrente elétrica × tempo.

### Habilidades da BNCC relacionadas:

EM13CNT103 EM13CNT308

**1** As baterias de lítio-iodo são particularmente úteis em situações em que se deseja uma pequena intensidade de corrente elétrica por um longo período de tempo. Uma aplicação importante é o marca-passo cardíaco, pois a simples troca da bateria de um marca-passo cardíaco requer uma cirurgia, o que notadamente traz riscos intrínsecos.

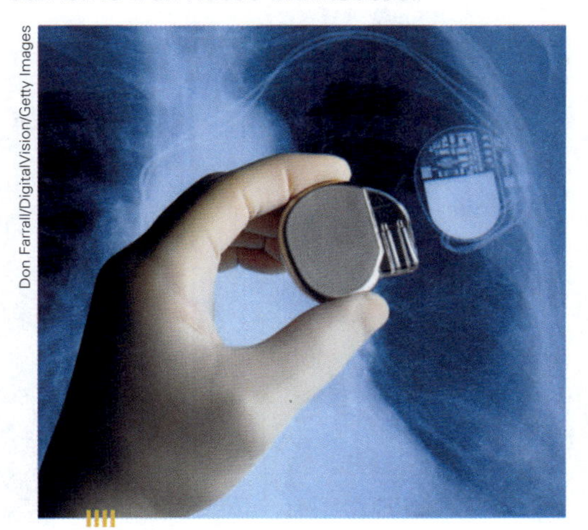

Don Farrall/DigitalVision/Getty Images

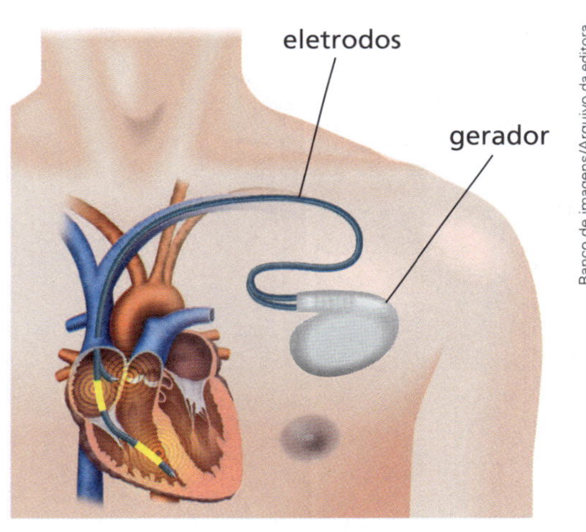


Banco de imagens/Arquivo da editora

Na radiografia (à esquerda), podemos ver o marca-passo implantado no peito do paciente. Já o esquema (à direita) representa um marca-passo de câmara dupla, em que um eletrodo está ligado ao átrio e o outro a um ventrículo do coração.

Quanto maior for a vida útil dessas baterias, tanto melhor para os pacientes. As intensidades de corrente elétrica contínua típicas desse tipo de bateria são da ordem de 0,50 μA e a quantidade de carga elétrica fornecida por esse tipo de bateria é de 0,50 ampere-hora (A · h). Com esses dados, determine a vida útil desse tipo de bateria, primeiro em horas, depois em dias e em anos. Então, avalie: Quantas vezes na vida a pessoa precisaria sofrer a cirgurgia para trocar a bateria do marca-passo?

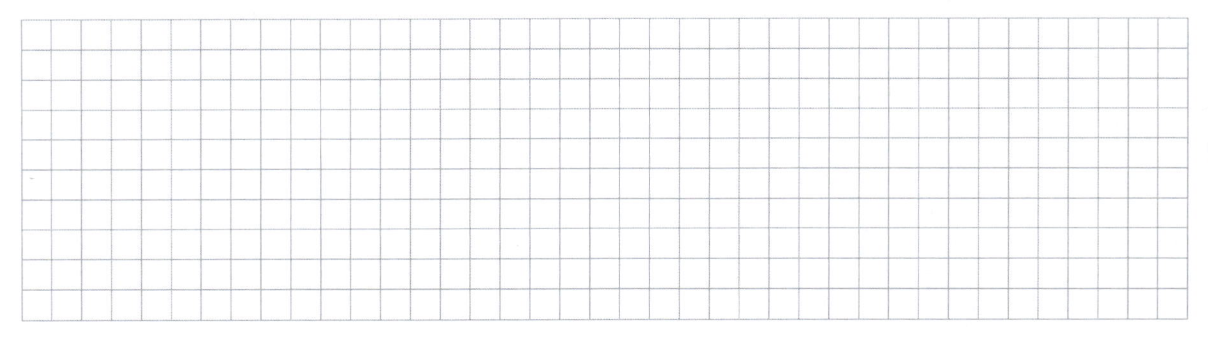

**2** No ser humano, o músculo cardíaco contrai-se de 60 a 100 vezes por segundo em virtude dos impulsos elétricos gerados no nódulo sinoatrial do coração. Quando a estes somam-se impulsos elétricos externos, os choques, dependendo da intensidade da corrente elétrica e da duração do contato, a frequência do batimento poderá ser alterada, produzindo arritmia, e o coração não será mais capaz de exercer suas funções vitais. Essa condição, denominada fibrilação ventricular, pode ser revertida com bons resultados utilizando-se desfibriladores disponíveis em ambulâncias, prontos-socorros, etc., pois, apesar dos bons resultados que podem ser conseguidos pelo pronto-socorro com desfibriladores cardíacos, em geral não há tempo para usá-los.

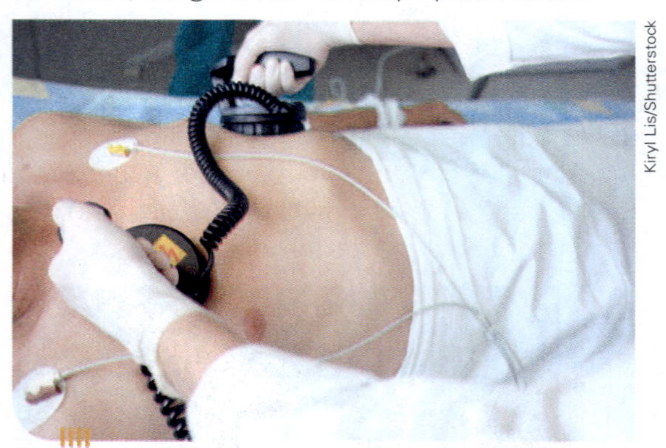

Kiryl Lis/Shutterstock

As descargas elétricas utilizadas no desfibrilador visam restabelecer o ritmo cardíaco.

Uma intensidade de corrente elétrica de 0,30 A que atravessa o peito pode produzir fibrilação no coração de um ser humano, perturbando o ritmo dos batimentos cardíacos com efeitos possivelmente fatais. Considerando que a intensidade de corrente elétrica dure 1,5 min, qual o número de elétrons que atravessam o peito do ser humano?

**Dado:** carga elementar = $1{,}6 \cdot 10^{-19}$ C.

**3** No sistema esquematizado, o eletrólito é uma solução de ácido sulfúrico. Uma quantidade de $1 \cdot 10^{16}$ ânions $HSO_4^-$ vai para o ânodo, e $1 \cdot 10^{16}$ cátions $H^+$ vão para o cátodo, num intervalo de tempo de 2,0 s.

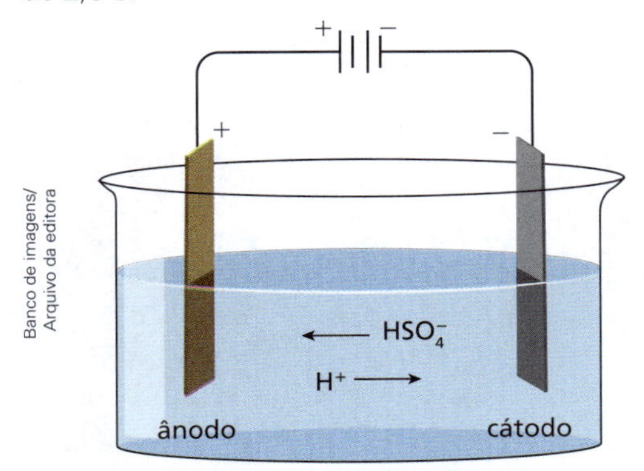


A carga elétrica elementar é $e = 1,6 \cdot 10^{-19}$ C. Qual a intensidade média da corrente através da solução de ácido sulfúrico?

**4** No gráfico da intensidade instantânea da corrente elétrica em função do tempo, a área é numericamente igual à quantidade de carga elétrica que atravessa a secção transversal do condutor no intervalo de tempo $\Delta t$:

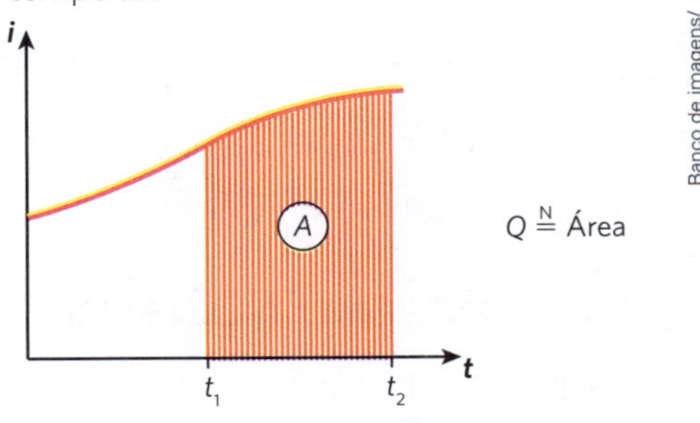


Em um condutor metálico, mediu-se a intensidade da corrente elétrica e verificou-se que ela varia com o tempo, de acordo com o gráfico a seguir:

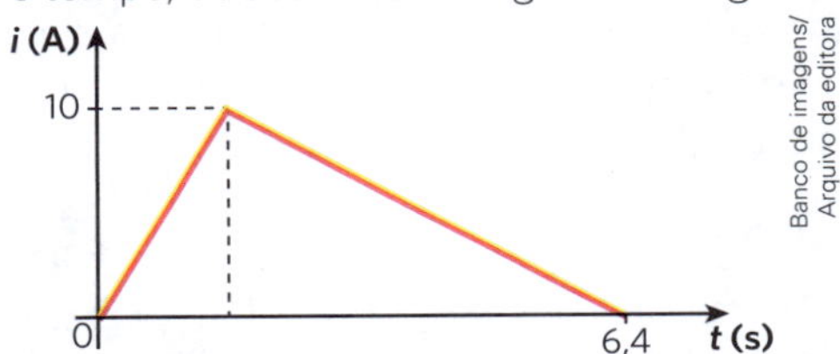


a) Determine entre os instantes 0 e 6,4 s a quantidade de carga elétrica que atravessa o condutor.

b) Calcule o valor do número $n$ de elétrons que correspondem a essa quantidade de carga.

**Dado:** valor elementar de carga $e = 1,6 \cdot 10^{-19}$ C

CAPÍTULO 31

# Tensão elétrica e resistência elétrica

## Nestas atividades você vai:

- Analisar associação de resistores.
- Aplicar a 1ª lei de Ohm e a 2ª lei de Ohm.

### Habilidades da BNCC relacionadas:

EM13CNT107 EM13CNT306 EM13CNT308

**1** Um indivíduo sofreu uma parada cardíaca quando tocou uma haste metálica presa ao solo. Pela análise do ambiente, a ddp entre a haste (**A**) e onde ele posicionou a sola de seu pé (**B**) era de 127 V, causada por instalações elétricas subterrâneas que não tinham manutenção há muito tempo.

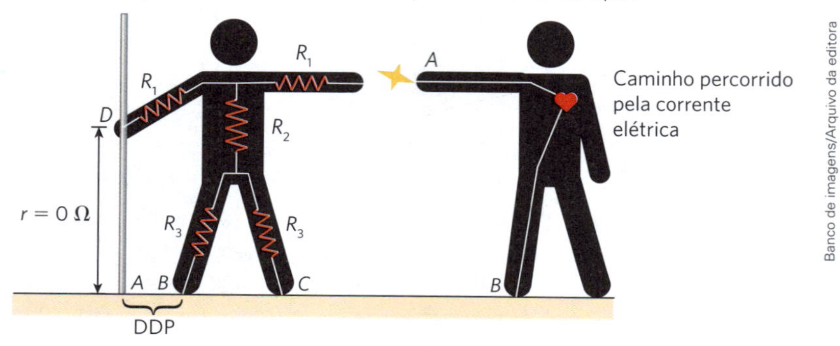


Sabendo que a resistência elétrica de cada perna é de 1,0 k$\Omega$, a resistência elétrica de cada braço de 0,5 k$\Omega$ e de seu tronco (entre ombros e quadris) de 1,5 k$\Omega$, determine:

a) a resistência equivalente desse percurso efetuado pela descarga elétrica;

b) a intensidade da corrente elétrica que percorre o organismo nesse trajeto.

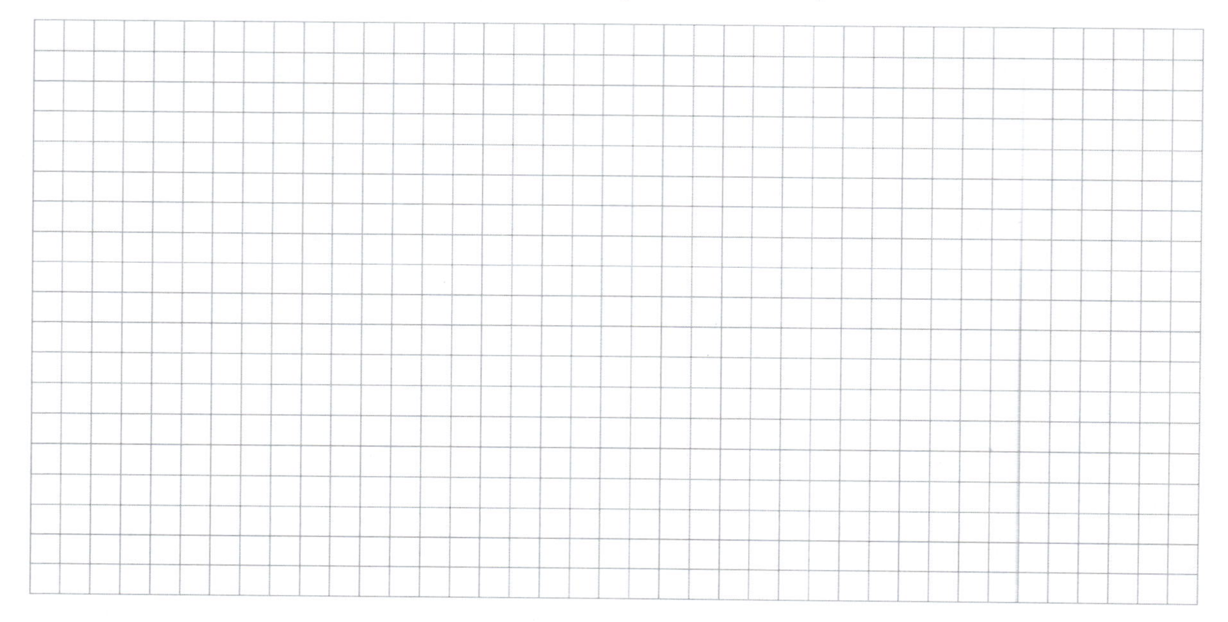

**2** Considere um resistor de resistência elétrica $R_0$ à temperatura $\theta_0$, sendo $R$ sua resistência à temperatura $\theta$. A variação da resistência elétrica do resistor com a temperatura deve-se à variação de sua resistividade, uma vez que a influência da dilatação térmica (variação do comprimento $\ell$ e da área da secção transversal $A$) é desprezível. Isso ocorre porque o coeficiente de dilatação térmica é bem menor que o coeficiente de temperatura.

De $\rho = \rho_0 [1 + \alpha (\theta - \theta_0)]$, multiplicando-se ambos os membros por $\frac{\ell}{A}$, vem:

$$\rho\frac{\ell}{A} = \rho_0\frac{\ell}{A}[1 + \alpha(\theta - \theta_0)]$$

Sendo, $R = \rho\frac{\theta}{A}$ e $R_0 = \rho_0\frac{\ell}{A}$, temos:

$$R = R_0 [1 + \alpha (\theta - \theta_0)]$$

**a)** Um fio de níquel-cromo tem 5,0 m de comprimento e $1{,}0 \cdot 10^{-6}$ m² de seção transversal. Aplicando-se uma tensão elétrica de 22 V entre seus extremos, a corrente elétrica que o atravessa fica com a intensidade de 4,0 A. Determine a resistividade do níquel-cromo.

**b)** A resistividade do cobre a 20 °C é $1{,}7 \cdot 10^{-8}\ \Omega \cdot m$ e seu coeficiente de temperatura é $4{,}0 \cdot 10^{-3}\ °C^{-1}$. Qual é a resistividade do cobre a 70 °C?

**3** Na associação de resistores ilustrada, determine:

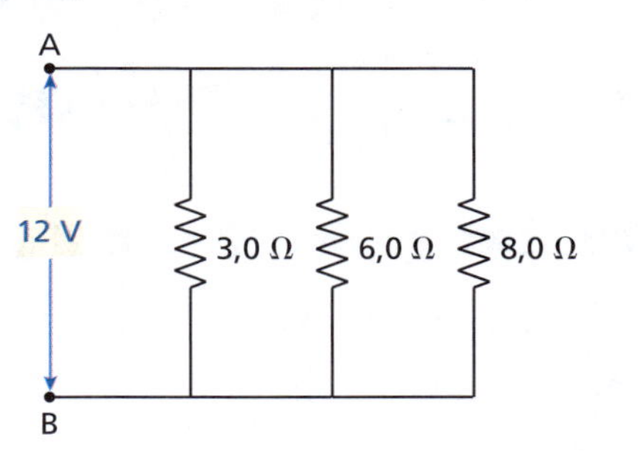


Banco de imagens/Arquivo da editora

**a)** o tipo de associação formada pelos três resistores;

**b)** uma característica fundamental desse tipo de associação;

**c)** o valor da resistência elétrica equivalente da associação.

# Geradores elétricos e circuitos elétricos

## Nestas atividades você vai:

- Interpretar gráfico que relaciona tensão elétrica e corrente elétrica.
- Utilizar lei do gerador
- Analisar associação de geradores.
- Utilizar lei de Pouillet.

### Habilidades da BNCC relacionadas:

EM13CNT104 EM13CNT106 EM13CNT107 EM13CNT207 EM13CNT302 EM13CNT308

**1** O gráfico fornecido relaciona a tensão elétrica nos terminais de um gerador em função da corrente elétrica que o percorre.

Esse gráfico foi obtido em uma oficina de Física e o professor solicitou que os alunos respondessem três questões com base nele.

**a)** o valor da resistência interna ($r$) do gerador analisado pelos alunos.

**b)** a força eletromotriz ($E$) desse gerador.

**c)** a equação que relaciona a tensão elétrica ($U$) em função da intensidade de corrente elétrica ($i$).

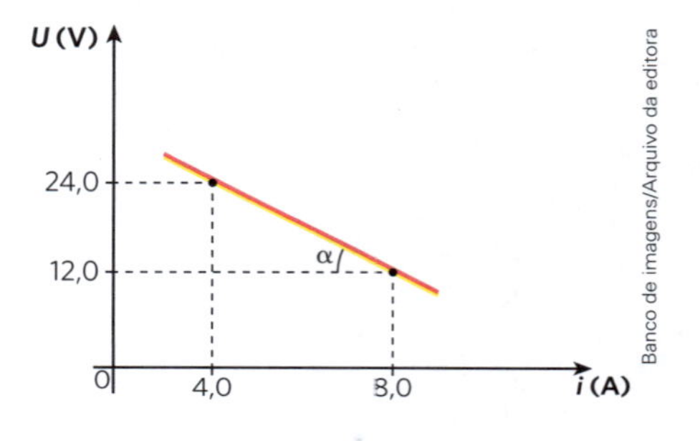


Banco de imagens/Arquivo da editora

**2** A figura esquematiza três pilhas idênticas, de força eletromotriz 1,5 V e resistência interna 0,1 $\Omega$.

Sabendo que a corrente elétrica que atravessa a lâmpada **L** tem intensidade 0,9 A, calcule:

**a)** a pilha equivalente do circuito;

**b)** o valor da resistência elétrica **R** da lâmpada **L**.

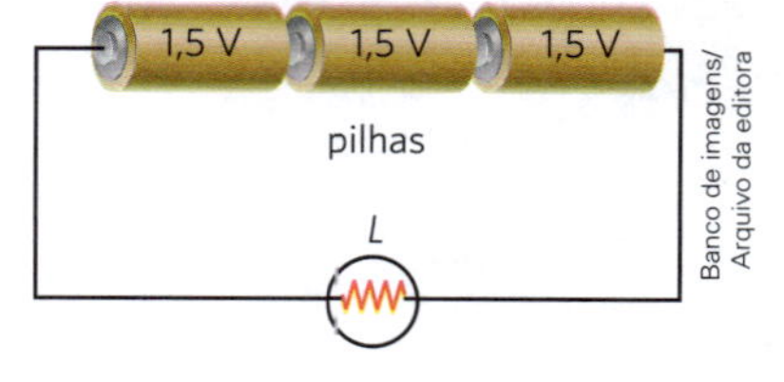


Banco de imagens/Arquivo da editora

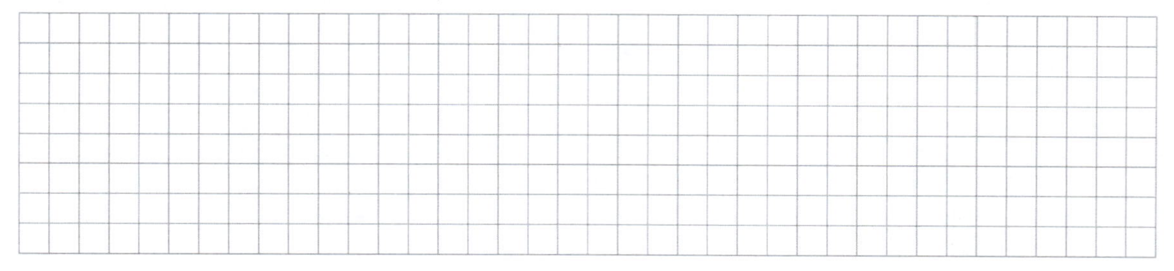

**3** O circuito elétrico fornecido representa de maneira esquemática, um gerador, um receptor e dois resistores elétricos.

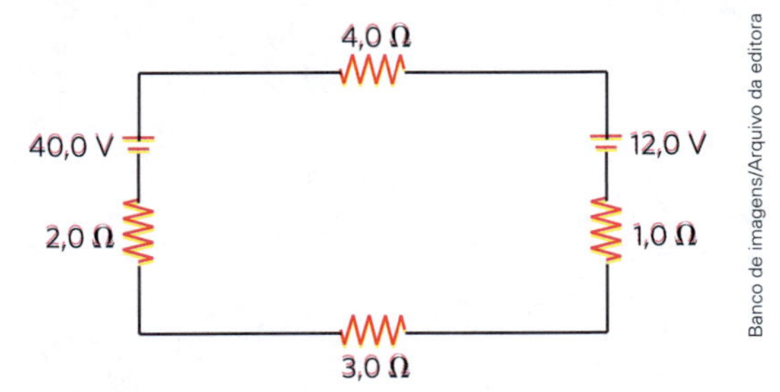


Determine:

**a)** o sentido da corrente elétrica no circuito;

**b)** a intensidade da corrente elétrica nesse circuito;

**c)** a ddp nos terminais do gerador;

**d)** a ddp nos terminais do receptor.

**4** Duas baterias são conectadas conforme ilustra o circuito adiante. As curvas características de ambas estão representadas nos gráficos 1 e 2.

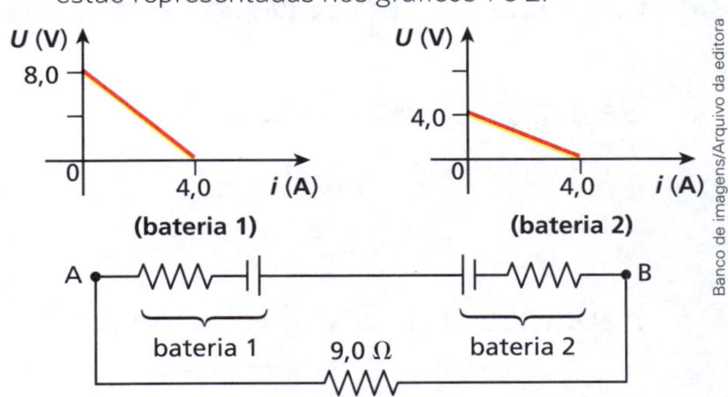


A intensidade de corrente elétrica que percorre o circuito e a ddp entre os pontos **A** e **B** são:

a) $\frac{1}{3}$ A e 3,0 V

b) $\frac{1}{6}$ A e 4,0 V

c) $\frac{1}{9}$ A e 9,0 V

d) $\frac{1}{2}$ A e 12 V

e) $\frac{1}{4}$ A e 16 V

# Energia elétrica: geração e consumo

## Nestas atividades você vai:

- Calcular potência elétrica.
- Calcular eficiência elétrica.

### Habilidades da BNCC relacionadas:

EM13CNT106 EM13CNT307

**1** Na ilustração abaixo, temos um esquema simplificado de uma pequena usina solar. A energia radiante do sol chega ao painel solar no qual o fenômeno do efeito fotoelétrico é fundamental para a obtenção da energia elétrica. A corrente elétrica que sai do painel solar é uma corrente contínua (no inglês, DC - *direct current*), passa por um inversor, que a converte para corrente alternada (no inglês, AC - *alternating current*) e chega aos aparelhos da residência.

Suponha que esse painel solar esteja gerando uma potência total de 4 400 W com uma tensão elétrica de 220 V. Os cabos que transportam essa energia até a residência possuem uma resistência elétrica total de 7,0 Ω.

Para a situação proposta, determine:

a) a intensidade de corrente elétrica nos cabos;

b) a potência elétrica dissipada nesses cabos, na forma de calor;

c) a eficiência **E** desse processo, em porcentagem.

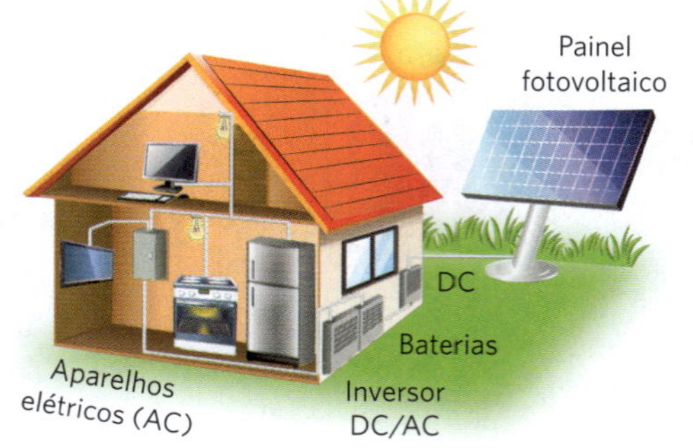


Banco de imagens/Arquivo da editora

**2** O problema das mudanças climáticas encontra-se na agenda de vários países e órgãos internacionais multilaterais. Essa questão deve ser tratada considerando o inter-relacionamento entre os países, pois não pode ser circunscrito a uma determinada região. Nesse sentido, acordos internacionais, como o Protocolo de Kyoto, representam esforços de normatizar a relação entre produção e demanda de bens e insumos, incluindo a energia e a sua interferência no clima do planeta. Ao estabelecer metas de redução de emissão de gases de efeito estufa (GEE), incentiva-se a busca de fontes alternativas ao combustível fóssil para minimizar o impacto climático. Como exemplo, podemos citar o fato de que a produção de energia elétrica através de fontes renováveis vem ganhando espaço como um complemento às fontes tradicionais.

ESB Professional/Shutterstock

Pede-se:

**a)** Cite duas fontes de energia renovável arrolando para cada uma delas pelo menos dois pontos positivos.

**b)** Ainda para estas duas fontes, cite possíveis desvantagens e impactos que podem ser provocados devido a sua implantação.

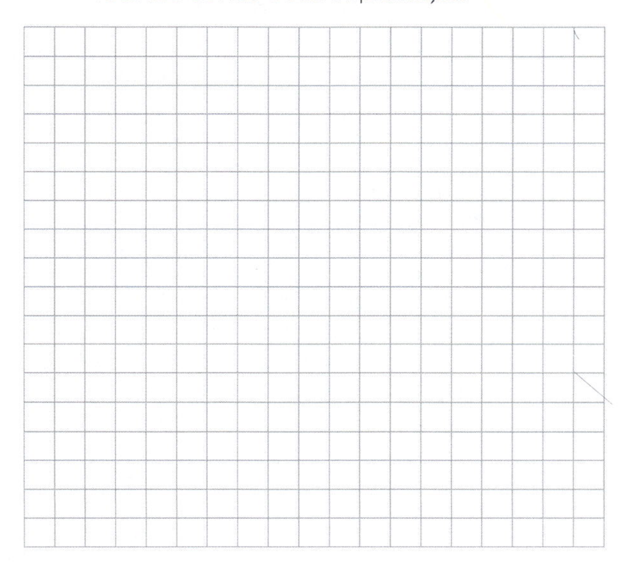

**3** Podemos acender uma lâmpada com o uso de uma tomada ou de uma pilha. A diferença entre esses dois processos é que, no Brasil, nas tomadas residenciais, o uso de corrente elétrica alternada é muito comum. Entretanto, quando usamos pilhas e baterias para o acionamento da lâmpada, fazemos uso da corrente elétrica contínua.

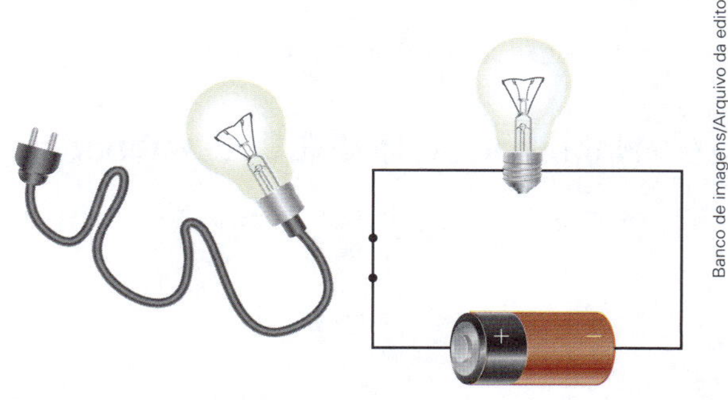
Banco de imagens/Arquivo da editora

**a)** Sem utilizar cálculos ou fórmulas, explique em poucas palavras a diferença entre corrente elétrica contínua e corrente elétrica alternada.

**b)** Faça um esboço de como seriam dois possíveis gráficos da intensidade da corrente elétrica em função do tempo para as duas situações.

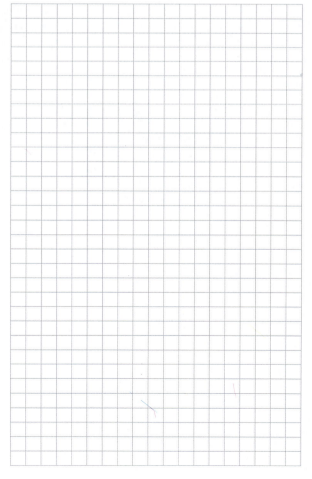

# 34 Energia e potência elétrica

## Nestas atividades você vai:

- Utilizar a 1ª lei de Ohm.
- Calcular potência elétrica.

### Habilidades da BNCC relacionadas:

EM13CNT106 EM13CNT107 EM13CNT1309 EM13CNT1310

**1** Nos chuveiros elétricos, transformamos energia elétrica em energia térmica em virtude do efeito Joule que ocorre quando a corrente elétrica atravessa o resistor do chuveiro. A temperatura da água está ligada à potência elétrica do chuveiro, que vai depender da resistência elétrica de seu resistor. Sendo U a tensão elétrica utilizada (110 V ou 220 V), I a intensidade da corrente elétrica e R a resistência elétrica do resistor, a potência P é dada pelas relações:

$$P = UI = RI^2 = \frac{U^2}{R}$$

Uma chave seletora pode ocupar as posições A, B ou C indicadas na figura, que correspondem, não respectivamente, às posições de morno, quente ou muito quente para a temperatura desejada para o banho. Escolhendo a equação adequada para o cálculo da potência P. Assinale a opção correta que faz a associação entre as posições A, B e C e a temperatura desejada para a água.

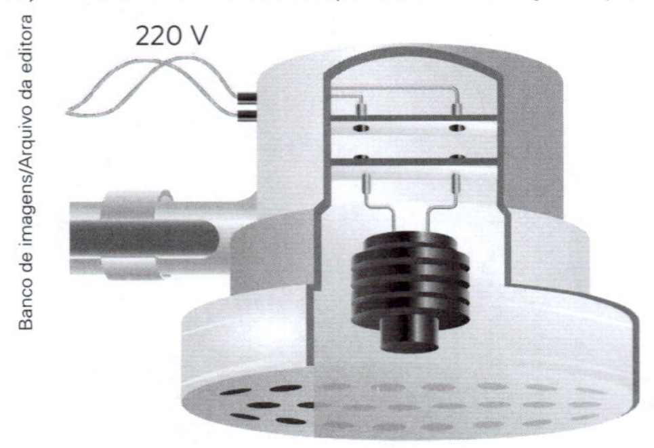


Banco de imagens/Arquivo da editora

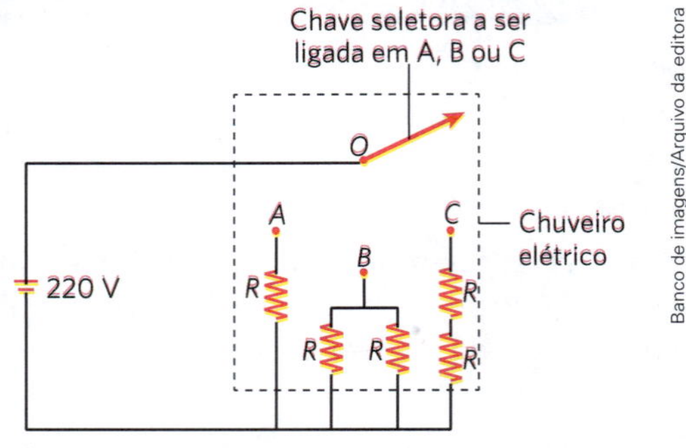


Banco de imagens/Arquivo da editora

a) A - quente; B - morno; C - muito quente.

b) A - quente; B - muito quente; C - morno.

c) A - muito quente; B - morno; C - muito quente.

d) A - morno; B - quente; C - muito quente.

e) A - morno; B - muito quente; C - quente.

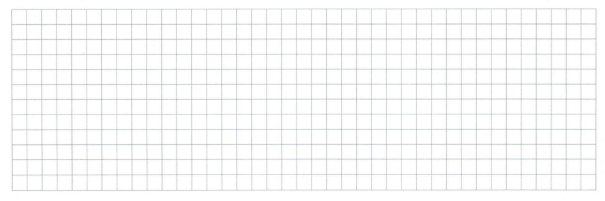

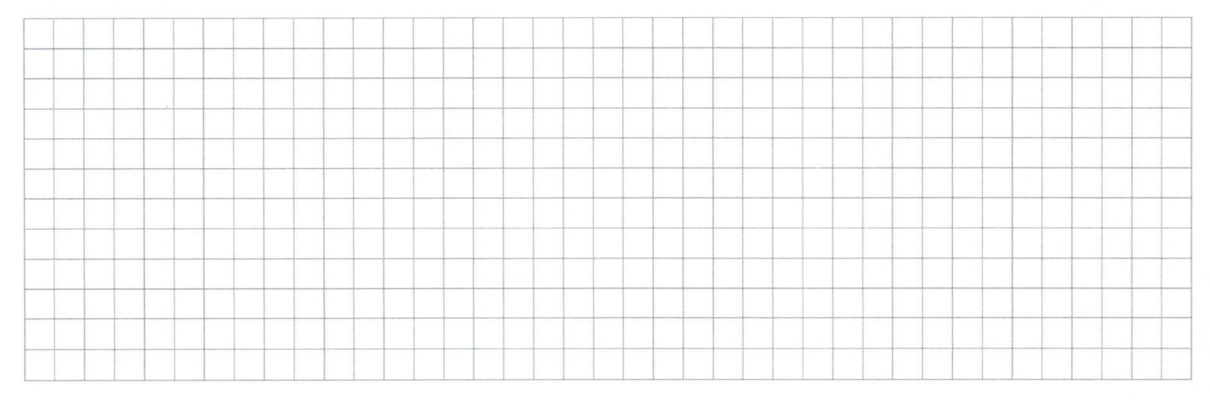

**2** No manual de funcionamento de um aquecedor elétrico de imersão, aparecem suas especificações técnicas de funcionamento (220 V - 11 A). Com base nessas informações, pede-se.

**a)** Qual é a potência elétrica dissipada pelo aquecedor?

**b)** Qual é o consumo de energia elétrica mensal sabendo-se que o aquecedor permanece ligado, em média, 20 min por dia?

**c)** Sabendo-se que o quilowatt-hora custa R$ 0,30, determine o custo da energia elétrica que ele consome mensalmente.

Adote um mês padrão de 30 dias.

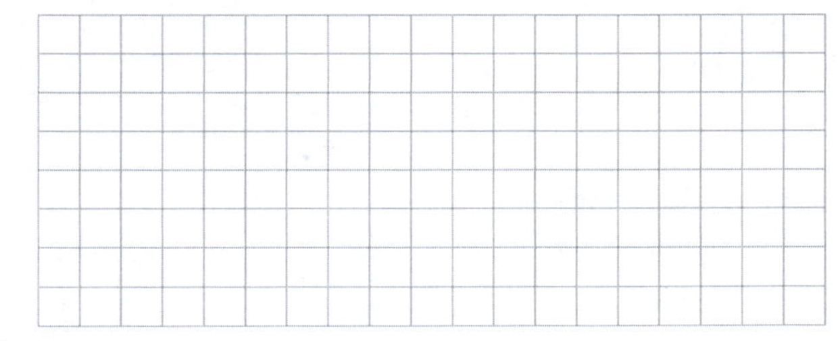

**3** Um gerador elétrico, cuja curva característica está representada no gráfico a seguir, deve fornecer $2{,}0 \cdot 10^4$ J de energia elétrica para o funcionamento de um aquecedor. Necessita-se, entretanto, que esse fornecimento seja feito no menor tempo possível. Determine:

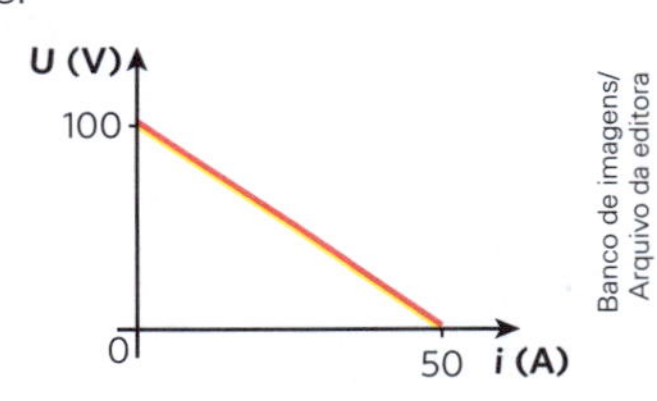


Banco de imagens/ Arquivo da editora

**a)** o intervalo de tempo para essa situação proposta;

**b)** a resistência elétrica do aquecedor.

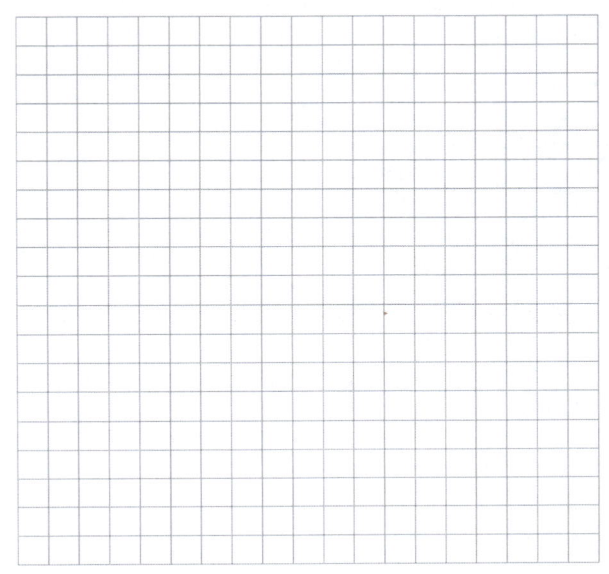

**4** Os motores elétricos constituem uma das maiores invenções já feitas pelo homem. Participantes como figura importante das últimas revoluções industriais, são ainda hoje destaque nos mais variados tipos de indústria. No gráfico a seguir temos a curva característica de um pequeno motor usado em laboratório de Física.

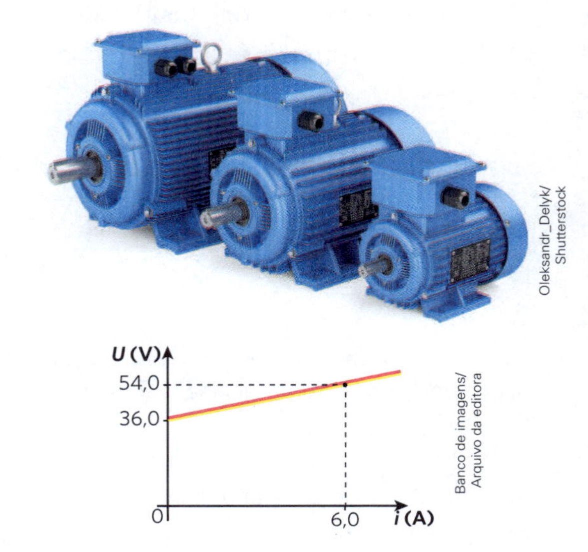


Oleksandr_Delyk/ Shutterstock

Banco de imagens/ Arquivo da editora

Determine:

**a)** sua forma contra eletromotriz;

**b)** sua resistência interna;

**c)** a potência elétrica consumida (ou recebida) pelo motor para i = 12 A;

**d)** a potência elétrica útil para i = 12 A;

**e)** o rendimento $\eta$ do motor para essa situação.

# Introdução ao Eletromagnetismo

## Nestas atividades você vai:

- Utilizar a regra da mão esquerda.
- Aplicar fórmula da força magnética.
- Calcular força centrípeta.

### Habilidade da BNCC relacionada:

EM13CNT307

**1** Uma partícula carregada penetra uma região onde atua um campo magnético uniforme $\vec{B}$, com velocidade $\vec{v}$ perpendicular a ele. A figura ilustra a situação.
Determine:

**a)** o sinal da carga desta partícula;

**b)** o vetor força magnética ($\vec{F}_m$) atuante na partícula quando esta passa pelo ponto **P**, destacado na figura.

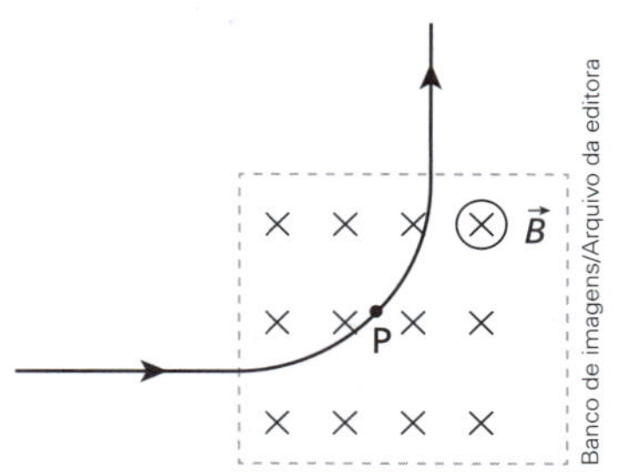


Banco de imagens/Arquivo da editora

**2** Em um laboratório de Física são feitas experiências para o estudo do movimento de uma partícula dentro de um campo magnético uniforme. Ao penetrarem no campo, as partículas, todas com carga positiva de valor $q$, ficam sujeitas a uma força magnética cujo módulo pode ser determinado pela expressão:

$$F = |q| \cdot V \cdot B \cdot \text{sen}\,\theta$$

sendo $\theta$ = ângulo entre os vetores $\vec{V}$ e $\vec{B}$.

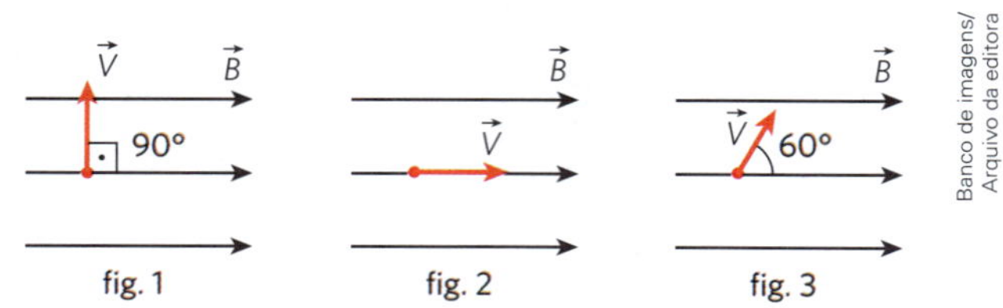


Banco de imagens/Arquivo da editora

Nas figuras mostradas, determine, em função das grandezas fornecidas, o módulo da força magnética resultante.

**3** Uma partícula carregada positivamente penetra perpendicularmente em uma região onde atua um campo magnético uniforme $\vec{B}$ e realiza um movimento curvilíneo, conforme indica a figura.

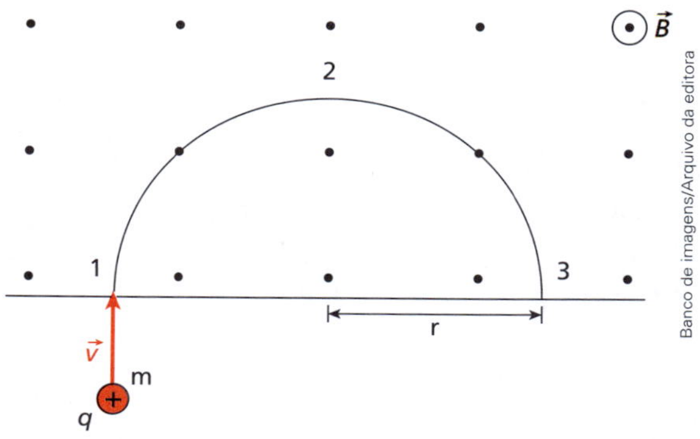


Banco de imagens/Arquivo da editora

Considerando que a única força que age sobre a partícula é de natureza magnética e é causada pelo campo $\vec{B}$, determine, em função dos dados fornecidos pela figura:

a) o módulo, a direção e o sentido da força magnética que atua sobre a partícula nos instantes em que ela passa pelos pontos 1, 2 e 3.

b) o raio *r* da trajetória descrita pela partícula.

c) o intervalo de tempo necessário para a partícula completar a trajetória em forma de semicircunferência, apresentada na figura.

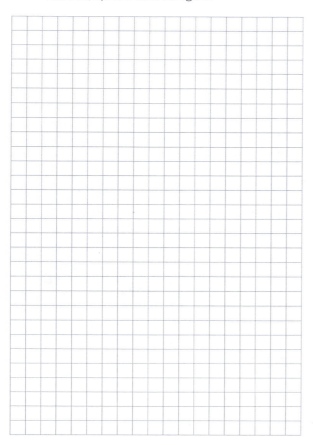

**4** Uma partícula carregada positivamente em movimento passa por diferentes regiões incidindo perpendicularmente em cada uma delas, conforme indica a figura.

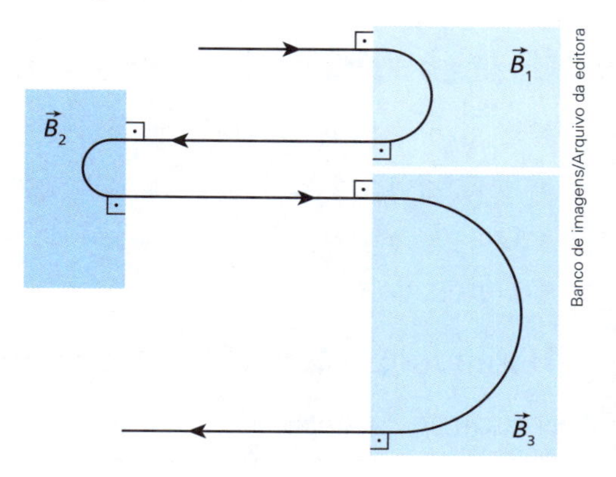


Banco de imagens/Arquivo da editora

Em todas as regiões sombreadas existe a atuação de campos magnéticos uniformes perpendiculares ao plano da folha. Nas regiões não sombreadas não há a atuação de campos de força.

Determine o sentido dos campos magnéticos $\vec{B}_1$, $\vec{B}_2$ e $\vec{B}_3$.

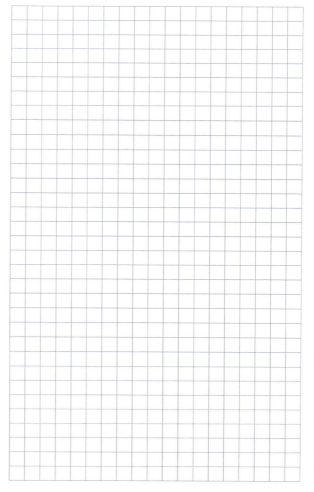

# 36 Corrente elétrica e campo magnético

## Nestas atividades você vai:

- Utilizar a fórmula da força magnética.
- Utilizar a fórmula do campo magnético.
- Utilizar a regra da mão esquerda.
- Determinar o sentido da corrente elétrica em um circuito.

**Habilidades da BNCC relacionadas:**

EM13CNT107 EM13CNT301

**1** Um fio condutor percorrido por uma corrente elétrica de intensidade $i$ gera no seu entorno um campo magnético. A figura ilustra a situação. Sabendo que em um dado instante uma carga elétrica $q$ $(q > 0)$ passa exatamente pela posição **P**, mostrada na figura, determine:

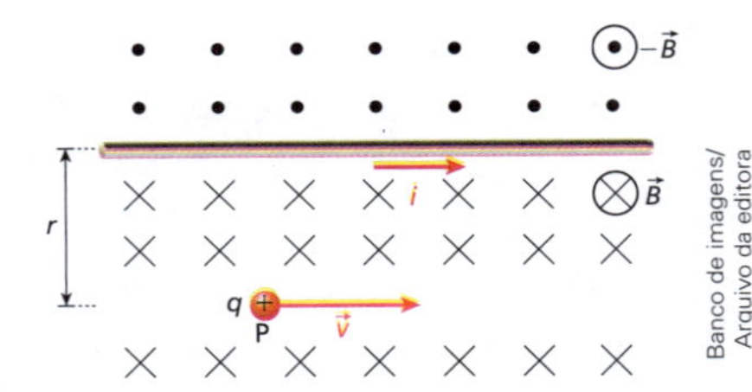


a) a direção e o sentido do vetor força magnética que atua nessa carga $q$ nesse instante;

b) o módulo dessa força magnética em função das grandezas físicas fornecidas no texto e na figura.

**Dado:**

$\mu$ = permeabilidade magnética do meio

**2** No circuito da figura, a bateria, de 12 V (U = 12 V), e os fios condutores são ideais; o resistor *R* tem resistência elétrica igual a 2,0 Ω; e o cilindro é feito de material condutor e apresenta resistência elétrica r = 1,0 Ω. O cilindro está completamente imerso em um campo magnético uniforme $\vec{B}$ de $1,0 \cdot 10^{-5}$ T de intensidade e perpendicular ao plano do circuito. O comprimento do cilindro condutor é de 20 cm e ele está em equilíbrio na horizontal entre dois suportes que são condutores ideais.

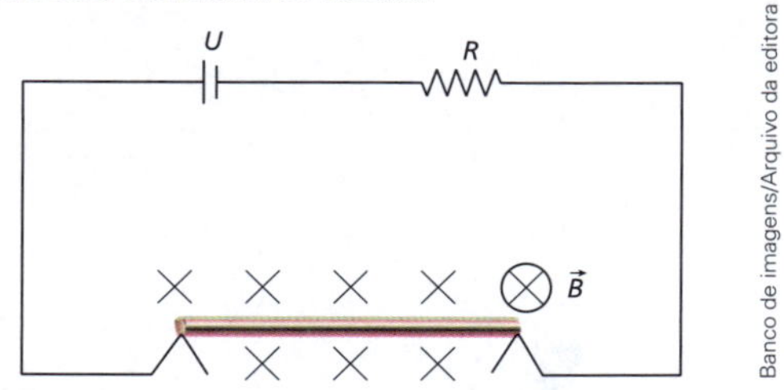

Banco de imagens/Arquivo da editora

Determine:

a) o sentido convencional da corrente elétrica que percorre o pedaço de fio condutor;

b) a direção e o sentido da força magnética que atua sobre o cilindro condutor;

c) a intensidade da força magnética que atua sobre o cilindro condutor.

**3** Na figura abaixo temos uma bateria ideal de 12 V, fios condutores de ligação, uma chave inicialmente aberta e um ímã em formato de ferradura.

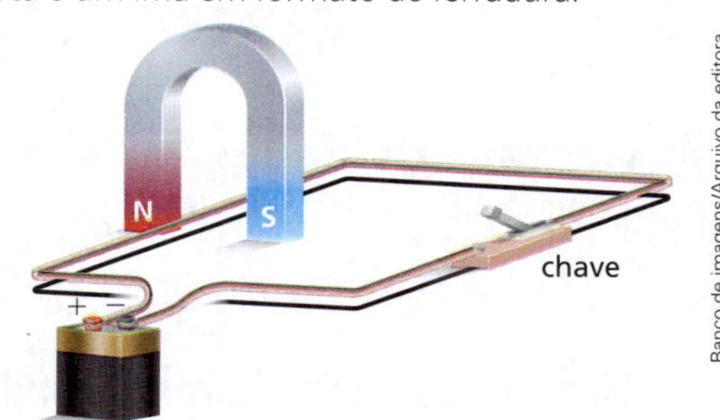

Banco de imagens/Arquivo da editora

Sabe-se que os condutores não são ideais e apresentam uma resistência elétrica total de 4,0 Ω. A parte do fio que está imersa no campo magnético, perpendicular a ele, apresenta comprimento L = 5,0 cm. A intensidade do campo magnético criado pelo ímã é de $1,0 \cdot 10^{-3}$ T. Supondo que a chave seja fechada:

a) faça um esquema, usando a mesma perspectiva da ilustração e mostrando a orientação do campo magnético, o sentido da corrente elétrica e a força magnética atuante no pedaço de fio que está imerso no campo;

b) calcule a intensidade da força magnética que atua nesse trecho do fio condutor.

UNIDADE 9

CAPÍTULO

# 37 Indução eletromagnética

## Nestas atividades você vai:

- Reconhecer o conceito de indução eletromagnética.
- Identificar o princípio da conservação da energia.

### Habilidade da BNCC relacionada:

EM13CNT107

**1** A ilustração ao lado nos mostra o interior de um dínamo de bicicleta. No destaque, observamos a existência de uma bobina e um ímã que pode girar.

a) Qual é o fenômeno físico fundamental para o acionamento da lanterna? Explique-o.

b) Se não há uma pilha dentro do dínamo, de onde vem a energia necessária para o acionamento da lanterna?

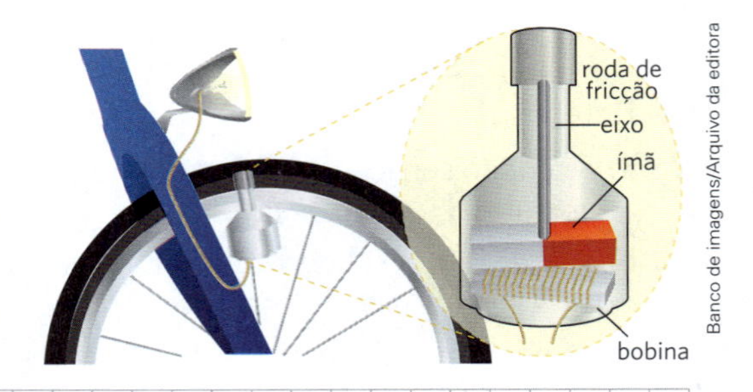


Banco de imagens/Arquivo da editora

**2** Uma espira circular condutora move-se nas proximidades de um campo magnético uniforme de indução $\vec{B}$, de acordo com o esquema abaixo. Determine o sentido da corrente elétrica induzida na espira, nas seguintes situações:

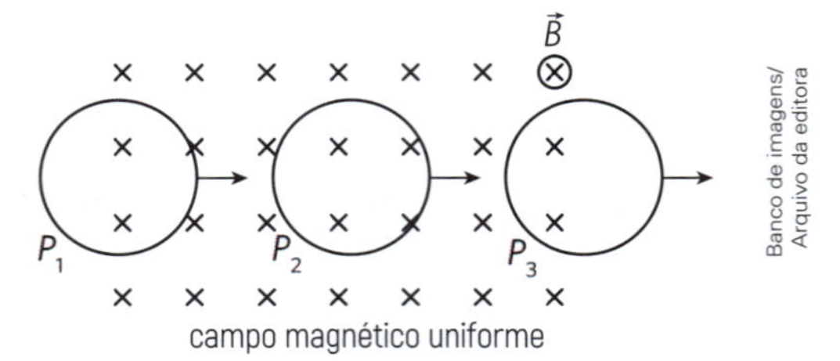


Banco de imagens/Arquivo da editora

a) quando a espira começa a penetrar no campo magnético, posição $\mathbf{P}_1$;

b) quando a espira se movimenta totalmente imersa no campo magnético, posição $\mathbf{P}_2$;

c) quando a espira está saindo da região de campo magnético, posição $\mathbf{P}_3$.

**3** Um avião sobrevoa uma região onde atua um campo magnético uniforme de intensidade $B = 5{,}0 \cdot 10^{-5}$ T, representado na figura. O avião, em voo de cruzeiro, tem velocidade com direção perpendicular a esse campo magnético. O módulo da velocidade do avião é constante e vale 200 m/s.

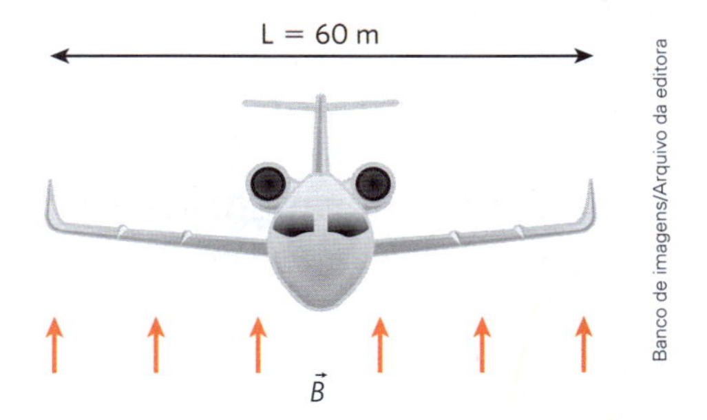


A envergadura de asa, que é a distância entre as duas pontas, é de $L = 60$ m. Nessas condições, determine a $f_{em}$ induzida entre os extremos das asas.

**4** Uma barra condutora de comprimento $L = 0{,}20$ m desliza sobre trilhos condutores em um plano horizontal. O resistor $R$ da figura é ôhmico e o valor de sua resistência elétrica é de 4,0 Ω. Um campo magnético uniforme de módulo $B = 4{,}0$ T é aplicado a esse sistema com direção ortogonal ao plano horizontal. Uma massa $M = 0{,}80$ kg arrasta a barra deslizante com velocidade constante. A aceleração da gravidade local é $g = 10$ m/s². As resistências elétricas da barra e dos trilhos são desprezíveis.

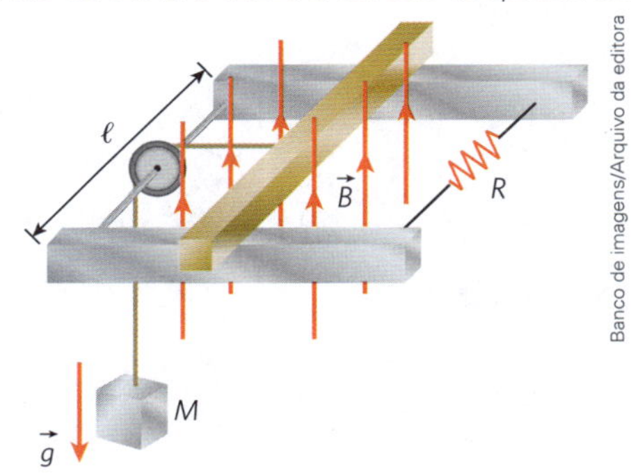


Determine

**a)** a força magnética resultante na barra deslizante;

**b)** a intensidade da corrente elétrica na barra;

**c)** a $f_{em}$ induzida criada pelo deslizamento da barra condutora;

**d)** a intensidade da velocidade com que a barra desliza.

# Respostas

## Cinemática

### Capítulo 1 – Introdução à Cinemática escalar

**1** a) A forma da trajetória descrita pela lâmpada é circular.

b) 150 cm

c) 50 cm

**2** a) $y = \dfrac{4,0}{3,0}x - \dfrac{x^2}{45,0}$ (SI)

b)

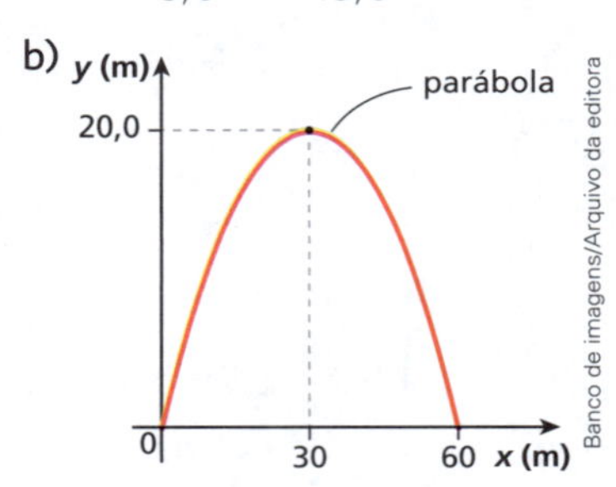


Alcance horizontal: 60,0 m e altura máxima: 20,0 m.

**3** a) 10 m b) 0,5 m/s

**4** a) $\dfrac{25\,L}{12\,v}$ b) $\dfrac{48\,v}{25}$

**5** a) 80 m b) 60 m c) 100 m

### Capítulo 2 – Movimento uniforme

**1** a) 25,0 min

b) 4

c)

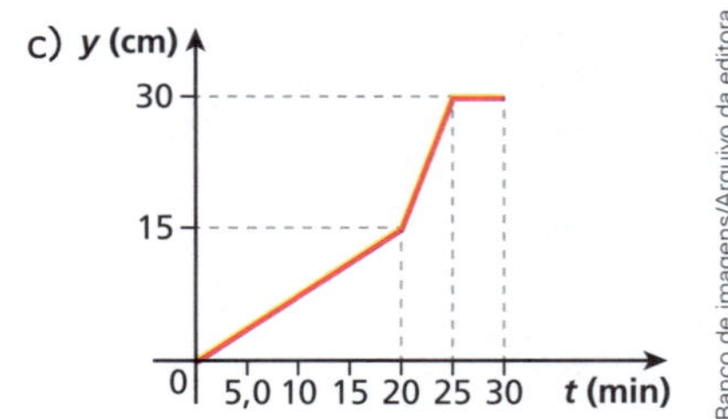


**2** a) Retrógrado.

b) $y = 6,5 - 0,5t$ (SI)

c)

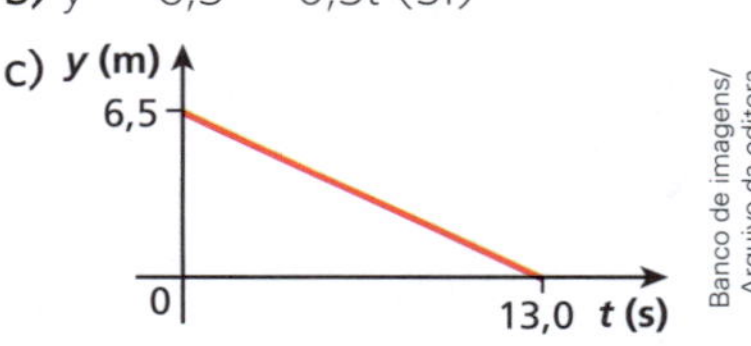


**3** a) 100 m

b) 260 s ou 4 min + 20 s

**4** a) 8,0 s

b) 9,8 m/s

c) Aproximadamente 9,3 m

### Capítulo 3 – Movimento uniformemente variado

**1** a) 12,5 m/s

b) Aproximadamente 2,17 m/s²

c) 10,88 s

**2** a) 250 m b) 25 m/s c) 15 s

**3** a) 0,50 s

b) $d_{4,5}$ = 1,25 m; $d_{3,4}$ = 3,75 m; $d_{2,3}$ = 6,25 m; $d_{1,2}$ = 8,75 m

c) As distâncias crescem em progressão aritmética (P.A.) de razão 2,50 m.

**4** a) 4 520 m

b) 2 790 m

c)

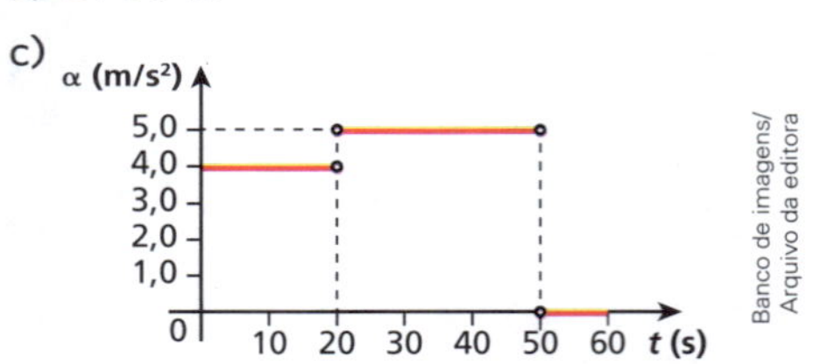


### Capítulo 4 – Vetores e Cinemática vetorial

**1** a) 10 u b) $\vec{R} = -1\vec{x} + 5\vec{y}$

**2** Intensidade *F* na direção e no sentido do eixo *y*.

**3** a) 5,0 m b) 2,5 m/s

**4** 200 km/h, 0 e aproximadamente 140 km/h

**5** a) $v = 2,0$ m/s e $L = 3,0$ m b) 75 rpm

### Capítulo 5 – Movimento circular

**1** a) $v_A$ = 151,2 km/h e $v_B$ = 50,4 km/h

b) 21,0 m/s²

**2** a) 0,2 rad/s

b) Mulher 8: 1,4 m/s; Mulher 3: 0,4 m/s

**3** a) 1,0 m b) $\dfrac{3}{4}$ c) 160 voltas

**4** a) 12,0 m/s b) 1,0 s

**5** a) Aproximadamente 1667 km/h

b) $\frac{1}{2}$

c) $v$ (km/h); 1667; 0; 90° $\theta$ (°)

Banco de imagens/Arquivo da editora

# Unidade 2 Dinâmica

## Capítulo 6 – Princípios da Dinâmica

**1** a) 5,0 m/s² b) 75 N

**2** a) 7,5 m/s² b) 324 km/h

**3** $T = \frac{3Mg}{2}$ e $F = \frac{Mg}{2}$

**4** $8{,}00 \cdot 10^{-1}$ s

**5** a) 50 N b) 2,0 m/s

**6** a) 120 N b) 800 N

## Capítulo 7 – Atrito entre sólidos

**1** 5 ovos

**2** $F_1 = 10$ N e $F_2 = 50$ N

**3** a) 0,40 m/s² b) 48 N

**4** $\sqrt{\frac{R\,g\,(\text{sen}\,\theta + \mu \cos\theta)}{\cos\theta - \mu\,\text{sen}\,\theta}}$

**5** a) 3,0 m/s² b) 11,2 s

## Capítulo 8 – Gravitação

**1** d

**3** a) Aproximadamente 35,3 km/s

b) 847 200 km

**3** 1,0 m

**4** a) 8 b) $\frac{1}{2}$

## Capítulo 9 – Movimento em campo gravitacional uniforme

**1** a) 13,0 m b) 5,0 m/s

**2** a) 6 rad/s b) 6,0 m

**3** a) 5,0 m/s b) 2,8 m

**4** $3{,}0 \text{ m/s} < v_0 < 6{,}0 \text{ m/s}$

## Capítulo 10 – Trabalho e potência

**1** a) 714 N b) 350 J

**2** a) 2,5 kN b) −45 750 J c) 180,00 km/h

**3** a) 3,0 m b) 0

**4** a) 2,7 kW b) Aproximadamente 33 s

**5** d

## Capítulo 11 – Energia mecânica e sua conservação

**1** a) 3,0 m/s b) +≤∅N

**2** a) $2\sqrt{g\,R\cos\theta}$

b) $4\text{sen}^2\,\theta\,g\,R\cos\theta + 2(-g)h$

c) $4\,R\cos\theta \cdot \text{sen}^2\theta$

**3** a) $\frac{R}{2}$ b)

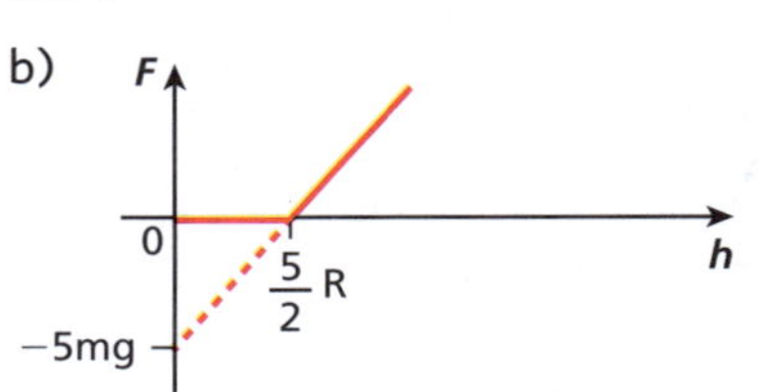


Banco de imagens/Arquivo da editora

**4** a) 28 m/s c) 30 m/s²

b) 100 N/m d) 10 m

## Capítulo 12 – Quantidade de movimento e sua conservação

**1** 40 N

**2** a) $\frac{1}{3}$ b) Bloco 1: 2,0 J; bloco 2: 1,0 J

**3** a) 6,0 m/s b) 1080 J

**4** a) 12,0 cm/s b) $7{,}56 \cdot 10^{-7}$ J

**5** $2{,}0 \cdot 10^4$ m/s e $10{,}0 \cdot 10^4$ m/s

# Unidade 3 Estática

## Capítulo 13 – Estática dos sólidos

**1** $F = \frac{P\,L}{2d}$

**2** a) $N_A = 0$ b) d = 2,0 m

**3** a) parede; A; $N_A$; 4,0 m; P; $N_B$; $F_{at}$; B calçada; 1,6 m

Banco de imagens/Arquivo da editora

b) 20 N c) 100 N d) 20 N e) 0,20

## Capítulo 14 – Estática dos fluidos

1 0,32 atm

2 $\frac{8}{3}h$

3 a) 400 kgf b) 20 cm

4 a) 0,80 m/s b) 0,75 m/s c) 100 L

5 a) Aproximadamente 396,2 atm
b) $5{,}0 \cdot 10^4$ m³
c) 12,5%

# Unidade 4 Termologia

## Capítulo 15 – A temperatura, a energia térmica e o calor

1 20 °C

2 d

3 b

4 e

5 d

6 a) 5 cal/s b) 20 °C

7 80 °C

8 770 °C

9 $2{,}5 \cdot 10^{-5}$ °C⁻¹

10 d

11 $\frac{L_A\alpha_A + L_B\alpha_B}{L_A + L_B}$

12 $20 \cdot 10^{-6}$ °C⁻¹

13 1,005 m e 406 cm³

14 Aproximadamente 143 °C

15 100 °C

## Capítulo 16 – Calor sensível e calor latente

1 $3{,}0 \cdot 10^4$ kcal

2 10 °C

3 a) $\frac{10}{3}$ b) Aproximadamente 56,7 °C

4 75 °C

5 b

6 a) 0 °C; 725 g b) 14 750 g

7 24 °C

8 a) 0 °C b) 100 g

9 d

10 Sim; 125 g

11 0 °C

12 c

13 d

14 c

## Capítulo 17 – Gases perfeitos e Termodinâmica

1 150 mmHg

2 293 °C

3 −73 °C

4 177 °C

5 a) 87 °C b) 2,45 atm

6 27 °C

7 b

8 27 °C

9 a) 1500 kg b) 1125 kg
c) Aproximadamente 0,34 m/s²

10 2,5 g

11 e

12 a) 0 c) $3{,}2 \cdot 10^2$ J
b) $3{,}2 \cdot 10^2$ J d) $31{,}6 \cdot 10^2$ J

13 a) 250 J c) 27 °C
b) Aproximadamente 675 J

14 a) 10 mol b) $24{,}9 \cdot 10^3$ J c) $37{,}4 \cdot 10^3$ J

15 a) 250 J b) 500 W
c) Máxima: no ponto médio do segmento BC; mínima: A;

16 168 m

17 7,5 g

18 c

# Unidade 5 Ondulatória

## Capítulo 18 – Ondas

1 e

2 90 km/h

3 a) 550 Hz c) 0,60 m e) 575 Hz
b) 458 Hz d) 0,72 m f) 437,5 Hz

4 12 cm

5 a

## Capítulo 19 – Radiações e reações nucleares

1 50%

2 $2{,}0 \cdot 10^{-4}$ J

3 Na tabela ao lado do gráfico observamos que a cor verde corresponde às ondas de comprimento entre 520 nm e 570 nm. Para esses comprimentos de

onda, a absorção é praticamente nula, o que indica uma quase reflexão total. Essas ondas refletidas é que são recebidas e percebidas pelos nossos órgãos visuais. Por isso, vemos as folhas na cor verde.

**4** Na leitura do gráfico, podemos observar no eixo vertical direito que a luminosidade da cor laranja (6 100 A) corresponde a 50% da luminosidade relativa da cor verde e o vermelho (6 500 A) a 15%, aproximadamente.

**5** Se os filtros das lentes têm eixo vertical é porque a luz que chega aos olhos do motorista está, em sua maioria, polarizada no eixo horizontal devido à reflexão na superfície da poça d'água.

## Capítulo 20 – Acústica

**1** 17 mm e 17 m

**2** 150 kHz

**3** 2,83 km

**4** c

**5** a) 20 cm b) 400 Hz

**6** a) 7 dB b) 20 crianças

## Capítulo 21 – Noções de Astronomia

**1** d

**2**
1. Devido à falta de absorção por parte da tênue atmosfera marciana, há intensa incidência em solo de radiações de alta frequência, a partir do ultravioleta.
2. A atmosfera do planeta, à base de $CO_2$ (95%), é imprópria à respiração aeróbica, tanto de humanos como de outros animais. Os vegetais teriam comprometido seu processo de fotossíntese.
3. A aceleração da gravidade em Marte ($\simeq 4{,}0$ m/s²) é bem menor que a da Terra (10,0 m/s²), o que provocaria nas pessoas atrofia muscular associada à degeneração óssea e vascular/circulatória.
4. Inexistência de água líquida na superfície marciana.
5. Grandes amplitudes térmicas, com temperaturas que se estendem aproximadamente de −125 °C no inverno a 20 °C no verão. Devido às características desérticas de Marte, mesmo entre o dia e a noite, há grandes variações de temperatura.
6. Ventos intensos com severas tempestades de areia.

Ao que tudo indica uma base humana no inóspito planeta Marte deverá ser construída abaixo do nível do solo ou em redomas herméticas blindadas contra todas essas intempéries.

**3** d

**4** c

# Unidade 6 Óptica geométrica

## Capítulo 22 – Fundamentos da Óptica geométrica

**1** a) 1,6 km b) 2,2 s

**2** d

**3** $\Delta p' = \dfrac{1}{4p_1}$. A parede do fundo da câmara deve ser deslocada no sentido de aproximar-se do orifício.

**4** 10,0 m

**5** $\dfrac{H}{H-h}V$

## Capítulo 23 – Reflexão da luz

**1** 0,64 m²

**2** a) 6,0 s b) 6,0 s

**3** a) $\dfrac{h}{2}$ b) $\dfrac{o}{2}$

c) Os valores determinados para *e* e *y* não dependem da distância *d* entre Ana Júlia e o espelho.

**4** e

## Capítulo 24 – Refração da luz

**1** a) $2{,}0 \cdot 10^5$ km/s b) 0,80

**2**

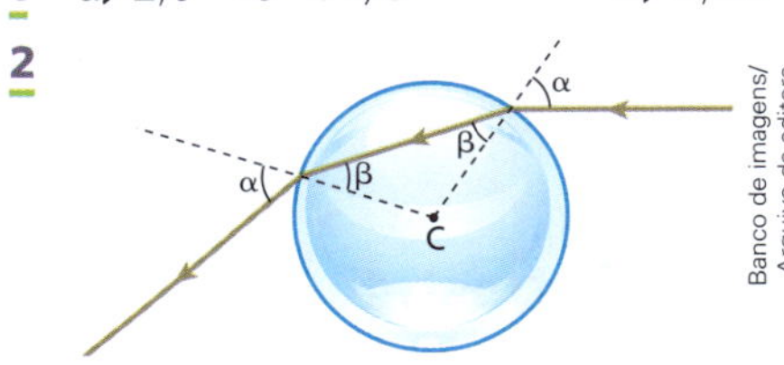


Banco de imagens/Arquivo da editora

**3** a) 15° b) 2,0

**4** d

**5** e

## Capítulo 25 – Lentes esféricas

**1** a) virtual

b) Lente 1: divergente; lente 2: convergente

c) Lente 1:

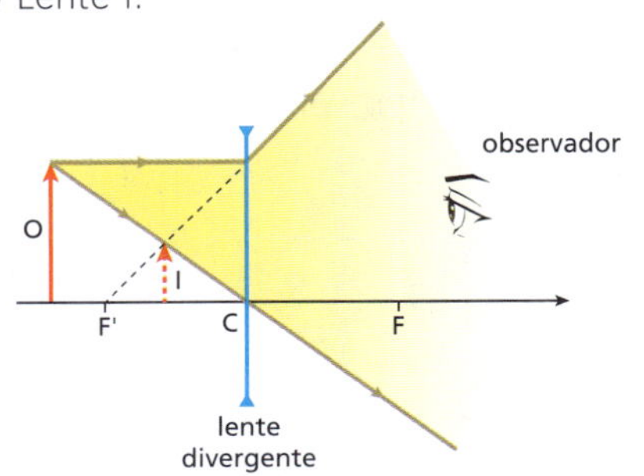


Banco de imagens/Arquivo da editora

Lente 2:

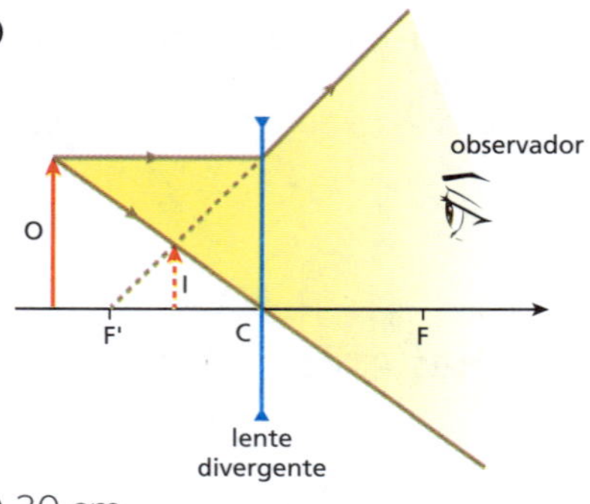

Banco de imagens/Arquivo da editora

**2** a) 10,0 cm  b) 6,0 cm  c) $n > \sqrt{2}$

**3** a)

Banco de imagens/Arquivo da editora

b) 30 cm

**4** a) 2  b) 40 cm

## Capítulo 26 – Instrumentos ópticos e Óptica da visão

**1** a) 50 mm  b) Afasta-se do filme.

**2** −20; 5 e −100

**3** a) $1{,}2 \cdot 10^{-1}$ mm²  b) 1,5 di

**4** a) 2,24 cm
b) −1,25 di (lente divergente)
c) 48 cm

# Unidade 7 Eletrostática

## Capítulo 27 – Cargas elétricas

**1** d

**2** 0,75 m de *A* e 0,025 m de *B*.

**3** 1,2 μC

**4** $\frac{1}{2}$

**5** 0,40 N

**6** 16 mm

## Capítulo 28 – Campo elétrico

**1** a) $4{,}5 \cdot 10^{3}$ N/C
b) $9{,}0 \cdot 10^{-3}$ N
c) 12 cm de $Q_1$ e 8,0 cm de $Q_2$

**2** 0,80 m

**3** ±10 μC

**4** a) 2,0 s  b) 1,5 s

## Capítulo 29 – Potencial elétrico

**1** 3,0 m; 100 nC

**2** 18 μC; 8,0 μC

**3** 5 cm

**4** Direção perpendicular às equipotenciais e sentido que vai do maior para o menor potencial; $1{,}0 \cdot 10^{3}\,\frac{V}{m}$

**5** $a = 6{,}0 \cdot 10^{4}$ V; $b = 60$ cm; $Q = 2{,}0$ μC

**6** a) 360 V  b) 120 V

**7** I) V; II) F; III) F e IV) V.

**8** a) $9{,}0 \cdot 10^{4}$ N/C
b) 0
c) Aproximadamente $2{,}8 \cdot 10^{4}$ N/C

**9** a) 0  b) 2,7 V  c) 1,62 V

**10** a) $V_A = \sqrt{\frac{kQq}{3Md}}$ e $V_B = 2\sqrt{\frac{kQq}{3Md}}$
b) $V_B = \sqrt{\frac{2kQq}{3Md}}$

# Unidade 8 Eletrodinâmica

## Capítulo 30 – Corrente elétrica

**1** Vida útil de $1{,}0 \cdot 10^{6}$ h, que corresponde a aproximadamente 41 667 dias, ou a aproximadamente 114 anos. Assim, a bateria não vai precisar ser trocada no tempo de vida do paciente.

**2** Aproximadamente $1{,}7 \cdot 10^{20}$ elétrons

**3** 3,2 mA

**4** a) 32 c  b) $2{,}0 \cdot 10^{20}$ elétrons

## Capítulo 31 – Tensão elétrica e resistência elétrica

**1** a) 3,0 kΩ
b) Aproximadamente 42 mA

**2** a) $1{,}1 \cdot 10^{-6}$ Ω · m  b) $2{,}04 \cdot 10^{-6}$ Ω · m

**3** a) Em paralelo.
b) Todos os resistores estão submetidos a uma tensão elétrica constante.
c) 1,6 Ω

## Capítulo 32 – Geradores elétricos e circuitos elétricos

**1** a) 3,0 Ω
b) 36,0 V
c) $U = 36{,}0 - 3{,}0\,i$

**2** a) $E_{eq} = 4{,}5$ V; $r_{eq} = 0{,}3$ Ω  b) 4,7 Ω

**3** a) sentido horário  b) 2,8 A
c) 34,4 V  d) 14,8 V

**4** a

## Capítulo 33 – Energia elétrica: geração e consumo

**1** a) 20 A b) 2 800 W c) 36%

**2** a) Energia eólica: Não há emissão de gases poluentes e geração de resíduos. Pode ser considerada uma fonte inesgotável, com baixo custo de manutenção. Energia solar: Trata-se de uma fonte de energia inesgotável. Possui baixo nível de investimento em linhas de transmissão, pois pode ser implantada em locais próximos aos centros de consumo.

b) Uma eventual desvantagem do uso de energia eólica é a dependência das condições climáticas, ou seja, o parque eólico só pode ser implantado em lugares que são sabidamente corredores de vento. Outro fator importante é o impacto visual no ambiente e uma possível alteração de rotas migratórias de aves.
Quanto à energia solar, um dos grandes problemas é a baixa eficiência do processo, além da dependência das condições meteorológicas.

**3** a) A diferença fundamental entre a corrente elétrica contínua e a corrente elétrica alternada está basicamente ligada ao sentido de movimentação do fluxo de portadores de carga elétrica. Enquanto na corrente contínua esse fluxo acontece sempre em um mesmo sentido, na corrente elétrica alternada esse fluxo varia seu sentido de movimentação repetidamente.

b)

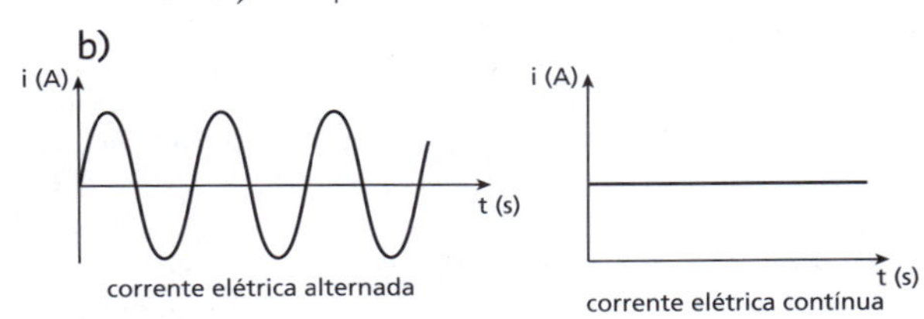


## Capítulo 34 – Energia e potência elétrica

**1** b

**2** a) 2 420 W b) 24,2 kWh c) R$ 7,26

**3** a) 16 s b) 2,0 Ω

**4** a) 36,0 Ω c) 864 W e) 50%
b) 3,0 Ω d) 432 W

# Unidade 9 Eletromagnetismo

## Capítulo 35 – Introdução ao Eletromagnetismo

**1** a) Positivo.

b)

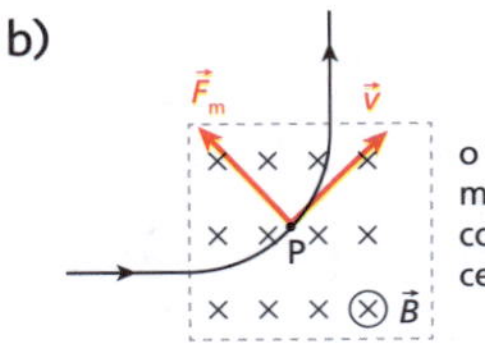


Banco de imagens/Arquivo da editora

**2** $\frac{\sqrt{3}}{2}$

**3** a)

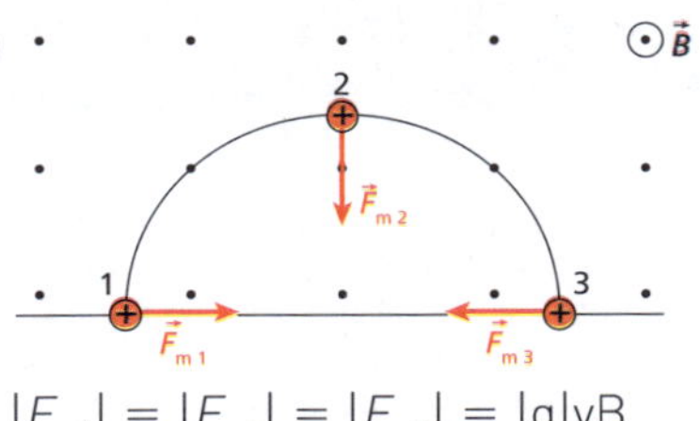


Banco de imagens/Arquivo da editora

$|F_{m1}| = |F_{m2}| = |F_{m3}| = |q|vB$

b) $\frac{mv}{qB}$ c) $\frac{\pi m}{qB}$

**4**

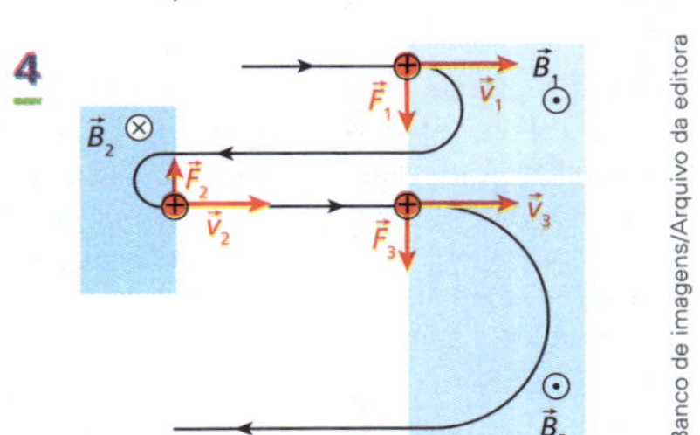


Banco de imagens/Arquivo da editora

## Capítulo 36 – Corrente elétrica e campo magnético

**1** a) Direção vertical e sentido para cima. b) $\frac{qv\mu i}{2\pi r}$

**2** a) anti-horário c) $8{,}0 \cdot 10^{-6}$ N
b) Direção vertical e sentido para cima.

**3** a)

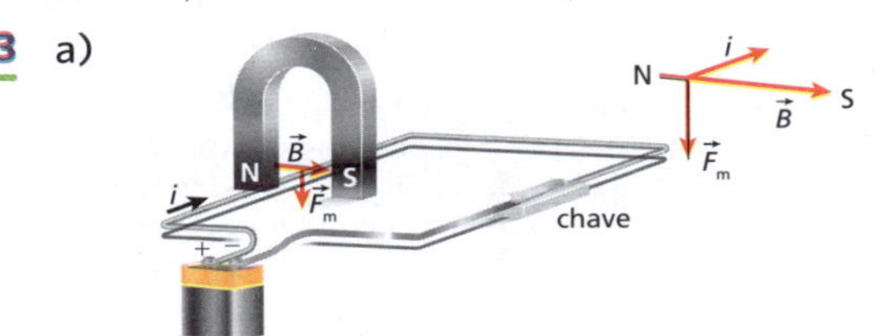


b) $1{,}5 \cdot 10^{-4}$ N

## Capítulo 37 – Indução eletromagnética

**1** a) O fenômeno que explica a lâmpada da lanterna acender é o da "indução eletromagnética". O ímã girante nas proximidades da bobina vai promover uma variação do fluxo magnético que atravessa a bobina no decorrer do tempo. Essa variação faz surgir uma força eletromotriz induzida que, por sua vez, gera uma corrente elétrica induzida que vai acionar a lâmpada.

b) Como todo processo físico, o fenômeno da indução eletromagnética deve obedecer ao princípio da conservação da energia. O atleta gasta suas energias (provenientes de sua alimentação) pedalando a bicicleta, a roda movimenta-se e o fenômeno da indução eletromagnética faz a lâmpada acender. Não há a necessidade de uma pilha (gerador) no processo.

**2** a) anti-horário c) horário
b) não há corrente elétrica induzida

**3** 0,60 V

**4** a) 8,0 N b) 10 A c) 40 V d) 50 m/s

## BNCC do Ensino Médio: habilidades de Ciências da Natureza e suas Tecnologias

**(EM13CNT101)** Analisar e representar, com ou sem o uso de dispositivos e de aplicativos digitais específicos, as transformações e conservações em sistemas que envolvam quantidade de matéria, de energia e de movimento para realizar previsões sobre seus comportamentos em situações cotidianas e em processos produtivos que priorizem o desenvolvimento sustentável, o uso consciente dos recursos naturais e a preservação da vida em todas as suas formas.

**(EM13CNT102)** Realizar previsões, avaliar intervenções e/ou construir protótipos de sistemas térmicos que visem à sustentabilidade, considerando sua composição e os efeitos das variáveis termodinâmicas sobre seu funcionamento, considerando também o uso de tecnologias digitais que auxiliem no cálculo de estimativas e no apoio à construção dos protótipos.

**(EM13CNT103)** Utilizar o conhecimento sobre as radiações e suas origens para avaliar as potencialidades e os riscos de sua aplicação em equipamentos de uso cotidiano, na saúde, no ambiente, na indústria, na agricultura e na geração de energia elétrica.

**(EM13CNT104)** Avaliar os benefícios e os riscos à saúde e ao ambiente, considerando a composição, a toxicidade e a reatividade de diferentes materiais e produtos, como também o nível de exposição a eles, posicionando-se criticamente e propondo soluções individuais e/ou coletivas para seus usos e descartes responsáveis.

**(EM13CNT105)** Analisar os ciclos biogeoquímicos e interpretar os efeitos de fenômenos naturais e da interferência humana sobre esses ciclos, para promover ações individuais e/ou coletivas que minimizem consequências nocivas à vida.

**(EM13CNT106)** Avaliar, com ou sem o uso de dispositivos e aplicativos digitais, tecnologias e possíveis soluções para as demandas que envolvem a geração, o transporte, a distribuição e o consumo de energia elétrica, considerando a disponibilidade de recursos, a eficiência energética, a relação custo/benefício, as características geográficas e ambientais, a produção de resíduos e os impactos socioambientais e culturais.

**(EM13CNT107)** Realizar previsões qualitativas e quantitativas sobre o funcionamento de geradores, motores elétricos e seus componentes, bobinas, transformadores, pilhas, baterias e dispositivos eletrônicos, com base na análise dos processos de transformação e condução de energia envolvidos - com ou sem o uso de dispositivos e aplicativos digitais -, para propor ações que visem a sustentabilidade.

**(EM13CNT201)** Analisar e discutir modelos, teorias e leis propostos em diferentes épocas e culturas para comparar distintas explicações sobre o surgimento e a evolução da Vida, da Terra e do Universo com as teorias científicas aceitas atualmente.

**(EM13CNT202)** Analisar as diversas formas de manifestação da vida em seus diferentes níveis de organização, bem como as condições ambientais favoráveis e os fatores limitantes a elas, com ou sem o uso de dispositivos e aplicativos digitais (como *softwares* de simulação e de realidade virtual, entre outros).

**(EM13CNT203)** Avaliar e prever efeitos de intervenções nos ecossistemas, e seus impactos nos seres vivos e no corpo humano, com base nos mecanismos de manutenção da vida, nos ciclos da matéria e nas transformações e transferências de energia, utilizando representações e simulações sobre tais fatores, com ou sem o uso de dispositivos e aplicativos digitais (como *softwares* de simulação e de realidade virtual, entre outros).

**(EM13CNT204)** Elaborar explicações, previsões e cálculos a respeito dos movimentos de objetos na Terra, no Sistema Solar e no Universo com base na análise das interações gravitacionais, com ou sem o uso de dispositivos e aplicativos digitais (como *softwares* de simulação e de realidade virtual, entre outros).

**(EM13CNT205)** Interpretar resultados e realizar previsões sobre atividades experimentais, fenômenos naturais e processos tecnológicos, com base nas noções de probabilidade e incerteza, reconhecendo os limites explicativos das ciências.

**(EM13CNT206)** Discutir a importância da preservação e conservação da biodiversidade, considerando parâmetros qualitativos e quantitativos, e avaliar os efeitos da ação humana e das políticas ambientais para a garantia da sustentabilidade do planeta.

**(EM13CNT207)** Identificar, analisar e discutir vulnerabilidades vinculadas às vivências e aos desafios contemporâneos aos quais as juventudes estão expostas, considerando os aspectos físico, psicoemocional e social, a fim de desenvolver e divulgar ações de prevenção e de promoção da saúde e do bem-estar.

**(EM13CNT208)** Aplicar os princípios da evolução biológica para analisar a história humana, considerando sua origem, diversificação, dispersão pelo planeta e diferentes formas de interação com a natureza, valorizando e respeitando a diversidade étnica e cultural humana.

**(EM13CNT209)** Analisar a evolução estelar associando-a aos modelos de origem e distribuição dos elementos químicos no Universo, compreendendo suas relações com as condições necessárias ao surgimento de sistemas solares e planetários, suas estruturas e composições e as possibilidades de existência de vida, utilizando representações e simulações, com ou sem o uso de dispositivos e aplicativos digitais (como *softwares* de simulação e de realidade virtual, entre outros).

**(EM13CNT301)** Construir questões, elaborar hipóteses, previsões e estimativas, empregar instrumentos de medição e representar e interpretar modelos explicativos, dados e/ou resultados experimentais para construir, avaliar e justificar conclusões no enfrentamento de situações-problema sob uma perspectiva científica.

**(EM13CNT302)** Comunicar, para públicos variados, em diversos contextos, resultados de análises, pesquisas e/ou experimentos, elaborando e/ou interpretando textos, gráficos, tabelas, símbolos, códigos, sistemas de classificação e equações, por meio de diferentes linguagens, mídias, tecnologias digitais de informação e comunicação (TDIC), de modo a participar e/ou promover debates em torno de temas científicos e/ou tecnológicos de relevância sociocultural e ambiental.

**(EM13CNT303)** Interpretar textos de divulgação científica que tratem de temáticas das Ciências da Natureza, disponíveis em diferentes mídias, considerando a apresentação dos dados, tanto na forma de textos como em equações, gráficos e/ou tabelas, a consistência dos argumentos e a coerência das conclusões, visando construir estratégias de seleção de fontes confiáveis de informações.

**(EM13CNT304)** Analisar e debater situações controversas sobre a aplicação de conhecimentos da área de Ciências da Natureza (tais como tecnologias do DNA, tratamentos com células-tronco, neurotecnologias, produção de tecnologias de defesa, estratégias de controle de pragas, entre outros), com base em argumentos consistentes, legais, éticos e responsáveis, distinguindo diferentes pontos de vista.

**(EM13CNT305)** Investigar e discutir o uso indevido de conhecimentos das Ciências da Natureza na justificativa de processos de discriminação, segregação e privação de direitos individuais e coletivos, em diferentes contextos sociais e históricos, para promover a equidade e o respeito à diversidade.

**(EM13CNT306)** Avaliar os riscos envolvidos em atividades cotidianas, aplicando conhecimentos das Ciências da Natureza, para justificar o uso de equipamentos e recursos, bem como comportamentos de segurança, visando à integridade física, individual e coletiva, e socioambiental, podendo fazer uso de dispositivos e aplicativos digitais que viabilizem a estruturação de simulações de tais riscos.

**(EM13CNT307)** Analisar as propriedades dos materiais para avaliar a adequação de seu uso em diferentes aplicações (industriais, cotidianas, arquitetônicas ou tecnológicas) e/ou propor soluções seguras e sustentáveis considerando seu contexto local e cotidiano.

**(EM13CNT308)** Investigar e analisar o funcionamento de equipamentos elétricos e/ou eletrônicos e sistemas de automação para compreender as tecnologias contemporâneas e avaliar seus impactos sociais, culturais e ambientais.

**(EM13CNT309)** Analisar questões socioambientais, políticas e econômicas relativas à dependência do mundo atual em relação aos recursos não renováveis e discutir a necessidade de introdução de alternativas e novas tecnologias energéticas e de materiais, comparando diferentes tipos de motores e processos de produção de novos materiais.

**(EM13CNT310)** Investigar e analisar os efeitos de programas de infraestrutura e demais serviços básicos (saneamento, energia elétrica, transporte, telecomunicações, cobertura vacinal, atendimento primário à saúde e produção de alimentos, entre outros) e identificar necessidades locais e/ou regionais em relação a esses serviços, a fim de avaliar e/ou promover ações que contribuam para a melhoria na qualidade de vida e nas condições de saúde da população.

CIÊNCIAS DA NATUREZA
E SUAS TECNOLOGIAS

RICARDO HELOU DOCA

Engenheiro eletricista formado pela Faculdade de Engenharia Industrial (FEI-SP).

Licenciado em Matemática.

Professor de Física na rede particular de ensino de São Paulo.

NEWTON VILLAS BÔAS

Licenciado em Física pelo Instituto de Física da Universidade de São Paulo (IFUSP).

Professor de Física na rede particular de ensino de São Paulo.

RONALDO FOGO

Licenciado em Física pelo Instituto de Física da Universidade de São Paulo (IFUSP).

Engenheiro metalurgista pela Escola Politécnica da Universidade de São Paulo (Poli-USP).

Coordenador de turmas olímpicas de Física na rede particular de ensino de São Paulo.

Vice-presidente da International Junior Science Olympiad (IJSO).


# Física

## Caderno de Atividades

ENEM E VESTIBULARES

**Presidência:** Mario Ghio Júnior
**Direção de soluções educacionais:** Camila Montero Vaz Cardoso
**Direção editorial:** Lidiane Vivaldini Olo
**Gerência editorial:** Viviane Carpegiani
**Gestão de área:** Julio Cesar Augustus de Paula Santos
**Edição:** Carlos Eduardo de Oliveira
**Planejamento e controle de produção:** Flávio Matuguma (ger.), Felipe Nogueira, Juliana Batista, Juliana Gonçalves e Anny Lima
**Revisão:** Kátia Scaff Marques (coord.), Brenda T. M. Morais, Claudia Virgilio, Daniela Lima, Malvina Tomáz e Ricardo Miyake
**Arte:** André Gomes Vitale (ger.), Catherine Saori Ishihara (coord.) e Lisandro Paim Cardoso (edição de arte)
**Diagramação:** Setup
**Iconografia e tratamento de imagem:** André Gomes Vitale (ger.), Claudia Bertolazzi e Denise Kremer (coord.), Tempo Composto (pesquisa iconográfica) e Fernanda Crevin (tratamento de imagens)
**Licenciamento de conteúdos de terceiros:** Roberta Bento (ger.), Jenis Oh (coord.), Liliane Rodrigues, Flávia Zambon e Raísa Maris Reina (analistas de licenciamento)
**Ilustrações:** CJT/Zapt, João Anselmo e Paulo Manzi
**Cartografia:** Eric Fuzii (coord.) e Robson Rosendo da Rocha
**Design:** Erik Taketa (coord.) e Adilson Casarotti (proj. gráfico e capa)
**Foto de capa:** praetorianphoto/Getty Images / Rafe Swan/Cultura RF/ Getty Images / Viaframe/Getty Images


Avenida Paulista, 901, 6º andar – Bela Vista
São Paulo – SP – CEP 01310-200
http://www.somoseducacao.com.br

**2022**
Código da obra CL 801854
CAE 721913 (AL) / 723957 (PR)
1ª edição
10ª impressão
De acordo com a BNCC.

Impressão e acabamento: Bercrom Gráfica e Editora

# Conheça seu Caderno de Atividades

Este Caderno de Atividades foi elaborado especialmente para você, estudante do Ensino Médio, que deseja praticar o que aprendeu durante as aulas e se qualificar para as provas do Enem e de vestibulares.

O material foi estruturado para que você consiga utilizá-lo autonomamente, em seus estudos individuais além do horário escolar, ou sob orientação de seu professor, que poderá lhe sugerir atividades complementares às do livro.

***Flip!***

Gire o seu livro e tenha acesso a uma seleção de questões complementares.

Atividades separadas em dois blocos: Enem e Vestibulares, organizados pelas cinco grandes áreas da Física.

Os principais conceitos trabalhados no livro são retomados em atividades que permitem a aplicação dos conhecimentos estudados durante o Ensino Médio.

Consulte as respostas das atividades no final do material.

**plurall**

No Plurall, você encontrará as resoluções em vídeo das questões propostas.

# Sumário

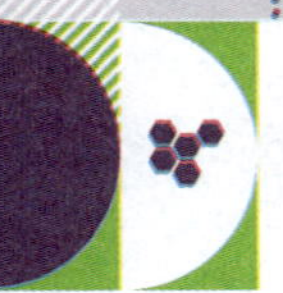

# Enem

**1** Conta-se que um curioso incidente aconteceu durante a Primeira Guerra Mundial. Quando voava a uma altitude de dois mil metros, um piloto francês viu o que acreditava ser uma mosca parada perto de sua face. Apanhando-a rapidamente, ficou surpreso ao verificar que se tratava de um projétil alemão.

PERELMAN, J. *Aprenda física brincando*. São Paulo: Hemus, 1970.

O piloto consegue apanhar o projétil, pois

**a)** ele foi disparado em direção ao avião francês, freado pelo ar e parou justamente na frente do piloto.

**b)** o avião se movia no mesmo sentido que o dele, com velocidade visivelmente superior.

**c)** ele foi disparado para cima com velocidade constante, no instante em que o avião francês passou.

**d)** o avião se movia no sentido oposto ao dele, com velocidade de mesmo valor.

**e)** o avião se movia no mesmo sentido que o dele, com velocidade de mesmo valor.

**2** A mensagem digitada no celular, enquanto você dirige, tira a sua atenção e, por isso, deve ser evitada. Pesquisas mostram que um motorista que dirige um carro a uma velocidade constante percorre "às cegas" (isto é, sem ter visão da pista) uma distância proporcional ao tempo gasto ao olhar para o celular durante a digitação da mensagem. Considere que isso de fato aconteça. Suponha que dois motoristas (X e Y) dirigem com a mesma velocidade constante e digitam a mesma mensagem em seus celulares. Suponha, ainda, que o tempo gasto pelo motorista X olhando para seu celular enquanto digita a mensagem corresponde a 25% do tempo gasto pelo motorista Y para executar a mesma tarefa.

Disponível em: http://g1.globo.com. Acesso em: 21 jul. 2012 (adaptado).

A razão entre as distâncias percorridas às cegas por X e Y, nessa ordem, é igual a

**a)** $\frac{5}{4}$ **b)** $\frac{1}{4}$ **c)** $\frac{4}{3}$ **d)** $\frac{4}{1}$ **e)** $\frac{3}{4}$

**3** Em um teleférico turístico, bondinhos saem de estações ao nível do mar e do topo de uma montanha. A travessia dura 1,5 minuto e ambos os bondinhos se deslocam à mesma velocidade. Quarenta segundos após o bondinho A partir da estação ao nível do mar, ele cruza com o bondinho B, que havia saído do topo da montanha. Quantos segundos após a partida do bondinho B partiu o bondinho A?

**a)** 5. **b)** 10. **c)** 15. **d)** 20. **e)** 25.

# Mecânica

## Movimentos e forças

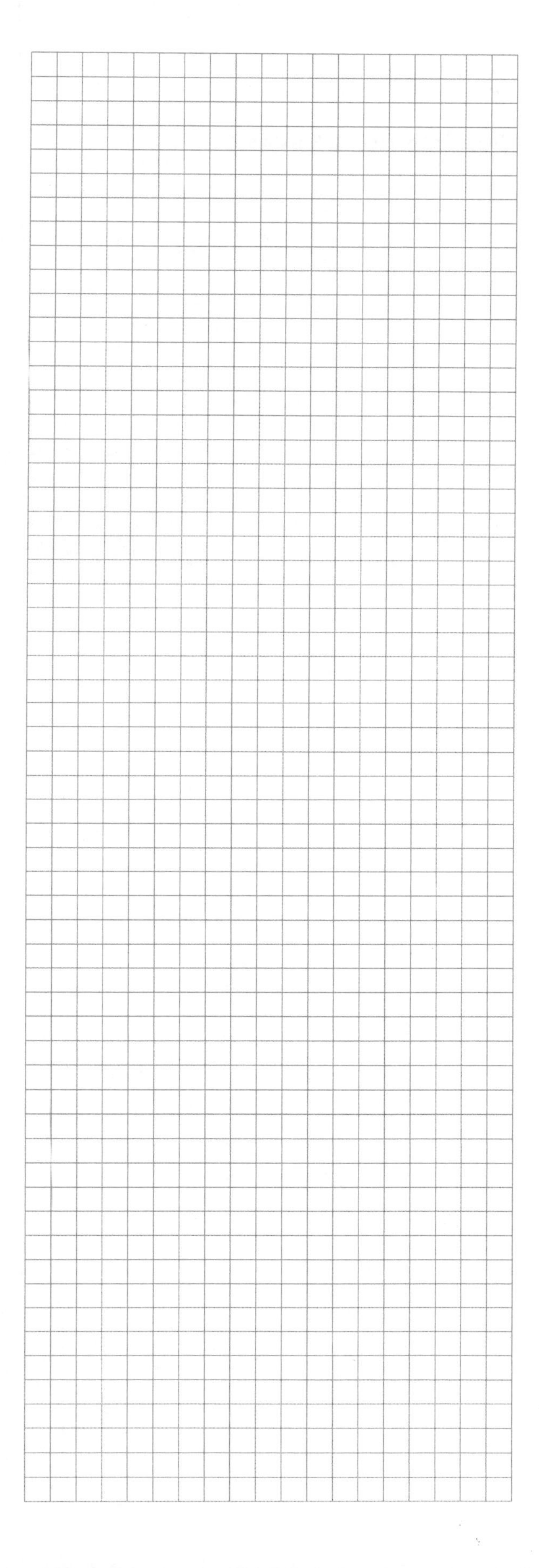

**4** Dois veículos que trafegam com velocidade constante em uma estrada, na mesma direção e sentido, devem manter entre si uma distância mínima. Isso porque o movimento de um veículo, até que ele pare totalmente, ocorre em duas etapas, a partir do momento em que o motorista detecta um problema que exige uma freada brusca. A primeira etapa é associada à distância que o veículo percorre entre o intervalo de tempo da detecção do problema e o acionamento dos freios. Já a segunda se relaciona com a distância que o automóvel percorre enquanto os freios agem com desaceleração constante.

Considerando a situação descrita, qual esboço gráfico representa a velocidade do automóvel em relação à distância percorrida até parar totalmente?

**a)** 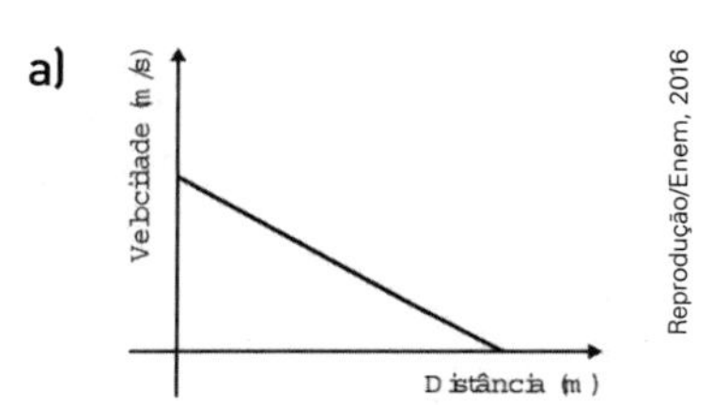


Reprodução/Enem, 2016

**b)** 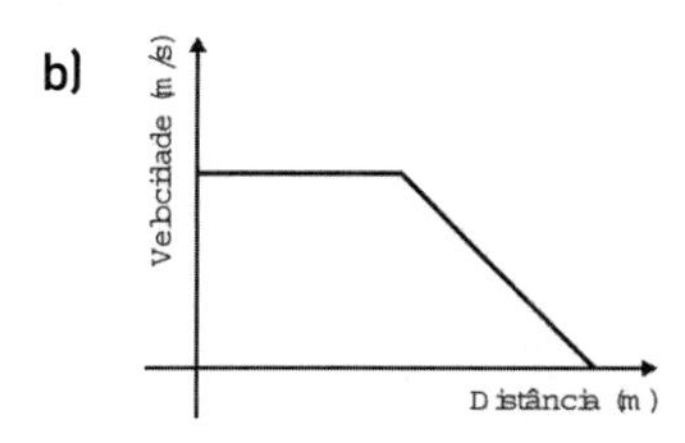


**c)** 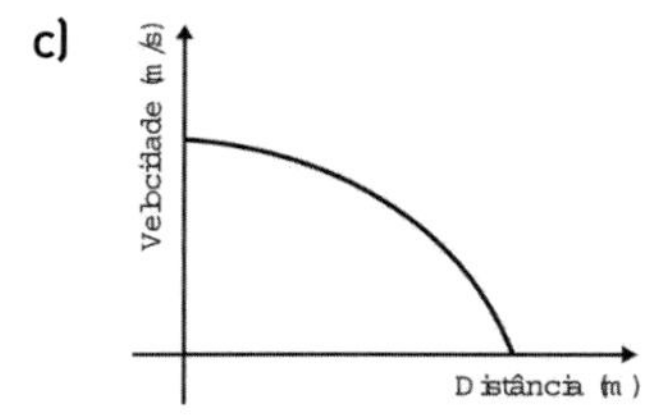


**d)** 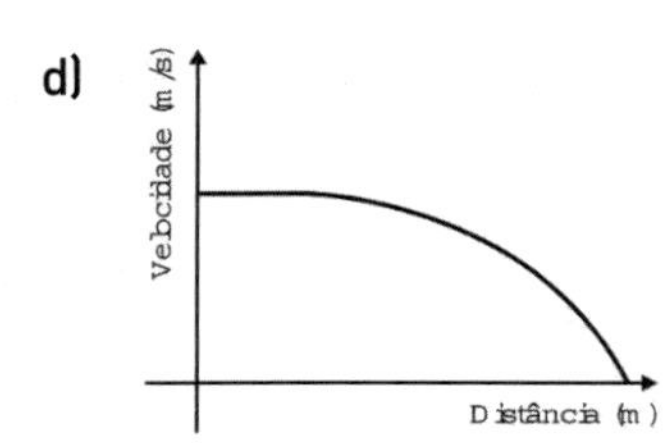


**e)** 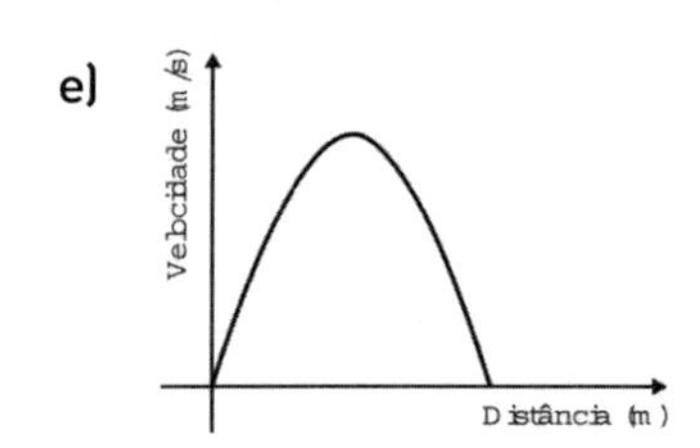

**5** Pivô central é um sistema de irrigação muito usado na agricultura, em que uma área circular é projetada para receber uma estrutura suspensa. No centro dessa área, há uma tubulação vertical que transmite água através de um cano horizontal longo, apoiado em torres de sustentação, as quais giram sobre rodas em torno do centro do pivô, também chamado de base, conforme mostram as figuras. Cada torre move-se com velocidade escalar linear constante.

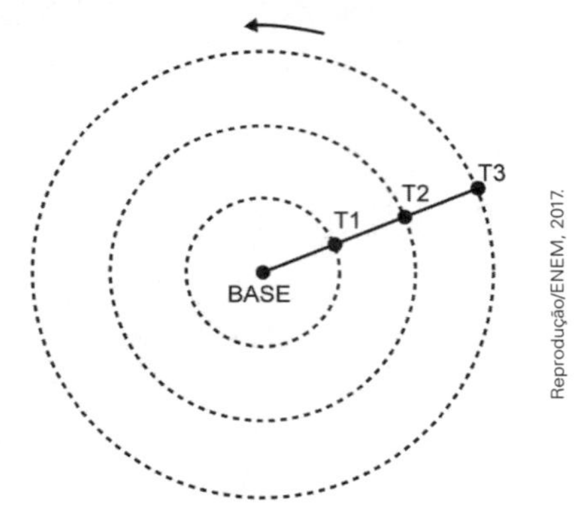



Um pivô de três torres ($T_1$, $T_2$ e $T_3$) será instalado em uma fazenda, sendo que as distâncias entre as torres consecutivas, bem como da base à torre $T_1$, são iguais a 50 m. O fazendeiro pretende ajustar as velocidades das torres, de tal forma que o pivô efetue uma volta completa em 25 horas. Use 3 como aproximação para $\pi$.

Para atingir seu objetivo, as velocidades escalares lineares das torres $T_1$, $T_2$ e $T_3$ devem ser, em metros por hora, de

**a)** 12, 24 e 36.

**b)** 6, 12 e 18.

**c)** 2, 4 e 6.

**d)** 300, 1 200 e 2 700.

**e)** 600, 2 400 e 5 400.

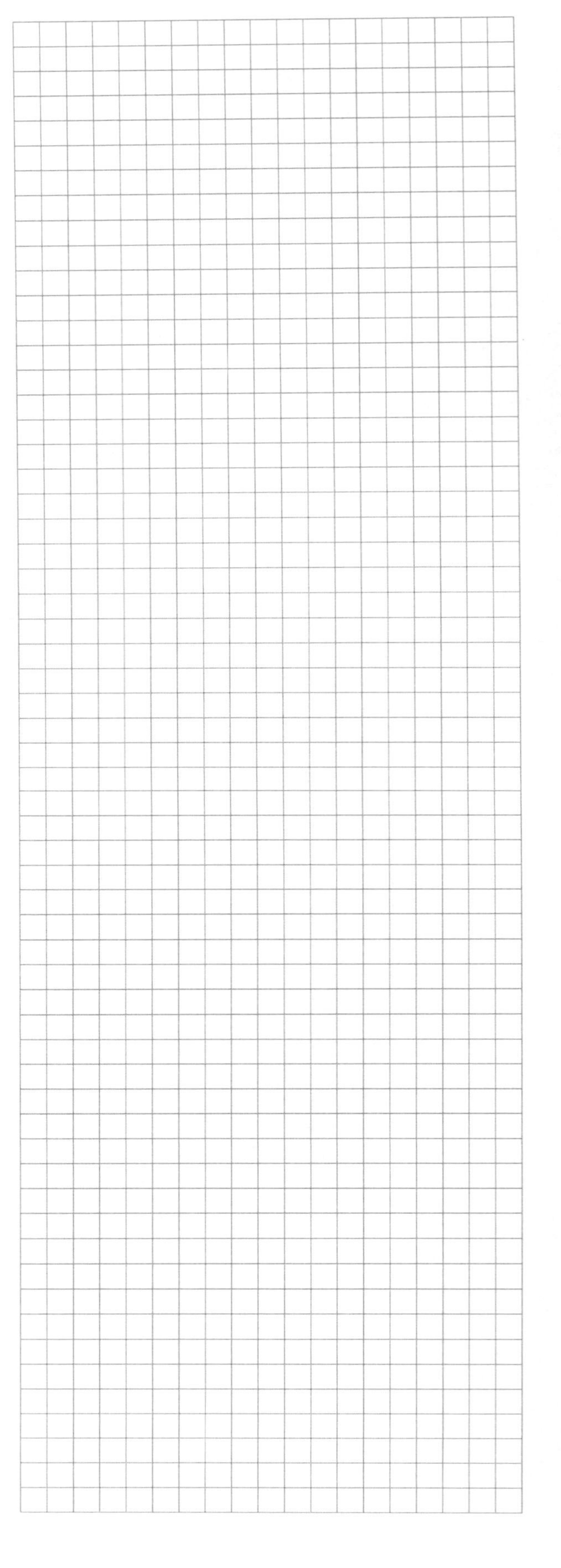

**6** Um professor utiliza essa história em quadrinhos para discutir com os estudantes o movimento de satélites. Nesse sentido, pede a eles que analisem o movimento do coelhinho, considerando o módulo da velocidade constante.

SOUSA, M. **Cebolinha**, n. 240, jun. 2006.

Desprezando a existência de forças dissipativas, o vetor aceleração tangencial do coelhinho, no terceiro quadrinho, é

**a)** nulo.

**b)** paralelo à sua velocidade linear e no mesmo sentido.

**c)** paralelo à sua velocidade linear e no sentido oposto.

**d)** perpendicular à sua velocidade linear e dirigido para o centro da Terra.

**e)** perpendicular à sua velocidade linear e dirigido para fora da superfície da Terra.

**7** Uma bicicleta do tipo *mountain bike* tem uma coroa com 3 engrenagens e uma catraca com 6 engrenagens, que, combinadas entre si, determinam 18 marchas (número de engrenagens da coroa vezes o número de engrenagens da catraca).

Os números de dentes das engrenagens das coroas e das catracas dessa bicicleta estão listados no quadro.

| **Engrenagens** | 1ª | 2ª | 3ª | 4ª | 5ª | 6ª |
|---|---|---|---|---|---|---|
| **Nº de dentes da coroa** | 46 | 36 | 26 | - | - | - |
| **Nº de dentes da catraca** | 24 | 22 | 20 | 18 | 16 | 14 |

Sabe-se que o número de voltas efetuadas pela roda traseira a cada pedalada é calculado dividindo-se a quantidade de dentes da coroa pela quantidade de dentes da catraca.

Durante um passeio em uma bicicleta desse tipo, deseja-se fazer um percurso o mais devagar possível, escolhendo, para isso, uma das seguintes combinações de engrenagens (coroa × catraca):

| I | II | III | IV | V |
|---|---|---|---|---|
| 1ª × 1ª | 1ª × 6ª | 2ª × 4ª | 3ª × 1ª | 3ª × 6ª |

a) I
b) II
c) III
d) IV
e) V

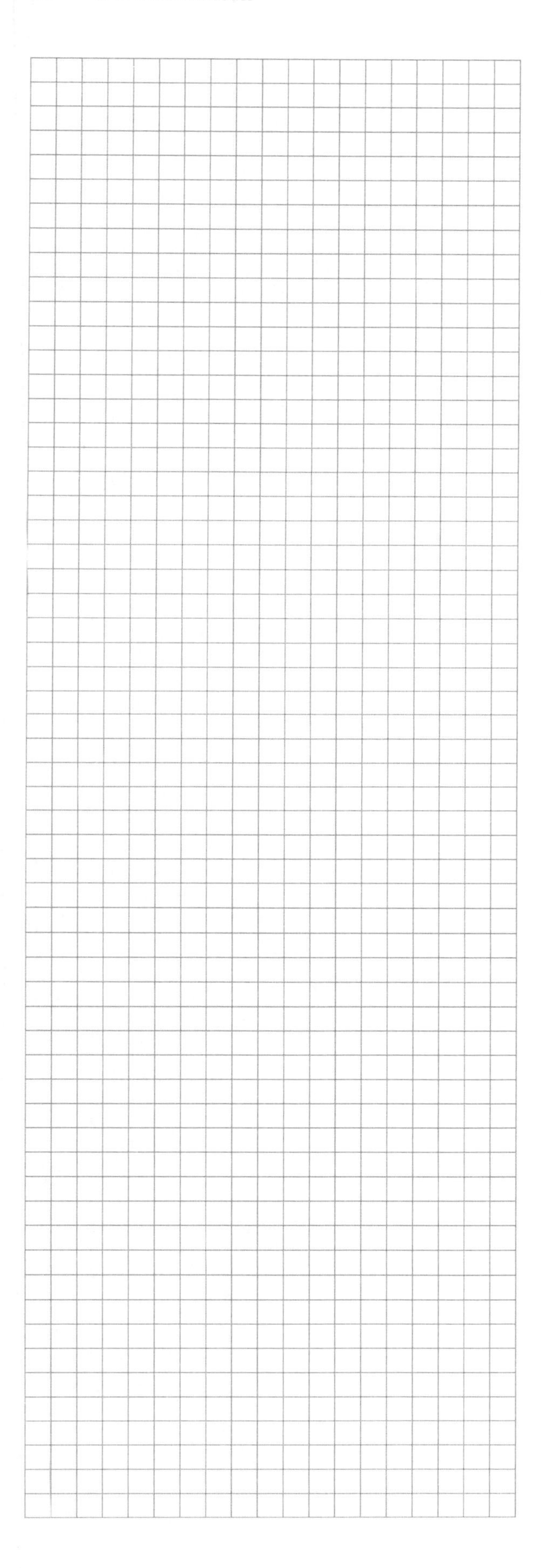

**8** Um longo trecho retilíneo de um rio tem um afluente perpendicular em sua margem esquerda, conforme mostra a figura. Observando de cima, um barco trafega com velocidade constante pelo afluente para entrar no rio. Sabe-se que a velocidade da correnteza desse rio varia uniformemente, sendo muito pequena junto à margem e máxima no meio. O barco entra no rio e é arrastado lateralmente pela correnteza, mas o navegador procura mantê-lo sempre na direção perpendicular à correnteza do rio e o motor acionado com a mesma potência.

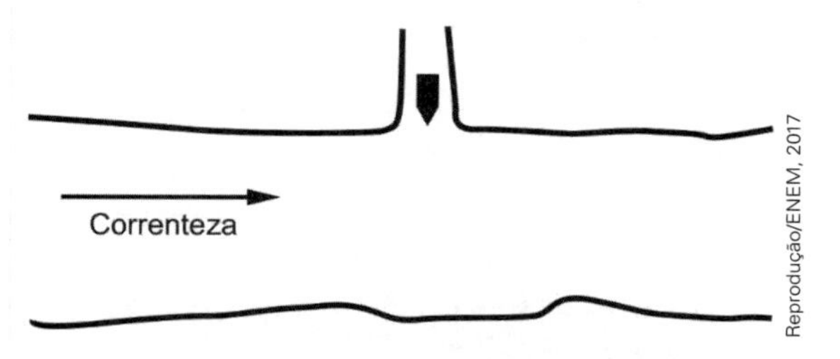




Pelas condições descritas, a trajetória que representa o movimento seguido pelo barco é:

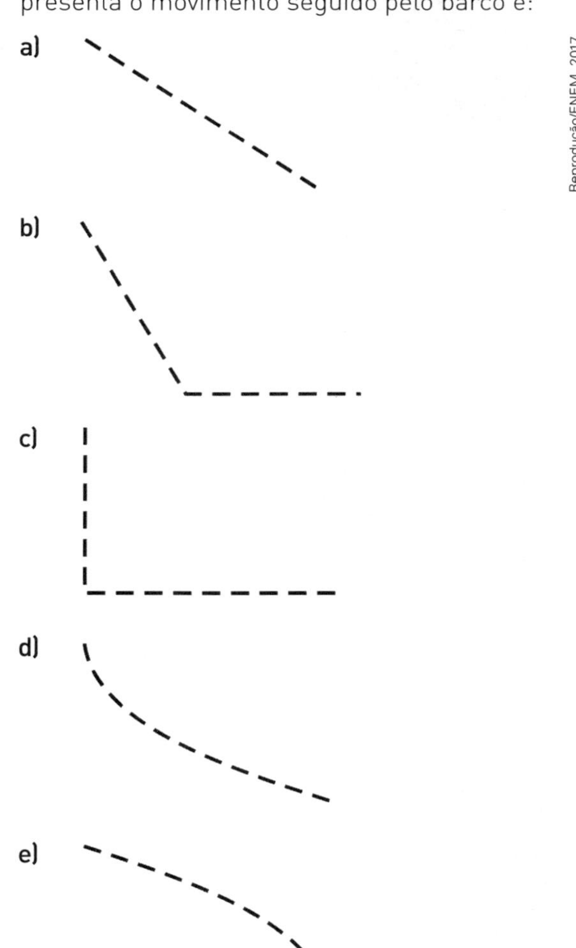

**9** Em dias de chuva ocorrem muitos acidentes no trânsito, e uma das causas é a aquaplanagem, ou seja, a perda de contato do veículo com o solo pela existência de uma camada de água entre o pneu e o solo, deixando o veículo incontrolável. Nesta situação, a perda do controle do carro está relacionada com redução de qual força?

**a)** Atrito.
**b)** Tração.
**c)** Normal.
**d)** Centrípeta.
**e)** Gravitacional.

**10** Em uma colisão frontal entre dois automóveis, a força que o cinto de segurança exerce sobre o tórax e o abdômen do motorista pode causar lesões graves nos órgãos internos. Pensando na segurança do seu produto, um fabricante de automóveis realizou testes em cinco modelos diferentes de cinto. Os testes simularam uma colisão de 0,30 segundo de duração, e os bonecos que representavam os ocupantes foram equipados com acelerômetros. Esse equipamento registra o módulo da desaceleração do boneco em função do tempo. Os parâmetros como massa dos bonecos, dimensões dos cintos e velocidade imediatamente antes e após o impacto foram os mesmos para todos os testes. O resultado final obtido está no gráfico de aceleração por tempo.

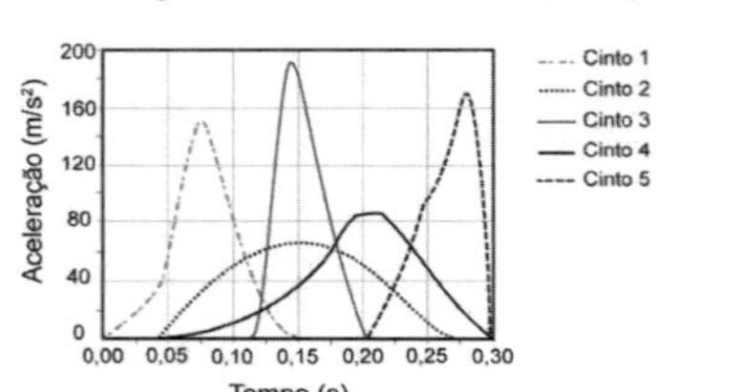




Qual modelo de cinto oferece menor risco de lesão interna ao motorista?

**a)** 1 **b)** 2 **c)** 3 **d)** 4 **e)** 5

**11** Observações astronômicas indicam que no centro de nossa galáxia, a Via Láctea, provavelmente exista um buraco negro cuja massa é igual a milhares de vezes a massa do Sol. Uma técnica simples para estimar a massa desse buraco negro consiste em observar algum objeto que orbite ao seu redor e medir o período de rotação completa, $T$, bem como o raio médio, $R$, da órbita do objeto, que supostamente se desloca, com boa aproximação, em movimento circular uniforme. Nessa situação, considere que a força resultante, devido ao movimento circular, é igual, em magnitude, à força gravitacional que o buraco negro exerce sobre o objeto. A partir do conhecimento do período de rotação, da distância média e da constante gravitacional, $G$, a massa do buraco negro é

**a)** $\frac{4\pi R^2}{GT^2}$

**b)** $\frac{\pi^2 R^3}{2GT^2}$

**c)** $\frac{2\pi^2 R^3}{GT^2}$

**d)** $\frac{4\pi^2 R^3}{GT^2}$

**e)** $\frac{\pi^2 R^3}{GT^2}$

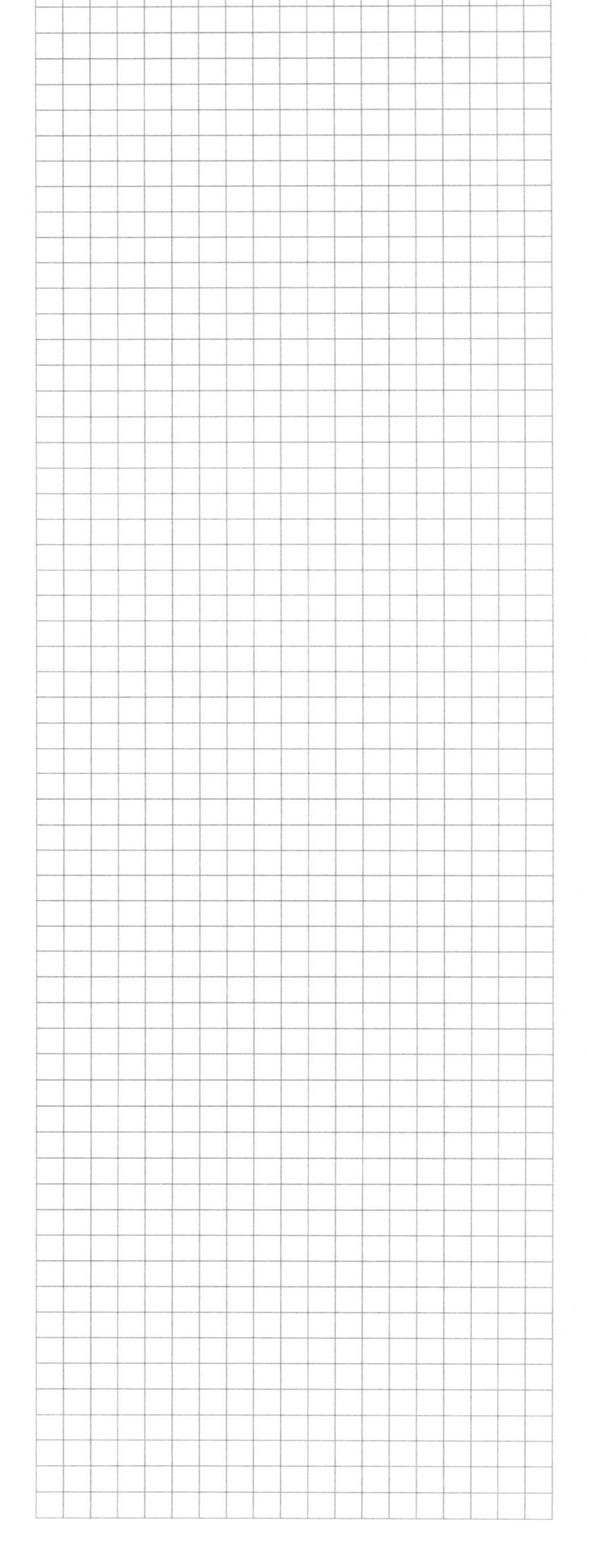

## Conservação de energia e quantidade de movimento

**1** Num sistema de freio convencional, as rodas do carro travam e os pneus derrapam no solo, caso a força exercida sobre o pedal seja muito intensa. O sistema ABS evita o travamento das rodas, mantendo a força de atrito no seu valor estático máximo, sem derrapagem. O coeficiente de atrito estático da borracha em contato com o concreto vale $\mu_e = 1,0$ e o coeficiente de atrito cinético para o mesmo par de materiais é $\mu_c = 0,75$. Dois carros, com velocidades iniciais iguais a 108 km/h, iniciam a frenagem numa estrada perfeitamente horizontal de concreto no mesmo ponto. O carro 1 tem sistema ABS e utiliza a força de atrito estática máxima para a frenagem; já o carro 2 trava as rodas, de maneira que a força de atrito efetiva é a cinética. Considere $g = 10\ m/s^2$.

As distâncias, medidas a partir do ponto em que iniciam a frenagem, que os carros 1 ($d_1$) e 2 ($d_2$) percorrem até parar são, respectivamente,

**a)** $d_1 = 45$ m e $d_2 = 60$ m.

**b)** $d_1 = 60$ m e $d_2 = 45$ m.

**c)** $d_1 = 90$ m e $d_2 = 120$ m.

**d)** $d_1 = 5,8 \times 10^2$ m e $d_2 = 7,8 \times 10^2$ m.

**e)** $d_1 = 7,8 \times 10^2$ m e $d_2 = 5,8 \times 10^2$ m.

**2** A usina de Itaipu é uma das maiores hidrelétricas do mundo em geração de energia. Com 20 unidades geradoras e 14 000 MW de potência total instalada, apresenta uma queda de 118,4 m e vazão nominal de 690 $m^3/s$ por unidade geradora. O cálculo da potência teórica leva em conta a altura da massa de água represada pela barragem, a gravidade local (10 $m/s^2$) e a densidade da água (1 000 $kg/m^3$). A diferença entre a potência teórica e a instalada é a potência não aproveitada.

Disponível em: www.itaipu.gov.br. Acesso em: 11 maio 2013 (adaptado).

Qual é a potência, em MW, não aproveitada em cada unidade geradora de Itaipu?

**a)** 0

**b)** 1,18

**c)** 116,96

**d)** 816,96

**e)** 13183,04

**3** O brinquedo pula-pula (cama elástica) é composto por uma lona circular flexível horizontal presa por molas à sua borda. As crianças brincam pulando sobre ela, alterando e alternando suas formas de energia. Ao pular verticalmente, desprezando o atrito com o ar e os movimentos de rotação do corpo enquanto salta, uma criança realiza um movimento periódico vertical em torno da posição de equilíbrio da lona (h = 0), passando pelos pontos de máxima e de mínima alturas, $h_{máx}$ e $h_{mín}$, respectivamente.

Esquematicamente, o esboço do gráfico da energia cinética da criança em função de sua posição vertical na situação descrita é:

a)

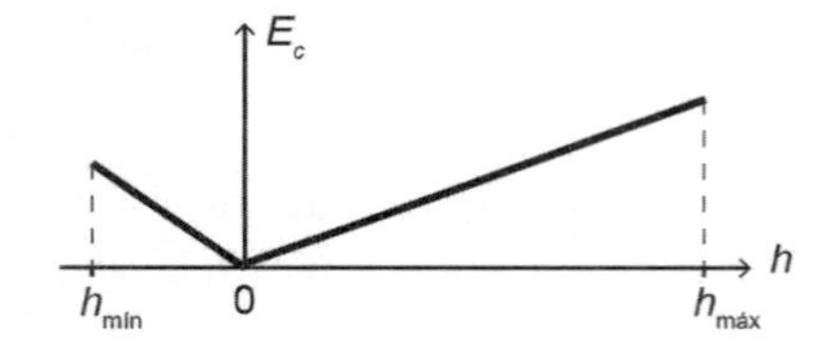




b)

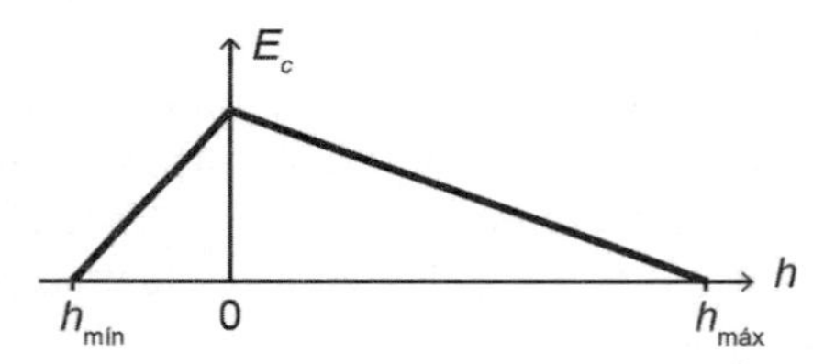


c)

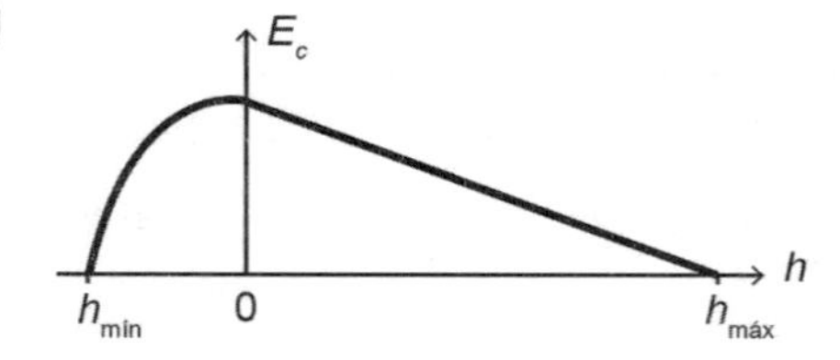


d)

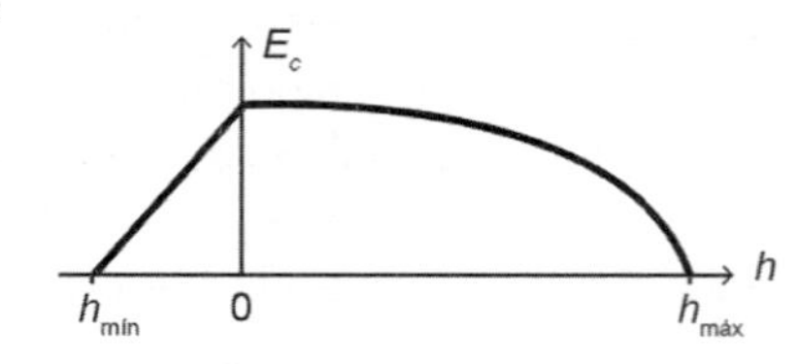


e)

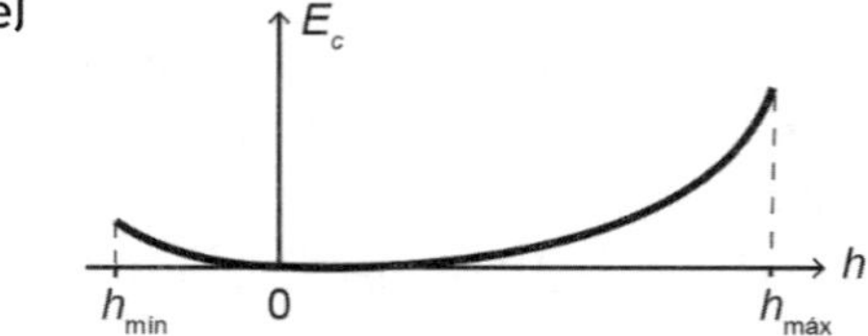


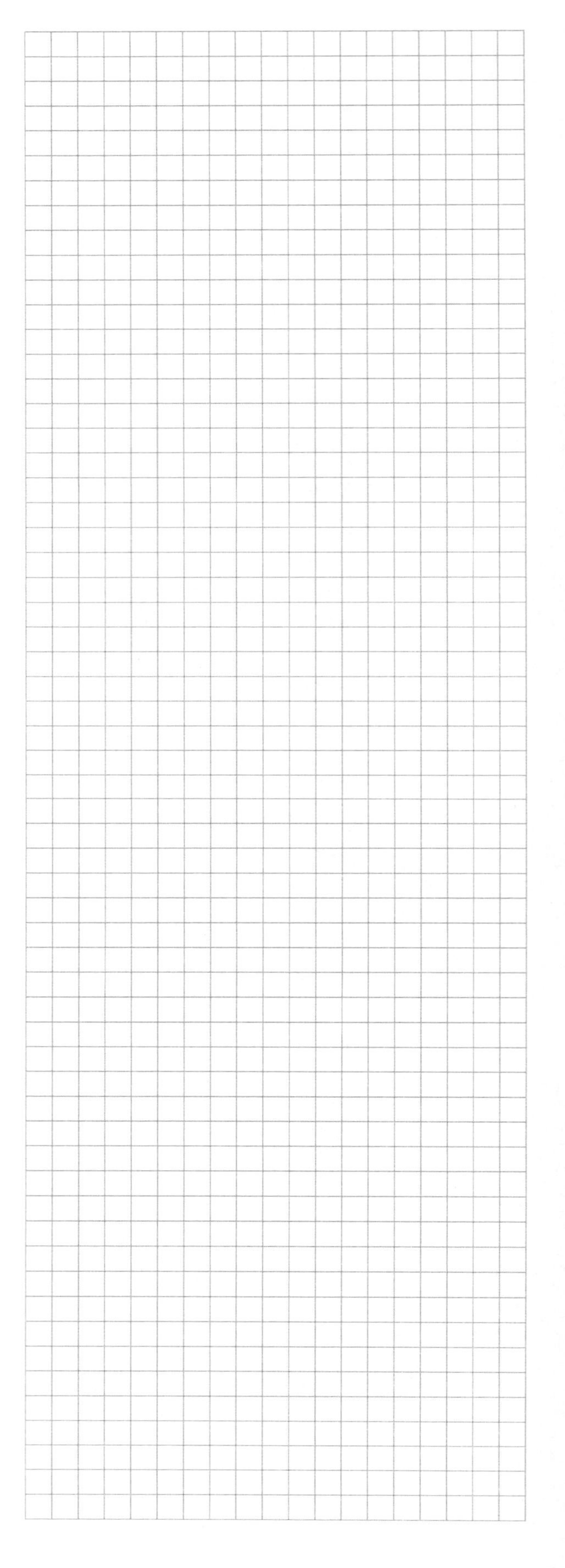

**4** Bolas de borracha, ao caírem no chão, quicam várias vezes antes que parte da sua energia mecânica seja dissipada. Ao projetar uma bola de futsal, essa dissipação deve ser observada para que a variação na altura máxima atingida após um número de quiques seja adequada às práticas do jogo. Nessa modalidade é importante que ocorra grande variação para um ou dois quiques. Uma bola de massa igual a 0,40 kg é solta verticalmente de uma altura inicial de 1,0 m e perde, a cada choque com o solo, 0,80% de sua energia mecânica. Considere desprezível a resistência do ar e adote $g = 10\ m/s^2$.

O valor da energia mecânica final, em joule, após a bola quicar duas vezes no solo, será igual a

**a)** 0,16.
**b)** 0,80.
**c)** 1,60.
**d)** 2,56.
**e)** 3,20.

**5** Um garoto foi a uma loja comprar estilingue e encontrou dois modelos: um com borracha mais "dura" e outro com borracha mais "mole". O garoto concluiu que o mais adequado seria o que proporcionasse maior alcance horizontal, *D*, para as mesmas condições de arremesso, quando submetidos à mesma força aplicada. Sabe-se que a constante elástica $k_d$ (do estilingue mais "duro") é o dobro da constante elástica $K_m$ (do estilingue mais "mole").

A razão entre os alcances $\frac{D_d}{D_m}$, referentes aos estilingues com borrachas "dura" e "mole", respectivamente, é igual a

**a)** $\frac{1}{4}$
**b)** $\frac{1}{2}$
**c)** 1.
**d)** 2.
**e)** 4.

**6** Durante um reparo na estação espacial internacional, um cosmonauta, de massa 90 kg, substitui uma bomba do sistema de refrigeração, de massa 360 kg, que estava danificada. Inicialmente, o cosmonauta e a bomba estão em repouso em relação à estação. Quando ele empurra a bomba para o espaço, ele é empurrado no sentido oposto. Nesse processo, a bomba adquire uma velocidade de 0,2 m/s em relação à estação. Qual é o valor da velocidade escalar adquirida pelo cosmonauta, em relação à estação, após o empurrão?

**a)** 0,05 m/s
**b)** 0,20 m/s
**c)** 0,40 m/s
**d)** 0,50 m/s
**e)** 0,80 m/s

**7** O trilho de ar é um dispositivo utilizado em laboratórios de Física para analisar movimentos em que corpos de prova (carrinhos) podem se mover com atrito desprezível. A figura ilustra um trilho horizontal com dois carrinhos (1 e 2) em que se realiza um experimento para obter a massa do carrinho 2. No instante em que o carrinho 1, de massa 150,0 g, passa a se mover com velocidade escalar constante, o carrinho 2 está em repouso. No momento em que o carrinho 1 se choca com o carrinho 2, ambos passam a se movimentar juntos com velocidade escalar constante. Os sensores eletrônicos distribuídos ao longo do trilho determinam as posições e registram os instantes associados à passagem de cada carrinho, gerando os dados do quadro.

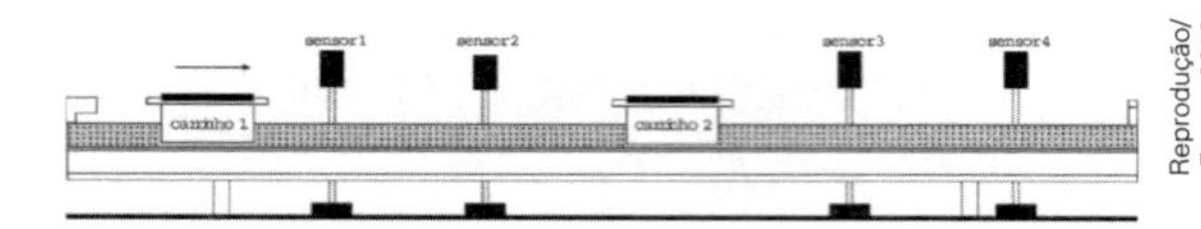
Reprodução/ Enem, 2016

| Carrinho 1 | | Carrinho 2 | |
|---|---|---|---|
| Posição (cm) | Instante (s) | Posição (cm) | Instante (s) |
| 15,0 | 0,0 | 45,0 | 0,0 |
| 30,0 | 1,0 | 45,0 | 1,0 |
| 75,0 | 8,0 | 75,0 | 8,0 |
| 90,0 | 11,0 | 90,0 | 11,0 |

Com base nos dados experimentais, o valor da massa do carrinho 2 é igual a

a) 50,0 g
b) 250,0 g
c) 300,0 g
d) 450,0 g
e) 600,0 g

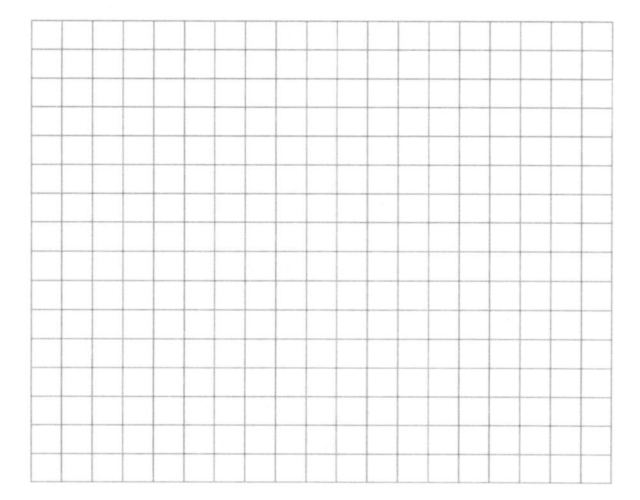

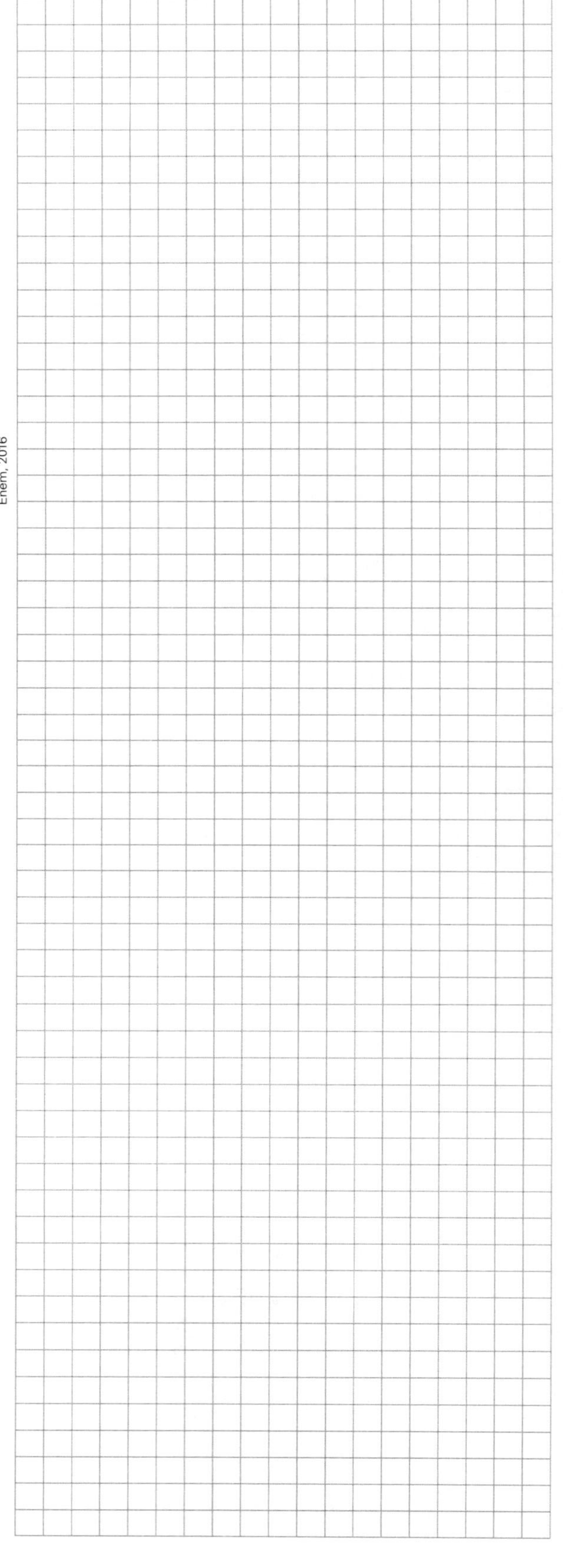

**8** O pêndulo de Newton pode ser constituído por cinco pêndulos idênticos suspensos em um mesmo suporte. Em dado instante, as esferas de três pêndulos são deslocadas para a esquerda e liberadas, deslocando-se para a direita e colidindo elasticamente com as outras duas esferas, que inicialmente estavam paradas.

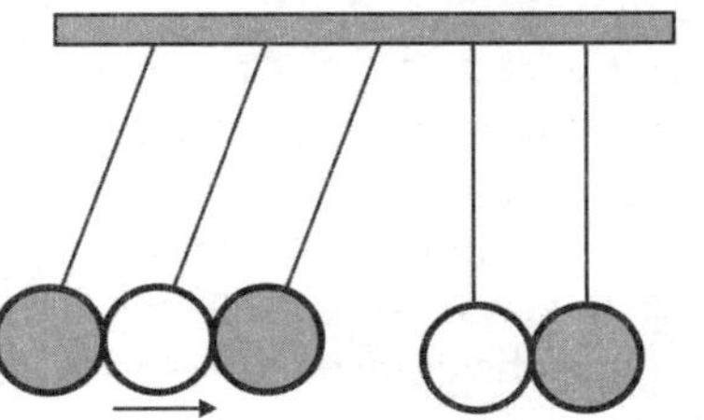



O movimento dos pêndulos após a primeira colisão está representado em:

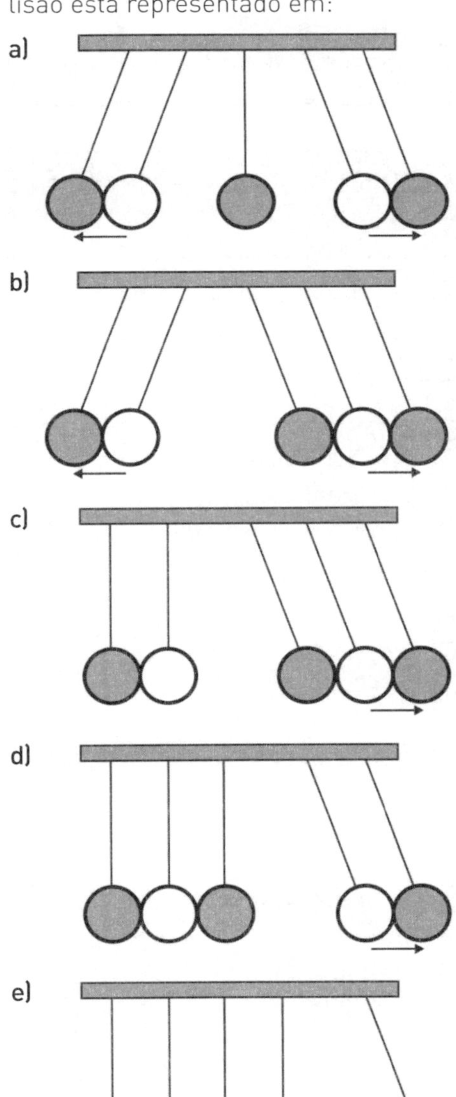

a)

b)

c)

d)

e)

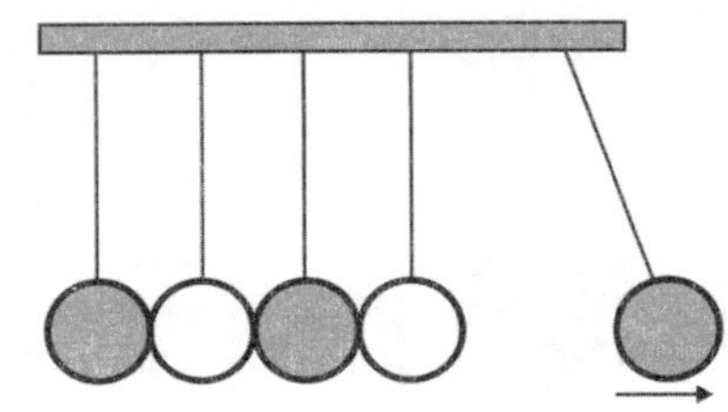

## Estática dos sólidos e dos fluidos

**1** Em um experimento, foram separados três recipientes *A*, *B* e *C*, contendo 200 mL de líquidos distintos: o recipiente *A* continha água, com densidade de 1,00 g/mL; o recipiente *B*, álcool etílico, com densidade de 0,79 g/mL; e o recipiente *C*, clorofórmio, com densidade de 1,48 g/mL. Em cada um desses recipientes foi adicionada uma pedra de gelo, com densidade próxima a 0,90 g/mL.

No experimento apresentado, observou-se que a pedra de gelo

**a)** flutuou em *A*, flutuou em *B* e flutuou em *C*.

**b)** flutuou em *A*, afundou em *B* e flutuou em *C*.

**c)** afundou em *A*, afundou em *B* e flutuou em *C*.

**d)** afundou em *A*, flutuou em *B* e afundou em *C*.

**e)** flutuou em *A*, afundou em *B* e afundou em *C*.

**2** Sabe-se que nas proximidades dos polos do planeta Terra é comum a formação dos *icebergs*, que são grandes blocos de gelo flutuando nas águas oceânicas. Estudos mostram que a parte de gelo que fica emersa durante a flutuação corresponde aproximadamente 10% do seu volume total. Um estudante resolveu simular essa situação introduzindo um bloquinho de gelo no interior de um recipiente contendo água, observando a variação de seu nível desde o instante de introdução até o completo derretimento do bloquinho.

Com base nessa simulação, verifica-se que o nível da água no recipiente

**a)** subirá com a introdução do bloquinho de gelo e, após o derretimento total do gelo, esse nível subirá ainda mais.

**b)** subirá com a introdução do bloquinho de gelo e, após o derretimento total do gelo, esse nível descerá, voltando ao seu valor inicial.

**c)** subirá com a introdução do bloquinho de gelo e, após o derretimento total do gelo, esse nível permanecerá sem alteração.

**d)** não sofrerá alteração com a introdução do bloquinho de gelo, porém, após seu derretimento, o nível subirá devido a um aumento em torno de 10% no volume de água.

**e)** subirá em torno de 90% do seu valor inicial com a introdução do bloquinho de gelo e, após seu derretimento, o nível descerá apenas 10% do valor inicial.

# Ondas e Acústica

**1** O eletrocardiograma, exame utilizado para avaliar o estado do coração de um paciente, trata-se do registro da atividade elétrica do coração ao longo de um certo intervalo de tempo. A figura representa o eletrocardiograma de um paciente adulto, descansado, não fumante, em um ambiente com temperatura agradável. Nessas condições, é considerado normal um ritmo cardíaco entre 60 e 100 batimentos por minuto.

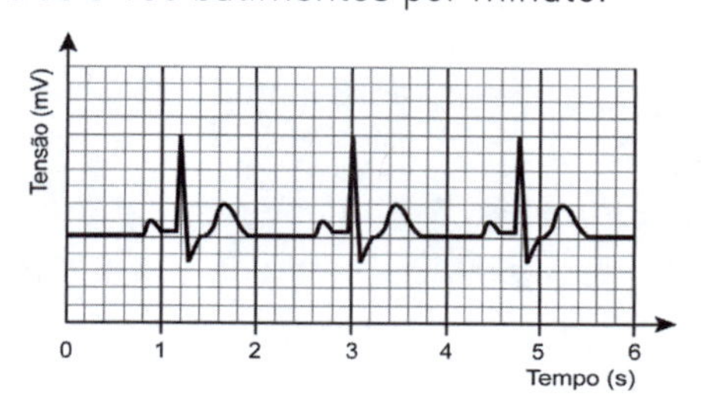




Com base no eletrocardiograma apresentado, identifica-se que a frequência cardíaca do paciente é

**a)** normal.
**b)** acima do valor ideal.
**c)** abaixo do valor ideal.
**d)** próxima do limite inferior.
**e)** próxima do limite superior

**2** O trombone de Quincke é um dispositivo experimental utilizado para demonstrar o fenômeno da interferência de ondas sonoras. Uma fonte emite ondas sonoras de determinada frequência na entrada do dispositivo. Essas ondas se dividem pelos dois caminhos (*ADC* e *AEC*) e se encontram no ponto *C*, a saída do dispositivo, onde se posiciona um detector. O trajeto *ADC* pode ser aumentado pelo deslocamento dessa parte do dispositivo. Com o trajeto *ADC* igual ao *AEC*, capta-se um som muito intenso na saída. Entretanto, aumentando-se gradativamente o trajeto *ADC*, até que ele fique como mostrado na figura, a intensidade do som na saída fica praticamente nula. Desta forma, conhecida a velocidade do som no interior do tubo (320 m/s), é possível determinar o valor da frequência do som produzido pela fonte.

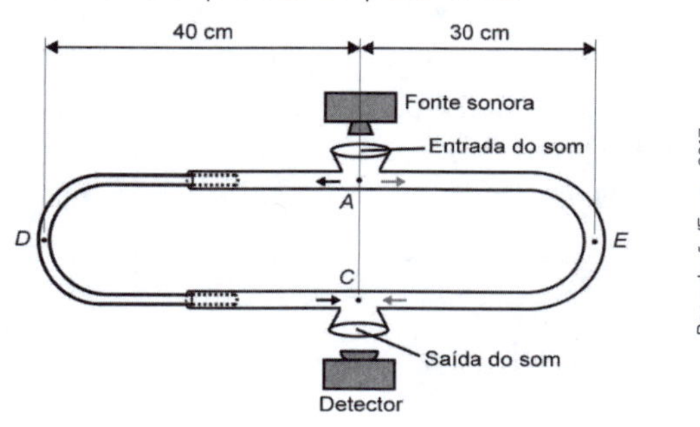




O valor da frequência, em hertz, do som produzido pela fonte sonora é

**a)** 3 200.
**b)** 1 600.
**c)** 800.
**d)** 640.
**e)** 400.

**3** O morcego emite pulsos de curta duração de ondas ultrassônicas, os quais voltam na forma de ecos após atingirem objetos no ambiente, trazendo informações a respeito das suas dimensões, suas localizações e dos seus possíveis movimentos. Isso se dá em razão da sensibilidade do morcego em detectar o tempo gasto para os ecos voltarem, bem como das pequenas variações nas frequências e nas intensidades dos pulsos ultrassônicos. Essas características lhe permitem caçar pequenas presas, mesmo quando estão em movimento em relação a si. Considere uma situação unidimensional em que uma mariposa se afasta, em movimento retilíneo e uniforme, de um morcego em repouso.
A distância e a velocidade da mariposa, na situação descrita, seriam detectadas pelo sistema de um morcego por quais alterações nas características dos pulsos ultrassônicos?

**a)** Intensidade diminuída, o tempo de retorno aumentado e a frequência percebida diminuída.

**b)** Intensidade aumentada, o tempo de retorno diminuído e a frequência percebida diminuída.

**c)** Intensidade diminuída, o tempo de retorno diminuído e a frequência percebida aumentada.

**d)** Intensidade diminuída, o tempo de retorno aumentado e a frequência percebida aumentada.

**e)** Intensidade aumentada, o tempo de retorno aumentado e a frequência percebida aumentada.

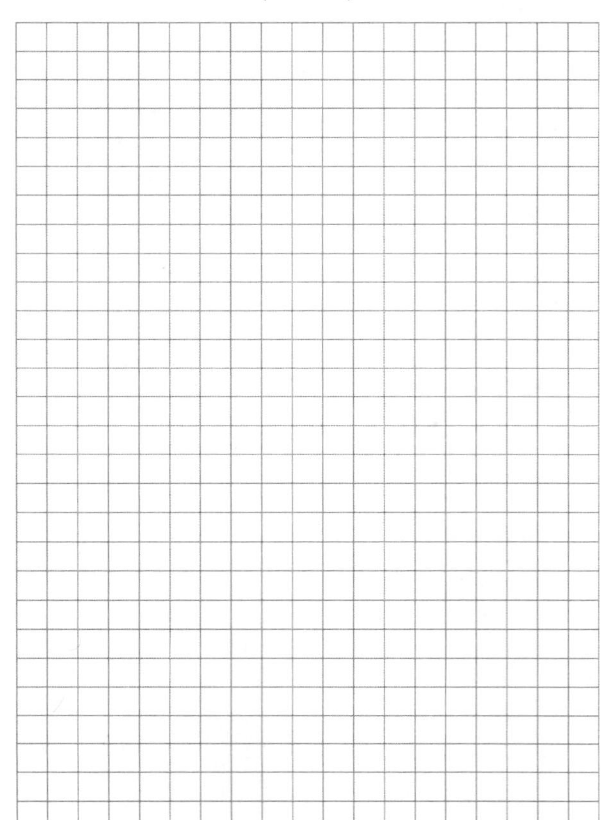

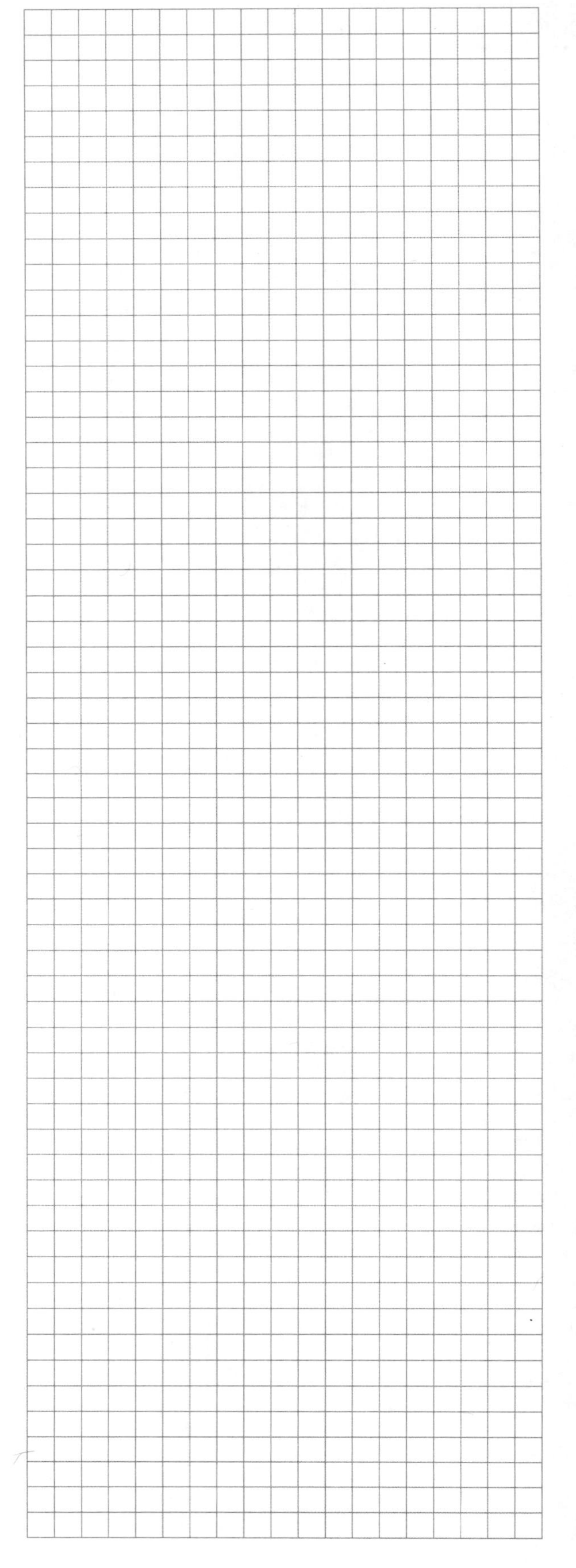

**4** Em uma linha de transmissão de informações por fibra óptica, quando um sinal diminui sua intensidade para valores inferiores a 10 dB, este precisa ser retransmitido. No entanto, intensidades superiores a 100 dB não podem ser transmitidas adequadamente. A figura apresenta como se dá a perda de sinal (perda óptica) para diferentes comprimentos de onda para certo tipo de fibra óptica.

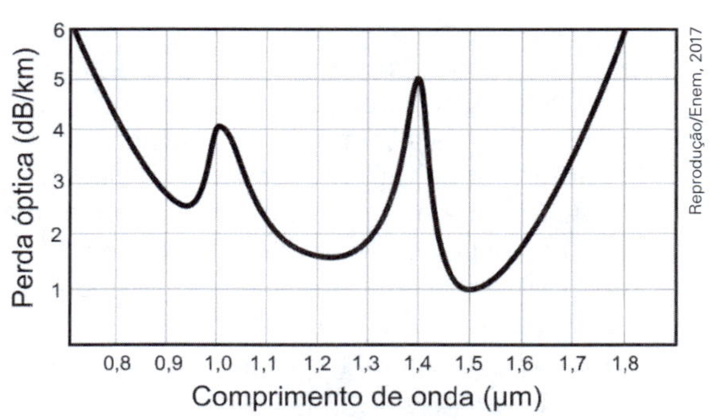


**Atenuação e limitações das fibras ópticas.** Disponível em: www.gta.ufrj.br. Acesso em: 25 maio 2017 (adaptado).

Qual é a máxima distância, em km, que um sinal pode ser enviado nessa fibra sem ser necessária uma retransmissão?

**a)** 6
**b)** 18
**c)** 60
**d)** 90
**e)** 100

# Óptica

## Trajetórias da luz

**1** Para que uma substância seja colorida ela deve absorver luz na região do visível. Quando uma amostra absorve luz visível, a cor que percebemos é a soma das cores restantes que são refletidas ou transmitidas pelo objeto. A figura 1 mostra o espectro de absorção para uma substância e é possível observar que há um comprimento de onda em que a intensidade de absorção é máxima. Um observador pode prever a cor dessa substância pelo uso da roda de cores (figura 2); o comprimento de onda correspondente à cor do objeto é encontrado no lado oposto ao comprimento de onda da absorção máxima.

figura 1

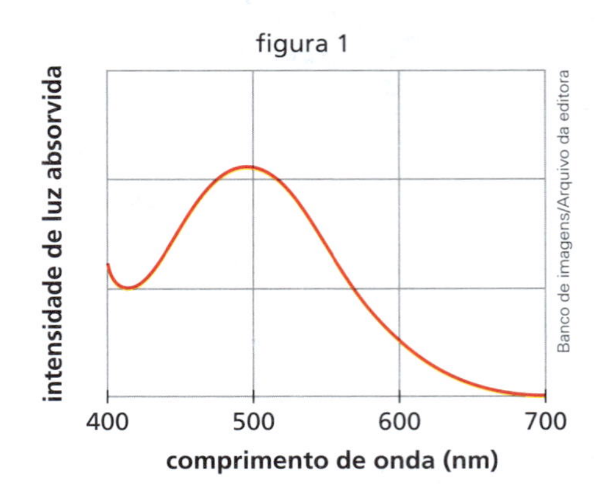


figura 2

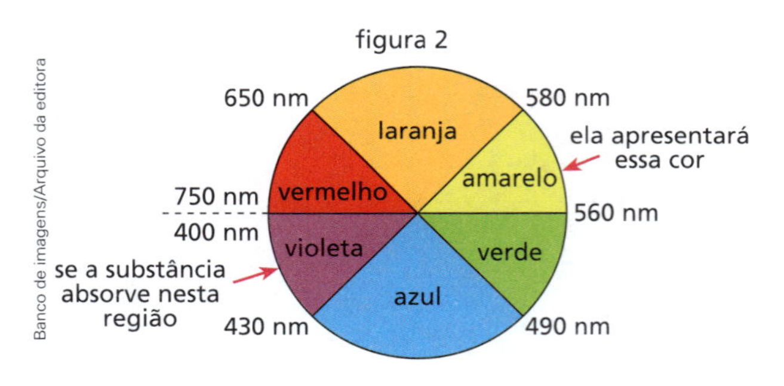


BROWN, T. *Química e Ciência Central*. 2005 (adaptado).

Qual a cor da substância que deu origem ao espectro da figura 1?

a) Azul.

b) Verde.

c) Violeta.

d) Laranja.

e) Vermelho.

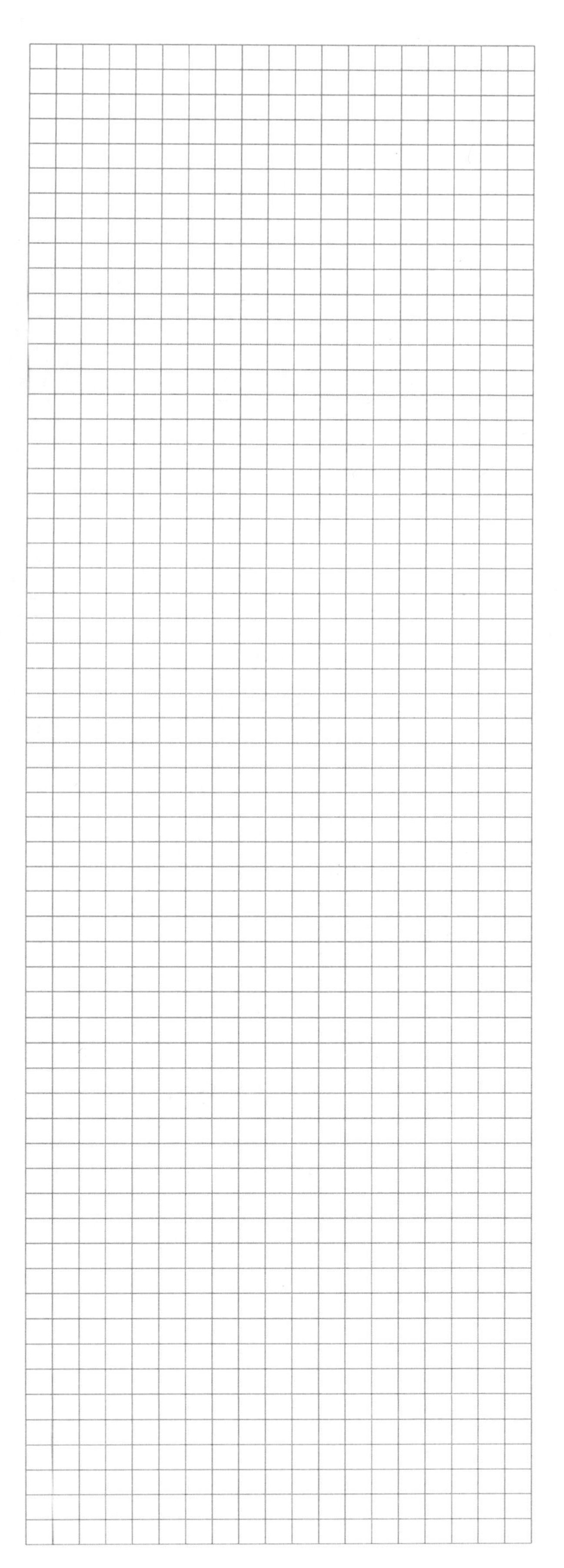

**2** Entre os anos de 1028 e 1038, Alhazen (Ibn al-Haytham; 965-1040 d.C.) escreveu sua principal obra, o *Livro da Óptica*, que, com base em experimentos, explicava o funcionamento da visão e outros aspectos da óptica, por exemplo, o funcionamento da câmara escura. O livro foi traduzido e incorporado aos conhecimentos científicos ocidentais pelos europeus. Na figura, retirada dessa obra, é representada a imagem invertida de edificações em um tecido utilizado como anteparo.

ZEWAIL, A. H. Micrographia of the twenty-first century: from the camera obscura to 4D microsopy. Philosophical Transactions of the Royal Society A, v. 368, 2010 (adaptado).

Se fizermos uma analogia entre a ilustração e o olho humano, o tecido corresponde ao(à)

**a)** íris.

**b)** retina.

**c)** pupila.

**d)** córnea.

**e)** cristalino.

**3** A ilustração representa uma das mais conhecidas obras do artista gráfico holandês M. C. Escher. Seu trabalho tem como características as figuras geométricas e ilusões de óptica.

Disponível em: www.myspace.com. Acesso em: 20 out. 2011.

Pelas características da imagem formada na gravura, o artista representou um espelho esférico do tipo

**a)** convexo, pois as imagens de todos os objetos, formadas na esfera, inclusive a do artista, são virtuais.

**b)** côncavo, pois as imagens são direitas, indicando que todos os objetos visualizados estão entre o foco e o espelho.

**c)** côncavo, devido ao pequeno campo de visão, não é possível observar todos os detalhes do local onde se encontra o artista.

**d)** convexo, pois as imagens são formadas pelo cruzamento dos raios de luz refletidos pela esfera, por isso as imagens são direitas e não invertidas.

**e)** côncavo, devido às imagens formadas por este espelho serem todas reais, ou seja, formadas pelo cruzamento dos raios de luz refletidos pela esfera.

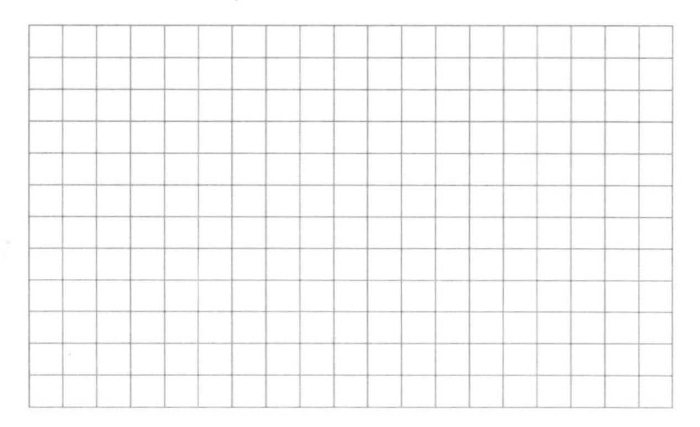

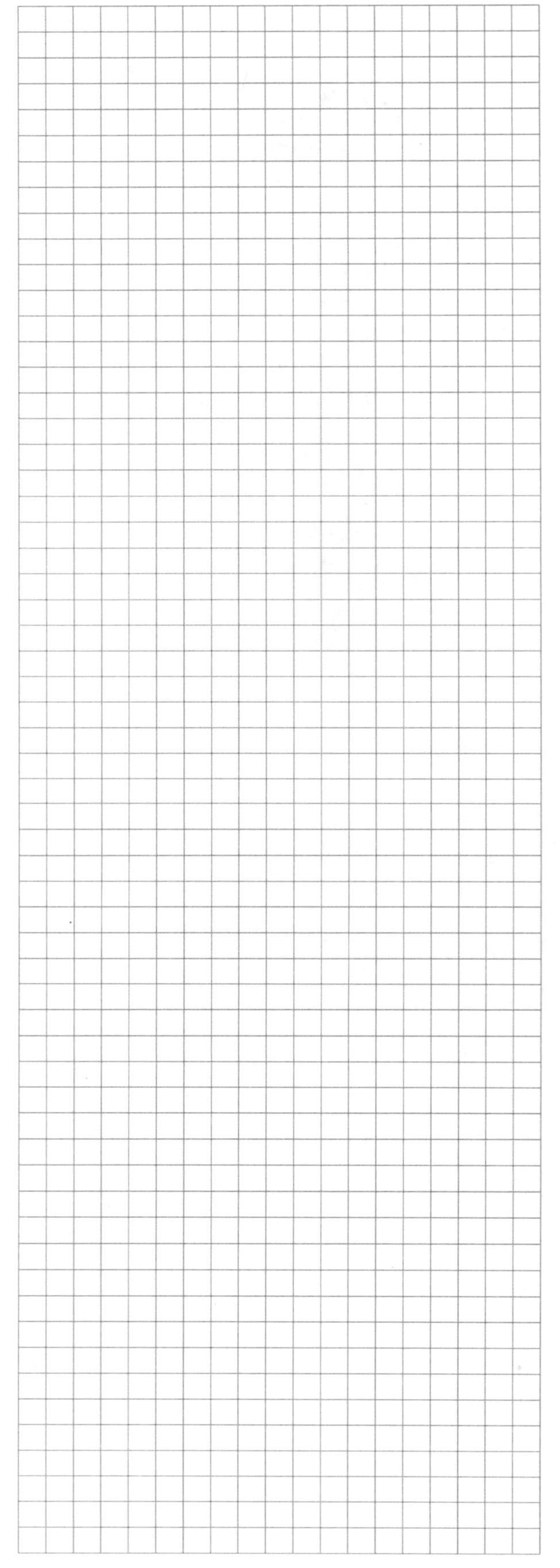

**4** A fotografia feita sob luz polarizada é usada por dermatologistas para diagnósticos. Isso permite ver detalhes da superfície da pele que não são visíveis com o reflexo da luz branca comum. Para se obter luz polarizada, pode-se utilizar a luz transmitida por um polaroide ou a luz refletida por uma superfície na condição de Brewster, como mostra a figura. Nessa situação, o feixe da luz refratada forma um ângulo de 90° com o feixe da luz refletida, fenômeno conhecido como Lei de Brewster. Nesse caso, o ângulo da incidência $\theta_p$, também chamado de ângulo de polarização, e o ângulo de refração $\theta_r$ estão em conformidade com a Lei de Snell.

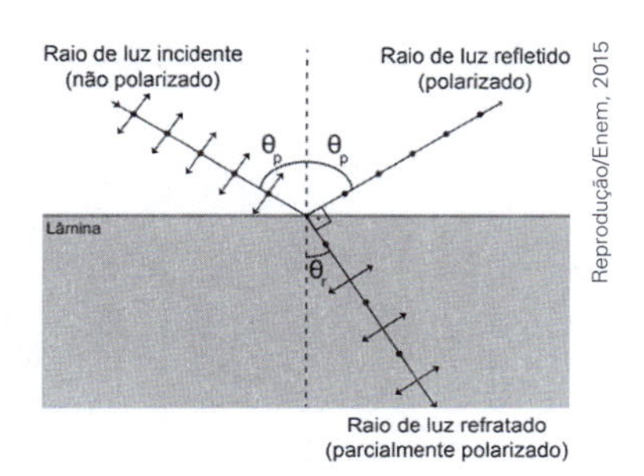


**Dados:**

$\text{sen } 30° = \cos 60° = \frac{1}{2}$; $\text{sen } 60° = \cos 30° = \frac{\sqrt{3}}{2}$

Considere um feixe de luz não polarizada proveniente de um meio com índice de refração igual a 1, que incide sobre uma lâmina e faz um ângulo de refração $\theta_r$ de 30°.

Nessa situação, qual deve ser o índice de refração da lâmina para que o feixe refletido seja polarizado?

a) $\sqrt{3}$ b) $\frac{\sqrt{3}}{3}$ c) 2 d) $\frac{1}{2}$ e) $\frac{\sqrt{3}}{2}$

**5** O avanço tecnológico da medicina propicia o desenvolvimento de tratamentos para diversos defeitos e doenças, como os relacionados à visão. As correções que utilizam *laser* para o tratamento da miopia são consideradas seguras até 12 dioptrias, dependendo da espessura e curvatura da córnea. Para valores de dioptria superiores a esse, o implante de lentes intraoculares é mais indicado. Essas lentes conhecidas como lentes fácicas (LF) são implantadas junto à córnea antecedendo o cristalino (C), sem que esse precise ser removido formando a imagem correta sobre a retina (R).

O comportamento de um feixe de luz incidindo no olho que possui um implante de lentes fácicas para correção do problema de visão apresentado é esquematizado por:

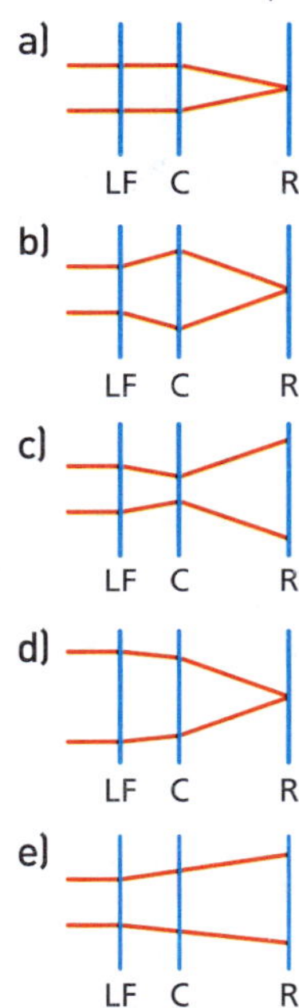

# Eletrostática

## Cargas, campos e potencial elétrico

**1** Duas irmãs que dividem o mesmo quarto de estudos combinaram de comprar duas caixas com tampa para guardar seus pertences, evitando, assim, bagunça sobre a mesa de estudos. Uma delas comprou uma caixa metálica, e a outra, uma caixa de madeira de área e espessura lateral diferentes das da caixa de metal, para facilitar a identificação. Certo dia, antes de estudar para a prova de Física, cada uma delas colocou seu celular dentro de sua caixa. Ao longo desse dia, uma delas recebeu ligações telefônicas, enquanto os amigos da outra tentavam ligar e recebiam a mensagem de que o celular estava fora da área de cobertura ou desligado.
Para explicar essa situação, um físico deveria afirmar que o material da caixa cujo telefone celular não recebeu as ligações é de

**a)** madeira, e o telefone não funcionava porque a madeira não é um bom condutor de eletricidade.
**b)** metal, e o telefone não funcionava devido à blindagem eletrostática que o metal proporcionava.
**c)** metal, e o telefone não funcionava porque o metal refletia todo tipo de radiação que nele incidia.
**d)** metal, e o telefone não funcionava porque a área lateral da caixa de metal era maior.
**e)** madeira, e o telefone não funcionava porque a espessura desta caixa era maior que a espessura da caixa de metal.

**2** Um circuito em série é formado por uma pilha, uma lâmpada incandescente e uma chave interruptora. Ao se ligar a chave, a lâmpada acende quase instantaneamente, irradiando calor e luz. Popularmente, associa-se o fenômeno da irradiação de energia a um desgaste da corrente elétrica, ao atravessar o filamento da lâmpada, e à rapidez com que a lâmpada começa a brilhar. Essa explicação está em desacordo com o modelo clássico de corrente.
De acordo com o modelo mencionado, o fato de a lâmpada acender quase instantaneamente está relacionado à rapidez com que

**a)** o fluido elétrico se desloca no circuito.
**b)** as cargas negativas móveis atravessam o circuito.
**c)** a bateria libera cargas móveis para o filamento da lâmpada.
**d)** o campo elétrico se estabelece em todos os pontos do circuito.
**e)** as cargas positivas e negativas se chocam no filamento da lâmpada.

# Eletrodinâmica, Eletromagnetismo e Física moderna

**1** Com o avanço das multifunções dos dispositivos eletrônicos portáteis, como os *smartphones*, o gerenciamento da duração da bateria desses equipamentos torna-se cada vez mais crítico. O manual de um telefone celular diz que a quantidade de carga fornecida pela sua bateria é de 1 500 mAh.

A quantidade de carga fornecida por essa bateria, em coulomb, é de

**a)** 90

**b)** 1 500

**c)** 5 400

**d)** 90 000

**e)** 5 400 000

**2** Dispositivos eletrônicos que utilizam materiais de baixo custo, como polímeros semicondutores, têm sido desenvolvidos para monitorar a concentração de amônia (gás tóxico e incolor) em granjas avícolas. A polianilina é um polímero semicondutor que tem o valor de sua resistência elétrica nominal quadruplicado quando exposta a altas concentrações de amônia. Na ausência de amônia, a polianilina se comporta como um resistor ôhmico e a sua resposta elétrica é mostrada no gráfico.

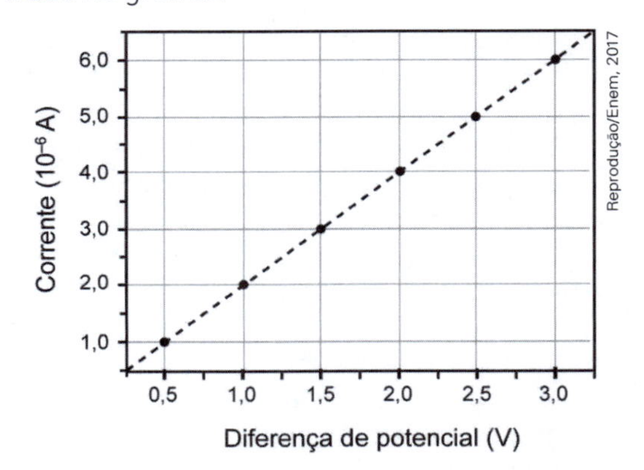


O valor da resistência elétrica da polianilina na presença de altas concentrações de amônia, em ohm, é igual a

**a)** $0{,}5 \times 10^{0}$

**b)** $2{,}0 \times 10^{0}$

**c)** $2{,}5 \times 10^{5}$

**d)** $5{,}0 \times 10^{5}$

**e)** $2{,}0 \times 10^{6}$

**3** Fusível é um dispositivo de proteção contra sobrecorrente em circuitos. Quando a corrente que passa por esse componente elétrico é maior que sua máxima corrente nominal, o fusível queima. Dessa forma, evita que a corrente elevada danifique os aparelhos do circuito. Suponha que o circuito elétrico mostrado seja alimentado por uma fonte de tensão *U* e que o fusível suporte uma corrente nominal de 500 mA.

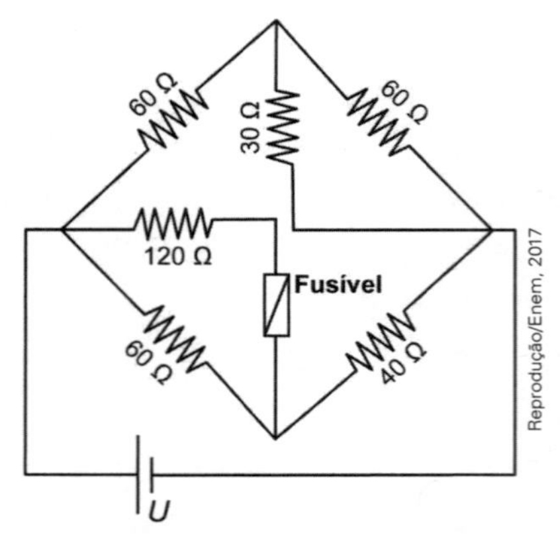


Qual é o máximo valor da tensão *U* para que o fusível não queime?

**a)** 20 V

**b)** 40 V

**c)** 60 V

**d)** 120 V

**e)** 185 V

**4** Uma casa tem um cabo elétrico mal dimensionado, de resistência igual a 10 Ω, que a conecta à rede elétrica de 120 V. Nessa casa, cinco lâmpadas, de resistência igual a 200 Ω estão conectadas ao mesmo circuito que uma televisão de resistência igual a 50 Ω conforme ilustrado no esquema. A televisão funciona apenas com tensão entre 90 V e 130 V.

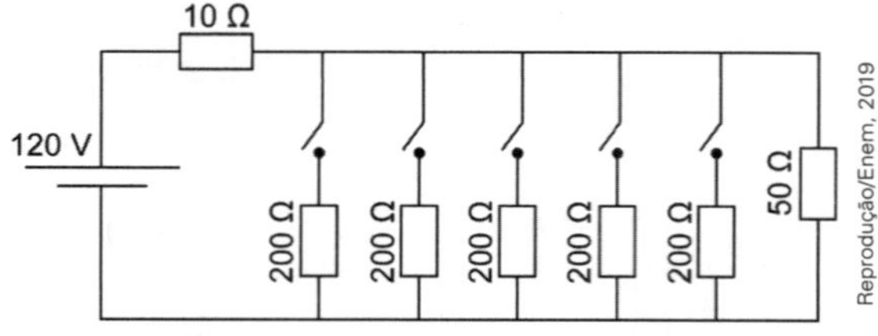


O número máximo de lâmpadas que podem ser ligadas sem que a televisão pare de funcionar é:

**a)** 1

**b)** 2

**c)** 3

**d)** 4

**e)** 5

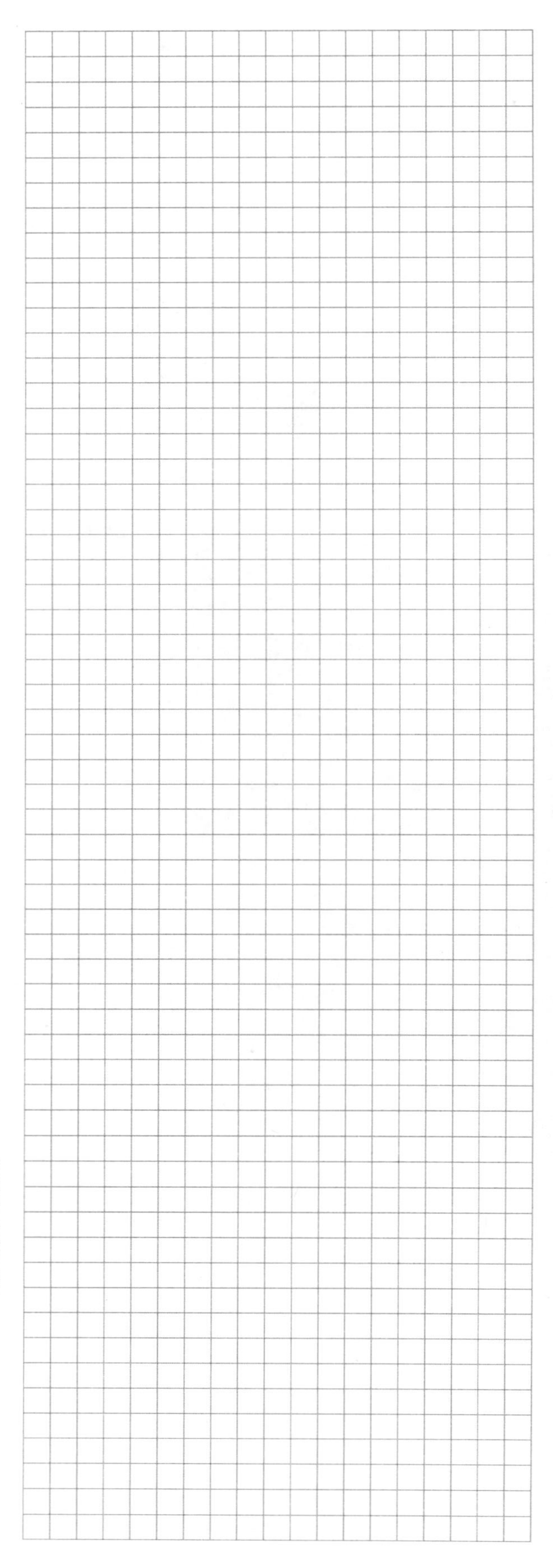

**5** Em algumas residências, cercas eletrificadas são utilizadas com o objetivo de afastar possíveis invasores. Uma cerca eletrificada funciona com uma diferença de potencial elétrico de aproximadamente 10 000 V. Para que não seja letal, a corrente que pode ser transmitida através de uma pessoa não deve ser maior do que 0,01 A. Já a resistência elétrica corporal entre as mãos e os pés de uma pessoa é da ordem de 1000 Ω.

Para que a corrente não seja letal a uma pessoa que toca a cerca eletrificada, o gerador de tensão deve possuir uma resistência interna que, em relação à do corpo humano, é

**a)** praticamente nula.

**b)** aproximadamente igual.

**c)** milhares de vezes maior.

**d)** da ordem de 10 vezes maior.

**e)** da ordem de 10 vezes menor.

**6** No manual fornecido pelo fabricante de uma ducha elétrica de 220 V é apresentado um gráfico com a variação da temperatura da água em função da vazão para três condições (morno, quente e superquente). Na condição superquente, a potência dissipada é de 6 500 W.

Considere o calor específico da água igual a 4 200 J/(kg C) e a densidade da água igual a 1 kg/L.

Elevação de temperatura × Curva vazão

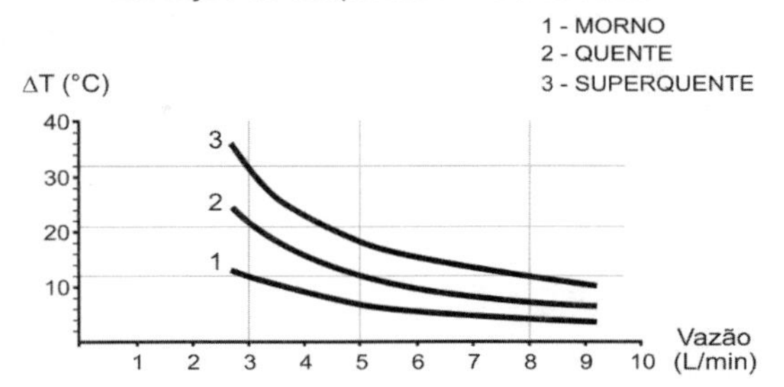


Com base nas informações dadas, a potência na condição morno corresponde a que fração da potência na condição superquente?

**a)** $\frac{1}{3}$

**b)** $\frac{1}{5}$

**c)** $\frac{3}{5}$

**d)** $\frac{3}{8}$

**e)** $\frac{5}{8}$

**7** Ao dimensionar circuitos elétricos residenciais, é recomendado utilizar adequadamente bitolas dos fios condutores e disjuntores, de acordo com a intensidade de corrente elétrica demandada. Esse procedimento é recomendado para evitar acidentes na rede elétrica. No quadro é especificada a associação para três circuitos distintos de uma residência, relacionando tensão no circuito, bitolas de fios condutores e a intensidade de corrente elétrica máxima suportada pelo disjuntor.

**Dimensionamento – Circuito residencial**

| Identificação | Tensão (volt) | Bitola do fio (mm²) | Disjuntor máximo (A) | Equipamento a ser ligado (W) |
|---|---|---|---|---|
| Circuito 1 | 110 | 2,5 | 20 | 4 200 |
| Circuito 2 | 220 | 2,5 | 20 | 4 200 |
| Circuito 3 | 220 | 6,0 | 35 | 6 600 |

Com base no dimensionamento do circuito residencial, em qual(is) do(s) circuito(s) o(s) equipamento(s) é(estão) ligado(s) adequadamente?

**a)** Apenas no circuito 1.

**b)** Apenas no circuito 2.

**c)** Apenas no circuito 3.

**d)** Apenas nos circuitos 1 e 2.

**e)** Apenas nos circuitos 2 e 3.

**8** Para demonstrar o processo de transformação de energia mecânica em elétrica, um estudante constrói um pequeno gerador utilizando:
- um fio de cobre de diâmetro $D$ enrolado em $N$ espiras circulares de área $A$;
- dois ímãs que criam no espaço entre eles um campo magnético uniforme de intensidade $B$; e
- um sistema de engrenagens que lhe permite girar as espiras em torno de um eixo com uma frequência $f$.

Ao fazer o gerador funcionar, o estudante obteve uma tensão máxima $V$ e uma corrente de curto-circuito $i$.

Para dobrar o valor da tensão máxima $V$ do gerador mantendo constante o valor da corrente de curto $i$, o estudante deve dobrar o(a)

**a)** número de espiras.

**b)** frequência de giro.

**c)** intensidade do campo magnético.

**d)** área das espiras.

**e)** diâmetro do fio.

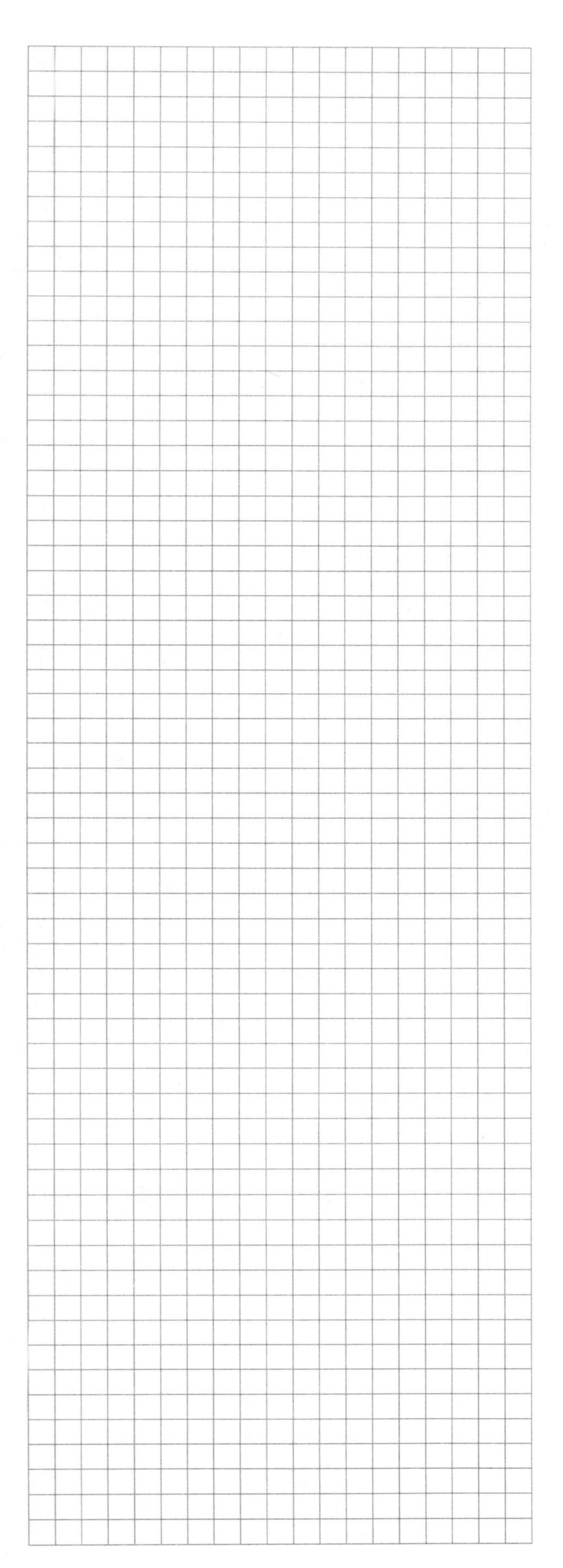

**9** Os raios X utilizados para diagnósticos médicos são uma radiação ionizante. O efeito das radiações ionizantes em um indivíduo depende basicamente da dose absorvida, do tempo de exposição e da forma da exposição, conforme relacionados no quadro.

| Efeitos de uma radioexposição aguda em adultos | | |
|---|---|---|
| Forma | Dose absorvida | Sintomatologia |
| Infraclínica | Menor que 1 J/kg | Ausência de sintomas |
| Reações gerais leves | de 1 a 2 J/kg | Astenia, náuseas e vômito, de 3 h a 6 h após a exposição |
| $DL_{50}$ | de 4 a 4,5 J/kg | Morte de 50% dos indivíduos irradiados |
| Pulmonar | de 8 a 9 J/kg | Insuficiência respiratória aguda, coma e morte, de 14 h a 36 h |
| Cerebral | Maior que 10 J/kg | Morte em poucas horas |

Disponível em: www.cnen.gov.br.
Acesso em: 3 set. 2012 (adaptado).

Para um técnico radiologista de 90 kg que ficou exposto, por descuido, durante 5 horas a uma fonte de raios X, cuja potência é de 10 mJ/s, a forma do sintoma apresentado, considerando que toda radiação incidente foi absorvida, é

**a)** $DL_{50}$.

**b)** cerebral.

**c)** pulmonar.

**d)** infraclínica.

**e)** reações gerais leves.

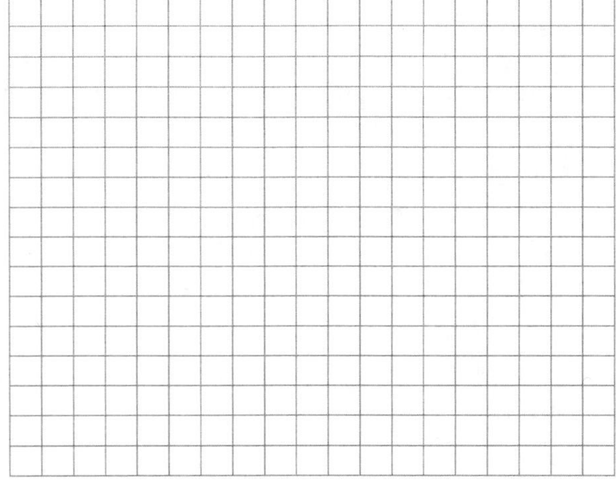

# Vestibulares

## Mecânica

### Movimentos e forças

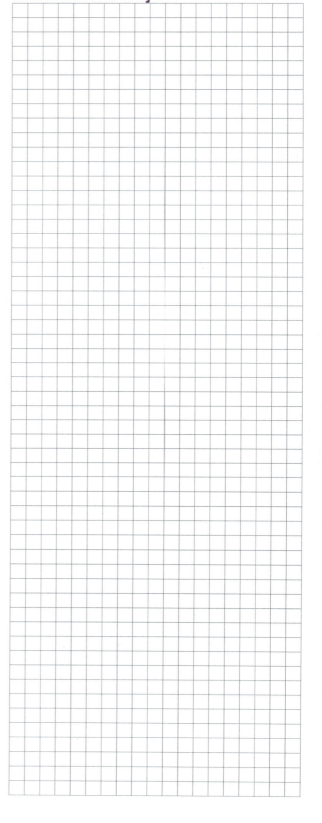

**1** (Vunesp-SP) O agente de uma estação ferroviária consegue avistar o trem quando este entra em uma trajetória reta, a 1 200 m de distância de seu posto de trabalho na estação. Ao ver o trem, o agente deve se dirigir, na direção de onde vem o trem, até a cancela, a 200 m, para bloquear a passagem de nível e impedir o trânsito local até que a composição passe. Sabendo-se que, no trecho reto, o trem se move com velocidade constante de módulo 10 m/s, a velocidade escalar mínima constante que o agente deve desenvolver até a cancela é de

**a)** 1,0 m/s
**b)** 1,5 m/s
**c)** 2,0 m/s
**d)** 2,5 m/s
**e)** 4,0 m/s

**2** (Escola Naval) Um motorista faz uma viagem da cidade A até a cidade B. O primeiro um terço do percurso da viagem ele executa com uma velocidade escalar média de 50 km/h. Em um segundo trecho, equivalente à metade do percurso, ele executa com uma velocidade escalar média de 75 km/h e o restante do percurso faz com velocidade escalar média de 25 km/h. Se a velocidade escalar média do percurso todo foi de 48 km/h, é correto afirmar que, se a distância entre as cidades A e B for de 600 km, então o motorista ficou parado por:

**a)** 0,5 h
**b)** 1,0 h
**c)** 1,5 h
**d)** 2,0 h
**e)** 2,5 h

**3** (Unimontes-MG) Um motorista ultrapassa um comboio de 10 caminhões que se move com velocidade média de 90 km/h. Após a ultrapassagem, o motorista decide que irá fazer um lanche num local a 150 km de distância, onde ficará parado por 12 minutos. Ele não pretende ultrapassar o comboio novamente até chegar ao seu destino final. O valor mínimo da velocidade média que o motorista deveria desenvolver para retomar a viagem, após o lanche, à frente do comboio, seria, aproximadamente,

**a)** 100,8 km/h.
**b)** 102,3 km/h.
**c)** 108,0 km/h.
**d)** 116,0 km/h.

**4** (PUC-PR) Considere os dados a seguir.

O guepardo é um velocista por excelência. O animal mais rápido da Terra atinge uma velocidade máxima de cerca de 110 km/h. O que é ainda mais notável: leva apenas três segundos para isso. Mas não consegue manter esse ritmo por muito tempo; a maioria das perseguições é limitada a menos de meio minuto, pois o exercício anaeróbico intenso produz um grande débito de oxigênio e causa uma elevação abrupta da temperatura do corpo (até quase 41 °C perto do limite letal). Um longo período de recuperação deve se seguir. O elevado gasto de energia significa que o guepardo deve escolher sua presa cuidadosamente, pois não pode se permitir muitas perseguições infrutíferas.

ASHCROFT, Francis. *A Vida no Limite* – A ciência da sobrevivência. Jorge Zahar Editor, Rio de Janeiro, 2001.

Considere um guepardo que, partindo do repouso com aceleração constante, atinge 108 km/h após três segundos de corrida, mantendo essa velocidade nos oito segundos subsequentes. Nesses onze segundos de movimento, a distância total percorrida pelo guepardo foi de

**a)** 180 m.
**b)** 215 m.
**c)** 240 m.
**d)** 285 m.
**e)** 305 m.

**5** (UEL-PR) Suponha que a máquina de tear industrial seja composta por 3 engrenagens (A, B e C), conforme a figura abaixo.

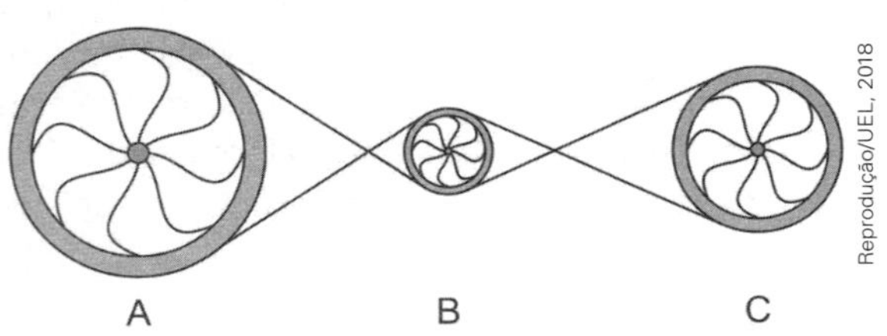


Reprodução/UEL, 2018

Suponha também que todos os dentes de cada engrenagem são iguais e que a engrenagem A possui 200 dentes e gira no sentido anti-horário a 40 rpm. Já as engrenagens B e C possuem 20 e 100 dentes, respectivamente.

Com base nos conhecimentos sobre movimento circular, assinale a alternativa correta quanto à velocidade e ao sentido.

**a)** A engrenagem C gira a 800 rpm e sentido anti-horário.

**b)** A engrenagem B gira 40 rpm e sentido horário.

**c)** A engrenagem B gira a 800 rpm e sentido anti-horário.

**d)** A engrenagem C gira a 80 rpm e sentido anti-horário.

**e)** A engrenagem C gira a 8 rpm e sentido horário.

**6** Na situação representada na figura aplica-se uma força horizontal com intensidade constante F, dirigida para a direita, no centro da face vertical de um bloco prismático e homogêneo, com base retangular, de massa M e comprimento L. Com isso, esse bloco adquire aceleração com a mesma orientação da força, sem receber a ação de atritos ou da resistência do ar.

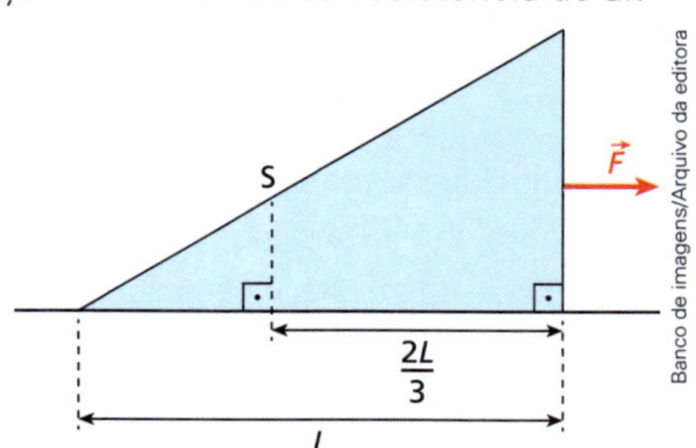

Banco de imagens/Arquivo da editora

A intensidade da força interna de tração em uma seção transversal S distante $\frac{2L}{3}$ da extremidade do bloco em que está aplicada a força $\vec{F}$ é igual a:

a) $\frac{2F}{3}$

b) $\frac{F}{3}$

c) $\frac{F}{6}$

d) $\frac{F}{9}$

e) $\frac{F}{27}$

**7** (Fuvest-SP) Uma estação espacial foi projetada com formato cilíndrico, de raio R igual a 100 m, como ilustra a figura abaixo.

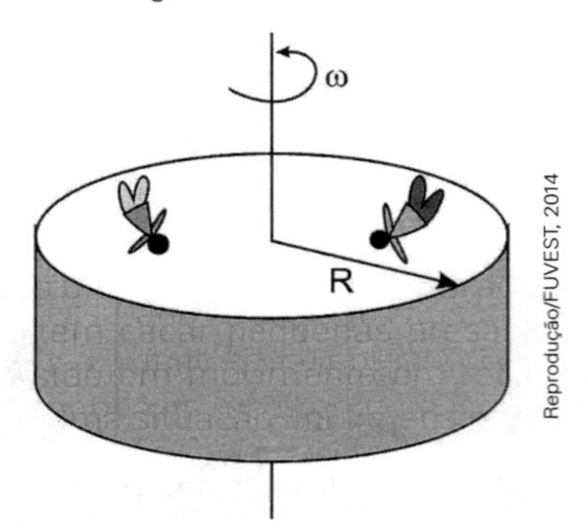


Para simular o efeito gravitacional e permitir que as pessoas caminhem na parte interna da casca cilíndrica, a estação gira em torno de seu eixo, com velocidade angular constante $\omega$. As pessoas terão sensação de peso, como se estivessem na Terra, se a velocidade $\omega$ for de, aproximadamente,

**Note e adote:** A aceleração gravitacional na superfície da Terra é $g = 10\ m/s^2$.

**a)** 0,1 rad/s

**b)** 0,3 rad/s

**c)** 1 rad/s

**d)** 3 rad/s

**e)** 10 rad/s

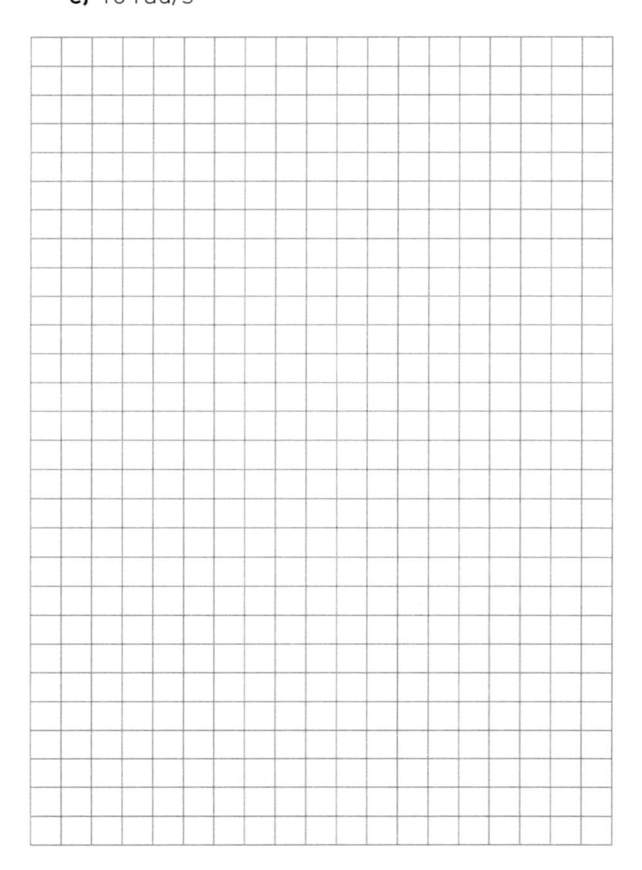

**8** (Famerp-SP) Um caminhão transporta em sua carroceria um bloco de peso 5 000 N. Após estacionar, o motorista aciona o mecanismo que inclina a carroceria.

Banco de imagens/Arquivo da editora

Sabendo que o ângulo máximo em relação à horizontal que a carroceria pode atingir sem que o bloco deslize é $\theta$ tal que sen $\theta = 0{,}60$ e cos $\theta = 0{,}80$, o coeficiente de atrito estático entre o bloco e a superfície da carroceria do caminhão vale

**a)** 0,55
**b)** 0,15
**c)** 0,30
**d)** 0,40
**e)** 0,75

**9** (EsPCEx-SP) Um bloco A de massa 100 kg sobe, em movimento retilíneo uniforme, um plano inclinado que forma um ângulo de 37° com a superfície horizontal. O bloco é puxado por um sistema de roldanas móveis e cordas, todas ideais, e coplanares. O sistema mantém as cordas paralelas ao plano inclinado enquanto é aplicada a força de intensidade F na extremidade livre da corda, conforme o desenho abaixo.

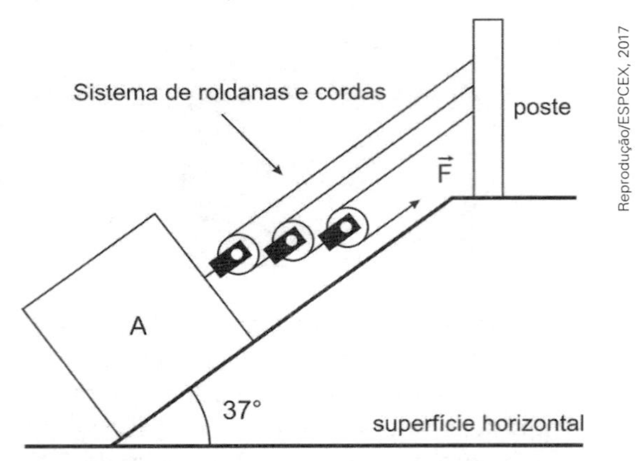


Desenho ilustrativo fora de escala



Todas as cordas possuem uma de suas extremidades fixadas em um poste que permanece imóvel quando as cordas são tracionadas. Sabendo que o coeficiente de atrito dinâmico entre o bloco A e o plano inclinado é de 0,50, a intensidade da força $\vec{F}$ é

Dados: sen 37° = 0,60 e cos 37° = 0,80

Considere a aceleração da gravidade igual a 10 m/s$^2$

**a)** 125 N
**b)** 200 N
**c)** 225 N
**d)** 300 N
**e)** 400 N

**10** Satélites não propulsionados, de diversas nacionalidades e finalidades, descrevem órbitas circulares ao redor da Terra com centro coincidente com o centro do planeta, admitido esférico com raio R. No esquema abaixo está representado um desses satélites (Satélite 1), de massa $m_1$, cuja altura em relação à superfície terrestre é $h_1 = R$. Esse satélite percorre sua órbita com velocidade escalar angular igual a $\omega_1$.

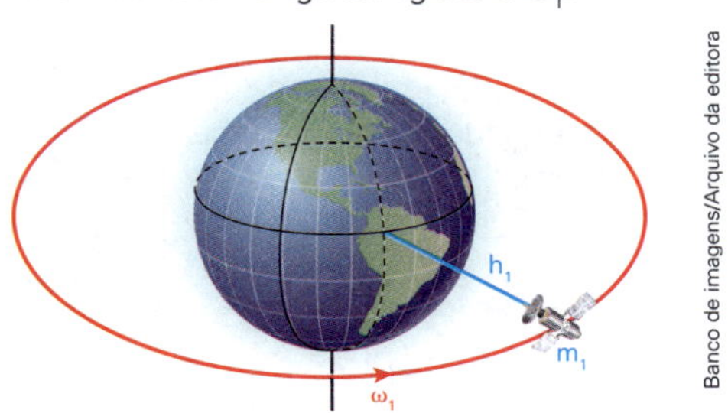


Banco de imagens/Arquivo da editora

Se considerarmos outro satélite (Satélite 2), de massa $m_2 = 5m_1$, também em órbita circular ao redor da Terra, mas a uma altura em relação à superfície do planeta $h_2 = 7h_1$, esse Satélite 2 percorrerá sua órbita com velocidade escalar angular $\omega_2$, tal que:

**a)** $\omega_2 = \omega_1$

**b)** $\omega_2 = \frac{\omega_1}{2}$

**c)** $\omega_2 = \frac{\omega_1}{4}$

**d)** $\omega_2 = \frac{\omega_1}{8}$

**e)** $\omega_2 = \frac{\omega_1}{16}$

**11** (Fuvest-SP) A trajetória de um projétil, lançado da beira de um penhasco sobre um terreno plano e horizontal, é parte de uma parábola com eixo de simetria vertical, como ilustrado na figura. O ponto **P** sobre o terreno, pé da perpendicular traçada a partir do ponto ocupado pelo projétil, percorre 30 m desde o instante do lançamento até o instante em que o projétil atinge o solo. A altura máxima do projétil, de 200 m acima do terreno, é atingida no instante em que a distância percorrida por **P**, a partir do instante do lançamento, é de 10 m. Quantos metros acima do terreno estava o projétil quando foi lançado?

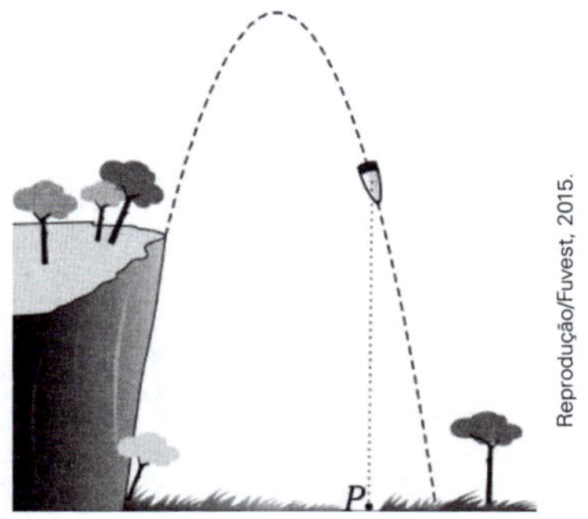


Reprodução/Fuvest, 2015.

**Dado:** $g = 10\ m/s^2$.

**a)** 60 **b)** 90 **c)** 120 **d)** 150 **e)** 180

## Conservação de energia e quantidade de movimento

**1** (Unicamp-SP) Músculos artificiais feitos de nanotubos de carbono embebidos em cera de parafina podem suportar até 200 vezes mais peso que um músculo natural do mesmo tamanho. Considere uma fibra de músculo artificial de 1 mm de comprimento, suspensa verticalmente por uma de suas extremidades e com uma massa de 50 gramas pendurada, em repouso, em sua extremidade. O trabalho realizado pela fibra sobre a massa, ao se contrair 10%, erguendo a massa até uma nova posição de repouso, é

**a)** $5{,}0 \cdot 10^{-3}$ J.
**b)** $5{,}0 \cdot 10^{-4}$ J.
**c)** $5{,}0 \cdot 10^{-5}$ J.
**d)** $5{,}0 \cdot 10^{-6}$ J.
**e)** $5{,}0 \cdot 10^{-7}$ J.

Se necessário, utilize $g = 10\ m/s^2$.

**2** Um operário tem a incumbência de elevar uma carga de peso com módulo *P* à mesma altura *h* em duas situações distintas, I e II, com velocidade constante.

Na situação I são utilizadas uma polia fixa e uma corda. Já na situação II, além da polia fixa e da corda, é utilizada uma polia móvel.

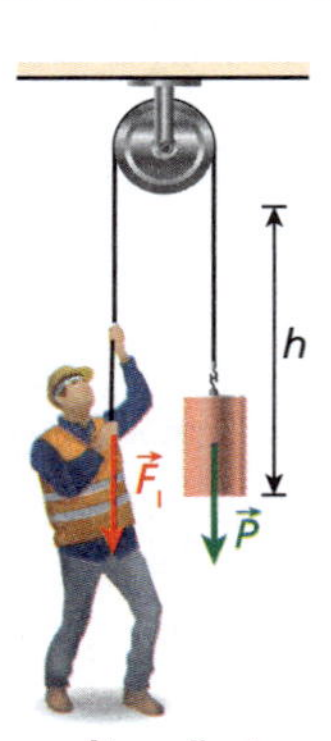

situação I

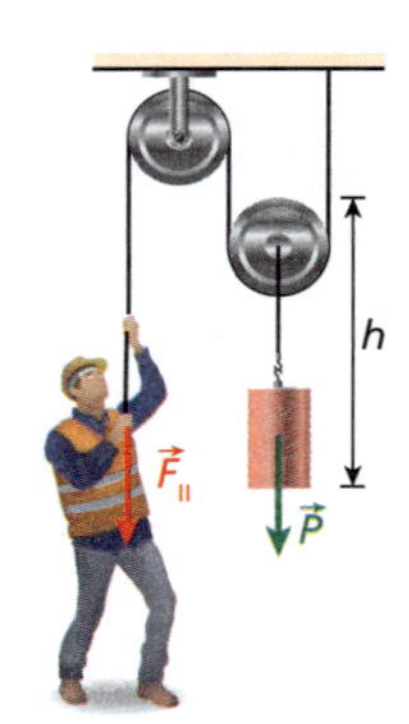

situação II

Banco de imagens/Arquivo da editora

As massas das polias são desprezíveis, bem como suas dimensões. A corda é ideal e não sofre interações de atrito com as polias.

Sendo $F_I$ e $F_{II}$ as intensidades das forças aplicadas pelo trabalhador na corda e $\tau_I$ e $\tau_{II}$ os trabalhos de $F_I$ e $F_{II}$, respectivamente, nas situações I e II, é correto afirmar que:

**a)** $F_{II} = \frac{F_I}{2}$ e $\tau_{II} = \frac{\tau_I}{2}$

**b)** $F_{II} = \frac{F_I}{2}$ e $\tau_{II} = \tau_I$

**c)** $F_{II} = F_I$ e $\tau_{II} = \tau_I$

**d)** $F_{II} = F_I$ e $\tau_{II} = \frac{\tau_I}{2}$

**3** (Olimpíada Paulista de Física) Uma carreta com 4,4 m de comprimento se move em linha reta com velocidade escalar constante de 24,0 m/s, até bater contra um muro, parando de modo abrupto. Uma caixa de massa 3,0 kg, colocada sobre a carreta (ver figura), move-se solidariamente com esta até o momento da batida. Imediatamente após a batida, a caixa escorrega sobre a carreta, movendo-se na direção da parede e sofrendo a ação de uma força de atrito horizontal constante com módulo igual a 60,0 N.

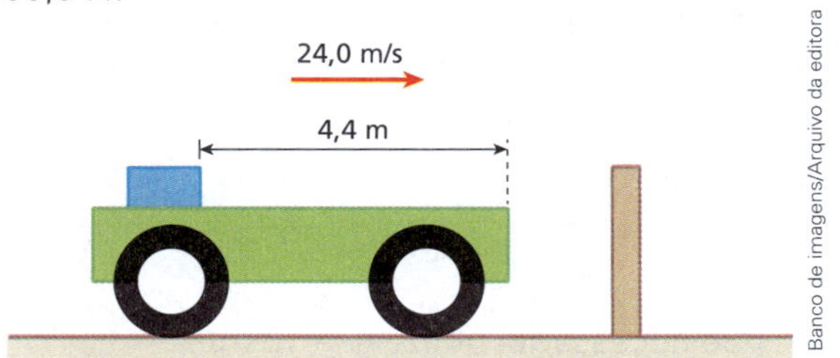


Banco de imagens/Arquivo da editora

Determine

**a)** o módulo da velocidade de impacto da caixa contra a parede, em m/s;

**b)** a energia mecânica dissipada devido ao atrito.

**4** (Fuvest-SP) Dois pequenos corpos, 1 e 2, movem-se em um plano horizontal, com atrito desprezível, em trajetórias paralelas, inicialmente com mesma velocidade, de módulo $v_0$. Em dado instante, os corpos passam por uma faixa rugosa do plano, de largura *d*. Nessa faixa, o atrito não pode ser desprezado e os coeficientes de atrito cinético entre o plano rugoso e os corpos 1 e 2 valem $\mu_1$ e $\mu_2$ respectivamente. Os corpos 1 e 2 saem da faixa com velocidades $\frac{v_0}{2}$ e $\frac{v_0}{3}$, respectivamente.

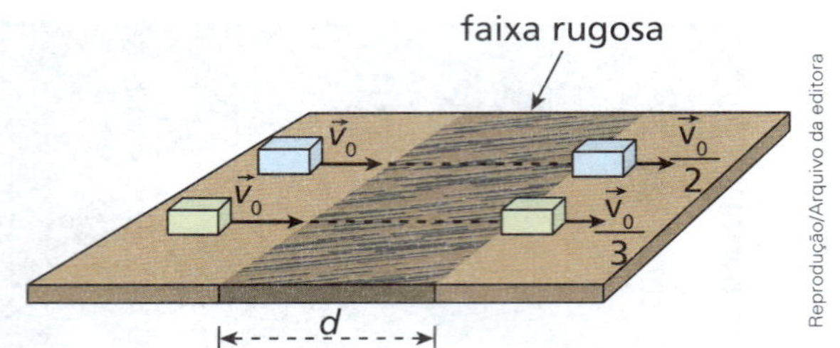

Reprodução/Arquivo da editora

Nessas condições, a razão $\frac{\mu_1}{\mu_2}$ é igual a:

a) $\frac{2}{3}$
b) $\frac{4}{9}$
c) $\frac{27}{32}$
d) $\frac{16}{27}$
e) $\frac{1}{2}$

**5** (Unisa-SP) Uma esfera é abandonada com velocidade inicial nula do alto de uma rampa com 8,0 metros de altura, que termina em uma pista semicircular de raio 3,0 metros, contida em um plano vertical, como mostra a figura.

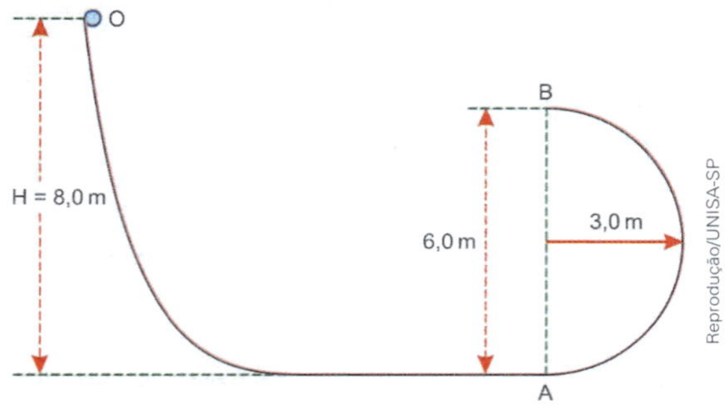

Reprodução/UNISA-SP

Não há atrito ao longo da pista, e o raio da esfera é desprezível comparado com as dimensões fornecidas. A razão $\frac{V_A}{V_B}$ entre as velocidades escalares atingidas pela esfera nos pontos A e B, respectivamente, é igual a

a) 2,0
b) 3,0
c) 4,0
d) 5,0
e) 6,0

**6** (FGV-SP) Os Jogos Olímpicos recém-realizados no Rio de Janeiro promoveram uma verdadeira festa esportiva, acompanhada pelo mundo inteiro. O salto em altura foi uma das modalidades de atletismo que mais chamou a atenção, porque o recorde mundial está com o atleta cubano Javier Sotomayor desde 1993, quando, em Salamanca, ele atingiu a altura de 2,45 m, marca que ninguém, nem ele mesmo, em competições posteriores, conseguiria superar. A foto a seguir mostra o atleta em pleno salto.

Reprodução/FGV, 2017

Considere que, antes do salto, o centro de massa desse atleta estava a 1,0 m do solo; no ponto mais alto do salto, seu corpo estava totalmente na horizontal e ali sua velocidade tinha módulo igual a $2\sqrt{5}$ m/s; a aceleração da gravidade tem módulo igual a 10 m/s$^2$; e não houve interferências passivas. Para atingir a altura recorde, ele deve ter partido do solo com uma velocidade inicial, com módulo, em m/s, igual a

**a)** 7,0.
**b)** 6,8.
**c)** 6,6.
**d)** 6,4.
**e)** 6,2.

**7** (EFOMM-RJ) Em uma mesa de 1,25 metro de altura, é colocada uma mola comprimida e uma esfera, conforme a figura. Sendo a esfera de massa igual a 50 g e a mola comprimida em 10 cm, se ao ser liberada a esfera atinge o solo a uma distância de 5 metros da mesa, com base nessas informações, pode-se afirmar que a constante elástica da mola é:
(Dados: considere a aceleração da gravidade igual a 10 m/s².)

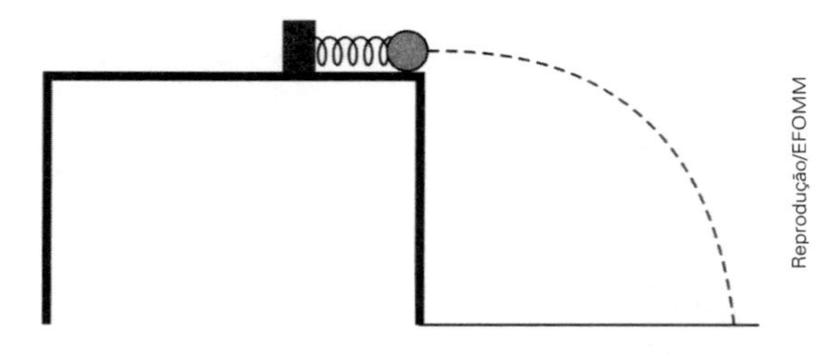


**a)** 62,5 N/m
**b)** 125 N/m
**c)** 250 N/m
**d)** 375 N/m
**e)** 500 N/m

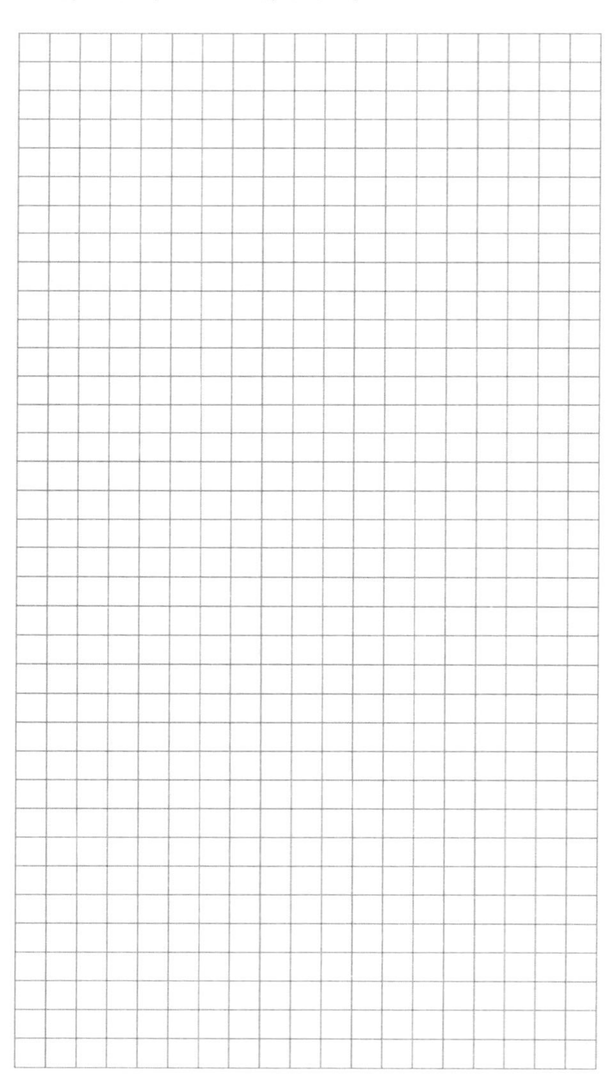

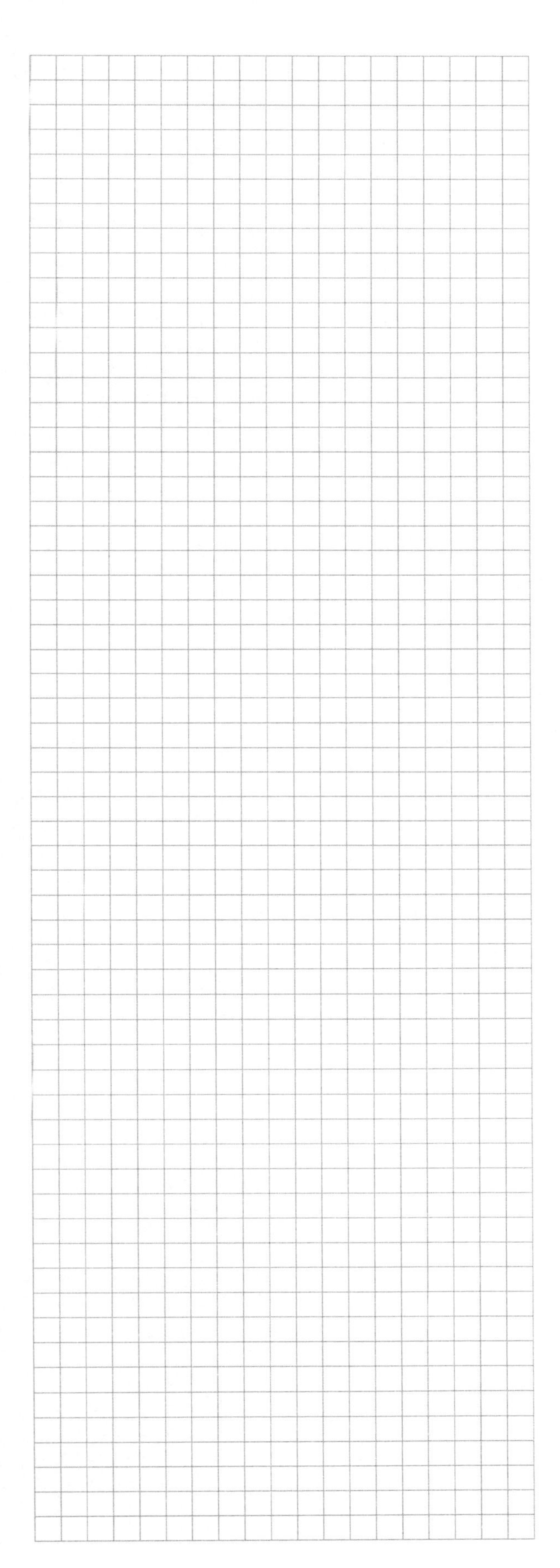

**8** (Fuvest-SP) Na montanha-russa esquematizada a seguir, um motor leva o carrinho até o ponto 1. Desse ponto, ele parte, saindo do repouso, rumo ao ponto 2, localizado em um trecho retilíneo **AB**. Adote $g = 10,0\ m/s^2$.

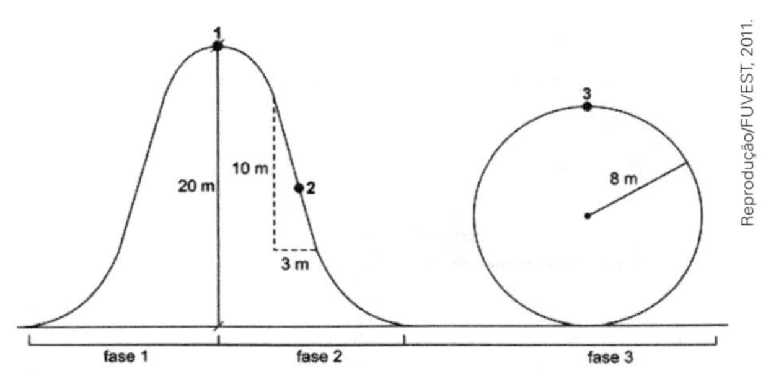




Desprezando-se a resistência do ar e as forças de atrito, calcule:

**a)** o módulo da aceleração do carrinho no ponto 2;

**b)** a velocidade escalar do carrinho no ponto 3, dentro do *loop*.

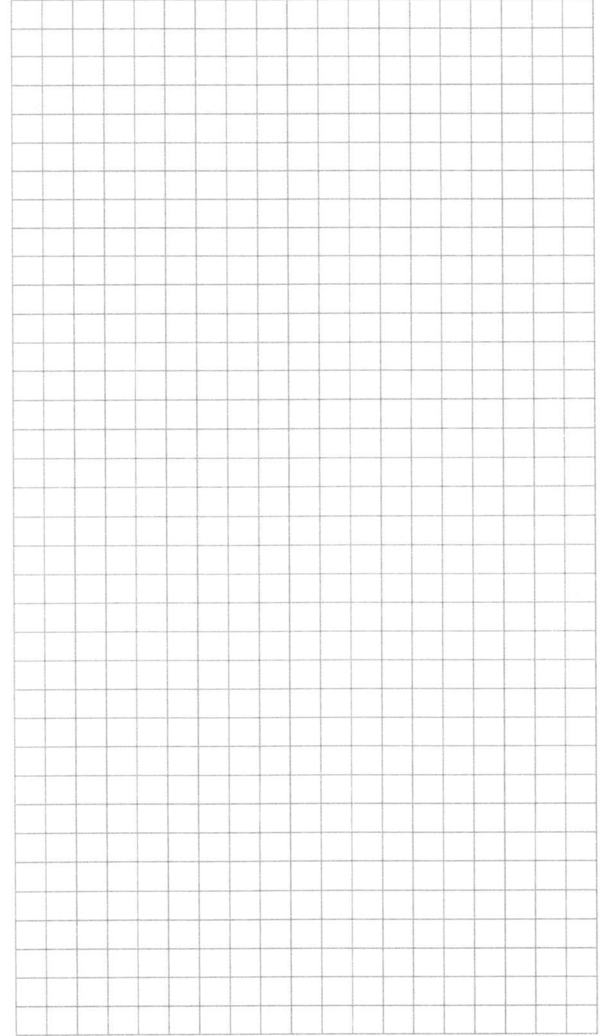

**9** Você sabe fazer aviõezinhos de papel?

Suponha que na imagem abaixo o aviãozinho de papel, de massa 3,0 g, receba da mão de uma pessoa, durante $2,0 \cdot 10^{-1}$s, uma força impulsiva horizontal com intensidade constante igual a $8,0 \cdot 10^{-1}$ N.

Africa Studio/Shutterstock

Admitindo que a força de resistência do ar durante o lançamento também seja horizontal com intensidade constante igual a $2,0 \cdot 10^{-1}$ N e, supondo que o aviãozinho parte do repouso, pede-se determinar:

**a)** a intensidade I do impulso resultante comunicado ao dispositivo no ato de seu lançamento;

**b)** o módulo *v* da velocidade do aviãozinho ao deixar a mão da pessoa.

**10** (UFBA) As leis de conservação da energia e da quantidade de movimento são gerais e valem para qualquer situação.

Um caso simples é o de um decaimento radioativo alfa. Um núcleo-pai, em repouso, divide-se, gerando dois fragmentos, um núcleo-filho e uma partícula alfa. Os fragmentos adquirem energia cinética, que é denominada energia de desintegração. Isso ocorre, porque uma parte da massa do núcleo-pai se transforma em energia cinética desses fragmentos, segundo a lei de equivalência entre massa e energia, proposta por Einstein.

Um exemplo do decaimento é o de um dos isótopos radioativos do urânio, que se transforma em tório, emitindo uma partícula alfa, um núcleo de hélio, ou seja:

$$_{92}U^{232} \rightarrow {}_{90}Th^{228} + {}_{2}He^{4}$$

Na notação empregada, o número inferior refere-se à carga nuclear, e o superior, à massa aproximada do núcleo respectivo.

Sabe-se que o núcleo de urânio está em repouso, e a energia de desintegração é E = 5,40 MeV. Considerando-se as leis de conservação e o fato de a mecânica newtoniana permitir, com boa aproximação, o cálculo das energias cinéticas, determine a energia cinética da partícula alfa.

**11** (CPAEN-RJ) Analise a figura abaixo.

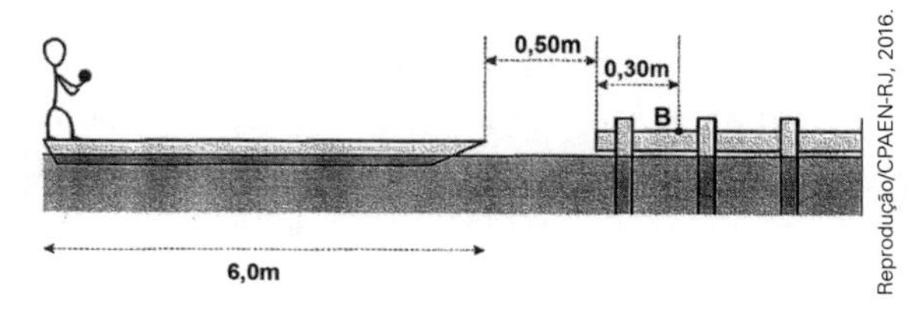




A figura acima mostra um homem de 69,0 kg, segurando um pequeno objeto de 1,0 kg, em pé na popa de um flutuador de 350 kg e 6,0 m de comprimento que está em repouso sobre águas tranquilas. A proa do flutuador está a 0,50 m de distância do píer. O homem se desloca a partir da popa até a proa do flutuador, para e em seguida lança horizontalmente o objeto, que atinge o píer no ponto **B**, indicado na figura acima. Sabendo que o deslocamento vertical do objeto durante seu voo é de 1,25 m, qual a velocidade, em relação ao píer, com que o objeto inicia o voo?

**a)** 2,40 m/s

**b)** 61,0 cm/s

**c)** 360 cm/s

**d)** 3,00 km/h

**e)** 15,0 km/h

As resistências são desprezíveis e g = 10 m/s$^2$.

**12** (UFJF-MG) A figura 1 a seguir ilustra um projétil de massa $m_1$ = 20 g disparado horizontalmente com velocidade de módulo $v_1$ = 200 m/s contra um bloco de massa $m_2$ = 1,98 kg, em repouso, suspenso na vertical por um fio de massa desprezível. Após sofrerem uma colisão perfeitamente inelástica, o projétil fica incrustado no bloco e o sistema projétil-bloco atinge uma altura máxima *h*, conforme representado na figura 2.

Desprezando-se a força de resistência do ar e adotando-se g = 10 m/s$^2$, resolva os itens abaixo.

**a)** Calcule o módulo da velocidade que o sistema projétil-bloco adquire imediatamente após a colisão.

**b)** Aplicando-se o Princípio de Conservação da Energia Mecânica, calcule o valor da altura máxima *h* atingida pelo sistema projétil-bloco após a colisão.

## Estática dos sólidos e dos fluidos

**1** (EEAR-SP) Em um sistema de vasos comunicantes, são colocados dois líquidos imiscíveis, água com densidade de 1,0 g/cm³ e óleo com densidade de 0,85 g/cm³. Após os líquidos atingirem o equilíbrio hidrostático, observa-se, numa das extremidades do vaso, um dos líquidos isolados, que fica a 20 cm acima do nível de separação, conforme pode ser observado na figura.

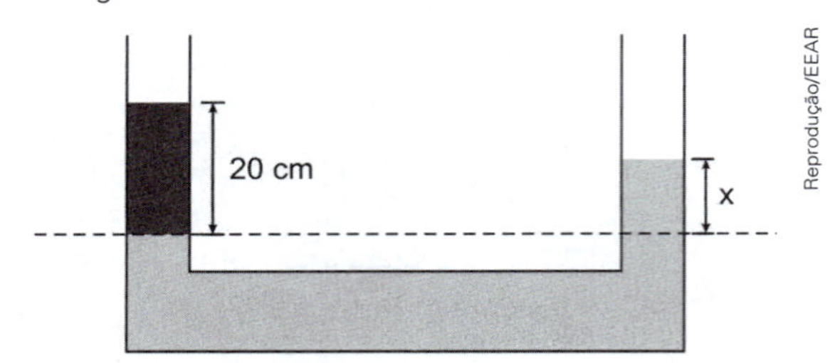

Reprodução/EEAR

Determine o valor de *x*, em cm, que corresponde à altura acima do nível de separação e identifique o líquido que atinge a altura *x*.

**a)** 8,5; óleo
**b)** 8,5; água
**c)** 17,0; óleo
**d)** 17,0; água

**2** (UFPR) Numa prensa hidráulica, um fluido incompressível é utilizado como meio de transferência de força de um êmbolo para outro. Numa dessas prensas, uma força $\vec{F}_B$ foi aplicada ao êmbolo B durante um intervalo de tempo $\Delta t = 5$ s, conforme mostra a figura a seguir. Os êmbolos A e B estavam inicialmente em repouso, têm massas desprezíveis e todas as perdas por atrito podem ser desprezadas. As observações foram todas feitas por um referencial inercial, e as áreas dos êmbolos são $A_A = 30$ cm² e $A_B = 10$ cm². A força aplicada ao êmbolo B tem intensidade $F_B = 200$ N e o fluido da prensa é incompressível.

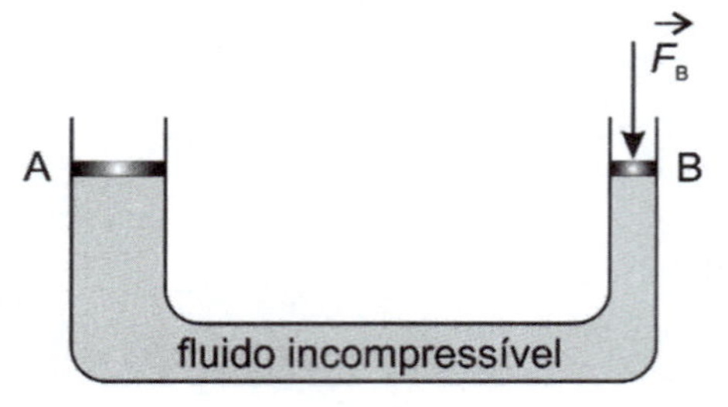

Reprodução/UFPR

**a)** Durante o tempo de aplicação da força $\vec{F}_B$, o êmbolo B desceu por uma distância $d_B = 6$ cm. Qual a potência média do agente causador da força $\vec{F}_B$?

**b)** Qual a intensidade $F_A$ da força produzida sobre o êmbolo A?

**3** (EFOMM-RJ) Em um recipiente contendo dois líquidos imiscíveis, com densidade $\rho_1 = 0,4$ g/cm$^3$ e $\rho_2 = 1,0$ g/cm$^3$, é mergulhado um corpo de densidade $\rho_c = 0,6$ g/cm$^3$ que flutua na superfície que separa os dois líquidos (conforme apresentado na figura). O volume de 10,0 cm$^3$ do corpo está imerso no fluido de maior densidade. Determine o volume do corpo, em cm$^3$, que está imerso no fluido de menor densidade.

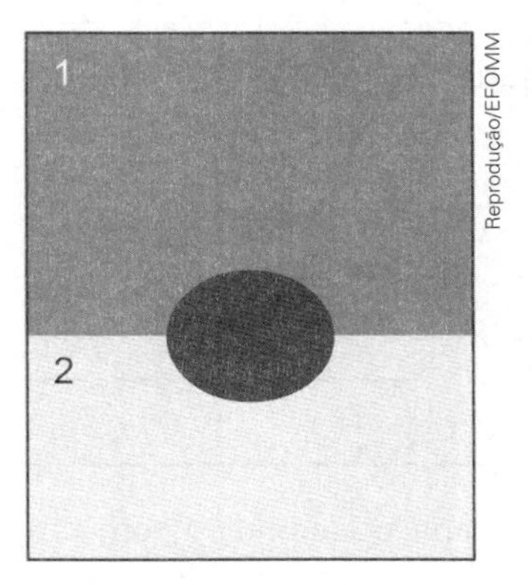


a) 5,0
b) 10,0
c) 15,0
d) 20,0
e) 25,0

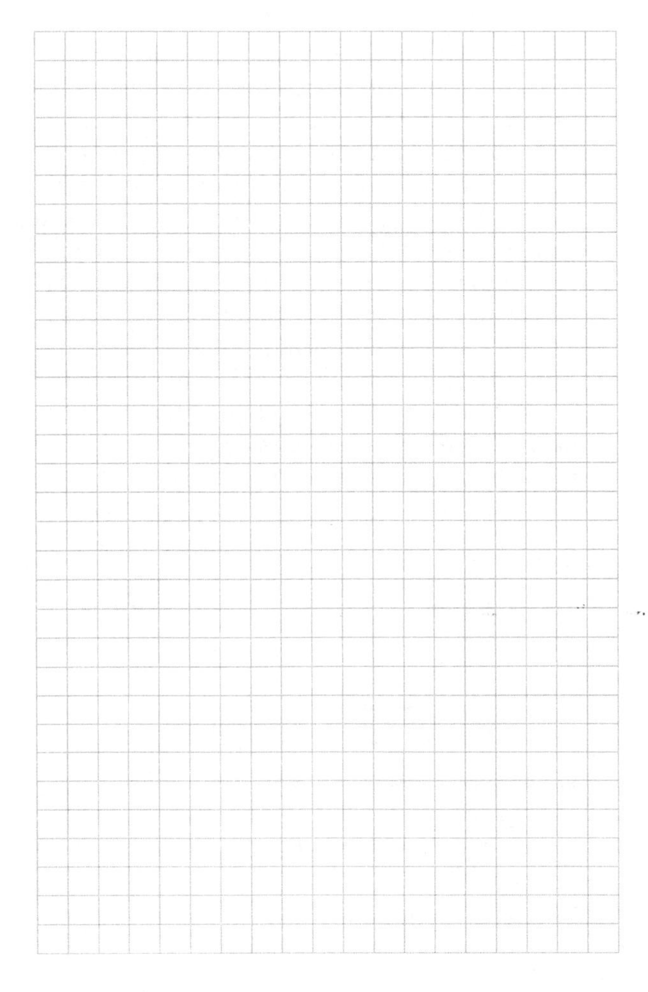

# Ondas e Acústica

**1** (ITA-SP) Em férias no litoral, um estudante faz para um colega as seguintes observações:

I. A luz solar consiste de uma onda eletromagnética transversal, não polarizada e policromática.

II. A partir de um certo horário, toda a luz solar que incide sobre o mar sofre reflexão total.

III. A brisa marítima é decorrente da diferença entre o calor específico da areia e o da água do mar.

A respeito dessas observações, é correto afirmar que

**a)** todas são verdadeiras.

**b)** apenas I é falsa.

**c)** apenas II é falsa.

**d)** apenas III é falsa.

**e)** há mais de uma observação falsa.

**2** (Fuvest-SP) A tabela traz os comprimentos de onda no espectro de radiação eletromagnética, na faixa da luz, visível, associados ao espectro de cores mais frequentemente percebidas pelos olhos humanos. O gráfico representa a intensidade de absorção de luz pelas clorofilas **a** e **b**, os tipos mais frequentes nos vegetais terrestres.

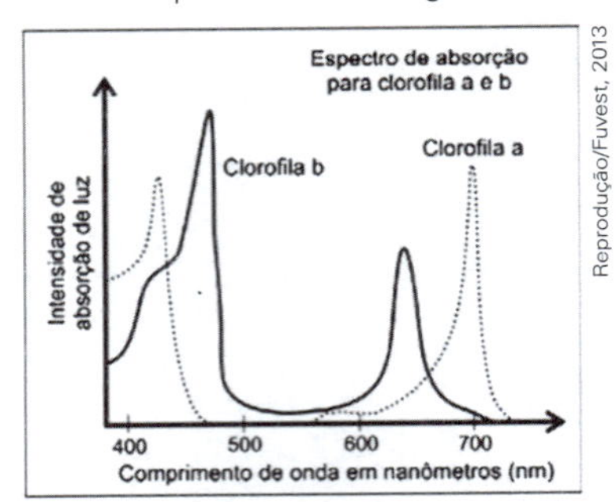


Reprodução/Fuvest, 2013

| Comprimento de onda (nm) | Cor |
|---|---|
| 380 - 450 | Violeta |
| 450 - 490 | Azul |
| 490 - 520 | Ciano |
| 520 - 570 | Verde |
| 570 - 590 | Amarelo |
| 590 - 620 | Alaranjado |
| 620 - 740 | Vermelho |

Baseado em: Tratado de Botânica de Estrasburger, 36ª ed., Artmed, 2012.

Responda às questões a seguir, com base nas informações fornecidas na tabela e no gráfico.

**a)** Em um experimento, dois vasos com plantas de crescimento rápido e da mesma espécie foram submetidos às seguintes condições:

vaso 1: exposição à luz solar;

vaso 2: exposição à luz verde.

A temperatura e a disponibilidade hídrica foram as mesmas para os dois vasos. Depois de algumas semanas, verificou-se que o crescimento das plantas diferiu entre os vasos. Qual a razão dessa diferença?

**b)** Por que as pessoas, com visão normal para cores, enxergam como verdes, as folhas da maioria das plantas?

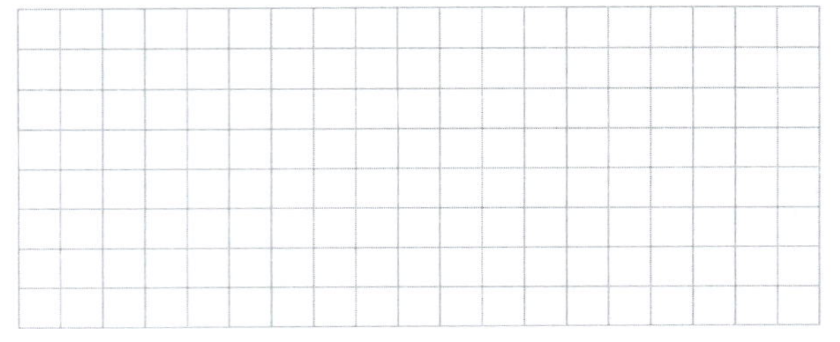

**3** (Unicamp-SP) Ondas são fenômenos nos quais há transporte de energia sem que seja necessário o transporte de massa. Um exemplo particularmente extremo são os *tsunamis*, ondas que se formam no oceano, como consequência, por exemplo, de terremotos submarinos.

**a)** Se, na região de formação, o comprimento de onda de um *tsunami* é de 150 km e sua velocidade é de 200 m/s, qual é o período da onda?

**b)** A velocidade de propagação da onda é dada por $v = \sqrt{gh}$, em que $h$ é a profundidade local do oceano e $g$ é a aceleração da gravidade. Qual é a velocidade da onda numa região próxima à costa, onde a profundidade é de 6,4 m? (Dado: $g = 10\ m/s^2$)

**c)** Sendo $A$ a amplitude (altura) da onda e supondo-se que a energia do *tsunami* se conserva, o produto $vA^2$ mantém-se constante durante a propagação. Se a amplitude da onda na região de formação for 1,0 m, qual será a amplitude perto da costa, onde a profundidade é de 6,4 m?

**4** (UPE) Um recipiente com dimensões 15 cm de comprimento por 5 cm de largura e 20 cm de altura é colocado sobre um agitador horizontal. Esse equipamento gera vibrações ao longo de uma direção específica, fazendo oscilar um líquido contido no recipiente. Quando a frequência do equipamento é ajustada em f = 60 Hz, uma onda estacionária é criada no 3º modo.

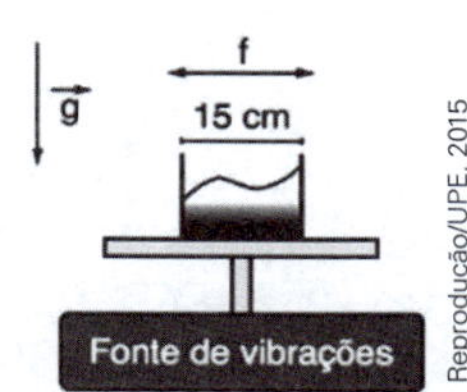




Supondo-se que o líquido seja ideal e desprezando-se quaisquer efeitos do atrito, qual a velocidade da onda na superfície do líquido?

**a)** 1,5 m/s.
**b)** 3,0 m/s.
**c)** 6,0 m/s.
**d)** 9,0 m/s.
**e)** 13,5 m/s.

**5** (UFV-MG) Duas cordas com densidades lineares de massa $\mu_1$ e $\mu_2$ são unidas entre si formando uma única corda não homogênea. Esta corda não homogênea é esticada na posição horizontal, suas extremidades são fixadas em duas paredes e ela é colocada para oscilar, formando uma onda estacionária, conforme a figura abaixo.

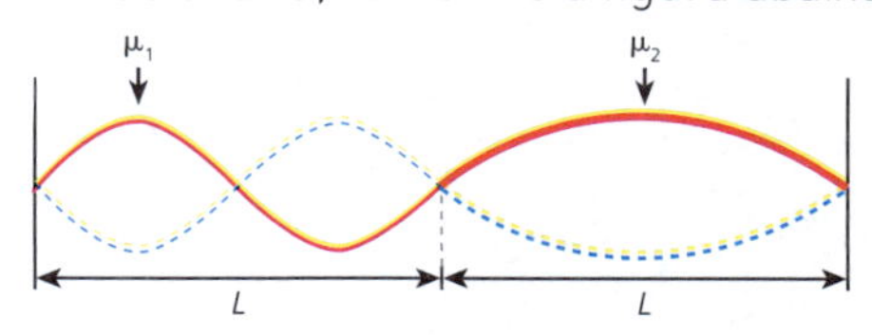




Considerando que a tensão é a mesma em todos os pontos da corda não homogênea, é correto afirmar que:

**a)** $2\mu_1 = \mu_2$
**b)** $4\mu_1 = \mu_2$
**c)** $\mu_1 = 2\mu_2$
**d)** $\mu_1 = 4\mu_2$

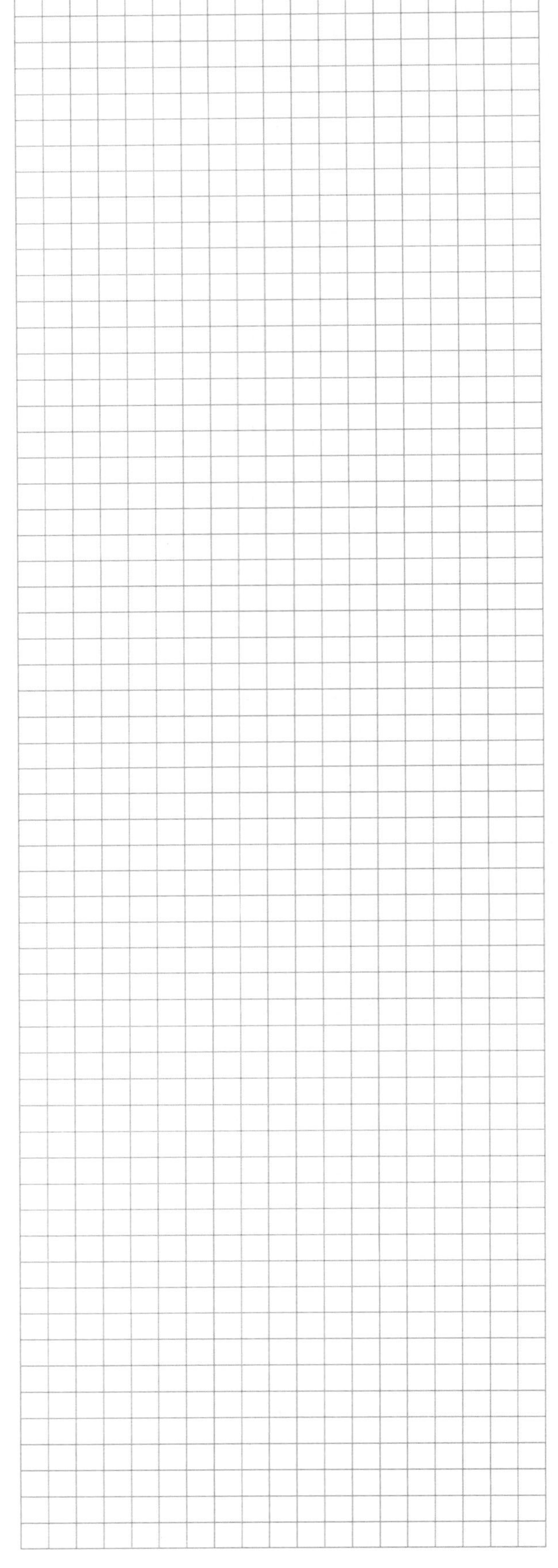

**6** (Fuvest-SP) Em uma cuba de ondas contendo água, uma haste vibra com frequência 5 Hz, paralelamente à superfície da água e à lateral esquerda da cuba. A haste produz ondas planas que se propagam para a direita, como ilustra a figura.

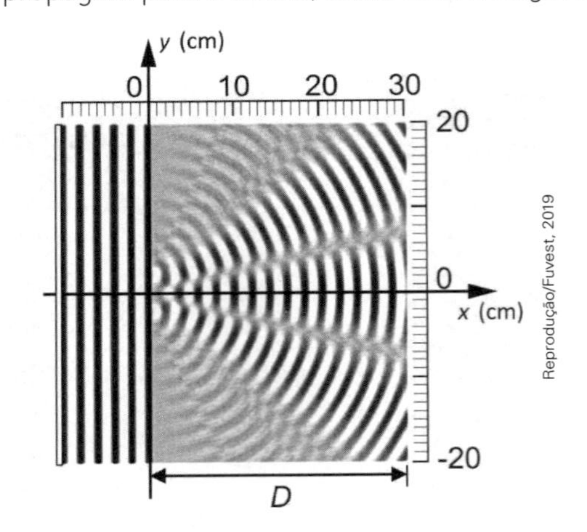



**a)** Determine, a partir da figura, o comprimento de onda da onda plana.
Na cuba, em $x = 0$, há um anteparo rígido, paralelo às frentes da onda plana, com duas pequenas fendas cujos centros estão em $y = \pm\frac{b}{2}$. O lado direito da figura mostra o resultado da interferência das duas ondas que se propagam a partir das fendas.

Determine

**b)** a coordenada $y_1$, para $y > 0$, do primeiro mínimo de interferência na parede do lado direito da cuba. Calcule o valor da distância $b$, entre os centros das fendas, considerando que a posição do primeiro mínimo pode ser aproximada por $y_1 = \frac{D\lambda}{2b}$, em que $D$ é a distância entre as fendas e o lado direito da cuba;

**c)** a frequência $f$ de vibração da haste para que o primeiro mínimo de interferência, na parede do lado direito da cuba, esteja na coordenada $y = 15$ cm, considerando que a velocidade da onda não depende da frequência.

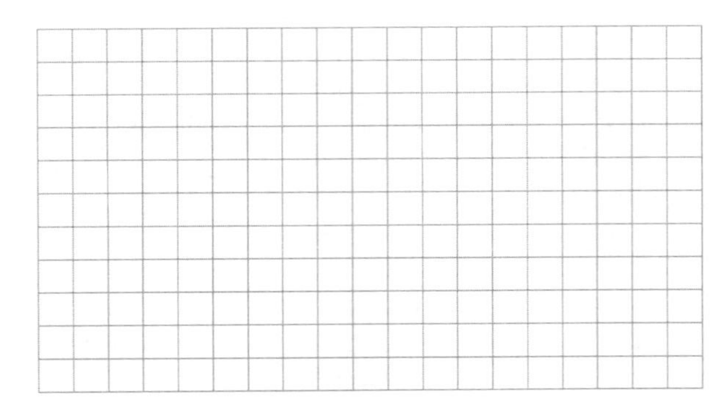

**7** (UEFS-BA) Ondas sonoras são ondas mecânicas, produzidas pela deformação do meio por onde se propagam. Dependendo da frequência da fonte emissora dessas ondas, elas podem ou não ser detectadas pela orelha humana e pelas orelhas de outros animais. A tabela apresenta as faixas de frequência detectadas por alguns animais.

| Animal | Frequência mínima (Hz) | Frequência máxima (Hz) |
|---|---|---|
| Morcego | 20 | 160 000 |
| Cão | 20 | 30 000 |
| Elefante | 20 | 10 000 |
| Gato | 30 | 45 000 |
| Golfinho | 150 | 150 000 |
| Chimpanzé | 100 | 30 000 |
| Baleia | 40 | 80 000 |

Considere uma onda sonora propagando-se pelo ar com velocidade de 340 m/s. Se o comprimento de onda dessa onda for igual a 5 mm, dos animais indicados na tabela, ela poderá ser detectada apenas por

**a)** morcegos, baleias e golfinhos.
**b)** morcegos, baleias e elefantes.
**c)** elefantes, cães e chimpanzés.
**d)** golfinhos, morcegos e gatos.
**e)** baleias, chimpanzés e cães.

**8** (FCC-SP) Para traçar o relevo do fundo do mar, um navio emite, verticalmente, pulsos sonoros e registra o intervalo *t* de tempo entre o instante de emissão do pulso e o de recepção do pulso refletido. A velocidade do som na água é de 1,5 km/s.

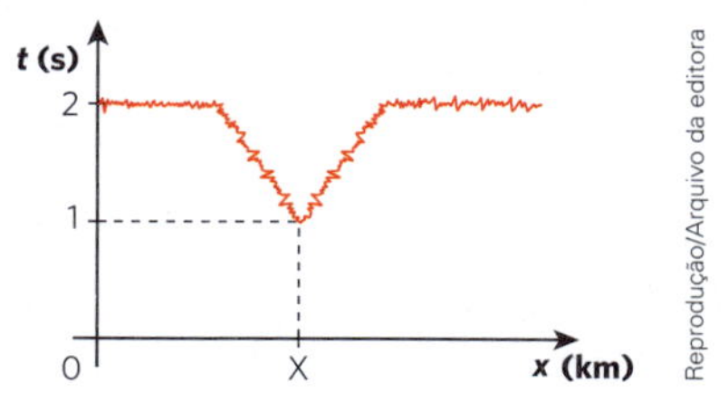




O gráfico mostra a duração de *t*, em função da posição *x* do navio, que navegava em linha reta. A partir dessas informações, pode-se concluir, corretamente, que na posição **X** havia:

**a)** um vale submarino, cujo fundo estava a 1,5 km do nível do mar.
**b)** um vale submarino, cujo fundo estava a 3,0 km do nível do mar.
**c)** um vale submarino, cujo fundo estava a 4,5 km do nível do mar.
**d)** uma montanha submarina, cujo pico estava a 0,75 km do nível do mar.
**e)** uma montanha submarina, cujo pico estava a 1,5 km do nível do mar.

**9** (UFRN) O violão, instrumento musical bastante popular, possui seis cordas com espessuras e massas diferentes, resultando em diferentes densidades lineares. As extremidades de cada corda são fixadas como mostra a figura abaixo.

Reprodução/UFRN, 2013

Para produzir sons mais agudos ou mais graves, o violonista dispõe de duas alternativas: aumentar ou diminuir a tensão sobre a corda; e reduzir ou aumentar seu comprimento efetivo ao pressioná-la em determinados pontos ao longo do braço do instrumento. Para uma dada tensão, *F*, e um dado comprimento, *L*, a frequência de vibração, *f*, de uma corda de densidade linear $\mu$ é determinada pela expressão

$$f = \frac{1}{2L}\sqrt{\frac{F}{\mu}}$$

Levando em consideração as características descritas acima, para tocar uma determinada corda de violão visando produzir um som mais agudo, o violonista deverá

**a)** diminuir o comprimento efetivo da corda, ou aumentar sua tensão.

**b)** aumentar o comprimento efetivo da corda, ou diminuir sua tensão.

**c)** diminuir o comprimento efetivo da corda, ou diminuir sua tensão.

**d)** aumentar o comprimento efetivo da corda, ou aumentar sua tensão.

**10** (PUC-SP) Uma corda inextensível e homogênea, de comprimento igual a 100 cm e massa igual a 50 g, tem um de seus extremos conectado a uma mola ideal disposta verticalmente. O outro extremo da corda está preso a um corpo metálico de massa *m*, suspenso verticalmente, conforme indicado na figura abaixo. A mola é posta a oscilar verticalmente em movimento harmônico simples, com uma frequência de 20 Hz.
Considerando a polia ideal, determine a massa do corpo metálico, em unidades do SI, para que se obtenham dois ventres na onda transversal estacionária que se forma na corda.

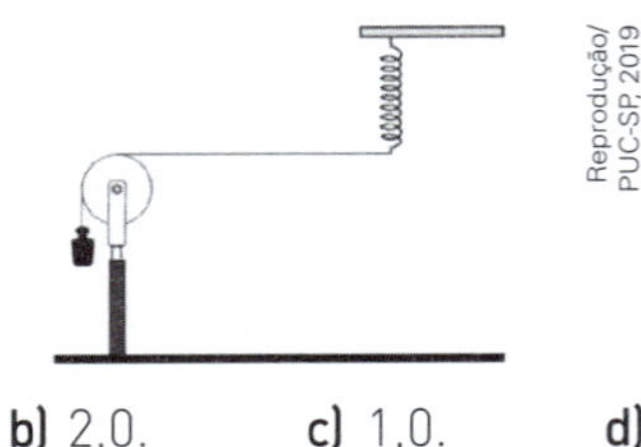
Reprodução/PUC-SP, 2019

**a)** 4,0. **b)** 2,0. **c)** 1,0. **d)** 0,5.

**11** (Unicamp-SP) A levitação acústica consiste no emprego de ondas acústicas para exercer força sobre objetos e com isso mantê-los suspenso no ar, como a formiga representada na figura A, ou movimentá-los de forma controlada. Uma das técnicas utilizadas baseia-se na formação de ondas acústicas estacionárias entre duas placas, como ilustra a figura B, que mostra a amplitude da pressão em função da posição vertical.

**a)** As frequências de ressonância acústica entre duas placas, ou num tubo fechado nas duas extremidades, são dadas por $f_n = \frac{nv}{2L}$, sendo $L$ a distância entre as placas, $v = 340$ m/s a velocidade do som no ar, e $n$ um número inteiro positivo e não nulo que designa o modo. Qual é a frequência do modo ilustrado na figura B?

**b)** A força acústica aplicada numa pequena esfera aponta sempre na direção $z$ e no sentido do nó de pressão mais próximo. Nas proximidades de cada nó, a força acústica pode ser aproximada por $F_{ac} = -k\Delta z$, sendo $k$ uma constante e $\Delta z = z - z_{nó}$. Ou seja, a força aponta para cima (positiva) quando a esfera está abaixo do nó ($\Delta z$ negativo), e vice-versa. Se $k = 6,0 \times 10^{-2}$ N/m e uma esfera de massa $m = 1,5 \times 10^{-6}$ kg é solta a partir do repouso na posição de um nó, qual será a menor distância percorrida pela esfera até que ela volte a ficar instantaneamente em repouso? Despreze o atrito viscoso da esfera com o ar.

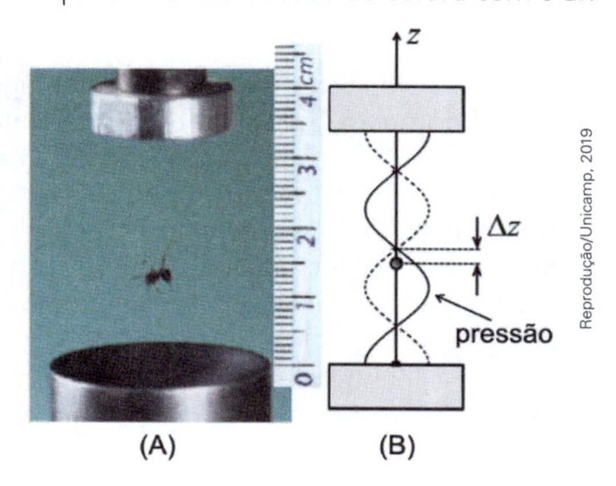

Reprodução/Unicamp, 2019

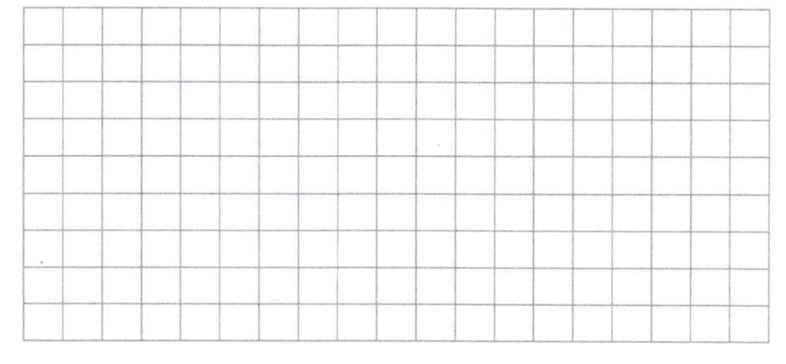

**12** (UFC-CE) Considere o arranjo representado na figura a seguir, no qual vemos um tubo sonoro **T**, em que está ajustado o êmbolo **E**, que pode ser movido convenientemente, e uma fonte **F**, que emite som de frequência constante *f*. Utilizando esse arranjo, um estudante verificou que deslocando o êmbolo para a direita, desde a posição em que $L$ é igual a zero, a primeira ressonância ocorreu na posição em que $L_1 = 18$ cm. Supondo que o estudante continue a deslocar o êmbolo para a direita, em que valor subsequente $L_2$, em centímetros, ocorrerá uma nova ressonância?

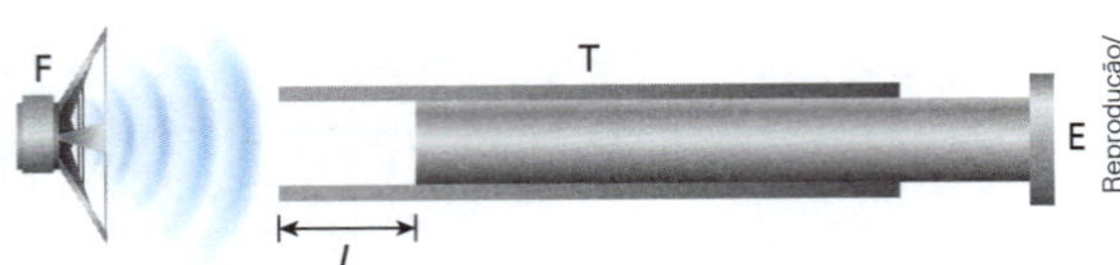

Reprodução/ Arquivo da editora

**13** (PUC-SP) Uma garotinha está brincando de pular na cama elástica. Ao longo de seu salto mais alto, desde o momento em que seus pés abandonaram a cama elástica e atingiram a altura máxima de 1,8 m, em relação ao nível da cama e retornou ao exato ponto de partida, ela deu um grito de alegria, em que o som estridente, de tom puro, tinha uma frequência de 350 Hz.

Reprodução/PUC-SP, 2018.

Determine, em hertz, a diferença aproximada entre a maior e a menor frequência dos sons percebidos pelos pais, que permanecem muito próximos à cama elástica e em repouso em relação a ela. Adote a velocidade do som no ar igual a 340 m/s. Despreze todas as formas de atrito.

**a)** 0 **b)** 12 **c)** 24 **d)** 36

# Óptica

## Trajetórias da luz

**1** (Fuvest-SP) Um aparelho fotográfico rudimentar é constituído por uma câmara escura com um orifício em uma face e um anteparo de vidro fosco na face oposta. Um objeto em forma de **L** encontra-se a 2,0 m do orifício e sua imagem no anteparo é 5 vezes menor que seu tamanho natural:

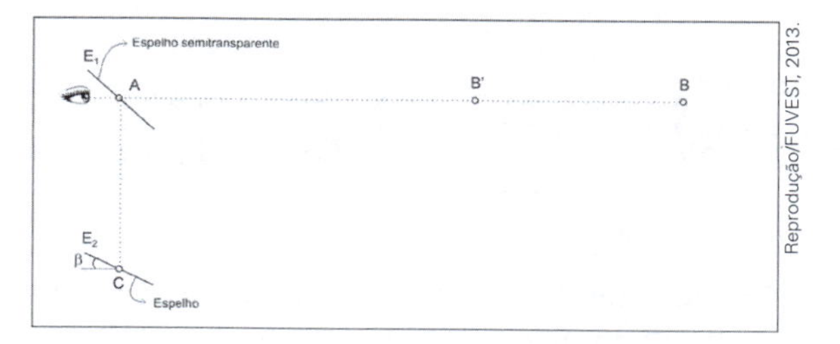


Reprodução/FUVEST, 2013.

**a)** Que imagem é vista pelo observador **O** indicado na figura? Esquematize.

**b)** Determine a largura *d* da câmara.

**2** (UPE) Uma usina heliotérmica é muito parecida com uma usina termoelétrica. A diferença é que, em vez de usar carvão ou gás como combustível, utiliza o calor do Sol para gerar eletricidade. (...) O processo heliotérmico tem início com a reflexão dos raios solares diretos, utilizando um sistema de espelhos, chamados de coletores ou helióstatos. Esses espelhos acompanham a posição do Sol ao longo do dia e refletem os raios solares para um foco, onde se encontra um receptor. A principal característica dessa tecnologia é a presença de uma imensa torre no centro da usina.

Fonte: http://energiaheliotermica.gov.br/pt-br/energia-heliotermica/como-funciona, acessado em: 11 de julho de 2017.

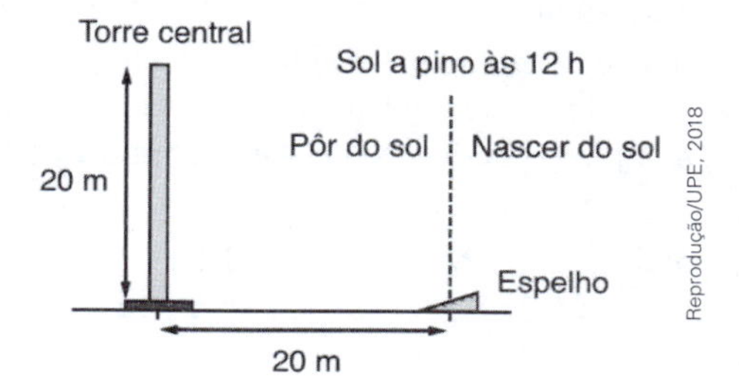


Reprodução/UPE, 2018

Suponha que as dimensões do espelho são muito menores que as dimensões da torre e que o ângulo entre a superfície do espelho e a horizontal seja de 30°. Determine em qual horário a radiação solar que atinge o espelho será refletida para a extremidade superior da torre.

**a)** 10 h **b)** 11 h **c)** 12 h **d)** 13 h **e)** 14 h

**3** (Fuvest-SP) Um feixe de luz entra em uma caixa retangular de altura $L$, espelhada internamente, através de uma abertura **A**. O feixe, após sofrer 5 reflexões, sai da caixa por um orifício **B** depois de decorrido $1{,}0 \cdot 10^{-8}$ segundo.

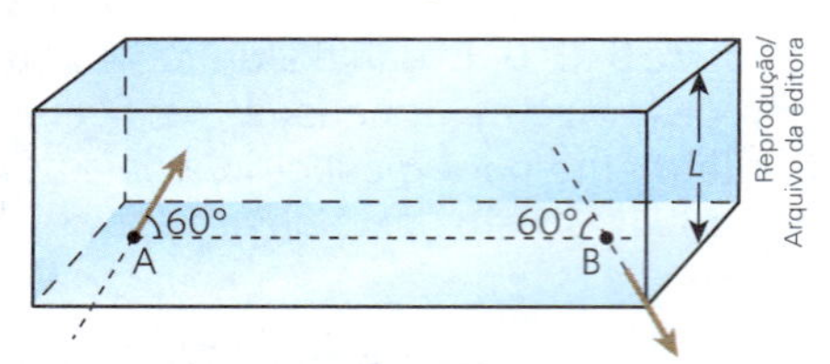


Os ângulos formados pela direção do feixe e o segmento **AB** estão indicados na figura.

**a)** Calcule o comprimento do segmento **AB**.

**Dado:** $c = 3{,}0 \cdot 10^8$ m/s

**b)** O que acontece com o número de reflexões e com o tempo entre a entrada e a saída do feixe se diminuirmos a altura da caixa $L$ pela metade?

**4** (Unesp-SP) Uma pessoa está parada numa calçada plana e horizontal diante de um espelho plano vertical **E** pendurado na fachada de uma loja. A figura representa a visão de cima da região.

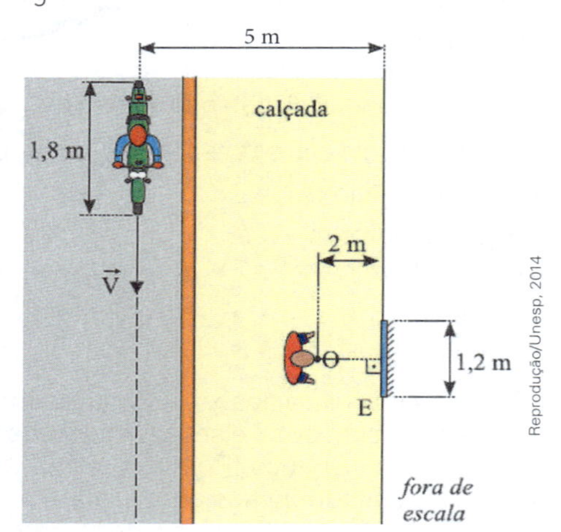


Olhando para o espelho, a pessoa pode ver a imagem de um motociclista e de sua motocicleta que passam pela rua com velocidade constante V = 0,8 m/s, em uma trajetória retilínea paralela à calçada, conforme indica a linha tracejada. Considerando que o ponto **O** na figura represente a posição dos olhos da pessoa parada na calçada, é correto afirmar que ela poderá ver a imagem por inteiro do motociclista e de sua motocicleta refletida no espelho durante um intervalo de tempo, em segundos, igual a

**a)** 2 **b)** 3 **c)** 4 **d)** 5 **e)** 1

**5** (Unifor-CE) Um observador encontra-se no ponto **P**, a 2,5 m de distância e perpendicular a um espelho plano **NM**, de 2 m de largura, posto no fundo de uma sala quadrada de 6 m × 6 m. Na lateral desta sala, encontram-se cinco quadros de dimensões desprezíveis, representados pelas letras **A**, **B**, **C**, **D**, **E**, equidistantes. A vista é superior, despreze as dimensões verticais. Olhando frontalmente para o espelho, quais as imagens dos quadros vistos pelo observador?

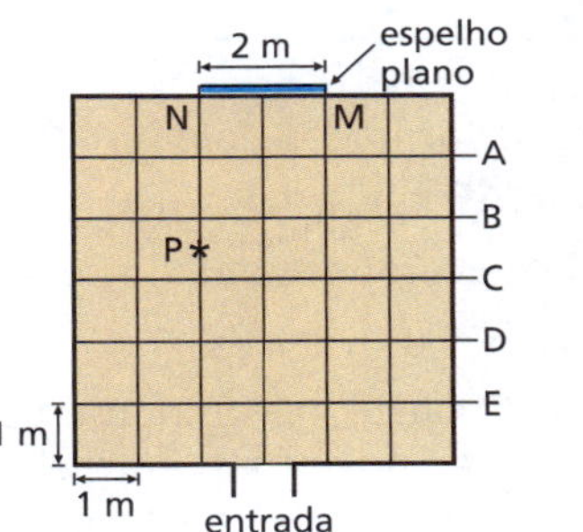


Reprodução/Arquivo da editora

**a)** A, B, C, D, E
**b)** B, C, D, E
**c)** C, D, E
**d)** D, E
**e)** E

**6** (PUC-SP) Um aluno colocou um objeto **O** entre as superfícies refletoras de dois espelhos planos associados e que formavam entre si um ângulo $\theta$, obtendo *n* imagens. Quando reduziu o ângulo entre os espelhos para $\frac{\theta}{4}$ passou a obter *m* imagens.

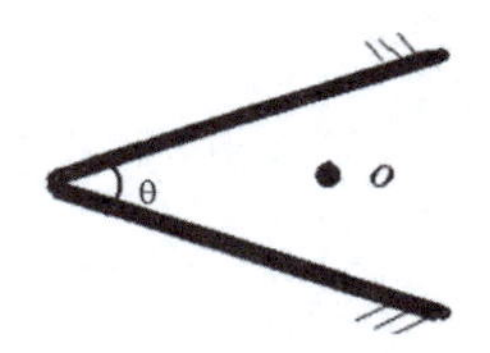


Reprodução/PUC-SP, 2012.

A relação entre *m* e *n* é:

**a)** $m = 4n + 3$
**b)** $m = 4n - 3$
**c)** $m = 4n(n + 1)$
**d)** $m = 4(n - 1)$
**e)** $m = 4n$

**7** (PUC-RS) Na figura abaixo, ilustra-se um espelho esférico côncavo E e seus respectivos centro de curvatura (C), foco (F) e vértice (V). Um dos infinitos raios luminosos que incidem no espelho tem sua trajetória representada por r. As trajetórias de 1 a 5 se referem a possíveis caminhos seguidos pelo raio luminoso refletido no espelho.

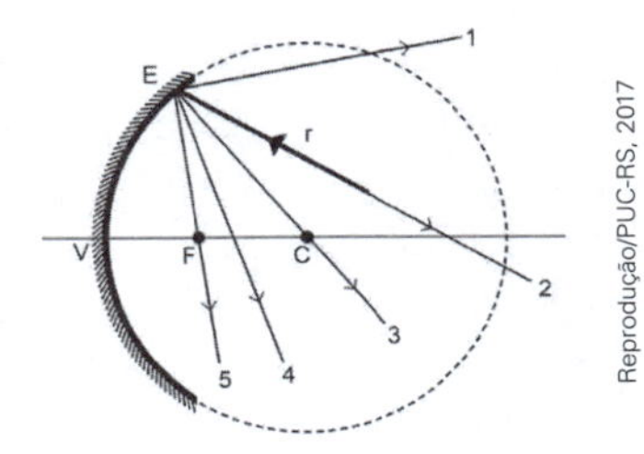


Reprodução/PUC-RS, 2017

O número que melhor representa a trajetória percorrida pelo raio r, após refletir no espelho E, é

**a)** 1 **b)** 2 **c)** 3 **d)** 4 **e)** 5

8 (Unesp-SP) Quando entrou em uma ótica para comprar novos óculos, um rapaz deparou-se com três espelhos sobre o balcão: um plano, um esférico côncavo e um esférico convexo, todos capazes de formar imagens nítidas de objetos reais colocados à sua frente. Notou ainda que, ao se posicionar sempre a mesma distância desses espelhos, via três diferentes imagens de seu rosto, representadas na figura abaixo.

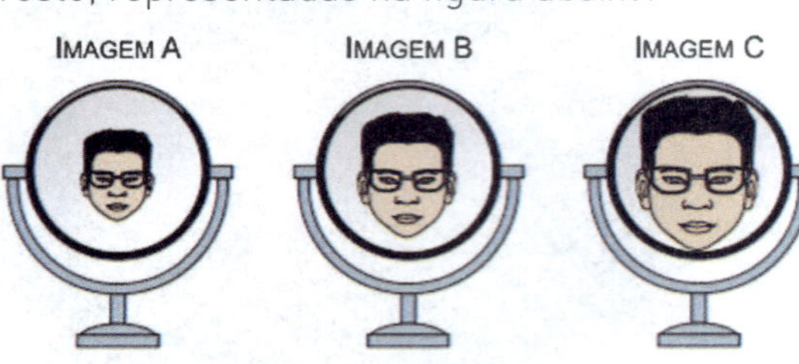


Reprodução/Unesp, 2015

Em seguida, associou cada imagem vista por ele a um tipo de espelho e classificou-as quanto às suas naturezas. Uma associação correta feita pelo rapaz está indicada na alternativa:

a) o espelho A é o côncavo e a imagem conjugada por ele é real.

b) o espelho B é o plano e a imagem conjugada por ele é real.

c) o espelho C é o côncavo e a imagem conjugada por ele é virtual.

d) o espelho A é o plano e a imagem conjugada por ele é virtual.

e) o espelho C é o convexo e a imagem conjugada por ele é virtual.

**9** (Vunesp) Um menino construiu uma lanterna utilizando uma lata enferrujada e sem tampa, uma vela, um arame e um pedaço de mangueira de jardim, conforme a figura.

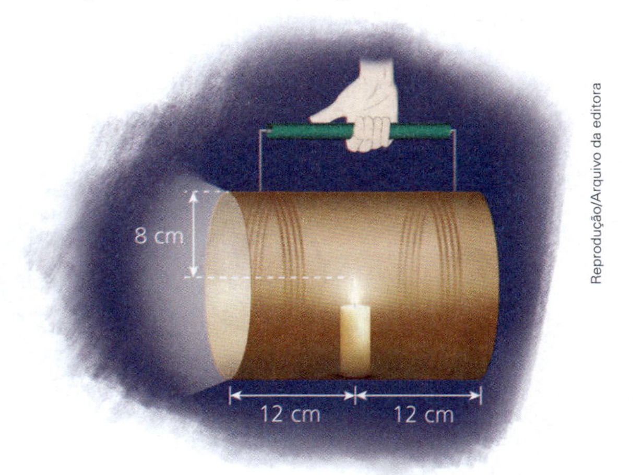


Reprodução/Arquivo da editora

A chama da vela estava localizada no eixo de simetria da lata, a 12 cm de sua abertura, e os raios de luz irradiavam apenas por essa abertura, já que os raios direcionados para o interior da lata eram completamente absorvidos pela camada de ferrugem. Como resultado, a lanterna projetava um cone de luz com vértice na chama da vela, que pode ser considerada puntiforme.

**a)** Suponha que o menino posicione a lanterna a 1,50 m de uma parede plana e vertical, com seu eixo de simetria em posição horizontal e ortogonal à superfície da parede. Determine o diâmetro do disco de luz que essa lanterna projeta sobre essa parede.

**b)** Após encontrar um pequeno espelho esférico côncavo, o menino decidiu fixá-lo na parede do fundo da lata, com seu eixo principal coincidindo com o eixo de simetria da lata. Apontando novamente a lanterna para a parede, mantendo o eixo de simetria do sistema em posição horizontal e ortogonal à parede, o menino obteve uma imagem nítida da vela projetada na parede com dimensões lineares 19 vezes as da vela. Admitindo-se válidas as condições de Gauss, determine a distância entre a parede e o fundo da lata, bem como a distância focal do espelho.

**10** (Unifesp) Na entrada de uma loja de conveniência de um posto de combustível, há um espelho convexo utilizado para monitorar a região externa da loja, como representado na figura. A distância focal desse espelho tem módulo igual a 0,6 m e, na figura, pode-se ver a imagem de dois veículos que estão estacionados paralelamente e em frente à loja, aproximadamente a 3 m de distância do vértice do espelho.

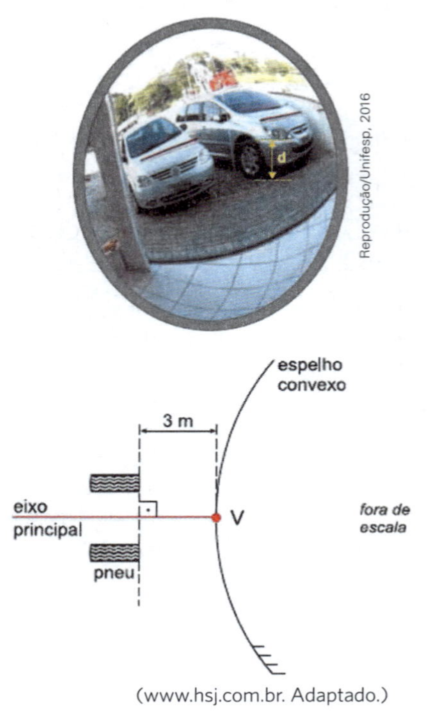


(www.hsj.com.br. Adaptado.)

Considerando que esse espelho obedece às condições de nitidez de Gauss, calcule:

a) a distância, em metros, da imagem dos veículos ao espelho.

b) a relação entre o comprimento do diâmetro da imagem do pneu de um dos carros, indicada por *d* na figura, e o comprimento real do diâmetro desse pneu.

**11** (UFPE) Um dispositivo composto por três blocos de vidro com índices de refração 1,40, 1,80 e 2,00 é mostrado na figura. Calcule a razão $\frac{t_A}{t_B}$ entre os tempos que dois pulsos de luz ("*flashes*") levam para atravessar este dispositivo.

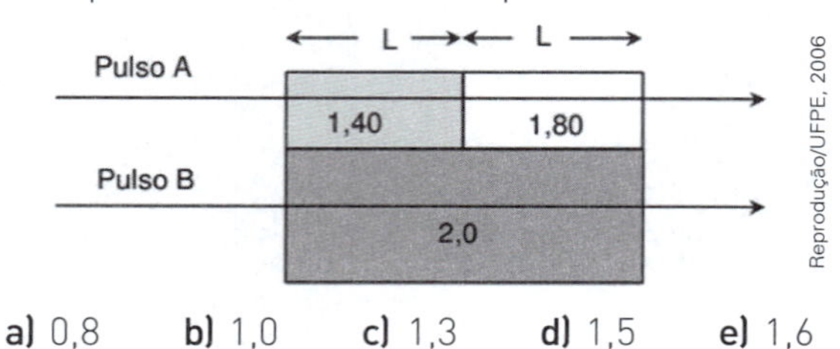


a) 0,8 b) 1,0 c) 1,3 d) 1,5 e) 1,6

**12** (UFRJ) Um raio de luz monocromática, propagando-se no ar, incide sobre a face esférica de um hemisfério maciço de raio R e emerge perpendicularmente à face plana, a uma distância $\frac{R}{2}$ do eixo óptico, como mostra a figura.

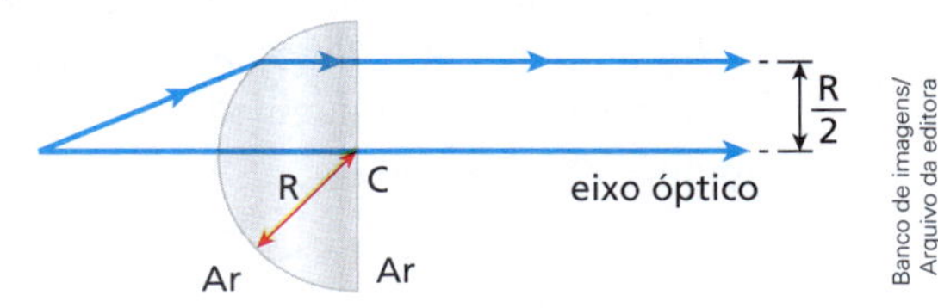


O índice de refração do material do hemisfério, para esse raio de luz, é $n = \sqrt{2}$.

Calcule o desvio angular sofrido pelo raio ao atravessar o hemisfério.

**13** (PUC-RJ) Um estudante monta um dispositivo composto de uma lente (**L**) biconvexa e um espelho convexo (**E**), de acordo com o esquema abaixo.

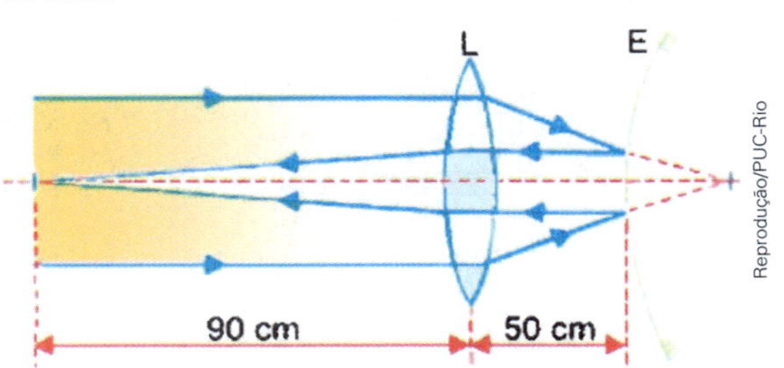


Nesse esquema, são representadas as trajetórias de dois raios luminosos que incidem paralelamente ao eixo principal comum à lente e ao espelho.

Com base nele, é correto afirmar que o raio de curvatura do espelho vale, em centímetros:

**a)** 40
**b)** 50
**c)** 60
**d)** 70
**e)** 80

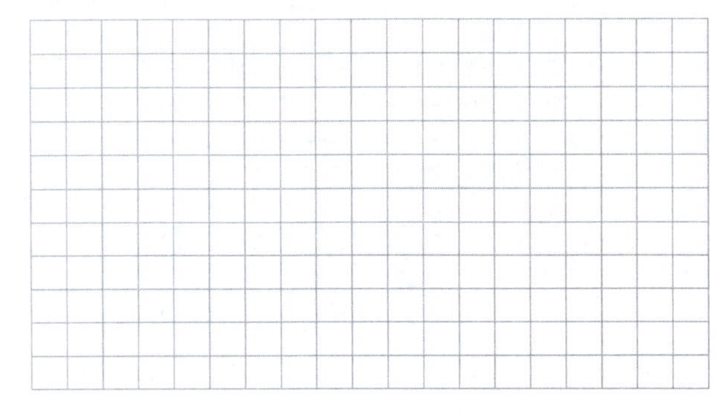

**14** (Vunesp) A figura mostra um banco óptico com duas lentes esféricas, delgadas, convergentes e de distância focal igual a 20 cm, cujos eixos principais coincidem. Acoplado a esse equipamento, um projetor atua como objeto luminoso.

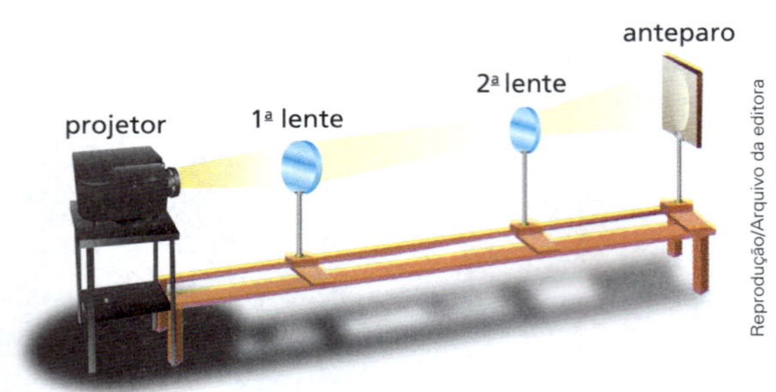


Reprodução/Arquivo da editora

Colocando-se o projetor sobre o eixo principal do sistema, na posição $x_p = 0$ cm, a primeira lente na posição $x_1 = 30$ cm e a segunda lente na posição $x_2 = 70$ cm, a imagem final conjugada pela segunda lente se formará na posição

**a)** 40 cm

**b)** 50 cm

**c)** 60 cm

**d)** 75 cm

**e)** 80 cm

# Eletrostática

## Cargas, campos e potencial elétrico

**1** (Fuvest-SP) Aproximando-se uma barra eletrizada de duas esferas condutoras, inicialmente descarregadas e encostadas uma na outra, observa-se a distribuição de cargas esquematizada a seguir.

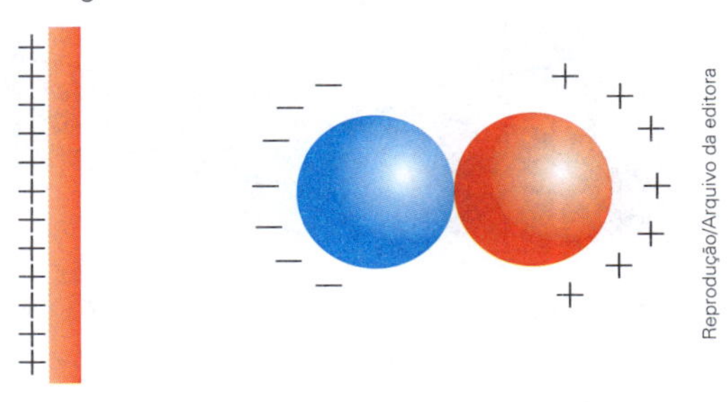



Em seguida, sem tirar do lugar a barra eletrizada, afasta-se um pouco uma esfera da outra. Finalmente, sem mexer mais nas esferas, remove-se a barra, levando-a para muito longe das esferas. Nessa situação final, a figura que melhor representa a distribuição de cargas nas duas esferas é:

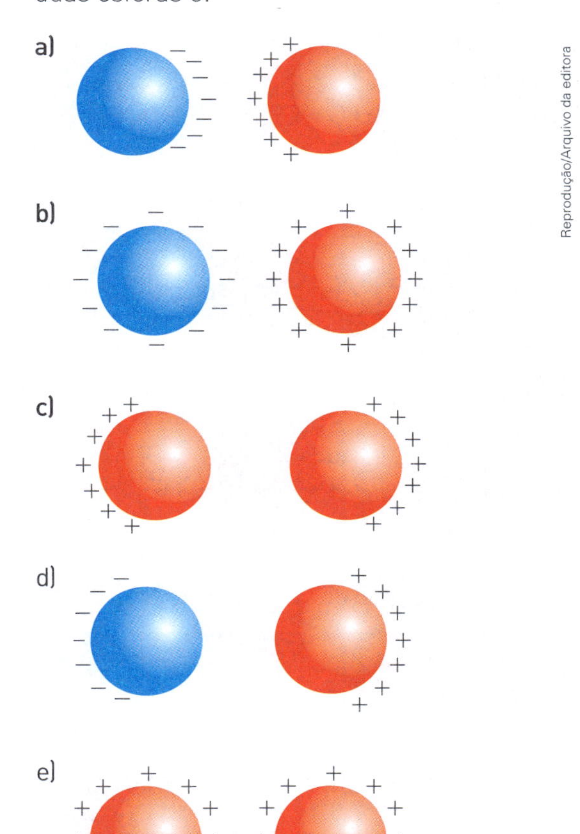

**2** (PUC-SP) Uma partícula esférica eletrizada com carga de módulo igual a $q$, de massa $m$, quando colocada em uma superfície plana, horizontal, perfeitamente lisa e com seu centro a uma distância $d$ do centro de outra partícula eletrizada, fixa e também com carga de módulo igual a $q$, é atraída por ação da força elétrica, adquirindo uma aceleração a. Sabe-se que a constante eletrostática do meio vale $K$ e o módulo da aceleração da gravidade vale $g$.

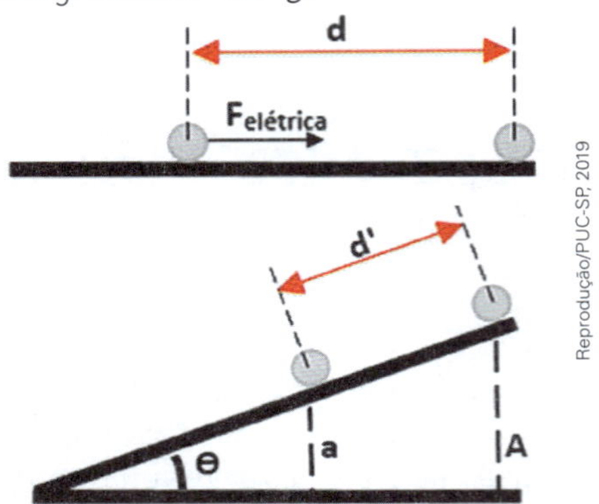


Reprodução/PUC-SP, 2019

Determine a nova distância $d'$, entre os centros das partículas, nessa mesma superfície, porém, com ela agora inclinada de um ângulo θ, em relação ao plano horizontal, para que o sistema de cargas permaneça em equilíbrio estático:

a) $d' = \frac{p \cdot \text{sen}\theta \cdot k \cdot q^2}{(A - a)}$

b) $d' = \frac{k \cdot q^2}{P(A - a)}$

c) $d' = \frac{p \cdot k \cdot q^2}{(A - a)}$

d) $d' = \frac{k \cdot q^2(A - a)}{P \cdot \text{sen}\,\theta}$

**3** (FGV-SP) Três pequenas esferas idênticas, **A**, **B** e **C**, carregadas com cargas respectivamente iguais a $Q_A$, $Q_B$ e $Q_C$ são abandonadas, alinhadas, sobre uma superfície plana e horizontal, com a esfera **C** mais próxima de **A** do que de **B**, como ilustra a figura a seguir.

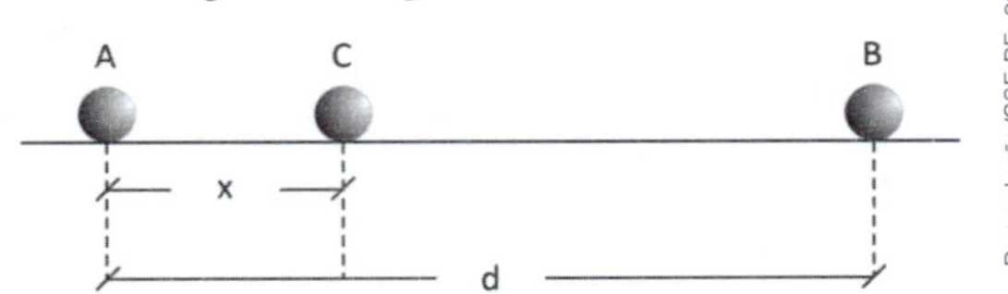


Reprodução/SSE-PE, 2016.

Verifica-se que, assim abandonadas, apesar de serem desprezíveis os atritos entre elas e a superfície de apoio, as três permanecem em repouso.

Nesse caso, se $|Q_B| = 4|Q_A|$ e a distância entre as esferas A e C for $d$, a distância $x$ entre as esferas **A** e **B** será:

a) $\frac{d}{2}$ b) $\frac{2d}{5}$ c) $\frac{d}{3}$ d) $\frac{d}{4}$ e) $\frac{d}{5}$

**4** (Ufal) Considere um retângulo de lados 3,0 cm e 4,0 cm. Uma carga elétrica $q$ colocada em um dos vértices do retângulo gera no vértice mais distante um campo elétrico de módulo $E$. Nos outros dois vértices, o módulo do campo elétrico é:

a) $\frac{E}{9}$ e $\frac{E}{16}$.

b) $\frac{4E}{25}$ e $\frac{3E}{16}$.

c) $\frac{4E}{3}$ e $\frac{5E}{3}$.

d) $\frac{5E}{4}$ e $\frac{5E}{3}$.

e) $\frac{25E}{9}$ e $\frac{25E}{16}$.

**5** (Vunesp) A experiência de Millikan, realizada no início do século XX, mediu a carga do elétron com precisão pela primeira vez, utilizando para isso o estudo do equilíbrio entre gotas de óleo carregadas em um campo elétrico uniforme.

(www.infopedia.pt. Adaptado.)

A figura mostra uma gota de óleo de massa ($m$) igual a 1 mg, carregada com uma carga elétrica $q$, sendo equilibrada no interior de um capacitor que produz um campo elétrico ($E$) de 2 500 V/m.

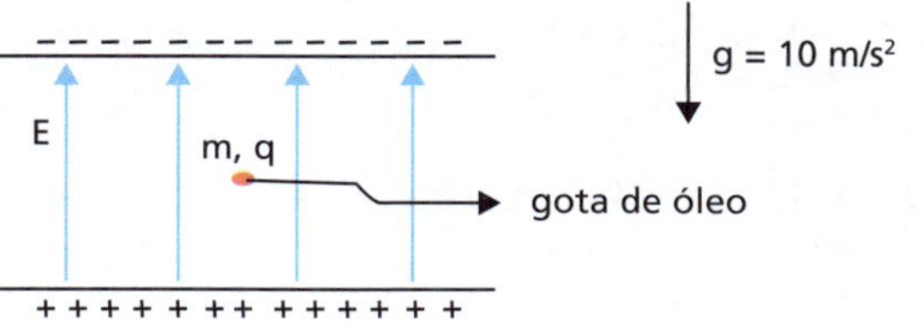




Supondo que todo o experimento esteja no vácuo, o valor da carga elétrica q, necessária para que a gota de óleo se mantenha em equilíbrio no interior do capacitor, é

a) $+1,0 \times 10^{-6}$ C.

b) $-2,5 \times 10^{-6}$ C.

c) $+2,5 \times 10^{-6}$ C.

d) $+4,0 \times 10^{-6}$ C.

e) $-4,0 \times 10^{-6}$ C.

**6** (UFRJ) Um aluno montou um eletroscópio para a Feira de Ciências da escola, conforme ilustrado na figura abaixo. Na hora da demonstração, o aluno atritou um pedaço de cano plástico com uma flanela, deixando-o eletrizado positivamente, encostou-o na tampa metálica e, em seguida, o retirou.

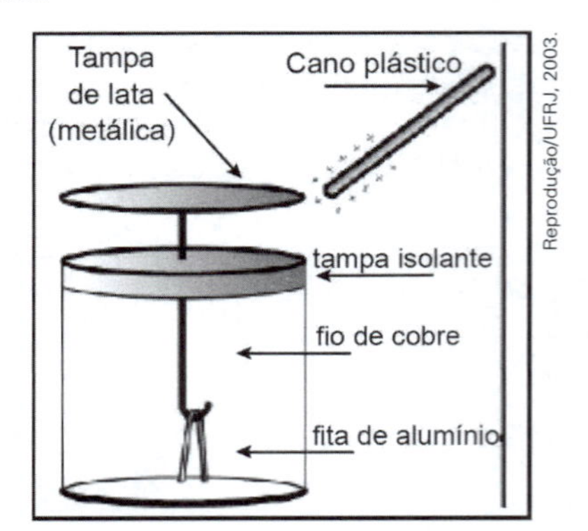


O aluno observou, então, um ângulo de abertura $\alpha_1$ na fita de alumínio.

**a)** Explique o fenômeno físico ocorrido com a fita metálica.

**b)** O aluno, em seguida, tornou a atritar o cano com a flanela e o reaproximou da tampa de lata sem encostar nela, observando um ângulo de abertura $\alpha_2$ na fita de alumínio. Compare $\alpha_1$ e $\alpha_2$, justificando sua resposta.

**7** (Vunesp) Um gerador eletrostático despeja em uma pequena esfera condutora, de raio R = 10,8 cm, uma carga elétrica de $-8{,}0 \cdot 10^{-10}$ C a cada segundo de funcionamento. O processo tem início com a esfera inicialmente neutra.

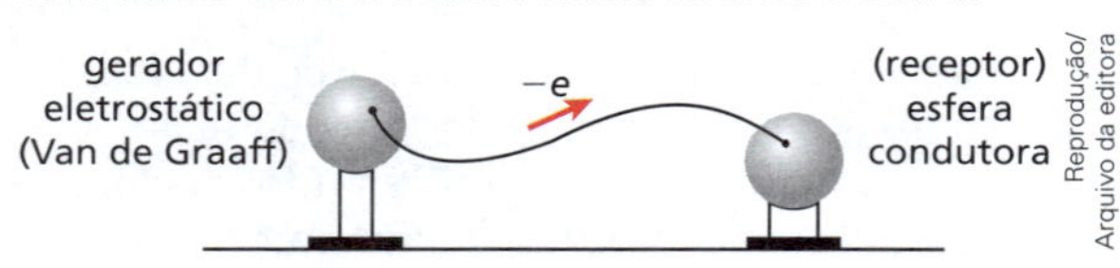


**a)** Qual partícula elementar o gerador deposita na esfera? Sabendo que o valor absoluto da carga elétrica elementar é $1{,}6 \cdot 10^{-19}$ C, determine o número de portadores de carga que são despejados na esfera no tempo de 1,0 s.

**b)** Considerando a esfera condutora como uma carga pontual e adotando a constante eletrostática igual a $9{,}0 \cdot 10^9$ N · m²/C², determine o tempo necessário (contando a partir do instante em que se liga o gerador) para que a uma distância de 3,6 cm da esfera se obtenha um potencial elétrico de valor absoluto igual a 1 000 V.

# Eletrodinâmica, Eletromagnetismo e Física moderna

**1** (Unicamp-SP) Tecnologias móveis como celulares e tablets têm tempo de autonomia limitado pela carga armazenada em suas baterias. O gráfico abaixo apresenta, de forma simplificada, a corrente de recarga de uma célula de bateria de íon de lítio, em função do tempo.

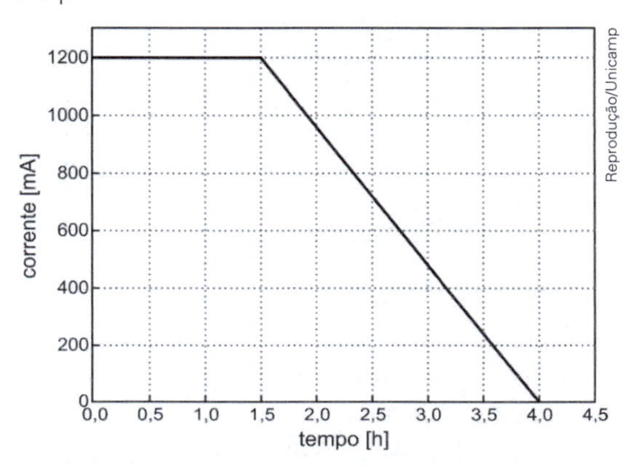


Considere uma célula de bateria inicialmente descarregada e que é carregada seguindo essa curva de corrente. A sua carga no final da recarga é de

**a)** 3,3 C
**b)** 11 880 C
**c)** 1 200 C
**d)** 3 000 C

**2** (Uerj) Aceleradores de partículas são ambientes onde partículas eletricamente carregadas são mantidas em movimento, como as cargas elétricas em um condutor. No Laboratório Europeu de Física de Partículas – CERN, está localizado o mais potente acelerador em operação no mundo. Considere as seguintes informações para compreender seu funcionamento:

– os prótons são acelerados em grupos de cerca de 3000 pacotes, que constituem o feixe do acelerador;

– esses pacotes são mantidos em movimento no interior e ao longo de um anel de cerca de 30 km de comprimento;

– cada pacote contém, aproximadamente, $10^{11}$ prótons que se deslocam com velocidades próximas à da luz no vácuo;

– a carga do próton é igual a $1,6 \cdot 10^{-19}$ C e a velocidade da luz no vácuo é igual a $3 \cdot 10^{8}$ m $\cdot$ s$^{-1}$.

Nessas condições, o feixe do CERN equivale a uma corrente elétrica, em ampères, da ordem de grandeza de:

**a)** $10^{0}$ **b)** $10^{2}$ **c)** $10^{4}$ **d)** $10^{6}$

**3** (PUC-RJ) Uma estudante tem uma pequena lâmpada LED vermelha em cujas especificações lê-se o seguinte: "Queda de tensão 1,8 V corrente máxima 0,02 A". Ela quer ligar essa lâmpada a duas pilhas AA em série, cada uma delas com voltagem de 1,5 V, mas percebe que, para isso, deve acrescentar algum resistor ao circuito.

**a)** Qual deve ser a resistência mínima do resistor para que a lâmpada LED não queime?

**b)** A estudante tem à sua disposição até quatro resistores de 120 Ω. Quantos resistores ela deve usar para que a lâmpada opere, seguramente, em sua corrente máxima? Justifique e faça um esquema do circuito.

**4** (PUC-RS) Na figura abaixo, estão representadas quatro lâmpadas idênticas associadas por fios condutores ideais a uma bateria ideal B. Uma chave interruptora C e três amperímetros ideais também fazem parte do circuito. Na figura, a chave interruptora está inicialmente fechada, e os amperímetros $A_1$, $A_2$ e $A_3$ medem intensidades de correntes elétricas, respectivamente, iguais a $i_1$, $i_2$ e $i_3$.

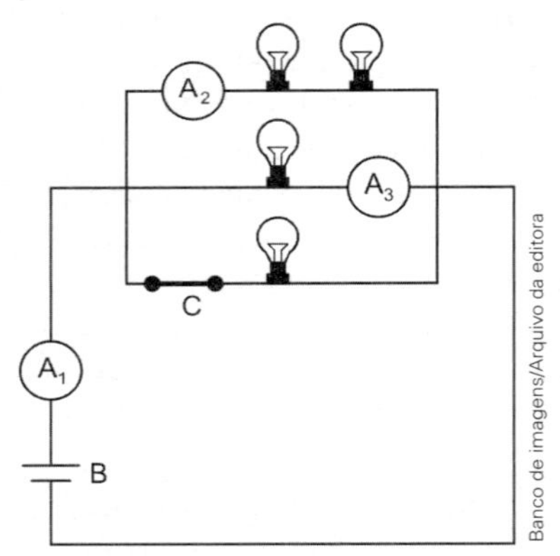

Banco de imagens/Arquivo da editora

Quando a chave interruptora C é aberta, as leituras indicadas por $A_1$, $A_2$ e $A_3$ passam a ser, respectivamente,

**a)** menor que $i_1$, menor que $i_2$ e igual a $i_3$.

**b)** menor que $i_1$, igual a $i_2$ e igual a $i_3$.

**c)** igual a $i_1$, maior que $i_2$ e maior que $i_3$.

**d)** igual a $i_1$, igual a $i_2$ e menor que $i_3$.

**e)** maior que $i_1$, maior que $i_2$ e maior que $i_3$.

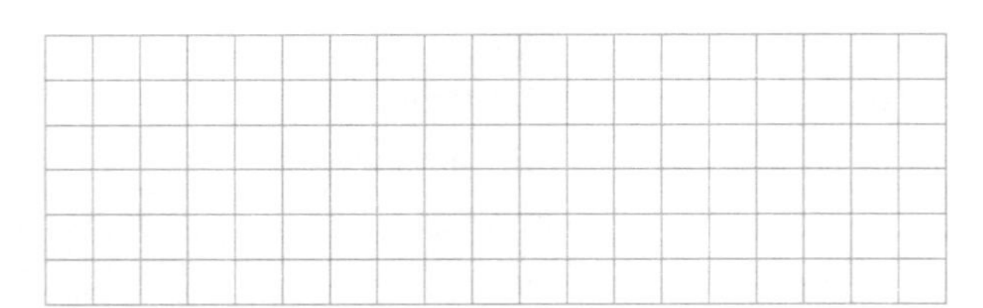

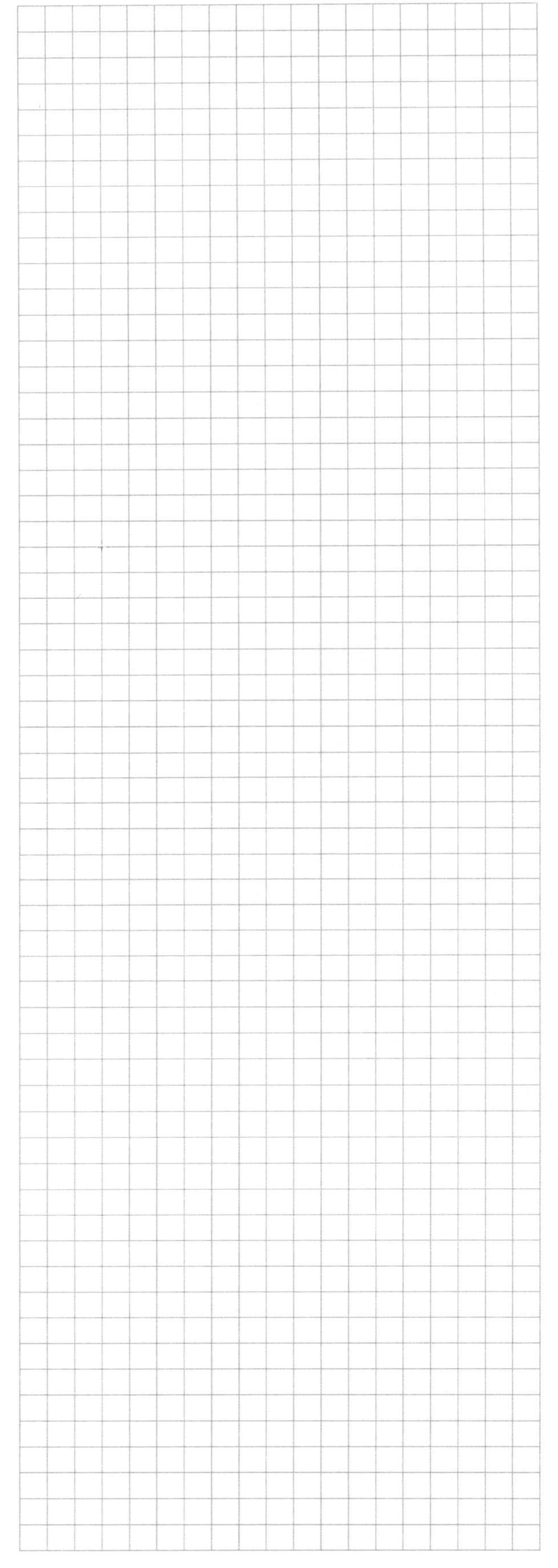

**5** (UFPR) Um engenheiro eletricista, ao projetar a instalação elétrica de uma edificação, deve levar em conta vários fatores, de modo a garantir principalmente a segurança dos futuros usuários. Considerando um trecho da fiação, com determinado comprimento, que irá alimentar um conjunto de lâmpadas, avalie as seguintes afirmativas:

1. Quanto mais fino for o fio condutor, menor será a sua resistência elétrica.
2. Quanto mais fino for o fio condutor, maior será a perda de energia em forma de calor.
3. Quanto mais fino for o fio condutor, maior será a sua resistividade.

Assinale a alternativa correta.

**a)** Somente a afirmativa 1 é verdadeira.

**b)** Somente a afirmativa 2 é verdadeira.

**c)** Somente a afirmativa 3 é verdadeira.

**d)** Somente as afirmativas 1 e 2 são verdadeiras.

**e)** Somente as afirmativas 2 e 3 são verdadeiras.

**6** (UFG-GO) Quanto à condução de eletricidade, os materiais são classificados como isolantes, semicondutores e condutores. Tecnologicamente, os semicondutores são muito usados, em parte devido ao alto controle de dopagem que se tem nestes materiais, o que pode torná-los excelentes condutores. Dopar um material semicondutor significa substituir um dos átomos da rede cristalina por um átomo com um elétron em excesso (impureza doadora) ou por um átomo com um elétron faltando (impureza aceitadora), conforme ilustrado abaixo.

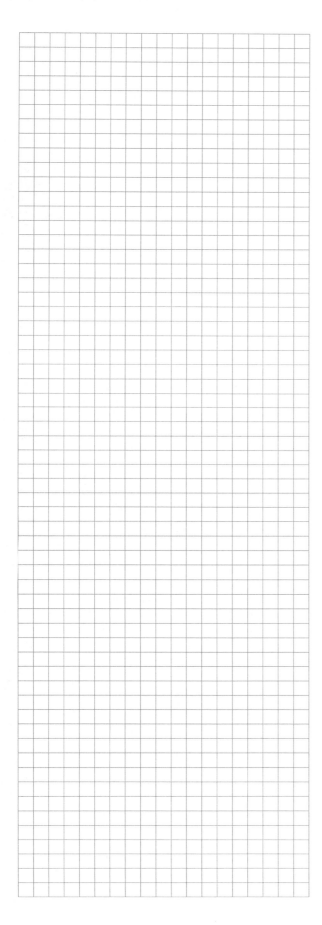

(a) Impureza doadora

(b) Impureza aceitadora

Banco de imagens/Arquivo da editora

Na rede cristalina do Si, o tipo de ligação química entre a impureza e o átomo de Si e a propriedade física do material que a adição de impurezas altera, são, respectivamente,

**a)** iônica e resistividade.

**b)** metálica e condutividade.

**c)** covalente e condutividade.

**d)** covalente e resistência.

**e)** metálica e resistência.

**7** (PUC-RJ) Em um laboratório de eletrônica, um aluno tem à sua disposição um painel de conexões, uma fonte de 12 V e quatro resistores, com resistências $R_1 = 10\ \Omega$, $R_2 = 20\ \Omega$, $R_3 = 30\ \Omega$ e $R_4 = 40\ \Omega$. Para armar os circuitos dos itens abaixo, **ele pode usar combinações em série e/ou paralelo de alguns ou todos os resistores disponíveis**.

**a)** Sua primeira tarefa é armar um circuito tal que a intensidade de corrente fornecida pela fonte seja de 0,8 A. Faça um esquema deste circuito. Justifique.

**b)** Agora o circuito deve ter a máxima intensidade de corrente possível fornecida pela fonte. Faça um esquema do circuito. Justifique.

**c)** Qual é o valor da intensidade de corrente do item **b**?

**8** (Uerj) Observe o gráfico, que representa a curva característica de operação de um gerador:

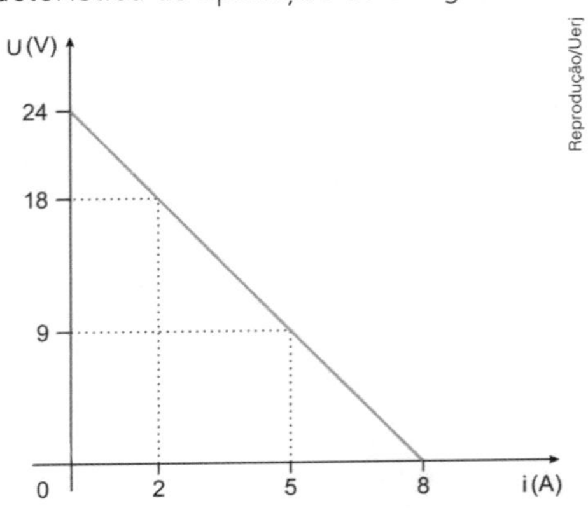


Com base nos dados, a resistência interna do gerador, em ohm, é igual a:

**a)** 1,0 **b)** 3,0 **c)** 4,0 **d)** 6,0

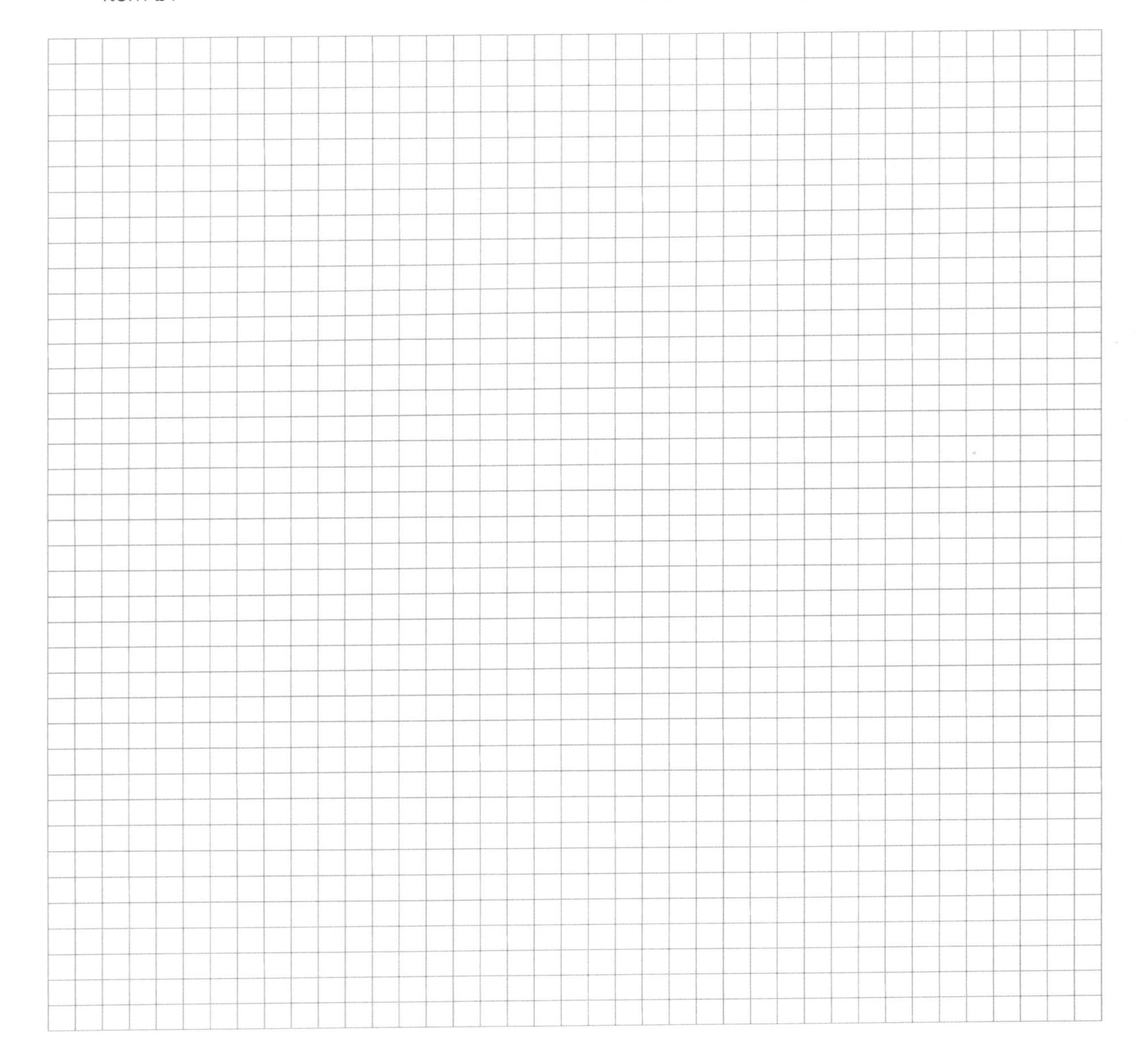

**9** (CPAEN-RJ) Analise a figura abaixo.

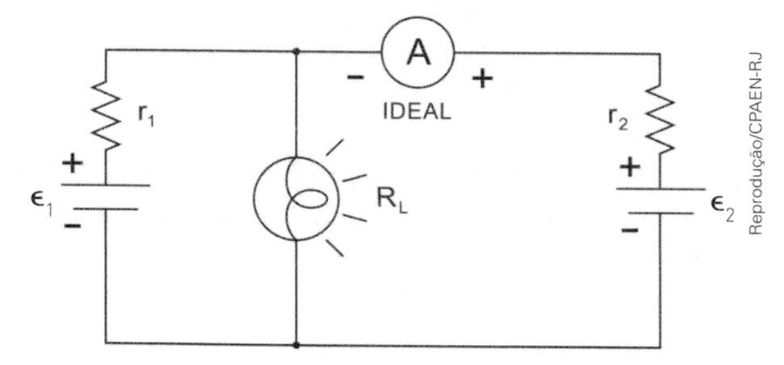


Duas pilhas, de resistência interna $r_1 = r_2 = \frac{1}{3}\ \Omega$ e uma lâmpada, de resistência $R_L = \frac{2}{3}\ \Omega$, estão conectadas em paralelo como mostra o circuito da figura acima. A f.e.m. da pilha 1 é $\epsilon_1 = 1{,}5$ V, mas a pilha 2, de f.e.m. $\epsilon_2$, encontra-se parcialmente descarregada de modo que o amperímetro ideal mede uma corrente nula nessa pilha.

Sendo assim, o valor da f.e.m. $\epsilon_2$, em volts, vale

a) zero
b) 0,50
c) 0,75
d) 1,00
e) 1,25

**10** (UFJF/Pism-MG) Durante uma aula de projetos elétricos, o professor pediu que os alunos construíssem um circuito elétrico como mostrado abaixo. Os resistores $R_1$, $R_2$, $R_3$ e $R_4$ têm resistências iguais a 2,0 $\Omega$, 4,0 $\Omega$, 5,0 $\Omega$ e 7,0 $\Omega$, respectivamente. O circuito é alimentado por uma bateria de 6,0 V com resistência interna desprezível.

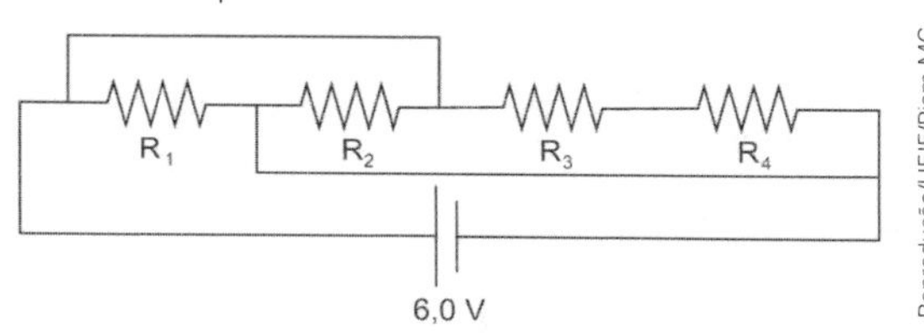

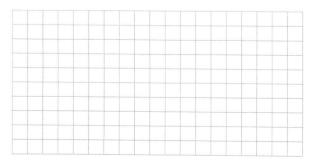

a) Qual a corrente total que atravessa esse circuito? Justifique sua resposta.

b) Qual a diferença de potencial entre as extremidades do resistor $R_3$? Justifique sua resposta.

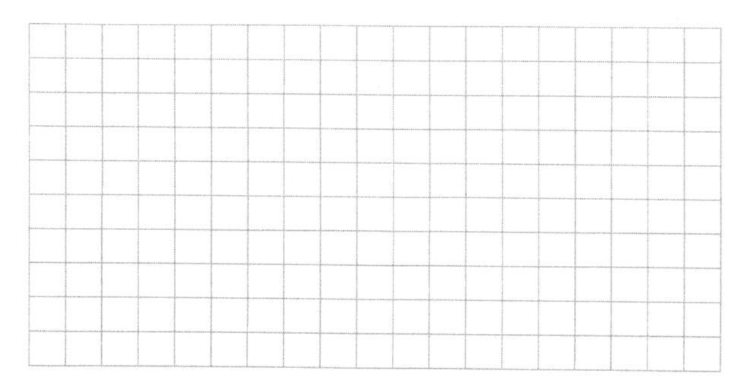

**11** (Unifesp) Uma espira metálica circular homogênea e de espessura constante é ligada com fios ideais, pelos pontos **A** e **B**, a um gerador ideal que mantém uma ddp constante de 12 V entre esses pontos. Nessas condições, o trecho AB da espira é percorrido por uma corrente elétrica de intensidade $i_{AB} = 6$ A e o trecho ACB é percorrido por uma corrente elétrica de intensidade $i_{ACB}$, conforme a figura.

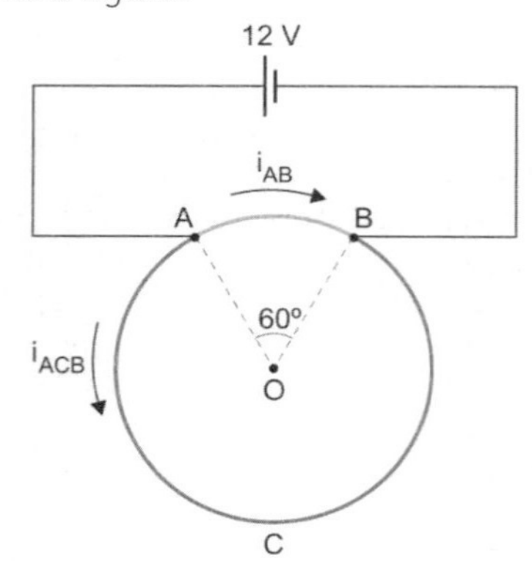




Calcule:

**a)** as resistências elétricas $R_{AB}$ e $R_{ACB}$, em ohms, dos trechos AB e ACB da espira.

**b)** a potência elétrica, em *W*, dissipada pela espira.

**12** (Unesp-SP) Um estudante pretendia construir o tetraedro regular BCDE, representado na figura 1, com seis fios idênticos, cada um com resistência elétrica constante de 80 Ω, no intuito de verificar experimentalmente as leis de Ohm em circuitos de corrente contínua.

Acidentalmente, o fio DE rompeu-se; com os cinco fios restantes e um gerador de 12 V, um amperímetro e um voltímetro, todos ideais, o estudante montou o circuito representado na figura 2, de modo que o fio BC permaneceu com o mesmo comprimento que tinha na figura 1.

figura 1

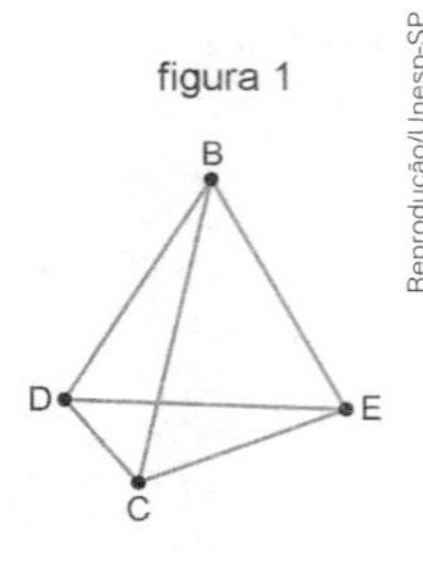




Desprezando a resistência dos fios de ligação dos instrumentos ao circuito e das conexões utilizadas, calcule as indicações do amperímetro, em **A**, e do voltímetro, em **V**, na situação representada na figura 2.

figura 2

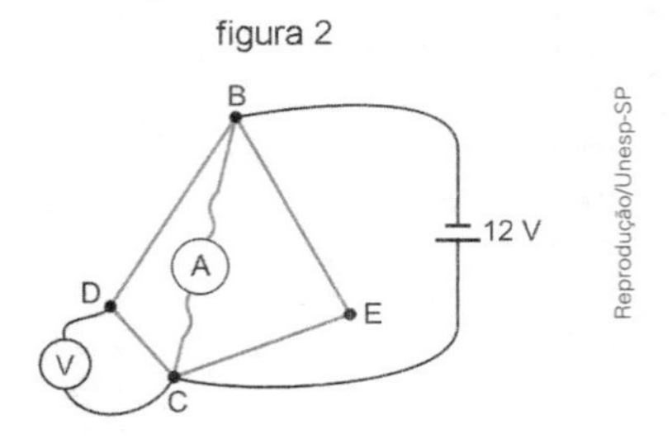




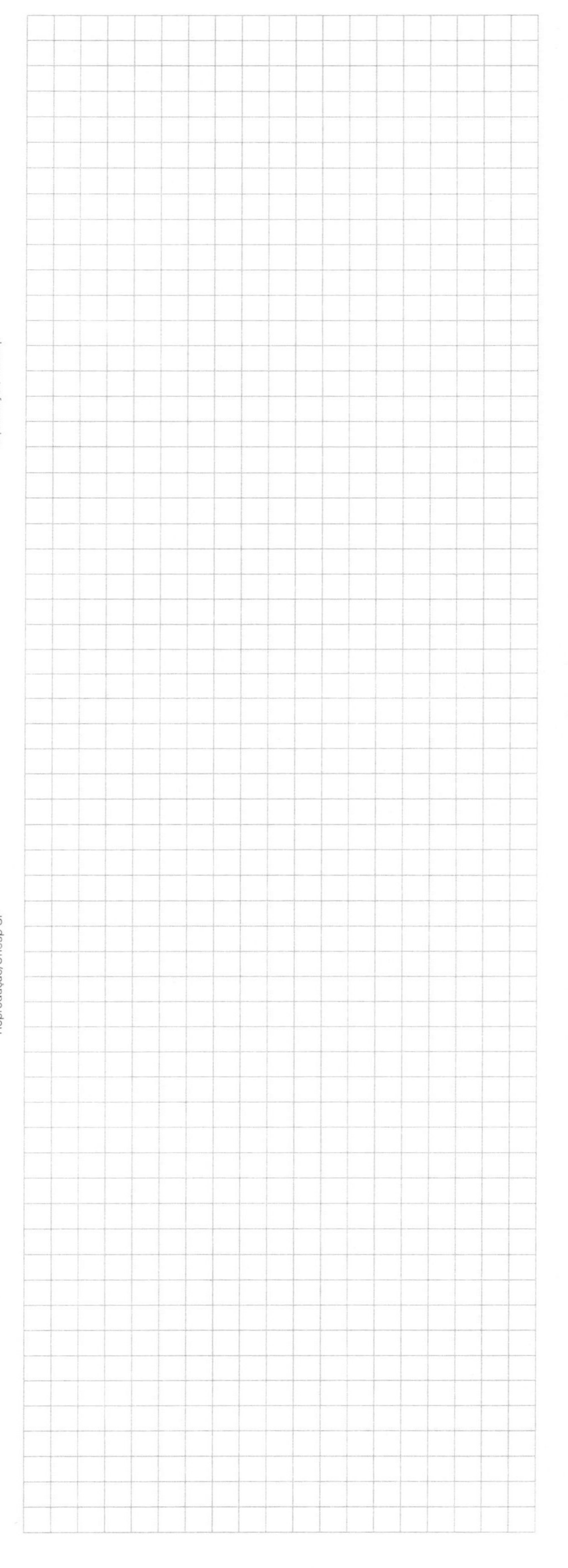

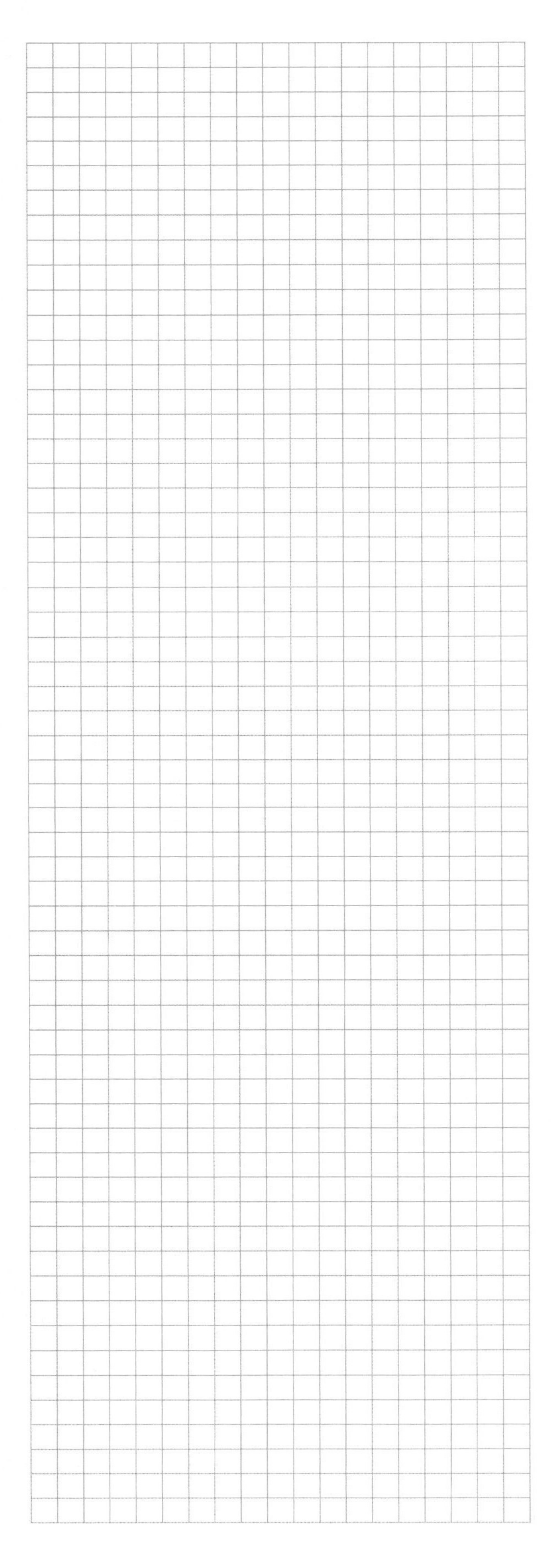

**13** (Unicamp-SP) O controle da temperatura da água e de ambientes tem oferecido à sociedade uma grande gama de confortos muito bem-vindos. Como exemplo podemos citar o controle da temperatura de ambientes fechados e o aquecimento da água usada para o banho.

**a)** O sistema de refrigeração usado em grandes instalações, como centros comerciais, retira o calor do ambiente por meio da evaporação da água. Os instrumentos que executam esse processo são usualmente grandes torres de refrigeração vazadas, por onde circula água, e que têm um grande ventilador no topo. A água é pulverizada na frente do fluxo de ar gerado pelo ventilador. Nesse processo, parte da água é evaporada, sem alterar a sua temperatura, absorvendo calor da parcela da água que permaneceu líquida. Considere que 110 litros de água a 30 °C circulem por uma torre de refrigeração e que, desse volume, 2 litros sejam evaporados. Sabendo que o calor latente de vaporização da água é $L = 540$ cal/g e que seu calor específico é $c = 1,0$ cal/g · °C, qual é a temperatura final da parcela da água que não evaporou?

**b)** A maioria dos chuveiros no Brasil aquece a água do banho por meio de uma resistência elétrica. Usualmente a resistência é constituída de um fio feito de uma liga de níquel e cromo de resistividade $\rho = 1,1 \cdot 10^{-6}\ \Omega$ m. Considere um chuveiro que funciona com tensão de $U = 220$ V e potência $P = 5\,500$ W. Se a área da seção transversal do fio da liga for $A = 2,5 \cdot 10^{-7}$ m², qual é o comprimento do fio da resistência?

**14** (Unisinos-RS) A intensidade da luz solar sobre a superfície da Terra é de 340 W/m².

Reprodução/Unisinos, 2016

(Disponível em http://www.vidasolar.com.br/aplicacoes-do-aquecedor-solar-de-agua/. Acesso em 16 set. 2015.)

Supondo-se:

1. uma residência com consumo mensal (30 dias) de 280 kWh, sendo 153 kWh relativos ao aquecimento de água ($k = 10^3$);
2. uma insolação diária de 6 h; e
3. uma eficiência do coletor solar de 50%, a área mínima, em m², de um coletor para atender ao consumo de água quente dessa residência, que tenha as características descritas, é de

**a)** 5 **b)** 10 **c)** 30 **d)** 50 **e)** 150

**15** (Unioeste-PR) Uma pessoa deixou um aquecedor elétrico portátil (ebulidor) dentro de um recipiente com dois litros de água que estavam inicialmente à temperatura de 20 °C. O aquecedor é composto por um único resistor que opera em uma tensão de 110 V. A pessoa voltou após um intervalo de tempo de 20 minutos e verificou que 40% da água já havia evaporado do recipiente. Considere que toda a energia fornecida pelo aquecedor é absorvida pela água e que toda a evaporação é somente devido à ação do ebulidor, ou seja, não houve nenhuma evaporação espontânea da água para o meio ambiente. Despreze também a capacidade térmica do recipiente e do aquecedor.

Dados:

calor específico da água = 1,0 cal/g °C;

calor latente de vaporização da água = 540 cal/g;

densidade absoluta da água = 1,0 kg/L;

1 cal = 4,2 J;

temperatura de ebulição da água = 100 °C.

A partir de tais informações, assinale a alternativa CORRETA.

**a)** O calor latente consumido no processo de evaporação é igual a $1{,}08 \cdot 10^6$ cal.

**b)** A quantidade de calor total absorvida pela água foi inferior a $2{,}0 \cdot 10^6$ J.

**c)** A potência fornecida pelo aquecedor é de 1 000 W.

**d)** A resistência do aquecedor é superior a 5,00 Ω.

**e)** A corrente elétrica consumida pelo aquecedor é igual a 10 A.

**16** (UEM-PR) Em um circuito elétrico, inicialmente os resistores $R_1 = 10\ \Omega$, $R_2 = 20\ \Omega$ e $R_3 = 40\ \Omega$ são ligados em paralelo a uma bateria de 12 V cuja resistência interna é desprezível. Em um certo instante, um dispositivo S é acionado de tal modo que o resistor $R_1$ é desconectado do sistema, mantendo-se $R_2$ e $R_3$ ligados em paralelo à bateria.

Sobre as características do circuito após o dispositivo S ser acionado, assinale o que for **correto**.

**01)** A corrente elétrica que passa por $R_2$ diminui.

**02)** A corrente elétrica que passa por $R_3$ passa a ser $\frac{3}{2}$ da corrente elétrica que passa por $R_2$.

**04)** A corrente elétrica total no circuito aumenta.

**08)** A resistência equivalente do circuito passa a ser igual a $\frac{7}{3}$ da resistência equivalente na configuração inicial.

**16)** A potência dissipada no circuito passa a ser igual a $\frac{3}{7}$ da potência dissipada pela configuração inicial.

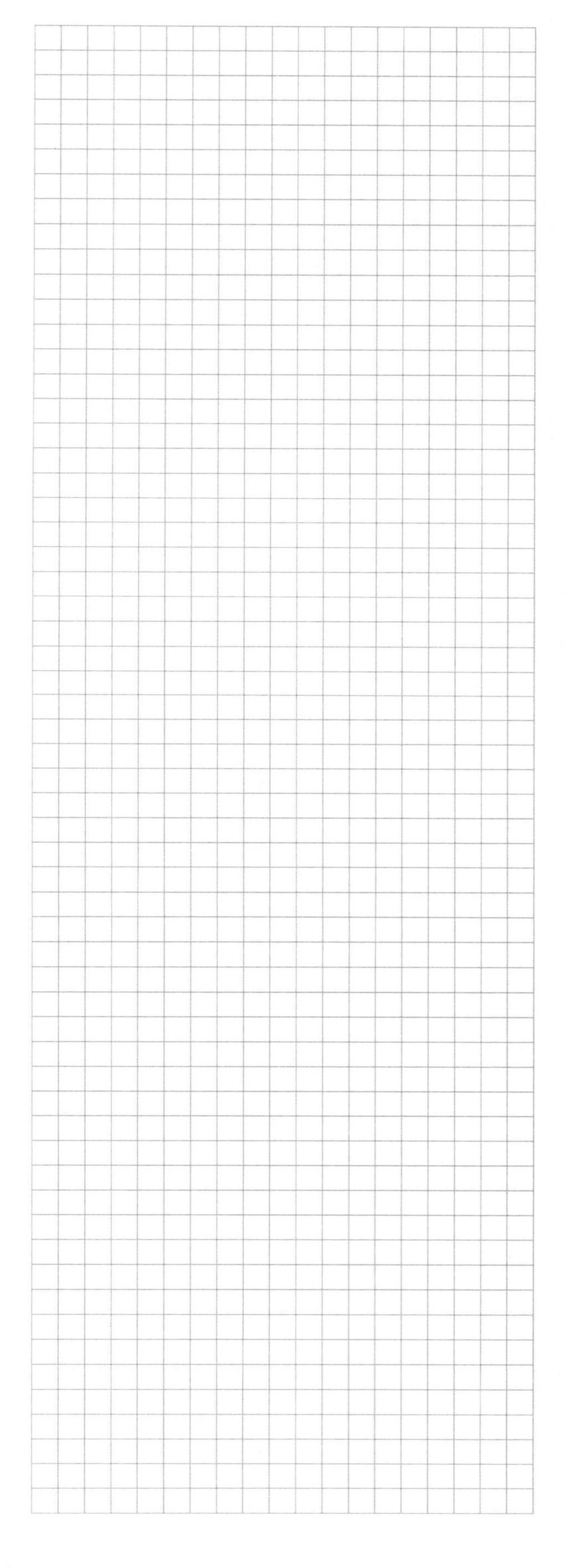

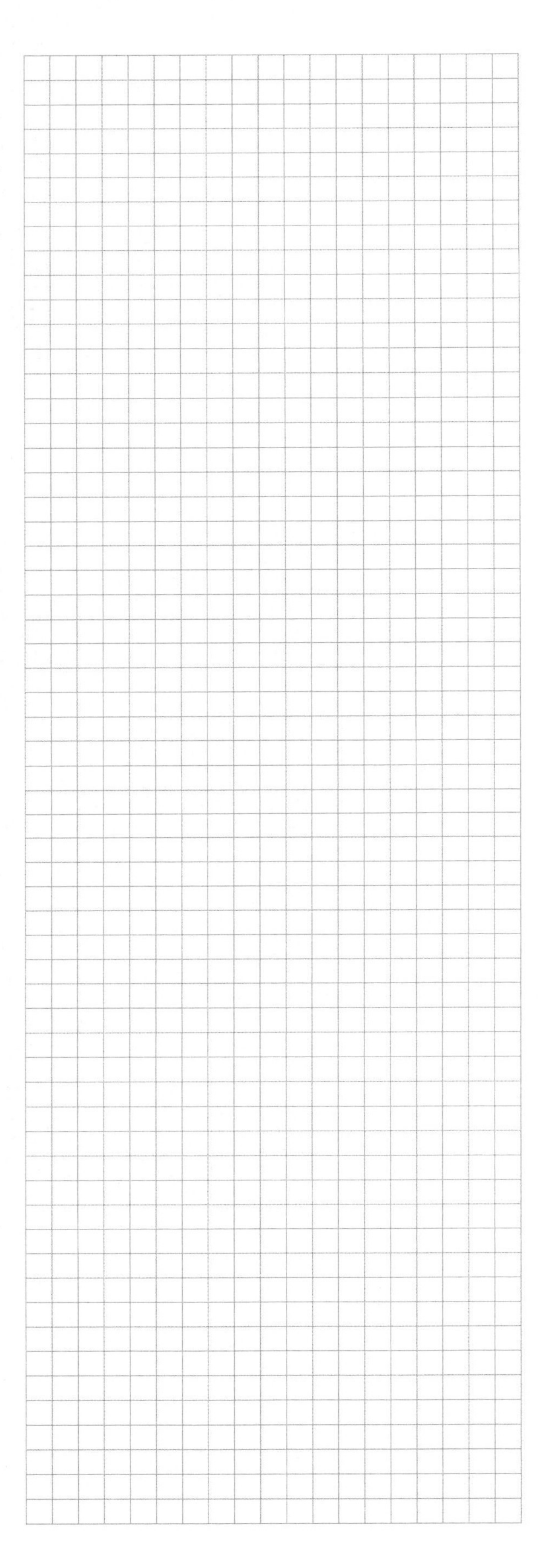

**17** (UEMG) O dímer é um aparelho usado para controlar o brilho de uma lâmpada ou a potência de um outro aparelho, como um ventilador. Um dímer foi usado para controlar o brilho de uma lâmpada cujas especificações são 24,0 W e 12,0 V. A lâmpada foi associada em série ao dímer e ligada a uma bateria de 12,0 V, conforme representado no diagrama.

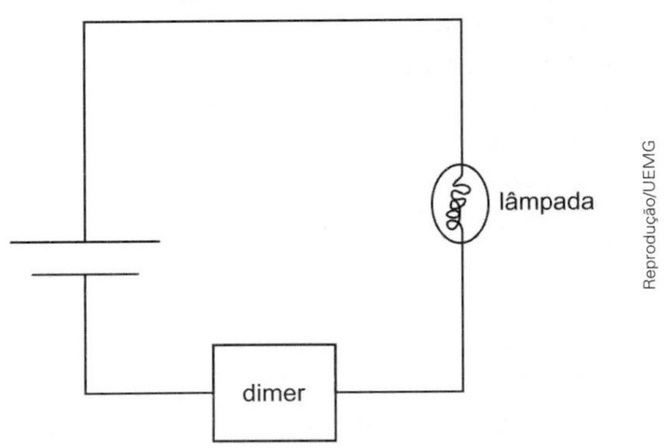




Sabendo-se que o dímer foi regulado para que a lâmpada dissipasse 81% de sua potência, a potência que ele dissipa, em W, é

**a)** 2,16.

**b)** 4,56.

**c)** 19,4.

**d)** 21,6.

**18** (UPE) Uma barra metálica de massa m = 250 g desliza ao longo de dois trilhos condutores, paralelos e horizontais, com uma velocidade de módulo v = 2,0 m/s. A distância entre os trilhos é igual a L = 50 cm, estando eles interligados por um sistema com dois capacitores ligados em série, de capacitância $C_1 = C_2 = 6{,}0\ \mu F$, conforme ilustra a figura abaixo.

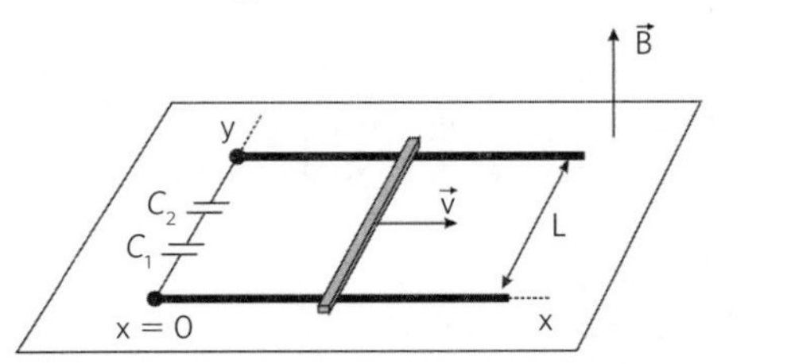




O conjunto está no vácuo, imerso em um campo de indução magnética uniforme, de módulo B = 8,0 T, perpendicular ao plano dos trilhos.

Desprezando os efeitos do atrito, calcule a energia elétrica armazenada no capacitor $C_1$ em micro joules.

**a)** 384

**b)** 192

**c)** 96

**d)** 48

**e)** 24

**19** (UFG-GO) O sistema composto de duas placas metálicas circulares, móveis e de diâmetro 20 cm, formam um capacitor, conforme ilustrado na figura abaixo.

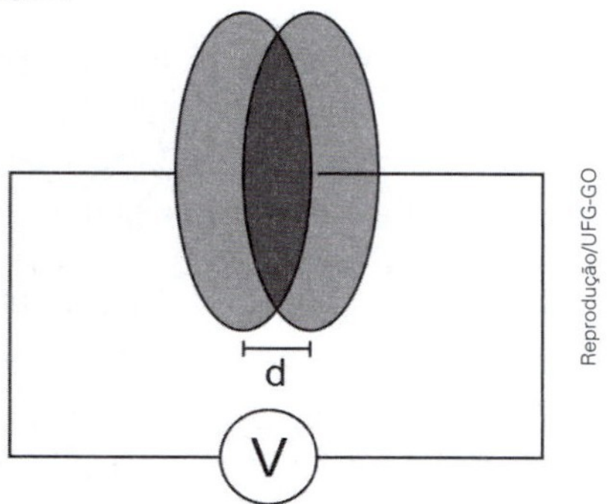


Quando a distância *d* entre as placas é da ordem de um milésimo do diâmetro das placas, este é, com boa aproximação, um capacitor plano de placas paralelas. Nessas condições, esse sistema é usado para medir o campo elétrico atmosférico. Considerando-se que $\pi = 3$, $\varepsilon_0 = 8{,}85 \cdot 10^{-12}\ Nm^2/C^2$ e que a ddp medida é de 20 mV, calcule:

**a)** O campo elétrico atmosférico estabelecido entre as placas.

**b)** O módulo da carga elétrica em cada placa.

**20** (Unicamp-SP) Numa tela de televisor de plasma, pequenas células contendo uma mistura de gases emitem luz quando submetidas a descargas elétricas. A figura abaixo mostra uma célula com dois eletrodos, nos quais uma diferença de potencial é aplicada para produzir a descarga. Considere que os eletrodos formam um capacitor de placas paralelas, cuja capacitância é dada por $C = \frac{\varepsilon_0 A}{d}$, onde $\varepsilon_0 = 8{,}9 \cdot 10^{-12}$ F/m, A é a área de cada eletrodo e *d* é a distância entre os eletrodos.

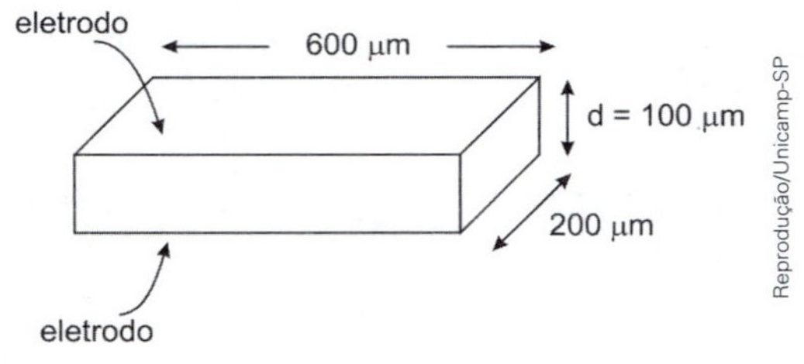


**a)** Calcule a capacitância da célula.

**b)** A carga armazenada em um capacitor é proporcional à diferença de potencial aplicada, sendo que a constante de proporcionalidade é a capacitância. Se uma diferença de potencial igual a 100 V for aplicada nos eletrodos da célula, qual é a carga que será armazenada?

**c)** Se a carga encontrada no item b) atravessar o gás em 1 μs (tempo de descarga), qual será a corrente média?

**21** (UPM-SP) Considere as seguintes afirmações.

I. Quando se coloca um ímã em contato com limalha (fragmentos) de ferro, estes não aderem a ele em toda a sua extensão, mas predominantemente nas regiões próximas das extremidades.

II. Cortando-se um ímã em duas partes iguais, que por sua vez podem ser redivididas em outras tantas, observa-se que cada uma dessas partes constitui um novo ímã, que embora menor tem sempre dois polos.

III. Polos de mesmo nome se atraem e de nomes diferentes se repelem.

Com relação às afirmações, podemos dizer que

**a)** apenas I é correta.

**b)** apenas I e II são corretas.

**c)** apenas I e III são corretas.

**d)** apenas II e III são corretas.

**e)** todas são corretas.

**22** (UPF-RS) Sobre conceitos de eletricidade e magnetismo, são feitas as seguintes afirmações:

I. Se uma partícula com carga não nula se move num campo magnético uniforme perpendicularmente à direção do campo, então a força magnética sobre ela é nula.

II. Somente ímãs permanentes podem produzir, num dado ponto do espaço, campos magnéticos de módulo e direção constantes.

III. Quando dois fios condutores retilíneos longos são colocados em paralelo e percorridos por correntes elétricas contínuas de mesmo módulo e sentido, observa-se que os fios se atraem.

IV. Uma carga elétrica em movimento pode gerar campo magnético, mas não campo elétrico.

Está **correto** apenas o que se afirma em:

**a)** III.
**b)** I e II.
**c)** II.
**d)** II e IV.
**e)** II, III e IV.

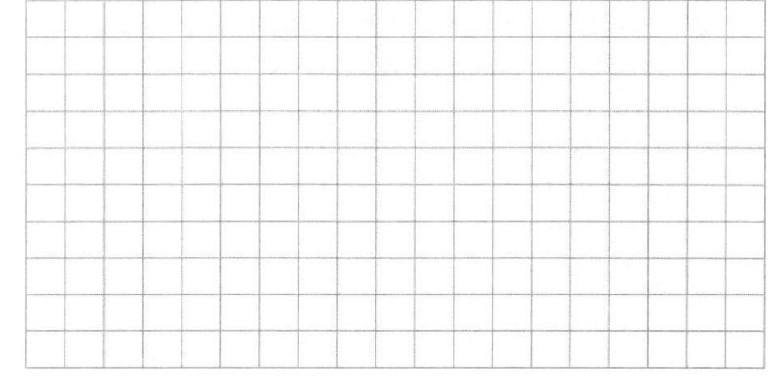

**23** (Cefet-MG) Em relação às propriedades e aos comportamentos magnéticos dos ímãs, das bússolas e do nosso planeta, é correto afirmar que

**a)** a agulha de uma bússola inverte seu sentido ao cruzar a linha do Equador.

**b)** um pedaço de ferro é atraído pelo polo norte de um ímã e repelido pelo polo sul.

**c)** as propriedades magnéticas de um ímã perdem-se quando ele é cortado ao meio.

**d)** o polo norte geográfico da Terra corresponde, aproximadamente, ao seu polo sul magnético.

**24** (IFSP) No mundo, existe uma grande variedade de elementos químicos metálicos, cujas propriedades físicas e químicas são similares ou bastante distintas. Comumente, os metais são separados em dois grandes grupos: os ferrosos (compostos por ferro) e os não ferrosos (ausência de ferro). O primeiro grupo é considerado magnético, enquanto que o segundo não. Desta forma, uma maneira eficiente e rápida para fazer a separação destes elementos é pela utilização de eletroímãs, que são dispositivos que atraem apenas os metais ferromagnéticos. Considere as quatro barras QR, ST, UV e WX aparentemente idênticas. Verifica-se, experimentalmente, que Q atrai T, repele U e atrai W, R repele V, atrai T e atrai W.

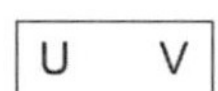

Reprodução/IFSP

Diante do exposto, assinale a alternativa correta.

**a)** QR e ST são ímãs.

**b)** QR e UV são ímãs.

**c)** RS e TU são ímãs.

**d)** QR, ST e UV são ímãs.

**e)** As quatro barras são ímãs.

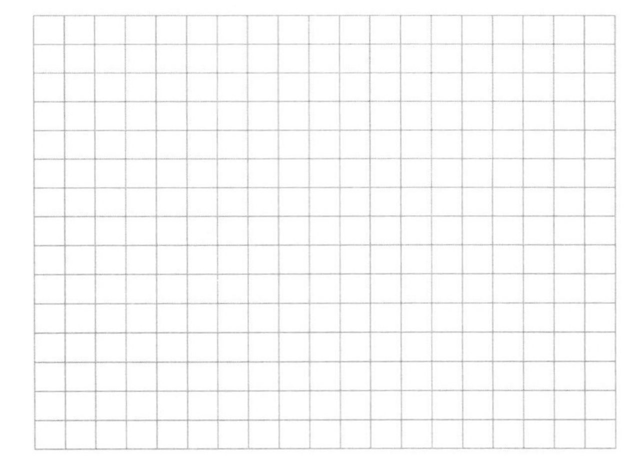

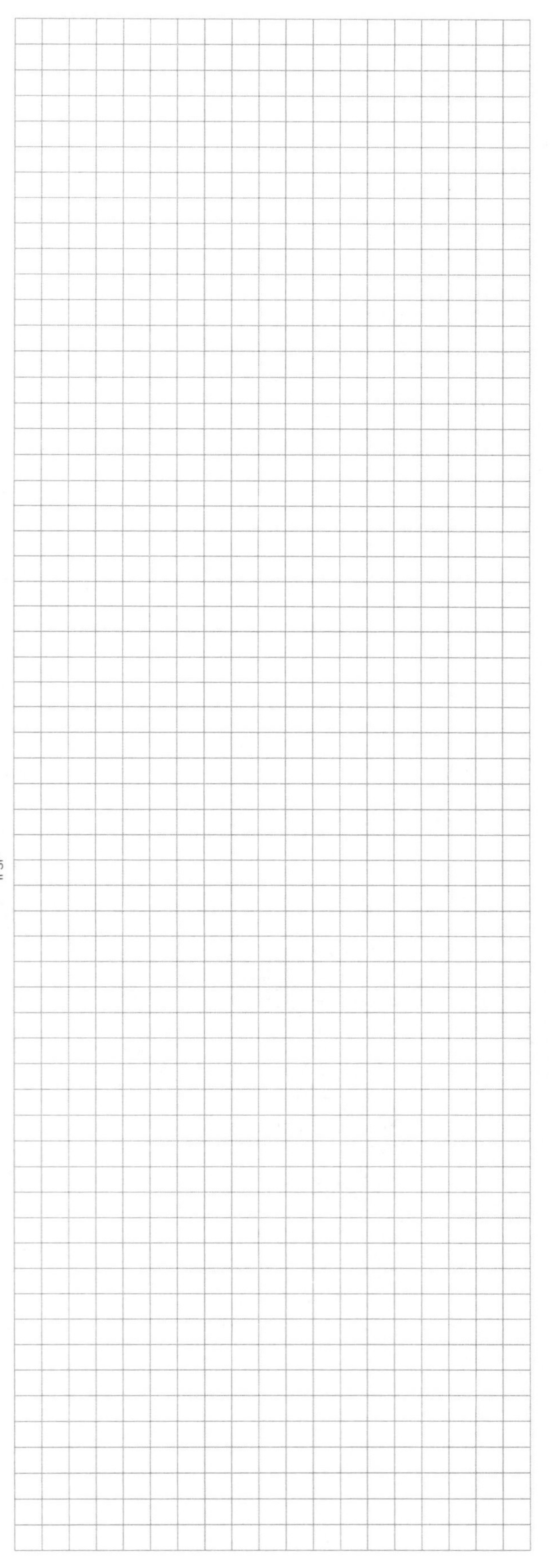

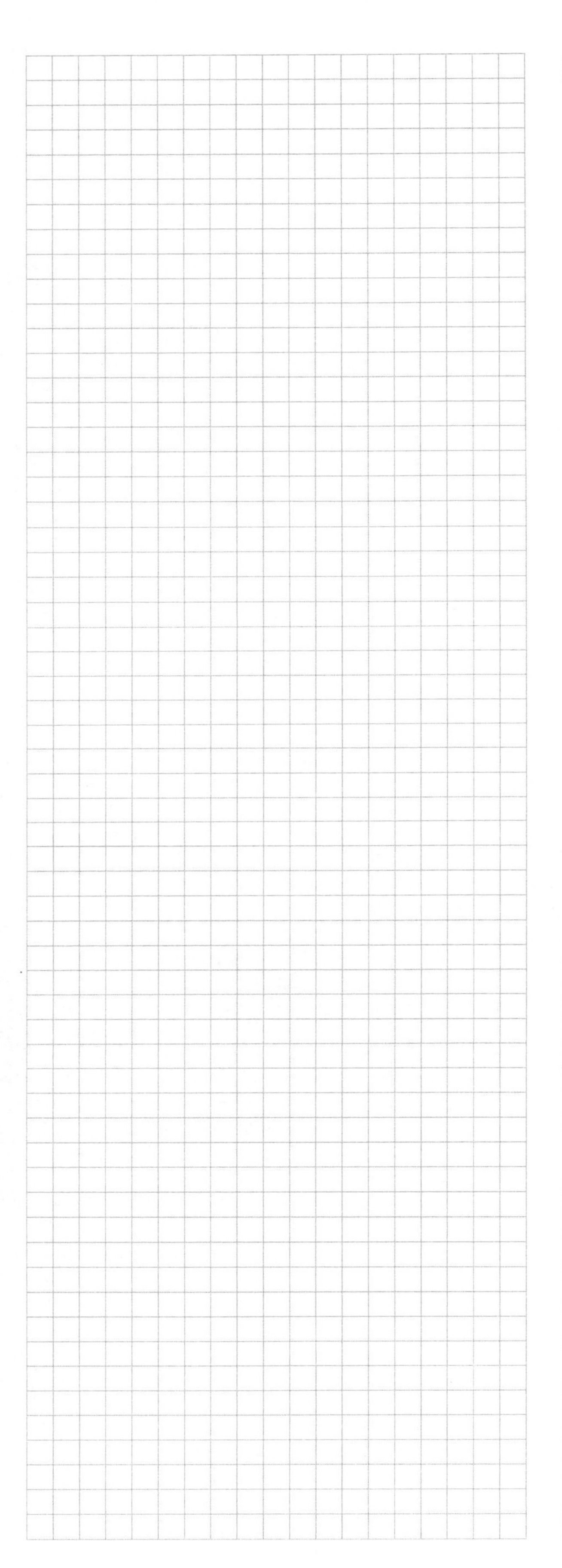

**25** (Aman-RJ) Uma carga elétrica puntiforme, no interior de um campo magnético uniforme e constante, dependendo de suas condições cinemáticas, pode ficar sujeita à ação de uma força magnética. Sobre essa força pode-se afirmar que

**a)** tem a mesma direção do campo magnético, se a carga elétrica tiver velocidade perpendicular a ele.

**b)** é nula se a carga elétrica estiver em repouso.

**c)** tem máxima intensidade se o campo magnético e a velocidade da carga elétrica forem paralelos.

**d)** é nula se o campo magnético e a velocidade da carga elétrica forem perpendiculares.

**e)** tem a mesma direção da velocidade da carga elétrica.

**26** (Unisc-RS) Uma partícula com carga $q$ e massa $M$ move-se ao longo de uma reta com velocidade $v$ constante em uma região onde estão presentes um campo elétrico de $1{,}0 \cdot 10^6$ mV/m e um campo de indução magnética de 0,10 T. Sabe-se que ambos os campos e a direção de movimento da partícula são perpendiculares entre si. Determine a velocidade da partícula.

**a)** $1{,}0 \cdot 10^3$ m/s

**b)** $1{,}0 \cdot 10^7$ m/s

**c)** $1{,}0 \cdot 10^4$ m/s

**d)** $1{,}0 \cdot 10^{-7}$ m/s

**e)** $1{,}0 \cdot 10^{-3}$ m/s

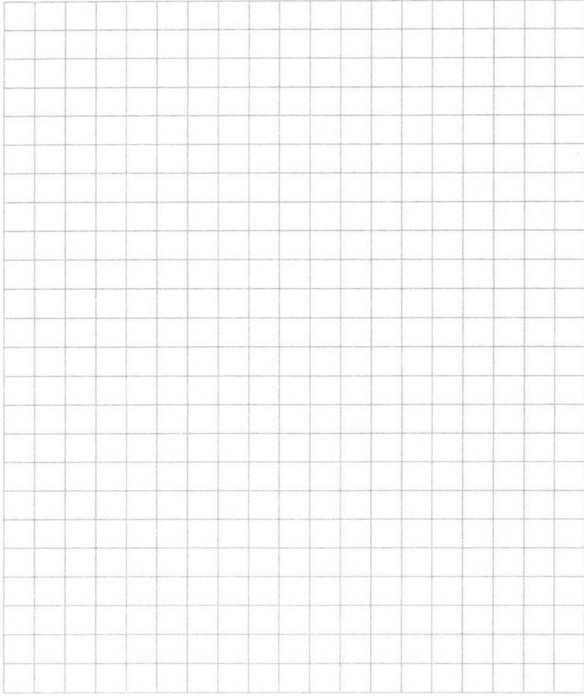

**27** (ITA-SP) Um elétron é acelerado do repouso através de uma diferença de potencial $V$ e entra numa região na qual atua um campo magnético, onde ele inicia um movimento ciclotrônico, movendo-se num círculo de raio $R_E$ com período $T_E$. Se um próton fosse acelerado do repouso através de uma diferença de potencial de mesma magnitude e entrasse na mesma região em que atua o campo magnético, poderíamos afirmar sobre seu raio $R_P$ e período $T_P$ que

**a)** $R_P = R_E$ e $T_P = T_E$.

**b)** $R_P > R_E$ e $T_P > T_E$.

**c)** $R_P > R_E$ e $T_P = T_E$.

**d)** $R_P < R_E$ e $T_P = T_E$.

**e)** $R_P = R_E$ e $T_P < T_E$.

**28** (PUC-RS) Para uma espira circular condutora, percorrida por uma corrente elétrica de intensidade $i$, é registrado um campo magnético de intensidade $B$ no seu centro. Alterando-se a intensidade da corrente elétrica na espira para um novo valor $i_{final}$, observa-se que o módulo do campo magnético, no mesmo ponto, assumirá o valor $5B$. Qual é a razão entre as intensidades das correntes elétricas final e inicial $\frac{i_{final}}{i}$?

**a)** $\frac{1}{5}$

**b)** $\frac{1}{25}$

**c)** 5

**d)** 10

**e)** 25

**29** (Uece) No caso hipotético de uma corrente elétrica por um condutor retilíneo, há geração de um campo magnético

**a)** na mesma direção do condutor.

**b)** que aumenta proporcionalmente à distância do condutor.

**c)** que é constante e uniforme em torno da direção do condutor.

**d)** em direções perpendiculares à do condutor.

**30** (Unifesp) Na região quadriculada da figura existe um campo magnético uniforme, perpendicular ao plano do reticulado e penetrando no plano da figura. Parte de um circuito rígido também passa por ela, como ilustrado na figura.

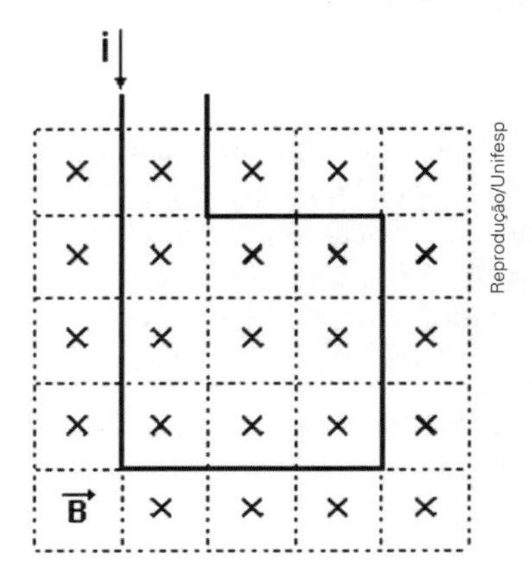


A aresta de cada célula quadrada do quadrilátero tem comprimento u, e pelo fio passa uma corrente elétrica de intensidade i. Analisando a força magnética que age sobre cada elemento de comprimento u do fio do circuito, coincidente com a aresta das células quadradas, a intensidade da força magnética resultante sobre a parte do circuito exposta ao campo B é:

**a)** nula.

**b)** $\frac{iBu}{2}$

**c)** i B u.

**d)** 3 i B u.

**e)** 13 i B u.

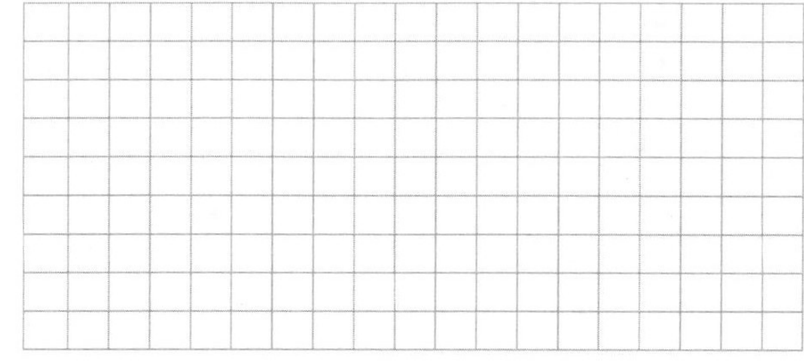

**31** (AFA-SP) O lado **EF** de uma espira condutora quadrada indeformável, de massa *m*, é preso a uma mola ideal e não condutora, de constante elástica *K*. Na posição de equilíbrio, o plano da espira fica paralelo ao campo magnético *B* gerado por um ímã em forma de **U**, conforme ilustra a figura abaixo.

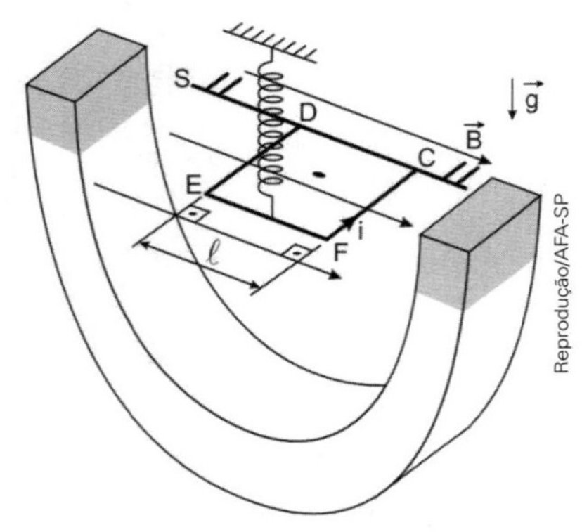


O lado **CD** é pivotado e pode girar livremente em torno do suporte **S**, que é posicionado paralelamente às linhas de indução do campo magnético.

Considere que a espira é percorrida por uma corrente elétrica *i*, cuja intensidade varia senoidalmente, em função do tempo *t*, conforme indicado no gráfico abaixo.

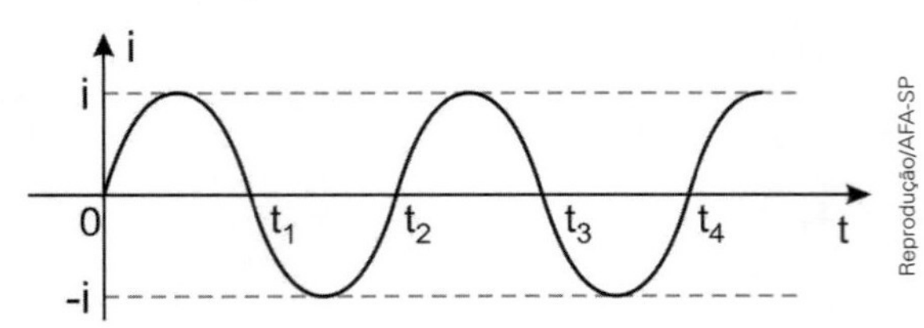


Nessas condições, pode-se afirmar que a

**a)** espira oscilará em MHS com frequência igual a $\frac{1}{t_2}$

**b)** espira permanecerá na sua posição original de equilíbrio

**c)** mola apresentará uma deformação máxima dada por $\frac{Bi\ell}{mgK}$

**d)** mola apresentará uma deformação máxima dada por $\frac{Bi\ell + mg}{K}$

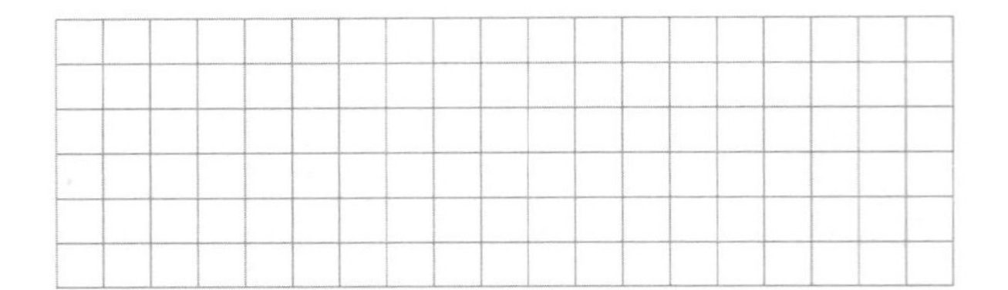

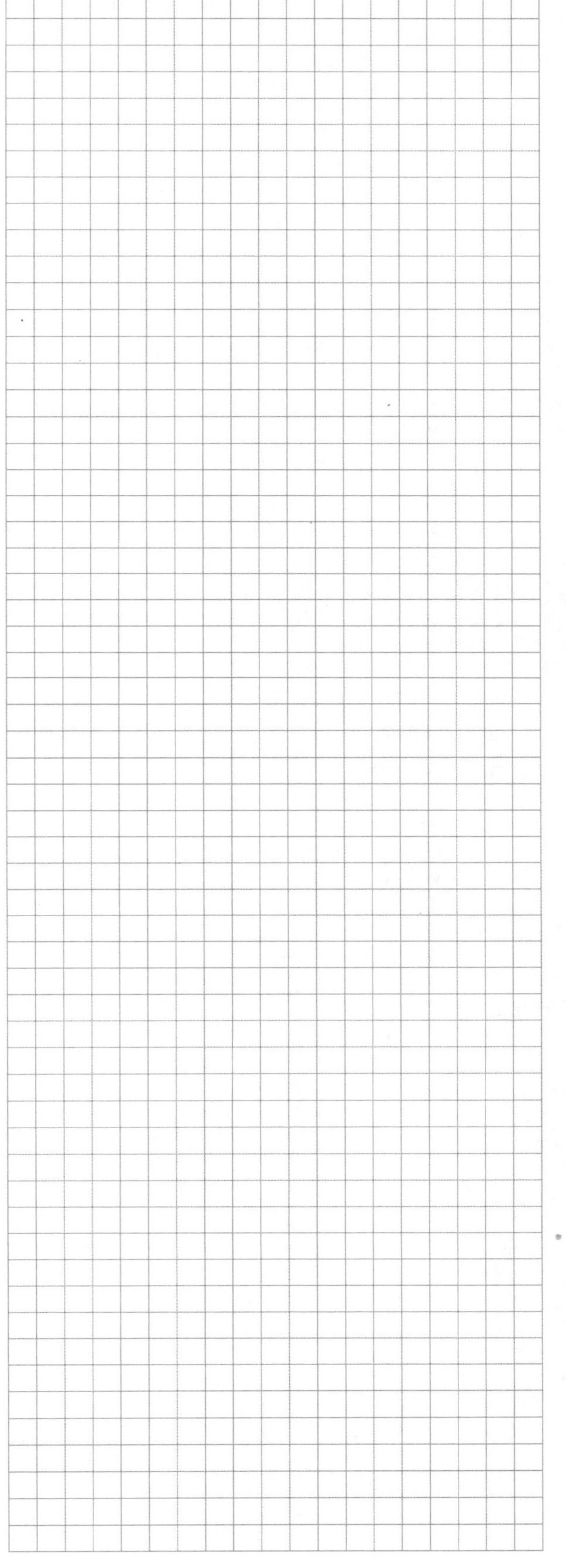

**32** (UPE) Uma barra uniforme, condutora, de massa $m = 100$ g e comprimento $L = 0{,}50$ m, foi posicionada entre duas superfícies rugosas. A barra permanece em repouso quando uma corrente elétrica $i = 2{,}0$ A a atravessa na presença de um campo magnético de módulo $B = 1{,}0$ T, constante, que aponta para dentro do plano da figura.

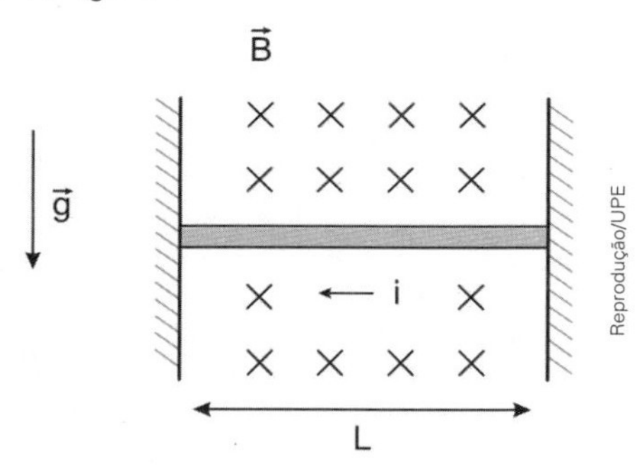


Com base nessas informações, determine o módulo e o sentido da força de atrito resultante que atua na barra.

**a)** 1 001,0 N para cima

**b)** 1 001,0 N para baixo

**c)** 2,0 N para cima

**d)** 2,0 N para baixo

**e)** 1,0 N para cima

**33** (UFSC) A figura abaixo mostra quatro fios, 1, 2, 3 e 4, percorridos por correntes de mesmo módulo, colocados nos vértices de um quadrado, perpendicularmente ao plano da página. Os fios 1, 2 e 3 têm correntes saindo da página e o fio 4 tem uma corrente entrando na página.

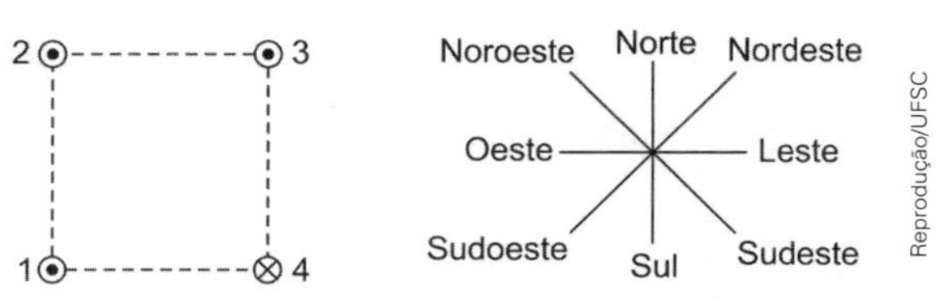


Com base na figura, assinale a(s) proposição(ões) correta(s).

**01)** O campo magnético resultante que atua no fio 4 aponta para o leste.

**02)** A força magnética resultante sobre o fio 4 aponta para o sudeste.

**04)** Os fios 1 e 3 repelem-se mutuamente.

**08)** A força magnética que o fio 2 exerce no fio 3 é maior do que a força magnética que o fio 1 exerce no fio 3.

**16)** O campo magnético resultante que atua no fio 2 aponta para o sudoeste.

**32)** O campo magnético resultante no centro do quadrado aponta para o leste.

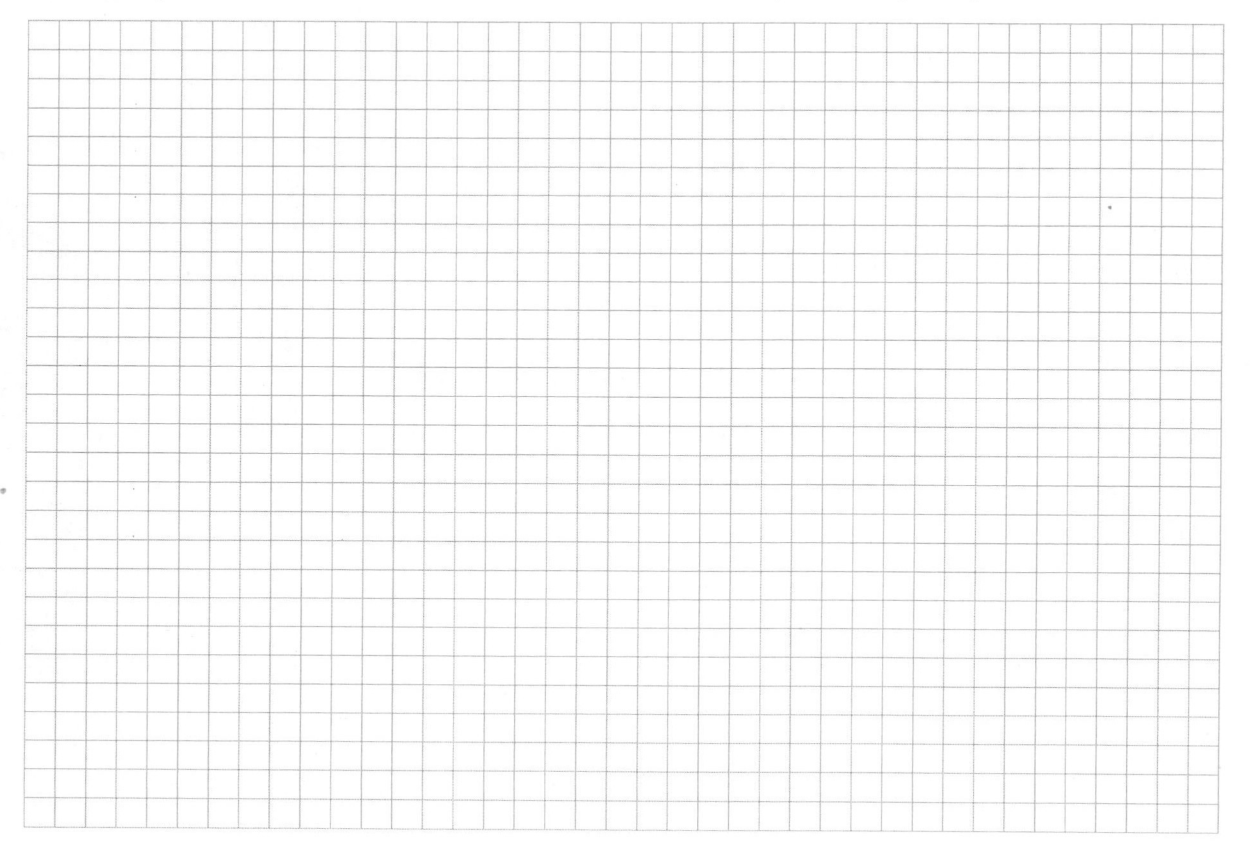

**34** (ITA-SP) Considere um aparato experimental composto de um solenoide com $n$ voltas por unidade de comprimento, pelo qual passa uma corrente $I$, e uma espira retangular de largura $\ell$, resistência $R$ e massa $m$ presa por um de seus lados a uma corda inextensível, não condutora, a qual passa por uma polia de massa desprezível e sem atrito, conforme a figura. Se alguém puxar a corda com velocidade constante $v$, podemos afirmar que a força exercida por esta pessoa é igual a

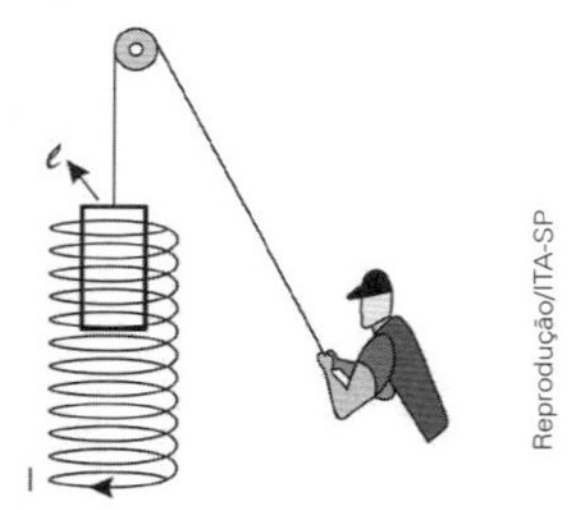


a) $\frac{(\mu_0 n I \ell)^2 v}{R + mg}$ com a espira dentro do solenoide.

b) $\frac{(\mu_0 n I \ell)^2 v}{R + mg}$ com a espira saindo do solenoide.

c) $\frac{(\mu_0 n I \ell)^2 v}{R + mg}$ com a espira entrando no solenoide.

d) $\mu_0 n I^2 \ell + mg$ com a espira dentro do solenoide.

e) mg e independe da posição da espira com relação ao solenoide.

**35** (UFRGS-RS) O gráfico abaixo mostra a energia cinética $E_c$ de elétrons emitidos por duas placas metálicas, I e II, em função da frequência $f$ da radiação eletromagnética incidente.

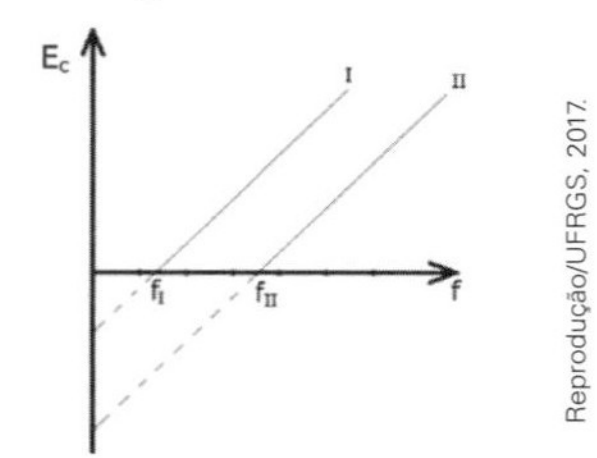


Sobre essa situação, são feitas três afirmações.

I. Para $f > f_{II}$, a $E_c$ dos elétrons emitidos pelo material II é maior do que a dos elétrons emitidos pelo material I.

II. O trabalho realizado para liberar elétrons da placa II é maior do que o realizado na placa I.

III. A inclinação de cada reta é igual ao valor da constante universal de Planck, $h$.

Quais estão corretas?

a) Apenas I.
b) Apenas II.
c) Apenas III.
d) Apenas II e III.
e) I, II e III.

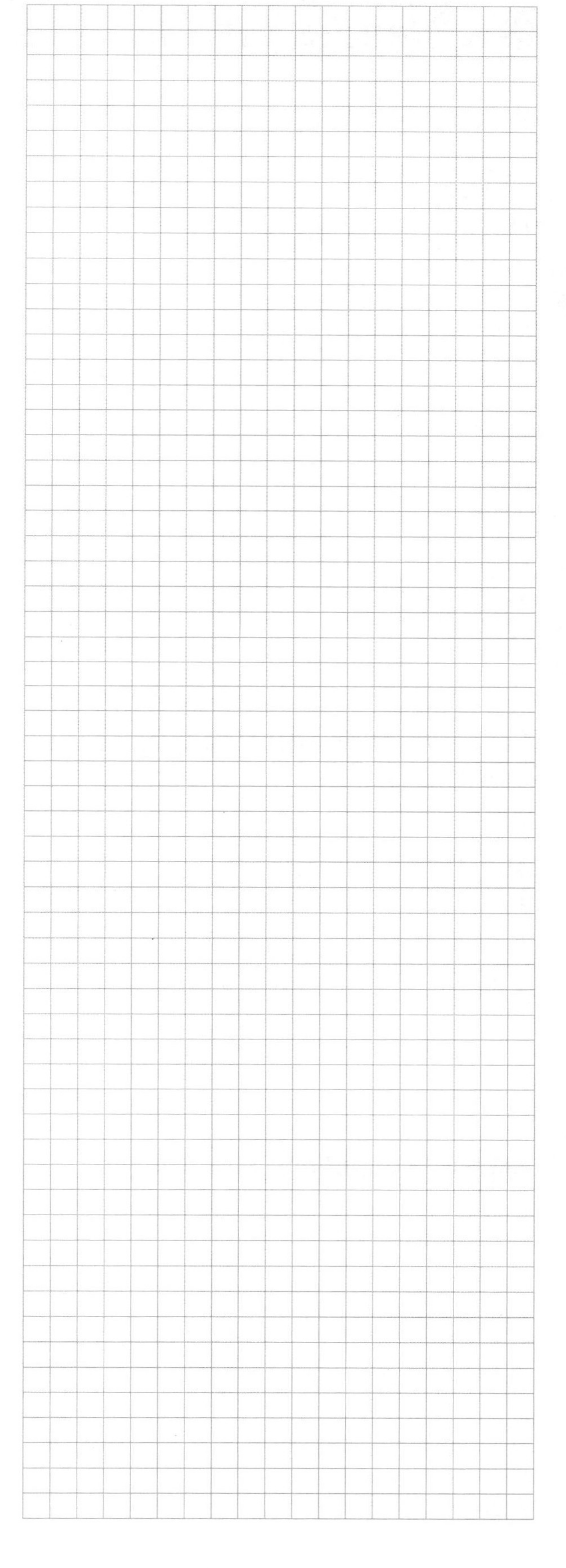

# Respostas

## Enem

## Mecânica

### Movimentos e forças

1 e
2 b
3 b
4 d
5 a
6 a
7 d
8 d
9 a
10 b
11 d

### Conservação de energia e quantidade de movimento

1 a
2 c
3 c
4 a
5 b
6 e
7 c
8 c

### Estática dos sólidos e dos fluidos

1 b
2 c

## Ondas e Acústica

1 c
2 c
3 a
4 d

## Óptica

### Trajetórias da luz

1 e
2 b
3 a
4 a
5 b

## Eletrostática

### Cargas, campos e potencial elétrico

1 b
2 d

## Eletrodinâmica, Eletromagnetismo e Física moderna

1 c
2 e
3 d
4 b
5 c
6 d
7 e
8 a
9 e

## Vestibulares

## Mecânica

### Movimentos e forças

1 c
2 a
3 b
4 d
5 d

6 d

7 b

8 e

9 a

10 d

11 d

### Conservação de energia e quantidade de movimento

1 c

2 b

3 a) 20,0 m/s
b) 264 J

4 c

5 a

6 a

7 e

8 a) Aproximadamente 9,2 $m/s^2$
b) Aproximadamente 8,8 m/s

9 a) $1,2 \cdot 10^{-1}$ N · s
b) 40,0 m/s

10 Aproximadamente 5,31 MeV

11 c

12 a) 2,0 m/s
b) 20 cm

### Estática dos sólidos e dos fluidos

1 d

2 a) 2,4 W
b) 600 N

3 d

## Ondas e Acústica

1 c

2 a) vaso: 1
b) A luz verde é muito refletida.

3 a) 12 min 30 s
b) 8,0 m/s
c) 5,0 m

4 c

5 d

6 a) 2,0 cm
b) 7,5 cm e 4,0 cm.
c) 2,5 Hz

7 a

8 d

9 a

10 b

11 a) $1,5 \cdot 10^4$ Hz
b) 0,5 mm

12 54 cm

13 b

## Óptica

### Trajetórias da luz

1 a) A imagem projetada é invertida, tanto longitudinal como transversalmente.
b) 0,4 m

2 d

3 a) 1,5 m
b) o número de reflexões passa de 5 para 11 e o tempo não se altera

4 b

5 c

6 a

7 d

8 c

9 a) 2,16 cm
b) 2,28 m e 11,4 cm

10 a) 0,5 m
b) $\frac{1}{6}$

11 a

12 15°

13 e

14 e

## Eletrostática

### Cargas, campos e potencial elétrico

1 a

2 b

**3** c

**4** e

**5** d

**6** **a)** Eletrização; repulsão

**b)** $\alpha_2 > \alpha_1$

**7** **a)** $5,0 \cdot 10^9$ elétrons

**b)** 20 s

# Eletrodinâmica, Eletromagnetismo e Física moderna

**1** b

**2** a

**3** **a)** 60 Ω

**b)** 2 resistores

**4** b

**5** b

**6** c

**7** **a)**

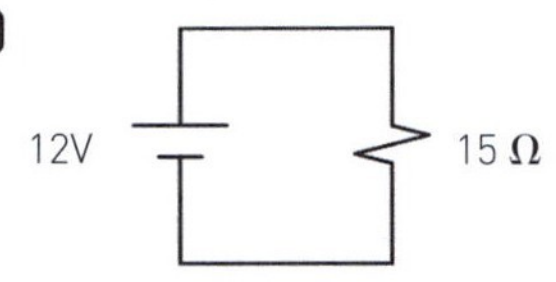


**b)**

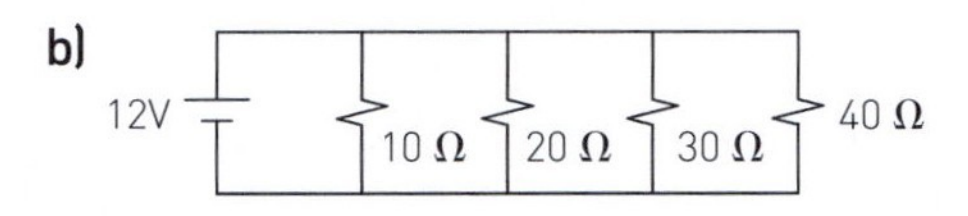


**c)** 2,5 A

**8** b

**9** d

**10** **a)** 5,0 A

**b)** 2,5 V

**11** **a)** 2 Ω e 10 Ω

**b)** 86,4 W

**12** 0,15 A e 6,0 V

**13** **a)** 20 °C

**b)** 2 m

**14** a

**15** d

**16** 08 + 16 = 24

**17** a

**18** d

**19** **a)** 100 V/m

**b)** $2,66 \cdot 10^{-11}$ C

**20** **a)** $1,068 \cdot 10^{-14}$ F

**b)** $1,068 \cdot 10^{-12}$ C

**c)** $1,068 \cdot 10^{-6}$ A

**21** b

**22** a

**23** d

**24** b

**25** b

**26** c

**27** b

**28** c

**29** d

**30** c

**31** b

**32** c

**33** 02 + 08 + 16 = 26

**34** e

**35** d